TRAITÉ

DE

CHIMIE ORGANIQUE.

PARIS. — IMPRIMERIE DE FIRMIN DIDOT FRÈRES, FILS ET CIE, RUE JACOB, 56.

TRAITÉ

DE

CHIMIE ORGANIQUE,

PAR

M. CHARLES GERHARDT.

TOME QUATRIÈME.

PARIS,

CHEZ FIRMIN DIDOT FRÈRES, FILS ET Cie,

IMPRIMEURS DE L'INSTITUT DE FRANCE,

RUE JACOB, 56.

MÊME MAISON A LEIPZIG.

M DCCC LVI.

TRAITÉ

DE CHIMIE ORGANIQUE.

TROISIÈME PARTIE.

CORPS A SÉRIER.

II.

ALCALIS.

§ 2104. Voici l'ordre dans lequel seront décrits les alcalis organiques à sérier, ainsi que leurs dérivés :

Alcali de la ciguë (conine).

Alcalis des graines de harmala (harmaline et harmine).

Alcalis de l'opium (morphine, codéine, thébaïne, papavérine, narcotine, narcéine).

Alcali du poivre (pipérine).

Alcalis des quinquinas (quinine, cinchonine, aricine, et isomères).

Alcalis des strychnos (strychnine, brucine, igasurine).

Alcali du tabac (nicotine).

Alcalis divers, peu connus.

Alcali de la cigue.

§ 2105. Conine, dite aussi conicine ou cicutine, $C^{16}H^{15}N = N(C^{16}H^{14})H$. — Cet alcali[1], extrait pour la première fois par Giesecke,

[1] Giesecke (1827), *Archiv. d. Pharm. v. Brandes*, XX, 97. — Geiger, *Magaz. f. Pharm.*, XXXV et XXXVI. — Boutron-Charlard et O. Henry, *Ann. de Chim. et de Phys.*, LXI, 337. — Ortigosa, *Ann. der Chem. u. Pharm.*, XLII, 313. — Blyth, *ibid*, LXX, 73. — Gerhardt, *Compt. rend. des trav. de Chim.*, 1849, p. 373. — Kekulé et v. Planta, *ibid.*, LXXXIX, 130.

est contenu à l'état de sel dans toutes les parties de la ciguë (*Conium maculatum*, L.); il abonde surtout dans les fruits non entièrement mûrs; les feuilles en renferment beaucoup moins.

On l'obtient en distillant les fruits de ciguë écrasés avec de l'eau alcalisée par de la potasse caustique, tant qu'il passe des vapeurs alcalines. Le produit de la distillation renferme, outre la conine, une huile neutre volatile et beaucoup d'ammoniaque. On le sature par de l'acide sulfurique dilué; on enlève l'huile non alcaline qui vient surnager, et l'on évapore la liqueur aqueuse à une douce chaleur jusqu'à consistance de sirop. On épuise ensuite le résidu par de l'éther alcoolisé (1 p. d'éther et 2 p. d'alcool à 90 centièmes); ce liquide dissout le sulfate de conine et laisse le sulfate d'ammoniaque à l'état insoluble. Après avoir séparé ce dernier, on distille la solution au bain-marie pour enlever l'éther et la plus grande partie de l'alcool. On étend d'eau le résidu, et on l'évapore encore une fois au bain-marie, afin de chasser le reste de l'alcool. On obtient ainsi un sirop épais qu'on distille brusquement, dans un bain de chlorure de calcium, après y avoir ajouté la moitié de son poids d'une lessive concentrée de potasse. Il faut avoir soin de refroidir le récipient. On déshydrate le produit condensé au moyen de fragments de chlorure de calcium ou de potasse caustique, et on le soumet à la rectification dans le vide. Si on ne le distillait pas à l'abri de l'air, une partie de la conine serait détruite. On conserve cet alcali dans des flacons bien bouchés.

On procède comme précédemment pour extraire la conine des feuilles et des tiges de ciguë recueillies avant la floraison; il faut que la plante soit encore verte et ait atteint une certaine hauteur. 3 kilogr. de fruits récents donnent environ 30 grammes de conine; les fruits desséchés en fournissent moitié moins. 50 kilogr. de feuilles fraîches donnent à peine 4 grammes de conine (Geiger).

Suivant MM. Kekulé et v. Planta, la conine du commerce est ordinairement un mélange de deux (ou de plusieurs alcalis) homologues : elle se compose généralement de conine et de méthylconine (§ 2109).

Voici les caractères attribués à la conine[1]. C'est une huile incolore et transparente, d'une densité de 0,878, d'une odeur péné-

[1] MM. Kekulé et v. Planta pensent que M. Ortigosa a eu entre les mains la conine la plus pure, tandis que la matière analysée par M. Blyth a été un mélange de conine et de méthyl-conine.

trante, âcre et désagréable. Pure, elle distille sans altération à l'abri de l'air; son point d'ébullition est à 212° (Ortigosa; à 150°, Geiger; entre 168° et 171°, Blyth; à 188°, Christison). Elle s'altère promptement au contact de l'air, en produisant une matière brune résineuse et, à ce qu'il paraît, de l'acide butyrique.

Elle est peu soluble dans l'eau, et, ce qui est remarquable, plus soluble à froid qu'à chaud; l'alcool se mélange avec elle en toutes proportions, ainsi que l'éther, les essences et les huiles grasses. Sa solution possède une réaction alcaline très-prononcée.

Elle renferme :

	Ortigosa.		Blyth.	$C^{16}H^{15}N$.
Carbone. . .	74,83	74,30	75,11	76,8
Hydrogène. .	12,17	11,98	13,06	12,0
Azote.	»	»	»	11,2
				100,0

(Les analyses précédentes ont été faites évidemment sur de la matière encore humide.)

La conine produit des précipités dans les protosels d'étain et de mercure, et dans les persels de fer; elle paraît même expulser l'ammoniaque de ses combinaisons. Elle précipite le nitrate d'argent; le précipité se redissout dans un excès de conine.

Avec le sulfate de cuivre, elle donne un précipité peu soluble dans l'eau, fort soluble, au contraire, dans l'alcool et l'éther.

Lorsqu'on ajoute une solution de sulfate d'alumine à une solution aqueuse de conine, il se forme peu à peu des octaèdres renfermant de la matière organique.

Le gaz chlorhydrique sec communique à la conine une coloration pourpre qui passe peu à peu à l'indigo foncé. L'acide sulfurique concentré s'échauffe avec elle en se colorant. L'acide nitrique l'attaque vivement, en la colorant en rouge foncé; à la distillation on obtient de l'acide butyrique (Blyth). Un mélange d'acide sulfurique et de bichromate de potasse la transforme aussi en acide butyrique.

Le chlore et le brome agissent énergiquement sur la conine (§ 2107). Lorsqu'on mélange une solution alcoolique et étendue d'iode avec une solution alcoolique de conine, il se produit un précipité brun foncé, qui se dissout ensuite en donnant un liquide incolore; la combinaison est soluble dans l'eau et cristallisable.

L'iodure d'éthyle transforme la conine en iodhydrate d'éthyl-conine (§ 2111). Le cyanate d'éthyle dissout la conine avec dégagement de chaleur, en produisant immédiatement une urée composée, qui se prend en masse par le refroidissement (Wurtz).

La conine est extrêmement vénéneuse [1], même à petite dose; sa vapeur incommode beaucoup la tête.

§ 2106. Les *sels de conine* sont généralement neutres à l'état de pureté, difficilement cristallisables, solubles dans l'eau et l'alcool, ainsi que dans un mélange d'alcool et d'éther, insolubles dans l'éther pur. Ils possèdent une saveur âcre et amère, semblable à celle du tabac. A l'état sec, ils sont sans odeur; mais, en solution, ils ont ordinairement une légère odeur de conine. Plusieurs d'entre eux sont déliquescents. Ils s'altèrent promptement par l'évaporation au contact de l'air, en donnant des matières brunes résineuses.

Le *chlorhydrate* forme de grosses lames incolores et transparentes qui tombent rapidement en déliquescence à l'air humide. Évaporée à l'air, leur solution se colore en rouge, puis en indigo foncé.

Le *chloromercurate*, $C^{16}H^{15}N$, 4 HgCl, obtenu en mélangeant une solution de conine avec une solution de bichlorure de mercure, se présente sous la forme d'un précipité jaune-citronné insoluble dans l'eau et l'éther, très-peu soluble dans l'alcool.

Le *chloroplatinate*, $C^{16}H^{15}N$, HCl, $PtCl^2$, cristallise en prismes quadrangulaires; il est peu soluble à froid dans l'éther, l'alcool et l'eau, très-soluble dans l'alcool bouillant, qui le dépose à l'état cristallisé. On peut le chauffer au bain-marie sans qu'il se décompose, mais il fond à quelques degrés au-dessus de 100°, en dégageant de la conine. Il renferme :

	Ortigosa.		Blyth.		Calcul.
Carbone. . .	28,7	28,8	29,87	29,56	28,9
Hydrogène. .	5,0	5,0	5,39	4,92	4,8
Azote.	4,7	4,6	4,05	»	4,2
Platine. . . .	29,3	29,4	29,16	29,07	29,8

Lorsqu'on chauffe le chloroplatinate de conine avec un excès de bichlorure de platine, il se dégage de l'acide carbonique, ainsi que l'odeur de l'acide butyrique, et l'on recueille à la distillation une petite quantité d'une huile qui se concrète en partie par le refroidissement; en même temps, le platine se réduit à l'état métallique. Le résidu étant évaporé à siccité et repris par l'eau bouillante,

[1] Voy. sur l'action toxique de la conine : CHRISTISON, *Ann. der Chem. u. Pharm.* XVII, 348; XIX, 58.

on obtient une solution qui dépose, par la concentration, des octaèdres jaunes de chloroplatinate d'ammoniaque, des prismes couleur pourpre de chloroplatinite d'ammoniaque, et des aiguilles soyeuses incolores d'un corps particulier. Celui-ci paraît être un acide; car il se dissout aisément dans la potasse et en est précipité par l'acide chlorhydrique (Blyth).

Le *sulfate* est gommeux, et paraît être incristallisable; lorsqu'on le concentre par l'évaporation, il brunit et dégage l'odeur de l'acide butyrique.

Le *nitrate* est déliquescent.

L'*acétate* paraît être incristallisable.

Le *tartrate* s'obtient par la concentration à l'état d'une masse brune, extractiforme, au sein de laquelle se déposent quelques petits grains.

Dérivés chlorés et bromés de la conine.

§ 2107. Au contact du chlore gazeux, la conine développe d'épaisses vapeurs blanches, dont l'odeur rappelle celle des citrons; si l'on a soin de refroidir la matière, elle s'épaissit peu à peu et donne finalement une matière blanche cristalline, très-volatile, fort soluble dans l'eau, l'alcool, et l'éther.

Lorsqu'on abandonne la conine brute avec un excès de brome, sur de l'acide sulfurique, dans le vide, on obtient un produit entièrement noir. Celui-ci, étant dissous dans l'eau et bouilli avec du charbon animal, donne une solution, laquelle, évaporée dans le vide, dépose de longs prismes incolores, fort solubles dans l'eau et l'alcool, moins solubles dans l'éther, et non déliquescents. Ce produit fond un peu au-dessus de 100°, en dégageant quelques vapeurs de conine. Il a donné à l'analyse [1] : carbone, 48,52 ; hydrogène, 8,92 (Blyth).

Suivant M. Blyth, la conine pure (bouillant entre 170 et 175°) cristallise immédiatement au contact du brome.

Dérivés méthyliques et éthyliques de la conine.

§ 2108. D'après les expériences de MM. Kekulé et v. Planta [2], la conine dérive d'une molécule d'ammoniaque dans laquelle

[1] C'est peut-être du bromhydrate de conine ou de méthyl-conine.

[2] KEKULÉ et V. PLANTA (1853), *loc. cit.*

2 atomes d'hydrogène sont remplacés par le groupement $C^{16}H^{14}$; le troisième atome d'hydrogène peut encore être remplacé par de l'éthyle ou ses homologues :

Méthyl-conine. . = $N(C^{16}H^{14})(C^2H^3)$,
Éthyl-conine. . . = $N(C^{16}H^{14})(C^4H^5)$.

Avec les alcalis précédents, on peut également obtenir d'autres combinaisons alcalines dérivant de l'hydrate d'ammonium :

Hydrate d'éthyl méth.-conine (d'éthylméthyl-conyl-ammonium). = $\left.\begin{matrix}N(C^{16}H^{14})(C^2H^3)(C^4H^5).O \\ HO\end{matrix}\right\}$

Hydrate de diéthyl-conine (de diéthyl-conyl-ammonium). . . = $\left.\begin{matrix}N(C^{16}H^{14})(C^4H^5)^2.O \\ HO\end{matrix}\right\}$

§ 2109. *Méthyl-conine*, $C^{18}H^{17}N = N(C^{16}H^{14})(C^2H^3)$. — Suivant MM. Kekulé et v. Planta, cet alcali est souvent contenu dans la conine du commerce. Il se produit aussi par l'action de la chaleur sur l'hydrate d'éthyl-méthyl-conine.

C'est une huile incolore, d'une odeur semblable à celle de la conine, plus légère que l'eau et peu soluble dans ce liquide, auquel il communique néanmoins une réaction fort alcaline.

Au contact de l'iodure d'éthyle, il se transforme en iodure d'éthyl-méthyl-conine.

§ 2110. *Combinaisons d'éthyl-méthyl-conine.* — Lorsque la conine du commerce renferme de la méthyl-conine, elle donne par l'iodure d'éthyle, outre l'iodhydrate d'éthyl-conine, sirupeux et incristallisable, des cristaux d'iodure d'éthylméthyl-conine. La réaction s'opère déjà à froid, et s'accomplit en peu d'instants si l'on place le mélange au bain-marie. On dissout le produit dans l'eau, et, après avoir enlevé l'excès d'iodure d'éthyle, on y ajoute de la potasse caustique. Il se sépare ainsi une huile brune qui se partage peu à peu en deux couches : la couche supérieure, composée d'éthyl-conine, reste liquide; la couche inférieure, formée d'iodure d'éthyl-méthyl-conine, se concrète peu à peu en magnifiques aiguilles.

Pour purifier ce dernier corps, on le lave avec de l'éther mélangé d'un peu d'alcool.

L'*hydrate d'éthyl-méthyl-conine* s'obtient, en solution aqueuse, en décomposant l'iodure par l'oxyde d'argent récemment précipité. Cette solution est incolore et sans odeur, mais elle possède une saveur extrêmement amère, ainsi qu'une réaction fort alcaline. A l'état concentré, elle agit sur l'épiderme comme la potasse caustique.

On peut la faire bouillir sans qu'elle se décompose; exposée à l'air, elle se carbonate promptement.

Concentrée et soumise à la distillation, elle se décompose en eau, méthyl-conine et gaz oléfiant :

$$\underset{\text{Hydr. d'éthyl-méthyl-conine.}}{N(C^{16}H^{14})(C^2H^3)(C^4H^5)O,\ HO} = 2\ HO + \underset{\text{Méthyl-conine.}}{N(C^{16}H^{14})(C^2H^3)} + \underset{\text{Gaz oléf.}}{C^4H^4}.$$

Chauffée dans un tube scellé, avec de l'iodure d'éthyle, elle se transforme en hydrate d'éthyle (alcool) et en iodure d'éthyl-méthyl-conine.

Le *chlorure*, le *sulfate*, le *nitrate*, le *carbonate*, l'*oxalate* et l'*acetate* sont cristallisables, fort solubles dans l'eau, et pour la plupart déliquescents.

L'*iodure*, $N(C^{16}H^{14})(C^2H^3)(C^4H^5)I$, s'obtient directement par l'iodure d'éthyle et la méthyl-conine. Il forme des aiguilles incolores fort solubles dans l'eau et l'alcool, insolubles dans l'éther et dans les liqueurs alcalines. On peut le faire bouillir avec la potasse caustique sans qu'il se décompose.

Le *chloroplatinate*, $N(C^{16}H^{14})(C^2H^3)(C^4H^5)Cl,\ PtCl^2$, se précipite, sous la forme d'une poudre jaune et cristalline, par l'addition du bichlorure de platine à la solution chlorhydrique de l'alcali. Si les liqueurs sont étendues, le sel se dépose peu à peu à l'état de beaux octaèdres. Il est peu soluble dans l'eau froide, plus soluble dans l'eau bouillante, insoluble dans l'alcool et l'éther. Il renferme :

	Kekulé et v. Planta.			Calcul.
Carbone. . .	35,39	35,48	35,59	35,37
Hydrogène. .	6,55	6,51	6,57	5,89
Platine. . .	26,46	26,47	26,35	26,45

Le *chloraurate*, $N(C^{16}H^{14})(C^2H^3)(C^4H^5)Cl,\ AuCl^3$, se précipite sous la forme de flocons jaunes devenant rapidement cristallins, par l'addition du chlorure d'or à la solution chlorhydrique de l'alcali. Si l'on opère à chaud, le sel se dépose par le refroidissement en fines aiguilles. Le sel sec fond déjà au-dessous de 100°.

Le *chloromercurate*, $N(C^{16}H^{14})(C^2H^3)(C^4H^5)Cl,\ 6\ HgCl$, se sépare sous la forme d'un précipité blanc et cristallin, assez soluble dans l'eau, l'alcool et l'éther. Si l'on chauffe ce sel avec de l'eau, il fond et se dissout; la solution dépose par le repos un autre sel ne renfermant que 5 HgCl.

§ 2111. *Éthyl-conine*, $C^{20}H^{19}N = N(C^{16}H^{14})(C^4H^5)$. — On chauffe au bain-marie, pendant une demi-heure, dans un tube scellé à la lampe, un mélange de conine et d'iodure d'éthyle; on dissout le produit dans l'eau, on enlève l'excédant d'iodure d'éthyle par décantation et en chauffant légèrement la solution, et l'on en sépare par la potasse caustique l'éthyl-conine, qu'on rectifie ensuite dans un courant de gaz hydrogène, après l'avoir desséchée sur des fragments de chlorure de calcium et sur de la potasse solide.

L'éthyl-conine constitue une huile presque incolore très-réfringente, plus légère que l'eau, d'une odeur très-forte, semblable à celle de la conine. Elle est peu soluble dans l'eau. Elle se dissout aisément dans les acides en dégageant de la chaleur.

Traitée par l'iodure d'éthyle, l'éthyl-conine se transforme en iodure de diéthyl-conine.

Le *chlorhydrate* s'obtient sous la forme d'une bouillie, composé de cristaux microscopiques, très-déliquescents, lorsqu'on abandonne l'éthyl-conine bien desséchée dans le vide en présence de l'acide chlorhydrique concentré.

Le *chloroplatinate*, $C^{20}H^{19}N, HCl, PtCl^2$, ne se précipite ni dans des solutions aqueuses ni dans des solutions alcooliques de bichlorure de platine, bien qu'une fois formé il soit très-peu soluble dans l'alcool. Mais il se précipite en petite quantité sous la forme d'une poudre jaune et cristalline par l'addition de l'éther à la solution alcoolique. On l'obtient encore mieux en abandonnant sur l'acide sulfurique le mélange alcoolique, et en lavant le résidu avec un mélange d'alcool et d'éther. Il renferme :

	Kekulé et v. Planta.			Calcul.
Carbone. . . .	33,16	»	»	33,41
Hydrogène. . .	5,83	»	»	5,57
Platine.	27,49	27,63	27,89	27,47

Le *chloraurate* se sépare sous la forme d'une huile jaune-rougeâtre, devenant cristalline par l'addition du chlorure d'or à la solution chlorhydrique de l'éthyl-conine. Il se dépose d'une solution bouillante et étendue en beaux cristaux jaunes.

Le *chloromercurate* se sépare à l'état d'un précipité blanc, résineux et agglutiné, par l'addition du bichlorure de mercure à la solution chlorhydrique de l'éthyl-conine. Ce précipité fond dans le liquide bouillant; si l'on emploie des solutions étendues il se sépare sous la forme de tables rhomboïdales.

Le *bromhydrate* est incristallisable et s'obtient par la réaction de la conine et du bromure d'éthyle.

L'*iodhydrate* s'obtient, par la réaction de la conine et de l'iodure d'éthyle, sous la forme d'un sirop incristallisable.

§ 2112. *Combinaisons de diéthyl-conine.* — L'éthyl-conine est rapidement attaquée à froid par l'iodure d'éthyle ; au bout de douze heures de repos, le mélange est transformé en une masse cristallisée d'iodure de diéthyl-conine.

L'*hydrate de diéthyl-conine* s'obtient en décomposant cet iodure par de l'oxyde d'argent récemment précipité ; sa solution aqueuse est fort amère, très-alcaline, mais sans odeur.

Le *chloroplatinate*, $N(C^{16}H^{14})(C^{4}H^{5})^{2}Cl,PtCl^{2}$, ne se précipite pas par l'addition du bichlorure de platine à la solution chlorhydrique de l'alcali précédent, lors même que les solutions sont assez concentrées ; mais, si l'on évapore avec précaution le mélange au bain-marie, on obtient un sel cristallin qu'on lave à l'alcool. Ce sel renferme :

	Kekulé et v. Planta.				Calcul.
Carbone. . .	36,93	»	»	»	37,19
Hydrogène. .	6,66	»	»	»	6,20
Platine. . . .	25,50	25,57	25,52	25,65	25,49

Le *chloraurate* forme un précipité jaune, semi-fluide, qui se dissout à chaud, et se dépose par le refroidissement à l'état de gouttes cristallines.

Le *chloromercurate* est un précipité floconneux, qui s'obtient par le mélange du bichlorure de mercure avec une solution chlorhydrique de l'alcali ; ce précipité fond par la chaleur, et se dépose à la longue, sous la forme de cristaux microscopiques, dans la solution faite à l'ébullition.

L'*iodure* forme de petits cristaux, fort solubles dans l'eau et l'alcool, moins solubles dans l'éther.

Alcalis des graines de harmala.

§ 2113. Les graines de *Peganum Harmala* contiennent, probablement à l'état de phosphates, deux alcalis organiques qui ont reçu les noms de *harmaline* et de *harmine*. Ils sont contenus dans l'extrait qu'on obtient en traitant les graines pulvérisées par de l'eau aiguisée avec de l'acide sulfurique ou acétique. On ajoute à l'extrait une solution de sel marin; les chlorhydrates des alcalis, étant insolubles dans ce liquide, viennent alors se précipiter, mélangés avec une certaine quantité de matière colorante. On recueille le précipité sur un filtre, et on le lave au sel marin, jusqu'à ce que toute l'eau-mère soit enlevée. On dissout ensuite le précipité dans l'eau pure, de manière à en séparer une partie de la matière colorante. Le liquide, traité par le charbon animal, donne une solution d'où l'ammoniaque précipite à chaud (à 50 ou 60°) les alcalis à l'état de pureté. On n'ajoute l'ammoniaque que successivement : la harmine se précipite la première, presque tout entière, avant que la harmaline se précipite elle-même. On reconnaît au microscope quand le précipité commence à être mélangé de harmaline : en effet, à l'état de pureté, la harmine forme des aiguilles, aisées à distinguer, à l'aide d'un assez fort grossissement, de la harmaline qui se présente sous forme de feuillets. Quand toute la harmine est précipitée, on filtre la liqueur chaude, et l'on précipite ensuite la harmaline par un excès d'ammoniaque.

Au lieu du sel marin, on peut aussi employer le nitrate de soude pour opérer la précipitation, les nitrates de ces alcalis étant encore moins solubles que leurs chlorhydrates. Cependant, comme l'acide nitrique mis en liberté pourrait réagir sur les alcalis, il faut avoir soin, en employant le nitrate de soude, d'éviter dans l'extrait des graines la présence d'un excès d'acide sulfurique.

Elles donnent en somme environ 4 p. c. d'alcalis dont 1/3 de harmine et 2/3 de harmaline.

Ces deux alcalis ne diffèrent dans la composition qu'en ce que la harmaline renferme 2 atomes d'hydrogène de plus que la harmine :

Harmaline. . . $C^{26}H^{14}N^{2}O^{2}$.
Harmine. . . . $C^{26}H^{12}N^{2}O^{2}$.

La harmaline peut être transformée en harmine par les agents d'oxydation.

§ 2114. HARMALINE[1], $C^{26}H^{14}N^{2}O^{2}$. — A l'état de pureté, cet alcali est entièrement incolore; cependant on l'obtient le plus souvent avec une teinte jaune ou brunâtre. Pour le purifier, on le délaye dans l'eau, et l'on y ajoute, goutte à goutte, de l'acide chlorhy-

[1] GOEBEL (1837), *Ann. der Chem. u. Pharm.*, XXXVIII, 363. — VARRENTRAPP et WILL, *ibid.*, XXXIX, 289. — FRITZSCHE. *Journ. f. prakt. Chem.*, XLI, 31; XLII, 275; XLIII, 144; XLIV, 370; XLVIII, 175; LX, 359, 414. *Ann. der Chem. u. Pharm.*, LXIV, 360; LXVIII, 351, 355; LXXII, 306; LXXXVIII, 327.

drique, afin de le dissoudre en plus grande partie; on filtre ensuite : la matière colorante reste alors avec la partie non dissoute de l'alcali. On étend la solution d'une quantité d'eau suffisante et l'on précipite par le nitrate de soude, le sel marin ou l'acide chlorhydrique; on filtre de nouveau, et, après avoir lavé la matière avec une solution étendue du réactif employé pour la précipiter, on la dissout dans l'eau tiède. On traite la liqueur par le charbon animal, jusqu'à ce qu'elle ait une couleur jaune de soufre, puis on la précipite par un excès de potasse caustique.

La harmaline, cristallisée dans l'alcool, se présente [1] sous la forme d'octaèdres à base rhombe P, modifiés par les faces ∞ P∞, ∞ P̄∞ et P̄∞. Rapport de l'axe vertical aux deux axes horizontaux :: 1 : 1,804 : 1,415. Angle des arêtes culminantes, dans P, = 116°34′ et 131°18′; id. des arêtes latérales, = 83°54′.

La harmaline colore la salive en jaune. Elle est peu soluble dans l'eau et l'éther, et assez soluble dans l'alcool froid. L'alcool bouillant la dissout en grande quantité.

Elle a donné à l'analyse :

	Varrentrapp et Will.		Fritzsche.			Fritzsche [2].		$C^{26}H^{14}N^{2}O^{2}$.
Carbone.	73,3	72,9	73,8	73,3	73,5	72,90	72,83	72,93
Hydrogène. . . .	6,8	6,8	6,6	6,5	6,6	6,51	6,43	6,52
Azote.	13,6	13,3	»	»	»	»	»	13,08
Oxygène.	»	»	»	»	»	»	»	7,47
								100,00

La harmaline fond par la chaleur en répandant des vapeurs blanches et en se charbonnant. Chauffée dans un tube de verre, elle donne un sublimé blanc et farineux.

Sous l'influence des agents oxygénants, la harmaline se convertit en une matière colorante rouge, insoluble dans l'eau, soluble dans l'alcool. Le *rouge de harmala* [3], employé dans la teinture des étoffes, s'obtient directement avec les graines de harmala, auxquelles ont fait subir une préparation particulière.

L'acide nitrique concentré transforme la harmaline en une base particulière. (§ 2118).

§ 2115. Les *sels de harmaline* sont jaunes, généralement fort solubles, et cristallisables.

[1] NORDENSKIOELDS, *Bullet. de l'Acad. de S.-Pétersb.*, VI, 58.

[2] Dernières analyses.

[3] MM. Schlumberger et Dolfuss (*Journ. f. prakt. Chem.*, XXX, 1), qui ont fait quelques essais sur les propriétés tinctoriales du rouge de harmala, n'ont pas obtenu des résultats avantageux.

Le *chlorhydrate*, $C^{26}H^{14}N^{2}O^{2}$, HCl, + 4 aq., forme de longues aiguilles jaunes et prismatiques, contenant 12,3 pour 100 d'eau de cristallisation. Il est assez soluble dans l'eau et l'alcool.

Le *chloroplatinate*, $C^{26}H^{14}N^{2}O^{2}$, HCl, $PtCl^{2}$, est un précipité jaune, renfermant :

	Fritzsche.				Will. et V.	Calcul.
Platine. .	23,39	23,45	23,19	23,07	24,5	23,5

Le *chloromercurate* est cristallin et peu soluble.

Le *bromhydrate* se présente en cristaux qui ressemblent beaucoup au chlorhydrate.

Le *sulfhydrate* s'obtient en cristaux prismatiques, en mélangeant une solution de sulfhydrate d'ammoniaque, saturée d'hydrogène sulfuré avec une solution d'acétate de harmaline. Il se décompose au contact de l'air, et, en partie, par la dissolution dans l'eau.

Le *sulfite* se dessèche en un vernis jaune.

Le *sulfate* se dessèche, dans le vide, en une masse radiée; avec un excès d'acide sulfurique, on obtient des aiguilles fort solubles, qui paraissent constituer un sursel.

Le *nitrate* cristallise aisément en aiguilles, peu solubles dans l'eau froide.

Le *phosphate* s'obtient aussi en aiguilles.

Le *chromate neutre* est un sel cristallisé, fort peu soluble. Lorsqu'on mélange des solutions étendues de harmaline et de chromate neutre de potasse, il se produit, à chaud ou par l'emploi d'un excès de chromate, un précipité de harmaline libre. Si l'on verse goutte à goutte une solution d'acétate de harmaline dans une solution de chromate saturée à froid, il se produit aussi d'abord un précipité de harmaline; mais si l'on filtre et qu'on ajoute encore de l'acétate de harmaline à la liqueur filtrée, il se dépose au bout de quelque temps un précipité jaune clair de chromate neutre de harmaline. Si l'on introduit du chromate de potasse solide dans une solution concentrée d'acétate de harmaline, la liqueur se trouble passagèrement; entièrement saturée de chromate, elle dépose une masse jaune épaisse. On la dissout dans l'eau, après en avoir décanté l'eau-mère; la solution aqueuse dépose, au bout de quelque temps des aiguilles aplaties de chromate neutre de harmaline, mélangées de cristaux de harmaline libre.

Le *bichromate de harmaline* renferme $C^{26}H^{14}N^{2}O^{2}$, HO, 2 CrO^{3}. Les solutions de harmaline diluées précipitent immédiatement, par le bichromate de potasse, sous la forme de gouttes oléagineuses, orangées, qui deviennent cristallines au bout de quelque temps. Chauffé à 120°, ce sel se décompose brusquement en donnant un sublimé de harmine, ainsi qu'un résidu foncé contenant du chrome.

Le *bicarbonate* de harmaline peut s'obtenir en mélangeant une solution d'acétate de harmaline avec une solution concentrée de bicarbonate de potasse ; c'est un précipité composé de fines aiguilles peu stables. Les carbonates neutres à base d'alcali ne précipitent pas les sels de harmaline, ou ne donnent qu'un précipité de harmaline libre.

L'*oxalate neutre* s'obtient en aiguilles lorsqu'on fait bouillir l'acide oxalique avec un excès de harmaline. L'*oxalate acide* cristallise aussi en aiguilles, et s'obtient au moyen d'un excès d'acide oxalique.

Le *cyanhydrate* constitue un alcali particulier (Voy. § 2123, *Hydrocyan-harmaline*).

Le *ferrocyanhydrate* s'obtient sous la forme d'une poudre rouge brique et cristalline en mélangeant à chaud une solution de ferrocyanure de potassium avec une solution de chlorhydrate de harmaline.

Le *ferricyanhydrate* s'obtient de même en longs prismes d'un brun verdâtre foncé.

Le *sulfocyanhydrate* forme des aiguilles soyeuses, peu solubles dans l'eau froide, solubles dans l'eau bouillante.

L'*acétate* s'obtient sous la forme d'un sirop devenant cristallin au bout de quelque temps, lorsqu'on abandonne à l'évaporation spontanée une solution de harmaline dans l'acide acétique. Il perd de l'acide acétique par la chaleur.

§ 2116. HARMINE[1], $C^{26}H^{12}N^2O^2$. — Cet alcali peut être directement extrait des graines de peganum, mais on l'obtient aussi comme produit de transformation de la harmaline. Ainsi, lorsqu'on chauffe le bichromate de harmaline au delà de 120°, il se décompose subitement avec dégagement de chaleur, et production de harmine dont une partie est volatilisée, mais se condense immédiatement en cristaux sur les parois du vase.

Un procédé plus avantageux consiste à chauffer la harmaline avec un mélange à parties égales d'acide chlorhydrique et d'alcool,

[1] FRITZSCHE (1847), *loc. cit.*

additionné d'un peu d'acide nitrique. Quand l'ébullition a commencé, la conversion de la harmaline en harmine est bientôt terminee, et si l'on refroidit le liquide, le chlorhydrate de harmine se dépose abondamment en fines aiguilles.

La harmine forme des prismes rhomboïdaux de 124° 18′ et 55° 42′. Elle est presque insoluble dans l'eau, et très-peu soluble à froid dans l'alcool et dans l'éther. Elle constitue un alcali plus faible que la harmaline ; cependant elle est encore assez forte pour expulser l'ammoniaque de ses sels à l'aide de l'ébullition.

Elle a donné à l'analyse :

	Fritzsche.					$C^{26}H^{12}N^2O^2$.
Carbone. .	74,38	73,89	73,95	73,73	73,78	73,62
Hydrogène.	5,53	5,32	5,62	5,62	5,62	5,64
Azote. . .	13,02	»	»	»	»	13,20
Oxygene. .	»	»	»	»	»	7,54
						100,00

On voit par ces analyses que la harmine contient 2 atomes d'hydrogène de moins que la harmaline.

§ 2117. Les *sels de harmine* sont incolores ; leurs dissolutions ont une couleur jaunâtre à l'état de concentration, et une teinte bleuâtre à l'état de dilution.

Le *chlorhydrate de harmine*, $C^{26}H^{12}N^2O^2$, HCl + 4 aq., constitue des aiguilles renfermant 12,38 pour 100 d'eau de cristallisation, qu'il perd complétement par la dessication à 100°. L'alcool le dépose à l'état anhydre.

Le *chloroplatinate*, $C^{26}H^{12}N^2O^2$, HCl, $PtCl^2$, s'obtient quand on mélange le chlorhydrate avec une dissolution de bichlorure de platine ; c'est un précipité floconneux, que la chaleur rend cristallin. Il renferme :

	Fritzsche.	Calcul.
Carbone.	37,90	37,1
Hydrogène. . . .	3,17	3,1
Platine.	23,25	23,5

Le *chloromercurate* se dépose à froid sous la forme d'un précipité caillebotté ; si l'on opère à chaud, le précipité est cristallin.

Le *bromhydrate et l'iodhydrate* ressemblent au chlorhydrate.

Le *sulfhydrate* ne paraît pas pouvoir s'obtenir ; le sulfhydrate d'ammoniaque, étant versé dans une solution de harmine, n'en précipite que de l'alcali libre.

Le *sulfate neutre*, 2 $C^{26}H^{12}N^2O^2$, S^2O^6, 2 HO + 4 aq., s'obtient en mettant un excès de harmine en digestion avec de l'acide sulfurique étendu. Ce sel se sépare par l'évaporation en aiguilles groupées concentriquement. Les cristaux renferment 6,57 pour 100 d'eau de cristallisation.

Le *bisulfate*, $C^{26}H^{12}N^{2}O^{2}$, $S^{2}O^{6}$, 2 HO, s'obtient en dissolvant la harmine dans de l'alcool bouillant, additionné d'un excès d'acide sulfurique, et abandonnant le mélange au repos. Il se sépare alors en cristaux qui ressemblent beaucoup à ceux du sel neutre, mais ne contiennent pas d'eau de cristallisation.

Le *nitrate* cristallise aisément en aiguilles incolores, peu solubles dans l'eau froide, surtout contenant de l'acide nitrique.

Le *chromate neutre* s'obtient difficilement à l'état de pureté. Lorsqu'on mélange ensemble des solutions concentrées de chromate de potasse neutre et de chlorhydrate de harmine, il se sépare aussitôt une masse jaune et épaisse qui se concrète au bout de quelque temps; elle paraît être un mélange de harmine libre et de chromate de harmine.

Le *bichromate de harmine*, $C^{26}H^{12}N^{2}O^{2}$, 2 CrO^{3}, HO, se forme toujours lorsqu'on mélange une solution acide de harmine avec un chromate soluble. Il se comporte comme le chromate de harmaline, et se décompose par la chaleur en donnant une base particulière.

Le *carbonate* n'a pas été obtenu. Les carbonates alcalins précipitent de la harmine pure des sels de cette base.

L'*oxalate neutre* est un précipité cristallin, peu soluble, qu'on obtient en introduisant de la harmine récemment précipitée dans une solution bouillante de cet alcali dans l'acide oxalique.

Le *bioxalate*, $C^{26}H^{12}N^{2}O^{2}$, $C^{4}O^{6}$, 2 HO + 2 aq., cristallise, dans l'eau-mère de la préparation du sel précédent, sous la forme d'aiguilles groupées en aigrettes. Ces cristaux contiennent 5,67 p. c. d'eau de cristallisation qu'ils perdent par la dessication à 110°.

Le *cyanhydrate* ne paraît pas exister à l'état libre.

Le *ferrocyanhydrate* se dépose sous la forme d'un précipité jaune clair, cristallin et peu soluble, lorsqu'on mélange ensemble des solutions modérément échauffées de ferrocyanure de potassium et d'un sel de harmine; si l'on emploie des liqueurs bouillantes, le sel se dépose à l'état de cristaux orangés.

Le *ferricyanhydrate* se dépose sous la forme d'un précipité jaune pâle.

Le *sulfocyanhydrate* se précipite sous la forme d'aiguilles feutrées, assez peu solubles dans l'eau froide, lorsqu'on mélange ensemble des solutions diluées de chlorhydrate de harmine et de sulfocyanure de potassium.

L'*acétate* s'obtient à l'état cristallin par l'évaporation spontanée d'une solution de harmine dans l'acide acétique; il perd de l'acide acétique par la chaleur.

Dérivés nitriques de la harmaline et de la harmine.

§ 2118. *Nitroharmaline*[1], ou chrysoharmine, $C^{26}H^{13}(NO^4)N^2O^2$. — Cet alcali représente de la harmaline, dont 1 atome d'hydrogène est remplacé par son équivalent de nitryle. Pour le préparer, on délaye 1 p. de harmaline dans 6 à 8 p. d'alcool de 80 centièmes, et on y ajoute 2 p. d'acide sulfurique concentré, puis, la dissolution étant opérée, 2 p. d'acide nitrique moyennement concentré. On place ce mélange au bain-marie : il se manifeste aussitôt une réaction très-vive, et la transformation ne tarde pas à s'opérer. On refroidit alors le mélange pour empêcher les décompositions secondaires; il se dépose ainsi une poudre jaune et cristalline de sulfate de nitroharmaline. Après avoir lavé ce sel avec de l'alcool additionné d'acide sulfurique, on le fait dissoudre dans l'eau chaude, et on le précipite par la potasse ou l'ammoniaque diluée. Si la nitroharmaline ainsi précipitée contient de la harmaline non décomposée ou de la harmine, on s'en débarasse au moyen de l'acide sulfureux, qui donne avec la nitroharmaline un sel peu soluble, et avec les deux autres bases des sels fort solubles.

Un autre procédé consiste à délayer 1 p. de harmaline dans 2 p. d'eau, à y ajouter une quantité suffisante d'acide acétique pour dissoudre la base, et à faire arriver la solution en filet mince dans 24 p. d'acide nitrique bouillant d'une densité de 1,12. Dès que toute la matière est introduite dans la liqueur acide et que le dégagement des vapeurs rouges a cessé, on refroidit le mélange aussi rapidement que possible, et l'on y ajoute un excès d'alcali minéral; la nitroharmaline se précipite ainsi, tandis que la matière résineuse, produite en même temps, reste en dissolution. On lave le précipité, on le dissout dans l'acide acétique dilué, et, après avoir filtré la liqueur, on y ajoute du chlorure de sodium qui précipite du chlorhydrate de nitroharmaline. On lave ce précipité avec une solution

[1] FRITZSCHE (1848), *loc. cit.*

saturée de chlorure de sodium; on le fait dissoudre dans l'eau tiède, et l'on précipite la solution par un alcali. Si l'on maintient trop longtemps l'action de l'acide nitrique sur la harmaline, ou si l'on emploie un acide nitrique trop concentré, la réaction va plus loin, et l'on obtient de la nitroharmine.

La nitroharmaline précipite sous la forme d'une poudre orangée, composée de prismes microscopiques; on l'obtient en cristaux plus gros à l'aide de sa solution alcoolique. Peu soluble dans l'eau froide, la nitroharmaline lui communique néanmoins une teinte jaune; elle est beaucoup plus soluble dans l'eau bouillante. Elle est plus soluble dans l'alcool que la harmaline et la harmine; elle est peu soluble dans l'éther à froid, plus soluble à chaud. Elle se dissout aussi en partie dans les liqueurs alcalines, par lesquelles on la précipite. Les huiles grasses et les huiles essentielles la dissolvent également. Le naphte la dissout à chaud, et dépose par le refroidissement, outre de la nitroharmaline, des aiguilles jaune-clair qui paraissent contenir du napthe (5 à 6 p. c.) en combinaison chimique (?).

Elle a donné à l'analyse :

	Fritzsche.					Calcul.
Carbone. .	60,37	61,84	61,02	60,43	60,31	60,27
Hydrogène.	5,01	5,22	5,19	4,94	4,91	5,01
Azote. . .	14,61	14,95	16,24	»	»	16,21
Oxygène. .	»	»	»	»	»	18,51
						100,00

Chauffée à environ 120°, la nitroharmaline fond en une masse brune et résinoïde qui se concrète de nouveau par le refroidissement.

La nitroharmaline décompose à chaud les sels ammoniacaux, en en dégageant de l'ammoniaque.

Elle est convertie par l'acide nitrique en nitroharmine.

La *nitroharmaline argentique*, $C^{26}H^{12}Ag(NO^4)N^2O^2 + 2$ aq. (?), se précipite sous la forme de flocons gélatineux, d'un rouge jaunâtre, lorsqu'on mélange du nitrate d'argent ammoniacal avec une solution entièrement neutre de nitrate de nitroharmaline. Le précipité est insoluble dans l'eau, peu soluble dans l'alcool. Les acides et l'ammoniaque le décomposent déjà froid. Il a donné à l'analyse 30 p. c. d'oxyde d'argent (calcul, 30,2 p. c.).

§ 2119. Les *sels de nitroharmaline* sont tous colorés en jaune.

Le *chlorhydrate*, $C^{26}H^{13}(NO^4)N^2O^2$, HCl, cristallise en petits prismes; il s'obtient en délayant l'alcali dans l'alcool, et en le faisant bouillir avec de l'acide chlorhydrique. Ce chlorhydrate est précipité de sa solution aqueuse par un excès d'acide chlorhydrique et par le sel marin.

Le *chloroplatinate*, $C^{26}H^{13}(NO^4)N^2O^2$, HCl, $PtCl^2$, se dépose sous la forme d'un précipité jaune-clair qui finit par se convertir en cristaux microscopiques, lorsqu'on mélange le chlorhydrate de nitroharmaline avec du bichlorure de platine. Il renferme :

	Fritzsche.		Calcul.
Carbone	34,38	34,04	33,4
Hydrogène.	3,04	3,12	3,0
Platine.	21,09	»	21,2

Le *chloromercurate* est un précipité jaune-clair et cristallin.

Le *bromhydrate et l'iodhydrate* ressemblent au chlorhydrate.

Le *sulfite* se précipite d'une solution dans l'acide sulfureux de la nitroharmaline récemment précipitée, sous la forme d'une poudre très-peu soluble dans l'eau froide, surtout chargée d'acide sulfureux.

Le *sulfate neutre* se précipite peu à peu à l'état cristallin, si l'on sature de sulfate d'ammoniaque une solution d'acétate neutre de nitroharmaline. On peut aussi l'obtenir en mettant un excès de nitroharmaline en digestion avec de l'acide sulfurique dilué, et en abandonnant la solution à l'évaporation spontanée.

Le *bisulfate*, $C^{26}H^{13}(NO^4)N^2O^2$, S^2O^6, $2\,HO$, se produit lorsqu'on fait dissoudre à chaud la nitroharmaline dans un excès d'acide sulfurique mélangé d'alcool, ou qu'on la fait dissoudre dans l'acide sulfurique concentré, et qu'on verse goutte à goutte la solution brune dans de l'eau froide. C'est une poudre jaune-clair et cristalline, peu soluble dans l'eau froide.

Le *nitrate* cristallise en aiguilles jaunes, assez peu solubles dans l'eau, surtout contenant de l'acide nitrique libre.

Une combinaison de *nitrate d'argent et de nitroharmaline* s'obtient en mélangeant une solution alcoolique de nitroharmaline avec du nitrate d'argent; elle se précipite sous la forme de flocons, volumineux, jaune clair, composés d'aiguilles feutrées. Ordinairement le précipité est mélangé de grains orangés.

Le *bichromate* se sépare sous la forme de gouttes huileuses quand on mélange à froid une solution de nitroharmaline avec de l'acide chromique ou du bichromate de potasse. L'eau et l'alcool froids ont peu d'action sur ce sel; mais il s'y dissout sans altération à la température de l'ébullition, et s'en sépare de nouveau par le refroidissement.

Le *carbonate* ne peut s'obtenir qu'en solution, lorsqu'on met la nitroharmaline en digestion avec de l'eau chargée d'acide carbonique. Le bicarbonate de potasse produit à froid, dans les solutions de nitroharmaline, un précipité cristallin qui paraît consister en grande partie en nitroharmaline libre mêlée d'un peu de carbonate.

L'*oxalate* est cristallisable. La nitroharmaline est très-soluble dans l'acide oxalique; un excès de cet acide ne précipite pas la solution; par l'évaporation, l'oxalate se dépose en petits cristaux.

Le *cyanhydrate* constitue un alcali particulier (§ 2125).

Le *ferrocyankydrate* s'obtient sous la forme d'un précipité jaune, composé d'aiguilles groupées en aigrettes, lorsqu'on mélange une solution de nitroharmaline avec du ferrocyanure de potassium.

Le *ferricyanhydrate* se sépare sous la forme de gouttes huileuses qui finissent par se prendre en une poudre jaune et cristalline.

Le *sulfocyanhydrate* forme des aiguilles microscopiques, jaunes et peu solubles.

L'*acétate* est un sel soluble.

§ 2120. *Nitroharmine*[1], $C^{26}H^{11}(NO^4)N^2O^2$. — Cet alcali représente de la harmine dont 1 atome d'hydrogène est remplacé par son équivalent de nitryle. On peut l'obtenir par l'acide nitrique et la harmaline ou la nitroharmaline. (On n'a pas réussi à transformer directement la harmine en nitroharmine).

Pour le préparer, on fait une solution avec 1 p. de harmaline, 2 p. d'eau et la quantité d'acide acétique nécessaire, et l'on verse peu à peu la liqueur, en filet mince, dans 12 p. d'acide nitrique bouillant d'une densité de 1,40. La réaction est accompagnée d'un violent dégagement de vapeurs rouges. Si la liqueur est maintenue en ébullition pendant quelque temps, elle finit par ne plus renfermer ni harmaline, ni nitroharmaline. Refroidie, elle dépose des cristaux de nitrate de harmine, dont la quantité augmente encore par l'évaporation spontanée; il en reste cependant beaucoup en dissolution dans les eaux-mères. Dans cette réaction il se produit aussi une substance résineuse, soluble dans les alcalis, et qui se sépare par l'addition de l'eau à la liqueur nitrique; elle se produit surtout lorsqu'on emploie moins d'acide nitrique que la quantité

[1] FRITZSCHE (1853), *loc. cit.*

indiquée précédemment, ou qu'on verse peu à peu cet acide sur la harmaline.

Pour extraire toute la nitroharmine contenue dans la liqueur nitrique, on la refroidit rapidement, dès que la réaction est achevée, et l'on y ajoute un excès d'alcali caustique. La nitroharmine se dépose ainsi sous la forme d'un précipité jaune foncé, tandis que la matière résineuse reste en dissolution et colore la liqueur en rouge brun. On délaye le précipité dans l'eau bouillante, et l'on y ajoute goutte à goutte de l'acide chlorhydrique de manière à le dissoudre; on filtre la solution bouillante, et, après l'avoir laissée refroidir, on y ajoute de l'acide chlorhydrique concentré jusqu'à ce qu'elle commence à se troubler; abandonnée ensuite au repos, elle dépose la plus grande partie du chlorhydrate de nitroharmine sous la forme d'aiguilles. On jette ces cristaux sur un filtre, et on les lave avec de l'acide chlorhydrique étendu. Le chlorhydrate de nitroharmine ayant été dissous dans l'eau bouillante, on y ajoute goutte à goutte de l'ammoniaque, en maintenant la liqueur à l'ébullition; la nitroharmine se précipite ainsi à l'état de flocons jaunes qui se transforment peu à peu en fines aiguilles. On sèche ce produit, et on le fait recristalliser dans l'alcool concentré et bouillant.

La nitroharmine forme de fines aiguilles jaunes, sans saveur, peu solubles dans l'eau froide, plus solubles dans l'eau bouillante. Elle se dissout dans l'alcool, surtout à chaud; la solution alcoolique, refroidie brusquement, dépose d'abord l'alcali à l'état de cristaux octaédriques jaune foncé, qui se tranforment rapidement en aiguilles. L'éther ne dissout la nitroharmine qu'en petite quantité. Le naphte et l'huile de goudron la dissolvent à chaud.

La nitroharmine renferme :

	Fritzsche.		Calcul.
Carbone.	60,83	60,77	60,74
Hydrogène.	4,19	4,26	4,27
Azote.	16,00	»	16,33
Oxygène.	»	»	18,66
			100,00

La nitroharmine ne décompose que lentement à chaud la solution du chlorhydrate d'ammoniaque, en en dégageant de l'ammoniaque.

Elle se combine avec l'iode (§ 2122). Le chlore et le brome la décomposent.

Lorsqu'on mélange une solution de nitrate de nitroharmine,

entièrement neutre, avec du nitrate d'argent ammoniacal, on obtient une gelée transparente, d'un orangé foncé, qui paraît être la *nitroharmine argentique*.

§ 2121. Les *sels de nitroharmine* ont une légère saveur amère.

Le *chlorhydrate*, $C^{26}H^{11}(NO^4)N^2O^2$, HCl + 4 aq., s'obtient à l'état cristallisé lorsqu'on ajoute un excès d'acide chlorhydrique à la solution de la nitroharmine dans l'acide acétique ou dans l'eau chaude aiguisée de quelques gouttes d'acide chlorhydrique ; le sel se dépose alors sous la forme de fines aiguilles qu'on fait recristalliser dans l'alcool bouillant.

Le *chloroplatinate* est un sel peu soluble, cristallisé en aiguilles, qu'on obtient en ajoutant goutte à goutte du bichlorure de platine à une solution diluée et bouillante de chlorhydrate de nitroharmine.

Le *chloromercurate* se précipite à froid sous la forme de flocons gélatineux ; avec des solutions étendues et bouillantes, on l'obtient sous la forme d'aiguilles microscopiques, d'un jaune clair, et groupées en aigrettes.

Le *bromhydrate* se sépare sous la forme d'aiguilles jaunes et soyeuses par l'addition d'un bromure alcalin à la solution de l'acétate de nitroharmine.

L'*iodhydrate* s'obtient comme le sel précédent. Quelquefois, dans la préparation de l'iodhydrate, on observe la formation d'un corps gélatineux brunâtre, qui est probablement le même que celui qu'on obtient avec l'iode et la nitroharmine (§ 2122).

Le *sulfate neutre* s'obtient en délayant la nitroharmine récemment précipitée dans l'eau chaude, et en y ajoutant une quantité d'acide sulfurique qui ne suffise pas à sa solution complète ; la liqueur filtrée dépose alors, par le refroidissement, de fines aiguilles jaune clair. Le *bisulfate* s'obtient, avec un excès d'acide sulfurique, sous la forme d'aiguilles semblables.

Le *nitrate* est peu soluble dans l'eau, encore moins soluble dans l'acide nitrique étendu ; aussi l'acide nitrique précipite peu à peu la solution de tous les autres sels de nitroharmine ; ordinairement le nitrate de nitroharmine se dépose sous la forme d'aiguilles jaune clair qui se transforment à la longue, au sein de la liqueur acide, en cristaux grenus et rhomboïdaux d'un jaune plus foncé. — Lorsqu'on délaye dans l'eau froide de la nitroharmine récemment précipitée, qu'on y ajoute quelques gouttes d'acide nitrique en quantité insuffisante pour dissoudre la matière, et qu'ensuite on y verse avec précaution de l'ammoniaque diluée, jusqu'à ce que de la nitroharmine commence à se précipiter, la liqueur filtrée dépose par le repos une substance qui se présente au microscope sous la forme de filaments contournés et partant d'un centre commun; cette substance paraît être un *sous-nitrate* de nitroharmine.

Le *chromate* et le *bichromate* de potasse produisent dans la solution des sels de nitroharmine des précipités cristallins. Ceux-ci, chauffés à l'état sec, donnent un alcali jaune, différent de la nitroharmine.

Le *cyanhydrate* ne paraît pas pouvoir s'obtenir isolément. Une combinaison de *cyanhydrate de nitroharmine* et de *cyanure de mercure* se dépose, par le refroidissement, sous la forme de cristaux prismatiques jaunes, lorsqu'on ajoute du cyanure de mercure à une solution bouillante d'acétate de nitroharmine; si l'on ajoute de l'ammoniaque à l'eau-mère bouillante, il se produit des flocons volumineux qui se transforment en fines aiguilles jaune clair. La composition de ces cristaux n'a pas été trouvé constante (23 à 27 p. c. d'oxyde de mercure).

Le *ferrocyanhydrate* se précipite sous la forme de flocons gélatineux lorsqu'on mélange à froid des solutions concentrées de ferrocyanure de potassium et d'un sel de nitroharmine. On l'obtient sous la forme de prismes microscopiques brun clair, peu solubles dans l'eau bouillante, en ajoutant goutte à goutte une solution de ferrocyanure de potassium à la solution bouillante d'un sel de nitroharmine ou à la solution froide, fort étendue et acide, d'un semblable sel.

Le *ferricyanhydrate* s'obtient avec le ferricyanure de potassium, et se dépose, par le refroidissement, sous la forme de grains jaunes, plus solubles dans l'eau bouillante que le sel précédent.

Le *sulfocyanhydrate* se sépare sous la forme d'aiguilles presque incolores, solubles à chaud, lorsqu'on mélange à froid une solution de sulfocyanure de potassium avec un sel de nitroharmine.

L'*acétate* se dépose peu à peu sous la forme de cristaux octaédriques (?), jaunes et transparents, lorsqu'on abandonne une solution de nitroharmine dans un mélange bouillant d'alcool et d'acide acétique concentré. Ce sel se décompose en partie par l'eau, surtout à chaud.

§ 2122. L'*iodo-nitroharmine*[1], $C^{26}H^{11}(NO^4)N^2O^2, I^2$, est une com-

[1] FRITZSCHE (1853), *loc. cit.*

binaison de nitroharmine et d'iode. On l'obtient en mélangeant des solutions bouillantes d'iode et de nitroharmine dans l'alcool ou dans l'huile de goudron de houille. Elle se sépare aussitôt sous la forme d'aiguilles microscopiques, agglomérées, d'un brun jaune. Elle est presque insoluble à froid dans l'eau, l'alcool, l'éther et l'huile de goudron; elle n'y est que fort peu soluble à chaud. On peut la chauffer à 100° sans qu'elle se décompose.

Bouillie avec de l'alcool, elle se dédouble en iode et en nitroharmine; ce dédoublement est plus rapide par l'action de l'acide sulfurique dilué et bouillant.

Elle paraît donner avec l'acide chlorhydrique un sel cristallin, coloré en noir, qui se décompose aisément en mettant de l'iode en liberté.

L'acide acétique concentré et bouillant la dissout en donnant une liqueur brune qui dépose, par le refroidissement, des cristaux colorés.

Une solution alcoolique et concentrée d'acide cyanhydrique la dissout aisément; la solution dépose un composé cristallin qui n'a pas été examiné.

Dérivés cyanhydriques de la harmaline.

§ 2123. *Hydrocyan-harmaline*[1], $C^{26}H^{14}N^{2}O^{2}$, CyH. — C'est une base composée de harmaline et d'acide cyanhydrique.

Différents procédés la fournissent. Le moyen qui réussit le mieux consiste à dissoudre la harmaline dans une solution, faible et bouillante, d'acide cyanhydrique, et de filtrer à chaud. La base se dépose alors, par le refroidissement, sous forme de cristaux.

On l'obtient également au moyen de l'acide cyanhydrique et de l'acétate de harmaline en dissolution concentrée; la réaction ne se manifeste qu'au bout de quelque temps. Mais ce procédé n'est pas avantageux.

On peut l'obtenir immédiatement et en grande quantité en versant une solution de cyanure de potassium dans la solution d'un sel de harmaline, ou encore en versant de la potasse dans la dissolution d'un semblable sel, préalablement additionnée d'acide cyanhydrique. Obtenue au moyen de solutions aqueuses, l'hydrocyan-harmaline se précipite en flocons amorphes qui perdent de

[1] FRITZSCHE (1847), *loc. cit.*

l'acide cyanhydrique par la dessiccation à l'air; on évite cette décomposition en traitant la poudre encore humide par l'alcool chaud qui la dissout.

Si la base ainsi préparée renferme de la harmaline, on la purifie en la délayant dans l'eau, et ajoutant de l'acide acétique jusqu'à réaction acide; la harmaline se dissout facilement, tandis que l'hydrocyan-harmaline n'est que peu attaquée si l'on opère avec de l'acide étendu, et qu'on ne prolonge pas le contact.

A l'état pur, l'hydrocyan-harmaline constitue de minces tables rhomboïdales qui ne s'altèrent ni à l'air libre, ni dans le vide, ni même à 100° quand elles sont sèches. Mais à une température plus élevée, elle se décompose en acide cyanhydrique et en harmaline; elle éprouve la même décomposition quand on la fait bouillir dans l'eau ou dans l'alcool.

Ellle a donné à l'analyse :

	Fritzsche.	Calcul.
Carbone.	69,89	69,71
Hydrogène.	6,49	6,22
Azote.	»	17,42
Oxygène.	»	6,65
		100,00

Bouillie avec un grand excès d'acide nitrique, l'hydrocyan-harmaline délayée dans l'eau s'attaque avec dégagement de vapeurs nitreuses, et donne une solution pourpre qui dépose, par le refroidissement, un beau corps rouge en grains non cristallins. Ce produit se colore en vert par l'ammoniaque.

Chauffée avec de l'acide chlorhydrique et du chlorate de potasse, l'hydrocyan-harmaline donne un produit résineux.

§ 2124. Les *sels d'hydrocyan-harmaline* présentent encore moins de stabilité que l'alcali isolé, et se décomposent aisément en acide cyanhydrique et en sels de harmaline. Cette décomposition s'effectue d'autant plus aisément que les solutions avec lesquelles on opère sont plus étendues. Elle a lieu de même par la dessication des sels, ainsi que par la conservation. Il est donc difficile de les obtenir à l'état de pureté.

Pour les préparer, on dissout l'hydrocyan-harmaline dans les acides; cependant tous les acides ne paraissent pas s'y combiner. Ainsi l'acide acétique concentré dissout bien peu à peu l'hydrocyan-harmaline, mais on ne parvient pas à obtenir un acétate sec.

Le *chlorhydrate*, $C^{26}H^{14}N^{2}O^{2}$, CyH, HCl, s'obtient en délayant l'alcali dans un peu d'eau ou d'alcool, et ajoutant ensuite une quantité suffisante d'acide chlorhydrique. On reconnaît alors au microscope que les tables de l'alcali se transforment en cristaux plus petits et agglomérés. Si l'on emploie l'alcali en poudre, tel qu'on l'obtient en précipitant par l'ammoniaque une solution de harmaline additionnée d'acide cyanhydrique, le tout se dissout complétement en présence d'une quantité suffisante d'eau ou d'alcool, après l'addition de l'acide chlorhydrique, et le sel se dépose peu à peu sous la forme d'une poudre cristalline. Celle-ci paraît se composer de petits octaèdres à base rhombe, avec des facettes secondaires, tandis que le chlorhydrate de harmaline se présente au microscope sous la forme de longs prismes jaunes.

Le *sulfate* se prépare en délayant l'alcali dans l'acide sulfurique. L'acide concentré le dissout en produisant un liquide jaune; celui-ci, exposé à l'air humide ou additionné d'eau avec précaution, se décolore et dépose des cristaux de sulfate. Un acide étendu le dissout, et la solution dépose également des cristaux microscopiques d'un sel dont la forme est toute différente de celle du sulfate de harmaline.

Le *nitrate* peut s'obtenir cristallisé. Lorsqu'on mélange l'alcali avec de l'acide nitrique, il se produit d'abord un corps huileux qui se concrète au bout de quelque temps en une matière cristalline. Si l'alcali est bien divisé et délayé dans beaucoup d'eau, il se dissout entièrement dans l'acide nitrique, et la solution dépose des cristaux de nitrate d'hydrocyan-harmaline, suivis bientôt après de cristaux de nitrate de harmaline.

§ 2125. L'*hydrocyano-nitroharmaline* [1], $C^{26}H^{13}(NO^{4})N^{2}O^{2}$, CyH, s'obtient en faisant dissoudre la nitroharmaline dans une solution alcoolique et chaude d'acide cyanhydrique : elle se dépose alors par le refroidissement sous la forme de fines aiguilles.

On peut aussi, pour la préparer, abandonner une solution concentrée d'acétate de nitroharmaline, additionnée d'acide cyanhydrique concentré.

Enfin, elle se précipite également sous la forme d'une gelée qui se prend peu à peu en aiguilles, lorsqu'on mélange à froid avec de l'ammoniaque la solution d'un sel de nitroharmaline additionnée d'un excès d'acide cyanhydrique.

[1] Fritzsche (1849), *loc. cit.*

L'hydrocyano-nitroharmaline se présente sous la forme d'aiguilles jaunes, qui, à l'état humide, dégagent une odeur d'ammoniaque. Une fois desséchée, elle ne s'altère pas au contact de l'air.

Bouillie avec de l'eau, elle se dédouble en acide cyanhydrique et en nitroharmaline.

L'ammoniaque concentrée, et surtout la potasse caustique, la décomposent en la colorant.

L'acide sulfurique concentré la dissout à la température ordinaire, en se colorant en jaune brunâtre; la liqueur versée dans l'eau ne dégage pas d'acide cyanhydrique; si l'on emploie peu d'eau, on obtient ainsi des aiguilles contenant de l'acide sulfurique, de l'acide cyanhydrique et de la nitroharmaline. Ce produit se décompose par les lavages en émettant de l'acide cyanhydrique.

Alcalis de l'opium.

§ 2126. On trouve dans l'opium un grand nombre d'alcalis [1], en combinaison avec l'acide méconique (§ 706) et certains acides minéraux. Voici les noms et la composition de ces alcalis :

Morphine.	$C^{34}H^{19}NO^{6} + 2$ aq.,
Codéine.	$C^{36}H^{21}NO^{6} + 2$ aq.,
Thébaïne.	$C^{38}H^{21}NO^{6}$,
Papavérine. . . .	$C^{40}H^{21}NO^{8}$,
Narcotine.	$C^{46}H^{25}NO^{14}$,
Narcéine.	$C^{46}H^{29}NO^{18}$.

La morphine et la codéine semblent être homologues, car leur

[1] D'autres substances ont encore été trouvées dans l'opium. La *pseudo-morphine* en a été extraite par Pelletier (*Journ. de Pharm.*, XXI, 569, et *Ann. der Chem. u. Pharm.*, XVI, 49) dans des conditions indéterminées. Cette substance cristallise dans beaucoup d'eau bouillante en paillettes micacées; elle est presque insoluble dans l'alcool absolu et dans l'éther, ainsi que dans les acides minéraux dilués, mais elle se dissout aisément dans la potasse et la soude caustique; elle bleuit par les sels ferriques, comme la morphine. Elle contient : carbone, 52,74 (anc. poids atomique); hydrogène, 5,81 ; azote, 4,08 ; oxygène, 37,37.

La *porphyroxine* a été extraite par M. Merck de l'opium de Bengale (*Ann. der Chem. u. Pharm*, XXI, 201). Elle cristallise en aiguilles brillantes ni alcalines ni acides, assez solubles dans l'alcool, l'éther et les acides dilués, insolubles dans les alcalis minéraux. Lorsqu'on porte à l'ébullition sa solution dans l'acide chlorhydrique, nitrique ou sulfurique dilué, elle prend une belle teinte pourpre ou rosée; les alcalis détruisent cette coloration, les acides la rétablissent.

Voy. § 2148, l'*opianine*, et § 2158 la *méconine*.

composition ne diffère que par C^2H^2. La narcéine renferme les mêmes éléments que la narcotine, plus 4 HO.

Nous décrirons (§ 2152) à la suite de ces alcalis et de leurs combinaisons un grand nombre de produits d'oxydation qui ont été obtenus avec la narcotine.

Le tableau suivant indique les différences de solubilité que présentent les alcalis de l'opium dans l'eau bouillante, l'alcool, l'éther et la potasse caustique.

	EAU.	ALCOOL.	ÉTHER.	POTASSE.
Morphine.	Très-peu soluble.	Assez soluble.	Presque insoluble.	Soluble dans un excès.
Codéine.	Soluble.	Fort soluble.	Fort soluble.	Insoluble dans la potasse concentrée.
Thébaïne.	Insoluble.	Soluble.	Soluble.	Soluble dans la potasse faible.
Papavérine.	Insoluble.	Soluble.	Soluble.	Insoluble.
Narcéine.	Très-peu soluble.	Soluble.	Insoluble.	Soluble dans la potasse faible.
Narcotine.	Presque insoluble.	Soluble.	Soluble.	Insoluble.

Aux caractères précédents on peut ajouter comme caractéristiques : la coloration bleue de la morphine par les sels ferriques, la coloration rouge de la morphine par l'acide nitrique, et la coloration bleue de la papavérine par l'acide sulfurique concentré.

Morphine et combinaisons.

§ 2127. Morphine, $C^{34}H^{19}NO^6 + 2$ aq. — Connue à l'état impur (*Magisterium opii*) déjà au dix-septième siècle, la morphine [1] n'a

[1] Derosne, *Ann. de Chimie*, XLV, 257. — Seguin, *ibid.*, XCII, 225. — Sertuerner, *Journ. d. Pharmac. v. Trommsdorff*, XIII, 1, 234; XIV, 1, 47; XX, 1, 99. *Annal. d.*

été caractérisée comme alcali organique qu'en 1816, époque à laquelle Sertuerner, pharmacien allemand, publia sur ce corps des recherches importantes.

Plusieurs procédés ont été proposés pour l'extraction de la morphine [1].

Celui de M. Merck est fort simple. Il consiste à épuiser l'opium par de l'eau froide, à évaporer l'extrait à consistance de sirop par une douce chaleur, et à y ajouter, pendant qu'il est encore chaud un grand excès de carbonate de soude en poudre, tant qu'il se dégage de l'ammoniaque. Au bout de 24 heures, on recueille le précipité et on le lave à l'eau froide; quand celle-ci n'en est plus colorée, on le traite à froid par de l'alcool de 0,85, on le dessèche de nouveau, et on l'épuise à froid par de l'acide acétique fort étendu. Il faut dans cette dernière opération n'employer jamais beaucoup d'acide à la fois, et attendre toujours que les portions employées soient neutralisées; on passe par un filtre, on décolore la solution par du charbon animal, et on la précipite par de l'ammoniaque, en évitant d'ajouter celle-ci en excès. Après avoir bien lavé le précipité, on le dissout dans l'alcool bouillant; la morphine cristallise alors par le refroidissement. On en obtient une nouvelle quantité par la concentration des eaux-mères.

Thiboumery et Mohr mettent à profit la propriété que possède la morphine d'être soluble dans un excès d'eau de chaux, et d'en être précipitée par le sel ammoniac. On met l'opium en digestion avec trois fois son poids d'eau chaude, on exprime le résidu à plusieurs reprises, et, après avoir concentré l'extrait aqueux, on le verse peu à peu dans du lait de chaux bouillant (pour 4 p. d'opium, 1 p. de chaux vive et 6 à 8 p. d'eau). Après avoir fait bouil-

Phys. v. Gilbert, LV, 61; LVII, 192; LIX, 50. — ROBIQUET, *Ann. de Chim. et de Phys.*, V, 275; LI, 232. *Ann. der Chem. u. Pharm.* V, 87. — PELLETIER et CAVENTOU, *Ann. de Chim. et de Phys.*, XII, 122. — DUMAS et PELLETIER, *ibid.*, XXIV, 182. — LASSAIGNE, *ibid.*, XXV, 102. — DUBLANC, *ibid.*, XXVII, 84. — LIEBIG, *ibid.*, XLVII, 165. *Ann. der Chem. u. Pharm.*, XXVI, 41. — REGNAULT, *Ann. de Chim. et de Phys.*, LXVIII, 131.

[1] HOTTOT, *Journ. de Pharm.*, X, 475. — TILLOY, *ibid.*, XIII, 31. — HENRY fils et PLISSON, *ibid.*, XIV, 241. — GIRARDIN, *ibid.*, XIV, 246. — FAURE, *ibid.*, XV, 568. — DUBLANC, *Journ. de Chim. médic.*, IV, 537. — BLONDEAU, *ibid.*, VI, 97. — WINCKLER, *Repertor. f. Pharmac.*, XXXIX, 468. — GREGORY, *Ann. der Chem. u. Pharm.*, VII, 261. — PREUSS, *ibid.*, XXVI, 56. — MOHR, *ibid.*, XXV, 119. — MERCK, *Traité de Chim. organ. de M. Liebig, édit. franç.*, II, 591. — WITTSTOCK, *Traité de Chimie de Berzelius.*

lir pendant quelque temps, on passe par une toile, on exprime le résidu, et on le reprend une ou deux fois par de l'eau bouillante. Les liqueurs ainsi obtenues sont ensuite évaporées à une douce chaleur, jusqu'à ce que leur poids s'élève au double environ de l'opium employé. Après avoir été de nouveau filtrées, elles sont portées à l'ébullition et mélangées avec du sel ammoniac : il se produit ainsi un précipité de morphine (exempte de narcotine), dont la quantité augmente encore par le refroidissement. Ce précipité est lavé et dissous dans l'acide chlorhydrique ; le chlorhydrate de morphine est ensuite purifié par le charbon animal.

Wittstock utilise, pour la séparation de la morphine et de la narcotine, dans le traitement de l'opium, la propriété que présente la narcotine d'être précipitée par une solution de sel de marin. On met en digestion, pendant six heures, 1 p. d'opium en poudre avec 8 p. d'eau, additionnées de 2 p. d'acide chlorhydrique concentré. Après le refroidissement du mélange, on décante la dissolution brun foncé, et l'on répète encore deux fois la même opération. Ensuite on réunit tous les liquides, et l'on y dissout 4 p. de sel marin ; la liqueur devenue laiteuse s'éclaircit au bout de quelques heures, en déposant un précipité brun caséiforme, contenant la narcotine. On décante la liqueur surnageante chargée de morphine, on y ajoute un excès d'ammoniaque en chauffant légèrement, et on la laisse reposer pendant 24 heures. On jette le précipité sur un filtre, et on le sèche, après l'avoir lavé avec une petite quantité d'eau ; on l'épuise par l'alcool de 82 centièmes, qui laisse à l'état insoluble certaines matières étrangères (méconates, malates, phosphates, substances colorantes), et l'on chasse par la distillation l'alcool de la liqueur. Celle-ci laisse ainsi de la morphine encore un peu colorée, et contenant quelquefois encore un peu de narcotine. On dissout ce résidu dans l'acide chlorhydrique étendu, on filtre la dissolution, et on l'évapore assez pour qu'elle puisse cristalliser ; on obtient ainsi une masse saline qu'on comprime entre des feuilles de papier buvard ; la narcotine dont le chlorhydrate cristallise difficilement, s'écoule avec l'eau-mère. Finalement, on purifie le chlorhydrate de morphine par une nouvelle cristallisation, et on en extrait la morphine pure en le décomposant par l'ammoniaque.

Robertson a mis le premier en pratique un procédé préférable aux précédents, et légèrement modifié depuis par Robiquet et par

M. Gregory. Le voici tel que l'emploie ce dernier chimiste : on épuise 1 kilogr. d'opium bien divisé d'abord par le triple, puis encore 2 ou 3 fois par le double de son poids d'eau froide ; on ajoute à l'extrait aqueux 100 grammes de marbre en poudre, et on l'évapore à consistance de sirop dans un bain de vapeur à la température de 65° à 75°. On dissout la masse refroidie dans 3 kilogr. d'eau, et, après avoir filtré la solution pour séparer le dépôt de méconate de chaux, on la réduit par l'évaporation au quart environ de son volume ; ensuite, pendant qu'elle est encore chaude, on y ajoute une solution de 50 grammes de chlorure de calcium dans 100 grammes d'eau, ainsi que 8 grammes d'acide chlorhydrique. Ce mélange ayant été abandonné à lui-même pendant quinze jours, on exprime dans un linge le dépôt cristallin qui s'est formé, et cela à plusieurs reprises, après l'avoir délayé dans un peu d'eau. Le sel exprimé est ensuite dissous dans l'eau bouillante, mis à cristalliser, exprimé de nouveau et dissous dans 3 kilogr. d'alcool, après addition de 100 gr. de charbon animal. Enfin, la morphine est précipitée de la liqueur décolorée au moyen d'un léger excès d'ammoniaque.

Le bon opium de Smyrne contient de 10 à 15 p. c. de morphine.

La morphine obtenue par l'un ou l'autre des procédés précédents est souvent mélangée de narcotine. On peut en séparer celle-ci au moyen de l'éther qui la dissout aisément, tandis qu'il dissout bien plus difficilement la morphine. Un autre procédé de séparation consiste à dissoudre le mélange des deux bases dans l'acide chlorhydrique, à évaporer la dissolution pour la faire cristalliser, et à exprimer les cristaux, uniquement composés de chlorhydrate de morphine ; l'eau-mère incristallisable renferme alors la narcotine. Ou bien on sature de sel marin la dissolution dans l'acide chlorhydrique : la liqueur devient laiteuse et la narcotine se sépare au bout de quelques jours en agglomérations cristallines ; on précipite ensuite la morphine par l'ammoniaque. Enfin, on peut *encore* verser une lessive faible de potasse caustique dans le chlorhydrate de morphine étendu ; la morphine se dissout dans un léger excès de potasse, tandis que la narcotine se dépose sous la forme d'un précipité caillebotté ; on filtre aussitôt pour séparer ce dernier.

§ 2128. La morphine cristallise en prismes incolores, transparents, et ordinairement assez courts, appartenant au système rhombique. (Combinaison observée[1], ∞ P, ∞ P ∞. P̆ ∞ . Inclinaison des faces ∞ P : ∞ P = 127° 20′; ∞ P : ∞ P̆ ∞ = 116° 20′; P̆ ∞ : ∞ P ∞ = 132° 20′; P ∞ : P̆ ∞ = 95° 20′. Clivage parallèle à ∞ P ∞). Elle est sans odeur, mais d'une amertume persistante.

Elle est fort peu soluble dans l'eau froide; l'eau bouillante en dissout environ 1/500, dont la plus grande partie se dépose, par le refroidissement, à l'état cristallin. A froid, l'alcool ne la dissout que fort peu; il en prend davantage à l'ébullition; la solution est fort amère, alcaline et extrêmement vénéneuse. (Suivant Duflos, la morphine exige, pour se dissoudre, 40 p. d'alcool absolu froid, 24 à 30 p. d'alcool absolu bouillant, 20 p. d'alcool froid de 0,82 densité, et 13 p. du même alcool bouillant.) L'éther et les huiles essentielles ne la dissolvent presque pas; cette insolubilité dans l'éther permet de séparer la morphine de la narcotine. Les alcalis aqueux, même l'eau de chaux, la dissolvent aisément; l'ammoniaque toutefois n'en dissout que fort peu.

Elle dévie beaucoup à gauche le plan de polarisation de la lumière[2]; en dissolution concentrée dans l'eau aiguisée d'acide chlorhydrique, elle offre un pouvoir rotatoire moléculaire $[\alpha]_r =$ — 88,04; en dissolution alcoolique, elle présente sensiblement le même pouvoir.

Les cristaux de morphine fondent par la chaleur en dégageant 5,94 p. c. = 2 atomes d'eau de cristallisation; la masse fondue devient radiée par le refroidissement; par une plus forte chaleur, elle se charbonne.

L'alcali desséché à 120° renferme :

	Liebig.		Regnault.			Will[3].	Laurent[4].		Calcul.
Carbone. . .	71,35	71,38	71,87	71,41	71,66	71,40	71,63	71,59	71,58
Hydrogène. .	6,69	6,77	6,86	6,84	6,86	6,72	6,58	6,66	6,66
Azote. . . .	4,99	»	5,01	»	»	»	»	»	4,91
Oxygène. . .	»	»	»	»	»	»	»	»	16,85
									100,00
Eau de crist. dégag. à 120°.	6,33	6,95	6,57	6,20	»	»	»	»	5,94

La morphine et ses sels sont fort sensibles à l'action des corps oxygénants.

L'acide iodique, même en solution étendue, en est réduit, et

[1] Brooke, *Annals of Philos., by Phillips*, VI, 118.
[2] Bouchardat, *Ann. de Chim. et de Phys.*, [3] IX, 213.
[3] Will, *Ann. der Chem. u. Pharm.*, XXVI, 44.
[4] Laurent, *Ann. de Chim. et de Phys.*, [3] XIX, 361.

colore le liquide en brun ou en jaune par suite de la séparation de l'iode; l'acide periodique se comporte de la même manière. Le chlorure d'or colore les solutions de morphine en bleu, par suite de la réduction du métal. Le nitrate d'argent en est aussi réduit au bout de quelque temps; il en est de même du permanganate de potasse, qui en prend une teinte verte.

Les sels ferriques présentent une réduction semblable, qui est caractéristique pour la morphine. Lorsqu'on la projette en poudre dans une solution concentrée et peu acide de sulfate ferrique, elle se colore en bleu foncé. Suivant Pelletier, il se fait, dans cette réaction, du sulfate de morphine, et le fer, ramené à l'état de sel ferreux, reste en combinaison avec un acide provenant de la décomposition d'une autre partie de la morphine (morphite de fer). La coloration bleue n'est pas persistante ; elle disparaît par un excès d'acide, par l'action de la chaleur, et même par le contact de l'alcool.

Lorsqu'on fait bouillir du sulfate de morphine, additionné d'acide sulfurique étendu, avec du peroxyde de plomb puce, jusqu'à ce que la liqueur ne soit plus précipitée par l'ammoniaque, qu'on enlève l'acide sulfurique excédant par le carbonate de plomb, et le plomb par l'hydrogène sulfuré, on obtient, par l'évaporation du liquide filtré, une matière brune, amorphe et légèrement amère (*morphetine*[1]). Celle-ci est soluble dans l'eau, peu soluble dans l'alcool concentré, et rougit le tournesol ; elle ne précipite pas l'acétate de plomb, et prend par les alcalis une teinte plus foncée. Par l'action prolongée du peroxyde de plomb sur le produit précédent, il se produit un corps jaune, acide et déliquescent.

L'acide nitrique concentré colore la morphine en rouge-orangé ; cette teinte passe peu à peu au jaune. Il se produit, dans ces circonstances, un corps acide qui, bouilli avec de la potasse, dégage un alcali volatil[2].

L'acide sulfurique étendu transforme à chaud la morphine en sulfomorphide. (Voy. *Sulfate de morphine.*)

Lorsqu'on fait passer du chlore dans de la morphine délayée dans l'eau, elle prend d'abord une teinte orangée, puis elle se dissout entièrement; si l'on continue d'y faire arriver du chlore, la

[1] E. MARCHAND, *Jahresbericht v. Berzelius*, XXV, 508.

[2] ANDERSON, *Ann. der Chem. u. Pharm.*, LXXV, 80.

liqueur se colore en jaune, en même temps qu'il se sépare des flocons, en partie solubles dans l'alcool.

L'iode donne avec la morphine une combinaison rouge-brun (§ 2130).

Lorsqu'on chauffe la morphine à 200° avec un excès d'hydrate de potasse, il distille un produit alcalin contenant de la méthylamine [1].

Les iodures de méthyle et d'éthyle attaquent à chaud la morphine en produisant de l'iodhydrate de méthyl-morphine et d'éthyl-morphine (§ 2131).

La morphine est extrêmement vénéneuse [2]. Elle est employée en médecine comme calmante, le plus ordinairement sous forme de pilules.

§ 2129. *Sels de morphine.* — Ils s'obtiennent en traitant la morphine par des acides étendus; ils sont généralement cristallisables, fort solubles dans l'eau et l'alcool, mais insolubles dans l'éther. Leur saveur est amère et désagréable; ils donnent des précipités de morphine par les carbonates alcalins et par l'ammoniaque (qu'il faut éviter d'y verser en excès).

Le tannin et l'infusion de noix de galle les précipitent en blanc; le précipité est dissous par l'acide acétique.

Additionnés d'acide tartrique, puis sursaturés par un bicarbonate alcalin, les sels de morphine ne sont pas précipités (Oppermann).

Fluorhydrate de morphine. — Longs prismes incolores, peu solubles dans l'eau, insolubles dans l'alcool et l'éther (Elderhorst).

Chlorhydrate de morphine, $C^{34}H^{19}NO^{6}$, HCl + 6 aq. — Il s'obtient aisément en fibres soyeuses, solubles dans 16 à 20 p. d'eau froide, et dans moins de 1 p. d'eau bouillante; il est encore plus soluble dans l'alcool. Il renferme 14,38 p. c. = 6 atomes d'eau de cristallisation qu'il perd à 130°.

Le sel desséché contient :

	Regnault.	Laurent.	Calcul.
Carbone. . .	63,45	»	63,45
Hydrogène. .	6,42	»	6,22
Chlore.	10,72	11,02	11,04

[1] WERTHEIM, *Ann. der Chem. u. Pharm.*, LXXIII, 310.

[2] Voy. sur l'action toxique de la morphine, ORFILA, *Ann. de Chim. et de Phys.*, V, 288.

Chloroplatinate de morphine, $C^{34}H^{19}NO^{6}$, HCl, $PtCl^{2}$. — La solution du chlorhydrate de morphine donne par le bichlorure de platine un précipité jaune, caillebotté, qui se ramollit dans l'eau chaude et devient résineux ; il s'en dissout une certaine quantité qu'on peut obtenir cristallisée par l'évaporation de la solution à une douce chaleur. (Le sel renferme 20,14 p. c. de platine ; M. Liebig en a trouvé 19,5 p. c.)

Lorsqu'on chauffe un mélange de morphine et de bichlorure de platine, il se fonce au point de paraître presque noir : il se produit le chloroplatinate d'un alcali particulier, ainsi qu'un acide brun foncé, insoluble dans l'eau, l'alcool et l'éther, donnant des sels solubles avec la potasse et l'ammoniaque, et un sel insoluble avec l'oxyde d'argent (Blyth).

Chloromercurate de morphine[1], $C^{34}H^{19}NO^{6}$,HCl, 4 HgCl. — Lorsqu'on mélange ensemble des solutions aqueuses de chlorhydrate de morphine et de bichlorure de mercure, il se produit un abondant précipité blanc et cristallin; la liqueur filtrée dépose, au bout de quelque temps, un grand nombre d'aigrettes soyeuses. Le précipité et les cristaux présentent la même composition; ils sont très-peu solubles à froid dans l'eau, l'alcool et l'éther, plus solubles dans l'alcool bouillant qui dépose la combinaison à l'état cristallin. L'acide chlorhydrique la dissout fort aisément, et la dépose, par l'évaporation spontanée, sous la forme de gros cristaux.

Chlorate de morphine. — Prismes minces et allongés, qui s'altèrent aisément par la chaleur.

Perchlorate de morphine, $C^{34}H^{19}NO^{6}$, $ClHO^{8}$ + 4 aq. — On l'obtient en saturant la morphine par un excès d'acide perchlorique Il forme des aiguilles blanches, réunies en aigrettes, assez solubles dans l'eau et l'alcool, et fondant à 150°, en perdant 8,34 pour 100 d'eau. Il explosionne à une température plus élevée (Bœdeker).

Iodhydrate de morphine, $C^{34}H^{19}NO^{6}$, HI + 3 aq. (?). — Lorsqu'on mélange une solution de 2 p. d'acétate de morphine avec une solution de 1 p. d'iodure de potassium, on obtient de petits prismes brillants d'iodhydrate de morphine, assez solubles (contenant 28,8 p. c. d'iode, Winkler).

Iodate de morphine. — Ce sel ne peut pas s'obtenir. Lorsqu'on met de l'acide iodique en contact avec la morphine, il s'éli-

[1] HINTERBERGER, *Ann. der Chem. u. Pharm.*, LXXVII, 205.

mine de l'iode qui produit avec cet alcali une matière brun-rougeâtre.

Sulfates de morphine. — Le *sel neutre*, $2\ C^{34}H^{19}NO^6, S^2O^6, 2\ HO + 10$ aq., cristallise en prismes incolores, groupés en faisceaux, doués d'un éclat soyeux, et fort solubles dans l'eau. Les cristaux perdent à 130° 11,87 p. c. = 10 atomes d'eau.

Il paraît aussi exister un *bisulfate de morphine* qu'on obtient en sursaturant le sel précédent par l'acide sulfurique, évaporant à siccité et enlevant par l'éther l'excès d'acide.

La *sulfomorphide*[1] est un produit de décomposition du sulfate de morphine, et paraît renfermer $C^{68}H^{36}N^2O^{16}S^2$, c'est-à-dire les éléments de ce sulfate moins 4 atomes d'eau :

$$C^{68}H^{36}N^2O^{16}S^2 = 2\ C^{34}H^{19}NO^6, S^2O^6, 2\ HO - 4\ HO.$$

Lorsqu'on dissout la morphine dans un excès d'acide sulfurique dilué, et qu'on évapore la liqueur acide jusqu'à ce qu'elle commence à se décomposer, l'eau en sépare la sulfomorphide sous la forme d'un précipité blanc, caillebotté et sans texture cristalline. Ce produit verdit à la longue, même dans des tubes fermés; la coloration est surtout prononcée par la dessiccation du corps à 130° ou 150°; elle est persistante, et ne paraît pas due à l'action de l'air; si on fait bouillir le corps dans l'eau, le liquide prend une belle couleur vert-émeraude. L'alcool et l'éther ne le dissolvent ni ne l'altèrent. Les liquides acides le dissolvent avec une grande facilité, mais on ne parvient pas à obtenir des combinaisons; les acides concentrés l'altèrent en produisant un corps brun. Les alcalis exercent sur lui une action semblable.

	Arppe.		Laur. et Gerhardt.	Calcul.
Carbone. . .	61,22	61,12	63,0	64,5
Hydrogène. .	5,88	5,58	5,8	5,7
Azote.	3,96	»	»	4,4
Soufre. . . .	5,86	5,65	5,4	5,1
Oxygène. . .	»	»	»	20,3
				100,0

La sulfomorphide est un corps fixe; chauffée sur la lame de platine, elle donne un charbon très-volumineux, et extrêmement difficile à brûler.

[1] ARPPE (1845), *Ann. der Chem. u. Pharm.*, LV, 96. — LAURENT et GERHARDT, *Ann. de Chim. et de Phys.*, [3] XXIV, 112.

Nitrate de morphine. — On l'obtient, avec l'acide nitrique étendu, sous la forme d'aiguilles groupées en étoiles, et solubles dans une fois et demie leur poids d'eau.

Phosphates de morphine. — Il paraît exister deux sels [1]. Le phosphate neutre cristallise en cubes, le sel acide en aigrettes.

Le phosphate de soude produit dans les sels de morphine un précipité cristallin, fort soluble dans l'acide chlorhydrique.

Croconate de morphine. — Sel jaune et cristallin.

Carbonate de morphine. — Lorsqu'on introduit de la morphine dans de l'eau chargée d'acide carbonique par l'effet d'une forte pression, l'alcali se dissout, et, si la liqueur est beaucoup refroidie, elle dépose des prismes raccourcis d'un carbonate de morphine [2], soluble dans 4 p. d'eau. Ce sel se décompose par la chaleur. Les carbonates alcalins ne précipitent des sels de morphine que de la morphine libre.

Formiate de morphine. — Petits prismes armes, fort solubles dans l'eau.

Cyanhydrate de morphine. — On ne l'a pas encore obtenu.

Lorsqu'on abandonne un mélange de solutions alcooliques d'acide ferrocyanhydrique et de morphine, on finit par obtenir des aiguilles très-altérables de *ferrocyanhydrate de morphine.*

En mélangeant des solutions aqueuses de ferricyanure de potassium et de chlorhydrate de morphine, on obtient un précipité jaune et cristallin de *ferricyanhydrate de morphine.* Ce sel est aussi fort altérable.

Cyanurate de morphine. — Prismes minces, ordinairement mélangés d'acide cyanurique libre; ils se décomposent lorsqu'on essaye de les faire recristalliser (Elderhorst).

Sulfocyanhydrate de morphine [3], $C^{34}H^{19}NO^{6}$, $CyHS^{2}$. — On l'obtient en saturant une solution alcoolique de morphine par une solution moyennement concentrée d'acide sulfocyanhydrique. Il forme de petites aiguilles brillantes et limpides, qui fondent déjà à 100°.

[1] PETTENKOFER, *Repert. f. Pharm.*, IV, 45.

[2] CHOULANT, *Annal. d. Phys. v. Gilbert*, LVI, 343; LIX, 412.

[3] DOLLFUS, *Ann. der Chem. u. Pharm.*, LXV. — Ce chimiste admet dans le sel 1 at. d'eau; mais je crois que le sel desséché à 90° est anhydre, et que M. Dollfus a eu une perte sur le carbone. (Analyse du sel séché à 90° : carbone, 60,66; hydrogène, 5,8. Formule du sel sec : carbone, 62,8; hydrogène, 5,8.)

Le sulfocyanure de potassium ne trouble pas les solutions de morphine neutres (Oppermann).

Urate de morphine[1]. — On l'obtient en faisant bouillir l'acide urique avec de la morphine et de l'eau; la solution, filtrée bouillante, dépose des prismes courts et groupés concentriquement. Ce sel ne peut pas être recristallisé sans qu'il s'altère.

Acétate de morphine. — Il cristallise par l'évaporation spontanée[2] en aiguilles, groupées en aigrettes, très-solubles dans l'eau, moins solubles dans l'alcool. Leur solution se décompose en partie, par l'évaporation à chaud, en développant de l'acide acétique et en déposant des cristaux de morphine; si on l'évapore brusquement, le résidu a l'aspect d'un vernis.

Tartrates de morphine[3]. — α. *Sel neutre*, $2C^{34}H^{19}NO^6, \dot{C}^8H^6O^{12} +$ 6 aq. Lorsqu'on mélange avec de la morphine une solution de bitartrate de potasse jusqu'à ce qu'elle soit neutre aux papiers, on obtient, par la concentration, d'abord des cristaux de bitartrate de potasse, puis des mamelons de tartrate neutre de morphine, et enfin du tartrate neutre de potasse. On obtient également le tartrate neutre de morphine en mettant de la morphine en digestion avec de l'acide tartrique, et en évaporant doucement la solution.

Le tartrate neutre de morphine s'effleurit 20° à environ, et perd à 130° toute son eau de cristallisation (6,8 p. c. = 6 atomes). Il est soluble dans l'eau et l'alcool. Sa solution aqueuse n'est précipitée ni par les alcalis caustiques ni par les carbonates alcalins; le chlorure de calcium ne la précipite qu'après addition de potasse (non d'ammoniaque). Chauffé à 130° ou 140°, le sel manifeste de la polarité électrique.

β. *Sel acide*, $\dot{C}^{34}H^{19}NO^6, C^8H^6O^{12} +$ aq. Il se forme par l'addition de 1 at. d'acide tartrique à 1 at. du sel précédent. Par l'évaporation spontanée, il se dépose sous la forme de longs prismes rectangulaires, aplatis, et groupés en faisceaux. Le sel séché à l'air renferme 1 atome = 1,99 p. c. d'eau qu'il dégage au-dessous de 140°.

Aspartate de morphine. — Il est soluble dans l'eau, et se réduit, par la dessiccation, en une masse gommeuse, qui offre quelquefois des indices de cristallisation.

[1] Elderhorst, *Ann. der Chem. u. Pharm.*, LXXIV, 77.
[2] Merck, *Ann. der Chem. u. Pharm.*, XXIV, 46.
[3] Arppe, *Journ. f. prakt. Chem.*, LIII, 331.

Méconate de morphine. — Il est probablement contenu dans l'opium. Il est incristallisable, fort soluble dans l'eau et l'alcool. On l'emploie en Angleterre comme médicament.

Valérate de morphine. — Ce sel peut fournir de très-gros cristaux, d'un aspect gras et butyreux, et d'une forte odeur d'acide valérique. (Les cristaux appartiennent au système rhombique, et sont toujours hémièdres. Combinaison observée [1], $\infty P . \infty \breve{P} \infty . \breve{P} \infty . \frac{P}{2}$. Angles mesurés approximativement, $\infty P : \infty P = 100°$; $\breve{P} \infty : \breve{P} \infty = 125° 47'$; $\breve{P} \infty : \frac{P}{2} = 148° 28'$; $\frac{P}{2} : \infty P = 130°$).

Hippurate de morphine. — Sel incristallisable.

Mellate de morphine [2]. — Le *sel acide* s'obtient sous la forme de fines aiguilles lorsqu'on dissout à chaud la morphine dans une solution concentrée d'acide mellique. Il est insoluble dans l'alcool et l'éther, plus soluble dans l'eau froide que dans l'eau bouillante. La potasse et l'ammoniaque le dissolvent aisément. Il a donné à l'analyse 25,2—24,6 p. c. d'acide mellique.

Gallotannate de morphine. — Masse blanche et caillebottée, qui se précipite par le mélange d'un sel de morphine avec une solution récente de tannin. Si cette solution est depuis longtemps préparée, elle ne trouble plus les sels de morphine (Berzélius).

Dérivés iodés de la morphine.

§ 2130. *Iodomorphine* [3], $4\,C^{34}H^{19}NO^{6}, 3\,I^{2}$ (?) — Un mélange de parties égales d'iode et de morphine se dissout entièrement par l'ébullition; la liqueur brune est acide, et, par l'évaporation spontanée, dépose l'iodomorphine sous la forme d'une matière brun-rougeâtre; les eaux-mères donnent des cristaux d'iodhydrate de morphine. On obtient aussi l'iodomorphine en ajoutant de l'iode à une solution de sulfate de morphine et en chauffant la liqueur. Insoluble à froid dans les liqueurs acides ou alcalines, l'iodomorphine s'y dissout à chaud et se précipite par le refroidissement; les liqueurs filtrées ne renferment que des traces de morphine.

L'iodomorphine renferme :

	Pelletier.	Calcul.
Iode [4]. .	35,34	39,87

[1] PASTEUR, *Ann. de Chim. et de Phys.*, [3] XXXVIII, 455.
[2] KARMRODT, *Ann. der Chem. u. Pharm.*, LXXXI, 164.
[3] PELLETIER, (1836), *Ann. de Chim. et de Phys.*, LXIII, 185.
[4] Déterminé par le nitrate d'argent.

Lorsqu'on triture l'iodomorphine avec du mercure, en favorisant le contact par un peu d'alcool, elle perd presque entièrement sa couleur, et le mercure est converti en protoiodure. La masse reprise par l'alcool donne une solution légèrement ambrée, qui dépose par l'évaporation une matière amorphe, de couleur fauve. Cette matière paraît d'abord insipide, mais bientôt elle développe une saveur chaude et persistante. Elle est insoluble dans l'eau froide, mais l'eau bouillante en dissout des quantités sensibles; elle est plus soluble dans l'alcool. Elle est très-soluble dans les liqueurs alcalines, même dans l'ammoniaque très-faible; elle est insoluble dans les acides. Traitée par le nitrate d'argent, elle donne beaucoup d'iodure. Chauffée, elle se fond, puis se décompose en dégageant de l'ammoniaque, sans aucune trace d'iode.

La matière précédente retient toujours des proportions variables d'iodure de mercure.

Dérivés méthyliques, éthyliques.... de la morphine.

§ 2131. Les iodures de méthyle et d'éthyle agissent sur la morphine en produisant les iodhydrates d'alcalis nouveaux [1], représentant de la morphine, dont 1 atome d'hydrogène est remplacé par du méthyle ou de l'éthyle.

L'*iodhydrate de méthyl-morphine*, $C^{34}H^{18}(C^2H^3)NO^6$, $HI + 2$ aq., se produit promptement, sous la forme d'une poudre cristalline par la réaction d'un mélange d'iodure de méthyle, de morphine et d'alcool. Il est fort soluble dans l'eau chaude, et se dépose, par le refroidissement sous la forme d'aiguilles rectangulaires, incolores. Ces cristaux contiennent 4,04 p. c. = 2 atomes d'eau, qu'ils perdent à 100°. Desséchés, ils renferment :

	How.	Calcul.
Carbone. . .	50,47	50,57
Hydrogène. . .	5,36	5,15
Iode.	29,66	29,75

Traité par l'oxyde d'argent, ce sel donne une masse brune amorphe; celle-ci est promptement attaquée par l'iodure de méthyle.

L'*iodhydrate d'éthyl-morphine* renferme $C^{34}H^{18}(C^4H^5)NO^6$, $HI +$

[1] How (1853), *The Quart. Journ. of the Chemic. Soc.*, VI, 125. En extrait, *Ann. der Chem. u. Pharm.*, LXXXVIII, 336.

aq. Pour obtenir ce sel, on chauffe au bain-marie et dans un tube fermé, pendant six heures, un mélange de morphine en poudre fine, d'iodure d'éthyle et d'un peu d'alcool absolu. La réaction étant terminée, on a, après le refroidissement du mélange, un produit blanc cristallin, dont on sépare ensuite l'excédant d'iodure d'éthyle. Après avoir lavé la masse avec un peu d'alcool, on la fait dissoudre dans l'eau bouillante : celle-ci dépose, par le refroidissement, de fines aiguilles contenant 1,98 p. c. = 1 atome d'eau de cristallisation. Le sel desséché renferme :

	How.	Calcul.
Carbone. . .	51,45	51,71
Hydrogène. .	5,74	5,44
Iode.	28,59	28,81

L'iodhydrate d'éthyl-morphine est peu soluble dans l'alcool absolu, plus soluble dans l'alcool ordinaire, fort soluble dans l'eau bouillante, et inaltérable à l'air. Sa solution aqueuse n'est précipitée ni par la potasse, ni par l'ammoniaque [1]. L'oxyde d'argent la décompose entièrement; la liqueur filtrée est colorée, très-caustique, et donne par l'évaporation une masse amorphe très-foncée.

L'*iodhydrate d'amyl-morphine* n'a pas pu être obtenu. En chauffant pendant quinze jours de la morphine avec du chlorure d'amyle et un peu d'alcool, on n'a obtenu que des cristaux de chlorhydrate de morphine, et sans doute aussi de l'hydrate d'amyle (formé aux dépens de l'eau de cristallisation de la morphine).

Codéine et combinaisons.

§ 2132. Codéine, $C^{36}H^{21}NO^{6}$ + 2 aq. — Robiquet [2] obtient cet alcali, en même temps que la morphine, dans le traitement de l'opium, par le procédé Robertson. L'infusion concentrée de l'opium est décomposée par le chlorure de calcium ; il se précipite ainsi du méconate de chaux qu'on sépare à l'aide du filtre, et des

[1] Ce caractère semble indiquer que l'alcali de l'iodhydrate d'éthyl-morphine correspond à l'hydrate de tétréthyl-ammonium. Le groupement $C^{34}H^{19}O^{6}$, contenu dans la morphine en combinaison avec l'azote, semble donc être l'équivalent de 3 atomes d'hydrogène.

[2] Robiquet (1832), *Ann. de Chim. et de Phys.*, LI, 259. *Ann. der Chem. u. Pharm.*, V, 106. — Couerbe, *Ann. de Chim. et de Phys.*, LIX, 158. — Regnault, LXVIII, 136. — Gregory, *Ann. der Chem. u. Pharm.*, XXVI, 44. — Will, *ibid.*, XXVI, 44. — Gerhardt, *Revue scientif.*, X, 203. — Anderson, *Ann. der Chem. u. Pharm.*, LXXVII, 341, et *Compt. rend. des trav. de Chim.*, 1850, p. 321.

Le mot *codeine* dérive du grec κώδη, capsule de pavot.

chlorhydrates de codéine et de morphine qui restent en dissolution. On évapore le liquide à cristallisation et l'on purifie les cristaux par le charbon animal Le produit étant ensuite dissous dans l'eau, on précipite par l'ammoniaque; celle-ci sépare la plus grande partie de la morphine qu'on recueille sur un filtre, en laissant toute la codéine en dissolution. On évapore le liquide au bain-marie, de manière à chasser tout l'excédant d'ammoniaque; de cette manière la morphine encore dissoute se précipite aussi. Ensuite on concentre la solution saline, et on la précipite par la potasse caustique ; le précipité de codéine est lavé, séché et dissous dans l'éther, qui le dépose en cristaux.

D'après les expériences de M. Anderson, la codéine ne forme que 1/16 à 1/30 de la morphine; elle est mêlée dans la liqueur ammoniacale avec une certaine quantité de chlorhydrate d'ammoniaque, qu'il faut décomposer par la potasse pour obtenir la codéine. Il y a cependant bien de l'avantage à évaporer d'abord la liqueur à cristallisation et à exprimer le dépôt de cristaux, la plus grande partie du sel ammoniac, qui est le plus soluble des deux chlorhydrates, restant ainsi en solution. On peut entièrement enlever ce sel en répétant les cristallisations plusieurs fois, et les cristaux qu'on obtient alors sont du chlorhydrate de codéine pur; toutefois, s'il s'agit d'extraire toute la codéine, il y aurait plutôt de l'inconvénient à pousser l'opération jusque-là, la différence de solubilité des deux chlorhydrates étant si faible, que l'on perdrait beaucoup de sel de codéine; si l'on ne repète les cristallisations qu'un certain nombre de fois, la perte, au contraire, est nulle, et la plus grande partie du sel ammoniac s'enlève; ce qui facilite beaucoup les opérations ultérieures. On dissout ensuite les cristaux dans l'eau bouillante, et l'on y ajoute en excès une solution concentrée de potasse caustique; la codéine se précipite alors en partie à l'état d'une huile qui se concrète peu à peu, en partie elle se dépose à l'état cristallisé par le refroidissement de la liqueur. Celle-ci donne par l'évaporation une nouvelle portion de cristaux; et finalement, quand l'eau-mère se trouve réduite à un très-faible volume, elle se remplit, par le refroidissement, de longues aiguilles soyeuses de morphine que l'excès de potasse avait retenue en solution. Une certaine quantité de morphine paraît toujours rester en solution avec la codéine; du moins M. Anderson en a trouvé dans toutes les eaux-mères qu'il a examinées.

Les cristaux de codéine, précipités par la potasse de la manière indiquée, sont toujours plus ou moins colorés. On les purifie en les faisant dissoudre dans l'acide chlorhydrique, faisant bouillir avec du charbon animal, et reprécipitant par un léger excès de potasse. On redissout le précipité dans l'éther pour séparer la morphine qui pourrait encore y adhérer; l'éther aqueux convient le mieux à cet usage, et l'on ne prend de l'éther exempt d'alcool que si l'on en a de tout préparé; l'éther étant évaporé, il reste un liquide sirupeux qui refuse de cristalliser. Lorsque l'éther est anhydre, il dissout la codéine bien plus difficilement, et donne par l'évaporation de petits cristaux de codéine anhydre.

M. Winkler [1] conseille d'opérer de la manière suivante pour l'extraction de la codéine : on épuise l'opium par l'eau froide, on précipite la morphine par l'ammoniaque, puis l'acide méconique par le chlorure de calcium, et finalement les parties colorantes par du sous-acétate de plomb. Après avoir enlevé l'excédant de plomb par l'acide sulfurique, on ajoute à la liqueur filtrée un excès de potasse caustique, et l'on abandonne le mélange au contact de l'air jusqu'à ce qu'il se soit carbonaté. Ensuite on l'agite avec de l'éther, qui s'empare de la codéine.

M. Merck [2] précipite par la soude pure le mélange de chlorhydrate de morphine et de chlorhydrate de codéine, traite le précipité par de l'alcool froid, sature la solution alcoolique par de l'acide sulfurique, enlève l'alcool par la distillation, et ajoute au résidu de l'eau froide, tant qu'il se trouble. Ensuite il filtre, évapore la liqueur filtrée à consistance de sirop, et agite le résidu avec de la potasse en excès et de l'éther. Celui-ci dissout la codéine, et la dépose par l'évaporation spontanée; on la débarrasse, au moyen de l'alcool, d'une matière huileuse qui l'empêche de cristalliser.

§ 2133. La codéine peut s'obtenir à l'état hydraté ou à l'état anhydre. Les cristaux de la codéine hydratée contiennent 6 p. c. = 2 atomes d'eau de cristallisation (5,7 p. c., Liebig), et appartiennent au système rhombique [3]. (Déposés dans l'alcool, ils présentent la combinaison $\infty P . o P . \bar{P} \bar{\infty} . \check{P} \infty$; et dans l'eau, la combinaison ∞P.

[1] WINKLER, *Repert. f. Pharm.*, XLIV, 459.

[2] MERCK, *Ann. der Chem. u. Pharm.*, XI, 279.

[3] MILLER, *Ann. der Chem. u. Pharm.*, LXXVII, 380. — KOPP, *Einleit. in die Krystall.* p. 266.

P ∞. $^1/_2$ P ∞. Inclinaison des faces, ∞ P : ∞ P = 87° 40′; P ∞ : oP = 141° 37′; P ∞ : oP = 140° 23′; $^1/_2$ P ∞ : oP = 157° 25′. Clivage parallèle à oP.) Les cristaux anhydres se déposent dans l'éther anhydre sous la forme d'octaèdres à base rectangulaire, avec une troncature très-développée parallèlement à la base, et plusieurs autres modifications; ils fondent à 150°.

La codéine est bien plus soluble dans l'eau que la morphine, surtout dans l'eau bouillante; 100 p. d'eau à 15° en dissolvent 1,26 p. Chauffée avec une quantité d'eau insuffisante, elle fond en une masse oléagineuse qui se rend au fond du liquide. L'alcool et l'éther ordinaire la dissolvent aisément. La solution alcoolique de la codéine dévie beaucoup à gauche le plan de polarisation de la lumière [1]; $[\alpha]_j = -118°2$; les acides modifient à peine l'intensité de ce pouvoir rotatoire.

Elle n'est pas tout à fait insoluble dans la potasse. Elle est soluble dans l'ammoniaque, mais elle ne s'y dissout pas mieux que dans l'eau pure.

La codéine cristallisée renferme :

	Gerhardt.		Calcul.
Carbone	67,77	67,87	68,13
Hydrogène. . .	7,59	7,33	7,25
Azote	»	»	4,41
Oxygène. . . .	»	»	20,21
			100,00

Desséchée, elle contient :

	Robiquet.	Couerbe.		Regnauft.		Gregory.	Will.	Anderson.				Calcul.
Carbone. . . .	70,36	71,59	72,10	73,31	72,93	73,18	73 27	71,91	72,02	72.02	72,09	72,24
Hydrogène . .	7,58	7,12	7.17	7,19	7.23	7 23	7.25	7.05	7.04	7.04	7.16	7.02
Azote	5.35	5.23	»	4,89	4,89	4,82	»	4.41	4.60	4.50	»	4 68
Oxygène . . .	»	»	»	»	»	»	»	»	«	»	»	16.06
												100.00

Base énergique, la codéine ramène rapidement au bleu le tournesol rougi par les acides, et précipite de leurs solutions les oxydes de plomb, de cuivre, de fer, de cobalt, de nickel, et d'autres métaux.

Lorsqu'on fait dissoudre la codéine dans un excès d'acide sulfurique d'une force moyenne, et qu'on met la solution à digérer au bain de sable, elle se fonce de plus en plus, et donne, au bout de quelque temps, un précipité avec le carbonate de soude, ce que ne font pas les sels de codéine. Le précipité ainsi obtenu est de la

[1] BOUCHARDAT et BOUDET, *Journ. de Pharm.*, [3] XXIII, 293.

codeine modifiée ou *amorphe*, dans un état semblable à celui où l'on obtient la quinine par un excès d'acide. Si l'on règle avec soin la température du mélange de codéine et d'acide sulfurique, la codéine amorphe peut s'obtenir à l'état de pureté. Quand on a maintenu l'action pendant quelque temps, on ajoute du carbonate de soude au liquide, on recueille sur le filtre le précipité gris ainsi obtenu, et, après l'avoir lavé à l'eau, on le fait dissoudre dans l'alcool et on le précipite de la solution par l'eau. Ainsi obtenue, c'est une poudre grise avec un reflet plus ou moins vert, insoluble dans l'eau, aisément soluble dans l'alcool, et se précipitant par l'éther de la solution. Elle fond à 100° en une masse noire et résineuse. Elle se dissout aisément dans les acides en formant des sels qui sont amorphes et se dessèchent par l'évaporation en résines brunes.

Si l'on prolonge l'action de l'acide sulfurique sur la codéine, on obtient une substance d'un vert foncé, semblable à celle que la morphine et la narcotine donnent dans les mêmes circonstances.

L'acide nitrique, suivant son état de concentration, donne soit une base nitrée (§ 2139), soit une résine jaune, soluble dans les alcalis.

Le chlore et le brome attaquent la codéine en produisant de nouvelles bases chlorées ou bromées (§ 2135).

L'iode agit sur la codéine, en produisant une combinaison particulière (§ 2138).

Lorsqu'on traite la codéine par l'hydrate de potasse, à une douce chaleur, elle donne plusieurs alcalis volatils, parmi lesquels on remarque la méthylamine et son homologue, la tritylamine; il se dégage aussi de l'ammoniaque, en proportion variable suivant les circonstances de l'opération. On obtient également, en petite quantité, une base cristallisée et volatile. Le résidu est brun ou noir. Ces produits sont le résultat d'une action destructive plutôt que ceux d'une métamorphose simple.

Une solution alcoolique de codéine absorbe le gaz cyanogène, et produit la cyanocodéine (§ 2140).

L'iodure d'éthyle attaque à chaud la codéine, en donnant de l'iodhydrate d'éthyl-codéine (§ 1241).

La codéine agit d'une manière énergique sur l'économie animale. A la dose de 2 ou 3 décigrammes, le nitrate de codéine produit une excitation de l'esprit semblable à celle que déterminent les boissons enivrantes, et accompagnée d'une démangeaison qui se répand sur tout le corps. Cet état est suivi, après quelques heures, d'une dépression désagréable, avec nausées et quelquefois avec vomissements (Gregory). Quelques médecins français emploient la codéine comme calmant; elle procure, dit-on, aux malades un sommeil doux et paisible, qui n'est pas suivi de pesanteur de tête, comme après l'ingestion de la morphine.

§ 2134. *Sels de codéine.* — Les acides dissolvent aisément la codéine, en donnant des sels en grande partie cristallisables. Ces sels sont très-amers, ne rougissent pas par l'acide nitrique, et ne bleuissent pas par les sels ferriques. La potasse en précipite la codéine; l'ammoniaque ne les précipite pas immédiatement, et ce n'est qu'au bout de quelque temps qu'elle y détermine la séparation de petits cristaux transparents de codéine.

L'infusion de noix de galle les précipite immédiatement.

On doit à M. Anderson l'analyse d'un grand nombre de sels de codéine.

Chlorhydrate de codéine, $C^{36}H^{21}NO^6$, HCl + 4 aq. — On l'obtient aisément en saturant par de la codéine l'acide chlorhydrique étendu et chaud. Lorsque la solution est suffisamment concentrée, elle se solidifie presque par le refroidissement; si elle est plus étendue, le sel se dépose en groupes radiés, composés de courtes aiguilles qui se présentent au microscope sous la forme de prismes à quatre faces terminées par des sommets dièdres. On ne l'obtient jamais en gros cristaux, lors même qu'on opère sur de grandes quantités. Ces cristaux se dissolvent dans vingt fois leur poids d'eau de 15°,5, et dans moins de leur poids d'eau bouillante.

Ils perdent à 100° 1 atome d'eau; les 3 autres atomes ne se dégagent qu'à 121°, mais alors le sel perd en même temps de l'acide et prend une réaction alcaline.

Chloroplatinate de codéine, $C^{36}H^{21}NO^6$, HCl, $PtCl^2$ + 4 aq. — Il se produit lorsqu'on ajoute du bichlorure de platine à une solution moyennement concentrée de chlorhydrate de codéine; il se précipite alors sous la forme d'une poudre jaune pâle. Si l'on abandonne ce précipité dans la liqueur, ou mieux, si on le recueille sur un filtre et qu'on le tienne humide, il commence à changer d'apparence: il y apparaît des taches plus foncées, et le sel se convertit peu à peu en une masse de grains cristallins, de couleur orangée. Ce sel a la composition indiquée. Le liquide qui traverse le filtre, dépose par le repos une petite quantité de cristaux plus gros.

Si l'on ajoute le bichlorure de platine à une solution plus diluée de chlorhydrate de codéine, le chloroplatinate ne se précipite pas immédiatement, mais cristallise au bout de quelque temps en aiguilles soyeuses. Ce sel se dissout dans l'eau bouillante, en s'altérant en partie.

Le chloroplatinate de codéine renferme 4 atomes d'eau de cristallisation dont trois (4,99 p. c.) se dégagent à 100°; le dernier atome ne se dégage qu'à 121°, en même temps que le sel s'altère légèrement.

Desséché à 100°, le sel a donné à l'analyse :

	Anderson.			Liebig [1].	Calcul.
Carbone. . .	41,70	42,36	41,70	»	42,70
Hydrogène. .	4,49	4,62	5,01	»	4,47
Platine . . .	19,31	19,14	18,92	19,8	19,19

Chloropalladite de codéine. — Précipité jaune qui se décompose par l'ébullition avec dépôt de palladium métallique.

Chloromercurate de codéine. — Il s'obtient avec le chlorure de mercure et une solution de chlorhydrate de codéine. C'est un précipité blanc, soluble dans l'eau bouillante et l'alcool, et qui se dépose par le refroidissement en groupes étoilés.

Perchlorate de codéine. — En saturant la codéine par de l'acide perchlorique aqueux, on obtient des aiguilles soyeuses, groupées en faisceaux, fort solubles dans l'eau et l'alcool. Ce sel explosionne par la chaleur [2].

Iodhydrate de codéine, $C^{36}H^{21}NO^{6}$, $HI + 2$ aq. — On l'obtient en dissolvant à chaud la codéine dans l'acide iodhydrique et laissant refroidir. Il se dépose en longues aiguilles minces qui remplissent tout le liquide, s'il est suffisamment concentré. Il est peu soluble dans l'eau froide, dont il exige environ soixante fois son poids, mais il est bien plus soluble dans l'eau bouillante. Il ne perd pas d'eau à 100°.

Iodate de codéine. — Il s'obtient sous la forme d'aiguilles aplaties groupées en éventail; il est tellement soluble qu'il ne cristallise qu'en présence d'un excès d'acide (Pelletier).

Sulfate de codéine, $2\,C^{36}H^{21}NO^{6}$, $S^{2}O^{6}$, $2\,HO + 10$ aq. — Le sulfate neutre de codéine cristallise en groupes radiés composés de

[1] Liebig, *Ann. der Chem. u. Pharm*, XXVI, 40.
[2] Boedeker jeune, *ibid.*, LXXI, 63.

longues aiguilles, ou, par l'évaporation spontanée, en prismes aplatis. Il se dissout dans trente fois son poids d'eau froide, mais il est très-soluble à chaud. A l'état de pureté, il est neutre aux papiers; il retient volontiers une petite quantité d'acide, qu'on peut séparer par des cristallisations réitérées.

Les cristaux du sulfate de codéine appartiennent au système rhombique[1]. (Combinaison du prisme vertical ∞ P et du prisme horizontal P̆ ∞, avec la face modifiante ∞ P̆ ∞. Inclinaison des faces, ∞ P : ∞ P = 151° 12'; ∞ P̆ ∞ : P̆ ∞ = 113° 45'; P̆ ∞ : P̆ ∞ = 133° 30'; ∞ P̆ ∞ : ∞ P = 104° 24'. Clivage parallèle à ∞ P̆ ∞.)

Chromate de codéine. — Il s'obtient aisément en belles aiguilles jaunes.

Phosphate de codéine, $C^{36}H^{21}NO^{6}$, PO^{5}, 3 HO + 3 aq. — Lorsqu'on sature l'acide phosphorique ordinaire par de la codéine en poudre, on obtient un liquide qui refuse de cristalliser par la concentration, mais qui précipite immédiatement des cristaux par l'addition de l'alcool fort. Ce sel se présente en paillettes ou en prismes courts. Il est très-soluble dans l'eau, mais la solution ne donne pas de cristaux

Il paraît encore exister d'autres phosphates de codéine.

Nitrate de codéine, $C^{36}H^{21}NO^{6}$, $NO^{6}H$. — On le prépare en ajoutant doucement de l'acide nitrique de 1,06 à de la codéine en poudre, en évitant avec soin tout excès d'acide, l'alcali étant rapidement décomposé par l'excès d'acide nitrique. Le nitrate de codéine se dissout aisément dans l'eau bouillante, et se dépose par le refroidissement en petits cristaux prismatiques. Chauffé sur la lame de platine, il fond, et se prend par le refroidissement en une masse brune et résineuse; une plus forte chaleur le décompose, en donnant un charbon volumineux difficile à brûler.

Cyanhydrate de codéine. — Sel incristallisable.

Lorsqu'on mélange une solution alcoolique d'acide *ferrocyanhydrique* avec une solution de codéine dans l'alcool, on obtient un précipité blanc qui cristallise au bout de quelque temps en aiguilles; il est soluble dans un excès d'acide ferrocyanhydrique.

Une solution aqueuse de *ferricyanure* de potassium rouge donne avec le chlorhydrate de codéine, au bout de quelque temps, une combinaison cristalline, très-altérable.

[1] MILLER, *loc. cit.*

Sulfocyanhydrate de codéine, $C^{36}H^{21}NO^{6}$, $CyHS^{2}$ + aq. — On l'obtient aisément en mélangeant ensemble des solutions de chlorhydrate de codéine et de sulfocyanure de potassium, ou en saturant une solution alcoolique de codéine par une solution moyennement concentrée d'acide sulfocyanhydrique. Il se dépose lentement sous la forme d'aiguilles radiées, fusibles à 100°. Le sel perd à 100° 2,45 = 1 atome d'eau de cristallisation (Anderson).

Oxalate de codéine, 2 $C^{36}H^{21}NO^{6}$, $C^{4}O^{6}$, 2 HO + 6 aq. — Le sel neutre se dépose, par le refroidissement de sa solution saturée à chaud, en prismes courts et quelquefois en paillettes. Il exige trente fois son poids d'eau à 15°,5 pour se dissoudre, et à peu près la moitié de son poids d'eau bouillante. Chauffé à 100°, il perd son eau de cristallisation; vers 121° il brunit, et, à une température plus élevée, il se décompose entièrement.

Tartrate de codéine. — Sel incristallisable.

Dérivés chlorés et bromés de la codéine.

§ 2135. *Chlorocodéine* [1], $C^{36}H^{20}ClNO^{6}$ + 3aq. — L'action directe du chlore sur la codéine donne des produits complexes. Lorsqu'on fait passer un courant de chlore dans une solution aqueuse de codéine, la liqueur brunit et devient bientôt très-foncée et souvent presque noire. L'ammoniaque précipite de cette solution une base amorphe et résineuse.

On obtient des résultats plus nets, en employant un mélange de chlorate de potasse et d'acide chlorhydrique.

On fait dissoudre une quantité suffisante de codéine dans un excès d'acide chlorhydrique étendu à environ 65° ou 70°. On y ajoute ensuite du chlorate de potasse en poudre fine, et l'on agite la solution. Au bout de quelques minutes, on essaye avec de l'ammoniaque une petite quantité du liquide, pour voir s'il se forme un précipité; on laisse marcher la réaction jusqu'à ce qu'on en obtienne un, et l'on précipite alors la chlorocodéine par un léger excès d'ammoniaque. Le succès de cette expérience réclame les mêmes précautions que la préparation de la nitrocodéine; si l'on n'arrête pas l'action à temps, on obtient les produits d'une décomposition secondaire.

[1] DOLLFUS, *Ann. der Chem. u. Pharm.*, LXV, 217.
[2] ANDERSON (1850), *loc. cit.*

La chlorocodéine se précipite sous la forme d'une poudre cristalline d'un blanc argentin, semblable à la bromocodéine; elle est généralement jaunâtre, et le liquide d'où elle s'est déposée est coloré en rouge par une petite quantité de produits d'une décomposition ultérieure. Elle retient aussi une faible quantité de codéine, dont on la purifie en la dissolvant dans l'acide chlorhydrique, faisant bouillir avec du charbon animal et reprécipitant par l'ammoniaque; finalement on la fait cristalliser dans l'alcool.

La chlorocodéine est peu soluble dans l'eau bouillante, et se dépose par le refroidissement en petits prismes entièrement semblables à la bromocodéine, et probablement isomorphes avec elle. Elle est très-soluble dans l'alcool fort, surtout à chaud, et peu soluble dans l'éther. Elle contient 7,48 p. c. = 3 atomes d'eau de cristallisation qui s'en vont à 100°.

Desséchée, elle renferme :

	Anderson.		Calcul.
Carbone	65,00	64,62	64,76
Hydrogène	6,22	6,08	5,99
Chlore	10,32	»	10,64
Azote	»	»	4,19
Oxygène	»	»	14,42
			100,00

Le chlorocodéine se dissout à froid, sans s'altérer, dans l'acide sulfurique concentré, mais la chaleur charbonne la solution. L'acide nitrique la dissout, et la solution se décompose par l'ébullition, mais bien moins aisément que celle de la codéine; il se dégage alors des gaz nitreux, ainsi qu'une vapeur très-piquante.

Les *sels de chlorocodéine* sont entièrement semblables, quant aux propriétés, aux sels de bromodéine.

Le *chlorhydrate* cristallise en aiguilles groupées ensemble, très-solubles dans l'eau.

Le *chloroplatinate*, $C^{36}H^{20}ClNO^6$, HCl, $PtCl^2$ (à 100°), s'obtient par la méthode ordinaire, sous la forme d'un précipité jaune pâle, à peine soluble dans l'eau. Il renferme :

	Anderson.	Calcul.
Carbone	40,30	40,02
Hydrogène	4,09	3,89
Platine	18,29	18,28

Le *sulfate*, $2\ C^{36}H^{20}ClNO^6$, S^2O^6, $2\ HO + 8$ aq., se dépose de sa solution faite à chaud, en groupes radiés composés de prismes courts qui se dissolvent fort aisément dans l'eau bouillante et l'alcool.

§ 2136. *Bromocodéine*[1], $C^{36}H^{20}BrNO^{6} + 3$ aq. — Pour préparer cette substance, on ajoute de l'eau bromée, successivement et par petites portions, à de la codéine réduite en poudre. La base se dissout rapidement, et la solution perd la couleur du brome; mais elle prend une teinte rougeâtre caractéristique. Après l'addition d'une certaine quantité d'eau bromée, on voit apparaître de petits cristaux qui sont du bromhydrate de bromocodéine; cependant on n'en observe la formation que si l'eau bromée a été entièrement saturée, et ils ne se déposent qu'en petite quantité, le reste demeurant en solution. Quand toute la codéine est dissoute, on ajoute de l'ammoniaque, et la bromocodéine se précipite immédiatement à l'état d'une poudre d'un blanc argentin. Elle contient, dans cet état, une certaine quantité de codéine non altérée. On la recueille sur un filtre, et, après l'avoir lavée à plusieurs reprises avec de l'eau froide, on la dissout dans l'acide chlorhydrique; on la précipite ensuite par l'ammoniaque, et on la fait cristalliser dans l'alcool bouillant.

La bromocodéine est à peine soluble dans l'eau froide; l'eau bouillante en dissout un peu plus, et la dépose par le refroidissement en petits prismes terminés par des sommets dièdres. Elle est aisément soluble dans l'alcool, surtout bouillant; on l'obtient le mieux cristallisée dans l'alcool étendu de son volume d'eau; les cristaux sont toujours très-petits, mais blancs; ils renferment 6,66 p. c. = 3 atomes d'eau qui se dégagent à 100°. Elle est à peine soluble dans l'éther.

Desséchée, elle renferme :

	Anderson.		Calcul.
Carbone. . .	57,67	57,21	57,14
Hydrogène. .	5,44	5,44	5,29
Brome.	21,50	»	21,16
Azote.	»	»	3,70
Oxygène. . .	»	»	12,71
			100,00

Elle fond par la chaleur en un liquide incolore, qui se détruit

[1] Anderson (1850), *loc. cit.*

un peu au-dessus du point de fusion. Elle se dissout à froid dans l'acide sulfurique, et la solution se fonce par l'échauffement. Elle s'attaque par l'acide nitrique, mais bien moins rapidement que la codéine.

Le *chlorhydrate* s'obtient en aiguilles radiées, semblables au sel correspondant de codéine.

Le *chloroplatinate*, $C^{36}H^{20}BrNO^{6}$, HCl, $PtCl^{2}$ (à 100°), se précipite sous la forme d'une poudre jaune pâle, insoluble dans l'eau et l'alcool. (Platine trouvé, 16,98 p. c.; id. calculé, 16,89 p. c.).

Le *bromhydrate*, $C^{36}H^{20}BrNO^{6}$, HBr + 2 aq., forme de petits prismes peu solubles dans l'eau froide, fort solubles dans l'eau bouillante. Il contient deux atomes d'eau, qui ne se dégagent pas à 100°.

§ 2137. *Tribromocodéine*[1], $C^{36}H^{18}Br^{3}NO^{6}$. — Lorsqu'on continue l'addition de l'eau bromée au delà du point où il se forme de la bromocodéine, une nouvelle action s'accomplit : il apparaît un précipité jaune clair qui se redissout d'abord dans la liqueur, mais qui persiste au bout d'un certain temps et augmente de plus en plus jusqu'à ce qu'une grande quantité de brome ait été employée ; à la fin on atteint un point où il ne se forme plus de précipité. Cependant, si l'on abandonne la solution jusqu'au lendemain, le brome occasionne encore un précipité; si l'on ajoute le brome tant qu'il s'en forme et que l'on abandonne encore une fois le liquide, on obtient un nouveau précipité entièrement semblable au précédent; il faut ainsi continuer ces opérations jour par jour, pendant très-longtemps. Le précipité jaune qui se produit ainsi, constitue le sesquibromhydrate de tribromocodéine. On le recueille sur un filtre, et on le lave à l'eau, où il se dissout très-peu.

Pour obtenir la base, on fait dissoudre ce sel dans de l'acide chlorhydrique étendu, et l'on y ajoute de l'ammoniaque : la tribromocodéine se précipite immédiatement sous la forme d'une poudre floconneuse qu'on lave à l'eau, et qu'on purifie en la dissolvant dans l'alcool et précipitant par l'eau.

La tribromocodéine s'obtient ainsi sous la forme d'un précipité volumineux, entièrement amorphe, et, à l'état sec, plus ou moins coloré en gris. Elle est insoluble dans l'eau et l'éther, mais fort soluble dans l'alcool. Elle est peu soluble à froid dans l'acide chlor-

[1] ANDERSON (1850), *loc. cit.*

hydrique, mais bien plus soluble à l'ébullition ; il paraît toutefois qu'une partie se décompose alors, car il en reste toujours une petite quantité à l'état insoluble.

Elle renferme à 100° :

	Anderson.	Calcul.
Carbone. . .	39,69	40,27
Hydrogène. .	3,66	3,35
Brome. . . .	44,68	44,77
Azote. . . .	»	2,61
Oxygène. . .	»	9,00
		100,00

Chauffée sur la lame de platine, la tribromocodéine brunit, et se décompose entièrement à son point de fusion, en laissant un charbon difficile à brûler.

Les *sels de tribromocodéine* sont très-peu solubles dans l'eau, et amorphes.

Le *chloroplatinate,* $C^{36}H^{18}Br^{3}NO^{5},HCl, PtCl^{2}$ (à 100°), forme une poudre jaune-brunâtre, soluble dans l'eau et l'alcool. (Platine trouvé, 13,07 p. c.; id. calculé, 13,29 p. c.)

Le *sesquibromhydrate,* $2\ C^{36}H^{18}Br^{3}NO^{6},\ 3\ HBr$ (à 100°), forme une poudre jaune clair, très-peu soluble dans l'eau froide; l'eau bouillante en prend davantage, et le dépose sans altération par le refroidissement. Il renferme :

	Anderson.		Calcul.
Carbone. . . .	32,24	32,18	32,84
Hydrogène. . .	2,83	2,86	2,96
Brome.	55,03	»	54,75

Dérivés iodés de la codéine.

§ 2138. *Iodocodéine*[1], $2\ C^{36}H^{21}NO^{6},\ 3\ I^{2}$. — On prépare ce corps en dissolvant poids égaux d'iode et de codéine dans aussi peu d'alcool que possible, mélangeant les dissolutions, et abandonnant le mélange. L'iodocodéine se dépose après un temps plus ou moins long, suivant le degré de concentration du mélange. Si l'on emploie des solutions saturées à froid, les cristaux apparaissent au

[1] ANDERSON, *loc. cit. The Edimb. new Philos. Journ.*, janvier 1851, et *Compt. rend. des trav. de Chim.*, 1851, p. 103.

bout de quelques heures; ils exigent plus de temps avec des solutions étendues.

L'iodocodéine se dépose sous la forme de tables triangulaires d'un beau rouge de rubis par transmission, et d'un violet foncé par réflexion[1]; les cristaux ont un bel éclat de diamant, presque métallique, s'ils sont bien éclairés. Ils appartiennent au système triclinique. Ils sont insolubles dans l'eau et l'éther, mais ils se dissolvent dans l'alcool en le colorant en brun-rouge.

Séchés dans le vide, ils renferment :

	Anderson.				Calcul.
Carbone. . . .	31,84	32,20	32,30	31,96	31,75
Hydrogène. . .	3,28	3,44	3,50	3,33	3,08
Iode.	55,32	»	»	»	56,00

L'iodocodéine perd de l'iode à 100°.

L'acide sulfurique concentré n'y agit pas à froid; mais, si l'on chauffe, il la dissout en se colorant en brun foncé. L'acide nitrique l'attaque lentement à chaud.

Une solution bouillante de potasse la décompose, en dissolvant de l'iode et en laissant de la codéine.

Si l'on fait passer un courant rapide d'hydrogène sulfuré dans la solution de l'iodocodéine, elle se décolore, dépose du soufre, et devient fort acide; on obtient ensuite par l'évaporation des cristaux d'iodhydrate de codéine.

Une solution de nitrate d'argent la précipite immédiatement; mais le précipité ne renferme que les $^7/_9$ environ de l'iode contenu dans la matière.

Dérivés nitriques de la codéine.

§ 2139. *Nitrocodéine*[2], $C^{36}H^{20}(NO^4)NO^6$. — Quand on verse sur la codéine de l'acide nitrique concentré, et qu'on chauffe, il se manifeste une action violente : d'abondantes vapeurs nitreuses se dégagent, et la solution prend une couleur rouge. Si l'on évapore alors le liquide au bain-marie, on obtient une résine jaune qui se dissout avec une couleur rouge dans la potasse et l'ammoniaque. Si l'on emploie de l'acide nitrique assez étendu, le résultat est différent, et l'on obtient de la nitrocodéine.

[1] Voy. sur les caractères optiques et cristallographiques de l'iodocodéine : HAIDINGER, *Ann. de Poggend.*, LXXX, 553.

[2] ANDERSON (1850), *loc. cit.*

La préparation de cette base est assez délicate, car le contact de l'acide nitrique, même très-étendu, l'altère rapidement. L'opération réussit le mieux avec un acide d'une densité de 1,060. On chauffe cet acide dans un ballon, sans le faire bouillir, on y ajoute de la codéine en poudre fine, et l'on maintient la solution à une douce chaleur. Au bout de quelques minutes, on verse une petite quantité du liquide dans un verre à pied, et l'on y ajoute un excès d'ammoniaque; s'il n'apparaît pas de précipité, on maintient la chaleur un peu plus longtemps, et l'on essaye ensuite une nouvelle portion; on répète ces opérations jusqu'à ce que le précipité cesse d'augmenter, lorsqu'on neutralise l'acide. Alors on sature immédiatement par l'ammoniaque, et l'on agite rapidement; le liquide se remplit alors d'un volumineux précipité de nitrocodéine. L'action qui s'accomplit ainsi est extrêmement rapide, et toute l'opération se termine dans quelques minutes, de sorte que l'expérimentateur a besoin d'y mettre une grande attention. Il ne se dégage pas de vapeurs rouges; si l'on en aperçoit, c'est un signe certain que l'action est allée trop loin, et qu'une partie de la codéine s'est transformée en cet acide résineux précédemment mentionné. Il vaut alors mieux arrêter l'action avant que toute la codéine soit décomposée.

Par l'addition de l'ammoniaque, la nitrocodéine se précipite sous la forme de très-petits feuillets argentins légèrement jaunâtres. On la purifie en la faisant dissoudre dans l'acide chlorhydrique, traitant à l'ébullition par le charbon animal et reprécipitant par l'ammoniaque; on sépare ainsi la matière colorante et un peu de codéine non altérée qui a pu se précipiter avec les premiers cristaux. On la fait cristalliser ensuite dans l'alcool dilué, ou dans un mélange d'alcool et d'éther.

La nitrocodéine cristallise dans l'alcool sous la forme de minces aiguilles soyeuses d'un fauve pâle, qui s'enchevêtrent par la dessiccation en une masse soyeuse. Un mélange d'alcool et d'éther la dépose par l'évaporation en petits cristaux jaunâtres qui se présentent au microscope sous la forme de prismes à quatre faces terminés par des sommets dièdres. Elle est peu soluble dans l'eau bouillante, qui la dépose par le refroidissement en petits cristaux. Elle se dissout aisément dans l'alcool bouillant, mais elle est peu soluble dans l'éther.

Elle renferme :

	Anderson.			Calcul.
Carbone. . .	63,10	62,83	62,49	62,79
Hydrogène. .	6,04	5,80	5,91	5,81
Azote. . . .	»	»	»	8,11
Oxygène. . .	»	»	»	23,29
				100,00

Elle se dissout dans les acides, et forme des sels neutres aux papiers, et d'où l'ammoniaque et la potasse précipitent la base sous la forme d'une poudre cristalline.

Quand on la chauffe avec précaution, elle fond en un liquide jaune qui se concrète en une masse fort cristalline. Une chaleur plus élevée la décompose brusquement sans flamme, en laissant un volumineux charbon.

Lorsqu'on traite au bain-marie, par le sulfhydrate d'ammoniaque, la nitrocodéine dissoute dans l'alcool, la solution prend peu à peu une couleur foncée et dépose du soufre. Lorsque l'action est terminée, le liquide filtré donne par l'ammoniaque un précipité brun amorphe qui, dissous dans l'acide chlorhydrique et bouilli avec du charbon animal, fournit ensuite par la préeipitation une base particulière (*azocodéine*) d'un jaune pâle, qui n'a pas encore été examinée.

Le *chlorhydrate* s'obtient, par l'évaporation, sous la forme d'une masse résineuse, incristallisable.

Le *chloroplatinate*, $C^{36}H^{20}(NO^4)NO^6$, HCl, Pt Cl^2 + 4 aq., se précipite à l'état d'une poudre jaune, insoluble dans l'eau et l'alcool. Il renferme 4 atomes = 6,14 p. c. d'eau, qu'il perd à 100°. Desséché, il contient :

	Anderson.	Calcul.
Carbone. . . .	39,11	39,25
Hydrogène. . .	4,09	3,81
Platine.	17,88	17,93

Le *sulfate*, 2 $C^{36}H^{20}(NO^4)NO^6$, S^2O^6, 2 HO (à 100°), s'obtient en groupes radiés composés de courtes aiguilles pointues, neutres aux papiers et très-solubles dans l'eau bouillante.

L'*oxalate* cristallise en beaux prismes, jaunes, courts, très-solubles dans l'eau.

Dérivés cyaniques de la codéine.

§ 2140. *Cyanocodéine*[1], $C^{36}H^{21}NO^{6}, Cy^{2} = C^{40}H^{21}N^{3}O^{6}$. — Lorsqu'on dirige un courant de cyanogène dans de la codéine dissoute dans la moindre quantité possible d'alcool, le gaz s'absorbe rapidement et le liquide prend une teinte d'abord jaune, puis brune. La solution étant ensuite abandonnée à elle-même pendant quelque temps, l'odeur du cyanogène disparaît et fait place à celle de l'acide cyanhydrique, en même temps que des cristaux se déposent peu à peu. Pour obtenir la cyanocodéine en quantité suffisante, le mieux est de faire passer un courant de gaz continu et lent, de manière que déjà pendant cette opération les cristaux se déposent en abondance. On les recueille sur un filtre, et on les lave avec une petite quantité d'alcool; la liqueur filtrée, étant de nouveau soumise à l'action du cyanogène, donne une seconde portion de cristaux, moins purs que les premiers. On purifie le produit en le faisant dissoudre à chaud dans un mélange d'alcool et d'éther, d'où il se dépose en cristaux incolores ou légèrement jaunâtres. Ainsi obtenus, ils peuvent toutefois contenir une petite quantité de codéine; il est donc avantageux de faire passer du cyanogène dans le mélange destiné à leur dissolution, de sorte que les dernières traces de codéine sont ainsi converties.

La cyanocodéine est soluble dans l'alcool absolu et bouillant, ainsi que dans un mélange d'alcool et d'éther, et se dépose par le refroidissement en tables minces, hexagones et très-brillantes. Elle est peu soluble dans l'eau, mais elle s'y dissout par l'addition de l'alcool; cependant la solution ne dépose rien par le repos, et elle se décompose par l'évaporation en laissant de la codéine.

Elle renferme :

	Anderson.		Calcul.
Carbone. . .	68,22	68,04	68,37
Hydrogène. . .	5,93	6,17	5,97
Azote. . . .	11,81	11,50	11,68
Oxygène. . .	»	»	13,97
			100,00

L'acide *chlorhydrique* convertit la cyanocodéine en un sel cristallin, mais qui se décompose aussitôt; car, si l'on ajoute de la po-

[1] ANDERSON (1850), *loc. cit.*

tasse au liquide, il émet de l'ammoniaque, et, si on l'abandonne pendant vingt-quatre heures, il dégage de l'acide cyanhydrique.

Avec l'acide *sulfurique* et l'acide *oxalique*, la cyanocodéine donne aussi des composés peu solubles qui se décomposent promptement avec dégagement d'ammoniaque et d'acide cyanhydrique.

Dérivés éthyliques de la codéine.

§ 2141. L'*iodhydrate d'éthyl-codéine*[1], $C^{36}H^{20}(C^4H^5)NO^6$, IH (à 100°), s'obtient en maintenant au bain-marie pendant deux heures, dans un tube scellé à la lampe, un mélange de codéine en poudre fine, d'un peu d'iodure d'éthyle, et d'alcool absolu en quantité suffisante pour dissoudre la codéine. Après le refroidissement, on a une substance cristalline, fort soluble dans l'eau froide, qui la dépose, par la concentration, sous la forme de fines aiguilles groupées en aigrettes. Séché à 100°, ce sel renferme :

	How.	Calcul.
Carbone.	52,59	52,73
Hydrogène.	5,87	5,76
Iode.	27,91	27,92

La solution de ce sel n'est précipitée ni par la potasse ni par l'ammoniaque. Traitée par l'oxyde d'argent, elle donne une liqueur fort alcaline qui se carbonate pendant l'évaporation ; le résidu s'attaque encore par l'iodure d'éthyle, mais la réaction paraît être complexe.

Thébaïne, papavérine et combinaisons.

§ 2142. Thébaïne[2], ou paramorphine, $C^{38}H^{21}NO^6$. — Pelletier a obtenu cet alcali en traitant l'extrait d'opium par du lait de chaux en excès, lavant le précipité calcaire avec de l'eau, et l'épuisant, après la dessiccation, avec de l'alcool bouillant. La solution alcoolique ayant été évaporée, puis reprise par l'éther, a cédé à ce liquide la thébaïne.

[1] How (1853), *The Quarterl. Journ. of the Chemic. Soc.* VI, 125. En extrait, *Ann. der Chem. u. Pharm.*, LXXXVIII, 336.

[2] Pelletier (1835), *Journ. de Pharm.*, XXI, 569, et *Ann. der Chem. u. Pharm.*, XVI, 38. — Couerbe, *Ann. de Chim. et de Phys.*, LIX, 155. — Kane, *Ann. der Chem. u. Pharm.*, XIX, 9. — Anderson, *Transact. of the Roy. Soc. of Edinburgh*, XX, 3e partie, p. 347, et *Ann. der Chem. u. Pharm.*, LXXXVI, 179.

M. Anderson emploie, pour l'extraction de la thébaïne, les eaux-mères de la préparation de la narcotine (§ 2145). Lorsqu'on distille au bain-marie la liqueur alcoolique d'où se sont déposés les premiers cristaux fort colorés de narcotine, on obtient un résidu amorphe, composé de beaucoup de résine, d'un peu de narcotine, et de toute la thébaïne contenue dans l'opium. On traite ce résidu par l'acide acétique étendu et bouillant qui dissout les alcalis, ainsi qu'une petite quantité de résine. A cette solution on ajoute du sous-acétate de plomb, jusqu'à ce qu'elle ait une réaction franchement alcaline; toute la narcotine et toute la résine se précipitent ainsi, tandis que la thébaïne reste en dissolution. On filtre, on précipite l'excédant de plomb par l'acide sulfurique, on sépare par le filtre le sulfate de plomb, et l'on précipite par l'ammoniaque la thébaïne contenue dans la liqueur filtrée. Le précipité ayant été lavé, on le fait dissoudre dans l'alcool bouillant, et l'on traite la solution par le charbon animal. La liqueur dépose ensuite, par le refroidissement, des paillettes brillantes qu'on purifie par de nouvelles cristallisations.

La thébaïne cristallise de sa solution dans l'alcool ou l'éther sous la forme de paillettes carrées, douées d'un éclat argentin. Sa saveur est âcre et styptique plutôt qu'amère. Elle est insoluble dans l'eau; elle est fort soluble, surtout à chaud, dans l'alcool et l'éther. Elle est insoluble dans les solutions aqueuses de potasse et d'ammoniaque. Elle se dissout rapidement dans les acides.

Elle renferme :

	Pelletier.	Couerbe.		Kane.		Anderson.			Calcul.
Carbone. . .	71,09	71,07	70,90	73,39	75,07	73,10	73,14	73,01	73,31
Hydrogène. .	6,29	6,47	6,44	6,78	6,83	7,10	6,98	7,04	6,73
Azote.	4,40	6,38	»	6,94	»	4,39	4,47	»	4,50
Oxygène. . .	»	»	»	»	»	»	»	»	15,44
									100,00

La thébaïne fond à 125°, et se décompose à une température élevée.

L'acide sulfurique concentré la colore en rouge foncé. L'acide sulfurique de 1,3 densité la dissout à froid; si l'on chauffe doucement la solution, il s'en sépare une matière résinoïde qui, bouillie avec de l'eau, se dissout lentement, et se dépose par le refroidissement sous la forme de cristaux microscopiques, peu solubles. Ceux-ci paraissent être un produit de décomposition.

L'acide nitrique concentré agit vivement sur la thébaïne, même à froid, en dégageant des vapeurs rutilantes, et en donnant une solution jaune, qui se fonce par l'addition de la potasse en développant un alcali volatil.

L'acide chlorhydrique dissout aisément la thébaïne; la solution se fonce par l'évaporation, en laissant une matière résineuse qui ne se dissout plus entièrement dans l'eau.

Le chlore et le brome attaquent vivement la thébaïne, en donnant des produits résineux.

La thébaïne est très-vénéneuse. Injectée dans la veine jugulaire d'un chien, à la dose de 5 centigrammes, elle a déterminé des mouvements tétaniques, suivis promptement de la mort de l'animal (Magendie).

§ 2143. Les *sels de thébaïne* ne s'obtiennent pas à l'état cristallisé dans leur solution aqueuse.

Le *chlorhydrate* renferme à 100° $C^{38}H^{21}NO^{6}$, HCl + 2 aq. Pour le préparer on mélange la thébaïne avec une petite quantité d'alcool, et l'on y ajoute une solution alcoolique d'acide chlorhydrique jusqu'à ce qu'elle soit entièrement dissoute; il convient, dans cette préparation, d'éviter un excès d'acide. Par le repos, la liqueur dépose le chlorhydrate de thébaïne sous la forme de cristaux rhomboïdaux, fort solubles dans l'eau; leur solution donne par l'évaporation une masse résineuse. Ils sont peu solubles dans l'alcool absolu, et insolubles dans l'éther.

Le *chloroplatinate* renferme à 100° $C^{38}H^{21}NO^{6}$, HCl, $PtCl^{2}$ + 2 aq. Il se précipite par l'addition du bichlorure de platine au chlorhydrate de thébaïne. Il est peu soluble dans l'eau bouillante; la solution dépose un sel qui paraît être un produit de décomposition. Il renferme :

	Anderson.			Calcul.
Carbone.	42,88	43,25	»	42,60
Hydrogène. . . .	4,36	4,74	»	4,48
Platine.	18,43	18,72	18,98	18,44

Le *chloraurate* est un précipité orangé qui fond à 100° en une masse résineuse.

Le *chloromercurate* est un précipité blanc cristallin qu'on obtient avec le chlorhydrate de thébaïne et le bichlorure de mercure. Avec la thébaïne libre on obtient un précipité volumineux. Ces deux précipités ne s'obtiennent pas d'une composition constante.

Le *sulfate* s'obtient, par l'addition de l'acide sulfurique à une solution de thébaïne dans l'éther, en partie à l'état cristallin, en partie sous la forme d'une matière résineuse qui devient cristalline par le repos.

§ 2144. PAPAVÉRINE[1], $C^{40}H^{21}NO^{8}$. — Lorsqu'on précipite par la soude l'extrait aqueux de l'opium et qu'on traite par l'alcool le précipité, composé en plus grande partie de morphine, on obtient une teinture brune qui donne par l'évaporation un résidu foncé; si l'on traite celui-ci par un acide étendu et qu'on filtre, on peut précipiter du liquide, par l'ammoniaque, une matière brune et résinoïde contenant beaucoup de papavérine. Si l'on dissout cette résine dans l'acide chlorhydrique étendu, et qu'on ajoute au liquide de l'acétate de potasse, il se précipite un corps résineux, de couleur foncée, qu'on traite par l'éther bouillant après l'avoir lavé à l'eau. Par le refroidissement de la solution éthérée, la papavérine se sépare sous forme cristallisée.

On obtient aussi cet alcali d'une manière plus simple en mélangeant la résine desséchée au bain-marie avec son poids d'alcool; il se produit ainsi une masse onctueuse qui se prend, avec le temps, en un magma cristallin. On exprime ce produit, on le fait cristalliser de nouveau dans l'alcool, et on le traite par le charbon animal. La papavérine ainsi obtenue renferme encore de la narcotine: on la traite, pour cela, par l'acide chlorhydrique, et l'on fait cristalliser. De cette manière, le chlorhydrate de papavérine, peu soluble et facilement cristallisable, se sépare, et l'on peut, par l'eau froide, en séparer toute la narcotine.

La papavérine se dépose dans l'alcool en cristaux aciculaires, groupés confusément, incolores, peu solubles à froid dans l'alcool et l'éther, plus solubles à chaud. Elle est insoluble dans l'eau; les solutions bleuissent à peine le tournesol rougi. Elle présente cette réaction caractéristique, que si l'on y verse de l'acide sulfurique concentré, elle prend une couleur bleue foncée.

Il n'est pas certain que la papavérine agisse sur la lumière polarisée; si elle possède un pouvoir rotatoire, celui-ci, dans tous les cas, est extrêmement faible (Bouchardat et Boudet).

[1] G. MERCK (1850), *Ann. der Chem. u. Pharm.*, LXVI, 125; LXXIII, 50.

Elle a donné à l'analyse :

	G. Merck.			$C^{40}H^{21}NO^{8}$.
Carbone. . .	70,68	70,47	70,62	70,79
Hydrogène.	6,65	6,32	6,65	6,20
Azote. . . .	4,75	»	»	4,13
Oxygène. . .	»	»	»	18,88
				100,00

On peut avaler des quantités assez notables de papavérine sans en ressentir un effet particulier.

Lorsqu'on la fait bouillir pendant quelque temps avec du peroxyde de manganèse, de l'acide sulfurique et de l'eau, le liquide se colore en brun, et, au bout de quelques heures, il se sépare des flocons bruns cristallins. Avec l'acide nitrique, la papavérine paraît donner un corps nitré.

Le *chlorhydrate* de papavérine, $C^{40}H^{21}NO^{8}$, HCl, s'obtient en dissolvant l'alcali dans l'acide chlorhydrique étendu, et ajoutant un excès d'acide; il se précipite alors sous la forme d'un liquide huileux qui se prend peu à peu en gros cristaux. Ceux-ci[1] appartiennent au système rhombique et sont hémièdres. (Combinaison observée, $\infty P. \breve{P}\infty. \frac{P}{2}$. Inclinaison des faces, $\infty P : \infty P = 80°$; $\breve{P}\infty : \breve{P}\infty = 119° 20'$; $\breve{P}\infty : \frac{P}{2} = 149° 15'$).

Le *chloroplatinate*, $C^{40}H^{21}NO^{8}$, HCl, $PtCl^{2}$, forme un précipité jaune et pulvérulent, insoluble dans l'eau et l'alcool.

Il renferme :

	G. Merck.			Calcul.
Carbone. . .	43,84	43,60	43,68	43,71
Hydrogène. .	4,69	4,50	4,47	4,55
Platine. . . .	17,77	17,76	17,88	1782

Le *sulfate* est un sel cristallisable.

Le *nitrate*, $C^{40}H^{21}NO^{8}$, $NO^{6}H$, ne peut pas se préparer à l'état de pureté par l'emploi de l'acide nitrique, dont le plus léger excès le jaunit; mais on l'obtient par double décomposition avec le chlorhydrate de papavérine et le nitrate d'argent. Si l'on opère à chaud, le nitrate de papavérine cristallise par le refroidissement.

[1] H. Kopp, *Ann. der Chem. u. Pharm.*, LXVI, 127. — Pasteur, *Ann. de Chim. et de Phys.*, [3] XXXVIII, 456.

Narcotine, narcéine et combinaisons.

§ 2145. NARCOTINE[1], $C^{36}H^{25}NO^{14}$. — Cet alcali, découvert par Derosne au commencement de ce siècle, n'est bien connu, sous le rapport chimique, que depuis les travaux de Robiquet. On doit principalement à M. Woehler l'étude de ses métamorphoses. (§ 2152).

Il s'obtient comme produit accessoire dans la préparation de la morphine. L'extrait de l'opium, traité par l'eau froide, renferme toute la morphine contenue dans ce suc, et seulement une petite quantité de narcotine; le résidu non dissous contient, au contraire, la majeure partie de la narcotine qu'on en peut extraire par l'acide chlorhydrique étendu. On précipite la solution chlorhydrique par le carbonate de soude, on sèche le précipité, et on le traite à plusieurs reprises par de l'alcool bouillant de 80 centièmes; la liqueur alcoolique, ayant été réduite au tiers de son volume, est abandonnée à l'évaporation spontanée. Au bout de 24 heures, toute la narcotine est déposée en cristaux; au besoin, on lui fait subir une nouvelle cristallisation dans l'alcool bouillant.

M. Anderson emploie pour l'extraction de la narcotine les eaux-mères colorées et incristallisables qu'on obtient dans la préparation de la morphine d'après le procédé Robertson-Gregory. (Ce procédé consiste à précipiter par du chlorure de calcium l'infusion aqueuse de l'opium, à séparer par le filtre le précipité de méconate de chaux, et à faire cristalliser le chlorhydrate de morphine contenu dans la liqueur filtrée.) Voici la marche à suivre, d'après M. Anderson : après avoir étendu d'eau les eaux-mères, et les avoir filtrées au besoin, on y ajoute de l'ammoniaque, tant qu'il se forme un précipité. Celui-ci est recueilli sur un linge et soumis à l'action de la presse; il est d'abord coloré et grenu, mais, si on le laisse trop longtemps sous la presse, il devient aisément résineux; aussi convient-il de l'en retirer promptement, de le délayer dans l'eau, de l'exprimer de nouveau, et de répéter plusieurs fois cette opération.

[1] DEROSNE (1803), *Ann. de Chimie*, XLV, 257. — ROBIQUET, *Journ. de Pharm.*, XVII, 637. *Ann. de Chim. et de Phys.*, V, 275; LI, 225. *Ann. der Chem. u. Pharm.*, V, 83. — DUMAS et PELLETIER, *Ann. de Chim. et de Phys.*, XXIV, 185. — PELLETIER, *ibid.*, L, 269. — LIEBIG, *ibid.*, LI, 441. *Ann. der Chem. u. Pharm.*, VI, 35. — R. BRANDES, *Ann. der Chem. u. Pharm.*, II, 274. — COUERBE, *Ann. de Chim. et de Phys.*, LIX, 159. — REGNAULT, *ibid.*, LXVIII, 137. *Ann. der Chem. u. Pharm.*, XXVI, 27; XXIX, 58.

Le précipité renferme de la narcotine, ainsi que beaucoup de résine et un peu de thébaïne; la liqueur contient de la narcéine, et peut être utilisée pour l'extraction de cet alcali. (Voy. § 2150). On fait bouillir une partie du précipité avec de l'alcool rectifié, et on filtre à chaud; il se sépare alors, par le refroidissement, des cristaux fort colorés de narcotine, qu'on recueille sur un linge, pour les exprimer et les laver avec un peu d'alcool; les eaux-mères de ces cristaux servent à dissoudre une autre partie du précipité, et l'on continue ainsi jusqu'à ce qu'on ait dissous le tout. Les cristaux impurs de narcotine sont ensuite rincés avec une petite quantité d'une lessive concentrée de potasse, lavés à l'eau et cristallisés dans l'alcool bouillant. La liqueur alcoolique, d'où se sont déposés les premiers cristaux, fort colorés, de narcotine, renferme beaucoup de résine, un peu de narcotine, et toute la thébaïne contenue dans l'opium; nous avons indiqué ailleurs (§ 2142) comment ce dernier alcali peut s'en extraire.

On peut aussi extraire directement la narcotine de l'opium en traitant celui-ci par l'éther; elle se dépose à l'état cristallisé par l'évaporation spontanée de la solution éthérée.

§ 2146. La narcotine cristallise en prismes droits à base rhombe, ou en aiguilles groupées en faisceaux, aplaties, incolores, transparentes et brillantes. Elle est insoluble dans l'eau froide; l'eau bouillante en dissout $^{1}/_{7000}$. Elle est peu soluble dans l'éther et dans l'alcool; elle exige, pour sa solution, 300 p. d'alcool froid de 77 centièmes, 128 p. du même alcool bouillant, 60 p. d'alcool absolu et froid, 12 p. d'alcool absolu et bouillant, 33 p. d'éther absolu et froid, 19 p. d'éther absolu et bouillant (R. Brandes). Les solutions sont amères et n'ont pas de réaction alcaline. Les huiles essentielles et les huiles grasses dissolvent également la narcotine.

La dissolution de la narcotine dans l'alcool ou l'éther dévie fortement à gauche le plan de polarisation de la lumière[1]; $[\alpha] = -130°5$ approximativement; les acides modifient considérablement ce pouvoir rotatoire, et font passer la déviation à droite.

Ni l'ammoniaque ni la potasse caustique ne dissolvent la narcotine.

Les solutions de narcotine ne colorent pas en bleu les sels ferriques.

[1] BOUCHARDAT, *Ann. de Chim. et de Phys.*, [3] IX, 213.

La narcotine renferme :

	Dumas et Pelletier.	Pelletier [1].	Liebig.	Regnault.		Varrentrapp et Will [2].		Mulder [3].		Hofmann [4].	Calcul.
Carbone. . .	68,88	65.16	64,09	64.01	64.50	»	»	»	»	64.53	64,61
Hydrogène.	5,91	5,43	5,50	5,96	5,97	»	»	»	»	6.21	5,85
Azote. . . .	7.21	4,31	2,51	3,46	3,52	3,77	3,72	3,03	2 44	3,30	3,31
Oxygène. .	»	»	»	»	»	»	»	»	»	»	26,23
											100,00

La narcotine fond à 170°, et se concrète de nouveau à 130° ; si le refroidissement est lent, la matière cristallise ; s'il est brusque, la matière solidifiée est amorphe. Chauffée à quelques degrés au-dessus de son point de fusion, elle se colore ; à 220°, elle se boursoufle, dégage de l'ammoniaque et laisse de l'acide humopique (§ 2149). Chauffée à 200° avec de l'eau dans un tube hermétiquement fermé, elle se dissout en donnant une liqueur jaune-rougeâtre fort amère.

L'acide sulfurique concentré dissout la narcotine avec une couleur jaune ; à chaud, la solution brunit. L'acide sulfurique étendu transforme à chaud la narcotine en une substance verte. (Voy. *Sulfate de narcotine*).

L'acide nitrique étendu dissout à froid la narcotine sans la décomposer. La solution étant chauffée à 50° environ, il se précipite des flocons cristallins d'azoture d'opianyle (téropiammon), tandis qu'il reste en dissolution de l'hydrure d'opianyle, de l'acide opianique, de l'acide hémipinique, et de la cotarnine, dont les proportions varient suivant l'état de dilution de l'acide nitrique. (Voy. *Dérivés par oxydation de la narcotine*, § 2152). Lorsqu'on traite la narcotine par l'acide nitrique concentré, la réaction est violente, même à froid : il se dégage d'abondantes vapeurs rutilantes[5], en même temps qu'il se produit une matière résinoïde rouge et épaisse.

La potasse aqueuse et diluée n'exerce aucune action sur la narcotine même à l'ébullition ; mais, lorsqu'on la fait bouillir longtemps avec une solution de potasse concentrée, elle produit un corps oléagineux, fort soluble dans l'eau et amer, qui paraît être le sel de potasse d'un acide particulier (*acide narcotique*) ; une dissolution

[1] Dans les analyses de MM. Dumas et Pelletier, le carbone est calculé avec l'ancien poids atomique du carbone.

[2] Varrentrapp et Will, *Ann. der Chem. u. Pharm.*, XXXIX, 282.

[3] Mulder, *ibid.*, XXXIX, 283. *Bulletin de Néerlande*, 1838, p. 81.

[4] Hofmann, *Ann. der Chem. u. Pharm.*, L, 35.

[5] J'ai trouvé que si, en chauffant légèrement la narcotine avec de l'acide nitrique concentré, on parvient à éviter le dégagement des vapeurs rutilantes, il se produit une matière jaune-rougeâtre, en même temps qu'il se dégage un gaz inflammable, qui paraît être du nitrate d'éthyle ou de méthyle.

alcoolique de potasse dissout la narcotine en si grande quantité, que la matière s'épaissit. On ne parvient pas à isoler l'acide contenu dans ce sel de potasse. Lorsqu'on fait passer de l'acide carbonique dans sa dissolution alcoolique, elle se prend peu à peu en une gelée transparente; celle-ci, lavée à l'alcool et délayée dans l'eau, laisse une grande quantité de cristaux de narcotine.

Cette prompte régénération de la narcotine semble indiquer que l'acide narcotique ne diffère de cet alcali que par les éléments de l'eau.

Lorsqu'on chauffe la narcotine à 220° avec de l'hydrate de potasse ou de soude, on recueille un liquide alcalin, d'une forte odeur ammoniacale, contenant, suivant M. Wertheim[1], de la tritylamine (§ 1026^b) (ou peut-être son isomère, la triméthylamine); les produits d'ailleurs paraissent varier[2] suivant les proportions de narcotine et d'hydrate de potasse soumises à la distillation; un alcali huileux nage ordinairement aussi à la surface de la solution aqueuse de la tritylamine.

Lorsqu'on dissout la narcotine dans l'acide chlorhydrique et qu'on la fait bouillir avec du bichlorure de platine, elle se dédouble en cotarnine et en acide opinanique. Les mêmes produits se forment par l'action d'un mélange de peroxyde de manganèse et d'acide sulfurique. Voici les équations qui rendent compte de cette métamorphose :

$$C^{45}H^{25}NO^{14} + 2\,HO + 4\,PtCl^2 = C^{26}H^{13}NO^6 + C^{20}H^{10}O^{10} + 4\,PtCl + 4\,HCl.$$

$$\underset{\text{Narcotine.}}{C^{46}H^{25}NO^{14}} + 2\;O^2 = \underset{\text{Cotarnine.}}{C^{26}H^{13}NO^6} + \underset{\text{Ac. opianiq.}}{C^{20}H^{10}O^{10}} + 2\;HO.$$

Il se développe aussi dans ces réactions une petite quantité d'acide carbonique provenant d'une décomposition secondaire.

Lorsqu'on fait bouillir une solution de sulfate de narcotine avec

[1] WERTHEIM, *Ann. der Chem. u. Pharm.*, LXXIII, 208. — Dans une communication postérieure (*Journ. f. prakt. Chem.*, LIII, 431), le même chimiste signale dans l'opium l'existence de trois narcotines homologues, donnant par l'hydrate de potasse, l'une de la méthylamine, l'autre de l'éthylamine, et la troisième de la tritylamine. A cette série se rattacherait aussi la narcotine dont M. Hinterberger a analysé le chloromercurate (Voy. p. 67.) On aurait donc :
$C^{42}H^{21}NO^{14}$, narcotine de Hinterb. donnant par la potasse probablement de l'ammoniaque.
$C^{44}H^{23}NO^{14}$, méthyl-narcotine, donnant de la méthylamine ;
$C^{46}H^{25}NO^{14}$, éthyl-narcotine, donnant de l'éthylamine ;
$C^{48}H^{27}NO^{14}$, trityl-narcotine, donnant de la tritylamine.

[2] HOFMANN, *Ann. der Chem. u. Pharm.*, LXXV, 367.

du peroxyde de plomb puce, en y ajoutant goutte à goutte de l'acide sulfurique, on obtient, après la filtration, une liqueur qui, étant évaporée, laisse une matière brune, fort amère, très-soluble dans l'eau et l'alcool, peu soluble dans l'éther. Cette matière paraît être un alcali particulier (*narcétine*[1]); l'acide sulfurique concentré la dissout avec une belle couleur rouge, l'acide nitrique avec une belle couleur jaune; l'action prolongée d'un mélange d'acide sulfurique et de peroxyde puce paraît la transformer en acide opianique.

La narcotine jaunit dans le chlore gazeux, surtout à 100°; il se dégage de l'acide chlorhydrique, et l'on obtient une matière amorphe, qui n'a pas été analysée.

Moins énergique que la morphine, la narcotine est cependant encore assez vénéneuse, car il suffit d'en administrer 1 gramme et demi à un chien pour lui donner promptement la mort.

§ 2147. *Sels de narcotine.* — Les acides dissolvent la narcotine, en produisant des sels fort peu stables; la solution de ces sels dépose, par l'évaporation, la plus grande partie de la narcotine. Cette décomposition s'effectue souvent aussi par l'addition de beaucoup d'eau.

Plusieurs sels de narcotine sont solubles dans l'alcool et dans l'éther. Ils sont amers et rougissent le tournesol.

Additionnés d'acide tartrique, puis sursaturés par un bicarbonate alcalin, les sels de narcotine donnent immédiatement un précipité blanc pulvérulent[1].

Le sulfocyanure de potassium produit immédiatement un précipité rose-foncé dans les solutions contenant de la narcotine, même en quantité impondérable. Un léger excès de sulfocyanure redissout le précipité (Oppermann).

Chlorhydrate de narcotine. — Ce sel est extrêmement soluble dans l'eau; on peut, suivant Robiquet, l'obtenir à l'état cristallisé en abandonnant dans l'étuve sa solution aqueuse, rapprochée à consistance de sirop; il s'y forme au bout d'un certain temps des groupes radiés, composés de fines aiguilles qui prennent de plus en plus d'extension et finissent par remplir tout le vase. On peut aussi reprendre par l'alcool bouillant le chlorhydrate de narcotine évaporé à siccité; il cristallise alors par le refroidissement du liquide.

[1] E. MARCHAND. *Jahresbericht v. Berzélius*, XXV, 507.

[1] OPPERMANN, *Compt. rend. de l'Acad.*, XXI, 811.

Suivant M. Liebig, 100 p. de narcotine absorbent 9,52 p. d'acide chlorhydrique sec.

Chloroplatinate de narcotine, $C^{46}H^{25}NO^{14}$, HCl, $PtCl^2$. — Il s'obtient en précipitant le chlorhydrate de narcotine par le bichlorure de platine. Il faut se garder, dans cette préparation, d'employer le sel de platine en excès, car il altérerait promptement le produit. Celui-ci se décompose aussi en partie par des lavages prolongés. Il renferme :

	Regnault.		Blyth.		Th. Wertheim [1].				
					a	*a*	*a*	*b*	Calcul.
Carbone. .	»	»	43,72	43,56	42,92	42,27	42,44	43,17	43,70
Hydrogène.	»	»	4,17	4,30	3,94	4,12	4,14	4,15	4,10
Platine. . .	15,81	15,97	15,95	15,65	15,95	»	»	15,72	15,81

Chloromercurate de narcotine, $C^{46}H^{25}NO^{14}$, HCl, HgCl (?). — Lorsqu'on mélange une solution alcoolique de narcotine, aiguisée d'acide chlorhydrique, avec une solution aqueuse de bichlorure de mercure, il se produit un précipité blanc de chloromercurate de narcotine. Celui-ci, ayant été séché au bain-marie, puis dissous dans un mélange d'alcool et d'acide chlorhydrique, dépose de petits cristaux contenant [2] :

	Hinterberger.	Calcul.
Carbone.	43,64	46,4
Hydrogène. . . .	3,90	4,3
Mercure.	18,02	16,7

Sulfate de narcotine. — En dissolvant la narcotine dans l'acide sulfurique étendu, on obtient, par l'évaporation, une matière visqueuse qui durcit peu à peu; ce produit se dissout dans l'eau sans se décomposer.

La *sulfonarcotide* [3] est un produit de décomposition du sulfate de narcotine. Lorsqu'on chauffe de la narcotine humectée d'eau avec de l'acide sulfurique étendu, on obtient une dissolution qui devient d'un vert foncé par un plus fort échauffement, et finit par s'épaissir. Aucun gaz ne se dégage dans cette réaction. On étend d'eau et l'on fait bouillir; presque tout se dissout. Par le refroidissement, le

[1] Je dois ces analyses à l'obligeante communication de M. Wertheim. *a* sel préparé avec un échantillon de narcotine, *b* id., préparé avec un autre échantillon. Celui-ci a donné par l'hydrate de potasse un alcali volatil qui semblait être de l'éthylamine.

[2] HINTERBERGER, *Ann. der Chem. u. Pharm.*, LXXXII, 311. — M. Hinterberger représente le sel par la formule $C^{42}H^{21}NO^{14}$, HCl, HgCl, et suppose qu'il renferme une narcotine différente de la narcotine ordinaire. Voy. la note p. 65.

[3] LAURENT et GERHARDT (1848), *Ann. de Chim. et de Phys.*, [3] XXIV, 112.

liquide dépose une poudre amorphe d'un vert foncé ; on la jette sur un filtre, et on la lave à l'eau froide, où elle paraît insoluble. Elle se dissout aussi dans l'alcool, mais celui-ci ne la dépose pas davantage à l'état cristallisé.

Elle paraît renfermer $C^{92}H^{48}N^{2}S^{2}O^{32}$, c'est-à-dire les éléments du sulfate neutre de narcotine moins 4 atomes d'eau :

$$C^{96}H^{48}N^{2}S^{2}O^{32} = 2\,C^{46}H^{25}NO^{14},\ S^{2}O^{6},\ 2\,HO - 4\,HO.$$

Elle a donné à l'analyse :

	Laurent et Gerhardt.	Calcul.
Carbone.	59,1	60,2
Hydrogène.	5,3	5,2
Soufre.	3,6	3,5

Calcinée sur une lame de platine, la sulfonarcotide donne beaucoup de charbon très-difficile à brûler. Soumis à la distillation, elle dégage de l'eau et des matières huileuses brunes d'une odeur infecte.

L'ammoniaque n'attaque pas la sulfonarcotide ; la potasse caustique la dissout avec une couleur brune, les acides l'en séparent de nouveau à l'état vert. Bouillie avec de l'acide nitrique, la sulfonarcotide donne de l'acide sulfurique, ainsi qu'une matière jaune soluble dans l'ammoniaque.

Acétate de narcotine. — Ce sel est peu stable. L'acide acétique dissout la narcotine à froid ; mais elle s'en sépare de nouveau lorsqu'on soumet la liqueur à l'évaporation. Cette propriété peut être mise à profit pour la séparation de la narcotine et de la morphine, l'acétate de morphine étant bien plus stable. Le sous-acétate de plomb précipite aussi la narcotine de sa solution dans l'acide acétique.

§ 2148. M. Hinterberger[1] désigne sous le nom d'*opianine* un alcali précipité par l'ammoniaque, en même temps que la morphine, de l'extrait aqueux de l'opium d'Égypte. Cet alcali était moins soluble dans l'alcool que la morphine, et se déposait le premier par une nouvelle cristallisation du précipité ; il était cristallisé en prismes droits rhomboïdaux, et contenait :

[1] HINTERBERGER, *Ann. der Chem. u. Pharm.*, LXXXI, 319.

	Hinterberger.		Composition de la narcotine.
Carbone.	62,99	»	64,61
Hydrogène.	5,70	»	5,85
Azote.	4,12	4,41	3,31
Oxygène.	»	»	26,23
			100,00

M. Hinterberger représente son analyse par les rapports $C^{66}H^{39}N^{2}O^{21}$, mais on peut voir que les résultats précédents sont assez rapprochés de la composition de la narcotine. Au reste, la description fort incomplète que ce chimiste a donnée de l'opianine s'applique très-bien aussi à la narcotine.

En mélangeant une solution alcoolique de chlorhydrate d'opianine avec une solution aqueuse de bichlorure de mercure, on a obtenu un abondant précipité blanc; celui-ci, ayant été dissous dans un mélange d'alcool et d'acide chlorhydrique, a déposé des aiguilles insolubles dans l'eau et l'alcool. Ces cristaux ont donné à l'analyse: carbone: 49,14; hydrog., 4,61; mercure, 12,28; chlore, 9,31. M. Hinterberger déduit de ces nombres la formule $C^{66}H^{36}N^{2}O^{21}$, HCl, HgCl. Un chloromercurate de narcotine contenant 3 $C^{46}H^{25}NO^{14}$, 2(HCl,HgCl), exigerait : carbone, 50,9; hydrog., 4,7; mercure, 12,3; chlore, 8,7.

Les expériences de M. Hinterberger ne me paraissent pas assez complètes pour autoriser l'adoption de son opianine, comme alcali différent de la narcotine.

§ 2149. *Acide humopique.* — Lorsqu'on chauffe la narcotine dans un bain d'huile, à quelques degrés au-dessus de son point de fusion, elle finit par se colorer en rouge jaunâtre. A 220°, elle se boursoufle considérablement et dégage de l'ammoniaque, puis le résidu se prend en une masse boursouflée brune, composée en plus grande partie d'acide humopique. On le purifie en le faisant dissoudre dans la potasse et précipitant par l'acide chlorhydrique; on obtient ainsi un précipité gélatineux, semblable à de l'hydrate ferrique. On le redissout dans l'alcool, qui laisse à l'état insoluble une petite quantité d'une matière noire, et on reprécipite par l'eau la solution alcoolique.

L'acide humopique constitue une substance amorphe, brun foncé, insoluble dans l'eau et les acides étendus. Sa solution dans l'alcool est d'un rouge jaunâtre. Il se dissout aussi dans les alcalis avec une couleur jaune; la solution donne des précipités bruns, gélatineux, avec les sels de baryte et de plomb.

Il renferme probablement $C^{46}H^{22}O^{14}$:

	Woehler.		Calcul.
Carbone.	63,9	64,5	67,3
Hydrogène. . . .	5,3	5,0	5,2
Oxygène.	»	»	27,5
			100,00

D'après ces nombres, l'acide humopique semble renfermer les éléments de la narcotine moins ceux de l'ammoniaque :

$$\underset{\text{Narcotine.}}{C^{46}H^{25}NO^{14}} = \underset{\text{Ac. humopiq.}}{C^{46}H^{22}O^{14}} + NH^3.$$

Toutefois, M. Woehler ayant remarqué que l'acide humopique brut renferme toujours une petite quantité d'un alcali particulier qu'on peut en extraire au moyen de l'acide chlorhydrique, il serait possible que la réaction fût plus complexe, et que la formule précédemment adoptée ne représentât pas la véritable composition de l'acide humopique.

§ 2150. NARCÉINE, $C^{46}H^{29}NO^{18}$. — Pelletier[1] a obtenu cet alcali de la manière suivante : 1 kilogr. d'opium de Smyrne a été traité par l'eau froide; les liqueurs résultant de ce traitement, après avoir été filtrées, ont été soumises à une évaporation très-ménagée, de manière à donner un extrait solide. Celui-ci, repris par l'eau distillée, s'est redissous, en abandonnant de la narcotine; la liqueur retenait en solution de la morphine, de la narcéine et d'autres principes de l'opium. Après en avoir séparé la narcotine, on a légèrement sursaturé cette liqueur par de l'ammoniaque, et on l'a portée à l'ébullition pour chasser l'excès de cet alcali; par le refroidissement, la morphine a cristallisé. Cet alcali ayant été enlevé en plus grande partie, on a réduit la liqueur à la moitié de son volume; on l'a filtrée, et on en a précipité l'acide méconique par une addition d'eau de baryte. On a ensuite ajouté du carbonate d'ammoniaque à la liqueur pour séparer l'excès de baryte, et l'on a évaporé la solution à consistance de sirop épais. Cette solution abandonnée pendant plusieurs jours dans un lieu frais, s'est prise en une masse pulpeuse, entremêlée de cristaux. Ce produit, repris

[1] PELLETIER (1832), *Ann. de Chim. et de Phys.*, L, 262. — COLERBE, *ibid.*, LIX, 151. — ANDERSON, *Transact. of the roy. Soc. of Edinburgh*, XX, 3ᵉ partie, p. 347, et *Ann. der Chem. u. Pharm.*, LXXXVI, 179.

par l'alcool à 40 degrés et bouillant, lui a cédé la narcéine; les liqueurs alcooliques ayant été réduites par la distillation à un petit volume, ont déposé la narcéine à l'état cristallisé.

Lorsque, comme il arrive souvent, la narcéine est mélangée de méconine, on enlève celle-ci au moyen de l'éther. La méconine se trouve d'ailleurs en majeure partie dans les eaux-mères qui ont fourni la narcéine.

M. Anderson utilise, pour l'extraction de la narcéine, les eaux-mères incristallisables de la préparation de la morphine, d'après le procédé Robertson-Gregory. Ces eaux-mères, étant d'abord mélangées avec de l'ammoniaque (Voy. § 2127), donnent un précipité composé de narcotine, de thébaïne et d'une matière résineuse; la liqueur filtrée renferme toute la narcéine. On ajoute à cette dernière une solution d'acétate de plomb, et l'on sépare le précipité par le filtre; on précipite par l'acide sulfurique l'excédant de plomb de la liqueur filtrée, et, après avoir neutralisé la liqueur par l'ammoniaque, on l'évapore à une douce chaleur, jusqu'à ce qu'une pellicule se forme à la surface. Elle dépose alors, par le refroidissement, une substance cristalline dont la quantité augmente encore par le repos. Après quelques jours, on jette ce dépôt sur un linge, on le lave avec de l'eau froide, et on le fait bouillir avec beaucoup d'eau. La solution précipite, par le refroidissement, des cristaux soyeux de narcéine; quelquefois ils sont souillés d'un peu de sulfate de chaux, qu'on peut enlever en les dissolvant dans l'alcool; on les purifie par l'ébullition avec du charbon animal et par une nouvelle dissolution dans l'eau.

§ 2151. La narcéine pure se présente sous la forme d'une matière blanche, soyeuse, composée d'aiguilles fines allongées. Elle s'obtient aisément à l'état incolore. Peu soluble dans l'eau froide, elle se dissout aisément dans l'eau bouillante (Anderson; elle exige pour sa solution 375 p. d'eau à 14°, et 230 p. d'eau bouillante, Pelletier). Elle est plus soluble dans l'alcool, mais insoluble dans l'éther. Sa solution dévie légèrement à gauche les rayons de lumière polarisée[1]; $[\alpha] j = -6°,67$.

L'ammoniaque et les solutions étendues de potasse ou de soude la dissolvent plus aisément que l'eau pure, mais, par l'addition d'une grande quantité de potasse concentrée, elle se précipite

[1] Bouchardat et F. Boudet, *Journ. de Pharm.* [3], XXIII, 294.

même à chaud, sous la forme d'une matière huileuse qui conserve longtemps cet état.

Elle renferme [1] :

	Pelletier.	Couerbe.		Anderson.		Calcul.
Carbone. .	54,02	56,42	56,00	59,64	59,03	59,63
Hydrogène.	6,52	6,66	6,62	6,38	6,45	6,28
Azote. . .	4,33	4,76	»	3,10	3,30	3,02
Oxygène. .	»	»	»	»	»	31,80
						100,00

La narcéine est plus fusible que la morphine et la narcotine : elle fond à 92° environ, et se fige en une masse blanche, translucide, d'un aspect cristallin; à 110°, elle jaunit, et, à une température plus élevée, elle se décompose.

Les acides minéraux agissent avec beaucoup d'énergie sur la narcéine, et l'altèrent profondément; les mêmes acides étendus d'eau se combinent avec elle.

L'acide chlorhydrique la dissout [2].

L'acide nitrique étendu et bouillant, en agissant sur la narcéine, donne une solution jaune qui, saturée par la potasse, dégage l'odeur d'un alcali volatil. L'acide nitrique concentré agit violemment à froid, en produisant de l'acide oxalique.

L'acide sulfurique concentré dissout à froid la narcéine avec une couleur rouge intense; celle-ci passe au vert, si l'on chauffe.

L'iode se combine avec la narcéine en produisant un composé bleu foncé; celui-ci est détruit par l'eau bouillante et surtout par les alcalis. Le chlore et le brome exercent sur la narcéine une action complexe.

Le *chlorhydrate*, $C^{46}H^{29}NO^{18}$, HCl (à 100°), s'obtient tantôt sous la forme d'aiguilles groupées concentriquement, tantôt sous celle de prismes courts et irréguliers. Les cristaux sont fort solubles dans l'eau et l'alcool, et présentent une réaction acide.

[1] La narcéine renferme les éléments de la narcotine plus 4 HO.

[2] Suivant Pelletier, l'acide chlorhydrique, étendu du tiers de son poids d'eau, communique immédiatement à la narcéine une teinte d'un bleu d'azur, plus ou moins foncé, et ayant beaucoup d'éclat. Si l'on ajoute assez d'eau pour dissoudre la combinaison, on obtient une dissolution tout à fait incolore. Avant de disparaître, la teinte bleue passe au rose violacé. Cette teinte ne se manifeste pas toujours, surtout quand l'eau dans laquelle on dissout les cristaux bleus n'est pas acide; mais, en laissant évaporer lentement la solution incolore, on obtient une croûte rose-violacé qui passe extérieurement au bleu, s'il n'y a pas trop d'acide dans la liqueur. S'il y a un excès d'acide, la teinte est jaune et la matière est altérée.

M. Anderson n'a pu observer qu'une fois, sur de la narcéine encore impure, la coloration bleue signalée par Pelletier.

Le *chloroplatinate*, $C^{46}H^{29}NO^{18}$, HCl, $PtCl^2$ (à 100°), se sépare peu à peu à l'état d'une poudre cristalline ou de petits cristaux prismatiques par l'addition du bichlorure de platine au chlorhydrate de narcéine. Il renferme :

	Anderson.			Calcul.
Carbone. . . .	41,08	41,01	»	41,24
Hydrogène. .	4,60	4,60	»	4,48
Platine. . . .	14,33	14,76	14,64	14,74

Le *sulfate* s'obtient sous la forme d'aiguilles groupées en faisceaux, et ressemble beaucoup à la narcéine libre. Il est assez peu soluble dans l'eau froide, fort soluble dans l'eau bouillante.

Le *nitrate* se sépare, d'une solution faite à chaud, à l'état de groupes radiés ; il est assez peu soluble dans l'eau froide.

Dérivés par oxydation de la narcotine [1].

§ 2152. Sous l'influence de différents agents d'oxydation (acide nitrique, peroxyde de manganèse et acide sulfurique, bichlorure de platine), la narcotine se dédouble en *cotarnine* (§ 2153) et en *hydrure d'opianyle* (§ 2157), ou en dérivés de ces deux corps :

$$\underset{\text{Narcotine.}}{C^{46}H^{25}NO^{14}} + O^2 = 2\,HO + \underset{\text{Cotarnine.}}{C^{26}H^{13}NO^6} + \underset{\text{Hydr. d'opianyle.}}{C^{20}H^{10}O^8}.$$

Suivant que l'oxydation de la narcotine est plus ou moins énergique, on obtient, outre les deux corps précédents, de l'*acide apophyllique* (§ 2155) et de la méthylamine qui dérivent de la cotarnine, de l'*acide opianique* (§ 2160) et de l'*acide hémipinique* qui dérivent de l'hydrure d'opianyle :

Cotarnine.	$C^{26}H^{13}NO^6$.
Acide apophyllique.	$C^{16}H^7NO^8$.
Hydrure d'opianyle.	$C^{20}H^{10}O^8$,
Acide opianique. .	$C^{20}H^{10}O^{10}$,
Acide hémipinique.	$C^{20}H^{10}O^{12}$.

L'hydrure d'opianyle et l'acide opianique sont entre eux dans les mêmes rapports que l'hydrure de benzoïle et l'acide benzoïque, et peuvent être dérivés des types hydrogène et eau dans lesquels H est remplacé par le groupement $C^{20}H^9O^8$ (*opianyle*); on connaît

[1] WOEHLER, *Ann. der Chem. u. Pharm.*, L, 1. — BLYTH, *ibid.*, L, 29. — ANDERSON, *Transact. of the roy. Soc. of Edinburgh*, XX, 2e partie, p. 347. En extrait : *Ann. der Chem. u. Pharm*, LXXXVI, 179.

aussi les termes correspondant à l'hydrogène sulfuré et à l'ammoniaque :

Hydrure d'opianyle. . . . $C^{20}H^{10}O^{8} = \left.\begin{matrix}C^{20}H^{9}O^{8}\\H\end{matrix}\right\}$,

Oxyde d'opianyle, ou acide opianique. . . . . $C^{20}H^{10}O^{10} = \left.\begin{matrix}C^{20}H^{9}O^{8}.O\\HO\end{matrix}\right\}$,

Sulfure d'opianyle, ou acide sulfopianique. . $C^{20}H^{10}O^{8}S^{2} = \left.\begin{matrix}C^{20}H^{9}O^{8}.S\\HS\end{matrix}\right\}$,

Azoture d'opianyle et d'hydrogène, ou opiammon. $C^{40}H^{19}NO^{16} = N\left\{\begin{matrix}C^{20}H^{9}O^{8}\\C^{20}H^{9}O^{8}\\H\end{matrix}\right.$,

Azoture d'opianyle, ou teropiammon. . . . . . . $C^{60}H^{29}NO^{26} = N\left\{\begin{matrix}C^{20}H^{9}O^{8}\\C^{20}H^{9}O^{8}\\C^{20}H^{9}O^{8}\end{matrix}\right. + 2$ aq.

Il est remarquable que l'hydrure d'opianyle présente la même composition que la *méconine* (§ 2158) qui a été directement extraite de l'opium.

§ 2153. Cotarnine, $C^{26}H^{13}NO^{6} + 2$ aq. — Cet alcali [1] se produit, en même temps que l'hydrure d'opianyle ou ses dérivés (l'acide opianique et l'acide hémipinique) par l'action des corps oxydants sur la narcotine.

On le trouve dans les eaux-mères provenant de la décomposition de la narcotine par un mélange de peroxyde de manganèse et d'acide sulfurique. Pour le débarrasser du sulfate de manganèse et de la narcotine non décomposée, on porte le liquide à l'ébullition; on le sature par du carbonate de soude, et on filtre pour séparer le précipité manganique. Le liquide filtré est neutralisé par l'acide chlorhydrique, et transformé en chloroplatinate par le bichlorure de platine. En traitant ensuite le précipité de chloroplatinate de cotarnine, délayé dans l'eau bouillante, par l'hydrogène sulfuré, on obtient une liqueur contenant du chlorhydrate de cotarnine. On y ajoute de la baryte caustique ; et, après avoir évaporé le mélange à siccité, on le reprend par l'alcool qui s'empare de la cotarnine (Woehler).

Lorsqu'on fait bouillir avec du bichlorure de platine une solu-

[1] Woehler (1844), *loc. cit.* — Blyth, *loc. cit.*

tion de narcotine dans l'acide chlorhydrique dilué, la liqueur devient d'un rouge de sang, et l'on voit apparaître à la surface des prismes rouges de chloroplatinate de cotarnine (Blyth).

Lorsqu'on sursature par de la potasse caustique, le liquide provenant de l'action de l'acide nitrique dilué sur la narcotine, et débarrassé du précipité d'azoture d'opianyle (§ 2167), la cotarnine se sépare aussi sous la forme d'une poudre cristalline. Ce moyen est fort avantageux pour la préparation de cet alcali (Anderson).

La cotarnine forme des aiguilles incolores, groupées en étoiles. Elle est peu soluble dans l'eau froide, un peu plus soluble dans l'eau bouillante; l'alcool la dissout avec une couleur brune, mais ne la dépose pas à l'état cristallisé; l'éther et l'ammoniaque la dissolvent aisément; la potasse caustique ne la dissout guère. Elle fond à 100°, en perdant 2 atomes = 7,2 p. c. d'eau de cristallisation :

D'après les analyses de M. Blyth, elle renferme :

	C. cristallisée.		C. desséchée à 100°.	
	Expérience.	Calcul.	Expérience.	Calcul.
Carbone. . . .	61,41	62,65	65,95	67,53
Hydrogène. . .	6,38	6,02	6,39	5,63
Azote.	5,52	5,62	»	6,06
Oxygène. . . .	»	25,71	»	20,78
		100,00		100,00
Eau de cristall.	7,51	7,22	7,23	

La cotarnine se charbonne par la chaleur en répandant une odeur désagréable.

L'acide nitrique concentré dissout la cotarnine avec une couleur rouge, et la transforme en acide oxalique. Avec de l'acide nitrique étendu, on peut obtenir de l'acide apophyllique (§ 2155).

La solution aqueuse de la cotarnine précipite les sels de ferrosum et de cuivre; les sels de ferricum n'en changent pas de couleur. Elle précipite aussi le tannin.

§ 2154. Les *sels de cotarnine* sont en général très-solubles, et s'obtiennent directement avec les acides étendus.

Le *chlorhydrate*, $C^{26}H^{13}NO^6$, $HCl + 5$ aq., s'obtient sous la forme d'aiguilles soyeuses et allongées, fort solubles dans l'eau. Il renferme 5 atomes = 14,3 p. c. d'eau de cristallisation, qu'il perd à 100°.

Le *chloroplatinate*, $C^{26}H^{13}NO^6$, HCl, $PtCl^2$, se précipite à l'état d'une poudre jaune et cristalline qui devient rouge par la dessiccation; quand on le précipite à chaud, il ne se dépose que par le refroidissement à l'état de mamelons transparents, de couleur jaune-rougeâtre. Il s'obtient sous la forme de prismes rouge foncé, lorsqu'on fait bouillir avec du bichlorure de platine une solution de narcotine dans l'acide chlorhydrique. Il n'est que fort peu soluble dans l'eau; on peut le faire bouillir avec de l'ammoniaque sans qu'il se décompose.

Il renferme :

	Woehler.		Blyth.		Calcul.
Carbone.	34,9	34,2	34,4	35,0	35,5
Hydrogène. . . .	3,2	3,5	3,3	3,7	3,2
Azote.	4,4	»	»	»	3,2
Chlore.	24,1	»	»	»	24,6
Platine.	23,0	22,6	22,9	22,9	22,6
Oxygène.	»	»	»	»	10,9
					100,0

Il arrive parfois, dans le traitement de la narcotine par le bichlorure de platine, qu'on obtienne un autre chloroplatinate, sous la forme de longues aiguilles orangé clair, dans lesquelles M. Blyth suppose l'existence d'un alcali particulier qu'il appelle *narcogénine*. Ce sel se distingue aisément du chloroplatinate de cotarnine, en ce qu'il est attaqué par l'ammoniaque, qui le fait pâlir, et le dédouble en narcotine et en cotarnine; la narcotine se précipite, tandis que la cotarnine reste en dissolution dans la liqueur ammoniacale. Il est probable, d'après cela, que le composé de M. Blyth ne renferme pas un alcali particulier, mais qu'il n'est qu'un sel double formé par la combinaison du chloroplatinate de cotarnine avec le chloroplatinate de narcotine :

Chloropl. de cotarn. $C^{26}H^{13}NO^{6}$, HCl, $PtCl^{2}$ }
Chloropl. de narcot. $C^{46}H^{25}NO^{14}$, HCl, $PtCl^{2}$ } sel double.

Les analyses suivantes s'accordent avec cette manière de voir :

	Blyth.			Calcul.
Carbone.	40,8	40,5	40,6	40,4
Hydrogène. . . .	4,0	4,1	4,2	3,7
Platine.	18,0	18,1	17,9	18,4

Dans certaines circonstances le chloroplatinate de cotarnine paraît aussi pouvoir être transformé en acide apophyllique.

Le *chloromercurate*, $C^{26}H^{13}NO^{6}$, HCl, 2 HgCl, forme un précipité volumineux, jaune clair, devenant peu à peu cristallin. Quand on essaie de faire la précipitation dans des liqueurs chaudes et étendues, elle ne s'opère pas; mais, par le refroidissement, le sel se dépose en petits prismes d'un jaune pâle. Il paraît se modifier quand on le fait cristalliser une seconde fois.

Le *chloraurate* est d'un beau rouge foncé.

§ 2155. *Acide apophyllique*, $C^{16}H^{7}NO^{8}$. — Cet acide[1] se produit par l'oxydation de la cotarnine sous l'influence de l'acide nitrique étendu (Anderson); il a également été obtenu par la métamorphose du chloroplatinate de cotarnine (Woehler).

La préparation de l'acide apophyllique n'est pas aisée : il importe surtout de ne pas employer un excès d'acide nitrique, qui pourrait altérer[2] l'acide apophyllique, ou tout au moins en entraver la séparation. M. Anderson conseille de dissoudre la cotarnine dans de l'acide nitrique étendu du double de son volume d'eau, d'y ajouter ensuite de l'acide nitrique concentré et de porter le mélange en ébullition; il se développe ainsi d'abondantes vapeurs rouges. Après avoir maintenu la réaction pendant quelque temps, on essaye une petite quantité de la liqueur en y versant beaucoup d'alcool mêlé avec de l'éther : si des cristaux se déposent alors peu à peu, on traite de la même manière toute la liqueur; si, au contraire, les cristaux n'apparaissent pas, on continue la digestion de la liqueur nitrique jusqu'à ce qu'on ait atteint le point voulu. On abandonne pendant 24 heures la liqueur, additionnée du mélange alcoolique, et l'on en sépare ensuite les cristaux à l'aide du filtre.

Lorsqu'on soumet à la distillation la liqueur d'où l'acide apophyllique s'est déposé, on obtient une matière sirupeuse. Celle-ci traitée par un excès de potasse, dégage de la méthylamine (l'identité en a été démontrée par l'analyse du chloroplatinate); dans une

[1] WOEHLER (1844), *loc. cit.* — ANDERSON, *loc. cit.* — *L'acide apophyllique* doit son nom à la ressemblance de ses cristaux avec ceux de l'apophyllite.

[2] Dans une expérience, M. Anderson a obtenu, outre l'acide apophyllique, un acide en aiguilles jaunes, fort solubles dans l'eau, et fusibles. Ce produit contenait :

	Expérience.	$C^{36}H^{13}NO^{14}$.
Carbone. . .	61,24	60,85
Hydrogène. .	3,94	3,66
Azote.	4,16	3,94
Oxygène. . .	»	30,66
		100,00

Une autre fois, le même chimiste a obtenu une substance contenant : carbone, 55,80, hydrogène, 3,94.

autre expérience, il paraît s'être dégagé de l'éthylamine et même d'autres alcalis d'un poids atomique plus élevé.

L'acide apophyllique s'obtient sous deux formes, suivant que les cristaux sont anhydres ou hydratés. L'eau le dissout lentement; l'alcool et l'éther ne le dissolvent pas. Saturée à l'ébullition, sa solution aqueuse le dépose sous la forme de prismes anhydres; si cette solution n'est pas saturée à l'ébullition, les cristaux qu'on obtient renferment environ 9 p. c. d'eau, et représentent des octaèdres à base rhombe presque carrée, et clivables suivant oP. Il a une saveur légèrement acide; sa solution rougit fortement le tournesol. Il fond à 205° et se prend par le refroidissement en une masse cristalline. Séché à 100°, il renferme :

	Anderson.		Calcul.
Carbone. .	52,70	52,88	53,04
Hydrogène.	3,88	4,12	3,86
Azote. . .	7,37	»	7,73
Oxygène. .	»	»	35,37
			100,00

A la distillation, l'acide apophyllique se charbonne, et donne un alcali huileux qui ne se colore pas comme l'aniline avec le chlorure de chaux, et qui présente l'odeur de la quinoléine.

L'acide sulfurique concentré dissout l'acide apophyllique.

L'acide nitrique finit par le transformer en acide oxalique.

La solution de l'acide apophyllique ne précipite ni les sels de plomb ni les sels d'argent.

§ 2156. Les *apophyllates* sont généralement solubles.

Le *sel d'ammoniaque* forme de petites aiguilles fort solubles dans l'eau.

Le *sel de baryte* s'obtient en mettant l'acide apophyllique en digestion avec du carbonate de baryte, et en ajoutant de l'alcool à la liqueur; il se dépose alors sous la forme de cristaux mamelonnés.

Le *sel d'argent*, $C^{16}H^{6}AgNO^{8}$, ne peut s'obtenir qu'en mettant l'acide apophyllique en digestion avec du carbonate d'argent récemment précipité, et en ajoutant à la solution un mélange d'alcool et d'éther. L'apophyllate d'argent se dépose alors sous la forme d'une poudre cristalline, fort soluble dans l'eau, insoluble dans l'alcool et l'éther. Il n'explosionne pas par la calcination.

	Anderson.	Calcul.
Carbone. . . .	32,65	33,22
Hydrogène. . .	2,30	2,08
Argent.	37,39	37,52

Une *combinaison d'apophyllate et de nitrate d'argent*, $C^{16}H^{6}Ag NO^{8}$, $NO^{6}Ag$, s'obtient à l'état d'un précipité cristallin, peu soluble, par l'addition du nitrate d'argent à la solution d'un apophyllate à base d'alcali. Cette combinaison explosionne vivement par la chaleur.

§ 2157. HYDRURE D'OPIANYLE[1], $C^{20}H^{10}O^{8} = C^{20}H^{9}O^{8}, H$. — Il prend naissance, en même temps que la cotarnine, par l'oxydation de la narcotine sous l'influence de l'acide nitrique dilué. Il paraît surtout se produire lorsque cette oxydation s'effectue avec lenteur; d'ailleurs, on ne connaît pas d'une manière précise les conditions de sa formation, de sorte qu'on ne réussit pas toujours à le préparer à volonté.

Lorsqu'on étend de 10 p. d'eau 3,5 p. d'acide nitrique de 1,4, et qu'on maintient cette liqueur à la température de 49°, après y avoir ajouté 1,4 p. de narcotine, il commence par se déposer un peu d'azoture d'opianyle (§ 2167); quand il ne s'en précipite plus, on filtre et l'on sursature la liqueur filtrée par de la potasse, de manière à précipiter la cotarnine. On concentre ensuite par l'évaporation la liqueur alcaline; il se forme alors des cristaux de nitrate de potasse, d'où l'on décante l'eau-mère sirupeuse. On traite celle-ci par l'alcool pour séparer le carbonate de potasse, on enlève l'alcool par la distillation, et l'on ajoute de l'acide chlorhydrique au résidu refroidi; de cette manière, il se précipite de l'hydrure d'opianyle, ainsi que de l'acide opianique et de l'acide hémipinique, provenant évidemment d'une oxydation secondaire. On fait bouillir le précipité avec une grande quantité d'eau : l'hydrure d'opianyle cristallise alors le premier par le refroidissement.

Ce corps se présente sous la forme de longues aiguilles incolores, très-peu solubles dans l'eau froide, plus solubles dans l'eau bouillante. Il se dissout également dans l'alcool et l'éther. Il fond dans l'eau bouillante; à l'état sec, il fond à 110°, et se concrète à 104°,5.

[1] ANDERSON (1852), *loc. cit.* — M. Anderson appelle ce corps *opianyle*, et suppose qu'il représente le métal (le radical) correspondant à l'acide opianique, mais on peut voir, par les rapprochements que nous avons faits, que l'opianyle de M. Anderson est à l'acide opianique ce que l'hydrure de benzoïle est à l'acide benzoïque, 1 atome d'hydrogène étant remplacé, dans les types hydrogène et eau, par le groupement $C^{20}H^{9}O^{8}$.

Il renferme :

	Anderson.			Calcul.
Carbone	61,49	61,76	61,55	61,85
Hydrogène. . .	5,32	5,43	5,21	5,15
Oxygène	»	»	»	33,00
				100,00

Il se dissout à froid dans l'acide sulfurique concentré, sans le colorer; mais la liqueur rougit par la chaleur. L'acide nitrique bouillant le décompose. L'hydrogène sulfuré ne l'attaque pas.

La potasse et l'ammoniaque ne le dissolvent pas mieux que l'eau pure.

Les oxydes métalliques ne se combinent pas avec lui.

Dans une expérience, M. Anderson a obtenu un corps fusible à 96°,1, qui paraissait être un hydrate de l'hydrure d'opianyle (carbone 58,83—58,84; hydrogène, 5,17—5,42); mais il n'a pas pu le reproduire.

§ 2158. La *méconine*[1], signalée dans l'opium par Dublanc jeune et obtenu plus tard à l'état de pureté par M. Couerbe, présente la composition de l'hydrure d'opianyle, et pourrait bien être le même corps.

Suivant M. Couerbe, la méconine est peu abondante dans l'opium[2]; celui de Smyrne en paraît renfermer le plus. On l'épuise par l'eau froide, et, après avoir filtré l'extrait, on le concentre; on le précipite complétement par l'ammoniaque, qui sépare la morphine et la narcotine; on concentre de nouveau la liqueur filtrée, jusqu'à consistance de mélasse fluide, et on l'abandonne au repos pendant une quinzaine de jours dans un endroit frais. Il se dépose alors des cristaux, qu'on dessèche à une douce chaleur après les avoir exprimés; outre la méconine, ils renferment encore des méconates et d'autres substances. On les épuise par l'alcool bouillant de 36°, et on concentre les extraits jusqu'à ce qu'ils déposent des cristaux. Ceux-ci étant recueillis, on les dissout dans l'eau bouillante pour les traiter par le charbon animal; enfin on complète la purification en les faisant cristalliser dans l'éther.

[1] Dublanc jeune (1826), *Ann. de Chim. et de Phys.*, L, 17. — Couerbe, *ibid.*, L, 337; LV, 136. — Regnault, *ibid.*, LXVIII, 157. — R. Schindler, *Pharm. Centralblatt*, V, 950.

[2] 1000 p. d'opium fournissent 0,5 p. de méconine suivant M. Couerbe, 0,8 selon M. Schindler, et 3 à 8 p. d'après M. Mulder.

La méconine cristallise en prismes hexagones terminés par un sommet dièdre; elle est entièrement blanche, sans odeur, d'une saveur d'abord nulle, mais qui devient très-âcre à mesure que la substance se dissout dans la bouche. Elle est soluble dans l'eau, l'alcool et l'éther, et cristallise fort bien dans ces véhicules; elle exige 265,7 p. d'eau froide, et seulement 18,5 p. d'eau bouillante pour se dissoudre. L'alcool et l'éther la dissolvent encore mieux.

Elle fond à 90° en un liquide incolore, qui se conserve jusqu'à 75°; à une température plus élevée[1], elle entre en ébullition et distille sans altération; par le refroidissement, elle se prend en une masse semblable à de la graisse.

Elle renferme :

	Couerbe.				Regnault.			$C^{20}H^{10}O^{8}$.
Carbone. . .	60,87	61,06	60,86	61,63	61,36	61,22	61,58	61,85
Hydrogène..	5,11	5,11	5,09	5,21	5,40	5,33	5,30	5,10
Oxygène. .	»	»	»	»	»	»	»	33,05
								100,00

La solution aqueuse de la méconine ne précipite pas l'acétate de plomb neutre; mais elle précipite le sous-acétate de plomb.

Les alcalis fixes la dissolvent, mais l'ammoniaque ne la dissout guère.

Lorsqu'on fait passer du chlore sur la méconine, celle-ci l'absorbe en grande quantité, et il se produit une matière jaune, qui est un mélange d'une matière résineuse chlorée et d'un corps cristallisable en belles aiguilles prismatiques, solubles dans la potasse, peu solubles dans l'eau froide, solubles dans l'eau bouillante. Ce produit (*acide méchloïque*) ne renferme pas de chlore. Il a donné à l'analyse : carbone, 48,72; hydrog., 4,07.

L'acide chlorhydrique dissout la méconine sans l'altérer. L'acide sulfurique, étendu de la moitié de son poids d'eau, dissout sans altération la méconine; la liqueur incolore devient, par l'évaporation, d'un vert foncé; si l'on y ajoute ensuite de l'alcool, elle prend une teinte rose, et celle-ci devient de nouveau verte après l'évaporation de l'alcool. L'eau précipite des flocons bruns de la solution verte.

L'acide nitrique concentré dissout à froid la méconine en se colorant en jaune. A chaud, on obtient de la nitroméconine.

[1] M. Couerbe indique le point d'ébullition à 155°; mais M. Regnault, en essayant d'en prendre la densité de vapeur, a pu porter la température jusqu'à 275°, sans que la substance se mît à bouillir.

§ 2159. La *nitroméconine*[1] ou acide hyponitroméconique, $C^{20}H^{9}(NO^{4})O^{8}$, se produit lorsqu'on évapore à siccité la solution de la méconine dans l'acide nitrique concentré ; on obtient ainsi une matière fondue qui cristallise par le refroidissement. On la purifie par de nouvelles cristallisations dans l'eau bouillante et dans l'alcool.

La nitroméconine s'obtient sous la forme de longs prismes déliés à base carrée ; elle est légèrement jaunâtre, fond à 150°, et se volatilise en grande partie à 190°(?), tandis qu'une autre portion se décompose. Elle est soluble dans l'eau et l'alcool ; dans ce dernier liquide, elle cristallise le mieux. L'éther la dissout aussi. La solution aqueuse est légèrement acide.

On a trouvé dans la nitroméconine :

	Couerbe.		$C^{20}H^{9}(NO^{4})O^{8}$.
Carbone.	50,24	49,62	50,20
Hydrogène. . . .	3,98	3,94	3,76
Azote.	6,36	»	5,90
Oxygène.	»	»	40,41
			100,00

Les acides dissolvent la nitroméconine à une douce chaleur, et la laissent cristalliser par le refroidissement.

La potasse, la soude, l'ammoniaque et tous les alcalis la dissolvent avec une grande facilité, en se colorant en rouge ; les acides précipitent la nitroméconine de la solution.

Les sels de fer et de cuivre sont précipités par la solution de la nitroméconine, les premiers en jaune-rougeâtre, les seconds en vert tendre ; ceux de manganèse, de chaux, de mercure, d'or, de plomb, n'en sont pas précipités.

§ 2160. *Acide opianique*[2], $C^{20}H^{10}O^{10}$. — Cet acide se produit par l'oxydation de la narcotine sous l'influence d'un mélange de peroxyde de manganèse et d'acide sulfurique, du bichlorure de platine, ou de l'acide nitrique étendu. Voici comment M. Woehler

[1] COUERBE (1835), *Ann. de Chim. et de Phys.*, LIX, 141.

[2] LIEBIG et WOEHLER (1842), *Ann. der Chem. u. Pharm.*, XLIV, 126. — WOEHLER, *loc. cit.* — BLYTH, *loc. cit.* — ANDERSON, *loc. cit.*

Plusieurs chimistes attribuent à Berzélius la formule exacte de l'acide opianique. C'est là une erreur : un an au moins avant la publication de l'Annuaire de Berzélius, j'ai corrigé, dans mes Comptes rendus (1845, p. 61), les formules adoptées par M. Woehler pour la narcotine et l'acide opianique, et je les ai remplacées par les formules aujourd'hui admises.

opère pour l'obtenir : on dissout la narcotine dans un excès d'acide sulfurique dilué, on ajoute à la dissolution du peroxyde de manganèse réduit en poudre fine, et l'on chauffe jusqu'à l'ébullition, en la maintenant pendant quelque temps. On filtre la liqueur chaude rouge-jaunâtre; par le refroidissement, elle laisse déposer l'acide opianique sous la forme de petits cristaux, qu'on sépare à l'aide du filtre, et qu'on lave à l'eau froide. On les décolore en les faisant bouillir avec un peu d'hypochlorite de soude, et l'on décompose de nouveau cette dissolution par une addition d'acide chlorhydrique; l'acide opianique se dépose alors par le refroidissement de la liqueur; on le soumet à une nouvelle cristallisation dans l'eau bouillante.

Suivant M. Blyth, on peut aussi employer la méthode suivante : on dissout la narcotine (50 gr. environ) dans de l'acide chlorhydrique dilué, on précipite par le bichlorure de platine, et, après avoir étendu d'eau, on fait bouillir la masse avec un excès de bichlorure de platine. Elle se colore bientôt en rouge foncé; on maintient l'ébullition pendant quelque temps jusqu'à ce qu'on voie paraître à la surface du liquide des prismes rouges de chloroplatinate de cotarnine; puis on filtre, et on laisse refroidir. La liqueur dépose alors de fines aiguilles d'acide opianique. Les eaux-mères fournissent des prismes rhomboïdaux d'acide hémipinique.

D'après M. Anderson, l'acide opianique peut s'obtenir par l'évaporation de la liqueur dont l'hydrure d'opianyle a été séparé. (Voy. § 2157.)

L'acide opianique cristallise en prismes minces, souvent groupés en rayons et enchevêtrés, de manière à former un réseau volumineux. Il est incolore, d'une faible saveur amère, et d'une légère réaction acide. Il est peu soluble dans l'eau froide, mais très-soluble dans l'eau bouillante. Il se dissout également dans l'alcool et l'éther.

Séché à 100°, il renferme :

	Woehler.			Blyth.		Laurent[1].	Anderson.			Calcul.
Carbone.	57,47	56,83	57,52	57,24	56,79	57,10	56,99	57,12	56,96	57,14
Hydrogène. . . .	4,99	4,80	4,64	4,82	4,91	4,88	5.07	4,93	4,98	4,76
Oxygène.	»	»	»	»	»	»	»	»	»	38,10
										100,00

L'acide opianique fond à 140°, sans perdre de son poids; si on le chauffe plus fort dans une cornue, il grimpe le long des parois,

[1] LAURENT, *Ann. de Chim. et de Phys.*, [3] XIX, 370.

et distille ainsi sans se volatiliser. Chauffé au contact de l'air, il répand des vapeurs aromatiques, rappelant l'odeur de la vanille ; ces vapeurs sont inflammables et brûlent avec une flamme fuligineuse. D'ailleurs, sous l'influence de la chaleur, l'acide opianique subit une modification remarquable : il reste mou et transparent longtemps après s'être refroidi ; on peut alors le tirer en fils comme de la térébenthine ; peu à peu cependant il devient opaque, et durcit, sans prendre de texture cristalline. Dans cet état, il présente la même composition que l'acide cristallisé, mais il est insoluble dans l'eau, l'alcool et même les alcalis étendus : il ne se dissout qu'à la longue dans une solution bouillante de potasse caustique. Lorsqu'on le délaye dans l'eau, il devient d'un blanc de lait ; si on chauffe, il se transforme en une masse blanche et terreuse, tandis qu'il ne s'en dissout qu'une très-petite quantité, qui se dépose par le refroidissement à l'état de flocons, dans lesquels le microscope décèle des prismes quadrilatères et des aiguilles groupées en forme de branches de palmier.

Chauffé avec un excès de bichlorure de platine (Blyth) ou avec du peroxyde de plomb puce et de l'acide sulfurique (Woehler), l'acide opianique se convertit en acide hémipinique (§ 2168). L'oxyde de plomb puce seul n'attaque pas l'acide opianique.

Lorsqu'on le fait fondre dans un courant de chlore, il dégage de l'acide chlorhydrique et de l'eau, en donnant un produit résineux d'un rouge jaunâtre.

L'acide sulfureux le dissout, en produisant de l'acide opiano-sulfureux (§ 2163).

L'hydrogène sulfuré le convertit à chaud en acide sulfopianique (§ 2164) :

$$\underset{\text{Ac. opianiq.}}{C^{20}H^{10}O^{10}} + 2\,HS = \underset{\text{Ac. sulfopian.}}{C^{20}H^{10}O^{8}S^{2}} + 2\,HO.$$

§ 2161. Les *opianates* neutres se représentent d'une manière générale par la formule

$$C^{20}H^{9}MO^{10} = C^{20}H^{9}O^{9},MO.$$

La solution bouillante de l'acide opianique dissout avec effervescence les carbonates de baryte, de chaux, de plomb et d'argent, en donnant des sels cristallisables.

Le *sel d'ammoniaque* s'obtient en grosses tables par l'évaporation spontanée d'un mélange d'alcool et d'une solution saturée d'acide opianique dans l'ammoniaque. Si l'on évapore une solution d'acide opianique dans l'ammoniaque, il reste une masse amorphe et transparente qui, traitée par l'eau, ne se dissout qu'en partie en laissant à l'état insoluble de l'azoture d'opianyle et d'hydrogène, (opiammon, § 2166).

Le *sel de baryte*, $C^{20}H^{9}BaO^{10} + 2$ aq., formes des prismes radiés qui s'effleurissent par la chaleur en perdant 6 p. c. = 2 at. d'eau.

Le *sel de chaux* est soluble et cristallisable.

Le *sel de plomb*, $C^{20}H^{9}PbO^{10} + 2$ aq., constitue des cristaux brillants, transparents, mamelonnés, peu solubles; ils contiennent 5,45 p. c. = 2 atomes d'eau de cristallisation, fondent à 150°, et commencent à se décomposer à 180°. A chaud, ce sel cristallise quelquefois à l'état anhydre, sous la forme de petits prismes soyeux et réunis en faisceaux. Il est soluble dans l'alcool.

Le *sel d'argent*, $C^{20}H^{9}AgO^{10} + x$ aq., cristallise en prismes transparents et raccourcis, qui offrent toujours une teinte jaune quand on les voit en masse; il renferme de l'eau de cristallisation qu'il perd vers 100°. Il fond à 200° en se décomposant. Desséché, il contient :

	Woehler.	Calcul.
Carbone. . .	37,85	37,85
Hydrogène. .	3,10	2,84
Ox. d'argent.	36,69	36,59

§ 2162. *L'opianate d'éthyle* [1] ou éther opianique, $C^{20}H^{9}(C^{4}H^{5})O^{10}$, se produit aisément lorsqu'on fait passer du gaz sulfureux au sein d'une solution chaude d'acide opianique dans l'alcool. Par la concentration du liquide, l'éther se dépose à l'état cristallisé.

M. Woehler n'a pas pu l'obtenir en saturant par le gaz chlorhydrique une solution alcoolique d'acide opianique. M. Anderson l'a obtenu une fois en ajoutant de l'acide chlorhydrique à une solution alcoolique d'opianate de potasse.

Il se présente sous la forme de petits prismes réunis en faisceaux ou en sphères, sans odeur, et d'une saveur légèrement amère. Il est insoluble dans l'eau, mais il se dissout aisément dans l'alcool et l'éther. Il fond à 92°, et se prend, par le refroidissement, en une masse radiée. On peut le sublimer entre deux verres de montre. Chauffé beaucoup au-dessus de son point de fusion, il reste longtemps mou et amorphe. Il supporte une température assez élevée sans se décomposer.

[1] WOEHLER (1844), *loc. cit.*

Il renferme :

	Woehler.		Anderson.	Calcul.
Carbone . . .	60,23	60,77	59,86	60,50
Hydrogène. .	5,70	5,84	5,90	5,88
Oxygène . . .	»	»	»	33,62
				100,00

Lorsqu'on le fait bouillir avec de l'eau, il fond en une huile limpide et pesante, qui finit par se dissoudre en se transformant en alcool et en acide opianique; cette métamorphose est plus prompte avec la potasse caustique.

A froid, l'ammoniaque ne l'attaque pas.

§ 2163. L'*acide opiano-sulfureux*[1] se produit par la réaction de l'acide sulfureux et de l'acide opianique. L'acide opianique se dissout en quantité considérable dans une dissolution chaude d'acide sulfureux, sans se déposer par le refroidissement; cette dissolution possède une saveur amère et un arrière-goût douceâtre. Évaporée à une douce chaleur, elle laisse de l'acide opiano-sulfureux à l'état d'une masse cristalline, transparente, sans odeur; si on l'étend d'eau, elle développe du gaz sulfureux, et se trouble par de l'acide opianique (?) mis en liberté. Les cristaux de l'acide opiano-sulfureux sont ordinairement imprégnés d'acide sulfurique[2] que M. Woehler considère comme accidentel, car la solution, récemment préparée, de l'acide opianique dans l'acide sulfureux n'en renferme pas.

Chauffé avec de l'acide chlorhydrique et de l'acide sélénieux, l'acide opiano-sulfureux donne un dépôt de sélénium; avec le bichlorure d'or, il donne de l'or métallique.

Les carbonates de baryte et de plomb se dissolvent dans la solution de l'acide opianique dans l'acide sulfureux, en donnant des sels cristallisables.

Le *sel de baryte* forme des tables rhomboïdales incolores et brillantes. Il se dissout lentement dans l'eau; il perd toute son eau de cristallisation à 140°, devient opaque et commence à se décomposer.

[1] WOEHLER (1844), *loc. cit.*

[2] Cet acide sulfurique ne serait-il pas plutôt un produit nécessaire? Il se pourrait, en effet, que l'acide sulfureux fît passer l'acide opianique à l'état d'hydrure d'opianyle, et que cet aldéhydre se combinât ensuite avec l'acide sulfureux, comme c'est le cas des hydrures de benzoïle, de cumyle, de salicyle, etc.

Le *sel de plomb* forme des prismes à 4 faces, surmontés d'un biseau, et dont les arêtes sont remplacées par de larges faces, de telle façon que les cristaux forment ordinairement des tables hexagones. Ils ne s'altèrent pas à l'air libre ; à 130°, ils perdent 6,5 p. c., c'est-à-dire la moitié de leur eau de cristallisation ; le reste ne s'en va qu'à 170°, en même temps que le sel s'altère légèrement. Le sel cristallisé renferme :

	Woehler.	Calcul. *a*	Calcul. *b*
Carbone.	29,23	29,05	30,22
Hydrogène.	3,00	3,14	3,27
Soufre.	8,10	7,74	8,06
Oxyde de plomb. .	26,67	27,11	28,21

Le calcul se rapporte aux deux formules suivantes :

$$a \ . \ . \ . \ C^{20}H^{7}PbO^{8},S^{2}O^{4} + 6\ aq.,$$

$$b \ . \ . \ . \ C^{20}H^{9}PbO^{8},S^{2}O^{4} + 4\ aq.$$

La formule *a* suppose que l'acide sulfureux se combine avec l'acide opianique, en éliminant de l'eau :

$$\underset{\text{Ac. opianiq.}}{C^{20}H^{10}O^{10}} + S^{2}O^{4} = \underset{\text{Ac. opiano-sulf.}}{C^{20}H^{8}O^{8}.\ S^{2}O^{4}} + 2\ HO.$$

D'après la formule *b*, une partie de l'acide sulfureux s'oxyderait aux dépens de l'acide opianique en transformant celui-ci en hydrure d'opianyle, qui se combinerait ensuite avec une autre partie d'acide sulfureux. Cette dernière formule me paraît la plus probable; toutefois elle a besoin d'être vérifiée par de nouvelles expériences.

Il est à remarquer d'ailleurs que les deux formules exigent plus d'hydrogène que M. Woehler n'en a trouvé.

§ 2164. *Acide sulfopianique*, $C^{20}H^{10}O^{8}S^{2}$. — A froid, l'hydrogène sulfuré n'agit pas sur l'acide opianique; on n'observe pas non plus de réaction en faisant passer le gaz dans une solution de cet acide maintenue en ébullition ; mais lorsqu'on le dirige dans une solution chauffée à 70°, elle se trouble et dépose de l'acide sulfopianique, ayant l'aspect du soufre précipité. On maintient la réaction pendant quelques jours, en ayant soin que la liqueur ne s'échauffe pas assez pour faire fondre le précipité pulvérurent; on dissout celui-ci dans l'alcool, et l'on abandonne la solution à l'évaporation spontanée.

L'acide sulfopianique se dépose alors sous la forme de prismes déliés de couleur jaune. Ces cristaux se ramollissent au-dessous de 100°, et deviennent entièrement liquides à la température de l'eau bouillante, en formant une huile jaune pâle qui se prend, par le refroidissement, en une masse amorphe et transparente; celle-ci se dissout dans l'alcool, et s'obtient de nouveau à l'état amorphe par l'évaporation spontanée de la solution. L'acide sulfopianique se modifie donc par la chaleur comme l'acide opianique.

Il renferme :

	Woehler.			Calcul.
Carbone	52,4	52,4	53,0	53,1
Hydrogène	4,1	4,2	4,2	4,4
Soufre	14,3	»	»	14,1
Oxygène	»	»	»	28,4
				100,0

Chauffé au-dessus de 100°, l'acide sulfopianique se décompose, en dégageant une fumée jaunâtre, qui se condense en fines aiguilles, insolubles dans l'eau, mais solubles dans l'alcool. Calciné, l'acide sulfopianique s'enflamme, et brûle en dégageant de l'acide sulfureux.

Les alcalis dissolvent l'acide sulfopianique amorphe; les acides minéraux précipitent la solution jaune, en produisant une espèce d'émulsion, sans dégager d'hydrogène sulfuré. Les solutions alcalines se décomposent à la longue, et contiennent alors du sulfure alcalin.

La solution de l'acide sulfopianique amorphe dans l'ammoniaque donne, par l'acétate de plomb, un abondant précipité jaune brunâtre qui finit par noircir au sein de la liqueur; si l'on chauffe le mélange, il se produit immédiatement du sulfure de plomb. On obtient une réaction semblable avec le nitrate d'argent et une solution ammoniacale d'acide sulfopianique amorphe.

On n'a pas examiné la manière dont l'acide sulfopianique cristallisé se comporte avec les bases.

§ 2165. *Amides opianiques,* ou azotures d'opianyle. — On connaît deux combinaisons amidées qui se convertissent par les alcalis en acide opianique et en ammoniaque :

$$\underset{\text{Opiammon.}}{C^{40}H^{19}NO^{16}} = 2\,\underset{\text{Ac. opianique.}}{C^{20}H^{10}O^{10}} + NH^3 - 4\,HO.$$

$$\underset{\text{Teropiammon.}}{C^{60}H^{29}NO^{26}} = 3\,\underset{\text{Ac. opianique.}}{C^{20}H^{10}O^{10}} + NH^3 - 4\,HO.$$

Rapportées au type ammoniaque, ces deux amides peuvent se formuler ainsi :

Opiammon, ou azoture d'opianyle et d'hydrogène. $C^{40}H^{19}NO^{16} = N \begin{cases} C^{20}H^{9}O^{8} \\ C^{20}H^{9}O^{8}, \\ H \end{cases}$

Teropiammon, ou azoture d'opianyle. . . . . $C^{60}H^{29}NO^{26} = N \begin{cases} C^{20}H^{9}O^{8} \\ C^{20}H^{9}O^{8} + 2\,aq. \\ C^{20}H^{9}O^{8} \end{cases}$

Il est possible que la dernière amide, au lieu de renfermer de l'eau de cristallisation, soit plutôt un acide amidé dérivant de l'hydrate d'ammonium, et représentant

L'hydrate de triopianyl-ammonium. . . . . $C^{60}H^{29}NO^{26} = \left. \begin{matrix} N(C^{20}H^{9}O^{8})^{3}H.O \\ HO \end{matrix} \right\}.$

§ 2166. L'*opiammon*[1], $C^{40}H^{19}NO^{16}$, s'obtient par la métamorphose de l'opianate d'ammoniaque. L'acide opianique disparaît instantanément dans l'ammoniaque caustique; en évaporant la dissolution, même à une très-douce chaleur, on n'obtient pas de cristaux, mais seulement une masse amorphe et transparente, qui devient d'un blanc de lait quand on la traite par l'eau, et ne se dissout qu'en partie, en laissant un corps blanc, qui est l'opiammon. Le sel d'ammoniaque se métamorphose complétement en ce corps quand on chauffe la masse desséchée à une température un peu supérieure à 100°, tant qu'il se dégage de l'ammoniaque. Elle finit par devenir d'un jaune-citron, et ne se dissout plus dans l'eau ; on la purifie par l'eau bouillante des dernières traces de sel.

L'opiammon est une poudre jaune pâle, composée de parcelles cristallines. Il est insoluble dans l'eau froide; l'eau bouillante ne l'attaque à la longue que fort légèrement; mais, si on le chauffe avec de l'eau à 150°, dans un tube scellé, il se dissout entièrement, en se transformant en acide opianique, qui se dépose par le refroidissement, et en opianate d'ammoniaque, qui reste en dissolution.

Il renferme :

[1] WOEHLER (1844), *loc. cit.*

	Woehler.		Calcul.
Carbone. . .	59,8	59,7	59,8
Hydrogène. .	4,9	4,8	4,7
Azote. . . .	3,7	3,8	3,5
Oxygène. . .	»	»	32,0
			100,0

Quand on chauffe l'opiammon, il grimpe le long du vase sans se sublimer; chauffé plus fort à l'air libre, il dégage l'odeur de l'acide opianique en fusion, en émettant une vapeur jaune. Les acides dilués ne l'altèrent pas à chaud.

Lorsqu'on délaye l'opiammon dans la potasse caustique, il ne se manifeste d'abord aucune réaction; mais, au bout de quelque temps, l'opiammon commence à se dissoudre, en colorant la liqueur en jaune et en dégageant de l'ammoniaque. Le carbonate de potasse agit de même. La coloration jaune persiste lors même qu'on fait bouillir la liqueur tant qu'elle dégage de l'ammoniaque; elle contient alors un mélange d'opianate de potasse, et d'un autre sel formé par un acide azoté auquel M. Woehler donne le nom d'*acide xanthopénique*[1]. Si l'on ajoute de l'acide chlorhydrique à la liqueur chaude, elle devient laiteuse et dépose des flocons jaunes d'acide xanthopénique; tandis que l'acide opianique cristallise par refroidissement. L'analyse de l'acide xanthopénique n'a pas été faite.

§ 2167. Le *teropiammon*[2], $C^{60}H^{29}NO^{16}$, n'a encore été obtenu que par l'action de l'acide nitrique dilué sur la narcotine. Pour le préparer, on mélange 3,5 p. d'acide nitrique de 1,4 avec 10 p. d'eau, on y ajoute 1,4 p. de narcotine, et l'on chauffe la matière au bain-marie jusqu'à 49°. La narcotine fond alors et se dissout peu à peu par l'agitation, en ne dégageant ni vapeurs nitreuses ni acide carbonique. Après sa dissolution, il se dépose un précipité blanc de teropiammon, dont la quantité, fort variable, n'est que faible comparativement à la proportion de narcotine employée; dans le cas le plus favorable, la liqueur se remplit de volumineux flocons cristallins. La quantité de ce corps paraît dépendre de la rapidité avec laquelle s'effectue l'oxydation de la narcotine; quand elle n'augmente plus, on filtre le liquide à travers de l'amiante, et l'on dissout le dépôt dans l'alcool bouillant.

[1] Suivant M. Woehler, un excès de potasse caustique ne dégage de l'opiammon que les 3/4 de l'azote, sous forme d'ammoniaque.

[2] ANDERSON (1852), *loc. cit.*

Le teropiammon cristallise par le refroidissement sous la forme de fines aiguilles incolores ; il est insoluble dans l'eau, peu soluble dans l'alcool froid, un peu plus soluble dans l'alcool bouillant, fort peu soluble dans l'éther. Séché à 100°, il a donné à l'analyse :

	Anderson.		Calcul.
Carbone. . .	59,16	59,04	58,91
Hydrogène. .	4,97	4,99	4,74
Azote.	2,18	2,06	2,29
Oxygène. . .	»	»	34,06
			100,00

L'acide chlorhydrique n'attaque pas le teropiammon ; l'acide nitrique le décompose. L'acide sulfurique concentré le dissout à froid avec une couleur jaune ; si on chauffe la liqueur, elle prend une belle teinte cramoisie.

L'ammoniaque ne le décompose pas.

La potasse bouillante en dégage de l'ammoniaque et le transforme en opianate.

§ 2168. *Acide hémipinique* [1], $C^{20}H^{10}O^{12} + 4$ aq. — C'est un produit d'oxydation de l'acide opianique :

$$\underset{\text{Ac. opianiq.}}{C^{20}H^{10}O^{10}} + O^{2} = \underset{\text{Ac. hémipin.}}{C^{20}H^{10}O^{12}}.$$

Il se prépare difficilement, car il se détruit sous les mêmes influences que celles qui lui donnent naissance. Voici comment on l'obtient : on chauffe de l'acide opianique et de l'oxyde puce de plomb dans l'eau jusqu'à l'ébullition ; on y fait tomber goutte à goutte de l'acide sulfurique jusqu'à ce qu'il commence à se dégager de l'acide carbonique. Alors on laisse refroidir un peu le liquide, et on y ajoute une quantité d'acide sulfurique capable de précipiter tout le plomb dissous ; on filtre et l'on évapore. Il arrive souvent que les premiers cristaux soient formés d'acide opianique, qu'il est d'ailleurs aisé de séparer de l'acide hémipinique par cristallisation, celui-ci étant beaucoup plus soluble. (Woehler.)

Il peut s'obtenir directement par la narcotine et un mélange d'acide sulfurique ou chlorhydrique et de peroxyde de manganèse ; mais ce procédé est moins sûr que le précédent.

Il se produit également par l'ébullition de l'acide opianique avec le bichlorure de platine (Blyth).

Enfin, il est aussi contenu dans les eaux-mères provenant de

[1] WOEHLER (1844) *loc. cit.* — BLYTH, *loc. cit.* — ANDERSON, *loc. cit.*

l'action de l'acide nitrique dilué sur la narcotine, et dont on a déjà séparé l'azoture d'opianyle, la cotarnine, l'hydrure d'opianyle et l'acide opianique; on précipite ces eaux-mères par de l'acétate de plomb; et, après avoir lavé le précipité, on le décompose par de l'hydrogène sulfuré (Anderson).

L'acide hémipinique cristallise en prismes rhomboïdaux obliques, incolores. Il possède une saveur légèrement acide et astringente; il se dissout difficilement dans l'eau froide. L'alcool et l'éther le dissolvent plus aisément. Les cristaux s'effleurissent dans l'air sec; chauffés à 100°, ils perdent 13,5 p. c. = 4 atomes d'eau de cristallisation.

Desséché à 100°, il renferme :

	Woehler.	Blyth.	Anderson.	Calcul.
Carbone. . . .	52,94	52,93	53,17	53,14
Hydrogène. . .	4,65	4,58	4,64	4,42
Oxygène. . . .	»	»	»	42,44
				100,00

Quand on le chauffe entre deux plaques de verre, il se sublime en lames brillantes. L'acide effleuri fond à 180°, et se prend, par le refroidissement, en une masse cristallisée.

Sa solution aqueuse se décompose entièrement par un mélange de peroxyde de plomb et d'acide sulfurique, en dégageant de l'acide carbonique.

§ 2169. Les *hémipinates* neutres se représentent par la formule : $C^{20}H^8M^2O^{12} = C^{20}H^8O^{10}, 2\ MO$, l'acide hémipinique étant un acide bibasique.

L'acide hémipinique se distingue de l'acide opianique en ce que ses sels de plomb, d'argent et de fer sont insolubles, tandis que tous les opianates sont solubles.

Le *sel de potasse neutre* est fort soluble, et s'obtient difficilement à l'état cristallisé.

Le *sel de potasse acide*, $C^{20}H^9KO^{12} + 5$ aq., s'obtient sous la forme de grosses tables hexagones par l'évaporation d'une solution d'acide hémipinique dont la moitié a été saturée par de la potasse. Il est fort soluble dans l'eau et l'alcool, insoluble dans l'éther. Il renferme 5 atomes = 14,55 p. c. d'eau de cristallisation, qu'il perd à 100°.

Le *sel de ferricum* est un précipité d'une belle couleur orangée.

Le *sel de plomb* est un précipité blanc, insoluble dans l'eau; il se dissout dans l'acétate de plomb, et s'en sépare plus tard en mamelons cristallisés.

Le *sel d'argent*, $C^{20}H^{8}Ag^{2}O^{12}$, forme également un précipité blanc, insoluble dans l'eau. Il renferme :

	Woehler.	Blyth.	Anderson.	Calcul.
Carbone. . . .	27,19	27,98	»	27,3
Hydrogène. . .	1,83	2,00	»	1,8
Oxyde d'argent.	52,88	52,75	53,05	52,7

§ 2170. L'*acide éthyl-hémipinique*[1], $C^{20}H^{9}(C^{4}H^{5})O^{12} + 3$ aq. $=$ $C^{24}H^{14}O^{12} + 3$ aq., s'obtient en faisant pssser du gaz chlorhydrique au sein d'une solution d'acide hémipinique dans l'alcool absolu.

Il cristallise sous la forme d'aiguilles volumineuses, groupées en aigrettes, peu solubles dans l'eau froide, un peu plus solubles dans l'eau bouillante; il a une réaction fort acide. Il renferme 3 atomes = 9,60 p. c. d'eau de cristallisation qu'il perd à 100°.

Desséché, il renferme :

	Anderson.	Calcul.
Carbone.	56,45	56,69
Hydrogène. . . .	5,67	5,51
Oxygène.	»	37,80
		100,00

Sa solution aqueuse ne précipite ni les sels de plomb, ni les sels d'argent, mais elle produit dans le chlorure ferrique un volumineux précipité jaune-brunâtre.

Bouilli avec de la potasse, l'acide éthyl-hémipinique dégage de l'alcool.

Les *sels* de cet acide s'obtiennent difficilement à l'état de pureté.

Le *sel de baryte*, obtenu par la digestion de l'acide avec du carbonate de baryte, forme des aiguilles groupées en faisceaux, et, à ce qu'il paraît, fort altérables.

Alcali du poivre.

§ 2171. Pipérine ou pipérin, $C^{68}H^{38}N^{2}O^{12}$(?). — Cet alcali[2], découvert par Oersted, est contenu dans les différentes variétés de poivre (*Piper nigrum*, *P. longum*).

[1] Anderson (1852), *loc. cit.*

[2] Oersted (1819), *Journ. f. Chem. u. Phys. v. Schweigger*, XXIX, 80. — Pelletier, *Ann. de Chim. et de Phys.*, XVI, 344. — Liebig, *Ann. der Chem. u. Pharm.*, VI, 35. — Regnault, *Ann. de Chim. et de Phys.*, LXVIII, 158. — Gerhardt, *Revue scientif.*, X, 201. — Laurent, *Ann. de Chim. et de Phys.*, [3] XIX, 363. — Wertheim, *Ann.*

Pour l'extraire, on épuise le poivre blanc par de l'alcool de 0,833; et, après avoir chassé l'alcool de l'extrait, on ajoute au résidu une lessive de potasse; celle-ci dissout une matière résineuse, en laissant la pipérine à l'état impur. On purifie cet alcali par des lavages à l'eau, et par des cristallisations dans l'alcool concentré. Le poivre noir donne moins aisément de la pipérine pure.

La pipérine cristallise en prismes incolores, appartenant au système monoclinique[1]. (Combinaison observée, ∞ P. oP, quelquefois avec [∞ P ∞]. Inclinaison des faces, ∞ P : ∞ P, dans le plan de la diagonale droite et de l'axe principal, = 84° 42′; oP : ∞ P = 75° 31′). Elle est insoluble dans l'eau froide, très-peu soluble dans l'eau bouillante. Elle est assez soluble dans l'alcool, surtout à chaud; la solution a une saveur fort âcre, comme le poivre; elle est moins soluble dans l'éther. Les huiles essentielles et l'acide acétique la dissolvent également. Les alcalis ne la dissolvent pas. Les solutions de la pipérine n'exercent aucune action sur la lumière polarisée (Bouchardat).

Elle renferme[2] :

	Pelletier.	Liebig.	Regnault.		Varrentrapp et Will.		Gerhardt.		Laurent.	Calcul.	
										C^{68}.	C^{70}.
Carbone...	70,41	70,72	71,04	71,34	»	»	71,52	»	71,66	71,58	72,16
Hydrogène.	6,80	6,68	6,72	6,84	»	»	6,66	6,70	6,06	6,67	6,58
Azote....	4,51	4,09	4,94	»	4,61	4,31	4,79	4,84	»	4,91	4,81
Oxygène..	»	»	»	»	»	»	»	»	»	16,84	16,50
										100,00	100,00

D'après ces analyses, la formule $C^{68}H^{38}N^2O^{12}$ présente le plus de vraisemblance; les rapports $C^{70}H^{38}N^2O^{12}$ exigent bien plus de carbone qu'il n'en a été trouvé.

Soumise à l'action de la chaleur, la pipérine fond à environ 100°; par la distillation sèche, elle brunit en donnant une huile âcre et empyreumatique, chargée de carbonate d'ammoniaque, et laisse finalement du charbon.

L'acide chlorhydrique concentré dissout la pipérine à chaud. L'acide chlorique la dissout, et la dépose de nouveau sans altération par l'évaporation spontanée. L'acide sulfurique concentré dissout la pipérine en se colorant en rouge; l'eau en reprécipite la pipérine.

der Chem. u. Pharm., LXX, 58. — ANDERSON, *Compt. rend. de l'Acad.*, XXXI, 136; XXXIV, 564. — CAHOURS, *ibid.*, XXXIV, 481 et 696. *Ann. de Chim. et de Phys.*, [3] XXXVIII, 76.

[1] DAUBER, *Ann. der Chem. u. Pharm.*, LXXIV, 204.

[2] Dans les analyses de M. Pelletier et de M. Liebig, le carbone est calculé avec l'ancien poids atomique du carbone.

L'action de l'acide nitrique sur la pipérine est très-énergique : des vapeurs d'acide nitreux se dégagent en abondance, accompagnées d'une odeur particulière ressemblant à celle des amandes amères. Il se forme une résine brunâtre dont une partie flotte à la surface, et dont l'autre reste dissoute dans l'excès d'acide nitrique, et d'où l'on peut la précipiter par l'eau. En évaporant l'excès d'acide au bain marie, on obtient un résidu brun qui se dissout dans la potasse avec une magnifique couleur rouge de sang; à l'ébullition, il se dégage de la pipéridine (§ 2173). Par l'action prolongée de l'acide nitrique, il paraît aussi se produire de l'acide oxalique.

Soumise à la distillation avec de la chaux potassée, la pipérine donne, entre autres produits, de la pipéridine. Lorsqu'on n'outrepasse pas la température de 150° à 160°, il ne se dégage aucune trace d'ammoniaque. Le résidu brun renferme un acide azoté qu'on peut séparer par l'acide chlorhydrique. Cet acide azoté[1] est jaune résinoïde, et devient très-électrique par le frottement. Si l'on chauffe jusqu'à 200° le mélange de pipérine et de chaux, il se dégage aussi de l'ammoniaque, et le résidu renferme alors un acide[2] non azoté et incristallisable (Wertheim).

§ 2172. Les *sels de pipérine* ne s'obtiennent pas avec tous les acides, la pipérine étant un alcali très-faible.

Le *chlorhydrate* est un sel fort stable. La pipérine absorbe le gaz chlorhydrique (13,0—13,7 p. c., Will et Varrentrapp[3]) en se colorant en jaune; le produit fond et cristallise par le refroidissement, mais l'eau le décompose; l'alcool le dissout.

Le *chloroplatinate*, $C^{68}H^{38}N^2O^{12}$, HCl, $PtCl^2$, s'obtient en beaux cristaux d'un orangé foncé en mélangeant une solution alcoolique et concentrée de pipérine avec une solution alcoolique et concentrée de bichlorure de platine, et abandonnant la liqueur à l'évaporation spontanée, après y avoir ajouté un excès d'acide chlorhydrique concentré. Les cristaux sont très-gros; on les rince avec de l'alcool fort. Ce sel est très-peu soluble dans l'eau; une plus grande quantité d'eau paraît le décomposer en partie. Il est assez soluble

[1] Analyse : Carbone, 73,56—74,17 ; hydrog., 7,0—06,86 ; azote, 4,08.

[2] Analyse : Carbone, 71,41 ; hydrog., 5,65.

[3] Will et Varrentrapp, *Ann. der Chem. u. Pharm.*, XXXIX, 283. — D'après la formule $C^{68}H^{38}N^2O^{12}$, 2 HCl, 100 p. de pipérine absorberaient 12,8 p. c. d'acide chlorhydrique.

dans l'alcool bouillant, qui le dépose sous la forme d'une poudre orangée cristalline. On peut le sécher à 100° sans qu'il s'altère; mais il fond à une température un peu plus élevée, et se décompose en se boursouflant. Il renferme [1] :

	Wertheim.				Calcul.	
					C^{68}	C^{70}
Carbone. . . .	54,61	54,40	54,53	»	52,54	53,26
Hydrogène. .	5,48	5,40	5,26	5,05	5,02	4,94
Azote.	3,53	»	»	»	3,60	3,55
Chlore. . . .	13,41	»	»	»	13,71	13,50
Platine. . . .	12,60	12,68	12,75	12,78	12,76	12,55

Le *chloromercurate* [2], $C^{68}H^{38}N^{2}O^{12}$, HCl, 2 HgCl, s'obtient en abandonnant pendant quelques jours à lui-même un mélange de 1 p. de pipérine dissoute dans l'alcool fort, légèrement aiguisé d'acide chlorhydrique, et de 2 p. de bichlorure de mercure, également dissous dans l'alcool. Il se dépose ainsi des cristaux jaunâtres, insolubles dans l'eau, peu solubles dans l'acide chlorhydrique concentré et dans l'alcool froid, plus solubles dans l'alcool bouillant. Ce sel renferme :

	Hinterberger.		Calcul.	
			C^{68}.	C^{70}.
Carbone. . .	46,96	46,55	46,49	47,71
Hydrogène. .	4,47	4,51	4,44	4,38
Mercure. . .	22,33	22,37	22,79	22,48

Dérivés de la pipérine.

§ 2173. *Pipéridine*, $C^{10}H^{11}N = NH(C^{10}H^{10})$. — Cet alcali [3] se forme par l'action de la potasse sur la pipérine (Cahours) ou sur le produit de la décomposition de la pipérine par l'acide nitrique, (Anderson).

Pour l'obtenir, on distille 1 p. de pipérine avec $2^1/_2$ à 3 p. de chaux potassée. Le produit de la réaction, recueilli dans un récipient refroidi, se compose d'eau, de deux bases volatiles distinctes, et d'une trace d'une substance neutre, douée d'une odeur aromatique agréable, rappelant celle de certains composés benzoïques.

[1] On remarque que le calcul, d'après les deux formules, exige moins de carbone que M. Wertheim n'en a trouvé. Aussi ce chimiste représente le chloroplatinate de pipérine par les rapports $C^{70}H^{37}N^{2}O^{10}$, HCl, $PtCl^2$, et suppose dans la pipérine libre 2 atomes d'eau de cristallisation. Mais la pipérine ne perd pas d'eau par la chaleur sans se détruire tout à fait.

[2] HINTERBERGER, *Ann. der Chem. u. Pharm.*, LXXVII, 204.

[3] ANDERSON (1851), *loc. cit.* — CAHOURS, *loc. cit.*

Si l'on traite le liquide brut par de la potasse caustique en fragments, il se sépare une matière huileuse, légère, d'une odeur fortement ammoniacale, et soluble dans l'eau : c'est la pipéridine. Celle-ci, étant soumise à la distillation, passe presque entièrement entre 105 et 108 degrés; vers la fin, le thermomètre monte rapidement jusqu'à 210 degrés, et reste sensiblement stationnaire. Le produit le plus volatil forme plus des neuf dixièmes du liquide; on le soumet à une nouvelle rectification.

La pipéridine se présente sous la forme d'un liquide incolore, entièrement limpide, bleuissant fortement le papier de tournesol rougi, d'une saveur très-caustique, et d'une forte odeur ammoniacale qui rappelle en même temps celle du poivre. Elle se dissout en toutes proportions dans l'eau, à laquelle elle communique des propriétés alcalines très-prononcées. Elle bout d'une manière constante à 106 degrés; la densité de sa vapeur a été trouvée égale à 2,982 — 2,958 = 4 volumes.

Elle a donné à l'analyse :

	Cahours.			Calcul.
Carbone. . . .	70,46	70,31	70,48	70,58
Hydrogène. . .	12,96	13,03	13,05	12,94
Azote.	16,60	»	»	16,48
				100,00

La pipérine représente de l'ammoniaque dans laquelle 2 atomes d'hydrogène sont remplacés par le groupement $C^{10}H^{10} = Pp^2$ (*pipéryle*); ce groupement est, ou indivisible[1], ou déjà composé lui-même de deux autres groupements, remplaçant chacun 1 atome d'hydrogène, C^xH^y, et $C^{10-x}H^{10-y}$:

$$\text{Pipéridine.}\quad C^{10}H^{11}N = N\left\{\begin{array}{l} H \\ C^xH^y \\ C^{10-x}H^{10-y}. \end{array}\right.$$

La solution de la pipéridine se comporte comme l'ammoniaque à l'égard des solutions salines; néanmoins elle ne paraît pas redissoudre les oxydes de cuivre et de zinc.

L'acide nitreux attaque vivement la pipéridine, en produisant un liquide pesant, doué d'une odeur aromatique.

[1] La formule $C^{10}H^{10}$ est celle de l'amylène (§1079). Voy. t. II, p. 675 la réaction de l'ammoniaque et du bromure d'amylène. — La manière dont la pipéridine se comporte avec les iodures de méthyle et d'éthyle indique que 2 atomes d'hydrogène de l'ammoniaque sont remplacés par un radical composé.

L'acide cyanique et le chlorure de cyanogène transforment la pipéridine en un composé semblable à l'urée (§ 2175). Les iodures à base de méthyle, d'éthyle et d'amyle la convertissent en iodures de méthyl-pipéridine, d'éthyl-pipéridine, etc. (§ 2175). Le sulfure de carbone, les chlorures de benzoïle, d'acétyle, de cumyle, etc., le transforment en composés semblables aux amides (§ 2179)

§ 2174. *Sels de pipéridine.* — La pipéridine forme des composés parfaitement cristallisés avec les acides chlorhydrique, bromhydrique, iodhydrique, sulfurique, nitrique, oxalique, etc.

Le *chlorhydrate*, $C^{10}H^{11}N$, HCl, se présente sous la forme de longues aiguilles incolores, très-solubles dans l'eau et dans l'alcool; la solution alcoolique l'abandonne sous forme de longs prismes. Ces cristaux se volatilisent à une température peu élevée, et ne s'altèrent pas à l'air.

Le *chloroplatinate*, $C^{10}H^{11}N$, HCl, $PtCl^2$, s'obtient avec le chlorhydrate de pipéridine et le bichlorure de platine. C'est un composé très-soluble dans l'eau, moins soluble dans l'alcool, et cristallisable en aiguilles orangées qui peuvent acquérir plus d'un centimètre de longueur lorsque la cristallisation s'opère avec lenteur. Ce sel a donné à l'analyse[1] :

	Cahours.		Calcul.
Carbone. . . .	20,37	20,53	20,65
Hydrogène. .	4,26	4,19	4,13
Azote.	4,93	»	4,82
Chlore. . . .	36,45	»	36,65
Platine. . . .	33,83	33,80	33,75
			100,00

Le *chloraurate* s'obtient avec le chlorure d'or et le chlorhydrate de pipéridine, sous la forme d'une poudre cristalline, composée de petites aiguilles d'un beau jaune.

[1] M. Wertheim m'écrit qu'il a trouvé dans le chloroplatinate, fort bien cristallisé, de la base volatile, provenant du traitement de la pipérine par la potasse :

	Expérience.		Calcul.
Carbone. . .	23,11	23,86	23,56
Hydrogène. .	4,71	4,54	4,58
Platine.	32,49	»	32,41

Ces nombres conduisent à la formule :

$$C^{12}H^{13}N, HCl, PtCl^2.$$

Or la formule $C^{12}H^{13}N$ serait celle d'un alcali homologue de la pipéridine.

L'*iodhydrate*, $C^{10}H^{11}N, HI$, cristallise en longues aiguilles qui ressemblent beaucoup au chlorhydrate.

Le *nitrate*, $C^{10}H^{11}N, NO^6H$, se présente sous la forme de petites aiguilles cristallines. On l'obtient en saturant la pipéridine par l'acide nitrique dilué, et en évaporant la solution dans le vide. Il se décompose par la chaleur, en donnant des vapeurs douées d'une odeur aromatique.

Le *sulfate*, $2\,C^{10}H^{11}N, S^2O^6, 2\,HO$, s'obtient directement en saturant l'acide sulfurique par la pipéridine. C'est un sel cristallisable, fort soluble dans l'eau, et déliquescent.

L'*oxalate*, $2\,C^{10}H^{11}N, C^4O^6, 2HO$, s'obtient en saturant la pipéridine par une solution d'acide oxalique. Le sel se sépare, par l'évaporation de la liqueur, sous la forme de fines aiguilles qu'on obtient parfaitement pures par une nouvelle cristallisation.

§ 2175. Le *cyanate de pipéridine*, ou *pipéryl-urée*, $C^{10}H^{11}N, Cy\,HO^2 = C^{12}H^{12}N^2O^2 = C^2H^2Pp^2N^2O^2 = NHPp^2CyO, HO$, se produit lorsqu'on fait bouillir une solution de sulfate de pipéridine avec du cyanate de potasse; on évapore le mélange à siccité, et l'on reprend le résidu par l'alcool concentré qui ne dissout que l'urée piperidique. Celle-ci se dépose, par l'évaporation spontanée sous la forme de longues aiguilles blanches. Elle paraît aussi se former lorsqu'on fait arriver dans la pipéridine des vapeurs cyaniques ou du chlorure de cyanogène humide.

On obtient deux composés semblables en faisant réagir la pipéridine et le cyanate de méthyle ou le cyanate d'éthyle : la réaction se fait avec dégagement de chaleur, et la matière se concrète : le produit, cristallisé dans l'alcool bouillant, s'obtient en longues aiguilles brillantes, qui ressemblent beaucoup à l'urée pipéridique :

$$\text{Urée} \ldots\ldots\ C^2H^4N^2O^2 = \left.\begin{matrix} NH^3Cy.O \\ HO \end{matrix}\right\},$$

$$\text{Pipéryl-urée} \ldots\ C^{12}H^{12}N^2O^2 = \left.\begin{matrix} NHPp^2Cy.O \\ HO \end{matrix}\right\},$$

$$\text{Méthyl-pipérylurée}.\ C^{12}H^{11}(C^2H^3)N^2O^2 = \left.\begin{matrix} NHPp^2Cy.O \\ C^2H^3.O \end{matrix}\right\},$$

$$\text{Éthyl-pipéryl-urée}.\ C^{12}H^{11}(C^4H^5)N^2O^2 = \left.\begin{matrix} NHPp^2Cy.O \\ C^4H^5 \end{matrix}\right\}.$$

Les deux dernières urées correspondent aux alcalis méthyliques et éthyliques que nous allons décrire.

§ 2175[a]. *Dérivés méthyliques, éthyliques et amyliques de la pipé-*

ridine[1]. — La pipéridine peut échanger une partie de son hydrogène pour du méthyle, de l'éthyle ou de l'amyle, de manière à donner de nouveaux alcalis, dérivant de l'ammoniaque ou de l'hydrate d'ammonium :

Méthyl-pipéridine. . $C^{10}H^{10}(C^2H^3)N = N\left\{\begin{array}{l}C^2H^3\\Pp,\\Pp\end{array}\right.$

Éthyl-pipéridine. . . $C^{10}H^{10}(C^4H^5)N = N\left\{\begin{array}{l}C^4H^5\\Pp,\\Pp\end{array}\right.$

Amyl-pipéridine. . . $C^{10}H^{10}(C^{10}H^{11})N = N\left\{\begin{array}{l}C^{10}H^{11}\\Pp.\\Pp\end{array}\right.$

Hydr. de diméthyl-pipéryl-ammonium. $C^{10}H^{10}(C^2H^3)^2NO,HO = \left.\begin{array}{r}N(C^2H^3)^2Pp^2.O\\HO\end{array}\right\}$

Hydrate de diéthyl-pipéryl-ammonium. . $C^{10}H^{10}(C^4H^5)^2NO,HO = \left.\begin{array}{r}N(C^4H^5)^2Pp^2.O\\HO\end{array}\right\}$

§ 2176. *Méthyl-pipéridine*, $C^{12}H^{13}N = N(C^2H^3)Pp^2$. — Elle se produit lorsqu'on fait agir l'iodure de méthyle sur la pipéridine. Ces deux corps réagissent d'une manière violente : pour éviter les projections, il faut avoir la précaution d'ajouter goutte à goutte l'iodure à l'alcali, et de refroidir le tube où l'on opère ; en employant volumes égaux des deux liquides, on obtient une masse cristallisée d'iodhydrate de méthyl-pipéridine. On en sépare la méthyl-pipéridine au moyen de la potasse : il se forme ainsi un liquide huileux qu'on rectifie, après l'avoir mis en digestion sur de la potasse en fragments.

La méthyl-pipéridine se présente sous la forme d'un liquide incolore, très-mobile, doué d'une odeur ammoniacale et aromatique ; elle est soluble dans l'eau, et bout à 118 degrés. La densité de sa vapeur a été trouvée égale à 3,544.

Elle forme des sels cristallisables.

Le *chlorhydrate*, $C^{12}H^{13}N,HCl$, cristallise en belles aiguilles incolores.

Le *chloroplatinate*, $C^{12}H^{13}N, HCl, PtCl^2$, s'obtient avec le sel pré-

[1] CAHOURS (1852), *loc. cit.*

cèdent et le bichlorure de platine. Il est soluble dans l'eau et mieux encore dans l'alcool qui l'abandonne, par l'évaporation spontanée, tantôt sous forme d'aiguilles, tantôt à l'état de tables d'un bel orangé.

L'*iodhydrate* est un sel cristallisé, soluble dans l'eau.

Ethyl-pipéridine, $C^{14}H^{15}N = N(C^4H^5)Pp^2$. — Elle se produit à l'état d'iodhydrate par la réaction de l'iodure d'éthyle et de la pipéridine. Celle-ci s'échauffe considérablement au contact de l'éther iodhydrique ; il faut donc refroidir le mélange pour éviter les projections. Le mélange, chauffé ensuite au bain-marie dans un tube fermé, se prend en une masse de cristaux d'iodhydrate d'éthyl-pipéridine. On en sépare l'éthyl-pipéridine au moyen de la potasse.

L'éthyl-pipéridine se présente sous la forme d'une huile incolore, très-mobile, d'une densité plus faible que celle de l'eau ; son odeur est analogue à celle de la pipéridine ; mais elle est moins ammoniacale et plus aromatique. Elle se dissout dans l'eau, en proportion moindre que la pipéridine ; de la potasse en fragments ajoutée à la solution aqueuse, en sépare complétement l'éthyl-pipéridine. L'alcool et l'éther la dissolvent aisément.

Elle bout à 128 degrés ; la densité de sa vapeur a été trouvée égale à 3,986.

Elle forme des sels bien définis.

Le *chlorhydrate,* $C^{14}H^{15}N, HCl$, forme de belles aiguilles, douées de beaucoup d'éclat.

Le *chloroplatinate,* $C^{14}H^{15}N, HCl, PtCl^2$, se précipite lorsqu'on mélange des solutions concentrées du sel précédent et de bichlorure de platine ; le précipité se dissout dans beaucoup d'eau, surtout à chaud ; il cristallise en prismes volumineux, de couleur orangée, par l'évaporation spontanée de sa solution dans un mélange de parties égales d'eau et d'alcool.

Amyl-pipéridine, $C^{20}H^{21}N = N(C^{10}H^{11})Pp^2$. — Elle s'obtient avec la pipéridine et l'iodure d'amyle. Ces deux corps s'échauffent à peine quand on les mêle ensemble ; le mélange ne tarde pas à se concréter lorsqu'on le chauffe au bain-marie, dans des tubes fermés. L'expérience étant prolongée pendant quelques jours, si l'on reprend les cristaux par un peu d'eau, puis qu'on distille sur des fragments de potasse caustique, il passe de l'amyl-pipéridine.

Cet alcali se présente sous la forme d'un liquide incolore et huileux, d'une odeur à la fois ammoniacale et amylique ; il est moins soluble dans l'eau que la méthyl-pipéridine et l'éthyl-pipéridine; il bout à 186 degrés. La densité de sa vapeur est égale à 5,477.

Il produit des sels cristallisables avec la plupart des acides.

Le *chloroplatinate*, $C^{20}H^{21}N,HCl, PtCl^{2}$, se sépare sous la forme de gouttes huileuses, lorsqu'on verse une solution de bichlorure de platine dans une solution chaude de chlorhydrate d'amyl-pipéridine; ces gouttes se concrètent au bout de quelques heures en une masse cristalline; si on les dissout, à une douce chaleur, dans de l'alcool étendu, et qu'on abandonne la liqueur à une évaporation lente, il se sépare des prismes, souvent assez volumineux, très-durs, et d'un bel orangé.

L'*iodhydrate* $C^{20}H^{21}N, HI$, forme de larges lames, incolores et brillantes.

§ 2177. *Combinaisons de diméthyl-pipéryl-ammonium.* — L'*iodure*, $C^{10}H^{10}(C^{2}H^{3})^{2}NI = N(C^{2}H^{3})^{2}Pp^{2}I$, se produit par la réaction de la méthyl-pipéridine et de l'iodure de méthyle :

$$\underset{\text{Méthyl-pip.}}{N(C^{2}H^{3})Pp^{2}} + \underset{\text{Iod. de méth.}}{C^{2}H^{3}I} = \underset{\text{Iod. de diméth.}}{N(C^{2}H^{3})^{2}Pp^{2}I.}$$

La méthyl-pipéridine s'échauffe légèrement par son contact avec l'iodure de méthyle; le mélange, placé dans un tube scellé à la lampe et chauffé au bain-marie, finit par se concréter entièrement. Après un contact de quelques jours, on brise le tube, on chauffe pour volatiliser l'excès d'éther méthyl-iodhydrique, et l'on fait dissoudre dans l'alcool la masse cristalline. La solution dépose, par l'évaporation spontanée, des cristaux brillants d'*iodure de diméthyl-pipéryl-ammonium.*

Soumis à la distilllation, ce sel se volatise en partie, tandis qu'une autre portion se décompose en méthyl-pipéridine et en iodure de méthyle; il en est de même lorsqu'on distille les cristaux sur de l'hydrate de potasse en fragments.

§ 2178. *Combinaisons de diéthyl-pipéryl-ammonium.* — L'iodure se produit par la réaction de l'iodure d'éthyle et de l'éthyl-pipéridine.

L'*hydrate* s'obtient en traitant l'iodure de diéthyl-pipéryl-ammonium par un excès d'oxyde d'argent récemment précipité et lavé : il se forme ainsi un dépôt d'iodure d'argent, et un liquide qui donne, par l'évaporation dans le vide, des cristaux très-déliquescents, doués d'une saveur amère, et d'une forte réaction alcaline.

Chauffés fortement, ils se décomposent en donnant un gaz inflammable et de l'éthyl-pipéridine.

Le *chlorure* s'obtient en dissolvant les cristaux précédents dans l'acide chlorhydrique; la réaction s'opère avec dégagement de chaleur; la liqueur donne, par la concentration dans le vide, des écailles fort déliquescentes.

Le *chloroplatinate*, $N(C^4H^5)^2Pp^2Cl$, $PtCl^2$, se précipite par l'addition du bichlorure de platine à la solution du chlorure précédent. Si l'on emploie des liqueurs étendues et bouillantes, il se dépose, par le refroidissement, de petits cristaux orangés, qui ressemblent beaucoup au chloroplatinate de potasse.

L'*iodure* est le produit de la réaction de l'iodure d'éthyle et de l'éthyl-pipéridine. Ces deux corps s'échauffent à peine lorsqu'on les mêle ensemble. Si l'on chauffe l'éthyl-pipéridine avec un excès d'iodure d'éthyle, pendant plusieurs jours, au bain-marie et dans un tube scellé à la lampe, on obtient une masse visqueuse qui nage sur l'excès d'éther iodhydrique. L'eau la dissout aisément, et en toutes proportions; la dissolution placée dans le vide ne cristallise pas.

§ 2179. *Dérivés de la pipéridine semblables aux amides*[1]. — Les acides anhydres et les chlorures correspondants réagissent sur la pipéridine en produisant des composés semblables aux amides et aux acides amidés.

Acide pipéryl-sulfocarbamique. — Lorsqu'on ajoute du sulfure de carbone goutte à goutte à la pipéridine, il se produit une réaction très-vive qui se manifeste par une grande élévation de température. On n'observe aucun dégagement de gaz dans cette réaction; il ne s'y produit pas la moindre trace d'acide sulfhydrique. Il faut opérer avec précaution pour éviter les projections, et employer le sulfure de carbone en excès. On reprend le produit solide par l'alcool, qui le dissout aisément, surtout à chaud. La solution dépose, par l'évaporation spontanée, tantôt de fines aiguilles, tantôt des cristaux volumineux, dont la forme appartient au système monoclinique. Combinaison ordinaire[2], $0P . \infty P . + P . + 3P . 2P\infty [\infty P \infty]$. Inclinaison des faces, $\infty P : \infty P = 116°4'$; $\infty P : 0P = 96°52'$; $\infty P : + P = 141°6'$; $\infty P : + 3P = 166°23'$; $0P : 2P\infty = 140°30'$.

[1] CAHOURS (1852), *loc. cit.*

[2] DE SÉNARMONT, *Ann. de Chim. et de Phys.*, [3] XXXVIII, 89.

M. Cahours représente le corps précédent par les rapports $C^{22}H^{22}N^2S^4$, confirmés par l'équation :

$$C^2S^4 + 2\ C^{10}H^{11}N = C^{22}H^{22}N^2S^4.$$

Pipéridine.

Les réactions de ce produit n'ont pas été décrites; il me paraît probable qu'il représente le sel de pipéridine de l'acide pipéryl-sulfocarbamique :

Pipéryl-sulfocarbamate de pipéridine. . . . . . . $C^{22}H^{22}N^2S^4 = \left.\begin{matrix} N(CS)^2Pp^2.S \\ NHPp^2H.S \end{matrix}\right\}$

Pipéryl-benzamide, benzopipéride, ou azoture de benzoïle et de pipéryle, $C^{24}H^{15}NO^2 = N(C^{14}H^5O^2)Pp^2$. — Lorsqu'on fait réagir le chlorure de benzoïle sur la pipéridine, il se développe beaucoup de chaleur, et l'on obtient un liquide huileux et pesant, qui peut être aisément débarrassé de chlorhydrate de pipéridine par des lavages à l'eau acidulée. L'huile pesante abandonnée à elle-même ne tarde pas à se concréter. Cette masse solide étant reprise par l'alcool, qui la dissout aisément, se sépare par l'évaporation du liquide sous la forme de beaux prismes incolores.

Pipéryl-cuminamide ou azoture de cumyle et de pipéryle, $C^{30}H^{21}NO^2 = N(C^{20}H^{11}O^2)Pp^2$. — Le chlorure de cumyle se comporte avec la pipéridine comme le chlorure de benzoïle. Le produit cristallise en belles tables.

Alcalis des quinquinas.

§ 2180. Les écorces de quinquinas doivent leur vertu fébrifuge à plusieurs alcalis particuliers[1], savoir :

Cinchonine, et isomères, cinchonidine et cinchonicine. . . . . $C^{40}H^{24}N^2O^2$.
Quinine, et isomères, quinidine et quinicine. $C^{40}H^{24}N^2O^4$.
Aricine ou cinchovatine. . . . . $C^{46}H^{26}N^2O^8$.

Les quinquinas gris renferment principalement de la cinchonine (et ses isomères), avec des quantités de quinine très-faibles; les quinquinas jaunes, parmi lesquels il faut surtout citer le quinquina dit calisaya ou royal, sont renommés par la prédominance de la quinine (et de ses isomères); les quinquinas rouges renferment à

[1] La *pitayne*, extraite par M. Peretti d'un quinquina pitaya (*Journ. de Pharm.*, XXI, 513) n'est pas un alcali particulier. Suivant M. Guibourt (*Hist. des Drogues*, III, 141), cette écorce, très-riche en alcalis, contient à la fois de la quinine et de la cinchonine.

la fois de la quinine et de la cinchonine (et leurs isomères); enfin, les quinquinas blancs, les moins estimés comme fébrifuges, contiennent soit de l'aricine, soit de petites quantités de cinchonine. Ces différents alcalis sont contenus dans les quinquinas[1] en combinaison avec l'acide quinique (§ 1457) et avec l'acide quinotannique (§ 2078).

La quinine et la quinidine peuvent être transformées en leur isomère, la quinicine, lorsqu'on soumet un de leurs sels à l'action d'une température élevée. Dans des circonstances semblables la cinchonine et la cinchonidine se transforment en cinchonicine.

La grande solubilité de la quinine dans l'éther distingue cet alcali de la cinchonine, qui y est presque insoluble. Les sels de cinchonine sont généralement plus solubles dans l'eau que les sels de quinine. La coloration verte que présentent la quinine et ses isomères sous l'influence de l'eau chlorée et de l'ammoniaque permet aussi de distinguer ces alcalis de la cinchonine et de ses isomères.

Sous l'influence de l'hydrate de potasse, la quinine et la cinchonine, ainsi que leurs isomères, donnent naissance à la *quinoléine* (§ 2204), alcali huileux qu'on a aussi trouvé dans le goudron de houille.

Quinine, isomères, et combinaisons.

§ 2181. QUININE, $C^{40}H^{24}N^2O^4 + n\,aq.$ — Obtenu à l'état impur par le docteur Gomès, de Lisbonne, ainsi que par Pfaff, la quinine[2] n'a été isolée qu'en 1820 par Pelletier et Caventou :

[1] D'après M. Weddell, les écorces minces, contenant particulièrement de la cinchonine, proviennent des jeunes rameaux des mêmes cinchonées qui fournissent plus tard des écorces jaunes et rouges dans lesquelles domine la quinine. Voici les proportions de cinchonine et de quinine trouvées par M. Bidtel (*Journ. f. prakt. Chem.*, LXI, 257) dans 100 p. de l'écorce du *Cinchona lancifolia, Mutis* :

	Quinine.	Cinchonine.
Tronc.	2,72	0,313
Branches épaisses.	1,33	2,73
Branches minces.	1,03	1,89

[2] FOURCROY, *Ann. de Chimie*, VIII, 113; IX, 7. — VAUQUELIN, *ibid.*, LIX, 30 et 148. — GOMÈS, *Edinb. med. and. surg. Journ.* 1811, octobre, p. 420. — PFAFF, *Journ. f. Chem. u. Phys.*, de *Schweigger*, X, 365. — PELLETIER et CAVENTOU, *Ann. de Chim. et de Phys.*, XV, 291 et 337. — PELLETIER et DUMAS, *ibid.*, XXIV, 169. — LIEBIG, *Ann. der Chem. u. Pharm.*, XXVI, 49. — REGNAULT, *Ann. de Chim. et de Phys.*, LXVIII, 113. — GERHARDT, *Revue scientif*, X, 186. — LAURENT, *Ann. de Chim. et de Phys.*, [3] XIX, 363. — STRECKER, *Compt. rend. de l'Acad.*, XXXIX, 58.

M. Liebig en a établi la composition. La haute importance que cet alcali présente comme médicament a fait rechercher par un grand nombre d'expérimentateurs[1] les méthodes les plus avantageuses pour l'extraire des quinquinas, et pour le purifier des bases, ainsi que d'autres substances étrangères qui l'accompagnent dans ces écorces. Cette opération est assez délicate, à cause de la facilité avec laquelle les alcalis des quinquinas s'altèrent et se transforment en des matières colorées et résinoïdes.

L'eau seule n'extrait jamais tout l'alcali des quinquinas à aucune température, soit parce que la quinine et la cinchonine y sont contenues en partie à l'état de combinaisons insolubles (quinotannates), soit parce qu'elles deviennent insolubles à la suite d'une double décomposition opérée par l'eau (l'acide quinique étant déplacé par l'acide quinotannique). Les écorces, avec lesquelles on a préparé des infusions aqueuses, renferment donc encore beaucoup d'alcali, et peuvent être utilisées pour l'extraction de la quinine et de la cinchonine.

Toutes les méthodes d'extraction reviennent à traiter les quinquinas par un acide dilué et à précipiter les alcalis organiques du liquide acide par de la chaux ou par du carbonate de soude. Voici la marche généralement suivie, à quelques modifications près : on fait bouillir le quinquina réduit en poudre, pendant une heure au moins avec 8 à 10 parties d'eau additionnées de 12 p. c. d'acide sulfurique concentrée, ou mieux de 25 p. c. d'acide chlorhydrique; on passe la décoction par une toile, et l'on soumet le résidu à une seconde et même à une troisième ébullition, en employant des liqueurs acides plus étendues, jusqu'à ce que le marc soit entièrement épuisé. Quand les extraits sont refroidis, on y ajoute du lait de chaux, par petites portions et en léger excès, afin de précipiter aussi la matière colorante. On laisse égoutter le précipité, et on le soumet à une pression graduée; les eaux qui s'é-

[1] BADOLLIER, *Ann. de Chim. et de Phys.*, XVII, 273. — VORENTON, *ibid.*, XVII, 439. — GEIGER, *Repert. f. d. Pharm.*, XI, 79. *Magaz. d. Pharm.*, VII, 44. — BUCHNER, *Repert. f. d. Pharm.*, XII, 1. — HERMANN, *Berlin. Jahrb. d. Pharm.*, XXVII, 1 116. — STOLTZE, *Journ. f. Chemie u. Phys., v. Schweigger*, XLIII, 457. — HENRY, *Journ. de Pharm.*, XI, 334. — O. HENRY et PLISSON, *Journ. de Pharm.*, XIII, 268 et 369. — STRATINGH, *Scheikund. Verhandt.*; Groeningue, 1822, et en extrait, *Repert. f. d. Pharm.*, XV, 139. — PELLETIER, *Journ. de Pharm.*, XI, 249. — DUFLOS, *Berlin. Jahrb. d. Pharm.*, XXVII, 1, 100. — CASSOLA, *Journ. de Pharm.*, XV, 167. — CALVERT, *Journ. de Pharm.*, [3] II, 388. — LEBOURDAIS, *Ann. de Chim. et de Phys.*, [3] XXIV, 65.

coulent, soit des toiles, soit de la presse, sont réunies dans un même réservoir; elles donnent à la longue un nouveau dépôt. Le tourteau exprimé est desséché, puis mis en macération avec de l'alcool, en vase clos et au bain-marie. La concentration de l'alcool, nécessaire à cette opération, dépend de la qualité du quinquina traité; si l'on travaille avec du calisaya, particulièrement riche en quinine, il suffit d'un alcool de 75 à 80 centièmes; si les écorces employées sont plus pauvres en quinine, il convient de prendre un alcool plus concentré, soit de 85 à 90 centièmes, la cinchonine étant bien moins soluble dans l'alcool faible que la quinine.

Lorsqu'on traite ainsi des écorces contenant beaucoup de cinchonine et qu'on n'emploie pas trop d'alcool, cet alcali se dépose à l'état cristallisé par le refroidissement des extraits alcooliques; on en obtient encore davantage, en décantant la liqueur surnageante et en chassant, par la distillation, la moitié ou les deux tiers de l'alcool. Les eaux-mères retiennent la quinine; on les neutralise par l'acide sulfurique pour transformer cet alcali en sulfate, et l'on procède ensuite comme nous allons le dire.

Lorsqu'on opère sur des écorces dans lesquelles la quinine domine par rapport à la cinchonine, il est avantageux d'effectuer la séparation de ces deux bases, en utilisant la différence de solubilité dans l'eau froide qu'elles présentent à l'état de sulfate neutre, le sel de cinchonine étant le plus soluble des deux. On ajoute donc aux liqueurs alcooliques de l'acide sulfurique étendu, de manière à leur communiquer une réaction acide à peine sensible, et l'on enlève l'alcool par la distillation. Par le refroidissement, le résidu se prend alors en une masse cristalline, composée de sulfate de quinine; on en sépare les eaux-mères par la presse, et on purifie le sel par le charbon et par de nouvelles cristallisations. Comme les eaux-mères contiennent encore des quantités notables d'alcali, on peut les précipiter par un excès de carbonate de soude, transformer le précipité en sulfate, et soumettre ce sel à de nouvelles cristallisations.

On a reconnu d'ailleurs que la quinine est soluble en petite quantité dans l'eau de chaux et dans le chlorure de calcium; de sorte qu'il est préférable, dans le traitement des quinquinas, d'employer le carbonate de soude pour la précipitation des alcalis.

M. Thiboumery a pris, en 1833, un brevet pour l'exploitation d'un procédé qui repose sur la substitution, à l'alcool, des huiles fixes ou volatiles. Après avoir traité le quinquina par un acide et en avoir précipité la quinine par la chaux, le précipité calcaire est réduit en poudre et traité à plusieurs reprises soit par l'essence de térébenthine, soit par l'huile provenant de la distillation de la houille. On sépare le liquide du précipité par décantation ou par filtration. Lorsqu'on emploie une huile fixe, on sépare d'abord la chaux qui forme avec elle un savon insoluble ; à cet effet, on dissout le précipité dans un acide, et l'on précipite la quinine brute par l'ammoniaque ; c'est dans cet état qu'on la traite à chaud par l'huile, qui la dissout, sans toucher à la matière brune avec laquelle elle était mélangée ; on traite ensuite la solution huileuse par de l'eau additionnée d'un acide qui puisse former avec la quinine un sel soluble, et comme les deux liquides ont une pesanteur spécifique fort différente, on les sépare au moyen d'un siphon. La quinine est ensuite précipitée par un alcali minéral.

Sertuerner[1] a désigné sous le nom de *quinoïdine* un produit incristallisable et alcalin qui se trouve dans les eaux-mères de la préparation du sulfate de quinine. Cette quinoïdine est un produit d'altération des alcalis des quinquinas. Elle a deux origines distinctes : elle prend naissance dans le travail de la fabrication du sulfate de quinine, et surtout dans les forêts du nouveau monde, lorsque le bûcheron, après avoir enlevé à l'arbre son écorce, expose celle-ci au soleil pour la dessécher ; alors les sels de quinine, de cinchonine, etc., qu'elle renferme, s'altèrent et se transforment en matières résineuses et colorantes qui forment la majeure partie de la quinoïdine du commerce. M. Pasteur a reconnu, en effet, qu'en exposant au soleil, seulement durant quelques heures, un sel quelconque à base de quinine ou de cinchonine, en solution étendue ou concentrée, il s'altère à tel point, que la liqueur devient d'un rouge-brun extrêmement foncé ; cette altération est d'ailleurs de la même nature que celle qui s'effectue sous l'influence d'une température élevée. M. Pasteur pense qu'on éviterait des pertes nota-

[1] SERTUERNER, *Ueber die neuest. Fortschrit. in d. Chemie, Phys. u. Heilkunde*, III, 269.

La quinoïdine n'est pas un produit unique. A part les matières colorantes et résineuses, elle peut contenir de la quinine et ses isomères, quinidine et quinicine, ainsi que de la cinchonine et ses isomères, cinchonidine et cinchonicine. La quinine et ses isomères sont remarquables par leur solubilité dans l'éther. M. Heijuingen est parvenu à extraire de la solution éthérée de la quinoïdine jusqu'à 50 et 60 p. c. de quinidine cristallisée.

bles de quinine, de cinchonine, etc., et qu'on rendrait plus aisée l'extraction ultérieure de ces bases, si l'on avait la précaution de mettre les quinquinas à l'abri de la lumière, immédiatement après les avoir récoltés, et d'en opérer la dessiccation dans l'obscurité. Un fabricant de quinine doit également éviter toute action d'une vive lumière.

§ 2182. Précipitée, par un alcali, de la solution aqueuse d'un de ses sels, la quinine se présente sous la forme d'une masse blanche et caillebottée, poreuse et friable à l'état sec, s'agglutinant par la chaleur. Elle est assez difficile à obtenir en cristaux, et l'on croyait pendant longtemps qu'elle était incristallisable ; mais nous verrons tout à l'heure qu'elle donne des hydrates cristallisés. Elle est sans odeur, très-amère, et ramène au bleu le tournesol rougi par les acides. Elle se dissout dans environ 350 p. d'eau froide et dans 400 p. d'eau bouillante ; elle est extrêmement soluble dans l'alcool, et bien plus soluble dans l'éther que la cinchonine. Elle se dissout aussi dans le chloroforme, dans les huiles essentielles et dans les huiles grasses. Ce dernier caractère peut servir à l'extraction des deux alcalis.

La solution alcoolique de la quinine dévie à gauche le plan de polarisation de la lumière [1]; $[\alpha]_r = -126°,7$ pour la température de 22°; l'élévation de température diminue ce pouvoir rotatoire ; la présence des acides, au contraire, l'augmente.

Desséchée, la quinine renferme [2]:

	Liebig (*a*).			Liebig (*b*).		Regnault.		Laurent.		Strecker.		Calcul.
Carbone...	74,29	74,40	74,75	73,37	73,27	73,05	73,29	73,27	73,54	74,0	74,1	74,07
Hydrogène.	7,71	7,56	7,50	»	»	7,50	7,65	7,14	7,07	7,5	7,5	7,41
Azote....	8,50	8,15	»	»	»	8,55	»	»	»	»	»	8,64
Oxygène..	»	»	»	»	»	»	»	»	»	»	»	9,88
												100,00

Lorsqu'on abandonne à l'évaporation spontanée une solution de quinine dans l'alcool absolu, il reste une masse résineuse, entre-mêlée de quelques aiguilles ; la solution éthérée ne donne qu'un résidu résineux. Mais, si l'on ajoute un excès d'ammoniaque à une solution étendue de sulfate de quinine, et qu'on abandonne le mélange pendant quelque temps à lui-même, on voit se former à la surface de fines aiguilles, qui, desséchées, ont l'apparence

[1] BOUCHARDAT, *Ann. de Chim. et de Phys.*, [3] IX, 236.

[2] Les analyses *b* ont été faites sur de la quinine fondue que M. Liebig considère comme plus pure que la quinine des analyses *a*.

M. Laurent représente la quinine par les rapports $C^{38}H^{22}N^2O^4$.

d'une poudre amorphe; ce produit ne cristallise dans l'alcool pas plus que la quinine précipitée; il renferme, comme elle, 6 atomes = 14,28 p. c. d'eau de cristallisation (Liebig).

Un autre hydrate à 2 atomes = 5,2 p. c. d'eau s'obtient à l'état cristallisé lorsqu'on abandonne au contact de l'air la quinine récemment précipitée et bien lavée, en l'humectant de temps à autre; il peut être recristallisé dans l'alcool (Van Heijningen[1]).

L'hydrate de quinine (à 6 at. d'eau) fond à 120° en un liquide incolore et oléagineux, en perdant son eau de cristallisation; la matière fondue se prend par le refroidissement en une masse diaphane, résinoïde, devenant électrique par le frottement. Lorsqu'on le fait fondre dans le vide et qu'on le laisse lentement refroidir, il prend une texture cristalline. Chauffé avec précaution au-dessus de son point de fusion il se volatilise en petite quantité sans décomposition; par une chaleur brusque, il se charbonne entièrement, en dégageant de l'ammoniaque (et de la quinoléine?).

Les acides dilués dissolvent aisément la quinine. L'acide sulfurique concentré la dissout à la température ordinaire sans la colorer; à chaud, la solution rougit et finit par noircir. L'acide nitrique ordinaire la dissout aussi à froid sans la colorer.

Lorsqu'on fait bouillir avec du peroxyde de plomb puce une solution de sulfate de quinine, en y ajoutant goutte à goutte de l'acide sulfurique étendu, on obtient un produit rouge (*quinétine*) en partie soluble dans l'eau, en partie insoluble dans ce liquide et cristallisable dans l'alcool[2].

Lorsqu'on fait passer du chlore[3] sur de la quinine en suspension dans l'eau, l'alcali se dissout en même temps que la liqueur prend une teinte successivement rosée, violacée et rouge foncée. Le courant de chlore étant maintenu, la coloration de la liqueur s'affaiblit, en même temps qu'une matière rougeâtre et gluante vient s'attacher aux bords des parois du vase où l'on opère. Ce produit se dissout à chaud dans les liqueurs acides, mais il s'en sépare de

[1] Van Heijningen, *Scheik. Onderzoek*, V, 319, et *Pharmac. Centralblatt*, 1850, p. 90. — Ce chimiste donne le nom de quinine γ à l'hydrate à 2 atomes d'eau; suivant lui, cet hydrate donnerait un sulfate neutre cristallisé à 2 atomes (4,71 p. c.) d'eau de cristallisation.

[2] E. Marchand, *Journ. de Chem. médic.* X, 362.

[3] Pelletier, *Ann. der Chem. u. Pharm.* XXIX, 48. *Journ. de Pharm.* avril 1838. — Brandes, *Archiv. d. Pharm.* XIII, 65. — Brandes et Leber, *ibid.*, XVI, 259. — André, *Ann. de Chim. et de Phys.*, LXXI, 195, — A. Vogel, *Repert. f. Pharm.* de Buchner, II, 289. *Ann. der Chem. u. Pharm.* LXXIII, 221; LXXXVI, 122.

nouveau en grande partie par le refroidissement. Dissous dans l'alcool, il se dépose par l'évaporation spontanée sous la forme d'une poudre grenue qui paraît être composée de prismes microscopiques (Pelletier).

La réaction suivante est caractéristique pour la quinine : lorsqu'on ajoute, à la solution d'un sel de cet alcali, de l'eau chlorée récemment préparée, puis quelques gouttes d'ammoniaque, il se produit une coloration verte (R. Brandes[1], André). Si l'on a évité l'emploi d'un excès d'ammoniaque, la liqueur verte, par l'addition de quelques nouvelles gouttes d'eau chlorée, devient violette et finalement rouge foncé (A. Vogel).

Lorsqu'on verse de l'eau chlorée concentrée et exempte d'acide chlorhydrique dans une solution concentrée de sulfate de quinine, de manière à la rendre un peu jaunâtre, et qu'on y ajoute ensuite du ferrocyanure de potassium en poudre fine jusqu'à ce qu'elle se colore en rose clair, cette teinte devient bientôt d'un rouge foncé, surtout par l'addition d'une plus grande quantité de ferrocyanure. La teinte rouge n'est pas due à une combinaison cyanique, car on peut également la produire par l'eau de chaux et de baryte, par le phosphate et le borate de soude (A. Vogel).

Broyée avec de l'iode, la quinine donne une combinaison brune (§ 2189) ; celle-ci paraît aussi constituer le précipité qu'on obtient en ajoutant de l'iodure de potassium ioduré à un sel de quinine.

Lorsqu'on chauffe la quinine avec une lessive de potasse fort

[1] Dans certaines conditions, il se sépare un précipité vert, tandis que la liqueur surnageante présente une teinte émeraude. Le précipité vert est insoluble dans l'eau et l'éther, soluble dans l'alcool avec une couleur verte. Les acides étendus le dissolvent avec une couleur brune foncée, tandis que les alcalis l'en séparent de nouveau avec sa couleur propre. Il est sans odeur, inaltérable à l'air, et se comporte à sa distillation comme la quinine. Il ne renferme pas de chlore.

Brandes et Leber y ont trouvé :

Carbone. .	59,86
Hydrogène.	6,72
Azote. . . .	9,20
Oxygène. . .	24,22
	100,00

Ces chimistes représentent le corps vert (*dalléiochine*) par les rapports $C^{15}H^{10}NO^{5}$ qui manquent de contrôle. Ils ont également soumis à l'analyse deux matières brunes (*rusiochine* et *mélanochine*) obtenues par l'évaporation de la liqueur verte dans laquelle le précipité précédent s'était formé; mais ces matières n'offraient aucun caractère de pureté.

concentrée, il se dégage du gaz hydrogène et il distille de la quinoléine [1]. Le résidu paraît renfermer du formiate [2].

L'iodure de méthyle et l'iodure d'éthyle se combinent directement avec la quinine en produisant les iodures de bases nouvelles (§ 2191).

§ 2183. *Sels de quinine.* — Les sels de quinine sont neutres ou acides; les sels acides rougissent ordinairement le tournesol.

Ils sont généralement fort solubles dans l'alcool; quelquefois ils se dissolvent aussi dans l'éther. Ils sont ordinairement moins solubles dans l'eau que les sels de cinchonine correspondants. Ils possèdent une saveur fort amère.

Ils sont précipités en blanc caillebotté par les alcalis caustiques, par les carbonates et les bicarbonates alcalins; le précipité est insoluble dans un excès de réactif. Ils sont également précipités par l'acide gallotannique.

Leur solution présente, avec le chlore et l'ammoniaque, la réaction mentionnée plus haut.

Fluorhydrate de quinine [3]. — La quinine, récemment précipitée se dissout aisément dans l'acide fluorhydrique; mais le sel qu'on obtient ainsi ne cristallise pas, même par un repos prolongé. Si on l'évapore presque à siccité, on obtient une masse composée d'aiguilles concentriques, qui tombent rapidement en déliquescence au contact de l'air. Ce sel est fort soluble dans l'alcool.

Chlorhydrates de quinine. — α. *Sel neutre*, $C^{40}H^{24}N^{2}O^{4},HCl + 3\,aq$.

On obtient aisément ce sel en dissolvant à chaud la quinine dans un léger excès d'acide chlorhydrique faible; par le refroidissement, la liqueur laisse déposer le sel en longues fibres soyeuses. On peut aussi le préparer par double décomposition, au moyen du sulfate de quinine et du chlorure de baryum; ce dernier procédé est peut-être préférable, le sel devenant aisément résineux en présence d'un excès d'acide chlorhydrique (Winckler). Chauffé à 140° dans un courant d'air sec, il perd 7,105 p. c. d'eau de cristallisation.

β. *Sel acide.* Si l'on dissout la quinine dans un grand excès d'acide chlorhydrique, on obtient un bichlorhydrate; mais celui-ci,

[1] Gerhardt, *Revue scientif.*, X, 186.
[2] Wertheim, *Ann. der Chem. u. Pharm.*, LXXIII, 212.
[3] Elderhorst, *Ann. der Chem. u. Pharm.*, LXXIV, 79.

redissous dans l'eau, cristallise en plus grande partie à l'état de sel neutre.

Chloroplatinate de quinine, $C^{40}H^{24}N^2O^4$, 2 (HCl,PtCl²) + 2 aq. — Lorsqu'on ajoute du bichlorure de platine à une dissolution de quinine dans un léger excès d'acide chlorhydrique, il se produit d'abord un précipité blanc jaunâtre et floconneux, qui, par l'agitation, devient orangé, cristallin, gagne le fond du vase, et s'attache aux parois. Ce précipité ne dégage pas d'eau à 100°, mais il en perd 2,37 p. c. = 2 atomes lorsqu'on le porte à 140° (Gerhardt).

Le sel séché à 100° renferme :

	Duflos.	Liebig.			Gerhardt.			Laurent.		Calcul.
Carbone	»	»	»	»	31,34	31,34	»	»	»	31,78
Hydrogène	»	»	»	»	3,98	4,00	»	»	»	3,71
Azote	»	»	»	»	3,40	»	»	»	»	3,71
Chlore	28,4	»	»	»	28,46	»	»	»	»	28,21
Platine	25,8	26,47	26,58	26,6	26,51	26,19	26,29	26,6	26,4	26,25
Oxygène	»	»	»	»	»	»	»	»	»	6,56
										100,00
Eau dégagée à 140°	»	»	»	»	2,37	»	»	»	»	2,37

Chloriridate de quinine. — Précipité jaune.

Chloromercurate de quinine[1], $C^{40}H^{24}N^2O^4$, 2 (HCl, HgCl). — On dissout dans l'alcool concentré parties égales de quinine et de bichlorure de mercure, et l'on mélange les deux liqueurs après avoir ajouté un peu d'acide chlorhydrique à la solution de la quinine. Bientôt le mélange dépose un précipité grenu et cristallin assez abondant. Ce précipité se produit immédiatement, si, au lieu de l'alcool fort, on emploie de l'alcool faible ; mais alors il n'est pas aussi cristallin. Il est très-peu soluble dans l'eau, l'alcool froid et l'éther.

Chlorate de quinine. — On l'obtient en saturant l'acide chlorique par la quinine. Il se présente sous la forme de prismes très-déliés, réunis en aigrettes. Chauffé, il se fond en un liquide incolore qui se solidifie par le refroidissement en prenant l'aspect d'un vernis transparent ; si l'on continue de le chauffer, il se décompose tout à coup avec explosion.

Perchlorate de quinine[2], $C^{40}H^{24}N^2O^4$, 2 ClO^8H + 14 aq. — Il s'obtient par double décomposition, avec le sulfate de quinine et le perchlorate de baryte. Il se sépare, par le refroidissement de la liqueur concentrée, sous la forme de gouttes huileuses qui se redissolvent par un léger échauffement, et se séparent ensuite en cris-

[1] HINTERBERGER, *Ann. der Chem. u. Pharm.*, LXXVII, 201.
[2] BOEDEKER jeune, *Ann. der Chem. u. Pharm.*, LXXI, 60. — DAUBER, *ibid.*, LXXI, 65.

taux. Il forme des prismes striés, peu réguliers et légèrement dichroïques; leur solution alcoolique présente surtout un dichroïsme prononcé. Les cristaux représentent des octaèdres rhomboïdaux P. oP. (Inclinaison des faces P à la base = 149° 46'; id. dans le plan de la grande diagonale et de l'axe vertical = 80° 30'; id. dans le plan de la petite diagonale et de l'axe vertical = 107° 32'. Rapports de l'axe principal à la petite diagonale et à la grande diagonale : : 1 : 0,3417 : 0,4411). Abandonné sur de l'acide sulfurique, sous une cloche, le sel fond, à la température ordinaire, en une masse limpide fort dichroïque. Chauffés avec de l'eau, les cristaux fondent et se dissolvent peu à peu. Ils sont aussi fort solubles dans l'alcool. Ils fondent vers 45°; la perte d'eau à 110° est de 14,3 pour 100; à 150°, la masse se boursoufle, et à 160° elle redevient solide; la perte d'eau est alors de 18,63 pour 100. Une plus forte chaleur fait explosionner le sel.

A une certaine concentration de sa solution, ce sel se sépare en tables rhombes, fort brillantes, renfermant 4 atomes d'eau de cristallisation (6,5 pour 100), qu'il ne perd qu'à 210°.

Iodhydrate de quinine. — α. *Sel neutre.* On l'obtient en saturant l'acide iodhydrique par la quinine, et évaporant la solution à une douce chaleur. Il est fort peu soluble dans l'eau froide; il est plus soluble dans l'eau bouillante, qui le dépose par le refroidissement en groupes composés d'aiguilles minces; il est fort soluble dans l'alcool. Un excès d'acide iodhydrique le transforme en sel acide.

β. *Sel acide*, $C^{40}H^{24}N^2O^4$, 2 HI + 5 aq. Il cristallise sous la forme de grandes lames d'un beau jaune et fort acides (Regnault).

Iodates de quinine. — α. *Sel neutre.* Lorsqu'on sature l'acide iodique par la quinine, la liqueur étant concentrée et filtrée chaude ne tarde pas à cristalliser, par le refroidissement, en aiguilles soyeuses, assez solubles dans l'eau.

β. *Sel acide.* Lorsqu'on ajoute un excès d'acide iodique au sel précédent ou à la solution d'un autre sel de quinine, il se précipite un iodate de quinine acide peu soluble (Sérullas).

Periodate de quinine[1], $C^{40}H^{20}N^2O^4$, IO^6H + 22 aq. — Pour préparer ce sel, on sature une solution alcoolique de quinine par une solution également alcoolique d'acide periodique, et l'on abandonne le mélange dans une étuve échauffée à 30 ou 40°. A mesure que l'alcool s'évapore, on voit se former de petites masses arrondies, du centre desquelles partent un grand nombre d'aiguilles. Ces cris-

[1] LANGLOIS. *Ann. de Chim. et de Phys.*, [3] XXXIV, 274.

taux sont peu solubles dans l'eau, mais ils s'y dissolvent aisément à l'aide de quelques gouttes d'acide nitrique.

Lorsqu'on abandonne dans le vide une solution aqueuse d'acide periodique saturée de quinine, on obtient une matière huileuse ou résinoïde qui cristallise peu à peu.

A une chaleur très-peu élevée, l'acide periodique oxyde la quinine.

Hyposulfite de quinine[1], 2 $C^{40}H^{24}N^2O^4$, $S^2O^4S^2$, 2 HO (à 100°). — Lorsqu'on ajoute de l'hyposulfite de soude à une solution de chlorhydrate de quinine, il se produit un précipité floconneux, très-peu soluble dans l'eau froide. Ce précipité cristallise dans l'alcool chaud en belles aiguilles qui perdent leur eau de cristallisation par la dessiccation à 100°, et se réduisent en une poudre qui est très-électrique à chaud.

Hyposulfate de quinine. — On le prépare en précipitant une dissolution saturée et bouillante de bisulfate de quinine par de l'hyposulfate de baryte pris en léger excès, filtrant la dissolution toute chaude, et la laissant refroidir; le sel cristallise, et peut être lavé à l'eau froide, dans laquelle il est peu soluble.

§ 2184. *Sulfates de quinine*[2]. — On en connaît deux.

α. *Sel neutre*, improprement appelé sulfate basique, 2 $C^{40}H^{24}N^2O^4$ S^2O^6, 2 HO + 14 aq. On l'obtient en neutralisant la quinine par l'acide sulfurique dilué; quelques gouttes d'alcali ajoutées à la solution du sel en déterminent rapidement la cristallisation. (Voy. l'extraction de la quinine.) Il se dépose sous la forme de paillettes ou d'aiguilles minces, longues, légèrement flexibles, et douées d'un éclat nacré. Les cristaux appartiennent au système monoclinique. (Combinaison observée[3], oP. ∞P ∞. [∞ P ∞]. Inclinaison des faces, oP. [∞ P ∞] = 95° 50; ∞P∞ : [∞ P ∞] = 90°. Les cristaux présentent souvent des hémitropies. Clivage prononcé parallèlement à oP et à ∞ P.)

Ce sel est aussi léger que la magnésie et présente une saveur amère. Il s'effleurit promptement à l'air. Il renferme 14 atomes[4] = 14,45 p. c. d'eau de cristallisation (Regnault), qu'il perd complétement à 120°; en s'effleurissant il n'en perd que 11,75 p. c. ou

[1] WETHERILL, *Ann. der Chem. u. Pharm.*, LXVI, 150.

[2] PELLETIER et CAVENTOU, *loc. cit.* — ROBIQUET, *Ann. de Chim. et de Phys.*, XVII, 316. — BAUP, *Journ. de Pharm.*, VII, 402. *Ann. de Chim. et de Phys.*, XXVII, 328.

[3] BROOKE, *Ann. of. Philos*, de Phillips, VI, 375.

[4] Suivant M. Van Heijningen, le sulfate neutre qu'on obtient avec l'hydrate de quinine cristallisé à 2 at. d'eau, ne renfermerait également que 2 at. d'eau.

environ 12 atomes (Baup). Il est bien moins soluble dans l'eau que le bisulfate; la solution ramène au bleu le tournesol rougi. Il exige, pour se dissoudre, 740 p. d'eau à la température de 13° et 30 p. environ d'eau bouillante (265 p. d'eau à 15° et 24 p. d'eau bouillante, Bussy et Guibourt), 60 p. d'alcool de 0,85 densité à la température ordinaire, et bien moins d'alcool bouillant (Baup); il ne se dissout presque pas dans l'éther.

La solution du sulfate de quinine (dans l'eau aiguisée d'acide sulfurique) dévie fortement à gauche le plan de polarisation de la lumière; $[\alpha]^r = -147°,74$ (Bouchardat).

Chauffé à 100°, le sulfate de quinine devient lumineux [1]; le frottement augmente beaucoup cette phosphorence, et le corps frotté se trouve chargé d'électricité vitrée, très-sensible à l'électroscope. Il fond aisément, et ressemble alors à de la cire fondue; à une température plus élevée, il prend une belle couleur rouge, et finit par se charbonner.

Lorsqu'on ajoute de l'acide sulfurique concentré à une solution de sulfate de quinine, la liqueur manifeste un reflet bleu, qui est encore très-sensible après qu'elle a été étendue d'eau.

Un mélange de sulfate ferrique et de sulfate de quinine ayant été abandonné pendant quelques mois dans des verres à pied à peine couverts, on y a trouvé de petits octaèdres parfaitement réguliers et incolores, renfermant de la quinine et du peroxyde de fer [2].

L'iode produit avec le sulfate de quinine une combinaison particulière (§ 2189).

Le sulfate de quinine est un médicament précieux, surtout pour la guérison de la fièvre. Le prix élevé de ce sel, et la grande consommation dont il est l'objet, ont souvent donné lieu à des fraudes. On l'a mêlé avec du sulfate de chaux cristallisé, de l'acide borique, de la mannite, du sucre, de la salicine, de l'amidon, de l'acide margarique, du sulfate de cinchonine, de cinchonidine, ou de quinidine, etc. L'addition des matières minérales se reconnaît aisément aux cendres que laisse le sel par la calcination. Les substances solubles dans l'eau et non alcalines, telles que la mannite, le sucre ou la salicine, se découvrent en précipitant le sel par de l'eau de baryte, enlevant l'excès de baryte par un courant d'acide carbonique, portant à l'ébullition pour précipiter la quinine qui a pu se

[1] Calloud, *Journ. de Pharm.*, VIII, 163.

[2] Will, *Ann. der Chem. u. Pharm.* XLII, 111.

dissoudre à la faveur du gaz carbonique, et évaporant la liqueur filtrée, débarrassée de quinine et d'acide sulfurique ; c'est cette liqueur qui renferme les matières suspectes ; au reste, la présence de la salicine est immédiatement accusée, dans le sulfate de quinine, par la coloration rouge coquelicot qu'il prend au contact de l'acide sulfurique concentré. Traité par l'eau acidulée, le sulfate de quinine se dissout entièrement, en laissant intacts les acides et corps gras. Si on le chauffe doucement avec de l'alcool marquant 21° (2 gr. de sel pour 120 gr. d'alcool), il se dissout d'une manière complète; ce qui n'a pas lieu lorsqu'il est mélangé d'amidon, de magnésie, de sels minéraux, ou de certaines autres substances étrangères.

Quant au sulfate de cinchonine, le sulfate de quinine du commerce en contient ordinairement 2 ou 3 centièmes, provenant non d'un mélange frauduleux, mais d'une purification imparfaite, telle qu'elle est suivie dans la fabrication du sel ; une proportion plus forte serait répréhensible.

Plusieurs procédés [1] ont été proposés pour la découverte du sulfate de cinchonine.

M. O. Henry se base sur la différence de solubilité, dans l'eau froide, des acétates à base de quinine et de cinchonine : il prend 10 gr. du sulfate suspect, y ajoute 4 gr. d'acétate de baryte, et triture convenablement le mélange dans un mortier avec 60 gr. d'eau pure additionnée de quelques gouttes d'acide acétique. Le mélange ne tarde pas à se prendre en une masse épaisse, composée de sulfate de baryte et de la plus grande partie de la quinine à l'état d'acétate. On enlève soigneusement cette masse avec un couteau d'ivoire, on la recueille sur une toile fine ou sur une flanelle légère, et on l'exprime rapidement. La liqueur trouble qu'on obtient ainsi est filtrée à travers un papier, mélangée avec un léger excès d'acide sulfurique, filtrée de nouveau et étendue du double de son volume d'alcool marquant 36 degrés. On y ajoute ensuite un excès d'ammoniaque, et on fait bouillir un moment; après le refroidissement et par le repos, la cinchonine se sépare en aiguilles brillantes, dont on détermine le poids en les recueillant sur un filtre taré.

[1] Voy. sur les falsifications et l'épreuve du sulfate de quinine : O. Henry, *Journ. de Pharm.*, [3] XIII, 102; XVI, 327. — A. Delondre et O. Henry, *ibid.*, XXI, 281. — Bussy et Guibourt, *ibid.*, XXII, 401. — Calvert, *ibid.*, II, 388; XIII, 341. — Guibourt, *ibid.*, XXI, 47.

Suivant MM. A. Delondre et O. Henry, il suffirait même, pour isoler ainsi la cinchonine, de dissoudre à chaud 5 gr. du sulfate suspect dans 120 gr. d'alcool marquant 22 degrés et acidulé à peine, d'y ajouter un excès d'ammoniaque, puis de faire bouillir pendant quelques secondes.

Un autre procédé, plus généralement suivi, a été conseillé par M. Liebig, et repose sur la différence de solubilité, dans l'éther, de la quinine et la cinchonine. Il consiste à mettre un gramme de sulfate de quinine dans un tube de verre fermé par un bout, à y ajouter une douzaine de grammes d'éther lavé à l'eau, puis un gramme ou deux d'ammoniaque caustique. On agite vivement : si le sel ne contient pas de cinchonine, on obtient ainsi deux couches liquides superposées, l'une, aqueuse, chargée de sulfate d'ammoniaque, l'autre, éthérée, tenant la quinine en dissolution ; si le sel renferme de la cinchonine, celle-ci reste en suspension à la surface de la couche aqueuse. Tout sulfate de quinine commercial donne ainsi une petite couche chatoyante de cinchonine ; si elle est très-faible, le sulfate peut être considéré comme suffisamment pur.

S'agit-il de déterminer la proportion de la cinchonine, il faut, par un premier essai, reconnaître le poids de la quinine dissoute dans l'éther, puis, dans un deuxième essai, substituer à ce solvant le chloroforme[1] qui dissout les deux alcalis, dont on prend aussi le poids. La différence entre les deux pesées donne approximativement la proportion de la cinchonine, car, dans les circonstances de l'opération, l'éther dissout toujours un peu de cinchonine en même temps que la quinine.

La cinchonidine (quinidine des Allemands), tout en étant plus soluble dans l'éther que la cinchonine, l'est cependant bien moins que la quinine, et peut encore se découvrir par la méthode précédente si l'éther n'est pas employé en quantité trop grande.

Enfin, quant à la quinidine, la grande différence de solubilité qui existe entre l'oxalate de cet alcali et son isomère, l'oxalate de quinine, permet de distinguer ces deux sels. En effet, suivant M. Van Heijningen, l'oxalate de quinidine est assez soluble dans l'eau froide pour ne pas pouvoir se précipiter par double décomposition, tandis qu'en mélangeant un excès d'oxalate d'ammoniaque avec une solution de sulfate de quinine, on précipite presque toute la quinine à l'état d'oxalate.

[1] SOUBEIRAN, *Journ. de Pharm.*, [3] XXII, 409.

β. *Sel acide* ou bisulfate, improprement appelé sel neutre, $C^{40}H^{24}N^{2}O^{4}, S^{2}O^{6}, 2\,HO + 14$ aq. (Baup). Ce sel se distingue du sulfate neutre par sa plus grande solubilité dans l'eau ; c'est toujours lui qui prend naissance quand la cristallisation se fait en présence d'un excès d'acide sulfurique. Il cristallise ordinairement, par le refroidissement, en petits prismes aiguillés. Pour l'obtenir en cristaux un peu volumineux, il faut l'évaporer dans l'étuve : il se dépose alors sous la forme de prismes rectangulaires, terminés par une troncature, ou par deux, trois ou quatre facettes naissant chacune sur les faces du prisme. Il est soluble dans 11 p. d'eau à 13°, et dans 8 p. d'eau à 22° ; à 100°, il se fond dans son eau de cristallisation. Il est beaucoup plus soluble à chaud qu'à froid dans l'alcool faible, ainsi que dans l'alcool absolu ; les cristaux qui se forment dans ce dernier liquide tombent en poudre quand on les expose à l'air.

§ 2185. *Nitrate de quinine*, $C^{40}H^{24}N^{2}O^{4}, NO^{6}H$. — Le sulfate de quinine, étant précipité par le nitrate de baryte, donne, par l'évaporation spontanée, des cristaux rhombiques, incolores, qui présentent cette composition (Strecker).

Lorsqu'on évapore la dissolution de la quinine dans l'acide nitrique faible, il se produit des gouttes oléagineuses, qui ressemblent à de la cire, après s'être figées. Abandonné sous l'eau, ce produit cristallise au bout d'un certain temps.

Une solution alcoolique de quinine donne, avec le nitrate d'argent, un précipité cristallin qui se dissout dans l'eau bouillante. Quand on laisse refroidir la solution, elle se prend en une masse ayant l'aspect de l'empois ; après quelque temps, celle-ci se transforme en cristaux incolores, qui sont une *combinaison de quinine et de nitrate d'argent*, $C^{40}H^{24}N^{2}O^{4}, NO^{6}Ag$. Ce composé ne se dissout que dans 300 p. d'eau froide.

Phosphate de quinine[1], $2\,C^{40}H^{24}N^{2}O^{4}, PO^{8}H^{3} + 4$ aq (?). — La quinine se dissout aisément à chaud dans l'acide phosphorique, et donne par le refroidissement une bouillie d'aiguilles. Une solution

[1] ANDERSON, *Ann. der Chem. u. Pharm.*, LXVI, 59. — M. Anderson représente le phosphate de quinine desséché par les rapports $3\,C^{20}H^{12}NO^{2}, PO^{8}H^{3}$, qui s'accordent assez bien avec les résultats de son analyse (carbone, 61,85 ; hydrog., 6,81). Mais comme, dans mon opinion, la molécule de la quinine renferme C^{40}, les rapports du chimiste anglais deviennent $3\,C^{40}H^{24}N^{2}O^{4}, 2\,PO^{8}H^{3}$. Cette dernière formule me paraît tout à fait invraisemblable, et il est permis de croire, M. Anderson n'ayant pas dosé l'acide phosphorique, que la véritable formule du sel est $2\,C^{40}H^{24}N^{2}O^{4}, PO^{8}H^{3}$,

plus étendue dépose le sel en aiguilles soyeuses groupées en rayons, très-minces, entièrement neutres au papier. Les cristaux perdent 7,57 à 7,85 p. c. d'eau par la dessiccation à 120°.

Une autre préparation a donné un sel contenant 15,3 p. c d'eau.

Arséniate de quinine. — Il ressemble entièrement au sel précédent.

Carbonate de quinine[1], $C^{40}H^{24}N^2O^4$, C^2O^4, 2 HO + 2 aq. — Il ne se produit pas par double décomposition, au moyen d'un carbonate alcalin et d'un sel de quinine.

Pour le préparer, on délaye dans beaucoup d'eau de la quinine récemment précipitée (du sulfate par l'ammoniaque), et l'on y fait passer un courant de gaz carbonique jusqu'à dissolution complète. (La liqueur, quoique saturée d'acide carbonique, conserve toujours une réaction alcaline.) Exposée à l'air, la liqueur dépose peu à peu des aiguilles transparentes de carbonate de quinine; ce sel continue de se déposer pendant quelques heures, mais plus tard on n'obtient plus que de la quinine.

Les cristaux du carbonate de quinine s'effleurissent promptement au contact de l'air. Ils sont solubles dans l'alcool, et insolubles dans l'éther; ils ramènent au bleu le tournesol rougi. A la température de 110°, ils se décomposent, en dégageant de l'acide carbonique et en ne laissant que de la quinine.

Formiate de quinine. — Il s'obtient aisément en cristaux fort solubles dans l'eau et semblables au sulfate.

Oxalates de quinine. — α. *Sel neutre*, 2 $C^{40}H^{24}N^2O^4$, C^4O^6, 2 HO (à 125°). On prépare ce sel en précipitant à froid une dissolution d'acétate de quinine par de l'oxalate d'ammoniaque, lavant le précipité par un peu d'eau froide, puis le redissolvant dans l'alcool bouillant, qui le laisse déposer, par le refroidissement, en petites aiguilles extrêmement fines.

β. *Sel acide.* Il cristallise en aiguilles fort solubles dans l'eau.

Cyanoferrates de quinine[2]. — On en connaît deux : l'un α correspondant au ferrocyanure de potassium, l'autre β correspondant au ferricyanure rouge.

correspondant à la formule du phosphate d'ammoniaque dit neutre (Calcul : carbone, 64,34; hydrog., 6,95). Cette composition mériterait d'être vérifiée par de nouvelles expériences.

[1] LANGLOIS, *Compt. rend. de l'Acad.*, XXXVII, 727, et *Ann. de Chim. et de Phys.*, [3] XLI, 89.

[2] DOLLFUS, *Ann. der Chem. u. Pharm*, LXV, 224.

α. $C^{40}H^{24}N^2O^4$, 4 CyH, 2 Cy Fe + 4 aq. Une solution alcoolique d'acide ferrocyanhydrique donne, avec une solution alcoolique de quinine, un précipité orangé et cristallin, présentant cette composition.

β. $C^{40}H^{24}N^2O^4$, 3 CyH, 3 Cy fe + 3 aq.

Une solution concentrée de chlorhydrate de quinine, contenant un peu d'acide chlorhydrique libre, donne avec une solution concentrée de ferricyanure de potassium un précipité jaune doré, composé de feuillets cristallins. Ce précipité, une fois desséché, ressemble beaucoup à l'or musif. Il ne perd rien de son poids à 100°, se dissout aisément dans l'eau, mais la solution ne saurait être évaporée sans s'altérer.

Cyanoplatinates de quinine. — Suivant M. Wertheim [1], on obtient les sels suivants :

α..... $C^{40}H^{24}N^2O^4$, 2 (CyH, PtCy) + 2 aq.,

β..... $C^{40}H^{24}N^2O^4$, 2 (ClH, $PtCy^2$),

en précipitant le sulfate de quinine par les sels de potasse correspondants.

Cyanurate de quinine. — Sel blanc et amorphe, soluble dans l'eau et dans l'alcool.

Sulfocyanhydrate de quinine, $C^{40}H^{24}N^2O^4$, 2 $CyHS^2$. — On l'obtient en précipitant une solution de sulfate de quinine par le sulfocyanure de potassium. Il forme de beaux cristaux d'un jaune-citron clair, appartenant au système monoclinique (Wertheim). En traitant la quinine par l'acide sulfocyanhydrique, on obtient deux sels cristallisant ensemble : un sel blanc, et un sel jaune de consistance résineuse (Dollfus).

Deux sels doubles, 3 ($C^{40}H^{24}N^2O^4$, 2 $CyHS^2$) + 8 HgCl et $C^{40}H^{24}N^2O^4$, 2 $CyHS^2$ + HgCy, se précipitent par le mélange du sulfocyanhydrate de quinine avec le chlorure et le cyanure mercuriques (Wertheim).

Urate de quinine. — Sel incristallisable qu'on obtient comme l'urate de cinchonine.

Acétate de quinine. — Il cristallise en longues aiguilles qui se fondent par la chaleur en un verre incolore. Il perd de l'acide acétique déjà au bain marie. Il est peu soluble dans l'eau froide, fort soluble dans l'eau bouillante.

Lactate de quinine. — Il cristallise, par l'évaporation spontanée,

[1] TH. WERTHEIM, *Ann. der Chem. u. Pharm.*, LXXIII, 210.

sous la forme d'aiguilles plates et soyeuses, semblables au sulfate de quinine, mais plus solubles que ce sel. Il passe pour être plus efficace que le sulfate dans le traitement des fièvres intermittentes (L. L. Bonaparte).

Tartrates de quinine[1]. — α. *Sel neutre*, $2\ C^{40}H^{24}N^{2}O^{4}, C^{8}H^{6}O^{12}$. Il se précipite sous la forme d'une poudre cristalline par le mélange du sulfate de quinine avec le tartrate neutre de potasse. Il est peu soluble dans l'eau, neutre aux papiers, et sans eau de cristallisation (Arppe).

Lorsqu'on évapore une solution de quinine dans le bitartrate de potasse, il se dépose un mélange de bitartrate de potasse et d'un sel de quinine cristallin; mais on n'obtient pas de sel double.

β. *Sel acide*, $C^{40}H^{24}N^{2}O^{4}, C^{8}H^{6}O^{12} + 2$ aq. Une solution neutre de quinine dans l'acide tartrique donne par l'évaporation une masse gommeuse; mais, si l'on emploie un excès d'acide, on obtient un bitartrate de quinine cristallisable et fort soluble.

Suivant M. Pasteur, le bitartrate droit et le bitartrate gauche ont la même composition; les deux sels, portés à 160°, perdent toute leur eau de cristallisation (4,4 p. c.). Mais leurs formes cristallines sont entièrement différentes, et le sel gauche perd son eau de cristallisation bien plus facilement que le sel droit.

Citrate de quinine. — Sel peu soluble, cristallisé en aiguilles déliées.

Valérate de quinine[2]. — La meilleure manière de le préparer consiste à ajouter un léger excès d'acide valérique à une solution alcoolique de quinine, à étendre la liqueur du double de son volume d'eau, et à l'évaporer à une température de 50° au plus. Le sel cristallise peu à peu jusqu'à la dernière goutte en beaux octaèdres; quelquefois on l'obtient aussi en cubes (?) ou en aiguilles soyeuses. Le sel a l'odeur de l'acide valérique; il n'est pas très-soluble dans l'eau, mais il se dissout aisément dans l'alcool (il exige pour sa solution 110 p. d'eau froide et 40 p. d'eau bouillante); il est peu soluble dans l'éther, au sein duquel il se gonfle considérablement. Il renferme 3,33 p. c. d'eau, qu'il perd à 90°, en entrant en fusion; la masse fondue est incolore, et offre un aspect vitreux après le refroidissement.

[1] Pasteur, *Ann. de Chim. et de Phys.*, [3] XXXVIII, 477. — Arppe, *Journ. f. Prakt. Chem.*, LIII, 331.

[2] L. L. Bonaparte, *Journ. de Chim. médic.*, VIII, 605; IX, 330.

Lorsqu'on évapore à l'ébullition la solution aqueuse du sel, celui-ci se sépare sous la forme de gouttes huileuses qui paraissent être le sel anhydre.

Picrate de quinine. — Il se précipite, par double décomposition, sous la forme d'une poudre jaune, fort peu soluble dans l'eau, fort soluble dans l'alcool. La solution alcoolique ne donne pas de cristaux par l'évaporation spontanée. Bouilli dans l'eau, il fond et surnage sous la forme de gouttes huileuses (L. L. Bonaparte).

Quinate de quinine[1]. — On peut l'extraire directement des quinquinas. Il s'obtient aussi, par double décomposition, avec le quinate de baryte et le sulfate de quinine. Par l'évaporation de sa solution, il se dépose ordinairement sous la forme de croûtes mamelonnées, d'un aspect corné sur les bords; quelquefois on l'obtient aussi cristallisé en aiguilles. Il est fort soluble dans l'eau, moins soluble dans l'alcool. 1 p. de sel exige, pour se dissoudre, 3,5 p. d'eau à 110°, et 8 p. d'alcool de 88 centièmes (Baup).

Mellate de quinine[2]. — Il s'obtient sous la forme d'un précipité blanc volumineux, lorsqu'on mélange une solution alcoolique de quinine avec l'acide mellique; le précipité devient cristallin par les lavages à l'alcool faible, et se compose alors de tables rhombes nacrées. Il est peu soluble dans l'eau froide, plus soluble dans l'eau bouillante, qui le dépose par le refroidissement sous la forme d'une poudre cristalline. Il ne perd pas d'eau à 100°, mais à 130° il jaunit en dégageant un peu d'eau et d'ammoniaque. Il a donné à l'analyse 37,5 à 38 p. c. d'acide mellique.

Gallotannate de quinine. — Poudre blanc-jaunâtre, amorphe, très-peu amère, un peu soluble dans l'eau bouillante, fort soluble dans l'alcool.

On l'obtient en précipitant l'acétate de quinine par le tannin de la noix de galle. On l'administre dans le traitement de la fièvre; il paraît exercer moins d'action que le sulfate de quinine sur les voies digestives et sur le système nerveux[3].

Gallate de quinine. — L'acide gallique et surtout les gallates alcalins forment un précipité dans tous les sels solubles de quinine, pourvu que les solutions ne soient pas trop étendues. Le précipité

[1] Baup, *Ann. de Chim. et de Phys.*, LI, 71.

[2] Karmrodt, *Ann. der Chem. u. Pharm.*, LXXXI, 170.

[3] Voy. *Journ. de Pharm.*, [3] XXI, 206. Rapport sur un mémoire de M. Barreswil, relatif aux propriétés thérapeutiques du tannate de quinine, par MM. Orfila, Bussy et Bouvier.

se dissout dans l'eau bouillante; par le refroidissement la liqueur devient lactescente, et il se forme un dépôt toujours opaque. Le gallate de quinine est soluble dans l'alcool et dans un excès d'acide. (Pelletier et Caventou. Suivant Pfaff et Henry, l'acide gallique et les gallates exempts de tannin ne précipitent pas les sels de quinine.)

Morintannate de quinine. — Voy. § 2073.

§ 2186. *Quinidine*[1], $C^{40}H^{24}N^{2}O^{4} + 4$ aq. — Cet alcali[2], découvert par MM. Henry et Delondre, est souvent contenu dans la quinoïdine du commerce. Voici comment on l'en extrait, suivant M. Van Heijningen : on dissout la quinoïdine dans très-peu d'éther, on filtre pour séparer les parties insolubles, et, après avoir enlevé l'éther par la distillation, on dissout le résidu dans l'acide sulfurique dilué. On décolore ensuite la liqueur par le charbon animal; on la précipite par l'ammoniaque, et on dissout dans l'éther le précipité convenablement lavé. La solution éthérée est mélangée avec le dixième de son volume d'alcool marquant 90 centièmes, et abandonnée à l'évaporation spontanée. Il se dépose ainsi des cristaux de quinidine qu'on purifie par des lavages à de l'alcool; les eaux-mères, étant saturées par l'acide sulfurique, donnent d'abord des cristaux de sulfate de quinidine, et plus tard des cristaux de sulfate de quinine; les dernières eaux-mères sont très-colorées.

La quinidine se dépose de sa solution éthérée, faite à chaud, sous la forme de gros prismes rhomboïdaux obliques, entièrement transparents, mais qui s'effleurissent à l'air en devenant opaques. Elle renferme 4 atomes = 10,8 p. c. d'eau de cristallisation. Elle fond à 160°, et se prend par le refroidissement en une masse résinoïde. Elle exige, pour se dissoudre, 1500 p. d'eau froide, 750 p. d'eau bouillante, 45 p. d'alcool absolu froid, 3,7 p. d'alcool ordinaire chaud, et 90 p. d'éther froid. (Van Heijningen). Sa solution (dans l'alcool absolu) à 13° dévie fortement à droite le plan de polarisation de la lumière; $[\alpha]_j = + 250°75$ (Pasteur).

[1] Dite aussi quinoïdine cristallisée, quinine β.

[2] O. HENRY et A. DELONDRE (1833), *Journ. de Pharm.*, XIX, 633. — WINCKLER, *Jahrb. f. prakt. Chem.*, VI, 65. — LIEBIG, *Ann. der Chem. u. Pharm.*, LVIII, 348. — VAN HEIJNINGEN, *Ann. der Chem. u. Pharm.*, LXXII, 301. — PASTEUR, *Compt. rend. de l'Acad.*, XXXVI, 26; XXXVII, 110.

La quinidine renferme :

	Liebig[1].			Calcul.
Carbone. . .	73,49	73,14	74,33	74,07
Hydrogène. .	7,69	7,64	7,57	7,41
Azote. . . .	8,79	»	»	8,64
Oxygène. . .	»	»	»	9,88
				100,00

La solution de la quinidine dans un acide présente la même coloration verte que la quinine par l'action de l'eau chlorée et de l'ammoniaque.

§ 2187. Les *sels de quinidine*, comme ceux à base de quinine, sont ou neutres ou acides. L'oxalate, l'acétate et le tartrate sont plus solubles, le chlorhydrate et le nitrate sont moins solubles que les sels de quinine correspondants. Voici les sels de quinidine examinés par M. Van Heijningen.

Le *chlorhydrate neutre*, $C^{40}H^{24}N^{2}O^{4}$, HCl + 2 aq., s'obtient en cristaux transparents, renfermant 1 atome d'eau de moins que le chlorhydrate de quinine; à 120°, il est anhydre.

Le *chlorhydrate acide* ou bichlohrydrate se forme lorsqu'on traite par le gaz chlorhydrique l'alcali desséché; il se distingue du sel de quinine correspondant, en ce qu'il peut être recristallisé dans l'eau.

Le *chloroplatinate* séché à l'air contient 4,8 p. c. d'eau, qui se dégagent à 100°.

Le *sulfate neutre*, 2 $C^{40}H^{24}N^{2}O^{4}$, $S^{2}O^{6}$, 2 HO + 12 aq., ressemble beaucoup au sulfate de quinine, mais il est plus lanugineux. Il exige, pour se dissoudre, à la température de 10°, 350 p. d'eau et 32 p. d'alcool absolu. Il perd, à 130°, 12 atomes = 12,6 p. c. d'eau (expérience, 12,84 p. c.).

Le *sulfate acide* est cristallisable et fort soluble dans l'eau.

Le *nitrate* forme de gros cristaux, doués d'un éclat vitreux.

L'*oxalate* ne peut pas s'obtenir par précipitation, comme le sel correspondant de quinine. Avec des solutions saturées à chaud, on obtient par le refroidissement des cristaux nacrés perdant 4,32 p. c.

[1] Je ne connais pas les détails des analyses faites par M. Heijningen sur la quinidine cristallisée.

Les analyses de M. Liebig sont antérieures à celles de ce chimiste, et ont été faites sur trois échantillons différents de *quinoïdine*, entièrement soluble dans l'éther; mais, comme la matière analysée avait été amorphe, il est à croire qu'elle n'avait été qu'un mélange de quinidine, de quinicine, et probablement aussi de quinine. Les analyses de M. Liebig n'en prouvent pas moins l'isomérie de ces trois alcalis.

d'eau à 120°, et paraissant contenir $C^{40}H^{24}N^2O^4$, C^4O^6, 2 HO + 2 aq.

L'*acétate* est fort soluble, et ne s'obtient que difficilement à l'état cristallisé; il se dépose à la longue, dans une solution sirupeuse, sous forme de beaux cristaux transparents.

Le *tartrate* forme des cristaux nacrés.

§ 2188. *Quinicine*, $C^{40}H^{24}N^2O^4$. — Cet alcali[1] se produit par une transposition moléculaire de la quinine et de la quinidine.

On le prépare en chauffant le sulfate de quinine, après y avoir ajouté un peu d'eau et d'acide sulfurique. Même après l'expulsion de toute l'eau, le sel reste fondu, et par trois à quatre heures d'exposition au bain d'huile porté à la température de 120 à 130°, toute la masse est transformée en sulfate de quinicine, avec une production extrêmement minime de matière colorante.

La quinicine est insoluble dans l'eau, très-soluble, au contraire, dans l'alcool ordinaire et dans l'alcool absolu. Elle est fort amère, et se précipite de ses solutions sous la forme d'une résine fluide. Elle dévie à droite le plan de polarisation de la lumière. Elle se combine aisément avec l'acide carbonique, et chasse à froid l'ammoniaque de ses combinaisons. Elle possède des propriétés fébrifuges.

Dérivés iodés de la quinine.

§ 2189. *Iodoquinine*[2], 2 $C^{40}H^{24}N^2O^4$, I^2(?). — On l'obtient en broyant la quinine avec de l'iode. C'est une matière brune amorphe, qui ressemble entièrement à l'iodocinchonine.

Elle renferme :

	Pelletier.	Calcul.
Iode.	30,31	28,0

§ 2190. *Bisulfate d'iodoquinine*[3], $C^{40}H^{24}N^2O^4$, I^2, S^2O^6, 2 HO + 10 aq. — Ce sel s'obtient en dissolvant le bisulfate de quinine dans l'acide acétique concentré, chauffant la liqueur, et y versant goutte à goutte une solution alcoolique d'iode. Le mélange étant abandonné à lui-même dans un lieu tranquille, il s'y forme, au bout de quelques heures, de larges plaques ordinairement rectangulaires, quelquefois rhombes, octogonales ou hexagonales.

[1] PASTEUR, *Compt. rend. de l'Acad.*, XXXVII, 110.

[2] PELLETIER (1836), *Ann. de Chim. et de Phys.*, LXIII, 184.

[3] HERAPATH, *Philos. Magazine*, [4] III, 161; VI, 346. En extrait : *Ann. de Chim. et de Phys.*, [3] XL, 217; et *Ann. der Chem. u. Pharm.*, LXXXIV, 149.

Examinés par réflexion, ces cristaux présentent une couleur vert-émeraude, dont l'éclat est presque métallique, et rappelle l'éclat des élytres des cantharides ou des cristaux de murexide. Examinés par transmission, ils semblent presque incolores, et n'offrent qu'une légère teinte olivâtre; mais, si l'on superpose deux de ces plaques de manière que leurs plus grandes dimensions respectives se coupent à angle droit, le système ne laisse passer aucune lumière, et peut entièrement se comparer au système de deux tourmalines dont les axes sont croisés : le phénomène s'observe même avec des cristaux n'ayant pas $\frac{1}{20}$ de millimètre d'épaisseur. Si la lumière transmise est polarisée, les deux plaques croisées se teignent de couleurs complémentaires : l'une devient verte, l'autre rose, et la région où elles se superposent semble d'un brun chocolat très-foncé.

Les cristaux du bisulfate d'iodoquinine [1] possèdent les propriétés qui rendent la tourmaline si précieuse dans la construction des appareils d'optique; ils offrent même l'avantage de laisser passer une bien plus grande quantité de lumière.

Ils ont donné à l'analyse :

	Herapath.	Calcul.
Iode.	32,6	32,63
Ac. sulfur. anhyd.	10,6	10,53
Quinine.	42,7	42,63
Eau.	14,1	14,22
		100,00

Dérivés méthyliques et éthyliques de la quinine.

§ 2191. D'après les expériences de M. Strecker [2], les iodures de méthyle et d'éthyle se combinent directement avec la quinine pour former les iodures correspondant à des alcalis qui, à l'état libre, dérivent du type hydrate d'ammonium.

Combinaisons de méthyl-quinine. — Elles s'obtiennent par les mêmes procédés que leurs homologues éthyliques, et présentent des caractères semblables.

L'*iodure* renferme $C^{40}H^{24}N^2O^4, C^2H^3I$, comme le prouve l'analyse suivante :

[1] M. Haidinger propose de donner à ce sel le nom d'*hérapathite*.

[2] STRECKER (1854), *Compt. rend. de l'Acad.*, XXXIX, 59.

	Strecker.	Calcul.
Carbone.	54,2	54,1
Hydrogène. . .	5,9	5,8
Iode.	26,9	27,2

Combinaisons d'éthyl-quinine. — Un mélange d'iodure d'éthyle et de quinine, dissous dans l'éther, donne après quelques heures des cristaux d'iodure d'éthyl-quinine dont la quantité augmente avec le temps. La solution de ces cristaux étant traitée par l'oxyde d'argent, on obtient de l'iodure d'argent, tandis que l'éthyl-quinine reste en dissolution.

L'*éthyl-quinine* est une base très-énergique; par l'évaporation dans le vide, elle s'obtient sous la forme d'une masse amorphe. Elle se dissout dans l'alcool, et en est précipitée par l'éther en cristaux incolores. Elle se décompose déjà à une température de 120°.

Elle absorbe avec rapidité l'acide carbonique de l'air, en donnant des cristaux doués d'une réaction alcaline.

Le *chlorure* renferme $C^{40}H^{24}N^{2}O^{4}$, $C^{4}H^{5}Cl$.

Le *chloroplatinate* contient $C^{40}H^{24}N^{2}O^{4}$, $C^{4}H^{5}Cl,PtCl^{2}$.

L'*iodure*, $C^{40}H^{24}N^{2}O^{4}$, $C^{4}H^{5}I$, se dissout aisément dans l'eau bouillante, et s'en sépare de nouveau en longues aiguilles radiées; ces cristaux sont incolores, soyeux, d'un goût amer; ils ne perdent pas d'eau à 100°, et fondent à une température supérieure, sans se décomposer.

Ils renferment :

	Strecker.		Calcul.
Carbone.	55,0	54,8	55,0
Hydrogène. . . .	6,2	6,2	6,0
Iode.	26,4	»	26,5

La solution aqueuse de l'iodure d'éthyl-quinine n'est pas précipitée par l'ammoniaque ; elle n'est troublée que par un grand excès de potasse, qui en précipite, sans les décomposer, des cristaux d'iodure d'éthyle quinine insolubles dans une lessive de potasse.

Le *sulfate neutre* renferme 2 $[C^{40}H^{24}N^{2}O^{4}$, $C^{4}H^{5}O]$ $S^{2}O^{6}$.

Le *sulfate acide* contient $C^{40}H^{24}N^{2}O^{4}$,$C^{4}H^{5}O$, HO, $S^{2}O^{6}$.

Cinchonine, isomères et combinaisons.

§ 2192. CINCHONINE[1], $C^{40}H^{24}N^{2}O^{2}$. — Cet alcali s'obtient, en même temps que la quinine, dans le traitement des quinquinas. (Voy. § 2181.) Dans un mélange alcoolique de quinine et de cinchonine libres, la cinchonine cristallise la première, comme étant la moins soluble. Au contraire, un mélange aqueux de sulfate de quinine et de sulfate de cinchonine dépose d'abord le sel de quinine; c'est donc dans les eaux-mères de la préparation du sulfate de quinine qu'il faut surtout chercher la cinchonine. D'ailleurs, au moyen de l'éther, qui dissout assez bien la quinine, on parvient aussi à séparer les deux alcalis.

Obtenue par l'évaporation lente de sa solution alcoolique, la cinchonine se présente en prismes quadrilatères ou en aiguilles déliées, incolores et brillantes, ne renfermant pas d'eau de cristallisation. Elle a une saveur amère particulière; mais cette amertume est longue à se développer, en raison de la faible solubilité de l'alcali. Elle est insoluble dans l'eau froide, et extrêmement peu soluble dans l'eau bouillante dont elle exige environ 2500 parties. Sa solubilité dans l'alcool est aussi beaucoup moindre que celle de la quinine; elle s'y dissout d'autant mieux qu'il contient moins d'eau et que la température est plus élevée; suivant Duflos, l'alcool fort dissout 3/100 de son poids de cinchonine. Elle est presque insoluble dans l'éther; le chloroforme, les huiles essentielles et les huiles grasses la dissolvent en petite quantité.

Les solutions de la cinchonine possèdent une réaction alcaline. Elles dévient fortement à droite le plan de polarisation de la lumière. Une solution de cette base dans l'alcool aiguisé d'acide chlorhydrique a donné $[\alpha] = +190°,40$; les acides affaiblissent temporairement ce pouvoir rotatoire[2].

La cinchonine renferme :

	Liebig.		Regnault.			Gerhardt	Laurent[3].		Hlasiwetz[4].				Calcul.
Carbone. .	75,97	76,74	76,83	77,18	76,69	77,63	77,22	77,36	77,78	77,75	78,24	78,18	77,92
Hydrogène.	7,81	7,24	7,73	7,71	7,62	7,98	7,77	7,51	7,72	7,80	7,75	7,75	7,79
Azote. . . .	9,14	8,61	9,28	9,68	»	»	»	»	»	»	»	»	9,09
Oxygène. .	»	»	»	»	»	»	»	»	»	»	»	»	5,15
													100,00

[1] Voy. les sources citées p. 105.

[2] BOUCHARDAT, *Ann. de Chim. et de Phys.*, [3] IX, 233.

[3] M. Laurent représente la cinchonine par les rapports $C^{38}H^{22}N^{2}O^{2}$.

[4] HLASIWETZ, *Ann. der Chem. u. Pharm.*, LXXVII, 50.

Ce chimiste pense qu'il existe plusieurs cinchonines, dont l'une aurait la formule admise par M. Laurent. Le fait me paraît loin d'être prouvé.

Elle fond, à 165°, en un liquide incolore qui devient cristallin par le refroidissement. Une partie de l'alcali se sublime à une température plus élevée, en répandant une odeur aromatique. On peut sublimer la cinchonine dans le gaz hydrogène ou ammoniaque, et l'obtenir alors sous la forme de prismes brillants, ayant plus d'un pouce de long. (Hlasiwetz.)

Les acides dissolvent aisément la cinchonine.

Dissoute dans l'acide sulfurique et chauffée avec le peroxyde de plomb puce, elle donne une matière rouge[1] (*cinchonétine*), dont la nature n'est pas connue.

Elle résiste assez bien, d'ailleurs, aux agents d'oxydation ; car elle ne s'est pas dédoublée nettement après avoir été traitée par le peroxyde de manganèse et l'acide sulfurique, par l'acide nitrique, par le permanganate de potasse, par l'émulsine, etc. (Hlasiwetz.)

Avec le chlore et le brome, elle donne différents alcalis chlorés ou bromés (§ 2197), ainsi qu'une matière résineuse. Elle ne présente pas, avec le chlore et l'ammoniaque, la coloration verte, caractéristique pour la quinine.

Elle se comporte comme la quinine avec l'iode et l'iodure de potassium ioduré.

Avec l'hydrate de potasse, elle produit plus aisément de la quinoléine (§ 2204) que la quinine.

Elle paraît être moins efficace comme fébrifuge que cette dernière.

§ 2193. *Sels de cinchonine.* — Ils sont amers et ressemblent beaucoup aux sels de quinine, mais ils sont généralement plus solubles dans l'eau et l'alcool.

Fluorhydrate de cinchonine[2], $C^{40}H^{24}N^2O^2$, 2 HF. — La cinchonine récemment précipitée se dissout aisément dans l'acide fluorhydrique dilué ; la solution dépose des prismes incolores par la concentration. Ce sel cristallise très-bien dans l'alcool dilué, sous la forme de prismes rhomboïdaux, terminés par des faces octaédriques. Séché à l'air, il perd à 160° 2,8 p. c. d'eau ; par une chaleur élevée, il devient d'un beau pourpre, donne un sublimé rouge, dégage de l'acide fluorhydrique et se charbonne.

Chlorhydrates de cinchonine. — α. *Sel neutre*, $C^{40}H^{24}N^2O^2$, HCl. On l'obtient en saturant exactement la cinchonine par l'acide chlorhydrique faible. Il cristallise aisément en aiguilles ramifiées, ou en

[1] E. Marchand, *Journ. de Chim. médic.*, X, 362.

[2] Elderhorst, *Ann. der Chem. u. Pharm.*, LXXIV, 80.

prismes rhomboïdaux transparents et brillants. Il fond déjà au-dessous de 100°, et se dissout aisément dans l'eau et l'alcool ; mais il ne se dissout presque pas dans l'éther.

La solution aqueuse du chlorhydrate de cinchonine dévie à droite le plan de polarisation de la lumière ; [α] = + 139°,50. (Bouchardat.)

β. *Sel acide*[1], $C^{40}H^{24}N^2O^2$, 2 HCl. Il se produit lorsqu'on expose la cinchonine à l'action du gaz chlorhydrique. On l'obtient à l'état cristallisé en versant un léger excès d'acide chlorhydrique sur de la cinchonine, et faisant dissoudre le sel dans un mélange d'eau et et d'alcool. Cette dissolution, abandonnée, dans un flacon ouvert, à une évaporation très-lente, dépose de beaux cristaux très-nets, sous la forme de tables droites à base rhombe ayant les angles aigus tronqués ($\infty P : \infty P = 101°$; $\bar{P}\infty : 0\bar{P} = 137°$ à 138°). Ce sel est très-soluble dans l'eau, un peu moins soluble dans l'alcool ; il rougit la teinture de tournesol. Sa solution dévie vers la droite les rayons de lumière polarisée.

Lorsqu'on fait passer un courant de chlore dans la solution du bichlorhydrate de cinchonine, il se dépose du bichlorhydrate de bichlorocinchonine.

Chloroplatinate de cinchonine, $C^{40}H^{24}N^2O^2$, 2 (HCl, $PtCl^2$). — Précipité jaune clair, qu'on obtient avec le bichlorure de platine et une solution de bichlorhydrate de cinchonine.

Lorsqu'on emploie une solution de cinchonine dans de l'alcool additionné d'acide chlorhydrique, le précipité est cristallin et d'abord presque blanc. Si on le dissout dans l'eau bouillante, la dissolution ne s'effectue que par une ébullition prolongée ; la liqueur dépose d'abord par le refroidissement un précipité blanchâtre et pulvérulent, puis, à la longue, de beaux cristaux orangé foncé. (Hlasiwetz.)

Le chloroplatinate de cinchonine renferme :

	Duflos[2].	Laurent[3].		Hlasiwetz[4].		Calcul.
Carbone. .	»	»	»	33,1	»	33,30
Hydrogène.	»	»	»	3,6	»	3,30
Platine. . .	26,80	27,2	27,3	27,38	27,34	27,36

[1] Laurent, *Ann. de Chim. et de Phys.*, [3] XXIV, 303.
[2] Liebig, *Ann. der Chem. u. Pharm.*, XXVI, 50.
[3] Précipité séché à 100°.
[4] Sel fort bien cristallisé.

Suivant M. Laurent [1], le sel dégage, à 200°, 2,8 p. c. d'une eau légèrement acide.

Chloromercurate de cinchonine [2], $C^{40}H^{24}N^2O^2$, 2 ($HCl, HgCl$). — On obtient cette combinaison en mélangeant ensemble des dissolutions de cinchonine et de bichlorure de mercure dans l'alcool fort, après avoir ajouté de l'acide chlorhydrique à la dissolution cinchonique. Le mélange se prend au bout de quelque temps en une magma de petites aiguilles. Ces cristaux sont presque insolubles dans l'eau froide, l'alcool ordinaire et l'éther, assez solubles dans l'eau bouillante et dans l'alcool faible un peu échauffé ; ils se dissolvent aisément dans l'acide chlorhydrique concentré. On peut les sécher au bain-marie sans qu'ils s'altèrent.

Chlorate de cinchonine, $C^{40}H^{24}N^2O^2, ClO^6H$(?). — Il s'obtient en dissolvant la cinchonine dans l'acide chlorique. Il cristallise en belles houppes volumineuses, parfaitement blanches. Il fond d'abord par l'action de la chaleur ; mais, à une température élevée, il se décompose avec explosion. Il est moins fusible et se décompose plus tôt que le chlorate de quinine. (Sérullas.)

Perchlorate de cinchonine [3], $C^{40}H^{24}N^2O^2$, 2 ClO^8H + 2 aq. — On l'obtient par double décomposition avec le sulfate de cinchonine et le perchlorate de baryte. Il forme de gros prismes rhomboïdaux, d'un grand éclat, remarquables par un beau dichroïsme bleu et jaune, même en solution fort étendue. Il est fort soluble dans l'eau et l'alcool. Il fond à 160°, en perdant son eau de cristallisation ; chauffé plus fort, il fait explosion. Le sel séché à 30° perd 3,57 p. c. d'eau à 160°.

Les cristaux du perchlorate de cinchonine appartiennent au système diclinique de M. Naumann [4]. Ils forment des prismes rhomboïdaux de 125° 47′ et 54° 13′, avec une troncature droite sur les arêtes aiguës.

Iodhydrate de cinchonine, $C^{40}H^{24}N^2O^2, HI$ + 2 aq. (Regnault). — Il est beaucoup moins soluble que le chlorhydrate, et cristallise très-facilement en aiguilles nacrées. Sa solution est précipitée par le chlorure et le cyanure mercuriques.

Iodate de cinchonine, $C^{40}H^{24}N^2O^2, IO^6H$ (à 105°). — Il cristallise

[1] M. Laurent suppose dans le sel 2 atomes d'eau de cristallisation, et le représente par $C^{38}H^{22}N^2O^2$, 2 (HCl, $PtCl^2$) + 2 aq.

[2] HINTERBERGER, *Ann. der Chem. u. Pharm.*, LXXVII, 201.

[3] BOEDEKER jeune, *Ann. de Chem. u. Pharm.*, LXXI, 59.

[4] DAUBER, *ibid.*, LXXI, 66.

en longues fibres soyeuses, fort solubles dans l'eau et l'alcool ; il explosionne brusquement à 120°.

Periodate de cinchonine. — Il constitue des prismes très-altérables, qu'on obtient par le même procédé que le periodate de quinine. L'acide periodique oxyde la cinchonine plus rapidement que la quinine (Langlois).

Hyposulfite de cinchonine. — Il se précipite, sous la forme de petites aiguilles fort peu solubles dans l'eau froide, par le mélange du chlorhydrate de cinchonine avec l'hyposulfite de soude (Winkler).

Hyposulfate de cinchonine. — Sel cristallisable, ressemblant beaucoup à l'hyposulfate de quinine.

Sulfates de cinchonine[1]. — α. *Sel neutre*, $2\,C^{40}H^{24}N^{2}O^{2},S^{2}O^{6},2\,HO + 4$ aq. On l'obtient en saturant exactement la cinchonine par de l'acide sulfurique dilué. Il forme des prismes rhomboïdaux de 83° et 97° ; ces cristaux, ordinairement très-courts, sont terminés par une troncature ou par un biseau ; quelquefois on remarque encore à leur sommet une troisième facette triangulaire, remplaçant un des angles solides obtus du prisme ; le clivage a lieu parallèlement aux pans des prismes ; parfois les cristaux présentent des hémitropies. Ils sont durs, transparents et d'un éclat vitreux. Ils sont inaltérables à l'air, fondent un peu au-dessus de 100°, et perdent jusqu'à 120° 4 atomes d'eau de cristallisation.

Ils se dissolvent à la température ordinaire dans 54 p. d'eau, dans 6 ½ p. d'alcool de 0,85 densité, et dans 11 ½ p. d'alcool absolu ; ils sont insolubles dans l'éther (Baup).

Chauffé à 100°, le sulfate de cinchonine devient phosphorescent comme le sulfate de quinine. Lorsqu'on le chauffe plus fort, il entre en fusion, puis se détruit et fournit une belle matière résineuse rouge. Mais, si l'on a soin d'ajouter au sulfate un peu d'eau et d'acide sulfurique avant de le soumettre à l'action de la chaleur, il reste fondu, même après l'expulsion de toute l'eau, à une température basse ; et il suffit de le maintenir dans cet état, pendant trois ou quatre heures, à la température de 120 à 130°, pour qu'il soit entièrement transformé en sulfate de cinchonicine ; la production de la matière colorante est alors extrêmement faible (Pasteur).

β. *Sel acide*, $C^{40}H^{24}N^{2}O^{2},S^{2}O^{6},\ 2\,HO + 6$ aq. En ajoutant de l'acide sulfurique au sulfate neutre de cinchonine, et en évaporant

[1] BAUP, *Ann. de Chim. et de Phys.*, XXVII, 323. — REGNAULT, *loc. cit.*

la liqueur jusqu'à formation d'une légère pellicule, on obtient, au bout de quelque temps, le bisulfate de cinchonine à l'état cristallisé. Ce sel forme des octaèdres rhomboïdaux ayant souvent quelques arêtes ou angles solides remplacés par des facettes ; les cristaux se laissent très-aisément cliver perpendiculairement au grand axe en tranches nettes et brillantes.

Il est inaltérable à l'air, à la température ordinaire ; mais il s'effleurit lorsqu'elle est un peu élevée ou si l'air est bien sec. Il perd par la chaleur 11,73 p. c. d'eau = 6 atomes. A la température de 14°, 100 p. de sel exigent, pour se dissoudre, 46 p. d'eau, 90 p. d'alcool de 0,85 densité, et 100 p. d'alcool absolu ; le sel est insoluble dans l'éther (Baup).

Chromate de cinchonine.—Il s'obtient sous la forme d'un précipité jaune, amorphe, adhérant au verre, lorsqu'on mélange à froid une solution de sulfate de cinchonine avec une solution de bichromate de potasse ; le précipité devient cristallin au bout de quelque temps Si l'on opère à chaud, le précipité est brun et gluant ; l'eau et l'alcool bouillant le décomposent (Elderhorst).

Nitrate de cinchonine, $C^{40}H^{24}N^{2}O^{2},NO^{6}H + 2$ aq. (*Regnault*). — On obtient ce sel en dissolvant la cinchonine dans de l'acide nitrique étendu ; lorsque la solution est assez concentrée, soit à chaud, soit à froid, une portion du nitrate se sépare en globules d'apparence oléagineuse. Si l'on recouvre d'eau ces globules, ils se convertissent dans l'espace de quelques jours en un groupe de prismes rectangulaires obliques, fort solubles dans l'eau.

La solution du nitrate de cinchonine dévie à droite le plan de polarisation de la lumière ; $[\alpha] = +172°,48$ (Bouchardat).

Phosphate de cinchonine. — Lorsqu'on concentre par l'évaporation la solution de la cinchonine dans l'acide phosphorique, il se produit quelquefois des rudiments de cristaux ; cependant le plus souvent le phosphate de cinchonine s'obtient sous la forme de plaques amorphes et transparentes, devenant peu à peu cristallines au contact de l'eau. Ce sel est fort soluble.

Arseniate de cinchonine. — Sel fort soluble qui s'obtient difficilement à l'état cristallisé.

Carbonate de cinchonine. — La solubilité, dans l'eau, de la cinchonine augmente fort si l'on y fait passer de l'acide carbonique ; la liqueur ne donne pas de carbonate cristallisé, comme dans le cas de la quinine (Langlois).

Formiate de cinchonine. — Sel fort soluble, cristallisant dans une liqueur sirupeuse sous la forme d'aiguilles soyeuses.

Oxalates de cinchonine. — α. *Sel neutre.* On l'obtient facilement en versant de l'oxalate d'ammoniaque dans un sel de cinchonine neutre et soluble. Il se forme ainsi un précipité blanc insoluble dans l'eau froide, soluble en petite quantité dans l'eau bouillante, fort soluble dans l'alcool surtout à chaud, et fort soluble dans l'acide oxalique.

β. *Sel acide.* Il est bien plus soluble que le sel neutre.

Cyanoferrates de cinchonine [1]. — On en connaît deux : l'un α. correspond au ferrocyanure de potassium jaune, l'autre β correspond au ferricyanure de potassium rouge.

α. $C^{40}H^{24}N^{2}O^{2}$, 4 CyH, 2 CyFe + 4 aq. Une solution alcoolique d'acide ferrocyanhydrique donne, avec une solution alcoolique de cinchonine, un précipité jaune-citronné, très-peu soluble dans l'alcool. Chauffé seul ou en solution aqueuse, ce précipité donne de l'acide cyanhydrique et un résidu bleu.

β. $C^{40}H^{24}N^{2}O^{2}$, 3 CyH, 3 Cyfe + 4 aq. Une solution aqueuse de ferricyanure de potassium donne avec une solution aqueuse de chlorhydrate de cinchonine un précipité d'un beau jaune citronné. Ce composé, desséché à l'air, ne s'altère pas à 100°.

Cyanurate de cinchonine. — Lorsqu'on dissout la cinchonine récemment précipitée dans une solution saturée et bouillante d'acide cyanurique, la liqueur dépose des prismes rhomboïdaux, peu so-solubles dans l'eau, insolubles dans l'alcool et l'éther. Ce sel perd à 100° 17,79 p. c. d'eau. Il se décompose à 200°, en dégageant une vapeur douée d'une odeur d'amandes amères. (Elderhorst).

Sulfocyanhydrate de cinchonine, $C^{40}H^{24}N^{2}O^{2}$, CyHS². — Il cristallise en aiguilles brillantes et anhydres (Dollfus).

Urate de cinchonine [2], $C^{40}H^{24}N^{2}O^{2}$, $C^{10}H^{4}N^{4}O^{6}$ + 8 aq. — On obtient en faisant bouillir de l'acide urique avec de la cinchonine récemment précipitée et délayée dans beaucoup d'eau. La liqueur, filtrée bouillante, dépose de longs prismes, peu solubles dans l'eau, l'alcool bouillant et l'éther. Lorsqu'on chauffe ce sel à 100°, ou qu'on l'abandonne à la température ordinaire sur de l'acide sulfurique, il devient opaque et finalement d'un jaune de soufre, en perdant 12,49 p. c. (expérience, 13,73 p. c.) = 8 atomes d'eau ; peu-

[1] DOLLFUS, *Ann. der Chem. u. Pharm.*, LXV, 224.
[2] ELDERHORST, *Ann. der Chem. u. Pharm.*, LXXIV, 81.

dant cette dessiccation, le sel s'agite constamment et se convertit en une poudre cristalline, dont la forme est probablement différente de celle des cristaux hydratés.

Oxalurate de cinchonine. — On l'obtient en saturant à l'ébullition une solution d'acide parabanique par un excès de cinchonine. La solution se dessèche en une masse jaunâtre et transparente, qui blanchit peu à peu en devenant cristalline. Bouilli avec de l'acide chlorhydrique, ce sel se dissout en produisant de l'acide oxalique (Elderhorst).

Acétate de cinchonine. — L'acide acétique dissout la cinchonine; la liqueur est toujours acide, quelque excès de cinchonine qu'on emploie Cet acétate, évaporé à l'aide de la chaleur, laisse déposer, par le refroidissement, de petits grains ou des paillettes translucides; ces cristaux, peu solubles, ne sont plus acides après avoir été lavés. Lorsqu'on évapore le sel lentement à siccité, il donne une masse gommeuse que l'eau froide décompose en un acétate acide qui se dissout, et en un sel neutre qui reste au fond de la liqueur. Un excès d'acide détermine l'entière dissolution du sel (Pelletier et Caventou).

Tartrates de cinchonine[1]. — Les tartrates de cinchonine, droits et gauches, neutres et acides, se préparent très-facilement, en faisant dissoudre à chaud, dans des proportions convenables, la cinchonine et l'acide tartrique.

α. *Sel neutre*, $2\ C^{40}H^{24}N^2O^2, C^8H^6O^{12} + 4$ aq. Il forme de grosses aiguilles groupées en faisceaux, peu solubles dans l'eau, et contenant 4 atomes = 4,6 p. c. d'eau de cristallisation, qu'elles perdent entre 100° et 120° (Arppe).

β. *Sel acide.* Le sel droit et le sel gauche ne renferment pas la même eau de cristallisation (Pasteur).

1° Sel droit, $C^{40}H^{24}N^2O^2, C^8H^6O^{12} + 8$ aq. Lorsqu'on fait dissoudre à chaud 1 atome de cinchonine et 1 atome d'acide tartrique, on obtient par le refroidissement une belle cristallisation d'un éclat nacré, très-brillante, formée de cristaux assez nets, groupés en étoiles rayonnées. (Ces cristaux appartiennent au système rhombique et sont hémièdres. Combinaison observée, ∞P. $\bar{P}\infty$. $_{p}$. Inclinaison des faces, $\infty P : \infty P = 133°\ 20'$ environ; $\bar{P}\infty : \bar{P}\infty = 127°\ 40'$; $\frac{P}{2} : \bar{P}\infty = 151°\ 13'$. Les faces ∞P sont striées

[1] PASTEUR, *Ann. de Chim. et de Phys.*, [3] XXXVIII, 456, 469. — ARPPE, *Journ. f. prakt. Chem.* LIII, 331.

longitudinalement.) A 100° le sel perd aisément ses 8 atomes d'eau de cristallisation (calcul, 13,58 p. c.; expérience, 14,0-13,75 p. c.); à 120°, il se colore en rouge, et commence à entrer en fusion. Il est extrêmement peu soluble dans l'eau froide, et beaucoup plus soluble dans l'eau chaude; il est surtout très-soluble dans l'alcool; la solution est neutre aux papiers réactifs, et dévie à droite le plan de polarisation de la lumière.

On obtient le même bitartrate en doublant la proportion d'acide dans la préparation du sel précédent; il faut la quadrupler pour obtenir, par refroidissement, une première cristallisation d'un autre tartrate acide qui se dépose en cristaux limpides forts nets.

2° Sel gauche, $C^{40}H^{24}N^2O^2$, $C^8H^6O^{12}$ + 2 aq. On le prépare aussi facilement que le sel acide droit qu'on vient de décrire. Il perd à 100° 2 atomes d'eau (calcul, 3,78 p. c.; expérience, 4,5 p. c.). Il est extrêmement peu soluble dans l'alcool et dans l'eau; sa solution alcoolique est neutre, et dévie à droite le plan de polarisation de la lumière; sa solution aqueuse est acide aux papiers réactifs.

Si l'on emploie un grand excès d'acide dans la préparation du sel précédent, il se dépose un autre sel acide, cristallisé en houppes brillantes, nacrées, formées d'aiguilles très-ténues, et fort différent par l'aspect du deuxième tartrate acide droit, précédemment mentionné.

Picrate de cinchonine. — Il ressemble au picrate de quinine.

Quinate de cinchonine[1]. — Une solution aqueuse et concentrée de cinchonine dans l'acide quinique dépose, par le repos, tantôt des aiguilles soyeuses, tantôt une masse mamelonnée, composée de petits grains. Ce sel se dissout dans la moitié de son poids d'eau à 15°; il renferme de l'eau de cristallisation.

Si on le dissout à chaud dans une quantité d'alcool insuffisante pour le tenir entièrement en dissolution après le refroidissement, il se dépose un sel en cristaux brillants et incolores, qui sont des prismes courts, comprimés, à 4 ou 6 facettes, tronqués obliquement, et paraissant inaltérables aussi bien dans l'air sec que par une légère chaleur. Ces mêmes cristaux, au bout d'un temps assez long, deviennent complétement opaques. Ils sont extrêmement solubles dans l'eau; mais, en se dissolvant, ils séparent une certaine quantité de quinine. Leur solution ramène au bleu le tournesol

[1] BAUP, *Ann. de Chim. et de Phys.*, LI, 298.

rougi, tandis que le liquide alcoolique où ils se sont déposés rougit le papier bleu de tournesol.

Hippurate de cinchonine. — Sel incristallisable.

Mellate de cinchonine. — Il ressemble au mellate de quinine, et s'obtient comme ce sel. Il a donné à l'analyse 37,4 à 37,6 p. c. d'acide mellique (Karmrodt).

Gallotannate de cinchonine. — Poudre blanc-jaunâtre, très-peu soluble dans l'eau à la température ordinaire, plus soluble dans l'eau bouillante, et s'en séparant par le réfroidissement sous la forme de grains transparents.

§ 2194. *Cinchonidine*, $C^{40}H^{24}N^2O^2$. — Cet alcali[1] a été découvert par M. Winckler dans une écorce ressemblant beaucoup au quinquina huamalies, ainsi que dans le quinquina de Macaraïbo. On l'a également trouvé depuis, accompagné d'une faible proportion de quinine, dans le quinquina dit de Bogota. M. Leers l'a étudié et soumis à l'analyse; M. Pasteur a récemment démontré son isomérie avec la cinchonine.

Il s'extrait par le même procédé que la quinine ou la cinchonine.

Pour purifier la cinchonidine brute, on la fait cristalliser à plusieurs reprises dans l'alcool de 90 centièmes, jusqu'à ce que la solution ne dépose plus, par l'évaporation spontanée, de matière résineuse; on réduit les cristaux en poudre fine, on les agite avec de l'éther, jusqu'à ce qu'ils ne présentent plus, avec l'eau chlorée et l'ammoniaque, la coloration verte particulière à la quinine et à la quinidine, et on les fait recristalliser une dernière fois dans l'alcool.

La cinchonidine se dépose, par l'évaporation spontanée, sous la forme de prismes rhomboïdaux de 94°, durs, d'un éclat vitreux, et à faces fortement striées; les mêmes stries se présentent sur les faces de troncature des arêtes obtuses du prisme; et les cristaux sont parfaitement clivables dans le sens de ces faces. Le prisme est modifié au sommet par deux faces brillantes $\bar{P}\infty$, inclinées sous un angle de 114° 30′ et reposant sur les arêtes aiguës. Les cristaux se réduisent aisément en une poudre entièrement blanche, qui devient électrique par le frottement. Leur saveur n'est pas aussi amère que celle de la quinine. Ils ne renferment pas d'eau de

[1] WINCKLER (1848), *Repert. d. Pharm.*, [2] XLVIII, 384; XLIX, 1. — LEERS, *Ann. der Chem. u. Pharm.*, LXXXII, 147. — PASTEUR, *Compt. rend. de l'Acad.*, XXXVI, 26; XXXVII, 110. — BUSSY et GUIBOURT, *Journ. de Pharm.*, [3] XXII, 401. — Les chimistes allemands désignent la cinchonidine sous le nom de quinidine.

cristallisation. Ils sont extrêmement peu solubles dans l'eau : 1 p. de cinchonidine se dissout dans 2180 p. d'eau à 17°, et dans 1858 p. d'eau à 100°. Ils sont bien plus solubles dans l'alcool de 0,835 ; ils en exigent 12 p. à la température de 17°. L'éther en dissout fort peu ; 100 p. d'une dissolution éthérée ne contiennent que 0,70 p. de cinchonidine (Leers).

Une solution de cinchonidine dans l'alcool absolu, à la température de 13°, dévie fortement à gauche le plan de polarisation de la lumière; $[\alpha] = -144°,61$, (Pasteur[1]).

La cinchonidine renferme :

	Leers[2].						Calcul.
Carbone. . .	76,88	76,82	76,79	76,40	76,55	76,49	77,92
Hydrogène. .	7,70	7,76	7,77	7,73	7,70	7,81	7,79
Azote. . . .	9,99	»	»	»	»	»	9,09
Oxygène. . .	»	»	»	»	»	»	5,13
							100,00

Les cristaux de cinchonidine[3] fondent, à 175°, en un liquide jaunâtre qui se prend par le refroidissement en une masse cristalline. Si on les chauffe plus fort au contact de l'air, ils brûlent avec une flamme fuligineuse, en répandant une odeur rappelant celle de l'essence d'amandes amères ou de la quinone, et en laissant beaucoup de charbon.

Distillée avec de l'hydrate de potasse et un peu d'eau, la cinchonidine dégage une huile jaune qui présente tous les caractères de la quinoléine.

Lorsqu'on délaye la cinchonidine, en poudre fine, dans de l'eau chlorée, elle s'y dissout sans donner lieu à un changement sensible, même après l'addition de l'ammoniaque.

La cinchonidine du commerce est souvent mélangée de quinidine. Il est aisé d'y reconnaître ce dernier alcali, en exposant à l'air chaud une cristallisation récente : tous les cristaux de quinidine s'effleuriront immédiatement en conservant leur forme, et se détacheront en blanc mat sur les cristaux de cinchonidine demeurés

[1] Voy. aussi : BOUCHARDAT et F. BOUDET, *Journ. de Pharm.*, [3] XXIII, 288.

[2] M. Leers représente la cinchonidine par les rapports $C^{36}H^{22}N^2O^2$; mais la transformation qu'éprouve cet alcali en cinchonicine, dans les mêmes circonstances que la cinchonine, démontre une perte sur le carbone dans les analyses de ce chimiste.

[3] M. Mengadurque (*Journ. de Pharm.*, [3] XIV, 343) a retiré d'un extrait de quinquina d'une origine incertaine un alcali qui paraît n'avoir été que de la cinchonine ou de la cinchonidine, à en juger par les analyses suivantes :

Carbone. . .	76,5	76,7
Hydrogène. .	8,1	8,2
Azote. . . .	10,2	10,4

limpides. On peut également reconnaître la quinidine à la coloration verte qu'elle donne par le chlore et l'ammoniaque (Pasteur).

§ 2195. Les *sels de cinchonidine* sont en général plus solubles dans l'eau que les sels de quinine; ils sont fort solubles dans l'alcool, mais presque insolubles dans l'éther.

La solution aqueuse des sels de cinchonidine donne, par la potasse, la soude, l'ammoniaque, les carbonates et les bicarbonates alcalins, des précipités blancs et pulvérulents qui deviennent cristallins par le repos, et ne se dissolvent pas dans un excès de ces réactifs.

Le phosphate de soude, le bichlorure de mercure, le nitrate d'argent, y produisent des précipités blancs. Le chlorure d'or la précipite en jaune clair, le bichlorure de platine en jaune orangé, et le chlorure de palladium en brun.

Le sulfocyanhydrate d'ammoniaque précipite les sels de cinchonidine en blanc; le tannin les précipite en jaune sale.

Soumis à l'action d'une température élevée, les sels de cinchonidine, comme ceux de cinchonine, se transforment en sels de cinchonicine (Pasteur).

Le *fluorhydrate* s'obtient sous la forme d'aiguilles soyeuses, fort solubles dans l'eau.

Le *chlorhydrate neutre*[1], $C^{40}H^{24}N^2O^2$, HCl (à 100°), s'obtient en saturant la cinchonidine par l'acide chlorhydrique jusqu'à ce que la solution soit neutre aux papiers; il se présente en gros prismes rhomboïdaux, d'un éclat vitreux. Il est fort soluble dans l'alcool et presque insoluble dans l'éther; 1 p. de sel se dissout dans 27 p. d'eau à 17°.

Le *bichlorhydrate*, $C^{40}H^{24}N^2O^2$, 2 HCl + 2 aq., s'obtient en ajoutant au sel précédent autant d'acide chlorhydrique qu'il renferme déjà. Il se présente en gros cristaux fort solubles dans l'eau et l'alcool. Les cristaux séchés sur l'acide sulfurique perdent[2] à 100° 2 atomes d'eau = 4,5 p. c. (expérience, 5,8 p. c.).

[1] Formule de M. Leers pour le sel desséché à 100° : $C^{36}H^{22}N^2O^2$, HCl + 2 aq.; mais on n'a pas cherché si le sel perd de l'eau à une température supérieure.

[2] M. Leers admet aussi 2 atomes d'eau dans le sel séché à 100°, sans le démontrer, mais en se basant sur une analyse défectueuse.

Le *chloroplatinate*, $C^{40}H^{24}N^2O^2$, (HCl, $PtCl^2$) est un précipité jaune orangé, contenant à 110° :

	Leers[1]			Calcul.
Platine. . .	27,05	27,17	27,13	27,36

Le *chloromercurate*, $C^{40}H^{24}N^2O^2$, 2 (HCl, $HgCl$), cristallise en paillettes nacrées et brillantes, peu solubles dans l'eau froide; il s'obtient en mélangeant à chaud des solutions alcooliques de bichlorure de mercure, et de cinchonidine additionnée d'acide chlorhydrique.

Le *chlorate* s'obtient par double décomposition avec le sulfate neutre de cinchonidine et le chlorate de potasse. Il cristallise dans l'alcool en longs prismes groupés en faisceaux et d'un éclat soyeux. Le sel fond à une douce chaleur, et se décompose avec une forte explosion à une température plus élevée.

L'*hyposulfite* se produit par double décomposition avec le sulfate neutre de cinchonidine et l'hyposulfite de soude. Il cristallise, par le refroidissement, sous la forme de longues aiguilles amiantacées, assez peu solubles dans l'eau, fort solubles dans l'alcool.

Le *sulfate neutre*, 2 $C^{40}H^{24}N^2O^2$, S^2O^6, 2 HO (à 100°), cristallise en longues aiguilles soyeuses, groupées en étoiles, neutres aux papiers. 1 p. de sel se dissout dans 130 p. d'eau à 17°, et dans 16 p. d'eau à 100°; il est fort soluble dans l'alcool, mais presque insoluble dans l'éther (Leers); il se dissout à froid dans 30 à 32 p. d'alcool absolu et dans 7 p. d'alcool à 90 centièmes (Bussy et Guibourt).

Le *bisulfate* s'obtient en ajoutant au sel précédent autant d'acide sulfurique qu'il en renferme déjà, et concentrant la solution dans le vide, jusqu'à consistance sirupeuse. Il se produit ainsi une masse cristalline composée d'aiguilles brillantes semblables à de l'amiante.

Le *nitrate* s'obtient en croûtes mamelonnées, semblables à de l'émail, fort solubles dans l'eau.

Le *formiate* cristallise en longues aiguilles soyeuses, assez solubles dans l'eau.

L'*oxalate* se sépare, par le refroidissement, sous la forme de longues aiguilles soyeuses, très-peu solubles dans l'eau, lorsqu'on ajoute à chaud une solution alcoolique d'acide oxalique à une solution également alcoolique de cinchonidine. Si l'on abandonne

[1] Formule de M. Leers pour le sel séché à 110° : $C^{36}H^{22}N^2O^2$, 2 (HCl, $PtCl^2$)+ 4 aq.; même observation que précédemment.

l'eau-mère à l'évaporation spontanée, il s'y forme des croûtes mamelonnées d'un blanc mat, un peu plus solubles dans l'eau que le sel précédent.

L'*acétate* cristallise en longues aiguilles soyeuses, très-peu solubles dans l'eau froide. La dessiccation fait perdre au sel une partie de son acide.

Le *tartrate neutre* cristallise en belles aiguilles d'un éclat vitreux. Le *bitartrate* s'obtient en petites aiguilles nacrées, fort peu solubles dans l'eau.

Le *citrate* s'obtient en petites aiguilles, peu brillantes, en saturant à l'ébullition l'acide citrique par la cinchonidine.

Le *butyrate* cristallise en mamelons de l'aspect de la porcelaine, très-solubles, et d'une forte odeur d'acide butyrique.

Le *valérate* s'obtient en croûtes mamelonnées, douées d'une forte odeur d'acide valérique.

Le *quinate* cristallise en petites aiguilles soyeuses fort solubles dans l'eau et l'alcool.

L'*hippurate* s'obtient en cristaux soyeux, ayant l'apparence de feuilles de fougère, fort solubles dans l'eau et l'alcool.

§ 2196. *Cinchonicine*, $C^{40}H^{24}N^{2}O^{2}$. — Cet alcali[1] se produit par une transposition moléculaire de la cinchonine et de la cinchonidine.

On le prépare par l'action de la chaleur sur le sulfate de cinchonine (Voy. ce sel, p. 133).

La cinchonicine est insoluble dans l'eau, très-soluble, au contraire, dans l'alcool ordinaire et dans l'alcool absolu. Elle est fort amère et se précipite de ses solutions sous la forme d'une résine fluide. Elle dévie à droite le plan de polarisation de la lumière. Elle se combine aisément avec l'acide carbonique, et chasse à froid l'ammoniaque de ses combinaisons. Elle possède des propriétés fébrifuges.

Dérivés chlorés et bromés de la cinchonine.

§ 2197. *Bichlorocinchonine*[2], $C^{40}H^{22}Cl^{2}N^{2}O^{2}$. — On obtient cette base en précipitant par l'ammoniaque une solution de bichlorhydrate de bichlorocinchonine dans l'eau bouillante ; il se forme ainsi un dépôt léger et floconneux ; on le jette sur un filtre, et,

[1] PASTEUR, *loc. cit.*

[2] LAURENT (1848), *Ann. de Chim. et de Phys.*, [3] XXIV, 302.

après l'avoir lavé, on le fait dissoudre dans l'alcool bouillant; par le refroidissement, la bichlorocinchonine cristallise en aiguilles microscopiques. Elle renferme à 100° :

	Laurent.	Calcul.
Chlore. . .	18,9	18,83

Le *bichlorhydrate de bichlorocinchonine*, $C^{40}H^{22}Cl^{2}N^{2}O^{2}$, 2 HCl, se dépose sous la forme d'une poudre cristalline et pesante, lorsqu'on fait passer un courant de chlore dans une solution concentrée et chaude de bichlorhydrate de cinchonine. Les cristaux de ce sel sont isomorphes avec ceux du bichlorhydrate de cinchonine ($\infty P : \infty P = 106°$; $\bar{P}\infty : oP = 136° 30'$ à $137° 30'$). Il est peu soluble dans l'eau; il faut environ cinquante fois son poids d'alcool pour le dissoudre. Sa solution dévie vers la droite le plan de polarisation de la lumière.

Le *chloroplatinate*, $C^{40}H^{22}Cl^{2}N^{2}O^{2}$, 2 ($HCl$, $PtCl^{2}$), s'obtient sous la forme d'une poudre jaune pâle, en versant du bichlorure de platine dans une dissolution de bichlorhydrate de cinchonine bichlorée.

Il renferme à 100° :

	Laurent.	Calcul.
Platine. . .	25,00	25,06

Suivant M. Laurent, le sel contiendrait 2,4 p. c. d'eau de cristallisation, ne se dégageant que vers 180°.

Le *bibromhydrate*, $C^{40}H^{22}Cl^{2}N^{2}O^{2}$, 2 HBr, se produit en traitant la cinchonine bichlorée par l'acide bromhydrique. Il est peu soluble, et cristallise en aiguilles lamelleuses brillantes, dont la forme, au premier aspect, paraît être différente de celle du chlorhydrate; mais les angles sont sensiblement les mêmes. Les facettes modifiantes y ont pris beaucoup d'accroissement, de sorte que la table rhomboïdale se trouve transformée en un long prisme à six pans ($\infty P : \infty P = 104°$; $P\infty : oP = 137°$).

Le *nitrate* est peu soluble dans l'eau. Il y cristallise en petits tétraèdres allongés formés de quatre triangles scalènes égaux, et dont deux arêtes opposées sont tronquées.

§ 2198. *Bromocinchonine*, $C^{40}H^{23}BrN^{2}O^{2}$. — Lorsqu'on verse du brome sur du bichlorhydrate de cinchonine humide, on obtient un produit qui, lavé avec un peu d'alcool pour enlever l'excès de brome, est un mélange de bibromhydrate ou de bichlorhydrate de bromocinchonine et de sesquibromocinchonine. Le sel de la première base est assez soluble dans l'alcool bouillant, tandis que le second y est presque insoluble. On traite donc le résidu par un peu d'alcool bouillant, et l'on décante la dissolution. On verse ensuite de l'ammoniaque dans celle-ci, et on la porte à l'ébullition pour chasser une partie de l'alcool. Par le refroidissement, il se dépose des lamelles de bromocinchonine. On les purifie par une seconde cristallisation.

Elles renferment[1] :

	Laurent.	Calcul.
Carbone. . . .	59,3	62,0
Hydrogène. . .	5,6	5,9

Le *bichlorhydrate de bromocinchonine*, $C^{40}H^{23}BrN^2O^2$, 2 HCl, possède la même forme que le bichlorhydrate de cinchonine.

Le *chloroplatinate de bromocinchonine*, $C^{40}H^{23}BrN^2O^2$, 2 (HCl, $PtCl^2$), constitue une poudre jaune pâle, contenant à 50° :

	Laurent.	Calcul.
Platine. . . .	24,2	24,75.

§ 2199. *Sesquibromocinchonine*, $C^{40}H^{45}/_2Br^3/_2N^2O^2$. — On a vu plus haut qu'en traitant le bichlorhydrate de cinchonine par le brome, il se forme un mélange de bibromhydrate ou bichlorhydrate de bromocinchonine et de sesquibromocinchonine. Après avoir enlevé le premier alcali par l'alcool bouillant, on verse de l'eau sur le résidu pulvérulent; on porte celle-ci à l'ébullition, puis on y verse de l'ammoniaque; il se forme immédiatement un précipité blanc et volumineux. Le précipité filtré, lavé, desséché, puis repris par l'alcool bouillant, se dissout, et cristallise par le refroidissement en aiguilles très-fines.

La sesquibromocinchonine possède une saveur amère très-faible; sa dissolution alcoolique bleuit la teinture du tournesol. Soumise à l'action de la chaleur, elle entre en fusion, puis noircit subitement, en se boursouflant beaucoup.

Elle a donné à l'analyse :

	Laurent.	Calcul.
Carbone. . .	55,45	56,27
Hydrogène..	5,18	5,27
Brome. . .	28,30	28,13

Le *bichlorhydrate de sesquibromocinchonine*, $C^{40}H^{45}/_2Br^3/_2N^2O^2$, 2 HCl, s'obtient, sous la forme de tables rhombes ($\infty P : \infty P =$ 107° à 108°) en dissolvant la sesquibromocinchonine dans l'alcool bouillant, et ajoutant un excès d'acide chlorhydrique.

[1] LAURENT (1848), *loc. cit.*

Le *bichlorobromhydrate*, $C^{40}H^{45}/_2Br^3/_2N^2O^2$, HCl,HBr, s'obtient de la manière suivante : on verse du brome sur le chlorhydrate de cinchonine, et l'on fait bouillir le produit avec de l'alcool pour dissoudre le sel de bromocinchonine. Sur le sel restant, on verse de nouveau de l'alcool qu'on porte à l'ébullition, puis on y ajoute de l'ammoniaque. Le résidu se dissout immédiatement. On verse alors un léger excès d'acide chlorhydrique dans la dissolution, et on laisse refroidir. Il se dépose ainsi de petites tables rhombes ($\infty P : \infty P = 107°$ à $108°$).

Le *chloroplatinate*, $C^{40}H^{45}/_2Br^3/_2N^2O^2$, 2 (HCl,PtCl²), est un précipité jaune très-pâle, renfermant à 100° :

	Laurent.	Calcul.
Platine . . .	23,0	23,5

Le *nitrate* cristallise en aiguilles éclatantes, peu solubles dans l'eau et dans l'alcool.

§ 2200. *Bibromocinchonine* [1], $C^{40}H^{22}Br^2N^2O^2$. — Pour préparer cet alcali, on verse un excès de brome sur du bichlorhydrate de cinchonine, auquel on a ajouté une petite quantité d'eau. Lorsque la réaction paraît terminée, on chauffe, pour achever de bromurer la cinchonine et pour chasser l'excès de brome. On verse de l'eau sur le produit, on le fait bouillir et on filtre. On ajoute alors de l'alcool à la dissolution aqueuse, on chauffe de nouveau, et l'on neutralise la liqueur par l'ammoniaque. Par le refroidissement, on voit se déposer des aiguilles lamelleuses à reflets nacrés.

Cet alcali est incolore, insoluble dans l'eau, peu soluble dans l'alcool bouillant. Chauffé à 200° environ, il se boursoufle en noircissant, et donne ainsi une matière qui se dissout facilement dans la potasse et qui s'en sépare par l'addition d'un acide sous la forme de flocons bruns. Chauffé à 160°, il ne perd pas d'eau.

Il renferme :

	Laurent.	Calcul.
Carbone. . . .	51,20	51,28
Hydrogène. . .	4,40	4,70
Brome.	34,00	34,19

Une dissolution de cet alcali qui avait été abandonnée pendant plusieurs jours dans un vase ouvert, a laissé déposer des octaèdres à base rectangulaire de la grosseur d'une tête d'épingle. Ces cristaux contenaient 4,2 p. c. = 2 atomes d'eau de cristallisation.

[1] LAURENT (1849), *Compt. rend. des trav. de Chim.* 1849, p. 311.

Le *bichlorhydrate de bibromocinchonine*, $C^{40}H^{22}Br^{2}N^{2}O^{2}$, 2 HCl, s'obtient en traitant le cinchonine bibromée par l'acide chlorhydrique. Il est peu soluble dans l'eau et se dépose d'une dissolution bouillante, par le refroidissement, sous la forme de tables rhomboïdales dont les quatre angles aigus sont tronqués. Ce sel a la même composition que le bibromhydrate de cinchonine bichlorée, de plus il a la même forme (∞P : ∞ P = 104° à 105°; P̄∞ : oP = 137°); mais il en diffère en ce que, avec le nitrate d'argent, il donne un précipité de chlorure, tandis que le bibromhydrate de cinchonine bichlorée donne un précipité de bromure.

Sa solution dévie vers la droite le plan de polarisation de la lumière.

Dérivés iodés de la cinchonine.

§ 2201. *Iodocinchonine*[1], 2 $C^{40}H^{24}N^{2}O^{2}$,I^{2}. — Pour obtenir ce corps, on broie la cinchonine avec la moitié environ de son poids d'iode, et l'on traite ce produit par l'alcool à 36 degrés; tout se dissout, et, par l'évaporation spontanée, l'iodocinchonine se dépose la première sous la forme de plaques de couleur safranée; plus tard, on voit se déposer des mamelons cristallins d'iodhydrate de cinchonine. On traite le tout par l'eau bouillante, l'iodhydrate se dissout, et l'iodocinchonine s'en sépare à l'état fondu.

Vue en masse, l'iodocinchonine est d'un jaune safrané très-foncé; en poudre, sa couleur est plus claire; sa saveur est légèrement amère. Chauffée, elle se ramollit à 25°; mais elle n'entre en pleine fusion qu'à 80°. Elle est insoluble dans l'eau froide, très-peu soluble dans l'eau bouillante; elle se dissout dans l'alcool et l'éther.

Elle renferme :

	Pelletier.	Calcul.
Iode . . .	28,87	29,03

On parvient à décomposer l'iodocinchonine en faisant successivement agir sur elle des solutions acides et des solutions alcalines.

Le nitrate d'argent la décompose également.

[1] PELLETIER (1836), *Ann. de Chim. et de Phys.*, LXIII, 181.

Dérivés méthyliques de la cinchonine et de ses isomères [1].

§ 2202. La cinchonine et la cinchonidine se comportent comme la quinine avec l'iodure de méthyle, en formant les iodures correspondant à des alcalis qui, à l'état libre, dérivent du type hydrate d'ammonium.

Combinaisons de méthyl-cinchonine. — L'*hydrate* s'obtient par l'iodure de méthyl-cinchonine et l'oxyde d'argent récemment précipité ; la liqueur filtrée, brusquement évaporée au bain-marie, se colore et finit par laisser une masse brune cristalline, qui, dissoute dans l'eau, sépare des gouttes huileuses brunes. La solution aqueuse de l'hydrate de méthyl-cinchonine précipite les sels des sesquioxydes.

Saturé par différents acides, l'hydrate de méthyl-cinchonine donne des sels fort solubles dans l'eau et l'alcool, et qui ne s'obtiennent que difficilement à l'état cristallisé.

Le *chloroplatinate*, $C^{40}H^{24}N^2O^2,C^2H^3Cl,HCl$, $2PtCl^2$, se précipite par l'addition du bichlorure de platine à la solution chlorhydrique de la base. Le précipité séché à 110° renferme :

	Stahlschmidt.		Calcul.
Platine. .	26,70	26,77	26,93

Le *chloraurate* se précipite par l'addition du chlorure d'or à la solution chlorhydrique.

Le *chloromercurate* se précipite par l'addition du bichlorure de mercure.

L'*iodure* renferme $C^{40}H^{24}N^2O^2,C^2H^3I$. Lorsqu'on met de la cinchonine en poudre en contact avec de l'iodure de méthyle, la matière s'échauffe, et il reste un sel qui se dissout aisément dans l'eau bouillante. La solution le dépose par le refroidissement sous la forme de belles aiguilles. Celles-ci renferment à 100° :

	Stahlschmidt.		Calcul.
Carbone. . . .	55,08	»	56,1
Hydrogène. . .	5,89	»	6,0
Iode.	29,16	29,22	28,0

[1] STAHLSCHMIDT (1854), *Ann. der Chem. u. Pharm.*, XC, 218. — Ce chimiste admet pour la cinchonine la formule $C^{38}H^{22}N^2O^2$, et pour la cinchonidine (quinidine de Leers) la formule $C^{36}H^{22}N^2O^2$. J'ai remplacé ces deux formules par les rapports $C^{40}H^{24}N^2O^2$.

Ce sel ne sépare pas de méthyl-cinchonine par l'addition de la potasse, de la soude ou de l'ammoniaque. Il n'est pas attaqué par l'iodure de méthyle, à 100° dans un tube scellé.

§ 2203. *Combinaisons de méthyl-cinchonidine.* — L'*hydrate* s'obtient par l'oxyde d'argent et l'iodure de méthyl-cinchonidine, et ressemble à la base précédente.

L'*iodure*, $C^{40}H^{24}N^2O^2,C^2H^3I$, cristallise dans l'eau bouillante en aiguilles incolores et brillantes. On le prépare par l'action de l'iodure de méthyle sur la cinchonidine. Il renferme à 100° :

	Stahlschm.	Calcul.
Carbone. . .	53,87	56,1
Hydrogène. .	5,92	6,0
Iode.	29,84	28,0

Quinoléine, produit de décomposition de la quinine et de la cinchonine.

§ 2204. *Quinoléine* [1] ou leucol, $C^{20}H^9N$(?). — Cet alcali, trouvé par Runge dans l'huile du goudron de houille, se produit, d'après mes expériences par l'action de l'hydrate de potasse sur la quinine et la cinchonine. Les isomères de ces bases le donnent aussi. Je l'ai également obtenu en petite quantité avec la strychnine. Enfin il paraît aussi se former par la distillation de l'acide trigénique (§ 460).

La quinoléine est ordinairement accompagnée d'aniline dans l'huile du goudron de houille; nous avons déjà décrit (§ 1411) la manière dont M. Hofmann opère l'extraction et la séparation des deux alcalis.

Pour préparer la quinoléine avec la cinchonine, on chauffe quelques fragments de potasse caustique dans une cornue tubulée, avec très-peu d'eau, et on y verse de la cinchonine en poudre par petites portions; en chauffant ensuite plus fort, de manière à faire rougir l'alcali, on voit bientôt se développer des vapeurs âcres, accompagnées de gaz hydrogène, et qui se condensent à l'état huileux dans le récipient en même temps que de l'eau. De temps à autre il faut renouveler l'eau qui se vaporise ainsi; il est bon de ne pas

[1] Runge (1834), *Ann. de Poggend.* XXXI, 68; — A. W. Hofmann, *Ann. der Chem. u. Pharm.*, XLVIII, 37; et traduction : *Ann. de Chim. et de Phys.*, [3] IX, 129. — Gerhardt. *Revue scientif.*, X, 186. *Compt. rend. des trav. de Chim.* 1845, p. 30. — Bromeis, *Ann. der Chem. u. Pharm.*, LII, 130.

employer trop de cinchonine à la fois, mais de l'y ajouter successivement.

Pour purifier la quinoléine, on la soumet à une nouvelle distillation; il passe d'abord la plus grande partie de l'eau qu'elle renferme en dissolution, ainsi qu'un peu d'ammoniaque dont on ne parvient pas toujours à éviter la formation dans la préparation du corps. On recueille à part les dernières portions, et, après les avoir abandonnées pendant quelque temps sur du chlorure de calcium ou sur de l'hydrate de potasse, on les soumet à la rectification.

La quinine, et sourtout la strychnine, sont moins avantageuses pour la préparation de la quinoléine, mais on peut très-bien employer le mélange d'alcalis (quinoïdine, § 2181) qui reste dans les eaux-mères dans le traitement des quinquinas.

La quinoléine constitue une huile incolore très-réfringente, d'une odeur désagréable, rappelant celle de l'essence d'amandes amères, et d'une saveur fort âcre et amère. Elle ne se solidifie pas par un froid de — 20°. Sa densité est de 1,081 à 10° (Hofmann; de 1,084 à 15°, Bromeis). Elle bout à 239°, et brûle avec une flamme fuligineuse; elle se résinifie à l'air. On ne peut pas la distiller sans qu'il reste dans la cornue un léger résidu jaune. Elle produit sur le papier des taches grasses qui s'évaporent rapidement. Elle est peu soluble dans l'eau froide, et un peu plus soluble dans l'eau bouillante, d'où l'on peut l'extraire par l'éther. Elle est miscible, en toutes proportions, avec l'esprit-de-vin, l'esprit de bois, l'éther, l'aldéhyde, l'acétone, le sulfure de carbone, les huiles grasses et les huiles essentielles. Elle verdit le sirop de dahlias.

Elle a donné à l'analyse :

	Hofmann.			Bromeis.		$C^{18}H^7N$.	$C^{20}H^9N$.
Carbone. . .	82,67	82,88	82,34	82,74	82,78	83,70	83,91
Hydrogène. .	6,56	6,25	6,10	6,11	5,88	5,41	6,29
Azote	11,28	»	»	»	»	10,89	9,80
						100,00	100,00

La quinoléine dissout beaucoup d'eau; M. Bromeis admet même qu'elle donne deux hydrates définis (+ 3 aq. et + aq.), ce qui me paraît fort contestable. L'eau s'en sépare à la distillation.

On peut la faire passer sur de la chaux incandescente sans qu'elle se décompose.

Elle ne se colore pas, comme l'aniline, avec l'hypochlorite de chaux. Elle produit, dans le sulfate de cuivre, un précépité bleu; elle précipite aussi les sels d'or, de mercure et de platine.

Le chlore la convertit en une résine noire; le brome agit de même. L'iode s'y dissout sans produire des cristaux.

L'acide nitrique, même fumant, ne l'attaque qu'avec beaucoup de lenteur; par une action prolongée, on finit par avoir une matière résineuse sans acide picrique. Le permanganate de potasse la convertit en acide oxalique et en ammoniaque.

L'acide chromique en solution donne avec la quinoléine pure un précipité jaune orangé et cristallin; l'acide chromique sec s'échauffe avec elle jusqu'à l'enflammer.

Un mélange d'acide chlorhydrique et de chlorate de potasse la transforme à chaud en une huile orangée qui se solidifie par le refroidissement.

Le potassium s'y dissout avec dégagement d'hydrogène.

En général, les réactions de la quinoléine sont fort peu nettes.

La solution aqueuse de la quinoléine tue les sangsues.

§ 2205. *Sels de quinoléine.* — La quinoléine se dissout aisément dans tous les acides, en dégageant l'odeur du jus d'herbes; mais généralement ses sels ne cristallisent pas avec facilité.

Le *chlorhydrate* peut à peine s'obtenir cristallisé. Le mélange destiné à donner ce sel se dessèche dans le vide en un sirop épais. Si l'on fait arriver du gaz chlorhydrique sec à la surface d'une solution de quinoléine dans l'éther, la combinaison se sépare en gouttes qui, se déposant au fond du vase, s'y réunissent en un liquide lourd et gluant, qui, après un temps très-long, se prend enfin en une masse cristalline.

Quand on fait passer du gaz chlorhydrique sur de la quinoléine, il est vivement absorbé et la matière s'échauffe; si l'on a soin de refroidir, il se produit un sel cristallin, mais qui absorbe encore plus d'acide chlorhydrique en se liquéfiant. Les cristaux tombent à l'air en déliquescence.

Le *chloroplatinate* $C^{20}H^{9}N,HCl,PtCl^{2}$ (?) est, de tous les sels de quinoléine, celui qui s'obtient le plus aisément à l'état de pureté. Le bichlorure de platine détermine une précipitation abondante dans le chlorhydrate de quinoléine; le précipité est presque insoluble dans l'eau froide et dans l'alcool; mais il se dissout dans l'eau bouillante, et s'y dépose, par le refroidissement, à l'état cristallin; il est entièrement insoluble dans l'éther. Si la dissolution chlorhydrique ne contient que fort peu de quinoléine, ou si elle est fort étendue, il ne se produit pas immédiatement de précipité; mais, du jour au lendemain, on voit s'y former de fort belles aiguilles aciculaires et jaunes, qui se composent du même sel. Lorsqu'on emploie de la quinoléine brute, telle qu'elle s'obtient avec la quinine, toutes les impuretés restent sur le filtre par la dissolution du précipité jaune dans l'eau bouillante; une seconde cristallisation suffit alors pour l'obtenir entièrement pur. La pureté du sel se reconnaît quand, en se déposant par le refroidissement de l'eau bouillante, il se précipite au fond à l'état cristallin, et que le liquide surnageant reste limpide.

Il renferme :

	Hofmann [1].		Gerhardt.			Bromeis.			Calcul.	
									C^{18}.	C^{20},
Carbone. . .	32,06	»	32,99	32,46	32,51	33,31	33,42	33,33	32,20	34,33
Hydrogène .	2,58	»	3,14	3,14	3,28	2,71	2,83	2,68	2,39	2,86
Azote. . . .	»	»	4,42	»	»	3,98	4,21	4,00	4,17	4,00
Chlore. . . .	30,9[illegible]	»	»	»	»	»	»	»	31,74	30,48
Platine . . .	29,27	29,11	27,80	28,08	27,69	28,23	28,34	28,81	29,50	28,33
									100,00	100,00

Les analyses précédentes sont peu concordantes et auraient besoin d'être reprises [2].

Le *chlorostannite* se précipite sous la forme d'une huile jaune, qui cristallise au bout de quelque temps, lorsqu'on mélange une solution de chlorhydrate de quinoléine avec une solution de chlorure stanneux ; il est fort peu soluble dans l'alcool.

Le *chlorantimonite* s'obtient à l'état cristallisé en dissolvant dans l'acide chlorhydrique bouillant le précipité que la quinoléine produit dans le chlorure d'antimoine.

Le *chloromercurate*, $C^{20}H^9N$, 2 HgCl (?), est un précipité blanc cristallin qu'on obtient en ajoutant du sublimé corrosif à une solution alcoolique de quinoléine. Il faut se garder d'employer trop peu d'alcool pour cette préparation, parce que le sel s'attache alors sous la forme d'une masse graisseuse aux parois du vase.

Le *sulfate* est un sel cristallisable et déliquescent.

Le *nitrate* est, de tous les sels de quinoléine, celui qui cristallise

[1] L'analyse de M. Hofmann a été faite sur la quinoléine extraite du goudron de houille.

[2] Les différences proviennent probablement de ce que l'un ou l'autre expérimentateur n'a pas opéré sur un sel pur.

En mélangeant des solutions alcooliques et chaudes de chlorhydrate de quinoléine et de bichlorure de platine, M. Laurent (*Ann. de Chim. et de Phys.*, [3] XXX, 368) a obtenu, au bout de 24 heures, de belles aiguilles jaunes; mais, en examinant ces cristaux à la loupe, il a reconnu qu'il y avait un mélange de deux sels, dont l'un, en petits grains, s'y trouvait en petite quantité.

le mieux. On le prépare en abandonnant à lui-même, sous une cloche, un mélange de quinoléine et d'acide nitrique étendu. Après quelque temps, le sel se sépare de cette solution en aiguilles entrelacées et concentriques, qu'on obtient blanches en les exprimant entre des doubles de papier joseph. Il est extrêmement soluble dans l'eau et l'alcool ; il cristallise aisément dans ce dernier liquide. Il est insoluble dans l'éther. A l'air, il se colore promptement en rouge. Chauffés avec précaution, les cristaux fondent, et, à une température plus élevée, ils répandent un vapeur incolore, qui se condense en étoiles.

L'*oxalate* est un sel fort bien cristallisé. Pour l'obtenir sous cette forme, on sature la quinoléine par une solution aqueuse d'acide oxalique, et l'on concentre la solution au bain-marie, jusqu'à ce qu'elle soit presque sirupeuse ; le contact de l'air la rend brune, ensuite on l'abandonne dans le vide, où elle se prend peu à peu en une bouillie d'aiguilles fort colorées. Il est aisé de les obtenir pures, en y versant de l'alcool absolu, qui dissout la matière colorante en laissant l'oxalate parfaitement blanc.

Le *gallotannate* est un précipité blanc floconneux, qui se dissout dans l'eau bouillante et dans l'alcool.

Aricine et combinaisons.

§ 2206. Aricine, $C^{46}H^{26}N^{2}O^{8}$. — Cet alcali[1] a été découvert par Pelletier et Corriol dans un quinquina blanc, venu d'Arica à Bordeaux. M. Manzini l'a extrait, il y a quelques années, du quinquina blanc fibreux de Jaen (écorce du *Cinchona ovata* de la flore du Pérou) ; mais, croyant avoir trouvé un alcali nouveau, il l'a décrit sous le nom de *cinchovatine*. L'identité de l'aricine et de la cinchovatine a été mise en évidence par M. Winckler.

L'aricine s'extrait par le même procédé que la quinine : mêmes

[1] Pelletier et Corriol (1829), *Journ. de Pharm.*, XV, 575. — Pelletier, *Ann. de Chim. et de Phys.*, LI, 185. — Manzini, *Journ. de Pharm.*, [3] II, 95. En extrait, *Ann. de Chim. et de Phys.*, [3] VI, 127. — Winckler, *Repert. d. Pharmac. v. Buchner*, [2] XXXI, 249; XLII, 25 et 231 ; [3] I, 11.

La formule que j'ai admise pour l'aricine en fait une isomère de la brucine.

M. Winckler a trouvé dans un quinquina de Para un alcali résineux qu'il appelle *paricine*, et qui semble être à l'aricine ce que la quinoïdine (mélange de quinicine et de cinchonicine) est à la quinine et à la cinchonine. Cette paricine donne des sels amorphes. D'après une analyse de M. Weidenbusch, elle renfermerait $C^{46}H^{26}N^{2}O^{7}$. Le chloroplatinate a donné 15,5 à 16, 2 p. c. de platine.

décoctions dans de l'eau acidulée, même traitement des liqueurs par la chaux, même traitement du précipité calcaire par l'alcool à 36°. On filtre bouillant, et l'on obtient une liqueur d'une couleur très-foncée, qui dépose, par le repos, la plus grande partie de l'aricine en cristaux. L'eau-mère en fournit de nouvelles quantités si l'on chasse l'alcool par la distillation, qu'on traite le résidu par un léger excès d'acide chlorhydrique, et qu'on précipite l'aricine par l'ammoniaque, après avoir séparé les matières colorantes par une solution saturée de sel marin. Le précipité dissous dans l'alcool donne une solution qu'on décolore par le charbon ; la liqueur fournit de nouveaux cristaux d'aricine.

Ce corps se présente sous la forme de cristaux prismatiques, plus allongés que les cristaux de cinchonine, blancs, inodores, d'une saveur amère, mais longue à se développer par suite de la faible solubilité de l'alcali dans l'eau. L'alcool le dissout très-bien, surtout à chaud ; l'éther le dissout moins bien. La solution ramène au bleu le tournesol rougi, et verdit le sirop de violettes.

Il renferme :

	Pelletier [1].	Manzini [2].				Calcul.
Carbone. .	69,6	69,69	69,92	69,05	69,70	70,05
Hydrogène.	7,0	6,88	7,04	7,28	6,97	6,60
Azote. . .	8,0	7,23	7,39	7,62	»	7,10
Oxygène. .	»	»	»	»	»	16,25
						100,00

L'aricine ne renferme pas d'eau de cristallisation. Elle fond à 188°, en un liquide brunâtre, et se charbonne à une température plus élevée, en donnant des produits empyreumatiques d'une odeur très-fétide.

L'action de l'acide nitrique concentré sur l'aricine est caractéristique : il la dissout avec une teinte verte très-intense, en l'altérant (Pelletier). Avec l'acide nitrique très-étendu on obtient un sel d'aricine.

§ 2207. Les *sels d'aricine* sont généralement fort solubles et cristallisables. On les obtient aisément en dissolvant l'aricine dans les acides étendus.

Les solutions des sels d'aricine sont précipités par les alcalis ;

[1] Correction faite sur le carbone, d'après le nouveau poids atomique.

[2] M. Manzini admet les rapports $C^{46}H^{27}N^2O^8$.

l'ammoniaque dissout le précipité en petite quantité et le dépose de nouveau, par l'évaporation, à l'état de cristaux déliés.

Le *chlorhydrate*, $C^{46}H^{26}N^{2}O^{8}$, HCl, s'obtient aisément en traitant l'aricine à chaud par de l'eau alcoolisée et aiguisée d'acide chlorhydrique en léger excès. Il cristallise par le refroidissement de la liqueur ; par la dessiccation dans le vide, il perd son eau de cristallisation. L'acide chlorhydrique gazeux s'échauffe beaucoup avec l'aricine, et l'altère en partie.

Le *chloroplatinate*, $C^{46}H^{26}N^{2}O^{8}$,HCl, $PtCl^{2}$, s'obtient en versant un léger excès de bichlorure de platine dans une solution de chlorhydrate d'aricine; c'est un précipité jaune-citron très-peu soluble dans l'eau ; il se disssout assez bien dans l'alcool, qui l'abandonne, par l'évaporation spontanée, sous forme de plaques cristallines. Il renferme :

	Manzini.		Calcul.
Platine. . .	16,32	16,31	16,47

L'*iodhydrate*, $C^{46}H^{26}N^{2}O^{8}$,HI, se prépare en traitant l'aricine à chaud par un petit excès d'acide iodhydrique très-étendu. Le sel se dépose en aiguilles d'un jaune-citron par le refroidissement de la liqueur; il est très-peu soluble dans l'eau, plus soluble dans l'alcool, surtout à chaud. Il ne renferme pas d'eau de cristallisation. Vers 250°, il fond en se décomposant.

Le *sulfate neutre* n'est pas cristallisable dans l'eau. Lorsqu'on le dissout dans l'eau bouillante, on obtient par le refroidissement une masse gélatineuse; celle-ci, abandonnée à l'air sec, se réduit en une matière cornée qui, à l'aide de l'eau bouillante, peut reprendre l'état gélatineux (Pelletier).

Le *bisulfate*, $C^{46}H^{26}N^{2}O^{8}$,$S^{2}O^{6}$,2HO, ne contient pas d'eau de cristallisation (Manzini), et s'obtient en aiguilles aplaties (Pelletier) en dissolvant à chaud l'aricine dans un léger excès d'acide sulfurique étendu.

Alcalis des strychnos.

§ 2208. Deux alcalis, la *strychnine* et la *brucine*, ont été découverts par Pelletier et Caventou dans plusieurs espèces du genre strychnos, notamment dans la noix vomique (semence d'un arbre de l'Inde, le *Strychnos nux vomica*), dans l'écorce du vomiquier, dite fausse angusture (écorce du même strychnos), dans la fève de Saint-Ignace (semence d'une plante grimpante, le *Strychnos Ignatii*,

Berg.), et dans le bois de couleuvre (racine de plusieurs strychnos, notamment du *Strychnos colubrina*, L.). Ces alcalis [1] ont également été trouvés dans l'upas tieuté, extrait préparé avec l'écorce du *Strychnos Tieute*, et dont se servent les naturels des îles Moluques et des îles de la Sonde pour empoisonner leurs flèches.

Tout récemment un troisième alcali, l'*igasurine*, a été signalé par M. Desnoix dans la noix vomique.

Ces alcalis sont contenus dans les strychnos en combinaison avec un acide peu connu (acide igasurique, § 2095).

On n'a pas encore trouvé de relations chimiques qui rattachent entre eux ces alcalis. La strychnine et la brucine ont seules été analysées ; elles renferment à l'état cristallisé :

Strychnine. . . . $C^{42}H^{22}N^2O^4$,
Brucine. . . . . . $C^{46}H^{26}N^2O^8 + 8$ aq.

L'igasurine contient aussi de l'eau de cristallisation ; elle est bien plus soluble dans l'eau que la brucine et la strychnine ; celle-ci est la moins soluble des trois. La coloration rouge de sang que la brucine et l'igasurine prennent au contact de l'acide nitrique, distingue ces deux alcalis de la strychnine. Ils diffèrent aussi par leurs réactions avec le chlore : ce gaz précipite en blanc les solutions même étendues de strychnine, sans les colorer, tandis qu'il colore toujours les solutions de brucine et d'igasurine.

Strychnine et combinaisons.

§ 2209. STRYCHNINE[2], $C^{42}H^{22}N^2O^4$. — Plusieurs procédés ont été proposés pour l'extraction[3] de cet alcali.

Le premier, dû à Pelletier et Caventou, a été appliqué au traitement de la fève Saint-Ignace. Il consiste à râper cette substance, à l'épuiser par l'éther ordinaire, puis à la traiter à plusieurs reprises par l'alcool bouillant. L'extrait alcoolique laisse par l'évaporation

[1] La *curarine* paraît aussi provenir d'un strychnos. Voy. § 2242.

[2] PELLETIER et CAVENTOU (1818), *Ann. de Chim. et de Phys.*, X, 142 ; XXVI, 46. *Journ. de Pharm.*, VIII, 305. — PELLETIER et DUMAS, *Ann. de Chim. et de Phys.*, XXIV, 176. — LIEBIG, *ibid.*, XLVII, 171 ; XLIX, 244. *Ann. der Chem. u. Pharm*, XXVI, 56. — REGNAULT, *Ann. de Chim. et de Phys.*, LXVIII, 113. — GERHARDT, *Revue scientif.*, X, 192. — NICHOLSON et ABEL, *Ann. de Chim. et de Phys.*, [3] XXVII, 401 ; et *Ann. der Chem. u. Pharm.*, LXXI, 79.

[3] HENRY, *Journ. de Pharm.*, VIII, 401. — CORRIOL, *ibid.*, XI, 492. — ROBIQUET, *ibid.*, XI, 580. — WITTSTOCK, *Traité de Chimie de Berzélius.* — HENRY fils, *Journ. de Pharm*, XVI, 752.

une matière fort amère qu'on traite ensuite par une solution de potasse caustique : celle-ci en précipite la strychnine.

Pour retirer cet alcali de la noix vomique ou du bois de couleuvre, les mêmes chimistes prescrivent d'opérer de la manière suivante : on fait un extrait alcoolique de ces substances; et, après avoir enlevé l'alcool par la distillation, on dissout le résidu dans l'eau. On ajoute ensuite à la liqueur du sous-acétate de plomb, jusqu'à cessation de précipité; la strychnine reste en dissolution à l'état d'acétate. La liqueur contient, en outre, une matière colorante et ordinairement un excès de sous-acétate de plomb. On la précipite par l'hydrogène sulfuré, on filtre, et l'on fait bouillir avec de la magnésie la liqueur filtrée. Il se précipite ainsi de la strychnine qu'on redissout dans l'alcool de 38°, après l'avoir lavée à l'eau froide; l'alcali cristallise alors par la concentration de l'extrait alcoolique. Les eaux-mères alcooliques retiennent de la brucine.

M. Henry épuise par l'eau bouillante la noix vomique réduite en poudre, évapore les décoctions jusqu'à consistance de sirop très-épais, et y ajoute, par portions, un léger excès de chaux pulvérisée. Il se produit ainsi un précipité composé du sel de chaux de l'acide particulier de la voix vomique; ce précipité renferme, en outre, de la strychnine et d'autres substances. Après l'avoir lavé, on le traite à plusieurs reprises par l'alcool à 38 degrés, et l'on distille au bain-marie les liqueurs alcooliques. Celles-ci, étant suffisamment concentrées, déposent des cristaux de strychnine; on les purifie par de nouvelles cristallisations, ou mieux, en transformant l'alcali en nitrate, et en faisant cristalliser ce sel; ensuite, on précipite le nitrate de strychnine par l'ammoniaque. 1 kilogr. de noix vomique donne par ce procédé de 5 à 6 grammes de strychnine.

M. Henry fils a proposé la méthode suivante comme plus avantageuse que les précédentes : on prend 1 kilogr. de noix vomique réduite en poudre assez fine, soit au pilon, soit au moulin; après l'avoir ramollie à la vapeur et desséchée, on la traite au bain-marie par 4 à 5 litres d'alcool à 32 degrés, aiguisé de 40 à 50 grammes d'acide sulfurique. On ajoute ensuite aux extraits alcooliques de la chaux vive en excès, de manière à saturer l'acide et à précipiter la matière colorante; on décante la liqueur surnageante, on lave le dépôt à l'alcool, et l'on réunit toutes les liqueurs alcooliques, après les avoir filtrées au besoin, pour les distiller dans un alambic. Cette opération donne un résidu coloré et alcalin, qu'on sature par de l'eau aiguisée d'acide sulfurique, chlorhydrique ou acétique; la solution ainsi obtenue est filtrée, concentrée, et précipitée à froid par un léger excès d'ammonique. Le précipité se compose d'un mélange de strychnine et de brucine : on le met d'abord en digestion avec de l'alcool faible (à 18 degrés B.) pour enlever la brucine; puis on dissout la strychnine restante dans de l'alcool plus concentré (à 36 degrés B.) et bouillant, et l'on traite la liqueur par un peu de noir animal; la strychnine cristallise par le refroidissement.

Wittstock conseille d'opérer de la manière suivante : on fait bouillir la noix vomique avec de l'alcool de 94 centièmes; on décante la liqueur et l'on sèche la graine dans un four; elle devient alors aisée à réduire en poudre. On épuise cette poudre par l'alcool, et l'on distille les liqueurs réunies; celles-ci ayant été convenablement évaporées, on y ajoute de l'acétate de plomb, tant qu'il se forme un précipité. On sépare ainsi la matière colorante, les acides végétaux et la matière grasse. Le précipité est jeté sur un filtre et bien lavé; la liqueur filtrée est ensuite évaporée jusqu'à ce que son poids soit réduit au tiers ou à la moitié environ du poids de la noix vomique employée. On ajoute ensuite de la magnésie à la liqueur, et on laisse reposer le tout pendant quelques jours, afin que la brucine ait le temps de se déposer. Le précipité ayant été recueilli sur un linge, puis exprimé et desséché, on le reprend par de l'alcool de 83 centièmes pour dissoudre les alcalis, et l'on distille les liqueurs alcooliques; la strychnine se dépose alors la première, tandis que la brucine reste dans les eaux-mères. Pour purifier la strychnine brute, on la sature exactement par de l'acide nitrique dilué, et on concentre la solution; le nitrate de strychnine se dépose le premier en aiguilles, et le nitrate de brucine ne se dépose que plus tard en cristaux plus gros. Les dernières eaux-mères sont gommeuses; mais elles contiennent encore de l'alcali qu'on en extrait par un nouveau traitement à la magnésie, à l'alcool, etc. Lorsqu'on précipite la brucine, il en reste toujours en solution une assez grande quantité, qui ne se dépose qu'à la longue en grains cristallins.

D'après Wittstock, 1 kilogr. de noix vomique peut fournir, au moyen du procédé précédent, 2 grammes de nitrate de strychnine et 2 $^1/_2$ grammes de nitrate de brucine.

§ 2210. La strychnine s'obtient en octaèdres à base rectangle;

les angles dièdres des faces à la base sont de 88°30′ et 91°30′ (Regnault). D'autres fois elle se présente sous la forme de prismes quadrilatères terminés par des pyramides à 4 faces. Elle est incolore, sans odeur, fort amère et d'un arrière-goût extrêmement désagréable. Elle est fort soluble dans l'alcool ordinaire, mais l'alcool absolu ne la dissout presque pas. Elle est insoluble dans l'éther pur. Quoique sa saveur soit très-intense, elle est presque insoluble dans l'eau; en effet, 1 p. exige pour sa solution 6667 p. d'eau à la température de 10°, et 2500 p. d'eau bouillante; cependant une solution faite à froid, et par conséquent n'en contenant pas 1/6000 de son poids, peut être étendue de cent fois son volume d'eau et conserver encore une saveur très-marquée. Les huiles essentielles dissolvent aisément la strychnine; les huiles grasses ne la dissolvent pas d'une manière sensible. Les alcalis caustiques ne la dissolvent pas.

En solution alcoolique, la strychnine[1] devie fortement à gauche le plan de polarisation de la lumière; $[\alpha]_r = -132°07$. La présence des acides modifie considérablement ce pouvoir rotatoire.

La strychnine renferme :

	Liebig.			Regnault.				Gerhardt.	Nichols. et Abel.			Calcul.
Carbone. . .	75.54	75.27	75,27	74,66	74,95	74,60	74,81	75,66	75,38	75,34	75,45	75,44
Hydrogène.	6,67	6,73	6,70	6,86	6,69	6,89	6,84	6,83	6,85	6,76	6,65	6,58
Azote. . . .	5,81	»	»	8,43	8,46	8,35	8,50	8,10	8,52	8,81	»	8,38
Oxygène. .	»	»	»	»	»	»	»	»	»	»	»	9,60
												100,00

Chauffée à quelques degrés au-dessus de 300°, la strychnine commence déjà à se charbonner.

Pure, la strychnine ne se colore pas en rouge par l'acide nitrique comme la brucine; si l'acide nitrique est concentré, elle ne prend qu'une teinte jaune. Quand on la chauffe légèrement avec de l'acide nitrique concentré, il ne se développe pas de vapeurs nitreuses, mais on obtient une substance jaune-brunâtre, qui, refroidie, se présente à l'état d'une masse onctueuse; celle-ci, versée dans l'eau, se transforme en caillots qui ont tout à fait la couleur du jaune de chrome. Cette substance fond dans l'eau bouillante en une résine jaune-brunâtre qui finit par se dissoudre; par le refroidissement, la solution la dépose à l'état de mamelons cristallins, jaunes et brillants. Elle se dissout aussi fort bien dans l'alcool bouillant. La potasse brunit la solution. Quand on chauffe la substance à l'état sec, elle se décompose brusquement avec explosion. (Gerhardt.)

[1] BOUCHARDAT, *Ann. de Chim. et de Phys.*, [3] IX, 228.

(Suivant MM. Nicholson et Abel, l'acide nitrique concentré transforme la strychnine en nitrate de nitrostrychnine.)

La réaction suivante est caractéristique pour la strychnine[1]. Lorsqu'on la triture avec quelques parcelles de peroxyde de plomb puce, au contact de l'acide sulfurique très-concentré, elle se colore en bleu, passant rapidement au violet, puis peu à peu au rouge, et enfin, après quelques heures, au jaune-serin. La coloration violette, qui est d'ailleurs assez fugace, s'obtient aussi si l'on substitue au peroxyde de plomb certains autres agents d'oxydation, tels que le peroxyde de manganèse, le bichromate de potasse, le ferricyanure de potassium, etc. L'eau détruit la coloration violette, en la faisant passer au rouge, puis au jaune.

Bouillie avec un léger excès d'acide sulfurique étendu auquel on ajoute peu à peu du peroxyde de plomb puce, la strychnine se transforme en un corps peu soluble dans l'alcool et l'eau bouillante, soluble dans l'éther, soluble dans les alcalis avec lesquels il semble former des sels.

Lorsqu'on traite la strychnine par un mélange de chlorate de potasse et d'acide sulfurique, il se produit, suivant M. Rousseau[1], un acide particulier (*acide strychnique*). Ce chimiste mélange 3 p. de strychnine avec 1 p. de chlorate de potasse en poudre et un peu d'eau, de manière à en former une pâte; puis il y ajoute quelques gouttes d'acide sulfurique concentré, et chauffe le mélange. Il s'effectue ainsi une réaction très-vive. On dissout ensuite la masse rouge dans 8 à 10 p. d'eau, et l'on fait bouillir quelques minutes. Si la réaction n'a pas été complète, il se dépose, par le refroidissement, de la strychnine ou du sulfate de strychnine. On filtre la liqueur, et on l'évapore jusqu'à pellicule. Le nouvel acide se dépose alors sous forme de cristaux colorés, qu'on lave avec de l'alcool. A l'état de pureté, il se présente à l'état d'aiguilles minces incolores, à la fois acides et amères; il est fort soluble dans l'eau et peu soluble dans l'alcool. Il n'est pas volatil sans décomposition, et donne avec plusieurs bases des sels cristallisables[2].

[1] E. MARCHAND, *Journ. de Pharm.* [3] IV, 200. — LEFORT, *Revue scientif.*, XVI, 355. — HERZOG, *Archiv. d. Pharm.*, XLIV, 172. — OTTO, *Journ. f. prakt. Chem.*, XXXVIII, 511. — MACK, *Repert. f. Pharm.*, [2] XLII, 64. — W. DAVY, *Ann. der Chem. u. Pharm.*, LXXXVIII, 402.

[2] ROUSSEAU, *Journ. de Chim. médic.*, [2] X, 1.

[3] Le *sel de potasse* se précipite lorsqu'on sature par la potasse l'alcool qui a servi à laver les cristaux de l'acide; il cristallise en prismes dans la dissolution aqueuse.

Le chlore présente avec la strychnine une réaction qui peut-être utilisée comme moyen de découvrir cet alcali. Dès qu'une bulle de de chlore arrive dans une solution de strychnine, même très-étendue, la liqueur devient acide, et il se produit un nuage blanc qui s'étend peu à peu dans tout le liquide. Le corps blanc insoluble qui se forme ainsi paraît constituer la trichlorostrychnine (§ 2213). On obtient aussi, dans ces circonstances, un alcali chloré, soluble dans les acides (§ 2212).

Le brome se comporte à peu près comme le chlore.

L'iode attaque la strychnine en produisant une combinaison particulière (§ 2215).

Chauffée doucement avec de l'hydrate de potasse solide, la strychnine donne une masse rouge, en partie soluble dans l'eau bouillante. Si l'on sature la solution alcaline par un acide, il se développe une odeur putride, et l'on voit se précipiter d'abondants flocons jaunes. Ces flocons paraissent constituer un acide particulier; ils sont insolubles dans l'eau, l'alcool froid et l'éther, mais ils se dissolvent dans l'alcool bouillant; la solution alcoolique rougit peu à peu au contact de l'air.

Fondue avec de l'hydrate de potasse, la strychnine dégage une très-petite quantité de quinoléine, en se charbonnant.

La strychnine est extrêmement vénéneuse : introduite, même en faible dose, dans l'estomac ou dans le sang, elle détermine un tétanos promptement mortel.

Une infusion de thé ou de noix de galle, prise assez à temps, passe pour être le meilleur antidote de la strychnine, en raison de la matière tannante qu'elle renferme, et qui forme avec cet alcali une combinaison peu soluble. On emploie la strychnine aux Indes pour préparer des appâts empoisonnés, destinés à la destruction des bêtes fauves. Les médecins l'administrent avec succès à dose minime dans le traitement de certaines paralysies ou atrophies locales.

§ 2211. *Sels de strychnine.* — Les acides, même faibles, dissolvent aisément la strychnine, et forment des sels en grande partie cristallisables, d'une saveur très-amère.

La solution de ces sels est troublée par le chlore. Elle est également précipitée par l'infusion de noix de galle.

Lorsqu'on ajoute une solution de sulfocyanure de potassium

Le *sel de cuivre* forme des prismes rhomboïdaux de couleur verte.
Le *sel ferrique* est une masse rouge et déliquescente.

à un sel de strychnine, il se produit un précipité cristallin si les liqueurs ne sont pas trop étendues. Un léger excès d'acide tartrique étant versé dans la solution concentrée d'un sel de strychnine, puis un bicarbonate alcalin[1], il se forme aussitôt un précipité pulvérulent; si les liqueurs sont un peu étendues, la strychnine ne se dépose qu'au bout d'un certain temps à l'état cristallisé.

Un grand nombre de sels de strychnine ont été décrits par MM. Nicholson et Abel.

Fluorhydrate de strychnine[2], $C^{42}H^{22}N^2O^4$, 4 HF + 4 aq. — La strychnine se dissout aisément à chaud dans l'acide fluorhydrique moyennement concentré; la solution, réduite par l'évaporation, dépose par le refroidissement des prismes rhomboïdaux, groupés concentriquement et souvent longs de 1 ½ pouce. On abandonne ce sel sous une cloche, en présence de la chaux caustique, pour absorber l'excédant d'acide. Il est fort soluble dans l'eau chaude, plus soluble encore dans l'alcool bouillant; la solution présente une réaction acide. Il est insoluble dans l'éther. Les cristaux perdent 3 atomes d'eau sur l'acide sulfurique; le 4e atome d'eau se dégage à 100°. Le sel se décompose à une température supérieure à 150°.

Fluosilicate de strychnine. — La strychnine se dissout aisément dans l'acide fluosilicique, mais il ne se produit que du fluorhydrate de strychnine, tandis que de la silice est mise en liberté. (Elderhorst.)

Chlorhydrate de strychnine, $C^{42}H^{22}N^2O^4$, HCl + 3 aq. — Il cristallise en aiguilles ou en prismes très-déliés, groupés sous forme de mamelons. Il renferme 3 atomes d'eau[3] = 6,79 p. c. (7,33 — 7,02 p. c. Nich. et Abel) qu'il perd à 100°, ainsi que dans le vide sur l'acide sulfurique. Il est neutre aux papiers, et plus soluble dans l'eau que le sulfate de strychnine.

La solution aqueuse du chlorhydrate de strychnine dévie à gauche le plan de polarisation de la lumière; $[\alpha]_r = -28°18$. (Bouchardat.)

Chloroplatinate de strychnine, $C^{42}H^{22}N^2O^4$, HCl, $PtCl^2$. — Le bichlorure de platine produit dans la solution du chlorhydrate de strychnine un précipité jaune-clair, presque insoluble dans l'eau et l'éther, peu soluble dans l'alcool faible et bouillant. Ce précipité renferme:

[1] Oppermann, *Compt. rend. de l'Acad.*, XXI, 811.

[2] Elderhorst, *Ann. der Chem. u. Pharm.*, LXXIV, 77.

[3] J'ai obtenu une fois des aiguilles contenant 4,84 p. c. = 2 atomes d'eau de cristallisation qui ne se sont dégagés qu'à 130°.

	Liebig.		Gerhardt.		Nicholson et Abel.		Calcul.
Carbone. . . .	»	»	47,43	47,34	46,64	46,72	46,65
Hydrogène. . .	»	»	4,56	4,50	4,51	4,38	4,26
Platine.	17,17	18,1	17,85	»	18,09	18,25	18,26

Chloropalladite de strychnine, $C^{42}H^{22}N^2O^4$, HCl, PdCl. — Flocons bruns qu'on obtient en ajoutant du chlorure de palladium à une solution de chlorhydrate de strychnine. Le sel est soluble dans l'eau et l'alcool ; il cristallise, par le refroidissement d'une solution bouillante, sous la forme d'aiguilles brun foncé. On peut le sécher à 100° sans qu'il s'altère.

Chloraurate de strychnine, $C^{42}H^{22}N^2O^4$, HCl, $AuCl^3$. — Précipité jaune clair volumineux qui se produit par l'addition du chlorure d'or à la solution du chlorhydrate de strychnine. On le purifie par de prompts lavages à l'eau froide, et par la cristallisation dans l'alcool, qui le dépose sous la forme de cristaux orangé clair. L'eau bouillante le décompose, en mettant en liberté de l'or métallique.

Chloromercurate de strychnine. — Le bichlorure de mercure se combine avec la strychnine, le chlorhydrate de strychnine, et le sulfate de strychnine.

α. $C^{42}H^{22}N^2O^4$, 2 HgCl. Lorsqu'on ajoute un excès de bichlorure de mercure à une solution de strychnine dans l'alcool faible, il se produit immédiatement un précipité blanc et cristallin, insoluble dans l'eau, l'alcool et l'éther.

β. $C^{42}H^{22}N^2O^4$, HCl, 2 HgCl. Ce composé s'obtient en dissolvant la combinaison précédente dans l'acide chlorhydrique, ou en ajoutant du bichlorure de mercure à une solution de chlorhydrate de strychnine. Il est peu soluble dans l'eau ; mais il se dissout aisément dans l'alcool, et cristallise par le refroidissement de la solution bouillante.

γ. 2 $C^{42}H^{22}N^2O^4$, S^2O^6, 2 HO, 4 HgCl. Composé confusément cristallisé, qu'on obtient en dissolvant la combinaison α dans l'acide sulfurique.

Chlorate de strychnine. — On l'obtient en saturant par la strychnine l'acide chorique étendu. La dissolution chauffée se colore, et le sel cristallise en prismes minces et courts ; si elle est concentrée, elle se prend en masse par le refroidissement.

Perchlorate de strychnine[1], $C^{42}H^{22}N^2O^4$, $ClHO^8$ + 2 aq. — Petits prismes brillants, peu solubles dans l'eau froide, beaucoup plus

[1] BOEDEKER jeune, *Ann. der Chem. u. Pharm.*, LXXI, 62.

solubles dans l'alcool. Le sel séché à l'air perd à 170°3,8 pour 100 d'eau.

Bromhydrate de strychnine, $C^{42}H^{22}N^2O^4$, HBr. — Sel cristallisé, soluble dans l'eau, qu'on obtient par la dissolution de la strychnine dans l'acide bromhydrique. Il perd son eau de cristallisation dans le vide.

Iodhydrate de strychnine, $C^{42}H^{22}N^2O^4$, HI. — On l'obtient en aiguilles prismatiques en faisant dissoudre de la strychnine, à chaud, dans l'acide iodhydrique étendu. Il faut rapidement enlever l'acide excédant par des lavages, afin d'éviter la formation de produits secondaires.

L'iodhydrate est un des sels de strychnine les moins solubles dans l'eau; il est beaucoup plus soluble dans l'alcool; sa solution ne rougit pas le tournesol.

Iodate de strychnine. — On chauffe modérément une dissolution d'acide iodique avec la strychnine. La liqueur se colore en rouge de vin; cette dissolution concentrée, placée dans un lieu sec après la filtration, donne de longues aiguilles transparentes, réunies en faisceaux et colorées superficiellement en rose. On les décolore en les lavant sur un filtre avec un peu d'eau froide. Les cristaux sont très-solubles dans l'eau, et se décomposent subitement par la chaleur.

Lorsqu'on verse de l'acide iodique dans une solution d'iodhydrate de strychnine, il se produit un précipité brun formé d'iodostrychnine et d'iode libre. La même réaction s'observe par l'addition d'un acide libre à un mélange d'iodate et d'iodhydrate de strychnine (Pelletier).

Periodate de strychnine [1]. — Traitée directement par l'acide periodique ou préalablement dissoute dans l'alcool, la strychnine donne, par l'évaporation dans le vide, des cristaux volumineux. Ces cristaux ont la forme d'un prisme à six pans, terminé par une pyramide à quatre faces; ils sont assez solubles dans l'eau et l'alcool. Ils se décomposent par la chaleur sans explosion.

Sulfate de strychnine. — Lorsqu'on fait passer de l'hydrogène sulfuré sur de la strychnine délayée dans l'eau, on obtient une solution fort amère qui perd, par l'évaporation, tout son acide, en laissant de la strychnine pure.

[1] LANGLOIS, *Ann. de Chim. et de Phys.*, [3] XXXIV, 277.

Sulfates de strychnine. — On en connaît plusieurs :

α. *Sel neutre*, 2 $C^{42}H^{22}N^2O^4,S^2O^6$, 2 HO + 14 aq. On l'obtient sous la forme de petits prismes rectangulaires, solubles dans moins de 10 p. d'eau froide, plus solubles à chaud, et excessivement amers. Il renferme 14 atomes d'eau = 14,1 p. c. (13,08 p. c., Regnault), qu'il perd par la dessiccation à chaud ou dans le vide; par la chaleur, il fond d'abord dans son eau de cristallisation, puis il se solidifie après l'expulsion de celle-ci.

La solution aqueuse du sulfate de strychnine dévie à gauche le plan de polarisation de la lumière; $[\alpha]_r$ = — 25°,58 (Bouchardat).

β. *Sel acide*, $C^{42}H^{22}N^2O^4$, S^2O^6, 2 HO. Il se produit lorsqu'on ajoute de l'acide sulfurique étendu au sel précédent. Il cristallise sous la forme d'aiguilles longues et minces, d'une réaction fort acide.

γ. Lorsqu'on fait bouillir la strychnine avec du sulfate de cuivre, elle précipite une partie de l'oxyde de cuivre, et il se forme un sel qui se dépose, par l'évaporation, en longues aiguilles vertes. Celles-ci constituent probablement un *sulfate de strychnine et de cuivre.*

Chromate de strychnine, 2 $C^{42}H^{22}N^2O^4$, 2 Cr^2O^3, 2 HO. — Précipité brun-jaunâtre qu'on obtient en ajoutant une solution de chromate de potasse neutre à du chlorhydrate de strychnine; il se dissout dans l'eau bouillante, et se dépose, par le refroidissement, sous la forme de belles aiguilles orangées, peu solubles dans l'eau et l'alcool, neutres aux papiers.

Il existe aussi un *bichromate de strychnine.*

Nitrate de strychnine, $C^{42}H^{22}N^2O^4$, NHO^6. — On l'obtient en saturant l'acide nitrique étendu par de la strychnine. Il cristallise en aiguilles, réunies en faisceaux. Il est beaucoup plus soluble dans l'eau chaude que dans l'eau froide; l'alcool le dissout très-mal, l'éther ne le dissout pas. Chauffé à quelques degrés au-dessus de 100°, il jaunit, se gonfle et explosionne légèrement, en laissant un résidu charbonneux.

La solution aqueuse du nitrate de strychnine dévie à gauche le plan de polarisation de la lumière; $[\alpha]_r$ = — 29°,25 (Bouchardat).

Lorsqu'on traite la strychnine par l'acide nitrique concentré, la solution jaunit par la chaleur, et donne le nitrate d'une nitrostrychnine[1] (Nicholson et Abel).

[1] Voy. aussi p. 158.

Le *nitrate de strychnine et d'argent*, $C^{42}H^{22}N^{2}O^{4}$, $NO^{6}Ag$, est un précipité cristallin qu'on obtient en mélangeant des solutions alcooliques de strychnine et de nitrate d'argent (Regnault).

Phosphates de strychnine [1]. — On en connaît deux.

α. $C^{42}H^{22}N^{2}O^{4}$, $PO^{8}H^{3} + 4$ aq. Ce sel s'obtient aisément en mettant une solution moyennement étendue de strychnine en digestion avec de l'acide phosphorique tribasique à une douce chaleur. Il se dépose par le refroidissement en longues aiguilles radiées, tronquées aux extrémités, et souvent d'un demi-pouce de long, lors-même qu'on opère sur de petites quantités. Les cristaux rougissent le tournesol, et partagent l'extrême amertume de tous les sels de strychnine. Ils se dissolvent dans cinq ou six fois leur poids d'eau froide, et mieux encore à chaud. Ils dégagent à 126° 7,95 p. c. $=4$ atomes d'eau.

β. $2\,C^{42}H^{22}N^{2}O^{4}$, $PO^{8}H^{3} + 18$ aq. Si l'on met pendant quelque temps une solution du sel précédent en digestion avec de la strychnine en poudre fine, il se produit un sel à 2 atomes de strychnine, qui cristallise par le refroidissement de la solution. Toutefois, pour l'obtenir entièrement pur, une assez longue digestion est nécessaire, et il faut faire recristalliser le produit deux ou trois fois; le nouveau sel, étant moins soluble que le précédent, se dépose le premier à l'état de tables rectangulaires assez volumineuses, extrêmement minces et irisantes. Il n'a aucune réaction acide.

Croconate de strychnine. — Il forme des cristaux jaunes.

Carbonate de strychnine. — Il se produit, dit-on, lorsqu'on précipite un autre sel de strychnine par un carbonate alcalin; il constitue des flocons blancs qui se dissolvent dans l'eau chargée d'acide carbonique, en donnant une liqueur qui dépose à l'air des grains cristallins.

Oxalates de strychnine. — On en connaît deux.

α. *Sel neutre*, $2\,C^{42}H^{22}N^{2}O^{4}$, $C^{4}O^{6}$, $2\,HO$. Il est fort soluble dans l'eau, neutre aux papiers, et s'obtient en neutralisant l'acide oxalique par la strychnine.

β. *Sel acide*, $C^{42}H^{22}N^{2}O^{4}$, $C^{4}O^{6}$, $2\,HO$. Sel acide aux papiers et cristallisable, qui se produit par l'addition d'un excès d'acide oxalique au sel précédent.

[1] ANDERSON, *The Quart. Journ. of the Chem. Soc.*, n° 1, août 1848, p. 55; et *Ann. der Chem. u. Pharm.*, LXVI, 58.

Cyanhydrate de strychnine. — La strychnine se dissout aisément dans l'acide cyanhydrique aqueux, mais tout l'acide se dégage par l'évaporation de la solution.

Cyanoferrates de strychnine[1]. — On connaît trois combinaisons de strychnine avec les cyanures de fer et l'acide cyanhydrique.

α. 4 $C^{42}H^{22}N^2O^4$, 4 GyH, 2 GyFe + 16 aq. La composition de ce sel correspond à celle du ferrocyanure de potassium jaune. On l'obtient en mélangeant des solutions, saturées à froid, de ferrocyanure de potassium et d'un sel de strychnine; il se produit immédiatement un précipité abondant, composé d'aiguilles presque incolores. Il est important, dans cette préparation, que le sel de strychnine ne renferme pas d'acide libre; car celui-ci pourrait altérer en partie le produit.

Si l'on emploie des solutions plus étendues, on peut obtenir le ferrocyanhydrate de strychnine en cristaux longs d'un demi et même d'un pouce. Ce sont des prismes rectangulaires, terminés par un biseau, d'un jaune très-clair. A froid, ce sel est très-peu soluble dans l'eau; l'alcool le dissout; à chaud, les deux liquides le dissolvent bien plus aisément. Il est très-hygrométrique.

Vers 100°, ce sel ne perd qu'une partie de son eau, c'est-à-dire 6,12 p. c. = 12 aq. pour la formule précédente.

Il donne avec les sels de fer, de plomb et de cuivre les réactions caractéristiques des ferrocyanures.

Si l'on dissout le sel dans l'eau chaude, ou si l'on porte à l'ébullition sa solution saturée à froid, le liquide prend une teinte foncée, et il se dépose de la strychnine libre, ainsi que des cristaux de ferrocyanhydrate de strychnine (sel γ).

β. $C^{42}H^{22}N^2O^4$, 2 GyH, 2 GyFe + 5 aq. Lorsqu'on mélange une solution alcoolique de strychnine avec une solution alcoolique d'acide ferrocyanhydrique, jusqu'à production d'une légère réaction acide, il se forme un précipité blanc, pulvérulent et non cristallin. Ce sel est très-hygrométrique, presque insoluble dans l'eau et l'alcool, mais il présente néanmoins une forte réaction acide. Il perd à 100° 2 atomes = 3,22 p. c. d'eau. Il se produit aussi par le contact du sel γ avec l'acide ferrocyanhydrique.

Si l'on délaye ce corps blanc dans une lessive faible de potasse jusqu'à neutralisation, il se convertit en une matière floconneuse, également blanche, et qui, examinée au microscope, ne présente au-

[1] BRANDIS, *Ann. der Chem. u. Pharm.* LXVI, 257.

cune trace de cristallisation. Recueillie sur un filtre, elle bleuit bientôt au contact de l'air. Si l'on traite ensuite ce produit par l'alcool, on le trouve composé de masses bleues amorphes, et d'aiguilles incolores, qui ont tous les caractères du sel α; le liquide filtré donne par l'alcool un précipité de ferrocyanure de potassium, et la solution qui reste dépose par l'évaporation des critaux de sel γ mêlés de strychnine libre. L'action est plus prompte si l'on fait agir la potasse à chaud, mais on obtient les mêmes produits.

γ. 3 $C^{42}H^{22}N^{2}O^{4}$, 3 CyH, 3 Cyfe + 12 aq. Ce sel, dont la composition correspond à celle du ferricyanure de potassium rouge, se produit en mélangeant ce dernier avec un sel de strychnine. On peut, sans inconvénient, employer des solutions saturées à l'ébullition. On l'obtient aussi en faisant bouillir du bleu de Prusse avec de la strychnine. Les cristaux du sel sont généralement petits, et se distinguent par leur belle couleur dorée et leur vif éclat. Ils présentent d'ailleurs beaucoup d'analogie avec le sel α, sous le rapport de la solubilité et des propriétés hygrométriques.

Le sel se décompose au delà de 136°; à 180 ou 200°, il est tout à fait noir. Par une ébullition prolongée, sa solution se décompose en partie en développant de l'acide cyanhydrique, en même temps qu'il se précipite de l'oxyde ferrique et de la strychnine.

Avec les sels ferreux, la solution du ferricyanhydrate de strychnine donne du véritable bleu de Prusse; toutefois, avec les sels ferriques, il paraît se comporter autrement que le ferricyanure de potassium; en effet, il donne immédiatement, avec ces derniers, une solution bleu foncé, laquelle dépose au bout de quelque temps des flocons de bleu de Prusse.

La potasse et l'ammoniaque décomposent la solution du ferricyanhydrate de strychnine en mettant de la strychnine en liberté.

Cyanomercurates de strychnine. — On connaît une combinaison de strychnine et de cyanure de mercure, ainsi que deux autres combinaisons renfermant les mêmes éléments, plus de l'acide chlorhydrique.

α. $C^{42}H^{22}N^{2}O^{4}$, CyHg. On l'obtient, sous la forme d'un précipité blanc, en mélangeant une solution de strychnine dans l'alcool faible avec un excès de cyanure de mercure. Il cristallise en petits prismes, plus solubles dans l'alcool et l'eau que le chloromercurate correspondant, insolubles dans l'éther.

β. $C^{42}H^{22}N^2O^4$, HCy,HgCl, s'obtient[1] en mélangeant ensemble, après les avoir étendues de beaucoup d'eau, des solutions aqueuses et bouillantes de chlorhydrate neutre de strychnine et de cyanure de mercure. Peu à peu il se dépose ainsi des cristaux incolores peu solubles dans l'eau froide, assez solubles dans l'eau et l'alcool bouillants.

γ. $C^{42}H^{22}N^2O^4$, HCl, 4 CyHg, forme des tables[2] rectangulaires et nacrées, quelquefois des prismes aplatis, qui se déposent par le refroidissement d'un mélange de solutions bouillantes de chlorhydrate de strychnine et de cyanure de mercure. On ne connaît pas d'autres détails sur la préparation de ce sel.

Sulfocyanhydrate de strychnine[3], $C^{42}H^{22}N^2O^4$, $CyHS^2$. — On le prépare en saturant une solution alcoolique de strychnine par une solution moyennement concentrée d'acide sulfocyanhydrique. On peut aussi tout simplement mélanger un sel de strychnine avec une solution de sulfocyanure de potassium. Le sulfocyanhydrate de strychnine se dépose alors à l'état cristallin, surtout par l'agitation. Il cristallise facilement en aiguilles, assez peu solubles dans l'eau froide, et anhydres.

Oxalurate de strychnine. — Ce sel n'a pas pu s'obtenir. Lorsqu'on fait bouillir de la strychnine avec une solution d'acide parabanique, la liqueur filtrée bouillante ne dépose que des cristaux d'oxalate de strychnine (Elderhorst).

Acétate de strychnine. — Sel fort soluble, qui ne cristallise qu'à la faveur d'un excès d'acide.

Tartrates de strychnine[4]. — On les prépare aisément en faisant dissoudre à chaud, dans l'eau pure, l'acide tartrique et la strychnine dans les rapports atomiques qui correspondent à leurs formules. Par le refroidissement on obtient de belles cristallisations.

α. *Sel acide*, 2 $C^{42}H^{22}N^2O^8$, $C^8H^6O^{12} + n$ aq. Le sel droit perd à 100° 14,3 p. c. d'eau (Pasteur; à 130°, 7,58 p. c., Arppe); il commence à se colorer vers 190°. Le sel gauche perd à 100° 7,8 p. c. d'eau; il se colore à peine à 200°.

β. *Sel neutre*, $C^{42}H^{22}N^2O^8$, $C^8H^6O^{12}$ + 6 aq. Le sel droit et le sel

[1] NICHOLSON et ABEL, *loc. cit.* — KOHL et SWOBODA, *Ann. der Chem. u. Pharm.*, LXXXIII, 339.

[2] BRANDIS, *ibid.*, LXVI, 268.

[3] DOLLFUS, *ibid.*, LXV, 221. — NICHOLSON et ABEL, *loc. cit.*

[4] PASTEUR, *Ann. de Chim. et de Phys.*, [3] XXXVIII, 475. — NICHOLSON et ABEL, *loc. cit.* — ARPPE, *Journ. f. prakt. Chem.*, LIII, 331.

gauche ont la même composition; ils perdent chacun à 100° toute leur eau de cristallisation (10,3 p. c.), mais celle-ci est retenue dans les sels avec une énergie différente, car le tartrate gauche la laisse échapper à 100° bien plus vite que le tartrate droit. D'autre part, si l'on verse de l'alcool absolu sur le tartrate gauche, ce sel commence par s'y dissoudre en quantité très-sensible, puis il devient opaque, s'effleurit, et ne se dissout plus. Le tartrate droit, au contraire, ne se dissout pas dans l'alcool absolu, et il y conserve toute sa limpidité. La forme cristalline des deux sels est aussi différente.

Hippurate de strychnine. — Une solution concentrée d'acide hippurique ne cristallise pas après avoir été saturée à l'ébullition par de la strychnine; la liqueur devient sirupeuse par l'évaporation, et ne cristallise en mamelons qu'au bout de quelques mois (Elderhorst).

Mellate de strychnine[1]. — Il se dépose sous la forme d'un précipité blanc et cristallin lorsqu'on mélange des solutions alcooliques de strychnine et d'acide mellique. L'alcool ne le dissout pas; l'eau froide en dissout environ $^1/_{1500}$; l'eau bouillante en dissout $^1/_{650}$, et le dépose par le refroidissement sous la forme de prismes soyeux, groupés en aigrettes. Il se décompose à 170°. Il a donné à l'analyse 20,27—20,5 p. c. d'acide mellique.

Gallotanate de strychnine. — Précipité blanc, peu soluble dans l'eau.

Dérivés chlorés et bromés de la strychnine.

§ 2212. *Chlorostrychnine*[2], $C^{42}H^{21}ClN^2O^4$. — Lorsqu'on fait passer un courant de chlore dans une dissolution chaude de chlorhydrate de strychnine, elle se colore en rose, et, au bout de quelque temps, laisse déposer une matière résineuse. On filtre pour séparer celle-ci. La dissolution renferme de la chlorostrychnine et une petite quantité d'une matière étrangère. On y verse goutte à goutte de l'ammoniaque étendue, on agite, et on filtre dès qu'il s'est formé un léger précipité permanent que l'on rejette. On verse ensuite dans la liqueur de l'ammoniaque qui donne un précipité blanc de chlorostrychnine.

Le *sulfate de chlorostrychnine*, $2\,C^{42}H^{21}ClN^2O^4, S^2O^6, 2\,HO + 14$

[1] KARMRODT, *Ann. der Chem. u. Pharm.*, LXXXI, 170.
[2] LAURENT (1848), *Ann. de Chim. et de Phys.*, [3] XXIV, 313.

aq., est un sel cristallin qu'on obtient en neutralisant le précipité précédent par l'acide sulfurique, et en concentrant par l'évaporation. Il est aussi vénéneux que le sulfate de strychnine. Il renferme :

	Laurent.	Calcul.
Chlore.	7,3	7,3
Ac. sulfur. hydraté.	9,8	10,2
Eau de cristallis. . . .	13,0	13,1

§ 2213. *Trichlorostrychnine* [1], $C^{42}H^{19}Cl^{3}N^{2}O^{4}$(?). — Cette substance se produit lorsqu'on fait passer du chlore dans la solution, très-étendue, d'un sel de strychnine. Dès l'arrivée des premières bulles de gaz, la liqueur devient acide, et il s'y forme des pellicules blanches, insolubles dans l'eau. On les lave à l'eau chaude et on les fait cristalliser dans l'éther.

Par l'évaporation spontanée de la solution éthérée, la trichlorostrychnine se dépose sous la forme de paillettes blanches et brillantes, extrêmement amères, à peine solubles dans l'eau, fort solubles dans l'alcool, qui dépose de nouveau la substance sous la forme d'aiguilles microscopiques.

Elle a donné à l'analyse :

	Pelletier.	Calcul.
Carbone.	50,16	57,57
Hydrogène. . . .	4,74	4,34
Chlore.	24,50	24,34
Azote.	5,19	6,40
Oxygène.	»	7,35
		100,00

Le carbone calculé s'éloigne beaucoup du chiffre obtenu par Pelletier, mais comme les autres dosages sont assez d'accord avec le calcul, je pense que ce chimiste a trouvé le carbone trop faible par l'effet d'une combustion incomplète.

La trichlorostrychnine ne fond pas par la chaleur; elle noircit à 150° et se charbonne, en dégageant des vapeurs chlorhydriques.

Elle ne sature pas les acides et ne paraît pas se combiner avec eux; toutefois ils augmentent sa solubilité.

§ 2214. *Bromostrychnine* [2]. — Une dissolution concentrée de chlorhydrate de strychnine traitée par le brome donne deux pro-

[1] Pelletier (1838), *Journ. de Pharm.*, avril 1838, et *Ann. der Chem. u. Pharm.*, XXIX, 49.

[2] Laurent, *loc. cit.*

duits, l'un résineux qui se précipite, et l'autre qui reste dans la dissolution. Si l'on verse de l'ammoniaque dans cette dernière, il se forme un précipité blanc qui est soluble dans l'alcool et y cristallise en aiguilles. Ce précipité se combine avec l'acide chlorhydrique en formant un sel soluble dans l'alcool et cristallisant en houppes soyeuses.

Dérivés iodés de la strychnine.

§ 2215. *Iodostrychnine*[1], ou iodure de strychnine, $4\,C^{42}H^{22}N^2O^4,\ 3\,I^2$. — Lorsqu'on broie la strychnine avec la moitié de son poids d'iode, elle prend une couleur brunâtre, et se transforme en un mélange d'iodostrychnine et d'iodhydrate de strychnine. On continue de broyer pendant quelque temps, après avoir ajouté un peu d'eau au mélange; on reprend ensuite celui-ci par l'eau bouillante qui dissout l'iodhydrate, en laissant un résidu brun d'iodostrychnine. On fait cristalliser celui-ci dans l'alcool bouillant.

Lorsqu'on verse de l'acide iodique dans une solution d'iodhydrate de strychnine, il se produit un précipité brun formé d'iodostrychnine et d'iode libre. Pour séparer ces deux corps, on fait macérer le précipité dans une solution de bicarbonate de potasse qui dissout l'iode et laisse l'iodostrychnine à l'état insoluble.

L'iodostrychnine se dépose, par le refroidissement, sous la forme de paillettes micacées, d'un jaune orangé, ayant l'apparence de l'or musif. Elle est insoluble dans l'eau froide et excessivement peu soluble dans l'eau bouillante; elle ne se dissout pas non plus dans l'éther; son meilleur solvant est l'alcool bouillant à 36° Baumé. Sa saveur, d'abord peu sensible, est amère et quelque peu astringente. Elle est infusible à la température de l'eau bouillante, et à toute température inférieure à celle où elle entre en décomposition. Chauffée sur une lame de platine, elle se ramollit, se boursoufle, laisse dégager de l'iode et se charbonne.

Elle renferme :

	Pelletier.		Regnault.		Calcul.
Carbone. . . .	49,5	»	48,03	47,46	48,18
Hydrogène. . .	»	»	4,53	4,54	4,20
Iode.	35,5	34,3	»	»	36,13

Les acides étendus n'agissent pas à froid sur l'iodostrychnine;

[1] Pelletier (1836), *Ann. de Chim. et de Phys.*, LXIII, 164. — Regnault, *Ann. der Chem. u. Pharm.*, XXIX, 61.

par une ébullition longtemps prolongée, ils mettent de l'iode à nu et se chargent de strychnine, qu'on peut précipiter par l'ammoniaque.

L'acide chlorhydrique concentré n'y agit qu'à chaud. L'acide nitrique concentré en sépare de l'iode, même à froid, en altérant la matière organique; l'acide sulfurique concentré produit le même effet, mais avec moins d'énergie.

L'ammoniaque ne l'attaque ni à froid ni à chaud. La potasse et la soude ne la décomposent qu'à l'aide de la chaleur; un peu de strychnine est mise en liberté, et l'on trouve dans la liqueur de l'iodure de potassium ou de sodium.

Le nitrate d'argent l'attaque immédiatement; il en précipite de l'iodure d'argent, tandis que la liqueur filtrée laisse déposer du nitrate de strychnine.

Brucine et combinaisons.

§ 2216. Brucine [1], canimarine ou vomicine, $C^{46}H^{26}N^{2}O^{8} + 8$ aq. Cet alcali accompagne la strychnine dans la noix vomique et dans la fève Saint-Ignace, et peut être extrait des eaux-mères provenant du traitement de ces substances, d'après les procédés précédemment indiqués pour la préparation de la strychnine; la noix vomique renferme même moins de strychnine que de brucine. Celle-ci étant la plus soluble, il faut la chercher dans les liqueurs aqueuses ou alcooliques qui ont servi à laver le précipité formé par la chaux ou la magnésie dans l'extrait de noix vomique.

Pour purifier la brucine, Coriol concentre ces liqueurs de lavage à consistance de sirop, et y ajoute à froid de l'acide sulfurique dilué, de manière à dépasser légèrement le point de saturation. Le mélange, étant abandonné à lui-même pendant quelques jours, se prend peu à peu en une masse cristalline de sulfate de brucine. On exprime les cristaux, on les redissout dans l'eau bouillante, et on décolore la solution par le charbon normal. La brucine en est ensuite séparée à l'aide de l'ammoniaque.

Pelletier et Caventou extraient la brucine de l'écorce de fausse

[1] Pelletier et Caventou (1819), *Ann. de Chim. et de Phys.*, XII, 118; XXVI, 53. — Pelletier et Dumas, *ibid.*, XXIV, 176. — Coriol, *Journ. de Pharm.*, XI, 495. — Liebig, *Ann. de Chim. et de Phys.*, XLVII, 172. *Ann. der Chem. u. Pharm.*, XXVI, 50. — Regnault, *Ann. de Chim. et de Phys.*, LXVIII, 113.

angusture [1], qui en est plus riche que la noix vomique, et paraît ne contenir pas de strychnine. Ces chimistes réduisent cette écorce en poudre, la traitent par l'éther pour enlever la matière grasse qui s'y trouve, puis la soumettent à l'action de l'alcool concentré. Les extraits alcooliques ayant été distillés au bain-marie, on dissout le résidu dans l'eau, et on en précipite la matière colorante au moyen du sous-acétate de plomb ; l'excès de plomb est ensuite enlevé par un courant d'hydrogène sulfuré. La liqueur qui tient la brucine en dissolution, est filtrée, bouillie avec de la magnésie, filtrée de nouveau, et concentrée par l'évaporation. On obtient ainsi la brucine sous la forme d'une masse grenue le plus souvent colorée. On la sature par l'acide oxalique, et on lave l'oxalate de brucine par de l'alcool absolu refroidi à zéro ; celui-ci dissout les matières étrangères et décolore ainsi l'oxalate de brucine. Ce sel est redissous dans l'eau et décomposé par la chaux ou la magnésie, qui mettent la brucine en liberté. Enfin celle-ci, étant reprise par l'alcool, s'obtient à l'état cristallisé par une évaporation lente.

Suivant M. Thénard [2], on peut, avec économie, extraire la brucine de l'écorce de fausse angusture, en traitant cette écorce par l'eau bouillante et en ajoutant immédiatement de l'acide oxalique aux décoctions aqueuses. La liqueur étant ensuite concentrée par l'évaporation, on obtient de l'oxalate de brucine qu'on purifie, comme précédemment, par de l'alcool absolu refroidi à zéro.

§ 2217. La brucine cristallise, par l'évaporation lente de sa solution dans l'alcool aqueux, sous la forme de prismes rhomboïdaux obliques, souvent assez gros ; quelquefois les cristaux sont agglomérés au point d'avoir l'aspect de champignons. Par une cristallisation rapide d'une solution dans l'eau bouillante, on obtient des masses feuilletées d'un blanc nacré, ayant l'aspect de l'acide borique. Les cristaux renferment 8 atomes = 15,45 p. c. d'eau ; ils s'effleurissent promptement dans l'air sec, et fondent dans leur eau de cristallisation à quelques degrés au-dessus de la température de l'eau bouillante ; la matière fondue a l'aspect de la cire. Ils exigent pour se dissoudre environ 500 p. d'eau bouillante et 850 p. d'eau froide ;

[1] On croyait pendant longtemps que l'écorce de fausse angusture provenait du *Brucea antidysenterica* ou *ferruginea*, observé par Bruce en Abyssinie ; de là le nom de *brucine* donné à l'alcali de cette écorce.

[2] THÉNARD, *Traité de Chimie*, 6e édit. IV, 281.

ils sont très-solubles dans l'alcool, peu solubles dans les huiles essentielles, insolubles dans l'éther et dans les huiles grasses. Leur solution alcoolique dévie à gauche le plan de polarisation de la lumière; $[\alpha]_r = -61°27$; les acides affaiblissent cette déviation. (Bouchardat).

Desséchée, la brucine renferme :

	Liebig.		Regnault.				Ettling[1].	Varrentr. et Will.	Calcul.
Carbone. . .	69,81	69,90	70,06	69,87	69,35	69,11	69,98	»	70,05
Hydrogène. .	6,66	6,66	6,67	6,88	6,62	6,65	6,75	»	6,60
Azote. . . .	5,07	»	7,05	7,09	«	«	»	7,24	7,05
Oxygène. . .	»	»	»	»	«	«	»	»	16,30
									100,00
Eau de crist. dégag. à 120° et 130°. . . .	16,08	»	15,55	15,36	»	»	»	14,60	15,45

L'acide sulfurique concentré colore la brucine d'abord en rose, puis en jaune et en vert-jaunâtre.

L'acide nitrique concentré présente avec la brucine une réaction caractéristique : déjà à froid, il la colore en rouge foncé, en produisant un corps nitré particulier et en dégageant un gaz qui présente les caractères du nitrite de méthyle (Voy. § 2221). La coloration rouge se change en beau violet, si l'on ajoute du protochlorure d'étain au mélange.

Lorsqu'on distille la brucine avec un mélange d'acide sulfurique étendu et de peroxyde de manganèse[2], il passe des vapeurs inflammables, de l'acide formique et un liquide aromatique brûlant avec une flamme bleue. Ce dernier produit paraît être de l'hydrate de méthyle (esprit de bois); il s'obtient aussi avec l'oxyde de mercure, ainsi qu'avec un mélange de chromate de potasse et d'acide sulfurique. Avec le dernier mélange, il se produit en même temps beaucoup d'acide carbonique et d'acide formique.

Bouillie avec du peroxyde de plomb puce et un léger excès d'acide sulfurique, la solution de la brucine donne une masse brune ou rouge.

Le chlore ne trouble pas immédiatement la solution de la brucine, mais il la colore en jaune et finalement en rouge; cette dernière nuance pâlit peu à peu, en même temps qu'il se précipite quelques flocons jaunâtres, incristallisables.

Le brome, en dissolution alcoolique, attaque promptement la

[1] Liebig, *Ann. der Chem. u. Pharm.*, XXVI, 56.

[2] Baumert et Merck, *Ann. der Chem. u. Pharm.*, LXX, 337.

brucine, en la colorant en violet. Avec une dissolution faible de brome et le sulfate de brucine, on obtient une matière résineuse et de la bromobrucine (§ 2219).

L'iode donne avec la brucine deux composés particuliers (§ 2220).

La brucine est vénéneuse et agit sur l'économie animale à la manière de la strychnine, mais avec beaucoup moins d'énergie.

§ 2218. *Sels de brucine.* — Les sels de brucine ont une saveur amère, et sont pour la plupart cristallisables. Ils se colorent en rouge par l'acide nitrique concentré.

Ils sont décomposés non-seulement par les alcalis minéraux, mais encore par la morphine et la strychnine, qui en précipitent la brucine.

Étendus d'eau et mélangés avec un léger excès d'acide tartrique, ils ne se troublent pas par l'addition des bicarbonates alcalins[1].

Fluorhydrate de brucine[2]. — La solution de la brucine dans l'acide fluorhydrique chaud et moyennement concentré dépose par le refroidissement de petits prismes incolores. Ce sel est assez soluble dans l'eau, peu soluble dans l'alcool bouillant, à peine soluble dans l'alcool froid. Il perd à 100° 3,34 p. c. d'eau.

Chlorhydrate de brucine, $C^{46}H^{26}N^2O^8$, HCl (à 140°). — En faisant dissoudre à chaud la brucine dans l'acide chlorhydrique étendu, on obtient par le refroidissement de petites houppes cristallines. Ce sel est assez soluble dans l'eau.

Chloroplatinate de brucine, $C^{46}H^{26}N^2O^8$, HCl, $PtCl^2$ (à 100°). — Il s'obtient sous la forme d'un beau précipité jaune, lorsqu'on mélange une solution de sulfate de brucine avec du bichlorure de platine. Il renferme :

	Varrentrapp et Will.				Calcul.
Platine. . .	16,46	16,59	16,52	16,50	16,48

Chloromercurate de brucine, $C^{46}H^{26}N^2O^8$, HCl, 2 HgCl. — On obtient cette combinaison[3] en dissolvant du chlorhydrate de brucine dans l'alcool, et en y ajoutant une dissolution alcoolique et concentrée de bichlorure de mercure. Il se produit ainsi un magma cristallin qu'on chauffe doucement avec un peu d'alcool et d'acide chlorhydrique concentré ; la liqueur dépose par le refroidissement

[1] OPPERMANN, *Compt. rend. de l'Acad.*, XXI, 811.
[2] ELDERHORST, *Ann. der Chem. u. Pharm.*, LXXIV, 79.
[3] HINTERBERGER, *Ann. der Chem. u. Pharm.*, LXXXII, 313.

de longues aiguilles qu'on lave d'abord avec beaucoup d'eau, puis avec de l'alcool fort.

Chlorate de brucine. — L'acide chlorique étendu, étant chauffé avec la brucine, se colore en rouge. La liqueur cristallise par le refroidissement en rhombes transparents, un peu colorés; on les obtient incolores par une seconde cristallisation. Ils se décomposent subitement à une température élevée.

Perchlorate de brucine[1]. — En saturant l'acide perchlorique étendu par de la brucine, on obtient de petits prismes peu solubles dans l'eau froide, plus solubles dans l'eau chaude et dans l'alcool. A 170°, le sel perd 5,4 p. c. d'eau; à une température plus élevée, il fait explosion.

Iodhydrate de brucine, $C^{46}H^{26}N^2O^8$, HI + 4 aq. — Lames rectangulaires ou prismes très-courts, peu solubles dans l'eau froide, plus solubles dans l'eau chaude, plus solubles dans l'alcool que dans l'eau. Le sel renferme 4 at. d'eau = 6,3 p. c. qu'il perd par la dessiccation (Regnault).

Iodate de brucine. — Lorsqu'on évapore une solution de brucine dans l'acide iodique non employé en excès, on obtient deux sels : l'un opaque et soyeux, l'autre transparent, dur et en prismes à quatre pans. Le premier ramène au bleu le tournesol rougi, et paraît contenir un excès de base; il se produit si facilement qu'on l'obtient quelquefois en mettant à cristalliser une solution d'iodate légèrement acide. Le second est acide et rougit le tournesol (Pelletier).

Periodate de brucine[2]. — L'acide periodique se combine aisément avec la brucine dissoute dans l'alcool; par l'évaporation dans une étuve à 30 ou 40°, on obtient de belles aiguilles incolores. Ces cristaux se décomposent par la chaleur avec un léger bruit. Ils sont assez solubles dans l'eau et l'alcool; leur solution brunit par l'évaporation à l'air.

Sulfates de brucine. — On en connaît plusieurs.

α. *Sel neutre,* 2 $C^{46}H^{26}N^2O^8$, S^2O^6, 2 HO + 14 aq. On l'obtient en saturant la brucine par l'acide sulfurique étendu. Il forme de longues aiguilles, fort solubles dans l'eau, peu solubles dans l'al-

[1] BOEDEKER, *Ann. der Chem. u. Pharm.*, LXXI, 62.

[2] BOEDEKER, *Ann. der Chem. u. Pharm.*, LXXI, 64. — LANGLOIS, *Ann. de Chim. et de Phys.* [3], XXXIV, 278.

cool. Il renferme 14 atomes d'eau = 12 p. c. qui s'en vont par la dessiccation à 130° (Regnault).

β. *Sel acide.* On l'obtient en faisant cristalliser le sel précédent avec de l'acide sulfurique, et en enlevant l'excès d'acide par des lavages à l'éther.

γ. *Sels doubles.* Lorsqu'on ajoute de la brucine à une solution de sulfate de fer ou de cuivre, une partie de la base métallique est précipitée.

Nitrate de brucine, $C^{46}H^{26}N^2O^8, N^2O^6H + 4$ aq. — Obtenu avec l'acide nitrique étendu, il se présente sous la forme de prismes quadrilatères terminés par un biseau, et sans coloration. Ce sel est moins soluble que le sel de strychnine correspondant. Il renferme 4 atomes = 7,0 p. c. d'eau, qu'il perd par la dessiccation (Regnault).

Phosphates de brucine[1]. — On en connaît trois.

α. 2 $C^{46}H^{26}N^2O^8, PO^8H^3$ (à 100°). Lorsqu'on met la brucine en digestion avec de l'acide phosphorique tribasique, elle se dissout rapidement, et, par la concentration du liquide, il se dépose de gros prismes raccourcis, légèrement jaunâtres. Ce sel est assez soluble dans l'eau à froid, et s'y dissout à chaud en toutes proportions. Il est sans réaction sur le papier de tournesol. Les cristaux contiennent une certaine quantité d'eau de cristallisation, qu'ils perdent par l'exposition à l'air. Chauffés rapidement à 100°, ils éprouvent la fusion aqueuse, et se solidifient ensuite en une masse résineuse, d'où il est difficile d'expulser les dernières traces d'eau.

β. Sel acide. Il se produit aisément par l'emploi d'un excès d'acide phosphorique. Il cristallise en grosses tables rectangulaires, très-solubles et efflorescentes.

γ. $C^{46}H^{26}N^2O^8, PO^8NaH^2$ (à 100°). Le phosphate de brucine et de soude s'obtient aisément en mettant de la brucine en digestion avec du biphosphate de soude. Il cristallise en prismes courts et opaques.

Oxalate de brucine. — Il cristallise en longues aiguilles, surtout avec un excès d'acide; il est très-peu soluble dans l'alcool absolu.

Cyanoferrates de brucine[2]. — On en connaît trois.

α. 4 $C^{46}H^{26}N^2O^8$, 4 CyH, 2 CyFe + 4 aq. Cette combinaison, qui

[1] ANDERSON, *The Quart. Journ. of the Chem. Soc.*, n° 1, avril 1848, p. 55. *Ann. der Chem. u. Pharm.*, LXVI, 58.

[2] BRANDIS, *Ann. der Chem. u. Pharm.*, LXVI, 266.

correspond au ferrocyanure de potassium jaune, s'obtient en mélangeant ce sel avec une solution de nitrate de brucine; elle se précipite alors à l'état d'aiguilles brillantes, peu solubles dans l'eau froide et dans l'alcool, bien plus solubles dans ces liquides à chaud, et fort hygrométriques. Lorsqu'on la chauffe à 100°, ou qu'on la fait bouillir avec de l'eau, elle se décompose en dégageant de l'acide cyanhydrique et en déposant un précipité bleu.

β. Lorsqu'on mélange ensemble des solutions alcooliques de brucine et d'acide ferrocyanhydrique, il se produit un précipité blanc, amorphe, qui se dissout dans un excès de brucine. Ce précipité est à peine soluble dans l'eau et l'alcool; il présente une réaction acide et se décompose rapidement par la chaleur.

γ. Lorsqu'on mélange à froid la solution d'un sel de brucine avec la solution du ferricyanure de potassium rouge, on obtient un précipité jaune foncé et cristallin qui paraît être plus stable que le sel α.

Sulfocyanhydrate de brucine[1], $C^{46}H^{26}N^2O^8,CyHS^2$. — On l'obtient en saturant une solution alcoolique de brucine par une solution moyennement concentrée d'acide sulfocyanhydrique. Il est assez soluble dans l'eau, et cristallise en paillettes incolores, anhydres et infusibles à 100°.

Acétate de brucine. — Sel extrêmement soluble et incristallisable.

Tartrates de brucine[2]. — α. *Sels neutres*, $2\,C^{46}H^{26}N^2O^8, C^8H^6O^{12}$ + 11 aq., 16 aq. et 28 aq. Le meilleur moyen de préparer les tartrates neutres de brucine en cristaux très-nets et limpides consiste à dissoudre à chaud la brucine dans une solution aqueuse d'acide tartrique, en ayant soin d'employer rigoureusement 2 atomes d'alcali pour 1 atome d'acide. Ils sont fort solubles dans l'eau chaude et peu solubles dans l'eau froide.

Le sel droit se dépose immédiatement en lames limpides renfermant 16 atomes d'eau, dont 15 se dégagent à 100°, et le dernier à 150° (en tout 13,22 p. c.; calcul, 13,18 p. c.). Préparé dans l'alcool à 95 centièmes, le même sel ne renferme que 11 atomes d'eau, dont 10 se dégagent à 100°, et le dernier à 150° (en tout 10 p. c.; calcul, 9,5 p. c.)

Le sel gauche renferme toujours 28 atomes d'eau, qu'il ait été

[1] DOLLFUS, *Ann. der Chem. u. Pharm.*, LXV, 219.
[2] PASTEUR, *Ann. de Chim. et de Phys.*, [3] XXXVIII, 472.

formé dans l'eau pure ou dans l'alcool concentré. Lorsqu'on le prépare dans l'eau, il ne commence à se déposer en cristaux que plusieurs heures après le mélange des solutions de brucine et d'acide tartrique, et le lendemain les parois sont tapissées de gros mamelons blancs satinés. Il s'effleurit beaucoup en été. Il perd à 100° 20,66 p. c. d'eau et à 150° encore 1 p.c. environ (en tout, calcul 21 p. c. = 28 atomes d'eau).

β. *Sels acides,* $C^{46}H^{26}N^2O^8$, $C^8H^6O^{12}$, et + 10 aq. On les obtient en mélangeant atomes égaux de brucine et d'acide tartrique.

Le sel droit se précipite immédiatement et d'une manière complète sous la forme d'une poudre grenue et cristalline. Ce sel, cristallisé dans l'eau ou dans l'alcool, est toujours anhydre. Il ne commence à se décomposer qu'à 200° environ.

Le sel gauche présente la même composition et le même aspect, qu'il se soit formé dans l'eau pure, ou dans l'alcool concentré. Il renferme 10 atomes d'eau de cristallisation (calcul, 15,7 p. c.; expérience, 14,5 p. c.); à 100°, le sel perd 13,3 p. c. d'eau (9 atomes); le reste s'en va à 150°. Il est fort soluble dans l'eau chaude, peu soluble dans l'eau froide; il s'effleurit aisément dans l'air sec.

Dérivés bromés de la brucine.

§ 2219. *Bromobrucine,* $C^{46}H^{25}BrN^2O^8$. — Pour préparer ce corps [1], on fait dissoudre du sulfate de brucine dans l'eau. D'un autre côté, on fait une dissolution de brome dans l'alcool faible, et l'on verse celle-ci dans le sulfate. Il se forme presque aussitôt une matière résineuse. On continue l'addition de l'alcool bromé jusqu'à ce que le quart ou le tiers de la brucine soit converti en ce produit. La dissolution décantée est ensuite précipitée par l'ammoniaque. Le précipité ayant été dissous dans l'alcool très-faible, on y verse peu à peu de l'eau bouillante légèrement alcoolisée, puis un peu d'eau également bouillante. Lorsqu'un léger trouble commence à paraître, on abandonne la dissolution au refroidissement.

Il se dépose ainsi de petites aiguilles, légèrement colorées en brun. Cette brucine bromée ne se colore pas en rouge par l'acide nitrique. Elle a donné à l'analyse :

	Laurent.	Calcul.
Brome.	17,5	16,9

[1] LAURENT (1848), *Ann. de Chim. et de Phys.*, [3] XXIV, 314.

Dérivés iodés de la brucine.

§ 2220. *Iodobrucines*[1]. — Il paraît exister deux combinaisons d'iode et de brucine.

α. $4\,C^{46}H^{26}N^{2}O^{8},3\,I^{2}$. On obtient ce composé, sous la forme d'un précipité jaune-orangé, en versant à froid, dans une solution alcoolique de brucine, de la teinture d'iode en quantité insuffisante pour former le composé β.

Il renferme :

	Pelletier.	Calcul.
Iode. . . .	33,3	32,4

β. $2\,C^{46}H^{26}N^{2}O^{8},3\,I^{2}$. Cette combinaison se produit[2] lorsqu'on broie la brucine avec un excès d'iode en poudre ou en teinture alcoolique. C'est une poudre brune, soluble dans l'alcool chaud. Lorsqu'on la traite à chaud par un acide dilué, elle dégage de l'iode et donne un sel de brucine ; traitée par le nitrate d'argent, elle précipite de l'iodure d'argent. Elle renferme :

	Pelletier.	Regnault.	Calcul.
Carbone.	»	36,13	35,8
Hydrogène. . . .	»	3,69	3,4
Iode.	45,66	»	48,9

Dérivés nitriques de la brucine[3].

§ 2221. Lorsqu'on verse de l'acide nitrique concentré sur de la brucine, elle se colore en rouge foncé, s'échauffe et développe un gaz incolore, doué d'une odeur de pommes de reinette, soluble dans l'eau et fort soluble dans l'alcool, absorbable par le sulfate ferreux qui en est coloré en noir, inflammable et brûlant avec une flamme légèrement verdâtre avec dégagement de vapeurs nitreuses. Ces caractères sont ceux de l'éther nitreux, et j'avais considéré le gaz comme ce corps ; mais, d'après des expériences récentes de

[1] PELLETIER (1836), *Ann. de Chim. et de Phys.*, LXIII, 176. — REGNAULT, *Ann. der Chem. u. Pharm.*, XXIX, 61.

[2] Suivant Pelletier, il ne se forme en même temps de l'iodhydrate de brucine qu'autant qu'on opère sur des solutions alcooliques.

[3] GERHARDT, *Compt. rend. des trav. de Chim.*, 1845, p. 111. — LIEBIG, *Ann. der Chem. Pharm.*, LVII, 94. — LAURENT, *Compt. rend. de l'Acad.*, XXII, 633. *Ann. de Chim. et de Phys.*, [3] XXII, 463 ; XXIV, 315. — ROSENGARTEN, *Ann. der Chem. u. Pharm*, LXV, 111. — HOFMANN, *ibid.*, LXXV, 368. — STRECKER, *Compt. rend. de l'Acad*, XXXIX, 52.

M. Strecker, qui en a fait l'analyse, le gaz se compose d'éther méthyl-nitreux[1]. Le même gaz se dégage lorsqu'on distille avec du nitrite de potasse une solution chlorhydrique de brucine (Hofmann).

Lorsque l'acide nitrique a cessé d'agir sur la brucine à la température ordinaire, il laisse déposer de la cacothéline; en même temps la liqueur renferme de l'acide oxalique. Enfin, l'éther méthyl-nitreux est accompagné de bioxyde d'azote et d'acide carbonique, mais ce dernier gaz n'est qu'un produit secondaire, dû à la décomposition de l'acide oxalique.

La réaction entre la brucine et l'acide nitrique peut se représenter par l'équation suivante (Strecker) :

$$\underset{\text{Brucine.}}{C^{46}H^{26}N^2O^8} + 5\,(NO^5, HO)$$

$$= \underset{\text{Cacothéline.}}{C^{40}H^{22}(NO^4)^2N^2O^{10}} + \underset{\text{Nitrite de méthyle.}}{C^2H^3(NO^4)} + \underset{\text{Acide oxalique.}}{C^4H^2O^8} + 2\,NO^2 + 4\,HO.$$

§ 2222. *Cacothéline*, $C^{40}H^{22}(NO^4)^2N^2O^{10}$. — Cette substance se dépose en partie sous la forme de flocons cristallins, d'un jaune-orangé, après que l'acide nitrique a cessé d'agir sur la brucine. On peut en avoir davantage en précipitant la liqueur rouge par de l'alcool. Elle s'obtient à l'état de paillettes jaunes par la dissolution dans l'eau aiguisée de beaucoup d'acide nitrique.

La cacothéline n'est soluble qu'en très-petite quantité dans l'eau bouillante; elle est encore moins soluble dans l'alcool bouillant,

[1] M. Laurent a obtenu, par la condensation du gaz, un liquide distillant, sans bouillir, à une température voisine de 10°, et contenant : carbone, 29,10 ; hydrog, 6,1. Les rapports entre ces nombres sont les mêmes que dans l'éther nitreux; toutefois le calcul exige, en centièmes, 32,10 carbone, et 6,6 hydrogène.

En faisant la combustion du même gaz, M. Rosengarten a obtenu, pour le carbone et l'hydrogène, dans deux expériences, les rapports de 4 : 6,05 et de 4 : 638, c'est-à-dire sensiblement les mêmes que dans l'éther méthyl-nitreux.

M. Strecker a également déterminé par la combustion le rapport entre le carbone et l'hydrogène, ainsi que, dans une autre expérience, le rapport entre le carbone et l'azote. Il a ainsi trouvé le rapport C^2H^3N, comme dans l'éther méthyl-nitreux. De plus le gaz condensé, mis en contact avec une solution alcoolique de potasse, a donné des cristaux de nitrite de potasse. Enfin le même chimiste a déterminé la quantité totale d'acide carbonique et d'eau qu'on obtient par la combustion du gaz dégagé par un atome de brucine : cette expérience lui a donné 2,1 atomes d'acide carbonique et 2,98 atomes d'eau.

Dans des circonstances qui ne me sont pas connues, M. Liebig a obtenu, par la condensation du gaz produit avec l'acide nitrique et la brucine, un liquide non miscible à l'eau, plus dense que l'acide nitrique étendu, et entrant en ébullition à 70 ou 75°. Il est probable que M. Liebig avait chauffé le mélange, et que son liquide était du nitrate de méthyle.

et insoluble dans l'éther. Soumise à l'action de la chaleur, elle se décompose brusquement à la manière des corps nitrés.

Elle renferme :

	Laurent.		Rosengarten.		Strecker.	Calcul.
Carbone. .	51,3	51,5	51,57	51,50	52,1	51,9
Hydrogène.	4,6	4,4	4,75	4,80	4,9	4,8
Azote. . .	11,2	»	12,69	»	12,6	12,1
Oxygène. .	»	»	»	»	»	31,2
						100,0

Conservée dans un flacon fermé et exposée à la lumière diffuse, la cacothéline devient promptement brun foncé à la surface.

La potasse dissout aisément la cacothéline avec une couleur brun-jaunâtre.

L'ammoniaque la dissout immédiatement, en donnant une liqueur jaune qui, par l'ébullition, passe au vert, puis au brun.

Les oxydes métalliques se combinent avec la cacothéline ; la *baryte* donne une combinaison soluble, renfermant $C^{40}H^{22}(NO^4)^2N^2O^{10}$, BaO.

La cacothéline est un alcali nitré, mais ses combinaisons avec les acides sont décomposés par l'eau. Lorsqu'on verse une solution de *bichlorure de platine* dans une solution de cacothéline dans l'acide chlorhydrique, il se forme, après quelques heures, un précipité cristallin renfermant 14,8 p. c. de platine ; ce nombre s'accorde avec la formule $C^{40}H^{22}(NO^4)^2N^2O^{10}$,HCl,PtCl² (Strecker).

Si l'on abandonne, pendant quelques heures, la cacothéline dans le liquide rouge nitrique où elle s'est formée, elle se convertit en un autre corps, de la couleur du jaune de chrome, insoluble dans l'eau, et faisant explosion par la chaleur.

Igasurine et combinaisons.

§ 2223. IGASURINE [1]. — Cet alcali, suivant M. Desnoix, est contenu dans la noix vomique ; il se trouve dans les eaux-mères dont on a précipité la strychnine et la brucine par la chaux, à la température de l'ébullition.

Il suffit, pour l'obtenir, d'abandonner ces eaux-mères pendant quelques jours : si elles sont suffisamment concentrées, l'igasurine

[1] DESNOIX (1853) *Journ. de Pharm.*, [3] XXV, 202. *Répertoire de Pharm.* de M. Bouchardat, septembre 1853.

se dépose à l'état cristallin sur les parois du vase, si elles sont trop étendues, il faut les évaporer au bain-marie jusqu'à ce qu'elles donnent des cristaux. On recueille ceux-ci, et on les traite par l'eau aiguisée d'acide chlorhydrique ; la solution, traitée par le charbon animal et précipitée par l'ammoniaque, laisse déposer l'igasurine sous la forme d'une poudre blanc-jaunâtre, amorphe d'abord, et devenant peu à peu cristalline. On la purifie par une nouvelle cristallisation dans l'alcool à 25 degrés.

L'igasurine cristallise très-facilement en prismes soyeux, disposés en aigrettes, incolores, d'une saveur très-amère et persistante. Elle se distingue de la strychnine et de la brucine par sa solubilité : elle exige, pour se dissoudre, 100 p. d'eau bouillante ; par le refroidissement, la solution en dépose environ la moitié, sous la forme de houppes soyeuses qui font prendre la liqueur en masse. Elle est fort soluble dans l'alcool, le chloroforme, les huiles essentielles. L'éther ne la dissout qu'en faible proportion à la température de 20°. Les huiles grasses la dissolvent également. Sa solution alcoolique dévie à gauche le plan de polarisation de la lumière ; $[\alpha] = -62°,9$.

On ne connaît pas la composition de l'igasurine. Suivant M. Desnoix, elle contient environ 10 p. c. d'eau de cristallisation. Son poids atomique paraît être compris entre celui de la strychnine et celui de la brucine.

Soumise à l'action de la chaleur, l'igasurine fond en perdant son eau de cristallisation ; à une température élevée, elle se détruit en émettant des vapeurs ammoniacales.

L'acide sulfurique concentré la colore d'abord en rose ; cette teinte passe au jaune, puis au vert-jaunâtre. L'acide nitrique concentré la colore fortement en rouge, comme la brucine ; si l'on ajoute au mélange quelques gouttes de chlorure d'étain, la couleur passe au violet.

Lorsqu'on fait arriver un courant de chlore dans une solution très-étendue de chlorhydrate d'igasurine, on voit la liqueur se colorer en rose, en rouge, puis en jaune, et chaque bulle de gaz s'envelopper d'une pellicule blanche, qui se dépose peu à peu à l'état pulvérulent. Si l'on arrête le passage du chlore, le précipité se redissout par l'agitation, et peu de temps après la solution perd sa couleur rouge, pour ne conserver qu'une teinte légèrement verdâtre.

L'iodure de potassium ne précipite pas immédiatement la solution de l'igasurine ; ce n'est qu'à la longue que le mélange dépose des cristaux légèrement colorés en jaune rougeâtre. Mais l'iodure de potassium ioduré produit immédiatement un précipité brun.

Le chlorate de potasse ne la précipite pas de ses dissolutions ; celles-ci sont, au contraire, précipitées en jaune par le bichlorure de platine, en blanc par le tannin de la noix de galle.

L'igasurine agit sur l'économie animale à la manière de la strychnine et de la brucine; son énergie la place entre ces deux bases.

§ 2224. *Sels d'igasurine.* — Les acides étendus dissolvent aisément l'igasurine en formant des sels, en général solubles et cristallisables. La potasse, la soude et l'ammoniaque la précipitent de la solution de ces sels : si l'on y ajoute un excès de liqueur alcaline (surtout de potasse), le précipité d'igasurine se redissout. L'igasurine est également précipitée, sous la forme de cristaux aiguillés, par le bicarbonate de soude ou de potasse, en présence de l'acide tartrique.

Le *chlorhydrate* ressemble au sulfate pour la forme, mais il est beaucoup plus soluble ; 2 p. d'eau suffisent pour le dissoudre à chaud ; à froid, il en exige à peu près le double.

Le *sulfate* se prépare avec facilité en saturant de l'acide sulfurique étendu par l'igasurine, filtrant la liqueur, et laissant cristalliser, après avoir suffisamment concentré au bain-marie. On obtient ainsi des cristaux incolores et soyeux, solubles dans environ 4 p. d'eau bouillante et 10 p. d'eau froide.

Le *nitrate* s'obtient en saturant avec précaution l'igasurine par de l'acide nitrique très-étendu, et en soumettant la liqueur à l'évaporation spontanée. Si on l'évaporait au bain-marie, le produit serait coloré. On peut aussi préparer le nitrate d'igasurine, par double décomposition, avec du sulfate d'igasurine et du nitrate de baryte. Il se présente en cristaux incolores, plus solubles dans l'eau que le chlorhydrate et le sulfate d'igasurine.

ALCALI DU TABAC.

§ 2225. NICOTINE, $C^{20}H^{14}N^{2} = N\ (C^{10}H^{7}),\ N\ (C^{10}H^{7})$. — Cet alcali[1], obtenu pour la première fois à l'état impur par Vauquelin, se

[1] VAUQUELIN (1809), *Ann. de Chimie*, LXXI, 139. — POSSELT et REIMANN, *Magaz. f. Pharm*, XXIV, 138.— E. DAVY, *Ann. der Chem. u. Pharm.* XVIII, 63. — ORTI-

rencontre dans les différentes espèces de tabac, probablement à l'état de malate et de citrate. Posselt et Reimann l'ont extrait à l'état de pureté des feuilles de *Nicotiana Tabacum*, *Macrophylla rustica*, *Macrophylla glutinosa*. MM. Ortigosa, Barral, Melsens et Schlœsing ont analysé la nicotine et étudié ses sels [1].

Le procédé d'extraction suivi par M. Barral est le suivant : on épuise les feuilles de tabac avec de l'eau aiguisée d'acide chlorhydrique ou sulfurique; on évapore l'extrait de manière à le réduire à la moitié de son volume, et on le distille avec de la chaux. Le produit de la distillation contient la nicotine, qu'on en extrait par l'éther. On sépare ensuite par la distillation la plus grande partie de l'éther; on abandonne le résidu pendant quinze jours dans un endroit chaud, et on le chauffe enfin à 140°, température à laquelle il se dégage de l'ammoniaque, ainsi que certaines substances étrangères moins volatiles. On mélange avec de la chaux la liqueur ainsi concentrée, et on la distille au bain d'huile à 190°, dans un courant de gaz hydrogène. La matière qui passe alors est encore un peu colorée; mais on l'obtient parfaitement pure par une nouvelle distillation dans l'hydrogène.

La marche suivante, employée par M. Schlœsing, me paraît plus avantageuse : on épuise le tabac par l'eau bouillante, on concentre l'extrait jusqu'à ce qu'il se prenne en masse, et on l'agite avec le double de son volume d'alcool de 36°. Il se forme deux couches : la couche inférieure, noire et presque solide, renfermant du malate de chaux, la couche supérieure contenant toute la nico-

COSA, *ib.*, XLI, 114.—BARRAL, *Ann. de Chim. et de Phys.*, [3], VII, 151; XX, 345. — MELSENS, *ib.*, IX, 465. — SCHLOESING, *ibid.*, XIX, 230.

[1] Quelques chimistes représentent la molécule de la nicotine libre par la formule $C^{10}H^7N$, c'est-à-dire par la moitié de la formule que j'ai adoptée; mais il est à remarquer que $C^{20}H^{14}N^2$ correspond à 4 volumes de vapeur, et sature la même quantité d'acide sulfurique que NH^3 pour donner un sel neutre.

Il est probable, d'ailleurs, que $C^{20}H^{14}N^2 = C^{10}H^7N, C^{10}H^7N$, se dédouble dans certains cas pour entrer en combinaison. Un semblable dédoublement a lieu sans doute dans l'action de l'iodure d'éthyle sur la nicotine (§ 2230).

Il résulte des expériences de MM. Kekulé et de Planta que, dans la nicotine, le groupement $C^{10}H^7$ est l'équivalent de H^3. La molécule de la nicotine dérive donc de deux molécules d'ammoniaque dans lesquelles tout l'hydrogène est remplacé par $C^{10}H^7$,

$$C^{20}H^{14}N^2 = \begin{cases} N(C^{10}H^7) \\ N(C^{10}H^7) \end{cases} \text{dérivant de} \begin{cases} NH^3 \\ NH^3 \end{cases}$$

On s'explique ainsi pourquoi on n'obtient pas, avec la nicotine, des combinaisons semblables aux amides. Je l'ai vainement traitée par l'acide oxalique et par le chlorure de benzoïle, sans réussir à produire un corps semblable à l'oxanilide ou à la benzanilide.

tine. On décante cette dernière, on en chasse par la distillation la plus grande partie de l'alcool, et l'on traite de nouveau par l'alcool pour précipiter certaines matières. Le nouvel extrait est traité par une dissolution concentrée de potasse; on laisse refroidir et on agite avec de l'éther, qui s'empare de toute la nicotine. On ajoute à la solution éthérée de l'acide oxalique en poudre; il se précipite ainsi de l'oxalate de nicotine sous la forme d'une masse sirupeuse. Celle-ci lavée à l'éther, traitée par la potasse, reprise par l'eau et distillée au bain-marie, donne la nicotine, qu'on obtient pure et incolore par la rectification dans un courant d'hydrogene.

Voici les proportions de nicotine contenues, suivant M. Schlœsing, dans les tabacs de France et d'Amérique :

Noms des tabacs.	Nicotine pour 100 de tabac sec.
Lot	7,96
Lot-et-Garonne	7,34
Nord.	6,58
Ille-et-Vilaine	6,29
Pas-de Calais	4,94
Alsace	3,21
Virginie	6,87
Kentucky.	6,09
Maryland.	2,29
Havane.	moins de 2,0.

M. Melsens a observé la présence de la nicotine dans les produits condensés de la fumée de tabac. Quand on fume dans des pipes allemandes, il s'accumule au fond des pompes dont elles sont munies un liquide brunâtre, d'une saveur fort âcre, d'une odeur empyreumatique et repoussante au plus haut degré; ce liquide est extrêmement vénéneux et renferme beaucoup de nicotine. Quelques gouttes de ce liquide versées dans le bec d'un oiseau le frappent d'une mort instantanée. (M. Melsens est parvenu à en extraire environ 30 grammes de nicotine, en opérant sur 4,5 kilogrammes de tabac.)

§ 2226. La nicotine constitue un liquide oléagineux, incolore, transparent, assez fluide. Suivant M. Barral, sa densité à l'état liquide est de 1,033 à 4°, de 1,027 à 15°, de 1,018 à 30°, de 1,0006 à 50°, de 0,9424 à 101°,5; à l'état de vapeur (corrections faites), elle est de 5,630—5,607 = 4 volumes pour la formule $C^{20}H^{14}N^{2}$

(calcul, 5,578). Elle devient jaunâtre par le temps, brunit et s'épaissit peu à peu au contact de l'air, dont elle absorbe l'oxygène. Son odeur rappelle un peu celle du tabac, sa saveur est très-brûlante.

Elle est très-soluble dans l'eau, dans l'alcool et dans les huiles grasses, ainsi que dans l'éther qui la sépare même facilement d'une dissolution aqueuse. Elle est fort peu soluble dans l'essence de térébenthine. Elle est fort hygrométrique : dans une atmosphère saturée de vapeur d'eau, elle peut prendre jusqu'à 177 p. c. d'eau, et ensuite la perdre complétement dans une atmosphère séchée par la potasse ; quand elle est ainsi hydratée, elle se prend entièrement en une masse cristalline par le refroidissement dans un mélange de glace et de sel. Anhydre, elle ne se concrète pas par un froid de — 10°.

Elle bout à 250° environ, en s'altérant légèrement ; on peut la distiller avec de l'eau, sans qu'elle s'altère. Les vapeurs qu'elle répand offrent une telle odeur de tabac et sont tellement irritantes, qu'on respire avec peine dans une pièce où l'on a répandu une goutte de cet alcali. Cette vapeur brûle avec une flamme blanche fuligineuse, en déposant du charbon comme le ferait une huile essentielle.

Elle dévie énergiquement vers la gauche le plan de polarisation de la lumière[1]; $[\alpha]_r = -93^{\circ}5$.

Elle renferme :

	Barral.	Melsens.	Schloesing.		$C^{20}H^{14}N^{2}$.
Carbone . . .	73,69	74,3	73,77	73,40	74,08
Hydrogène . .	8,86	8,8	8,62	8,89	8,64
Azote	17,04	17,3	17,11	»	17,28
					100,00

La nicotine dissout à chaud le soufre (10,58 p. à 100°), mais elle ne dissout pas le phosphore.

La dissolution aqueuse de la nicotine est incolore, transparente et fortement alcaline; elle précipite en blanc le bichlorure de mercure, l'acétate de plomb, le chlorure stanneux et le chlorure stannique ; en jaune-serin le bichlorure de platine ; en blanc les sels de zinc, et le précipité se dissout dans un excès de nicotine ; en bleu gélatineux l'acétate de cuivre, et le précipité se dissout dans un excès de nicotine, en formant un sel bleu à la manière de l'ammoniaque.

[1] LAURENT, *Compt. rend. des trav. de Chim*, 1845, p. 110.

Elle précipite les sels ferriques en jaune d'ocre ; un excès de nicotine ne dissout pas le précipité. Avec le sulfate de manganèse, elle donne un précipité blanc qui ne tarde pas à brunir au contact de l'air. Elle sépare des sels de chrome du sesquioxyde vert. Le permanganate de potasse rouge est instantanément décoloré par elle. Avec le chorure d'or, elle donne un précipité jaune-rougeâtre, très-soluble dans un excès de nicotine. Avec le chlorure de cobalt, elle donne un précipité bleu passant au vert, et peu soluble dans un excès de nicotine.

Elle produit un abondant précipité blanc dans la solution de l'acide gallotannique.

La nicotine se combine directement avec les acides en dégageant de la chaleur. L'acide sulfurique concentré et pur la colore en rouge vineux à froid ; à chaud, le liquide se trouble et acquiert une couleur lie de vin ; si l'on fait bouillir, il noircit et il se dégage de l'acide sulfureux.

Avec l'acide chlorhydrique froid, elle répand des vapeurs blanches, comme le ferait l'ammoniaque ; si l'on chauffe, le mélange devient d'un violet d'autant plus foncé, qu'on prolonge davantage l'ébullition.

L'acide nitrique lui communique, à l'aide d'une légère chaleur, une couleur jaune orangée, en dégageant des vapeurs rouges ; si l'on chauffe davantage, la liqueur jaunit, et acquiert, par l'ébullition, une couleur rouge semblable à celle du bichlorure de platine ; si l'on prolonge l'ébullition, on n'obtient qu'une masse noire. L'acide chlorique altère promptement la nicotine.

Chauffée avec l'acide stéarique, elle se dissout en produisant un savon qui se fige par le refroidissement, et qui est légèrement soluble dans l'eau et fort soluble dans l'éther à chaud.

Le chlore agit très-énergiquement sur la nicotine ; il se dégage de l'acide chlorhydrique, et l'on obtient une liqueur d'un rouge de sang. Au soleil et par une température de 80°, on obtient de longues aiguilles ; ces cristaux disparaissent par l'élévation de la température. Le produit, étant traité par l'eau, se décompose en donnant un dépôt blanchâtre, soluble dans l'alcool et cristallisable ; la liqueur filtrée est fort acide et brunit par l'évaporation.

L'eau iodée précipite la solution de nicotine en jaune, comme le ferait le bichlorure de platine ; avec un excès de nicotine, le mélange devient jaune-paille, et se décolore par l'action de la chaleur.

Lorsqu'on mélange des solutions éthérées d'iode et de nicotine, on obtient une combinaison cristallisée (§ 2229).

Le cyanate d'éthyle agit lentement sur la nicotine en produisant un composé cristallisable en belles lames (Wurtz). L'iodure et le bromure d'éthyle l'attaquent également en produisant de l'iodure ou du bromure d'éthyl-nicotine (§ 2230).

La nicotine est un poison très-violent. Un chien de moyenne taille meurt en moins de trois minutes, si on lui met sur la langue une goutte de nicotine de moins de 5 milligrammes.

Pour doser la nicotine contenue dans le tabac, on en épuise 10 grammes, dans un appareil à distillation continue, au moyen d'éther chargé d'ammoniaque, et, après avoir chassé de l'extrait l'ammoniaque et l'éther au moyen de l'ébullition, on apprécie l'alcalinité du résidu à l'aide d'acide sulfurique titré. 500 p. d'acide sulfurique supposé anhydre SO^3 neutralisent 2025 p. de nicotine (Schloesing).

§ 2227. *Sels de nicotine.* — A l'état de pureté ils n'ont pas d'odeur, mais ils possèdent une saveur âcre, semblable à celle du tabac.

Les sels simples formés par les acides minéraux sont en général très-solubles dans l'eau et dans l'alcool, insolubles dans l'éther, difficilement cristallisables et même déliquescents. Les sels doubles cristallisent mieux.

Chlorhydrate de nicotine, $C^{20}H^{14}N^2$, 2 HCl. — Ce sel est fort déliquescent; mais on l'obtient cristallisé en longues fibres anhydres, en le formant avec de l'acide chlorhydrique sec, et le portant sous le récipient de la machine pneumatique. Il est blanc, plus volatil que la nicotine, insoluble dans l'éther, très-soluble dans l'eau et l'alcool.

Il dévie vers la droite le plan de polarisation de la lumière (Laurent).

Chloroplatinate de nicotine, $C^{20}H^{14}N^2$, 2 (HCl,PtCl²). — Lorsqu'on ajoute du bichlorure de platine à une solution aqueuse de nicotine neutralisée par de l'acide chlorhydrique, il se forme immédiatement un précipité jaune et cristallin, peu soluble dans l'eau froide et entièrement insoluble dans l'alcool et l'éther. Ce chloroplatinate est très-soluble dans un léger excès de nicotine. L'acide chlorhydrique étendu le dissout entièrement à chaud. Si les solutions sont étendues, on obtient des prismes rhomboïdaux obliques. Ce sel renferme :

	Ortigosa.	Barral.	Calcul.
Carbone. . . .	20,98	21,12	20,7
Hydrogène . .	3,14	3,16	2,7
Azote	4,74	4,81	4,8
Platine	34,11	34,25	34,4

Chloroplatinites de nicotine. — On les obtient[1] en introduisant de la nicotine dans une dissolution chlorhydrique de chlorure platineux ; quand on agite le mélange, il se dépose un sel orangé cristallin α, tandis que l'eau-mère retient un autre sel cristallisable et rouge β.

Sel α . . . $C^{20}H^{14}N^{2}$, 2 (PtGl, 2 HGl)
Sel β . . . $C^{20}H^{14}N^{2}$, 2 (PtGl, HGl)

Le sel α est insoluble dans l'eau froide, soluble dans l'eau bouillante, où il se dépose, par le refroidissement, à l'état cristallisé. La potasse en dégage de la nicotine. Il se dissout dans l'acide chlorhydrique, qui le dépose, par l'évaporation lente, en beaux prismes à base rhombe, d'un rouge orangé. L'acide nitrique le dissout aussi, et le dépose en petits cristaux jaunes, qui ont encore la même composition. Le sel se dissout aussi dans la nicotine, en donnant un produit miscible à l'eau, gluant, très-déliquescent et incristallisable.

Le sel β des eaux-mères se dépose en cristaux prismatiques par l'évaporation dans le vide. Il est peu soluble dans l'eau froide ; dans l'eau chaude il se dissout plus facilement, et la liqueur le dépose, par le refroidissement, en écailles cristallines jaunes. Insoluble dans l'alcool et l'éther, il se dissout à froid dans les acides chlorhydrique et nitrique.

Chloromercurates de nicotine[2]. — On a décrit trois combinaisons de nicotine et de bichlorure de mercure.

α. $C^{20}H^{14}N^{2}$, 2 HgGl. M. Ortigosa l'obtient en précipitant une solution de sublimé corrosif par une solution de nicotine. Le précipité est blanc, cristallin, insoluble dans l'eau et l'éther, peu soluble dans l'alcool. Il se décompose déjà en partie à une température inférieure au point d'ébullition de l'eau, en fondant et en devenant jaunâtre.

β. $C^{20}H^{14}N^{2}$, 6 HgGl. M. Boedeker prépare cette combinaison en ajoutant une solution saturée de bichlorure de mercure, à une

[1] RAEWSKY, *Ann. de Chim. et de Phys.*, [3] XXV, 332.
[2] ORTIGOSA, *loc. cit.* — BOEDEKER, *Ann. der Chem. u. Pharm.*, LXXIII, 372.

solution de nicotine dans l'acide chlorhydrique étendu, jusqu'à ce que le précipité persiste. Si l'on abandonne le mélange laiteux pendant quelques jours, le sel se sépare à l'état cristallisé. Si la solution de nicotine est trop concentrée, il se sépare au bout de quelque temps un corps huileux, insoluble dans l'eau, mais qui se dissout aisément dans l'acide chlorhydrique étendu, et qu'une nouvelle addition de bichlorure de mercure convertit en sel cristallisé.

Cette combinaison forme des cristaux incolores ou jaunâtres, souvent d'un pouce de long, peu solubles dans l'alcool et dans l'eau froide; l'eau bouillante les décompose, les fait fondre et les transforme en une matière brune et résineuse. Ils se dissolvent plus facilement et sans décomposition dans l'eau acidulée. (Les cristaux appartiennent au système rhombique [1]. Combinaison de deux prismes verticaux ∞P et $\infty \breve{P}2$ et d'un prisme horizontal $\breve{P}\infty$, avec les faces $\infty \breve{P} \infty$ et $\infty \bar{P} \infty$. Valeurs des axes dans l'octaèdre primitif P, $a : b : c :: 1{,}280 : 1{,}542 : 1$. Angle des prismes, dans le plan de l'axe vertical c et de la petite diagonale a, $\infty P : \infty P = 100° 40'$; $\infty \breve{P}2 : \infty \breve{P}2 = 62° 10'$; $\breve{P}\infty : \breve{P}\infty = 114° 6'$. Clivage parallèle à $\infty \bar{P} \infty$).

γ. $C^{20}H^{14}N^2$,HGl, 8 HgGl. Ce composé s'obtient, suivant M. Wertheim [2], sous la forme d'un précipité cristallin, lorsqu'on traite à froid la solution neutre du chlorhydrate de nicotine par une solution aqueuse de bichlorure de mercure, prise en grand excès. Il cristallise, dans l'eau bouillante, sous la forme d'aiguilles groupées en rayons.

δ. Un cyano-chloromercurate de nicotine s'obtient lorsqu'on ajoute à une solution neutre de nicotine, dans l'acide chlorhydrique dilué, environ le même volume d'une solution saturée de cyanure de mercure. Si le mélange est trop étendu, on peut le concentrer par l'évaporation sans qu'il se décompose. Cette combinaison cristallise en prismes incolores, soyeux et réunis en aigrettes. Elle se dissout aisément et sans décomposition dans l'eau froide, l'eau bouillante et l'alcool. La solution n'est pas précipitée par la potasse, ni à chaud ni à froid. Mais si l'on arrose de potasse les cristaux, ils deviennent d'un jaune rougeâtre. Au contact de l'acide chlorhydrique, ils dégagent de l'acide cyanhydrique.

[1] Dauber, *Ann. der Chem. u. Pharm.*, LXXIV, 201.

[2] Th. Wertheim, *Communication particulière.*

M. Bœdeker a trouvé dans ce composé 60,85 mercure, 17,76 chlore et 2,46 cyanogène, ce qui équivaudrait à $C^{20}H^{14}N^2$, 5 HgCl, HgCy. L'auteur pense toutefois qu'une analyse plus exacte donnerait les rapports $C^{20}H^{14}N^2$, 4 HgCl, 2 HgCy.

Iodomercurates de nicotine. — On en connaît deux.

α. $C^{20}H^{14}N^2$, 2 HgI. Paillettes incolores qu'on obtient, suivant M. Wertheim, en broyant la nicotine avec du biiodure de mercure et en traitant la masse par l'eau bouillante. La nicotine, dans cette réaction, s'échauffe au point de se vaporiser en partie.

β. $C^{20}H^{14}N^2$, 2 (HI, HgI). Ce sel se produit, selon M. Boedeker, si l'on dissout la nicotine dans l'acide iodhydrique étendu, et qu'on y ajoute une solution de biiodure de mercure dans l'acide iodhydrique, jusqu'à ce que le précipité persiste et que le liquide reste trouble. Le sel cristallise au bout de quelque temps. On ne peut pas concentrer l'eau-mère par l'évaporation sans qu'elle se décompose.

Il forme de petits prismes jaunâtres, peu solubles dans l'eau froide et dans l'alcool. L'eau bouillante les décompose, en séparant une matière résinoïde, d'un jaune rougeâtre, et insoluble dans la potasse.

Sulfate de nicotine. — Masse incristallisable, fort soluble dans l'eau et l'alcool. Suivant M. Schloesing, les proportions d'acide sulfurique nécessaires à la complète neutralisation de la nicotine correspondent aux rapports 2 $C^{20}H^{14}N^2$,S^2O^6, 2 HO.

Nitrate de nicotine et d'argent. — On en connaît deux [1].

α, $C^{20}H^{14}N^2$, NO^6Ag. Prismes incolores qu'on obtient en mélangeant à froid une solution alcoolique de nicotine, assez étendue, avec un excès d'une solution alcoolique de nitrate d'argent.

β. 2 $C^{20}H^{14}N^2$, NO^6Ag. Ce sel s'obtient comme le précédent, mais par l'emploi d'un excès de nicotine. Il se dépose, dans une solution diluée et par l'évaporation spontanée, sous la forme de beaux prismes, paraissant appartenir au système monoclinique.

Phosphate de nicotine. — Il cristallise dans une solution sirupeuse, sous la forme de larges lames, semblables à de la cholestérine.

Oxalate de nicotine. — Cristaux fort solubles dans l'eau et l'alcool bouillant, insolubles dans l'éther.

[1] Th. Wertheim, *Communicat. particulière.*

Acétate de nicotine. — Masse sirupeuse, incristallisable.

Tartrate de nicotine. — Sel fort soluble, cristallisé en grains.

§ 2228. *Nicotianine* [1] ou essence de tabac. — Hermbstaedt a observé qu'en distillant les feuilles de tabac, fraîches ou desséchées, avec une petite quantité d'eau, on obtient un liquide trouble à la surface duquel une substance cristalline se sépare au bout de quelques jours (8 kilogr. de tabac n'en donnent qu'un peu plus de 0,5 gramme, Posselt et Reimann). Cette substance est semblable au camphre, volatile, insoluble dans l'alcool et l'éther. Son odeur est faible, et ressemble à celle de la fumée de tabac; sa saveur est aromatique et amère. La potasse dissout cette substance, mais les acides étendus ne la dissolvent pas.

Elle renferme :

	Barral.	Calcul.
Carbone. . . .	71,52	71,87
Hydrogène . .	8,23	8,33
Azote.	7,12	7,30
Oxygène . . .	13,13	12,50
	100,00	100,00

M. Barral n'indique pas de formule; le calcul précédent a été fait d'après les rapports $C^{46}H^{32}N^{2}O^{6}$.

Suivant le même chimiste, la nicotianine donnerait de la nicotine par la distillation avec la potasse.

Dérivés iodés de la nicotine.

§ 2229. *Iodonicotine* [2], 2 $C^{20}H^{14}N^{2}$, 3 I^{2}. — On obtient cette combinaison en mélangeant des solutions d'iode et de nicotine dans l'éther. Lorsque les solutions sont concentrées, la réaction développe assez de chaleur pour faire bouillir l'éther, et le mélange se prend au bout de quelque temps en une bouillie cristalline. Si l'on opère avec des solutions convenablement étendues, la combinaison se dépose lentement sous la forme de belles aiguilles d'un rouge de rubis.

Ce corps fond à 100° sans s'altérer. On peut même l'exposer à une température bien plus élevée sans qu'il se décompose. Mais

[1] HERMBSTAEDT, *Journ. f. Chem. u. Physik v. Schweigger*, XXXI, 442. — POSSELT et REIMANN, *Magaz. f. Pharm.*, XXIV, 138. — BARRAL, *Compt. rend. de l'Acad.* XXI, 1374.

[2] TH. WERTHEIM (1853), *Communicat. particulière.*

lorsqu'on le chauffe avec de l'eau, il émet des vapeurs d'iode déjà à une température inférieure au point d'ébullition de ce liquide.

Agité à froid, à l'état pulvérulent, avec une lessive de potasse diluée, il met en liberté de la nicotine huileuse [1], en même temps qu'il se produit un mélange d'iodure de potassium et d'iodate de potasse.

On peut le chauffer à 200°, dans un tube scellé à la lampe, avec du zinc métallique bien divisé, sans qu'il en soit attaqué.

Le cyanogène ne paraît pas non plus y agir.

Le *chlorhydrate d'iodonicotine*, 2 $C^{20}H^{14}N^2$,3 I,2 HCl, forme de belles paillettes d'un rouge de rubis clair. On l'obtient en saturant légèrement par l'acide chlorhydrique une solution alcoolique contenant très-peu d'iodonicotine, et abandonnant la liqueur dans le vide.

Dérivés méthyliques, éthyliques... de la nicotine.

§ 2230. La nicotine se combine directement avec le bromure ou l'iodure d'éthyle (ou avec les homologues de ces éthers), en produisant des composés qui correspondent aux combinaisons de tétréthyl-ammonium, c'est-à-dire qui représentent les sels d'un ammonium, dont 1 atome d'hydrogène est remplacé par de l'éthyle (ou par ses homologues) et 3 atomes d'hydrogène par le groupement $C^{10}H^7$ (*nicotyle*).

Voici les combinaisons d'éthyl-nicotine (éthylnicotyl-ammonium), qui ont été obtenues par MM. Kekulé et Planta :

Hydrate d'éthyl-nicotine	$\left.\begin{matrix} N(C^{10}H^7)(C^4H^5)O \\ H \end{matrix}\right\}$
Chloroplatinate d'éthyl-nicotine .	$\left.\begin{matrix} N(C^{10}H^7)(C^4H^5) \\ Cl \end{matrix}\right\} PtCl^2,$
Chloraurate d'éthyl-nicotine . . .	$\left.\begin{matrix} N(C^{10}H^7)(C^4H^5) \\ Cl \end{matrix}\right\} AuCl^3,$
Iodure d'éthyl-nicotine.	$\left.\begin{matrix} N(C^{10}H^7)(C^4H^5) \\ I \end{matrix}\right\}$

§ 2231. *Combinaisons de méthyl-nicotine* [2]. — Elles se préparent comme les combinaisons d'éthyl-nicotine.

L'*hydrate de méthyl-nicotine* s'obtient par l'oxyde d'argent ré-

[1] L'identité de ce corps a été établie par l'analyse du chloroplatinate.

[2] STAHLSCHMIDT (1854), *Ann. der Chem. u. Pharm.*, XC, 222.

cemment précipité et l'iodure de méthyl-nicotine. La solution, étant évaporée au bain-marie, se fonce et laisse un résidu visqueux sans indices de cristallisation.

La solution de cette base possède une saveur amère, est sans odeur, et agit sur l'épiderme comme la potasse caustique. Elle a une forte réaction alcaline, et neutralise parfaitement les acides. Elle précipite les sels de cuivre et les sels de ferricum; elle dissout aisément l'alumine récemment précipitée.

Les sels qu'elle donne sont en général fort solubles dans l'eau.

Le *fluorure* ne s'obtient pas à l'état cristallisé.

Le *chlorure* cristallise difficilement.

Le *chloroplatinate*, $N(C^{10}H^{7})(C^{2}H^{3})Cl,PtCl^{2}$, est un précipité qui se dissout dans l'eau bouillante et se sépare par le refroidissement sous la forme d'une poudre cristalline. Il est un peu soluble dans l'eau froide, mais il est insoluble dans l'alcool. Il renferme :

	Stahlschm.	Calcul.
Carbone.	23,85	23,9
Hydrogène. . . .	3,44	3,32
Platine	33,03	32,77

Le *chloropalladite* ne se précipite pas par l'addition du chlorure palladeux à la solution chlorhydrique de la base; si l'on évapore le mélange au bain-marie, il reste une masse sirupeuse qui, dissoute dans l'alcool, dépose des cristaux.

Le *chloraurate*, $N(C^{10}H^{7})(C^{2}H^{3})Cl,AuCl^{3}$, est un précipité jaune clair, presque insoluble dans l'eau froide et dans l'alcool.

Le *chloromercurate*, $N(C^{10}H^{7})(C^{2}H^{3})Cl, 4\,HgCl$, forme un précipité qui se dissout dans l'eau bouillante, et dépose des cristaux mamelonnés. Il a donné à l'analyse 59,47 p. c. de mercure (calcul, 59,39 p. c.)

L'*iodure* renferme $N(C^{10}H^{7})(C^{2}H^{3})I$. Un mélange de nicotine et d'iodure de méthyle s'échauffe vivement, et se prend, par le refroidissement, en une masse cristalline. On lave ce produit avec de l'alcool, et on le fait recristalliser dans l'eau bouillante. Il se dépose alors sous la forme de cristaux brillants.

Il n'est pas attaqué par l'iodure de méthyle, à 100°, dans un tube scellé.

Le *sulfate* cristallise difficilement.

Le *nitrate* est fort déliquescent, et ne s'obtient que difficilement à l'état cristallisé.

Le *sulfocyanure* cristallise difficilement.

L'*oxalate*, l'*acétate* et le *tartrate* n'ont pas pu s'obtenir à l'état cristallisé.

§ 2232. *Combinaisons d'éthyl-nicotine*[1]. — La nicotine et l'iodure d'éthyle réagissent déjà à la température ordinaire; la réaction est beaucoup favorisée par la chaleur. Afin d'empêcher les projections, on enferme le mélange dans un tube, et on l'expose au bain-marie pendant une heure environ; la masse se prend alors, surtout par le refroidissement, en cristaux jaunes. Il faut éviter, dans cette préparation, l'emploi d'un excès de nicotine; outre des cristaux d'iodure d'éthyl-nicotine, elle donne un produit secondaire, coloré en rouge, dont la quantité est d'autant plus grande que la réaction a duré plus longtemps. Ce produit se dépose en partie à l'état d'une poudre résinoïde par la dissolution de la matière dans l'eau; la solution aqueuse, étant concentrée, se prend en une masse radiée; si l'on opère à chaud, elle donne toujours une certaine quantité du produit rouge.

Le bromure d'éthyle se comporte comme l'iodure avec la nicotine.

L'*hydrate d'éthyl-nicotine* s'obtient en traitant l'iodure ou le bromure d'éthyl-nicotine par l'oxyde d'argent récemment précipité (la potasse caustique ne sépare la base ni de l'iodure ni du bromure); la liqueur filtrée est incolore, fort alcaline, sans odeur, mais très-amère; à l'état concentré, elle agit sur l'épiderme comme la potasse caustique.

La solution de l'hydrate d'éthyl-nicotine se comporte comme les alcalis fixes avec les solutions salines; elle déplace l'ammoniaque de ses combinaisons et précipite les oxydes des métaux pesants, ainsi que les terres alcalines.

Elle attire vivement l'acide carbonique de l'air.

Elle se colore peu à peu par le séjour à l'air; on ne peut pas la concentrer par l'évaporation (même dans le vide), car elle brunit alors et sépare des gouttes brunes et épaisses, peu solubles dans l'eau et douées d'une odeur pénétrante de poisson pourri.

Les *sels d'éthyl-nicotine* paraissent tous être solubles dans l'eau. L'acide gallotannique ne précipite pas la solution de la base, mais l'acide picrique en précipite des flocons d'un jaune de soufre.

Le *chlorure* s'obtient, par l'évaporation dans le vide, sous la forme d'une masse radiée.

[1] KEKULÉ et V. PLANTA (1853), *Ann. der Chem. u. Pharm.*, LXXXVII, 1.

Le *chloroplatinate* renferme $N(C^{10}H^7)(C^4H^5)Cl,PtCl^2$. La solution de la base dans l'acide chlorhydrique donne avec le bichlorure de platine un précipité, d'abord jaune et floconneux, qui se dépose peu à peu en devenant orangé et cristallin. Il se dissout dans l'eau bouillante et s'y précipite, par le refroidissement, sous la forme de prismes rhomboïdaux, de couleur orangée. Il est presque insoluble dans l'alcool bouillant, et insoluble dans l'éther. Il renferme :

	Kekulé et Planta.			Calcul.
Carbone. . . .	26,61	27,36	27,35	26,65
Hydrogène. . .	3,94	4,08	4,15	3,81
Platine. . . .	31,26	31,33	31,53	31,31

Le *chloropalladite* ne se précipite pas par le mélange du chlorure de palladium avec la solution chlorhydrique de la base; par l'évaporation on obtient une masse brune et gommeuse, laquelle, dissoute dans l'alcool, donne par l'évaporation de grosses tables rhombes de couleur brune.

Le *chloraurate*, $N(C^{10}H^7)(C^4H^5)Cl,AuCl^3$, est un précipité jaune de soufre qui se produit par le mélange du chlorure d'or avec la solution chlorhydrique de la base; dissous dans l'eau bouillante, il se dépose par le refroidissement sous la forme de belles aiguilles d'un jaune d'or.

Le *chloromercurate*, $N(C^{10}H^7)(C^4H^5)Cl$, 3 $HgCl$, se produit, par le mélange du bichlorure de mercure avec la solution chlorhydrique de la base, sous la forme de flocons blancs qui s'agglutinent peu à peu et fondent par la chaleur. Il se dissout dans l'eau bouillante; la solution dépose à la longue des mamelons blancs.

Le *bromure* s'obtient par la réaction de la nicotine et du bromure d'éthyle. Il forme des cristaux extrêmement déliquescents, et assez solubles dans l'alcool absolu.

L'*iodure*, $N(C^{10}H^7)(C^4H^5)I$, se produit par la réaction de la nicotine et de l'iodure d'éthyle. Il forme des cristaux qui tombent en déliquescence à l'air humide. Il est fort soluble dans l'eau, peu soluble dans l'alcool et l'éther. On l'obtient sous la forme de prismes incolores, groupés en mamelons, par le refroidissement de sa solution dans l'alcool bouillant, ou d'un mélange de nicotine, d'iodure d'éthyle, et d'alcool. Il n'est pas décomposé par la potasse caustique.

Soumis à la distillation à l'état sec, il se dédouble en nicotine et en iodure d'éthyle, en même temps qu'une partie du sel passe sans altération.

Le *sulfate*, le *nitrate* et l'*oxalate* s'obtiennent sous la forme d'un sirop épais, dans lequel on aperçoit quelques cristaux.

L'*acétate* est tout à fait incristallisable.

§ 2233. *Combinaisons d'amyl-nicotine*[1]. — L'*hydrate* se prépare comme ses homologues. Sa solution précipite les sels de cuivre et les sels de ferricum; elle dissout aisément l'alumine hydratée.

Ses sels paraissent tous être incristallisables.

Le *chloroplatinate*, $N(C^{10}H^7)(C^{10}H^{11})Cl,PtCl^2$, est un précipité jaune.

L'*iodure* s'obtient en chauffant pendant quelques jours au bain-marie un mélange de nicotine et d'iodure d'amyle. C'est une masse sirupeuse qui ne se concrète pas à la longue.

Acalis divers, peu connus.

§ 2234. *Aconitine*[2], $C^{60}H^{47}NO^{14}$. — Cet alcali, découvert par Hess, en 1833, dans l'*Aconitum Napellus*, L., paraît se rencontrer dans tous les aconits âcres.

On peut le préparer soit avec le suc de la plante fraîche, soit avec l'extrait alcoolique des feuilles desséchées. Dans le dernier cas, on ajoute de l'hydrate de chaux à la liqueur alcoolique, de manière à mettre en liberté l'aconitine, qui reste alors en so ution dans l'alcool. On filtre, on ajoute de l'acide sulfurique dilué à la liqueur filtrée, et on sépare à l'aide du filtre le précipité de sulfate de chaux qu'on obtient ainsi. La nouvelle liqueur est un solution alcoolique de sulfate d'aconitine; on en chasse l'alcool par la distillation; on ajoute de l'eau au résidu, et l'on précipite l'aconitine plus ou moins impure par du carbonate de potasse. Le précipité étant exprimé, dissous dans l'alcool, décoloré par le charbon animal, donne une solution, laquelle dépose l'aconitine par l'évaporation. On purifie cet alcali en le transformant de nouveau en sulfate, décomposant ce sel par l'hydrate de chaux, et traitant le précipité par l'éther, qui s'empare de l'aconitine.

A l'état de pureté, l'aconitine se dépose de l'alcool aqueux sous

[1] Stahlschmidt (1854), *loc. cit.*

[2] Geiger, *Ann. der Chem. u. Pharm.*, VII, 269. — Morson, *Ann. de Poggend.*, XLII, 175. — v. Planta, *Ann. der Chem. u. Pharm*, LXXIV, 245.

la forme de grains blancs, pulvérulents; quelquefois aussi à l'état d'une masse compacte, transparente et vitreuse. Elle est sans odeur, mais elle possède une amertume et une âcreté persistantes. Elle est peu soluble dans l'eau froide, plus soluble dans l'eau bouillante, dont elle exige 50 parties ; la solution présente une réaction alcaline très-prononcée. Elle est fort soluble dans l'alcool, et moins soluble dans l'éther.

Elle renferme :

	v. Planta.			Calcul.
Carbone. . . .	67,81	68,34	67,75	67,54
Hydrogène. .	8,82	8,90	8,64	8,81
Azote.	3,31	3,59	»	2,62
Oxygène. . .	»	»	»	21,01
				100,00

L'aconitine fond à 80° en une masse vitreuse, sans perdre de son poids; chauffée à 120°, elle brunit, et à une température encore plus élevée elle se décompose.

L'acide nitrique la dissout sans se colorer. L'acide sulfurique la colore d'abord en jaune, puis en rouge-violacé.

La teinture d'iode donne avec elle un précipité couleur de kermès.

L'aconitine est fort vénéneuse ; $^1/_{50}$ de grain suffit pour tuer un moineau en quelques minutes, $^1/_{10}$ de grain le tue subitement; l'oiseau meurt dans des convulsions tétaniques. Elle dilate aussi la pupille.

Les *sels d'aconitine* cristallisent en général fort difficilement, ne sont pas déliquescents, se dissolvent aisément dans l'eau et l'alcool. Leur solution précipite de l'aconitine par les alcalis.

Le *chlorhydrate* obtenu en faisant passer du gaz chlorhydrique sec sur l'alcali, chauffé à 100°, paraît contenir $C^{60}H^{47}NO^{14}$, 2 HCl (acide chlorhydrique : expérience, 13,41 p. c.; calcul, 12,84 p. c.).

Le *chloroplatinate* ne se précipite pas par l'addition du bichlorure de platine à la solution chlorhydrique de l'aconitine.

Le *chloromercurate* est un précipité blanc caillebotté, qui se dissout assez bien dans l'acide chlorhydrique et dans le chlorhydrate d'ammoniaque.

Le *chloraurate*, $C^{60}H^{47}NO^{14}$, HCl,$AuCl^3$ + 2 aq. (?), est un précipité jaunâtre, insoluble dans l'acide chlorhydrique, et contenant :

	v. Planta.		Calcul.
Carbone	40,23	40,42	40,44
Hydrogène	5,64	5,54	5,61
Or	22,06	»	22,08

Le *phosphate* ne se précipite pas par l'addition du phosphate de soude à la solution du chlorhydrate d'aconitine.

Le *sulfocyanhydrate* est un précipité blanc.

Le *picrate* est un précipité jaune, insoluble dans l'ammoniaque.

§ 2234[a]. *Agrostemmine*[1]. — M. Schulze a extrait cet alcali des semences de la nielle des blés (*Agrostemma Githago*, L., *Lychnis Githago*, Lam., famille des caryophyllées). On épuise ces semences par de l'alcool faible, aiguisé d'acide acétique; on ajoute de la magnésie à l'extrait réduit par la concentration, et l'on traite par l'alcool le précipité desséché.

L'agrostemmine cristallise en paillettes légèrement jaunâtres, très-fusibles, peu solubles dans l'eau, fort solubles dans l'alcool, auquel ils communiquent une réaction alcaline.

L'acide sulfurique concentré la colore en rouge, et finit par la noircir. La potasse bouillante en dégage de l'ammoniaque ; la solution donne ensuite par l'acide chlorhydrique un précipité blanc.

Les *sels d'agrostemmine* sont en partie cristallisables.

Le *chloroplatinate* est un précipité brun-rougeâtre et cristallin.

Le *chloraurate* cristallise lentement en grains jaunes de sa solution alcoolique.

Le *sulfate* cristallise bien, se dissout aisément dans l'eau bouillante et encore mieux dans l'alcool.

Le *phosphate* s'obtient sous la forme d'un précipité volumineux.

§ 2235. *Atropine*[2] ou daturine, $C^{34}H^{23}NO^{6}$. — Cet alcali, découvert en 1833 à peu près en même temps par Geiger et Hess, et par Mein, se rencontre dans toutes les parties de la belladone (*Atropa Belladonna*); il est également contenu dans les semences du stramonium (*Datura Stramonium*).

[1] SCHULZE, *Archiv d. Pharm.*, LV, 298; LVI, 163. En extrait, *Ann. der Chem. u Pharm.*, LXVIII, 350.

[2] GEIGER (1833), *Ann. der Chem. u. Pharm.*, VII, 269. — MEIN, *ibid.*, VI, 67. LIEBIG, *ibid.*, VI, 66. — BRANDES, *ibid.*, I, 68. — RICHTER, *Journ. f. prakt Chem.*, XI, 29. — RABOURDIN, *Ann. de Chim. et de Phys.*, [3] XXX, 381. — V. PLANTA, *Ann. der Chem. u. Pharm.*, LXXXIV, 245.

Pour l'extraire, on épuise par l'alcool concentré la racine de belladone, on abandonne l'extrait pendant quelques heures avec de la chaux caustique, on filtre et l'on sursature légèrement par de l'acide sulfurique; l'alcool ayant été chassé par une douce chaleur, on ajoute peu à peu une solution concentrée de carbonate de potasse, et l'on filtre dès que le liquide commence à se troubler. L'atropine y cristallise alors au bout de quelque temps; on la purifie par plusieurs cristallisations dans l'alcool. Dans cette préparation, il faut éviter autant que possible d'échauffer trop la matière, car l'atropine est assez altérable.

M. Rabourdin opère l'extraction de l'atropine à l'aide du chloroforme. On prend de la belladone fraîche au moment où elle commence à fleurir; après l'avoir pilée et soumise à la presse pour en extraire le suc, on chauffe celui-ci à 80 ou 90°, pour coaguler l'albumine, et l'on filtre. Quand le suc ainsi clarifié est froid, on y ajoute 4 grammes de potasse caustique et 30 grammes de chloroforme par litre; on agite le tout pendant une minute, et on l'abandonne au repos. Au bout d'une demi-heure le chloroforme, chargé d'atropine, est déposé, ayant l'aspect d'une huile verdâtre; après avoir lavé celle-ci, on la distille jusqu'à ce que tout le chloroforme soit passé. Le résidu dans la cornue est repris par un peu d'eau aiguisée d'acide sulfurique, qui dissout l'atropine en laissant une matière résineuse verte. On précipite la solution sulfurique par le carbonate de potasse, et l'on fait cristalliser dans l'alcool le précipité d'atropine.

M. Bouchardat [1] a proposé de précipiter l'extrait de belladone par une solution aqueuse d'iode dans l'iodure de potassium, de décomposer le précipité par du zinc et de l'eau, et, après avoir séparé le zinc par un carbonate alcalin, d'extraire l'atropine par l'alcool.

L'atropine cristallise en aiguilles incolores, soyeuses, et réunies en aigrettes; souvent, par l'évaporation lente de sa solution alcoolique, elle s'obtient en une masse diaphane, ayant l'aspect du verre. Elle est peu soluble dans l'eau (dont elle exige 299 p. à la température ordinaire, v. Planta); l'alcool la dissout aisément, l'éther la dissout moins bien. Évaporées à l'air, les solutions s'altèrent en partie, en pr[illegible]ant une odeur nauséabonde. Elle est fort alcaline, et d'une saveur très-amère. Elle fond à 90°, et se volatilise à 140°, en se décomposant en partie.

[1] BOUCHARDAT, *Gazette medic. de Paris*, 1848, p. 991.

Elle renferme :

	Liebig.	v. Planta [1].						Calcul.
		a	*a*	*a*	*b*	*b*	*b*	
Carbone. . .	70,03	70,22	69,72	70,74	69,04	69,30	69,55	70,58
Oxygène. . .	7,83	8,37	8,00	8,31	8,04	8,12	7,86	7,95
Azote. . . .	4,83	5,52	5,26	»	4,93	5,65	»	4,84
Hydrogène. .	»	»	»	»	»	»	»	16,60
								100,00

Les acides, en général, dissolvent aisément l'atropine, et donnent des combinaisons cristallisables qui se colorent promptement à l'air.

L'acide chlorique la dissout, mais, par l'évaporation spontanée, la solution dépose de nouveau l'alcali sans altération. L'acide nitrique l'attaque à chaud en dégageant des vapeurs rouges.

Le chlore n'y agit pas d'une manière énergique ; il produit un liquide jaunâtre contenant beaucoup de chlorhydrate d'atropine. La teinture d'iode la colore en brun.

L'atropine exerce sur l'économie animale une action fort énergique; elle détermine une constriction dans le palais, une sensation de sécheresse dans la bouche, des vertiges, des maux de tête, et même la mort. Elle dilate la pupille d'une manière persistante.

Les *sels d'atropine* s'obtiennent difficilement à l'état cristallisé ; ils sont amers, âcres et vénéneux ; purs, ils sont sans odeur. Ils sont inaltérables à l'air, ordinairement solubles dans l'eau et l'alcool, insolubles dans l'éther pur ; ils se colorent déjà à la température de l'eau bouillante.

La potasse, l'ammoniaque et les carbonates ne précipitent les sels d'atropine qu'à l'état fort concentré ; le précipité se dissout aisément dans un excès d'alcali. Le phosphate de soude, l'iodure de potassium et le sulfocyanure de potassium ne précipitent pas les sels d'atropine.

Le tannin ne précipite les sels d'atropine qu'après l'addition de l'acide chlorhydrique.

Le *chlorhydrate* cristallise en aigrettes groupées en faisceaux, inaltérables à l'air (Geiger; suivant M. de Planta, il est incristallisable).

Le *chloroplatinate* est un précipité pulvérulent qui s'agglutine immédiatement ; il est fort soluble dans l'acide chlorhydrique.

[1] Les analyses de M. de Planta ont été faites : *a* sur l'atropine de la belladone, *b* sur l'atropine du stramonium (daturine).

Le *chloromercurate* ne se précipite que dans des solutions fort concentrées.

Le *chloraurate*, $C^{34}H^{23}NO^6$, HCl, $AuCl^3$, se précipite sous la forme d'une poudre jaune, devenant peu à peu cristalline, lorsqu'on verse doucement une solution concentrée de chlorhydrate d'atropine dans une solution diluée de chlorure d'or; il faut avoir soin d'agiter les deux liquides pendant qu'on les mélange, pour éviter l'agglutination du précipité. Celui-ci est peu soluble dans l'eau. Il renferme :

	v. Planta [1].			Calcul.
	a	*a*	*b*	
Carbone. .	31,50	32,07	32,75	32,45
Hydrogène.	3,85	4,12	4,43	3,81
Or.	31,39	31,39	31,36	31,29

Le *sulfate* cristallise aisément en aiguilles déliées, incolores, nacrées et réunies en aigrettes ou en étoiles (Geiger); il est fort soluble. (M. de Planta n'a pas réussi à le faire cristalliser.)

Le *nitrate* forme une masse sirupeuse, déliquescente.

L'*acétate* s'obtient sous la forme de prismes nacrés, groupés en étoiles; il est inaltérable et fort soluble; lorsqu'on le dissout à plusieurs reprises, il finit par perdre un peu d'acide acétique (Geiger).

Le *tartrate* est une masse sirupeuse, que le contact de l'air rend humide.

Le *picrate* est un précipité jaune pulvérulent.

§ 2236. *Bébirine* [2], $C^{38}H^{21}NO^6$. — Ce nom a été donné par le docteur Rodie de Demerara à un alcali organique, trouvé par lui dans un arbre de la Guyane anglaise, qui est connu dans le pays sous le nom de *bébeeru*, et que le chevalier de Schomburgh a reconnu pour une espèce de nectandra. Les habitants de la Guyane emploient cet alcali au lieu de la quinine, pour combattre la fièvre.

D'après les expériences de M. Maclagan, la bébirine de Rodie est un mélange de deux alcalis (*bébirine* et *sépirine*).

MM. Maclagan et Tilley conseillent d'opérer de la manière suivante

[1] *a* Sel préparé avec l'atropine de la belladone; *b* id. préparé avec la daturine du stramonium.

[2] D. Maclagan, *Ann. der Chem. u. Pharm.*, XLVIII, 106. — D. Maclagan et Tilley, *ibid.*, LV, 105; et *Philos. Magaz. and Journ. of Science*, XXVII, 186. — V. Planta, *Ann. der Chem. u. Pharm.*, LXXVII, 333, et *Journ. f. prakt. Chem.*, LII, 287

pour l'extraction de la bébirine : on épuise l'écorce de bébéeru par de l'eau aiguisée d'acide sulfurique ; après avoir concentré l'extrait, on le filtre et on le précipite par l'ammoniaque. Il se forme ainsi un précipité composé de bébirine, de sépirine et de tannin. On le dessèche, on le dissout dans de l'eau acidulée, et l'on décolore la solution par du charbon animal. Cette solution, de nouveau décomposée par l'ammoniaque, donne un précipité presque incolore de bébirine mélangée de sépirine. (Comme on perd toujours une certaine quantité d'alcali par le traitement au charbon animal, il est préférable de broyer le premier précipité, encore humide, avec de l'oxyde de plomb ou avec de l'hydrate de chaux, de dessécher le mélange au bain-marie, d'en extraire les deux alcalis par l'alcool, et d'évaporer la solution alcoolique.) Pour séparer les deux alcalis, on les épuise par de l'éther : celui-ci s'empare de la bébirine, en laissant la sépirine[1] à l'état insoluble.

Suivant M. de Planta, la bébirine préparée par le procédé précédent n'est pas encore parfaitement pure et ne se dissout pas entièrement. Pour la purifier, on la traite par l'acide acétique, on ajoute de l'acétate de plomb à la liqueur filtrée, et l'on précipite le mélange par de la potasse caustique ; le précipité ayant été bien lavé à l'eau froide, on le reprend par de l'éther. La solution éthérée, étant évaporée, laisse la bébirine sous la forme d'un sirop jaune clair ; on dissout celui-ci dans une petite quantité d'alcool fort, et l'on verse goutte à goutte la solution alcoolique dans beaucoup d'eau, en agitant constamment ; la bébirine se sépare ainsi sous la forme d'un précipité floconneux.

Après la dessiccation, la bébirine constitue une poudre amorphe, incolore, sans odeur, inaltérable à l'air, et devenant électrique par le frottement. Elle est fort soluble, surtout à chaud, dans l'alcool et l'éther ; elle est à peu près insoluble dans l'eau. Sa solution présente une réaction alcaline, et possède une saveur amère fort persistante.

[1] La *sépirine* se présente, après l'évaporation de sa dissolution alcoolique, sous la forme d'une masse résineuse, brun rouge-foncé et transparente, qui se détache du verre en écailles ; elle se dissout facilement dans l'alcool, même quand il est hydraté, et très-peu dans l'eau. Les sels de cette base laissent après l'évaporation une masse amorphe brun-olive.

La bébirine renferme :

	Maclagan et Tilley.		v. Planta.			Calcul.
Carbone.	71,71	71,11	73,06	72,85	72,82	73,31
Hydrogène. . . .	6,62	6,22	6,80	6,99	6,89	6,75
Azote.	5,49	»	4,53	»	»	4,50
Oxygène.	»	»	»	»	»	15,44
						100,00

La bébirine fond à 198° en une masse vitreuse qui se décompose à une température plus élevée.

Elle se dissout aisément dans l'acide acétique et dans l'acide chlorhydrique, en formant des sels amers, incristallisables. Elle est précipitée de ses solutions par l'acide nitrique étendu.

Bouillie avec de l'acide nitrique concentré, elle se transforme en une matière jaune et pulvérulente. Chauffée avec de l'acide chromique, elle donne une résine noire.

Lorsqu'on la chauffe avec de la potasse caustique, elle ne donne point de quinoléine.

Le *chlorhydrate* de bébirine est fort soluble dans l'eau. Les alcalis caustiques ou carbonatés en précipitent l'alcali, sous la forme de flocons blancs, fort peu solubles dans un excès de réactif.

Le *chloromercurate* se précipite par l'addition du bichlorure de mercure au chlorhydrate de bébirine ; une petite quantité d'acide chlorhydrique ou de chlorhydrate d'ammoniaque augmente le précipité ; mais un excès de ces deux corps le dissout.

Le *chloroplatinate*, $C^{38}H^{21}NO^{6}$, HCl, $PtCl^{2}$ (à 120°), est un précipité orangé-pâle, non cristallin, insoluble dans l'acide chlorhydrique. Il renferme :

	Maclagan et Tilley.			v. Planta.				Calcul.
Carbone. . .	42,47	»	»	43,82	44,08	44,08	44,38	44,08
Hydrogène.	4,21	»	»	4,49	4,57	4,41	4,37	4,25
Azote. . . .	2,61	»	»	2,71	»	»	»	2,70
Platine. . .	19,04	19,24	20,24	19,1	18,8	18,8	»	19,08

Le *chloraurate* est un précipité brun-rouge.

Le *sulfocyanhydrate* est un précipité blanc.

Le *picrate* est un précipité jaune.

§ 2237. *Berbérine*[1], $C^{42}H^{19}NO^{10}$ (?). — Cet alcali constitue la partie colorante de l'épine-vinette (*Berberis vulgaris*) ; il se trouve aussi en quantité considérable dans la racine de colombo (*Cocculus palmatus*, D. C.).

[1] BUCHNER, père et fils (1837), *Ann. der Chem. u. Pharm.*, XXIV, 228. — FLEITMANN, *ibid.*, LIX, 160. — BOEDEKER, *ibid.*, LXVI, 384 ; LXIX, 40. — KEMP, *Chemic. Gazette*, 1847, 209. — J. PERRINS, *Ann. der Chem. u. Pharm.*, LXXXIII, 276.

On épuise la racine d'épine-vinette par l'eau bouillante; on concentre l'extrait par l'évaporation, et on le traite à chaud par de l'alcool de 82 centièmes; on sépare, par le filtre, les parties insolubles de la liqueur alcoolique; on enlève par la distillation la plus grande partie de l'alcool, et l'on abandonne le résidu au repos, dans un lieu frais. Il s'y dépose alors des cristaux jaunes de berbérine qu'on purifie par des cristallisations dans l'eau bouillante ou dans l'alcool bouillant. La racine d'épine-vinette renferme environ 1,3 p. c. de berbérine.

Pour extraire cet alcali de la racine de colombo, on traite à chaud par de l'eau de chaux l'extrait alcoolique desséché de cette racine; on filtre, et l'on neutralise par l'acide chlorhydrique; on filtre de nouveau, et l'on ajoute un excès d'acide chlorhydrique à la liqueur filtrée; au bout de quelques jours, celle-ci dépose alors un sédiment cristallin de chlorhydrate de berbérine. On dissout ce sel dans un peu d'alcool, et on l'en reprécipite par l'éther (Bœdeker).

La berbérine forme de petites aiguilles soyeuses, ou de petits prismes groupés concentriquement, d'un jaune clair. Elle est peu soluble dans l'eau froide, dont elle exige 500 p. à 12°; mais l'eau bouillante la dissout aisément. L'alcool la dissout peu à froid; mais l'alcool bouillant la dissout avec facilité. Elle est entièrement insoluble dans l'éther. Les huiles grasses et les huiles essentielles ne la dissolvent qu'en petite quantité. Elle perd de l'eau de cristallisation à 100°.

Composition de la berbérine desséchée à 100° : $C^{42}H^{19}NO^{10}$ + aq. (?).

	Fleitmann.		Calcul.
Carbone. . .	67,35	66,66	67,4
Hydrogène. .	5,67	5,68	5,3
Azote. . . .	»	»	3,7
Oxygène. . .	»	»	23,6
			100,0
Eau de cristall. dégagée à 100°. . .	19,26		19,4 (10 aq.)

D'après les déterminations précédentes, la berbérine cristallisée renfermerait 11 at. d'eau, dont 10 seulement se dégageraient à 100°. C'est un point à vérifier par de nouvelles expériences, et qui me paraît d'autant plus douteux que, suivant M. Fleitmann[1], on peut chauffer la berbérine jusqu'à la faire fondre, sans qu'elle perde de poids. Chauffée plus fort, elle dégage vers 200°, des vapeurs jaunes et odorantes qui se condensent en un corps solide, très-soluble dans l'alcool, insoluble dans l'eau; il reste un abondant résidu de charbon.

L'ammoniaque colore la berbérine en jaune-brun, et la dissout à peu près dans les mêmes proportions que l'eau.

Lorsqu'on fait bouillir la berbérine avec une solution de potasse caustique, l'alcali fond et se transforme en une matière résineuse, peu soluble dans l'eau, très-soluble dans l'alcool. Suivant M. Bœdeker, on obtiendrait de la quinoléine en distillant la berbérine avec du lait de chaux ou avec de l'hydrate de plomb.

La plupart des acides minéraux, à part l'acide chlorhydrique, donnent avec la berbérine des combinaisons peu solubles dans l'eau. On peut préparer plusieurs sels de berbérine en traitant des sels de potasse par le chlorhydrate de berbérine.

Le *chlorhydrate* cristallise en fines aiguilles jaunes, dégageant au bain-marie leur eau de cristallisation. Les cristaux paraissent renfermer 4 atomes d'eau de cristallisation. Le sel séché à 110° a donné à l'analyse :

	Fleitmann.		Bœdeker.	Calcul.
Carbone. . .	62,81	62,49	62,70	62,68
Hydrogène. .	5,44	5,67	5,07	4,97
Azote. . . .	3,56	3,65	»	3,48
Chlore. . . .	9,01	8,78	9,06	8,95
Oxygène. . .	»	»	»	19,92
				100,00
Eau de crist. dégagée à 100° .	8,65	»	»	8,22 (4 aq.)

Lorsqu'on ajoute du sulfhydrate d'ammoniaque saturé de soufre à du chlorhydrate de berbérine, il se produit immédiatement un précipité brun-rouge, d'une odeur fétide. C'est une combinaison sulfurée dont la solution aqueuse précipite en rouge les sels de plomb.

Lorsqu'on mélange une solution alcoolique et chaude de chlor-

[1] M. Fleitmann admet les formules suivantes :

Berbérine cristallisée. . $C^{42}H^{18}NO^{9} + 12$ aq.

Berbérine séchée à 120°. $C^{42}H^{18}NO^{9} + 2$ aq.

hydrate de berbérine avec une solution alcoolique et concentrée de *glycocolle*, il se dépose, par le refroidissement, une masse de fines aiguilles orangées, peu solubles dans l'eau, et paraissant renfermer $C^{42}H^{19}NO^{10}, HCl, C^{4}H^{5}NO^{4}$ (?).

Le *chloroplatinate* est un précipité jaune, presque insoluble dans l'eau. Séché à 100°, il paraît renfermer $C^{42}H^{19}NO^{10}$, HCl, $PtCl^{2}$:

	Fleitmann.		Bœdeker.		G. Kemp.	Perrins.	Calcul.
Carbone. . .	44,44	44,35	45,17	»	46,23	»	44,0
Hydrogène..	3,42	3,58	3,92	»	3,68	»	3,4
Platine. . . .	18,11	»	17,04	17,58	18,05	17,55	17,3

Le *chlorate*, $C^{42}H^{19}NO^{10}$, $ClHO^{6}$ (?), s'obtient sous la forme d'un précipité jaune et volumineux, en mélangeant le chlorhydrate de berbérine avec une solution de chlorate de potasse. Le précipité, peu soluble dans une liqueur saline, même étendue, se dissout assez facilement dans l'eau pure. On peut le faire cristalliser dans l'alcool.

Le *nitrate*, $C^{42}H^{19}NO^{10}$, NHO^{6} (?), se présente en cristaux jaunes peu solubles dans l'eau froide.

Le *bisulfate*, $C^{42}H^{19}NO^{10}$, $S^{2}O^{6}$, $2\,HO$ (?), constitue de petits cristaux jaunes, peu solubles dans l'eau froide. Il se dépose au bout de quelque temps par l'addition de l'acide sulfurique à une solution étendue de chlorhydrate de berbérine.

Le *bichromate*, $C^{42}H^{19}NO^{10}$, $Cr^{2}O^{6}$, $2\,HO$ (?), se dépose sous la forme d'un précipité volumineux, jaune clair, peu soluble dans l'eau, lorsqu'on mélange une solution de chlorhydrate de berbérine avec une solution de bichromate de potasse. Le sel est fort soluble dans l'acide chlorhydrique et l'acide sulfurique. Il ne perd rien de son poids à 100°. Lorsqu'on le chauffe très-fort, il se décompose brusquement à un certain moment, en dégageant, en quantité notable, le même corps jaune qu'on observe dans la distillation sèche de la berbérine.

§ 2238. *Chélérythrine*[1]. — Cet alcali (ainsi nommé à cause de la couleur rouge de ses sels) se rencontre dans le suc laiteux de la grande chélidoine (*Chelidonium majus*); la racine et les fruits n'ayant pas atteint la maturité en renferment plus que les feuilles. Probst

[1] PROBST (1839), *Ann. der Chem. u. Pharm.*, XXIX, 120; XXXI, 250. — La chélérythrine est probablement identique à la sanguinarine (§ 2256), dont elle partage un grand nombre de propriétés.

l'a aussi trouvée dans la racine de *Glaucium luteum;* les feuilles de cette dernière plante n'en ont pas donné.

Pour extraire la chélérythrine, on épuise la racine de chélidoine par de l'eau aiguisée d'acide sulfurique; et on précipite l'extrait par l'ammoniaque. Le précipité ayant été lavé et exprimé, on le fait dissoudre, encore humide, dans de l'alcool contenant de l'acide sulfurique. On ajoute de l'eau à la solution alcoolique; on enlève l'alcool par la distillation à une douce chaleur, et l'on précipite par l'ammoniaque la solution aqueuse.

Après avoir séché le précipité ainsi obtenu, on le broie et on le reprend par l'éther qui dissout principalement de la chélérythrine. La solution éthérée laisse un résidu gluant qu'on reprend par très-peu d'acide chlorhydrique faible, de manière à laisser à l'état insoluble une certaine quantité de résine. On évapore à siccité la solution chlorhydrique, et on lave le résidu à l'éther, qui laisse à l'état insoluble le chlorhydrate de chélérythrine. On dissout celui-ci dans la plus petite quantité possible d'eau froide qui laisse ordinairement, sans la dissoudre, une certaine quantité de chlorhydrate de chélidonine; on évapore à siccité le chlorhydrate de chélérythrine, et on redissout le résidu dans l'eau, tant qu'il laisse encore du chlorhydrate de chélidonine. Enfin, on fait cristalliser le chlorhydrate de chélérythrine dans l'alcool absolu.

On peut aussi précipiter par l'ammoniaque la solution de ce chlorhydrate, sécher le précipité et le dissoudre dans l'éther. La solution éthérée laisse la chélérythrine par l'évaporation.

La chélidoine ne contient que très-peu de chélérythrine; 1 kilog. n'en donne que quelques décigrammes.

La chélérythrine se sépare, par l'addition des alcalis à ses sels, sous la forme d'un précipité caillebotté. Celui-ci, desséché à une douce chaleur, donne une poudre qui excite de violents éternuments. Elle se ramollit à 65°, comme une résine. Elle est insoluble dans l'eau, mais soluble dans l'alcool et l'éther; l'alcool absolu le dépose, par l'évaporation, à l'état de petits mamelons cristallins; la solution éthérée l'abandonne sous la forme d'une masse poisseuse. Sa solution alcoolique a une saveur fort âcre.

Délayée dans un acide, la chélérythrine le colore en beau rouge-orangé; les sels qu'on obtient ainsi sont de même couleur et en grande partie solubles dans l'eau. Ils ont une saveur âcre, et sont vénéneux même à petite dose.

La teinture de noix de galles précipite les sels de chélérythrine; le précipité est soluble dans l'alcool.

Le *chlorhydrate* forme des cristaux rouges solubles dans l'eau et l'alcool, insolubles dans l'éther. La solution aqueuse précipite en rouge par l'acide chlorhydrique concentré; le précipité se redissout dans l'eau pure.

Le *sulfate* cristallise difficilement; il est fort soluble dans l'eau et l'alcool, insoluble dans l'éther.

Le *phosphate* cristallise plus facilement que le sulfate; il est soluble dans l'eau et l'alcool, insoluble dans l'éther.

L'*acétate* est fort soluble dans l'eau et l'alcool.

Le *chélidonate* est également fort soluble dans l'eau et l'alcool.

§ 2239. *Chélidonine*[1], $C^{40}H^{19}N^{3}O^{6}$(?). — Cet alcali se trouve dans toutes les parties de la grande chélidoine, notamment dans la racine.

Probst épuise cette racine avec de l'eau aiguisée d'acide sulfurique, précipite l'extrait par l'ammoniaque, et dissout le précipité dans de l'alcool aiguisé d'acide sulfurique; l'alcool ayant été enlevé par la distillation, il précipite de nouveau le résidu aqueux par l'ammoniaque. Celle-ci met en liberté un mélange de chélidonine et de chélérythrine, qu'on reprend par de l'éther pour dissoudre principalement la chélérythrine; on dissout le résidu dans la moindre quantité d'eau additionnée d'acide sulfurique, et l'on ajoute à la solution deux fois son volume d'acide chlorhydrique concentré. La liqueur dépose alors, au bout de quelque temps, un précipité grenu de chlorhydrate de chélidonine qu'on lave à froid et qu'on met en digestion avec de l'eau ammoniacale; de cette manière la chélidonine est mise en liberté. On la fait cristalliser dans l'alcool fort. Comme il faut beaucoup d'alcool pour la dissoudre, on peut aussi employer l'acide acétique, la solution de l'acétate de chélidonine déposant l'alcali par l'évaporation.

La chélidonine se présente sous la forme de petites tables incolores, insolubles dans l'eau, solubles dans l'alcool et dans l'éther. Elle fond à 130° en une huile incolore, et se décompose à une température plus élevée. Les cristaux renferment 4,91 p. c. = 2 at. d'eau de cristallisation, qui se développent entièrement à 100°.

[1] GODEFROY (1824), *Journ. de Pharm.*, décemb. 1824. — PROBST, *Ann. der Chem. u. Pharm.*, XXIX, 123. — REULING, *ibid.*, XXIX, 131. — WILL, *ibid.*, XXXV, 113.

Composition de la chélidonine séchée à 100° : $C^{40}H^{19}N^{3}O^{6}$(?).

	Will [1].			Calcul.
Carbone. . . .	68,14	67,83	67,37	68,76
Hydrogène. . .	5,62	5,65	5,60	5,44
Azote.	12,19	»	»	12,09
Oxygène. . . .	»	»	»	13,71
				100,00
Eau de cristall.	5,13	4,65	»	4,91 (2 aq.)

La chélidonine se dissout aisément dans les acides, en donnant des sels qui rougissent le papier de tournesol et possèdent une saveur amère. Ses combinaisons avec les acides faibles se décomposent déjà en partie par l'évaporation.

L'ammoniaque produit dans les sels de chélidonine un précipité volumineux caillebotté, qui se contracte au bout de quelque temps en devenant grenu et cristallin. La teinture de noix de galle les précipite aussi.

Suivant M. Probst, les solutions de chélidonine ne sont pas vénéneuses.

Le *chlorhydrate* est un sel cristallisable peu soluble dans l'eau, dont il exige 325 p. d'eau à 18°.

Le *chloroplatinate*, $C^{40}H^{19}N^{3}O^{6}, HCl, PtCl^{2}$, se sépare sous la forme d'un précipité d'abord floconneux, puis grenu, lorsqu'on ajoute du bichlorure de platine à une solution étendue de chlorhydrate de chélidonine. Il renferme :

	Will.		Calcul.
Platine. . . .	17,42	17,60	17,77

Le *nitrate* est un sel cristallisable, peu soluble dans l'eau.

Le *sulfate* cristallise aisément par l'évaporation spontanée de sa solution dans l'alcool absolu; il est insoluble dans l'éther, fort soluble dans l'eau et l'alcool. Il fond entre 50° et 60°.

Le *phosphate* cristallise aisément; il est fort soluble dans l'eau et l'alcool.

L'*acétate* s'obtient, par le sulfate de chélidonine et l'acétate de baryte, sous la forme d'un sel très-soluble dans l'eau et l'alcool : il se dessèche en partie en une masse gommeuse. Lorsqu'on dissout la chélidonine dans l'acide acétique, une partie de l'alcali se sépare par l'évaporation de la solution.

[1] M. Will admet pour la chélidonine les rapports $C^{40}H^{20}N^{3}O^{6}$.

§ 2240. *Colchicine.* — Cet alcali [1], confondu d'abord avec la vératrine par Pelletier et Caventou, a été distingué de cette dernière en 1833 par Geiger et Hesse. Il se rencontre dans toutes les parties de la colchique d'automne (*Colchicum autumnale*) et probablement aussi dans les autres espèces de colchique.

Pour l'extraire on épuise à chaud la poudre de graines de colchique avec de l'alcool aiguisé d'acide sulfurique; on ajoute de la chaux à l'extrait; on sature le liquide filtré par de l'acide sulfurique et l'on chasse l'alcool par la distillation. Le liquide aqueux et concentré ayant été décomposé par un excès de carbonate de potasse, on dessèche le précipité, et, après l'avoir dissous dans l'alcool absolu, on décolore par du charbon animal, et l'on évapore le liquide filtré à l'aide d'une douce chaleur. L'alcali est purifié par de nouvelles cristallisations.

Les fleurs et les racines récoltées au mois de juillet fournissent également de la colchicine.

Cet alcali cristallise de sa solution dans l'alcool aqueux en prismes ou en aiguilles incolores; il est amer, vénéneux, et détermine même en petite dose des vomissements et des purgations; 1/6 de grain suffit pour tuer un chat dans l'espace de douze heures. Il est assez soluble dans l'eau, ainsi que dans l'alcool et l'éther. Il est légèrement alcalin, inaltérable à l'air et fusible à une douce chaleur.

L'acide nitrique concentré le colore en bleu ou en violet foncé; cette teinte passe peu à peu au vert-olive et au jaune. L'acide sulfurique le colore en brun-jaunâtre, et non pas en violet, ce qui le distingue de la vératrine.

La colchicine neutralise complétement les acides, et présente même une capacité de saturation assez forte, bien qu'elle n'ait qu'une faible réaction sur les papiers.

Les *sels de colchicine* cristallisent en grande partie; ils sont inaltérables à l'air, fort amers et âcres. Ils se dissolvent aisément dans l'eau et dans l'alcool; leur solution aqueuse se comporte avec les réactifs comme la solution de la colchicine. Les alcalis minéraux en précipitent cet alcali; toutefois lorsqu'ils sont fort étendus, ils ne produisent aucun effet sur eux.

La teinture d'iode, le bichlorure de platine, et l'infusion de noix de galle précipitent les sels de colchicine.

[1] PELLETIER et CAVENTOU, *Ann. de Chim. et de Phys.*, XIV, 69. — GEIGER, *Ann. der Chem. u. Pharm.*, VII, 269.

§ 2241. *Corydaline*. — Cet alcali a été découvert par Wackenroder[1] dans la racine de corydale (*Corydalis bulbosa, C. fabacea*). Il est également contenu dans la racine d'aristoloche (*Aristolochia serpentaria*, L.) Pour l'extraire, on réduit la racine de corydale en poudre grossière, et on la fait macérer dans l'eau pendant quelques jours; on obtient ainsi une infusion rouge foncé, qui rougit le papier de tournesol. On la filtre, et on la mêle avec assez d'alcali pour qu'elle bleuisse légèrement le tournesol. Il se forme alors un abondant précipité gris, qu'on recueille sur un filtre. La racine restante est soumise à une nouvelle macération dans de l'eau aiguisée d'acide sulfurique; il se dissout ainsi une nouvelle quantité de corydaline, qu'on précipite par de l'alcali, sans cependant la mêler avec le précipité obtenu en premier lieu, car elle est plus difficile à purifier. On sèche le précipité, et on le fait bouillir avec de l'alcool, jusqu'à épuisement; ensuite on enlève la plus grande partie de l'alcool par la distillation. Quelquefois le résidu laisse déposer, par le refroidissement, un peu de corydaline en cristaux; on l'évapore à siccité, et l'on y verse de l'acide sulfurique très-étendu, qui dissout la corydaline, en laissant à l'état insoluble une résine verte. On précipite la dissolution par un alcali, en ayant soin de mettre à part les premières portions encore résineuses; après avoir séparé celles-ci par le filtre, on continue de précipiter par l'alcali. On obtient ainsi la corydaline presque incolore.

M. Winckler prescrit d'opérer de la manière suivante : la racine de corydale ayant été réduite en bouillie et exprimée, le suc est coagulé par la chaleur, filtré, et mêlé avec une solution d'acétate de plomb neutre, jusqu'à ce qu'il ne se fasse plus de précipité; on filtre la liqueur, on en précipite l'excès de sel plombique par l'acide sulfurique, on la filtre de nouveau, et on la précipite par l'ammoniaque; on lave le précipité, on le fait sécher, on le dissout dans 12 à 16 parties d'alcool de 80 centièmes; la solution est ensuite traitée par le noir animal, filtrée à chaud, et évaporée à une douce chaleur. Pendant l'évaporation, la corydaline se prend en poudre cristalline. L'addition d'une quantité d'eau suffisante précipite la corydaline à l'état pulvérulent.

[1] WACKENRODER (1826), *Archiv v. Karsten*, VIII. — PESCHIER, *Neues Journ. v. Trommsdorff*, XVII, 80. — WINCKLER, *Pharmac. Centralbl.* 1832, p. 301. — Fr. DOEBEREINER, *Archiv d. Pharm. v. Brandes*, XIII, 62; et *Ann. der Chem. u. Pharm.*, XXVIII, 288. — RUICKHOLDT, *Archiv d. Pharm.*, [2] t. XLIX, n° 3. et *Ann. der Chem. u. Pharm.*, LXIV, 369.

Pour extraire la corydaline de la racine d'aristoloche, on fait digérer pendant 3 jours cette racine dans 8 fois son poids d'eau renfermant 1 pour 100 d'acide chlorhydrique, puis on décante. La liqueur décolorée par le noir animal et filtrée est décomposée par le carbonate de soude; on obtient ainsi un précipité qui, dissous dans l'alcool, abandonne la corydaline à l'état cristallisé. Pendant l'évaporation de la liqueur aqueuse, il se dépose ordinairement une matière jaunâtre, qu'on peut redissoudre dans l'eau et ajouter à la dissolution destinée à être traitée par le carbonate de soude (Ruickholdt).

Desséché, cet alcali forme une masse grisâtre, légère, non cohérente et déteignant fortement. Il est sans odeur ni saveur, fort soluble dans l'alcool, surtout absolu; la solution, saturée à chaud, le dépose sous la forme de prismes rhomboïdaux, d'un éclat vitreux; par l'évaporation, elle le dépose à l'état de paillettes; la solution présente une réaction alcaline aux papiers. L'eau ne dissout presque pas la corydaline; mais l'éther la dissout aisément. Les alcalis caustiques la dissolvent mieux que l'eau pure.

La corydaline a donné à l'analyse:

	Fr. Dœbereiner [1].	Ruickholdt.
Carbone.	63,04	60,19
Hydrogène.	6,83	5,90
Azote.	4,32	3,02
Oxygène.	»	»

Les analyses précédentes sont trop divergentes pour qu'on en puisse tirer une formule certaine [2]. Exposée à l'action directe de la lumière solaire, la corydaline devient plus foncée et prend une teinte jaune-verdâtre; ce changement s'opère plus facilement dans l'alcali pulvérulent que dans l'alcali cristallisé. Elle entre en fusion déjà au-dessous de 100°, en donnant une masse translucide en couches minces, et douée d'une cassure cristalline. A une température un peu plus élevée, elle brunit facilement en dégageant de l'eau et de l'ammoniaque.

A chaud, l'acide nitrique détruit la corydaline en la colorant en rouge de sang; cette coloration se manifeste même dans des liqueurs très-étendues.

[1] Le carbone est calculé avec l'ancien poids atomique.

[2] M. Ruickholdt admet les rapports $C^{45}H^{27}NO^{18}$.

La corydaline donne avec les acides des sels fort amers; ils sont précipités par l'ammoniaque et par le tannin.

Le *chlorhydrate* est un sel cristallisable perdant à 100° 12,5 p. c. d'eau (Ruickholdt).

Le *chloromercurate* constitue un précipité volumineux.

Le *sulfate* peut s'obtenir à l'état cristallin; par l'évaporation, il devient gommeux. Il est fort soluble dans l'eau.

L'*acétate* est cristallin, et fort soluble dans l'eau.

§ 2242. *Curarine.* — Cet alcali existe, suivant MM. Roulin [1] et Boussingault, dans le *curare* (matière solide, noire, résineuse, et soluble dans l'eau) dont se servent les Indiens de l'Amérique méridionale pour empoisonner leurs flèches, et qui paraît être l'extrait aqueux d'une liane appartenant au genre strychnos. Ce poison est remarquable en ce qu'il peut être ingéré impunément dans le tube digestif de l'homme et des animaux tandis qu'introduit par une piqûre sous la peau ou dans une partie quelconque du corps, son action est constamment et rapidement mortelle [2].

Pour obtenir la curarine, on pulvérise le curare, et on fait bouillir la poudre avec de l'alcool. La liqueur alcoolique est mêlée avec un peu d'eau, et l'alcool est distillé. Le résidu aqueux est séparé par décantation du dépôt résineux qui s'est formé, décoloré par le charbon animal, et précipité par l'infusion de noix de galle. Le précipité, jaune et amer, consiste en une combinaison de tannin et de curarine. On le lave, on le mêle avec un peu d'eau, on porte le mélange en ébullition, et on y ajoute peu à peu des cristaux d'acide oxalique, jusqu'à ce que le précipité soit dissous. La liqueur acide est traitée par la magnésie, qui se combine tant avec l'acide oxalique qu'avec le tannin. La curarine reste dans la dissolution; on évapore celle-ci, et on traite le résidu par l'alcool. La dissolution alcoolique est évaporée à l'aide de la chaleur, et desséchée dans le vide.

Pelletier et Pétroz préparent la curarine par un autre procédé. Ils traitent l'extrait alcoolique du curare par l'éther, pour le débarrasser de la graisse et de la résine, dissolvent le résidu dans l'eau, précipitent les corps étrangers par le sous-acétate de plomb, et enlèvent l'excès de sel de plomb par l'hydrogène sulfuré. Ensuite ils mêlent

[1] ROULIN et BOUSSINGAULT, *Ann. de Chim et de Phys.*, XXXIX, 24. — A. DE HUMBOLDT, *ibid.*, XXXIX, 30. — S PELLETIER et PÉTROZ, *ibid.*, XL, 213.

[2] Sur les caractères toxiques du curare : PELOUZE et CL. BERNARD, *Compt. rend. de l'Acad.*, XXXI, 553. — A. REYNOSO, *ibid.*, XXXIX, 67.

le liquide avec du charbon animal pour le décolorer; ils le filtrent, l'évaporent, chassent l'acide acétique en ajoutant au liquide de l'acide sulfurique étendu d'alcool absolu, enlèvent l'alcool par l'évaporation, précipitent l'acide sulfurique par l'hydrate de baryte, et séparent l'excès de ce dernier par l'acide carbonique; enfin ils évaporent la liqueur filtrée, jusqu'à siccité.

Ainsi obtenue, la curarine forme une masse non cristalline, jaunâtre, cornée, et translucide en couches minces. A l'air, elle tombe en déliquescence; sa saveur est très-amère. Soumise à l'action de la chaleur, elle se charbonne en répandant une odeur de corne brûlée, et en donnant un léger sublimé. Elle se dissout en toutes proportions dans l'eau et dans l'alcool; mais elle est insoluble dans l'éther et dans l'essence de térébenthine. Elle bleuit le papier de tournesol rougi par les acides, et brunit celui de curcuma.

En s'unissant aux acides, elle donne des sels neutres, d'une saveur amère, parmi lesquels le *chlorhydrate*, le *sulfate* et l'*acétate*, les seuls connus, sont incristallisables.

§ 2243. *Delphine*[1]. — Cet alcali, découvert à peu près en même temps par Lassaigne et Feneulle, et par Brandes, se trouve à l'état de bimalate dans les graines de staphisaigre (*Delphinium Staphisagria*).

M. Couerbe recommande l'emploi des graines grises, pour l'extraction de la delphinine, les graines noires ne contenant que fort peu d'alcali. Après les avoir réduites en pâte, on les épuise par l'alcool bouillant, et l'on soumet l'extrait à la distillation. On obtient ainsi un résidu rouge-noirâtre, de nature grasse et très-âcre, qu'on fait bouillir avec de l'eau aiguisée d'acide sulfurique, jusqu'à ce qu'elle ne se colore plus sensiblement; il se produit alors du sulfate de delphine impur, d'où l'on précipite la delphine par la potasse ou l'ammoniaque. On la traite ensuite par l'alcool bouillant et le noir animal; la liqueur alcoolique donne, par l'évaporation, de la delphine brute (5 à 6 grammes par kilogramme de staphisaigre). Pour la purifier, on la fait dissoudre dans l'eau aiguisée d'acide sulfurique, on filtre la liqueur, et l'on y verse goutte à goutte de l'acide nitrique étendu de la moitié de son poids d'eau. On en précipite ainsi une matière résineuse rousse ou noire, et le liquide devenu

[1] LASSAIGNE et FENEULLE (1820), *Ann. de Chim et de Phys.*, XII, 358. — BRANDES, *Journ. v. Schweigger*, XXV, 369. — O. HENRY, *Journ. de Pharm.*, XVIII, 661. — COUERBE, *Ann. de Chim. et de Phys.*, LII, 352.

très-acide se décolore entièrement. Il faut que le sulfate soit étendu de beaucoup d'eau ; autrement la résine, en se précipitant, entraînerait de la delphine. On laisse alors le tout en repos pendant 24 heures ; on décante le liquide, et on le décompose par la potasse diluée. Le précipité est repris par l'alcool absolu ; la solution étant filtrée et distillée, on obtient une matière d'apparence résineuse, légèrement jaunâtre. On la traite par l'eau distillée bouillante, pour en séparer un peu de nitre. On la reprend enfin par l'éther, qui dissout la delphine pure, qu'on en retire par l'évaporation. Le résidu, insoluble dans l'éther, est un corps particulier, que M. Couerbe appelle *staphisain*[1].

La delphine obtenue par ce procédé est légèrement jaunâtre, et résineuse ; mais elle donne une poudre presque blanche. Sa saveur, d'une âcreté insupportable, prend à la gorge et persiste longtemps. Elle ne cristallise pas. Elle entre en fusion à 120° ; une température plus élevée la décompose. (Suivant Brandes, la delphine se volatiliserait en partie avec les vapeurs de l'eau bouillante.)

Suivant M. Couerbe, la delphine renferme :

Carbone.	76,69
Hydrogène. . . .	8,89
Azote.	5,93
Oxygène.	7,49
	100,00

Ces nombres manquent de contrôle.

Le chlore n'agit pas sur la delphine à la température ordinaire ; à 150°, il l'attaque vivement en dégageant de l'acide chlorhydrique, et en produisant une matière d'abord verte, puis brune, renfermant du chlore.

Les *sels de delphine* sont peu connus.

Le *chlorhydrate* est déliquescent. Le *sulfate* et l'*acétate* forment, après l'évaporation, des masses gommeuses, dures et translucides. Le *nitrate* jaunit pendant l'évaporation, et donne une masse saline déliquescente ; l'*oxalate* forme des lamelles blanches.

§ 2244. *Émétine.* — La racine d'ipécacuanha (*Cephaëlis Ipecacuanha*, Rich., famille des rubiacées) doit ses propriétés vomitives

[1] Le *staphisain* est un corps solide, non cristallin, légèrement jaunâtre. Il n'entre en fusion qu'à 200°. L'eau en dissout quelques millièmes, en prenant une saveur âcre. Il se dissout dans les acides sans les neutraliser. L'acide nitrique, sous l'influence de la chaleur, le transforme en une résine amère et acide. Le chlore, à 150°, l'altère, et lui enlève sa saveur âcre.

à un alcali particulier, découvert en 1817 par Pelletier et Magendie[1].

Pelletier extrait l'émétine par le procédé suivant : La racine, réduite en poudre, est traitée par l'éther, qui dissout une matière grasse, odorante, puis par l'alcool bouillant. La dissolution alcoolique est filtrée et mêlée avec peu d'eau ; la liqueur, concentrée par la distillation, est séparée, par le filtre, d'un dépôt gras; ensuite on la fait bouillir avec de la magnésie, qui précipite l'émétine. Le précipité est lavé avec de l'eau froide, séché et traité par l'alcool; la dissolution alcoolique d'émétine donne par l'évaporation un produit légèrement coloré. On dissout celui-ci dans un acide ; on le traite par le charbon animal ; on filtre, et on précipite la dissolution par un alcali.

L'émétine est rarement d'une blancheur parfaite ; elle tire sur le fauve, et se colore davantage au contact de l'air. Elle ramène au bleu le tournesol rougi par les acides. Sa saveur est très-faible et amère; son odeur est nulle. Elle se dissout difficilement dans l'eau froide, plus facilement dans l'eau chaude ; elle est très-soluble dans l'alcool, presque insoluble dans l'éther et dans les huiles. Elle est très-fusible, et commence déjà à se liquéfier à 50° environ.

Suivant MM. Dumas et Pelletier, l'émétine renferme :

Carbone. . .	64,57
Hydrogène. .	7,77
Azote. . . .	4,30
Oxygène. . .	22,96
	100,00

L'acide nitrique concentré transforme l'émétine en une substance jaune, résineuse, et en acide oxalique.

Prise intérieurement, l'émétine détermine des vomissements; 3 milligrammes produisent déjà cet effet; un décigramme suffit pour tuer un chien.

Les *sels d'émétine* sont incristallisables.

Le *chloromercurate* et *le chloroplatinate* sont peu solubles.

L'*oxalate* et le *tartrate* sont fort solubles dans l'eau.

Le *gallotannate* est un précipité blanc, floconneux, soluble dans les alcalis ; il n'est ni vomitif, ni vénéneux.

[1] Pelletier et Magendie (1817), *Ann. de Chim. et de Phys.*, IV, 172. — Buchner, *Repert. d. Pharm.*, VII, 289. — Dumas et Pelletier, *Ann. de Chim. et de Phys.*, XXIV, 180.

En France on emploie comme médicament, sous le nom d'*émétine colorée*, une émétine impure, déliquescente et brune, qu'on obtient en traitant la racine d'ipécacuanha par l'alcool, évaporant à siccité, traitant le résidu par l'eau, saturant l'acide libre par le carbonate de magnésie, et évaporant à sec le liquide filtré.

§ 2245. *Glaucine*[1]. — C'est à cet alcali que les feuilles de *Glaucium luteum* doivent leur âcreté; les racines de cette plante n'en contiennent pas.

Probst l'extrait de la manière suivante : on broie, avec de l'acide acétique, la plante dépouillée de la racine et des fleurs; on chauffe le suc acide, afin de coaguler la chlorophylle, et l'on ajoute de l'ammoniaque qui précipite, outre la glaucine, du phosphate de chaux, du phosphate ammoniaco-magnésien, une matière ulmique brune, une substance brune alcaline, et une matière résineuse. On dissout le précipité dans l'acide sulfurique très-étendu, on sépare par le filtre les parties insolubles, on ajoute son volume d'alcool au liquide filtré, puis un excès d'ammoniaque. Il se produit ainsi un nouveau précipité qu'on sépare par le filtre. La glaucine reste dans la liqueur alcoolique; on sature celle-ci par de l'acide sulfurique, on enlève l'alcool par la distillation au bain-marie, on sature le résidu par du sulfate de soude, et l'on précipite par l'ammoniaque. On obtient ainsi un précipité poisseux qu'on reprend par l'éther; la dissolution éthérée donne, par l'évaporation, une masse presque blanche, gluante à chaud, cassante et friable à froid. Enfin ce dernier produit, étant dissous dans l'eau bouillante, dépose la glaucine, par l'évaporation, sous la forme de croûtes cristallines.

Un autre procédé de préparation, plus avantageux, consiste à précipiter par du nitrate de plomb le suc clarifié, à enlever l'excès de plomb par l'hydrogène sulfuré, et à précipiter le liquide neutre par une décoction d'écorce de chêne. Le précipité renferme la glaucine; après l'avoir lavé et exprimé, on le mêle encore humide avec de la chaux, et on le traite à une douce chaleur par de l'alcool. On fait passer un courant d'acide carboniqne dans la solution alcoolique, pour précipiter la chaux, on chasse l'alcool par l'évaporation, et l'on traite le résidu par une petite quantité d'eau froide qui laisse beaucoup de glaucine à l'état insoluble. On purifie l'alcali en le faisant dissoudre dans l'eau bouillante. L'emploi

[1] PROBST (1839), *Ann. der Chem. u. Pharm.*, XXXI, 241.

du charbon animal ne convient pas, parce qu'il s'empare de la glaucine.

La glaucine se sépare, par l'évaporation spontanée de sa solution aqueuse, à l'état de croûtes incolores, composées de paillettes nacrées. L'éther l'abandonne sous la forme d'une masse poisseuse. Lorsqu'on la précipite par l'ammoniaque de l'un de ses sels, elle se dépose sous la forme d'un précipité blanc et caillebotté, qui finit par devenir poisseux; ce précipité fond en une masse huileuse déjà au-dessous du point d'ébullition de l'eau. Sa saveur est amère et fort âcre. Elle est assez soluble dans l'eau chaude, fort soluble dans l'alcool et l'éther; sa solution bleuit le tournesol rougi par les acides.

Elle se décompose à une température élevée.

Lorsqu'on chauffe la glaucine avec de l'acide sulfurique concentré, elle prend une belle couleur violette; l'eau, ajoutée à ce produit, le dissout avec une couleur rouge foncée; l'ammoniaque produit dans cette solution un précipité bleu indigo.

L'acide nitrique décompose promptement la glaucine.

La glaucine forme, avec les acides, des sels neutres ayant une saveur âcre et brûlante; la teinture de noix de galles précipite ces sels.

Le *chlorhydrate* de glaucine est fort soluble dans l'eau et l'alcool, insoluble dans l'éther, et cristallise en aiguilles soyeuses, qui prennent peu à peu à la lumière une teinte rougeâtre.

Le *sulfate* s'obtient en cristaux fort solubles dans l'eau et l'alcool, insolubles dans l'éther.

Le *phosphate* cristallise aisément.

§ 2246. *Glaucopicrine*[1]. — La glaucopicrine est contenue dans la racine de *Glaucium luteum*.

On épuise cette racine par l'acide acétique, et on précipite l'extrait par l'ammoniaque; on neutralise le précipité par l'acide acétique, et l'on précipite la solution par une décoction d'écorce de chêne. Le nouveau précipité ayant été lavé, on le délaye, avec de la chaux, dans de l'alcool en chauffant doucement; on fait passer de l'acide carbonique dans le liquide filtré, afin d'en précipiter la chaux; on enlève l'alcool par la distillation; on filtre le résidu, s'il y a lieu, et on l'évapore au bain-marie. On épuise le résidu par l'éther; on évapore les solutions éthérées, et l'on traite le nouveau résidu par une très-petite quantité d'éther, qui laisse de la glauco-

[1] PROBST (1839), *Ann. der Chem. u. Pharm.*, XXXI, 254.

picrine dans un état de plus grande pureté. Enfin, on fait cristalliser celle-ci dans l'eau bouillante.

La glaucopicrine se présente par l'évaporation de sa solution éthérée, en cristaux grenus, inaltérables à l'air, solubles dans l'eau, surtout à chaud, ainsi que dans l'alcool; l'éther la dissout plus difficilement que ces liquides.

Elle se combine avec les acides, en donnant des sels qui ont une saveur excessivement amère et nauséabonde. Le charbon animal enlève la glaucopicrine à ses solutions dans les acides.

Lorsqu'on chauffe la glaucopicrine ou un de sels avec de l'acide sulfurique concentré, on obtient un produit poisseux vert foncé, insoluble dans l'eau, les acides et l'ammoniaque.

Le *chlorhydrate* s'obtient en tables rhomboïdales, ou en prismes groupés en faisceaux, solubles dans l'eau, insolubles dans l'éther.

Le *sulfate* est cristallisable.

Le *phosphate* s'obtient aussi en cristaux.

Helléborine[1]. — M. Bastick donne ce nom à une substance azotée, semblable à la pipérine, et contenue dans la racine d'ellébore noir. On peut l'en extraire directement au moyen de l'alcool; la teinture, étant étendue d'eau et soumise à l'évaporation, dépose d'abord de la résine qu'on sépare par le filtre; la liqueur filtrée donne l'helléborine par une plus forte concentration. On purifie cette substance en la traitant par le carbonate de potasse et en la faisant dissoudre dans l'éther.

L'helléborine forme des cristaux incolores, solubles dans l'eau et l'alcool, plus solubles encore dans l'éther, d'une saveur âcre et amère. Les solutions sont parfaitement neutres aux papiers.

Elle se décompose par la chaleur, en laissant un résidu charbonneux.

Elle n'est pas précipitée de ses solutions par l'acétate de plomb, le bichlorure de mercure, l'iodure de potassium.

Chauffée avec la potasse, elle dégage de l'ammoniaque.

L'acide nitrique concentré la dissout et l'oxyde. L'acide sulfurique concentré la dissout et la décompose en se colorant en rouge-brun.

§ 2247. *Hyoscyamine*[2]. — Elle se rencontre dans la jusquiame

[1] FENEULLE et CAPRON, *Journ. de Pharm.*, VII, 503. — W. BASTICK, *ibid.*, [3] XXIII, 205; XXIV, 159; et *Pharmac. Journ. and Transact.*, LII, 174.

[2] R. BRANDES (1832), *Ann. der Chem. u. Pharm.*, I, 333. — GEIGER, *ibid.*, VII, 270.

(*Hyoscyamus niger*) et dans d'autres espèces d'hyoscyamus.

Geiger la prépare de la manière suivante : les graines de jusquiame écrasées sont traitées à chaud par de l'alcool aiguisé de 1/50 d'acide sulfurique, puis exprimées et jetées sur un filtre. On ajoute au liquide filtré un excès de chaux caustique et pulvérisée, en agitant constamment, de manière qu'il prenne une réaction légèrement alcaline. Après avoir filtré de nouveau, on sature le liquide par un léger excès d'acide sulfurique et l'on enlève l'alcool jusqu'au quart en chauffant modérément. Le résidu ayant été mélangé avec de l'eau, on évapore à une douce chaleur jusqu'à expulsion complète de l'alcool; ensuite on sature avec précaution par une solution concentrée de carbonate de potasse, et l'on filtre dès que le liquide se trouble. Le liquide filtré est mélangé avec un grand excès de carbonate de potasse et traité à plusieurs reprises par de l'éther; on décante la dissolution éthérée; on en chasse l'éther par la distillation, et l'on reprend le résidu par de l'eau tant qu'il se trouble; on continue l'opération en filtrant, traitant le liquide filtré par deux fois son volume d'un mélange d'alcool et d'éther, et agitant avec du charbon animal jusqu'à décoloration; puis, après avoir filtré de nouveau, on évapore le liquide alcoolique à une douce chaleur, et enfin on dessèche le résidu dans le vide jusqu'à ce qu'il ne perde plus de poids. On peut aussi le traiter par de l'acide sulfurique étendu, ajouter de l'alcool, agiter avec du charbon animal, filtrer, décomposer par du carbonate de potasse, extraire l'hyoscyamine par l'éther, et procéder comme précédemment.

L'hyoscyamine s'obtient aussi en décomposant un de ses sels par un alcali minéral; on peut la purifier par la distillation, mais alors on en perd beaucoup. La préparation se fait dans ce cas comme celle de la conine.

On l'extrait des parties herbacées de la jusquiame en fleurs, en exprimant le suc de la plante fraîche, faisant bouillir et filtrant; on ajoute de la chaux au liquide filtré, et, après avoir filtré une seconde fois, on mélange avec du carbonate de soude ou de potasse, et l'on termine l'opération comme nous venons de le dire. Souvent on n'obtient que très-peu de produit.

L'hyoscyamine cristallise en aiguilles groupées en étoiles et douées d'un éclat soyeux; souvent on l'obtient sous la forme d'une masse incolore, visqueuse et gluante. Entièrement sèche, elle est sans odeur; mais à l'état humide, et surtout si elle est impure, elle a une odeur désagréable et étourdissante, qui rappelle celle du tabac.

Elle est assez soluble dans l'eau, fort soluble dans l'alcool et l'éther ; sa solution aqueuse présente une réaction alcaline.

Elle ne se volatilise pas à la température ordinaire, et n'éprouve aucune altération à l'air. Elle fond aisément à une douce chaleur, et se volatilise à une température élevée, en se décomposant en en grande partie. Elle se volatilise aussi en partie avec les vapeurs de l'eau bouillante.

Les alcalis minéraux la décomposent à chaud, en la transformant en une résine brune.

L'acide nitrique concentré la dissout sans se colorer. L'acide sulfurique concentré la brunit. L'iode produit dans sa solution aqueuse un abondant précipité couleur de kermès.

L'hyoscyamine neutralise complétement les acides.

Prise intérieurement, elle agit comme un poison narcotique, même à petite dose. Frottée dans l'œil, même en quantité minime, elle dilate la pupille d'une manière persistante.

Les *sels d'hoscyamine* cristallisent en grande partie, et ne s'altèrent pas à l'air; ils sont fort vénéneux ; ils sont sans odeur, mais ils possèdent une saveur âcre et nauséabonde.

Le bichlorure de platine ne les précipite pas; le chlorure d'or y détermine la formation de flocons blanchâtres.

L'infusion de noix de galle y occasionne un précipité blanc.

§ 2248. *Jervine*[1], $C^{60}H^{46}N^{2}O^{6}$ (?). — Cet alcali accompagne la vératrine dans la racine d'ellébore blanc (*Veratrum album*).

M. Simon l'extrait de la manière suivante : on traite par l'acide chlorhydrique étendu l'extrait alcoolique de la racine, et l'on précipite la liqueur chlorhydrique par le carbonate de soude. On fait dissoudre le précipité dans l'alcool ; on décolore par le charbon, et on enlève l'alcool par la distillation. La plus grande partie de la matière se prend alors en une masse cristalline : la vératrine, étant incristallisable, s'enlève presque toute si l'on soumet ce produit à l'action de la presse; on humecte avec de l'alcool le gâteau ainsi obtenu, et on l'exprime encore une fois. De cette manière, la jervine s'obtient presque pure.

[1] E. Simon (1837), *Ann. de Poggend.*, XLI, 569, et en extr. *Ann. der Chem. u. Pharm.*, XXIV, 214. — Will, *Ann. der Chem. u. Pharm.*, XXXV, 116.

La liqueur exprimée contient à la fois de la jervine et de la vératrine. On l'évapore à siccité, et on traite le résidu par l'acide sulfurique dilué. La jervine donne un sulfate fort peu soluble, tandis que le sulfate de vératrine reste en dissolution.

La jervine est incolore et cristalline. Elle perd à 100° de l'eau de cristallisation (4 atomes). Elle fond par une forte chaleur en une huile incolore qui se décompose au-dessus de 200°. Elle est presque insoluble dans l'eau, mais l'alcool la dissout. Elle est très-peu soluble dans l'ammoniaque.

Séchée à 100°, elle renferme :

	Will [1].		$C^{60}H^{46}N^2O^6$.
Carbone. . . .	74,91	74,55	74,7
Hydrogène. . .	9,57	9,74	9,5
Azote.	5,38	»	5,7
Oxygène. . . .	»	»	10,1
			100,0
Eau de cristallis.	6,88	6,88	6,9 (4 aq.)

La jervine dégage de l'ammoniaque par la fusion avec la potasse.

Le *chlorhydrate*, le *sulfate* et le *nitrate de jervine* sont très-peu solubles dans l'eau et dans les acides minéraux.

Le *chloroplatinate* s'obtient sous la forme de flocons jaune clair en mélangeant, avec du bichlorure de platine, une solution aqueuse de l'acétate ou une solution alcoolique du chlorhydrate de jervine. Il a donné à l'analyse 14,55—14,33 p. c. de platine. (Calcul : 14,3.)

L'*acétate* est un sel soluble dans l'eau.

§ 2249. *Lobéline*[2]. — Cet alcali existe, suivant MM. Bastick et Procter, dans le *Lobelia inflata*, L., plante très-usitée dans la médecine des États-Unis. Il est huileux, non volatil sans décomposition, fort soluble dans l'eau, l'alcool et l'éther, et forme des sels cristallisables avec les acides chlorhydrique, sulfurique, nitrique et oxalique. Les solutions sont précipitées par le tannin. Pris intérieurement, il agit comme narcotique.

§ 2250. *Ménispermine*. — Elle a été trouvée par Pelletier et Couerbe [3] dans la coque du Levant (graines de *Menispermum Coc-*

[1] M. Will représente la jervine par les rapports $C^{60}H^{45}N^2O^5$.

[2] W. Bastick, *Pharmac. Journ. and Transact.*, X, 270. — Procter, *ibid.*, X, 456.

[3] Pelletier et Couerbe, *Ann. de Chim. et de Phys.*, LIV, 178. — En traitant l'extrait alcoolique de la coque du Levant par de l'eau bouillante, puis par un acide très-étendu

culus), où elle est accompagnée de paraménispermine (§ 2251) et de picrotoxine (§ 2252).

Pour extraire la ménispermine, on traite d'abord par l'eau froide l'extrait alcoolique de la coque du Levant, puis on l'épuise par de l'eau chaude acidulée ; après avoir précipité par un alcali la solution brune, on épuise le précipité par de l'acide acétique très-faible; il reste alors une masse brun-noir. On peut aussi piler les graines, les épuiser par de l'alcool de 0,833, distiller, faire bouillir le résidu avec de l'eau et filtrer la liqueur bouillante. Celle-ci dépose alors par le refroidissement, surtout si l'on y ajoute un peu d'acide, des cristaux de picrotoxine. La partie insoluble dans l'eau bouillante pure est ensuite traitée par de l'eau acidulée, et précipitée par un alcali ; il se produit ainsi un précipité grenu d'où l'alcool extrait une matière jaune particulière ; enfin on dissout le résidu dans l'éther, qui dépose la ménispermine à l'état cristallisé. L'éther laisse une substance visqueuse que l'on dissout dans l'alcool absolu ; la dissolution, évaporée à 45°, finit par donner des cristaux de paraménispermine.

La ménispermine se présente sous la forme de prismes terminés par les faces d'une pyramide; elle est blanche, fusible à 120°, et se décompose à une température plus élevée; elle ne paraît pas être vénéneuse. Elle est insoluble dans l'eau, soluble dans l'alcool et l'éther, qui la déposent à l'état cristallisé.

Elle renferme (moyenne de quatre expériences) :

	Pellet. et Couerbe.
Carbone [1]. . .	71,80
Hydrogène. . .	8,01
Azote.	9,57
Oxygène. . . .	10,53
	100,00

Pelletier et Couerbe déduisent de cette composition la formule $C^{18}H^{12}NO^2$, qui manque de contrôle.

Les acides dilués dissolvent aisément la ménispermine. L'acide nitrique concentré la convertit à chaud en acide oxalique et en une matière jaune résinoïde.

et par de l'éther, Pelletier et Couerbe ont obtenu un résidu brun foncé, auquel ils donnent le nom d'*acide hypopicrotoxique*. Ce corps est soluble dans l'alcool et dans les alcalis; les acides le précipitent de sa solution alcaline.

[1] Calculé d'après l'ancien poids atomique.

Le *sulfate* de ménispermine cristallise en aiguilles prismatiques, fusibles à 165°; à une température plus élevée, il rougit un peu et se décompose en dégageant de l'hydrogène sulfuré. Le sel cristallisé renferme 15 p. c. d'eau et 6,87 p. c. d'acide sulfurique anhydre.

§ 2251. La *paraménispermine* a la même composition que la ménispermine; elle fond à 250°, et se volatilise à l'état de vapeurs blanches qui se condensent sous forme de neige sur les corps froids. Elle est insoluble dans l'eau, peu soluble dans l'éther, et fort soluble dans l'alcool bouillant. Les acides étendus la dissolvent également, sans toutefois en être neutralisés et sans donner de sels.

§ 2252. La *picrotoxine* [1] paraît être le principe actif de la coque du Levant, mais elle ne possède pas des propriétés alcalines.

Pour préparer ce corps, M. Merck épuise par l'alcool les graines mondées, et enlève l'alcool de l'extrait par la distillation à une douce chaleur; la picrotoxine se trouve alors cristallisée sous une couche d'huile grasse. On éloigne celle-ci, et, après avoir exprimé les cristaux entre des doubles de papier buvard, on les dissout dans l'alcool, on décolore par du charbon animal, et l'on évapore à un feu modéré.

Wittstock exprime préalablement les semences mondées, traite le résidu à trois reprises par de l'alcool de 0,835, éloigne l'alcool par la distillation, dissout le résidu dans l'eau, enlève l'huile, filtre et fait cristalliser la picrotoxine en évaporant doucement la liqueur.

Pelletier et Couërbe traitent par de l'eau bouillante le résidu de l'extrait alcoolique des semences, et aiguisent le liquide décanté avec un peu d'acide; la picrotoxine cristallise alors par le refroidissement.

Boullay prescrit de bien faire bouillir dans l'eau les semences mondées, avant ou après en avoir retiré l'huile grasse, et de faire évaporer lentement la liqueur jusqu'à consistance d'extrait; il triture ensuite le résidu avec de la magnésie ou de la baryte, évapore à siccité, reprend par de l'alcool et évapore de nouveau. On pu-

[1] Boullay (1812), *Ann. de Chimie*, XXX, 209. *Journ. de Pharm.*, V, 1; XI, 505. — Casaseca, *Ann. de Chim. et de Phys.*, XXX, 307. — C. Oppermann, *Magaz. f. Pharm.*, XXXV, 233. — Pelletier et Couerbe, *Ann. de Chim. et de Phys.*, LIV, 181. — Liebig, *Ann. der Chem. u. Pharm.*, X, 203. — Regnault, *Ann. de Chim. et de Phys.*, LXVIII, 160.

rifie la picrotoxine par le charbon animal; on peut également la décolorer en précipitant l'extrait par du sous-acétate de plomb et décomposant par l'hydrogène sulfuré; on concentre ensuite la solution alcoolique, et on la décompose par du carbonate de potasse; la picrotoxine cristallise alors au bout de quelque temps.

Suivant Meissner[1], on obtient aussi des cristaux de picrotoxine en évaporant simplement la décoction de la coque du Levant.

La picrotoxine forme de petits prismes quadrilatères, blancs et transparents, ou bien des aiguilles groupées en étoiles; elle est inaltérable à l'air, sans odeur, et douée d'une saveur extrêmement amère. Elle est sans action sur les couleurs végétales. Elle se décompose à une température élevée, sans entrer en fusion. Elle se dissout dans 150 parties d'eau froide et dans 25 parties d'eau bouillante; de même, elle est soluble dans 3 parties d'alcool bouillant de 0,800, ainsi que dans l'éther; ni les huiles grasses ni les huiles essentielles ne la dissolvent. Elle se dissout mieux dans les acides que dans l'eau pure, mais elle ne forme pas de sels; elle se dissout également dans les alcalis. Sa solution alcoolique dévie à gauche le plan de polarisation de la lumière[2]; $[\alpha] = -28°$.

La picrotoxine a donné à l'analyse[3] les nombres suivants :

	Pell. et Couërbe.	Oppermann.		Regnault.		$C^{10}H^6O^4$.
Carbone. . .	60,91	61,43	61,53	60,21	60,47	61,2
Hydrogène. .	6,00	6,11	6,22	5,83	5,70	6,1
Oxygène. . .	»	»	»	»	»	32,7
						100,0

M. Oppermann calcule de cette composition la formule $C^{10}H^6O^4$ (qui exige plus d'hydrogène que M. Regnault n'en a trouvé).

L'acide sulfurique concentré forme avec la picrotoxine une dissolution couleur de safran. L'acide nitrique la transforme en acide oxalique.

A chaud, les alcalis altèrent la picrotoxine.

La chaux, la strontiane, la baryte et la magnésie se combinent avec elle. L'oxyde de plomb donne également une combinaison incristallisable, très-soluble (renfermant 45 à 48 p. c. d'oxyde).

Ni l'acétate ni le sous-acétate de plomb ne précipitent la picrotoxine.

[1] MEISSNER, *Annales de Berlin*, XXVIII, 132.

[2] BOUCHARDAT et F. BOUDET, *Journ. de Pharm.*, [3] XXIII, 288.

[3] Les analyses citées sont calculées avec l'ancien poids atomique du carbone.

Prise intérieurement, la picrotoxine détermine des vertiges, des convulsions et même la mort.

§ 2253. *Oxyacanthine*[1]. — Suivant M. Polex, ce corps accompagne la berbérine dans la racine d'épine-vinette.

Pour l'extraire, on épuise cette racine par l'alcool, on ajoute un peu d'eau à l'extrait, et l'on enlève l'alcool par la distillation. Le résidu dépose une résine molle qu'on sépare par le filtre; la liqueur filtrée précipite, par la concentration, des cristaux de berbérine. Quand les eaux-mères n'en donnent plus, on les étend de quatre fois leur volume d'eau, et on les précipite par du carbonate de soude. Le précipité ayant été lavé à l'eau froide, on le dissout dans l'acide sulfurique dilué; on décolore la solution par le charbon animal, et on en précipite l'oxyacanthine par du carbonate de soude.

A l'état de pureté, l'oxyacanthine constitue une poudre blanche, ordinairement jaunâtre; on peut l'obtenir cristallisée par l'évaporation spontanée de sa solution alcoolique, additionnée d'une quantité d'eau telle que la liqueur reste encore limpide. Elle possède une saveur âcre et amère, et brunit au contact de l'air et de la lumière. Elle fond par la chaleur, et dégage de l'eau, des vapeurs empyreumatiques et de l'ammoniaque, en laissant un charbon volumineux. Elle est presque insoluble dans l'eau froide; récemment précipitée, elle se dissout en petite quantité dans l'eau bouillante. Elle est soluble dans l'alcool, l'éther, les essences et les huiles grasses. Ses solutions ont une réaction alcaline.

Les acides minéraux concentrés la décomposent. L'acide nitrique la résinifie d'abord par l'ébullition, et la convertit ensuite en acide oxalique et en un corps semblable à la berbérine, et qui se précipite par l'eau en flocons jaunes.

Les *sels d'oxyacanthine* ont une saveur amère.

Le *chlorhydrate* et le *sulfate* cristallisent en faisceaux.

Le *nitrate* constitue des agglomérations mamelonnées.

Les sels formés par les acides organiques cristallisent plus difficilement. La solution neutre de l'*acétate* précipite en blanc par la teinture de noix de galle, le nitrate d'argent, le bichlorure de mercure, le tartrate d'antimoine et de potasse, le protochlorure d'étain; en brun-rouge par l'iode, en jaune par le bichlorure de platine et l'acide picrique; elle n'est pas précipitée par le protonitrate

[1] Polex, *Archiv d. Pharmac.*, VI, 265.

de mercure, le perchlorure de fer, l'acétate de plomb, le sous-acétate de plomb, les sels de cuivre, la gélatine.

§ 2254. *Pélosine*[1] ou cissampéline, $C^{36}H^{21}NO^{6}$. — Elle est contenue, suivant M. Wiggers, dans la racine de pareira-brava, communément attribuée au *Cissampelos pareira*, L. (plante sarmenteuse de la famille des ménispermacées), qui croît principalement dans les bois montueux des Antilles.

On épuise cette racine par de l'eau aiguisée d'acide sulfurique, et l'on précipite l'extrait par du carbonate de soude, qu'on évite de prendre en excès. On purifie le précipité par la dissolution dans l'éther.

La racine de pareira paraît donner de $^{1}/_{20}$ à $^{1}/_{25}$ de son poids de pélosine.

Par l'évaporation de sa solution éthérée, la pélosine reste sous la forme d'un vernis amorphe et transparent. On l'obtient hydratée en ajoutant de l'eau à sa solution éthérée et éloignant l'éther par la distillation; elle se dépose ainsi à l'état d'une poudre blanche. Elle perd son eau à 100°, et devient alors soluble dans l'alcool et l'éther; elle est insoluble dans l'eau, incristallisable et sans odeur, mais d'une saveur à la fois douceâtre et amère. Elle bleuit le tournesol rougi par les acides.

Séchée à 12°, elle renferme :

	Boedeker.		$C^{36}H^{21}NO^{6}$.
Carbone.	70,98	71,99	72,24
Hydrogène. . . .	7,22	7,04	7,02
Azote.	4,68	»	4,67
Oxygène.	»	»	16,07
			100,00

On remarque que cette composition est la même que celle de la codéine[2]. Suivant M. Boedeker, la pélosine hydratée renferme 8,21 p. c. d'eau (3 atomes).

La pélosine s'altère au contact de l'air, surtout sous l'influence de la chaleur et de l'humidité.

L'acide nitrique de concentration moyenne la résinifie.

Les *sels de pélosine* sont généralement fort solubles et difficilement cristallisables. Les alcalis, le tannin, le chlorure d'or et le bichlorure de platine les précipitent.

[1] A. WIGGERS (1838), *Ann. der Chem. u. Pharm.*, XXVII, 29; XXXIII, 81. — BOEDEKER, *ibid.*, LXIX, 53.

[2] M. Boedeker pense que la pélosine est peut-être identique à la berbérine (§ 2236).

Le *chlorhydrate*, $C^{36}H^{21}NO^{6}$, HCl + 2 aq., s'obtient le mieux à l'état de pureté en faisant passer du gaz chlorhydrique sec au sein d'une solution de pélosine (préalablement séchée à 120°) dans l'éther absolu ; il se dépose ainsi des flocons blancs qu'on lave avec le même liquide. Desséché, le chlorhydrate de pélosine constitue une poudre blanche amorphe, très hygrométrique, fort soluble dans l'eau et l'alcool ; sa solution laisse un vernis par l'évaporation. Le sel desséché à 110° est anhydre.

Le *chloroplatinate*, $C^{36}H^{21}NO^{6}$, HCl, $PtCl^{2}$ (à 110°), est un précipité jaune pâle, amorphe, fort électrique. Fortement échauffé, il fond, et se boursoufle considérablement en répandant une odeur pénétrante fort désagréable. Il renferme :

	Boedeker.		Calcul.
Carbone.	43,48	»	42,60
Hydrogène.	4,88	»	4,34
Platine.	19,13	19,82	19,52

Le *chromate*, 2 $C^{36}H^{21}NO^{6}$, $Cr^{2}O^{6}$, 2 HO + 2 aq. (?), se précipite sous la forme de flocons jaunes par l'addition du bichromate de potasse à une solution de chlorhydrate de pélosine. Le précipité brunit pendant les lavages. Chauffé à quelques degrés au-dessus de 100°, il se décompose brusquement en dégageant de la quinoléine [1] et de l'acide phénique.

§ 2255. M. Boedeker donne le nom de *pellutéine* à un produit de décomposition de la pélosine hydratée au contact de l'air et de la lumière. Dans ces circonstances la pélosine jaunit, dégage de l'ammoniaque, et devient insoluble dans l'éther. Si on traite le produit par l'alcool absolu et bouillant, celui-ci laisse à l'état insoluble une matière brune ulmique en petite quantité, tandis qu'il dissout la pellutéine, qui se dépose en flocons jaune-brunâtre par le refroidissement.

La pellutéine se comporte avec les acides comme la pélosine. Séchée à 110°, elle renferme :

	Boedeker.	$C^{36}H^{19}NO^{6}$.
Carbone.	73,90	72,7
Hydrogène.	6,18	6,3
Azote.	3,84	4,7
Oxygène.	»	»

[1] L'identité de cet alcali n'a pas été établie par l'analyse.

Le *chloroplatinate de pellutéine* est un précipité renfermant 17,69 — 17,99 p. c. de platine.

§ 2255[a]. *Pyridine*, $C^{10}H^5N$. — Ce nom a été donné par M. Anderson [1] à un alcali volatil contenu dans les produits huileux de la distillation sèche des os. Lorsqu'on extrait les parties alcalines de ces produits en traitant ceux-ci par l'acide sulfurique dilué, puis par la chaux, et qu'on soumet à la rectification les huiles alcalines ainsi obtenues, la pyridine passe avec les portions bouillant à 115° environ. Ces portions ont une odeur semblable à celle de la picoline (§ 1415), mais plus forte et plus piquante; elles se dissolvent dans l'eau en toutes proportions, et donnent avec les acides des sels fort solubles.

Le *chloroplatinate* de pyridine, $C^{10}H^5N$, HCl, $PtCl^2$, se dépose peu à peu sous la forme de prismes aplatis, fort solubles dans l'eau bouillante, moins solubles dans l'alcool et insolubles dans l'éther, lorsqu'on ajoute du bichlorure de platine à la solution du chlorhydrate de l'alcali huileux. Il renferme :

	Anderson.		Calcul.
Carbone. . . .	21,48	20,29	21,03
Hydrogène. . .	2,30	2,24	2,10
Platine.	34,30	34,56	34,60

Maintenu en ébullition avec de l'eau, ce chloroplatinate paraît se décomposer, en produisant un autre sel en paillettes dorées.

Pyrrol. — M. Runge [2] appelle ainsi un alcali huileux et volatil, ayant la propriété de communiquer une coloration rouge purpurine au bois de sapin humecté d'acide chlorhydrique. Cet alcali, d'une odeur de rave fort désagréable, se produit dans la distillation sèche des matières animales, notamment de la corne et des os; il est aussi contenu dans le goudron de houille. Il rougit promptement au contact de l'air, et s'altère au point de devenir presque noir.

Le pyrrol s'obtient lorsqu'on fait bouillir la liqueur acide provenant du traitement, par l'acide sulfurique dilué, des produits de la distillation sèche des matières animales; il se condense alors avec les vapeurs d'eau.

Suivant M. Anderson, le pyrrol est une substance alcaline com-

[1] ANDERSON (1851), *Ann. der Chem. u. Pharm.*, LXXX, 55.

[2] RUNGE, *Ann. de Poggend.*, XXXI, 65. — ANDERSON, *Ann. der Chem. u. Pharm.*, LXXX, 63.

plexe, dont le point d'ébullition varie entre 100° et 188°. Dissous dans une petite quantité d'acide chlorhydrique, il donne avec le bichlorure de platine un précipité jaune qui se convertit rapidement en une masse noire. Bouilli avec un excès d'acide, il se transforme en une matière rouge, insoluble dans l'eau, les acides et les alcalis, soluble dans l'alcool, et tellement volumineuse qu'on peut renverser le vase où l'on a opéré, sans qu'elle s'en échappe.

§ 2256. *Sanguinarine*[1]. — Cet alcali est contenu, suivant Dana, dans la racine de *Sanguinaria Canadensis*, L. (famille des papavéracées).

M. Schiel l'extrait de la manière suivante : on épuise par l'éther la racine desséchée et réduite en poudre, on sépare par le filtre les parties insolubles, et l'on fait passer dans la solution un courant de gaz chlorhydrique; il se précipite ainsi du chlorhydrate de sanguinarine impur, qu'on fait dissoudre dans l'eau et qu'on précipite par l'ammoniaque. Le précipité ayant été desséché, on le dissout dans l'éther, on agite la solution avec du charbon animal jusqu'à parfaite décoloration, et l'on précipite de nouveau le liquide entièrement incolore par du gaz chlorhydrique. Le précipité écarlate de chlorhydrate de sanguinarine étant dissous dans l'eau et précipité par l'ammoniaque, donne la sanguinarine sous la forme de flocons blancs.

La sanguinarine se présente, après la dessication, sous la forme d'une poudre jaunâtre, insipide, excitant l'éternument. Elle est insoluble dans l'eau, fort soluble dans l'alcool; la solution est fort amère et d'une réaction alcaline. Elle se colore immédiatement en rouge dans une atmosphère contenant des vapeurs acides.

Composition de la sanguinarine séchée à 100° : $C^{36}H^{17}NO^{8}$ (?).

	Schiel[3].			Calcul.
Carbone.	69,7	69,7	69,5	69,4
Hydrogène. . . .	5,3	5,1	5,1	5,4
Azote.	5,2	»	»	4,5
Oxygène.	»	»	»	20,7
				100,0

[1] DANA, *Magaz. f. Pharm.*, XXIII, 125. — SCHIEL, *Ann. der Chem. u. Pharm.*, XLIII, 233.

[2] L'analogie de caractères que la sanguinarine présente avec la chélérythrine (§ 2238) rend probable l'identité de ces deux alcalis.

[3] M. Schiel représente la sanguinarine par les rapports $C^{37}H^{16}NO^{8}$.

La sanguinarine fond par la chaleur et se charbonne à une température plus élevée.

L'acide nitrique la décompose.

Elle neutralise parfaitement les acides, en donnant des sels ordinairement rouges, très-amers et fort solubles dans l'eau. La teinture de noix de galle les précipite en rouge-jaunâtre.

Le *chlorhydrate* est d'un beau rouge écarlate, fort soluble dans l'alcool et l'eau, surtout à chaud, insoluble dans l'éther. Au microscope, il présente un aspect cristallin.

Le *chloroplatinate* est un précipité orangé.

§ 2257. *Solanine*[1]. — Cet alcali a été découvert en 1821 par Desfosses dans les baies de la morelle (*Solanum nigrum*), et de la pomme de terre (*S. tuberosum*) ; on l'a retrouvé depuis dans les tiges, les feuilles et les baies de plusieurs autres solanées, et en particulier de la douce-amère (*S. dulcamara*). Il abonde surtout dans les germes que poussent les pommes de terre au printemps et en hiver dans les caves humides.

Pour obtenir la solanine de la morelle, il suffit d'extraire le suc des baies mûres et d'y ajouter de l'ammoniaque ; la solanine se dépose alors à l'état d'une poudre grisâtre. On la redissout dans de l'alcool, auquel on ajoute un peu de charbon animal; on filtre et l'on évapore.

Les germes de pommes de terre sont fort avantageux pour l'extraction de la solanine. On les coupe en petits morceaux, et on les met en macération, pendant un ou deux jours, avec de l'eau fortement aiguisée d'acide chlorhydrique. On mélange ensuite l'extrait avec de l'hydrate de chaux, ajouté par petites portions, jusqu'à ce qu'il y ait une réaction légèrement alcaline. Après avoir laissé reposer le précipité pendant 24 heures, on le recueille sur un linge, on le lave, on le dessèche à une douce chaleur, et on le fait bouillir avec de l'alcool de 84 centièmes. Le liquide alcoolique est ensuite filtré bouillant ; la solanine se dépose alors à l'état cristallin. Les eaux-mères alcooliques en renferment encore, et, lors-

[1] DESFOSSES (1821), *Journ. de Pharm.*, VII, 414. — MORIN, *Journ. de Chim. médic.* I, 84. — PAYEN et CHEVALLIER, *ibid.*, I, 517. — OTTO, *Ann. der Chem. u. Pharm.*, VII, 150; XXVI, 232. — O. HENRY, *Journ. de Pharm.*, XVIII, 165. — BLANCHET, *Ann. de Chim. et de Phys.*, LIII, 414. — REULING, *Ann. der Chem. u. Pharm.*, XXX, 225. — WINCKLER, *Repert. d. Pharmac.*, LXXVI, 384. — WACKENRODER, *Archiv d. Pharmac.*, XXXIII, 59. — BAUMANN, *ibid.*, XXXIV, 23.

qu'on les concentre par l'évaporation, elles se prennent en une masse gélatineuse qui devient cornée par la dessiccation. Si l'on dissout dans un acide cette masse cornée, qu'on précipite la solution par de l'hydrate de chaux et qu'on fasse bouillir le précipité avec de l'alcool jusqu'à saturation, on obtient encore, par le refroidissement, de la solanine cristallisée.

Les petits cristaux qui se déposent par le refroidissement d'une solution alcoolique de solanine, se présentent au microscope sous la forme de prismes aplatis, qui paraissent être des prismes droits rhomboïdaux. Précipitée de ses sels par un alcali minéral, la solanine forme des flocons gélatineux, devenant cornés par la dessiccation ; dans cet état, elle est hydratée. Vue au microscope, la masse gélatineuse paraît composée de fines aiguilles. A l'état sec, la solanine n'a point d'odeur ; mais, par l'humectation avec de l'eau, elle prend une légère odeur, semblable à celle de l'eau où l'on a fait cuire des pommes de terre. Sa saveur, amère et nauséabonde, produit dans le palais une irritation persistante. Elle est peu soluble à froid dans l'eau, l'alcool, l'éther et les huiles grasses ; à chaud elle se dissout dans l'alcool ; sa solution bleuit le tournesol rougi par les acides. Elle fond par la chaleur et se charbonne à une température élevée ; par la distillation sèche, elle donne une liqueur acide et une huile brune empyreumatique.

Les analyses qui ont été faites de la solanine ne s'accordent pas entre elles :

	Blanchet.	O. Henry.
Carbone.	62,0	75,00
Hydrogène. . .	8,9	9,14
Azote.	1,6	3,08
Oxygène. . . .	27,5	12,78
	100,0	100,00

L'acide sulfurique concentré colore la solanine en orangé ; cette teinte passe peu à peu au violet foncé et au brun. L'acide nitrique et l'acide chlorhydrique concentré la jaunissent.

Lorsqu'on mélange avec de l'iode une solution alcoolique de solanine, on obtient une combinaison brune, amorphe, insoluble dans l'eau.

La solanine est vénéneuse. Deux ou trois grains de sulfate de solanine font périr un lapin en quelques heures. L'alcali paralyse les membres postérieurs de ces animaux ; cet effet se produit même chez les bêtes à cornes auxquelles on a donné à manger des rinçures provenant de pommes de terre germées.

Les *sels de solanine* sont généralement fort solubles, et refusent en grande partie de cristalliser. Ils précipitent la solanine par l'addition des alcalis caustiques ou carbonatés. Ils ne précipitent pas le bichlorure de platine, et réduisent les sels d'or et d'argent.

Voici les caractères des sels de solanine, d'après M. Baumann :

Le *chlorhydrate* est fort soluble et gommeux. Suivant M. Blanchet, 100 p. de solanine absorbent 4,2 p. de gaz chlorhydrique.

Le *sulfate* s'obtient sous la forme d'une masse grenue et cristalline, fort soluble dans l'eau. Sa solution se trouble par l'ébullition, et renferme alors un sel acide gommeux. Suivant Desfosses, 100 p. de solanine neutralisent 10,98 d'acide sulfurique.

Le *chromate* forme des aiguilles jaune foncé.

Le *nitrate* constitue une masse gommeuse.

Le *phosphate* se précipite sous la forme d'une poudre blanche et cristalline.

Le *formiate* est gommeux.

L'*oxalate* constitue des lamelles, fort peu solubles, qui se précipitent, même du sulfate de solanine, par l'addition de l'acide oxalique.

Le *cyanhydrate* est gommeux.

Le *ferrocyanhydrate* se précipite en flocons blancs par l'addition du ferrocyanure de potassium à la solution d'un sel de solanine.

L'*acétate* est fort soluble et gommeux.

Le *tartrate*, le *malate* et le *citrate* sont gommeux.

Le *succinate* cristallise en aiguilles minces, fort solubles dans l'eau.

Le *mucate* cristallise en houppes composées d'aiguilles, minces, fort solubles dans l'eau.

Le *benzoate* est gommeux.

Le *gallotannate* est un précipité floconneux qui se redissout quand on chauffe la liqueur, et se dépose ensuite en houppes formées d'aiguilles, peu solubles à froid, très-solubles dans l'eau bouillante.

Le *gallate* est amorphe et soluble.

Le *mellate* est un sel neutre dont la solution se décompose par l'évaporation à siccité, en mettant de l'acide mellique en liberté Karmrodt).

§ 2258. *Spartéine* [1], $C^{16}H^{13}N$(?). — Cet alcali volatil est contenu, suivant M. Stenhouse, dans le *Spartium Scoparium*, L. (*Cytisus Scoparius*, Linck). La décoction de cette plante se prend par le refroidissement en une gelée brun-verdâtre, composée principalement de matière colorante jaune (scoparine), de chlorophylle et de spartéine. On reprend cette gelée par de l'eau bouillante, aiguisée de quelques gouttes d'acide chlorhydrique; la chlorophylle et la matière colorante se précipitent de nouveau par le refroidissement, et la spartéine reste dans les eaux-mères acides. On concentre celles-ci par l'évaporation, et on distille le résidu avec un excès de soude caustique, tant que le produit qui passe possède une forte saveur amère. On sature ce produit par du sel marin, on sépare l'huile alcaline qui se sépare alors, et on rectifie celle-ci à plusieurs reprises.

La spartéine est une huile incolore, peu fluide, plus pesante que l'eau, d'une odeur faible rappelant celle de l'aniline, d'une saveur excessivement amère. Récemment distillée, elle est entièrement limpide; exposée au contact de l'air, elle brunit peu à peu. Elle est très-peu soluble dans l'eau, possède une réaction très-alcaline, et neutralise parfaitement les acides. Elle distille à 287° en jaunissant légèrement.

Elle paraît renfermer $C^{16}H^{13}N$; du moins elle a donné à l'analyse [2]:

	Stenhouse.		Calcul.
Carbone	76,68	76,70	77,2
Hydrogène . . .	11,02	11,17	10,5
Azote	»	»	12,3
			100,0

L'acide nitrique concentré et bouillant décompose la spartéine. Le produit de la réaction, étant traité par le chlorure de chaux, donne de la chloropicrine (§ 374); saturé par la potasse et soumis à la distillation, il fournit un alcali volatil.

L'acide chlorhydrique bouillant altère également la spartéine, en développant une odeur de souris.

Le brome s'échauffe beaucoup avec la spartéine, et la transforme en une résine brune.

Lorsqu'on ajoute de la spartéine à une solution neutre de chlo-

[1] STENHOUSE (1851), *Ann. der Chem. u. Pharm.*, LXXVIII, 15.

[2] M. Stenhouse admet les rapports $C^{15}H^{13}N$.

rure de cuivre, on obtient un précipité vert, contenant de la spartéine. Avec l'acétate et le sous-acétate de plomb, on obtient également des précipités.

La spartéine est vénéneuse et possède des propriétés narcotiques.

Le *chlorhydrate* de spartéine n'a pas pu être obtenu à l'état cristallisé.

Le *chloroplatinate*, $C^{16}H^{13}N,HCl$, $PtCl^2$ + 2 aq. (?), s'obtient sous la forme d'un précipité jaune par l'addition du bichlorure de platine à la solution du chlorhydrate de spartéine. Ce chloroplatinate se décompose par l'ébullition avec de l'eau ou avec de l'alcool; mais il se dissout à chaud, sans altération, dans l'acide chlorhydrique, et se dépose de la solution sous la forme de cristaux rhombiques. (Combinaison observée par M. Miller, ∞ P. ∞ P̃ ∞ . ∞ P̄ ∞ P̄ ∞. P̄∞. Inclinaison de ∞ P : ∞ P, dans le plan des deux axes horizontaux, = 105° 24'; P̄ ∞ : P∞, dans le même plan, = 97° 48').

Le chloroplatinate de spartéine contient 2 atomes d'eau (expérience, 5,54—5,57), qu'il perd par la dessiccation à 130°. Le sel cristallisé (séché dans le vide) renferme :

	Stenhouse.				Calcul.
Carbone . .	26,55	26,33	»	»	27,5
Hydrogène .	4,99	4,74	»	»	4,5
Platine . .	29,02	28,63	28,73	28,75	28,3

Le *chloromercurate*, $C^{16}H^{13}N,HCl$, $HgCl$ (?), s'obtient sous la forme d'un précipité cristallin, lorsqu'on mélange avec le bichlorure de mercure une solution de spartéine dans l'acide chlorhydrique. Ce précipité peut s'obtenir cristallisé par la dissolution dans l'acide chlorhydrique chaud ; les cristaux qu'on obtient alors appartiennent au système rhombique. (Combinaison observée, ∞ P∞ . ∞ P̄∞ . ∞P̄ 2. ∞ P̄ 2. P. P̄∞ . Inclinaison de ∞ P : P, formant les arêtes culminantes de l'octaèdre primitif, = 131° 32' et 120° 6'; de P : P formant les arêtes latérales, = 75° 24' : de P̄ ∞ . P̄ ∞ dans le plan des deux axes horizontaux = 54° 50'; de ∞ P2 : ∞ P̄ ∞ = 151° 5'; de ∞ P̄ 2 : ∞ P̄ ∞ = 114° 21. Clivage parfait, parallèlement à ∞ P̄ ∞). Le chloromercurate de spartéine est presque insoluble dans l'eau et l'alcool.

Le *chloraurate* est un précipité jaune cristallin, très-peu soluble dans l'eau et l'alcool, soluble à chaud dans l'acide chlorhydrique, qui le dépose par le refroidissement sous la forme de cristaux micacés.

Le *nitrate* paraît être incristallisable.

Le *picrate*, $C^{16}H^{13}N,C^{12}H^{3}(NO^{4})^{3}O^{2}$(?), cristallise en longues aiguilles jaunes et brillantes, semblables au picrate de potasse, très-peu solubles à froid dans l'eau et l'alcool, un peu plus solubles dans ces liquides bouillants. La potasse ne le décompose pas à froid. Il a donné à l'analyse :

	Stenhouse.		Calcul.
Carbone	46,51	46,63	47,7
Hydrogène. . . .	4,75	4,86	4,5
Azote	15,68	»	15,8

§ 2259. *Thymine.* — Lorsqu'on épuise par l'eau froide le ris de veau (thymus des anatomistes) convenablement dégraissé, on obteint un liquide rougeâtre très-acide, qui laisse déposer un coagulum brun, floconneux, par l'évaporation au bain-marie. Le liquide surnageant est parfaitement limpide ; une solution concentrée de baryte en précipite de l'acide phosphorique et de l'acide sulfurique. Le liquide restant, étant évaporé au bain-marie, se recouvre de pellicules caséiformes, composées d'une substance organique et de carbonate de baryte ; le résidu sirupeux est brun et présente l'odeur du bouillon.

Ce résidu renferme la thymine de M. Gorup-Besanez. Cet alcali se dépose à l'état impur par l'addition de l'alcool ou de l'éther à la solution sirupeuse ; il ne se précipite toutefois qu'à la longue ; il est grenu, translucide, non-cristallin ; on le purifie par l'alcool bouillant qui dissout la thymine pour l'abandonner, par le refroidissement, sous la forme d'une poudre brillante, composée d'aiguilles microscopiques.

10½ kil. de ris de veau ont donné par ce procédé 20 centigrammes de thymine.

Cette substance n'a ni odeur ni saveur. Elle est fort soluble dans l'eau ; l'alcool aqueux ne la dissout qu'à chaud ; l'alcool absolu et l'éther ne la dissolvent pas. Elle n'a pas d'action sur le tournesol. Chauffée dans un tube, elle fond, donne un sublimé cristallin, et dégage des vapeurs alcalines douées d'une odeur analogue à celle de l'acide cyanhydrique.

[1] GORUP-BESANEZ, *Ann. der Chem. u. Pharm.*, LXXXIX, 111.

L'ammoniaque et la potasse la dissolvent aisément.

Ses solutions ne sont pas précipitées, par le nitrate d'argent, le chlorure de zinc, le bichlorure de mercure.

Les *sels de thymine* sont cristallisables.

Le *chlorhydrate* forme des prismes efflorescens, fort solubles dans l'eau.

Le *chloroplatinate* cristallise en octaèdres, assez solubles dans l'eau, insolubles dans l'alcool.

Le *sulfate* cristallise en tables hexagonales, efflorescentes.

§ 2260. *Vératrine* [1], $C^{34}H^{22}NO^{6}$(?). — Cet alcali, découvert par Meissner en 1818, se rencontre dans la cévadille (graine de *Veratrum Sabadilla*), dans l'ellébore blanc (*Veratrum album*), et probablement encore dans d'autres vératrum.

Pour extraire la vératrine, on épuise par de l'alcool de 0,865, aiguisé d'acide sulfurique, les graines de cévadille mondées de leurs enveloppes et réduites en poudre; on traite l'extrait par un excès de chaux caustique, et, après avoir filtré le mélange, on chasse l'alcool par l'évaporation. Le résidu est d'abord traité par l'eau, puis par très-peu d'acide sulfurique dilué; on précipite ensuite la solution par un excès d'ammoniaque. Il se dépose ainsi une poudre blanche que l'on purifie en la dissolvant dans l'éther.

M. Merck emploie de l'eau bouillante chargée d'acide chlorhydrique pour l'extraction de la vératrine, évapore l'extrait à consistance de sirop, ajoute de l'acide chlorhydrique tant qu'il se forme un précipité, filtre, décompose le liquide par un excès de chaux caustique, traite le précipité à chaud par de l'alcool, évapore l'extrait, dissout le résidu dans de l'acide acétique étendu, précipite par de l'ammoniaque, et purifie le précipité au moyen de l'éther.

5 kilogrammes de cévadille donnent de 10 à 15 grammes de vératrine [2].

La vératrine se présente ordinairement sous la forme d'une poudre blanche ou blanc-verdâtre, cristalline. Dans l'alcool, elle cris-

[1] MEISSNER (1818), *Neues Journ. v. Tromsdorff*, V, 3. — PELLETIER et CAVENTOU, *Ann. de Chim. et de Phys.*, XIV, 69. — E. SIMON, *Annal. de Berlin*, XXXV, 129. — COUERBE, *Ann. de Chim. et de Phys.*, LII, 352. — MERCK, *Traité de Chim. organ. de M. Liebig*, édit. franç., II, 617.

[2] Suivant M. Couërbe, la graine de cévadille renfermerait deux alcalis, dont l'un, la *sabadilline*, serait soluble dans l'eau bouillante. Mais, d'après M. Simon, cette sabadilline n'est qu'un mélange de résinate de soude et de résinate de vératrine : en la dissolvant dans l'acide sulfurique dilué, on peut par l'ammoniaque en précipiter de la vératrine.

tallise par l'évaporation spontanée en longs prismes à base rhombe (Merck). Elle est sans odeur; une petite quantité de vératrine en poudre introduite dans le nez détermine de violents éternuments, accompagnés de maux de tête et d'un malaise général. Elle est fort âcre et vénéneuse; prise intérieurement, elle provoque des vomissements et des purgations; 3 milligrammes tuent un petit chat dans l'espace de dix minutes. Elle est insoluble dans l'eau et dans les liqueurs alcalines; elle est fort soluble dans l'alcool, et se dissout difficilement dans l'éther. Les solutions bleuissent le tournesol.

Elle renferme[1] :

	Dumas et Pelletier.	Couerbe.		$C^{34}H^{21}NO^{6}$(?).
Carbone. . . .	66,75	70,48	70,78	71,0
Hydrogène. . .	8,54	7,67	7,64	7,3
Azote.	5,04	5,43	5,21	4,9
Oxygène. . . .	»	»	»	16,8
				100,0

Ces analyses manquent de contrôle.

La vératrine fond aisément par la chaleur et se décompose à une température élevée. L'acide nitrique concentré prend par elle une teinte d'abord écarlate, puis jaune. L'acide sulfurique concentré se colore en jaune, puis en rouge de sang et finalement en violet.

Les *sels de vératrine* ont une saveur âcre et brûlante.

Le *chlorhydrate* cristallise en aiguilles raccourcies, fort solubles dans l'eau et l'alcool.

Le *chloroplatinate* se dépose sous la forme d'un précipité jaune et cristallin par la concentration d'un mélange de chlorhydrate de vératrine et de bichlorure de platine.

Le *sulfate* se prend par l'évaporation lente en aiguilles, contenant 14,66 p. c. d'acide sulfurique, ainsi que de l'eau de cristallisation qui se dégage par la fusion du sel (Couerbe).

Le *periodate* s'obtient sous la forme d'une matière butyreuse, qui ne tarde à devenir dure et résinoïde, lorsqu'on abandonne dans une étuve une solution alcoolique de vératrine, saturée d'acide periodique; le microscope décèle au sein de cette masse une foule de cristaux (Langlois).

Le *tartrate* est fort soluble dans l'eau.

§ 2261. *Alcalis douteux.* — Nous nous bornerons à mentionner

[1] Ces analyses sont calculées avec l'ancien poids atomique du carbone.

les noms des alcalis suivants, d'une existence fort problématique :

Apirine[1], dans les noix du *Cocos lapidea* (Bizio).

Azadirine[2], dans le *Melia Azadirachta* (Piddington).

Belladonine[3], dans les feuilles et les tiges de la belladone (Luebekind).

Buxine[4], dans le buis, *Buxus sempervirens* (Faure).

Capsicine, dans le péricarpe du poivre d'Inde, *Capsicum annuum* (Braconnot[5]).

Carapine[6], dans l'écorce de carapa de la Guyane (Petroz et Robinet).

Castine, dans le fruit du gattilier, *Vitex Agnus Castus*, L., famille des verbénacées (Landerer).

Chaerophylline[7], dans les graines de *Chaerophyllum bulbosum*, distillées avec la potasse (Polstorf).

Cicutine[8], dans la ciguë vireuse, *Cicuta virosa*, L., *Cicutaria aquatica*, Lam. (Polex).

Convolvuline, dans la racine de scammonée, *Convolvulus Scammonia*, L. (Clamor Marquart).

Crotonine[9], dans les grains de tilly, *Croton Tiglium* (Brandes) Suivant M. Weppen, la crotonine n'est qu'une combinaison de magnésie et d'acide gras.

Cusparine[10], dans la vraie angusture, *Cusparia febrifuga* (Saladin).

Cynapine, dans le faux persil, *Æthusa Cynapium* (Ficinus).

Daphnine[11], dans l'écorce de garou, *Daphne Gnidium* et *Mezereum* (Vauquelin[1]).

[1] BIZIO, *Journ. de Chim. médic.*, octob. 1833, p.e 495.

[2] PIDDINGTON, *Magazin f. Pharm. v. Geiger*, XIX, 50.

[3] LUEBEKIND, *Archiv. f. Pharm.*, XVIII, 75.

[4] FAURE, *Journ. de Pharm.*, XVI, 428. — COUERBE, *Journ. de Pharm.*, 1834, janvier.

[5] BRACONNOT, *Ann. de Chim. et de Phys.*, VI, 122.

[6] PETROZ et ROBINET, *Journ. de Pharm.*, VII, 351.

[7] POLSTORF; *N. Archiv. f. Pharmac. v. Brandes*, XVIII, 176.

[8] POLEX, *Archiv. f. Pharmac.*, XVIII, 174. — WITTSLEIN, *Repert. d. Pharmac. v. Buchner*, XVIII, 19.

[9] BRANDES, *Archiv. f. Pharmac.*, IV, 173. — FR. WEPPEN, *Ann. der Chem. u. Pharm.*, LXX, 254.

[10] SALADIN, *Journ. de Chim. médic.*, IX, 388; et *Ann. der Chem. u. Pharm.*, XII, 253.

[11] VAUQUELIN, *Ann. de Chimie*, LXXXIV, 174 — L. G. GMELIN et BAER, *Diss. uber d. Seidelbastrinde*, Tubingue, 1822.

Esenbeckine, dans l'écorce d'*Esenbeckia febrifuga*, Mart., *Evodia febrifuga*, Aug. Saint-Hilaire (Buchner [1]).

Eupatorine[2], dans l'eupatoire chanvrin, *Eupatorium cannabinum*, L. (Righini).

Euphorbine[3], dans les euphorbes (Buchner et Herberger).

Fagine, dans les faînes, fruits du *Fagus sylvatica*, L. (Zanon.)

Fumarine[4], dans la fumeterre, *Fumaria officinalis* (Peschier).

Hédérine[5], dans la graine du lierre, *Hedera Helix* (Vandamme et Chevallier).

Jamaïcine[6], dans l'écorce de geoffrée de la Jamaïque et de Surinam, *Geoffroya inermis* Sw., de la famille des légumineuses (Huttenschmidt).

Péreirine[7], dans l'écorce de pao péreira, arbre sylvestre du Brésil, *Vallesia inedita*, de la famille des apocynées ; elle est fébrifuge (Goos).

Surinamine[8], dans l'écorce de geoffrée de la Jamaïque et de Surinam (Huttenschmidt).

Violine, dans les violettes (Boullay).

Nous ne citerons aussi que pour mémoire l'*odorine*, l'*animine* l'*olanine* et l'*ammoline*, alcalis huileux et volatils extraits par Unverdorben[9] de l'huile de Dippel. Leurs sels auraient la propriété d'être huileux ou poisseux.

[1] BUCHNER, *Repert. d. Pharm.*, XXXI, 481; XXXVII, 1.

[2] RIGHINI, *Magaz. f. Pharmac.*, XXV, 98.

[3] BUCHNER et HERBERGER, *Repert. d. Pharm.*, XXXVII.

[4] PESCHIER, *Journ. v. Trommsdorff*, XVII, 2,80. — MERCK, *ibid.*, XX, 2,16.

[5] VANDAMME et CHEVALLIER, *Journ. de Chimie médicale*, [2] VI, 581.

[6] HUTTENSCHMIDT, *Magaz. f. Pharm. v. Geiger*, septemb. 1824. — WINCKLER, *Pharmac. Centralbl.*, 1840, p. 120.

[7] GOOS, *Pharmac. Centralbl.*, 1839, p. 610. *Repert. d. Pharm. v. Buchner*, XXVI, 32. — PERETTI, *Annali medic. chirurg. di Roma*, I, fascic. 3.

[8] HUTTENSCHMIDT, *loc. cit.* — WINCKLER, *loc. cit.*

[9] UNVERDORBEN, *Ann. de Poggendorff*, VIII, 253. — UNVERDORBEN et REICHENBACH, *ibid.*, XXIV, 464.

III.

MATIÈRES NEUTRES.

§ 2262. Les matières neutres non sériées seront décrites dans l'ordre suivant :

Aloès (aloétine et dérivés nitriques).

Matières non-azotées (matières camphrées, extractives, amères, colorantes, etc.)

Huiles essentielles.

Résines.

Caoutchouc et gutta percha.

Produits pyrogénés.

Matières azotées (albumine, fibrine, caséine, gélatine, etc.)

Aloès.

§ 2263. L'aloès du commerce est le suc épaissi de plusieurs espèces du genre *Aloès* (famille des liliacées). On l'extrait surtout de l'*A. soccotrina* en Arabie, dans de l'île Socotora et sur la côte d'Afrique qui est en regard; de l'*A. spicata* et de l'*A. linguœ formis*, au cap de Bonne-Espérance; de l'*A. vulgaris* ou *sinuata*, à la Barbade et à la Jamaïque.

On prépare les bonnes sortes d'aloès en desséchant au soleil le suc qui s'écoule naturellement des feuilles dont on a coupé la pointe; l'extrait obtenu par l'ébullition ou par l'expression des feuilles est moins recherché.

Les médecins emploient fréquemment l'aloès comme purgatif, sous forme de pilules, d'élixir ou de teinture.

L'aloès succotrin est une des sortes les plus estimées. Il se rencontre dans le commerce sous forme de grosses masses rouge-brun, à cassure conchoïde et brillante, diaphanes et rouges en lames minces. Il se réduit aisément en une poudre jaune, couleur de safran; il possède une légère odeur de myrrhe, et une saveur amère très persistante. Il est entièrement soluble dans l'alcool et dans l'eau bouillante.

Les autres sortes d'aloès ressemblent plus ou moins à l'aloès succotrin.

Le principe purgatif qu'elles renferment est une substance cristallisable et fort altérable, l'*aloïne*, que MM. Smith et Stenhouse [1] sont parvenus à extraire de l'aloès barbade.

Cette aloïne se transforme par l'acide nitrique en *acide chrysammique*, dont nous donnerons plus loin la description (§ 2268). Avec l'aloès brut, l'acide nitrique donne, en outre, de l'*acide aloétique* (§ 2267) et de l'acide picrique (chrysolépique, § 1373).

§ 2264. Aloïne, $C^{38}H^{18}O^{14}$(?) —Pour préparer cette substance, on mélange d'abord l'aloès barbade avec du sable, afin de l'empêcher de s'agglomérer; on le traite à plusieurs reprises par de l'eau froide, et l'on évapore les extraits dans le vide à consistance de sirop. La matière, étant ensuite abandonnée dans un lieu frais pendant quelques jours, se prend en une masse de petits cristaux grenus plus ou moins colorés. On exprime ceux-ci entre des doubles de papier buvard, et on les purifie par de nouvelles cristallisations dans l'eau chauffée tout au plus à 65°. Il faut éviter, dans cette préparation, de porter à l'ébullition les liqueurs aqueuses, attendu que l'aloïne s'altère très-promptement à 100°.

M. Stenhouse n'a réussi à isoler l'aloïne qu'en opérant sur de l'aloès barbade. Suivant ce chimiste, l'aloès du Cap et l'aloès succotrin renferment en très-grande quantité des matières étrangères [2] qui empêchent la cristallisation de l'aloïne. Au reste, si l'on introduit des cristaux d'aloïne dans l'eau-mère colorée d'où cette substance s'est déposée et qu'on essaye de les en extraire de nouveau, on ne parvient plus à les obtenir, les liqueurs se fonçant et s'altérant de plus en plus.

L'aloïne pure se dépose d'une solution alcoolique, faite à chaud, sous la forme de petites aiguilles prismatiques, groupées en étoiles, et d'un jaune pâle. Sa saveur, d'abord douceâtre, est d'une amertume excessive. A froid, elle est peu soluble dans l'eau et l'alcool; elle s'y dissout beaucoup mieux à chaud; les solutions, d'un jaune-clair, sont neutres aux papiers.

[1] Stenhouse (1951), *Philos. Magaz*, [3] XXXVII, 481; et *Ann. der Chem. u. Pharm.*, LXXVII, 208.

[2] M. Edmond Robiquet a trouvé dans l'aloès succotrin :

Aloès pur.	85,00.
Ulmate de potasse. . .	2,00.
Sulfate de chaux. . .	2,00
Carbonate de potasse.	traces.
Carbonate de chaux.	traces.
Phosphate de chaux.	traces.
Acide gallique	0,25.
Albumine.	8,00.

Ce que M. Robiquet appelle aloès pur semble être de l'aloïne plus ou moins altérée.

Séchée à 100°, elle renferme :

	Stenhouse.			$C^{34}H^{18}O^{14}$.
Carbone	60,51	60,67	60,72	61,07
Hydrogène. . .	5,66	5,65	5,42	5,39
Oxygène. . . .	»	»	»	33,54
				100,00

L'aloïne, simplement séchée dans le vide à la température ordinaire, paraît contenir 1 atome d'eau de cristallisation (Stenhouse).

Chauffée pendant quelques heures au bain-marie, l'aloïne se tranforme peu à peu en une résine brune. A 150° elle fond, et se résinifie alors plus promptement. Calcinée sur une lame de platine, elle fond, prend feu et brûle avec une flamme fuligineuse. Soumise à la distillation, elle donne une huile volatile un peu aromatique, ainsi qu'une résine en quantité considérable.

Les alcalis fixes [1], caustiques ou carbonatés, dissolvent aisément l'aloïne avec une couleur orangée foncée; la liqueur brunit promptement en s'oxydant au contact de l'air. L'ammoniaque et le carbonate d'ammoniaque produisent le même effet. Bouillie avec un alcali ou avec un acide concentré, l'aloïne se convertit rapidement en une résine brune.

Lorsqu'on fait passer du chlore [2] dans une solution aqueuse d'a-

[1] En distillant l'aloès avec la moitié de son poids de chaux vive, M. Edmond Robiquet (*Journ. de Pharm.*, [3] X, 167 et 241) a obtenu, en très-petite quantité (1 p. c. seulement), une huile incolore (*aloïsol*), douée d'une odeur vive et pénétrante, insoluble dans l'eau, soluble en toutes proportions dans l'alcool et l'éther, bouillant à 130°, et d'une densité de 0,877.

Cette huile renfermait :

	Analyse.		$C^8H^6O^3$.
Carbone. . . .	61,54	60,42	61,54
Hydrogène . .	7,68	7,26	7,69
Oxygène. . . .	»	»	30,77
			100,00

Abandonnée au contact de l'air, ou soumise à l'action de l'acide nitrique concentré ou de l'eau chlorée, la même huile se transformait en un acide liquide, brun-rouge, plus pesant que l'eau, répandant une odeur de castoréum très-prononcée. Traité par l'oxyde de cuivre ou par l'acide chromique, elle se décomposait en eau, acide carbonique et hydrure de benzoïle.

[2] En faisant agir du chlore sur le suc d'aloès, M. Edmond Robiquet a obtenu un corps chloré (*chloraloïle*), cristallisé, volatil sans décomposition, et remarquable en ce qu'il renfermait un forte quantité d'oxygène. L'analyse de ce produit a donné : carbone, 50,98—50,37; chlore, 23,47—23,98. M. Robiquet en déduit les relations $C^{13}ClO^5$; il affirme qu'en traitant le corps par la potasse, on obtiendrait simplement du carbonate et du chlorure, ce qui me paraît impossible. Lorsqu'on traite par le chlore la solution alcoo-

loïne, il se produit un précipité jaune-foncé, incristallisable, contenant du chlore.

La solution du chlorure de chaux colore l'aloïne en orangé foncé; cette teinte passe bientôt au brun.

Le brome convertit l'aloïne en un dérivé bromé (§ 2265).

Le bichlorure de mercure, le nitrate d'argent et l'acétate de plomb neutre ne précipitent pas l'aloïne. Celle-ci n'est pas non plus précipitée par une solution diluée de sous-acétate de plomb; mais, avec une solution concentrée du même sel, on obtient un précipité jaune foncé, soluble dans l'eau, et s'altérant promptement au contact de l'air.

Lorsqu'on introduit l'aloïne, par petites portions et à froid, dans de l'acide nitrique fumant, elle se dissout avec une teinte rouge, sans qu'il se dégage des vapeurs rutilantes. Si l'on ajoute à la liqueur beaucoup d'acide sulfurique concentré, il se précipite un corps jaune, nitré et incristallisable.

Mise en digestion avec de l'acide nitrique concentré, l'aloïne dégage des vapeurs rutilantes, et se transforme en acide chrysammique, sans qu'il se produise de l'acide picrique (comme dans le traitement de l'aloès brut).

Un mélange de chlorate de potasse et d'acide chlorhydrique attaque l'aloïne, en produisant un sirop incristallisable (sans chloranile).

L'aloïne exerce sur l'économie animale une action purgative. Suivant M. Smith, 2 à 4 gr. d'aloïne produisent beaucoup plus d'effet que 10 à 15 gr. d'aloès.

§ 2265, *Bromaloïne* [1], $C^{34}H^{15}Br^3O^{14}$(?). — Lorsqu'on ajoute un excès de brome à une solution aqueuse et froide d'aloïne, il se produit aussitôt un précipité jaune, dont la quantité augmente encore par le repos, en même temps que la liqueur surnageante se charge d'acide bromhydrique. On fait cristalliser le précipité dans l'alcool bouillant.

La bromaloïne se dépose, par le refroidissement, sous la forme d'aiguilles jaunes, brillantes, groupées en étoiles, et bien plus grandes que les cristaux de l'aloïne. Elle est moins soluble à froid

lque du suc d'aloès, il se produirait entre autres, un corps chloré, cristallisable et fixe, renfermant $C^{10}H^4ClO$.

Ces faits manquent de contrôle.

[1] Stenhouse (1851), *Ann. der Chem. u. Pharm.*, LXXVII, 212.

que ce dernier corps dans l'eau et l'alcool; mais elle se dissout aisément dans l'alcool bouillant; les solutions sont neutres aux papiers.

Elle a donné à l'analyse :

	Stenhouse.		Calcul.
Carbone.	35,43	35,53	35,73
Hydrogène. . . .	2,71	2,86	2,62
Brome.	42,16	41,78	42,02
Oxygène. . . .	»	»	19,63
			100,00

Dérivés nitriques de l'aloès.

§ 2266. Lorsqu'on traite l'aloès par l'acide nitrique, on obtient des produits dont la nature varie suivant la concentration des liqueurs et la durée de la réaction. La substance qui se forme en premier lieu par l'emploi d'un acide moyennement concentré, c'est l'*acide aloétique;* l'acide nitrique plus concentré transforme celui-ci en *acide chrysammique*[1], en même temps qu'il donne naissance à de l'acide picrique et à de l'acide oxalique.

§ 2267. *Acide aloétique*[2], dit aussi amer d'aloès artificiel, acide polychromatique, $C^{14}H^{2}(NO^{4})^{2}O^{2}$ + aq. (?).—Pour préparer l'acide aloétique, on chauffe de l'aloès avec 8 p. d'acide nitrique concentré, et l'on retire la masse du feu dès qu'elle commence à dégager des vapeurs rouges. Quand le dégagement de gaz a cessé, on concentre la liqueur par l'évaporation jusqu'à ce qu'elle sépare une poudre jaune, dont on peut augmenter la quantité en y versant de l'eau. Cette poudre, d'abord lavée à l'eau, puis traitée par l'alcool bouillant, cède de l'acide aloétique à ce liquide, tandis que l'acide chry-

[1] Suivant M. Mulder, on obtient encore un troisième acide, l'*acide aloérésinique*. dont la formation précède celle de l'acide aloétique et de l'acide chrysammique. Pour préparer cet acide aloérésinique, on sature par du carbonate de chaux la liqueur acide, séparée par le filtre du dépôt jaune d'acide aloétique ; on enlève le précipité (renfermant de l'oxalate), et l'on précipite la liqueur filtrée par de l'acétate de plomb. Le précipité plombique renferme des quantités variables d'oxyde (M. Mulder le représente par les rapports $C^{14}H^{3}NO^{12}$, 3PbO). Décomposé par l'hydrogène sulfuré, il donne l'acide aloérésinique sous la forme d'une masse brune amorphe. Celle-ci forme des sels solubles avec les alcalis et les terres, et des sels amorphes insolubles avec la plupart des autres oxydes métalliques. L'acide nitrique bouillant la convertit en acide aloétique et en acide chrysammique.

[2] BRACONNOT, *Ann. de Chimie*, LXVIII, 28. — CHEVREUL, *ibid.*, LXXIII, 46. — LIEBIG, *Ann. de Poggend.*, XIII, 205. — BOUTIN, *Revue scientif.*, I, 100 — Voy. aussi les sources indiquées § 2268 pour l'acide chrysammique.

sammique reste à l'état insoluble. On laisse évaporer la solution alcoolique, et l'on purifie par de nouvelles cristallisations le dépôt d'acide aloétique (Mulder).

On peut aussi traiter par le carbonate de potasse la poudre jaune qui se produit par l'action de l'acide nitrique sur l'aloès : on obtient ainsi de l'aloétate de potasse, fort soluble dans l'eau, tandis que le chrysammate à même base est fort peu soluble dans ce liquide (Schunck).

L'acide aloétique se présente sous la forme d'une poudre orangée, cristalline, d'une saveur amère. Il est peu soluble dans l'eau froide, plus soluble dans l'eau bouillante, assez soluble dans l'alcool.

Il paraît renfermer $C^{14}H^{2}(NO^{4})^{2}O^{2}$ + aq. (Mulder [1]) :

	Schunck.	Mulder.			Calcul.
Carbone	40,75	41,6	41,5	41,5	41,4
Hydrogène . .	1,73	1,5	1,7	1,4	1,5
Azote	»	14,5	14,4	14,4	13,8
Oxygène. . . .	»	»	»	»	43,3
					100,0

L'ammoniaque dissout l'acide aloétique avec une couleur violette, en formant une combinaison amidée. Lorsqu'on fait passer du gaz ammoniaque sec sur l'acide aloétique, la matière s'échauffe au point de prendre feu.

La potasse et la soude dissolvent l'acide aloétique avec une couleur rouge.

L'acide nitrique concentré et bouillant transforme l'acide aloétique en acide chrysammique (en même temps qu'il se produit de l'acide oxalique et de l'acide picrique, Schunck).

Le *sel de potasse* forme, par une évaporation très-lente, des aiguilles brillantes, couleur de rubis, qui se dissolvent aisément dans l'eau avec une couleur rouge de sang.

Le *sel de soude* est également fort soluble.

Le *sel de baryte* forme une poudre rouge-brun, insoluble dans l'eau (Mulder; soluble, Schunck). On l'obtient en mettant l'acide aloétique en digestion avec un excès d'acétate de baryte. Séché à 120°, il paraît renfermer $C^{14}HBa(NO^{4})^{2}O^{2}$+2aq. En effet, il a donné :

[1] M. Schunck admet les rapports $C^{16}H^{4}N^{2}O^{13} = C^{16}H^{4}(NO^{4})^{2}O^{5}$.

	Mulder.		Calcul.
Carbone.	30,9	30,7	30,1
Hydrogène. . . .	1,0	1,2	1,1
Azote.	9,8	9,9	10,0
Baryte	27,4	27,2	27,3

Le *sel de plomb* est insoluble dans l'eau.

§ 2268. *Acide chrysammique* [1], $C^{14}H^2(NO^4)^2O^4$. — Pour préparer cet acide, on délaye 1 p. d'aloès dans 8 p. d'acide nitrique de 1,37, et l'on chauffe la masse dans une grande capsule en porcelaine jusqu'à ce que la première réaction soit passée ; ensuite on verse le liquide dans une cornue, et l'on en chasse par la distillation les deux tiers de l'acide nitrique. On ajoute au résidu une nouvelle portion d'acide nitrique (3 ou 4 parties), et l'on maintient le mélange, pendant quelques jours, à un température voisine de l'ébullition, tant que l'on observe encore un dégagement de gaz. Enfin, dès que la plus grande partie de l'acide nitrique s'est volatilisée, on ajoute de l'eau au résidu tant qu'il se forme un précipité. Ce précipité est composé d'acide chrysammique ; le liquide retient en solution de l'acide picrique et de l'acide oxalique.

L'acide chrysammique ainsi obtenu est impur ; il renferme encore de l'acide nitrique, de l'acide picrique; et, si l'on n'a pas employé assez d'acide nitrique, de l'acide aloétique. On peut enlever ces impuretés par les lavages. L'acide chrysammique reste alors à l'état d'une poudre brillante, pailletée et d'un jaune verdâtre ; lorsqu'il est souillé d'acide aloétique, il ne présente jamais cet aspect. On peut alors effectuer la séparation de l'acide aloétique, en traitant le produit à froid par le carbonate de potasse, qui produit ainsi de l'aloétate fort soluble, et du chrysammate peu soluble. Le chrysammate de potasse, dissous dans l'eau bouillante et décomposé par de l'acide nitrique, occasionne la formation d'un précipité jaune, qui, lavé et desséché, représente l'acide chrysammique pur.

Ce corps est jaune doré, et se compose de petites paillettes brillantes, peu solubles dans l'eau froide et un peu plus solubles dans l'eau bouillante. Sa dissolution est amère et d'un rouge pourpre. Il se dissout aisément dans l'alcool et l'éther, ainsi que dans l'acide

[1] SCHUNCK (1841), *Ann. der Chem. u. Pharm.*, XXXIX, 1; LXV, 235. — MULDER, *ibid.*, LXVIII, 339 ; LXXII, 285. *Ann. de Chim. et de Phys.*, [3] XXII, 122. — LAURENT, *Compt. rend. des trav. de Chim.*, 1850, p. 163. — E. ROBIQUET, *Journ. de Pharm.*, [3], X, 167 et 241, *Ann. der Chem. u. Pharm.*, LX, 295.

nitrique bouillant et dans les autres acides minéraux. Il explosionne vivement par la distillation sèche, en produisant une flamme claire et fuligineuse, et en répandant l'odeur d'amandes amères, ainsi que des vapeurs nitreuses.

Il renferme :

	Schunck [1].				Mulder.		Calcul.
Carbone. . .	40,39	40,44	40,16	40,21	39,7	39,9	40,1
Hydrogène. .	1,15	1,18	1,21	1,27	1,0	1,1	0,9
Azote.	12,47	12,48	12,40	12,41	13,0	»	13,3
Oxygène. . .	»	»	»	»	»	»	45,7
							100,0

Chauffé dans le chlore, l'acide chrysammique dégage de l'acide chlorhydrique.

Bouilli avec de la potasse caustique, il se décompose en produisant une solution brune; celle-ci donne, par les acides minéraux, un précipité brun foncé, soluble dans l'eau pure (*acide aloérésinique* de M. Schunck, *acide chrysatique* de M. Mulder [2]), formant des sels solubles avec les alcalis et les terres, et des sels insolubles avec le plomb et l'argent. Si la potasse par laquelle on traite l'acide chrysammique est fort concentrée, on observe également un dégagement d'ammoniaque.

L'acide nitrique fumant n'attaque pas l'acide chrysammique (Schunck).

Lorsqu'on traite l'acide chrysammique par l'acide sulfurique concentré et bouillant, la réaction est fort violente, et il se dégage d'abondantes vapeurs rouges contenant de l'acide carbonique, de l'acide sulfureux, de l'oxyde de carbone et de l'acide nitreux. En même temps il se sépare une matière violet foncé (*chryiodine* de M. Mulder), soluble dans la potasse, et que l'acide chlorhydrique en reprécipite sous la forme d'une gelée ayant la même teinte. Ce produit paraît être un mélange; en effet, si l'on traite par l'ammoniaque la première matière violette, elle se dédouble en une partie insoluble d'un bleu foncé, et en une partie soluble également bleue.

Le sulfure de potassium, additionné de potasse caustique, transforme l'acide chrysammique en une substance bleue (*hydrochrysa-*

[1] L'analyse de M. Schunck est calculée avec l'ancien poids atomique du carbone. Les dosages de l'azote sont faits par le procédé qualitatif.

M. Schunck exprime l'acide chrysammique par les rapports $C^{15}H^{2}(NO^{4})^{2}O^{5}$.

[2] M. Schunck représente le sel de baryte par $C^{12}H^{4}N^{2}O^{9}$, BaO. M. Mulder donne au sel de plomb la formule $C^{24}H^{6}N^{3}O^{15}$, 4 PbO.

mide, § 2271). On obtient une substance bleue semblable en traitant par l'hydrogène sulfuré la solution chaude de l'acide chrysammique dans l'ammoniaque.

L'ammoniaque, en agissant sur l'acide chrysammique, produit des combinaisons amidées (§ 2270).

Lorsqu'on fait bouillir l'acide chrysammique avec de l'eau et du protochlorure d'étain, il se produit une poudre violet foncé, presque insoluble dans tous les solvants ($C^{14}H^{4}N^{2}O^{11}$, 3 SnO^{2}, suivant M. Mulder). Délayé dans la potasse caustique, ce produit prend une belle couleur bleue, en dégageant de l'ammoniaque. Traité par l'acide nitrique, il fournit de l'acide aloétique et de l'acide chrysammique.

§ 2269. Les *chrysammates*, même ceux à base d'alcali, sont remarquables par leur faible solubilité. Les sels cristallisés présentent un reflet doré verdâtre; les sels insolubles prennent le même reflet par le frottement avec un corps dur. Tous ces sels explosionnent par la chaleur, quelquefois avec beaucoup de violence.

Le *sel d'ammoniaque* se convertit aisément en une combinaison amidée (§ 2270).

Le *sel de potasse*, $C^{14}HK(NO^{4})^{2}O^{4}$, cristallise sous forme de plaques rhomboïdales très-plates. La lumière transmise à travers une semblable plaque présente une couleur jaune-rougeâtre, et se polarise dans un seul plan. Si l'on presse un cristal avec la lame d'un canif contre une plaque de verre, il s'étend sous forme d'amalgame, et la lumière, transmise à travers cette couche mince, se compose alors de deux faisceaux polarisés en sens contraire ou à angle droit : l'un a la couleur du rouge carmin, l'autre est d'un jaune pâle. A mesure que la couche augmente, la couleur des deux rayons se rapproche du rouge carmin. Mais les phénomènes les plus remarquables sont produits par la lumière réfléchie. Un rayon ordinaire de lumière blanche, réfléchi sous l'incidence perpendiculaire par les faces du cristal ou par les couches, a la couleur de l'or vierge; à mesure que l'incidence augmente, cette couleur devient de moins en moins jaune, et passe enfin au bleu pâle quand l'angle d'incidence est assez grand. Le faisceau ainsi réfléchi et coloré se compose de deux rayons polarisés en sens opposés : l'un, polarisé dans le plan de réflexion, reste bleu pâle sous toutes les incidences; le second, polarisé perpendiculairement au plan de réflexion, est d'un jaune doré sous de plus faibles incidences, et passe ensuite au jaune foncé, au jaune verdâtre, au vert, au bleu verdâtre, au bleu, au violet. Cette propriété remarquable, observée par M. Brewster, n'est pas due, comme on pourrait le croire, à des couches d'oxyde produit sur la surface des cristaux, car le phénomène se manifeste dans tout son éclat lorsque la surface est la plus nette possible et parfaitement avivée, soit par des moyens mécaniques, soit par le contact de liquides dissolvants.

Le chrysammate de potasse exige pour sa solution 1250 p. d'eau froide; l'eau bouillante le dissout aisément; la solution possède une belle couleur rouge.

Le *sel de soude* a le même aspect que le sel de potasse, et présente la même solubilité.

Le *sel de baryte*, $C^{14}HBa(NO^4)^2O^4 + 2$ aq. (?), se dépose sous la forme d'un précipité couleur vermillon par le mélange du sel de potasse avec le chlorure de baryum. Il se produit aussi par l'ébullition prolongée de l'acide chrysammique avec le chlorure de baryum. Il est entièrement insoluble dans l'eau. Lorsqu'on le frotte avec un corps dur, il prend un éclat doré. Il paraît retenir 2 atomes d'eau, car il donne à l'analyse :

	Schunck.			Mulder. (à 110°).	Calcul.
Carbone. . . .	29,7	29,8	31,1	28,80	28,47
Hydrogène. . .	1,4	1,2	1,2	1,41	1,02
Baryte.	25,5	25,6	25,6	25,91	25,76

Le *sel de chaux* est une poudre rouge foncé, insoluble, présentant des traces de cristallisation.

Le *sel de magnésie* ressemble au sel de chaux.

Le *sel de zinc* cristallise en petites aiguilles d'un rouge foncé, présentant un reflet doré.

Le *sel de cuivre*, $C^{14}HCu(NO^4)^2O^4 + x$ aq., est un sel peu soluble dans l'eau froide, plus soluble dans l'eau bouillante, qui le dépose sous la forme d'aiguilles pourpre foncé, à reflet doré; sa solution présente une belle teinte purpurine.

Le *sel de plomb*, $C^{14}HPb(NO^4)^2O^4$ (?), est une poudre insoluble d'un rouge brique, qu'on obtient, par double décomposition, avec le chrysammate de potasse et un sel de plomb soluble. [M. Schunck a trouvé dans le sel 34,19 p. c. d'oxyde de plomb; calcul, 35,78 p. c. M. Mulder a trouvé 51,6 p. c. d'oxyde dans le précipité formé par le chrysammate de potasse et l'acétate de plomb neutre ; ce dernier chiffre conduit à la composition d'un sous-sel, $C^{14}HPb(NO^4)^2O^4, PbO,HO$].

Le *sel d'argent* forme un précipité brun foncé, qui n'est pas tout à fait insoluble dans l'eau bouillante.

§ 2270. *Amides de l'acide chrysammique*[1]. — M. Schunck a décrit deux composés qui se forment par l'action de l'ammoniaque sur l'acide chrysammique : la *chrysamide* et l'*acide chrysamidique* (amido-chrysammique).

Les formules assignées à ces composés par ce chimiste, ainsi que par MM. E. Robiquet et Mulder, ne me paraissent pas exactes. Dans mon opinion, la chrysamide présente la composition des amides ordinaires, c'est-à-dire qu'elle renferme 1 at. d'acide plus 1 at. d'ammoniaque moins 2 at. d'eau. Ll'acide chrysamidique constitue un acide amidé renfermant les éléments de lac hrysamide plus 2 at. d'eau, c'est-à-dire qu'il contient les éléments de 1 at. d'acide chrysammique plus 1 at. d'ammoniaque :

$$\underset{\text{Aeide chrysammiq.}}{C^{14}H^2(NO^4)^2O^4} + NH^3 - 2\,HO = \underset{\text{Chrysamide.}}{C^{14}H^3(NO^4)^2NO^2}.$$

$$\underset{\text{Acide chrysammiq.}}{C^{14}H^2(NO^4)^2O^4 + NH^3} = \underset{\text{Ac. chrysamidique.}}{C^{14}H^5(NO^4)^2NO^4}.$$

Il est probable que ces deux amides se transforment aisément l'une en l'autre: que l'acide chrysamidique se convertit en partie par la dessiccation en chrysamide, et, réciproquement, que la chrysamide se change au sein de l'eau en acide chrysamidique. De là, sans doute, les différences qu'on observe entre les résultats des analyses et les nombres exigés par le calcul ; on remarque, en effet, que les nombres obtenus par MM. Schunck et Mulder[1] tiennent le milieu entre la composition de la chrysamide et la composition de l'acide chrysamidique :

	Schunck.				Mulder.		Chrysamide.	Acide chrysamid.
	a	*a*	*b*	*b*	*c*	*d*		
Carbone. .	37,61	37,88	38,65	38,77	38,0	38,7	40,19	37,00
Hydrogène.	2,35	2,21	1,85	1,92	2,08	2,1	1,43	2,24
Azote. . .	19,71	19,87	18,24	18,29	19,15	18,6	20,09	18,50
Oxygène. .	»	»	»	»	»	»	38,29	42,26
							100,00	100,00

[1] Schunck (1848), *Ann. der Chem. u. Pharm.*, LXV, 236. — Mulder, *Ann. de Chim. et de Phys.*, [3] XXII, 124. — E. Robiquet, *loc. cit.*

Les analyses de M. Schunck ont été faites : *a* sur des aiguilles de chrysamide déposées dans une solution de l'acide chrysammique dans l'ammoniaque; *b* sur des aiguilles d'acide chrysamidique obtenues par l'addition de l'acide chlorhydrique ou sulfurique diα. *Chrysamide*, $C^{14}H^{3}(NO^{4})^{2}NO^{3}$. Lorsqu'on fait bouillir l'acide chrysammique avec de l'ammoniaque aqueuse, il se dissout, et la liqueur devient d'un pourpre foncé; par le refroidissement il se dépose des aiguilles brun-rougeâtre par transparence, et d'un reflet vert métallique. C'est la chrysamide.

Les acides dilués n'en précipitent pas d'acide chrysammique.

Lorsqu'on la mélange en solution aqueuse avec du chlorure de baryum et qu'on y ajoute de l'ammoniaque, il se forme un précipité de chrysamidate de baryte.

β. *Acide chrysamidique*, $C^{14}H^{5}(NO^{4})^{2}NO^{4}$. Lorsqu'on ajoute de l'acide chlorhydrique ou de l'acide sulfurique étendu à une solution aqueuse et bouillante de chrysamide, il cristallise, par le refroidissement, des aiguilles foncées d'acide chrysamidique. Desséché, ce corps est d'un vert-olivâtre foncé.

L'acide chrysamidique se dissout dans l'eau avec une couleur pourpre foncée; les acides forts l'en reprécipitent en partie, sans faire passer au jaune la teinte pourpre, comme dans le cas de l'acide chrysammique.

Traité par la potasse caustique, l'acide chrysamidique dégage de l'ammoniaque.

Il n'est pas altéré par les acides étendus. L'acide sulfurique concentré et l'acide nitrique bouillant le transforment en acide chrysammique, avec production de sels ammoniacaux.

Les *chrysamidates* ressemblent beaucoup par l'aspect aux chrysammates correspondants; comme eux, ils détonent par la chaleur. On les distingue aisément des chrysammates, en ce qu'ils dégagent de l'ammoniaque sous l'influence de la potasse caustique.

Le *sel de potasse* cristallise en petites aiguilles, à reflet vert métallique. On l'obtient en traitant l'acide chrysamidique à froid par une solution de carbonate de potasse, enlevant l'alcali excédant par l'eau froide, et faisant cristalliser le sel dans l'eau bouillante.

Le *sel de baryte*, $C^{14}H^{4}Ba(NO^{4})^{2}NO^{4}$, s'obtient sous la forme d'un précipité rouge cristallin, par l'addition du chlorure de baryum à une solution ammoniacale d'acide chrysamidique. Il se forme aussi par l'ébullition d'une solution de chrysamide avec le chlorure de baryum. Il renferme :

lué à une solution bouillante de chrysamide. M. Mulder a analysé : *c* la chrysamide préparée par voie sèche; *d* la chrysamide préparée à froid par voie humide et séchée à 100°.

	Schunck.	Calcul.
Carbone.	29,93	28,57
Hydrogène.	1,77	1,35
Baryte.	25,11	25,84

§ 2271. *Hydrochrysamide*[1], $C^{14}H^{6}(NO^{4})NO^{2}$. — Lorsqu'on introduit l'acide chrysammique dans une solution bouillante de sulfure de potassium, contenant un excès de potasse caustique, il se dissout avec une belle couleur bleue, et, par le refroidissement de la solution, il se sépare des cristaux d'hydrochrysamide. Pour purifier ce corps, on le dissout dans la potasse bouillante, qui le dépose à l'état cristallisé. On peut aussi l'obtenir en mettant l'acide chrysammique dans une solution bouillante de chlorure stanneux : la solution devient alors bleue, et si l'on enlève l'excédant d'acide, et qu'on fasse dissoudre le résidu dans la potasse bouillante, l'hydrochrysamide y cristallise par le refroidissement. Mais il est alors difficile de l'avoir entièrement exempte d'oxyde d'étain.

L'hydrochrysamide forme de belles aiguilles bleues par transparence et d'un rouge métallique par réflexion. Chauffée dans un petit tube, elle donne des vapeurs violettes, qui se condensent sur les parties froides sous forme de cristaux; toutefois la plus grande partie de la matière se décompose en dégageant de l'ammoniaque et en laissant beaucoup de charbon. Elle est insoluble dans l'eau bouillante, peu soluble dans l'alcool bouillant, auquel elle communique une légère couleur bleue. Elle renferme :

	Schunck.		Calcul.
Carbone.	50,77	50,51	50,60
Hydrogène. . . .	3,48	3,57	3,61
Azote.	15,36	15,28	16,86
Oxygène.	»	»	28,93
			100,00

L'hydrochrysamide se dissout dans l'acide sulfurique concentré avec une couleur brune, et l'eau l'en sépare de nouveau sous la forme de flocons bleus.

L'acide nitrique bouillant la décompose. Le chlore, sous l'influence de l'eau, se comporte de même.

L'hydrochrysamide se dissout dans la potasse et dans les carbonates alcalins; la solution possède la même couleur que l'acide

[1] SCHUNCK (1848), *Ann. der Chem. u. Pharm.*, LXV, 241.

sulfindigotique et les sulfindigotates; les acides l'en précipitent de nouveau en flocons bleus.

MATIÈRES NON AZOTÉES.

§ 2272. Les substances comprises sous cette rubrique existent, pour la plupart, toutes formées dans les plantes, et sont à peine connues sous le rapport des caractères chimiques; il en est même très-peu dont la composition soit bien établie.

Il n'est guère possible de préciser leurs propriétés d'une manière générale. Les dénominations de *matières extractives, principes amers, corps gras, substances camphrées, matières colorantes,* qu'on emploie quelquefois, ont un sens excessivement vague, et rappellent seulement des caractères physiques, comme la saveur, la forme, la couleur, la solubilité, sans désigner aucune propriété chimique.

On appelle ordinairement *matières extractives* les substances neutres et incristallisables qu'on retire des parties végétales au moyen de l'eau bouillante, et auxquelles celles-ci doivent souvent leurs propriétés médicamenteuses. Lorsque ces matières extractives possèdent une amertume bien prononcée, on les appelle aussi *principes amers.* Plusieurs d'entre elles ont la propriété de précipiter le sous-acétate de plomb, et c'est même ce réactif qu'on emploie alors pour les isoler; mais ce moyen est très-imparfait, et ne donne habituellement que des produits d'une pureté fort douteuse.

Parmi les substances amères qu'on peut extraire des parties végétales au moyen de l'eau, il en est plusieurs, comme la phlorizine (§ 2329), l'arbutine (§ 2266), l'esculine (§ 2302), etc., qui s'obtiennent cristallisées, et qui, à la manière de l'amygdaline (§ 1506), de la salicine (§ 1597), de la populine, (§ 1600), et de l'acide gallotannique (§ 2053), sont susceptibles de se dédoubler en glucose ou en sucre incristallisable et en d'autres corps. On confond sous le nom de *glucosides* ou de *glucosamides* les substances qui présentent ce genre de réaction. Elles ont toutes un poids atomique fort élevé, contiennent beaucoup d'oxygène, et se détruisent par l'action de la chaleur, sans se volatiliser.

Les *matières grasses* ou *cireuses* qu'on peut extraire des parties végétales ou animales sont insolubles dans l'eau; mais elles se dissolvent dans l'alcool et surtout dans l'éther. Nous les avons déjà décrites à l'occasion des corps sériés. (Voy. Tome III, § 1294 et § 1311). A cette description nous ajouterons, dans ce chapitre, quelques lignes sur l'ambréine (§ 2272[a]) et la castorine (§ 2289[c]), deux corps gras d'origine animale, dont les caractères semblent se rapprocher de ceux de la cholestérine (§ 1982).

Les *matières camphrées* sont cristallisables, peu solubles ou insolubles dans l'eau, solubles dans l'alcool et l'éther, plus ou moins volatiles, plus ou moins semblables au camphre des laurinées (§ 1943); dans ce nombre se trouvent l'anémonine (§ 2274), l'asarone (§ 2279), la cantharidine (§ 2287), la caryophylline (§ 2289[a]), l'hellénine (§ 2305), etc.

Quant aux *matières colorantes*, auxquelles les plantes doivent leurs nuances si variées, elles présentent les caractères les plus dissemblables. Généralement elles sont non azotées, comme la carthamine (§ 2289), la chrysorhamnine (§ 2292), la curcumine (§ 2298), la morindine (§ 2320), la santaline (§ 2337), etc., ou comme les principes colorants de la garance que nous avons déjà décrits (§ 1753). Plusieurs matières colorantes sont incolores dans l'origine, et ne se transforment en matières colorées que par l'effet d'une transformation chimique qu'elles éprouvent au contact de l'air et des alcalis : dans ce cas se trouve, par exemple, l'hématine (§ 2307), la matière colorante du bois de Campêche; nous avons montré ailleurs (§ 2014) que les substances colorantes de l'orseille et du tournesol ont une origine semblable. Enfin, il préexiste sans doute aussi dans les plantes des matières colorantes renfermant de l'azote ou naissant d'une matière azotée, comme l'indigo bleu.

Au contact de la lumière, en présence de l'humidité surtout, la plupart des matières colorantes blanchissent en absorbant de l'oxygène; cette altération est très-prompte lorsqu'elles sont dissoutes dans une lessive alcaline.

Plusieurs matières colorantes se combinent avec les alcalis en changeant ordinairement de nuance; les jaunes deviennent alors brunes, et les rouges prennent une teinte violacée, bleue ou verte.

Beaucoup d'entre elles blanchissent au contact de l'hydrogène sulfuré ou de l'hydrogène pur dégagé par un mélange de zinc et d'acide. Elles fixent alors, à ce qu'il paraît, de l'hydrogène, à la manière de l'indigo; exposées de nouveau à l'air, après avoir été décolorées, elles reprennent leur teinte primitive, en absorbant de l'oxygène.

L'acide sulfureux agit d'une manière semblable. On sait, par exemple, qu'on peut enlever du linge les taches de cerises et d'autres fruits en les humectant légèrement et en y dirigeant ensuite le gaz émanant d'une allumette par la combustion du soufre. Dans ces circonstances, le gaz sulfureux décompose l'eau; l'hydrogène se fixe sur la matière colorante et en détruit la teinte, en même temps que l'oxygène convertit l'acide sulfureux en acide sulfurique. Celui-ci se combine alors avec le nouveau produit, de sorte qu'il faut avoir bien soin de laver le linge détaché pour qu'il ne soit pas percé à la longue par l'action corrosive de l'acide sulfurique sur la fibre ligneuse: aussi, sans cette précaution, la tache finirait par reparaître, la matière décolorée absorbant l'oxygène de l'air.

Le chlore détruit aussi les matières colorantes; mais l'action blanchissante de cet élément n'est pas à comparer à celle du gaz sulfureux ou de l'hydrogène sulfuré. Le chlore, en effet, se porte sur l'hydrogène pour former de l'acide chlorhydrique, en même temps qu'un certain nombre d'atomes de chlore se substituent à l'hydrogène enlevé. Les substances décolorées par le chlore ne reprennent donc plus leur teinte primitive par l'exposition à l'air.

Beaucoup de matières colorantes forment avec l'alumine ce qu'on appelle des *laques*. Lorsqu'on dissout une matière colorante dans de l'eau alunée et qu'on précipite le liquide par un alcali, celui-ci entraîne la matière tinctoriale en même temps que l'alumine. Ces laques sont employées dans la peinture. On en obtient de semblables avec des dissolutions d'étain ou de plomb.

On sait que le charbon animal décolore les teintures en retenant dans ses pores la matière tinctoriale. Cette décoloration est favorisée par la présence d'un acide; les alcalis, au contraire, enlèvent au charbon la matière colorante.

§ 2272ª. *Absinthine* [1], ou amer d'absinthe. — Pour préparer cette substance, M. Luck épuise les feuilles d'absinthe desséchées par de l'alcool de 80 centièmes, évapore l'extrait à consistance de sirop et agite vivement le résidu avec de l'éther, dans un flacon bouché; il décante ensuite la couche éthérée surnageante, et répète le traitement à l'éther, jusqu'à ce que la matière ne communique plus à ce dissolvant une saveur amère. Les liqueurs éthérées sont alors évaporées au

[1] MEIN, *Ann. der Chem. u. Pharm.*, VIII, 61. — LUCK, *ibid.*, LXXVIII, 87.

bain-marie. Le résidu se compose de résine et d'absinthine; on le traite par l'eau additionnée de quelques gouttes d'ammoniaque, de manière à dissoudre toute la résine. Ensuite on met l'absinthine non dissoute en digestion avec de l'acide chlorhydrique faible, et, après l'avoir lavée à l'eau, on la dissout dans l'alcool, on y ajoute de l'acétate de plomb tant que la liqueur se trouble, on filtre, on enlève l'excédant de plomb par l'hydrogène sulfuré, et l'on abandonne dans un lieu chaud la solution alcoolique, après y avoir ajouté une petite quantité d'eau.

L'absinthine se sépare alors sous la forme de gouttes jaunes résineuses qui durcissent à la longue et se transforment en une masse dure, confusément cristalline. Cette substance a une légère odeur d'absinthe, et une saveur extrêmement amère. Elle est fort peu soluble dans l'eau, très-soluble dans l'alcool, et moins soluble dans l'éther. Elle se dissout également dans l'acide acétique concentré. Elle a une réaction acide assez tranchée.

Séchée dans le vide, sur l'acide sulfurique, elle renferme :

	Luck.		$C^{32}H^{22}O^{10}$(?)
Carbone	65,06	65,30	65,30
Hydrogène. . .	7,60	7,65	7,48
Oxygène	»	»	27,22
			100,00

Chauffée sur la lame de platine, l'absinthine répand des vapeurs âcres, d'un jaune brunâtre, en se charbonnant.

L'ammoniaque aqueuse la dissout en très-petite quantité ; la potasse caustique la dissout plus aisément en se colorant en jaune.

A froid, l'acide sulfurique concentré la dissout avec une couleur jaune-rougeâtre; cette solution devient promptement bleue ; si l'on y ajoute ensuite de l'eau, il se précipite des flocons vert-grisâtre, dépourvus d'amertume. Ce produit se dissout dans l'alcool avec une couleur jaune; la solution laisse par l'évaporation un résidu amorphe d'un bleu violacé.

La solution alcoolique de l'absinthine ne précipite pas l'acétate de plomb.

§ 2272[a]. *Ambréine*[1]. —Cette substance est contenue dans l'ambre gris, et s'obtient en traitant celui-ci par l'alcool bouillant.

Elle cristallise en aiguilles incolores, groupées en mamelons,

[1] PELLETIER et CAVENTOU, *Journ. de Pharm.*, VI, 50. — PELLETIER, *Ann. de Chim. et de Phys.*, LI, 187.

sans odeur ni saveur, fusibles à 30°. Soumise à l'action d'une température élevée, elle se colore, et distille en partie sans altération. Elle est insoluble dans l'eau; l'alcool et surtout l'éther la dissolvent aisément; les huiles essentielles et les huiles grasses la dissolvent également.

Elle renferme[1] :

	Pelletier.
Carbone	83,37
Hydrogène. . . .	13,32
Oxygène.	3,31
	100,00

Cette composition est rapprochée de celle de la cholestérine (§ 1982).

La solution de la potasse caustique ne saponifie pas l'ambréine par l'ébullition.

L'acide nitrique la transforme en un acide particulier.

§ 2272^b. L'*acide ambréique* résulte de l'action de l'acide nitrique concentré sur l'ambréine. Dès qu'il ne se dégage plus de vapeurs rutilantes par l'ébullition du mélange, on évapore le liquide, on lave le résidu avec de l'eau, puis on le fait bouillir avec de l'eau et du carbonate de plomb; on enlève le nitrate de plomb par des lavages à l'eau, et enfin on traite le résidu par de l'alcool bouillant qui dissout l'acide ambréique, et le dépose, par l'évaporation, sous forme de petites tables jaunâtres.

Cet acide est insipide, d'une odeur faible, très-peu soluble dans l'eau, fort soluble dans l'alcool et l'éther; il rougit le tournesol, fond à 100°, et donne avec les alcalis des sels fort solubles, et avec les autres bases des sels jaunes insolubles ou peu solubles.

Suivant Pelletier, l'acide ambréique renferme :

Carbone	51,96
Hydrogène. . . .	7,07
Azote.	8,59
Oxygène	32,37
	100,00

Cette analyse manque de contrôle.

§ 2273. *Anchusine*[2], dite aussi acide anchusique.— La racine d'or-

[1] Ancien poids atomique du carbone.

[2] PELLETIER (1818), *Ann. de Chim. et de Phys.*, LI, 191. — BOLLEY et WYDLER, *Ann. der Chem. u. Pharm.*, LII, 141.

canette (*Anchusa tinctoria* L.) renferme une matière colorante assez altérable, qu'on extrait de la manière suivante : après avoir fait macérer la racine dans l'eau froide, pour enlever les parties solubles dans ce liquide, on la fait sécher dans une étuve, et on l'épuise par l'alcool. La solution, d'abord rouge, devient par l'ébullition violette, puis d'un vert grisâtre ; aussi faut-il, pour éviter ce changement de couleur, y ajouter quelques gouttes d'acide chlorhydrique. On concentre l'extrait, et on l'agite avec de l'éther. Celui-ci se charge alors de la matière colorante; par l'évaporation, la solution donne l'anchusine sous la forme d'une masse résinoïde.

Cette substance est d'un rouge foncé, non cristalline, d'une cassure résinoïde, inaltérable à la lumière. Elle se ramollit à 60°; à une température plus élevée, elle dégage des vapeurs violettes, semblables à celles de l'iode, très-piquantes, et qui se condensent sous la forme de flocons très-légers. Une très-forte chaleur la charbonne.

Elle est insoluble dans l'eau, mais elle se dissout dans l'alcool et surtout dans l'éther; l'essence de térébenthine et les huiles grasses la dissolvent également. Sa solution alcoolique est d'un beau rouge cramoisi, et s'altère à la lumière.

L'anchusine renferme :

	Pelletier.	Bolley et Wydler.
Carbone. . . .	71,18	71,33
Hydrogène . .	6,83	7,00
Oxygène . . .	21,99	21,67
	100,00	100,00

MM. Bolley et Wydler calculent des nombres précédents la formule $C^{35}H^{20}O^{8}$, qui me paraît inacceptable.

Par l'ébullition la solution de l'anchusine devient bleue et finalement verte; l'addition à la liqueur de quelques gouttes d'acide chlorhydrique empêche ce changement de coloration.

L'acide nitrique transforme l'anchusine en acide oxalique et en une matière amère. L'acide sulfurique concentré la dissout avec une belle couleur améthyste.

La potasse, la soude, l'ammoniaque, la baryte, la strontiane et la chaux donnent avec l'anchusine des combinaisons bleues, solubles dans l'eau, moins solubles dans l'alcool et l'éther.

L'acétate de plomb neutre ne précipite pas la solution alcoolique de l'anchusine, mais avec le sous-acétate de plomb on obtient un précipité bleu-grisâtre, assez soluble dans l'alcool.

Lorsqu'on évapore au bain-marie la solution alcoolique de l'anchusine, on obtient un résidu vert-noirâtre, d'où l'eau extrait une matière brune; si l'on jette sur un filtre la partie insoluble dans l'eau, et qu'après l'avoir bien lavée on la traite par l'éther, celui-ci en extrait une substance verte. Celle-ci, suivant MM. Bolley et Wydler, renfermerait $C^{34}H^{22}O^{8}$ (carbone, 69,81—70,35; hydrog., 7,69—7,52), et résulterait de l'anchusine par la fixation de 2 HO et l'élimination de CO^{2}. Les auteurs ont, en effet, remarqué dans cette métamorphose le dégagement de l'acide carbonique.

§ 2274. *Anémonine* [1], $C^{30}H^{12}O^{12}$ (?). — Cette substance a été découverte par Heyer dans les feuilles d'*Anemone Pulsatilla*, *A. pratensis* et *A. nemorosa.* L'eau distillée sur ces feuilles laisse déposer, après quelques semaines, une matière blanche, qui possède les propriétés suivantes: elle est sans odeur, se ramollit avant 150°, sans fondre complétement, et dégage à 150° de l'eau et des vapeurs âcres; le résidu est solide, jaune, et se décompose au-dessus de 300°, en laissant un résidu de charbon. On purifie l'anémonine par des cristallisations réitérées dans l'alcool bouillant.

Les cristaux [2] de l'anémonine appartiennent au système rhombique. (Combinaison observée, $\infty P . \infty \bar{P} \infty . \infty \breve{P} \infty . \bar{P} \infty . \breve{P} \infty$. Valeurs des axes de l'octaèdre primitif P, a : b : c (vertical) = 1 : 0,4777 : 0,409. Inclinaison des faces, $P\infty : \infty \bar{P} \infty = 130° 34'$; $P \infty : \infty \breve{P} \infty = 112° 15'$). A froid, ils sont peu solubles dans l'alcool; de même, l'éther et l'eau n'en dissolvent que peu, même à la température de l'ébullition; les solutions sont neutres.

Ils renferment :

	Fehling.			Loewig et Weidm.	Calcul.
Carbone. . . .	61,94	62,16	62,01	54,8	62,50
Hydrogène . .	4,31	4,37	4,17	4,4	4,16
Oxygène. . . .	»	»	»	»	33,34
					100,00

Les alcalis aqueux dissolvent aisément l'anémonine avec une couleur jaune, en perdant leur réaction alcaline, et en transformant l'anémonine en acide anémonique.

[1] HEYER (1779), *Chemisch. Journ. v. Crell*, II, 102. — VAUQUELIN et ROBERT, *Journ. de Pharm.*, VI, 229. — SCHWARTZ, *Magaz. f. Pharm.*, X, 193; XIX, 168. — LOEWIG et WEIDMANN, *Ann. de Poggend.*, XLVI, 45; et en extrait, *Ann. der Chem. u. Pharm.*, XXXII, 276. — FEHLING, *Ann. der Chem. u. Pharm.*, XXXVIII, 278.

[2] FRANKENHEIM, *Archiv. f. Pharm.*, [2] LXIII, 1.

Lorsqu'on fait bouillir l'anémonine avec de l'eau et de l'oxyde de plomb, on obtient une combinaison cristallisable, assez soluble dans l'eau bouillante ; cette combinaison se dépose par le refroidissement, en même temps qu'un peu d'anémonine libre, qu'on enlève par l'alcool bouillant dans lequel la combinaison plombique est insoluble.

M. Fehling a trouvé dans cette dernière : les rapports $C^{30}H^{12}O^{11}$, 2 PbO.

	Expérience.	Calcul.
Carbone	35,63	35,15
Hydrogène.	2,68	2,34
Oxyde de plomb . .	42,57	43,75
Oxygène.	19,12	18,76
	100,00	100,00

On obtient aussi une combinaison cristalline en faisant bouillir l'anémonine avec le carbonate d'argent délayé dans l'eau.

L'acide sulfurique concentré noircit promptement l'anémonine. L'acide chlorhydrique la dissout sans l'altérer sensiblement. L'acide nitrique la transforme à l'ébullition en acide oxalique.

Avec un mélange de peroxyde de manganèse et d'acide sulfurique, elle développe de l'acide formique.

Le chlore l'attaque aisément à chaud, en produisant de l'acide chlorhydrique et un corps huileux et volatil.

L'anémonine exerce sur l'économie une action vénéneuse ; appliquée sur la peau, elle l'irrite légèrement.

§ 2275. Deux substances différentes ont été confondues sous le nom d'*acide anémonique*. MM. Lœwig et Weidmann désignent ainsi la substance qu'on obtient en faisant bouillir l'anémonine avec de l'eau de baryte, enlevant l'excès de baryte par un courant d'acide carbonique, précipitant le liquide filtré par l'acétate de plomb et décomposant le précipité par l'hydrogène sulfuré. Le liquide filtré donne alors, par l'évaporation, une masse brune, diaphane, cassante et non cristalline ; ce produit attire vivement l'humidité de l'air, se dissout fort peu dans l'alcool, et est insoluble dans l'éther ; il rougit le tournesol, et décompose les carbonates avec effervescence ; la distillation sèche le décompose.

Les analyses de l'anémonate de plomb ont donné :

	Fehling.	Loewy. et Weidm.
Carbone	26,6	20,3
Hydrogène	2,2	2,4
Oxyde de plomb . .	54,8	53,8
Oxygène	16,4	23,5
	100,0	100,0

Suivant MM. Lœwig et Weidmann, l'acide anémonique ne différerait de l'anémonine que par les éléments de l'eau; mais M. Fehling a observé que le carbonate de baryte, précipité par l'acide carbonique de la solution de l'anémonine dans un excès d'eau de baryte, est mêlé avec une substance jaune et cristallisable, soluble dans l'acide acétique, et qui, additionnée d'ammoniaque, ne précipite ni les sels de plomb ni les sels d'argent. La nature de cette substance n'est pas connue.

Voici l'autre acide anémonique. Il se dépose, suivant M. Schwartz, dans l'eau distillée d'anémone en même temps que l'anémonine; c'est une substance non cristalline, à peine soluble dans l'eau, l'alcool et l'éther; les alcalis la colorent en jaune, la dissolvent et semblent la dédoubler en partie en deux corps.

M. Fehling y a trouvé :

	Expérience.			Calcul.
Carbone	57,5	58,2	58,8	58,8
Hydrogène . . .	4,5	4,5	4,5	4,6
Oxygène	»	»	»	36,6
				100,0

Cet acide anémonique renfermerait donc $C^{30}H^{14}O^{14}$, c.-à-d. les éléments de l'anémonine plus 2 at. d'eau.

L'eau distillée d'anémone contiendrait aussi, selon M. Schwartz, une huile âcre qui, sous l'influence de l'air, se convertirait d'abord en anémonine, puis en acide anémonique.

§ 2275. *Antiarine* [1]. — C'est le principe toxique de l'upas antiar,

[1] MULDER, *Ann. der Chem. u. Pharm.*, XXVIII, 304. Suivant M. Mulder, l'upas antiar renferme :

Albumine végétale. . . .	16,14
Gomme	12,34
Résine	20,93
Myricine (cire végétale) .	7,02
Antiarine	3,56
Sucre	6,31
Matière extractive. . . .	33,70
	100,00

espèce de gomme-résine exsudant de l'*Antiaris toxicaria* (famille des artocarpées), et dont les Javanais se servent pour empoisonner leurs flèches.

M. Mulder l'extrait en épuisant l'upas antiar par l'alcool, traitant l'extrait par l'eau, et évaporant à consistance de sirop ; l'antiarine se prend alors en lamelles nacrées qu'on purifie par une nouvelle cristallisation. Elle est sans odeur ; elle se dissout à 22°,5 dans 251 p. d'eau, 70 p. d'alcool et 2,8 p. d'éther, ainsi que dans 27,4 p. d'eau bouillante ; la solution n'agit pas sur les papiers réactifs. Elle se dissout aussi dans les acides étendus.

Elle renferme 13,4 p. c. d'eau de cristallisation, qui se dégage à 112°. Desséchée, elle fond à 220° en un liquide incolore qui prend, par le refroidissement, l'aspect du verre ; à une température plus élevée, elle brunit en exhalant des vapeurs acides.

L'antiarine desséchée contient :

	Mulder.		$C^{28}H^{20}O^{10}$.
Carbone.	62,54	62,20	62,69
Hydrogène	7,48	7,39	7,45
Oxygène	»	»	29,86
			100,00

L'acide sulfurique colore l'antiarine en brun. L'acide chlorhydrique et l'acide nitrique la dissolvent, à ce qu'il paraît, sans l'altérer. La potasse et l'ammoniaque se comportent de même.

Appliquée sur une plaie, l'antiarine détermine des vomissements, des convulsions, des diarrhées et peu après la mort ; son action vénéneuse est singulièrement favorisée lorsqu'elle est mélangée avec une matière soluble, par exemple avec du sucre.

§ 2276. *Arbutine*[1]. — L'infusion aqueuse des feuilles de busserole (ou raisin-d'ours, *Arctostaphylos uvæ-ursi*, Spreng.) donne, par l'acétate de plomb neutre, un précipité jaunâtre contenant de l'acide gallique ; la liqueur filtrée étant débarrassée de l'excès de plomb par l'hydrogène sulfuré, et concentrée ensuite à consistance de sirop[2], dépose des cristaux d'arbutine. On les exprime, on les fait dissoudre dans l'eau bouillante, et l'on traite la solution par du charbon animal.

L'arbutine forme des aiguilles groupées en faisceaux, incolores,

[1] KAWALIER (1853), *Journ. f. prakt. Chem.*, LVIII, 193 ; et *Ann. der Chem. u. Pharm.*, LXXXII, 241 ; LXXXIV, 356.

[2] Cette liqueur contient une certaine quantité de matière sucrée.

et amères. Elle est soluble dans l'eau, l'alcool et l'éther; les solutions n'ont aucune action sur les papiers colorés. Elle fond par la chaleur en dégageant de l'eau de cristallisation.

Fondue ou séchée à 100°, elle renferme :

	Kawalier [1].		$C^{36}H^{22}O^{20}$ (?)
Carbone. . . .	52,44	52,44	54,2
Hydrogène . .	6,16	6,06	5,5
Oxygène. . . .	»	»	40,3
			100,0

La solution de l'arbutine ne précipite ni les sels ferriques, ni l'acétate neutre de plomb, ni le sous-acétate de plomb.

Abandonnée dans un lieu chaud, pendant quelques jours, avec de l'émulsine (extraite des amandes douces), la solution de l'arbutine prend une teinte rougeâtre, et donne ensuite, par l'évaporation au bain-marie, un résidu brunâtre d'où l'éther extrait de l'arctuvine, en laissant la matière sucrée à l'état insoluble. Suivant M. Kawalier, les feuilles de busserole renfermeraient une substance semblable à l'émulsine, et qui aurait également la propriété d'opérer ce dédoublement de l'arbutine.

§ 2277. L'*arctuvine* se dépose, par l'évaporation de la solution éthérée, sous la forme de cristaux colorés qu'on purifie par de nouvelles cristallisations dans l'eau, l'alcool et l'éther, avec le concours du charbon animal.

Elle forme de longs prismes amers, fusibles, et pouvant être sublimés si on les chauffe avec précaution. Elle renferme :

	Kawalier [2].			$C^{24}H^{12}O^{8}$ (?)
Carbone. . . .	64,35	64,55	64,34	65,4
Hydrogène. . .	5,65	5,57	5,70	5,4
Oxygène. . . .	»	»	»	29,2
				100,0

Si la formule $C^{24}H^{12}O^{8}$ est exacte, la formation de l'arctuvine peut s'exprimer par l'équation :

$$\underset{\text{Arbutine.}}{C^{36}H^{22}O^{20}} = \underset{\text{Arctuvine.}}{C^{24}H^{10}O^{8}} + \underset{\text{Glucose.}}{C^{12}H^{12}O^{12}}$$

On n'a d'ailleurs pas déterminé les proportions de matière sucrée que l'arbutine donne en se métamorphosant.

La solution aqueuse de l'arctuvine donne avec le sous-acétate de

[1] M. Kawalier adopta les rapports $C^{32}H^{22}O^{19}$.

[2] [illegible], d'après M. Kawalier.

plomb, additionné d'un peu d'ammoniaque, un précipité blanc, brunissant promptement.

Lorsqu'on ajoute goutte à goutte une solution de perchlorure de fer à une solution aqueuse d'arctuvine, le mélange prend une teinte bleue, passant peu à peu au vert et au jaune-brunâtre.

Humectée d'ammoniaque et abandonnée au contact de l'air, l'arctuvine se colore peu à peu en noir. M. Kawalier appelle ce produit *arctuvéine*. (Il renferme: carbone, 35,88; hydrogène, 3,03; azote, 12,52; oxygène, 48,57).

§ 2278. *Arthanitine* ou cyclamine. — Elle a été extraite par Saladin[1] de la racine de cyclame (*Cyclamen europæum*, L., *Arthanita officinalis*). On l'obtient en épuisant la racine fraîche par de l'alcool, évaporant l'extrait, traitant le résidu d'abord par l'éther, puis par de l'eau froide; la partie insoluble constitue l'arthanitine. On la purifie par de nouvelles cristallisations dans l'alcool, ainsi que par le charbon animal.

L'arthanitine cristallise en aiguilles incolores très-fines, sans odeur, mais d'une saveur fort âcre et styptique. Elle est sans action sur les couleurs végétales. Elle est peu soluble dans l'eau; 1 p. exige 500 p. d'eau pour sa solution; l'alcool la dissout aisément; l'éther et les huiles essentielles ne la dissolvent pas.

Elle s'altère déjà à la température de l'eau bouillante, et devient alors moins soluble dans l'alcool.

L'acide nitrique la transforme en acide oxalique. L'acide sulfurique lui communique une teinte rouge violacée, et la charbonne à chaud.

Prise intérieurement, l'arthanitine agit comme purgatif et provoque le vomissement.

§ 2279. *Asarone*[2], $C^{40}H^{26}O^{10}$(?). — Cette substance, dite aussi *asarine* ou *asarite* passe avec les vapeurs d'eau, à l'état cristallisé, quand on distille avec de l'eau la racine sèche du cabaret ou oreille d'homme (*Asarum europæum*); elle cristallise en partie dans le col de la cornue, en partie par le refroidissement des gouttes huileuses nageant dans l'eau distillée:

[1] SALADIN, *Journ. de Chim. médic.*, VI, 417. — BUCHNER et HERBERGER, *Repert. f. Pharmac.*, de Buchner, XXXVII, 36.

[2] GOERZ, *Pfaffs System. d. Materia medica*, III, 229. — LASSAIGNE et FENEULLE, *Journ. de Pharm.*, VI, 561. — GRAEGER, *Dissertat. inaugur. de Asaro europæo*; Goetting, 1830. — BLANCHET et SELL, *Ann. der Chem. u. Pharm.*, VI, 296. — SCHMIDT, *ibid.*, LIII, 156; et en extrait, l'*Instit.* n° 568, année. nov. 1844.

Les cristaux d'asarone ont une saveur et une odeur aromatiques qui se rapprochent de celles du camphre. Suivant M. Schmidt, ils appartiennent au système monoclinique. (Combinaison observée, oP. ∞ P, quelquefois avec ∞ P∞, [∞ P∞] et P. Inclinaison des faces, ∞ P : ∞ P = 121°51′; ∞ P∞ : oP = 73°47′; ∞ P∞ : ∞ P = 119°4½′; P : o P = 128°5½′; P : ∞ P = 134°6½′).

L'asarone est soluble dans l'alcool, l'éther et les huiles essentielles, mais l'eau ne la dissout pas. Elle fond [1] à 40°, et se fige à 27° (Blanchet et Sell); elle commence à bouillir à 280°, mais en se décomposant en partie, la matière se transformant en une modification amorphe par une fusion prolongée. On parvient toutefois à en sublimer de petites quantités entre deux verres de montre.

La composition de l'asarone paraît être $C^{40}H^{26}O^{10}$.

	Blanchet et Sell.			Schmidt.			Calcul.
Carbone. . .	69,18	68,46	68,31	69,31	69,37	69,16	69,36
Hydrogène. .	7,77	7,79	7,67	7,66	7,62	7,69	7,51
Oxygène. . .	»	»	»	»	»	»	23,13
							100,00

Quand on fait bouillir l'asarone pendant quelque temps dans l'alcool, la solution se colore peu à peu en rouge, et une partie de l'asarone se transforme en une modification isomère, résinoïde et incristallisable. Cette modification ne distille pas avec les vapeurs d'eau, et se décompose quand on la chauffe à 300°.

Chauffés avec de l'acide nitrique, les cristaux et la modification amorphe rougissent et finissent par se convertir en acide oxalique. L'acide sulfurique concentré dissout l'asarone avec une couleur rouge; l'eau précipite la solution. Le chlore attaque l'asarone avec beaucoup d'énergie; la masse, d'abord rouge, finit par devenir verte. Le produit chloré se décompose par la distillation sèche, en développant de l'acide chlorhydrique et une huile épaisse, tandis qu'il reste beaucoup de charbon. Cette huile a donné à l'analyse : carbone, 49,4; hydrog., 4,85; chlore, 28,8. La formule $C^{40}H^{22}Cl^{4}O^{10}$ se rapproche de ces nombres.

§ 2280. *Asclépion* [2]. — L'*Asclepias syriaca* contient un suc blanc, laiteux, légèrement acide, d'une saveur âcre, et d'une odeur qui rappelle celle des abricots. Lorsqu'on chauffe ce suc, l'albumine

[1] M. Græger admet deux substances différentes : l'*asarite* et le *camphre de cabaret* (Haselnuss campher); le point de fusion de l'asarite serait à 44°8. Toutefois, suivant MM. Blanchet et Sell, cette distinction n'est pas fondée.

[2] List (1849), *Ann. der Chem. u. Pharm.*, LXIX, 125.

qu'il renferme se coagule en entraînant l'asclépion. On jette le coagulum sur un filtre, et on le met en digestion avec de l'éther qui dissout l'asclépion.

Ce corps se dépose, par l'évaporation de l'éther, sous la forme de masses blanches semblables à des choux-fleurs ou finement radiées. Il est sans odeur ni saveur, entièrement insoluble dans l'eau et l'alcool. L'éther le dissout aisément; l'essence de térébenthine, le naphte et l'acide acétique concentré le dissolvent moins bien. Il fond à 104°, et reste alors amorphe; à une température plus élevée, il se décompose en répandant l'odeur du caoutchouc brûlé.

Il renferme :

	List[1].		$C^{40}H^{32}O^6$.
Carbone. . . .	74,85	74,51	75,0
Hydrogène. . .	10,77	10,45	10,0
Oxygène. . . .	»	»	15,0
			100,0

La potasse concentrée et bouillante n'attaque pas l'asclépion.

§ 2281. *Athamantine*[2]. — On rencontre cette substance dans la racine et dans la graine presque mûre d'*Athamanta Oreoselinum*, L.); on ne l'a pas trouvée dans les feuilles de cette plante, ni dans quelques autres espèces du même genre, telles que *A. Cervaria* et *A. Libanotis*. On l'extrait au moyen de l'alcool, et l'on abandonne la solution, pas trop concentrée, à l'évaporation spontanée; on exprime les cristaux entre du papier joseph, et on les soumet à quelques nouvelles cristallisations, jusqu'à ce qu'ils soient parfaitement blancs.

L'athamantine forme des cristaux fibreux, amiantacés, doués d'un éclat soyeux; quelquefois on l'obtient en cristaux plus gros. Elle possède une odeur rancide et comme savonneuse, qui devient plus sensible à chaud; sa saveur est légèrement amère et âcre. Elle est insoluble dans l'eau, et y fond à la température de l'ébullition en gouttelettes, qui se déposent au fond du vase. L'alcool et l'éther la dissolvent aisément. La solution n'est pas précipitée par les sels métalliques. Le point de fusion de l'athamantine se trouve compris entre 60 et 80°. Elle ne se volatilise pas sans altération; toutefois elle supporte une température assez élevée avant de se dé-

[1] M. List admet la formule $C^{40}H^{34}O^6$.

[2] SCHNEDERMANN et WINCKLER (1844), *Ann. der Chem. u. Pharm.*, LI, 315.

composer. A la distillation sèche, elle donne, entre autres produits, de l'acide valérique.

Fondue, elle renferme[1] :

	Schnederm. et W.				$C^{48}H^{30}O^{14}$(?)
Carbone.	66,7	66,8	66,6	66,8	67,0
Hydrogène. . . .	6,9	7,1	7,1	6,8	7,0
Oxygène.	»	»	»	»	26,0
					100,0

Lorsqu'on fait passer du gaz chlorhydrique sur l'athamantine fondue, elle l'absorbe; et, si l'on porte la masse à 100°, elle entre en ébullition et développe de l'acide valérique, en laissant de l'orosélone (§ 2282) :

$$\underset{\text{Athamantine.}}{C^{48}H^{30}O^{14}} = \underset{\text{Ac. valériq.}}{2\ C^{10}H^{10}O^{4}} + \underset{\text{Orosélone.}}{C^{28}H^{10}O^{6}}.$$

(100 p. d'athamantine ont donné 56,2 p. d'orosélone contenant encore un peu d'athamantine décomposée; d'après les formules adoptées, il eût fallu obtenir 52,5 p. d'orosélone.)

Suivant MM. Schnedermann et Winckler, l'acide chlorhydrique se combine d'abord avec l'athamantine, et c'est cette combinaison qui se dédouble ensuite par la chaleur en acide valérique et en orosélone.

Lorsqu'on fait passer du gaz chlorhydrique dans une solution alcoolique d'athamantine, il se produit du valérate d'éthyle et de l'orosélone.

Le gaz sulfureux se comporte avec l'athamantine comme l'acide chlorhydrique : l'athamantine fond dans le gaz déjà à la température ordinaire, en produisant une huile brunâtre qui se concrète, au bout de quelque temps, en une masse cristalline. (100 p. d'athamanthine absorbent 14,63 p. de gaz sulfureux; d'après la formule $C^{48}H^{30}O^{14}$, $2\ SO^{2}$, l'athamantine doit en absorber 14,9 p. c.). Cette combinaison se détruit promptement en donnant de l'orosélone, de l'acide valérique et du gaz sulfureux.

L'acide sulfurique concentré dissout l'athamantine, et la dédouble également.

A chaud, la potasse caustique dissout l'athamantine avec une

[1] On peut se demander si l'athamantine n'est pas plutôt $C^{24}H^{14}O^{6}$ (carbone, 69,9; hydrog., 6,8), c'est-à-dire le valérate de peucédyle :

$$\left.\begin{matrix} C^{14}H^{5}O^{2}.O \\ C^{10}H^{9}O^{2}.O \end{matrix}\right\}$$

Voy., la note, p. 272.

couleur brune, en produisant du valérate, et une substance blanche qu'on en sépare en sursaturant la liqueur par l'acide sulfurique. Cette substance, amorphe, insoluble dans l'eau, peu soluble dans l'alcool, paraît être de l'orosélone plus ou moins hydratée.

L'eau de chaux et l'eau de baryte agissent comme la potasse sur l'athamantine, mais avec plus de lenteur.

§ 2282. L'*orosélone*[1], $C^{28}H^{10}O^{6} = C^{14}H^{5}O^{3}, C^{14}H^{5}O^{3}$, se produit par le dédoublement de l'athamantine (Schnedermann et Winckler), ainsi que de la peucédanine (R. Wagner).

Pour la préparer, on fait passer du gaz chlorhydrique sur de l'athamantine sèche, jusqu'à ce qu'elle soit entièrement liquéfiée; et on chauffe ensuite la masse pour expulser l'acide valérique. Quand celui-ci est entièrement chassé, le produit se concrète de nouveau en une masse amorphe et poreuse, qu'on purifie par la cristallisation dans l'alcool bouillant, où elle est d'ailleurs peu soluble.

L'orosélone se dépose en mamelons ou en choux-fleurs qui, considérés à la loupe, présentent de fines aiguilles groupées concentriquement. Elle est sans odeur ni saveur, et ne se dissout pas dans l'eau; elle se dissout dans les alcalis avec une couleur rouge; les acides l'en reprécipitent légèrement modifiée.

Elle fond, vers 190°, en un liquide limpide qui se charbonne à une température plus élevée.

Elle renferme :

	Schnederm. et Winckler.			Calcul.
Carbone. . . .	74,6	74,8	74,7	74,3
Hydrogène. . .	4,6	4,6	4,6	4,4
Oxygène. . . .	»	»	»	20,3
				100,0

Il résulte de ces analyses que l'orosélone possède la même composition que l'acide benzoïque anhydre.

Lorsqu'on traite directement par l'eau bouillante la combinaison de l'athamantine avec l'acide chlorhydrique, elle se dissout, et dépose, par le refroidissement, de fines aiguilles soyeuses qui paraissent être un hydrate d'orosélone, $C^{14}H^{6}O^{4} = C^{14}H^{5}O^{3}, HO$. Ce corps est peu soluble dans l'eau froide, fort soluble dans l'alcool et l'éther, fort soluble, avec une teinte jaune, dans la potasse diluée.

[1] SCHNEDERMANN et WINCKLER (1844), *loc. cit.* — R. WAGNER, communic. particulière.

Il a donné à l'analyse[1] :

	Schn. et W.	Wagner.	Calcul.
Carbone. . . .	69,05	68,72	68,85
Hydrogène. . .	5,01	5,13	4,91
Oxygène. . . .	»	»	26,24
			100,00

Cette substance se dissout aussi dans l'ammoniaque (moins aisément que dans la potasse) avec une teinte jaune; la solution donne par l'acétate de plomb un précipité jaune. Elle fond par la chaleur; à une température élevée, elle s'élève le long des parois du vase où on la chauffe, mais elle ne paraît pas se volatiliser sans décomposition.

La préparation de cette substance ne réussit pas toujours, et il arrive souvent qu'en traitant par l'eau la combinaison de l'athamantine avec l'acide chlorhydrique on n'obtienne que de l'orosélone.

Bétuline. — Voy. § 1929.

§ 2283. *Bixine.* — Ce nom a été donné à la matière colorante du rocou[2].

Le rocou est une pâte rouge qu'on prépare dans l'Amérique méridionale en écrasant les graines du *Bixa orellana*, L.; il nous arrive généralement sous la forme de pains de 1 à 2 kilogrammes, enveloppés dans des feuilles de balisier. On s'en sert pour colorer le bois, les vernis, le beurre, le fromage, la cire. Il est quelquefois aussi employé dans la teinture, notamment de la soie, qu'il colore sans l'intermédiaire d'un mordant; mais les teintes qu'il fournit sont très-fugaces.

On peut extraire la matière colorante du rocou en le traitant par un alcali caustique ou carbonaté, et en sursaturant la solution

[1] L'analyse de MM. Schnedermann et Winckler a été faite sur de la matière préparée avec l'athamantine; celle de M. Wagner, sur de la matière préparée avec l'impératorine et une dissolution alcoolique de potasse.

On remarque que l'orosélone et son hydrate présentent entre eux les mêmes relations que l'acide benzoïque anhydre et l'acide benzoïque hydraté :

Orosélone ou oxyde de peucédyle. . . $\left.\begin{matrix} C^{14}H^5O^2.O \\ C^{14}H^5O^2.O \end{matrix}\right\}$

Hydrate de peucédyle. . . . $\left.\begin{matrix} C^{14}H^5O^2.O \\ HO \end{matrix}\right\}$

L'*oxypeucédanine* de Bothe semble être le même corps.

[2] BOUSSINGAULT, *Ann. de Chim. et de Phys.*, XXVIII, 440.

Rocou dérive du mot brésilien *urucu* (HUMBOLDT, *Voyages*, VI, 317).

par l'acide acétique ; le principe colorant se dépose alors avec une couleur orangée.

Suivant M. Chevreul, le rocou renferme deux principes colorants : l'un, l'*orelline*, jaune, soluble dans l'eau et l'alcool, peu soluble dans l'éther, et colorant en jaune les étoffes alunées; l'autre, la *bixine*, peu soluble dans l'eau, fort soluble dans l'éther et l'alcool, qui en prennent une couleur orangée.

Selon M. Kerndt[1], la bixine renfermerait $C^{16}H^{13}O^{2}$. Abandonnée à l'état humide au contact de l'air, elle s'altérerait et se transformerait en partie en orelline.

Lorsqu'on mélange le rocou avec de l'acide sulfurique concentré, il finit par prendre une teinte bleu-indigo, passant peu à peu au vert ou au violet. Ce caractère distingue le rocou d'autres substances tinctoriales[2]. L'acide nitrique lui communique une teinte verte qui passe bientôt au jaune.

Le rocou se dissout aisément dans l'essence de térébenthine et dans les huiles grasses. C'est le mélange du rocou avec un corps gras que les Indiens Caraïbes emploient pour se peindre le corps.

§ 2284. *Brésiline.* — On l'extrait du bois de Brésil (ou de Fernambouc, *Caesalpinia echinata* Lam., de la famille des légumineuses). L'infusion de ce bois est d'un jaune-rougeâtre, rougit davantage à l'air, pâlit par l'addition d'un peu d'acide sulfurique, chlorhydrique ou nitrique, et rougit par un excès d'acide en déposant des flocons. L'hydrogène sulfuré et l'acide sulfureux la décolorent; les acides énergiques rétablissent la couleur rouge de la solution. Les alcalis la colorent en violet, réaction qui permet de les découvrir avec une pareille dissolution. Les acides phosphorique, sulfurique, chlorhydrique, nitrique, citrique, etc., colorent le papier teint au bois de Brésil d'abord en rouge, puis en jaune, ou même tout de suite en jaune; l'acide sulfureux le blanchit.

Suivant M. Chevreul[3], la brésiline pure cristallise en petites aiguilles orangées, qui, à ce qu'il paraît, se volatilisent en partie par la chaleur, en partie se décomposent. L'acide nitrique la transforme en partie en acide picrique. Elle est soluble dans l'eau, l'alcool et

[1] KERNDT, *Dissertatio de fruc. asparagi et bixæ orellanæ*, Leipzig, 1849; et *Jahresbericht*, de Liebig et Kopp, 1849, p. 457.

[2] Le jaune de safran se comporte d'une manière semblable.

[3] CHEVREUL, *Ann. de Chimie*, LXVI, 220. — BONSDORF, *Ann. de Chim. et de Phys.*, XIX, 283.

l'éther. La solution aqueuse, qui est jaune-rougeâtre, se colore davantage à l'air; l'hydrogène sulfuré la décolore, les alcalis la colorent en violet; les sels de plomb et d'étain agissent d'une manière semblable, en donnant des précipités colorés. L'alun donne avec elle une laque rouge.

Il est possible que la brésiline soit le même corps que l'hématine du bois de Campêche (§ 2307).

§ 2285. *Bryonine*[1]. — C'est le principe amer de la racine de bryone (*Bryonia alba*, et *B. dioica*). Pour l'obtenir, Brandes et Firnhaber traitent cette racine par l'eau bouillante, précipitent l'extrait filtré par le sous-acétate de plomb, décomposent le précipité par l'hydrogène sulfuré, évaporent la liqueur filtrée, et épuisent le résidu par l'alcool.

Un autre procédé consiste, suivant Dulong, à faire bouillir le suc de la bryone, après qu'il a déposé la fécule, à filtrer, évaporer, faire digérer le résidu avec de l'alcool, évaporer de nouveau la solution et traiter le résidu par l'eau; celle-ci s'empare de la bryonine, qu'on obtient à l'état sec par l'évaporation.

La bryonine forme une masse blanc-jaunâtre, quelquefois rouge ou brunâtre; sa saveur est d'abord un peu sucrée, puis styptique et d'une forte amertume. Elle est soluble dans l'eau et l'alcool, insoluble dans l'éther. Elle dégage de l'ammoniaque (?) par la chaleur, et contiendrait donc de l'azote.

L'acide sulfurique la dissout avec une couleur d'abord bleue, puis verte. Les alcalis ne l'altèrent pas.

Sa solution aqueuse précipite en blanc le nitrate d'argent, le nitrate mercureux et le sous-acétate de plomb.

Elle agit comme purgatif drastique, et même, à forte dose, comme poison.

§ 2286. *Cannabine*[2]. — C'est le nom que MM. T. et H. Smith donnent à une substance résineuse qu'ils extraient du chanvre de la manière suivante : on fait digérer la plante avec de l'eau tiède fréquemment renouvelée jusqu'à ce que celle-ci soit incolore, puis on la fait macérer à chaud pendant trois jours dans une solution de carbonate de soude, pour éliminer les différentes matières colo-

[1] VITALIS, FRÉMY, CHEVALLIER, *Journ. de Chim. médic.*, I, 345. — VAUQUELIN, *Ann. du Muséum*, VIII, 80. — DULONG, *Journ. de Pharm.*, XII, 158. — BRANDES et FIRNHABER *Archiv. f. Pharm.*, de Brandes, III, 356.

[2] T. et H. SMITH, *Pharmaceut. Journ. and Transact.*, VI, 127 et 171.

rantes; enfin on épuise par l'alcool. La chlorophylle est précipitée en ajoutant de la chaux; on décolore par le charbon animal, et on obtient, après l'évaporation de l'alcool, une résine brune très-vénéneuse qui est la cannabine.

§ 2287. *Cantharidine*[1], $C^{10}H^6O^4$. — C'est à ce principe, découvert par Robiquet, que les cantharides doivent leur action vésicante. On l'obtient en épuisant les cantharides par de l'alcool de 0,84 dans un appareil de déplacement; on chasse par la distillation la plus grande partie de l'alcool; il se produit alors deux couches de liquide, dont la supérieure est verte et huileuse, et se prend en masse par le refroidissement. On purifie le produit en le faisant dissoudre dans l'alcool bouillant.

La cantharidine cristallise en petites tables rhomboïdales, incolores et sans odeur; elle fond à 210°, et se sublime en aiguilles; la dissolution alcoolique la dépose en paillettes. Elle se dissout dans l'acide sulfurique; mais l'eau précipite la solution. Elle se dissout aussi dans la potasse caustique; l'acide acétique l'en précipite. Elle est insoluble dans l'ammoniaque. Les huiles grasses et les huiles volatiles la dissolvent; un grain de cantharidine dans une once de graisse détermine encore une vésication très-forte.

Elle renferme :

	Regnault.			Calcul.
Carbone.	60,39	61,01	60,70	61,22
Hydrogène. . . .	6,23	6,22	6,19	6,12
Oxygène.	»	»	»	32,66
				100,00

On déduit de ces analyses la formule $C^{10}H^6O^4$.

§ 2288. *Carotine*[2]. — Elle est contenue, suivant Wackenroder, dans les racines de carotte (*Daucus Carota*). Pour la préparer, Zeise exprime le suc de ces racines, l'étend de 4 à 5 volumes d'eau, et ajoute au mélange de l'acide sulfurique étendu de 10 fois son volume d'eau; l'addition d'une très-petite quantité de cet acide suffit pour précipiter entièrement la matière colorante du suc; on décante, on lave, et on fait bouillir la masse pâteuse, pendant une heure ou une heure et demie, avec une lessive assez concentrée de potasse qui saponifie l'huile sans agir sur la carotine. On sépare ces

[1] Robiquet, *Ann. de Chim.*, LXXVI, 302. — Regnault, *Ann. de Chim. et de Phys.*, LXVIII, 159.

[2] Zeise, *Ann. de Chim. et de Phys.*, [3] XX, 125.

deux matières par la filtration, et on lave avec de l'eau. Ainsi préparée, la carotine contient encore une matière saline que l'on enlève en ajoutant un excès d'acide sulfurique étendu à la masse délayée dans l'eau et chauffée; on lave bien ensuite, et l'on traite d'abord par l'alcool faible, puis par l'alcool presque absolu, pour enlever la matière grasse. On évapore à sec dans un bain-marie. On achève la purification de la carotine en la dissolvant dans le sulfure de carbone; la dissolution est colorée en rouge par la présence d'un corps étranger. Après avoir retiré, par la distillation, les trois quarts du dissolvant, on ajoute au résidu de l'alcool absolu, et on abandonne la liqueur dans une capsule; la carotine se sépare bientôt en petits cristaux définis que l'on lave avec de l'alcool absolu tant que ce liquide se colore.

Ainsi purifiée, la carotine offre beaucoup de ressemblance avec le cinabre ou avec le cuivre récemment réduit par l'hydrogène; elle possède une odeur très-faible; plus pesante que l'eau, dans laquelle elle est tout à fait insoluble, elle est très-peu soluble dans l'alcool, l'esprit de bois, l'éther et l'acétone. A 168°, elle fond en un liquide rouge foncé, transparent, qui se prend en une masse vitreuse par le refroidissement. Après avoir été fondue, elle se dissout assez bien dans l'éther et dans l'alcool, mais ces dissolutions ne donnent par l'évaporation qu'une masse amorphe.

D'après les analyses de Zeise, la carotine ne renferme que du carbone et de l'hydrogène dans les mêmes rapports (C^5H^4) que l'essence de térébenthine.

A 287°, elle se charbonne en fournissant un corps huileux accompagné d'un peu de gaz; chauffée à l'air, elle brûle avec flamme, sans laisser de résidu.

Le chlore sec n'agit pas sur la carotine sèche, mais l'eau saturée de chlore la transforme en un corps chloré, parfaitement incolore, insoluble dans l'eau, assez soluble dans l'alcool et dans l'éther, et très-soluble dans le sulfure de carbone; par l'évaporation de ces dissolutions, il reste une masse résineuse et friable.

§ 2289. *Carthamine*[1]. — Les fleurs de carthame renferment deux principes colorants, un jaune et un rouge; ce dernier a seul de l'importance dans la teinture.

α. Principe jaune. Pour l'obtenir, on épuise le carthame par

[1] SCHLIEPER, *Ann. der Chem. u. Pharm.*, LVIII, 302.

l'eau, et, après avoir aiguisé la liqueur par l'acide acétique, on la précipite par un excès d'acétate de plomb ; le précipité renferme des parties gommeuses et albuminoïdes, tandis que la liqueur retient en solution la combinaison plombique de la matière colorante. Pour isoler cette combinaison, on neutralise la liqueur par de l'ammoniaque, de manière à la précipiter. On obtient ainsi d'abondants flocons orangés, d'où l'on extrait la matière colorante en les décomposant par l'acide sulfurique dilué; on filtre, on précipite l'excès d'acide par un peu d'acétate de baryte, on filtre de nouveau, et l'on concentre la liqueur filtrée dans une grande cornue. Il faut, dans ces opérations, éviter autant que possible le contact de l'air avec la matière colorante, car elle s'y altère promptement. Après avoir évaporé la liqueur jusqu'à consistance de sirop, on traite le résidu par de l'alcool absolu ; pour précipiter quelques substances étrangères, on filtre; et, après avoir évaporé de nouveau à consistance de sirop, on dissout le résidu dans beaucoup d'eau.

On obtient ainsi une solution jaune, tandis que les parties altérées restent à l'état insoluble. Cette solution a un pouvoir tinctorial fort considérable ; elle possède une saveur amère et salée, et une odeur particulière. Elle présente une réaction acide. Elle se décompose peu à peu au contact de l'air, en déposant un sédiment brun, soluble dans l'alcool.

La *combinaison plombique* de cette matière colorante s'obtient à l'état de pureté en aiguisant sa solution d'un peu d'acide acétique, et précipitant par un excès d'acétate de plomb ; le précipité qui se forme ainsi est la combinaison déjà altérée par le contact de l'air, tandis que la combinaison pure reste en dissolution dans la liqueur acide. On filtre, et l'on précipite par l'ammoniaque la liqueur filtrée. Il se forme alors d'abondants flocons, jaune foncé, que M. Schlieper représente par les rapports, fort contestables, $C^{16}H^{10}O^{10}, 3\,PbO$. (Analyse : carbone, 17,85; hydrog., 1,92; ox. de plomb, 63,61—63,54.)

La combinaison plombique de la matière oxydée renfermerait, suivant le même chimiste, $C^{24}H^{12}O^{13}$, PbO.

β. Principe rouge. C'est la véritable carthamine. Pour l'extraire des fleurs de carthame, on les épuise avec de l'eau froide acidulée par du vinaigre, afin d'enlever d'abord le principe jaune ; puis on les épuise avec du carbonate de soude dilué; après avoir placé dans la solution un écheveau de coton, on précipite par du jus de citron, on lave l'écheveau avec de l'eau froide, on redissout dans le carbonate de soude la matière colorante qui s'y est fixée, et on la précipite de nouveau par du jus de citron. On obtient la carthamine pure en décantant, filtrant et desséchant la masse précipitée.

Suivant Berzélius, il est indispensable de fixer le principe colorant sur une étoffe, et la solution alcaline fournit une très-belle carthamine, si on la précipite par de l'acide citrique pur.

C'est une matière pulvérulente; vue en masse, elle est verte à la surface et d'un éclat métallique; en couches minces, elle est d'un beau rouge pourpré; elle rougit le papier de tournesol humide. Elle est insoluble dans l'eau et les acides, fort soluble dans les alcalis; elle donne avec ces derniers une solution incolore ou jaune qui cristallise en partie, suivant Doebereiner. Les acides l'en précipitent avec une couleur rose. Elle est peu soluble dans l'alcool, et encore moins soluble dans l'éther.

La carthamine paraît renfermer $C^{28}H^{16}O^{14}$:

	Schlieper			Calcul.
Carbone. . . .	56.90	56,88	56,92	56,75
Hydrogène. . .	5,61	5,60	5,61	5,40
Oxygène. . . .	»	»	»	37,85
				100,00

La solution ammoniacale de la carthamine produit, dans l'acétate de plomb, un précipité brun-rouge, d'une composition variable.

On emploie la carthamine pour les teintures en rose; on s'en sert également dans la peinture et dans la préparation du rouge de toilette (*rouge végétal*). Elle teint en très-beau rose les étoffes de soie, mais cette couleur blanchit promptement au soleil.

§ 2289[a]. *Caryophylline*[1], $C^{20}H^{16}O^{2}$. — Cette substance, découverte par Lodibert, est contenue en grande quantité dans le girofle des Moluques (*Caryophyllus aromaticus*, L.) et en proportion faible dans le girofle de Bourbon; le girofle de Cayenne n'en paraît pas contenir.

[1] LODIBERT, *Journ. de Pharm.*, XI, 101. — BONASTRE, *ibid.*, XI, 103; XIII, 519. — CHAZEREAU, *ibid.*, XII, 258. — DUMAS, *Ann. de Chim. et de Phys.*, LIII, 109. — ETTLING, *Traité de Chim. organ. de M. Liebig*, II, 171. — MYLIUS, *Journ. f. prakt. Chem.*, XXII, 105. — J. S. MUSPRATT, *Pharmac. Journ. and Transact.*, XI, 343; et *Journ. de Pharm.*, [3] X, 450.

On l'extrait en abandonnant à froid le girofle avec de l'alcool, pendant une quinzaine de jours ; la liqueur se recouvre alors de cristaux, qu'on purifie d'une matière résineuse à l'aide d'une solution de soude.

On peut aussi épuiser le girofle avec de l'éther, et agiter avec de l'eau la solution éthérée ; la caryophylline se sépare ainsi, et peut être purifiée par l'ammoniaque.

La caryophylline forme des aiguilles soyeuses, incolores et groupées en rayons, sans saveur ni odeur. Elle fond difficilement, en s'altérant en partie (Dumas) ; à 285° environ, elle se sublime (Muspratt). Peu soluble dans l'alcool à froid, elle se dissout aisément à l'ébullition dans l'alcool et l'éther. Elle se dissout à chaud dans les alcalis caustiques.

D'après les analyses de M. Dumas, confirmées par celles de MM. Ettling, Mylius et Muspratt, la caryophylline présente la composition du camphre des laurinées.

A froid, l'acide sulfurique dissout la caryophylline avec une couleur rouge ; le mélange noircit par la chaleur. L'acide nitrique concentré transforme la caryophylline en une substance résineuse.

§ 2289[b]. *Cascarilline*[1]. — C'est le principe amer de la cascarille (écorce du *Croton eleuteria* Swartz, famille des euphorbiacées). Pour l'extraire, on traite la cascarille par l'eau dans un appareil de déplacement ; on verse dans les liqueurs réunies une solution d'acétate de plomb, et l'on se débarrasse de l'excès de plomb par l'hydrogène sulfuré. On filtre de nouveau, on fait évaporer aux deux tiers environ, on ajoute alors un peu de noir animal, et l'on filtre encore. On continue l'évaporation à la température la plus basse possible. Quand la liqueur a acquis une certaine consistance, on la laisse refroidir ; il se forme ainsi un dépôt qu'on lave d'abord à l'alcool froid, pour enlever certaines matières grasses et colorantes, et d'où l'on extrait ensuite la cascarilline par l'alcool bouillant. On la purifie par le noir animal, et par de nouvelles cristallisations.

La cascarilline est incolore, et se présente au microscope sous la forme d'aiguilles prismatiques, quelquefois aussi de plaques hexagonales. Elle est sans odeur ; mais, portée sur la langue, elle manifeste peu à peu une saveur amère. Elle est très-peu soluble dans l'eau, soluble dans l'alcool et l'éther. Elle fond par la chaleur en

[1] A. DUVAL, *Journ. de Pharm*, [3] VIII, 91.

un liquide sirupeux, qui se décompose à une température élevée, en dégageant une vapeur acide.

L'acide sulfurique concentré la dissout en se colorant en rouge très-foncé; l'addition de l'eau précipite la solution, et lui communique une couleur verte. L'acide chlorhydrique la dissout aussi, en prenant une teinte violacée que l'addition d'une petite quantité d'eau fait passer au bleu; une plus forte addition d'eau fait virer cette teinte au vert.

La solution aqueuse de la cascarilline n'est précipitée ni par l'acétate de plomb neutre ou basique, ni par le tannin, ni par les alcalis.

§ 2289[c]. *Castorine.* — Substance grasse particulière du castoréum[1]. Une dissolution de castoréum dans 6 parties d'alcool, saturée à chaud, dépose, par le refroidissement, de la matière grasse ordinaire; les eaux-mères fournissent, par l'évaporation lente, des cristaux de castorine.

Purifiée par plusieurs cristallisations, cette matière forme des aiguilles quadrilatères, déliées et transparentes, qui possèdent à un faible degré l'odeur et la saveur du castoréum. Elle fond dans l'eau bouillante, et se prend par le refroidissement en une masse dure et diaphane qui se laisse pulvériser. L'alcool froid la dissout assez mal. L'éther la dissout fort bien; les huiles volatiles ne la dissolvent qu'à chaud. Elle paraît se volatiliser avec les vapeurs d'eau.

Elle se dissout également dans l'acide sulfurique étendu et bouillant, et s'en précipite par le refroidissement à l'état cristallisé; de même, elle se dissout sans altération dans l'acide acétique concentré et dans les alcalis caustiques.

D'après Brandes, la castorine donnerait avec l'acide nitrique un acide particulier.

§ 2290. *Cathartine*[2]. — C'est, suivant Lassaigne et Feneulle, le

[1] Bizio, *Giornale di fisica, chimica*, etc., de Brugnatelli XVII, 174. — Brandes, *Archiv. d. Pharm.*, XVI, 281. — Winkler, *Magaz. d. Pharmac.*, XIII, 171.

[2] Bouillon Lagrange, *Ann. de Chimie*, XXIV, 3. — Braconnot, *Journ. de Phys.*, LXXXIV, 285. — Lassaigne et Feneulle, *Ann. de Chim. et de Phys.*, XVI, 18. — Feneulle, *Journ. de Pharm.*, X, 59. — Winckler (*Jahrb. f. prakt. Pharm.*, XIX, 223) donne également le nom de *cathartine* à la matière amère contenue dans les baies de nerprun.

La *cytisine*, extraite par MM. Chevallier et Lassaigne (*Journ. de Pharm.*, IV, 340) des fruits du cytise faux-ébénier, présente les caractères de la cathartine du séné.

principe purgatif du séné (feuilles et fruits de plusieurs arbrisseaux du genre *Cassia*, famille des légumineuses). Pour la préparer, on traite le séné par l'alcool; l'extrait alcoolique ayant été évaporé, on reprend le résidu par l'eau; on verse de l'acétate de plomb dans la liqueur aqueuse, et, après avoir enlevé le précipité à l'aide du filtre, on fait passer dans la solution un courant d'hydrogène sulfuré, et on évapore après en avoir séparé le précipité de sulfure de plomb.

La cathartine se présente sous la forme d'une masse brun-jaunâtre, diaphane, incristallisable, d'une saveur amère et nauséabonde, soluble dans l'eau et l'alcool, insoluble dans l'éther. Par la distillation sèche, elle donne des produits exempts d'azote. Les alcalis la brunissent; le sous-acétate de plomb et la teinture de noix de galle la précipitent en jaune.

§ 2291. *Chélidoxanthine*[1]. — Substance jaune et amère, contenue dans la racine, les feuilles et les fleurs de la grande chélidoine. On l'obtient en précipitant le suc de la plante par le sous-acétate de plomb, décomposant le précipité par l'hydrogène sulfuré et épuisant le sulfure de plomb par l'eau bouillante. Elle cristallise en aiguilles confuses, mais le plus souvent elle se présente sous la forme d'une masse jaune et friable, peu soluble dans l'eau froide, assez soluble dans l'eau bouillante. Les solutions sont d'un jaune intense et très-amères; ni les acides ni les alcalis ne les altèrent.

Cholestérine. — Voy. § 1982.

§ 2292. *Chrysorhamnine*[2]. — M. Kane donne ce nom à une matière colorante qui est contenue dans le nerprun des teinturiers (fruits du *Rhamnus amygdalinus*, *R. oleoïdes*, *R. saxatilis*), employé sous le nom de *graine de Perse*[3] comme couleur jaune. On

[1] Probst, *Ann. der Chem. u. Pharm.*, XXIX, 128.

[2] Kane, *Ann. de Chim. et de Phys.*, [3] VIII, 380.

M. Fleury (*Journ. de Pharm.*, XXVII, 666; et *Ann. der Chem. u. Pharm.*, XL, 320) a extrait du nerprun (*Rhamnus cartharticus*, L.) une substance (*rhamnine*) cristallisée en aiguilles jaunes', qui paraît être le même corps que la chrysorhamnine de M. Kane.

M. Buchner (*Neues Repertor. f. Pharm.*, II, 145; et *Journ. de Pharm.*, [3] XXIV, 50) donne le nom de *rhamnoxanthine* à une autre substance, trouvée par lui dans l'écorce et les graines de bourdaine (*Rhamnus frangula*, L.) et de nerprun. Cette substance forme de petits cristaux jaune-doré sublimables, très-peu solubles dans l'eau, très-solubles dans l'alcool et l'éther, solubles dans les alcalis, avec une couleur pourpre.

[3] La *graine d'Avignon* est une autre espèce de nerprun (*Rhamnus infectorius*, L.), moins estimée. On prépare avec elle et la craie une sorte de laque jaune, connue en peinture sous le nom de *stil de grain*.

la trouve particulièrement dans les baies n'ayant pas atteint leur maturité complète. Ces baies ne colorent que très-peu l'eau pure; mais, lorsqu'on les fait infuser dans l'éther, elles laissent déposer une grande quantité de chrysorhamnine.

Cette substance est d'un beau jaune d'or, et d'un aspect cristallin; on peut l'obtenir en masses étoilées et brillantes, formées d'aiguilles courtes et soyeuses. Elle est à peine soluble dans l'eau froide, et, si on la fait bouillir dans l'eau, la partie qui se dissout ne se sépare pas par le refroidissement, mais se change en xanthorhamnine (§ 2293). Elle se dissout dans l'alcool, et s'en sépare par l'évaporation après s'être beaucoup altérée. Dans l'éther, au contraire, elle se dissout aisément, et s'en sépare par l'évaporation spontanée à l'état de pureté. Elle ne présente pas de réaction avec les acides, mais elle se dissout dans les alcalis en s'altérant beaucoup.

Séchée à 100°, elle renferme :

	Kane.		Calcul.
Carbone. . .	58,23	57,81	58,23
Hydrogène. .	4,77	4,64	4,64
Oxygène. . .	»	»	37,13
			100,00

La formule $C^{28}H^{11}O^{11}$, adoptée par M. Kane, manque de contrôle.

Lorsqu'on ajoute une solution alcoolique de chrysorhamnine à une solution d'acétate de plomb, il se forme un précipité jaune, auquel le même chimiste assigne la formule $C^{28}H^{11}O^{11}$, 2 PbO :

	Kane.	Calcul.
Carbone.	29,62	29,98
Hydrogène.	2,19	2,39
Ox. de plomb. . .	48,60	48,52

Avec le sous-acétate de plomb, on obtient un précipité jaune renfermant 3 PbO.

§ 2293. La *xanthorhamnine* est un produit de décomposition de la chrysorhamnine. Elle se trouve aussi dans la graine de Perse ridée et brun-foncé qui paraît être restée plus longtemps sur les branches que les baies olive-clair, d'où l'on peut extraire la chrysorhamnine.

On peut préparer la xanthorhamnine en faisant bouillir la chrysorhamnine dans l'eau, au contact de l'air. Il se produit ainsi une liqueur couleur olive, qui, évaporée à siccité, donne une masse brune entièrement insoluble dans l'éther, mais fort soluble dans l'alcool et l'eau.

On peut aussi extraire directement la xanthorhamnine de la graine de Perse, sans en séparer d'abord la chrysorhamnine; mais on l'obtient ainsi mélangée avec une substance gommeuse.

Évaporée dans le vide, sur l'acide sulfurique, la xanthorhamnine est tout à fait sèche, et peut être réduite en poudre ; mais, si on la chauffe, elle se liquéfie au-dessous de 100°, et continue de dégager de l'eau jusqu'à 200°. Au delà de cette température, elle se décompose.

Séchée à 150°, la xanthorhamnine renferme :

	Kane.	Calcul.
Carbone	52,55	52,67
Hydrogène. . .	5,15	4,58
Oxygène. . . .	»	42,75
		100,00

M. Kane admet pour la substance la formule $C^{28}H^{12}O^{11}$, renfermant 2 atomes d'oxygène et 1 atome d'eau de plus que la chrysorhamnine. D'après le même chimiste, la matière séchée à 100° renfermerait encore 1 atome d'eau.

La solution de la xanthorhamnine précipite l'acétate et sous-acétate de plomb. (Le précipité produit par l'acétate contient 45,36—44,59 p.c., et le précipité produit par le sous-acétate, 52,30—51,38 p. c. d'oxyde de plomb.)

§ 2294. *Cnicin.* — Cette substance a été retirée du chardon bénit (*Centaurea benedicta*) par M. Nativelle, et analysée par M. Scribe[1]; elle existe également dans les feuilles du chardon étoilé (*Centaurea Calcitropa*) et dans toutes les plantes amères de la nombreuse tribu des cynarocéphales.

C'est un corps neutre, cristallisant en aiguilles blanches, transparentes, d'un éclat satiné, sans odeur, d'une saveur franchement amère. Il est à peine soluble dans l'eau froide; l'eau bouillante le dissout beaucoup mieux, et prend alors une saveur amère et astringente; mais, si l'on prolonge l'ébullition, la liqueur se trouble en déposant un corps oléagineux et épais comme la térébenthine. Il se dissout dans l'alcool et l'esprit de bois, mais il est presque in-

[1] SCRIBE, *Compt rend de l'Acad.*, XV, 802.

soluble dans l'éther. Sa solution alcoolique dé e à droite les rayons de la lumière polarisée[1]; $[\alpha]_r = +130^\circ,68$.

	Scribe.		$C^{52}H^{34}O^{18}$.	$C^{40}H^{26}O^{14}$.
Carbone.	62,9	62,9	63,6	63,3
Hydrogène. . .	6,9	7,1	6,9	6,8
Oxygène. . . .	30,2	30,0	29,5	29,9
	100,0	100,0	100,0	100,0

Soumis à la distillation sèche, le cnicin dégage des vapeurs et se charbonne.

L'acide sulfurique le dissout en se colorant fortement en rouge; quand on élève la température, la masse noircit. L'acide chlorhydrique concentré en prend subitement une couleur verte; si l'on opère à chaud, le liquide brunit, et dépose des gouttelettes oléagineuses, qui se concrètent, par le refroidissement, en une masse résineuse.

§ 2295. *Colocynthine*[2]. — Elle est contenue dans le parenchyme du fruit de la coloquinte (*Cucumis Colocynthis* L., famille des cucurbitacées), d'où on peut l'extraire par l'eau froide. Elle se sépare, par l'évaporation de l'extrait aqueux, à l'état de gouttelettes oléagineuses qui se concrètent par le refroidissement. On peut aussi reprendre par l'alcool l'extrait aqueux, évaporer et traiter le résidu par une petite quantité d'eau qui précipite presque toute la colocynthine.

C'est une masse jaune ou brunâtre, diaphane, friable, et d'une cassure conchoïde; elle est d'une amertume extrême, et agit comme purgatif drastique. Elle est soluble dans l'eau, l'alcool et l'éther. Le chlore précipite sa solution aqueuse; les acides et les sels déliquescents y occasionnent un précipité visqueux, insoluble dans l'eau. Sa solution est également précipitée par l'acétate de plomb et par plusieurs autres sels métalliques; la potasse, l'eau de chaux et l'eau de baryte ne la précipitent pas.

§ 2296. *Colombine*[3]. — C'est le principe actif de la racine de colombo (*Cocculus palmatus* D. C.). Pour l'obtenir, on traite cette racine par de l'alcool de 75 centièmes, et l'on soumet les extraits à

[1] BOUCHARDAT, *Compt. rend. de l'Acad.*, XVIII, 300.

[2] BRACONNOT, *Journ. de Phys.*, LXXXIV, 338. — VAUQUELIN, *Journ. de Pharm.* X, 416.

[3] WITTSTOCK (1830), *Ann. de Poggend.*, XIX, 298. — LIEBIG, *ibid.*, XXI, 30. — C BOEDEKER, *Ann. der Chem. u. Pharm.*, LXIX, 37.

la distillation pour enveler tout l'alcool. Le résidu ayant été évaporé à siccité dans le bain-marie, on le reprend par l'eau, et l'on agite le mélange avec de l'éther. Celui-ci s'empare de la colombine et d'une matière grasse ; on purifie la colombine par plusieurs cristallisations dans l'éther absolu et bouillant.

La colombine cristallise en prismes incolores appartenant au système rhombique. (Combinaison observée[1], $\infty P . \infty \bar{P}\infty . \infty \bar{P}\infty . \bar{P}\infty$. Inclinaisons des faces, $\infty P : \infty P = 125°30'$; $\infty P : \infty \bar{P}\infty = 152°45'$; $\infty P : \infty \bar{P}\infty = 117°15'$; $\bar{P}\infty : \bar{P}\infty = 167°19'$; $\bar{P}\infty : \infty \bar{P}\infty = 123°39'{}^{1}/_{2}$; $\infty P : \bar{P}\infty = 119°31$. Les faces sont brillantes et n'offrent point de clivage). Elle a une saveur très-amère, est sans odeur, n'exerce aucune action sur les couleurs végétales, fond à une douce chaleur, et donne à la distillation sèche des produits exempts d'ammoniaque. Elle est peu soluble à froid dans l'eau, l'alcool et l'éther; l'alcool bouillant de 0,835 en dissout 1/40 ou 1/30 de son poids. Elle se dissout en petite quantité dans les huiles essentielles, et mieux encore dans la potasse, d'où les acides la précipitent sans altération.

Elle renferme :

	Liebig.	Bœdeker.		$C^{42}H^{22}O^{14}$(?)
Carbone. . . .	65,73	65,11	65,29	65,3
Hydrogène. .	6,17	5,95	6,01	5,7
Oxygène. . .	»	»	»	29,0
				100,0

L'acide acétique dissout la colombine et la dépose à l'état cristallisé par l'évaporation. L'acide sulfurique concentré la dissout en prenant une teinte orangée, passant peu à peu au rouge foncé, l'eau précipite des flocons bruns de la dissolution.

Les solutions de colombine ne sont précipitées ni par les solutions métalliques, ni par la teinture de noix de galle.

§ 2297. *Cubébin*[2]. — Cette substance existe dans les cubèbes. On épuise par l'alcool la pulpe qu'on obtient pour résidu dans la préparation de l'extrait éthéré des cubèbes, puis on traite la liqueur par une lessive de potasse. On lave le précipité avec un peu d'eau, et on le purifie par la cristallisation dans l'alcool.

[1] G. Rose, *Ann. de Poggend.*, XIX, 441.

[2] Soubeiran et Capitaine, *Journ. de Pharm.*, juin 1839, p. 355; et *Ann. der Chem. u. Pharm.*, XXXI, 190.

Le cubébin se présente sous la forme de petites aiguilles réunies par groupes, incolores et sans saveur. Il n'est pas volatil sans décomposition. Il ne se dissout qu'en petite quantité dans l'alcool et l'eau froide. 100 p. d'alcool absolu dissolvent à 12° 1,31 p. de cubébin; l'alcool de 82° en dissout 0,70; mais, à la température de l'ébullition, il en dissout assez pour que le tout se prenne en masse par le refroidissement. 100 p. d'éther dissolvent à 12° 3,75 p. de cubébin. L'acide acétique, les huiles grasses et les huiles essentielles dissolvent également le cubébin.

Ce corps renferme:

	Soubeiran et Capilaine[1].			$C^{34}H^{16}O^{10}$ (?).
Carbone. . . .	67,05	66,73	66,93	68,00
Hydrogène. . .	5,80	5,48	5,64	5,33
Oxygène. . . .	»	»	»	26,67
				100,00

L'acide sulfurique concentré colore le cubébin en rouge.

§ 2298. *Curcumine*[2]. — C'est une matière colorante résineuse, contenue dans la racine de curcuma. Pour l'obtenir, on traite d'abord la racine réduite en poudre par de l'eau bouillante, à plusieurs reprises, jusqu'à ce que l'eau ne se colore presque plus. Cette opération a pour but d'enlever la plus grande partie des matières gommeuses et extractives. Après avoir desséché le résidu, on l'épuise par l'alcool bouillant, pour dissoudre la curcumine; on laisse refroidir la liqueur, on la filtre, on en sépare par la distillation la plus grande partie de l'alcool, et l'on évapore à siccité la liqueur restante. On obtient ainsi une masse brune, contenant encore de la matière extractive et des traces de chlorure de calcium; on la traite par l'éther, et l'on évapore doucement la solution éthérée; le résidu constitue la curcumine, encore rendue impure par une petite quantité d'huile essentielle. Pour purifier la curcumine, on la dissout dans l'alcool, et on précipite la solution alcoolique par l'acétate de plomb; on délaye le précipité dans l'eau, et on le décompose par l'hydrogène sulfuré; quand la décomposition est complète, on reprend le précipité par l'éther bouillant qui s'em-

[1] MM. Soubeiran et Capilaine admettent les rapports $C^{34}H^{17}O^{10}$.

[2] A. Vogel, *Journ. f. Chem. u. Phys.*, de Schweigger, XVIII, 212. — Pelletier et Vogel, *Journ. de Pharm.*, juillet 1815, p. 259. — Vogel jeune, *Journ. de Pharm.*, [2] II, 20; *Ann. der Chem. u. Pharm.*, XLIV, 297.

pare de la curcumine, et l'on évapore doucement la solution éthérée (Vogel jeune).

D'après le procédé précédent, on peut retirer environ 30 grammes de curcumine d'un kilogramme de racine de curcuma.

Par l'évaporation de sa solution éthérée, la curcumine s'obtient sous la forme de lames minces, couleur de cannelle, transparentes, et jaunes en poudre. Elle est amorphe, insoluble dans l'eau, fort soluble dans l'alcool et l'éther. Elle blanchit peu à peu aux rayons solaires. Elle fond à 40°, et se rassemble en masse déjà à la température ordinaire.

Elle renferme :

	Vogel	jeune.
Carbone. . . .	68,59	68,53
Hydrogène. . .	7,54	7,16
Oxygène. . .	23,87	24,31
	100,00	100,00

Les acides sulfurique, phosphorique et chlorhydrique concentrés dissolvent la curcumine avec une couleur cramoisie; l'eau précipite des flocons jaunes de la solution. L'acide acétique concentré dissout la curcumine sans lui faire changer de couleur. L'acide nitrique la décompose.

L'acide borique n'altère pas la couleur de la curcumine dissoute dans l'alcool; si l'on évapore la solution, il se dépose une combinaison cramoisie. Le papier de curcuma prend une teinte orangée dans une solution alcoolique d'acide borique; humecté d'ammoniaque ou d'un autre alcali, il prend ensuite une teinte bleue. La solution du borax colore en gris noirâtre le papier de curcuma.

Les alcalis dissolvent la curcumine avec une teinte brun-rouge. Les sels de plomb et les sels d'urane déterminent la même coloration.

La *combinaison plombique* de la curcumine renferme des quantités variables (43,67 à 56,33 p. c.) d'oxyde de plomb.

§ 2299. *Digitaline*[1]. — Ce nom a été donné au principe actif, très-peu connu, de la digitale pourprée.

[1] Le Royer, *Biblioth. univ. de Genève*, XXVI, 102. — Lancelot, *Ann. der Chem. u. Pharm.*, XII, 251. — Trommsdorff, *ibid.*, XXIV, 240, et *Archiv. d. Pharm.*, X. 113. — Homolle, *Journ. de Pharm.*, [3] VII, 57. — O. Henry, *ibid.*, VII, 460. — Homolle et Quévenne, *Mémoires sur la digitaline*, Paris, 1851; en extrait, *Repert f. Pharmac.*, [3] IX, 2. — Walz, *Jahrb f. prakt. Pharm.*, XIV, 20; XXI, 29; XXIV, 86.

Plusieurs procédés ont été proposés pour son extraction. Le procédé de M. O. Henry consiste à traiter un kilogramme de feuilles de digitale pourprée, grossièrement pulvérisées, par de l'alcool à 32 degrés à l'aide d'une légère chaleur, à retirer la majeure partie de celui-ci par la distillation, à traiter l'extrait alcoolique, resté dans la cucurbite, par un mélange de 250 grammes d'eau et de 8 grammes d'acide acétique, en y ajoutant un peu de noir animal pur, à neutraliser en partie par l'ammoniaque la liqueur filtrée et étendue préalablement de 300 à 500 grammes d'eau et à précipiter ensuite la digitaline au moyen d'une infusion concentrée et récente de noix de galle. Le dépôt de tannate de digitaline, sous forme d'une résine molle, d'un brun noirâtre, est alors soigneusement trituré, étant encore humide, avec le tiers de son poids de litharge en poudre fine et à l'aide d'une chaleur modérée. On met ce mélange en digestion avec le double de son poids d'alcool à 32 degrés; on filtre, et la solution alcoolique, d'un vert jaunâtre, traitée par le charbon animal, est filtrée de nouveau et évaporée lentement à l'étuve sur des assiettes. Enfin la matière desséchée est soumise, à deux ou trois reprises, à l'action de l'éther rectifié et bouillant. Ce que cet agent ne peut dissoudre représente la digitaline.

M. Homolle traite la digitale par l'eau au moyen du déplacement, précipite immédiatement le liquide obtenu par un léger excès de sous-acétate de plomb, et jette le tout sur une toile pour faire égoutter. Au liquide filtré il ajoute du carbonate de soude en solution, tant qu'il en faut pour éliminer l'excès du sel de plomb; de même, il en sépare successivement la magnésie par le phosphate d'ammoniaque et la chaux au moyen de l'oxalate d'ammoniaque. Après ces éliminations, il précipite la digitaline en versant dans la liqueur, en suffisante quantité, une solution concentrée de tannin, et termine l'opération comme précédemment; toutefois il redissout la masse une seconde fois dans l'alcool concentré, après l'avoir lavée avec un peu d'eau qui enlève les sels déliquescents entraînés, sans dissoudre sensiblement le principe amer; ce n'est qu'après une nouvelle dessiccation qu'il le soumet aux traitements à l'éther. Ce procédé paraît donner un produit plus pur.

En extrait, *Repert. f. Pharmac.*, [3] IX, 2. — BUCHNER aîné, *Repert. f. Pharmac.*, [3] IX, 6.

Suivant M. Buchner, les graines de digitale renferment plus de digitaline que les autres parties de la plante.

Voici les propriétés attribuées par M. Homolle à la digitaline[1] pure : Elle est blanche, difficilement cristallisable, sans odeur, et se présente le plus souvent sous la forme de masses poreuses, mamelonnées ou de petites écailles. Elle est tellement amère, qu'il suffit d'un centigramme pour communiquer une amertume prononcée à deux litres d'eau. Cependant la saveur de la digitaline solide est lente à se développer, à cause de sa faible solubilité dans l'eau. Elle provoque de violents éternuments lorsqu'on la pulvérise ou qu'on l'agite sans précaution, même en faible quantité. Elle est fort peu soluble dans l'eau, qui n'en dissout que 1/1000 à la température de l'ébullition ; elle est fort soluble dans l'alcool ; elle se dissout également dans l'éther. Les solutions n'agissent pas sur les papiers colorés.

Suivant M. Walz, la digitaline pure renfermerait $C^{20}H^{18}O^{8}$.

Soumise à l'action de la chaleur, elle commence déjà à se colorer à 180°, sans fondre ; au-dessus de 200°, elle se décompose entièrement en se boursouflant.

Les acides ne se combinent pas avec la digitaline. L'acide sulfurique concentré la dissout en se colorant en brun-noirâtre ; cette teinte passe peu à peu au cramoisi ; si on verse la solution dans une petite quantité d'eau, la liqueur prend une belle couleur verte. L'acide chlorhydrique concentré dissout promptement la digitaline avec une teinte jaune, devenant peu à peu d'un vert foncé. L'acide nitrique la décompose en dégageant des vapeurs rutilantes. L'acide acétique la dissout sans se colorer.

L'acétate de plomb, le sous-acétate de plomb, le nitrate d'argent, le nitrate mercureux, l'acétate de cuivre, ne précipitent pas la solution aqueuse de la digitaline. Mais le tannin la trouble, et donne un précipité au bout de quelque temps.

[1] Selon MM. Homolle et Quévenne, la digitaline brute contiendrait trois corps : la *digitaline*, le *digitalin*, et la *digitalose*. Si on la traite par un mélange d'éther et d'un peu d'alcool, celui-ci dissout le digitalin et la digitalose ; la solution étant évaporée et reprise par de l'alcool de 60 centièmes, celui-ci n'extrait que la digitaline.

M. Walz distingue dans la digitaline brute (préparée au moyen de sous-acétate de plomb et du tannin), la *digitaline*, la *digitalicrine* et la *digitalosine*.

Nous ne reproduirons pas les expériences fort défectueuses sur lesquelles s'appuient les dénominations précédentes.

La digitaline exerce une action puissante sur l'économie animale; même à petite dose, elle produit des effets toxiques.

§ 2300. *Elatérine* [1]. — Cette substance est contenue dans l'élatérium extrait du fruit du concombre sauvage (*Momordica Elaterium*, L.). Pour l'isoler, on traite l'élatérium par l'alcool absolu et bouillant jusqu'à ce qu'il ne se colore plus, et l'on réduit la liqueur par l'évaporation à la moitié de son volume. L'eau ajoutée au résidu en précipite ensuite l'élatérine sous la forme d'une poudre verdâtre; on la purifie par des lavages à l'éther, et par de nouvelles cristallisations dans l'alcool absolu et bouillant.

L'élatérine cristallise en tables hexagones, incolores et douées d'éclat. Elle est insoluble dans l'eau, peu soluble dans l'éther, fort soluble dans l'alcool; les solutions n'ont aucune action sur les papiers colorés. Elle fond à 200° en une matière jaune, amorphe après le refroidissement; à une température plus élevée, elle se décompose en exhalant des vapeurs âcres.

Elle renferme :

	Zwenger.	
Carbone	69,49	69,23
Hydrogène. .	8,23	8,21
Oxygène . . .	»	»

M. Zwenger représente ces nombres par les rapports $C^{60}H^{25}O^{18}$ qui manquent de contrôle.

Les acides et les alcalis étendus ne dissolvent pas l'élatérine. L'acide sulfurique concentré la dissout avec une teinte rouge foncé; l'eau précipite de la solution une matière brune. L'acide nitrique fumant dissout aisément l'élatérine; l'eau l'en reprécipite sans altération. L'acide chlorhydrique ne dissout pas l'élatérine.

Les précipités qu'on obtient en mélangeant une solution alcoolique d'élatérine avec du nitrate d'argent ou de l'acétate de plomb, ne se composent que d'élatérine libre.

Prise intérieurement, l'élatérine détermine de violents vomissements et agit comme purgatif.

§ 2301. *Ergotine* [2]. — Suivant M. Wiggers, cette substance constitue le principe actif du seigle ergoté.

[1] ZWENGER, *Ann. der Chem. u. Pharm.*, XLIII, 359.

[2] WIGGERS, *Ann. der Chem. u. Pharm.*, I, 171. — Voy., sur les effets toxiques du seigle ergoté, le rapport de MM. Bussy, Pelletier, Dubail, Frémy père et F. Boudet, *Journ. de Pharm.*, [3] I, 174.

On l'obtient en épuisant par l'éther la poudre de seigle ergoté, de manière à extraire les matières grasses ou cireuses, traitant le résidu par l'alcool bouillant, concentrant par l'évaporation, et traitant le résidu par l'eau froide qui précipite l'ergotine.

Celle-ci forme une poudre rouge-brun, d'une saveur âcre et amère. Elle est insoluble dans l'eau et l'éther; mais elle se dissout aisément dans l'alcool. Elle est insoluble dans les acides minéraux étendus; l'acide acétique concentré la dissout; la dissolution est précipitée par l'eau. Elle se dissout également dans la potasse caustique; les acides précipitent la dissolution. Elle est infusible, et brûle au contact de l'air en répandant une odeur particulière.

A chaud, l'acide nitrique décompose l'ergotine, en se colorant en jaune. L'acide sulfurique la dissout avec une couleur brun-rouge; l'eau précipite de la solution des flocons grisâtres.

L'ergotine est vénéneuse; elle agit d'une manière lente, mais son action est mortelle.

§ 2302. *Esculine* ou polychrome[1]. — Cette substance est contenue dans l'écorce du marronnier d'Inde (*Æsculus Hippocastanum*, L.), et probablement aussi dans le bois néphrétique et dans l'écorce d'aune.

Pour la préparer, on épuise l'écorce de marronnier avec de l'eau, et l'on précipite l'extrait par l'acétate de plomb; on fait passer de l'hydrogène sulfuré dans le liquide filtré, afin d'enlever l'excès de plomb, et l'on évapore à consistance de sirop. L'esculine cristallise au bout de quelques jours; après l'avoir lavée avec de l'eau froide, on la fait d'abord cristalliser dans l'alcool faible (de 40 centièmes) et bouillant, puis dans l'eau bouillante.

L'esculine se présente sous la forme de petites aiguilles incolores, sans odeur, d'une saveur amère, et d'une légère réaction acide. Peu soluble dans l'eau froide, elle se dissout aisément dans l'eau bouillante; la solution se prend en masse par le refroidissement. 1 p. d'esculine se dissout dans 24 p. d'alcool bouillant, et s'en précipite par le refroidissement à l'état pulvérulent. L'éther absolu ne dissout que fort peu d'esculine (Trommsdorff).

La solution aqueuse de l'esculine est remarquable par ses reflets

[1] Minor, *Archiv. d. Pharm.*, *v. Brandes.*, XXXVIII, 130. — Kalkbrunner, *Repert. d. Pharm. v. Buchner*, XLIV, 211; et *Ann. der Chem. u. Pharm.*, VIII, 201. — J. B. Trommsdorff, *Ann. der Chem. u. Pharm.*, XIV, 189. — L. E. Jonas, *ibid.*, XV, 266. — Rochleder et Schwarz, *ibid.*, LXXXVII, 186; LXXXVIII, 356. — C. Zwenger, *ibid.*, XC, 63.

chatoyants : elle est incolore par transmission, et bleue par réflexion. Cet effet s'observe encore dans une solution d'une partie d'esculine dans un million et demi de parties d'eau. Les acides font disparaître le chatoyement de la solution aqueuse ; les alcalis, au contraire, la colorent en jaune et en exaltent le dichroïsme (Trommsdorff).

L'esculine séchée [1] à 100° paraît renfermer $C^{42}H^{24}O^{26}$.

	H. Trommsdorff.			Rochleder et Schewarz.			Zwenger.				Calcul
Carbone. . . .	51,74	51,54	51,75	51,96	52,01	51,79	49,42	49,44	49,49	51,98	52,07
Hydrogène. . .	5,05	4,99	4,88	5,39	5,27	5,04	5,11	5,04	5,22	4,65	4,96
Oxygène. . .	»	»	»	»	»	»	»	»	»	»	42,97
											100,00

L'esculine fond à 160° (en perdant de l'eau, Zwenger) ; il se produit ainsi une masse transparente qui se prend par le refroidissement en une matière amorphe. Par une chaleur plus forte, elle se décompose en se boursouflant. Lorsqu'on la brûle au contact de l'air, elle répand la même odeur que le sucre. A la distillation sèche, elle donne, entre autres produits, une petite quantité de cristaux colorés d'esculétine.

L'acide chlorhydrique et l'acide sulfurique étendu transforment l'esculine, par l'ébullition, en esculétine et en glucose :

$$\underset{\text{Esculine.}}{C^{42}H^{24}O^{26}} + 6\,HO = \underset{\text{Esculétine.}}{C^{18}H^{6}O^{8}} + \underset{\text{Glucose.}}{2\,C^{12}H^{12}O^{12}}.$$

L'esculine éprouve le même dédoublement sous l'influence de l'émulsine (extraite des amandes douces). Dans une expérience, MM. Rochleder et Schwarz ont retiré de l'esculine ainsi transformée 70,7 p. c. de glucose séché à 100° (d'après l'équation précédente, il eût fallu en obtenir 74,4 p. c.).

Le chlore rougit la solution de l'esculine et la décompose.

Lorsqu'on fait longtemps bouillir avec de l'esculine la solution d'un sel de cuivre dans la potasse, on obtient un précipité de protoxyde de cuivre (Zwenger).

La solution de l'esculine donne avec le sous-acétate de plomb un précipité jaunâtre qui se décompose en partie par les lavages. Les autres sels métalliques ne sont pas précipités.

§ 2303. L'*esculétine* [2] résulte du dédoublement de l'esculine sous l'influence des acides ou de l'émulsine.

[1] L'analyse *b* de M. Zwenger a été faite sur l'esculine fondue.

M. Zwenger représente l'esculine séchée à 100° par la formule $C^{76}H^{41}O^{47}$ + 5 aq., et suppose que les 5 atomes d'eau s'en vont par la fusion du corps.

[2] ROCHLEDER et SCHWARZ (1853), *loc. cit.* — ZWENGER, *loc. cit.*

MM. Rochleder et Schwarz la préparent de la manière suivante : on délaye l'esculine dans la quantité d'eau qu'il faudrait pour la dissoudre par l'ébullition, et l'on ajoute au mélange le huitième de son volume d'acide sulfurique monohydraté. On chauffe ensuite le mélange au bain-marie. L'esculine se dissout, la liqueur jaunit, et, au bout de quelque temps, on voit se déposer, sur les parois de la capsule, de petites aiguilles dont la quantité augmente peu à peu. Dès que la liqueur s'est assez concentrée pour qu'elle commence à se colorer sur les bords, par l'action ultérieure de l'acide sulfurique, on arrête l'opération et on abandonne la liqueur au repos pendant 24 heures. On recueille ensuite sur un filtre le dépôt cristallin d'esculétine. (S'agit-il d'extraire le glucose de la liqueur filtrée, on la traite par le carbonate de plomb, on filtre, on porte à l'ébullition, la liqueur séparée du sulfate de plomb et additionnée de charbon animal, on filtre de nouveau, et l'on évapore au bain-marie; le sirop qui reste alors se concrète dans l'espace d'environ quinze jours.) Pour purifier les cristaux d'esculétine, on les fait dissoudre dans l'eau bouillante, et on décolore la solution par le noir animal.

M. Zwenger prépare l'esculétine en la dissolvant à chaud dans de l'acide chlorhydrique assez concentré, et maintenant la liqueur en ébullition pendant quelque temps. La liqueur se prend alors par le refroidissement en une bouillie cristalline à peine colorée. On y ajoute de l'eau, on lave les cristaux, on les fait dissoudre dans l'alcool chaud, et l'on précipite la solution par l'acétate de plomb. Le précipité d'esculétate de plomb ayant été bien lavé, on y fait passer de l'hydrogène sulfuré, pendant qu'il est maintenu dans l'eau bouillante; la liqueur filtrée bouillante dépose des cristaux incolores d'esculétine.

Lorsqu'on abandonne dans un lieu tempéré (à 26° ou 30°) une solution aqueuse d'esculine, saturée à froid, avec une solution d'émulsine (extraite des amandes douces), le mélange se trouble peu à peu et dépose de l'esculétine, en perdant son amertume.

L'esculétine cristallise en petites aiguilles ou en paillettes, fort semblables à l'acide benzoïque, d'une saveur amère un peu âcre, et sans réaction acide. Elle est très peu soluble dans l'eau froide, plus soluble dans l'eau bouillante; peu soluble dans l'alcool à froid, elle se dissout aisément dans l'alcool bouillant, et se dépose presqu'en totalité par le refroidissement. Elle est presque insoluble dans l'éther.

La solution aqueuse de l'esculétine est dichroïque comme celle de l'esculine, mais à un degré bien moindre ; la solution, préparée à l'ébullition, est jaunâtre par transmission et bleuâtre par réflexion ; ce dichroïsme est beaucoup exalté par l'addition d'une solution faible de carbonate d'ammoniaque (Zwenger).

Séchée à 100°, l'esculétine paraît renfermer $C^{18}H^{6}O^{8}$.

	Rochleder et Schwarz.			Zwenger [1].		Calcul.
Carbone . . .	60,75	60,78	60,51	60,65	60,76	60,67
Hydrogène. .	3,51	3,47	3,62	3,53	3,44	3,37
Oxygène. . .	»	»	»	»	»	35,96
						100,00

L'esculétine perd de l'eau (6,64—6,77, Zwenger) par la dessiccation à 100°, en jaunissant ; elle ne fond qu'à une température supérieure à 270° ; à la distillation, elle se détruit en grande partie.

L'acide chlorhydrique concentré dissout l'esculétine sans l'altérer ; à chaud, l'acide sulfurique concentré la décompose. L'acide nitrique la transforme à chaud en acide oxalique.

Les alcalis dissolvent l'esculétine ; les solutions sont d'un jaune doré ; elles se décolorent par l'addition d'un acide en précipitant l'esculétine. Les alcalis terreux et les carbonates alcalins, colorent aussi l'esculétine en jaune. Lorsqu'on dissout l'esculétine dans une petite quantité d'ammoniaque bouillante, on obtient par le refroidissement des paillettes brillantes de couleur citrine (esculétate d'ammoniaque) ; mais, exposés à l'air, ces cristaux perdent toute leur ammoniaque, en se décolorant.

La solution d'un sel de cuivre dans la potasse précipite du protoxyde de cuivre par l'ébullition avec l'esculétine.

Les sels ferriques colorent l'esculétine en vert foncé ; cette coloration s'observe même lorsqu'on filtre une solution d'esculétine à travers un papier contenant des traces de peroxyde de fer. La coloration verte disparaît par l'addition d'un acide. Les sels ferreux ne la produisent pas.

A chaud, le nitrate d'argent est promptement réduit par l'esculétine.

L'*esculétate de plomb* est un précipité jaune clair et fort gélatineux, qui se forme par le mélange de l'acétate de plomb avec une solution d'esculétine. Si l'on opère sur des liqueurs alcooliques, le

[1] M. Zwenger représente l'esculétine par la formule [illegible].

précipité est moins gélatineux. Récemment formé, il se dissout en petite quantité dans l'eau avec une teinte jaune, et s'en sépare de nouveau par le repos à l'état de flocons cristallins. Séché à 100°, il renferme :

	Rochl. et Schw.	Zwenger.		$C^{16}H^{4}Pb^{2}O^{8}$.
Carbone	28,71	28,41	28,36	28,12
Hydrogène . . .	1,19	1,18	1,26	1,04
Ox. de plomb. .	57,66	57,66	57,42	58,33

(Dans un autre précipité, préparé avec des liqueurs bouillantes et séché à 200°, MM. Rochleder et Schwarz ont trouvé : Carbone 27,95; hydrog., 2,17; oxyde de plomb 49,34).

§ 2304. *Glycyrrhizine*[1]. — La racine de réglisse (*Glycyrrhiza glabra* et *G. echinata*) renferme une matière sucrée (en combinaison avec la chaux et l'ammoniaque, Lade) qu'on extrait de la manière suivante : on épuise la racine par l'eau froide et l'on concentre l'extrait par l'évaporation ; on enlève par le filtre les matières qui se séparent, et l'on précipite la liqueur filtrée par un acide dilué. Il se produit ainsi un précipité floconneux qu'on abandonne dans la liqueur pendant quelque temps ; il s'agglomère alors et se transforme en une masse poisseuse et colorée. Après en avoir décanté la liqueur surnageante, on le pétrit d'abord avec de l'eau acidulée, puis avec de l'eau pure pour enlever toutes les parties minérales ; on le dessèche ensuite au bain-marie, on le réduit en poudre, et on le traite à plusieurs reprises par de l'alcool absolu. On évapore ensuite la solution alcoolique à une douce chaleur.

Robiquet se sert d'acide acétique pour précipiter la glycyrrhizine.

Lorsqu'on emploie de l'acide sulfurique, il est indispensable de l'enlever d'une manière complète par les lavages, avant de dessécher la glycyrrhizine; car cette substance s'altère à une température élevée au contact de l'acide sulfurique.

La glycyrrhizine, obtenue par l'évaporation de sa solution alcoolique, se présente sous la forme d'une masse brune, diaphane et brillante. Sa saveur est fort sucrée, nauséabonde et un peu amère. Elle est peu soluble dans l'eau froide, surtout acidulée ; elle se

[1] PFAFF, *Système de Mat. medic.*, I, 187. — ROBIQUET, *Ann. de Chimie*, LXXII. 143. — BERZÉLIUS, *Ann. de Poggend.*, X, 243. — A. VOGEL, *Journ. f. prakt. Chem.*, XXVIII, 1. En extrait, *Ann. der Chem. u. Pharm.*, XLVIII, 347. — F. LADE, *Ann. der Chem. u. Pharm.*, LIX, 224.

dissout plus aisément dans l'eau bouillante, en répandant une odeur particulière; les solutions faites à l'ébullition se prennent en gelée par le refroidissement. Elle est fort soluble dans l'alcool absolu; l'éther ne la dissout guère. Sa solution rougit fortement le tournesol.

Séchée à 100°, elle renferme :

	Vogel.			Lade.			$C^{16}H^{12}O^{6}$.	$C^{36}H^{24}O^{14}$.
Carbone . .	62,80	62,32	62,45	61,26	61,10	60,61	61,5	61,4
Hydrogène .	7,62	7,64	7,67	7,31	7,39	7,09	7,6	6,8
Oxygène. .	»	»	»	»	»	»	30,9	31,8
							100,0	100,0

M. Vogel admet la formule $C^{16}H^{12}O^{6}$; M. Lade, $C^{36}H^{24}O^{14}$.

Les alcalis dissolvent aisément la glycyrrhizine, en la colorant davantage; les solutions alcalines sont précipitées par les acides; les précipités se dissolvent en partie par un excès d'acide.

L'acide nitrique transforme la glycyrrhizine en une substance jaune, fort amère, peu soluble dans l'eau, soluble dans l'alcool et l'éther. (Suivant M. Lade, ce produit renfermerait $C^{36}H^{23}O^{17}$. Analyse : carbone, 57,40 — 56,98; hydrogène, 6,00 — 6,09.)

Les ferments n'agissent pas sur la glycyrrhizine.

La *combinaison plombique* forme un précipité jaune qu'on obtient en mélangeant une solution de glycyrrhizine avec de l'acétate de plomb. Elle ne paraît pas avoir une composition constante (oxyde de plomb trouvé, 39,8 à 24,6 p. c.)

§ 2305. *Hellénine*, dite aussi camphre ou essence d'aunée, C[illegible]$H^{28}O^{6}$. — Ce corps [1], déjà remarqué par Geoffroy le jeune, se trouve tout formé dans la racine d'aunée (*Inula Hellenium*) et paraît en constituer le principe actif.

On l'extrait en faisant bouillir avec de l'alcool de 80 centièmes la racine fraîche ou desséchée, et ajoutant à la solution filtrée bouillante 3 à 4 fois son volume d'eau froide : la liqueur se trouble ainsi légèrement, et, au bout de 24 heures, on trouve dans le liquide de longues aiguilles d'hellénine. Les eaux-mères n'en retiennent que très-peu (W. Delffs).

L'hellénine cristallise en prismes quadrilatères, parfaitement blancs, d'une odeur et d'une saveur extrêmement faibles. Elle est insoluble dans l'eau, très-soluble, au contraire, dans l'éther et l'alcool. Elle fond à 72°, et bout entre 275 et 280°, en s'altérant plus ou moins.

[1] Geoffroy, *Traité de matière médic.*, VI, 247. — Dumas, *L'Institut*, n° 94, année 1835. — Gerhardt, *Ann. de Chim. et de Phys.*, LXXII, 163; *ibid.*, [3] XII, 188

Lorsqu'on fait fondre l'hellénine à une douce chaleur, elle cristallise de nouveau en masse par le refroidissement; mais, si l'on maintient la chaleur pendant quelques minutes, la masse concrétée ne présente plus aucune texture cristalline, et ressemble alors à la colophane.

L'hellénine paraît renfermer $C^{42}H^{28}O^{6}$.

	Gerhardt.					Calcul.
Carbone	76,4	76,4	76,2	76,8	76,5	76,8
Hydrogène. . .	8,5	8,5	8,8	8,7	8,8	8,5
Oxygène	»	»	»	»	»	14,7
						100,0

Les alcalis aqueux ou en dissolution alcoolique n'altèrent pas l'hellénine; mais, quand on la chauffe avec de la chaux potassée, il s'établit, à 250°, un dégagement d'hydrogène très-abondant; quand on dissout ensuite le résidu dans l'eau, et qu'on y ajoute de l'acide chlorhydrique, il se précipite beaucoup de flocons jaunâtres, très-gluants, qui viennent s'attacher aux parois du verre. Ces flocons constituent une résine qu'on n'a pas pu obtenir cristallisée.

L'acide sulfurique concentré la dissout à froid en se colorant en rouge de sang; à la longue le mélange noircit, et il se produit une certaine quantité d'un acide conjugué. L'acide chlorhydrique gazeux en est absorbé en grande quantité.

L'acide nitrique concentré la dissout à froid; à chaud, il produit une matière rouge et résinoïde (*nitrohellénine*). L'acide phosphorique anhydre la convertit en un hydrogène carboné particulier (*hellénène*).

Le chlore gazeux n'y agit pas à froid. Mais, quand on chauffe l'hellénine pendant qu'on y dirige le gaz, il se dégage de l'acide chlorhydrique; la matière, fluide d'abord, s'épaissit de plus en plus, et finit par donner un produit résinoïde. Celui-ci a donné à l'analyse : Carbone, 52,4 — 52,6; hydrog., 5,6 — 5,8; chlore, 30,2. La formule $C^{42}H^{24}Cl^{4}O^{6}$ se rapproche de ces nombres; mais avec une autre préparation les résultats ont été différents. Le produit ne s'obtient pas, d'ailleurs, sous forme régulière. Quand on le fait passer sur de la chaux chauffée au rouge, on recueille de la naphtaline en même temps qu'il reste beaucoup de charbon.

§ 2306. L'*hellénène* [1] est un hydrocarbure qui se produit par la

[1] GERHARDT (1839), *loc. cit.*

décomposition de l'hellénine. Distillée sur l'acide phosphorique anhydre, celle-ci donne une huile, et le résidu se convertit en une masse noire et poisseuse.

Rectifiée, cette huile est jaunâtre, plus légère que l'eau, et d'une odeur faible rappelant celle de l'acétone. Elle bout entre 285 et 295°.

Elle renferme :

	Gerhardt.				Calcul.	
					$C^{38}H^{26}$.	$C^{36}H^{24}$.
Carbone. . .	89,5	89,0	89,8	89,0	89,8	90,0
Hydrogène. .	10,3	10,4	10,1	10,1	10,2	10,0
					100,0	100,0

Si l'on adopte la formule $C^{38}H^{26}$ pour cet hydrogène carboné, sa formation aurait lieu d'après l'équation suivante :

$$C^{42}H^{28}O^{6} = 2\,C^{2}O^{2} + 2\,HO + C^{38}H^{26}.$$

Mais il resterait à prouver le dégagement de l'oxyde de carbone.

A froid, l'acide sulfurique fumant n'agit pas sur l'hellénène ; mais, si l'on chauffe légèrement le mélange, il se produit un liquide homogène d'un brun rouge. Étendu d'eau, et saturé par du carbonate de baryte, ce liquide donne un sel conjugué (*sulfohellénate de baryte*), fort amer, très-soluble dans l'eau, et ne s'obtenant pas sous forme régulière. (Analyse : hydrogène, 5,9 ; baryum, 17,8—17,7.)

§ 2307. *Hématine* [1], $C^{32}H^{14}O^{12}$ + 2 aq. et 6 aq. —Le bois de Campêche (*Hæmatoxylon Campechianum*) renferme une matière cristallisée à laquelle M. Chevreul a donné le nom d'*hématine*, que plusieurs auteurs ont remplacé par celui d'*hématoxyline*, pour ne pas la confondre avec la matière colorante rouge du sang.

A l'état de pureté, l'hématine n'est pas rouge : elle ne se transforme en matière colorante que sous l'influence des alcalis et de l'oxygène.

Pour préparer l'hématine, on pulvérise l'extrait du bois de Campêche tel que le fournit le commerce; et, après l'avoir mélangé avec beaucoup de sable quartzeux, pour éviter l'agglomération de la masse, on l'abandonne pendant quelques jours avec 5 ou 6 fois son volume d'éther, et on l'agite de temps à autre. L'éther se charge alors de l'hématine, ainsi que d'une certaine quantité d'autres substances,

[1] CHEVREUL, *Ann. de Chimie*, LXXX, 128. — GOLFIER-BESSEYRE, *Ann. de Chim. et de Phys.*, LXX, 272. — O. L. ERDMANN, *Journ. f. prakt. Chem.*, XXVI, 193. Traduct., *Revue scientif.*, X, 340. — LEBLANC, *Traité de chimie* de M. Dumas, VIII, 102.

et se colore en jaune brunâtre. On décante la solution; on enlève l'éther par la distillation, jusqu'à ce que le liquide ait pris une consistance de sirop; et, après avoir mélangé le résidu avec de l'eau, on l'abandonne dans un vase légèrement couvert. Sans l'addition de l'eau, le liquide se dessécherait en une masse gommeuse ; mais, si l'on en a pris assez, l'hématine cristallise au bout de quelques jours. On lave les cristaux à l'eau froide, et on en sépare l'eau-mère en les exprimant entre du papier joseph. L'eau-mère, réunie aux eaux de lavage, fournit, par l'évaporation spontanée, une nouvelle portion de cristaux. 1 kil. de bois de Campêche, traité à plusieurs reprises par 5 kil. d'éther, donne 100 à 120 grammes d'hématine.

La couleur des cristaux d'hématine varié, suivant leur grosseur, depuis le jaune paille jusqu'au jaune de miel, sans mélange de rouge; en poudre, l'hématine est incolore ou jaunâtre. Les cristaux sont transparents, ordinairement très-brillants et souvent assez longs.

Ils appartiennent au système[1] tétragonal. Combinaison ordinaire, $\infty P \infty$. P, avec $P \infty$ subordonné. Longueur de l'axe principale = 0,63 environ. Angle des arêtes culminantes dans l'octaèdre primitif P = 124°.

La saveur de l'hématine pure est fort sucrée, comme celle du bois de réglisse, très-persistante, et sans astringence ni amertume.

Les cristaux précédemment décrits contiennent 15,1 p. c. = 6 at. d'eau, qu'ils perdent par la dessiccation dans le vide. Lorsqu'on laisse refroidir, dans un flacon bouché, une solution d'hématine saturée à l'ébullition, cette substance se dépose, au bout d'un temps assez long, en cristaux grenus, réunis en croûtes dures et non déterminables; ces cristaux renferment 5,6 p. c. = 2 at. d'eau de cristallisation.

Voici les analyses qui établissent la composition de l'hématine[2] :

[1] H. Kopp, *Einleit. in d. Krystall.*, p. 164. Voy. aussi E. Wolff, dans le mémoire de M. Erdmann. — Teschemacher, *Ann. de Poggend.*, XII, 526.

[2] M. Erdmann adopte les formules que voici :

Hématine cristallisée : $C^{40}H^{17}O^{15}$ + 8 aq.
id. id. : $C^{40}H^{17}O^{15}$ + 3 aq.
id. desséchée : $C^{40}H^{17}O^{15}$.

Hématine desséchée.

	Erdmann.					$C^{32}H^{14}O^{17}$.
Carbone. . .	63,19	63,62	63,72	63,66	63,17	63,5
Hydrogène.	4,65	4,70	4,69	4,68	4,70	4,6
Oxygène. .	»	»	»	»	»	31,9
						100,0

Hématine à 6 atomes d'eau.

	Erdmann.			Leblanc.	Calcul.
Carbone. . . .	53,78	»	»	»	53,9
Hydrogène. . .	5,78	»	»	»	5,6
Oxygène. . . .	»	»	»	»	40,5
					100,0
Eau de cristall.	16,37	16,51	16,09	15,0	15,1

(Les premiers 11 à 12 p. c. d'eau se dégagent aisément par la dessication au bain-marie, tandis que les dernières portions exigent une température plus élevée.)

Hématine à 2 atomes d'eau.

	Erdmann.			Leblanc.	Calcul.
Carbone. . . .	59,67	59,78	59,70	60,0	60,0
Hydrogène. . .	5,07	4,97	5,02	4,9	5,0
Oxygène. . . .	»	»	»	»	35,0
					100,0
Eau de cristall.	6,25	»	»	5,6	5,6

L'hématine ne se dissout que lentement et en petite quantité dans l'eau froide. L'air ou l'oxygène n'altèrent pas cette solution; mais il suffit de la moindre trace d'ammoniaque dans l'air pour qu'elle se colore en rouge jaunâtre; il se produit alors de l'hématéate d'ammoniaque.

$$\underset{\text{Hématine.}}{C^{32}H^{14}O^{17}} + O^2 + 2\,NH^3 = 2\,HO + \underset{\text{Hématéine.}}{C^{32}H^{12}O^{17},\ 2\,NH^3}.$$

Elle est soluble dans l'éther, ainsi que dans l'alcool; si la solution éthérée est anhydre, l'hématine reste, après l'évaporation du solvant, sous forme gommeuse. La lumière jaunit aussi la solution

On peut décolorer l'hématine, en faisant passer de l'hydrogène sulfuré dans sa solution.

Chauffée, l'hématine fond dans son eau de cristallisation ; à une température plus élevée, elle se charbonne complétement.

Les acides chlorhydrique et sulfurique étendus ne l'altèrent pas beaucoup. L'acide nitrique l'attaque à froid avec une vive effervescence, et produit de l'acide oxalique.

Le chlore la convertit en une substance brune non cristallisable.

L'eau de baryte donne, avec la solution d'hématine dans l'eau privée d'air, dans les premiers moments, un précipité blanc ou d'un bleu pâle, mais qui devient bientôt, à l'air, d'un bleu foncé, et plus tard d'un rouge brun. La potasse communique à la solution de l'hématine une teinte violacée ; mais, si l'air y a de l'accès, cette couleur devient peu à peu pourpre, puis jaune brunâtre, et enfin d'un brun sale. Une solution alcoolique d'hématine donne, avec une solution de potasse dans l'alcool absolu, des flocons bleu foncé.

L'acétate de plomb, neutre ou surbasique, donne un précipité blanc, qui bleuit très-rapidement à l'air. Le nitrate d'argent est réduit presque instantanément, même à une température basse ; le perchlorure d'or est dans le même cas.

Le sulfate et l'acétate de cuivre donnent d'abord des précipités d'un gris verdâtre sale, mais qui se colorent très-rapidement en bleu foncé avec reflet cuivré. A l'état sec, ces précipités ont une couleur de bronze et un éclat métallique.

Le chlorure stanneux donne un précipité rose qui ne s'altère pas. L'alun de fer produit au bout de quelque temps un léger précipité violacé noirâtre. Le chlorure de baryum se colore en rouge, et donne bientôt après un précipité de même couleur. L'alun donne une coloration rouge clair, mais sans occasionner de précipité.

§ 2308. L'*hématéine* est la substance à laquelle l'hématine donne naissance sous l'influence de l'oxygène et des alcalis.

Lorsqu'on place l'hématine sous une cloche où se trouve déjà une capsule avec de l'ammoniaque liquide, elle prend une teinte pourpre foncé ; mais la métamorphose n'est pas complète. Il y a plus d'avantage à opérer de la manière suivante : on arrose une vingtaine de grammes d'hématine dans une capsule avec assez d'ammoniaque pour la dissoudre, et l'on agite continuellement ; tant qu'il y a un grand excès d'hématine, on peut, sans inconvénient, favoriser la dissolution par une chaleur modérée. On abandonne le tout au contact de l'air, en remplaçant l'ammoniaque de temps en temps ; cependant il ne faut pas non plus prendre celle-ci en excès. La dose d'ammoniaque étant convenable, le liquide prend une teinte cerise, de sorte que, vu en masse il paraît noir. Bientôt il dépose des cristaux grenus d'hématéate d'ammoniaque ; on les sépare rapidement à l'aide d'un filtre, et on les lave à l'eau froide. On précipite l'eau-mère par fort peu d'acide acétique pour en extraire l'hématéine. Lorsqu'on abandonne à l'air l'eau-mère d'où l'hématéate d'ammoniaque s'est déposé, elle finit par se dessécher en une masse vert noir, à éclat métallique, et qui n'est aussi que de l'hématéine ayant perdu toute l'ammoniaque.

Récemment précipitée, l'hématéine se présente sous la forme d'un précipité volumineux, brun-rouge, comme le peroxyde de fer hydraté. La dessiccation le rend vert foncé, et lui donne de l'éclat métallique ; en couche mince, la poudre en est rouge.

M. Erdmann [1] a obtenu les résultats suivants à l'analyse de ce produit :

	Erdmann.				$C^{32}H^{12}O^{12}$.
Carbone. . .	62,80	62,93	62,23	62,68	64,0
Hydrogène. .	4,14	4,18	4,18	4,15	4,0
Oxygène. . .	»	»	»	»	32,0
					100,0

On peut déduire de ces nombres la formule $C^{32}H^{12}O^{12}$, qui représente la composition de l'hématine moins 2 atomes d'hydrogène.

L'hématéine ne se dissout que lentement dans l'eau froide ; l'eau bouillante la dissout mieux. Lorsqu'on évapore brusquement une solution préparée à l'ébullition, elle se recouvre de feuillets verts et brillants, qui s'enfoncent par l'agitation, et sont remplacés peu à peu par d'autres. Quelquefois aussi elle se prend en une masse gélatineuse, qui donne des lamelles micacées et cristallines quand on la délaye dans l'eau. L'alcool la dissout aussi ; l'éther ne la dissout que fort peu.

Elle se charbonne par la chaleur.

La potasse la dissout avec une teinte bleue, qui brunit à l'air. L'ammoniaque la dissout avec une belle teinte pourpre, qui brunit également à l'air. Les acides minéraux la dissolvent aussi avec une

[1] Ce chimiste adopte la formule $C^{40}H^{15}O^{16}$.

coloration rouge-brun ; l'acide acétique la dissout moins bien. L'hydrogène sulfuré décolore l'hématéine, mais il ne la convertit pas en hématine.

L'*hématéate d'ammoniaque* se présente à l'œil nu sous la forme d'une poudre noir-violacé. Examinés au microscope, les grains se présentent à l'état de prismes à 4 faces, violets et transparents.

M. Erdmann a trouvé dans l'hématéate d'ammoniaque :

	Expérience.			$C^{32}H^{12}O^{12}, 2NH^3$.
Carbone. . .	56,15	56,51	56,12	57,5
Hydrogène. .	5,29	5,22	5,02	5,4
Azote. . . .	6,72	»	»	8,3

Dans l'eau, l'hématéate d'ammoniaque se dissout aisément avec une couleur pourpre intense; avec l'alcool, il donne une solution rouge-brun, qui devient pourpre par une addition d'eau.

Chauffé à 100°, il perd de l'eau et de l'ammoniaque; on ne peut donc le dessécher qu'à la température ordinaire sur l'acide sulfurique, et même, dans ce cas, il se décompose quelquefois. Abandonnée dans le vide sur l'acide sulfurique, sa solution perd toute l'ammoniaque, et ne laisse que de l'hématéine.

L'hématéate d'ammoniaque donne des précipités colorés avec le plus grand nombre des solutions métalliques : avec l'acétate de plomb, un précipité bleu foncé; avec le chlorure de baryum, une coloration pourpre foncé, qui devient bientôt à l'air d'un brun sale; avec le nitrate d'argent, une réduction à l'état métallique; avec le deutosulfate de cuivre, un précipité bleu violacé ; avec le protochlorure d'étain, un précipité violet; avec l'alun de fer, un précipite noir. Il n'agit pas sur le bichlorure de mercure.

La potasse dissout l'hématéate d'ammoniaque en expulsant l'ammoniaque.

Lorsqu'on mélange de l'acétate de plomb neutre avec une solution d'hématéate d'ammoniaque, il se produit un précipité bleu foncé, et la liqueur devient acide. Si on lave longtemps le précipité au contact de l'air, il finit par s'altérer.

§ 2309. *Hespéridine* [1]. — Cette substance a été trouvée par Lebreton dans les orangettes, ainsi que dans l'enveloppe blanche et spongieuse des oranges et des citrons. On sépare la partie spon-

[1] LEBRETON (1828), *Journ. de Pharm.*, XIV, 377. — WIDEMANN, *Repert. der Pharmac.*, de Buchner, XXXII, 207. — JONAS, *Archiv. d. Pharmac.*, XXVII, 186.

gieuse des oranges mûres ou vertes d'avec le zeste et la partie intérieure, puis on l'épuise par l'eau bouillante; on sature l'extrait par du lait de chaux; et, après avoir évaporé à siccité, on épuise le résidu par de l'alcool et l'on évapore le liquide filtré. Ensuite on traite à froid le nouveau résidu par 20 fois son poids d'eau distillée ou de vinaigre, et l'on abandonne le mélange au repos pendant huit jours; l'hespéridine se dépose alors; on la purifie par des cristallisations dans l'alcool.

Elle constitue des aiguilles blanches, soyeuses, groupées en aigrettes ou en mamelons, inodores, insipides, qui fondent à une douce chaleur en une masse résinoïde, devenant électrique par le frottement; à une chaleur plus élevée, elle se décompose sans dégager d'ammoniaque, et brûle avec flamme en répandant une odeur aromatique. Elle est insoluble dans l'eau froide, se dissout dans 60 p. c. d'eau bouillante, est fort soluble dans l'alcool bouillant et insoluble dans l'éther. Les solutions n'ont aucune action sur les couleurs végétales. L'acide acétique concentré la dissout également à chaud. Les huiles essentielles et les huiles grasses ne la dissolvent ni à chaud ni à froid.

Elle se décompose par l'ébullition prolongée avec de l'eau, et surnage alors sous la forme d'une masse cireuse.

Les alcalis caustiques la dissolvent aisément. L'acide sulfurique concentré la dissout avec une teinte orangée, passant peu à peu au rouge. L'acide nitrique la transforme à chaud en acide oxalique et en une matière amère.

L'acétate de plomb ne précipite pas sa solution alcoolique. Mais le sulfate ferrique la précipite en brun-rouge.

M. Widemann a décrit sous le nom d'*hespéridine* une substance qui diffère de l'hespéridine de Lebreton par quelques caractères, notamment par l'insolubilité dans l'alcool.

§ 2310[a]. *Idrialine*[1]. — Parmi les minerais qu'on rencontre dans la mine à mercure d'Idria, il en est un (*idrialite*), de l'apparence de la houille et d'une couleur brunâtre, qui a la propriété de fournir, quand on le chauffe, une foule de paillettes cristallines; c'est cette substance que M. Dumas a désignée sous le nom d'*idrialine*.

Pour l'obtenir, il faut employer des précautions toutes particu-

[1] DUMAS, *Ann. de Chim. et de Phys.*, L, 193. — LAURENT, *ibid.*, LXVI, 143. — SCHROETTER, *Ann. der Chem. u. Pharm.*, XII, 326. — BOEDEKER, *ibid.*, LII, 100.

lières, car elle n'est pas entièrement volatile sans décomposition. Voici comment M. Dumas prescrit de l'extraire. Le minerai concassé étant mis dans une cornue tubulée dont le col, placé presque verticalement, plonge dans une éprouvette longue et étroite, on dirige un courant de gaz carbonique dans la cornue. Celle-ci étant chauffée peu à peu, le minerai entre en fusion, bout et fournit d'abord des vapeurs mercurielles et bientôt de l'idrialine en abondance. Si l'on continue l'opération jusqu'à fondre la cornue, ce produit continue à se dégager jusqu'à la fin, sans qu'il apparaisse la moindre trace d'eau, de bitume ou d'huile. Pour débarrasser l'idrialine du mercure qui s'y trouve disséminé, on la dissout dans l'essence de térébenthine bien pure et bouillante. Par le refroidissement, l'idrialine se dépose si vite, que la liqueur se prend en masse presque instantanément. Elle peut-être isolée au moyen du filtre et ensuite par la pression entre des doubles de papier joseph.

On peut aussi extraire l'idrialine de la mine d'Idria, en faisant bouillir celle-ci avec du naphte ou de l'essence de térébenthine; ce procédé est peut-être préférable à la distillation, la chaleur détruisant toujours une assez grande quantité de matière.

L'idrialine forme des paillettes incolores, fusibles à une température si élevée, qu'on ne peut guère la faire entrer en fusion sans l'altérer. Quand on la distille, elle se volatilise en partie, mais on en perd au moins les neuf-dixièmes, même en opérant dans le vide ou dans un courant d'acide carbonique. Elle est insoluble dans l'eau, même bouillante; elle est à peine soluble dans l'alcool ou l'éther bouillant. L'essence de térébenthine bouillante est son meilleur dissolvant (Dumas).

Elle renferme :

	Dumas [1].	Laurent [2].	Bœdeker [3].				$C^{84}H^{28}O^{2}$ (?).
			a	*b*	*c*	*d*	
Carbone. . . .	91,8	91,7	91,7	91,5	92,0	91,6	91,97
Hydrogène. . .	5,1	5,3	5,4	5,3	5,3	5,3	5,11
Oxygène. . . .	»	»	»	»	»	»	2,92
							100,00

[1] M. Dumas indique 94,9 p. c. de carbone; il dit qu'il a obtenu l'acide carbonique et l'eau dans les rapports de 0,594 à 0,080; la quantité de matière employée n'est pas donnée. J'ai transformé le carbone d'après le nouveau poids atomique.

[2] M. Laurent donne 93,6 carbone; j'ai également transformé ce chiffre.

[3] *a* idrialine préparée par la sublimation de la mine d'Idria dans un courant d'acide carbonique; *b* la matière précédente recristallisée dans l'acétone; *c* id. recristallisée d'abord dans un mélange d'alcool et d'essence de térébenthine, puis dans l'alcool bouil-

MM. Dumas et Laurent considèrent l'idrialine comme un hydrocarbure composé d'après les rapports $C^{30}H^{10}$ (comme le chrysène); mais, à l'époque où ces chimistes firent leurs analyses, on les calculait encore avec l'ancien poids atomique du carbone, trop élevé, comme on sait. Si l'on prend pour base le nouveau poids atomique, les mêmes analyses donnent des nombres très-rapprochés des résultats plus récents de M. Bœdeker, d'après lesquels l'idrialine renferme de l'oxygène. Ce dernier chimiste a proposé les rapports $C^{80}H^{28}O^2$, mais ils manquent de contrôle.

Quand on chauffe l'idrialine avec de l'acide sulfurique concentré, cet acide la dissout en prenant une belle teinte bleue, analogue à celle de l'acide sulfindigotique. La solution étant étendue d'eau et saturée par des bases, donne des sels particuliers, parmi lesquels celui à base de potasse se distingue par sa belle cristallisation (Schroetter).

Lorsqu'on fait bouillir l'idrialine avec de l'acide nitrique concentré, on obtient une poudre rouge, que l'on purifie par des lavages à l'alcool, dans laquelle elle est insoluble. Ce corps (*nitrite d'idrialase* de Laurent) est inodore, insipide, insoluble dans l'eau et l'éther, soluble dans l'acide sulfurique, qu'il colore en rouge acajou. Il se dissout en partie dans la potasse en la colorant en brun; lorsqu'on le chauffe dans un tube fermé, il se décompose avec explosion et dégagement de lumière. Il a donné à l'analyse :

	Laurent[1].		$C^{84}H^{23}(NO^4)^5O^2$(?)
Carbone. . .	62,7	63,3	65,2
Hydrogène. .	3,2	3,0	2,9
Azote.	10,5	»	9,0

Le chlore donne avec l'idrialine une combinaison solide.

Dans un produit[2] provenant de la distillation sèche de la mine d'Idria à l'abri de l'air, M. Bœdeker a trouvé des hydrogènes carbonés particuliers : l'un *a* (*idryle*) en groupes mamelonnés, fusibles à 86°, volatils sans décomposition, très-solubles dans l'alcool, l'éther, l'acide acétique et l'essence de térébenthine ; l'autre *b*, en paillettes fusibles au-dessus de 100°, se sublimant avant de fondre, et beaucoup moins solubles que *a*. Ces deux hydrocarbures contenaient :

lant; *d* idrialine extraite de la mine par l'essence de térébenthine bouillante, et cristallisée dans l'alcool.

[1] M. Laurent admet les rapports $C^{30}H^{8}(NO^4)^2$.

[2] *Stupp*, dans le langage des mineurs.

	a		b	n $C^{10}H^{8}$.
Carbone. . . .	94,44	94,45	93,54	94,73
Hydrogène. . .	5,57	5,35	5,67	5,27
				100,00

§ 2310[b]. *Ilicine*[1]. — On l'obtient en précipitant la décoction des feuilles de houx (*Ilex aquifolium*) par du sous-acétate de plomb, évaporant le liquide filtré et traitant le résidu par de l'alcool absolu et bouillant; il se dépose alors, par l'évaporation spontanée, des cristaux jaune-brunâtre, transparents et amers, insolubles dans l'éther, fort solubles dans l'eau. Leur solution n'est pas précipitée par les oxydes métalliques. On la recommande comme un remède puissant contre les fièvres intermittentes et l'hydropisie.

§ 2311. *Juglandine*. — On l'obtient par expression du brou de noix (*Juglans regia*). Le suc récemment préparé est presque limpide, d'un goût âcre et amer, brunit rapidemment à l'air, et perd alors sa saveur forte. Par l'action prolongée de l'air, il s'y produit des flocons brun foncé, insipides, insolubles dans l'eau et l'alcool et, à mesure qu'ils se forment, le suc se dépouille de son amertume.

Le suc récent verdit les sels de fer; le suc déjà bruni, quand il est mélangé avec de la potasse, précipite le protosulfate de fer en se décolorant (Buchner). Il précipite également le nitrate d'argent; le précipité noircit rapidement, et renferme de l'argent métallique.

L'extrait du brou de noix est de la juglandine impure. On l'emploie en médecine contre l'ictère, la syphilis, les affections scrofuleuses; on peut aussi s'en servir pour teindre les cheveux en noir.

§ 2312. *Kaempféride*. — Ce nom a été donné par Brandes[2] à une substance contenue dans la racine de galanga (*Kaempferia Galanga*, L.)

Lorsqu'on épuise cette racine par de l'éther dans un appareil de déplacement, on obtient la substance mélangée avec un corps brun, visqueux et aromatique, qu'on peut enlever en dissolvant le produit à plusieurs reprises dans l'alcool; la matière brune se sépare toujours la première par l'évaporation spontanée du liquide.

Le kaempféride s'obtient à l'état de feuillets nacrés sans odeur ni saveur, et jaunâtres; il fond au-dessus de 100°, se dissout dans 25

[1] Deschamps, *Repert. d. Pharmac.*, XXXIX.

[2] Brandes, *Archiv. d. Pharmac.*, XVIII, 81; et *Ann. der Chem. u. Pharm.*, XXXII, 312.

parties d'éther à 15°, est moins soluble dans l'alcool et à peine soluble dans l'eau. L'acide acétique le dissout à chaud; l'ammoniaque produit dans la dissolution un précipité qui se dissout dans un excès de réactif.

Il renferme[1] :

	Brandes.	Calcul.
Carbone.	65,3	65,3
Hydrogène. . . .	4,3	4,5
Oxygène.	30,4	30,2
	100,0	100,0

L'acide sulfurique le colore en beau vert bleuâtre; la potasse caustique le dissout avec une couleur jaune, le carbonate de potasse le dissout avec effervescence.

§ 2313. *Lactucine* et *lactucone*. — Le suc de laitue (*Luctuca sativa*, *L. virosa*, *L. scariola*), extrait par incision des feuilles, et des tiges de cette plante, donne par la dessication une masse brunâtre, très-amère, douée d'une odeur particulière semblable à celle de l'opium. C'est le *lactucarium* des officines. Le *thridace* est un extrait préparé avec le suc de l'écorce de la tige de laitue.

On attribue généralement l'action narcotique du lacturium à une substance particulière, la *lactucine*[2].

On obtient celle-ci en traitant l'extrait de laitue par un mélange d'alcool et de 1/50 de vinaigre concentré, ajoutant de l'eau à la dissolution et précipitant par du sous-acétate de plomb. On évapore à une douce chaleur la liqueur filtrée, après en avoir séparé l'excès de plomb par l'hydrogène sulfuré; puis on reprend le résidu par l'éther. La lactucine reste par l'évaporation de la solution éthérée.

La lactucine s'obtient par l'évaporation spontanée en cristaux jaunâtres qui, examinés à la loupe, forment des aiguilles confuses. Elle se dissout dans 60 à 80 parties d'eau froide, ainsi que dans l'alcool; elle est moins soluble dans l'éther. Ses solutions présentent l'amertume du suc de laitue récemment exprimé; elles n'exercent aucune action sur les couleurs végétales.

L'acide chlorhydrique et l'acide nitrique à l'état étendu ne l'altèrent point; l'acide nitrique de 1,48 la transforme en une résine brune et insipide. Avec les alcalis, elle fournit des produits ammo-

[1] Ancien poids atomique de carbone.

[2] BUCHNER, *Repert. f. d. Pharmac.*, XLIII, 1. — WALZ, *Ann. der Chem. u. Pharm.*, XXXII, 95. — AUBERGIER, *Compt.-rend. de l'Acad.*, XV, 923.

niacaux (?). L'acide sulfurique concentré la colore en brun ; l'acide acétique la dissout mieux que l'eau. Par la chaleur elle fond en une masse brune.

La solution aqueuse de la lactucine n'est précipitée par aucun réactif.

§ 2314. Le nom de *lactucone* a été donné par M. Lenoir[1] à une substance cristallisable, différente de la lactucine.

Lorsqu'on épuise le lactucarium par l'alcool bouillant, la lactucone se dépose sous la forme de cristaux mamelonnés, qu'on purifie par une nouvelle cristallisation dans l'alcool et par le traitement au charbon animal. Elle est sans odeur ni saveur, et paraît être sans action sur l'économie animale. Elle cristallise surtout fort bien dans l'huile de pétrole. Elle est insoluble dans l'eau, fort soluble dans l'alcool, l'éther, les huiles grasses et les huiles essentielles. Elle fond entre 150° et 200°, en devenant amorphe. Elle n'est pas volatile, et donne par la distillation sèche une grande quantité d'acide acétique. Toutefois, dans un courant de gaz carbonique, elle se volatilise en grande partie sans se décomposer.

Elle paraît renfermer $C^{80}H^{64}O^{6}$.

	Lenoir.			Calcul.
Carbone. . . .	81,18	80,56	81,25	81,12
Hydrogène. . .	10,91	11,33	11,09	10,78
Oxygène. . . .	»	»	»	8,10
				100,00

La lactucone est un corps indifférent. La potasse n'y agit pas, le chlore non plus. Sa dissolution alcoolique ne précipite pas les sels métalliques dissous dans l'alcool.

§ 2315. *Laurine*[2]. — Cette substance a été découverte par Bonastre dans les baies de laurier (*Laurus nobilis*, L.). Pour la préparer, M. Delffs fait bouillir deux ou trois fois les baies mondées et pilées, avec de l'alcool de 85 à 95 centièmes, et filtre l'extrait bouillant; celui-ci, étant abandonné pendant quelques jours, dépose d'abord la laurostéarine (§ 1217); on filtre de nouveau et on laisse

[1] LENOIR, *Ann. der Chem. u. Pharm.*, LX, 83.

[2] BONASTRE (1824), *Journ. de Pharm.*, X, 32. — MARSSON, *Ann. der Chem. u. Pharm.*, XLI, 329. — DELFFS, *Journ. f. prakt. Chem.*, LVIII, 434; et *Ann. der Chem. u. Pharm.*, LXXXVIII, 354.

Le *camphre des fèves pichurim* de Bonastre (*Journ. de Pharm.*, XI, 3) est probablement aussi de la laurine.

le liquide s'évaporer spontanément. Il se sépare ainsi des cristaux de laurine souillés d'une huile épaisse ; on les exprime entre des doubles de papier buvard, et on les purifie par une nouvelle cristallisation.

La laurine forme des prismes paraissant appartenir au système rhombique, sans odeur ni saveur, insolubles dans l'eau, fort solubles dans l'alcool déjà à froid, ainsi que dans l'éther ; les solutions n'ont aucune action sur le tournesol. Les alcalis ne la dissolvent pas.

Elle renferme :

	Delffs.			$C^{44}H^{30}O^{6}$(?)
Carbone.	76,46	77,05	77,06	77,20
Hydrogène. . . .	8,62	8,78	9,21	8,77
Oxygène.	»	»	»	14,03
				100,00

On ne peut pas distiller la laurine sans qu'elle se décompose.

La solution alcolique de la laurine n'est précipitée ni par l'acétate de plomb ni par le nitrate d'argent.

§ 2316. *Limonine.* — M. Bernays[1] appelle ainsi le principe amer contenu dans les pepins des oranges et des citrons. Pour l'en extraire, on broie les pepins avec un peu d'eau, de manière à les réduire en une bouillie, qu'on distille ensuite avec de l'alcool. Quand la plus grande partie de l'alcool a passé, on filtre le résidu pendant qu'il est encore chaud ; la limonine se dépose alors par le refroidissement. (Si l'on évapore l'eau-mère, on obtient un extrait déliquescent, composé en plus grande partie de citrate de potasse.) On purifie la limonine par plusieurs cristallisations dans l'alcool.

La limonine forme des cristaux microscopiques, qu'on reconnaît au microscope comme appartenant au système rhombique. (Combinaison observée, $\infty P . o P$; inclinaison de ∞P sur $\infty P =$ 125° environ). Elle a une saveur fort amère. Elle est peu soluble dans l'eau, dans l'éther et dans l'ammoniaque, mais l'alcool et l'acide acétique la dissolvent aisément ; la potasse caustique la dissout aussi fort bien, et les acides l'en précipitent de nouveau sans altération. Elle fond à 224°, et se prend, par le refroidissement, en une masse amorphe.

[1] Bernays, *Repert. de Buchner*, [3] XXI, 306. — Schmidt, *Ann. der Chem. u Pharm.*, LI, 338.

Elle a donné à l'analyse (C = 75,12) :

	Schmidt.		
Carbone . . .	66,04	66,13	65,62
Hydrogène. .	6,49	6,57	6,32
Oxygène . . .	»	»	»

M. Schmidt représente ces nombres par la formule $C^{22}H^{25}O^{13}$ qui manque de contrôle.

La dissolution alcoolique de la limonine est neutre aux papiers; elle ne précipite pas les solutions métalliques.

La limonine se dissout dans l'acide sulfurique avec une couleur rouge; l'eau l'en reprécipite.

L'acide nitrique bouillant la dissout, mais ne l'attaque pas. L'acide chromique ne la décompose pas non plus.

§ 2317. *Liriodendrine.* — Cette substance existe, suivant Emmet, dans la souche du tulipier de Virginie (*Liriodendron tulipifera*, famille des magnoliacées).

Pour la préparer, on épuise cette écorce par de l'eau, et l'on évapore les liqueurs de manière à les réduire au cinquième environ de leur volume. La liriodendrine se sépare ainsi à l'état impur; on en obtient encore davantage par une addition d'ammoniaque. On purifie la matière par des lavages à la potasse faible; on la fait ensuite cristalliser dans l'alcool faible et bouillant.

La liriodendrine forme des paillettes incolores, semblables à l'acide borique; d'autres fois on l'obtient en aiguilles groupées en étoiles; elle possède une saveur amère et aromatique. Elle est peu soluble dans l'eau, très-soluble dans l'alcool et l'éther.

Elle fond à 83° et se sublime en partie sans altération. Par la distillation sèche, elle donne des produits exempts d'ammoniaque.

Ni les alcalis aqueux, ni les acides dilués ne la dissolvent.

L'acide nitrique concentré ne l'attaque pas. L'acide chlorhydrique et l'acide sulfurique concentré la décomposent; ce dernier la transforme en une résine brune et insipide. L'iode la colore en jaune.

§ 2318. *Lutéoline.* — Toutes les parties de la gaude (*Reseda Luteola* L.) renferment un principe colorant qui communique à l'extrait aqueux de cette plante une couleur jaune, qui est verdâtre par l'emploi de beaucoup d'eau. Les acides font pâlir la couleur; les alcalis, ainsi que certains sels neutres, la rendent plus foncée. La décoction donne de beaux précipités jaunes avec l'alun, le protochlorure d'étain et l'acétate de plomb ; avec le protosulfate de fer elle produit un précipité gris-noirâtre, et avec le sulfate de cuivre un autre de couleur brun-verdâtre.

La lutéoline, que M. Chevreul[1] a le premier isolée en épuisant la gaude par l'eau bouillante, peut être sublimée et s'obtenir ainsi en aiguilles. Elle se dissout dans l'eau avec une couleur jaune pâle; elle se dissout avec la même teinte dans l'alcool et dans l'éther. Elle se combine avec les acides et avec les bases. La combinaison qu'elle forme avec la potasse est d'un jaune doré, verdit peu à peu à l'air en absorbant de l'oxygène, et devient enfin d'un beau rouge.

Cette partie colorante de la gaude est d'un emploi assez fréquent en teinture.

Méconine. — Voy. § 2158.

§ 2319. *Mélampyrine*[2]. — Elle est contenue dans le *Melampyrum nemorosum.* On épuise par l'eau bouillante la plante sèche et récoltée au commencement de la floraison. L'extrait, évaporé à consistance de miel, dépose, par le repos, la mélampyrine à l'état cristallin. On en obtient une nouvelle quantité en précipitant les eaux-mères par de l'acétate et du sous-acétate de plomb, faisant bouillir le liquide filtré avec du carbonate de plomb, et précipitant le plomb par l'hydrogène sulfuré.

La mélampyrine forme des prismes incolores, sans saveur ni odeur. Elle est fort soluble dans l'eau, peu soluble dans l'alcool et insoluble dans l'éther; ses solutions sont entièrement neutres.

Elle ne renferme pas d'azote.

Elle n'est précipitée ni par les sels de plomb, ni par les autres sels métalliques.

§ 2320. *Morindine*[3]. — La racine du *Morinda citrifolia* (sooranjee, en anglais), fréquemment employée dans la teinture, aux Indes orientales, contient un principe colorant qu'on extrait de la manière suivante : on épuise la racine par l'alcool bouillant; les premières décoctions déposent des flocons bruns contenant la morindine, rendue impure par une matière rouge; les dernières donnent la morindine en petits cristaux radiés, de couleur jaune. On

[1] CHEVREUL, *Journ. de Chim. médic.*, VI, 157.
[2] HUENEFELDT, *Ann. der Chem. u. Pharm.*, XXIV, 240.
[3] ANDERSON, *Transact. of the Roy. Society of Edinburgh*, vol. XVI, part. VI, p. 435, et *Ann. der Chem. u. Pharm.*, LXXI, 216.

purifie le tout par des cristallisations dans l'alcool étendu ; néanmoins le produit ainsi obtenu contient encore de petites quantités de cendres (0,32 à 0,47 pour 100), et exige l'addition d'un peu d'acide chlorhydrique à l'alcool pour être entièrement purifié.

Les cristaux de morindine pure sont d'un beau jaune de soufre, et ont un éclat satiné. Peu solubles dans l'alcool froid, ils se dissolvent davantage dans l'alcool bouillant, surtout étendu ; l'alcool absolu les dissout bien moins. Ils sont entièrement insolubles dans l'éther. L'eau les dissout peu à froid, assez toutefois pour se colorer en jaune; bouillante, elle les dissout aisément, et dépose par le refroidissement une masse gélatineuse, dépourvue de texture cristalline.

Séchée à 100°, la morindine a donné les nombres suivants :

	Anderson.			$C^{28}H^{15}O^{15}$(?)
Carbone . . .	55,46	55,40	55,39	55,44
Hydrogène . .	5,19	5,03	»	4,95
Oxygène . . .	»	»	»	39,61
				100,00

M. Anderson déduit de ses analyses les rapports $C^{39}H^{15}O^{15}$, qui manquent de contrôle.

Chauffée en vase clos, la morindine fond en un liquide brun, et bout à une température plus élevée en émettant de belles vapeurs orangées, semblables aux vapeurs nitreuses, et qui se déposent sur les parties froides sous la forme de fines aiguilles rouges, très-longues ; il reste un abondant résidu de charbon.

Le sous-acétate de plomb précipite la morindine en flocons cramoisis, extrêmement peu stables, et qui ne peuvent être lavés sans perdre de la matière colorante. Les solutions de baryte, de strontiane et de chaux donnent un précipité rouge volumineux, peu soluble dans l'eau. Le perchlorure de fer produit une coloration brune, sans précipité. La solution ammoniacale de la morindine donne avec l'alun une laque rougeâtre, et avec le perchlorure de fer un précipité de la couleur du peroxyde de fer.

La morindine se dissout dans les alcalis en les colorant en rouge orangé. L'acide sulfurique concentré la colore en pourpre foncé, violet en couches minces; si l'on étend d'eau la solution, après vingt-quatre heures, elle dépose des flocons jaunes d'une matière altérée, entièrement insoluble dans l'eau froide, et qui donne, par l'ammoniaque, une solution non orangée, mais violette.

L'acide nitrique de 1,38 dissout lentement la morindine à froid, en devenant d'un beau rouge foncé ; à chaud, il se produit une vive réaction ; la solution, bouillie avec l'acide nitrique et neutralisée par l'ammoniaque, ne précipite pas les sels de chaux.

§ 2321. M. Anderson donne le nom de *morindone* aux aiguilles rouges qui se produisent par l'action de la chaleur sur la morindine. Au microscope, elles se présentent sous la forme de prismes à quatre faces, terminés par une face oblique. Ce produit est entièrement insoluble dans l'eau ; il se dissout aisément dans l'alcool et l'éther, et se dépose de nouveau à l'état cristallisé par l'évapotion de la solution.

Les cristaux lavés à l'éther, puis séchés à 100°, ont donné à l'analyse :

	Anderson.
Carbone	65,81
Hydrogène. . . .	4,18
Oxygène. . . .	30,01
	100,00

M. Anderson déduit de cette analyse la formule $C^{24}H^{10}O^{10}$, qui différerait de celle de la morindine par les éléments de 5 atomes d'eau; mais le carbone trouvé est plus fort que le carbone calculé (65,11). Le même chimiste pense aussi que l'acide sulfurique concentré produit le même corps en agissant sur la morindine; il n'avait d'ailleurs pas assez de substance pour s'assurer du fait par l'analyse.

Les alcalis dissolvent la morindone avec une belle couleur violette. Elle se dissout aussi dans l'acide sulfurique concentré en le colorant en violet foncé; l'eau l'en précipite de nouveau.

La solution ammoniacale donne une belle laque rouge par l'addition de l'alun, et un précipité bleu de cobalt par l'eau de baryte.

Suivant M. Rochleder, la morindine serait identique à l'acide rubérythrique (§ 1754[a]) et la morindone à l'alizarine (§ 1755).

Nicotianine. — Voy. § 2228.

§ 2322. *Olivile*, $C^{28}H^{18}O^{10}$(?). — Pelletier a trouvé ce corps [1] dans la résine d'olivier. On l'obtient très-facilement en traitant par l'éther la résine d'olivier réduite en poudre, dissolvant ensuite le résidu dans l'alcool bouillant, et faisant cristalliser, par le refroidis-

[1] Pelletier (1816). *Ann. de Chim. et de Phys.*, III, 105. — Sobrero, *Journ. de Pharm.*, [3] III, 286. *Ann. der Chem. u. Pharm.*, LIV, 67.

sement, la dissolution filtrée. On le débarrasse aisément de la matière résineuse dont il est souillé, en le lavant à froid avec de l'alcool, qui ne le dissout qu'en petite quantité. Il s'obtient parfaitement pur par de nouvelles cristallisations.

L'olivile cristallise en aiguilles brillantes et rayonnées, incolores, sans odeur, et d'une saveur à la fois amère et douce. Elle est soluble dans l'eau, surtout à chaud; l'alcool bouillant la dissout en toutes proportions; elle se dissout aussi en petite quantité dans l'éther et dans les huiles.

Lorsqu'elle est en cristaux, son point de fusion est à 120°; elle prend, par la fusion, un aspect résineux, sans perdre de son poids; par le refroidissement, elle ne perd pas sa transparence, mais elle se fendille sans reprendre sa structure cristalline; son point de fusion est alors à 70°. Dissoute dans l'alcool, et cristallisée de nouveau, elle revient à son premier point de fusion. L'olivile résineuse devient fort électrique par le frottement.

L'olivile anhydre (fondue ou cristallisée dans l'alcool absolu) paraît renfermer $C^{28}H^{18}O^{10}$.

	Sobrero.					Calcul.
Carbone . . .	63,16	63,74	63,21	63,84	63,17	63,15
Hydrogène. .	7,09	6,78	6,64	6,75	6,80	6,79
Oxygène. . .	29,75	29,48	30,15	29,41	30,03	30,06
	100,00	100,00	100,00	100,00	100,00	100,00

La matière cristallisée dans l'eau contient 2 at. d'eau (5,95 — 6,27 p. c.) dont elle perd une partie par la dessiccation dans le vide, et l'autre par la fusion.

Soumise à la distillation sèche, l'olivile dégage de l'eau et une matière huileuse (*acide pyrolivilique*), en laissant beaucoup de charbon.

L'olivile n'exerce aucune réaction sur les couleurs végétales. L'ammoniaque, la soude et la potasse caustique la dissolvent aisément; l'acide acétique la reprécipite sans altération de la solution concentrée. La solution de l'olivile dans la potasse finit par brunir au contact de l'air.

Les acides chlorhydrique et sulfurique étendus n'y agissent pas. Mais, à l'état concentré, ces mêmes acides la convertissent en une matière rouge, *l'olivirutine;* ce produit ne paraît différer de l'olivile que par les éléments de l'eau.

L'acide nitrique attaque vivement l'olivile, surtout à chaud, en la colorant en rouge foncé ; lorsqu'on distille le mélange, il passe des vapeurs nitreuses mélangées de beaucoup d'acide cyanhydrique ; le résidu sirupeux dépose, par le refroidissement, des cristaux d'acide oxalique.

La solution de l'olivile réduit promptement à l'état métallique le chlorure d'or et le nitrate d'argent. Lorsqu'on la fait bouillir avec du sulfate de cuivre, elle le colore immédiatement en vert clair.

Lorsqu'on verse de l'ammoniaque dans un mélange de nitrate de plomb et d'un grand excès d'olivile, on obtient un précipité blanc contenant $C^{25}H^{18}O^{10}$, 2PbO. (Analyse: carbone, 34,39 — 34,40; hydrogène, 3,39 — 3,69; oxyde de plomb, 45,23 — 44,97 — 45,0.) Les précipités ont une composition variable, lorsqu'on mélange une solution d'olivile avec du sous-acétate de plomb.

Lorsqu'on chauffe une solution d'olivile avec du peroxyde de plomb puce, celui-ci se décolore, et l'on obtient le sel de plomb d'une nouvelle combinaison. Il ne se dégage pas de gaz pendant cette réaction.

Une solution d'olivile étant mélangée avec une solution de bichromate de potasse, il se précipite immédiatement d'abondants flocons brunâtres, qui finissent par devenir grenus et verdâtres. Ils paraissent être le sel de chrome d'un acide produit par l'oxydation de l'olivile.

Le chlore attaque rapidement l'olivile. Lorsqu'on fait passer ce gaz dans une solution aqueuse d'olivile, il se produit des flocons bruns, peu solubles dans l'eau, fort solubles dans l'alcool. Ce produit se décompose par l'action prolongée du chlore, en dégageant de l'acide carbonique.

§ 2323. L'*olivirutine* se produit lorsqu'on verse de l'acide sulfurique concentré dans une solution également concentrée d'olivile ; il se précipite ainsi des flocons rouges qui finissent par être dissous par l'acide, mais que l'eau reprécipite. Ces flocons se dissolvent dans l'ammoniaque et lui communiquent une belle coloration violette ; elles se dissolvent également dans l'ammoniaque.

Le même corps se produit par l'action du gaz chlorhydrique sur l'olivile : celle-ci verdit d'abord, et finit par devenir entièrement rouge, surtout si l'on chauffe la matière au bain-marie pendant le passage du gaz chlorhydrique.

Lorsqu'on chauffe l'olivile avec de l'acide chlorhydrique, il se produit également un précipité rouge foncé d'olivirutine, insoluble dans l'eau, et qui présente tous les caractères du produit qu'on obtient avec l'acide sulfurique.

Il ne se dégage pas de gaz dans ces réactions. Voici les résultats obtenus par M. Sobrero à l'analyse de ces produits :

	Olivirutine par l'ac. sulfurique.			par l'ac. chlorhydriq.	
Carbone	68,40	68,50	68,89	67,96	69,14
Hydrogène . . .	6,08	6,71	6,34	6,19	5,92
Oxygène. . . .	»	»	»	»	24,94
					100, 00

§ 2324. L'*acide pyrolivilique* constitue la matière huileuse qui passe, en même temps que l'eau, dans la distillation sèche de l'olivile. Il est plus pesant que l'eau, et possède une saveur et une odeur semblables à celles de l'essence de girofle.

Il bout à une température supérieure à 200°. Il est peu soluble dans l'eau, assez soluble toutefois pour lui communiquer une réaction acide. L'alcool et l'éther le dissolvent aisément.

Composition :

	Sobrero.	
Carbone . . .	70,16	69,82
Hydrogène . .	7,31	7,32
Oxygène . . .	22,53	22,86
	100,00	100,00

M. Sobrero déduit de ces rapports la formule $C^{40}H^{13}O^{10}$ qui me paraît fort contestable.

Le contact de l'air brunit l'acide pyrovilique ; la potasse le dissout aisément; la solution noircit promptement au contact de l'air.

L'acide nitrique le convertit en acide picrique et en une matière résinoïde.

La solution du nitrate d'argent en est instantanément réduite.

Une solution alcoolique d'acide pyrolivilique précipite le sous-acétate de plomb. M. Sobrero a trouvé dans le précipité : carbone, 30,59; hydrog., 2,89; oxyde de plomb, 57,63.

§ 2325. *Paridine* [1]. — On l'extrait des feuilles de *Paris quadrifolia*, en les épuisant par de l'eau aiguisée d'acide acétique, traitant le résidu par l'alcool, enlevant de l'extrait alcoolique, au moyen de l'éther, la chlorophylle et les matières grasses, faisant di-

[1] WALZ, *Pharmac. Centralbl.*, 1841, p. 690. *Jahrb. f. prakt. Pharm.*, VI, 10.

gérer le résidu avec du noir animal dans de l'alcool de 0,920, filtrant, enlevant l'alcool par la distillation, desséchant le résidu et le reprenant par l'eau bouillante.

La paridine se dépose au bout de quelque temps, sous la forme de lames minces et brillantes, formant après la dessiccation une masse cohérente et satinée. 100 p. d'eau en dissolvent 1 1/2 p.; 100 p. d'alcool à 94,5 centièmes, 2 p., et 100 p. d'alcool ordinaire 6 p.

Elle perd 6,8 p. d'eau par la dessiccation à 100 degrés. Desséchée, elle renferme :

	L. Gmelin.	$C^{12}H^{10}O^{6}$(?)
Carbone . . .	55,51	55,39
Hydrogène . .	7,76	7,69
Oxygène . . .	»	36,92
		100,00

L'acide sulfurique et l'acide phosphorique concentrés colorent immédiatement la paridine en rouge. L'acide nitrique la décompose à chaud. L'acide chlorhydrique la dissout sans se colorer.

La potasse la décompose à chaud.

§ 2326. *Peucédanine*[1] ou impératorine. — Ce corps est contenu dans la racine des peucédanées, notamment dans celle d'impératoire (*Imperatoria Ostruthium*, L., *Peucedanum Ostruthium*, Koch). Pour l'extraire, on épuise cette racine par de l'alcool bouillant; on évapore l'extrait, on lave le résidu avec de l'eau et de l'alcool, et on le fait cristalliser dans l'éther, qui ne dissout pas une certaine matière résineuse dont la peucédanine est souillée.

La peucédanine cristallise en prismes transparents, incolores, légers, brillants et groupés en faisceaux. Elle fond à 75° sans perdre de son poids, et ne se concrète de nouveau qu'avec lenteur, en donnant d'abord un sirop transparent qui se prend ensuite en une masse cireuse.

Elle est insoluble dans l'eau à froid et à chaud; à froid, elle est peu soluble dans l'alcool, mais elle s'y dissout mieux à l'ébullition; la solution est d'une âcreté persistante, et n'agit pas sur les couleurs végétales. Elle est fort soluble dans l'éther, ainsi que dans les huiles grasses et volatiles.

[1] SCHLATTER, *Ann. der Chem. u. Pharm.*, V, 205. — FR. DOEBEREINER, *ibid.*, XXVIII, 288. — ERDMANN, *Journ. f. prakt. Chem.*, XVI, 42; en extrait, *Ann. der Chem. u. Pharm.*, XXXII, 309. — BOTHE, *Journ. prakt. Chem.*, XLVI, 371; en extrait, *Ann. der Chem. u. Pharm.*, LXXII, 308. — WAGNER, *communicat. particulière.*

Elle renferme $C^{24}H^{12}O^{6}$, d'après les analyses suivantes [1] :

	Erdmann.				Bothe.		F. Doebe-reiner.	R. Wagner.		Calcul.
Carbone. . .	71,07	69,61	69,84	70,33	70,45	70,62	73,56	70,06	70,21	70,58
Hydrogène. .	5,77	5,88	5,97	5,88	6,05	5,98	6,20	6,19	6,48	5,88
Oxygène. . .	»	»	»	»	»	»	»	»	»	23,54
										100,00

La formule $C^{24}H^{12}O^{6}$ se trouve confirmée par la réaction que la potasse fait éprouver à la peucédanine [2] : celle-ci en est dédoublée en acide angélique et en orosélone hydratée (Wagner) :

$$C^{24}H^{12}O^{6} + 2\ HO = C^{10}H^{8}O^{4} + C^{14}H^{6}O^{4}.$$

Peucédanine. Ac. angélique. Orosélone.

Les acides aqueux ne dissolvent pas la peucédanine. Les acides sulfurique, chlorhydrique et acétique n'y agissent pas à froid. L'acide nitrique concentré la dissout à chaud en la transformant en nitropeucédanine, ou en acide oxypicrique et en acide oxalique.

Le chlore et l'iode l'attaquent. La dissolution alcoolique de la peucédanine est précipitée par quelques sels métalliques, entre autres par l'acétate de plomb et l'acétate de cuivre. Le précipité produit par ce dernier sel a donné à M. Erdmann 45,3 — 44,2 p. c. d'oxyde de cuivre.

§ 2327. La *nitropeucédanine* [3], $C^{24}H^{11}(NO^{4})O^{6}$, se produit par l'action de l'acide nitrique sur la peucédanine.

Lorsqu'on chauffe cette substance à 60° avec de l'acide nitrique de 1,21, elle se dissout lentement avec une couleur jaune, et se prend, par le refroidissement, en une masse cristallisée. On fait recristalliser celle-ci dans l'alcool.

La nitropeucédanine forme des paillettes incolores, assez solubles dans l'alcool et l'éther, presque insolubles dans l'eau. Chauffée au-dessus de 100°, elle fond et se décompose. Elle renferme :

[1] Les analyses de MM. Erdmann et F. Doebereiner sont calculées avec l'ancien poids atomique du carbone.

Les analyses de MM. Erdmann et Bothe ont été faites sur la peucédanine extraite du *Peucedanum officinale;* celles de MM. F. Doebereiner et R. Wagner, sur l'impératorine de la racine du *Peucedanum Ostruthium.*

[2] D'après cette réaction, la peucédanine représenterait l'angélate de peucédyle. Voy. la note p. 272.

[3] BOTHE (1849), *loc. cit.*

	Bothe.		Calcul.
Carbone. . . .	59,2	59,7	57,8
Hydrogène. . .	4,2	4,0	4,4
Azote.	5,2	4,7	5,6
Oxygène. . . .	»	»	32,2
			100,0

La nitropeucédanine absorbe à 100° l'ammoniaque sèche, en se transformant en *nitropeucédamide*. La même métamorphose a lieu lorsqu'on traite la nitropeucédanine par l'ammoniaque et l'alcool. La nitropeucédamide cristallise dans l'alcool bouillant en prismes rhomboïdaux, doués de beaucoup d'éclat, fort solubles dans l'alcool et l'éther, insolubles dans l'eau ; les acides faibles la décomposent à chaud en nitropeucédanine et en ammoniaque; la potasse caustique agit de même.

La nitropeucédamide paraît renfermer : $C^{24}H^{12}N^{2}O^{8} = C^{24}H^{12}(NO^{4})NO^{4}$, c'est-à-dire les éléments de 1 at. de nitropeucédanine, plus 1 at. d'ammoniaque moins 2 at. d'eau :

$$\underset{\text{Nitropeucédamide.}}{C^{24}H^{12}(NO^{4})NO^{4}} = \underset{\text{Nitropeucédanine.}}{C^{24}H^{11}(NO^{4})O^{6}} + NH^{3} - 2\,HO.$$

	Bothe.	Calcul.
Carbone.	58,0	58,06
Hydrogène. . .	4,6	4,83
Azote.	10,9	11,29
Oxygène.	»	25,92
		100,00

§ 2328. *Phillyrine* [1].— Cette substance est contenue dans l'écorce du *Phillyrea latifolia*. On épuise cette écorce par l'eau bouillante, on concentre l'extrait, et, après l'avoir clarifié avec du blanc d'œuf, on y ajoute un excès de lait de chaux. Au bout de quelque temps de repos, on sépare le dépôt vert noirâtre, puis on l'exprime et on le reprend par l'alcool. L'extrait spiritueux ayant été décoloré par le charbon animal, on en chasse l'alcool et on y ajoute de l'eau.

Par une évaporation ménagée, la phillyrine cristallise alors en feuillets doués d'un éclat argentin. Elle est sans odeur ; sa saveur est d'abord nulle, puis amère. Elle est peu soluble dans l'eau froide, se dissout mieux dans l'eau bouillante et dans l'alcool, fort

[1] CAMPONA, *Ann. der Chem. u. Pharm.*, XXIV, 242.

peu dans l'éther, et est insoluble dans les huiles grasses et les huiles essentielles. L'acide sulfurique concentré la dissout avec une couleur brun-rouge en la décomposant. L'acide nitrique la transforme en une résine jaune, sans produire de l'acide oxalique. Les acides et les alcalis dilués ne la dissolvent pas mieux que l'eau pure.

§ 2329. *Phlorizine*, $C^{42}H^{24}O^{20}$ + 4 aq. (Strecker). — Cette substance[1] se rencontre toute formée dans l'écorce du pommier, du poirier, du prunier et du cerisier.

Pour l'en extraire, il suffit de faire une décoction aqueuse et concentrée de cette écorce, de décanter la liqueur bouillante, et d'abandonner celle-ci dans un endroit frais. Par le refroidissement, la phlorizine se précipite à l'état d'aiguilles soyeuses et jaunâtres, qu'on purifie par le charbon animal. Si l'on veut préparer de grandes quantités de ce corps, on fait bien de l'extraire avec de l'alcool faible.

C'est une matière solide, d'un blanc satiné; elle se présente ordinairement en houppes soyeuses, si elle se dépose d'une solution concentrée; les solutions étendues la précipitent, par un refroidissement lent, en aiguilles plates et brillantes. Elle a une saveur amère peu prononcée, suivie d'un arrière-goût douceâtre. L'eau froide la dissout à peine, l'eau bouillante la dissout en toutes proportions. L'alcool et l'esprit de bois la dissolvent très-bien; l'éther, même bouillant, n'en dissout que des traces.

La solution alcoolique de la phlorizine dévie à gauche les rayons de la lumière polarisée; $[\alpha] = -39°98$, moyenne de deux expériences[2].

Voici les analyses qui établissent la composition de phlorizine :

Phlorizine cristallisée.

	Stas.				Mulder.		Roser.	$C^{42}H^{24}O^{20}$ + 4 aq.
Carbone.	53,0	53,2	53,4	53,3	53,2	52,8	53,9	53,4
Hydrogène. . . .	6,1	6,2	6,0	6,2	6,1	6,1	6,2	5,9
Oxygène.	»	»	»	»	»	»	»	40,7
								100,0

	Stas.		Mulder.		R. F. Marchand.	+ 4 aq.
Eau de cristallis.	7,7	7,9	7,7	7,9	7,7	7,6

[1] STAS et DE KONINCK (1835), *Ann. der Chem. u. Pharm.*, XV, 75.—STAS, *Ann. de Chim. et de Phys.*, LXIX, 367. — MULDER, *Bullet. des scienc. phys. et natur. en Néerlande*, 1836, n° 3, p. 165; ou en extrait, *Revue scientif.*, III, 50. — ROSER, *Ann. der Chem. u. Pharm.*, LXXIV, 178. — STRECKER, *ibid.*, LXXIV, 184.

[2] BOUCHARDAT, *Compt. rend. de l'Acad.*, XVIII, 299.

Phlorizine desséchée.

	Stas.			$C^{42}H^{24}O^{20}$.
Carbone.	57,4	57,7	57,3	57,8
Hydrogène. . . .	5,7	5,7	5,6	5,5
Oxygène.	»	»	»	36,7
				100,0

La phlorizine dégage, à 100°, 7,6 p. c. = 4 atomes d'eau de cristallisation, et fond à 106°; à 109°, la fusion est complète; la matière fondue a l'aspect d'une résine incolore; une fois la fusion achevée, la matière se fige malgré l'élévation de la température, et, à 130°, elle est entièrement dure; vers 160°, elle fond de nouveau, et, à 200°, elle développe de l'eau, en se colorant en rouge. Elle se trouve alors transformée en rufine. A une température plus élevée, elle se charbonne.

La phlorizine chauffée à 130° ne change pas de propriétés chimiques : seulement elle devient moins soluble dans l'eau, et se dépose de sa solution aqueuse sans affecter de forme cristalline; toutefois elle reprend peu à peu ses caractères primitifs.

Sa solution aqueuse précipite le sous-acétate de plomb.

A froid, les acides sulfurique, phosphorique et chlorhydrique ne l'altèrent pas; mais, par un contact prolongé, ces acides la dédoublent en glucose et en phlorétine. A 90°, l'acide oxalique détermine la même métamorphose :

$$\underset{\text{Phlorizine.}}{C^{42}H^{24}O^{20}} + 2\,HO = \underset{\text{Glucose.}}{C^{12}H^{12}O^{12}} + \underset{\text{Phlorétine.}}{C^{30}H^{14}O^{10}}.$$

100 p. de phlorizine donnent ainsi de 41 à 42 p. de glucose. (Roser, Rigaud[1]; calcul, 41,3 p. c.)

L'acide nitrique dilué la dissout à froid; mais, par un contact prolongé, ou s'il est concentré, il détruit la phlorizine, en développant de l'acide carbonique et du bioxyde d'azote, et en produisant de l'acide oxalique et de la nitrophlorétine.

Les alcalis dissolvent la phlorizine sans l'altérer; les solutions se conservent à l'abri de l'air. Une solution bouillante de potasse détermine la formation d'un corps noir.

La phlorizine absorbe de 11 à 12 p. c. d'ammoniaque gazeuse; le produit, abandonné au contact de l'air et de l'humidité, se colore

[1] Rigaud, *Ann. der Chem. u. Pharm.*, XC, 300.

peu à peu en orangé, puis en rouge, et devient finalement d'un bleu foncé; il se produit, dans ces circonstances, du phlorizéate d'ammoniaque.

Le *phlorizate de baryte* s'obtient en précipitant une solution de phlorizine dans l'esprit de bois par de la baryte également dissoute dans ce liquide. Il perd à l'air sa réaction alcaline, et devient d'un rouge brunâtre, en produisant de l'acide carbonique, de l'acide acétique, et une matière colorée particulière. A l'état de pureté, il paraît contenir $C^{42}H^{24}O^{20}$, 2 BaO.

	Stas.		Calcul.
Carbone. . . .	40,3	»	42,8
Hydrogène. . .	4,1	»	4,1
Baryte.	29,8	30,2	25,8

Le *phlorizate de chaux* paraît contenir $C^{42}H^{24}O^{20}$, 3 CaO, 3 HO. (Expérience, 15,2—14 p. c. de chaux; calcul, 15,3 p. c.) On l'obtient en évaporant dans le vide une solution de phlorizine dans l'eau de chaux; il se produit ainsi une masse jaune et cristalline. Ce composé dissout beaucoup d'hydrate de cuivre. Il se comporte au contact de l'air comme le phlorizate de baryte.

Le *phlorizate de plomb*, paraît contenir $C^{42}H^{24}O^{20}$, 6 PbO. Il se produit sous la forme d'un précipité blanc lorsqu'on verse du sous-acétate de plomb dans une solution bouillante de phlorizine, avec la précaution de laisser cette dernière en excès. Le précipité renferme :

	Stas.		Calcul.
Carbone.	24,9	»	22,7
Hydrogène. . . .	2,1	»	2,1
Oxyde de plomb.	59,2	60,0	60,6

§ 2330. La *rufine*, $C^{42}H^{20}O^{16}$, se produit par l'action de la chaleur sur la phlorizine. Lorsqu'on chauffe la phlorizine au bain bain d'huile, elle perd de l'eau, se fond, et, par l'élévation de la température jusqu'à 200° environ, donne lieu à une effervescence de vapeur sans dégagement de gaz. Si l'on arrête la température à 235°, en la maintenant pendant quelque temps à ce degré, le résidu consiste en une masse résinoïde d'un fort beau rouge, très-friable, fort soluble dans l'alcool avec une teinte orangée foncée, et presque insoluble dans l'éther. L'eau la dissout par l'ébullition, en la décolorant instantanément; par le refroidissement, la solution devient laiteuse.

La rufine renferme :

	Mulder.	$C^{42}H^{20}O^{16}$.
Carbone. . . .	63,2	63,0
Hydrogène. . . .	5,2	5,0
Oxygène.	»	32,0
		100,0

On voit, par cette analyse, que la rufine ne diffère de la phlorizine que par les éléments de 4 atomes d'eau :

$$\underset{\text{Phlorizine.}}{C^{42}H^{24}O^{20}} = \underset{\text{Rufine.}}{C^{42}H^{20}O^{16}} + 4\,HO.$$

La rufine se dissout avec une belle couleur rouge dans l'acide sulfurique concentré; la solution est décolorée par l'eau ; elle renferme une combinaison conjuguée.

L'acide chlorhydrique ne dissout pas la rufine ; l'acide nitrique la décompose à chaud.

Elle se dissout avec une teinte rouge dans la potasse et l'ammoniaque; les acides la précipitent de cette solution.

§ 2331. La *phlorizéine*, $C^{42}H^{30}N^{2}O^{26}$, se produit par l'action simultanée de l'air et de l'ammoniaque sur la phlorizine :

$$\underset{\text{Phlorizine.}}{C^{42}H^{24}O^{20}} + 2\,NH^{3} + O^{6} = \underset{\text{Phlorizéine.}}{C^{42}H^{30}N^{2}O^{26}}$$

Elle se précipite lorsqu'on ajoute un acide au produit de la réaction. Voici comment M. Stas procède pour l'obtenir pure : après avoir précipité par l'alcool le produit brut résultant de l'action de l'ammoniaque humide et de l'air sur la phlorizine, on dissout la matière dans la plus petite quantité d'eau possible; à cette dissolution on ajoute goutte à goutte de l'alcool aiguisé d'acide acétique. On lave le précipité avec de l'alcool de plus en plus concentré.

La phlorizéine est solide et incristallisable ; son aspect diffère selon l'état où on l'examine. Sa saveur est légèrement amère. Elle se dissout aisément dans l'eau bouillante ; l'alcool, l'esprit de bois et l'éther la dissolvent à peine.

L'analyse de la phlorizéine a donné les résultats suivants :

	Stas.			$C^{42}H^{30}N^{2}O^{26}$
Carbone. . .	48,3	48,1	48,5	48,6
Hydrogène. .	5,6	5,8	5,7	5,8
Azote. . . .	5,0	5,4	5,1	5,4
Oxygène. . .	»	»	»	40,2
				100,0

La phlorizéine se décompose par la chaleur. Les alcalis fixes lui font perdre peu à peu sa couleur, et la transforment en une matière brunâtre.

Le *phlorizéate d'ammoniaque* est difficile à obtenir à l'état de pureté; le mieux est d'abandonner la phlorizine sous une cloche, au-dessus d'une solution de carbonate d'ammoniaque, dans laquelle on jette de temps à autre des fragments de potasse caustique. Si l'on évite tout excès d'ammoniaque, on obtient, dans certaines circonstances encore mal déterminées, une matière bleue incristallisable, très-soluble dans l'eau; le plus souvent, le produit est d'un rouge brun.

L'hydrogène sulfuré et le protoxyde d'étain dissous dans la potasse décolorent ce composé. La solution, abandonnée au contact de l'air, reprend peu à peu sa belle couleur bleue.

La solution du phlorizéate d'ammoniaque mise en contact avec l'hydrate d'alumine, est également décolorée; l'alumine se colore alors en bleu.

Elle précipite les sels de fer, de zinc, de plomb et d'argent. Le précipité d'argent est bleu, et se décompose déjà par l'eau.

§ 2332. La *phlorétine*, $C^{30}H^{14}O^{10}$, se produit, en même temps que le glucose, par l'action des acides étendus sur la phlorizine (Stas):

$$\underset{\text{Phlorizine.}}{C^{42}H^{24}O^{20}} + 2\,HO = \underset{\text{Glucose.}}{C^{12}H^{12}O^{12}} + \underset{\text{Phlorétine.}}{C^{30}H^{14}O^{10}}.$$

Les acides minéraux étendus et l'acide oxalique lui-même dissolvent à froid la phlorizine; mais il suffit de chauffer la solution acide à environ 80 ou 90°, pour qu'elle perde toute sa transparence et précipite de la phlorétine cristalline.

Cette substance est blanche, cristallisée en petites lames, d'une saveur sucrée, presque insoluble dans l'eau froide, très-peu soluble dans l'eau bouillante ainsi que dans l'éther anhydre; elle est soluble en toutes proportions dans l'alcool, l'esprit de bois et l'acide acétique bouillants, d'où elle se dépose en grains brillants.

Elle a donné à l'analyse :

	Stas.			Roser.		$C^{30}H^{14}O^{10}$.
Carbone. . .	65,0	64,5	64,8	65,4	65,0	65,7
Hydrogène. .	5,2	5,4	5,4	5,3	5,2	5,1
Oxygène. . .	»	»	»	»	»	29,2
						100,0

Cette substance ne perd pas d'eau jusqu'à 160°; à 180°, elle fond; à une température plus élevée, elle se décompose.

Les acides concentrés la dissolvent sans altération. L'acide nitrique dilué la convertit en nitrophlorétine. L'acide chromique la décompose en acide formique et en acide carbonique.

Les lessives alcalines la dissolvent sans altération; ces dissolutions ont une saveur sucrée très-prononcée. Au contact de l'air, elles absorbent l'oxygène et produisent un corps orangé.

La phlorétine absorbe rapidement de 13 à 14 p. c. de gaz ammoniaque sans perdre d'eau. Si l'on verse de l'ammoniaque concentrée sur la phlorétine, celle-ci s'y dissout et se précipite, après quelques instants, en petits grains brillants et jaunes. Cette combinaison, abandonnée à l'air libre, y perd de l'ammoniaque, la chaleur en chasse également cet alcali. La dissolution de la combinaisons ammoniacale précipite les sels de manganèse, de fer, de zinc, de cuivre, de plomb, d'argent, etc.

La *nitrophlorétine*, dite aussi acide phlorétique ou nitrophlorétique, $C^{30}H^{13}(NO^4)O^{10}$(?), se produit par la réaction de la phlorizine et de l'acide nitrique concentré. Cet agent détruit instantanément la phlorizine avec dégagement de bioxyde d'azote, d'acide carbonique, et production d'acide oxalique et d'une matière rouge foncé. Celle-ci, lavée avec de l'eau, dissoute dans un alcali et précipitée par un acide, constitue la nitrophlorétine.

Ce corps est incristallisable, d'une couleur puce, et velouté; il se détruit à 150° en développant du bioxyde d'azote; il est insoluble dans l'eau, soluble dans l'alcool, l'esprit de bois et les alcalis; insoluble dans les acides dilués.

Il se dissout sans altération dans l'acide sulfurique concentré, en le colorant en rouge de sang.

L'acide nitrique concentré le détruit par une longue ébullition en produisant de l'acide oxalique et une trace d'une matière amère.

§ 2332[a]. *Physaline*[1]. — C'est le principe amer de l'alkékenge (*Physalis Alkekengi*, L., famille des solanées), employée par quelques médecins comme succédané de la quinine, pour la guérison des fièvres intermittentes.

Pour l'extraire, MM. Dessaignes et Chautard épuisent par l'eau froide les feuilles d'alkékenge, et agitent vivement l'extrait aqueux, pendant dix minutes au moins, avec du chloroforme (envron 2

[1] DESSAIGNES et CHAUTARD (1852), *Journ. de Pharm.*, [3] XXI, 24.

grammes par litre de solution), jusqu'à ce que ce solvant ait enlevé à l'extrait toute son amertume. Le chloroforme dépose la physaline par un repos prolongé; on la purifie en la dissolvant dans l'alcool chaud, ajoutant un peu de charbon, précipitant par l'eau la liqueur filtrée et lavant le précipité sur un filtre avec de l'eau froide.

La physaline forme une poudre légère, jaunâtre, d'une amertume faible d'abord, mais ensuite franche et persistante. Très-peu soluble dans l'eau froide, elle se dissout un peu mieux dans l'eau bouillante; l'éther ne la dissout qu'en petite quantité; le chloroforme et surtout l'alcool la dissolvent aisément. Au microscope elle ne présente aucun indice de cristallisation. Bien sèche, elle devient électrique par le frottement.

Elle renferme :

	Dessaign. et Chaut.		$C^{28}H^{16}O^{10}$.
Carbone. . .	63,78	63,57	63,64
Hydrogène. .	6,33	6,30	6,06
Oxygène. . .	»	»	30,30
			100,00

Chauffée, la physaline se ramollit vers 180°; à une température plus élevée elle se décompose.

Les acides étendus ne la dissolvent qu'en petite quantité. L'ammoniaque la dissout assez bien; la solution perd tout l'alcali par l'évaporation.

La solution alcoolique de la physaline n'est pas précipitée par le nitrate d'argent ammoniacal; mais elle donne par l'acétate de plomb et l'ammoniaque un précipité blanc contenant 54,34 p. c. d'oxyde.

§ 2333. *Picrolichénine*[1]. — Cette substance, suivant Alms, est contenue dans le *Variolaria amara*, Ach. Pour l'obtenir, on épuise le lichen en poudre par de l'alcool, et l'on évapore doucement la solution jusqu'à consistance de sirop; la picrolichénine cristallise alors au bout de quelque temps; on la purifie en la lavant avec une lessive étendue de carbonate de potasse et faisant cristalliser dans l'alcool.

Elle forme des octaèdres tronqués à base rhombe, incolores, inaltérables à l'air, inodores, d'une saveur très-amère et d'une densité de 1,176. Elle fond au-dessous de 100° et se concrète par le

[1] Alms, *Ann. der Chem. u. Pharm.*, I, 61.

refroidissement; elle se charbonne à une température élevée, en donnant des produits exempts d'ammoniaque. Elle est insoluble dans l'eau froide, peu soluble dans l'eau bouillante, fort soluble dans l'alcool, l'éther, les huiles essentielles, le sulfure de carbone, et, à chaud, dans les huiles grasses. Sa dissolution alcoolique réagit acide.

Elle n'est pas décomposée par les acides nitrique, chlorhydrique et phosphorique. Une lessive de carbonate de potasse n'en dissout que fort peu; le chlore aqueux la colore en jaune sans la dissoudre.

Lorsqu'on l'abandonne avec de l'ammoniaque dans un vase fermé, elle devient résinoïde et visqueuse, et finit par se dissoudre en donnant un liquide d'abord incolore, puis rougeâtre et enfin d'un jaune de safran; ce liquide dépose au bout de quelque temps des aiguilles plates groupées en aigrettes, jaunes, brillantes, et qui s'effleurissent à l'air sec. La liqueur conserve en même temps sa couleur jaune. Les cristaux sont insipides, se dissolvent aisément dans l'alcool et dans les alcalis caustiques; leur solution n'est point amère. Par la chaleur ils dégagent de l'ammoniaque, fondent à 40° en une masse résinoïde, gluante, d'un rouge cerise intense, et qui se comporte avec les solvants comme les cristaux.

Ce corps rouge se produit également par l'évaporation à l'air de la solution ammoniacale de la picrolichénine; ce fait semble indiquer que la picrolichénine est parente de l'orcine et constitue peut-être un des acides colorants décrits plus haut (§ 2014).

La potasse caustique dissout la picrolichénine avec une couleur rouge vineuse qui brunit peu à peu. Les acides précipitent de la solution une matière brun-rouge et amère.

Picrotoxine. — Voy. § 2252.

§ 2334. *Plombagin*[1]. — C'est le principe âcre de la racine de dentelaire (*Plumbago europæa*, L.). On épuise cette racine par de l'éther et l'on évapore; on traite le résidu à plusieurs reprises par de l'eau bouillante. Il se dépose de cette solution du plombagin impur que l'on purifie par des cristallisations dans l'éther ou l'alcool chargé d'éther.

Le plombagin cristallise en aiguilles ou en prismes déliés, d'un jaune orangé, souvent groupés sous forme d'aigrettes. Sa saveur est

[1] Dulong, *Journ. de Pharm.*, XIV, 441.

d'abord styptique et sucrée, puis âcre et mordicante. Il est très-fusible et se volatilise en partie par la chaleur, sans s'altérer; il n'est ni acide ni alcalin; il se dissout à peine dans l'eau froide, bien mieux dans l'eau bouillante; il est fort soluble dans l'alcool et l'éther.

L'acide sulfurique concentré et l'acide nitrique fumant le dissolvent à froid avec une couleur jaune; l'eau en précipite des flocons jaunes. Les alcalis communiquent à la solution aqueuse une belle teinte cerise; les acides rétablissent la couleur jaune. Le sous-acétate de plomb la colore également en rouge, en donnant un précipité cramoisi.

§ 2334[a]. *Pinipicrine*[1]. — Matière amère des feuilles du *Pinus sylvestris*. Pour l'extraire, il faut, suivant M. Kawalier, opérer de la matière suivante : épuiser ces feuilles par l'alcool bouillant de 40 degrés, chasser l'alcool par la distillation au bain-marie, mélanger le résidu avec de l'eau, filtrer pour séparer le précipité gluant et résineux, précipiter la liqueur filtrée à l'ébullition par le sous-acétate de plomb, séparer par le filtre le précipité plombique, enlever l'excédant de plomb de la liqueur filtrée au moyen d'un courant d'hydrogène sulfuré, évaporer dans un courant d'acide carbonique, reprendre le résidu par un mélange d'alcool absolu et d'éther, chasser le dissolvant par la distillation, et reprendre le résidu par le même dissolvant jusqu'à ce qu'il s'y dissolve d'une manière complète.

La pinipicrine est amorphe, brun jaunâtre, amère, soluble dans l'eau ainsi que dans un mélange d'alcool et d'éther, insoluble dans l'éther pur.

Séchée dans le vide, elle renferme :

	Kawalier.		$C^{44}H^{36}O^{22}$ (?)
Carbone. . . .	55,61	55,29	55,46
Hydrogène. . .	7,60	7,42	7,56
Oxygène. . . .	»	»	36,98
			100,00

Lorsqu'on chauffe la solution aqueuse de la pinipicrine avec de l'acide chlorhydrique ou sulfurique, il se produit une matière sucrée incristallisable, ayant la composition du glucose à 100°, ainsi

[1] KAWALIER, *Ann. der Chem. u. Pharm.*, LXXXVIII, 364.

qu'une huile odorante (*éricinol*[1]) qui absorbe rapidement l'oxygène de l'air. M. Kawalier suppose dans cette huile $C^{20}H^{16}O^{2}$, et représente la réaction par l'équation suivante :

$$\underset{\text{Pinicrine.}}{C^{44}H^{36}O^{22}} + 4\,HO = 2\,\underset{\text{Glucose.}}{C^{12}H^{12}O^{12}} + \underset{\text{Ericinol.}}{C^{20}H^{16}O^{2}}.$$

Les expériences de M. Kawalier ne me semblent pas assez précises pour justifier ces formules.

§ 2335. *Quassine* ou quassite[2]. — Principe amer du bois de Surinam (*Quassia amara*, L., famille des rutacées).

Pour l'extraire, on fait une infusion de ce bois, et on la concentre par l'évaporation ; après le refroidissement, on y ajoute de l'hydrate de chaux qui précipite la pectine et d'autres substances. Le mélange ayant été abandonné pendant un jour, on évapore à siccité la partie liquide, et l'on reprend le résidu par de l'alcool de 80 ou 90 centièmes. La solution alcoolique donne alors, par l'évaporation, une matière jaune, amère, cristalline, qui devient humide à l'air ; on en extrait la quassine en la traitant avec très-peu d'alcool absolu, mélangeant la solution avec beaucoup d'éther et évaporant le liquide filtré. Finalement on verse la solution éthérée dans un peu d'eau, et on l'abandonne ainsi.

La quassine se dépose alors sous la forme de petits prismes, blancs, opaques, fort amers, sans odeur et inaltérables à l'air. Elle fond par la chaleur et forme après le refroidissement une masse transparente, jaunâtre et très-cassante. A une température plus élevée, elle se liquéfie davantage, brunit, se charbonne, et fournit alors des produits acides, exempts d'ammoniaque. 100 parties d'eau de 12° en dissolvent 0,45 parties ; sa solubilité est augmentée par la présence de substances salines ou d'acides organiques très-solubles. L'alcool et l'éther la dissolvent aisément.

Elle renferme :

	Wiggers.		$C^{20}H^{12}O^{6}$(?).
Carbone.	65,6	65,7	66,67
Hydrogène. . . .	6,9	6,9	6,67
Oxygène.	»	»	26,66
			100,00

[1] Voy. aussi : WILLIGK, *Ann. der Chem. u. Pharm.*, LXXXIV, 366. — ROCHLEDER et SCHWARZ, *ibid.*, 368.

[2] WINCKLER, *Repert. d. Pharm. v. Buchner*, LIV, 85. — A. WIGGERS, *Ann. der Chem. u. Pharm.*, XXI, 40.

La solution aqueuse de la quassine est précipitée en blanc par le tannin ; l'iode, le chlore, le sublimé corrosif, les sels de fer et ceux de plomb n'y occasionnent aucun précipité.

L'acide sulfurique concentré et l'acide nitrique de 1,25 dissolvent la quassine sans se colorer ; à chaud, l'acide nitrique produit de l'acide oxalique.

§ 2335 [a]. *Quercitrin.* — Nous l'avons déjà décrit (§ 2077) à l'occasion des tannins. Voici, sur le même corps, de nouvelles expériences de M. Rigaud [1].

Le quercitrin est presque insoluble dans l'eau froide ; il se dissout dans 425 p. d'eau bouillante ; il est fort soluble dans les solutions faibles d'ammoniaque et de soude caustique; à chaud il se dissout également dans l'acide acétique. Il est très-peu souble dans l'éther.

Sa solution ammoniacale s'altère au contact de l'air, et prend peu à peu une couleur brune foncée.

Le quercitrin, séché dans le vide, renferme [2] :

	Rigaud.			$C^{36}H^{18}O^{20}$ + aq.
Carbone. . . .	53,04	53,47	53,66	53,59
Hydrogène. . .	5,03	4,91	5,22	4,71
Oxygène. . . .	»	»	»	41,70
				100,00

M. Rigaud a trouvé un peu plus de carbone que M. Bolley ; il est probable, d'ailleurs, que la différence tient à ce que la dessiccation de la matière n'a pas été opérée à la même température. En effet, si l'on ajoute un atome d'eau aux rapports précédents, on obtient sensiblement les nombres obtenus par M. Bolley :

	Bolley.					$C^{36}H^{18}O^{20}$ + 2aq.
Carbone. . .	52,53	52,95	52,03	52,76	52,03	52,42
Hydrogène .	4,87	4,94	4,81	5,19	5,07	4,85
Oxygène. . .	»	»	»	»	»	42,73
						100,00

Je présume que le quercitrin, soumis aux analyses précédentes, renfermait encore de l'eau de cristallisation, et qu'à l'état sec, sa formule serait $C^{36}H^{18}O^{20}$. Dans cette hypothèse, le quercitrin devient un homologue de la phlorizine ; car on a :

[1] RIGAUD, *Ann. der Chem. u. Pharm.*, XC, 283.

[2] M. WURTZ (*Ann. de Chim. et de Phys.*, XLII, 540) représente le quercitrin par les rapports $C^{38}H^{20}O^{22}$ (carbone, 53,3 ; hydrogène, 4,7).

Phlorizine. . . $C^{42}H^{24}O^{20}$
Quercitrin. . . $C^{36}H^{18}O^{30}$
Différence. . . $3\,C^{2}H^{2}$.

L'homologie de la phlorizine et du quercitrin trouve un appui dans la métamorphose que ce dernier corps éprouve sous l'influence de l'acide sulfurique étendu et bouillant : le quercitrin se transforme, dans ces circonstances, en quercétine et en une matière sucrée :

$$\underset{\text{Quercitrin.}}{C^{36}H^{18}O^{20}} + 2\,HO = \underset{\text{Glucose.}}{C^{12}H^{12}O^{12}} + \underset{\text{Quercétine.}}{C^{24}H^{8}O^{10}}$$

Suivant M. Rigaud, on obtient, dans cette réaction, terme moyen, 44,35 p. c. de glucose et 61,4 p. c. de quercétine. Or, $C^{36}H^{18}O^{20}$ + aq. donnent, d'après le calcul, 44,66 p. c. de glucose, ce qui est parfaitement d'accord avec l'équation précédente.

La transformation du quercitrin en glucose et en quercétine s'effectue aussi sous l'influence de l'acide chlorhydrique étendu, et même d'une solution d'alun à une température élevée. On n'a pas pu la déterminer au moyen de l'acide acétique.

L'acide sulfurique concentré dissout à froid le quercitrin ; la solution noircit peu à peu au contact de l'air. A froid, l'acide chlorhydrique concentré ne le dissout presque pas ; la solution s'effectue à chaud, mais elle est bientôt suivie d'une séparation de flocons de quercétine plus ou moins colorée. L'acide nitrique concentré attaque vivement le quercitrin en produisant de l'acide oxalique.

La solution aqueuse ou alcoolique du quercitrin prend, par le perchlorure de fer, une coloration verte foncée, encore sensible dans des liqueurs extrêmement étendues.

Distillée avec du peroxyde de manganèse et de l'acide sulfurique, le quercitrin donne de l'acide formique. On obtient aussi cet acide, sans autre produit, par la distillation du quercitrin avec un mélange de bichromate de potasse et d'acide sulfurique.

§ 2335 ^{b}. La *quercétine* [1] se produit par la métamorphose du quercitrin sous l'influence des acides dilués.

Lorsqu'on délaye le quercitrin dans une quantité d'eau suffisante pour le dissoudre, et qu'on porte à l'ébullition, après y avoir ajouté de l'acide sulfurique étendu, la quercétine vient peu à peu se précipiter sous la forme de flocons jaunes et cristallins. La liqueur

[1] RIGAUD (1853), *loc. cit.*

filtrée est incolore et renferme la matière sucrée ; pour isoler celle-ci, on la sature par le carbonate de baryte, et l'on évapore au bain-marie[1].

La quercétine forme une poudre d'un jaune citron qu'on reconnaît au microscope pour de petites aiguilles transparentes ; elle est sans odeur ni saveur, et inaltérable à l'air. Elle est presque insoluble dans l'eau froide, très-peu soluble dans l'eau bouillante, fort soluble dans l'alcool. Elle se dissout aussi à chaud dans l'acide acétique.

L'eau additionnée d'un peu de soude ou de potasse la dissout très-aisément, avec une teinte jaune dorée ; l'addition d'un acide à la solution en précipite immédiatement la quercétine en la décolorant.

L'ammoniaque la dissout également ; la solution brunit peu à peu au contact de l'air.

La quercétine renferme[2] :

	Rigaud.				$C^{24}H^{8}O^{10} + aq.$
Carbone. . . .	59,15	59,05	59,26	59,48	59,75
Hydrogène . .	4,05	4,35	4,27	3,84	3,73
Oxygène . . .	»	»	»	»	36,52
					100,00

Il est à supposer que la quercétine perdrait par la chaleur l'atome d'eau qu'y suppose le calcul précédent, et qu'elle représente une homologue de la phlorétine.

La quercétine fond sur la lame de platine et brûle avec une flamme fuligineuse, en laissant beaucoup de carbone.

Elle se colore en vert, comme le quercitrin, par le perchlorure de fer.

§ 2336. *Safranine* ou polychroïte[3]. — L'extrait aqueux du safran (*Crocus sativus*) cède à l'alcool une matière colorante particulière. C'est une masse d'un jaune-rougeâtre foncé, très-soluble dans l'eau et l'alcool, presque insoluble dans l'éther et dans les hui-

[1] On obtient ainsi un sirop sucré, qui, abandonné sur l'acide sulfurique, se prend, au bout de 5 ou 6 jours, en une masse cristalline dénuée de pouvoir rotatoire (Zammiuer), et réduisant immédiatement les sels de cuivre à chaud. Abandonnée dans le vide, elle a donné à l'analyse les rapports $C^{12}H^{12}O^{12} + 3$ aq.

[2] M. Wurtz représente la quercétine par les rapports $C^{26}H^{10}O^{12}$ (Carbone, 58,5 ; hydrogène, 3,8).

[3] N. E. Henry, *Journ. de Pharm.*, VII, 399. — Bouillon-Lagrange et Vogel, *Ann. der Chimie*, LXXX, 198.

les, d'une légère odeur de miel et d'une odeur safranée et amère. La solution aqueuse, répandue sur une plaque de verre, colore l'acide sulfurique d'abord en bleu foncé, puis en brun; l'acide nitrique lui communique une teinte verte qui s'altère peu à peu.

Suivant N. E. Henry, cette substance renferme encore de l'huile et de l'acide. Lorsqu'on l'en a purifiée au moyen de l'éther ou des alcalis, elle est de couleur écarlate en masse, sans odeur, peu amère, très-peu soluble dans l'eau avec une teinte jaune, fort soluble dans l'alcool qu'elle colore en jaune rougeâtre, insoluble dans l'éther, les huiles grasses, et les huiles essentielles. Les alcalis la dissolvent aisément; les acides la précipitent de cette solution. La lumière l'altère promptement.

§ 2337. *Santaline* [1], dite aussi acide santalique, $C^{30}H^{14}O^{10}$(?). — Le bois de santal (*Perocarpus santalinus*, L.) renferme un principe colorant rouge que M. Meier isole de la même manière suivante : on traite le bois avec de l'éther, et l'on évapore la solution; on obtient ainsi des cristaux fort colorés qu'on dissout dans l'alcool, après les avoir épuisés par l'eau. La solution alcoolique est ensuite précipitée par l'acétate de plomb; le précipité violet est bouilli à plusieurs reprises avec de l'alcool, délayé dans ce liquide et décomposé par l'acide sulfurique dilué. La liqueur filtrée dépose ensuite la santaline par l'évaporation.

La santaline se dépose sous la forme de petits cristaux d'un beau rouge, sans odeur ni saveur. Elle est insoluble dans l'eau, fort soluble dans l'alcool; sa solution est d'un rouge de sang et rougit le tournesol. Elle fond à 104°, devient résinoïde et se boursoufle à une température plus élevée.

Elle renferme :

	Wey. et Haeff.		$C^{30}H^{14}O^{10}$.
Carbone. . . .	65,8	65,9	65,7
Hydrogène . .	5,2	5,2	5,1
Oxygène . . .	»	»	29,2
			100,0

La solution alcoolique de la santaline ne précipite pas à froid

[1] PELLETIER, *Ann. de Chim. et de Phys.*, LI, 193. — BERZÉLIUS, *Jahresbericht*, XXIV, 508. — BOLLEY, *Ann. der Chem. u. Pharm.*, LXII, 150. — L. MEIER, *Archiv. d. Pharm.*, LV, 285; LVI, 41. En extrait, *Ann. de Chem. u. Pharm.*, LXXII, 320. — WEYERMANN et HAEFFELY, *Ann. der Chem. u. Pharm.*, LXXIV, 226.

les sels de baryte, d'argent, de cuivre; mais elle précipite les sels de plomb.

L'ammoniaque et la potasse dissolvent aisément la santaline avec une couleur violette; la solution précipite les terres alcalines.

Le *santalate de baryte*, $C^{30}H^{13}BaO^{10}$, forme un précipité violet et cristallin, qu'on obtient en mélangeant avec du chlorure de baryum une solution de santaline dans l'ammoniaque. Séché à 100°, il renferme :

	Wey. et Haeff.		Calcul.
Carbone. . . .	53,2	53,7	52,7
Hydrogène . .	4,6	3,5	3,8
Baryte.	22,9	»	22,4

Le *santalate de plomb*, $C^{30}H^{13}PbO^{10}$, PbO, HO, est un précipité violet qu'on obtient en mélangeant des solutions alcooliques de santaline et d'acétate de plomb. Il renferme :

	Wey. et Haeff.		Calcul.
Carbone. . .	37,0	35,3	36,2
Hydrogène .	2,8	2,8	2,8
Ox. de plomb.	44,6	44,9	44,5

L'infusion aqueuse du bois de santal renferme plusieurs substances rouges, amorphes et résinoïdes, dont la nature n'est pas connue.

§ 2337[1]. *Saponine*[a]. — Cette substance, trouvée depuis longtemps par Schrader dans la saponaire officinale (*Saponaria officinalis*, L.), et plus tard par Bley et M. Bussy dans la saponaire d'Orient (*Gypsophylla Struthium* L.), paraît être très-répandue dans le règne végétal. MM. O. Henry et Boutron-Charlard l'ont découverte dans l'écorce de quillai (*Quillaja smegmadermos*, D.C.); M. Frémy en a observé la présence dans les marrons d'Inde (suivant M. Malapert elle existe particulièrement dans les ovaires pendant la floraison, et dans le péricarpe du fruit immédiatement après la chute des pé-

[1] SCHRADER, *Neues allgem. Journ. d. Chemie v. Gehlen*, VIII, 548. — BUCHOLZ, *Taschenbuch*, 1811, p. 33. — PFAFF, *Syst. d. Mater. medic.*, II, 110. — BRACONNOT, *Journ. de Phys.*, LXXXIV, 288. — BLEY, *Neues Journ. v. Trommsdorff*, XXIV, *a*, 95; et *Ann. der Chem. u. Pharm.*, IV, 283. — BUSSY, *Ann. de Chim. et de Phys.*, LI, 390; *Journ. de Pharm.*, XIX, 1, et *Ann. der Chem. u. Pharm.*, VII, 168. — O. HENRY et BOUTRON-CHARLARD, *Journ. de Pharm.*, XIV, 247; XIX, 4. — FRÉMY, *Ann. de Chim. et de Phys.*, LVIII, 101. — LEBEUF, *Compt. rend. de l'Acad.*, XXXI, 652, — MALAPERT, *Journ. de Pharm.*, [3] X, 339. — ROCHLEDER et SCHWARZ, *Ann. der Chem. u. Pharm.*, LXXXVIII, 357; et *Journ f. prakt. Chem.*, LV, 291. — BOLLEY, *Ann. der Chem. u. Pharm.*, XC, 211.

tales). M. Malapert l'a également trouvée dans les racines des oeillets, dans la nielle des blés[1] (*Lychnis Githago*, Lamk., *Agrostemma Githago*, L.), le lychnis dioïque (*Lychnis dioica*), la croix de Jérusalem (*L. chalcedonica*), la fleur de coucou (*L. flos cuculli*), le mouron[2] rouge et le mouron bleu (*Anagallis arvensis*, L.), etc.

D'après des expériences récentes de M. Bolley, la *sénéguine* extraite par Gehlen de la racine de polygala (*acide polygalique* de M. Quevenne, § 2100) n'est aussi que de la saponine.

Pour préparer la saponine, il suffit d'épuiser la racine de saponaire par de l'alcool bouillant de 36° B.; la saponine se dépose alors par le refroidissement de l'extrait. Lorsqu'elle est colorée, on peut la traiter par l'éther, qui s'empare de la matière colorante.

La saponine se dépose sous la forme d'une masse incolore non cristalline, très-friable, sans odeur, mais d'une saveur d'abord douceâtre, puis styptique, âcre et persistante. Elle est soluble dans l'eau en toutes proportions. Sa dissolution, louche d'abord, finit par acquérir de la transparence à la faveur de quelques filtrations; elle mousse fortement par l'agitation, même quand elle ne renferme qu'un millième de saponine. A poids égal, la saponine ne forme pas un mucilage aussi épais que la gomme; évaporée à sec, sa dissolution laisse un vernis brillant. L'alcool faible dissout aisément la saponine; mais l'alcool absolu et bouillant n'en prend qu'un cinquantième. L'éther est sans action sur elle.

Comme la saponine est à la fois soluble dans l'eau et dans l'alcool, on peut s'en servir pour préparer des émulsions laiteuses avec des matières résineuses, du camphre, des huiles, etc. Si l'on verse du mercure dans une solution alcoolique de saponine et qu'on agite la liqueur, le mercure se divise en particules fort ténues qui y restent en suspension des mois entiers (Lebeuf).

Introduite dans le nez, même en petite quantité, la poudre de saponine détermine de violents éternûments.

La saponine renferme :

	Bussy.	Rochleder et Schwarz.			Bolley.	
Carbone . . .	51,0	52,45	52,55	52,63	48,64	48,52
Hydrogène . .	7,4	7,30	7,03	7,48	6,82	6,67
Oxygène . . .	»	»	»	»	»	»

[1] M. Scharling (*Ann. der Chem. u. Pharm.*, LXXIV, 351) a désigné sous le nom de *githagine* la saponine de la nielle des blés.

[2] M. Malapert n'en a pas trouvé dans le mouron des oiseaux (*Stellaria media* L.).

Les nombres précédents sont trop divergents pour qu'on en puisse déduire une formule [1].

Soumise à la distillation sèche, la saponine se boursoufle, noircit et donne beaucoup d'huile empyreumatique acide.

L'acide nitrique bouillant attaque la saponine en donnant une résine jaune, de l'acide mucique, et de l'acide oxalique (Bussy). L'acide chlorhydrique et l'acide sulfurique étendus et bouillant la décomposent (Voy. § 2337^b).

L'acétate de plomb neutre ne trouble pas la dissolution de la saponine; mais le sous-acétate de plomb donne un précipité blanc abondant (Bussy). Suivant MM. Rochleder et Schwarz, l'acétate de plomb neutre donne un précipité gélatineux ; ce précipité étant séparé par le filtre, on obtient un nouveau précipité par l'ébullition du liquide.

L'eau de chaux ne précipite pas la saponine. Lorsqu'on verse de l'eau de baryte dans une dissolution concentrée de saponine, on obtient un précipité blanc soluble dans l'eau, ainsi que dans une solution de saponine.

§ 2337^b. Lorsqu'on porte à l'ébullition la solution de la saponine, additionnée d'un peu d'acide chlorhydrique ou sulfurique, elle se trouble au bout de quelque temps, en précipitant une matière blanche. Les chimistes ne sont pas d'accord sur la nature de cette substance : M. Frémy lui donne le nom d'*acide esculique* (ou *saponique*), et la représente par les rapports $C^{52}H^{46}O^{24}$; MM. Rochleder et Schwarz l'envisagent comme identique avec l'*acide quinovatique* (§ 1992), et lui attribuent la formule $C^{12}H^{10}O^{4}$; enfin M. Bolley, qui lui donne le nom de *sapogénine*, la rep résente par la formule $C^{24}H^{18}O^{10}$. Voici, d'ailleurs les résultats, fort divergents, qui ont été obtenus à l'analyse de ce produit :

	Frémy [2].		Rochl. et Schwarz [3].		Bolley.	
	a	*b*	*a*	*b*		
Carbone . . .	57,26	56,91	63,16	67,04	60,33	59,72
Hydrogène . .	8,35	8,64	8,77	8,88	7,69	7,50
Oxygène . . .	»	»	»	»	»	»

Suivant M. Frémy, on peut aussi obtenir l'acide esculique par

[1] MM. Rochleder et Schwarz admettent les rapports $C^{24}H^{20}O^{14}$.

[2] *a* acide esculique obtenu avec la saponine des marrons d'Indes; *b* id. avec la saponine de la saponaire.

[3] *a* été séché pendant quelques heures entre 120 et 125°; *b*, pendant 24 heures à 100°.

la potasse bouillante et la saponine, et ce procédé est même préférable à l'emploi des acides.

Voici les caractères de l'acide esculique :

Il est sans saveur et à peine soluble dans l'eau, même bouillante; mais il se dissout aisément dans l'alcool qui le dépose à l'état de cristaux grenus; il est insoluble dans l'éther. Il ne se fond par la chaleur qu'en se décomposant. Il forme avec la potasse, la soude et l'ammoniaque des sels solubles qui font prendre l'eau en gelée sans y cristalliser, mais qui cristallisent dans l'alcool faible (1 p. d'eau et 2 p. d'alcool) en paillettes nacrées; il forme avec la baryte, la chaux, le strontiane, le plomb, et le cuivre, des sels insolubles dans l'eau, mais solubles et en partie cristallisables dans l'alcool aqueux. Il se transforme par l'acide nitrique en une résine jaune.

D'après MM. Rochleder et Schwarz, la formation de l'acide quinovatique par l'ébullition de la saponine avec un acide minéral étendu, est accompagnée de celle d'une matière fort soluble dans l'eau, d'une saveur fade, et présentant la composition d'un hydrate de carbone ($C^{12}H^{11}O^{11}$ à 100°).

§ 2338. *Sarcocolline*[1]. — Matière particulière qu'on extrait de la sarcocolle, en traitant celle-ci par l'éther pour enlever de la résine, puis par l'alcool qui dissout la sarcocolline et la dépose par l'évaporation.

La sarcocolline possède une saveur à la fois sucrée et amère, et une odeur faible particulière; elle se dissout dans 40 p. d'eau froide et dans 25 p. d'eau bouillante. Sa solution, saturée à chaud, laisse précipiter un liquide sirupeux, qui n'est plus soluble dans l'eau (cette propriété semble indiquer que la sarcocolline est un mélange). L'alcool dissout la sarcocolline, presque en toutes proportions; l'eau trouble cette solution, mais ne la précipite pas.

Elle renferme[2] :

	Pelletier.
Carbone. . . .	57,15
Hydrogène. . .	8,34
Oxygène. . . .	34,51
	100,00

L'acide nitrique transforme la sarcocolline en acide oxalique.

§ 2339. *Scillitine*[3]. — Le suc épaissi de la scille (*Scilla maritima*)

[1] PELLETIER, *Bulletin de Pharm.*, V, 5; et *Ann. der Chem. u. Pharm.*, VI, 32.

[2] Ancien poids atomique du carbone.

[3] A. VOGEL, *Journ. d. Phys. u. Chem. v. Schweigger*, VI, 101. — TILLOY, *Journ. de*

fournit cette matière par la méthode employée pour l'extraction de la cathartine.

La scillitine est une masse incolore, friable, d'une saveur d'abord amère, puis nauséabonde et douceâtre. Suivant M. Bley, on peut l'obtenir en longues aiguilles. Elle attire l'humidité de l'air et se dissout aisément dans l'eau (suivant Tilloy, elle y serait peu soluble). Elle est soluble dans l'alcool et insoluble dans l'éther. Sa solution n'est pas précipitée par l'acétate de plomb.

Elle est purgative, excite le vomissement, et peut même donner la mort (Tilloy).

§ 2340. *Scoparine*[1]. — Cette substance est contenue dans la *Spartium Scoparium*, L., et paraît en être le principe diurétique.

L'infusion de cette plante, ayant été concentrée par l'évaporation, se prend par le refroidissement en une gelée brun-verdâtre, composée de scoparine, de chlorophylle, et de spartéine (§ 2258). On en sépare la chlorophylle, en la faisant dissoudre à plusieurs reprises dans l'eau (aiguisée d'abord d'un peu d'acide chlorhydrique), et en évaporant la liqueur à siccité au bain-marie; la chlorophylle reste alors à l'état insoluble.

La scoparine se sépare par l'évaporation spontanée, sous la forme de petits cristaux jaunes, groupés en étoiles. Elle est peu soluble dans l'eau froide, fort soluble dans l'eau bouillante et l'alcool bouillant. Elle est sans odeur ni saveur, et ne présente aucune action sur les papiers colorés. Elle n'est pas volatile sans décomposition.

Elle renferme :

	Stenhouse.			$C^{42}H^{22}O^{20}$(?)
Carbone . . .	57,53	57,76	57,83	58,06
Hydrogène . .	5,43	5,24	5,41	5,07
Oxygène . . .	»	»	»	36,87
				100,00

La formule $C^{42}H^{12}O^{20}$ manque de contrôle.

Les alcalis dissolvent aisément la scoparine avec une couleur vert-jaunâtre; les acides précipitent la solution. La solution ammoniacale de la scoparine perd presque toute l'ammoniaque par l'évaporation, en laissant une masse verte gélatineuse.

Pharm., XII, 635. Bussy, *Archiv. d. Pharm.*, [2] LXI, 141; et *Ann. der Chem u Pharm.*, LXXVI, 355.

[1] Stenhouse, *Ann. der Chem. u. Pharm.*, LXXVIII, 15.

Lorsqu'on fait bouillir les cristaux de scoparine avec une quantité d'alcool ne suffisant pas à leur solution, la partie non dissoute devient fort peu soluble dans l'eau et l'alcool; mais on peut lui rendre sa solubilité primitive en la dissolvant dans l'ammoniaque et précipitant par l'acide acétique.

Les solutions de scoparine sont précipitées par l'acétate et le sous-acétate de plomb; elles ne sont précipitées ni par le nitrate d'argent, ni par le bichlorure de mercure.

L'acide nitrique transforme la scoparine en acide picrique.

Séneguine[1]. — Nous avons déjà décrit ce corps sous le nom d'*acide polygalique* (§ 2100). Il a d'abord été décrit par Gehlen à l'état impur; M. Quevenne paraît l'avoir obtenu dans un état de plus grande pureté.

Suivant M. Bolley, la séneguine et la saponine (§ 2337)$_a$ seraient le même corps. La séneguine a donné à ce chimiste :

Carbone. . . .	53,04	53,01
Hydrogène. . .	6,05	6,15

Ces nombres sont bien différents de ceux de M. Quevenne.

§ 2341. *Smilacine*, dite aussi salseparine ou pariglline[2]. — Cette substance, contenue dans la racine de salsepareille, (*Smilax Sarsaparilla*, L., *S. medica* Schlecht., *S. officinalis*, Kunth, etc.) se dépose sous forme cristalline lorsqu'on concentre par l'évaporation l'extrait alcoolique de cette racine, préalablement décolorée par le charbon animal. Par une nouvelle cristallisation, elle s'obtient pure.

Elle constitue des aiguilles incolores, sans odeur, fort solubles dans l'eau et l'alcool bouillants, moins solubles à froid dans ces liquides. Elle se dissout également dans l'éther et les huiles volatiles; les huiles grasses la dissolvent peu. Les solutions moussent par l'agitation.

Elle renferme 8,56 p. c. d'eau (Poggiale), qu'elle perd par la dessiccation.

[1] GEHLEN, *Berlin. Jahrb.*, 1804, p. 112. — DULONG, *Journ. de Pharm.*, IX, 572. — BOLLEY, *Ann. der Chem. u. Pharm.*, XC, 211.

[2] PALLOTA, *Journ. f. Chem. u. Phys. v. Schweigger*, XLIV, 147. — POGGIALE, *Journ. de Pharm.*, octob. 1834; en extrait, *Ann. der Chem. u. Pharm.*, XIII, 84. — THUBEUF, *ibid.*, XIV, 76. — PETERSEN, *ibid.*, XV, 74; XVII, 166.

Desséchée à 100°, elle contient [1] :

	Poggiale.			O. Henry.	Petersen.	
Carbone. . . .	62,22	62,99	62,07	62,84	63,43	63,63
Hydrogène . .	8,96	8,76	8,40	9,76	8,96	9,09
Oxygène. . . .	»	»	»	»	»	»

M. Poggiale admet les rapports $C^{16}H^{15}O^{6}$, et M. Petersen, $C^{18}H^{15}O^{6}$. Ces deux formules manquent de contrôle.

L'acide nitrique décompose la smilacine. L'acide sulfurique la colore d'abord en rouge foncé, puis en violet, et enfin en jaune; l'eau l'en précipite sans altération.

§ 2342. *Spiréine* [2]. — C'est la matière colorante jaune des fleurs de reine des prés (*Spiraea ulmaria*); on peut l'en extraire au moyen de l'éther. On précipite par l'eau la solution éthérée, et on dissout le précipité dans l'alcool chaud; celui-ci dépose, par le refroidissement, de la matière grasse. On filtre et l'on évapore la liqueur filtrée; on fait dissoudre dans l'alcool, à plusieurs reprises, la spiréine qui se dépose ainsi.

C'est une poudre jaune et cristalline, insoluble dans l'eau, fort soluble dans l'éther et l'alcool; les solutions concentrées sont vert foncé; à l'état étendu, elles sont jaunes, et rougissent légèrement le tournesol. Elle n'est pas volatile sans décomposition.

Elle renferme :

	Loewig et Weidmann.		$C^{42}H^{24}O^{20}$(?)
Carbone. . .	59,62	59,94	58,63
Hydrogène .	5,32	5,14	5,01
Oxygène . .	»	»	36,36
			100,00

La formule $C^{42}H^{24}O^{20}$ manque de contrôle; d'ailleurs le carbone trouvé est plus fort que le carbone calculé.

L'acide nitrique concentré la dissout à chaud avec une couleur rouge, et ne l'altère que par une ébullition prolongée, sans former d'acide oxalique. L'acide sulfurique la dissout sans altération, et l'eau la précipite intacte de cette dissolution. L'acide chlorhydrique est sans action sur elle.

Le brome la décompose en dégageant de l'acide bromhydrique,

[1] Les analyses sont calculées avec l'ancien poids atomique du carbone.

[2] Loewig et Weidmann, *Journ. f. prakt. Chem.*, XIX, 236.

et en produisant une masse rouge particulière, composée de plusieurs combinaisons.

Distillée avec un mélange d'acide sulfurique et de peroxyde de manganèse ou de bichromate de potasse, elle fournit de l'acide formique et de l'acide carbonique.

Les alcalis caustiques la dissolvent avec une couleur jaune ; elle expulse l'acide carbonique lorsqu'on la chauffe avec une solution de carbonate de potasse ; les acides l'en précipitent sans altération. Les solutions alcalines brunissent à l'air et se décomposent.

L'eau de baryte, le sulfate d'alumine et l'émétique précipitent en jaune la solution alcoolique de la spiréine ; l'acétate de plomb y produit un précipité cramoisi qui noircit par la dessiccation. (Le *précipité plombique* renferme : carbone, 24,22—24,66 ; hydrog., 1,86—1,95 ; oxyde de plomb, 58,39—58,07). Les sels de protoxyde de fer la précipitent en vert foncé, ceux de peroxyde en noir ; les sels de zinc mélangés d'un peu d'ammoniaque donnent un précipité jaune soluble dans un excès d'ammoniaque. La combinaison avec l'oxyde de cuivre est couleur vert-pré.

Le nitrate d'argent ne précipite la solution alcoolique que par une addition d'ammoniaque, qui ne dissout pas le précipité noir ainsi produit. Le protonitrate de mercure donne un précipité brun-jaunâtre qui devient bientôt brun foncé. Le sublimé corrosif, le chlorure d'or et le bichlorure de platine ne précipitent pas la solution.

§ 2343. *Syringine*[1] ou lilacine. — Elle est contenue dans les feuilles, les bourgeons et l'écorce du lilas (*Syringa vulgaris*). Pour la préparer, on fait bouillir cette plante avec de l'eau, à plusieurs reprises ; on précipite la décoction filtrée par le sous-acétate de plomb ; on filtre de nouveau ; on traite la liqueur par l'hydrogène sulfuré ; on évapore jusqu'à consistansce sirupeuse, et on précipite le sirop par de l'alcool à 90 centièmes pour séparer la gomme et d'autres matières étrangères. On décante la dissolution alcoolique ; on éloigne l'alcool par la distillation, et l'on évapore le résidu à consistance sirupeuse. Abandonné à lui-même, il se transforme, au bout de vingt-quatre heures, en une bouillie d'aiguilles. $1\frac{1}{2}$ kil. d'écorce de lilas donnent environ 7 grammes de syringine.

[1] PETROZ et ROBINET, *Journ. de Pharm.*, X, 539. — MEILLET, *Journ. de Pharm.*, (3) I. 25 ; et *Ann. der Chem. u. Pharm.*, XL, 319. — BERNAYS, *Repert. d. Pharm.*, XXIV, 318 ; et *Ann. der Chem. u. Pharm.*, XL, 320.

Cette substance forme des aiguilles radiées, d'une saveur douceâtre, nauséabonde, un peu amère et mordicante. La distillation sèche la détruit. Elle se dissout dans 8 à 10 parties d'eau et dans la même proportion d'alcool ; l'éther ne la dissout pas. Elle se dissout dans l'acide sulfurique avec une couleur jaune-verdâtre, passant peu à peu au bleu violacé ; étendue d'eau, la liqueur devient rouge-améthyste.

§ 2344. *Tanguine* [1]. — Substance qu'on peut extraire, au moyen de l'éther, des semences de tanguin de Madagascar, préalablement purifiées d'huile grasse à l'aide de la presse. Elle cristallise dans l'alcool de 0,815 en paillettes diaphanes brillantes, qui s'effleurissent à l'air. Elle est soluble dans l'eau, fond par la chaleur, ne contient pas d'azote, et n'exerce aucune action sur les couleurs végétales. Sa saveur est très-mordicante et amère.

Prise intérieurement, elle agit comme poison.

Taxaracine [2]. —Elle est contenue dans le suc laiteux du pissenlit (*Leontodon Taxaracum*, L.). Après avoir fait bouillir ce suc avec de l'eau distillée, afin d'en séparer l'albumine qui entraîne de la matière grasse et du caoutchouc, on filtre la liqueur et on l'abandonne à l'évaporation dans un endroit chaud. Il se dépose alors des cristaux, qu'on purifie par de nouvelles dissolutions dans l'eau ou l'alcool.

La taxaracine forme des cristaux étoilés, d'une saveur amère, un peu âcre, peu solubles dans l'eau froide, fort solubles dans l'eau bouillante, l'alcool et l'éther. Elle fond par une douce chaleur, et n'est pas volatile.

Le coagulum albumineux, formé par l'ébullition du suc de pissenlit, cède à l'alcool bouillant une substance incolore, cristallisée en choux-fleurs, très-fusible, insoluble dans l'eau, très-soluble dans l'alcool et l'éther, insoluble dans les alcalis ; les solutions de cette substance ont une saveur acide et ne précipitent pas l'acétate de plomb.

§ 2345. *Xanthopicrite* [3]. — Elle est contenue dans l'écorce de clavalier jaune (*Xanthoxylum Clava-Herculis*, L.), employée aux Antilles comme fébrifuge. On l'obtient en épuisant cette écorce par

1 O. Henry et Ollivier, *Journ. de Pharm.*, X, 54.

2 Polex, *Archiv. d. Pharm.*, XIX, 50 ; en extrait, *Ann. der Chem. u. Pharm.* XXXII, 310 ; et *Journ. de Pharm.*, [3] I, 339.

3 Chevallier et Pelletan, *Journ. de Chim. médic.*, II, 314

de l'alcool, évaporant l'extrait et traitant le résidu d'abord par de l'eau froide., puis par de l'éther. La partie insoluble dans ces deux liquides est ensuite dissoute dans l'alcool, qui donne alors, par l'évaporation spontanée, des cristaux de xanthopicrine.

Elle forme des aiguilles jaune-verdâtre, confuses et d'un éclat soyeux ; elle est fort amère, astringente, augmente la sécrétion salivaire, et ne possède point d'odeur. L'air ne l'altere pas. Elle n'est ni acide ni alcaline, et se sublime en partie par la chaleur. Elle est fort soluble dans l'alcool, peu soluble dans l'eau, insoluble dans l'éther.

Le chlore ne l'attaque que par un contact prolongé ; l'hypochlorite de soude la décompose plus aisément. L'acide sulfurique la colore en brun ; la coloration disparaît par la saturation de l'acide; l'acide sulfurique étendu la décompose par l'ébullition. L'acide nitrique lui communique une teinte rougeâtre; l'acide chlorhydrique ne l'altère pas.

Sa solution n'est pas précipitée par la plupart des sels; lorsque les liquides sont concentrés, il ne s'en sépare que des flocons de xanthopicrine. Toutefois le perchlorure d'or y produit un précipité insoluble dans l'eau et l'ammoniaque, et soluble dans l'alcool ; le protochlorure d'étain donne, avec la dissolution alcoolique de ce précipité, un dépôt de pourpre de Cassius.

§ 2346. *Xanthoxyline* [1]. — C'est une substance contenue dans le poivre du Japon (fruit du *Xanthoxylum piperatum*, D. C., arbre de la famille des rutacées). Extraite par l'alcool, et lavée à l'ammoniaque qui la débarrasse d'une matière résineuse, la xanthoxyline se présente sous la forme de petites lames dérivant d'un prisme rhomboïdal oblique.

La xanthoxyline est insoluble dans l'eau même bouillante; elle a une saveur aromatique rappelant celle de l'élémi ou de l'encens. Elle est soluble dans l'alcool et l'éther; les solutions sont sans action sur les papiers colorés.

Elle renferme :

	Stenhouse.	
Carbone.	61,09	61,09
Hydrogène . . .	6,45	6,80

M. Stenhouse croit avoir remarqué que la xanthoxyline renferme de l'azote.

[1] Stenhouse, *Ann. der Chem. u. Pharm.*, LXXXIX, 251.

§ 2347. *Matières diverses.* — Outre les substances précédemment décrites, on a encore indiqué les suivantes, d'une nature fort problématique :

Achilléine, matière amère de la millefeuille, *Achillea millefolium*, L., (Zanon [1]).

Æthokirrine, matière colorante jaune des fleurs de linaire, *Antirrhinum Linaria*, L. (Riegel [2]).

Alcornine, substance grasse cristallisable de l'écorce d'alcornoque (Frenzel [3]).

Amanitine, principe toxique des agarics (Letellier [4]).

Angélicine, substance cristallisée de la racine d'angélique (Buchner jeune [5]).

Aristolochine ou *serpentarine*, matière amère de la racine d'aristoloche, *Aristolochia serpentaria* (Chevallier [6]).

Arnicine, principe amer des fleurs d'arnica, *Arnica montana*, L. (Chevallier et Lassaigne [7]).

Asclépiadine, matière amère et vomitive de la racine de dompte-venin, *Asclepias vince toxicum*, L., (Feneulle [8]).

Calenduline, matière mucilagineuse des feuilles et des fleurs de souci, *Calendula officinalis*, L. (Geiger [9]).

Cannelline, matière cristallisable de la cannelle blanche (Petroz et Robinet [10]).

Cassine, matière amère de la casse, *Cassia fistula* (Caventou [11]).

Cornine, matière amère et cristallisable de l'écorce de la racine de *Cornus Florida* (Geiger [12]).

Cusparine, substance cristallisable, soluble dans l'alcool, peu soluble dans l'eau, contenue dans l'écorce d'angusture vraie, *Cusparia febrifuga*, de Humb. et Bonpl. (Saladin [13]).

[1] ZANON, *Mem. dell' Imp. R. Ist. veneto di Sc. ed Arti*, V, 11.
[2] RIEGEL, *Pharmac. Centralbl.*, 1843, p. 454.
[3] FRENZEL, *Archiv. d. Pharm.*, XXIII, 173.
[4] LETELLIER, *Magaz. f. Pharm.*, XVI, 137.
[5] BUCHNER jeune, *Repert. d. Pharm.*, [2], XXVI, 177.
[6] CHEVALLIER, *Journ. de Pharm.*, VI, 565.
[7] CHEVALLIER et LASSAIGNE, *Journ. de Pharm.*, V, 248.
[8] FENEULLE, *Journ. de Pharm.*, XI, 305.
[9] GEIGER, *Diss. de Calendula officin.*, Heidelberg, 1818. — STOLZE, *Berlin. Jahrb.*, 1820.
[10] PETROZ et ROBINET, *ibid.*, VIII, 197.
[11] CAVENTOU, *Journ. de Pharm.*, XIII, 340.
[12] GEIGER, *Ann. der Chem. u. Pharm.*, XIV, 206.
[13] SALADIN, *Journ. de Chim. medic.*, 1833, IX, 388.

Cynodine, matière cristallisable de la racine de chiendent, *Cynodon dactylon*, Rich. (Semmola[1]).

Datiscine, matière colorante jaune des feuilles de datisca (Braconnot[2]).

Diosmine, matière amère des feuilles de buchu, *Diosma crenata*, L., (Brandes[3]).

Evonymine, substance cristalline et amère des baies de fusain, *Evonymus europæus*, L. (Riederer[4]).

Fustine, matière colorante jaune du fustet (Preisser[5]).

Géine, matière amère de la racine de benoîte, *Geum urbanum*, L., (Buchner[6]).

Géranine, matière amère de la racine de plusieurs géraniacées (Muller[7]).

Gratioline, matière amère de la gratiole (E. Marchand[8]).

Hurine, matière âcre cristalline du suc de l'*Hura crepitans* (Boussingault et Rivero[9]).

Linine, substance cristallisable du *Linum catharticum* (Pagenstecher[10]).

Ligustrine, matière amère du *Ligustrum vulgare* (Polex).

Lupinine, matière amère des graines de lupins, *Lupinus albus* (Cassola[11]).

Maticine, matière amère des feuilles de matico, *Artanthe elongata*, Miq., plante du Pérou, employée par les habitants contre les maladies vénériennes (Hodges[12]).

Menyanthine, matière amère du trèfle d'eau, *Menyanthes trifoliata*, L., (Brandes[13]).

Monésine, substance semblable à la saponine, contenue dans

[1] SEMMOLA, *Rapport annuel de Berzélius*, édit. franç., 5e année.
[2] BRACONNOT, *Ann. de Chim. et de Phys.*, III, 277.
[3] BRANDES, *Archiv. d. Pharmac.*, XXII, 242.
[4] RIEDERER, *Repert. d. Pharmac.*, XLIV, 1.
[5] PREISSER, *Journ. f. prakt. Chem.*, XXXII, 161.
[6] BUCHNER, *Repert. d. Pharm.*, [2] XXXV, 184.
[7] MULLER, *Archiv. d. Pharm.*, XX, 119.
[8] E. MARCHAND, *Journ. de Chim. médic.*, octob. 1845, p. 517.
[9] BOUSSINGAULT et RIVERO, *Ann. de Chim. et de Phys.*, XXVIII, 430.
[10] PAGENSTECHER, *Repert. d. Pharm.*, [2] XXII, 311; XXIX, 216; XXVI, 313. En extrait, *Ann. der Chem. u. Pharm.*, XL, 322.
[11] CASSOLA, *Journ. de Chim. médic.*, novemb. 1834; *Ann. der Chem. u. Pharm.*, XIII, 308.
[12] HODGES, *Philos. magaz.*, XXV, 202.
[13] BRANDES, *Archiv. d. Pharm.*, XXX, 154.

le monésia, écorce du *Chrysophyllum glycyphlaeum*, famille des sapotées (Desrone, Henry et Payen [1]).

Mudarine, matière extractive de la racine de mudar, *Asclepias gigantea*, L., (A. Duncan, Fontanelle [2]).

Narcitine, substance vomitive du narcisse blanc (Jourdain [3]).

Nigelline, matière extractive de la graine de nigelle cultivée (Reinsch [4]).

Ononine, matière cristallisée de la racine de bugrane, *Ononis spinosa*, L., (Reinsch [5]).

Primuline, matière cristallisable de la racine de primevère, *Primula veris* (Hunefeldt [6]).

Punicine, matière âcre et incristallisable de l'écorce de grenadier, *Punica granatum*, L., (Righini [7]).

Quercine, matière cristallisable de l'écorce de chêne (Gerber [8]).

Rivuline, matière mucilagineuse d'une algue d'eau douce, *Rivula tubulosa*, D. C., (Braconnot [9]).

Rumicine, matière cristallisable de la racine de patience sauvage, *Rumex obtusifolius*, L., (Geiger [10]).

Scordéine, matière jaune, aromatique du *Teucrium Scordium* (Winckler [11]).

Scutellarine, matière amère du *Scutellaria lateriflora* (Cadet de Gassicourt [12]).

Stramonine, cristaux contenus dans l'huile qui se sépare dans la préparation de la daturine au moyen des graines de stramonium (Trommsdorff [13]).

Tanacétine, substance amère et cristallisable des fleurs de tanaisie, *Tanacetum vulgare*, L. (Leroy [14]).

[1] Desrone, O. Henry et Payen, *Journ. de Pharm.*, XXVII, 20; et *Ann. der Chem. u. Pharm.*, XXXVII, 352.

[2] J. Fontanelle, *Ann. der Chem. u. Pharm.*, XVII, 210.

[3] Jourdain, *Repert. d. Pharm.*, [2] XXI, 338.

[4] Reinsch, *Pharmac. Centralbl.*, 1842, p. 314.

[5] Reinsch, *Repert. d. Pharm.*, [2] XXVI, 12; XXVIII, 18.

[6] Hunefeldt, *Journ. f. prakt. Chem.*, VII, 58.

[7] Righini, *Journ. de Pharm.*, [3] V, 298.

[8] Gerber, *Archiv. d. Pharm.*, XXXIV, 167; et *Ann. der Chem. u. Pharm.*, XLVIII, 348.

[9] Braconnot, *Ann. de Chim. et de Phys.*, LXX, 206.

[10] Geiger, *Ann. der Chem. u. Pharm.*, IX, 310.

[11] Winckler, *Repert. d. Pharm.*, XXVIII, 352.

[12] Cadet de Gassicourt, *Journ. de Pharm.*, X, 433.

[13] Trommsdorff, *Archiv. d. Pharmac.*, XVIII, 81.

[14] Leroy, *Journ. de Chim. médic.*, juillet 1845, p. [illegible]

Viscine, matière molle et élastique du réceptacle de l'*Atractylis gummifera*, L. (Macaire[1]).

HUILES ESSENTIELLES.

§ 2348. La plupart des plantes donnent, par la distillation avec de l'eau, des huiles volatiles, odorantes, peu solubles dans l'eau, plus ou moins solubles dans l'alcool et l'éther. Ces huiles sont incolores ou jaunâtres; elles sont inflammables, brûlent avec une flamme claire et fuligineuse, et éprouvent de la part de l'air et de l'eau des altérations particulières. Beaucoup d'entre elles se trouvent toutes formées dans les parties végétales : telle est l'essence qu'on peut extraire des citrons et des oranges par la simple pression ; d'autres s'écoulent des arbres à l'état de mélange avec des résines, et forment dans cet état ce qu'on appelle des *baumes*.

Mais il est aussi des huiles essentielles qui ne prennent naissance que par l'effet d'une métamorphose qu'un ou plusieurs autres principes non volatils éprouvent au moment où les parties végétales arrivent au contact de l'eau. C'est à cette classe qu'appartiennent l'essence d'amandes amères (§ 883), l'essence de moutarde noire (§ 1477), ainsi que les huiles odorantes qui se produisent par la fermentation ou la putréfaction d'un grand nombre de matières végétales. Certaines plantes, comme la petite centaurée, la millefeuille, l'ortie, le plantain, naturellement dépourvues d'odeur, donnent à la distillation, après avoir fermenté dans l'eau, des huiles essentielles douées d'une odeur très-forte.

La composition des huiles essentielles est assez variable. On a observé qu'en général elles sont des mélanges d'au moins deux principes définis : d'un principe composé de carbone, d'hydrogène et d'oxygène, présentant les caractères d'un aldéhyde, d'un alcool ou d'un acide, et d'un principe non-oxygéné composé seulement de carbone et d'hydrogène, très-souvent dans les mêmes proportions que l'essence de térébenthine (§ 1875). Quelquefois ce mélange huileux renferme en dissolution de petites quantités de matières solides semblables au camphre (*stéaroptènes*), ainsi que des proportions variables de résine.

[1] VIREY, *Journ. de Pharm.*, XII, 256. — MACAIRE, *Journ. de Pharm.*, XX, 18; et *Ann der Chem. u. Pharm.*, XII, 261. — NEES V. ESENBECK et CLAMOR MARQUART, *Ann. der Chem. u. Pharm.*, XIV, 43.

Il existe aussi un petit nombre d'huiles essentielles contenant du soufre; par exemple, les essences d'ail, de cochléaria, de raifort (§ 876, 883).

On reconnaît aisément que les huiles essentielles sont des mélanges à l'inconstance de leur point d'ébullition. Lorsque les points d'ébullition des deux principes dont elles se composent sont assez éloignés entre eux, on réussit quelquefois à opérer la séparation de ces deux principes par des distillations fractionnées; ordinairement l'hydrocarbure bout vers 160°, et le principe oxygéné entre 200 et 240°. Le plus souvent, cependant, on est obligé, pour réaliser cette séparation, d'avoir recours à des moyens chimiques; dans ce cas, la potasse caustique peut être d'un grand secours, en ce qu'elle fixe l'huile oxygénée, soit en se combinant avec elle, soit en la décomposant, sans attaquer l'hydrocarbure. Les bisulfites alcalins se combinent aussi avec la partie oxygénée de certaines huiles essentielles (par exemple, de cannelle, de cumin), lorsque cette partie oxygénée appartient à la classe des aldéhydes.

Les huiles essentielles sont généralement plus légères que l'eau; lorsqu'elles sont plus pesantes, ceci indique la présence d'une quantité considérable d'oxygène dans un de leurs principes.

Les huiles essentielles de beaucoup de matières végétales, par exemple, des fleurs de tilleul et de jasmin, peuvent s'extraire au moyen d'une huile grasse ou de l'éther. On n'obtient pas d'essence en distillant ces fleurs avec de l'eau, soit que l'essence se décompose au contact de ce liquide à une température élevée, soit qu'elle y est tellement soluble qu'on ne parvient pas à l'en séparer. Les parties végétales qui sont dans ce cas fournissent souvent l'huile essentielle lorsqu'on sature de sel marin l'eau distillée sur elles.

L'odeur des essences paraît être dans un certain rapport avec l'action que l'air leur fait subir. La plupart d'entre elles absorbent de l'oxygène, et l'on a remarqué que celles qui s'oxydent le plus vite ont aussi une odeur très-forte. Lorsqu'on distille des essences exemptes d'oxygène dans le vide ou dans un courant d'acide carbonique sur de la chaux récemment calcinée, on obtient un produit parfaitement inodore, et il est difficile de distinguer, après les avoir ainsi traitées, l'huile de citron de l'huile de genièvre ou de térébenthine; mais il suffit d'exposer ces essences pendant quelque temps à l'air, ou de les étendre sur du papier, pour leur rendre l'odeur forte qui les caractérise à l'état naturel. Quand les essences vieillissent et arrivent souvent en contact avec l'air, elles s'épaississent, deviennent visqueuses et acquièrent toutes les propriétés des résines. Plusieurs essences (par exemple, celles de cannelle, de cumin) produisent, par l'oxydation, de véritables acides. Ordinairement il se produit aussi de l'acide carbonique pendant la résinification des huiles essentielles au contact de l'air.

Nous avons déjà décrit les huiles essentielles qui se rattachent à nos séries par leur composition et leurs propriétés; voici, par ordre alphabétique, les autres essences sur lesquelles on possède des renseignements chimiques.

§ 2349. *Essence d'absinthe*[1]. — L'huile essentielle qu'on obtient par la distillation de l'absinthe (*Artemisia Absinthium*, L.) est d'un vert foncé. Elle commence à bouillir à 180°, mais peu à peu le point d'ébullition s'élève, la matière s'épaissit et passe de plus en plus colorée à la distillation. On parvient à la décolorer et à la purifier en la rectifiant plusieurs fois sur de la chaux vive, et en recueillant le produit qui distille entre 200 et 205°. L'essence ainsi purifiée acquiert un point d'ébullition fixe vers 205°. Elle dévie à droite le plan de polarisation de la lumière. Sa densité est de 0,973 à 24°; à l'état de vapeur, elle a été trouvée égale à 5,3.

L'essence d'absinthe renferme :

	Leblanc.		$C^{20}H^{16}O^2$.
Carbone.	78,8	79,0	78,9
Hydrogène. . . .	10,5	10,7	10,5
Oxygène.	10,7	10,3	10,6
	100,0	100,0	100,0

Ces analyses assignent à l'essence d'absinthe la composition du camphre des laurinées.

Les lessives alcalines ne l'altèrent pas; la chaux potassée paraît l'attaquer profondément par voie sèche. Le produit noircit fortement, et une partie distille inaltérée.

L'acide sulfurique la dissout à froid avec coloration; il ne paraît pas se produire de combinaison conjuguée.

L'acide nitrique altère l'essence avec violence, et produit une résine incristallisable.

Distillée plusieurs fois sur l'acide phosphorique anhydre et traitée à la fin par du potassium, l'essence perd les éléments de l'eau,

[1] LEBLANC, *Ann. de Chim. et de Phys.*, [3] XVI, 333.

et produit un hydrogène carboné $C^{20}H^{14}$, qui est probablement identique avec le corps fourni dans les mêmes circonstances par le camphre (§ 1867).

§ 2350. *Essence d'acore*[1]. — La racine d'acore vrai (*Acorus Calamus*, L.,) contient une huile essentielle, composée, à ce qu'il paraît, d'un hydrogène carboné et d'un principe oxygéné. En effet, en distillant cette essence à plusieurs reprises avec de l'eau, on a recueilli une huile ne contenant que 1 ½ pour 100 d'oxygène; la partie qui ne distillait pas avec de l'eau était brunâtre, avait une densité de 0,979, renfermait de la résine, et bouillait à 260°.

Voici, suivant M. Schnedermann, la composition de deux portions d'essence d'acore :

	Bouillant	
	à 195°.	à 260°.
Carbone.	80,82	79,53
Hydrogène. . . .	10,89	10,28
Oxygène.	8,29	10,19
	100,00	100,00

Essence d'ail. — Voy. § 876.
Essence d'amandes amères. — Voy. § 1477.
Essence d'anis. — Voy. § 1641.
Essence d'assa fœtida. — Voy. § 876.
Essence d'athamante. — Voy. § 1879.
Essence de badiane. — Voy. § 1641.
Essence de basilic. — Voy. § 1880.
Essence de bergamotte. — Voy. § 1881.
Essence de Bornéo. — Voy. § 1882.
Essence de bouleau. — Voy. § 1883.

Essence de cabaret[2]. — L'extrait alcoolique de la racine de cabaret (*Asarum europæum*) renferme une huile essentielle et une matière camphrée qui a reçu le nom d'*asarone* (§ 2279). Rectifiée sur la chaux, l'huile essentielle est jaunâtre, épaisse, âcre, et d'une odeur semblable à celle de valériane; elle est plus légère que l'eau, un peu soluble dans ce liquide, fort soluble dans l'alcool, les huiles grasses et les essences. Elle contient en dissolution une grande quantité de la matière camphrée.

[1] Schnedermann, *Ann. der Chem. u. Pharm.*, XLI, 374.

[2] Blanchet et Sell, *Ann. der Chem. u. Pharm.*, VI, 296.

MM. Blanchet et Sell ont trouvé dans l'huile essentielle de cabaret :

Carbone.	74,38
Hydrogène. . . .	9,76
Oxygène.	15,86
	100,00

Ces nombres n'expriment pas la composition d'un corps pur ; ils montrent toutefois que l'huile essentielle renferme plus de carbone et d'hydrogène que la matière camphrée.

§ 2351. *Essence de cajeput*[1]. — Cette essence s'extrait par la distillation des feuilles d'un arbuste des îles Moluques, nommé *cajuputi*, c'est-à-dire arbre blanc, à cause de l'écorce blanche dont il est revêtu ; c'est le *Melaleuca minor* D. C., de la famille des myrtacées.

L'essence de cajeput est ordinairement d'un vert pâle, teinte qui, en partie, est propre à l'essence, en partie provient du cuivre des vases dans lesquels on l'expédie. Elle est très-fluide, d'une densité d'environ 0,92 et sans réaction acide. Aspirée en masse, son odeur est désagréable ; à l'état d'extrême division, elle est au contraire assez suave, comme celle du camphre et du romarin.

L'analyse d'une essence dont le point d'ébullition était à peu près constant à 175° a donné à M. Blanchet les nombres suivants :

	Expérience[2].		$C^{20}H^{18}O^{2}$.
Carbone.	77,90	78,11	77,92
Hydrogène. . . .	11,57	11,38	11,69
Oxygène.	»	»	10,39
			100,00

L'essence de cajeput du commerce est souvent falsifiée.

Essence de camomille bleue. — On obtient, en Allemagne, par la distillation des fleurs de la camomille commune (*Matricaria Chamomilla*, L.), une huile essentielle assez épaisse, d'un bleu foncé et presque opaque. Elle s'épaissit par le refroidissement à 0°.

[1] BLANCHET, *Ann. der Chem. u. Pharm.*, VII, 162. — STICKEL, *ibid.*, XIX, 224.

[2] Ancien poids atomique du carbone.

M. Borntraeger y a trouvé[1] :

Carbone. . . .	79,85	79,81	79,86
Hydrogène. . .	10,60	10,69	10,83
Oxygène. . . .	9,55	9,50	9,31
	100,00	100,00	100,00

Ces nombres représentent sensiblement la composition du camphre des laurinées.

Essence de camomille romaine. — Voy. §§ 913 et 1884.

Essence de cannelle. — Voy. § 1668.

Essence de capucine [2]. — L'essence de capucine (*Tropæolum majus*) est sulfurée, et paraît se produire, comme celle de moutarde, par une espèce de fermentation des principes contenus dans les fleurs de capucine. Elle est âcre, plus dense que l'eau, et bout vers 120° à 130°.

Essence de carvi. — Voy. §§ 1870 et 1886.

Essence de cascarille [3]. — On extrait de la cascarille (*Croton eluteria*, Sw.) une essence jaune, plus légère que l'eau, quelquefois verte ou bleue, d'une odeur forte, d'une saveur aromatique et amère. D'après les analyses de M. Voelckel, elle paraît être un mélange d'une huile oxygénée peu volatile, et d'un hydrocarbure plus volatil présentant probablement la composition de l'essence de térébenthine.

Essence de cassia. — Voy. § 1668.

§ 2352. *Essence de cèdre*[4]. — Le bois de cèdre de Virginie fournit une essence solide molle, quelquefois légèrement colorée, et qui est un mélange de deux principes : l'un liquide et hydrocarburé, appelé *cédrène* $C^{30}H^{24}$, l'autre solide et oxygéné, $C^{30}H^{26}O^{2}$.

Pour obtenir la partie concrète, on débarrasse l'essence brute des matières étrangères en la soumettant à la distillation, et en exprimant le produit dans un linge ; par ce moyen, on parvient à séparer la plus grande partie de l'essence liquide. Cependant il faut encore faire cristalliser le produit dans l'alcool ordinaire, qui dissout bien plus facilement l'essence liquide, de façon que celle-ci reste dans les eaux-mères.

[1] Woehler, *Ann. der Chem. u. Pharm.*, XLIX, 244.

[2] S. Cloez, *Recueil des trav. de la Société d'émul. pour les Sciences pharmac.*, janvier 1847, p. 36.

[3] Voelckel, *Ann. der Chem. u. Pharm.*, XXXV, 306.

[4] Walter, *Ann. de Chim. et de Phys.*, [3] I, 498; VIII, 354.

L'essence de cèdre concrète se présente sous la forme d'une masse cristalline d'une beauté et d'un éclat remarquables; son odeur est aromatique, et rappelle celle des crayons Conté; sa saveur n'est pas trop prononcée. Elle fond à 74°, et bout à 282°; la densité de sa vapeur a été trouvée égale à 8,4. Elle se dissout très-peu dans l'eau, et beaucoup dans l'alcool chaud, d'où elle se précipite, par le refroidissement, en aiguilles cristallines d'un éclat soyeux.

Elle renferme :

	Walter.			$C^{30}H^{26}O^{2}$.
Carbone.	80,59	80,77	81,00	81,08
Hydrogène. . . .	11,32	11,80	11,80	11,71
Oxygène.	»	»	»	7,21
				100,00

D'après ces résultats [1], l'essence de cèdre concrète est isomère du camphre de cubèbes (§ 1890).

Distillée avec de l'acide phosphorique anhydre, l'essence de cèdre concrète se dédouble en eau et en cédrène.

Quand on y fait agir du perchlorure de phosphore, on obtient un corps aromatique qui n'a pas encore été analysé.

L'acide sulfurique concentré se colore fortement avec elle, et produit une huile ambrée.

Le *cédrène* s'obtient aisément en traitant, dans une cornue, l'essence de cèdre concrète par l'acide phosphorique anhydre; on ajoute ce dernier par petites portions, pour éviter une trop grande élévation de température. L'acide phosphorique se colore en noir, et se change en une masse poisseuse, en même temps que le cédrène vient surnager On le purifie par quelques nouvelles distillations sur l'acide phosphorique anhydre ou sur le potassium.

Ce liquide a une odeur aromatique particulière, qui ne ressemble en rien à celle de l'essence de cèdre cristallisée; sa saveur est d'abord faible, mais bientôt elle augmente, devient persistante et poivrée. Il bout à 237°; sa densité est de 0,984 à 14°,5; à l'état de vapeur, elle a été trouvée égale à 7,9. Il renferme :

[1] Walter avait d'abord adopté les rapports $C^{32}H^{26}O^{2}$, puis $C^{32}H^{28}O^{2}$. Ces formules ne me paraissent pas acceptables.

	Walter.		$C^{10}H^{14}$.
Carbone.	87,7	88,0	88,2
Hydrogène . . .	11,7	12,0	11,8
	99,4	100,0	100,0

La partie liquide qu'on obtient en exprimant l'essence de cèdre possède sensiblement les mêmes caractères que le cèdrène; seulement son odeur est un peu plus suave.

Essence de citron. — Voy. § 1887.

Essence de cochléaria. — Voy. § 883.

Essence de copahu. — Voy. § 1888.

Essence de coriandre. — Voy. 1888 [a].

Essence de cresson. — Voy. § 876.

Essence de cubèbes. — Voy. § 1889.

Essence de cumin. — Voy. § 1848 et 1867.

Essence de dahlia. — Les tubercules du *Dahlia pinnata* fournissent une huile essentielle plus légère que l'eau, qui se résinifie aisément à l'air. Dans l'eau, elle se concrète à la longue, et dépose des cristaux qui sont, à ce qu'il paraît, de l'acide benzoïque [1].

Essence d'élémi. — Voy. § 1891.

Essence d'érisymum. — Voy. § 883.

Essence d'estragon. — Voy. § 1641.

Essence de fenouil. — Voy. § 1641.

Essence de gaulthéria. — Voy. § 1606 et 1892.

Essence de genièvre. — Voy. § 1892 [a].

Essence de géranium. — Plusieurs géraniacées (notamment *Pelargonium capitatum* Ait., *P. roseum* Willd, et *P. odoratissimum* Willd.) donnent à la distillation une essence renfermant une matière camphrée, cristallisée en aiguilles et fusible à 18°. Cette essence, dont l'odeur est assez suave, est quelquefois employée pour falsifier l'essence de roses.

Essence de girofle. — Voy. § 1893.

Essence de gomart. — Voy. § 1894.

Essence d'hedwigia [2]. — On l'obtient en distillant avec de l'eau la résine d'*Hedwigia balsamifera*. Elle est plus pesante que l'eau, jaunâtre, d'une odeur semblable à celle de l'essence de térébenthine, et d'une saveur brûlante. A froid, elle se colore en rouge avec

[1] PAYEN, *Journ. de Pharm.*, IX, 384.

[2] BONASTRE, *Journ. de Pharm.*, XII, 488.

l'acide nitrique; à chaud, elle donne avec lui une résine jaune. Avec l'acide chlorhydrique, elle prend une couleur cerise. Elle se dissout dans quatre parties d'alcool et en toutes proportions dans l'éther.

Essence de laurier. — Voy. § 1895.

§ 2353. *Essence de lavande*[1]. — La lavande (*Lavandula Spica*, L.) donne une essence jaunâtre, douée d'une odeur forte, d'une saveur âcre et aromatique. Cette essence rougit le tournesol, et renferme, en proportions variables, une matière cristalline présentant la composition du camphre des laurinées (Dumas).

La partie liquide de l'essence de lavande se compose probablement d'un mélange de deux substances, dont l'une possède la composition de l'essence de térébenthine. Les analyses faites par M. Kane sur des portions d'essence bouillant à 185°—187° n'ont pas donné des nombres constants.

L'essence d'aspic (*Spica latifolia*, Ehrb.) ressemble beaucoup à l'essence de lavande, et renferme comme elle beaucoup de matière camphrée.

Essence de macis. — L'arille ou macis qui enveloppe les noix du muscadier (*Myristica moschata*) donne, par la distillation avec de l'eau, une essence aromatique d'une densité d'environ 0,92. Elle se compose d'une huile légère et d'une matière camphrée, plus pesante que l'eau, et fusible au-dessous de 100°. M. Mulder[2] a trouvé dans cette dernière :

Carbone	62,1	62,2
Hydrogène. . .	10,6	10,5
Oxygène. . . .	»	»

Cette matière camphrée se sublime peu à peu à 112° sous la forme de fines aiguilles. Elle se dissout aisément dans l'eau bouillante, ainsi que dans l'alcool, l'éther, la potasse caustique et l'acide nitrique. L'acide sulfurique concentré la colore en beau rouge.

Essence de marjolaine. — Voy. Essence d'origan.

Essence de matricaire[3]. — L'huile essentielle fournie par les fleurs et les parties herbacées de la matricaire (*Matricaria Parthenium* L.) se compose d'un mélange d'hydrocarbure et d'huile oxygénée, tenant en dissolution une quantité notable de camphre (§1943, β).

[1] SAUSSURE, *Ann. der Chem. u. Pharm.*, III, 163. — KANE, *ibid.*, XXII, 287.

[2] MULDER, *Ann. der Chem. u. Pharm.*, XXXI, 67.

[3] DESSAIGNES et CHAUTARD, *Journ. de Pharm.*, XIII, 241.

Son point d'ébullition varie entre 160° et 220°.

§ 2354. *Essence de menthe.* — L'essence de menthe poivrée d'Amérique (*Mentha piperita* L.) se congèle à une température voisine de zéro, et fournit ainsi des cristaux [1] (*camphre de menthe*) aisés à isoler du liquide excédant [2]. (Les essences de menthe verte et de pouliot ne se concrètent pas par le froid.)

Les cristaux exprimés dans du papier joseph, sont incolores, fusibles à 25°, volatils sans décomposition. Ils entrent en ébullition à 208°; la densité de leur vapeur a été trouvée égale à 5,82. Ils sont peu solubles dans l'eau, mais fort solubles, même à froid, dans l'esprit de bois, l'alcool, l'éther, le sulfure de carbone, moins solubles dans l'essence de térébenthine. Leur composition [3] se représente par la formule $C^{20}H^{20}O^{2}$, d'après les analyses suivantes :

	Dumas.	Blanchet et Sell.		Walter.		Calcul.
Carbone. . .	76,5	76,4	76,3	76,0	76,6	76,9
Hydrogène. .	13,1	11,9	13,0	12,6	12,8	12,8
Oxygène. . .	»	»	»	»	»	10,3
						10,00

L'essence de menthe concrète absorbe beaucoup de gaz chlorhydrique en se transformant en une masse épaisse que l'eau décompose. Sous l'influence de l'acide nitrique, elle produit un acide particulier qui n'a pas encore été examiné.

En broyant à froid 1 partie d'essence et 2 p. d'acide sulfurique, on obtient une matière semi-fluide, d'une belle couleur rouge de sang, et que l'eau décompose en régénérant l'essence. Si l'on chauffe le mélange au bain-marie, il se produit une certaine quantité de menthène, en même temps qu'un acide conjugué.

L'acide phosphorique anhydre convertit l'essence en menthène :

$$\underset{\text{Ess. de menthe.}}{C^{20}H^{20}O^{2}} = 2\,HO + \underset{\text{Menthène.}}{C^{20}H^{18}}.$$

L'action du chlore sur l'essence donne naissance à des produits différents, suivant les conditions où l'on opère, soit dans l'obscu-

[1] DUMAS, *Ann. de Chim. et de Phys.*, L, 232. — BLANCHET et SELL, *Ann. der Chem. u. Pharm.*, VI, 293. — WALTER, *Ann. de Chim. et de Phys.*, LXXII, 83.

[2] On ne connaît pas la composition exacte de cette partie huileuse. M. Kane a publié (*Ann. der Chem. u. Pharm.*, XXXII, 285) quelques analyses des essences de menthe poivrée, de menthe verte, et de menthe pouliot, mais elles paraissent avoir été faites sur des mélanges. L'essence de pouliot bouillait entre 182 et 188°, et présentait sensiblement la composition du camphre des laurinées.

[3] Cette composition est la même que celle de l'hydrure de rutyle (essence de rue, § 1204).

rité, soit aux rayons solaires. Walter a analysé deux liquides qui paraissaient être des mélanges de produits de substitution plus ou moins chlorés (à 2, 3, 5 et 6 atomes de chlore).

La potasse caustique n'attaque pas l'essence. Le potassium la transforme en une masse pâteuse que l'eau décompose.

Quand on fait fondre l'essence avec du perchlorure de phosphore, la réaction est très-vive ; à la distillation, il passe en dernier lieu une huile légèrement ambrée, qu'on agite avec de l'eau, et qu'on rectifie sur une nouvelle quantité de perchlorure de phosphore. Ainsi obtenu, le produit est d'un jaune très-pâle, plus léger que l'eau, plus pesant que l'alcool. Son odeur rappelle celle des fleurs de macis. Il se dissout un peu dans l'eau, et bien mieux dans l'alcool. Il bout vers 204°, en noircissant et en répandant des vapeurs d'acide chlorhydrique. Le potassium l'attaque avec violence. Une dissolution très-concentrée de potasse caustique dans l'alcool est sans action sur lui, même à l'ébullition. Il paraît renfermer $C^{20}H^{19}$ Cl, d'après les analyses suivantes :

	Walter.				Calcul.
Carbone. . .	69,5	68,0	69,2	68,8	68,7
Hydrogène. .	10,3	10,4	10,6	10,6	10,8
Chlore. . . .	20,9	»	»	»	20,5
					100,0

Si la formule que nous avons admise est exacte, la réaction entre l'essence de menthe et le perchlorure de phosphore devra s'exprimer par l'équation suivante [1] :

$$C^{20}H^{20}O^2 + PCl^5 = PCl^3O^2 + HCl + C^{20}H^{19}Cl.$$

§ 2355. Le *menthène* [2], $C^{20}H^{18}$, est l'hydrocarbure qui se produit par la réaction de l'essence de menthe concrète et de l'acide phosphorique anhydre.

Pour le préparer, on fait fondre l'essence dans une cornue tubulée, et l'on y ajoute par petites portions de l'acide phosphorique anhydre jusqu'à ce qu'il y en ait un léger excès ; puis on distille la masse. On rectifie de nouveau le produit de la distillation sur le même acide.

Le menthène est transparent, très-fluide, d'une odeur agréable, d'une saveur fraîche. Il est insoluble dans l'eau. Il bout à 163° ;

[1] Walter admet qu'il se dégage du protochlorure de phosphore dans la réaction, et représente le produit par la formule $C^{20}H^{18}Cl$, qui me paraît inadmissible.

[2] WALTER (1839), *loc. cit.*

sa densité, à l'état liquide, est de 0,851 à 21°; à l'état de vapeur elle a été trouvée égale à 4,93—4,95.

L'analyse de cet hydrocarbure a donné les nombres suivants :

	Walter.			Calcul.
Carbone. . . .	86,5	86,3	86,4	86,95
Hydrogène. . .	13,0	12,9	12,7	13,05
				100,00

Le potassium n'attaque pas le menthène. L'acide sulfurique n'exerce, à froid, aucune action sur lui. Le chlore le convertit en un corps chloré dérivé par substitution. L'acide nitrique finit par le convertir en un acide oléagineux, soluble dans l'eau et l'alcool, et qui n'a pas encore été étudié.

Le *quintichloromenthène*, $C^{20}H^{13}Cl^{5}$, est le produit de la réaction du chlore et du menthène. Le chlore sec attaque le menthène d'une manière très-vive; d'abord le mélange se colore en vert, puis en jaune. Quand on cesse d'y faire passer le gaz dès que le dégagement d'acide chlorhydrique s'arrête, on obtient un liquide sirupeux, coloré en jaune, plus dense que l'eau. Ce produit se dissout à froid dans l'alcool et l'esprit de bois; cependant l'éther et l'essence de térébenthine le dissolvent plus facilement. L'acide sulfurique concentré le colore en rouge intense.

Essence de houblon. — Voy. § 1895.

Essence d'hysope[1]. — Récemment préparée, elle est incolore, mais au contact de l'air elle jaunit et se résinifie peu à peu. Elle est plus légère que l'eau. Elle commence à bouillir à 160°; mais ce point s'élève à 180°, en même temps que l'essence brunit.

Des portions d'essence distillées à différentes températures ont donné à M. Stenhouse :

	à 160°.	à 167°.	180°.
Carbone.	84,18	81,29	80,31
Hydrogène. . . .	11,05	10,95	10,43
Oxygène.	4,82	7,76	9,24
	100,00	100,00	100,00

Les nombres précédents expriment évidemment la composition d'un mélange d'au moins deux huiles.

Essence de jasmin. — Cette huile essentielle se rencontre en petite quantité dans les fleurs de jasmin (*Jasminum officinale*), et s'ob-

[1] STENHOUSE, *Ann. der Chem. u. Pharm.*, XLIV, 310.

tient, comme l'essence de roses, en traitant les fleurs fraîches par de l'huile grasse. Elle dépose à 0° un stéaroptène blanc, cristallisé en lamelles brillantes, inodores, d'une saveur camphrée, fusibles à 12,5°, plus légères que l'eau, peu solubles dans ce liquide, très-solubles dans l'alcool, l'éther et les huiles. Ces cristaux s'échauffent légèrement avec l'iode, en donnant un composé rouge qui prend peu à peu une couleur vert-pré. L'acide nitrique les dissout aisément; l'acide chlorhydrique et l'acide sulfurique ne les dissolvent qu'en partie. Ils sont insolubles dans l'acide acétique; le potassium ne s'y oxyde pas.

§ 2356. *Essence de moutarde.* — Voy. § 883.

Essence de myrrhe. — Voy. Myrrhe, § 1939.

Essence de néroli. — Voy. § 1896.

Essence d'oliban. — Voy. Encens ou oliban, § 1936.

Essence d'orange. — Voy. § 1896.

Essence d'origan. — L'essence d'origan [1] (*Origanum vulgare*, L.) est plus légère que l'eau, et renferme une quantité considérable d'une matière camphrée. Après avoir été rectifiée, elle bout à 161° d'une manière presque constante, et paraît présenter la composition de l'essence de térébenthine (M. Kane y a trouvé 86,71—86,1 carbone; 11,1—11,4 hydrogène, et environ 2 p. c. d'oxygène provenant probablement d'une petite quantité de matière camphrée).

M. Mulder a analysé la matière camphrée de l'essence de marjolaine (*Origanum majorana*, L.). Elle est dure, incolore, sans odeur, plus pesante que l'eau; elle fond par la chaleur et se sublime sans résidu. Elle est soluble dans l'eau bouillante, l'alcool, l'éther, l'acide nitrique et l'acide sulfurique; l'acide sulfurique la colore en rouge. Elle renferme :

	Mulder.	
Carbone . . .	60,0	60,0
Hydrogène . . .	10,7	10,7
Oxygène . . .	»	»

Essence d'osmitopsis [2]. — *L'osmitopsis astericoides* est une plante aromatique (de la famille des composées) qui croît dans les environs de la ville du Cap. On en extrait une huile essentielle, possédant des propriétés toniques, antispasmodiques et résolutives.

Cette essence est jaune verdâtre, d'une saveur brûlante, d'une

[1] KANE, *Ann. der Chem. u. Pharm.*, XXXII, 285.

[2] STENHOUSE, *Ann. der Chim. u. Pharm.* LXXXIX, 214.

odeur pénétrante peu agréable, rappelant celle du camphre et de l'essence de cajeput. Sa densité est de 0,931 à 931. Elle réduit la solution ammoniacale du nitrate d'argent par une ébullition prolongée.

Soumise à la distillation, elle commence à bouillir à 130°, et entre en ébullition régulière entre 176 et 178°. A partir de ce point jusqu'à 188°, les deux tiers de l'essence passent à la distillation; le thermomètre monte ensuite peu à peu à 208°, et une petite quantité de camphre se sublime sur les parois de la cornue.

La partie recueillie entre 178 et 182° a donné à l'analyse :

	Stenhouse.	$C^{20}H^{18}O^{2}$.
Carbone . . .	77,36	77,92
Hydrogène . .	11,53	11,69
Oxygène . . .	»	10,39
		100,00

D'après l'analyse précédente, l'essence d'osmitopsis renfermerait une huile ayant la même composition que le camphre de Bornéo (§ 1942), l'essence de cajeput (§ 2351), etc.

Essence de persil[1]. — Lorsqu'on distille avec de l'eau la graine de persil, il se condense deux huiles : l'une plus légère, l'autre plus pesante que l'eau.

Suivant MM. Blanchet et Sell, l'huile pesante, récemment préparée, se solidifie au contact de l'eau dans l'espace de quelques jours, en donnant des cristaux qu'on peut purifier par la dissolution dans l'alcool. La solution alcoolique dépose des prismes ou des aiguilles à 6 faces, fusibles à 30°, se concrétant à 21°, et bouillant à environ 300° en se colorant. Ces cristaux renferment :

	Blanchet et Sell.		$C^{20}H^{10}O^{6}$(?)
Carbone	65,0	64,2	66,7
Hydrogène . . .	6,4	6,4	6,7
Oxygène. . . .	»	»	26,6
			100,0

MM. Loewig et Weidmann assignent à l'huile légère (bouillant entre 160 et 170°) la composition de l'essence de térébenthine. Ces chimistes ne mentionnent par les cristaux précédents, mais ils indiquent dans l'essence de persil la présence d'une matière rési-

[1] BLANCHET et SELL, *Ann. der Chem. u. Pharm.*, VI, 301. — LOEWIG et WEIDMANN, *Ann. de Poggend.*, XLVI, 53; en extrait, *Ann. der Chem. u. Pharm.*, XXXII, 283.

neuse ($C^{24}H^{16}O^{6}$?) qui resterait dans la cornue après la rectification de l'huile légère.

Essence de peuplier[1]. — Elle s'obtient en distillant avec de l'eau les fleurs non épanouies du *Populus nigra*. Elle est incolore, d'une odeur agréable, insoluble dans l'eau, peu soluble dans l'alcool, très-soluble dans l'éther. Elle est plus pesante que l'eau.

Essence de poivre. — Voy. § 1898.

Essence de radis. — Voy. § 876.

Essence de raifort. — Voy. § 883.

Essence de reine des prés. — Voy. § 1574.

Essence de romarin[2]. — L'essence de romarin (*Rosmarinus officinalis*, L.) renferme en dissolution des proportions variables de matière camphrée; sa densité varie suivant la saison où l'on a cueilli la plante pour la distiller. L'essence paraît être un mélange d'hydrocarbure et d'huile oxygénée.

L'acide sulfurique concentré noircit l'essence de romarin; en saturant le mélange par la chaux, on obtient un sel particulier. Lorsqu'on distille le mélange d'essence et d'acide sulfurique, il se produit une huile empyreumatique présentant l'odeur alliacée du mésitylène (§ 469). Cette huile (*romarin*) a une densité de 0,807, bout à 173°, et présente la composition de l'essence de térébenthine (Kane).

§ 2357. *Essence de rose*[3]. — Cette huile volatile est extraite, surtout en Perse, aux Indes et dans l'État de Tunis, de plusieurs espèces de roses très-odorantes, telles que *Rosa centifolia*, *R. damascera*, *R. moschata*. Elle est jaune, épaisse, et se prend par le froid en une masse butyreuse, composée de feuillets transparents, incolores et brillants; cette masse ne redevient entièrement liquide qu'à 28 ou 30°. A l'état divisé, son odeur est fort agréable, mais, aspirée en masse, elle cause des maux de tête. Sa densité est de 0,87. L'essence est un mélange, en proportions variables, d'une matière camphrée et d'une huile oxygénée, qui n'a pas encore été analysée.

La matière camphrée est très-peu soluble dans l'alcool, fort soluble au contraire dans l'éther et dans les huiles essentielles. Elle constitue des feuillets fusibles à 35° et bouillant entre 280 et 300°.

[1] PELLERIN, *Journ. de Pharm.*, VIII, 428.

[2] KANE, *Ann. der Chem. u. Pharm.*, XXXII, 284,

[3] TH. de SAUSSURE, *Ann. de Chim. et de Phys.*, XIII, 337 — BLANCHET, *Ann. der Chem. u. Pharm*, VII, 134.

Elle ne renferme que du carbone et de l'hydrogène, dans les proportions du gaz oléfiant (Saussure, Blanchet et Sell). Elle est soluble dans la potasse caustique et dans l'acide acétique; l'acide chlorhydrique et l'acide nitrique ne l'attaquent que fort peu.

Elle est souvent falsifiée dans le commerce avec de l'essence de géranium. M. Guibourt[1] a indiqué trois moyens pour reconnaître cette fraude : le mélange avec l'acide sulfurique concentré qui n'altère en rien la pureté et la suavité de l'odeur de l'essence de rose, et qui développe dans l'essence de géranium une odeur forte et désagréable, capable d'en faire connaître de faibles quantités ; l'exposition à la vapeur de l'iode, qui ne brunit pas l'essence de rose et qui communique à l'essence de géranium une couleur brune très-intense ; enfin, l'exposition à la vapeur nitreuse qui colore en jaune foncé l'essence de rose, et en vert-pomme l'essence de géranium.

Essence de rue. — Voy. § 1204.

Essence de sabine. — Voy. § 1898.

Essence de safran[2]. — Les stigmates du *Crocus sativus* donnent, par la distillation avec de l'eau, une huile jaune très-fluide, plus pesante que l'eau, et dont la saveur est âcre et amère. Cette huile se transforme peu à peu en une matière blanche cristalline plus légère l'eau.

§ 2358. *Essence de sassafras*[3]. — L'huile essentielle qu'on extrait du *Laurus Sassafras* se présente sous la forme d'un liquide légèrement coloré en jaune, d'une odeur particulière, qui rappelle celle du fenouil; sa saveur est âcre, sa densité est de 1,09. Soumise à la distillation, elle commence à dégager des vapeurs vers 115°; le point d'ébullition s'élève ensuite rapidement à 228°, où il reste stationnaire; il reste dans la cornue un résidu légèrement coloré en jaune-brun.

Elle est un mélange de deux corps. Lorsqu'on la place dans un mélange réfrigérant (12 p. de glace, 5 p. de sel marin et 5 p. de nitrate d'ammoniaque), elle se remplit de cristaux volumineux, renfermant $C^{20}H^{10}O^{4}$; ceux-ci ont donné à l'analyse :

[1] GUIBOURT, *Journ. de Pharm.*, XV, 345.

[2] BOUILLON-LAGRANGE et VOGEL, *Ann. de Chimie*, LXXX, 195.

[3] SAINT-ÈVRE, *Ann. de Chim. et de Phys.*, [3] XII, 107.

	Saint-Èvre.			Calcul.
Carbone.	73,86	73,94	73,83	74,07
Hydrogène. . . .	6,61	6,24	6,29	6,17
Oxygène.	»	»	»	19,76
				100,00

La détermination de la densité de vapeur des cristaux a donné les nombres 5,951 — 5,856 — 5,800.

Quand on verse du brome sur l'essence de sassafras, la réaction est très-vive; il se dégage d'abondantes vapeurs d'acide bromhydrique, et, au moment où elles cessent, l'huile se solidifie tout à coup, et se transforme en une masse cristalline qui présente la composition $C^{20}H^{2}Br^{8}O^{4}$.

L'action du chlore est moins nette que celle du brome. Suivant M. Faltin[1], il se dégage beaucoup d'acide chlorhydrique, et l'on obtient une masse visqueuse qui, neutralisée par du lait de chaux, donne une petite quantité de camphre des laurinées. (Il est probable que la formation de ce corps est due à la substance liquide qui, avec les cristaux, constitue l'essence de sassafras.)

D'après M. Saint-Èvre, on peut distiller l'essence de sassafras sur l'acide phosphorique anhydre, le chlorure de zinc, le potassium, ou sur un mélange d'acide sulfurique et de bichromate de potasse, sans qu'elle en soit attaquée (?).

L'acide sulfurique anhydre ou concentré attaque violemment l'essence, souvent au point de l'enflammer. Il se produit une résine rouge, accompagnée d'un dépôt de charbon; quand on étend d'eau et qu'on sature par le carbonate de baryte, on obtient un sel résinoïde.

L'acide nitrique fumant enflamme l'essence; l'acide ordinaire produit une résine jaune; l'acide dilué donne assez promptement de l'acide oxalique.

Le perchlorure de phosphore attaque vivement l'essence; il se dégage des torrents d'acide chlorhydrique, et quand on distille le produit au bain d'huile, on obtient, à 238°, un liquide oléagineux, tenant en dissolution de l'oxychlorure de phosphore, dont on le débarrasse par les lavages. On purifie le produit par une rectification sur du massicot, dans un courant d'acide carbonique. M. Saint-Èvre assigne à ce produit la formule $C^{20}H^{8}Cl^{9}O^{4}$.

[1] WOEHLER, *Ann. der Chem. u. Pharm*, LXXXVII, 376.

Si on soumet l'huile à un courant prolongé de gaz sulfureux, elle jaunit, puis s'échauffe, passe ensuite au vert pour se colorer définitivement en jaune-orangé. On voit alors se déposer du soufre, et la liqueur, abandonnée au repos, se sépare en deux couches d'inégale densité; la supérieure se compose d'essence non décomposée; l'autre constitue une nouvelle huile, distillant à 235°, et qui renferme, suivant M. Saint-Èvre, $C^{20}H^{10}O^{6}$ (?)

Quand on fait passer l'essence de sassafras dans un tube chauffé au rouge ou sur de la chaux potassée, il se produit de la naphtaline, ainsi que de l'acide phénique.

§ 2359. *Essence de sauge.* — L'essence de sauge est un mélange d'au moins deux huiles, dont l'une paraît être un hydrocarbure.

Lorsqu'on la fait bouillir avec de l'acide nitrique étendu, elle dégage des vapeurs qui déposent sur les corps froids une matière cristalline ayant l'odeur et la composition du camphre officinal, $C^{20}H^{16}O^{2}$ (Rochleder[1]).

Essence de semen-contra. — Le semen-contra, par la distillation avec de l'eau, donne une essence oxygénée composée en plus grande partie d'une huile α bouillant à 175°, mélangée avec une faible proportion d'une huile β plus fixe et plus altérable par la chaleur.

α. Rectifiée sur l'hydrate de potasse, la première huile acquiert une odeur plus suave que l'huile brute, présente une densité de 0,919 à 20°, et renferme :

	Voelckel[2].			$C^{24}H^{20}O^{2}$.
Carbone	79,90	79,74	79,87	80,00
Hydrogène	11,32	11,30	11,32	11,11
Oxygène	»	»	»	8,89
				100,00

Cette huile se dissout dans l'acide sulfurique concentré en s'échauffant; la solution est colorée, et dégage peu à peu de l'acide sulfureux. L'acide nitrique concentré l'attaque vivement en la résinifiant; l'acide nitrique étendu la résinifie également et produit de l'acide oxalique. L'acide chlorhydrique gazeux est vivement absorbé par l'huile, en produisant des cristaux qui tombent rapidement en déliquescence au contact de l'air humide.

β. Quant à l'autre huile plus fixe, elle renferme moins de car-

[1] ROCHLEDER, *Ann. der Chem. u. Pharm.*, LXIV, 4.

[2] VOELCKEL, *Ann. der Chem. u. Pharm*, XXXVIII, 110; LXXXVII, 312; LXXXIX, 358.

bone (77,8 — 76,7) et moins d'hydrogène (10,46 — 10,83) que l'huile bouillant à 175°.

γ. M. Voelckel donne le nom de *cynène* à un hydrocarbure qu'on obtient en distillant à plusieurs reprises l'essence de semen-contra sur de l'acide phosphorique anhydre : une partie de l'essence se résinifie alors, tandis qu'une autre partie se transforme en une huile pesante et peu volatile. On sépare le cynène de cette dernière en traitant la matière par l'acide sulfurique concentré, qui altère et dissout l'huile peu volatile, en même temps que le cynène vient surnager.

Le cynène constitue une huile fluide, incolore, inaltérable à l'air, d'une odeur particulière rappelant celle du semen-contra; il est insoluble dans l'eau, fort soluble dans l'éther, et bout entre 173 et 175°. Sa densité est de 0,825 à 16°.

Il renferme :

	Voelckel.		$C^{24}H^{18}$.
Carbone. . . .	88,70	88,79	88,89
Hydrogène. .	11,14	11,13	11,11
			100,00

D'après ces analyses, le cynène renferme les éléments de l'huile oxygénée α, moins 2 HO.

L'acide sulfurique concentré n'attaque pas le cynène, mais l'acide sulfurique fumant le dissout en donnant une combinaison conjuguée. L'acide nitrique concentré, y agit vivement à chaud en produisant une huile jaune plus pesante que l'eau.

Essence d'ulmaire. — Voy. § 1574.

Essence de tanaisie. — On peut extraire de la tanaisie (*Tanacetum vulgare*) une essence jaune pâle ou jaune doré, qui est verte lorsque la plante s'est développée dans un terrain gras et sec. Son odeur est forte et nauséabonde ; sa saveur est âcre et amère. Elle a une densité de 0,931.

Traité par l'acide chromique, elle donne une matière cristalline identique au camphre des laurinées[1].

Essence de térébenthine. — Voy. § 1875.

Essence de thé[2]. — Cette essence, qui est plus légère que l'eau, possède à un haut degré l'odeur du thé, et étourdit tellement qu'à

[1] PERSOZ, *Compt. rend. de l'Acad.*, XIII, 433.
[2] MULDER, *Ann. der Chem. u. Pharm.*, XXVIII, 318.

certaine dose elle peut agir comme poison. Elle se concrète facilement. Combinée avec le tannin, elle agit sur l'économie comme diurétique. La majeure partie de cette essence se volatilise par la dessiccation des feuilles de thé.

Essence de thuja[1]. — L'essence du *Thuja occidentalis* est plus légère que l'eau, commence à bouillir à 190°, et paraît être un mélange de deux huiles oxygénées.

M. Schweizer a obtenu les nombres suivants à l'analyse de trois portions d'essence recueillies à des températures différentes :

	jusqu'à 193°	de 193° à 197°	de 197° à 206°.
Carbone.	71,00	70,55	76,13
Hydrogène.	10,61	10,76	10,67
Oxygène.	18,39	18,69	13,20
	100,00	100,00	100,00

L'hydrate de potasse colore immédiatement l'essence en brun foncé ; si l'on distille le mélange, une partie de l'essence passe sans altération, tandis qu'une autre partie se résinifie. Une portion d'essence, rectifiée cinq fois sur l'hydrate de potasse, a donné les nombres suivants :

Carbone. . .	78,87
Hydrogène. .	10,98
Oxygène. . .	10,15
	100,00

Lorsqu'on traite par l'eau la matière foncée qui reste dans la cornue après la distillation, il s'en sépare une masse résineuse, et l'on obtient une liqueur alcaline contenant en dissolution du carvacrol (§ 1871), qu'on peut mettre en liberté au moyen d'un acide.

A chaud, l'iode attaque vivement l'essence de thuja. Il se dégage de l'acide iodhydrique, et l'on obtient à la distillation un mélange huileux contenant un hydrocarbure plus léger que l'eau (*thujone*), bouillant entre 165 et 175°, et un autre hydrocarbure jaunâtre et épais semblable au colophène (§ 1876).

L'acide sulfurique concentré résinifie l'essence de thuja.

Essence de thym. — Voy. § 1868 et 1900.

Essence de Tolu. — Voy. § 1899.

Essence de valériane. — Voy. § 1061^b et 1901.

[1] SCHWEIZER, *Journ. f. prakt. Chem.*, XXX, 376, et *Ann. der Chem. u. Pharm.*, LII, 398.

Essence de vétiver. — Le vétiver du commerce est la racine d'une graminée, l'*Andropogon muricatus* de Retz, qui sert dans l'Inde à parfumer les appartements, ainsi qu'à préserver les hardes et les tissus de l'attaque des insectes. On emploie aux mêmes usages les racines et les feuilles de plusieurs autres andropogons peu connus, tels que *A. nardus*, L., *A. iwaracusa*, etc.

M. Stenhouse[1] a examiné l'huile essentielle extraite de cette dernière epèce. Elle avait une agréable odeur aromatique rappelant celle de l'essence de rose; elle était plus légère que l'eau, et légèrement résinifiée. Elle commençait à bouillir à 147°, mais ce point s'élevait peu à peu à 160°, où il restait stationnaire pendant quelque temps, pour monter ensuite davantage. Elle se composait d'une huile oxygénée et d'un hydrocarbure ayant la composition de l'essence de térébenthine.

Essence de zédoaire. — Elle s'extrait de la racine du *Curcuma Zedoaria*. Elle est jaune, épaisse, trouble, et possède une odeur et une saveur camphrées. Elle se dissout aisément dans l'alcool et l'éther. Elle se compose de deux huiles, dont l'une est plus pesante, et l'autre plus légère que l'eau.

Résines.

§ 2360. Bien que les résines soient extrêmement répandues dans le règne végétal, et qu'il n'y ait presque pas de plante qui n'en renferme, ces corps sont peut-être les moins étudiés de tous les composés organiques. C'est qu'ils affectent rarement une forme bien déterminée, de sorte qu'il est difficile de se les procurer assez purs pour l'analyse.

Les résines sont ordinairement les produits de l'action exercée par l'oxygène atmosphérique sur des huiles essentielles sécrétées par les végétaux, et il est même probable que ceux-ci ne les préparent jamais directement. Quelquefois on rencontre les résines à l'état de mélange avec les essences, et elles constituent alors ce qu'on appelle des *baumes*. En été, ces mélanges se ramollissent au soleil et suintent à travers les fissures des arbres. On fait bouillir ces baumes avec de l'eau, de manière à chasser toute la partie liquide et à n'avoir pour résidu que la partie résineuse solide. Lorsque les résines n'exsudent pas d'elles-mêmes, on met la partie végétale qui les

[1] Stenhouse, *Ann. der Chem. u. Pharm.*, L, 157.

renferme en digestion avec de l'alcool qui s'en charge alors, ainsi que d'autres substances. Si l'on ajoute de l'eau à la solution et qu'on la chauffe pour éloigner l'alcool, la résine vient surnager à l'état fondu. On trouve également des résines dans le règne minéral (*résines fossiles*), et il est probable que là elles doivent leur origine à des végétaux antédiluviens.

On peut aussi produire des résines par l'action de l'acide nitrique sur des huiles essentielles et sur d'autres substances hydrogénées. Ainsi, lorsqu'on fait bouillir de l'essence de térébenthine, de citron, de girofle, de cubèbe, etc., avec de l'acide nitrique étendu, ces essences se résinifient, mais les produits n'ont pas la même composition que les résines naturelles; ils renferment les éléments de l'acide nitrique, ce qu'on peut aisément démontrer en soumettant à la distillation ces résines factices; elles dégagent alors des vapeurs nitreuses.

Les résines sont en général solubles dans l'alcool et insolubles dans l'eau, ce qui les distingue des gommes, qui, comme la plupart des corps fort oxygénés, se dissolvent assez bien dans l'eau et résistent à l'action de l'alcool; l'eau rend laiteuse la solution alcoolique des résines. Les résines sont également fusibles; elles sont ordinairement jaunes ou brunes, et présentent souvent aussi d'autres teintes. Rarement elles cristallisent.

Elles deviennent électriques par le frottement. Elles se dissolvent dans l'éther, les huiles essentielles, ainsi qu'à chaud dans les huiles grasses.

Les résines de térébenthine (§ 1915) peuvent être considérées comme les types de cette classe de corps. On a vu qu'elles renferment les éléments de l'essence de térébenthine, plus de l'oxygène et moins de l'hydrogène. Il est probable que les autres résines végétales présentent une origine et une composition semblables[1]. Beaucoup de résines, d'ailleurs, sont des mélanges de plusieurs principes. On s'est contenté longtemps, pour en opérer la séparation, de traiter les matières résineuses successivement par divers solvants, tels que l'alcool, l'éther, l'essence de térébenthine, le naphte. Unverdorben a montré qu'on peut quelquefois effectuer la séparation des principes résineux dissous dans le même véhicule, en y ajoutant certaines solutions métalliques. Ainsi, par exemple, lorsqu'on verse

[1] Voy. quelques considérations sur la production des résines : HELDT, *Ann. der Chem. u. Pharm.* LXIII, 48.

de l'acetate de cuivre dans la solution alcoolique d'une résine naturelle, l'un des principes se précipite en combinaison avec du cuivre, tandis que l'autre reste en dissolution.

Les résines ne sont pas volatiles. Soumises à l'action d'une chaleur élevée, elles se charbonnent en dégageant de l'acide carbonique, de l'eau, des gaz hydrocarburés, et des huiles volatiles d'une composition fort variable (Voy. § 1919, quelques produits de la distillation sèche des résines).

Les résines ont peu d'affinité pour les acides. Les acides minéraux concentrés les altèrent à chaud. L'acide sulfurique les dissout à froid sans les décomposer; l'eau trouble la solution; mais, quand on chauffe le mélange, il se développe du gaz sulfureux, et l'on obtient un résidu charbonneux.

L'acide nitrique les attaque et donne des produits dont la nature diffère suivant la durée et l'énergie de la réaction. On obtient ordinairement des matières jaunes, amères et azotées, et souvent aussi de l'acide oxalique.

Unverdorben a fait voir que certaines résines (dites *négatives*) rougissent le tournesol en solution alcoolique, et peuvent se combiner avec les alcalis et avec d'autres oxydes métalliques pour former ce qu'on appelle des *résinates* ou des *savons de résine*; ces résines se combinent aussi avec l'ammoniaque. Les savons de résine sont décomposés les acides, mais ils ne sont pas précipités par le sel marin, comme les savons formés par les corps gras; leurs solutions ne forment pas d'émulsion par la concentration, mais elles moussent comme l'eau de savon ordinaire.

(Voy. § 1920, les savons des résines de térébenthine.)

Les résines dites *positives* ou indifférentes ne se combinent pas avec les oxydes métalliques, et n'exercent aucune action sur les couleurs végétales.

Les résines ont des usages nombreux. Leurs dissolutions dans l'esprit-de-vin, l'essence de térébenthine ou les huiles grasses siccatives, fournissent les différentes espèces de *vernis* dont on se sert pour recouvrir d'un enduit mince et imperméable les objets de bois ou de métal qu'on veut préserver de l'action de l'air et de l'humidité. Les vernis à l'esprit sont les plus brillants, mais aussi les plus cassants; on en peut diminuer la rigidité par une addition d'essence de térébenthine. Les résines qu'on emploie ordinairement pour ces vernis sont : le mastic, la sandaraque, la laque en écailles, l'élémi et le copal. Les menuisiers emploient ordinairement une dissolution alcoolique de laque en écailles qu'ils frottent sur les boiseries avec un chiffon imbibé d'huile. Les mêmes résines, dissoutes dans l'essence de térébenthine, donnent des vernis plus souples, car l'essence elle-même se dessèche peu à peu à l'air en une résine molle.

Le copal et le succin, tels qu'on les trouve dans le commerce, ne se dissolvent ni dans l'essence de térébenthine ni dans l'huile de lin ; pour pouvoir les employer à la fabrication des vernis, on les fait fondre préalablement ; puis, quand la masse est bien liquide, on y ajoute du vernis d'huile de lin et de l'essence de térébenthine.

Quelquefois on donne aux vernis des teintes particulières : on emploie, à cet effet, le curcuma, la gomme-gutte, le rocou, le sang-dragon, la cochenille, le bois de santal, l'oxyde de cuivre, le cinabre, l'indigo, le bleu de Prusse, le jaune de chrome, etc.

A part les résines de térébenthine, que nous avons déjà décrites, la plupart des résines sont très-peu connues, malgré les travaux [1] de Pelletier, Braconnot, Unverdorben, Berzélius, etc. Johnston a analysé un grand nombre de résines, mais les chiffres donnés par ce chimiste manquent entièrement de contrôle.

§ 2361. *Gomme ammoniaque.* — Cette gomme résine s'écoule, à ce qu'on suppose, d'une espèce d'ombellifère (*Heracleum gummiferum* Willd., *Dorema Ammoniacum*, Don), qui croît dans le nord de la Perse et de l'Arménie. On la rencontre quelquefois sous la forme de grains blancs, jaunes ou rougeâtres, plus ou moins volumineux ; d'autres fois sous la forme de gâteaux mêlés de sable et de sciure de bois. Son odeur forte et désagréable, qui rappelle à la fois celle de l'ail et celle du castoréum, est due à la présence d'une huile essentielle (probablement sulfurée), qu'on peut recueillir par la distillation avec de l'eau. Elle se ramollit à la chaleur de la main, et devient cassante lorsqu'elle est refroidie. Sa pesanteur spécifique est de 1,207.

[1] PELLETIER, *Journ. de Phys.*, LXXIX, 275. *Ann. de Chimie*, LXXIX, 90 ; LXXX, 38. *Bull. de Pharm.*, III, 481 ; V, 502. — BRACONNOT, *Ann. de Chimie*, LXVIII, 19 et 66. — BONASTRE, *Journ. de Pharm.*, IX, 178 ; X, 1 ; XII, 492. — UNVERDORBEN, *Ann. de Poggend.*, VIII, 40 et 407 ; XI, 28, 230 et 293 ; XIV, 116. — BERZÉLIUS, *Ann. de Poggend.*, X, 252 ; XII, 419 ; XIII, 78. — JOHNSTON, *Ann. der Chem. u. Pharm.*, XLIV, 328.
Toutes les analyses de Johnston sont calculées avec l'ancien poids atomique du carbone.

La gomme ammoniaque renferme :

	Bucholz.	Braconnot.
Résine.	72,0	70,0
Gomme soluble.	22,4	18,4
Bassorine	1,6	4,4
Huile volatile, eau et perte.	4,0	7,2
	100,0	100,0

Lorsqu'on met la gomme ammoniaque en digestion avec de l'alcool, on obtient une solution d'un jaune clair, qui fournit par l'évaporation une résine transparente presque incolore. Cette résine renferme :

	Johnston.	
Carbone. . . .	71,78	72,07
Hydrogène . .	7,55	7,63
Oxygène . . .	20,67	20,30
	100,00	100,00

Si l'on maintient la résine précédente à 130° pendant quelques heures, jusqu'à ce qu'il ne se dégage plus de vapeurs, on obtient un produit renfermant plus de carbone que la résine primitive.

§ 2362. *Assa fœtida.* — Cette gomme résine s'extrait en Perse, par incision de la racine, d'une espèce d'ombellifère (*Ferula Assa-fœtida*, L.)

Elle se présente quelquefois sous la forme de larmes détachées; mais le plus souvent elle est en masses considérables, rougeâtres, parsemées de larmes blanches, un peu transparentes. Elle possède une odeur et une saveur fortes et désagréables, dues à une huile sulfurée (§ 876) qu'on peut en extraire par la distillation avec de l'eau ; elle se raye sous l'ongle, et la chaleur de la main suffit pour la ramollir. Lorsqu'on la casse, la nouvelle surface, qui est ordinairement peu colorée, rougit promptement par le contact de l'air. Fortement refroidie, elle devient friable, et peut alors être facilement réduite en poudre. Elle est beaucoup plus soluble dans l'alcool que dans l'eau, et donne de l'huile volatile à la distillation. Sa densité est de 1,327.

Elle possède, d'après Pelletier, la composition suivante :

Résine	65,00
Gomme soluble.	19,44
Bassorine.	11,16
Huile volatile.	3,60
Malate acide de chaux et perte. .	0,30
	100,00

D'après Johnston, la résine d'assa-fœtida peut s'extraire par l'alcool ; elle est d'un jaune clair à l'état de pureté, et devient pourpre aux rayons du soleil. La composition de cette résine est représentée par les nombres suivants :

	Johnston.			
Carbone. . . .	69,49	69,90	70,51	71,05
Hydrogène . .	7,56	7,55	7,65	7,59
Oxygène. . . .	22,95	22,55	21,84	21,36
	100,00	100,00	100,00	100,00

On n'a pas trouvé de soufre dans la résine d'assa-fœtida.

Cette gomme résine est fréquemment employée dans la médecine vétérinaire ; elle doit son efficacité particulièrement à l'huile essentielle qu'elle renferme. Malgré ses qualités si désagréables, les Orientaux s'en servent pour assaisonner leurs mets.

Bdellium. —Voy. § 1928.

Benjoin. — Voy. § 1516[c].

Résine de bouleau. —§ 1929.

Résine de céradie. — Voy. § 1930.

Colophane. — Voy. § 1915.

Baume et *Résine de copahu.* —Voy. § 1931.

Résine dammara. — Voy. § 1934.

Résine élémi. — Voy. § 1935.

Encens ou *oliban.* Voy. § 1936.

Résine d'euphorbe. — Voy. § 1936[a].

Résine de gaïac. — Voy. § 2011.

§ 2363. *Galbanum.*—Cette gomme résine, qui vient de Syrie, est généralement attribuée à une espèce d'ombellifère, le *Bubon Galbanum,* L.

Elle se rencontre dans le commerce sous la forme de grains ronds, demi-translucides, qui sont blancs à l'intérieur, et d'un blanc roussâtre à l'extérieur. Moins sa couleur est foncée, plus elle est estimée. Elle renferme une huile volatile, incolore et limpide, dont l'odeur rappelle à la fois celle du galbanum et celle du camphre; sa saveur est d'abord brûlante, ensuite fraîche et amère.

Le galbanum renferme, d'après Meissner [1] et Pelletier :

	Miessner.	Pelletier.
Résine	65,8	66,86
Gomme	27,6	19,28
Mucilage végétal. . . .	1,8	»
Huile volatile	3,4	6,34
Eau.	2,0	
Matière insoluble . . .	2,8	7,52
	103,4	100,00

La résine peut s'extraire par l'alcool; elle est jaune foncé, transparente, et fond aisément au bain-marie. Elle renferme :

	Johnston.				
Carbone.	73,99	74,33	74,15	73,27	74,26
Hydrogène . . .	8,29	8,58	8,56	8,40	8,46
Oxygène.	17,82	19,09	17,29	18,33	17,28
	100,00	100,00	100,00	100,00	100,00

Lorsqu'on chauffe la résine à une température de 120° à 130°, on en retire, entre autres produits, une huile d'un beau bleu indigo. Cette huile est très-soluble dans l'alcool, auquel elle communique sa couleur (Meissner).

Résine de gomart. — Voy. § 1937.

§ 2364. *Gomme-gutte* [2]. — D'après l'opinion de Kœnig, la vraie gomme-gutte est le suc qu'on extrait, par incisions, du *Stalagmitis cambogioides*, arbre qui croît surtout dans l'île de Ceylan et dans la presqu'île de Cambodge. Une qualité inférieure de gomme-gutte paraît provenir du *Cambogia Gutta* L., qui croît spontanément sur la côte de Malabar.

La gomme-gutte se rencontre ordinairement dans le commerce, sous la forme de masses cylindriques, d'un rouge-brun à l'extérieur, et d'un jaune-rougeâtre à l'intérieur. Elle est brillante, dure, et d'une cassure opaque. Elle est sans odeur; mais elle possède une saveur âcre qui ne se manifeste pas immédiatement. Sa poudre est d'un jaune pur très-éclatant. L'eau forme avec elle une sorte

[1] Meissner, *Neues Journ. d. Pharmac.*, de Trommsdorff, I, 1.

[2] Braconnot, *Ann. de Chimie*, LXVIII, 33. — Johnston, *loc. cit.* — Buechner, *Ann. der Chem. u. Pharm.*, XLV, 71. — Christison, *ibid.*, XXIV, 172; LXXVI, 343. *Journ. de Pharm.*, [3] XVII, 271.

d'émulsion d'un beau jaune; l'alcool la dissout en produisant un liquide rouge et transparent. Les alcalis la dissolvent avec une couleur rouge intense.

M. Christison a trouvé dans la gomme-gutte :

	G. en canons (pipe cambodge).		G. en gâteaux (cake cambodge).		G. de Ceylan.			
Résine.	74,2	71,6	64,3	65,0	68,8	71,5	72,9	75,5
Gomme	21,8	24,0	20,7	19,7	20,7	18,8	19,4	18,4
Matière amylacée. .	»	»	6,2	5,0	»	»	»	»
Fibre ligneuse. . . .	»	»	4,4	6,2	6,8	5,7	4,3	0,6
Humidité.	4,8	4,8	4,0	4,2	4,6	»	»	4,8
	100,8	100,4	99,6	100,1	100,9	96,0	96,6	99,3

La résine s'extrait de la gomme-gutte au moyen de l'éther; par l'évaporation de la solution éthérée, on l'obtient sous la forme d'une masse rouge, donnant une belle poudre jaune. Elle est insoluble dans l'eau, très-soluble dans l'éther, moins soluble dans l'alcool. La solution alcoolique n'est pas troublée par l'ammoniaque. La poudre se dissout dans l'ammoniaque à chaud, en prenant une teinte rouge-hyacinthe foncée; la liqueur est précipitée par le carbonate d'ammoniaque; le précipité se dissout facilement dans l'eau pure; l'addition de l'acide chlorhydrique précipite la résine.

On a trouvé dans la résine de gomme-gutte :

	Johnston.	Buechner.	
Carbone . . .	71,70	71,87	72,22
Hydrogène . .	7,03	7,06	7,41
Oxygène. . .	21,27	21,07	20,37
	100,00	100,00	100,00

Buechner calcule de ses analyses la formule $C^{60}H^{35}O^{12}$, et Johnston, la formule $C^{40}H^{23}O^{9}$, qui me paraissent toutes deux inacceptables.

La dissolution ammoniacale de la gomme-gutte est précipitée par le nitrate d'argent en jaune-brun, par l'acétate de plomb neutre en rouge-jaunâtre, par les sels de baryte en rouge, par les sels de zinc en jaune. Chauffée avec les carbonates alcalins, la résine chasse l'acide carbonique à la température de l'ébullition ; elle se dissout dans les lessives alcalines faibles ; sa dissolution alcoolique rougit le tournesol.

D'après ces caractères, la résine de gomme-gutte peut être considérée comme un acide.

Le chlore blanchit et détruit la résine de gomme-gutte. Lorsqu'on la délaye dans l'eau chlorée et qu'on évapore le mélange, on obtient une substance jaune clair, insoluble dans l'eau, et contenant du chlore. L'acide nitrique décompose la résine par l'ébullition, en produisant de l'acide oxalique et de l'acide picrique.

Le *sel de potasse* s'obtient en traitant la résine par le carbonate de potasse à la température de l'ébullition. Pour que la dissolution puisse être complète, il ne faut pas que la liqueur soit trop concentrée; la solution limpide est évaporée à sec et traitée par l'alcool absolu, qui dissout le résinate sans toucher au carbonate de potasse. Lorsqu'on ajoute à la dissolution du sel de potasse neutre une solution saturée de sel marin, la combinaison devient insoluble, et la séparation s'opère comme dans le cas d'un savon; mais, suivant M. Buechner, cette combinaison, ainsi séparée, renferme de la soude.

Le *sel de baryte*, qu'on obtient en précipitant la solution ammoniacale par du chlorure de baryum, est volumineux, visqueux, et d'un rouge brique. Il renferme 10,30 p. c. de baryte.

Le *sel de plomb* est rouge-jaunâtre et gélatineux, et contient 34,5 p. c. d'oxyde de plomb.

Le *sel d'argent* est un précipité jaune-brun, un peu visqueux, difficile à laver, et contenant 18,7 p. c. d'oxyde d'argent (suivant M. Buechner, $C^{60}H^{35}O^{12},AgO$).

La gomme-gutte est employée en médecine à l'intérieur, en raison de ses propriétés purgatives. Son plus grand usage est pour la peinture.

Résine icica. — Voy. § 1938.

§ 2565. *Résine de jalap*[1]. — Elle s'extrait de la racine de jalap. M. Nativelle[2] a fait connaître un procédé qui la donne entièrement blanche. Il consiste à traiter les racines hachées par l'eau bouillante à plusieurs reprises et à les soumettre ainsi ramollies à l'action de la presse. On répète ce traitement jusqu'à ce que les eaux de lavage passent incolores. Les racines épuisées de matière colorante par l'eau sont alors reprises par de l'alcool à 0,65 bouillant. Quand ce véhicule n'entraîne plus rien, on réunit toutes les liqueurs alcooliques qu'on agite avec un peu de noir animal, et on fil-

[1] CADET DE GASSICOURT, *Journ. de Pharm.*, III. — TROMMSDORFF, *Neues Journ. d. Pharmac.*, XXV, 103. — GOEBEL, *Repert. d. Pharm. v. Buchner.*, XI, 83. — BUCHNER et HERBERGER, *ibid.*, XXXVII, 203. — KAYSER, *Ann. der Chem. u. Pharm.*, LI, 81. — SANDROCK, *Archiv. d. Pharm.*, [2] LXIV, 160. — JOHNSTON, *Lond. and. Edinb. Philos. Magaz.*, XVII, 183. — W. MAYER, *Ann. der Chem. u. Pharm.*, LXXXIII, 122; XCII, 125.

[2] NATIVELLE, *Journ. de Pharm.*, [3] I, 28.

tre, puis on distille au bain-marie. Le résidu séché se présente sous la forme d'une masse aussi blanche que l'amidon et très-friable.

La résine ainsi préparée est un mélange de deux principes : l'un soluble dans l'éther, l'autre insoluble dans ce véhicule. Le jalap donne de 10 à 15 p. c. de ce mélange.

α. Résine soluble dans l'éther ou *pararhodéorétine* (Kayser). Elle rougit assez fortement le tournesol, produit des taches grasses sur le papier, et possède une forte odeur de jalap, ainsi qu'une saveur âcre. Elle ne cristallise ni en solution alcoolique, ni en solution éthérée; mais, lorsqu'on l'abandonne au contact de l'eau, elle se transforme en une masse onctueuse, remplie d'aiguilles. Chauffée sur la lame de platine, elle se volatilise; si on l'enflamme, elle brûle avec une flamme claire en répandant des vapeurs âcres, fort désagréables.

Séchée à 100°, elle renferme :

	Johnston[1].			Kayser.	
Carbone . . .	56,80	57,44	57,71	58,11	58,16
Hydrogène . .	8,24	8,59	8,40	8,01	8,13
Oxygène . . .	34,96	34,08	33,89	33,88	33,71
	100,00	100,00	100,00	100,00	100,00

M. Kayser représente ces nombres par les rapports $C^{42}H^{34}O^{18}$ qui manquent de contrôle ; M. Johnston admet la formule $C^{40}H^{34}O^{18}$.

La résine est insoluble dans l'acide chlorhydrique, l'acide nitrique et l'acide acétique, même à chaud. L'acide sulfurique lui communique, au bout de quelque temps, une teinte purpurine, et finit par la dissoudre ; au bout de quelque temps la solution met en liberté une matière brune onctueuse.

La potasse et la soude aqueuses la dissolvent; l'acide chlorhydrique précipite la solution.

La solution alcoolique de la résine donne un précipité jaune avec une solution alcoolique d'acétate de plomb.

β. Résine insoluble dans l'éther.

D'après les expériences de M. Mayer, le jalap officinal ou tubéreux (*Convolvulus Schiedanus* Zucc.) contient une résine homologue de la résine contenue dans le jalap fusiforme (*Hyomœa orizabensis* Ledanois, *Convolvulus orizabensis* Pell.); ces deux résines appartiennent à la classe des glucosides , c'est-à-dire qu'elles sont

[1] M. Johnston a opéré sur du jalap extrait du *Convolvulus orizabensis*, Pell , n contenant que de la résine soluble dans l'éther.

susceptibles de se dédoubler en glucose et en un autre corps.

α. *Convolvuline* ou résine du jalap tubéreux (Mayer; *rhodéorétine* de Kayser, *jalapine* de Buchner et Herberger, résine β de Sandrock), $C^{62}H^{50}O^{32}$(?).

M. Mayer obtient la convolvuline à l'état de pureté en mettant en digestion avec de l'éther le mélange des deux résines, dissolvant le résidu dans très-peu d'alcool absolu, et précipitant la solution par l'éther. Ces opérations ont besoin d'être répétées plusieurs fois pour donner un produit entièrement pur.

Séchée à 100°, la convolvuline est une substance parfaitement blanche, de l'aspect de la gomme arabique, sans odeur ni saveur. Pour peu quelle renferme de l'humidité, elle se ramollit déjà au-dessous de 100°, et se laisse alors tirer en fils. A l'état sec, elle se ramollit à 141°, et fond à 150° en une liqueur jaunâtre et limpide; au-dessus de 155°, elle commence à se décomposer. Elle est très-peu soluble dans l'eau, insoluble dans l'éther, mais soluble dans l'alcool; sa solution alcoolique rougit légèrement le tournesol.

Elle renferme :

	Kayser [1].		Mayer [2].						Calcul.
							a	*a*	
Carbone. . .	86,06	55,87	55,01	54,56	54,53	54,57	54,86	54,21	55,38
Hydrogène .	7,94	7,89	7,89	8,07	7,89	7,89	7,94	7,89	7,69
Oxygène. . .	«	«	«	«	«	«	«	«	36,93
									100,00

M. Mayer déduit des nombres précédents la formule $C^{72}H^{60}O^{36}$ pour la substance fondue à 150° et la même formule + aq. pour la substance séchée à 100°. Plus récemment, le même chimiste a proposé la formule $C^{62}H^{50}O^{32}$.

Calcinée sur la lame de platine, la convolvuline brûle avec une flamme fuligineuse, en répandant une odeur empyreumatique rappelant celle du caramel, et en laissant un charbon brillant.

L'ammoniaque, la potasse, la soude et l'eau de baryte dissolvent la convolvuline, surtout à chaud, en la transformant en

[1] M. Kayser n'ayant pas purifié sa matière au moyen de l'éther, M. Mayer attribue à un mélange de résine soluble dans ce liquide l'excès de carbone trouvé par M. Kayser.

[2] Les analyses marquées *a* ont été faites sur de la convolvuline fondue à 150°; les autres, sur la même substance séchée à 100°.

[3] M. Laurent (*Compt. rend. de l'Acad.*, XXXV, 379) a proposé les formules suivantes pour la rhodéorétine et ses dérivés :

Rhodéorétine à 150°, ...	$C^{48}H^{40}O^{24}$
Acide rhodéorétinique	$C^{48}H^{42}O^{26}$
Acide rhodéorétinolique . . .	$C^{24}H^{22}O^{6}$.

acide convolvulique ou rhodéorétinique. Les alcalis la dissolvent moins aisément à froid, mais la solution s'effectue rapidement par l'ébullition.

Suivant M. Mayer, la convolvuline fixe 3 atomes d'eau (?) pour se convertir en acide convolvulique (§ 2366).

L'acide acétique dissout aisément la convolvuline. L'acide nitrique dilué la dissout très-lentement à froid ; la dissolution est plus prompte à chaud; mais la matière se décompose. L'acide nitrique concentré l'attaque immédiatement, avec dégagement de vapeurs rutilantes, en produisant de l'acide oxalique, et de l'acide ipomique, isomère de l'acide sébacique (§ 1186).

Délayée dans l'acide sulfurique concentré, la convolvuline s'y dissout dans l'espace d'un quart d'heure avec une belle couleur rouge amarante. Cette teinte disparaît à la longue, et la masse brunit. Si l'on étend d'eau la solution rouge, ils s'en sépare une huile brunâtre (acide convolvulinolique ou rhodéorétinolique), douée d'une odeur agréable, qui rappelle celle de l'essence de rue ou des prunes fraîches ; la liqueur renferme alors du glucose (voy. § 2366).

La réaction précédente est caractéristique pour la convolvuline et la jalapine.

La convolvuline est le principe actif du jalap ; elle agit comme un purgatif énergique, même à la dose de quelques grains.

β. *Jalapine* ou résine du jalap fusiforme. Suivant M. Mayer, elle renferme $C^{68}H^{56}O^{32}$. Les alcalis la transforment en acide jalapique $C^{68}H^{59}O^{35}$ (?), et celui-ci se dédouble par les acides minéraux en glucose et en jalapinol $C^{32}H^{31}O^{7}$(?) :

$$C^{68}H^{59}O^{35} + 8\ HO = C^{32}H^{31}O^{7} + 3\ C^{12}H^{12}O^{12}.$$

Ac. jalapique. Jalapinol. Glucose.

Sous l'influence des alcalis, le jalapinol perd de l'eau, et se convertit en acide jalapinolique $C^{32}H^{30}O^{6}$. Enfin, l'acide nitrique transforme celui-ci en acide ipomique et en acide oxalique.

Les détails relatifs à ces réactions n'ont pas encore été publiés.

§ 2366. L'*acide convolvulique* ou *rhodéorétique* [1] est le produit de la métamorphose de la convolvuline sous l'influence des alcalis.

Voici comment M. Mayer le prépare. On introduit une centaine de grammes de convolvuline dans un demi-kilogramme d'eau de baryte, et l'on porte à l'ébullition en agitant fréquemment. Après

[1] *Hydrorhodéorétine* de M. Kayser.

le refroidissement du mélange, on en précipite la baryte par l'acide sulfurique, employé en très-léger excès. Pour enlever à son tour l'acide sulfurique excédant, on agite la liqueur avec du carbonate de plomb; on filtre, et l'on précipite par l'hydrogène sulfuré le plomb dissous dans la liqueur. Ensuite, on évapore celle-ci au bain-marie.

L'acide convolvulique est une matière blanche, fort hygrométrique, ayant toute l'apparence de la convolvuline. Il est soluble en toutes proportions dans l'eau et l'alcool, insoluble dans l'éther. Sa solution aqueuse réagit fort acide, et présente une odeur très-légère rappelant celles des coings. Il se ramollit à quelques degrés au-dessus de 100°, et fond entre 100° et 120°. Passé 120°, il se décompose.

Il renferme :

	Mayer.				$C^{62}H^{53}O^{35}$(?).
Carbone. . .	52,44	52,61	52,48	52,89	52,8
Hydrogène. . .	7,93	8,04	7,87	7,82	7,5
Oxygène. . .	»	»	»	»	39,7
					100,0

D'après les analyses précédentes, l'acide convolvulique renferme les éléments de la convolvuline plus 3 atomes d'eau $= C^{62}H^{53}O^{35}$. Cette formule ne me paraît pas exacte, à cause du nombre impair des atomes d'hydrogène et d'oxygène.

L'acide convolvulique se comporte comme la convolvuline avec l'acide acétique, l'acide nitrique et l'acide sulfurique concentré.

Par l'ébullition avec de l'acide sulfurique ou chlorhydrique étendu, il se dédouble en acide convolvulinolique (§ 2367) et en glucose. L'émulsine produit le même effet :

$$\underset{\text{Ac. convolvuliq.}}{C^{62}H^{53}O^{35}} + 8\,HO = \underset{\text{Ac. convolvulinol.}}{C^{26}H^{25}O^{7}} + 3\,\underset{\text{Glucose.}}{C^{12}H^{12}O^{12}}.$$

($5^{gr},902$ d'acide convolvulique ont donné à M. Mayer $2^{gr},255$ d'acide convolvulique; la théorie en exigerait $1^{gr},984$.)

L'acide convolvulique déplace l'acide carbonique des carbonates alcalins et terreux, surtout à chaud.

Dissous dans l'eau, à l'état libre ou après avoir été neutralisé par l'ammoniaque, il ne précipite la solution d'aucun sel métallique neutre; mais avec le sous-acétate de plomb il donne des flocons blancs, volumineux.

Le *sel de potasse acide* s'obtient en saturant l'acide convolvulique par la potasse, évaporant à siccité, et reprenant par l'alcool. Il est amorphe, fort soluble dans l'eau, peu soluble dans l'alcool; sa solution aqueuse a une odeur de coing et une saveur amère. Il fond entre 100° et 110°, et renferme 5,65 p. c. de potasse (Mayer).

Le *sel de baryte acide*, $C^{62}H^{52}BaO^{35}$(?), s'obtient en faisant bouillir l'eau de baryte avec un excès de convolvuline, filtrant, rendant légèrement alcaline la solution refroidie en y ajoutant un peu d'eau de baryte, faisant passer dans la liqueur un courant d'acide carbonique, filtrant et évaporant au bain-marie. Il reste alors une masse amorphe, diaphane et cassante, d'une saveur amère et d'une odeur de coings. Ce sel est fort soluble dans l'eau et l'alcool, fond entre 100° et 110°, et renferme :

	Kayser.		Mayer.		Calcul.
Carbone. . .	50,68	50,61	48,85	»	48,2
Hydrogène. .	7,55	7,54	7,25	»	6,7
Baryte. . . .	7,63	7,63	8,83	8,64	9,8

Le *sel de baryte neutre*, $C^{62}H^{51}Ba^{2}O^{35}$(?), se prépare en traitant la convolvuline par un excès d'eau de baryte; la réaction s'opère déjà à froid; mais elle est plus rapide par l'ébullition. On fait passer un courant d'acide carbonique dans la liqueur alcaline et bouillante, et on l'évapore au bain-marie. Les caractères du sel neutre qu'on obtient ainsi sont fort semblables à ceux du sel acide.

Le sel de baryte neutre renferme :

	Mayer.			Calcul.
Carbone. . . .	45,29	45,40	45,59	44,3
Hydrogène. .	6,76	6,77	6,89	6,2
Baryte.	16,14	16,07	»	18,1

Le *sel de chaux neutre*, $C^{62}H^{51}Ca^{2}O^{35}$(?), s'obtient en faisant bouillir l'acide convolvulique avec du lait de chaux, filtrant la liqueur, enlevant l'excès de chaux par un courant d'acide carbonique, et évaporant au bain. Il constitue une masse amorphe, légèrement jaunâtre; sa solution aqueuse présente une odeur de coing.

Il renferme :

	Sandrock.	Mayer.		Calcul.
Chaux. . . .	6,0	6,17	6,20	7,5

§ 2367. L'*acide convolvulinolique* ou *rhodéorétinolique* [1] se pro-

[1] *Rhodéorétinol* de M. Kayser.

duit, en même temps que du glucose, par l'action des acides dilués ou de l'émulsine sur l'acide convolvulique.

M. Kayser l'obtient en dissolvant la convolvuline dans l'alcool, et faisant passer du gaz chlorhydrique dans la solution alcoolique.

M. Mayer emploie le procédé suivant, qui donne l'acide convolvulinolique dans un état de pureté plus grande : on fait dissoudre 30 grammes d'acide convolvulique dans 300 grammes d'eau ; on porte la solution à l'ébullition, et l'on y verse 20 gr. d'acide sulfurique concentré, étendus de 200 gr. d'eau. La décomposition s'effectue presque aussitôt, et s'annonce par la séparation de gouttes huileuses qui se précipitent peu à peu ; pour la rendre complète, on maintient l'ébullition pendant quelque temps. La liqueur acide qu'on obtient ainsi tient en dissolution de petites quantités du corps huileux, qui se dépose alors par le refroidissement sous la forme de fines aiguilles. L'huile mise en liberté se prend par le repos en une masse butyreuse. On lave celle-ci à l'eau bouillante pour la débarrasser de tout l'acide sulfurique.

L'acide convolvulinolique se dépose, par le refroidissement lent de sa solution aqueuse et étendue, sous la forme d'aiguilles microscopiques, entièrement incolores. On ne peut pas l'obtenir cristallisé dans l'alcool ou l'éther. Il est sans odeur, mais il a une saveur âcre, un peu amère. Il est fort peu soluble dans l'eau pure, plus soluble dans l'eau acidulée, fort soluble dans l'alcool, moins soluble dans l'éther ; il a une réaction acide. Fondu dans un verre de montre, il se prend par le refroidissement en une matière confusément cristalline, de l'apparence de certains acides gras ; ce produit se ramollit à 25°, et fond entre 40 et 45° en une huile jaunâtre ; il est gras au toucher et tache le papier. Lorsqu'on répand dans l'eau la matière fondue, elle lui communique une odeur particulière rappelant celle de fruit du caroubier.

Il renferme :

	Kayser.	Mayer.		$C^{26}H^{25}O^{7}$.
Carbone. . . .	66,38	65,56	65,38	65,8
Hydrogène. . .	10,67	10,70	10,72	10,5
Oxygène. . . .	»	»	»	23,7
				100,0

M. Mayer représente les nombres précédents par la formule $C^{26}H^{25}O^{7}$, qui me paraît contestable.

Chauffé sur la lame de platine, l'acide convolvulinolique a l'air de se volatiliser sans décomposition, en ne laissant qu'un léger résidu de charbon, et en répandant des vapeurs fort âcres, semblables à celles de l'acide sébacique.

Mis en contact avec l'acide sulfurique concentré, il jaunit et prend alors une teinte rouge amarante, comme l'acide convolvulique et la convolvuline. L'acide nitrique le transforme en acide oxalique et en acide ipomique, isomère de l'acide sébacique (§ 1186).

L'acide convolvulinolique déplace l'acide carbonique des carbonates alcalins et terreux.

Les *convolvulinolates* à base d'alcali sont fort solubles dans l'eau et l'alcool; ceux à base de terre alcaline sont peu solubles dans l'eau et l'alcool; ceux à base de plomb, de cuivre et d'argent sont insolubles dans l'eau, fort peu solubles dans l'alcool.

Le *sel de baryte,* $C^{26}H^{24}BaO^{7}$(?) s'obtient en mélangeant de l'eau de baryte avec la solution alcoolique de l'acide, jusqu'à légère réaction acide, faisant passer dans la liqueur bouillante un courant d'acide carbonique et filtrant; la liqueur ainsi traitée dépose par le refroidissement une bouillie composée d'aiguilles microscopiques, qu'on purifie par une nouvelle cristallisation dans l'alcool. Séché à 100°, ce sel renferme :

	Mayer.	Calcul.
Carbone.	53,96	51,3
Hydrogène.	8,40	7,9
Baryte.	19,55	2,50

Le *sel de cuivre* s'obtient en précipitant le sel d'ammoniaque neutre par l'acétate de cuivre. C'est un précipité vert-bleuâtre, insoluble dans l'eau, à peine soluble dans l'alcool. Il fond à 110° en une liqueur vert foncé, qui se prend par le refroidissement en une masse amorphe. Il a donné à l'analyse 15,53 — 15,62 p. c. d'oxyde de cuivre; ces nombres correspondent à la composition d'un sous-sel.

Le *sel de plomb* est un précipité blanc, volumineux, qui se dessèche sur l'acide sulfurique en une masse cornée. On l'obtient avec le sel d'ammoniaque et l'acétate de plomb neutre. Il a donné à l'analyse 33,89 — 33,82 p. c. d'oxyde de plomb. Ces nombres correspondent à la composition d'un sous-sel.

Le *sel d'argent* est un précipité blanc, floconneux, volumineux, fort altérable, renfermant 25,61—26,00 p. c. d'argent. Il est insoluble dans l'eau, fort peu soluble dans l'alcool.

Ladanum. — Voy. § 1939.

§ 2367[a]. *Résine laque.* — Elle exsude de plusieurs arbres des Indes orientales tels que *Ficus religiosa* L., *Ficus indica* L., *Rhamnus Jujuba* L., *Butea frondosa* Roxb., etc.), par suite de lésions faites par la femelle d'un insecte hémiptère, le *Coccus Lacca*, qui se fixe à l'extrémité des jeunes branches, les pique et s'ensevelit dans le suc qui en sort; c'est en coupant les tiges et les branches enduites de résine et de couvée qu'on fait la récolte de la laque.

On trouve dans le commerce trois sortes de laques : la *laque en bâtons*, où les cellules de l'insecte sont encore attachées aux branches de l'arbre; la *laque en grains*, en fragments brisés, détachés des branches et purifiés de matière colorante par l'ébullition avec une solution faible de carbonate de soude; et la *laque plate* ou *en écailles*, qui a été obtenue par la fusion des deux sortes précédentes versées à travers une toile, et coulées en plaques minces ou en plaques plus ou moins épaisses. Ces diverses sortes commerciales diffèrent peu les unes des autres; toutefois la laque en bâtons renferme plus de matière colorante rouge, qu'on en extrait souvent pour les usages de la teinture. Cette matière colorante appartient à l'insecte, et non au végétal qui le nourrit.

Lorsqu'on traite la laque par l'alcool froid, et qu'on évapore la dissolution filtrée, on obtient pour résidu la matière résineuse. Cette substance, après la fusion, est brune, translucide, cassante, d'une densité égale à 1,339, fusible à une température peu élevée, et présentant alors la consistance d'un liquide visqueux. Elle est soluble en totalité dans l'alcool absolu, dans les acides chlorhydrique et acétique, ainsi que dans la dissolution de potasse et de soude qu'elle neutralise. Elle est soluble en partie seulement dans l'éther et les huiles volatiles.

D'après l'analyse d'Hatchett, les trois espèces de laque contiendraient les substances suivantes :

	Laque en bâtons.	Laque en grains.	Laque en écailles.
Résine.	68,0	88,5	90,9
Matière colorante. . . .	10,0	2,5	0,5
Cire.	6,0	4,5	4,0
Gluten.	5,5	2,0	2,8
Corps étrangers. . . .	6,5	0,0	0,0
Perte.	4,0	2,5	1,8
	100,0	100,0	100,0

D'après John [1], la laque en grains renferme :

Résine en partie soluble dans l'éther.	66,65
Substance particulière (*laccine*). . .	16,75
Matière colorante.	3,75
Acide laccique.	0,62
Extractif.	3,92
Débris d'insectes.	2,08
Cire.	1,67
Sels divers.	1,04
Sable.	0,62
Perte.	2,55
	100,00

Suivant Unverdorben, la laque ne contiendrait pas moins de cinq résines distinctes, savoir : une résine soluble dans l'alcool et l'éther, une autre soluble dans l'alcool et insoluble dans l'éther, une troisième peu soluble dans l'alcool froid, une quatrième cristallisable, et enfin une cinquième insoluble dans l'huile de naphte, soluble dans l'alcool et l'éther. Outre ces résines et les substances précédemment indiquées, le même chimiste a trouvé, dans la laque, de l'acide margarique et de l'acide oléique.

La laque est employée comme dentifrice. On s'en sert dans la fabrication des vernis, ainsi que de la cire à cacheter (mélange fondu de laque, de térébenthine, de baume du Pérou et de vermillon). On en fait également usage pour luter les pièces de terre et de faïence.

On emploie, dans la teinture rouge sur laine et sur soie, deux préparations indiennes de laque : le *lac-laque*, en pains irréguliers, couleur lie de vin et d'une cassure luisante, qu'on obtient en épuisant la laque en bâtons par une eau de soude très-faible et précipitant l'extrait par de l'alun ; et le *lac-dye*, en tablettes carrées ou en morceaux irréguliers, couverts à l'extérieur d'une croûte, tantôt rougeâtre et crasseuse, tantôt d'un gris noirâtre. Ce dernier produit, plus estimé que le lac-laque, n'en paraît différer que parce qu'on apporte plus de soins à sa préparation.

Les maroquins du Levant sont teints avec la laque, avivée par les acides et l'alun.

La matière colorante de la laque se comporte avec les sels comme celle de la cochenille ; elle donne des couleurs plus solides,

[1] JOHN, *Chemische Schrift*, V, I.

quoique moins belles et moins vives. L'acide sulfurique est son meilleur solvant. Les liqueurs alcalines la dissolvent également avec facilité.

§ 2368. *Baume liquidambar.* — Il est produit par un grand arbre (*Liquidambar styraciflua*) qui croît dans la Louisiane, dans la Floride et au Mexique.

Le *liquidambar liquide*, ou *huile de liquidambar*, est obtenu par des incisions faites à l'arbre, reçu immédiatement dans des vases qui le soustraient à l'action de l'air, et décanté pour le séparer d'une partie de baume opaque qui se dépose au fond. Il possède la consistance d'une huile épaisse; il est transparent, d'un jaune ambré; son odeur, qui est analogue à celle du styrax liquide, est plus agréable; sa saveur est aromatique et irrite la gorge. Il contient une assez grande quantité d'acide benzoïque ou cinnamique; il suffit d'en mettre une goutte sur du papier de tournesol pour le rougir assez fortement. Lorsqu'on le traite par l'alcool bouillant, il laisse un résidu peu considérable, et la liqueur filtrée se trouble par le refroidissement.

Le *liquidambar mou* ou *blanc* provient, soit du dépôt opaque formé par le baume précédent, soit des parties de baume qui ont coulé sur l'arbre et se sont épaissies à l'air. Il ressemble à une térébenthine très-épaisse ou à de la poix molle; il est opaque et blanchâtre; son odeur est moins forte et plus agréable que celle du baume précédent; sa saveur est douce et parfumée, mais irritante. Il contient une grande quantité d'acide benzoïque ou cinnamique. Par une longue exposition à l'air, il se solidifie complétement, et devient presque transparent. C'est ce produit que l'on vendait autrefois comme baume blanc du Pérou.

Mastic. — Voy. § 1939.

§ 2369. *Résine de Maynas*[1], calaba ou galba des Antilles. — Cette résine s'extrait, par incision, du *Calophyllum Calaba* Jacq., arbre qu'on rencontre dans les plaines de Saint-Martin et de l'Orénoque. Par ses caractères extérieurs, elle ressemble à la plupart des résines; mais, quand on vient à la purifier, en la dissolvant dans l'alcool bouillant, elle se présente sous la forme de petits prismes transparents. Lorsque la cristallisation s'opère lentement, on obtient de très-beaux cristaux d'une belle couleur jaune, et d'une

[1] Lewy. *Ann. de Chim. et de Phys.*, [3] X, 380.

grandeur peu commune pour ces sortes de matières. Suivant M. de la Provostaye, ces cristaux appartiennent au système monoclinique. Combinaison observée, ∞ P. ∞ P ∞ . [∞ P ∞]. 0P. + P. P∞ . [P∞]. Angles mesurés, ∞ P : [∞ P∞] = 119°; ∞ P ∞ : 0 P = 101°17′; 0 P : [P∞] = 143°15; ∞ P : [P∞] = 98°45′ environ; ∞ P∞ : P∞ = 139°35′; ∞ P ∞ : ∞ P = 150°30′. Valeur des axes, $a : b : c ::$ 1,347 : 1 : 1,769. Angle des axes a et b = 78°43′.

La résine de Maynas se comporte comme un acide : elle se dissout aisément, même à froid, dans la potasse, la soude et l'ammoniaque. Elle est insoluble dans l'eau, très-soluble dans l'alcool, l'éther, les huiles essentielles et les huiles grasses. Sa densité est de 1,12 ; elle fond à 105° environ en un verre transparent. Une fois fondue, elle reste longtemps liquide, et ne se solidifie que vers 90°. A la distillation sèche, elle fournit des huiles empyreumatiques, et laisse un résidu charbonneux.

Elle renferme :

	Lewy.				$C^{28}H^{16}O^{8}$(?)
Carbone. . . .	67,22	67,43	67,59	67,63	67,20
Hydrogène. . .	7,31	7,34	7,25	7,29	7,20
Oxygène. . . .	»	»	»	»	25,60
					100,00

M. Lewy déduit des analyses précédentes les rapports $C^{28}H^{16}O^{6}$. Il est à remarquer que le carbone trouvé est constamment plus fort que le carbone calculé.

L'acide acétique dissout la résine même à froid. L'acide sulfurique la dissout également, en prenant une belle couleur rouge ; mais l'eau en précipite la résine non altérée.

L'acide nitrique fumant agit très-vivement, et produit un acide azoté incristallisable. L'acide nitrique ordinaire donne un acide volatil qui présente les caractères de l'acide butyrique ; par la concentration, le résidu donne des cristaux d'acide oxalique, ainsi qu'un autre acide liquide qui n'a pas été déterminé.

Chauffée avec un mélange de bichromate de potasse et d'acide sulfurique, la résine de Maynas développe de l'acide carbonique et de l'acide formique.

Le chlore et le brome agissent également sur elle, mais fort lentement, et ne donnent rien de bien net.

Baume de la Mecque, dit aussi baume de Judée, baume du Caire. — C'est un suc résineux qu'on extrait par incision, en Syrie et en Égypte, d'un arbuste appartenant au genre *Balsamodendron* de la famille des térébinthacées (*B. gileadense*, Kunth ; *Amyris gileadensis*, L.). Il est d'un jaune clair, très-fluide, doué d'une odeur agréable, tenant à la fois de celles de la sauge et du citron.

Suivant M. Bonastre, il contient une huile essentielle, une résine soluble et molle, une résine insoluble dans l'alcool froid, et des traces d'une matière colorante amère.

L'huile essentielle est fluide, incolore, possède une odeur agréable et une saveur âcre. Elle se dissout dans l'alcool et l'éther. L'acide sulfurique la dissout en prenant une couleur rouge foncée ; l'eau la précipite à l'état résinifié. L'acide nitrique la résinifie également.

La résine insoluble est d'un jaune de miel, transparente, cassante ; sa pesanteur spécifique est de 1,333. A la température de 44°, elle se ramollit, et à 90° sa fusion est complète. L'alcool et l'éther la dissolvent difficilement à froid ; mais à chaud la dissolution s'opère aisément. Elle se dissout également dans les huiles grasses et dans les huiles essentielles. Les acides nitrique et sulfurique l'altèrent à chaud. Elle ne paraît pas se combiner avec les alcalis.

La résine molle est brune et fort gluante. Elle est inodore et sans saveur ; après avoir été desséchée, elle fond à 112°. Elle est insoluble dans l'alcool anhydre ou aqueux ; mais elle se dissout dans les huiles grasses et volatiles. Les alcalis sont sans action sur elle.

Le baume de la Mecque était autrefois employé en médecine. Les Turcs l'administrent à l'intérieur comme remède fortifiant.

Myrrhe. — Voy. § 1939.

§ 2370. *Résine d'olivier*[1]. — Cette résine, connue dans le commerce sous le nom de *gomme d'olivier*, découle de l'olivier sauvage qui croît dans l'Italie méridionale et dans l'île de Sardaigne ; on l'emploie, dans ces pays, pour les fumigations des chambres de malades.

Elle est très-cassante et sans odeur ; elle devient électrique par le frottement. Lorsqu'on la chauffe sur une lame métallique, elle

[1] PELLETIER, *Ann. de Chim. et de Phys.*, III, 105. — SOBRERO, *Ann. der Chem. u. Pharm.*, LIV, 67.

répand d'épaisses vapeurs, qui ont une odeur fort agréable, rappelant le benjoin et l'essence de girofle.

Elle se compose, suivant M. Sobrero, de quatre substances différentes : d'une matière résineuse, soluble à chaud dans l'alcool et dans l'éther, presque insoluble dans l'alcool froid ; d'une autre résine, peu soluble dans l'éther, fort soluble à froid et à chaud dans l'alcool ; d'une matière gommeuse, insoluble dans l'alcool et l'éther, peu soluble dans l'eau ; d'un principe cristallisable, appelé *olivile* (§ 2322).

Suivant Pelletier, la résine d'olivier contiendrait aussi de l'acide benzoïque, mais M. Sobrero n'en a pas trouvé.

§ 2371. *Opopanax.* — Cette gomme-résine est tirée d'une espèce d'ombellifère, l'*Opopanax Chironium* Koch. On la trouve dans le commerce sous deux formes : soit en grumeaux agglutinés, soit en lames anguleuses, ordinairement jaunâtres, opaques, friables, d'une saveur âcre et amère, d'une odeur aromatique tenant à la fois de l'ache et de la myrrhe.

D'après l'analyse de Pelletier, l'opopanax est composé de :

Résine.	42,0
Gomme.	33,4
Amidon.	4,2
Matière extractive et acide malique.	4,4
Ligneux.	9,8
Cire.	0,3
Huile volatile et perte.	3,9
	100,0

La resine d'opopanax fond à 100°, et se décompose déjà à une température peu élevée. Elle renferme :

	Johnston.			$C^{40}H^{24}O^{14}$ (?)
Carbone.	63,21	64,15	64,01	63,8
Hydrogène. . . .	6,66	6,66	6,75	6,4
Oxygène	»	»	»	29,8
				100,0

Baume du Pérou. — Voy. § 1695.

§ 2372. *Sagapénum* ou *gomme séraphique.* — Cette gomme-résine, qui paraît provenir du *Ferula persica* W., nous arrive de l'Égypte et de la Perse. Elle se rencontre, dans le commerce, sous la forme de masses, et quelquefois en grains détachés d'un jaune rougeâtre à l'extérieur, plus pâles et translucides à l'intérieur. La chaleur de la main suffit pour la ramollir; elle s'attache alors aisément aux doigts. Soumise à la distillation avec de l'eau, elle donne une huile essentielle. Celle-ci est jaune pâle, très-fluide, plus légère que l'eau, et présente une odeur alliacée, fort désagréable et semblable à celle de l'assa-fœtida. Sa saveur, d'abord fade, devient ensuite chaude et amère, et ressemble beaucoup à celle des oignons. Cette essence paraît formée de deux huiles, dont la plus volatile possède l'odeur d'ail à un très-haut degré, tandis que la seconde, qui en est entièrement dépourvue, possède une odeur rappelant à la fois celle de la térébenthine et celle du camphre.

La résine qui est contenue dans le sagapénum est un mélange de plusieurs principes qu'on peut séparer au moyen de l'alcool et de l'éther.

D'après l'analyse de Brandes [1], le sagapénum contient :

Résine	50,29
Gomme	32,72
Huile volatile	3,73
Mucilage	3,48
Malate et sulfate de chaux	0,85
Phosphate de chaux	0,27
Eau	4,60
Matières étrangères	3,30
Perte	0,76
	100,00

La résine de sagapénum renferme (déduction faite de 0,22 p. c. de cendres) :

	Johnston.	
Carbone	70,05	70,83
Hydrogène	8,51	8,63
Oxygène	21,44	20,54
	100,00	100,00

M. Johnston déduit des nombres précédents les rapports $C^{40}H^{29}O^{9}$.

Le sagapénum entre dans la composition de la thériaque et de l'emplâtre diachylum gommé.

Sandaraque. — Voy. § 1939.

[1] BRANDES. *Neues Journ. de Pharm.*, de Trommsdorff, II, 2, 55.

§ 2373. *Sang-dragon* [1]. — Il existe dans le commerce plusieurs résines de ce nom. La plus commune nous arrive de Sumatra et de Bornéo ; elle provient d'un palmier du genre des rotangs (*Calamus Draco* Willd.), et est contenue dans le péricarpe écailleux des fruits de cet arbre. Elle se présente ordinairement en baguettes de l'épaisseur du doigt, enroulées dans des feuilles de palmier ; elle est d'un rouge brun foncé, opaque, friable, sans odeur ni saveur ; sa poudre est d'un rouge vermillon. D'autres fois, elle se rencontre en globules disposés en chapelet, ou en pains d'un poids assez considérable.

M. Herberger a trouvé dans un sang-dragon en globules : résine rouge, amorphe et acide (*draconine*), 90,7 ; matière grasse soluble à froid dans l'éther, 2,0 ; oxalate de chaux, 1,6 ; phosphate de chaux, 3,7 ; acide benzoïque, 3,0.

La solution alcoolique de la résine donne, avec plusieurs solutions métalliques, des précipités rouges ou violets.

M. Johnston [2] a trouvé dans la partie, soluble dans l'alcool et l'éther, d'un sang-dragon en pains :

	Johnston.	
Carbone. . . .	74,25	74,00
Hydrogène . .	6,45	6,66
Oxygène. . .	19,30	19,34
	100,00	100,00

Soumis à l'action de la chaleur, le sang-dragon fond d'abord, et, jusqu'à 210°, n'abandonne que de l'eau qui rougit le tournesol et qui contient un peu d'acide benzoïque, ainsi qu'un peu d'acétone. Au-dessus de cette température, la résine se boursoufle et entre en décomposition : il se dégage de l'acide carbonique et de l'oxyde de carbone, de l'eau continue à se former, d'épaisses vapeurs blanches se manifestent, et un liquide oléagineux rouge-noirâtre se condense dans le récipient. Ce dernier est un mélange d'acide benzoïque, de deux hydrocarbures (toluène, § 1811, et métastyrol, § 1662), et d'un composé liquide qui donne du benzoate par l'action de la potasse [3].

[1] Herberger, *Journ. de Pharm.*, XVII, 225.

[2] Johnston, *Ann. der Chem. u. Pharm.*, XLIV, 328.

[3] Glenard et Boudault, *Compt. rend. de l'Acad.*, XVII, 503 ; XIX, 505 ; et *Journ. de Pharm.*, [3] IV, 274.

Par l'action prolongée de l'acide nitrique fumant sur le toluène recueilli à la distillation

§ 2374. *Scammonée*[1]. — C'est une gomme-résine produite par deux *Convolvulus* (*C. Scammonia* L., et *C. hirsutus* Stev., suivant M. Guibourt) qui croissent en Syrie et dans l'Asie Mineure.

On distingue, dans le commerce, la scammonée d'Alep, la plus estimée, et la scammonée de Smyrne[2].

La scammonée d'Alep, de qualité supérieure, se présente sous la forme de masses plates, assez légères, et souvent caverneuses à l'intérieur. Sa cassure est terne et d'un gris noirâtre; les éclats minces présentent de la transparence lorsqu'on les examine à la loupe. Elle est friable, et jouit d'une odeur forte. Elle est ordinairement recouverte d'une poussière grise qui provient du frottement réciproque des morceaux.

D'autres fois la scammonée d'Alep affecte la forme de pains orbiculaires aplatis. Elle est alors compacte, pesante, sans aucune cavité à l'intérieur. Sa cassure est noire et vitreuse, les éclats minces sont très-transparents; elle est friable et d'une odeur semblable à celle de la qualité précédente, mais plus faible.

La scammonée de Smyrne est d'un brun terne, pesante, dure, dépourvue de friabilité; à cassure terne et vitreuse. Son odeur est faible, et cependant désagréable. Au reste, ses caractères sont très-variables en raison de l'altération plus ou moins grande qu'elle subit dans le commerce.

Voici l'analyse de trois sortes de scammonée d'Alep, d'après M. Clamor-Marquart:

sèche du sang-dragon, MM. Glenard et Boudault ont obtenu un acide cristallisé en petites aiguilles, auquel ils attribuent la formule $C^{16}H^{6}(NO^{4})O^{4}$, et qu'ils appellent *nitrodracylique*. Ce produit présente les caractères de l'acide nitrobenzoïque et n'est probablement pas autre chose.

[1] Bouillon-Lagrange et Vogel, *Ann. de Chimie*, LXXII, 69. — Clamor-Marquart, *Pharmac. Centralbl.*, 28 octob. 1837. — W. Bull, *Journ. de Pharm.*, [3] XXII, 446.

[2] On trouve aussi dans le commerce une fausse scammonée, dite de Montpellier, qu'on fabrique dans le midi de la France avec le suc exprimé d'une espèce d'asclépiadée, le *Cynanchum monspeliacum*, et auquel on ajoute différentes résines ou d'autres substances purgatives.

Résine	81,25	78,5	77,0
Cire	0,75	1,5	0,5
Matière extractive	4,50	3,5	3,0
— avec sels	»	2,0	1,0
Gomme avec sels	3,00	2,0	1,0
Amidon	»	1,5	»
Téguments d'amidon, bassorine et gluten	1,75	1,25	»
Albumine et fibrine	1,50	3,5	3,5
Alumine, oxyde de fer, carbonate de chaux et magnésie	3,75	2,75	12,5
Sable	3,50	3,50	2,0
	100,00	100,00	100,0

Mise en digestion à froid avec de l'alcool, la scammonée donne une solution jaune, qui laisse, par l'évaporation, une résine jaune clair, opaque, cassante, et fusible à 14°,2. Cette résine renferme :

	Johnston.			
Carbone	56,08	55,85	54,82	55,17
Hydrogène	7,93	7,84	7,70	7,63
Oxygène	35,99	36,31	37,48	37,20
	100,00	100,00	100,00	100,00

On remarque que la résine de scammonée renferme une forte proportion d'oxygène. M. Johnston la représente par les rapports $C^{40}H^{33}O^{20}$.

La scammonée est un purgatif violent. Elle entre dans la composition de la poudre *de tribus*, des pilules mercurielles de Belloste, ainsi que d'un grand nombres d'électuaires et d'alcoolés purgatifs.

Dans le commerce, la résine de scammonée est souvent falsifiée avec de la colophane, de la résine de gaïac, ou de la résine de jalap. La présence des deux premières résines se reconnaît, suivant M. Bull, en ce que l'acide sulfurique concentré produit dans la matière une coloration cramoisi-foncé devenant verdâtre par l'addition de l'eau; cette coloration ne se présente pas avec la résine de scammonée pure. De plus l'essence de térébenthine, qui dissout la colophane, laisse presque entièrement indissoute la résine de scammonée. Enfin, celle-ci se distingue de la résine de jalap par sa complète solubilité dans l'éther.

Styrax liquide. — Voy. § 1695.

§ 2375. *Succin*[1] ou ambre jaune. — Cette substance, qui abonde sur les bords de la Baltique, de Memel à Dantzick, est une espèce de baume durci, qui a dû exsuder de certains végétaux antédiluviens. On l'exploite[2] dans des mines particulières qui sont établies le long des côtes, et bien souvent on le retire directement de la mer à l'aide de filets; en automne, les tempêtes le jettent sur la terre, et on le trouve alors au milieu des nombreux fucus qui garnissent les dunes sablonneuses des bords de la Baltique. Il se rencontre en beaucoup d'autres lieux en Allemagne, en France, en Angleterre, en Sibérie, dans les terrains de lignite. On en trouve à Auteuil près de Paris, à Soissons et à Fîmes près de Reims, à Noyer près de Gisors, auprès du château d'Eu (Seine-Inférieure), etc.

Le succin est solide, dur, cassant, tantôt transparent et d'un jaune doré, tantôt opaque et blanchâtre. Son poids spécifique varie de 1,065 à 1,070. Il est sans saveur ni odeur; mais, lorsqu'on le fait fondre, il répand une odeur aromatique particulière. Il acquiert par le frottement une électricité résineuse très-marquée[3].

Il est entièrement insoluble dans l'eau; l'alcool, l'éther, les huiles grasses et les huiles essentielles n'en extraient qu'environ 10 à 12 p. c. de parties solubles. (Suivant Dakin[4], on parviendrait à le dissoudre entièrement dans l'essence de térébenthine et dans l'alcool, en le chauffant avec ces liquides dans un tube scellé à la lampe.)

Suivant Berzélius, le succin renferme une huile volatile, de l'acide succinique[5] et deux résines solubles dans l'alcool et l'éther; ces principes n'y sont qu'accidentels, et la portion essentielle se

[1] Berzélius, *Ann. de Poggend.*, XII, 419; XIII, 93. — Robiquet et Colin, *Ann. de Chim. et de Phys.*, IV, 326. — Schroetter et Forchhammer, *Handwoert. der Chemie v. Liebig, Poggend. u. Woehler*, supplém., p. 535. — Elsner, *Journ. f. prakt. Chem.*, XXXVI, 89. — Pelletier et Walter, *Ann. de Chim. et de Phys.*, [3] IX, 89. — Bley et Diesel, *Archiv. f. Pharm.*, [2] LV, 171; et *Pharmac. Centralbl.*, 1849, p. 138. — Doepping, *Ann. der Chem. u. Pharm.*, XLIX, 350; LIV, 239. — Reich, *Archiv. f. Pharm.*, [2] LI, 26.

[2] Sur l'exploitation du succin en Prusse : G. Rose, *Mineralogisch-geognost. Reise nach d. Ural;* Berlin, 1837. En extrait, *Ann. der Chem. u. Pharm.*, XXVIII, 339.
Sur l'origine du succin : H. R. Goeppert, *Ann. de Poggend.*, XXXVIII, 624; et *Ann. der Chem. u. Pharm.*, XXI, 71.

[3] Les mots *électrique* et *électricité* dérivent de ἤλεκτρον, nom grec du succin.

[4] Dakin, *Ann. der Chem. u. Pharm*, XII, 361.

[5] Suivant M. Huenefeldt (*Jahrb. f. Chem. u. Phys. v. Schweigger*, IX), l'acide chlorhydrique extrait du succin, outre l'acide succinique, un acide semblable à l'acide mellique.

compose d'une substance particulière, insoluble dans tous les véhicules, et connue sous le nom de *bitume de succin*.

D'après MM. Schroetter et Forchhammer, le succin, débarrassé par l'éther de toutes les parties solubles, présente la composition du camphre des laurinées, $C^{20}H^{16}O^{2}$.

Fondu au contact de l'air, le bitume de succin répand l'odeur de la graisse brûlée; si on le chauffe en vase clos, il fond en une masse brun foncé, transparente comme la colophane, très-friable et devenant fort électrique par le frottement. Dans cette opération, il se volatilise une huile jaune qui présente d'abord l'odeur de la cire, et plus tard celle du succin fondu. Après avoir été fondu, le bitume de succin ne se dissout que fort peu dans l'alcool; il est peu soluble dans l'éther, l'essence de térébenthine, et dans les huiles grasses. Lorsqu'il n'a pas été fondu complétement, ces dernières, en agissant sur lui, laissent une matière molle et élastique.

La distillation sèche du succin offre trois phases bien distinctes, caractérisées par la nature des produits qu'on obtient. Soumis à l'action du feu dans une cornue de verre, le succin se ramollit, entre en fusion, se boursoufle considérablement et laisse dégager de l'acide succinique, de l'eau, de l'huile et du gaz combustible. (Le bitume de succin ne donne pas d'acide succinique à la distillation; mais la résine, qu'on extrait du succin au moyen de l'éther, en fournit autant que le succin lui-même.) A mesure que l'acide succinique se dégage, le boursouflement diminue, et cesse bientôt. Si alors on examine le résidu refroidi (*colophane de succin*), on trouve qu'il a une cassure vitreuse et un aspect résineux; mais si, au contraire, on le chauffe brusquement, il ne tarde pas à bouillir vivement, sans se tuméfier, et en produisant une si grande quantité d'huile, qu'elle coule en filet. Enfin, lorsque la matière paraît complétement charbonnée, qu'il ne se forme presque plus d'huile et qu'on augmente le feu au point de ramollir la cornue, il se sublime une substance jaune de la consistance de la cire. Nous donnerons plus loin la composition de ces produits pyrogénés (§ 2375[a]).

Lorsqu'on distille du succin en poudre avec une lessive concentrée de potasse, il se condense, dans le récipient, un liquide aqueux, et, en outre, une matière blanche qui possède toutes les propriétés du camphre ordinaire (Reich).

Le succin, réduit en poudre, se dissout dans l'acide sulfurique concentré avec une couleur brune; l'eau précipite la dissolution; le précipité paraît renfermer de l'acide sulfurique en combinaison chimique (Unverdorben).

Si l'on ajoute de l'acide sulfurique au succin avant de le distiller, on obtient toujours plus d'acide succinique que par la distillation du succin seul. (Suivant MM. Bley et Diesel, 500 gr. de succin, étant distillés avec 20 à 30 gr. d'acide sulfurique étendu du double de ce poids d'eau, donnent de 15 à 30 gr. au plus d'acide succinique.)

Lorsqu'on chauffe le succin, par petites portions, dans une cornue, avec de l'acide nitrique, il fond d'abord et finit par se dissoudre entièrement par l'ébullition ; si la réaction est assez longtemps prolongée, on obtient une liqueur qui dépose par la concentration des cristaux d'acide succinique (environ le douzième du poids du succin employé). Les vapeurs acides qu'on peut condenser, dans la réaction de l'acide nitrique et du succin, renferment une matière blanche, présentant les caractères physiques du camphre des laurinées; pour extraire celle-ci, on neutralise la liqueur acide par la potasse, on l'agite ensuite avec de l'éther et l'on abandonne la liqueur éthérée à l'évaporation (Dœpping).

Le succin est employé pour la fabrication d'objets d'ornement ; on le travaille au tour et on le taille à la manière des pierres. Il sert également dans la préparation des vernis.

§ 2375[a]. L'*huile pyrogénée* qu'on obtient par la distillation du succin est un mélange de plusieurs hydrocarbures. La partie la plus volatile s'obtient en chauffant le succin au-dessous du rouge; elle commence à bouillir à 110°, mais son point d'ébullition s'élève peu à peu à 260°, en même temps que le résidu s'épaissit de plus en plus. Elle est décomposée à froid par l'acide sulfurique, et se colore en bleu par l'acide chlorhydrique et le chlore.

La partie la moins volatile se produit par l'action d'une chaleur voisine du rouge ; elle commence à bouillir à 240°, et ce point s'élève rapidement à 300°; l'acide sulfurique, l'acide chlorhydrique et le chlore ne l'altèrent pas. Suivant Pelletier et Walter, plusieurs d'entre ces huiles présentent sensiblement la composition de l'essence de térébenthine :

	Pelletier et Walter[1].							
	a	*b*	*c*	*d*	*e*	*f*	*g*	*h*
Carbone . .	88,7	88,62	89,9	89,7	88,8	89,7	89,7	90,49
Hydrogène .	11,3	11,46	10,4	10,7	11,2	11,1	11,2	10,10

L'acide nitrique altère l'huile de succin en donnant une résine jaune qui a l'odeur du musc.

L'huile de succin entre dans la composition de *l'eau de Luce,* qu'on emploie quelquefois en médecine contre les syncopes et contre la piqûre des animaux venimeux.

La *matière cireuse* qui passe dans la distillation sèche du succin est un mélange d'huile, de matière jaune, de matière cristalline blanche, et de matière brune bitumineuse. On sépare ces substances par des traitements à l'éther et à l'alcool.

La matière jaune paraît être identique avec le chrysène (carbone 94,4; hydrogène 5,8). Elle est à peine soluble dans l'alcool bouillant et dans l'éther; elle est pulvérulente plutôt que cristalline, et exige pour fondre une température de 240°.

La matière blanche cristalline (*succsitérène*) est sans saveur ni odeur, à peine soluble dans l'alcool froid, très-peu soluble dans l'éther, mais plus soluble que la matière jaune; elle fond vers 160° à 162°, et distille au-dessus de 300°, en passant comme de la cire, et en laissant un peu de charbon. A chaud, l'acide sulfurique la dissout en prenant une couleur bleue foncée. L'acide nitrique la résinifie à chaud. Elle renferme :

	Pelletier et Walter.		
Carbone. . . .	95,6	95,3	95,8
Hydrogène. . .	5,6	5,8	5,5

§ 2375^{b}. *Térébenthine.* — Voy. § 1877.

Baume de Tolu. — Voy. § 1695.

Résine de xanthoraea ou résine acaroïde. — Elle a déjà été décrite § 1516^{d}.

Suivant M. Johnston, elle renferme :

Carbone. . .	67,67	68,08
Hydrogène. .	5,75	5,71
Oxygène. . .	26,58	26,21
	100,00	100,00

[1] *a* Huile distillée sur l'acide phosphoriq. anhydre, bouillant entre 130 et 175°, densité de vapeur = 4,3; *b* huile distillée sur l'acide phosphoriq. anhydre, et bouillant entre 175 et 255°; *c* huile bouillant entre 210 et 300°; *d* id. entre 250 et 370°; *e* huile bouillant entre 130 et 190° et distillée sur le potassium et l'acide phosphorique anhydre; *f* id. bouillant entre 250 et 270°; *g* id. entre 260 et 280°; *h* id. au-dessus de 400°.

M. Johnston représente les nombres précédents par les rapports $C^{40}H^{20}O^{10}$.

§ 2376. *Résines fossiles.* — On rencontre, dans la nature minérale, des résines fossiles qui présentent une grande analogie avec les résines des végétaux actuels. Plusieurs résines fossiles (*cires fossiles, suifs de montagne*) ne renferment que du carbone et de l'hydrogène, et se rattachent aux substances cireuses qu'on a confondues sous le nom de *paraffine* (§ 1333).

α. *Schéerérite* [1]. Les lignites d'Utznach, près de Zurich, contiennent une substance cristallisant en feuillets incolores, sans odeur ni saveur, d'un aspect gras, fusibles à 114°, insolubles dans l'eau, fort solubles dans l'éther, peu solubles dans l'alcool. Elle se dédouble par la distillation en une huile et en une autre substance solide. Elle renferme :

	Kraus	nC^2H.
Carbone . .	92,45	92,3
Hydrogène .	7,42	7,7
		100,0

β. *Ozokérite* [2]. Cette substance se rencontre en Moldavie et en Gallicie, dans des couches de grès et d'argile bitumineuse (Magnus, Schroetter, Malaguti, Walter), et en Angleterre dans les houillères de Newcastle (Johnston). MM. Jaubert de Beaulieu et Desvaux ont trouvé, dans le département de Maine-et-Loire, une matière (*naphtéine*) qui a beaucoup de rapports avec l'ozokérite [3].

L'ozokérite a une structure foliacée et une cassure conchoïde, à éclat nacré ; en couches épaisses, elle est translucide et présente un fond rouge brun, à reflet verdâtre, avec des taches jaunes ; en cou-

[1] Koenlein, *Ann. de Poggend.*, XII, 336. — Macaire-Princep, *Biblioth. univers. de Genève*, t. LX, et *Ann. de Poggend.*, XV, 294. — Kraus, *ibid.*, XLIII, 141.

Voy. aussi, sur une substance semblable, Trommsdorff, *Ann. der Chem. u Pharm.* XXI, 126.

[2] Magnus, *Ann. de Chim. et Phys.*, LV, 218. — Schroetter, *Baumgartner's Zeitschrift*, IV, n° 2; et *Biblioth. univers. de Genève*, mai 1836. — Malaguti, *Ann. de Chim. et de Phys.*, LXIII, 390. — Walter, *ibid.*, LXXV, 214. — Johnston, *Lond. and Edinb. Philos. Magaz.*, 1838, [3] XII, 389; et *Journ. f. prakt. Chem.*, XIV, 226.

[3] L'*hatchétine* de Johnston (*Journ. f. prakt. Chem.*, XIII, 438) présente aussi une grande analogie avec l'ozokérite.

A l'ozokérite paraît également se rattacher le *caoutchouc fossile* ou *bitume élastique*, qui se trouve en Angleterre dans les mines de plomb du Derbyshire, où il est accompagné de matière résineuse, quelquefois de bitume en globules. On a également trouvé la même substance dans les dépôts charbonneux de Montrelais (Loire-Inférieure), et dans diverses autres localités. (Voy. Johnston, *Journ. f. prakt. Chem.*, XIV.)

ches minces, elle a une couleur brune ou brun-jaune. Sa consistance est un peu plus grande que celle de la cire d'abeilles. Elle a une légère odeur de pétrole et s'électrise par le frottement.

Elle renferme [1] :

	Magnus.	Schrœtter.	Malaguti.	Johnston	nC^2H^2(?)
Carbone. . . .	85,75	86,20	86,07	86,80	85,7
Hydrogène . .	13,75	13,78	13,95	14,06	14,3
					100,0

Ce minéral n'est pas homogène. M. Malaguti l'a dédoublé par l'alcool bouillant en deux corps; l'un soluble dans ce liquide et fusible à 75°, l'autre insoluble et fusible à 90°. Suivant Johnston, l'ozokérite renfermerait même quatre principes particuliers. Le point de fusion et le point d'ébullition de l'ozokérite, indiqués par les différents auteurs, ne sont pas les mêmes.

La distillation sèche décompose l'ozokérite. 100 p. donnent, suivant M. Malaguti :

Gaz	10,34
Matière huileuse.	74,01
Matière solide cristalline .	12,55
Résidu charbonneux. . .	3,10
	100,00

Les rapports précédents ne sont pas toujours constants. Le produit solide de la distillation (*cire de l'ozokérite*) cristallise dans l'éther en paillettes nacrées, fusibles à 56°; distillant à 300° en se décomposant en partie, et renfermant [2] :

	Malaguti.	Walter.	nC^2H^2
Carbone	85,96	85,85	85,7
Walter.	14,04	14,28	14,3
			100,0

Le produit précédent se rapproche par ses caractères des substances cireuses qu'on a confondues sous le nom de *paraffine* (§ 1323, 1332 et 1333).

γ. *Résines fossiles des tourbières de Danemark* [3].

M. Steenstrup a découvert, dans les débris de sapins des tourbières de Danemark, des cristaux composés de deux substances aux-

[1] Ancien poids atomique du carbone.

[2] Ancien poids atomique du carbone.

[3] FORCHHAMMER, *Ann. der Chem. u. Pharm.*, XLI, 39. — Voy. aussi la composition des résines extraites des tourbes de Hollande par M. Mulder, § 1940.

quelles M. Forchhammer donne les noms de *tékorétine* et de *phylloretine*. On sépare ces substances au moyen de l'alcool bouillant; la tékorétine cristallise la première. Une autre résine cristallisée, la *xylorétine*, peut s'extraire du bois de sapin fossile, en le traitant par l'alcool concentré, évaporant à siccité, reprenant par l'éther, et abandonnant à l'évaporation la solution éthérée. Enfin, une quatrième résine, la *bolorétine*, se dépose à l'état amorphe par le refroidissement de l'extrait alcoolique du bois de sapin fossile.

La *tékorétine* cristallise en gros prismes, fusibles à 45°, insolubles dans l'eau, fort solubles dans l'éther, peu solubles dans l'alcool; elle distille sans altération à peu près au point d'ébullition du mercure. Le chlore l'attaque et la transforme en une substance cristalline; l'acide nitrique la convertit en acide oxalique, et en une résine brune paraissant contenir de l'azote. D'après la moyenne de quatre analyses, la tékorétine renferme[1] :

	Forchhammer.	nC^5H^4(?)
Carbone	87,17	88,2
Hydrogène. . .	12,84	11,8
		100,0

La *phyllorétine* cristallise en feuillets micacés, flexibles, fusibles à 87°,2, insolubles dans l'eau, fort solubles dans l'alcool, plus solubles dans l'éther que la tékorétine. Elle distille à la température d'ébullition du mercure. Elle se comporte comme la tékorétine avec le chlore et l'acide nitrique. D'après la moyenne de deux analyses assez concordantes, elle renferme :

	Forchhammer.	nC^5H^3(?)
Carbone	90,18	90,9
Hydrogène. . .	9,24	9,1
		100,0

La *xylorétine* s'obtient en prismes confus, fusibles à 165°, non volatils sans décomposition, insolubles dans l'eau, fort solubles dans l'alcool et l'éther. Elle dégage de l'hydrogène par la fusion avec le potassium, en donnant une combinaison qui cristallise dans l'alcool. Elle a donné à l'analyse, terme moyen :

	Forchhammer.	$C^{40}H^{32}O^4$(?)
Carbone . . .	78,97	79,0
Hydrogène . .	10,87	10,5
Oxygène . . .	»	10,5
		100,0

[1] M. Forchhammer admet les rapports $C^{10}H^9$.

La *bolorétine* se présente sous la forme d'une poudre grise, d'un aspect terreux. Elle renferme :

	Forchhammer			$C^{40}H^{32}O^{6}$(?)
Carbone	73,46	74,19	75,50	75,0
Hydrogène. . .	11,50	11,84	11,70	11,0
Oxygène. . .	»	»	»	14,0
				100,0

δ. *Sclérétinite* [1]. On trouve dans les houillères des environs de Wigan (Lancashire) une résine noire en masse, couleur de cannelle en poudre, insoluble dans l'eau, l'alcool, l'éther, les alcalis et les acides.

Elle renferme :

	Mallet.	
Carbone.	76,74	77,15
Hydrogène . . .	8,86	9,05
Oxygène.	10,72	10,12
Cendres.	3,68	3,68

Déduction faite des cendres, la partie organique semble être composée d'après les rapports $C^{20}H^{14}O^{2}$.

ε. *Middletonite* [2]. On rencontre, dans les houillères de Newcastle et de Middleton près de Leeds une résine brun rougeâtre, à peine soluble dans l'alcool, l'éther et l'essence de térébenthine, d'une densité de 1,6. Elle renferme :

	Johnston.
Carbone.	86,43
Hydrogène . . .	8,01
Oxygène.	5,56
	100,00

A la substance précédente se rattachent aussi différentes autres résines fossiles élastiques d'Angleterre, décrites par Johnston [3].

ζ. *Résine fossile de Giron* [4]. Elle a été rencontrée en quantité considérable dans une alluvion porphyrique aurifère, exploitée à Giron près de Bucaramanga (Nouvelle-Grenade). Elle est transparente, jaune pâle, fond aisément, est insoluble dans l'alcool, et se gonfle dans l'éther ; sa densité est un peu plus grande que celle de l'eau.

[1] MALLET, *Ann. der Chem. u. Pharm.*, LXXXV, 135.

[2] JOHNSTON, *Journ. f. prakt. Chem.*, XIII, 436; XIV, 442.

[3] Voy. la note, p. 398, sur le *caoutchouc fossile*.

[4] BOUSSINGAULT, *Ann. de Chim. et de Phys.*, [3] VI, 507.

Elle ressemble au succin, mais elle ne donne pas d'acide succinique à la distillation.

Elle renferme :

	Boussingault.
Carbone. . . .	82,7
Hydrogène. . .	10,8
Oxygène. . . .	6,5
	100,0

Caoutchouc et gutta-percha.

§ 2377. **Caoutchouc.** — Le caoutchouc[1] ou gomme élastique est le produit de la dessiccation d'un suc laiteux[2] qu'on extrait, par incision, de beaucoup de plantes de l'Amérique méridionale et des Indes orientales, notamment du *Jatropha elastica* ou *Hevea guia-*

[1] Macquer, *Mémoires de l'Acad. des sciences* de Paris, 1768, p. 209. — Achard, *Chym. Phys. Schr.*, 211. — Trommsdorff, *Chem. Annal. v. Crell.*, 1792, 1,524. — Fourcroy, *Ann. de Chimie*, XI, 225.—Fourcroy et Vauquelin, *ibid.*, LV, 296.—Faraday, *The quart. Journ. of Science, Liter. and the Arts*, XI, 19. — Payen, *Compt. rend. de l'Acad.*, XXXIV, 2 et 453. — Adriani, *Verhand. over de Gutta percha en Caoutchouc*, Utrecht, 1850; en extrait, *Pharm. Centralbl.*, 1851, 17, et *Jahresber.* de Liebig et Kopp, 1850, p. 519.

[2] M. Faraday a trouvé dans un semblable suc, extrait d'un arbre de l'Amérique du Sud, et expédié en Angleterre dans un flacon scellé :

Caoutchouc	31,70
Cire et matière amère	7,13
Parties (gommeuses?) solubles dans l'eau, insolubles dans l'alcool	2,90
Albumine soluble	1,90
Eau, acide acétique et sels	56,37
	100,00

Le suc etait jaune, avait la consistance d'une crème, présentait une densité de 1,01174, et avait l'odeur du lait aigri. Il était évidemment en partie altéré. Il se coagulait par la chaleur, ainsi que par l'addition de l'alcool.

Suivant M. Adriani, le suc laiteux récemment extrait présente une réaction acide; au microscope, on le voit formé d'une liqueur limpide où nagent un grand nombre de globules de caoutchouc. Un échantillon de suc, extrait des sommités de la plante, contenait :

Caoutchouc	9,57
Résine soluble dans l'alcool, insoluble dans l'éther	1,58
Sel magnésien d'un acide organique (formant des sels peu solubles avec la potasse et la soude), et substance (sucre?) soluble dans l'eau et l'alcool, insoluble dans l'éther	0,36
Substance soluble dans l'eau, se colorant en jaune par les alcalis, et n'appartenant pas aux composés albuminoïdes; dextrine (?) et traces de sels de chaux et de soude	2,18
Eau	82,30

nensis, et d'autres grands arbres appartenant aux artocarpées, aux euphorbiacées et aux asclépiadées.

Cette extraction se pratique au Brésil, à la Guyane, à Java, à Singapore, à Assam, etc. On applique le suc fluide sur des moules de terre, et on le fait sécher au soleil; lorsqu'on juge suffisante l'épaisseur de la couche, on brise le moule. Ce genre de fabrication communique au caoutchouc la forme d'une poire ou d'une gourde; c'est dans cet état qu'il arrive en Europe. Depuis quelques années on en reçoit aussi en feuilles et en grandes plaques épaisses.

Le suc laiteux de plusieurs plantes indigènes (*Ficus Carica*, *Euphorbia Characias*, *E. Cyparissias*, *E. officinalis*, *Papaver somniferum*, *Asclepias syriaca*, *Lactuca sativa*, *Cichorium Intybus*, différentes espèces de *Sonchus*, etc.) renferme une substance semblable au caoutchouc, insoluble dans l'eau et l'alcool, mais soluble dans l'éther.

Le caoutchouc n'est connu en Europe que depuis un siècle. Un nommé Fresneau en fit la découverte à Cayenne, et, en 1751, La Condamine en envoya la première description scientifique. Plus tard, plusieurs chimistes s'en sont occupés, particulièrement Macquer, Achard, Trommsdorff, Fourcroy, et M. Faraday. Plus récemment, M. Payen a publié de nouvelles études sur le caoutchouc. MM. Grégory, Bouchardat et Himly ont examiné les produits de la distillation sèche de ce corps.

§ 2378. Pour obtenir à l'état de pureté le principe particulier du caoutchouc, M. Faraday conseille d'opérer de la manière suivante sur le suc laiteux qui le renferme: on étend ce suc de quatre fois son volume d'eau et l'on abandonne le mélange dans un entonnoir dont le col est bouché; vingt-quatre heures après, on débouche celui-ci afin de faire écouler la liqueur limpide à la surface de laquelle nage le caoutchouc sous la forme d'une espèce de crème; on étend celle-ci d'une nouvelle quantité d'eau, on laisse reposer, on soutire de nouveau, et l'on répète ces opérations jusqu'à ce que l'eau qui s'écoule soit entièrement limpide. Ensuite on étale la crème sur une matière poreuse, p. ex. sur du plâtre, pour faire absorber l'eau dont elle est pénétrée; finalement on la soumet à l'action de la presse.

Le caoutchouc du commerce a une couleur ordinairement brunâtre; il est sans odeur ni saveur, sa densité varie de 0,92 à 0,96; il est inaltérable à l'air, mou, flexible, imperméable, et extrêmement élastique. Soumis à l'action d'une douce chaleur, il se ramollit assez pour se souder avec lui-même ; à 125° environ, il entre en fusion, prend la consistance du goudron, et conserve cet état, après le refroidissement, pendant des années; une chaleur plus élevée encore le décompose, et il donne alors, à la distillation, des huiles volatiles et odorantes (§ 2380), qui jouissent de la propriété de le dissoudre rapidement. Mis en contact avec la flamme d'une bougie, il prend feu promptement, et brûle en répandant beaucoup de fumée.

Suivant M. Faraday, le caoutchouc directement extrait du suc laiteux et purifié par les lavages présente la composition d'un hydrocarbure[1] :

Carbone . . .	87,2
Hydrogène . .	12,8
	100,0

Suivant M. Payen, le caoutchouc du commerce renferme, en proportions variables, un principe immédiat aisément soluble, ductile et adhésif, un principe immédiat peu soluble et élastique, de petites quantités de matière grasse, d'huile essentielle, de matière colorante, et de matière azotée (albumine végétale), ainsi que de l'eau.

En examinant au microscope des lamelles très-minces de caoutchouc, on y observe des pores nombreux, arrondis irrégulièrement, communiquant entre eux, et se dilatant même sous l'influence capillaire des liquides qui n'ont aucun pouvoir dissolvant sur la substance elle-même. Cette porosité du caoutchouc explique la facilité avec laquelle il est pénétré par différents liquides n'exerçant sur lui aucune action chimique : ainsi des tranches minces de caoutchouc, étant immergées dans l'eau pendant un mois, peuvent absorber jusqu'à 26 p. c. d'eau, en augmentant de volume. L'alcool absolu pénètre aisément aussi le caoutchouc. L'éther, la benzine, le sulfure de carbone, l'essence de térébenthine et d'autres huiles essentielles s'insinuent rapidement dans les pores du caoutchouc, le gonflent beaucoup, et semblent le dissoudre; mais ce que, dans ce cas, on considère généralement comme une dissolution complète, est en réalité, suivant M. Payen, le résultat d'une interposition de la partie dissoute dans la portion fortement gonflée, celle-ci ayant

[1] M. Payen dit avoir obtenu les mêmes rapports (C^8H^7) dans différentes analyses de caoutchouc.

conservé les formes primitives amplifiées, et étant alors très-facile à désagréger.

Selon le même chimiste, on peut, à l'aide d'une quantité suffisante de chaque dissolvant, séparer presque complétement ces deux parties du caoutchouc, en renouvelant le liquide sans agiter et sans désagréger le résidu très-fortement gonflé, mais non dissous. Les proportions aisément solubles varient entre 0,3 et 0,7, suivant les qualités du caoutchouc et la nature du dissolvant; mais les propriétés des deux parties restent distinctes après leur séparation et l'évaporation du liquide.

La substance non dissoute est moins adhésive, mais plus tenace; elle retient la plus grande partie de la matière colorante brune. La substance soluble, surtout la première dissoute, est notablement plus adhésive, plus molle, moins élastique, moins tenace et moins colorée.

L'éther anhydre extrait du caoutchouc translucide, de couleur ambrée, 66 p. de substance soluble blanche, et laisse 34 p. de matière fauve.

L'essence de térébenthine anhydre et bien rectifiée sépare de la variété commune de caoutchouc brun 49 p. de matière soluble de couleur ambrée et 51 p. de matière brune insoluble. L'essence en vapeur, dirigée sur le caoutchouc, lui enlève une huile essentielle, douée d'une forte odeur qui rappelle celle du caoutchouc normal.

Un mélange de 6 vol. d'éther et de 1 vol. d'alcool absolu gonfle le caoutchouc, au point d'en quadrupler le volume, et ne dissout que la portion moins agrégée, peu tenace, mais fort adhésive.

Suivant M. Payen, le meilleur dissolvant du caoutchouc est un mélange de 6 ou 8 p. d'alcool absolu et de 100 p. de sulfure de carbone; si l'on ajoute cette proportion d'alcool au sulfure de carbone contenant assez de caoutchouc pour se maintenir pendant quelques jours à l'état d'une gelée légèrement consistante, trouble ou opaline, on voit s'opérer une liquéfaction et une clarification rapides; une nouvelle addition d'alcool au liquide en précipite du caoutchouc; mais celui-ci se redissout dans le sulfure de carbone.

La plupart des acides sont sans action sur le caoutchouc, à la température ordinaire. Cependant l'acide sulfurique concentré et l'acide nitrique l'attaquent lentement, en se décomposant eux-mêmes. Les alcalis et le chlore ne l'attaquent pas.

§ 2379. Les usages du caoutchouc sont fort nombreux : on s'en sert pour effacer le crayon et adoucir le papier, pour faire des balles élastiques, pour fabriquer des tubes destinés aux appareils de chimie, des conduits acoustiques, des chaussures et des étoffes imperméables.

L'invention des tissus imperméables en caoutchouc est due aux Indiens; cette industrie a pris un développement remarquable depuis une vingtaine d'années.

On est parvenu à réduire le caoutchouc en fils très-minces avec lesquels on fabrique des tissus élastiques. M. Gérard, manufacturier de Grenelle, a observé que lorsqu'on chauffe à 100° des fils de caoutchouc assez tendus pour que leur longueur soit sextuplée, cette extension devient permanente, et les fils se prêtent alors à une nouvelle extension semblable.

On emploie beaucoup, au lieu du caoutchouc pur, le caoutchouc dit *vulcanisé*, c'est-à-dire auquel on a incorporé du soufre, soit directement, soit au moyen du sulfure de carbone, du chlorure de soufre, ou du polysulfure de potassium. Par l'effet de cette sulfuration, le caoutchouc, tout en conservant sa souplesse et son élasticité, se ramollit bien moins et devient beaucoup moins adhésif sous l'influence de la chaleur. On attribue généralement à Hancock, manufacturier anglais (1843), la découverte des propriétés avantageuses qu'acquiert le caoutchouc par la vulcanisation [1].

Le caoutchouc fondu est très-avantageux pour suifer les robinets; un bouchon de liége enduit de caoutchouc devient tout à fait imperméable.

En associant le caoutchouc, dissous et à l'état pâteux, à l'huile de lin et à une certaine quantité de résine, on obtient un vernis pour les cuivres.

Le caoutchouc entre aussi dans la composition de la *colle navale* ou *glu marine*, employée dans les constructions maritimes et le calfatage des navires.

On a construit à Londres des bateaux de sauvetage avec des planches faites de caoutchouc et de liége broyé.

[1] Voy., sur cette industrie, PAYEN, *Compt. rend. de l'Acad.*, XXXIV, 453.
Suivant M. Deville (l'*Institut*, 1853, 93), le caoutchouc vulcanisé renferme souvent de la céruse et de l'oxyde de zinc. Pour l'analyser, ce chimiste commence par le traiter par l'acide nitrique bouillant, de manière à le diviser; puis il sursature par la potasse caustique, et fait passer du chlore dans la liqueur. Les oxydes de plomb et de zinc, ainsi qu'une matière blanche résineuse, se déposent, tandis que le soufre s'oxyde entièrement; au moyen de l'acide acétique on peut séparer de la résine les oxydes précipités.

§ 2380. *Distillation sèche du caoutchouc*[1]. — Lorsqu'on soumet à la distillation le caoutchouc du commerce, l'albumine végétale qu'il renferme se décompose la première à une température où le caoutchouc fond sans s'altérer. La quantité de ces premiers produits de décomposition est peu considérable; ils sont composés d'acide carbonique, d'oxyde de carbone, d'eau, d'ammoniaque, et d'une huile fétide, soluble dans l'éther; cette huile se combine avec les acides et en est séparée par les alcalis; l'air la décompose rapidement, ainsi que ses combinaisons avec les acides. On rencontre, en outre, dans le liquide distillé, un acide uni à l'ammoniaque, et qui, d'après M. Himly, ressemble beaucoup à l'acide pyromucique. Il faut augmenter la chaleur, après que ces produits ont passé, pour faire bouillir le caoutchouc; lorsque ce point est arrivé, on retire vivement la plus grande partie du feu; on voit alors distiller une huile jaunâtre, puis une autre de couleur brune, et enfin, à une température très-élevée, une huile noire, tandis qu'il reste du charbon dans la cornue.

En fractionnant les produits, on obtient une huile hydrocarburée, dont le point d'ébullition est fort variable.

Suivant M. Himly, l'huile la plus volatile a une densité de 0,654, bout entre 33 et 44°, et ne se concrète pas par le froid.

Les huiles qu'on recueille ensuite ont une densité variant entre 0,654 et 0,962. Elles renferment d'autant plus de carbone qu'elles sont plus denses et qu'elles ont un point d'ébullition plus élevé.

M. Grégory a observé que si l'on traite par l'acide sulfurique concentré l'huile bouillant entre 36 et 65° (densité = 0,673), le mélange noircit en dégageant de l'acide sulfureux, et l'eau en sépare alors une huile bouillant à 220° et dont la composition est sensiblement la même que celle de l'huile primitive.

M. Himly a obtenu par des fractionnements répétés une huile qui distillait entre 140 et 200°; après l'avoir agitée avec 1 partie d'acide sulfurique et 8 parties d'eau, puis avec une lessive de potasse, il l'a soumise à la distillation, et de ce nouveau produit il n'a recueilli que la portion passant entre 166 et 170°; celle-ci a été saturée par du gaz chlorhydrique sec, dissoute dans l'alcool, reséparée par l'eau, desséchée sur le chlorure de calcium, et rectifiée, à plu-

[1] Grégory, *Ann. der Chem. u. Pharm.*, XVI, 61. — Himly, *ibid.*, XXVII, 40. — Bouchardat, *Journ. de Pharm.*, septemb. 1837, p. 454; et *Ann. der Chem. u. Pharm.*, XXVII, 30.

sieurs reprises, d'abord sur de la baryte, puis sur du potassium.

M. Himly donne le nom de *caoutchine* à l'huile ainsi purifiée. Elle ne se concrète pas encore à —30°. Sa densité est de 0,842 à l'état liquide et de 4,461 à l'état de vapeur. Elle distille à 171°. Elle tache le papier; elle est presque insoluble dans l'eau; elle se mêle en toutes proportions avec l'alcool, l'éther, les huiles essentielles et les huiles grasses. Elle renferme :

	Himly.	$C^{20}H^{16}$.
Carbone.	88,44	88,2
Hydrogène. . . .	11,56	11,8
		100,0

Le potassium n'altère pas la caoutchine. L'eau oxygénée la résinifie; les peroxydes métalliques sont sans action sur elle. L'acide sulfurique anhydre se combine avec elle, en dégageant de l'acide sulfureux, et en donnant un acide dont le sel de baryte est soluble.

Le chlore et le brome agissent sur la caoutchine. La *chlorocaoutchine* est peu fluide à la température ordinaire, et d'une densité de 1,443; par la distillation elle dégage de l'acide chlorhydrique; lorsqu'on la distille sur une base, elle donne une huile moins hydrogénée que la caoutchine.

Le *chlorhydrate de caoutchine* paraît renfermer $C^{20}H^{16},HCl$. (Analyse : carbone, 70,7; hydrogène, 9,57; chlore, 20,36.) On l'obtient en traitant la caoutchine par l'acide chlorhydrique gazeux. C'est une huile brunâtre, d'une densité de 0,950, d'une forte odeur agréable, d'une saveur nauséabonde. Elle ne distille pas sans se décomposer. Elle n'est pas attaquée par les alcalis aqueux, mais elle se décompose par la distillation sur une base sèche.

Le *bromhydrate de caoutchine* s'obtient comme le chlorhydrate et lui ressemble.

§ 2381. M. Bouchardat a obtenu des résultats différents de ceux de M. Himly en condensant, au moyen de mélanges réfrigérants, les produits de la distillation sèche du caoutchouc.

La partie la plus volatile était un mélange de trois hydrocarbures : l'un bouillant au-dessus de 0°, d'une densité de 0,63 à —4°, et ne se congélant pas par le froid; l'autre bouillant à 14°,5, d'une densité de 0,65 et se congélant par le froid; le troisième bouillant à environ 51° et d'une densité de 0,69 à 15°. M. Bouchardat considère le premier hydrocarbure comme identique avec le tétrylène (§ 1048); le second serait un corps particulier (*caoutchène*), isomère du précédent [1]; le troisième enfin serait l'*eupione* [2], obtenue par M. Reichenbach dans la distillation du goudron de bois.

Quant à la partie la moins volatile des produits de la distillation sèche du caoutchouc, elle contenait un hydrocarbure huileux (*hévéène*), d'un jaune d'ambre, d'une saveur âcre, d'une densité de 0,921 à 21°. Cet hydrocarbure ne bouillait qu'à 315°; il se mêlait en toutes proportions avec l'éther, l'alcool, les huiles grasses et les huiles essentielles. Il présentait la composition du gaz oléfiant [3]. Il absorbait rapidement le chlore, et prenait alors la consistance de la cire. Il se résinifiait en partie par l'acide sulfurique, et se transformait alors en une huile bouillant à 228°, et inattaquable par les acides concentrés.

§ 2382. Gutta-percha. — Cette substance [4], qui a beaucoup de rapports avec le caoutchouc, est contenue dans la séve descendante de l'*Isonandra Percha* Hooker, arbre de la famille des sapotées, qui vient à Bornéo et dans les autres îles d'Asie. Pendant plusieurs siècles les indigènes de ces contrées employaient presque exclusivement la gutta-percha pour former des manches de cognée, doués d'une certaine souplesse et d'une très-grande résistance. On ne l'exporte en Europe que depuis 1844; Pinang et Singapore en sont les principaux entrepôts.

Aujourd'hui on épure la gutta-percha pour de nombreuses applications, en la divisant par une sorte de râpage dans l'eau froide qui enlève, en grande partie, les matières organiques et les sels solubles, et facilite la séparation de quelques débris ligneux, ainsi que des matières terreuses. On achève l'épuration à l'eau tiède

[1] L'analyse du caoutchène a donné (ancien poids atomique du carbone) :

	Bouchardat.		nC^2H^2.
Carbone.	85,09	85,41	85,7
Hydrogène.	13,77	14,59	14,3
			100,0

[2] M. Frankland considère l'eupione comme composée en plus grande partie d'hydrure d'amyle.

[3] Analyse de l'hévéène (anc. poids at. du carbone) :

	Bouchardat.		nC^2H^2.
Carbone.	86,82	85,24	85,7
Hydrogène.	13,18	14,76	14,3
			100,0

[4] Soubeiran, *Journ. de Pharm.*, [3] XI, 17. — Vogel fils, *ibid.*, XIII, 333. — Payen, *ibid.*, XXII, 172; et *Compt. rend. de l'Acad.*, XXXV, 109. — Adriani, voy. *Caoutchouc*, § 2377.

dans plusieurs bassins, on dessèche ensuite et l'on agglomère le produit en masse pâteuse, en le chauffant par la vapeur à 110° environ, dans une chaudière à double enveloppe.

La gutta-percha ainsi préparée devient assez molle pour être adhésive et facile à souder; laminée en feuilles ou en courroies de toute épaisseur, étirée en tubes de différents diamètres, moulée sous toutes sortes de formes, elle acquiert, après s'être lentement refroidie, une solidité et une ténacité très-grandes. Toutefois une petite quantité d'eau interposée suffit pour empêcher l'adhérence entre ses parties ou compromettre la résistance de ses soudures.

La gutta-percha manufacturièrement épurée est d'une couleur rousse brunâtre; elle s'électrise par le frottement, conduit mal l'électricité et la chaleur. Sa densité est de 0,979. Aux températures ordinaires de notre climat, de 0 à 25 degrés, elle est douée d'une ténacité aussi forte, à peu près, que celle des gros cuirs, et d'une flexibilité un peu moindre; elle s'amollit et devient sensiblement pâteuse vers 48 degrés, quoique très-consistante encore. Sa ductilité est telle, aux températures de 45 à 60 degrés, qu'on la peut aisément laminer en feuilles minces, étirer en fils ou en tubes; sa souplesse comme sa ductilité diminuent à mesure que la température s'abaisse. Son moulage, facilité par la température et la pression, peut reproduire les plus fins détails et le poli des moules. Elle ne possède à aucune température cette extensibilité élastique qui caractérise le caoutchouc. Exposée durant une heure à 10 degrés au-dessous de 0, elle a conservé sa souplesse, un peu amoindrie.

Sous ses différentes formes, la gutta-percha est douée d'une porosité particulière. Voici comment on peut aisément constater sa disposition remarquable à prendre cette structure poreuse : une goutte d'une solution dans le sulfure de carbone est posée sur une lame de verre; l'évaporation spontanée réduit bientôt cette solution à une lamelle blanchâtre; observée alors sous le microscope, on y peut clairement discerner les nombreuses cavités dont elle est toute criblée. On rend ces cavités plus visibles encore au moyen d'une goutte d'eau; le liquide s'insinue peu à peu en dilatant les parois, et bientôt la masse apparaît plus opaque; sous le microscope, les cavités se montrent agrandies.

On obtient des résultats analogues en tenant longtemps immergées dans l'eau des feuilles minces, obtenues transparentes par l'évaporation à chaud d'une solution de gutta-percha.

La structure poreuse de la gutta-percha se change en une contexture fibreuse sous un effort de traction qui peut doubler sa longueur : alors devenue peu extensible, elle supporte, avant de se rompre, un effort plus que double de celui qu'il faut pour produire le premier allongement.

La gutta-percha usuelle résiste à l'eau froide, à l'humidité, comme aux différentes influences qui excitent les fermentations : mais elle peut être amollie, éprouver une sorte de fusion pâteuse, superficielle, sous l'influence des rayons solaires de l'été. Soumise à l'action d'une température graduellement élevée, elle se fond et entre en ébullition sans se colorer sensiblement : le liquide diaphane donne d'abondantes vapeurs qui se condensent en un corps huileux presque incolore ; les dernières portions distillées sont colorées en orangé brun ; il reste un dépôt charbonneux en couche mince.

Elle n'est pas attaquée par les solutions alcalines, même caustiques et concentrées ; l'ammoniaque, les diverses solutions salines, l'eau chargée d'acide carbonique, les différents acides végétaux et les acides minéraux étendus, sont sans action sur elle ; les boissons légèrement alcooliques (vins, cidres, bière) ne l'attaquent pas ; l'eau-de-vie même en dissout à peine des traces. L'huile d'olive ne paraît pas attaquer à froid la gutta-percha ; elle la dissout en faible proportion à chaud et la laisse précipiter par le refroidissement.

L'acide sulfurique monohydraté la colore en brun et la désagrège avec dégagement sensible d'acide sulfureux.

L'acide chlorhydrique concentré l'attaque lentement, la colore en brun de plus en plus foncé, et, à la longue, la rend cassante.

L'acide fluorhydrique liquide, même fumant, est sans action ; ce qui permet de conserver cet acide dans des flacons de gutta-percha (Staedeler [1]).

L'acide nitrique monohydraté l'attaque très-vivement avec dégagement d'abondantes vapeurs rutilantes.

A froid, et même à chaud, une partie seulement (0,15 à 0,22) de la gutta-percha peut se dissoudre dans l'alcool et dans l'éther anhydres.

La benzine et l'essence de térébenthine la dissolvent partiellement à froid, mais presque en totalité à chaud.

[1] STAEDELER, *Ann. der Chem. u. Pharm.*, LXXXVII, 137.

Le sulfure de carbone et le chloroforme la dissolvent à froid; les solutions peuvent être filtrées sous une cloche bien close qui prévienne l'évaporation; le filtre retient les matières étrangères colorées en brun rougeâtre, tandis que la solution passe limpide et presque incolore. Le liquide filtré, exposé à l'air dans une soucoupe, laisse dégager le dissolvant et dépose la gutta-percha blanche sous la forme d'une lame plus ou moins épaisse, qui prend un retrait gradué à mesure que le liquide interposé se volatilise.

§ 2383. Suivant M. Payen, la gutta-percha épurée se compose de trois principes immédiats : d'une matière particulière ou *gutta pure*, d'une résine blanche cristalline, et d'une résine jaune. On sépare ces principes à l'aide de l'alcool absolu et bouillant.

α. La partie qui résiste à l'action de ce dissolvant constitue la *gutta pure*; c'est le plus abondant des trois principes; elle forme au moins les 75 et jusqu'aux 82 centièmes de la masse totale. Elle est blanche, opaque, souple et extensible en lames minces; à 50° elle s'amollit et devient de plus en plus adhésive; vers 100°, elle éprouve une espèce de fusion pâteuse. Chauffée à une température plus élevée, elle fond davantage, entre en ébullition, et distille en donnant une huile pyrogénée et des gaz carburés. Elle s'électrise très-vite par le frottement.

Elle est insoluble dans l'alcool et l'éther; elle se dissout à chaud dans la benzine; la solution saturée à 30° se prend, par le refroidissement, en une masse transparente; elle se dissout également à chaud dans l'essence de térébenthine. Le chloroforme et le sulfure de carbone dissolvent a froid la gutta pure.

M. Soubeiran a trouvé dans la gutta-percha, purifiée autant que possible des matières résineuses par l'alcool et l'éther bouillants :

Carbone.	83,5	83,5	83,4
Hydrogène. . . .	11,3	11,6	11,5
Oxygène.	5,2	4,9	5,1
	100,0	100,0	100,0

M. Soubeiran pense que la gutta pure ne renferme pas d'oxygène, et attribue cet élément à un mélange de matière résineuse qui paraît avoir résisté à l'action du dissolvant; la gutta pure, selon ce chimiste, aurait la même composition que le caoutchouc.

L'acide sulfurique concentré colore en brun, attaque et désagrège lentement la gutta pure, en dégageant de l'acide sulfureux. L'acide nitrique concentré l'oxyde vivement. L'acide chlorhydrique concentré l'attaque peu à peu et la colore en brun foncé.

β. La *résine blanche* entre en dissolution, en même temps que la résine jaune, lorsqu'on traite la gutta-percha par l'alcool absolu et bouillant; par le refroidissement la liqueur dépose des grains cristallins, composés des deux résines, qu'on traite ensuite à froid par l'alcool absolu; celui-ci dissout alors toute la résine jaune en laissant intacte la plus grande partie de la résine blanche.

Celle-ci se présente à l'état d'une masse pulvérulente légère, en apparence amorphe, mais qui, au microscope, laisse voir des cristaux lamelleux transparents. Elle commence à fondre à 160°; entre 175 et 180°, elle est entièrement huileuse, diaphane et sans coloration notable; par le refroidissement elle se solidifie, éprouve un retrait qui la fendille, reste transparente et un peu plus dense que l'eau.

Elle est très-soluble dans l'essence de térébentine, la benzine, le sulfure de carbone, l'éther, le chloroforme, l'alcool absolu et bouillant; l'évaporation spontanée de ces deux derniers dissolvants la laisse cristalliser en longues lamelles nacrées, groupées en rayons.

Elle est inattaquable par les solutions alcalines, ainsi que par les acides étendus.

L'acide sulfurique et l'acide nitrique concentrés l'attaquent vivement.

L'acide chlorhydrique ne l'attaque pas.

Plusieurs de ses caractères la rapprochent de la bréane extraite par M. Scribe de la résine d'icica.

γ. La *résine jaune* est amorphe, diaphane d'un jaune citrin, ou légèrement orangé suivant son épaisseur, un peu plus pesante que l'eau; solide et même dure et cassante à 0 degré, elle devient graduellement plus souple à mesure que la température s'élève; à 50°, elle éprouve une fusion pâteuse; à 100 ou 110°, elle est entièrement liquide. Chauffée davantage, elle peut entrer en ébullition, mais alors elle éprouve par degrés une altération profonde, brunit, dégage des vapeurs acides et des carbures d'hydrogène.

Cette résine retient avec force l'alcool qui l'a dissoute; on l'en sépare en la chauffant à 100° dans le vide jusqu'à cessation totale de boursouflement.

Elle est soluble à froid dans l'alcool, l'éther, la benzine, l'essence de térébenthine, le sulfure de carbone, le chloroforme; tous ces liquides l'abandonnent par l'évaporation à l'état amorphe.

Ni les acides étendus, ni les alcalis concentrés, ni l'ammoniaque ne l'attaquent.

Les acides sulfurique et nitrique concentrés l'attaquent vivement.

L'acide chlorhydrique concentré ne l'attaque pas.

PRODUITS PYROGÉNÉS.

§ 2384. *Bitumes* et *asphaltes*. — On nomme *bitumes* des matières visqueuses, ordinairement noires ou brunes, qui se fondent assez facilement tantôt à la température de l'eau bouillante, ou même au-dessous, tantôt à une température plus élevée. Le nom d'*asphaltes* s'applique plus particulièrement aux bitumes solides.

La France possède un assez grand nombre de dépôts bitumineux : on en trouve dans les tufs basaltiques de l'Auvergne, dans les sables tertiaires à Gabian près de Pézenas, à Lobsann et à Bechelbronn (Bas-Rhin), dans les dépôts crétacés supérieurs à Orthez et à Caupenne près de Dax, à Seyssel près de la perte du Rhône dans l'Isère, etc. Les dépôts bitumineux sont également fort abondants en Suisse, dans différentes parties de l'Allemagne, de la Russie, de la Pologne, du nouveau monde, etc.

Certains bitumes sont insolubles dans l'alcool; les autres partie solubles, partie insolubles. La plupart sont attaqués par l'éther ou par l'essence de térébenthine; ils laissent souvent alors pour résidu des matières charbonneuses, ou une autre matière bitumineuse inattaquable dont le point de fusion est différent du point de fusion du bitume primitif.

Soumis à la distillation, les bitumes donnent des matières plus ou moins visqueuses, quelquefois des huiles assez liquides (§ 2386); le résidu de la distillation consiste en une espèce de charbon brillant très-boursouflé, ou en une matière bitumineuse fixe, qui est oxygénée.

Les bitumes sont employés à divers usages. Ceux qui sont naturellement fluides et visqueux servent à graisser les voitures, à enduire les cordages et autres agrès de la marine. On les mélange aussi avec du sable et du gravier pour le dallage des trottoirs, des terrasses, etc. Les anciens Égyptiens se servaient beaucoup du bitume du lac Asphaltite pour embaumer les corps.

§ 2385. Suivant M. Boussingault [1], les bitumes glutineux sont des mélanges de deux principes définis : l'un, l'*asphaltène*, soluble et fixe ; l'autre, le *pétrolène*, huileux et volatil. En distillant le bitume avec de l'eau, on peut volatiliser la plus grande partie du pétrolène.

Desséché sur du chlorure de calcium et rectifié, le pétrolène (du bitume de Bechelbronn) se présente sous la forme d'une huile jaune pâle, d'une saveur peu marquée, d'une odeur qui rappelle celle du bitume ; sa densité est de 0,891 à 21° ; un froid de 12° ne lui fait pas perdre sa fluidité. Il tache le papier, et brûle en répandant une fumée épaisse. Il bout à 280° ; la densité de sa vapeur a été trouvée égale à 9,415. Il renferme :

	Boussingault.				$C^{40}H^{32}$.
Carbone.	87,1	87,1	87,3	87,2	88,2
Hydrogène. . .	12,1	12,2	11,9	11,9	11,8
					100,0

La formule $C^{40}H^{32}$ représente le double de celle de l'essence de térébenthine, et correspond à une densité de vapeur égale à 9,5 (4 volumes). On remarque que la composition du pétrolène est aussi fort rapprochée de celle du naphte.

Le traitement du bitume par l'alcool n'enlève qu'une partie du pétrolène ; mais on parvient à volatiliser celui-ci en totalité en maintenant le bitume pendant 48 heures au moins dans une étuve chauffée à 250° environ. Le résidu constitue l'asphaltène. Celui-ci est noir, très-brillant et d'une cassure conchoïde. Vers 300°, il devient mou et élastique ; il entre en décomposition avant de se fondre. Il brûle à la manière des résines. Il a donné, par la combustion avec l'oxyde de cuivre :

	Boussingault.	$C^{40}H^{30}O^{6}$.
Carbone. . . .	74,2	75,5
Hydrogène. . .	9,9	9,4
Oxygène. . . .	»	15,1
		100,0

Cette analyse semble indiquer que l'asphaltène résulte du pétrolène par l'oxydation [2].

[1] BOUSSINGAULT, *Ann. de Chim. et de Phys.*, LXIV, 141 ; LXXIII, 442. — VOELCKEL, *Ann. der Chem. u. Pharm.*, LXXXVII, 139.

[2] M. Boussingault admet la formule $C^{40}H^{32}O^{6}$ pour l'asphaltène.

Voici la composition de plusieurs substances bitumineuses, suivant M. Boussingault :

	Bitume vierge de Bechelbronn (Bas-Rhin).	Bitume liquide des environs de Hatten (Bas-Rhin).	Asphalte solide[1] de Coxitambo (Pérou).	
Carbone.	87,0	87,4	87,3	87,4
Hydrogène.	11,1	12,6	9,7	9,7
Azote et oxygène.	1,1	0,4	1,7	1,6

§ 2386. Par la distillation sèche de l'asphalte, on obtient une huile jaune, composée d'hydrocarbures et de matière oxygénée en petite quantité. Ce mélange commence à bouillir vers 90°, mais le point d'ébullition s'élève peu à peu à 250° ; il présente la composition suivante :

	Voelckel. Huile recueillie entre 90° et 200°, et d'une densité de 0,817 à 15°.	Huile recueillie entre 200 et 250°, et d'une densité de 0,866 à 15°.
Carbone.	87,37	87,55
Hydrogène. . . .	11,65	11,56
Oxygène.	0,98	0,89
	100,00	100,00

Les nombres précédents sont assez rapprochés de ceux qu'on obtient avec l'huile de succin (§ 2375[a]).

Traitée par l'acide nitrique, l'huile d'asphalte se transforme en une résine qui a l'odeur du musc et de l'essence d'amandes amères.

Lorsqu'on traite l'huile d'asphalte par l'acide sulfurique concentré, une partie de l'huile se dissout, tandis qu'une autre partie vient surnager. Cette dernière étant décantée, lavée avec de la potasse, et soumise à la rectification, donne un mélange huileux dont le point d'ébullition varie entre 90° et 250° et dont la densité (*d*) est comprise entre 0,784 et 0,867 à 15°. Si l'on fractionne ce mélange, on obtient des huiles qui toutes ont la même composition, ainsi que le prouvent les analyses suivantes de M. Voelckel :

[1] Dans une analyse antérieure, M. Boussingault n'avait trouvé que 76 p. c. de carbone pour l'asphalte de Coxitambo.

	Huile bouillant							
	entre 90° et 100°; d = 0,784.	entre 120° et 150°; d = 0,790.		entre 150° et 180°; d = 0,802.	entre 180° et 200°; d = 0,817.	entre 200° et 220°; d = 0,845.	entre 220° et 250°; d = 0,867.	Calcul. d'après la formule nC^6H^5.
Carbone. .	87,56	87,59	87,56	87,31	87,34	87,48	87,40	87,80
Hydrogène.	12,34	12,30	12,50	12,59	12,69	12,60	12,40	12,20

Ces nombres peuvent s'exprimer par les rapports $n\ C^6H^5$; on remarque toutefois qu'ils sont fort rapprochés de ceux que M. Boussingault a obtenus à l'analyse du pétrolène.

Les huiles précédentes ont toutes à peu près la même odeur; elles sont insolubles dans l'eau, fort solubles dans l'alcool et l'éther. L'acide sulfurique concentré les attaque à peine. L'acide nitrique concentré ne les dissout pas; à l'ébullition, cet acide se volatilise en grande partie, tandis qu'il se forme en très-petite quantité une huile jaune et pesante.

§ 2387. *Naphte.* — On nomme ainsi une huile odorante, composée de plusieurs hydrocarbures volatils, qu'on rencontre toute formée dans la nature minérale, et qui présente une grande analogie avec l'huile qu'on obtient par la distillation des bitumes et des asphaltes. Ces substances d'ailleurs accompagnent souvent le naphte. Le naphte naturel est toujours souillé de matières étrangères qui le colorent en brun plus ou moins foncé; dans cet état, il porte généralement le nom de *pétrole*. On le trouve en abondance sur les bords de la mer Caspienne, en Perse, en Chine, en Italie (au village d'Amiano, dans le duché de Parme), etc., où on l'emploie pour l'éclairage. En France, le pétrole de Gabian (Hérault) jouit d'une certaine renommée comme vermifuge.

Plusieurs chimistes[1] se sont occupés de l'examen du naphte rectifié. M. Dumas le considère comme un principe unique; mais il résulte des expériences plus récentes de MM. Blanchet et Sell, ainsi que de celles de Pelletier et Walter, qu'il renferme plusieurs hydrocarbures différents :

Voici les résultats des analyses antérieures à celles de ces derniers chimistes :

[1] TH. DE SAUSSURE, *Ann. de Chim. et de Phys.*, IV, 314; VI, 308. — R. HERMANN, *Ann. de Poggend.*, XVIII, 368. — DUMAS, *Ann. de Chim. et de Phys.*, L, 237. — BLANCHET et SELL, *Ann. der Chem. u. Pharm.*, VI, 308. — PELLETIER et WALTER, *ibid.*, XXXVI, 335; et *Journ. de Pharm.*, XXVI, 549.

	Th. de Saussure.	Thomson.	Ure.	R. Hermann.	Dumas. (1)	Dumas. (2)
Carbone. . . .	88,02	82,2	83,04	85,88	86,4	87,83
Hydrogène. . .	11,98	14,2	12,31	14,12	12,7	12,30

L'analyse de Th. de Saussure a été faite sur du naphte d'Amiano bouillant à 85°,5, d'une densité de 0,836 à l'état liquide et de 2,833 à l'état de vapeur; les autres analyses se rapportent à du naphte de Perse.

MM. Blanchet et Sell ont obtenu quatre huiles différentes par la rectification du naphte (A, point d'ébullition à 94°, densité = 0,749 à 15°; B, point d'ébullition à 215°, densité = 0,849). Pelletier et Walter distinguent trois huiles (C, point d'ébullition entre 85 et 90°, densité de vapeur = 3,40; D, point d'ébullition à 115°, densité de vapeur = 4,0; E, point d'ébullition à 190°, densité de vapeur = 5,3). Voici la composition de ces huiles[1]:

	Blanchet et Sell.			Pelletier et Walter.		
	A	A	B	C	D	E
Carbone. . .	84,70	85,40	87,70	86,5	85,7	86,7
Hydrogène. .	14,36	14,23	13,00	13,8	14,6	13,2

Le naphte est insoluble dans l'eau; il exige environ 8 p. d'alcool de 36° B. pour se dissoudre à la température de 12°; il se mêle en toutes proportions avec l'éther et les huiles essentielles. Il dissout à chaud $^1/_{14}$ de phosphore et $^1/_{12}$ de soufre; ces corps se déposent de nouveau par le refroidissement. Il dissout $^1/_8$ d'iode; il absorbe le gaz chlorhydrique et l'ammoniaque (Saussure).

Rectifié, il sert à conserver le potassium et le sodium. Pour le rendre propre à cet usage, M. Boettger[2] agite 1 kil. de naphte brut à plusieurs reprises avec 120 à 180 grammes d'acide sulfurique fumant, laisse reposer le mélange pendant quelques jours, décante l'huile qui vient nager au-dessus des matières carbonisées par l'acide, l'agite avec de l'eau et la rectifie sur de la chaux vive.

Le chlore et le brome attaquent le naphte. L'acide sulfurique et l'acide nitrique concentrés le décomposent à chaud.

[1] Ces analyses sont calculées avec l'ancien poids atomique du carbone.

Pelletier et Walter appelent *naphte* l'huile C = $C^{14}H^{13}$; *naphtène* l'huile D = $C^{16}H^{16}$; *naphtole* l'huile E = $C^{24}H^{22}$.

Toutes ces huiles ne sont peut-être que des polymères nC^2H^2.

[2] BOETTGER, *Beitraege z. Physik u. Chemie*, 1837, p. 109; et *Ann. der Chem. u. Pharm.* XXV. 100.

§ 2388. *Produits de la distillation du bois*[1]. — Les corps qui se forment par l'action de la chaleur sur le bois sont extrêmement nombreux et variés, suivant les espèces de bois, et suivant les résines ou les autres substances qui y sont contenues. La température à laquelle s'effectue la distillation du bois a évidemment aussi une grande influence sur la nature des produits de décomposition.

Ces produits sont gazeux, liquides ou solides; une partie des produits liquides est soluble dans l'eau, une autre y est insoluble et possède une consistance huileuse ou emplastique. Cette dernière partie forme ce qu'on appelle le *goudron de bois*; elle contient les produits solides en dissolution ou en suspension dans les produits liquides.

Les produits gazeux sont en grande partie composés d'acide carbonique, d'oxyde de carbone, de gaz oléfiant et de gaz des marais. Les substances liquides sont des mélanges d'eau, d'acide acétique (acide pyroligneux, § 477), d'hydrate de méthyle (esprit de bois, § 332), d'acétate de méthyle (§ 488), d'acétone (§ 462), de créosote (§ 1353), ainsi que de plusieurs hydrocarbures (toluène, § 1811; xylène, § 1832; cumène, § 1835), et d'huiles oxygénées. Parmi les produits solides, on remarque un hydrocarbure (paraffine) semblable à celui qu'on obtient par l'action de la chaleur sur les matières cireuses (§ 1323, 1332, 1333).

Les produits de la distillation du bois sont toujours accompagnés de substances emplastiques, plus ou moins colorées, qui forment la masse principale du goudron. Celui-ci renferme, en outre, une quantité considérable d'ammoniaque[2]; on trouve aussi cet alcali en combinaison avec l'acide acétique contenu dans le liquide aqueux.

Privé des substances volatiles par plusieurs distillations avec de l'eau, le goudron finit par laisser une substance résinoïde qui se combine aisément avec les alcalis.

§ 2389. Lorsqu'on soumet le goudron de bois à une nouvelle distillation, il passe d'abord, avec l'eau acide, une huile jaune qui nage à la surface de la liqueur aqueuse; plus tard on voit passer

[1] REICHENBACH, *Journ. f. prakt. Chem.*, I, 1, 377. *Jahrb. f. Chem. u. Physik*, LIX, 436; LXI, 175, 273; LXII, 46, 129, 273; LXV, 295, 461; LXVI, 301; LXVII, 1, 57, 274; LXVIII, 1, 57, 228, 239, 295, 351, 399; LXIX, 19, 175, 241. — VOELCKEL, *Ann. der Chem. u. Pharm.*, LXXX, 306 et 309; LXXXVI, 66 et 331. *Ann. de Poggend.*, LXXXII, 496; LXXXIII, 272 et 257.

[2] Ainsi qu'une très-petite quantité d'un alcali organique (Voelckel).

une huile plus épaisse, également colorée, et qui est plus pesante que l'eau.

Huile plus légère que l'eau[1]. Elle est fort complexe ; soumise à la rectification, elle commence à bouillir à 70°, mais ce point s'élève peu à peu à 250° ; la densité des différentes portions d'huile varie entre 0,841 et 0,877.

Suivant M. Voelckel, les portions les plus volatiles, passant entre 70 et 100°, sont principalement composées d'acétate de méthyle et d'acétone, d'un peu de benzine (ainsi que de *xylite* et de *mésite*, § 340, que M. Voelckel considère comme des isomères de l'acétone).

Les portions passant entre 100 et 150° contiennent principalement de l'oxyde de méthyle (§ 465), ainsi que des huiles isomères, de la benzine, du toluène et du xylène. On parvient à séparer ces hydrocarbures des huiles oxygénées en traitant le mélange par l'acide sulfurique concentré qui s'empare des dernières.

Les portions les moins volatiles, bouillant entre 150 et 200°, se composent également d'un mélange d'hydrocarbures (parmi lesquels on remarque le cumène) et d'huiles oxygénées qu'on peut séparer par le même procédé. M. Voelckel suppose parmi les huiles oxygénées la présence du capnomore.

Huile plus pesante que l'eau. L'huile épaisse pesante et jaune qu'on recueille dans la seconde période de la distillation du goudron de bois est un mélange d'huiles plus légères que l'eau et inattaquables par la potasse caustique, et d'autres huiles solubles ou attaquables par cet alcali, et en partie plus pesantes que l'eau. Parmi ces dernières on remarque principalement la *créosote*, le *capnomore* et une autre huile (*pyroxanthogène*) que la potasse convertit en *pyroxanthine*.

[1] Suivant M. Voelckel, l'*eupione* de M. Reichenbach (*Journ. f. prakt. Chem.*, I, 377 ; *Ann. der Chem. u. Pharm.*, VIII, 217) est un mélange composé des substances qui constituent l'huile de goudron plus légère que l'eau.

D'après M. Reichenbach, l'eupione pur s'obtient le mieux par la distillation sèche de l'huile de colza ; il bout alors à 47°. Ce point d'ébullition peut aller jusqu'à 169° dans d'autres échantillons d'eupione ; cela dépend du mode d'extraction et de la température de leur formation. Il est évident qu'un liquide d'un point d'ébullition si variable ne peut être qu'un mélange.

M. Frankland est d'avis que l'hydrure d'amyle constitue en partie l'eupione de M. Reichenbach.

Voy. aussi : Hess, *Ann. der Chem. u. Pharm.*, XXIII, 241. — Laurent, *Ann. de Chim. et de Phys.*, LXIV, 324. — Bouchardat, *Ann. der Chem. u. Pharm.*, XXVII, 30.

α. La *créosote* a déjà été décrite (§ 1353).

β. Le *capnomore*[1] s'obtient, suivant M. Voelckel, par l'ébullition de la solution alcaline de l'huile de goudron de bois, plus pesante que l'eau. Lorsqu'on traite cette huile par une lessive de potasse, les huiles légères qu'elle renferme viennent se séparer, tandis que la créosote, le capnomore et une autre huile entrent en dissolution; par l'ébullition de la liqueur brune et alcaline, le capnomore distille avec les vapeurs d'eau. Il paraîtrait même que le capnomore se produit en partie, dans ces circonstances, par la métamorphose de la créosote.

Le capnomore est une huile incolore, d'une odeur particulière, d'une densité presque égale (0,995 à 15°5) à celle de l'eau; il bout entre 180 et 208°. Il est insoluble dans l'eau à l'état de pureté; il est insoluble dans la potasse; mais il s'y dissout en partie à la faveur de la créosote (Voelckel).

Il renferme[2] :

	Voelckel.			$C^{40}H^{22}O^4$(?)
	a	*b*	*c*	
Carbone.	81,16	81,18	81,31	81,64
Hydrogène.	7,89	7,81	7,77	7,48
Oxygène.	»	»	»	10,88
				100,00

Le capnomore de Reichenbach[3] présente la plupart des caractères du capnomore de M. Voelckel, et ne serait, suivant ce dernier chimiste, qu'un produit légèrement altéré par l'action de l'acide sulfurique, employé par Reichenbach comme moyen de purification.

Le capnomore se dissout dans l'acide sulfurique concentré avec une couleur rouge purpurine; la solution se décolore par l'addition de l'eau et renferme alors un acide conjugué (Reichenbach, Voelckel), dont le sel de potasse est cristallisable (Reichenbach). L'acide nitrique convertit le capnomore en acide oxalique, en acide picrique, et en une autre substance cristalline (Reichenbach).

γ. La *pyroxanthine* paraît être le résultat de l'action de la potasse

[1] Du grec καπνὸς, fumée, et μοῖρα, partie.

[2] Les trois analyses ont été faites sur trois portions différentes de capnomore. Point d'ébullition de *a*, 200 à 202°; de *b*, 202 à 204°; de *c*, 204 à 208°.

[3] REICHENBACH, *Journ. f. prakt. Chem.*, I, 1.

sur une des substances contenues dans l'huile pesante du goudron de bois (Voelckel).

Scanlan a le premier observé la pyroxanthine dans l'esprit de bois brut; M. Grégory[1] l'a soumise à un examen attentif. Ce dernier chimiste l'obtient de la manière suivante : on soumet l'esprit de bois brut à la distillation, en en recueillant environ 15 p. c.; on sature le produit distillé par de l'hydrate de chaux, et on le soumet à une nouvelle distillation. On obtient ainsi un résidu coloré, contenant l'excès de la chaux employée, de l'acétate de chaux, une résine brunâtre, et de la pyroxanthine. Ce résidu est d'abord traité par l'acide chlorhydrique étendu, et la partie insoluble dans cet acide est reprise par l'alcool bouillant; la matière résineuse se dissout alors la première. Les dernières décoctions alcooliques renferment la pyroxanthine.

Cette substance cristallise en longues aiguilles jaunes, sans odeur, insolubles dans l'eau, solubles à chaud dans l'alcool, l'éther et l'acide acétique, presque insolubles dans l'ammoniaque et la potasse bouillante. Elle fond à 144°; chauffée dans un tube fermé par un bout, elle ne se volatilise pas sans décomposition; mais, si on la chauffe dans un courant d'air, elle se sublime déjà à 134°.

Elle renferme[2] :

	Apjohn.	Grégory			$C^{20}H^8O^4$(?)
Carbone.	74,1	73,3	74,7	74,8	75,0
Hydrogène. . . .	6,1	5,5	5,3	5,5	5,0
Oxygène.	»	»	»	»	20,0
					100,0

L'acide sulfurique concentré et l'acide chlorhydrique fumant dissolvent la pyroxanthine en se colorant en rouge foncé; la solution précipite par l'eau des flocons de pyroxanthine en partie altérée. L'acide nitrique concentré l'attaque vivement, en la transformant en acide oxalique et en une substance nitrée. Le chlore la convertit à chaud en une substance brune, résinoïde, avec dégagement d'acide chlorhydrique.

§ 2390. Outre les substances indiquées précédemment, le goudron de bois en donne quelquefois plusieurs autres auxquelles M. Reichenbach donne les noms de *picamare*, de *cédrirète* et de *pitta-*

[1] Grégory, *Ann. der Chem. u. Pharm.*, XXI, 143.

[2] Corrections faites d'après le nouveau poids atomique du carbone. — M. Grégory admet les rapports $C^{21}H^9O^4$.

calle, mais dont la nature chimique est encore fort problématique.

Le *picamare*[1] est une huile d'une densité de 1,10, grasse au toucher, d'une odeur faible, d'une saveur brûlante et amère. Elle bout vers 270°, et se combine avec les alcalis comme la créosote, en donnant des composés cristallisables.

Le *cédrirète*[2] peut s'extraire de la créosote, en saturant par l'acide acétique la solution de cette dernière dans la potasse. Une partie de l'huile se sépare alors, tandis qu'une autre reste en dissolution dans l'acétate de potasse. On distille alors la liqueur; les portions moyennes qu'on obtient ainsi donnent peu à peu, avec une solution de sulfate de sesquioxyde de fer, un précipité rouge, composé d'un réseau d'aiguilles. C'est le cédrirète. Ce corps se colore en bleu foncé au contact de l'acide sulfurique concentré. Reichenbach attribue au cédrirète la coloration du goudron de bois.

Enfin, le *pittacalle*[3] est un corps qui se produit par l'action de la baryte sur l'huile de goudron. Il est soluble dans les acides, et en est précipité par les alcalis. Il est insoluble dans l'eau, l'alcool et l'éther. Il se combine avec l'alumine et peut être précipité sur les tissus.

§ 2391. *Produits de la distillation des schistes bitumineux*[4]. — Lorsqu'on soumet à la distillation les schistes bitumineux, on obtient, outre des gaz inflammables, une huile empyreumatique d'une consistance épaisse. Celle-ci étant soumise à la rectification à une température croissante, on peut en séparer une série d'huiles volatiles dont le point d'ébullition varie de 80 à 300°.

Voici la composition de ces huiles[5] :

	Laurent.				
	80 à 95°		120 à 121°	169°	nC^2H^2
Carbone. . . .	86,0	85,7	86,2	85,60	85,7
Hydrogène. . .	14,3	14,1	13,6	14,50	14,3
					100,0

On remarque que la composition des huiles de schiste se rapproche de celle de l'hydrogène bicarboné[6].

[1] De *pix*, poix, et *amarum*, amer.

[2] De *cedrium*, nom donné par les anciens au vinaigre de bois, et de *rete*, réseau.

[3] De πιττα, résine, et καλλος, beau.

[4] LAURENT, *Ann. de Chim. et de Phys.*, LXIV, 321.

[5] Ancien poids atomique du carbone.

[6] En fractionnant les produits de la distillation de l'huile de schiste du commerce,

L'huile qui passe entre 80 et 85° devient incolore si on la traite par l'acide sulfurique et qu'on la rectifie sur de l'hydrate de potasse ; elle possède alors une densité de 0,714 et ressemble beaucoup au naphte, sous le rapport de la composition et des propriétés. Le chlore, au soleil, en dégage de l'acide chlorhydrique et l'épaissit.

Lorsqu'on traite par l'acide nitrique concentré et bouillant les huiles dont le point d'ébullition est compris entre 80 et 150°, on obtient un acide particulier en petite quantité (*acide ampélique*, § 1603).

§ 2392. L'*ampéline* est une autre substance, semblable à la créosote, que M. Laurent a obtenue avec l'huile de schiste dont le point d'ébullition est compris entre 200 et 280°.

Pour préparer l'ampéline, on agite cette huile à plusieurs reprises avec de l'acide sulfurique concentré ; puis on la mêle avec un quinzième ou un vingtième de son volume de potasse caustique en dissolution dans l'eau; on laisse le tout en repos pendant un jour ; au bout de ce temps on trouve dans le flacon deux couches, dont l'inférieure, aqueuse, est plus abondante que la dissolution de potasse employée. On décante la couche inférieure et on l'agite avec de l'acide sulfurique faible qui en sépare une huile, laquelle vient à la surface ; on enlève celle-ci avec une pipette, on l'introduit dans un ballon, et on la fait légèrement chauffer avec dix ou vingt fois son volume d'eau ; l'ampéline se dissout, et il se sépare une petite quantité d'huile qu'on rejette ; on met ensuite dans la dissolution aqueuse quelques gouttes d'acide sulfurique ; l'ampéline se sépare ainsi à la surface.

Elle possède une légère teinte brun-jaunâtre ; bien pure, elle serait probablement incolore. Elle ressemble à une huile grasse assez fluide ; elle est soluble dans l'alcool ; l'éther la dissout en toutes proportions ; soumise à l'action d'un froid de 20° au-dessous de zéro, elle ne se solidifie pas.

Elle se dissout en toutes proportions dans l'eau, si on la mêle avec

les traitant par l'acide sulfurique et les purifiant par des distillations réitérées sur la potasse fondue et l'acide phosphorique anhydre, on obtiendrait, suivant M. Saint-Èvre (*Compt. rend. de l'Acad.*, XXIX, 339), les hydrocarbures suivants :

$C^{36}H^{34}$	bouillant	entre	275 et 280°,
$C^{28}H^{26}$	»	»	255 et 260°,
$C^{24}H^{26}$	»	»	215 et 220°,
$C^{18}H^{16}$	»	»	132 et 135°

L'auteur de cette note ne donne pas plus de détails.

quarante ou cinquante fois son volume de ce liquide. Soumise à la distillation, elle se décompose en donnant de l'eau, une huile légère, et du charbon.

Sa solution aqueuse se comporte avec les réactifs d'une manière assez singulière : quelques gouttes d'acide sulfurique, même très-étendu, en séparent l'ampéline. L'acide nitrique agit de même. La potasse et l'ammoniaque troublent légèrement la dissolution dans le premier instant; mais par l'agitation et la chaleur la liqueur s'éclaircit. Le carbonate d'ammoniaque trouble la dissolution. Les carbonates de potasse et de soude agissent comme le précédent; mais par la chaleur la liqueur devient limpide. Le chlorhydrate d'ammoniaque, le chlorure de sodium, le phosphate de soude, en séparent l'ampéline. Si dans une dissolution d'ampéline dans la potasse caustique ou carbonatée on verse du sel marin ou du chlorhydrate d'ammoniaque, l'ampéline s'en sépare aussitôt et ne se dissout pas par la chaleur. L'acide nitrique l'attaque vivement à l'aide de l'ébullition, et la transforme en une matière visqueuse insoluble; la dissolution nitrique renferme de l'acide oxalique.

§ 2393. *Produits de la distillation de la houille* [1]. — Le goudron de houille qu'on obtient dans les fabriques du gaz de l'éclairage, contient trois espèces de substances : des acides, des alcalis, et des corps entièrement neutres; ces derniers composent la plus grande partie du goudron.

Parmi les acides [2], il faut surtout mentionner l'acide phénique (acide carbolique de Runge, § 1352).

[1] RUNGE, *Ann. de Poggend.*, XXXI, 65, 512 ; XXXII, 308, 323. — REICHENBACH, *ibid.*, XXXI, 497. — LAURENT, *Ann. de Chim. et de Phys.*, [3] III, 195. — HOFMANN, *Ann. der Chem. u. Pharm.*, XLVIII, 1. — MANSFIELD, *ibid.*, LXIX, 163.

[2] Runge mentionne, outre l'acide phénique, *l'acide rosolique* et *l'acide brunolique*. Lorsqu'on ajoute un acide à la liqueur alcaline obtenue en traitant l'huile de goudron par du lait de chaux, il s'en sépare un mélange d'acides phénique, brunolique et rosolique. Ce mélange étant distillé avec de l'eau, il passe de l'acide phénique, tandis que la cornue retient un résidu brun et poisseux qui renferme les deux autres acides. On le dissout dans un peu d'alcool et l'on mélange la solution avec du lait de chaux : il se produit ainsi du rosolate de chaux qui reste en dissolution avec une teinte rose; le brunolate de chaux se sépare sous la forme d'un précipité brun.

Si l'on traite le précipité brun par de l'acide chlorhydrique, celui-ci s'empare de la chaux, et l'acide brunolique reste à l'état de flocons bruns.

Pour préparer l'acide rosolique il est convenable d'évaporer au bain-marie, à consistance de sirop, la combinaison calcaire qu'on obtient en traitant l'huile de goudron par du lait de chaux, et de la mélanger avec un tiers de son volume d'alcool; de cette manière, il s'en sépare, au bout de quelques jours, des cristaux de rosolate de chaux,

La partie alcaline se compose principalement d'ammoniaque, d'aniline (§ 1411), de picoline (§ 1415), de quinoléine (leucol, § 2204), et de pyrrol (§ 2255[a]).

Les matières neutres du goudron de houille sont formées d'hydrocarbures liquides et d'hydrocarbures solides, parmi lesquels on remarque la benzine (§ 1337), le toluène (§ 1811), le cumène (§ 1835), la naphtaline (§ 1697), la paranaphtaline (§ 1725[a]), le chrysène et le pyrène (§ 2394).

§ 2394. *Chrysène* et *pyrène*. — Ces deux corps[1] sont les produits de la distillation sèche des corps gras et des résines, ainsi que de la houille; on peut les extraire, par de nouvelles distillations, du goudron du gaz de l'éclairage. Les produits qui passent les derniers se composent d'une masse molle, jaune ou rougeâtre, et d'une huile épaisse où l'on distingue des paillettes cristallines; ce qui se condense dans le col de la cornue se compose en plus grande partie de chrysène; le récipient renferme principalement du pyrène. On peut séparer ces deux corps au moyen de l'éther, où le pyrène seul se dissout aisément.

α. Pour isoler le *chrysène*, on triture avec de l'éther la matière colorée contenue dans le col de la cornue; l'éther s'empare ainsi du pyrène, ainsi que de plusieurs matières huileuses, en laissant le chrysène à l'état pulvérulent.

A l'état de pureté, ce corps possède une belle couleur jaune; il est cristallin, inodore, insipide, insoluble dans l'eau et l'alcool. L'éther le dissout à peine; l'essence de térébenthine le dissout mieux à l'ébullition, et le dépose sous la forme de flocons jaunes et cristallins. Il entre en fusion vers 230 à 235°; par le refroidissement, il se solidifie en une masse jaune plus foncée et formée d'aiguilles un peu lamelleuses. A une température plus élevée, il distille, en s'altérant un peu. Il renferme[2] :

colorés en rose. On en sépare l'acide rosolique au moyen de l'acide acétique.

L'acide rosolique est une masse résineuse d'une couleur orangée; il se dissout dans l'alcool, mais il est insoluble dans l'eau. Il donne avec certains mordants des couleurs et des laques rouges qui peuvent rivaliser pour la beauté avec celles de garance et de cochenille. Il paraît être le produit de l'action des alcalis sur l'huile de goudron.

L'acide brunolique est brun, vitreux, aisé à réduire en poudre.

[1] LAURENT, *Ann. de Chim. et de Phys.*, LXVI, 136.

[2] Ancien poids atomique du carbone.

	Laurent.		$nC^{12}H^{4}$(?)
Carbone.	94,83	94,25	94,7
Hydrogène. . . .	5,44	5,30	5,3
			100,0

Le *nitrochrysène* se produit par l'action de l'acide nitrique concentré et bouillant sur le chrysène. C'est une poudre rouge, inodore, insipide, insoluble dans l'eau. L'alçool et l'éther n'en dissolvent que des traces. Il paraît renfermer $nC^{12}H^{3}(NO^{4})$:

	Laurent.		$nC^{12}H^{3}(NO^{4})$
Carbone	58,90	59,31	59,5
Hydrogène. . .	2,26	2,33	2,5
Azote	11,66	»	11,6
Oxygène	»	»	26,4
			100,0

L'acide sulfurique concentré dissout le nitrochrysène à froid, en se colorant en rouge brun. La potasse en dissolution dans l'alcool le colore en brun et le dissout en partie. Si l'on neutralise l'alcali par un acide, il s'en précipite des flocons bruns. Chauffé brusquement dans un tube bouché, le nitrochrysène fond et se décompose avec explosion.

β. Pour préparer le *pyrène*, on place dans un mélange réfrigérant la liqueur éthérée qui a servi à l'extraction du chrysène; le pyrène se dépose alors à l'état cristallisé.

Le pyrène cristallise dans l'alcool en lamelles rhomboïdales microscopiques, fort semblables à la paranaphtaline (§ 1725ᵃ); il est insipide, inodore, insoluble dans l'eau, peu soluble dans l'alcool et l'éther; il fond entre 170 et 180°, et se concrète en une masse feuilletée et cristalline. Une chaleur plus élevée le volatilise sans altération. L'acide sulfurique le charbonne.

Il renferme [1] :

	Laurent.	$C^{30}H^{12}$(?)
Carbone	93,18	93,7
Hydrogène. . .	6,11	6,3
		100,0

L'acide nitrique, à l'aide de la chaleur, détruit aisément le pyrène.

Le *nitropyrène* est une matière résinoïde, un peu plus rouge que la gomme gutte et très-fusible; elle paraît renfermer $C^{30}H^{10}(NO^{4})^{2}$.

[1] Ancien poids atomique du carbone.

§ 2395. *Produits de la distillation sèche des matières animales* [1]. — On donne généralement le nom d'*huile de corne de cerf* ou d'*huile animale de Dippel* à l'huile qui se forme par la distillation sèche des matières animales, telles que la corne, les os, le sang, etc.

En rectifiant l'huile brute qu'on produit, dans les fabriques de noir animal, par la distillation des os effectuée dans des cylindres de fonte, M. Anderson a obtenu une huile volatile très-complexe, ainsi que de l'eau chargée de sulfhydrate, de cyanhydrate et de carbonate d'ammoniaque; en traitant ce produit par un alcali, le même chimiste a pu en extraire une quantité considérable d'acide cyanhydrique.

La matière huileuse se composait d'une partie soluble et d'une partie insoluble dans les acides.

La partie soluble s'y trouvait en proportion bien moindre que la partie insoluble; elle contenait des alcalis volatils, tels que la méthylamine (§ 383), l'éthylamine (§ 822) la tritylamine (§ 1026[d]), la pétinine (§ 1056), l'aniline (§ 1411), la picoline (§ 1415), la lutidine (§ 1821[a]), la pyridine et le pyrrol (§ 2255[a]).

La partie insoluble dans les acides renfermait de la benzine et d'autres hydrocarbures, ainsi que des huiles susceptibles de dégager de l'ammoniaque par l'ébullition prolongée avec la potasse caustique et paraissant appartenir à la classe des nitriles (éthers cyanhydriques).

Produits de la distillation des corps gras. — Voy. § 1296.

Produits de la distillation des résines. — Voy. § 1919.

§ 2396. *Suie.* — Lorsque les matières organiques brûlent d'une manière incomplète, il se produit de la fumée et de la suie qui se condense sur les parties froides, sous la forme d'une masse noire pulvérulente et légère, ou bien sur les parties encore échauffées, sous la forme d'une masse compacte et brillante.

Suivant Braconnot [2], la suie renferme une résine acide, saturée en partie par les bases qui y ont été entraînées par les cendres, et du charbon provenant de la combustion incomplète des carbures d'hydrogène et des huiles empyreumatiques, dont l'hydro-

[1] UNVERDORBEN, *Ann. de Poggend.*, VIII, 477. — ANDERSON, *Philos. Magaz.*, XXXIII, 174; et *Ann. der Chem. u. Pharm.*, LXX, 32; *Edinb. Philos. Trans.*, vol. XX, 2e partie; et *Ann. der Chem. u. Pharm.*, LXXX, 44.

[2] BRACONNOT, *Ann. de Chim. et de Phys.*, XXXI, 37. — Le mot *asboline* dérive du grec ἄσβολη, suie.

gène s'est brûlé sans qu'il y ait eu assez d'oxygène pour brûler aussi le carbone.

Le même chimiste admet, dans la suie, l'existence d'une substance extractiforme azotée à laquelle il donne le nom d'*asboline*. On obtient celle-ci à l'état de pureté en épuisant la suie par l'eau bouillante, évaporant la solution, redissolvant dans l'eau, ajoutant de l'acide chlorhydrique, lavant à l'eau froide le précipité poisseux, traitant ensuite par l'eau bouillante, filtrant la décoction après l'avoir laissée refroidir, évaporant de nouveau et dissolvant dans l'eau bouillante jusqu'à ce qu'il ne se dépose plus rien par le refroidissement. L'évaporation fournit une espèce de vernis qu'on traite par l'alcool; on traite ensuite le résidu par l'éther qui, par l'évaporation, laisse l'asboline à l'état d'une huile jaune, très-âcre, amère et non volatile, plus légère que l'eau, brûlant avec flamme, donnant à la distillation un produit ammoniacal un peu soluble dans l'eau, fort soluble dans l'alcool, insoluble dans l'essence de térébenthine et dans les huiles grasses.

L'acide nitrique la dissout, avec une couleur jaune rougeâtre. La solution donne, par l'évaporation, de l'acide picrique et un peu d'acide oxalique.

La solution aqueuse de l'asboline est colorée par les alcalis en rouge foncé; l'acétate de plomb la précipite en orangé; l'infusion de noix de galle la précipite également; la solution d'argent en est réduite au bout d'un certain temps.

La suie provenant de la combustion de la tourbe et du bois, après avoir été dépouillée par l'eau de toutes les parties solubles, donne un résidu noir, qui se dissout en plus grande partie dans le carbonate de soude. L'acide sulfurique produit dans cette solution un précipité brun, renfermant, suivant M. Mulder : carbone 64,4; hydrogène 5,31; azote 6,79; oxygène 23,50.

Le *noir de fumée* s'obtient en brûlant des bois résineux dans des fourneaux où l'air n'a qu'un accès imparfait, et qui sont munis de hautes cheminées, construites en pente et garnies intérieurement de draps. Il se compose en plus grande partie de charbon (près de 80 p. c.), ainsi que d'un peu de résine empyreumatique; il ne se mêle pas à l'eau avant d'avoir été traité par l'alcool.

Matières azotées.

§ 2397. Le dernier groupe de corps non sériés qu'il nous reste à décrire comprend particulièrement les *matières albuminoïdes* (ou *protéiques*), ainsi que plusieurs composés congénères, et quelques dérivés qu'on obtient avec les matières albuminoïdes sous l'influence des réactifs chimiques.

Les phénomènes de fermentation et de putréfaction trouveront naturellement leur place après la description de ces matières, parmi lesquelles se rencontrent précisément les agents connus sous le nom de *ferments* (§ 2441).

Matières albuminoïdes.

§ 2398. Ces matières, très-répandues dans les liquides et dans les parties solides de l'organisme animal, ainsi que dans certains organes des végétaux, sont remarquables en ce qu'elles renferment du soufre parmi leurs éléments. Elles sont toutes amorphes, et se décomposent par la distillation, en dégageant des produits ammoniacaux et de l'hydrogène sulfuré.

On distingue généralement trois matières albuminoïdes bien caractérisées, à part quelques autres moins connues, qu'une étude plus attentive fera peut-être un jour rejeter comme des mélanges ou des substances impures. Ces trois matières sont : l'*albumine*, la *fibrine* et *la caséine*.

L'*albumine* se trouve en dissolution dans le blanc d'œuf et dans le sérum du sang des animaux, ainsi que dans la plupart des sucs végétaux ; sa solution aqueuse a la propriété de se coaguler par la chaleur, mais elle n'est pas précipitée par l'acide acétique.

La *fibrine*, telle qu'elle nous est connue, est insoluble dans l'eau ; cependant elle existe en dissolution dans le sang des animaux, mais elle se coagule spontanément dès que ce liquide est soustrait à l'influence de la vie. Elle se trouve également dans la graine du blé, du seigle, de l'orge, de l'avoine, du maïs, du riz, etc., et constitue, à l'état de mélange avec une autre substance (*glutine*, § 2416) insoluble dans l'eau et soluble dans l'alcool, la partie essentiellement nutritive qu'on désigne sous le nom de *gluten*.

La *caséine* forme la partie du lait des animaux, soluble dans l'eau, non coagulable par la chaleur seule, mais précipitable par l'acide acétique; la solution de la caséine possède aussi la propriété de se couvrir d'une pellicule par l'évaporation à l'air, et de se coaguler à une douce chaleur sous l'influence de la présure. La *légumine* (§ 2423), contenue dans les graines des légumineuses (pois, haricots, lentilles) et dans les graines oléagineuses (amandes, noix, noisettes), possède les mêmes propriétés que la caséine animale.

Les matières albuminoïdes se dissolvent dans l'acide chlorhydrique fumant, en lui communiquant une couleur bleue ou violacée. Cette coloration exige le contact de l'air ; à l'abri de l'air, la dissolution s'effectue aussi, mais la liqueur reste jaune.

La liqueur très-acide qu'on obtient en dissolvant le mercure dans son poids d'acide nitrique communique une couleur rouge très-intense à toutes les matières albuminoïdes; elle accuse, dans l'eau, la présence de $^1/_{100000}$ d'albumine [1].

Toutes les matières albuminoïdes se dissolvent dans la potasse caustique; bouillies avec cet agent, elles donnent une liqueur d'où les acides dégagent de l'hydrogène sulfuré (§ 2431).

Traitées par les agents d'oxydation, elles fournissent les mêmes produits. Ceux-ci se rattachent toujours à deux séries de composés : d'une part à la série benzoïque, et de l'autre à la série acétique et à ses homologues; en effet, en traitant les matières albuminoïdes par le peroxyde de manganèse ou par le bichromate de potasse et l'acide sulfurique, on obtient de l'hydrure de benzoïle et de l'acide benzoïque, ainsi que de l'hydrure d'acétyle, de propionyle, de valéryle, etc., et de l'acide acétique, propionique, valérique, butyrique, etc. La *tyrosine* (§ 2432) est un semblable produit d'oxydation, dont la filiation n'est pas bien connue.

Abandonnées à l'état humide, toutes les matières albuminoïdes se décomposent et se transforment rapidement en d'autres substances, dont la nature varie suivant les circonstances. L'extrême altérabilité des matières albuminoïdes est même un caractère qui les distingue de la plupart des autres principes organiques, et qui les rend particulièrement aptes à agir comme des *ferments* au contact de certains composés. La levûre de bière, la lie de vin, la diastase, etc., ne sont que des matières albuminoïdes qui se trouvent

[1] MILLON, *Ann. de Chim. et de Phys.*, [3] XXIX, 507.

dans un état particulier de décomposition (voy. § 2417^a, et *Phénomènes de fermentation et de putréfaction*, § 2440).

Quant à la composition des matières albuminoïdes, elle est fort complexe et semble être la même pour toutes, à en juger par les analyses qui en ont été faites; du moins, si l'on considère que ces matières se comportent identiquement de la même manière sous l'influence des agents de transformation, on est conduit à attribuer à des impuretés les différences, souvent légères, qu'on rencontre dans les résultats des analyses. Au reste, quelque soin qu'on prenne à les purifier, les matières albuminoïdes, toujours incristallisables, ne s'obtiennent presque jamais exemptes de parties minérales, et donnent ordinairement à la combustion des quantités variables de cendres, dans lesquelles le phosphate de chaux ne manque jamais. L'albumine et la caséine, contenues à l'état soluble dans les parties végétales ou animales, fournissent des cendres chargées de carbonate alcalin; les cendres de la fibrine insoluble, au contraire, ne renferment pas de semblable carbonate.

Si l'on considère, en outre, qu'on peut, par la digestion avec de l'eau acidulée (Bouchardat) ou avec la solution des sels à base d'alcali (Denis), dissoudre la fibrine et la caséine coagulée, de manière à produire un liquide qui, comme le blanc d'œuf, se coagule par la chaleur et dévie le plan de polarisation de la lumière; qu'on peut de même, au moyen des alcalis caustiques, communiquer à la fibrine et à l'albumine les caractères de la caséine soluble (Scherer, Lieberkühn); tous ces faits autorisent à penser que les matières albuminoïdes possèdent non-seulement la même composition, mais encore la même constitution chimique, et qu'elles ne diffèrent que par leur état physique ou par la nature des substances minérales avec lesquelles elles sont combinées dans les parties organisées.

Il y aurait donc un principe unique, un acide faible, qui, tantôt soluble, tantôt insoluble (à la manière de l'acide tartrique anhydre, du chloral, des différentes modifications de l'aldéhyde, etc.), constituerait l'albumine, la caséine, la fibrine, suivant qu'il serait ou non combiné avec des alcalis ou mélangé avec des sels étrangers. Si l'on conserve à ce principe le nom d'albumine, on peut dire que le blanc d'œuf et le sérum, solubles et coagulables par la chaleur, sont formés de bialbuminate de soude; que la caséine du lait, soluble et incoagulable par la chaleur, représente de l'albuminate neutre de potasse, et que la fibrine est l'albumine insoluble ou coagulée plus ou mois mélangée de phosphates terreux. Voilà, à mon sens, comment on peut définir les trois matières albuminoïdes.

Les matières albuminoïdes animales sont depuis longtemps connues des chimistes. Beccaria a le premier extrait le gluten des céréales, vers le milieu du siècle dernier; Taddei a trouvé plus tard que ce gluten se compose d'une partie insoluble dans l'alcool (fibrine) et d'une partie soluble dans ce liquide (glutine). Schéele, Fourcroy, Einhof et d'autres chimistes ont observé la coagulation de l'albumine par l'ébullition des sucs végétaux. On doit à Braconnot les premières expériences sur la caséine végétale (légumine). Plus récemment MM. Mulder, Scherer, Jones, Dumas et Cahours, Boussingault, etc., ont soumis à l'analyse les matières albuminoïdes. M. Liebig a particulièrement insisté sur l'identité de composition de ces matières; quelques auteurs la révoquent encore en doute; je ne pense pas cependant que leurs objections, puisées uniquement dans les résultats de l'analyse élémentaire, soient fondées.

§ 2399. Albumine[1]. — On connaît l'albumine sous deux modifications bien distinctes : à l'état soluble, telle qu'elle se rencontre naturellement dans le blanc d'œuf, dans le sang, et dans d'autres liquides de l'organisme animal; et à l'état insoluble, telle qu'on l'observe dans le blanc d'œuf cuit et dans le sérum du sang coagulé par la chaleur. Ces deux formes de l'albumine présentent la même composition chimique, et paraissent tenir soit à certaines différences dans le groupement moléculaire, soit à l'influence de certaines substances étrangères, telles que des alcalis ou des sels minéraux, qui accompagnent toujours l'albumine.

L'albumine soluble est contenue en grande quantité, non-seulement dans le blanc d'œuf et le sérum du sang, mais encore dans le

[1] Schéele, *Opusc.*, II, 104. — Thénard, *Ann. de Chimie*, LXVII, 320. — Berzélius, *Journ. f. Chem. u. Phys. v. Schweigger*, X, 142. *Ann. de Poggend.*, IX, 631; X, 247. — Chevreul, *Mém. du Muséum d'hist. natur.*, VII, 180; et *Ann. de Chim. et de Phys.*, XIX, 46. — Prévost et Dumas, *Ann. de Chim. et de Phys.*, XXIII, 52. — Vogel, *Ann. der Chem. u. Pharm.*, XXX, 22. — Mulder, *ibid.*, XXIV, 262; XXVIII, 74; et *Ann. de Poggend.*, XL, 253. — Schérer, *Ann. der Chem. u. Pharm.*, XL, 1. — Dumas et Cahours, *Ann. de Chim. et de Phys.*, [3] VI, 385. — Lehmann, *Arch. f. phys. Heilkunde*, I, 234. — Wurtz, *Compt.-rend. de l'Acad.*, XVIII, 700; et *Ann. de Chim. et de Phys.*, [3] XII, 217. — Lieberkuhn, *Ann. de Poggend.*, LXXXVI, 117 et 298; *Journ. de Pharm.*, [3] XXIII, 398.

chyle[1], dans la lymphe[2], et en général dans tous les liquides qui remplissent les vaisseaux chez les animaux. On l'a trouvée dans le cerveau[3], dans le pancréas[4], dans le liquide dont les muscles sont imprégnés[5]; on l'a également observée dans la liqueur amniotique[6] de la femme avant la délivrance, en quantité d'autant plus forte que le fœtus était moins âgé. Les excréments solides de l'homme[7] et des bestiaux[8] contiennent aussi de l'albumine; cette substance y abonde surtout à la suite des affections de la muqueuse du canal intestinal[9]. L'urine normale en est exempte; mais l'albumine se rencontre très-fréquemment dans l'urine de certains malades, notamment dans les cas d'hydropisie, de néphrite, de croup, de bronchite capillaire, d'emphysème pulmonaire, de phthisie, etc.; on la trouve aussi dans l'urine des femmes enceintes dont la grossesse est assez pénible pour embarrasser la respiration

L'albumine soluble se rencontre toujours dans des liquides alcalins, chargés en outre de différents sels. Le blanc d'œuf, le sérum du sang, et en général tous les liquides qui la renferment en dissolution, donnent, par la dessiccation et la calcination, des cendres chargées de carbonate alcalin. D'après cela, ce n'est donc pas de l'albumine libre qu'on rencontre dans les liquides de l'organisme, mais c'est de l'albuminate à base d'alcali; le sérum du sang et les blanc d'œuf sont en majeure partie composés d'albuminate de soude (Voy. § 2406).

Quant à l'albumine coagulée, insoluble dans l'eau, on ignore si elle se rencontre toute formée dans l'économie; il est fort possible d'ailleurs que la substance qu'on désigne sous le nom de fibrine ne soit quelquefois elle-même que le résultat de la coagulation de l'albumine au sein de l'organisme. On ne connaît, en effet, aucun moyen rigoureux de distinguer de la fibrine l'albumine coagulée.

[1] NASSE, *Handwoert. d. Physiol.*, I, 233.

[2] MARCHAND et COLBERG, *Ann. de Poggend.*, XLIII, 625. — NASSE, *Beitr. z. physiol. u. pathol. Chemie*, I, 449. — SCHLOSSBERGER et GEIGER, *Arch. f. physiol. Heilk.*, V, 391.

[3] FRÉMY, *Ann. de Chim. et de Phys.*, [3] II, 463.

[4] CL. BERNARD, *Arch. génér. de médecine*, [4] XIX, 68.

[5] WEIDENBUSCH, *Ann. der Chem. u. Pharm.*, LXI, 371.

[6] VOGT, *Ann. der Chem. u. Pharm.*, XVIII, 338. — WOEHLER, *ibid.*, LVIII, 98. — SCHÉRER, *Zeitschr. f. wissensch. Zool.*, I, 88.

[7] BERZÉLIUS, *Lehrb. d. Chemie*, 4e édit., allem., IX, 345.

[8] MORIN, *Journ. de Chim. médic.*, VI, 545. — PENOT, *ibid.*, IX, 659.

[9] J. VOGEL, *Untersuch. üb. Eiter, Eiterungen*, etc., Erlangen, p. 75.

Dans la putréfaction de la fibrine, il se produit, entre autres corps, une substance qui présente la composition et tous les caractères de l'albumine.

§ 2400. On peut préparer l'albumine au moyen du blanc d'œuf ou du sérum du sang.

Le blanc d'œuf se compose de cellules minces, larges et transparentes, renfermant un liquide incolore ou légèrement jaunâtre, d'une réaction assez fortement alcaline; si on le bat avec de l'eau, l'albumine se dissout, et toutes les cellules se déposent sous la forme de pellicules. Une semblable séparation s'effectue dans le blanc d'œuf par l'effet prolongé d'un grand froid.

L'albumine ainsi obtenue n'est pas pure : elle renferme encore de la soude, ainsi que du sel marin et du phosphate de chaux. M. Wurtz est parvenu à la dégager des principes étrangers sans altérer sa solubilité dans l'eau. Voici comment ce chimiste conseille d'opérer : on passe par un linge le blanc d'œuf délayé dans 2 fois son volume d'eau, afin de déchirer les cellules. Dans la liqueur filtrée on verse un peu de sous-acétate de plomb, de manière à y former un abondant précipité; il faut éviter l'emploi d'un excès de sel plombique, qui dissoudrait le précipité. Le lavage étant opéré, on délaye la masse dans l'eau, de manière à en faire une bouillie, et l'on y fait passer un courant d'acide carbonique. La liqueur, d'abord épaisse, ne tarde pas à perdre sa consistance, en même temps qu'il se produit une mousse abondante. L'albuminate de plomb est décomposé par l'acide carbonique; le carbonate de plomb reste en suspension, et l'albumine, devenue libre, se dissout dans l'eau. On filtre sur du papier lavé à l'acide ; la liqueur albumineuse qu'on obtient ainsi renferme encore des traces de plomb qu'il faut enlever ; à cet effet, il suffit d'y ajouter quelques gouttes d'hydrogène sulfuré, et de chauffer avec précaution la liqueur à la température de 60°, jusqu'à ce qu'elle devienne trouble; les premiers flocons d'albumine entraînent alors tout le sulfure de plomb en se précipitant. La liqueur, devenue incolore après une nouvelle filtration, est évaporée dans de larges capsules, à une température de 40°. Le résidu constitue l'albumine soluble à l'état de pureté.

On ne réussit pas à purifier par le même procédé l'albumine du sérum.

M. Lieberkühn prépare de la manière suivante l'albumine coagulée a l'état de pureté : du blanc d'œuf étendu de son volume d'eau, filtré, et réduit de nouveau à son volume primitif par l'évaporation à 40°, est mélangé avec une solution concentrée de potasse. Le liquide se prend bientôt en une masse translucide, jaunâtre et élastique; on divise cette masse en grumeaux, et on l'épuise par l'eau froide, tant que celle-ci passe alcaline, en évitant autant que possible le contact de l'air; ensuite on la dissout dans l'eau bouillante ou dans l'alcool bouillant, et l'on précipite la dissolution par l'acide acétique ou l'acide phosphorique. Le précipité lavé ne laisse à l'incinération aucun résidu appréciable.

§ 2401. A l'état solide, l'albumine soluble constitue une masse transparente, amorphe, fendillée, presque incolore et sans saveur. Elle ne laisse à l'incinération qu'un résidu insignifiant, neutre au papier de tournesol. Lorsqu'on traite par l'eau l'albumine sèche et pulvérisée, et qu'on abandonne le mélange dans un endroit un peu chaud, l'albumine se redissout, en laissant toutefois un résidu notable. La solution de l'albumine est visqueuse, et présente une légère réaction acide (Wurtz). Desséché dans le vide, le blanc d'œuf laisse environ 13 p. c. de résidu (Chevreul, Lehmann).

Lorsqu'on chauffe à 59°,5 une solution d'albumine pure, elle commence à devenir trouble; de 61 à 63°, il se forme des flocons dans la liqueur, et, à une température un peu supérieure, le tout se prend en masse.

Lorsque la solution d'albumine est fort diluée, elle se trouble par l'ébullition, sans se coaguler; mais si l'on concentre alors la liqueur par l'évaporation, l'albumine coagulée se sépare sous la forme de flocons ou de pellicules.

L'albumine coagulée est blanche, opaque, élastique, et rougit le tournesol (Hruschauer[1]); elle jaunit par la dessiccation, et devient alors cassante et diaphane comme de la corne. Immergée dans l'eau, après avoir été desséchée, elle en absorbe peu à peu environ 5 fois son poids, en prenant de nouveau sa consistance primitive.

Le blanc d'œuf coagulé est insoluble dans l'eau froide; il se dissout en partie dans l'eau chaude par une ébullition prolongée, mais alors il est altéré[2]. Si on le maintient à 150° avec une petite quan-

[1] HRUSCHAUER, *Ann. der Chem. u. Pharm.*, XLVI, 348.

[2] Suivant MM. ulder et v. Baumhauer (*Journ. f. prakt. Chem.*, XX, 340; XXXI,

tité d'eau dans un tube fermé, il produit peu à peu une solution limpide qui n'a plus la propriété de se coaguler [1].

La solution de l'albumine dévie à gauche les rayons de lumière polarisée (Biot, Doyère).

Abandonnée à elle-même avec de l'eau, l'albumine coagulée se putréfie, en produisant de l'acide valérique, de l'acide butyrique, un corps cristallin doué d'une odeur pénétrante, un acide oléagineux, et une substance qui se dissout dans l'acide chlorhydrique avec une belle couleur violette, en donnant, entre autres produits, de la tyrosine (Bopp [2]).

L'alcool et l'éther ne dissolvent pas l'albumine sous ses deux formes. Concentré et pris en grand excès, l'alcool précipite l'albumine et la fait passer à l'état coagulé et insoluble dans l'eau; mais, si l'on n'emploie que de l'alcool faible et en petite quantité, le précipité qu'il produit se redissout entièrement dans l'eau. Lorsqu'on ajoute de l'alcool à une solution d'albumine un peu diluée, de manière à la rendre seulement opaline, la liqueur se prend en gelée au bout de quelque temps; cette gelée se liquéfie de nouveau par la chaleur.

On peut, au moyen d'un peu d'alcali, maintenir en dissolution dans l'alcool du sérum et du blanc d'œuf desséché (Schérer).

Lorsqu'on agite de l'éther avec une solution d'albumine (du sérum ou du blanc d'œuf), il ne s'en coagule qu'une très-petite quantité, tandis que la plus grande partie conserve l'état soluble; si la solution d'albumine est concentrée, elle s'épaissit au point de paraître coagulée (Lieberkühn).

Les huiles essentielles et les huiles grasses n'agissent pas sur l'albumine.

La créosote et l'aniline la coagulent.

La présure ne produit aucun effet sur elle.

295), il se produit, dans ces circonstances, la même substance qu'avec la fibrine. Cette substance (dite combinaison d'ammoniaque et de trioxyprotéine) renferme :

Carbone.	50,98
Hydrogène.	6,69
Oxygène et soufre. .	5,01
Azote.	27,32
	100,00

[1] L. Gmelin, *Handb. der theoret. Chem.*, 3e édit., II, 1053. — Woehler, *Ann. der Chem. u. Pharm.*, XLI, 238.

[2] Bopp, *Ann. der Chem. u. Pharm.*, LXIX, 30.

Suivant M. Melsens[1], on peut, par l'agitation ou le battage du blanc d'œuf, filtré plusieurs fois, réunir l'albumine sous forme de membranes, qui constituent un véritable tissu cellulaire artificiel. Cette transformation ne réussit pas avec le sérum.

§ 2402. Un grand nombre de chimistes, notamment MM. Mulder, Schérer, Dumas, Cahours et Lieberkühn, ont soumis à l'analyse l'albumine coagulée de différentes origines; on doit aussi à M. Wurtz l'analyse de l'albumine soluble.

Voici les résultats de leurs expériences :

	Gay-Lussac et Thenard.	Prout.	Mulder.		Scherer.					
	Blanc d'œuf.	Sérum de sang enflammé.	Blanc d'œuf.	Sérum.	Sérum.	Blanc d'œuf.	Hydrocèle.	Abcès par congestion.	Pus.	Liqueur hydropique.
Carbone...	52,9	49,75	53,4	53,7	54,7	54,3	54,2	54,1	54,0	53,6
Hydrogène.	7,5	7.78	7,0	7,1	7,2	7,1	7,1	7,2	7,0	7,3
Azote....	15,7	15,55	15,7	15,8	15,7	15,7	15,1	15,6	15,8	15,7
Soufre...	»	»	0,4	0,7	»	»	»	»	»	»
Oxygène..	»	»	»	»	»	»	»	»	»	»

	Jones[2].	Rüling[3].						Verdeil[4].	Hruschauer[5].		Weidenbusch[6].	
	Cerveau.	Blanc d'œuf à 100°.	Blanc d'œuf à 140°.	Sérum de bœuf à 100°.	Sérum de bœuf à 110°.	Sér. de cheval (artér.).	Sér. de cheval (vein.).	Blanc d'œuf.	Blanc d'œuf.	Blanc d'œuf précip. par l'ac. sulfur.	Chair de brochet.	Chair de poule.
Carbone....	54.8	51,91	53,40	50,31	53,11	52,74	52,76	»	54,2	54.1	52,6	53,3
Hydrogène..	7,2	7,18	7,01	7,09	7,01	7,14	7,28	»	7,4	7,7	7,3	7,0
Azote.....	16.3	»	»	»	»	»	»	»	15,8	»	16.5	15,7
Soufre.....	»	1,72	»	1,38	»	1,30	1,29	2,16	»	»	1,8	1,6
Oxygène...	»	»	»	»	»	»	»	»	»	»	»	»

	Dumas et Cahours.					Wurtz.		Baumhauer[7].	Lieberkühn.	
	Serum de mouton (art. et vein.)	Sérum de bœuf (art. et vein.)	à 140°. Sérum de veau (art. et vein.)	Sérum d'homme (veineux).	Blanc d'œuf.	Blanc d'œuf à 140° (soluble).	Blanc d'œuf à 140° (coagulé).	Chair de poisson.	Blanc d'œuf. à 130°.	Calcul.
Carbone...	53,5	53,4	53 5	53,3	53,1	52,9	52,9	54,3	53,5	53,59
Hydrogène.	7,1	7,2	7,3	7,3	7,1	7,2	7,2	7,1	7,0	6,95
Azote....	15,8	15,7	15,7	15,7	15,8	15,6	15,8	15,8	15,6	15,68
Soufre....	»	»	»	»	»	»	»	1,5	1,8	1,98
Oxygène..	»	»	»	»	»	»	»	»	»	21,85
										100,00

M. Lieberkühn attribue à l'albumine pure la formule

$$C^{144}H^{112}N^{18}S^{2}O^{44}.$$

Cette formule s'accorde bien avec la composition des albuminates (§ 2406); toutefois, comme elle est fort complexe, il faudrait encore la vérifier par des métamorphoses[8].

[1] MELSENS, *Ann. de Chim. et de Phys.*, [3] XXXIII, 170. — M. Harling (*Jahrb. f d. gesammte Medicin v. Schmidt*, LXXV, 148) conteste l'identité des membranes animales et du produit de M. Melsens.

[2] JONES, *Ann. der Chem. u. Pharm.*, XL, 65.

[3] RULING, *ibid.*, LVIII, 301.

[4] VERDEIL, *ibid.*, LVIII, 317.

[5] HRUSCHAUER, *ibid.*, XLVI, 348.

[6] WEIDENBUSCH, *ibid.*, LXI, 371.

[7] BAUMHAUER, *Chemische Untersuch. herausgeg. v. Mulder*, traduct. allemande de Volker, n° 3, p. 324.

[8] M. Hunt (Voy. *gelatine*) suppose que les petites quantités de soufre contenues dans

L'albumine soluble, desséchée à 60°, perd 4 p. c. d'eau par la dessiccation à 40°, sans cesser d'être soluble dans l'eau (Wurtz).

Quelques chimistes ont pensé que le phosphate de chaux qui accompagne toujours l'albumine, dans les liqueurs animales, était essentiel à sa composition, mais l'albumine purifiée ne contient que des traces de phosphate si faibles que la présence de ce sel doit être regardée comme accidentelle.

Suivant MM. Lebonte et de Goumoens[1], l'albumine serait composée d'une substance insoluble dans l'acide acétique cristallisable, et d'une substance soluble dans cet acide et précipitable par la potasse.

§ 2403. Soumise à la distillation sèche, l'albumine donne de l'eau, du carbonate d'ammoniaque, du sulfhydrate d'ammoniaque, des alcalis volatils indéterminés, de l'huile pyrogénée, etc.

L'oxygène de l'air n'agit pas sur le sérum ou sur le blanc d'œuf comme il agit sur la fibrine humide. Lorsqu'on abandonne du sérum, récemment extrait, au contact de l'oxygène, dans un tube sur le mercure, pendant quinze jours, il ne s'absorbe qu'une quantité minime de gaz, et sans qu'il se forme de l'acide carbonique. La surface du sérum se recouvre seulement d'une légère pellicule semblable à celle qui se forme par l'évaporation du lait. Suivant M. Schérer, ce sont les sels solubles et surtout le sel marin, dont le sérum et le blanc d'œuf renferment toujours des quantités considérables, qui entravent la réaction de l'oxygène ; en effet, après avoir été privée de ces sels, l'albumine se comporte comme la fibrine. Il suffit, pour enlever la plus grande partie des sels solubles, de laver à plusieurs reprises le sérum desséché et non coagulé avec une petite quantité d'eau froide. La liqueur qu'on obtient ainsi

l'albumine (et dans les autres matières albuminoïdes) y remplacent l'oxygène, à peu près comme de petites quantités de magnésie remplacent la chaux dans certaines chaux carbonatées ; le même savant suppose aussi qu'à l'état de pureté, la matière non sulfurée renfermerait les éléments de la cellulose plus de l'ammoniaque moins de l'eau :

$$2\ C^{12}H^{10}O^{10} + 3\ NH^3 - 12\ HO = C^{24}H^{17}N^3O^8.$$

Les rapports précédents exigent :

Carbone.	53,93
Hydrogène.	6,36
Azote.	15,73
Oxygène.	24,44
	100,00

[1] LEBONTE et DE GOUMOENS, *Journ. de Pharm.*, [3] XXIV, 17 ; et *Compt. rend. de l'Acad.*, XXXVI, 834.

se comporte comme une solution de caséine ; elle ne se coagule point par l'ébullition, et, si on l'évapore, elle se recouvre d'une pellicule ; desséchée et calcinée, elle donne des cendres fort alcalines, contenant beaucoup de sel marin. Le résidu, non dissous par l'eau froide, ne se dissout pas même par la digestion dans de nouvelle eau à la température de 30 à 35°, tandis qu'avant la lixiviation le même sérum s'y dissout aisément. Ce résidu donne, par la calcination, des cendres non alcalines composées de phosphate de chaux, avec une trace de phosphate de soude ; exposé au contact de l'oxygène, il l'absorbe, en dégageant, comme la fibrine, une quantité notable d'acide carbonique (Schérer).

L'albumine, par l'addition d'un peu d'alcali libre, acquiert les caractères de la caséine. Lorsqu'on mélange du sérum, récemment extrait, avec le double de son volume d'eau distillée, et qu'on y ajoute une très-petite quantité d'alcali, la réaction alcaline disparaît presque entièrement, si l'alcali n'est pas pris en excès. Si on l'ajoute en quantité telle que la liqueur brunisse encore le curcuma, et qu'on la porte en ébullition, elle ne se coagule plus, mais par l'évaporation elle se recouvre d'une pellicule qui se renouvelle chaque fois qu'on l'enlève, comme c'est le cas du lait.

Cette pellicule, préalablement épuisée par l'alcool et l'éther, renferme à 100° :

	Schérer.	
	Pellicule du lait.	Pellicule du sérum.
Carbone . . .	55,2	55,1
Hydrogène . .	7,7	7,7
Azote.	15,8	15,6
Souf. et oxyg .	»	»

La pellicule ne se forme pas dans une atmosphère exempte d'oxygène.

Lorsqu'on mélange une solution concentrée de blanc d'œuf avec une solution concentrée de potasse caustique, on obtient une masse gélatineuse composée d'albuminate de potasse (§ 2406). Les solutions étendues de potasse ou de soude se mélangent en toutes proportions avec l'albumine. Par l'ébullition du mélange alcalin, il se produit du sulfure (§ 2431).

Si l'on chauffe l'albumine avec de l'hydrate de potasse fondu dans son eau de cristallisation, et qu'on renouvelle de temps à autre l'eau évaporée, il se dégage de l'ammoniaque et de l'hydrogène, tandis qu'il se produit de la leucine (§ 1059), de la tyrosine (§ 2432), ainsi que du valérate, du butyrate, de l'oxalate, etc.

Ajoutés à la solution de l'albumine, les carbonates alcalins en empêchent la coagulation par la chaleur.

Mise en digestion, à une douce chaleur, avec du carbonate ou du bicarbonate de soude, l'albumine coagulée se combine avec la soude, en déplaçant l'acide carbonique. En effet, si, au bout de quelque temps, on recueille la matière sur un filtre, et qu'on la soumette à des lavages longtemps prolongés, on la trouve entièrement neutre au papier de tournesol ; mais à l'incinération elle laisse alors un résidu fortement alcalin (Wurtz).

La baryte, la strontiane et la chaux forment avec l'albumine des composés insolubles qui durcissent par la dessiccation ; cette propriété est mise à profit dans les laboratoires pour la préparation de certains luts, avec un mélange convenable de blanc d'œuf et de chaux éteinte. La pâte liquide ainsi obtenue prend avec le temps la dureté de la pierre.

La plupart des acides minéraux précipitent l'albumine de sa solution en la faisant passer de l'état soluble à l'état coagulé; tels sont notamment l'acide sulfurique, l'acide chlorhydrique, l'acide nitrique et l'acide phosphorique calciné.

L'acide sulfurique concentré coagule immédiatement l'albumine par l'effet de l'élévation de température qui a lieu par le contact des deux liquides ; l'acide dilué ne précipite l'albumine qu'à la longue. L'albumine coagulée ou précipitée par l'acide sulfurique ne renferme pas cet acide en combinaison chimique[1], car les lavages le lui enlèvent complétement (Hruschauer).

L'acide nitrique précipite même les solutions d'albumine dissoutes ; le précipité, d'abord blanc, jaunit peu à peu ; par la digestion de l'albumine coagulée avec l'acide nitrique concentré, on obtient un acide jaune (§ 2431[a]).

L'acide chlorhydrique précipite l'albumine[2]. A chaud, l'acide chlorhydrique concentré dissout l'albumine coagulée en se colorant en bleu ou en violet ; la solution brunit par l'ébullition au con-

[1] Il faut donc rayer de la liste des composés chimiques *l'acide sulfoprotéique* ou *sulfate d'albumine* de M. Mulder (*Journ. f. prakt. Chem.*, XVII, 312. *Ann. der Chem. u. Pharm.*, XXXI, 127. *Bullet. de Néerl.* 1re livr., 1839, p. 16).

[2] Suivant M. Mulder (*Journ. f. prakt. Chem.*, XVII, 316. *Bulletin de Néerl.*, 1839, p. 21), il se produirait une combinaison particulière (*acide chlorhydroprotéique*), contenant 3,7 p. c. d'acide chlorhydrique.

tact de l'air. Suivant M. Mulder [1], il se produit dans ces circonstances, du chlorhydrate et de l'ulmate d'ammoniaque. D'après M. Bopp [2], on obtient, outre le chlorhydrate d'ammoniaque, de la leucine, de la tyrosine, une matière brune indéterminée (prise par M. Mulder pour de l'ulmate d'ammoniaque), une substance cristalline peu soluble dans l'eau et fort soluble dans l'alcool, et une autre substance, incristallisable, douée d'une saveur sucrée.

Un mélange d'acide chlorhydrique concentré et d'acide nitrique fumant donne des produits à la fois chlorés et nitrés (§2431[b]).

L'acide nitrique, l'acide phosphorique tribasique ordinaire, l'acide acétique, l'acide tartrique et la plupart des autres acides organiques ne précipitent pas les solutions d'albumine moyennement concentrées. Cependant, lorsqu'on ajoute les mêmes acides en excès à du blanc d'œuf ou à du sérum concentrés, le mélange se prend déjà à froid en une gelée incolore qui se liquéfie à chaud comme la gélatine, et se prend de nouveau en masse par le refroidissement. La solution aqueuse de cette gelée reste parfaitement transparente par l'ébullition, mais elle se précipite par l'addition d'un sel neutre à base d'alcali (Lieberkühn).

Lorsqu'on ajoute une très-petite quantité d'acide acétique à du blanc d'œuf ou à du sérum, de manière à saturer tout juste l'alcali, et qu'on étend ensuite la liqueur de beaucoup d'eau, elle dépose, au bout de quelque temps, des flocons d'albumine. Si l'on décante la liqueur surnageante et qu'on ajoute au précipité d'albumine une petite quantité d'une solution de salpêtre ou de sel marin, le précipité se redissout immédiatement, et la solution se coagule par l'ébullition (Schérer).

Lorsqu'on ajoute à du sérum ou à du blanc d'œuf une quantité suffisante de sel marin ou d'un autre sel neutre à base d'alcali, on obtient une liqueur précipitable par les acides phosphorique, acétique, tartrique, oxalique, lactique, etc. Réciproquement la solution de l'albumine (et des autres substances albuminoïdes) dans les acides est précipité par les sels neutres à base d'alcali. L'action de ces sels est singulièrement favorisée par une élévation de température. Ainsi, lorsqu'on ajoute, à une solution d'une matière albuminoïde dans l'acide acétique, une solution de sel marin en quantité insuffisante pour obtenir immédiatement un précipité à

[1] M. Mulder, *Ann. der Chem. u. Pharm.*, XXVIII, 77. — Liebig, *ibid.*, LI, 286.
[2] Bopp, *Ann. der Chem. u. Pharm.*, LXIX, 30.

froid, on peut, en chauffant la liqueur, observer un trouble qui s'accroît avec la proportion du sel employé et avec l'élévation de la température. L'augmentation de la proportion du sel ou l'élévation de la température sont donc deux conditions qui peuvent se remplacer, en quelque sorte, dans la formation de ces précipités. Ceux-ci sont en général solubles dans l'eau pure, et leur dissolution paraît s'effectuer d'autant plus aisément que la température de la coagulation a été moins élevée; les dissolutions ne sont pas coagulées par la chaleur. L'acide acétique et l'acide phosphorique dissolvent les précipités, pourvu qu'ils ne soient pas altérés par le contact de l'air, ou par la dessiccation; l'alcool les dissout même dans certaines circonstances. Leur solution aqueuse est précipitée par certains sels, par exemple, par le ferrocyanure de potassium (Panum[1]).

Délayée dans l'acide acétique, tartrique ou citrique, l'albumine soluble desséchée se gonfle et se trouve alors transformée en albumine coagulée, d'où l'on peut extraire tout l'acide par les lavages.

A chaud, l'acide acétique, l'acide tartrique et l'acide phosphorique tribasique dissolvent l'albumine coagulée.

L'acide arsénieux ne se combine pas avec l'albumine; lorsqu'on mélange les deux corps et qu'on coagule ensuite le mélange par la chaleur, on peut, par l'eau bouillante, extraire du coagulum tout l'acide arsénieux[2].

Le tannin de la noix de galle précipite l'albumine; suivant M. Mulder, le précipité serait une combinaison des deux corps[3].

Le bichlorure de mercure précipite complétement les solutions d'albumine; le précipité constitue de l'albuminate de mercure. Cette réaction explique l'emploi du blanc d'œuf comme antidote dans les empoisonnements par les sels mercuriels.

Le cyanure de mercure ne précipite pas l'albumine.

L'acétate de plomb neutre précipite à peine les solutions de l'albumine pure; mais le sous-acétate de plomb les précipite abondamment.

Le sulfate de cuivre précipite la solution de l'albumine; le précipité se redissout dans un excès de réactif.

[1] PANUM, *Journ. f. prakt. Chem.*, LIX, 55; et *Ann. de Chim. et de Phys.*, [3] XXXVII, 237.

[2] J. EDWARDS, *Journ. de Pharm.*, [3] XVIII, 369. — T. HERAPATH, *ibid.*, XXI, 35. — KENDALL, *Jahrb. d. Medicin v. Schmidt*, LXVII, 8.

[3] MULDER, *Chem. Unters.*, trad. allem. de Vœlker, n° 2, p. 231.

Le nitrate d'argent précipite en blanc.

La solution d'alun précipite également.

Le ferrocyanure de potassium précipite immédiatement en blanc la solution de l'albumine dans les liqueurs acides ; si les liqueurs sont alcalines, le précipité n'apparaît qu'après la neutralisation de l'acide.

Le bichromate de potasse précipite la solution d'albumine (Huenefeldt [1]); il en est de même de l'iodate de potasse, additionné d'acide acétique (Simon [2]).

Lorsqu'on distille l'albumine avec un mélange de peroxyde de manganèse et d'acide sulfurique, on obtient les hydrures d'acétyle, de propionyle, de butyryle et de benzoïle, ainsi que les acides formique, acétique, butyrique, valérique, benzoïque, et probablement aussi les acides propionique et caproïque (Guckelberger [3]). A peu près les mêmes produits se forment par un mélange d'acide sulfurique et de chromate de potasse : ce mélange, en effet, donne de l'acide cyanhydrique, une huile pesante douée d'une odeur de cannelle, du cyanure de tétryle (valéronitrile), les acides benzoïque, acétique et butyrique, ainsi que, en petite quantité, les acides formique, caproïque et propionique, les hydrures de benzoïle et de propionyle.

L'eau oxygénée n'est pas décomposée par l'albumine.

Le chlore précipite la solution de l'albumine.

Lorsqu'on met le sérum en digestion, à la température de 31° à 44°, avec un morceau d'intestin de veau, la liqueur se trouble au bout de 24 heures, et se remplit peu à peu d'un coagulum blanc. La liqueur filtrée est entièrement neutre et ne se coagule pas par l'ébullition, mais, comme la caséine, elle se recouvre d'une pellicule par l'évaporation (W. Hoffmann [5]).

§ 2404. *Albumine végétale* [6]. — L'albumine se trouve en dissolu-

[1] HUENEFELDT, *Journ. f. prakt. Chem.*, IX, 29.

[2] SIMON, *Mediz.-analyt. Chem.* I, 55.

[3] GUCKELBERGER, *Ann. der Chem. u. Pharm.*, LXIV, 39.

[4] M. Kemp a toujours trouvé plus de 1 1/2 p. c. de soufre dans le prétendu *chlorite de protéine* de M. Mulder, qu'on obtient, sous forme de précipité, en faisant passer du chlore dans une solution d'albumine dans l'acide chlorhydrique.

[5] HOFFMANN., *Ann. der Chem. u. Pharm.*, XLVI, 118.

[6] SCHÉELE, *Opusc.*, II, 103. — FOURCROY, *Ann. de Chimie*, III, 252. — JORDAN, *Allgem. Journ. d. Chemie v. Scherer*, V, 331. — PROUST, *Journ. de Physique, de Chimie*, etc., LVI, 97. — SEGUIN, *Ann. de Chimie*, XCII, 5. — EINHOF, *Neues allgem. Journ. d. Chemie. v. Gehlen* IV, 461; VI, 63 et 116. — LIEBIG, *Ann. der*

tion dans beaucoup de sucs végétaux ; le suc des carottes, des navets, des tiges de pois verts, des choux, etc., en est particulièrement chargé. Ce suc, étant bouilli, dépose l'albumine à l'état coagulé.

Ainsi obtenue, l'albumine végétale est ordinairement colorée en gris ou en vert, et renferme de la chlorophylle, ainsi qu'une matière cireuse, quelquefois cristallisable, qu'on en peut extraire par l'éther.

Lorsque les liquides qui renferment l'albumine végétale sont étendus de beaucoup d'eau, elle ne se coagule pas par l'ébullition, mais elle ne se sépare alors que par l'évaporation.

La farine de blé contient aussi une quantité assez notable d'albumine, qu'on peut en extraire par l'eau froide. Lorsqu'on lave la pâte de farine pour en séparer le gluten, l'eau qui s'écoule entraîne l'amidon, et retient en dissolution l'albumine végétale, ainsi qu'un peu de sucre et de dextrine. Par le repos l'amidon se sépare du liquide. Celui-ci étant bouilli, on obtient des flocons grisâtres qui, recueillis, seraient presque insignifiants, mais dont la proportion augmente beaucoup par l'évaporation. Pour obtenir cette albumine à l'état de pureté, on la met d'abord en digestion à 75° avec une infusion de diastase ; on l'épuise ensuite successivement par l'alcool et l'éther bouillants ; enfin, on la dessèche, on la pulvérise ; et, après l'avoir reprise par l'éther, on la dessèche de nouveau dans le vide à 140° (Dumas et Cahours).

Les graines oléagineuses renferment de l'albumine et de la légumine (§ 2423) en proportions variables. Lorsqu'on mélange une émulsion concentrée de ces graines avec de l'alcool exempt d'éther, la liqueur qu'on obtient ainsi se sépare, par le repos, en deux couches : la couche supérieure et éthérée contient les parties huileuses, la couche inférieure renferme les parties solubles dans l'eau. Cette dernière couche se trouble par l'ébullition, en séparant un coagulum blanc composé d'albumine, tandis que l'eau retient en dissolution de la légumine qui peut en être précipitée par l'acide acétique.

Lorsqu'on épuise par l'eau froide des amandes privées d'huile grasse par la presse et par le traitement à l'éther, on obtient une

Chem. u. Pharm., XXXIX, 137. — JONES, *ibid.*, XL, 66. — BOUSSINGAULT, *Ann. de Chim. et de Phys.*, LXIII, 225.—DUMAS et CAHOURS, *ibid.*, [3] VI, 409. — RÜLING, *Ann. der Chem. u. Pharm.*, LVIII, 306.

liqueur aqueuse qui précipite la légumine par l'addition de l'acide acétique, tandis que l'albumine reste en dissolution.

Lorsqu'on broie, au moyen d'une rape, des amandes douces mondées de leurs enveloppes, et qu'on maintient la pulpe dans l'eau bouillante pendant quelques minutes le sucre, la gomme, et la plus grande partie de la caséine entrent en dissolution; le résidu étant ensuite dépouillé de matière grasse au moyen de l'éther, on n'a plus finalement que de l'albumine coagulée, dont les caractères sont entièrement semblables à ceux du blanc d'œuf, sous la même modification.

Tandis que l'albumine animale se trouve toujours dans des liquides alcalins, l'albumine végétale se rencontre constamment, au contraire, dans des liquides neutres[1] ou acides (Dumas et Cahours).

§ 2405. Les analyses de l'albumine végétale ont donné les résultats suivants :

	Jones.			Boussingault.		Dumas et Cahours.	Rûling.	
	de froment.	de seigle.	d'amandes douces.	de froment.	de froment.	de froment.	de pois.	de pomm. de terre.
Carbone. . .	54,4	54,1	56,3	51,9	52,0	53,74	52,00	53,06
Hydrogène. .	7,2	7,8	7,5	6,9	7,0	7,11	6,75	7,21
Azote.	15,9	15,9	13,8	18,4	18,4	15,66	»	»
Soufre. . . .	»	»	»	»	»	»	0,80	0,97
Oxygène. . .	»	»	»	»	»	»	»	»

L'albumine végétale se distingue surtout de la légumine (caséine végétale) en ce qu'elle se coagule par la chaleur et qu'elle n'est pas précipitée par l'acide acétique.

Elle présente d'ailleurs les mêmes réactions que l'albumine animale avec les acides, les alcalis, le tannin, le bichlorure de mercure, etc.

L'albumine des amandes douces est remarquable par la facilité avec laquelle elle s'altère, et par la propriété qu'elle possède alors d'agir comme ferment et de déterminer la métamorphose de l'amygdaline, de la salicine et d'autres substances organiques. Cette albumine altérée est connue sous les noms d'*émulsine* et de *synaptase* (§ 1477); nous en avons déjà parlé[2].

[1] Les amandes douces donnent par la calcination 3,17 p. c. de cendres chargées de carbonate alcalin, et contenant en outre du phosphate de chaux et de magnésie, avec des traces de fer et de phosphate alcalin, c'est-à-dire les mêmes sels que renferment les cendres du lait (Liebig).

[2] Voy. la note t. III, p. 160.

La *myrosine* de la graine de moutarde (§ 891) ressemble également à l'albumine végétale. Enfin, la *diastase* de l'orge germée, la *levûre de bière*, la *lie de vin*, sont aussi des matières albuminoïdes (du gluten) en voie d'altération (§ 2418[a]).

§ 2406. *Combinaisons métalliques de l'albumine*[1]. — L'albumine est un acide faible, à ce qu'il paraît bibasique. Ses combinaisons à base d'alcalis s'obtiennent directement au moyen des alcalis caustiques ou carbonatés. Les autres combinaisons se produisent lorsqu'on précipite certains sels métalliques par les albuminates alcalins.

L'*albuminate de potasse* peut-être obtenu à l'état soluble et à l'état insoluble.

Lorsqu'on mélange une solution concentrée d'albumine avec de la potasse caustique, il se produit une masse gélatineuse d'albuminate de potasse. Ce produit, étant lavé à froid d'abord avec de l'alcool, puis avec de l'eau, est insoluble dans l'eau et l'alcool bouillants; mais si, au lieu de le laver d'abord avec de l'alcool, on ne le lave qu'avec de l'eau froide, celle-ci enlève également tout l'excès d'alcali, et le résidu gélatineux d'albuminate de potasse est alors soluble dans l'eau bouillante et dans l'alcool bouillant; le même composé ne devient insoluble dans les mêmes liquides que par la dessiccation ou par le séjour prolongé au contact de l'air.

La solution aqueuse de l'albuminate de potasse n'est coagulée ni par l'ébullition ni par l'addition de l'alcool. Lorsqu'on y ajoute de l'acide acétique, tartrique, citrique ou phosphorique en très-petite quantité, on obtient un abondant précipité blanc qui se redissout aisément dans un excès d'acide. Ces caractères sont les mêmes que ceux de la caséine, et il serait fort possible que l'albuminate de potasse fût le même corps.

On peut obtenir l'albuminate de potasse insoluble en traitant par l'alcool bouillant le composé gélatineux, lavé d'abord à l'eau froide, précipitant par l'éther la solution alcoolique, desséchant le précipité et l'épuisant par l'eau après l'avoir pulvérisé. Ainsi obtenu, l'albuminate de potasse se présente sous la forme d'une poudre blanche insoluble dans l'eau, l'alcool et l'éther; l'eau bouillante ne lui enlève pas sa potasse.

[1] LASSAIGNE, *Compt. rend. de l'Acad.*, X, 494; XIV, 529. *Ann. de Chim. et de Phys.*, LXIV, 90. — LIEBERKUHN, *loc. cit.* — LEHMANN, *Lehrb. der physiol. Chem.*, I, 341.

Il renferme :

	Lehmann	Lieberkühn.	Calcul.
Carbone.	»	50,21	50,63
Hydrogène.	»	6,65	6,56
Potasse.	4,69	5,44	5,52

M. Lieberkühn admet les rapports $C^{144}H^{110}K^2N^{18}S^2O^{44} + 2$ aq.

L'*albuminate de soude* est contenu dans le sérum et le blanc d'œuf, à l'état de mélange avec le sel marin et le phosphate de chaux.

α. Le sérum et le blanc d'œuf présentent une légère réaction alcaline; ils sont plus solubles dans l'eau que l'albumine pure, et, au lieu de se coaguler comme celle-ci en flocons, ils se prennent par la chaleur en une masse gélatineuse; s'ils sont étendus de beaucoup d'eau, ils donnent lieu à un trouble opalin ou laiteux. Après l'ébullition, la liqueur filtrée est plus alcaline que d'abord, et contient encore de l'albuminate de soude en dissolution; le coagulum est exempt d'alcali et ne renferme que fort peu de sels étrangers.

Il me paraît probable, d'après cela, que le sérum et le blanc d'œuf sont constitués par l'albuminate de soude acide (à 1 atome de soude), lequel se dédouble par la chaleur en albumine libre et en albuminate de soude neutre (à 2 atomes de soude). En effet, d'après M. Lehmann, le blanc d'œuf contient 1,6 p. de soude pour 100 p. d'albumine supposée exempte de sels étrangers. Or on obtient sensiblement le même chiffre, si, prenant pour base les rapports adoptés pour les albuminates par M. Lieberkühn, on représente l'albuminate de soude acide par la formule.

$$C^{144}H^{111}Na\ N^{18}S^2O^{44} + 2\ \text{aq.}$$

	Lehmann.	Calcul.
Soude.	1,6	1,8

Lorsqu'on ajoute très-peu d'acide acétique (ou d'un autre acide organique) au blanc d'œuf ou au sérum, de manière à lui communiquer une légère réaction acide, la liqueur ne se prend plus en gelée par l'ébullition, mais l'albumine se précipite alors à l'état de flocons. Dans les cas où il s'agit de séparer d'une liqueur l'albumine qu'elle renferme, il est toujours avantageux de l'aciduler légèrement, avant de la faire bouillir; car l'albumine en flocons est bien plus facile à filtrer et à laver que l'albumine coagulée sous forme de gelée, et, de plus, comme nous venons de le voir, l'albumine ne se sépare pas d'une manière complète par la coagulation dans une liqueur alcaline.

Desséché et épuisé par l'éther et l'alcool faible, le blanc d'œuf constitue une masse jaunâtre, diaphane, amorphe, se réduisant aisément en une poudre blanche qui, broyée dans un mortier, devient fort électrique et s'attache au pilon. Il est sans saveur ni odeur, et n'a aucune action sur les couleurs végétales.

Le sérum donne 9 p. c. de cendres, composées de sel marin, de carbonate de soude, et de phosphate de chaux (Scherer). Le blanc d'œuf donne 3 p. c. de cendres renfermant les mêmes sels (Lehmann).

β. Lorsqu'on ajoute une solution concentrée de soude caustique à une solution de blanc d'œuf ou de sérum, on obtient une masse gélatineuse, presque insoluble dans l'eau froide, et entièrement semblable, pour les caractères, au composé qui se produit, dans les mêmes circonstances, avec la potasse. Cet albuminate de soude gélatineux paraît être le sel neutre, $C^{144}H^{110}Na^2N^{18}S^2O^{44} + 2$ aq.; il renferme, en effet :

	Lehmann.	Calcul.
Soude.	3,14	3,7

L'*albuminate de baryte*, $C^{144}H^{113}BaN^{18}S^2O^{44} + 2$ aq. (?), constitue une poudre blanche, insoluble dans l'eau, l'alcool et l'éther. Il renferme :

	Lieberkühn.	Calcul.
Carbone.	50,59	50,89
Hydrogène.	6,83	6,66
Baryte.	4,44	4,50

L'*albuminate de zinc*, $C^{144}H^{110}Zn^2N^{18}S^2O^{44} + 2$ aq.(?), s'obtient comme l'albuminate de cuivre ; il forme une poudre jaunâtre, insoluble dans l'eau et l'alcool. Il renferme :

	Lieberkühn.	Calcul.
Carbone. . . .	50,37	51,02
Hydrogène. . .	6,62	6,61
Oxyde de zinc.	4,66	4,79

L'*albuminate de cuivre*, $C^{144}H^{110}Cu^2N^{18}S^2O^{44} + 2$ aq. (?), s'obtient en précipitant le sulfate de cuivre par l'albuminate de potasse. Il forme, à l'état sec, une masse verte, friable, insoluble dans l'eau et l'alcool ; il se décolore, sans se dissoudre, par l'action des acides.

Il renferme, à 130°.

	Lieberkühn.	Calcul.
Carbone.	50,86	51,07
Hydrogène.	6,83	6,62
Oxyde de cuivre. .	4,60	4,69

Le précipité formé dans l'albumine par le sulfate de cuivre se dissout dans un excès de réactif.

Suivant M. Lassaigne, il existe aussi des albuminates doubles à base de cuivre et d'autres métaux.

L'*albuminate de cuivre et de potasse* s'obtient en dissolvant l'albuminate de cuivre dans la potasse caustique ou en mettant en présence de l'hydrate de cuivre, une solution d'albumine, et de la potasse caustique; il se forme ainsi une solution violette qu'on peut obtenir, par la dessiccation dans le vide, sous la forme de plaques transparentes. Exposé à l'air, ce produit absorbe lentement l'humidité; l'eau froide le fait gonfler et le dissout ensuite en totalité, en se colorant en violet ou en bleu pensée. Cette solution ne présente pas de saveur bien sensible; elle ne se coagule pas par l'ébullition; les acides la décolorent instantanément.

L'albuminate de cuivre et de potasse renferme :

	Lassaigne.
Albumine.	89,40
Oxyde de cuivre. . .	3,04
Potasse.	7,56
	100,00

L'*albuminate de cuivre et de baryte* et l'*albuminate de cuivre et de chaux* se préparent, comme la combinaison précédente, en faisant agir une solution de baryte ou de chaux sur l'hydrate de cuivre, en présence d'une solution d'albumine. Les deux combinaisons sont moins colorées que l'albuminate de cuivre et de potasse.

L'*albuminate de cuivre et de magnésie* est un composé insoluble, de couleur lilas.

L'*albuminate de plomb* est un corps blanc, insoluble dans l'eau, qu'on obtient en mélangeant de l'albumine avec du sous-acétate de plomb; le précipité est soluble dans un excès de ce sel. L'acétate de plomb neutre trouble à peine les solutions d'albumine.

L'albuminate de plomb est aisément décomposé par tous les acides, même par l'acide carbonique.

L'*albuminate d'argent*, $C^{144}H^{111}AgN^{18}S^{2}O^{44} + 2$ aq. (?), s'obtient en précipitant l'albuminate de potasse par le nitrate d'argent. C'est un précipité blanc, floconneux, qui noircit à la lumière.

Il renferme :

	Leiberbühn.	Calcul.
Carbone.	49,41	49,73
Hydrogène.	6,66	6,51
Oxyde d'argent. . . .	6,55	6,67

L'albuminate de mercure[1] se précipite sous la forme d'un composé blanc par le mélange du bichlorure de mercure avec du blanc d'œuf (albuminate de soude). On avait d'abord considéré ce précipité comme une combinaison d'albumine et de bichlorure ou de protochlorure de mercure, mais il est reconnu aujourd'hui qu'il est exempt de chlore, s'il a été suffisamment lavé. L'albuminate de mercure se dissout aisément dans l'eau salée ; aussi, dans le traitement de l'empoisonnement par le sublimé corrosif au moyen du blanc d'œuf délayé dans l'eau, faut-il provoquer le vomissement le plus tôt possible, afin d'éviter qu'une partie de l'albuminate de mercure ne demeure dissous dans les organes digestifs à la faveur du chlorure de sodium contenu dans le suc gastrique.

§ 2407. *Globuline*[2]. — Berzélius a désigné sous ce nom la matière albumineuse contenue dans les globules du sang en combinaison avec une matière colorante (hématine) ; la même substance albumineuse se trouve en dissolution dans le cristallin de l'œil. C'est de cet organe qu'on peut l'extraire avec le plus d'avantage. Voici quels seraient ses caractères distinctifs : sa solution aqueuse se trouble à 73° et se coagule à 93°, par conséquent plus tard que celle de l'albumine ; elle devient opaline par l'addition d'un peu d'acide acétique faible, et donne ensuite à 50° un coagulum laiteux ; elle est précipitée par l'alcool concentré, et le précipité, insoluble dans l'eau, se dissout en partie dans l'alcool faible et bouillant. Elle a une réaction légèrement alcaline aux papiers et se comporte d'ailleurs comme l'albumine avec les acides minéraux et avec les sels métalliques.

[1] F. Rose, *Ann. de Poggend.*, XXVIII, 132. — Lassaigne, *Ann. de Chim. et de Phys.*, LXIV, 90. *Journ. de Chim. médic.*, XIII, 161. — Marchand, *Journ. f. prakt. Chem.*, XVI, 383 — Elsner, *ibid.*, XVII, 129. — Mulder, *ibid.*, XVI, 148.

[2] Berzélius, *Lehrb. d. Chem.*, 3e édit. IX, 70, 528. — Lecanu, *Nouv. études sur le sang;* Paris, 1852, p. 20. — Lehmann, *Journ. f. prakt. Chem.*, LVI, 65. *Lehrb. der physiol. Chem.*, I, 376. — Mulder, *Journ. f. prakt. Chem.*, XIX, 190 ; et *Ann. de Chem. u. Pharm.*, XXXIII, 261. — Ruling, *ibid.*, LVIII, 313.

L'analyse de la globuline du cristallin a donné les résultats suivants :

	Mulder.	Rüling.	Lehmann.
Carbone . . .	54,5	54,2	»
Hydrogène. . .	6,9	7,1	»
Azote.	16,5	»	»
Soufre. . . .	0,3	1,2	1,1
Oxygène. . .	»	»	»

M. Dumas [1] a trouvé dans les globules du sang non dépouillés de matière colorante, déduction faites des cendres :

	Globules du sang de femme.	de chien.		de lapin.
Carbone.	55,1	55,1	55,4	54,1
Hydrogène.	7,1	7,2	7,1	7,1
Azote.	17,2	17,3	17,3	17,5
Soufre et oxygène. . .	»	»	»	»

Suivant M. Lehmann, la globuline du cristallin donne, par l'incinération, 0,24 p. c. de phosphate, et 1,55 p. c. de sels solubles, composés de chlorure, de sulfate et de phosphate alcalin, sans carbonate alcalin. (On sait que le sérum et le blanc d'œuf donnent toujours des cendres fort alcalines). Mais la liqueur séparée de la globuline coagulée, au moyen du filtre, donne, par l'incinération, des cendres chargées de carbonate alcalin. Suivant le même chimiste, la globuline dégage de l'ammoniaque lorsqu'on la coagule par la chaleur, et la liqueur filtrée, au lieu d'être alors plus alcaline comme c'est le cas du blanc d'œuf, présente, au contraire, une réaction acide; d'après cela, M. Lehmann suppose, dans la globuline soluble, la présence du phosphate de soude et d'ammoniaque, qui se décomposerait par la chaleur en ammoniaque et en biphosphate de soude; le même savant pense aussi que la globuline renferme, en combinaison avec la soude, un acide organique (peut-être de l'acide lactique), auquel il attribue les cendres alcalines qu'on obtient avec la liqueur séparée, au moyen du filtre, de la globuline coagulée.

S'il est vrai que le cristallin renferme d'autres sels que le sérum et le blanc d'œuf, ou qu'il renferme les mêmes sels, mais dans des proportions différentes, cette circonstance donne la clef des lé-

[1] Dumas. *Compt. rend. de l'Acad.*, XXII, 900.

gères divergences qu'on a observées entre les caractères de l'albumine et les caractères de la globuline.

§ 2408. La *paralbumine* trouvée par M. Schérer[1] dans une liqueur hydropique de l'ovaire, se distinguerait de l'albumine, suivant ce chimiste, en ce qu'elle ne serait pas entièrement coagulée par l'ébullition, même après l'addition d'un peu d'acide acétique, et que, précipitée par l'alcool, elle se dissoudrait de nouveau dans l'eau. Ces faits ne me semblent pas concluants.

§ 2409. *Substances vitellines.* — Le jaune de l'œuf des oiseaux et des poissons renferme certaines matières azotées que quelques auteurs considèrent comme différentes du blanc d'œuf.

α. *Vitelline.* MM. Dumas et Cahours[2] désignent sous ce nom la matière azotée du jaune des œufs d'oiseaux. On l'obtient en traitant le jaune d'œuf cuit et réduit en poudre grossière, par l'éther, qui lui enlève une matière grasse; il reste alors une substance albumineuse, coagulée, qui constitue la vitelline.

Pour avoir la même substance en dissolution, il suffit de délayer du jaune d'œuf dans beaucoup d'eau, et d'attendre que la liqueur se soit éclaircie. La liqueur surnageante se coagule entre 73 et 76°, et se comporte d'ailleurs avec les acides comme une solution d'albumine.

Voici les résultats qui ont été obtenus à l'analyse de la vitelline :

	B. Jones.	Dumas et Cahours.		Gobley[3].	v. Baumhauer.
Carbone. . . .	53,0	51,9	51,3	52,3	52,72
Hydrogène. .	7,6	7,1	7,4	7,3	7,09
Azote.	13,6	15,0	15,0	15,1	15,47
Soufre.	»	»	»	1,2	0,40
Oxygène. . .	»	»	»	»	»

On remarque que les nombres précédents sont forts rapprochés de ceux qu'a donnés l'albumine, et il me paraît fort probable que la

[1] SCHERER, *Journ. f. prakt. Chem.*, LIV, 402; et *Ann. der Chem. u. Pharm.*, LXXXII, 135.

[2] DUMAS et CAHOURS, *Ann. de Chim. et de Phys.*, [3] VI, 422. — B. JONES, *Ann. der Chem. u. Pharm.*, XL, 67. — GOBLEY, *Journ. de Pharm.*, [3] IX, 19. — BAUMHAUER, *Scheik. Onderzoek.*, III, 272. — FRÉMY et VALENCIENNES, *Compt. rend. de l'Acad.*, XXXVIII, 472.

[3] M. Gobley a aussi trouvé dans la vitelline 1,02 p. c. de phosphore, provenant évidement d'un phosphate étranger à la matière. M. Baumhauer n'y a pas trouvé de phosphore; le dosage du soufre de ce chimiste me semble beaucoup trop faible.

vitelline est le même corps, mélangé de quelque impureté. Au reste, l'unique caractère qui la distingue de l'albumine serait, suivant M. Gobley, de ne pas être précipitée par les sels de cuivre et de plomb. Or la solution de l'albumine est à peine troublée par l'acétate de plomb neutre (le sous-acétate la précipite abondamment), et le précipité produit par le sulfate de cuivre dans l'albumine se redissout dans un excès de réactif. Il resterait donc encore à prouver que l'absence de précipitation, observée par M. Gobley, est réellement particulière à la vitelline, et distingue ce corps de l'albumine du blanc d'œuf.

M. Lehmann considère la vitelline comme un mélange d'albumine et de caséine.

D'après MM. Lebonte et de Goumoens, elle serait composée d'une substance insoluble dans l'acide acétique cristallisable, et d'une substance soluble dans cet acide et précipitable par la potasse.

Suivant M. Frémy, la vitelline ne décompose pas l'eau oxygénée.

β. *Ichthine.* MM. Frémy et Valenciennes [1] appellent ainsi la matière azotée du jaune d'œuf des poissons cartilagineux. Il est aisé de l'extraire des œufs de raie. On en laisse écouler le jaune dans une grande quantité d'eau distillée ; il tombe alors au fond des grains denses qu'on lave par décantation, jusqu'à ce que les eaux de lavage ne contiennent plus de traces d'albumine et de substances salines. On épuise ensuite les grains par l'alcool et l'éther. Après ce traitement, ils paraissent entièrement homogènes au microscope.

L'ichthine forme des grains blancs, transparents, doux au toucher, insolubles dans l'eau, l'alcool et l'éther. L'acide chlorhydrique la dissout sans produire de coloration violette ; les acides acétique et phosphorique, étendus d'eau, la dissolvent aisément; il en est de même des autres acides concentrés. Les solutions de potasse et de soude la dissolvent lentement ; l'ammoniaque n'y paraît pas agir.

[1] FRÉMY et VALENCIENNES, *loc. cit.*, 480 et 528.

L'ichthine renferme :

	Frémy.			
Carbone. . . .	50,9	51,0	50,2	50,2
Hydrogène. . .	6,7	7,8	7,6	7,3
Azote	14,7	15,4	»	»
Phosphore. (?)	1,9	»	»	»
Oxygène. . . .	»	»	»	»

Elle ne paraît pas contenir de soufre. Soumise à la combustion, elle ne laisse pas sensiblement de cendres.

γ. *Ichthuline et ichthidine.* D'après MM. Frémy et Valenciennes, les œufs, encore peu développés de la famille des poissons cyprinoïdes contiennent, outre une substance soluble particulière (*ichthidine*), un liquide fortement albumineux tenant en suspension des sels minéraux et une autre substance, *l'ichthuline*, qu'on peut en précipiter par l'eau. Au moment de sa précipitation, l'ichthuline est visqueuse, et ressemble à du gluten ; mais l'action de l'alcool et de l'éther lui fait perdre sa viscosité, et elle devient alors solide et pulvérulente. Comme l'ichthine, elle se dissout dans l'acide acétique et l'acide phosphorique ; elle se dissout aussi dans l'acide chlorhydrique sans produire de coloration violette. Elle renferme :

	Frémy.	
Carbone . . .	52,5	53,3
Hydrogène . .	8,0	8,3
Azote.	15,2	»
Soufre.	1,0	»
Phosphore(?) .	0,6	»
Oxygène . . .	»	»

Il paraîtrait que l'ichthuline disparaît peu à peu dans les œufs de poissons à mesure qu'ils se développent, et qu'elle est alors remplacée par de l'albumine.

δ. *Emydine*[1]. C'est une substance, contenue dans le jaune des œufs de tortue, et qui se rapproche en quelques points de l'ichthine. Elle forme des grains blancs, durs et transparents, très-solubles dans la potasse diluée ; elle se gonfle simplement dans l'acide acétique, sans s'y dissoudre ; elle se dissout dans l'acide chlorhydrique bouillant sans produire de coloration violette. Elle renferme.

[1] FRÉMY et VALENCIENNES, *loc. cit.*, 571.

	Frémy.
Carbone	49,4
Hydrogène.	7,4
Azote.	14,6
Oxyg. et Phosph.(?).	»

Cette composition est fort rapprochée de celle de l'ichthine. Les grains d'émydine laissent, par l'incinération, un résidu de sels calcaires qui ne dépasse jamais 1 centième.

§ 3410. *Cristaux du sang.* — M. Funke[1] a le premier observé que le sang donne, dans certaines circonstances, une matière cristallisée albuminoïde. Cette matière (*hématocristalline*) a été plus particulièrement étudiée par M. Lehmann. Voici comment on l'obtient : on laisse le sang se coaguler, et, quand le caillot s'est contracté, on l'exprime pour en séparer la plus grande partie du sérum ; on divise ensuite le caillot exprimé, et on le lave sur un linge avec de l'eau. Dans la liqueur rouge filtrée on fait d'abord passer un courant d'oxygène, pendant une demi-heure, de manière qu'elle se recouvre d'une forte écume; puis on y dirige un courant d'acide carbonique pendant environ un quart d'heure. La liqueur se trouble alors au bout de quelques minutes, et se remplit peu à peu de petits cristaux; la séparation de cette matière se complète par le repos de la liqueur ainsi traitée.

Le procédé précédent réussit avec le sang de cochon d'Inde, de rat, de souris. Le sang des autres animaux fournit des cristaux d'une autre forme et plus solubles, de sorte qu'il faut ajouter une certaine quantité d'alcool à la liqueur aqueuse avant ou après le traitement par le gaz oxygène et le gaz carbonique.

Quant au mode de formation des cristaux, il est difficile de s'en rendre compte. Employés séparément, ni le gaz oxygène, ni le gaz carbonique ne semblent suffire à leur production. Leur séparation n'est pas non plus un simple effet d'évaporation. Toutefois M. Lehmann s'est assuré que la lumière y agit d'une manière favorable; car, en l'absence de la lumière, le même sang donne toujours moins de cristaux que sous l'influence directe des rayons solaires.

Les cristaux ne sont jamais entièrement purs, mais ils sont en-

[1] FUNKE, *Zeitschr. f. ration. Medicin v. Henle et Pfeufer*, nouv. série, II, 199 288. — LEHMANN, *Berichte d. Gesellsch. d. Wissensch. zu Leipzig*, I, 23; II, 79 et 101. *Journ. f. prakt. Chem.*, LIX, 413. *Journ. de Pharm.*, [3] XXIV, 368. Extrait complet: *Ann. der Chem. u. Pharm.*, LXXXVIII, 377.

core souillés de globules de sang et de lymphe, qu'on ne parvient pas à enlever entièrement par des lévigations à l'eau ou à l'alcool aqueux. On ne réussit pas non plus à les faire recristalliser de leur solution aqueuse, même en opérant dans le vide; au contact de l'air, la matière se décompose entièrement par l'évaporation spontanée.

Chose remarquable, les cristaux qu'on obtient avec le sang des différents animaux ne présentent ni la même forme, ni la même solubilité. Le plus souvent ils sont prismatiques; tels sont les cristaux du sang (des veines de la rate) de cheval et de chien, du sang de poisson, de hérisson, etc. D'autres fois, ils constituent des tétraèdres, ou d'autres formes du système régulier; le sang de cochon d'Inde, de rat et de souris donne cette forme, la moins soluble de toutes, et exigeant 600 p. d'eau pour sa solution. Avec le sang d'écureuil on obtient de grosses tables hexagones ou des prismes hexagones groupés en rosaces, un peu plus solubles que les tétraèdres, mais beaucoup moins solubles que les premiers cristaux prismatiques. Enfin, le sang de hamster donne des rhomboèdres (d'environ 120°) ou des tables hexagones très-fines, dont la solubilité semble être intermédiaire entre celle des cristaux précédents et celle des premiers cristaux prismatiques.

Les autres caractères des cristaux sont sensiblement les mêmes. Généralement ils sont encore colorés en rouge plus ou moins foncé et s'altèrent très-promptement, surtout au contact de l'air. Leur solution aqueuse se coagule à 63°,5; elle devient opaline par l'addition de l'alcool absolu; elle précipite en blanc par l'acide nitrique; elle n'est pas précipitée par les acides chlorhydrique, sulfurique et acétique.

L'acide acétique dissout aisément les cristaux. La potasse concentrée ne les dissout pas; mais elle fait passer au jaune sale leur couleur rouge. L'ammoniaque les dissout aisément avec une teinte fleur de pêcher; l'acide acétique précipite la solution.

Voici, déduction faite des cendres, la composition des cristaux (préparés avec du sang de chien et contenant encore des débris de globules), traités par l'alcool, l'éther et l'eau, et desséchés :

	Lehmann		
Carbone. . . .	55,41	55,24	55,18
Hydrogène. . .	7,08	7,12	7,14
Azote.	17,27	17,31	17,40
Soufre [1]. . . .	0,25	0,21	0,25
Oxygène. . . .	»	»	»

Les cristaux renferment de l'eau de cristallisation (15 à 19,9 p. c.) dont la quantité n'a pas pu être exactement déterminée à cause de la prompte altération de la matière.

Épuisés par l'alcool, l'éther et l'eau bouillante, les cristaux (de sang de chien) desséchés donnent 0,7 à 0,9 p. c. de cendres; non soumis à ce traitement, ils en fournissent jusqu'à 1,3 p. c. Ces cendres sont remarquables par leur forte proportion de peroxyde de fer. M. Lehmann a soumis à une analyse complète les cendres des cristaux de sang de cochon d'Inde (a) et de chien (b); voici ses résultats :

	a	*b*
Peroxyde de fer . . .	48,64	63,84
Ac. phosphorique. .	18,75	19,81
Chaux.	5,31	5,96
Magnésie	1,41	0,97
Chlor. de potassium.	22,98	5,21
Sulfate de chaux . .	2,38	3,46
	99,49	99,25

Les cendres des cristaux coagulés et épuisés par les lavages contiennent 91 à 95,8 p. c. de peroxyde de fer, et un peu de phosphate.

Les cristaux commencent à se décomposer à 160 ou 170° en répandant une odeur cornée ; par une plus forte chaleur, ils se boursouflent et dégagent des vapeurs inflammables.

Le chlore décolore immédiatement les cristaux, et précipite des flocons blancs.

La solution des cristaux n'éprouve aucun changement par l'addition du chlorhydrate d'ammoniaque, du chlorure de calcium, de l'acétate de plomb neutre, du ferrocyanure de potassium. Elle devient opaline par le sous-acétate de plomb ; l'ammoniaque ajoutée au mélange en sépare des flocons d'un blanc sale.

Le nitrate d'argent rend légèrement opaline la solution des cris-

[1] Les cristaux du sang de cochon d'Inde ont donné 0,40 à 0,53 p. c. de soufre.

taux. Le bichlorure de mercure, employé en excès, y produit un précipité blanchâtre. Le sulfate de cuivre y produit, au bout de quelque temps, un précipité verdâtre pâle, le protonitrate de mercure donne un précipité blanc.

La solution très-acide du mercure dans l'acide nitrique donne avec les cristaux la coloration rouge qu'on observe avec toutes les matières albuminoïdes.

§ 2411. FIBRINE[1]. — On désigne sous ce nom l'un des matériaux solides du sang, celui qui détermine sa coagulation; le même corps est contenu dans la lymphe. La chair musculaire des animaux contient également une matière fibrineuse qui, suivant M. Liebig, diffère sous certains rapports de la fibrine du sang[2].

On obtient aisément cette dernière en fouettant vivement le sang avec un balai, au sortir des vaisseaux. Bientôt la fibrine s'attache aux brins du balai, sous la forme de filaments amorphes et fibreux, tandis que le sang demeure désormais incoagulable. Détachée du balai, la fibrine est encore colorée en rouge par les globules du sang; pour la décolorer, on la soumet sur un tamis ou sur un linge à des lavages prolongés à grande eau. M. Melsens[3] recommande de bien déchirer les fibres, brin par brin, pendant les lavages, et de rejeter celles où la matière colorante semble adhérer avec persistance; puis de terminer les lavages à l'eau distillée, chargée d'acide carbonique. On peut aussi, vers la fin de la préparation, ajouter quelques gouttes d'acide acétique pur à l'eau de lavage; la fibrine se gonfle ainsi et permet d'y mieux distinguer les parties impures. Un lavage prolongé à grande eau, pure ou chargée d'acide carbonique, en enlevant l'acide acétique, rend ensuite à la fibrine la demi-transparence qui lui est particulière, ainsi que son aspect fibreux. Malgré tous ces soins, il est difficile de se procurer de la fibrine entièrement débarrassée de débris de globules.

Lorsqu'on abandonne le sang à lui-même au sortir des vaisseaux,

[1] BERZÉLIUS, *Journ. f. Chem. u. Phys. v. Schweigger*, IX, 377. — MULDER, *Ann. der Chem. u. Pharm.*, XXIV, 28; XXVIII, 74; *Journ. f. prakt. Chem.*, XVI, 132; *Chem. Unters. v. Mulder*, trad. allem. de Voelker, 1847, n° 2, p. 116 et 253. — SCHÈRER, *Ann. der Chem. u. Pharm.*, XL, 1. — DUMAS et CAHOURS, *Ann. de Chim. et de Phys.*, [3] VI, 385. — LIEBIG, *Ann. der Chem. u. Pharm.*, XXXIX, 127; LXXIII, 125. — BOUCHARDAT, *Compt. rend. de l'Acad.*, XIV, 962.

[2] Voy. p. 463 la composition de la fibrine, et p. 466 l'action que l'acide chlorhydrique faible exerce sur cette subtance. — M. Lehmann appelle *syntonine* la fibrine de la chair.

[3] MELSENS, *Ann. de Chim. et de Phys.*, [3] XXXIII, 170.

il se coagule spontanément; alors la fibrine à laquelle est due cette coagulation emprisonne dans ses mailles tous les globules du sang. Pour extraire la fibrine du caillot, on le divise en tranches minces qu'on place sur un tamis et qu'on soumet à d'abondants lavages, en y laissant tomber un filet d'eau; les globules sont ainsi déchirés et entraînés peu à peu par l'eau, tandis que le tamis retient la fibrine, qu'on traite ensuite comme précédemment.

Ainsi préparée, la fibrine renferme encore de l'eau et des matières grasses; pour l'en débarrasser, il faut la dessécher à 120 ou 140°, et l'épuiser ensuite par l'alcool et l'éther bouillants.

Une méthode qui donne la fibrine dans un état de pureté assez grande, consiste à empêcher la coagulation du sang au moyen du sulfate de soude, et à enlever alors les globules, avant de séparer la fibrine. A cet effet on laisse couler le sang, au sortir de la veine, sur le douzième ou le quinzième de son poids de sulfate de soude humecté d'eau; on agite le mélange, et on le jette sur un filtre préalablement mouillé avec une solution de sulfate de soude. Quelquefois on parvient ainsi à retenir sur le filtre tous les globules; le plus souvent cependant, la partie filtrée est encore légèrement rougeâtre. On la mélange ensuite avec un volume égal d'eau, et on la filtre de nouveau; puis on y ajoute une nouvelle quantité d'eau, et l'on continue ainsi les filtrations et les dilutions jusqu'à ce que la liqueur dépose de la fibrine. On recueille celle-ci, et on la lave à l'eau, à l'alcool et à l'éther.

Quant à la fibrine de la chair, M. Liebig conseille de l'extraire de la manière suivante: on hache la chair très-menue, et on épuise le hachis par l'eau froide; la partie insoluble est ensuite délayée dans l'eau additionnée de $^1/_{10}$ p. c. d'acide chlorhydrique. On obtient ainsi une solution trouble qu'on clarifie par la filtration; lorsqu'on neutralise la liqueur filtrée par l'ammoniaque, la fibrine vient se précipiter; on la purifie par des lavages à l'eau, à l'alcool et à l'éther.

M. von Baumhauer [1] emploie du poisson pour la préparation de la fibrine de la chair. La chair de poisson, débarrassée de peau et d'arêtes, est pétrie avec de l'eau, tant que celle-ci se charge de parties solubles. La masse gélatineuse ainsi obtenue est passée par un tamis, qui retient encore quelques parcelles de peau; puis on la mélange avec de l'eau, et on la chauffe à 80° ou 90°, de manière

[1] BAUMHAUER, *Chemische Unters. v. Mulder*, traduct. allem. de Voelker, n° 3, p. 301.

à contracter les fibres; celles-ci sont ensuite traitées à plusieurs reprises par l'eau bouillante, et mises en macération avec de l'acide acétique concentré; on obtient ainsi une gelée transparente, qui se contracte par les lavages à l'eau froide. La fibrine ainsi préparée ne renferme que très-peu de sels étrangers; mais elle n'est pas tout à fait exempte de tissu cellulaire et de débris de vaisseaux.

§ 2412. La fibrine, comme on vient de le voir, ne peut être isolée du sang qu'à l'état coagulé et insoluble, bien que ce liquide la renferme en dissolution. On avait cru autrefois que la coagulation spontanée du sang est un effet de l'action de l'air, mais cette explication est inadmissible, puisque la coagulation a lieu également bien à l'abri du contact de l'atmosphère [1]. Dans l'état de la science, on ne saurait expliquer le phénomène.

La chair aussi, pendant la vie, renferme probablement la fibrine à l'état soluble et non coagulé; il semble, du moins, que la rigidité cadavérique des muscles, après la cessation de la vie, provienne d'un passage analogue de la fibrine soluble à l'état coagulé.

M. Dumas pense que la fibrine n'est pas en dissolution dans le sang, mais qu'elle s'y trouve seulement dans un état de division extrême, qui se maintient tant que le liquide est en mouvement; mais qui, dans le liquide en repos, cesse presque subitement, par suite de la disposition qu'ont les particules de fibrine à se réunir en un réseau membraneux.

Quoi qu'il en soit, voici les caractères de la fibrine, telle que nous la connaissons [2].

Récemment préparée, elle se présente sous la forme de filaments mous, élastiques, diaphanes, non gluants et qui ne se réunissent pas quand on les pétrit entre les doigts. Elle est entièrement insoluble dans l'eau froide, l'alcool et l'éther. Récemment extraite et humide, elle perd dans le vide environ 80 p. c. d'eau (Chevreul). Remise au contact de l'eau, la fibrine sèche en absorbe trois fois son poids, sans toutefois reprendre entièrement son aspect primitif.

A l'état sec, la fibrine constitue une masse dure, cornée, diaphane, jaunâtre ou grise, sans odeur ni saveur.

Lorsqu'on fait bouillir pendant longtemps avec de l'eau de la

[1] SCHROEDER VON DER KOLK, *Comment. de sang. coagulat.*; Gröningue, 1820, p. 46, — MAGNUS, *Ann. de Poggend.* XL, 598.

[2] A moins d'une mention spéciale, il s'agit toujours dans ce chapitre de la fibrine du sang.

fibrine bien lavée préalablement, il distille un liquide chargé d'ammoniaque[1], tandis que l'eau dissout une matière particulière. (Dumas et Cahours).

Chauffée à 150°, avec de l'eau, dans un tube fermé, la fibrine (du sang ou des muscles) se dissout entièrement, sauf un résidu insignifiant[2]. (La liqueur qu'on obtient ainsi est abondamment précipitée par les acides; l'acide nitrique la précipite même après qu'elle a été étendue de beaucoup d'eau. Le précipité produit par l'acide acétique se dissout aisément dans un excès de cet acide.)

Lorsqu'on abandonne à l'air de la fibrine imprégnée d'eau, elle se dissout peu à peu, et se transforme en un liquide épais et visqueux, d'une odeur de vieux fromage[3]. Ce liquide se coagule par la chaleur comme l'albumine[4], et le coagulum en présente la com-

[1] Voy., p. 464 dans le tableau des analyses, la composition du résidu de fibrine, d'après MM Dumas et Cahours.

Suivant M. Bouchardat, l'eau bouillante extrait de la fibrine une matière ayant tous les caractères de la gélatine. D'ailleurs, la proportion de cette substance, dans la fibrine, est extrêmement variable; très-faible dans la fibrine de l'homme en santé, elle peut s'élever à un chiffre très-élevé dans les affections inflammatoires des séreuses ou du tissu cellulaire.

Dans les expériences de MM. Dumas et Cahours, la matière dissoute par l'eau bouillante, ne se prenait pas en gelée par le refroidissement; comme l'albumine, elle précipitait le tannin et l'acide nitrique; elle contenait 11 p. c. de sels minéraux, et donnait à la combustion, déduction faite des cendres :

Carbone.	47,9
Hydrogène. . .	6,8
Azote.	15,0
Oxygène.	30,3
	100,0

MM. Mulder et v. Baumhauer (*Journ. f. prakt. Chem.*, XX, 346; XXXI, 395.) considèrent la matière extraite de la fibrine par l'eau bouillante comme une combinaison de *tritoxyprotéine* et d'ammoniaque; elle précipite par les sels d'argent, de cuivre, et de plomb, et renferme :

Carbone.	50,85
Hydrogène.	6,63
Azote.	15,38
Oxygène et soufre. . .	27,14
	100,00

[2] WOEHLER, *Ann. der Chem. u. Pharm.*, XLI, 238.

[3] BOPP, *Ann. der Chem. u. Pharm.*, LXIX, 30.—BRENDECKE, *Archiv. f. Pharm.*, [2]. LXX, 26. — WURTZ, *Ann. de Chim. et de Phys.*, [3] XI, 253.

[4] M. Strecker a trouvé dans la matière albumineuse, produite par la putréfaction de la fibrine :

Carbone.	53,9
Hydrogène. . . .	7,0
Azote.	15,6
Soufre.	1,6
Oxygène.	»

position et les caractères. Outre cette substance, la fibrine, en se putréfiant, produit du sulfhydrate d'ammoniaque, de l'acide butyrique, de l'acide valérique, de la leucine, un acide huileux précipitant par l'acétate de plomb, une substance acide et sirupeuse que les acides dissolvent avec une teinte violette et transforment en tyrosine, et une substance cristalline et volatile, douée d'une odeur désagréable (Bopp). Par la putréfaction, à l'abri de l'air, la fibrine donne de l'acide acétique, butyrique, valérique et caprique, ainsi que de l'ammoniaque (Brendecke).

§ 2413. La fibrine a été analysée par un grand nombre de chimistes, parmi lesquels il faut surtout citer MM. Mulder, Schérer, Dumas et Cahours, Strecker, etc.; voici leurs résultats :

	Gay-Lussac et Thénard.	Michaëlis [1].		Mulder [2].		Will et Varentrapp.		Verdeil [3].
	sang de bœuf.	sang artér. de veau.	sang veineux de veau.	*a*	*b*			sang de bœuf.
Carbone.	53,4	51,4	50,4	53,8	52,7	»	»	»
Hydrogène.	7,0	7,3	8,2	6,9	6,9	»	»	»
Azote.	19,9	17,6	17,3	15,7	15,4	15,9	16,2	»
Soufre.	»	»	»	0,4	1,2	»	»	1,6
Oxygène.	»	»	»	»	»	»	»	»

	Schérer.				Rülling [4].		Schlossberger [5].	Strecker [6].			v. Baumhauer.
	Sang veineux d'homme.		Dissous par le salpêtre et précipité par l'alcool.	Dissous dans l'acide acétique et préc. par le carb. de potasse.	Sang artér. et veineux de bœuf. (à 100°)	(à 140°)	Sang de bœuf.	Chair de poule.	Chair de bœuf.	Chair de mouton.	Chair de poisson.
Carbone.	53,7	54,3	54,0	54,1	50,9	52,2	52,4	54,5	53,7	»	54,7
Hydrogène.	7,4	7,2	6,8	7,2	7,1	7,1	6,9	7,3	7,3	»	7,2
Azote.	15,8	15,6	15,7	16,1	»	»	15,5	15,8	»	16,8	15,4
Soufre.	»	»	»	»	1,5	»	»	1,2	»	1,1	1,5
Oxygène.	»	»	»	»	»	»	»	»	»	»	»

La matière a donné 0,28 p. c. de cendres. Elle avait évidemment la composition de l'albumine.

[1] F. MICHAELIS, *Dissert. de partib. constitut. sang. arteriosi et venosi*; Berlin, 1827.

[2] L'analyse *a* date de quelques années ; l'analyse *b* est plus récente. M. Mulder admet aussi dans la fibrine 0,3 p. c. de phosphore.

[3] VERDEIL, *Ann. der Chem. u. Pharm.*, LVIII, 317.

[4] RULING, *ibid.*, LVIII, 311.

[5] SCHLOSSBERGER, *ibid.*, LVIII, 95.

[6] LIEBIG, *loc. cit.* — La matière analysée a été dissoute dans l'acide chlorhydrique faible, précipitée par l'ammoniaque et séchée à 120°.

	Dumas et Cahours. (à 110°).								Melsens [1].	Strecker et Unger [2].	
	Sang artér. et vein. de mouton.	Sang artér. et vein. de veau.	Sang artér. et vein. de bœuf.	Sang art. et vein. de cheval.	Sang art. et veineux de chien.	Sang veineux d'homme.	Fibrine bouillie avec de l'eau.	Fibrine diss. dans la pot. et précip. par l'ac. acétique.	Moyenne de plusieurs analyses.	Fib. dissoute dans l'ac. chlorhyd faible, et précip. par la pot.	(à 120°).
Carbone...	52,8	52,5	52,7	52,7	52,7	52,8	53,5	53,1	»	»	»
Hydrogène.	7,0	7,0	7,0	7,0	6,9	7,0	7,1	7,1	»	»	»
Azote....	16,8	16,8	16,6	16,6	16,7	16,8	15,9	16,8	17,7	17,2	17,3
Soufre et oxygène.	»	»	»	»	»	»	»	»	»	»	»

Les divergences qu'on remarque entre les analyses précédentes proviennent de ce que la fibrine n'est pas un principe homogène. Suivant MM. Lebonte et de Goumoëns[3], elle est composée de deux corps : lorsqu'on l'examine au microscope, on distingue, en effet, des fibres blanc jaunâtre, parallèles et ondulées sur les bords, ainsi que des granulations très-nombreuses, disséminées à la surface des fibres et emprisonnées entre elles. Ces deux corps se distinguent par leur solubilité dans l'acide acétique cristallisable. Au reste, cette absence d'homogénéité, dans la fibrine, ressort aussi de la manière dont cette substance se comporte avec l'acide chlorhydrique faible[4] et avec les sels neutres à base d'alcali[5], qui la dissolvent d'une manière plus ou moins complète, suivant l'espèce de sang ou de chair d'où elle a été extraite et suivant les influences qu'elle a subies.

La fibrine donne toujours, à la combustion des quantités variables de cendres (de 0,8 à 2,5 p. c.), composées de phosphate de chaux, et d'un peu de phosphate de magnésie. Lorsqu'elle a été bien purifiée, les cendres ne contiennent pas de fer. (La fibrine de la chair donne toujours des cendres chargées de fer, Liebig).

§ 2414. Une chaleur élevée décompose la fibrine ; celle-ci entre alors en fusion, se gonfle beaucoup, prend feu et brûle avec une flamme fuligineuse en laissant un charbon poreux. A la distillation sèche, on obtient les mêmes produits qu'avec l'albumine.

Abandonnée au contact de l'air, la fibrine humide absorbe de l'oxygène et dégage de l'acide carbonique. Après qu'elle a été

[1] Melsens, *Compt. rend. de l'Acad*, XX, 1437. — La fibrine épuisée par l'eau bouillante contenait 19,5 p. c. d'azote, moyenne de 9 analyses faites sur de la matière provenant de deux préparations différentes.

[2] Strecker, et Unger, *Ann. der Chem. u. Pharm.*, LX, 114.

[3] Lebonte et de Goumoens, *Journ. de Pharm.*, [3] XXIV, 17 ; et *Compt. rend. de l'Acad.*, XXXVI, 834.

[4] Voy. p. 466.

[5] Voy. p. 468.

bouillie dans l'eau, elle résiste bien mieux à l'action de l'air, et peut y séjourner longtemps sans dégager d'acide carbonique (Schérer).

La fibrine se dissout dans la potasse caustique, même quand cet alcali est fort étendu; elle se gonfle considérablement d'abord, et prend l'aspect d'une gelée qui, à une température de 50 à 60°, se dissout peu à peu en produisant une liqueur jaunâtre un peu trouble qui s'éclaircit par la filtration. Le fibrine peut saturer l'alcali assez complétement pour atténuer considérablement la réaction alcaline de la liqueur. Celle-ci possède les caractères de l'albuminate de potasse (§ 2406); elle est précipitée par l'acide acétique et l'acide phosphorique tribasique; le précipité[1] est redissous par un excès des mêmes acides.

Suivant M. Mulder[2], on peut obtenir d'autres combinaisons de la fibrine, en l'abandonnant dans un flacon bouché avec une lessive de potasse très-faible, ajoutant à la solution une quantité d'acide acétique telle qu'elle commence à la précipiter, et mélangeant la liqueur filtrée avec des solutions métalliques. Cette liqueur précipite en blanc les sels de plomb, d'argent et de mercure, en rose les sels de cobalt, en vert clair les sels de cuivre. Il me paraît probable que ces précipités sont identiques aux albuminates métalliques.

Par l'ébullition de la fibrine avec de la potasse caustique concentrée, il se dégage un peu d'ammoniaque, et la liqueur se charge de sulfure (§ 2431).

Lorsqu'on chauffe de la fibrine pure avec de la chaux potassée, dans un bain d'huile chauffé à 160—180°, il se forme une petite quantité d'un acide gras volatil qui reste en combinaison avec la potasse, tandis qu'il se dégage de l'ammoniaque et d'autres produits volatils (Wurtz).

La potasse en fusion, en agissant sur la fibrine, dégage du gaz hydrogène et de l'ammoniaque, et produit de la leucine, de la tyrosine, et probablement aussi du butyrate, du valérate, de l'oxalate, etc. (Bopp).

L'ammoniaque caustique agit sur la fibrine d'une manière à peine sensible.

[1] Voyez-en la composition d'après MM. Dumas et Cahours, dans le tableau ci contre des analyses de fibrine.

[2] MULDER, *Ann. de Poggend.*, XL, 258.

La plupart des acides minéraux concentrés gonflent la fibrine, en la rendant gélatineuse et transparente.

L'acide sulfurique concentré gonfle la fibrine et la dissout à chaud. Étendu, il ne dissout pas la fibrine. Quelques auteurs parlent d'une combinaison qui résulterait du contact de la fibrine avec l'acide sulfurique; je ne trouve pas leur assertion fondée sur des faits positifs.

L'acide nitrique colore la fibrine en jaune, et la dissout aisément par l'ébullition. La solution contient un acide particulier (§ 2431[a]).

L'acide chlorhydrique concentré et fumant gonfle la fibrine et la dissout à chaud en se colorant en bleu violacé. Bouillie au contact de l'air, la solution brunit, et contient alors du chlorhydrate d'ammoniaque, de la leucine, de la tyrosine, une substance brune indéterminée, un corps incristallisable, peu soluble dans l'eau et fort soluble dans l'alcool, et une matière sirupeuse douée d'une saveur sucrée (Bopp).

L'acide chlorhydrique gazeux est absorbé par la fibrine. (Suivant M. Mulder, celle-ci en absorbe 7,1 p. c., en donnant un composé peu soluble dans l'eau.)

Les indications des chimistes, relatives à l'action que l'acide chlorhydrique étendu exerce sur la fibrine, ne sont pas entièrement d'accord. — Lorsque, suivant M. Bouchardat, on prend de l'eau contenant un demi-millième d'acide chlorhydrique, par conséquent à peine acide au goût et au tournesol, et qu'on y plonge un dixième de fibrine humide extraite du sang battu ou caillé, cette substance se gonfle immédiatement et se convertit en une masse de flocons fort volumineux; par une macération prolongée, les vésicules turgides se déchirent, et la plus grande partie de la fibrine se dissout; mais il reste toujours une certaine quantité d'une substance qui n'est pas attaquée par un excès du dissolvant; la partie dissoute (*albuminose*) rougit à peine le tournesol, dévie à gauche les rayons de lumière polarisée, se trouble par la chaleur en précipitant des flocons légers, précipite par un excès d'acide chlorhydrique ou nitrique, ainsi que par le tannin, le bichlorure de mercure, le ferrocyanure de potassium, et possède en général tous les caractères de l'albumine du blanc d'œuf[1]. M. Bouchardat considère la

[1] M. v. Baumhauer (*Ann. der Chem. u. Pharm.*, XLVII, 320) a confirmé les indications de M. Bouchardat quant à la solubilité partielle de la fibrine dans l'eau

partie indissoute (*épidermose*) comme identique à la substance qui forme la base de l'épiderme et des substances cornées. — D'après MM. Dumas et Cahours, l'eau tenant en dissolution un millième d'acide chlorhydrique (ou bromhydrique) gonfle la fibrine, sans en opérer la dissolution, dans l'espace de 48 heures. Mais, si l'on ajoute à la liqueur chlorhydrique quelques gouttes d'acide chlorhydrique, la dissolution de la fibrine s'effectue rapidement à la température de 36°; la présure produit le même effet. — Selon M. Liebig, la fibrine du sang est tout à fait insoluble dans l'acide chlorhydrique dilué; délayée dans de l'eau contenant $^1/_{10}$ de cet acide, elle se prend peu à peu en une gelée, qui se contracte par l'addition d'un acide plus concentré; la matière contractée se gonfle de nouveau dans l'eau pure; on peut répéter plusieurs fois cette expérience sans qu'une quantité appréciable de fibrine entre en dissolution. Il n'en est pas de même de la fibrine de la chair; suivant les animaux d'où on l'extrait, elle se dissout, à la température ordinaire, d'une manière plus ou moins complète, dans l'eau additionnée d'acide chlorhydrique (la fibrine de poule se dissout presque en totalité, celle de mouton donne un résidu plus considérable, celle de veau laisse pour résidu plus de la moitié de son poids); la solution se prend, par la saturation, en une bouillie gélatineuse, soluble dans un excès d'alcali; elle se coagule également par une solution de sel marin et d'autres sels; le coagulum est soluble dans beaucoup d'eau; le précipité gélatineux, formé dans la solution chlorhydrique par la saturation avec un alcali, se dissout dans l'eau de chaux, et cette solution se coagule par l'ébullition comme une solution diluée de blanc d'œuf; si le précipité gélatineux a été d'abord bouilli dans l'eau, il est insoluble dans l'eau de chaux.

L'acide acétique concentré imbibe la fibrine sur-le-champ et la convertit en une gelée incolore qui se dissout aisément dans l'eau chaude (surtout si la fibrine provient d'un jeune animal, Dumas).

acidulée; le précipité, produit par le carbonate d'ammoniaque dans la solution, a donné à l'analyse :

	v. Baumhauer.	Verdeil.
Carbone.	52,9	»
Hydrogène. . . .	6,9	»
Azote.	15,9	»
Soufre.	»	1,6

La matière n'a pas laissé de cendres par la calcination. Les nombres précédents sont fort rapprochés de la composition de l'albumine.

M. Mulder considère l'albuminose de M. Bouchardat comme du *bioxyde de protéine*.

M. F. Simon[1] n'a pas réussi à dissoudre dans l'eau la fibrine gonflée par l'acide acétique. (Suivant MM. Lebonte et de Goumoens, l'acide acétique cristallisable dissout les granulations sans attaquer les parties fibreuses de la fibrine.) Lorsqu'on évapore la dissolution à une douce chaleur, elle se couvre d'une pellicule et prend ensuite l'aspect d'une gelée, qui, desséchée, est insoluble dans l'eau. La solution de la fibrine dans l'acide acétique est précipitée par l'acide sulfurique et l'acide chlorhydrique; elle est également précipitée par les alcalis; mais le précipité se redissout dans un excès de réactif.

L'acide phosphorique tribasique gonfle la fibrine, et lui donne l'aspect d'une gelée; celle-ci se dissout dans l'eau, sans qu'un excès d'acide la précipite ou diminue sa solubilité. L'acide métaphosphorique se comporte avec la fibrine comme l'acide sulfurique.

Les sels neutres à base d'alcali, étant mis en digestion avec la fibrine, la dissolvent en partie, mais cette dissolution ne s'opère pas dans toutes les circonstances. M. Denis[2] l'effectue avec du nitrate de potasse : la fibrine humide (50 p.), extraite du sang veineux, est dépouillée par les lavages de toutes les parties solubles, et triturée avec le tiers de son poids de nitrate de potasse (50 p.). On y ajoute peu à peu une quantité d'eau (270 à 300 p.) égale à quatre fois le poids de la fibrine employée, puis un cinquantième (3 p.) de potasse ou de soude caustique, et on abandonne le tout à la température d'environ 37°, en agitant de temps à autre; le mélange devient d'abord gélatineux, puis visqueux, et, au bout de quelques jours, fluide; cependant une petite quantité de matière reste toujours indissoute. La liqueur ainsi obtenue se coagule par l'ébullition comme l'albumine; elle précipite par l'alcool, ainsi que par le bichlorure de mercure, l'acétate de plomb, etc. — La dissolution de la fibrine s'effectue sans le concours de l'alcali, mais la liqueur est alors précipitée par l'addition de beaucoup d'eau (Berzélius, Schérer). — On ne réussit à dissoudre, dans le nitrate de potasse, ni la fibrine artérielle, ni la fibrine veineuse bouillie dans l'eau ou abandonnée pendant quelque temps à l'air humide, ni la fibrine de la couenne inflammatoire (Denis, Schérer.

[1] F. SIMON, *Mediz. Chimie*, I, 31.

[2] DENIS, *Archiv. de médic.*, févr. 1838, p. 174. *Journ. de Chim. médic.* [3] IV, 191. — M. Letellier (*Compt. rend. de l'Acad.*, XI, 877) fait digérer 3 p. de fibrine à 20° dans 20 gr. d'eau additionnée de 0 gr. 4 de carbonate de soude.

Suivant M. Lehmann et M. Zimmermann, toutes les espèces de fibrine seraient solubles dans le nitrate de potasse et dans la solution des autres sels à base d'alcali[1]).

Lorsqu'on abandonne au contact de l'air la solution de la fibrine veineuse dans l'eau salpêtrée, elle se trouble peu à peu, et dépose des flocons qui ne se dissolvent plus dans la même liqueur (Schérer).

Lorsqu'on dissout la fibrine dans la potasse, et qu'on ajoute de l'acide acétique ou phosphorique à la solution, jusqu'à ce que le précipité qui se forme d'abord soit redissous dans l'excès d'acide, on obtient une liqueur qui est précipitée en flocons blancs par les sels neutres. Le précipité se forme mieux si la liqueur a été chauffée préalablement et refroidie avant l'addition du sel neutre (Panum).

Le tannin de la noix de galle s'unit à la fibrine qu'il précipite de ses dissolutions saturées, tant dans les acides que dans les alcalis; lorsqu'on le met en contact avec de la fibrine humide, il se combine avec elle, en donnant une masse dure, imputrescible.

La solution de la fibrine dans la potasse est précipitée par le bichlorure de mercure, par le sulfate de cuivre, et par l'acétate de plomb[2].

La solution de la fibrine dans l'acide acétique donne, avec le ferrocyanure de potassium, un précipité blanc qui se redissout d'abord, mais qui bientôt après devient permanent; les acides étendus ne le dissolvent pas, mais les alcalis, même l'ammoniaque, le décomposent.

Un mélange de peroxyde de manganèse ou de bichromate de potasse et d'acide sulfurique donne avec la fibrine les mêmes produits d'oxydation qu'avec l'albumine[3].

La fibrine non bouillie dégage vivement de l'oxygène au contact de l'eau oxygénée; après avoir été bouillie ou mise en digestion avec l'alcool, elle ne produit plus cet effet (Schérer).

§ 2415. *Fibrine végétale* (Liebig, Dumas et Cahours; *albumine* de Berzélius; *zymome* de Taddéi). — On désigne ainsi la partie du gluten de blé, insoluble dans l'alcool.

[1] LEHMANN, *Lehrb. der physiol. Chemie*, I, 360. — ZIMMERMANN, *Wochenschr. f. die Heilkunde v. Casper*, 1843, p. 485.

[2] Voy. p. 465.

[3] GUCKELBERGER, *Ann. der Chem. u. Pharm.*, LXIV, 39.

La fibrine végétale[1] s'obtient lorsqu'on traite à plusieurs reprises le gluten de blé par l'alcool bouillant, jusqu'à ce que le liquide ne donne plus de résidu par l'évaporation. L'alcool s'empare de toute la glutine, et prive le gluten de sa viscosité. La fibrine végétale ainsi préparée se présente sous la forme d'une masse molle, élastique, blanc-grisâtre. (Dans cet état, elle renferme encore des traces d'amidon et de périsperme de la graine.)

Pour préparer la fibrine végétale à l'état de pureté, MM. Dumas et Cahours se procurent d'abord du gluten par le procédé ordinaire (§ 2417). Ensuite ils traitent ce gluten par l'alcool faible et bouillant, puis par l'alcool concentré et bouillant, et enfin par l'éther bouillant. Ces digestions terminées, ils reprennent le produit par l'alcool concentré pour déplacer ou extraire l'éther, puis par l'alcool faible, et enfin par l'eau. Après ces lavages, la matière est desséchée et réduite en poudre fine; mais, comme elle n'est pas exempte d'amidon, il convient de la traiter encore par une infusion de diastase à 70° ou 80°.

On peut également obtenir la fibrine végétale en délayant la farine dans l'eau, de manière à en faire une bouillie, et maintenir le mélange à une température élevée, jusqu'à ce qu'il se soit entièrement fluidifié. Le gluten nage alors dans le liquide sous la forme de flocons gris, gonflés; on le lave, et on le fait dissoudre dans la potasse faible. La solution, étant neutralisée par un acide, donne un précipité composé d'un mélange de fibrine et de glutine, qu'on sépare au moyen de l'alcool bouillant (Liebig).

La fibrine végétale a donné à l'analyse[2] :

	Schérer.		Jones.	Dumas et Cahours.				Verdeil[3].
	a	*b*	*c*	*d*	*e*	*f*	*f*	*g*
Carbone. . . .	54,2	54,2	53,1	53,2	53,4	53,4	53,7	»
Hydrogène. . .	7,3	7,5	7,0	7,0	7,0	7,1	7,1	»
Azote. . . .	15,8	15,8	15,6	16,4	16,0	15,8	»	»
Soufre. . . .	»	»	»	»	»	»	»	1,0
Oxygène. . .	»	»	»	»	»	»	»	»

La fibrine végétale donne des cendres ne contenant pas d'alcali soluble (Liebig).

Au contact de l'humidité, elle s'altère d'une manière continue;

[1] Voy. les sources indiquées pour l'albumine et la glutine végétales.

[2] *a*, *c*, *d*, *e*, *f*, matière extraite du gluten de blé; *b* id. de seigle; *d* et *e*, matière traitée par la diastase; *f* même matière que *e*, maintenue dans l'eau bouillante pendant 2 *jours, lavée et desséchée* à 140°; *g* matière extraite du seigle.

[3] VERDEIL, *Ann. der Chem. u. Pharm.*, LVII, 317.

elle éprouve une altération semblable pendant la germination des céréales qui la renferment, et donne alors naissance à une espèce de ferment connu sous le nom de *diastase* (Voy. § 2418[a]).

§ 2416. *Glutine végétale.* — Cette substance, que Taddéi a le premier distinguée (*glaïadine*), constitue la partie du gluten des céréales soluble dans l'alcool[1]. La farine de froment surtout en contient des quantités notables. On peut l'en extraire en faisant digérer la farine dans de l'alcool à la chaleur d'une étuve; la solution, décantée et filtrée, abandonne ensuite, par une évaporation lente, la glutine mêlée d'une petite quantité de résine jaunâtre, dont on peut la dépouiller au moyen de quelques traitements à l'éther.

Lorsqu'on traite par l'alcool bouillant la farine de seigle, d'orge ou de blé sarrasin, l'alcool dissout des matières grasses ou résinoïdes; mais il ne dissout que des traces de glutine. Cette substance ne s'obtient pas davantage avec la farine de lentilles, de pois et de haricots.

Les raisins et beaucoup d'autres fruits paraissent également contenir de la glutine; c'est probablement à la faveur de l'acide tartrique que la glutine se trouve en dissolution dans le jus de raisin.

Lorsqu'on évapore la solution alcoolique de la glutine et qu'on épuise le résidu par l'eau bouillante, on obtient une masse jaunâtre, molle, très-visqueuse, possédant toujours une réaction acide.

L'eau et l'éther ne dissolvent pas la glutine; l'alcool bouillant la dissout aisément.

La solution alcoolique de glutine devient laiteuse par l'addition de l'eau.

La glutine sèche se dissout dans les alcalis caustiques et dans les acides. Elle a donné à l'analyse :

	Jones.	Mulder.		Boussingault[2].			
				a	*a*	*b*	*b*
Carbone.	54,6	54,93	54,75	53,3	52,8	54,1	53,4
Hydrogène. . .	7,4	7,11	6,99	7,5	7,6	7,6	7,7
Azote.	16,0	15,71	15,71	14,6	14,4	13,5	13,5
Soufre.	»	0,57	0,62	»	»	»	»
Oxygène. . . .	»	»	»	»	»	»	»

Projeté sur des charbons ardents, la glutine se boursoufle et

[1] TADDEI, *Giornale di fisica, chimica e storia naturale* de Brugnatelli, XII, 360; et en extrait, *Journ. f. Chemie u. Physik* de Schweigger, XXXIX, 514. — BERZÉLIUS, *Lehrb. d. Chemie.* — LEIBIG, *loc. cit.* — JONES, *loc. cit.* — BOUSSINGAULT, *Ann. de Chim. et de Phys*, LXIII, 225. — MULDER, *Journ. f. prakt. Chem.*, XXXII, 176, et *Ann. der Chem. u. Pharm.*, LII, 419.

[2] *a* glutine séchée à 100°; *b*, id. séchée dans le vide sec.

brûle avec une flamme assez vive en répandant l'odeur des matières animales.

La glutine se distingue de la fibrine végétale par sa solubilité dans l'alcool, et par la facilité avec laquelle elle se dissout, à la température ordinaire, dans l'ammoniaque diluée. Si l'on porte à l'ébullition la solution ammoniacale, et qu'on y ajoute de l'acide acétique goutte à goutte, il se produit, même avant la neutralisation de la liqueur, un coagulum blanc et épais, qui présente les caractères du caséum bouilli ou du blanc d'œuf coagulé. Ce coagulum renferme encore de l'ammoniaque, qu'on peut en extraire par l'eau bouillante additionnée d'un peu d'acide acétique.

Lorsqu'on broie du gluten de blé avec de l'ammoniaque diluée, on obtient un résidu de fibrine végétale et une dissolution trouble de glutine. Celle-ci, bouillie avec de l'acide acétique, donne le même coagulum blanc.

La solution de la glutine dans l'alcool ou l'acide acétique est troublée par l'infusion de noix de galle. M. François attribue à la glutine la *graisse* des vins blancs, et pense qu'on peut prévenir cette maladie en ajoutant au vin une dose convenable de tannin, de manière à précipiter la glutine.

En faisant passer un courant d'acide carbonique dans une solution alcoolique de glutine, on obtient un précipité abondant. C'est peut-être à cette réaction qu'il faut attribuer le trouble qui se manifeste dans les vins blancs contenant de la glutine, lorsqu'on cherche à les rendre mousseux en les chargeant d'acide carbonique.

§ 2417. Le *gluten* des céréales, comme nous l'avons dit, est principalement composé d'un mélange de fibrine et de glutine végétales [1].

[1] Th. de Saussure (*Biblioth. univers. de Genève*, 1835, juillet, p. 200) a décrit sous le nom de *mucine* une substance contenue dans le gluten brut, et qui diffère par plusieurs propriétés de la fibrine, de l'albumine et de la glutine végétales; elle reste en dissolution dans l'eau, à l'état impur, quand on fait bouillir avec l'alcool le gluten récemment extrait de la farine de blé, qu'on mélange la dissolution avec son volume d'eau et qu'on chauffe au bain-marie jusqu'à expulsion complète de l'alcool. Cette solution aqueuse, qui est sans action sur les couleurs végétales, entre promptement en fermentation et présente alors une réaction alcaline. En l'évaporant, on obtient la mucine sous la forme d'une masse transparente, qui donne par la calcination les mêmes produits que les matières animales. Cette mucine se dissout dans une lessive de potasse, et présente alors toutes les propriétés de l'albumine ou de la fibrine végétale; elle forme environ 1 p. c. du gluten sec, c'est-à-dire 1/9 p. c. de la farine de blé.

Pour l'extraire, on mélange 30 grammes de farine dans une capsule, à l'aide d'une baguette, avec 15 grammes d'eau; on malaxe ensuite la pâte, dans le creux de la main, sous un très-petit filet d'eau, ou mieux dans un bol de verre ou de porcelaine à moitié rempli d'eau. Le gluten s'obtient pour résidu dans cette opération; l'amidon et les autres parties de la farine sont entraînées par les eaux de lavage.

Le gluten de froment de bonne qualité est homogène, élastique, d'un blond jaunâtre, d'une odeur fade, et s'étale en plaques lorsqu'on le met sur une soucoupe. Si la farine a été mal fabriquée, il est grenu et difficile à rassembler dans la main; il présente quelquefois ce caractère lorsque la farine a été trop échauffée pendant la mouture du grain, par l'effet d'une trop grande vitesse des meules; une semblable farine a une odeur particulière, elle sent, comme on dit, la pierre à fusil.

Voici les analyses qui ont été faites du gluten :

	F. Marcet [1].	Boussingault [2].				Rüling.
		a	*a*	*b*	*b*	
Carbone	55,7	52,6	53,1	51,3	52,2	53,64
Hydrogène . . .	7,8	7,2	6,8	7,0	6,2	7,17
Azote	14,5	15,0	15,0	18,9	18,9	»
Soufre.	»	»	»	»	»	1,1
Oxygène. . . .	»	»	»	»	»	»

La potasse faible dissout aisément le gluten; la solution étant neutralisée par un acide met de nouveau le gluten en liberté sous la forme de flocons gonflés.

L'acide acétique concentré dissout aisément le gluten; la solution, trouble et difficile à filtrer, laisse précipiter le gluten par la neutralisation avec du carbonate d'ammoniaque. Si l'on évapore la solution acétique, le gluten se sépare soit sous la forme de pellicule, soit sous celle de gelée gluante.

Lorsqu'on met du gluten en digestion dans de l'eau contenant un à deux millièmes d'acide chlorhydrique, il se divise, se dissout peu à peu, et l'on obtient par la filtration une liqueur limpide qui dévie à gauche les rayons de lumière polarisée, et qui se comporte

[1] Carbone calculé d'après l'ancien poids atomique.

[2] *a* gluten brut; *b* gluten traité par l'acide acétique : la dissolution a été filtrée et précipitée par le carbonate d'ammoniaque.

absolument comme une solution d'albumine, sous l'influence de la chaleur et des réactifs (Bouchardat [1]).

§ 2418. Le gluten est la partie la plus importante de la graine des céréales, la partie qui donne à la farine ses qualités éminemment nutritives et la rend propre à la fabrication du pain. Sans le gluten, une farine ne peut donner une pâte bien levée ni un pain léger et poreux.

L'examen attentif des caractères du gluten brut peut souvent faire présumer si la farine de blé a été, ou non, frauduleusement mélangée avec des farines étrangères. En effet, le gluten d'un mélange, à parties égales, de blé et de *seigle* est très-visqueux, noirâtre, sans homogénéité; il se désagrége, adhère en partie aux doigts, et s'étale beaucoup plus que le gluten de blé. Le gluten d'un mélange de blé et d'*orge* est désagrégé, sec, non visqueux, d'un brun-rougeâtre sale, et paraît formé de filaments vermiculés, entremêlés et tordus sur eux-mêmes. Avec un mélange à parties égales de blé et d'*avoine*, on obtient un gluten jaune-noirâtre, offrant à la surface un grand nombre de petits points blancs; avec un semblable mélange de blé et de *maïs*, le gluten est jaunâtre, non visqueux, ferme, et ne s'étale pas comme le gluten de froment pur.

L'addition des farines de *légumineuses* fait perdre au gluten des céréales son liant, son élasticité, et le divise au point de le rendre susceptible de passer à travers un tamis comme l'amidon.

Le gluten d'un mélange, à parties égales, de farine de blé et de farine de *sarrasin*, est très-homogène, et s'obtient aussi facilement que le gluten de blé pur; humide, il a un aspect gris-noirâtre; sec, il a une couleur noire assez foncée.

Quant aux proportions du gluten, elles varient, dans une bonne farine suivant l'espèce de blé qui l'a fournie, suivant le climat, la nature du sol, les engrais, la température de l'année, etc. Plus une farine est riche en gluten, meilleure elle est. Les farines de première qualité donnent de 10 à 11 pour 100 de gluten sec; les farines inférieures en donnent de 8 ou 9 pour 100. A l'état humide, tel qu'on l'obtient par le lavage de la pâte, le gluten pèse environ le triple de ce qu'il pèse à l'état sec [2].

§ 2418. En présence de l'eau, le gluten s'altère continuellement;

[1] BOUCHARDAT. *Compt. rend. de l'Acad.*, XIV, 962.

[2] Voy. pour plus de détails, *Essais des farines*, dans la CINQUIÈME PARTIE, *Chimie végétale*.

si on le délaye dans l'eau et qu'on l'abandonne dans cet état à la température ordinaire, il se gonfle peu à peu en dégageant beaucoup de gaz acide carbonique mélangé d'hydrogène non carboné, et d'hydrogène sulfuré; en même temps il se ramollit et se fluidifie entièrement; l'eau qui le recouvre devient alors acide, et contient de la leucine, du phosphate et de l'acétate d'ammoniaque; finalement le gluten se fonce de plus en plus et se dissout presque entièrement.

Pendant les différentes phases de sa transformation, le gluten possède la propriété d'agir comme ferment, à la manière des autres substances albuminoïdes. Avant de subir lui-même la fermentation putride, il possède la propriété de faire subir une métamorphose remarquable à la matière amylacée [1]. En effet, lorsqu'on ajoute de la farine de blé à de l'empois d'amidon délayé dans l'eau, et qu'on expose ce mélange, pendant quelques heures, à une température de 60 à 70°, il perd sa consistance, se fluidifie, et finalement devient entièrement sucré; la matière amylacée se trouve alors convertie soit en dextrine, soit en glucose. Les mêmes phénomènes s'observent si, au lieu de prendre de la farine, on emploie simplement du gluten récemment extrait; le mélange devient alors transparent et limpide. Dans cette réaction, il se produit un peu d'acide carbonique; elle s'effectue d'ailleurs aussi à l'abri complet de l'air (De Saussure). Les matières albuminoïdes (fibrine et glutine) qui constituent le gluten deviennent donc solubles en même temps qu'elles déterminent la métamorphose de la matière amylacée en dextrine et en glucose.

Cette transformation du gluten en un ferment soluble s'opère, de la manière la plus complète, dans la germination des graines des céréales. Un extrait d'orge germée (*malt* des brasseurs), préparé à froid ou à chaud, et d'une concentration moyenne, étant mis en contact avec de l'empois d'amidon à une température ne dépassant pas 75°, l'empois se fluidifie en peu de minutes, et l'amidon se convertit en glucose. Au bout de quelques heures cette transformation est plus ou moins complète, suivant la quantité de l'extrait employé. Si la dose d'extrait d'orge n'est pas suffisante, une partie de l'amidon reste sans altération ou ne passe qu'à l'état de dextrine.

[1] Th. de Saussure, *Ann. de Chim. et de Phys.*, XI, 379.

MM. Payen et Persoz[1] ont donné le nom de *diastase*[2] à la substance à laquelle l'orge germée doit la propriété d'effectuer cette transformation de l'amidon. Toutes les parties des graines germées ne renferment pas ce principe actif; il manque surtout dans les radicelles, et c'est dans le voisinage du germe qu'il se trouve en plus grande quantité; il n'existe ni dans les racines ni dans les pousses de la pomme de terre, mais seulement dans le tubercule, près et autour de leur point d'insertion; il a été également trouvé sous les bourgeons de l'*Aylanthus glandulosa*. Avant la germination, les pommes de terre, non plus que les céréales, ne renferment de diastase.

L'orge germée renferme d'autant plus de diastase que la germination a été plus régulière, et qu'en se développant la gemmule s'est plus approchée d'une longueur égale à celle des grains d'orge eux-mêmes. (L'orge germée des brasseurs contient rarement plus de 2 à 3 millièmes de son poids de diastase.) Pour l'extraire, on fait macérer dans l'eau l'orge germée réduite en poudre, à 25 ou 30°, pendant quelques instants; on soumet le mélange pâteux à une forte pression, et l'on filtre la liqueur trouble. Celle-ci est chauffée dans un bain-marie à 75°; cette température coagule la plus grande partie de l'albumine végétale, qu'on sépare alors par une nouvelle filtration; la solution renferme la diastase, mêlée à quelques autres substances étrangères (matière colorante, sucrée, etc.); pour séparer celles-ci, on y verse de l'alcool absolu jusqu'à cessation de précipité; la diastase étant insoluble dans l'alcool concentré, se dépose alors en flocons, qu'on recueille et qu'on dessèche à une basse température, afin de ne pas altérer la matière; il faut surtout éviter de la chauffer humide jusqu'à 90° ou 100°. On l'obtient plus pure encore en la dissolvant dans l'eau, précipitant de nouveau par l'alcool, et répétant ce traitement. Le charbon animal n'altérant pas les solutions de diastase, on pourrait s'en servir pour les décolorer.

La diastase est solide, blanche, non cristalline, insoluble dans l'alcool absolu, soluble dans l'eau et dans l'alcool faible; sa solution aqueuse est sans réaction aux papiers, sans saveur prononcée; elle n'est pas précipitée par le sous-acétate de plomb. Cette solution s'altère très-promptement, s'acidifie, et perd alors son action sur l'a-

[1] PAYEN et PERSOZ, *Ann. de Chim. et de Phys.*, LIII, 73; LVI, 337 — BOUCHARDAT, *ibid.*, [3] XIV, 61.

[2] Du grec διάστασις, séparation, disjonction, pour rappeler que cette substance *sépare* l'amidon des substances insolubles avec lesquelles il est mêlé.

midon. La diastase éprouve aussi cette décomposition à l'état sec, mais seulement à la longue ; quand on la fait bouillir avec l'eau, la décomposition est instantanée.

L'analyse de la diastase n'a pas été faite ; suivant MM. Payen et Persoz, elle renfermerait d'autant moins d'azote qu'elle serait plus pure. Il est évident d'ailleurs que, préparée ainsi qu'on vient le dire, elle ne saurait constituer un corps chimiquement défini.

Lorsque l'extraction de la diastase a été faite avec soin, son énergie est telle qu'une partie en poids suffit pour liquéfier et convertir en dextrine ou en glucose deux mille parties d'amidon. Au reste, suivant M. Bouchardat, on peut également convertir l'amidon en glucose en l'abandonnant avec de la chair putréfiée, de la levûre de bière, du sac gastrique, des membranes animales, etc. ; ce qui semble bien indiquer que la diastase n'est pas un principe particulier.

La diastase ne modifie pas l'albumine, le sucre de canne, la gomme arabique, l'inuline et la cellulose fortement agrégée.

Les acides nitrique, sulfurique, phosphorique, chlorhydrique, oxalique, tartrique, citrique arrêtent complétement l'action de la diastase sur l'amidon. Avec l'acide formique, la fluidification n'est qu'entravée ; avec l'acide arsénieux, l'action est d'abord ralentie, mais elle s'établit bientôt. L'acide cyanhydrique paraît avoir une action très-faible ou peut-être nulle ; il en est de même de l'acide acétique. Les tannins entravent l'action de la diastase. La potasse, la soude et la chaux caustique l'arrêtent entièrement ; la magnésie et l'ammoniaque ne font que la paralyser ; l'influence du carbonate d'ammoniaque est encore plus faible ; les carbonates de potasse et de soude l'entravent. Le sulfate et l'acétate de cuivre, le bichlorure de mercure, le nitrate d'argent, l'alun, le sulfate ferrique, l'arrêtent ; le sous-acétate de plomb l'entrave en partie. Les alcalis organiques (strychnine, morphine, quinine) et leurs sels ne l'entravent que légèrement. Les huiles essentielles, la créosote, l'alcool et l'éther sont sans influence (Bouchardat).

§ 2418 . Une autre matière, résultant de la transformation progressive du gluten, c'est la *levûre* ou la *lie* [1]. On appelle ainsi une matière épaisse blanche, grise ou brunâtre, qui se sépare, dans la fermentation du moût de bière et du jus de raisin, aux dépens du

[1] THÉNARD, *Ann. de Chimie*, XLVI, 294. — CHAPTAL, *Ann. de Chimie*, LXXV, 96. — PROUST, *ibid.*, LVII, 246. — DOEBEREINER, *Journ. f. Chemie u. Phys.*, V, 284; XII, 229; XVII, 188; XX, 213; XLI, 457; LIV, 418. *Ann. der Phys. v. Gilbert*, LIIXX;

gluten ou d'autres matières albuminoïdes, et qui a la propriété de déterminer la fermentation alcoolique des liquides sucrés.

Les brasseurs allemands distinguent la levûre[1] (*oberhefe*) qui est entraînée à la surface dans la fermentation tumultueuse du moût de bière, d'après le procédé ordinaire, et la lie (*unterhefe*) ou ferment qui se dépose dans le procédé usité en Bavière[2]. Mais la levûre déposée et la levûre superficielle ont la même composition chimique (Schlossberger).

On peut se procurer de la levûre à volonté[3] en abandonnant ensemble une infusion de malt (orge germée) et de la pâte de farine fermentée. A cet effet, on prépare d'abord une pâte épaisse avec de la farine de blé et de l'eau froide, et on l'abandonne, dans un vase légèrement couvert, à une température modérée; au bout de trois jours, la pâte présente une odeur aigre et désagréable, et dégage un peu de gaz; quelque temps après le gaz augmente, et, au bout de 6 ou 7 jours, l'odeur du mélange devient franchement vineuse; c'est dans cet état que la pâte est apte à déterminer la fermentation alcoolique. D'un autre côté, on fait une infusion de malt (en y ajoutant au besoin un peu de houblon, s'il s'agit de préparer de la bière),

430. — Gay-Lussac, *Ann. de Chimie*, LXXVI, 245; LXXXVI, 175; XCV, 311. *Ann. de Chim. et de Phys.*, XVIII, 380. — Colin, *Ann. de Chim. et de Phys.*, XXVIII, 128; XXX, 42. — Braconnot, *Ann. de Chim. et de Phys.*, XLVIII, 59. — Quevenne, *Journ. de Pharm.*, XXIV, 36, 265 et 239; XXVII, 589. — Liebig, *Chimie appliquée à la phys. végét. et à l'agriculture.* — Schlossberger, *Ann. der Chem. u. Pharm.*, LI, 193. — Mulder, *Physiol. Chemie*, trad. allem. de Kolbe, p. 50. — Schmidt, *Ann. der Chem. u. Pharm.*, LXI, 168. — Wagner, *Journ. f. prakt. Chem.*, XLV, 241.

[1] En français, le mot *levûre* (de *lever*, parce que la levûre sert à faire lever la pâte du pain) se dit plus particulièrement du ferment de la bière, tandis que le mot *lie* (du latin, *limus*, limon, dépôt) s'emploie pour désigner le ferment qui se dépose dans les vins. Chimiquement, les deux matières sont identiques.

[2] La bière de Bavière se distingue particulièrement des autres bières en ce qu'elle se conserve bien plus facilement sans s'aigrir. Elle doit cette qualité précieuse à un procédé de fermentation qui la débarrasse de la plus grande partie des matières azotées, susceptibles d'agir ultérieurement comme ferments sur l'alcool ou sur la dextrine qu'elle contient en dissolution. Dans le procédé ordinaire, où la fermentation est tumultueuse, la levûre, à mesure qu'elle se forme, est entraînée à la surface par le gaz acide carbonique, et forme ainsi une écume épaisse qui empêche en partie l'accès de l'air au gluten dissous dans le moût; aussi la bière ainsi préparée renferme toujours de cette matière azotée. Les brasseurs de Bavière procèdent autrement : ils mettent le moût houblonné en fermentation dans des bacs découverts, ayant une grande superficie, et disposés dans un lieu frais, dont la température ne dépasse guère 8 à 10°; l'opération dure de 3 à 4 semaines; l'acide carbonique se dégage ainsi en bulles très-petites, qui n'entravent pas le contact de l'air, et toute la levûre se précipite au fond sous la forme d'un limon visqueux.

[3] Fownes, *Ann. der Chem. u. Pharm.*, XLV, 200.

et, quand la liqueur est refroidie à 50 ou 55°, on l'ajoute à la pâte fermentée, préalablement pétrie avec un peu d'eau tiède, et l'on abandonne le tout dans un lieu chaud. La fermentation commence au bout de quelques heures, il se dégage beaucoup d'acide carbonique, et, quand ce dégagement a cessé et que la liqueur s'est éclaircie, on trouve au fond une quantité considérable de levûre, propre aux mêmes usages que la levûre des brasseurs.

Au reste, la levûre n'agit comme ferment que par l'effet de son état particulier de décomposition, et non en vertu de sa nature spéciale; car toutes les matières azotées en putréfication, telles que le fromage, la légumine, le blanc d'œuf, le sang, la gélatine, etc., peuvent, à un moment donné, agir d'une manière semblable et déterminer la fermentation alcoolique du sucre. Lorsqu'on abandonne, dans de l'eau sucrée (1 p de sucre pour 4 p. d'eau), de la chair musculaire ou de la colle-forte putréfiées, ces matières perdent peu à peu leur fétidité, et au bout de quelques heures une vive fermentation alcoolique s'établit, en même temps qu'il se forme des globules de levûre, et que la liqueur prend l'odeur agréable du moût de vin (Schmidt).

Pour isoler la levûre de toutes les substances étrangères, M. Schlossberger la délaye dans beaucoup d'eau, laisse déposer et passe le dépôt par une toile fine, afin d'en séparer les impuretés grossières; la levûre, qui traverse aisément le linge, est ensuite rapidement lavée à l'eau sur un filtre, bouillie avec de l'alcool tant que les décoctions sont colorées, enfin épuisée par l'éther. On enlève ainsi une matière résinoïde, un corps gras et une matière amère. Après ce traitement la levûre est séchée à 100°. (Dans cet état, elle n'agit plus comme ferment). Elle a donné à l'analyse :

	Marcet [1].	Dumas [2].	Mitscherlich [3].	Schlossberger [4].				Wagner [5].	
				Levûre superf.		Levûre déposée.		Levûre superf.	Levûre déposée.
Carbone . .	30,5	50,6	47,0	49,6	49,4	47,6	47,5	44,37	49,76
Hydrogène.	4,5	7,3	6,6	6,5	6,7	6,3	6,7	6,04	6,80
Azote . . .	7,6	15,0	10,0	11,8	12,4	9,8	9,8	9,20	9,17
Soufre . . .	»	»	0,6	»					
Oxygène. .	»	»	»	»					

[1] Dans l'analyse de Marcet, les cendres ne sont probablement pas déduites.

[2] DUMAS, *Essais de statique chimique*, 2e édit.

[3] MITSCHERLICH, *Lehrb. d. Chemie*, 4e éd., p. 370. Les cendres ne sont pas déduites.

[4] Déduction faite de 2,5 à 3,5 p.c. de cendres.

[5] Les cendres ne sont pas déduites. La levûre déposée en a donné 5,3 p. c.

Les cendres, en quantité variable, que donne la levûre, contiennent, suivant M. Mitscherlich [1] :

	Levûre superf. récemm. extraite et exprimée.	Levûre déposée.
Acide phosphorique	41,8	39,5
Potasse.	39,5	28,3
Phosph. de magnésie ($PO^5,2MgO$). . .	16,8	22,6
Phosph. de chaux ($PO^5,2CaO$). . . .	2,3	9,7
Proportions des cendres, en centièmes.	7,65	7,51

Les divergences qu'on observe entre les résultats des analyses élémentaires s'expliquent si l'on considère que la levûre, même après les traitements indiqués, est loin d'être un corps homogène. Il résulte, en effet, des expériences de M. Schlossberger, ainsi que celles de M. Mulder, qu'elle se compose de deux substances distinctes : d'une partie non azotée ayant la composition de la cellulose [2] et de l'amidon, et d'une partie azotée ayant les caractères d'une matière albuminoïde. Bien avant ces chimistes, M. Thénard a observé que la levûre, mise en fermentation avec une quantité de sucre suffisante, finit par se transformer entièrement en une matière blanche (*hordéine*), non azotée, insoluble dans l'eau, et présentant les caractères de la fibre ligneuse. Suivant que la décomposition de la levûre est plus ou moins avancée, elle doit par conséquent contenir des proportions variables de matière azotée et de matière non-azotée. On peut opérer la séparation de ces deux matières, en traitant la levûre par une lessive de potasse diluée [3] (Schlossberger; ou par l'acide acétique, Mulder), de manière à ne dissoudre que la matiere albuminoïde ; on précipite ensuite celle-ci en ajoutant un acide à la solution potassique (ou du carbonate d'ammoniaque à

[1] MITSCHERLICH, *Ann. der Chem. u. Pharm.*, LVI, 456.—R. D. THOMSON (*Ann. der Chem. u. Pharm.*, LXXXII, 372) a trouvé dans la levûre de bière employée dans les boulangeries de Glasgow :

Eau	950.4
Matière organique . . .	45,5
Phosphate alcalins . . .	1,4
Phosphate de chaux. . . — de magnésie. Carbonate de chaux. . .	2,5
Matière silicieuse. . . .	0,2
	100,0

[2] Analyse de M. Schlossberger : carbone, 44,6; hydrogène, 6,6.

[3] La potasse concentrée et bouillante finit par presque tout dissoudre; saturée par un acide, la liqueur dégage de l'hydrogène sulfuré.

la solution acétique); on obtient ainsi des flocons blancs, difficiles à laver, cornés, diaphanes et jaunâtres après la dessiccation, solubles dans l'acide acétique (la solution est précipitée par le ferrocyanure de potassium), se colorant en violet par l'acide chlorhydrique concentré, et brunissant par l'ébullition avec cet acide. Séchée à 100°, la matière albuminoïde contient :

	Mulder.	Schlossberger.	Composit. de l'albumine (Lieberkühn).
Carbone . . .	55,0	53,9	53,5
Hydrogène . .	7,3	7,0	7,0
Azote.	14,0	16,0	15,6
Soufre. . . .	»	»	1,8
Oxygène . . .	»	»	»

On remarque que la partie azotée de la levûre présente sensiblement la composition de l'albumine et des autres matières albuminoïdes. Il n'est guère possible d'expliquer en vertu de quelle réaction elle se produit[1].

Quant à la partie non azotée qui reste après le traitement de la levûre par la potasse (ou l'acide acétique), M. Schlossberger s'est assuré que, par l'ébullition avec l'acide sulfurique étendu, elle se transforme en une matière sucrée, fermentescible comme le glucose, et, comme lui, réduisant les sels de cuivre ; elle ne colore pas en bleu la solution d'iode.

Cette matière non azotée est-elle le produit de la transformation du gluten, ou bien le résultat d'une modification moléculaire d'un hydrate de carbone (sucre ou dextrine), renfermée en dissolution dans le liquide avant la fermentation? c'est ce que l'expérience n'a pas encore éclairci ; il est probable toutefois qu'elle dérive directement d'un hydrate de carbone.

La lie de vin renferme les deux mêmes matières[2] que la levûre de bière, mais on y trouve en outre des substances étrangères, telles

[1] M. Liebig suppose que le gluten (diastase?) qui est dissous dans le moût de bière, et qui se sépare pendant la fermentation à l'état de levûre insoluble, se trouve d'abord à l'état d'une combinaison hydrogénée, semblable à l'indigo blanc, combinaison qui devient insoluble comme l'indigo blanc, en s'oxydant.

[2] Suivant M. Thénard, la lie des vins doux ne renferme que de la matière non azotée.

D'après M. Braconnot, la lie de vin rouge se dissout entièrement dans les lessives alcalines, même dans l'eau de chaux, et les acides l'en précipitent sous forme de gelée. Cette lie serait-elle exemple de matière non azotée?

que du tartre, de la matière colorante et du tannin (en combinaison avec la matière albuminoïde).

Plusieurs savants considèrent la levûre et la lie comme des espèces de champignons se développant par voie de bourgeonnement dans le moût de bière et de vin ; je reviendrai plus loin sur cette opinion, qui me semble inadmissible. (Voy. § 2442, *Phénomènes de fermentation et de putréfaction.*)

Pour que la levûre conserve ses propriétés actives, la présence de l'eau est indispensable ; lorsqu'on l'exprime fortement, elle perd beaucoup de son efficacité ; celle-ci disparaît même entièrement par la dessiccation. L'activité de la levûre est également détruite par la chaleur de l'ébullition, et par le contact de tous les corps qui entravent la putréfaction, tels que les sels mercuriels, les huiles essentielles, l'acide sulfureux, le sel marin, l'alcool, le sucre en excès, etc.

Suivant M. Wagner, la plupart des acides minéraux, même en petite quantité, entravent l'action de la levûre ; l'acide phosphorique cependant paraît la favoriser. L'influence des acides organiques est variable : l'acide butyrique semble modifier la nature de la fermentation et transformer la levûre en ferment lactique ; de petites quantités d'acide acétique, d'acide tartrique et surtout d'acide lactique favorisent la formation des globules de levûre. Les alcalis minéraux et les savons, même en solution étendue, arrêtent la fermentation ; une solution diluée de quinine ou de strychnine est sans effet. Le chlorure de chaux agit comme les alcalis. Le sulfate de zinc, le sulfate de fer au minimum et le bichlorure de mercure détruisent l'efficacité de la levûre ; le sulfate de cuivre, l'acide arsénieux et l'émétique n'en arrêtent pas l'action. L'acide sulfureux libre, en petite quantité, ne détruit pas les globules de levûre.

Au contact de l'eau oxygénée, la levûre de bière en dégage rapidement de l'oxygène ; elle décompose également le persulfure d'hydrogène. Mais, si elle a été préalablement bouillie avec de l'eau, elle ne produit plus cet effet (Schlossberger).

Abandonnée au contact de l'air, la levûre en absorbe l'oxygène, et dégage de l'acide carbonique ; sous l'eau, elle continue de dégager le même gaz, et, finalement, des gaz fétides ; elle se transforme alors en une substance semblable à du vieux fromage, et, arrivée à cet état, elle a entièrement perdu la propriété d'exciter la fermentation alcoolique. Parmi les produits de la putréfaction de la levûre[1], on trouve de l'ammoniaque, de l'acide lactique, de l'acide butyrique, de la tyrosine et de la leucine.

Ainsi que nous l'avons dit, la levûre n'excite la fermentation qu'en vertu de l'altération progressive qu'elle éprouve dans l'eau et au contact de l'air. Prises isolément, ni la partie de la levûre insoluble dans l'eau, ni la partie soluble dans ce liquide et produite par la décomposition lente de la partie insoluble, ne déterminent la fermentation. Si l'on épuise la levûre de bière ou la lie de vin par de l'eau froide privée d'air, en ayant soin de laisser toujours une couche d'eau sur la matière, on obtient enfin un résidu qui ne fait pas fermenter l'eau sucrée; mais ce résidu en provoque de nouveau la fermentation après qu'il a été abandonné dans l'eau au contact de l'air et qu'il a ainsi commencé à se décomposer. De même, une décoction de levûre étant filtrée et mise encore chaude en contact avec de l'eau sucrée, dans un vase clos, aucune fermentation ne se manifeste; mais, si on laisse refroidir à l'air la décoction aqueuse, et qu'après l'y avoir abandonnée pendant quelque temps on la verse dans l'eau sucrée, une fermentation très-vive ne tarde pas à se manifester (Colin).

Une quantité déterminée de levûre est nécessaire pour transformer en alcool et en acide carbonique une quantité donnée de sucre.

A mesure que le sucre se transforme on voit diminuer la quantité de la levûre, et, si la proportion de sucre contenue dans le liquide fermentescent est suffisante, toute la partie azotée de la levûre finit par disparaître, de manière à ne laisser qu'un résidu non azoté, non susceptible d'exciter la fermentation. Si la levûre prédomine, la fermentation du sucre est terminée avant la métamorphose complète de la levûre, qui continue alors d'exciter la fermentation dans de nouvelle eau sucrée.

M. Colin a le premier considéré la levûre comme une matière azotée qui se trouve dans un état de décomposition ou de mouvement, et qui communique cet état aux molécules du sucre en contact avec elle. Cette théorie, généralisée depuis par M. Liebig, a été appliquée avec succès par ce savant chimiste à tous les phénomènes de fermentation, et se trouve le mieux en harmonie avec les faits observés (Voy. § 2440).

§ 2419. CASÉINE[2]. — Cette substance constitue la partie azotée,

[1] MÜLLER, *Journ. f. prakt. Chem.*, LVII, 162, 447.

[2] BERZÉLIUS, *Journ. f. Chem. u. Phys. v. Schweigger*, XI, 277. — BRACONNOT

renfermée en dissolution dans le lait des mammifères, à la faveur d'un alcali. Quelques auteurs en admettent aussi l'existence dans le sang, notamment dans le sang des enfants à la mamelle, et des femmes enceintes peu avant la délivrance [1]. Le fromage se compose en plus grande partie de caséine, mêlée de matières grasses (beurre) et des produits de la putréfaction de la caséine (carbonate d'ammoniaque; sels ammoniacaux des acides acétique, butyrique, valérique, etc.).

Braconnot, Berzélius et quelques autres chimistes admettent deux modifications de la caséine : une modification soluble dans l'eau, et une modification coagulée et insoluble dans ce liquide. Mais la caséine soluble n'a jamais été obtenue exempte d'alcali; et il est même fort probable que, telle qu'on la trouve dans le lait, elle ne constitue autre chose que de l'albuminate de potasse [2]. Quant à la caséine insoluble, séparée par les acides, elle présente la composition et les propriétés de l'albumine dans le même état, et l'identité chimique des deux substances est également fort vraisemblable.

Comme cette identité n'est pas encore définitivement admise, nous allons passer en revue les principaux points relatifs à l'histoire des deux caséines.

La caséine soluble peut s'extraire de la manière suivante : on évapore, à une douce chaleur, du lait frais et écrémé; ce traitement a pour effet de rendre insoluble une partie de la caséine [3], tandis qu'une autre partie demeure à l'état soluble; on épuise le résidu par l'éther, pour enlever la matière grasse du lait, et l'on reprend par l'eau; celle-ci dissout la caséine et la lactine; on ajoute ensuite un peu d'alcool à la solution aqueuse, afin de précipiter la plus grande partie de la lactine, et on lave le précipité avec de l'alcool faible. La liqueur qu'on obtient ainsi est bien une solution de caséine, mais elle n'est jamais exempte de lactine et d'alcali.

Pour préparer la caséine insoluble, on ajoute de l'acide sulfu-

Ann. de Chim. et de Phys., XXXV, 159. — SCHÉRER, *Ann. der Chem. u. Pharm.*, XL, 1. — ROCHLEDER, *ibid.*, XLV, 251. — DUMAS et CAHOURS, *Ann. de Chim. et de Phys.*, [3] VI, 411.

[1] NATALIS GUILLOT et F. LEBLANC, *Compt. rend. de l'Acad.*, XXXI, 585. — PANUM, *Ann. de Chim. et de Phys.*, [3] XXXVII, 237; et *Journ. de Pharm.*, [3] XXIII, 238. — MOLESCHOTT, *Journ. f. prakt. Chem.*, LV, 237.

[2] Voy. p. 447.

[3] L'albuminate de potasse devient insoluble dans les mêmes circonstances.

rique étendu à du lait récent, et l'on chauffe le mélange. La caséine se précipite ainsi sous la forme d'une masse cohérente qu'on pétrit à plusieurs reprises dans l'eau pure; on la traite ensuite à froid par une solution concentrée de carbonate de soude, jusqu'à ce qu'elle soit entièrement dissoute. On obtient ainsi une liqueur trouble, qu'on abandonne à elle-même à une température de 20°, afin que le beurre qui y est en suspension vienne se rassembler à la surface. Il est avantageux d'employer des vases larges et plats, afin de faciliter la réunion des particules butyreuses. Après avoir enlevé la majeure partie de la couche surnageante, on retire avec un siphon la liqueur aqueuse qui se trouve au-dessous. La caséine est ensuite de nouveau précipitée par l'acide sulfurique faible, et pétrie avec de l'eau fréquemment renouvelée. Après ce traitement, le produit se dissout encore dans l'eau en quantité très-appréciable; la dissolution, étant évaporée, sépare à la surface une pellicule qui se reforme à mesure qu'on l'enlève. En ajoutant avec ménagement à la liqueur une solution faible de carbonate de soude, on en précipite toute la caséine, qu'on peut laver ensuite à l'eau, jusqu'à ce qu'elle soit privée de toute substance étrangère. La caséine, en perdant les dernières traces d'acide, perd en même temps la propriété de se dissoudre dans l'eau; pour en compléter la purification, il reste encore à l'épuiser par l'alcool et l'éther, qui lui enlèvent les dernières portions de matière grasse qu'elle pouvait retenir (Rochleder).

On peut aussi tout simplement chauffer du lait écrémé à une température voisine de l'ébullition, coaguler le liquide à l'aide de quelques gouttes d'acide acétique, laver le coagulum à l'eau jusqu'à complet épuisement, le reprendre par l'alcool et l'éther, et le soumettre à de nouvelles digestions avec l'éther après l'avoir séché et réduit en poudre (Dumas et Cahours). Enfin, un procédé également avantageux consiste à coaguler le lait par l'acide chlorhydrique, et à laver le coagulum d'abord avec de l'eau pure, puis avec de l'eau additionnée de 2 ou 3 centièmes du même acide, et ensuite de nouveau à froid avec de l'eau pure. On obtient ainsi une gelée qui se dissout entièrement dans beaucoup d'eau, à la température de 40°. Après avoir filtré cette liqueur, on y ajoute avec ménagement du carbonate d'ammoniaque, on lave bien le précipité, et on l'épuise par l'alcool et l'éther (Bopp[1]).

[1] Bopp, *Ann. der Chem. u. Pharm.*, LXIX, 16.

Quel que soit l'acide employé pour la séparation de la caséine, cette substance soumise aux traitements indiqués ne retient aucune trace d'acide, et présente toujours la même composition.

On n'obtient pas de caséine soluble en précipitant le lait par le sous-acétate de plomb, et en décomposant le précipité par l'acide carbonique (Heintz[1]).

§ 2420. La caséine soluble, préparée par le procédé indiqué précédemment, forme, après l'évaporation, une masse amorphe d'un jaune d'ambre, sans odeur, mais d'une saveur fade. Elle ne se redissout plus dans l'eau d'une manière complète; la solution ne se coagule pas par la chaleur, mais par l'évaporation elle se couvre d'une pellicule qui se renouvelle à mesure qu'on l'enlève.

L'alcool coagule la solution de la caséine, mais en même temps une partie de cette substance entre en dissolution; l'alcool bouillant en dissout davantage. Si l'alcool est absolu, il rend entièrement insoluble dans l'eau la caséine coagulée.

Les acides coagulent la solution de la caséine; le coagulum, après avoir été bien lavé, rougit le tournesol, sans cependant communiquer cette réaction à l'eau qu'on agite et fait bouillir avec lui.

Abandonnée à l'état humide, la caséine entre aisément en putréfaction, en donnant du sulfhydrate d'ammoniaque, du carbonate d'ammoniaque, une matière neutre huileuse douée d'une odeur désagréable, de l'acide valérique et de l'acide butyrique; en même temps la caséine non altérée se dissout dans l'ammoniaque libre (Iljenko[2]). Suivant M. Bopp, il se produit aussi, dans ces circonstances, une matière cristalline douée d'une odeur très-forte, (et pouvant être extraite de la masse après l'addition de l'hydrate de chaux) une acide oléagineux, et un corps soluble dans l'acide chlorhydrique avec une couleur violette et donnant alors de la tyrosine. — En se putréfiant à l'abri de l'air, la caséine humide donne de l'acide acétique, butyrique, valérique, et caprique, ainsi que de l'ammoniaque (Brendecke[3]).

Suivant M. Blondeau, la caséine se transformerait en partie, dans la fabrication du fromage de Roquefort[4], en une matière grasse semblable au beurre. Ce fait ne me paraît pas prouvé.

[1] HEINTZ, *Lehrb. der Zoochemie*, p. 691.
[2] ILJENKO, *Ann. der Chem. u. Pharm.*, LXIII, 264.
[3] BRENDECKE, *Archiv. d. Pharm.*, [2] LXX, 26.
[4] BLONDEAU, *Compt. rend. de l'Acad.*, XXV, 360. — « Ayant analysé ce fromage, dit

§ 2421. La caséine coagulée a été analysée par plusieurs chimistes, notamment par MM. Mulder, Scherer, Dumas, et Cahours, etc. Voici leurs résultats, cendres déduites :

	Mulder [1].	Schérer.			Rochleder.		Walther [2].	Verdeil [3].
		Par l'alcool.	Par l'aigris. du lait.	Par l'ac. acétique.	Par l'ac. sulfurique.	Par l'ac. acétique.		
Carbone. . .	54,2	53,7	54,0	53,8	53,8	53,7	»	
Hydrogène. .	7,2	7,2	7,2	7,4	7,1	7,2	»	
Azote. . . .	15,8	15,6	15,7	15.7	»	»	»	
Soufre. . .	0,4	»	»	»	»	»	1,0	0,9
Oxygène. . .	»	»	»	»	»	»	»	»

	Dumas et Cahours [4].						Rüling [5].	
	De vache, par l'ac. acétiq.	De chèvre, par l'ac. acétique.	D'ânesse, par l'ac. acétiq.	De brebis, par l'ac. acétiq.	De femme, par l'alcool.	Du sang, par l'alc. faible et bouillant.		
Carbone. . .	53,5	53.6	53,7	53,5	53,5	53,8	53,4	53,7
Hydrogène.	7,1	7,1	7,1	7,1	7,1	7,1	7,2	7,1
Azote. . . .	15,8	15,8	16,0	15,8	15,8	15,9	0,9	1,0
Soufre. . .	»	»	»	»	»	»	»	»
Oxygène. .	»	»	»	»	»	»	»	»

On remarque que ces nombres sont sensiblement les mêmes que ceux que les mêmes expérimentateurs ont obtenus à l'analyse de l'albumine.

Quelques chimistes ont été conduits à admettre que la caséine, telle qu'on l'extrait du lait, était un mélange de deux corps différents; mais leurs expériences ne me paraissent pas concluantes [6].

Non traitée par un acide, la caséine (soluble) donne toujours des cendres alcalines et chargées de phosphate de chaux; lorsqu'on la précipite par un acide, celui-ci s'empare de l'alcali et de la plus grande partie du phosphate de chaux; aussi la caséine, coagulée par un acide, donne bien moins de cendres (1 à 5 p. c.) que la

M. Blondeau, avant son introduction dans les caves, je pus facilement reconnaître qu'il contenait une faible quantité de matière grasse. En effet, par le traitement à l'alcool et à l'éther, je parvins à en extraire 1/200 au plus de son poids de matière grasse. Après un séjour de deux mois dans les caves, le caséum s'était presque entièrement transformé en un corps gras, ayant la plus grande analogie avec le beurre, et que je pus séparer du caséum non transformé par une simple ébullition dans l'eau. Ce corps gras, de saveur douce et agréable, fond à 40°, entre en ébullition à 80°, et se décompose vers 150°. Il éprouve facilement la saponification. »

[1] MULDER, *Journ. f. prakt. Chem.*, XVII, 333.

[2] WALTHER, *Ann. der Chem. u. Pharm.*, LVIII, 315.

[3] VERDEIL, *ibid.*, LVII, 317.

[4] Les cendres variaient entre 1,0 et 5,4 p. c. La matière a été séchée à 140°.

[5] RULING, *Ann. der Chem. u. Pharm.*, LVIII, 308.

[6] Voy. à ce sujet : — MULDER, *Jahresber. v. Berzélius*, XXVI, 910. — SCHLOSSBERGER, *Ann. der Chem. u. Pharm.*, LVIII, 92. — BOPP, *ibid.*, LXIX, 16. — LEBONTE et DE GOUMOENS, *Compt. rend. de l'Acad.*, XXXVI, 834.

caséine coagulée par l'alcool (8 à 10 p. c.), et ces cendres ne sont pas alcalines (Scherer).

§ 2422. A la distillation sèche, la caséine donne les mêmes produits que l'albumine et la fibrine.

La potasse caustique dissout aisément la caséine coagulée; par l'ébullition, la solution se charge de sulfure (§ 2431). Lorsqu'on fait fondre la caséine avec de la potasse caustique, il se dégage d'abord de l'ammoniaque, puis du gaz hydrogène; la masse, d'abord d'un brun foncé, s'éclaircit peu à peu et devient jaune; elle se dissout entièrement dans l'eau, et contient alors de la tyrosine, de la leucine, du valérate (quelquefois aussi du butyrate) et de l'oxalate de potasse, ainsi que le sel de potasse d'un acide volatil ayant une odeur d'excréments (Liebig[1]).

On peut, en dissolvant la caséine jusqu'à saturation dans une lessive alcaline très-faible, entièrement faire disparaître la réaction de celle-ci aux papiers. La solution est précipitée par tous les acides (l'acide carbonique excepté). Les carbonates alcalins dissolvent aussi la caséine en grande quantité; il en est de même du phosphate de soude, dont la réaction alcaline disparaît également par la saturation avec la caséine. Enfin, les solutions de sel marin, de chlorhydrate d'ammoniaque, de nitrate de potasse, etc., dissolvent la caséine avec la même facilité. Ces solutions ne se coagulent pas par la chaleur; mais elles se couvrent peu à peu, au contact de l'air, d'une pellicule qui n'est plus soluble dans les acides et les alcalis étendus. C'est cette pellicule qu'on voit apparaître à la surface du lait quand on le chauffe[2].

Tous les sels terreux et métalliques précipitent les solutions de caséine. Le chlorure de calcium, le sulfate de chaux, l'acétate de chaux et le sulfate de magnésie ne la précipitent qu'à chaud. On obtient également des combinaisons, insolubles dans l'eau et durcissant beaucoup au contact de l'air, lorsqu'on chauffe la caséine avec le carbonate de chaux ou de baryte. La chaux formant avec la caséine un composé insoluble et imputrescible, on a mis cette propriété à profit pour faire servir le lait caillé dans la peinture en

[1] LIEBIG, *Ann. der Chem. u. Pharm.*, LVII, 127.

[2] Voy. p. 440. — On ne s'explique pas trop comment cette pellicule se produit; car, d'après l'analyse de M. Scherer, elle semble renfermer plus de carbone que la caséine (ou l'albumine).

détrempe, et pour préparer des mastics susceptibles de recevoir toute espèce de peinture ou d'impression.

Nous avons déjà dit que tous les acides, même l'acide acétique et l'acide lactique, précipitent également les solutions de caséine; les précipités se dissolvent dans un excès d'acide; les solutions se couvrent d'une pellicule par l'évaporation à l'air. C'est à l'acide lactique, formé aux dépens de la lactine, qu'est due la coagulation spontanée du lait. Les acides minéraux précipitent la caséine même de sa solution dans l'acide acétique. M. Mulder admet que l'acide sulfurique et les autres acides se combinent avec la caséine en la précipitant; mais, comme les précipités perdent tout leur acide par les lavages, cette combinaison me paraît fort douteuse.

Lorsqu'on délaye de la caséine bien lavée et encore humide dans de l'eau contenant un demi-millième d'acide chlorhydrique, elle se dissout entièrement en ne laissant que quelques traces de matière grasse, qu'on peut séparer par le filtre; la liqueur filtrée dévie à gauche les rayons de lumière polarisée, et possède tous les caractères d'une solution d'albumine (Bouchardat).

L'acide chlorhydrique concentré colore la caséine en bleu ou en violet, et donne avec elle les mêmes produits de décomposition qu'avec l'albumine.

Le tannin de la noix de galle précipite la caséine de sa solution dans les alcalis; la précipitation a lieu même dans des liqueurs très-étendues.

Le bichlorure de mercure donne avec la caséine soluble un abondant précipité blanc soluble dans l'acide acétique et dans un excès d'alcool; le précipité ne renferme pas de chlore [1], et est probablement identique avec l'albuminate de mercure.

L'acétate, et surtout le sous-acétate de plomb, l'alun, le protonitrate de mercure, le sulfate de cuivre, précipitent également la caséine soluble.

La solution de la caséine dans l'acide acétique est en outre précipitée par le ferrocyanure de potassium, le chromate et l'iodate de potasse.

Un mélange de peroxyde de manganèse ou de bichromate de potasse et d'acide sulfurique donne avec la caséine les mêmes produits qu'avec l'albumine (Guckelberger).

[1] ELSNER, *Ann. de Poggend.*, XLVII, 614.

Lorsqu'on fait passer du chlore [1] au sein d'une solution de caséine dans l'ammoniaque, on obtient un produit analogue à celui que fournit l'albumine.

La caséine soluble est rapidement coagulée par la muqueuse du quatrième estomac (caillette) des jeunes veaux, ou plutôt par la matière soluble (*présure*) qui se produit par la décomposition lente de cette membrane. Lorsqu'on abandonne, au contact de l'eau, une tranche de caillette pendant quelque temps, et qu'on mêle ensuite à ce liquide 2000 fois son volume de lait frais et chaud, celui-ci se coagule entièrement dans l'espace d'une ou de deux heures. Cette réaction est mise à profit dans la fabrication du fromage. M. Liebig l'explique en admettant que la membrane animale, s'altérant au contact de l'air et de l'eau et agissant alors comme ferment à une douce chaleur, transforme la lactine du lait en acide lactique qui en précipite ensuite la caséine, à la manière de tous les acides. Cette explication semble parfaitement rationnelle; car on a reconnu que, si l'on opère à la température d'environ 40°, le lait coagulé par le contact de la caillette présente toujours une réaction acide. Cependant il résulte de quelques expériences [2] de M. Selmi et de M. Heintz qu'on peut aussi effectuer la coagulation du lait, après l'avoir additionné d'une petite quantité de carbonate de soude, de telle sorte que la liqueur caillée présente une réaction alcaline : il suffit, pour cela, d'opérer la digestion à une température un peu plus élevée, comprise entre 50 et 60°. Il y a donc là un point qui n'est pas entièrement éclairci.

§ 2423. *Légumine* ou *caséine végétale* [3]. — Einhof, au commencement de ce siècle, a le premier signalé la présence de cette substance (appelée par lui *végéto-animale*) dans les pois, les ha-

[1] Mulder, *Journ. f. prakt. Chem.*, XX, 343.

[2] Selmi, *Journ. de Pharm.*, [3] IX, 265. — Heintz, *Lehrb. d. Zoochemie*, p. 687.

[3] Einhof (1805), *Neues allgem. Journ. d. Chemie v. A. Gehlen*, VI, 126 et 548. — Braconnot, *Ann. de Chim. et de Phys.*, XXXIV, 68; XLIII, 347.

Proust, *Journ. de phys., de chimie, d'hist. natur., et des arts*, LIV, 109. — Bucholz, *Neues allgem. Journ. d. Chemie v. A. Gehlen*, VI, 617. — A. Vogel, *Journ. f. Chemie u. Phys. v. Schweigger*, XX, 64. — Boullay, *Ann. de Chim. et de Phys.*, VI, 40. — Pfaff, *Materia medica.*, VI, 136. — Bizio, *Bibliot. italian.*, n° 91; 58. — Soubeiran, *Journ. de Pharm.*, XII, 52. — Payen, et O. Henry, *Journ. de Chim. médic.*, II, 156. — Berzélius, *Lehrb. d. Chemie*.

Liebig, *Ann. der Chem. u. Pharm.*, XXXIX, 128. — Will et Varrentrapp, *ibid.*, XXXIX, 291. — Scherer, XL, 40. — Jones, *ibid.*, XL, 67. — Dumas et Cahours, *Ann. de Chim. et de Phys.*, [3] VI, 423. — Rochleder, *Ann. der Chem. u. Pharm.*, XLVI, 155. — Ruling, *ibid.*, LVIII, 303. — Noad, *Chemic. Gazette*, 1847, p. 357,

ricots, les lentilles. Proust, A. Vogel, Boullay et divers autres chimistes ont arrêté leur attention sur une matière semblable, (*amandine*) contenue dans les amandes douces et dans les amandes amères, et qu'ils ont considérée comme identique avec la caséine du lait des animaux. Plus récemment, Braconnot a également reconnu l'analogie que la substance des légumineuses présente avec la caséine. Enfin, dans ces derniers temps, M. Liebig, s'appuyant sur de nombreuses analyses exécutées dans son laboratoire, a été conduit à considérer la légumine et la caséine animale comme réellement identiques sous le rapport de la composition et des propriétés.

De leur côté, MM. Dumas et Cahours ne sont pas arrivés tout à fait au même résultat; ces chimistes, ayant constamment trouvé moins d'azote et plus de carbone dans la légumine que dans la caséine, sont d'avis qu'il faut distinguer ces substances comme deux principes particuliers.

La question semble donc encore indécise. Cependant, si l'on considère qu'à part cette différence de composition, formellement contestée d'ailleurs par d'autres expérimentateurs, on ne connaît aucune propriété qui permette de distinguer nettement la légumine de la caséine, on ne peut s'empêcher de croire que la matière analysée par les chimistes français contenait une certaine quantité d'un corps étranger, résultant peut-être de l'altération de la légumine, dans les circonstances où elle a été préparée. Au reste, la parfaite homogénéité de la légumine, préparée par les procédés usuels, est également un point sur lequel on a émis des doutes, à mon sens, légitimes.

Suivant MM. Dumas et Cahours, les pois et les amandes douces conviennent le mieux à l'extraction de la légumine. La matière concassée est mise en digestion dans l'eau tiède pendant deux ou trois heures. On écrase le produit dans un mortier, de manière à former une pulpe à laquelle on ajoute environ son poids d'eau froide. Au bout d'une heure de macération, on jette le tout sur une toile, et l'on exprime. La liqueur, abandonnée au repos, laisse déposer une certaine quantité de fécule. On la passe au filtre pour l'obtenir tout à fait claire, et l'on y verse peu à peu de l'acide acétique

et *Pharmac. Centralbl.*, 1847, p. 862. — NORTON, *Sill. americ. Journ.*, [2] V, 22, et *Pharmac. Centralbl.*, 1848, p. 241. — LOEWENBERG, *Ann. de Poggend.*, LXXVIII, 327.

étendu d'environ 8 à 10 fois son poids d'eau. Au moment même où l'on ajoute l'acide, il se forme un précipité floconneux, très-blanc, facile à recueillir sur un filtre, mais dont le lavage à l'eau s'opère avec beaucoup de lenteur et non sans quelque difficulté. (Il ne faudrait pas trop ajouter d'acide acétique; car le précipité ne tarderait pas à disparaître plus ou moins complètement, la légumine étant tout à fait soluble dans un excès de cet acide.) La légumine, épuisée par l'eau, est lavée ensuite à l'alcool. Après ce traitement, on la dessèche et on la pulvérise, pour la mettre en digestion avec de l'éther qui la débarrasse de toute matière grasse. On la dessèche ensuite de nouveau jusqu'à 140° dans le vide.

Les haricots sont moins avantageux pour la préparation de la légumine; car, indépendamment de la fécule, ils renferment une substance gommeuse qui embarasse beaucoup cette préparation, en ce qu'elle rend la filtration et les lavages extrêmement lents.

M. Rochleder trouve que la légumine préparée d'après le procédé précédent n'est pas entièrement pure. Pour la purifier, ce chimiste la traite par de la potasse concentrée, qui dissout aisément la légumine, en laissant des flocons d'une matière étrangère. Le mélange ayant été abandonné au repos, on décante la liqueur surnageante; et, après l'avoir filtrée, on la précipite par l'acide acétique. Le précipité est bien lavé, délayé dans l'ammoniaque, filtré, et précipité de nouveau par l'acide acétique.

Suivant M. Loewenberg, la substance extraite des pois ou des amandes par le procédé usuel, et lavée à l'eau froide, est un mélange de légumine et d'albumine; après les lavages à l'eau bouillante, elle renferme un produit de décomposition de la légumine, mêlé d'albumine. On peut, d'après le même chimiste, séparer la légumine et l'albumine en dissolvant dans l'ammoniaque le mélange des deux corps, chassant l'excès d'ammoniaque par l'évaporation, ajoutant du chlorure de sodium, portant à l'ébullition, précipitant par l'acide acétique la liqueur filtrée, et lavant le précipité d'abord à l'eau froide, puis à l'alcool et à l'éther bouillants.

M. Loewenberg assure qu'outre la légumine et l'albumine, l'infusion des pois et des amandes contient encore un troisième corps que l'acide acétique précipite et qui est insoluble dans un excès de cet acide; mais le précipité se dissout dans l'eau pure; sa solution dans l'ammoniaque se précipite en partie par l'ébullition avec le chlorure de sodium, après l'évaporation de l'excès d'alcali.

§ 2424. Suivant MM. Dumas et Cahours, la légumine présente les propriétés suivantes : Précipitée par l'acide acétique faible d'une de ses dissolutions concentrées, elle offre toujours un aspect nacré et chatoyant ; d'une dissolution faible, elle se dépose en flocons. Elle est insoluble dans l'alcool froid et dans l'éther. L'eau bouillante ne la dissout pas non plus. L'alcool faible et bouillant ne la dissout pas. L'eau froide, au contraire, en dissout de grandes quantités ; quand on porte la liqueur à une température voisine de l'ébullition, elle se coagule, et laisse précipiter des flocons cohérents qui ressemblent beaucoup à l'albumine coagulée.

Suivant M. Liebig, la solution de la légumine ne se coagule pas par l'ébullition ; mais, si on l'évapore, elle se couvre, comme le lait, d'une pellicule qui se renouvelle chaque fois qu'on l'enlève.

Les contradictions qui existent entre les indications de MM. Dumas et Cahours et celles de M. Liebig tiennent peut-être à ce que les dernières se rapportent à l'extrait aqueux de la légumine directement obtenu avec les légumineuses, tandis que les résultats des chimistes français sont relatifs à la légumine précipitée de l'extrait aqueux par un acide et redissoute dans l'eau. Il est probable, en effet, que la légumine se trouve combinée avec un alcali dans l'extrait des légumineuses, et que cette combinaison ne se coagule pas par la chaleur.

Je dois ajouter que, suivant M. Loewenberg, la légumine, purifiée d'après le procédé de ce chimiste, serait insoluble dans l'eau froide ; bouillie avec de l'eau, elle donnerait un corps plus carboné, soluble dans l'eau et insoluble dans l'acide acétique, ainsi qu'un corps moins carboné, insoluble dans l'eau.

L'extrait aqueux des légumineuses, récemment préparé est entièrement neutre aux papiers réactifs ; la légumine, qui en est précipité par un acide, rougit toujours le tournesol, même après des lavages prolongés à l'eau ou à l'alcool. (Suivant Braconnot, les précipités se composeraient d'une combinaison de légumine et d'acide, ce qui me paraît fort contestable.)

Lorsqu'on abandonne à elle-même la solution de la légumine, telle qu'on l'extrait des légumineuses, elle se coagule dans l'espace de 24 heures, à la température de 15 à 20°, en donnant un précipité gélatineux, semblable au caséum ; la liqueur surnageante est jaunâtre et franchement acide. En même temps on observe un léger dégagement de gaz. L'acide qui se produit dans ces circonstances donne, avec l'oxyde de zinc, les cristaux caractéristiques du lactate de zinc (Liebig).

§ 2425. Voici la composition de la légumine, déduction faite des cendres :

	Dumas et Cahours.							
	de pois.	de lentilles.	de haricots.	d'amandes douces.	d'amandes de prunes.	d'amandes d'abricots.	de moutarde blanche.	de noisettes.
Carbone. . .	50,53	50,46	50,69	50,93	50,93	50,72	50,83	50,73
Hydrogène. .	6,91	6,65	6,81	6,70	6,73	5,65	6,72	6,95
Azote	18,15	18,19	17,58	18,77	18,64	18,78	18,58	18,76
Souf. et oxyg.	»	»	»	»	»	»	»	»

	Varrentrapp et Will.	Scherer.	Jones.	Rochleder.		Rochleder [1].		
	de légumineuses.	de légumineuses	de haricots.	de haricots.	de haricots.	de haricots.	de haricots.	de haricots.
Carbone.	50,7	53,7	54,3	50,8	52,6	54,0	54,3	53,9
Hydrogène . . .	7,8	7,2	7,6	6,5	7,0	7,5	7,4	7,3
Azote	14,5	15,7	15,9	14,0	14,8	14,7	14,6	15,0
Soufre et oxygèn.	»	»	»	»	»	»	»	»

	Rüling [2].					Loewenberg [3].	
	de pois.	de pois. *a*	de pois. *a*	de haricots.	de haricots. *a*	de pois.	d'amandes douces.
Carbone	50,60	50,68	50,51	50,69	51,14	53,9	51,1
Hydrogène.	7,29	6,74	6,93	7,29	7,04	7,2	7,2
Azote.	»	16,50	16,58	»	»	»	»
Soufre	0,50	0,48	0,56	0,50	0,45	0,3	»
Oxygène	»	»	»	»	»	«	»

	Noad [4].				Norton [5].		
	de pois, à 100°.	de pois, à 150°.	de haricots, à 100°.	de haricots, à 150°.	d'amandes douces, à 130°.	de pois.	d'avoine (*avénine*).
Carbone. . .	52,76	54,40	53,57	55,05	50,50	50,72	52,36
Hydrogène .	7,88	7,53	7,79	7,59	6,56	6,56	6,85
Azote	15,94	»	15,26	»	17,33	15,77	14,76
Soufre. . . .	»	»	»	»	0,32	0,77	1,06
Oxygène. . .	»	»	»	»	»	»	»

[1] Dans ces analyses, la légumine a été préalablement soumise au traitement indiqué par M. Rochleder (p. 492); elle contenait 7,1 p. c. de cendres.

[2] La matière des analyses marquées *a* a été redissoute dans l'ammoniaque, précipitée par l'acide acétique, et épuisée par l'alcool et l'éther bouillants.

[3] Matière purifiée d'après le procédé de M. Loewenberg (p. 492).

[4] M. Noad n'indique pas le degré auquel a été desséchée la matière, pour la détermination de l'azote.

[5] M. Norton admet du phosphore dans la légumine ; ses dosages (par le procédé de Berthier) lui ont donné :

	Légumine.		
	d'amandes douces.	de pois.	d'avoine.
Phosphore. . .	1,05	2,31	0,81

La solution de la légumine, étant desséchée et calcinée, donne des cendres entièrement blanches, douées d'une réaction alcaline, et contenant beaucoup de potasse, dont une partie en combinaison avec l'acide phosphorique; la partie insoluble des cendres se compose de phosphate de chaux et de magnésie, ainsi que d'un peu de phosphate de fer (Liebig).

§ 2426. Par la distillation sèche, la légumine se boursoufle, et donne un liquide jaunâtre chargé de carbonate, d'acétate et de sulfhydrate d'ammoniaque, en même temps qu'il reste dans la cornue un charbon brillant. (Braconnot).

Tous les acides coagulent la solution de la légumine, et la redissolvent si on les emploie en excès.

L'acide acétique concentré, mis en contact avec le dépôt nacré de légumine, en est absorbé, et détermine celui-ci à se gonfler en prenant une demi-transparence; le produit qui en résulte se dissout complétement dans l'eau bouillante. Par l'évaporation, on obtient une substance d'aspect gommeux, susceptible de se redissoudre dans l'eau, et possédant la composition de la légumine.

Lorsqu'on ajoute de l'acide acétique faible à une dissolution de légumine, elle se précipite immédiatement. Un excès d'acide redissout le précipité, et la liqueur s'éclaircit tout à coup, sans que la légumine ait pris l'aspect gélatineux dont on vient de parler. En saturant l'acide en excès par l'ammoniaque, on fait reparaître la légumine, qui se précipite de nouveau. Un excès d'ammoniaque la redissout à son tour (Dumas et Cahours). (Suivant M. Liebig, la légumine serait insoluble dans l'acide acétique faible. M. Loewenberg a trouvé soluble dans un excès d'acide acétique la légumine insoluble dans l'eau, purifiée par son procédé.)

Faible, l'acide chlorhydrique précipite la légumine comme l'acide acétique; concentré, il la dissout, et la dissolution ne tarde pas à prendre cette teinte bleu-violet qui caractérise les substances albuminoïdes.

L'acide sulfurique faible précipite la légumine. Si l'on broie la légumine sèche avec de l'acide sulfurique concentré, elle se dissout lentement et se colore en brun, sans produire de sucre de gélatine (Dumas et Cahours). Par l'ébullition de la légumine avec l'acide dilué, il se produit de la leucine (Braconnot).

Ce phosphore provenait évidemment d'une certaine quantité de phosphate qui souillait encore la matière organique.

L'acide nitrique faible précipite la légumine, comme les acides précédents. Concentré, il dissout la légumine sèche avec dégagement de vapeurs rutilantes.

L'acide phosphorique tribasique précipite aussi la solution de légumine.

L'acide oxalique, l'acide tartrique, l'acide malique et l'acide citrique dissolvent aisément la légumine.

La potasse, la soude, l'ammoniaque la dissolvent également à froid. A chaud, les deux premiers alcalis la décomposent avec dégagement d'ammoniaque.

Lorsqu'on maintient en ébullition la solution de la légumine dans un excès de potasse, et qu'on y ajoute ensuite de l'acide sulfurique étendu, il se dégage beaucoup d'hydrogène sulfuré.

La baryte et la chaux forment avec la légumine des combinaisons insolubles dans l'eau (Braconnot); à l'ébullition, ces alcalis la décomposent en formant des sels solubles, accompagnés d'un dégagement d'ammoniaque (Dumas et Cahours).

La solution aqueuse de la légumine ne précipite à froid ni le sulfate de magnésie, ni l'acétate de chaux, ni les autres sels de chaux; mais il suffit d'une légère élévation de température pour produire immédiatement la coagulation du mélange. C'est à cette formation d'une combinaison insoluble de chaux et de légumine que Braconnot attribue le durcissement qu'éprouvent les légumes par la cuisson dans les eaux crues contenant du sulfate ou du carbonate de chaux.

Beaucoup d'autres sels terreux ou métalliques déterminent également la coagulation de la légumine.

Lorsqu'on abandonne une solution concentrée de légumine avec quelques gouttes de présure, elle se coagule entièrement dans l'espace de vingt-quatre heures, et se précipite sous l'aspect d'une masse gommeuse. Pendant les premières heures du contact, les liqueurs demeurent limpides, ce qui semble démontrer que la coagulation n'est pas due à la présence de l'acide libre dans la présure. (Dumas et Cahours.)

La légumine ayant éprouvé un commencement de putréfaction fait fermenter le sucre avec vivacité (Braconnot).

Substances congénères des matières albuminoïdes.

§ 2427. *Substance cornée*, ou épidermose. — L'épiderme, les poils, la laine, les soies, les plumes, les ongles, les griffes, les sabots, la corne, l'écaille, etc., sont composés en plus grande partie d'une substance contenant moins de carbone, mais plus d'azote et de soufre, que les matières albuminoïdes. L'épithélium qui recouvre les cavités intérieures du corps, chez les animaux, est formé d'une substance semblable.

On obtient la substance cornee, dans un état de pureté très-imparfaite, en épuisant par l'eau, l'alcool et l'éther bouillants les parties qui la renferment, après les avoir divisées autant que possible ; ce traitement a bien pour effet d'enlever les matières grasses, la plus grande partie des sels et des autres corps étrangers, mais il ne garantit pas l'homogénéité du résidu insoluble. Il est reconnu, en effet, que les tissus cornés se composent de plusieurs couches, de téguments et de noyaux, qui pourraient bien ne pas être de même nature, et que les solvants indiqués ne sont pas à même d'isoler.

MM. Mulder, Schérer, Frémy, et plusieurs autres chimistes [1] ont analysé les divers tissus cornés ; bien que leurs résultats ne soient pas très-concordants, on peut cependant en déduire, avec assez de certitude, l'identité de composition chimique de la matière qui les composent.

Voici les résultats de ces analyses :

	Schérer.								
	épiderme de la plante du pied.	poils de barbe.	cheveux.	corne de buffle.	ongles.	laine.	tuyaux de plume.	barbes de plume.	membrane tapissant l'intér. de l'œuf.
Carbone . . .	51,0	50,0	49,9	51,3	50,4	50,0	51,7	51,8	50,0
Hydrogène . .	6,8	6,7	6,6	6,7	6,8	7,0	7,2	7,1	6,6
Azote.	17,2	17,9	17,9	17,2	16,9	17,7	17,9	17,6	16,8
Soufre.	»	»	»	»	»	»	»	»	»
Oxygène. . . .	»	»	»	»	»	»	»	»	»

[1] SCHERER, *Ann. der Chem. u. Pharm.*, XL, 55. — KEMP, *ibid.*, XLIII, 115. — V. LAER, *ibid.*, XLV, 156 et 167. — GORUP-BESANEZ, *ibid.*, LXI, 49. — HINTERBERGER, *ibid.*, LXXI 70. — MULDER, *Chemische Untersuch.*, traduit. allem. de Voelcker, n° 2, p. 270. — FRÉMY, *Ann. de Chim. et de Phys.*, [3] XLVIII, 47.

	v Laer.	Schlossberger.	Mulder.					Kemp.	Frémy.		
	cheveux.	corne de bœuf.	poils blancs de vache.	sabots de vache.	sabots de cheval.	corne de vache.	ongles.	épithél. de la vésicule biliaire.	sabots de renne.	fanons de baleine.	écaille de tortue de mer.
Carbone. .	49,9	51,6	50,5	50,4	50,4	50,0	50,5	51,9	49,3	50,8	53,6
Hydrogene. .	6,4	6,8	6,8	6,8	7,0	6,8	6,9	8,0	6,2	7,4	7,3
Azote	17,1	16,6	46,8	16,8	16,7	16,5	17,3	14,8	17,4	16,5	16,4
Soufre	»	5,0	5,4	3,4	3,0	3,4	3,2	»	»	»	2,0
Oxygène. .	»	»	»	»	»	»	»	»	»	»	»

Les analyses précédentes démontrent surtout que la substance cornée renferme bien plus de soufre que les matières albuminoïdes; elle donne toujours des cendres dont la proportion s'élève à environ 1 p. c.

La substance cornée fond par la chaleur et brûle avec une flamme lumineuse, en répandant une odeur particulière.

Lorsqu'on l'expose à l'action de l'eau bouillante, dans la marmite de Papin, elle se dissout peu à peu, en donnant un extrait qui ne se prend pas en gelée par le refroidissement.

L'ammoniaque y agit à peine, même à chaud. La potasse caustique la dissout aisément, en dégageant de l'ammoniaque, surtout à chaud; la solution est jaune, et donne par tous les acides un précipité blanc, ainsi qu'un dégagement d'hydrogène sulfuré (§ 2431). Fondue avec de l'hydrate de potasse, la matière cornée dégage de l'hydrogène, en produisant de l'acide acétique, butyrique et valérique, de la leucine, de la tyrosine, etc.

L'acide sulfurique concentré gonfle la matière cornée et la dissout en grande partie à chaud. La solution, étendue d'eau, se trouble par la neutralisation avec un alcali, ainsi que par l'addition du ferrocyanure de potassium. Par l'ébullition prolongée avec l'acide sulfurique étendu, on obtient de la tyrosine, de la leucine, de l'ammoniaque, etc.

L'acide nitrique colore la matière cornée, surtout à chaud, et finit par la dissoudre; la solution jaune se fonce davantage par l'addition de l'ammoniaque, et prend une nuance orangée. Suivant M. van Laer, il se produit d'abord de l'acide xanthoprotéique (§ 2431), plus tard de l'acide saccharique (?), et enfin de l'acide oxalique.

L'acide chlorhydrique fumant donne, avec la matière cornée, la même coloration bleue ou violacée qu'avec les matières albuminoïdes; la dissolution s'effectue peu à peu par l'ébullition. Suivant M. van Laer, les cheveux finissent aussi par se dissoudre à froid dans l'acide chlorhydrique concentré, ar bout de quelques semaines.

L'acide acétique ne dissout pas la matière cornée; celle-ci ne fait que s'y gonfler.

Lorsqu'on fait passer du chlore dans de l'eau chaude, tenant en suspension de la matière cornée (préparée avec les cheveux), celle-ci ne change pas d'apparence; mais après la dessiccation elle est rude au toucher, et se dissout entièrement dans l'ammoniaque avec dégagement d'azote.

Le bichlorure de mercure ne colore pas la matière cornée, même à chaud. Mais le nitrate d'argent la colore en noir ou en pourpre, le protonitrate de mercure en gris, et le bichlorure de platine en jaune. Lorsqu'on recouvre la corne d'une bouillie composée d'hydrate de chaux et de minium, elle brunit ou noircit également par suite de la formation du sulfure de plomb.

§ 2427 [a]. A la substance cornée se rattache aussi la matière que M. Mulder [1] appelle *fibroïne*, et qui, suivant ce chimiste, compose la fibre de la soie et des fils de la vierge.

On obtient la fibroïne en épuisant la soie brute successivement par l'eau, l'alcool, l'éther et l'acide acétique bouillants; ces solvants enlèvent de l'albumine, une matière gluante, un corps gras, et une matière colorante. La soie ainsi traitée est très-blanche, très-douce au toucher et sans éclat. Elle renferme, déduction faite des cendres :

	Mulder.
Carbone . . .	48,53
Hydrogène . .	6,50
Azote.	17,35
Soufre.	?
Oxygène . . .	»

Les cendres, en quantité assez notable, renferment de la chaux, de la magnésie, du peroxyde de fer, de l'oxyde de manganèse, de la soude, de l'acide carbonique, sulfurique, chlorhydrique, phosphorique et silicique.

Par la calcination, la fibroïne répand l'odeur de la corne brûlée. A la distillation sèche, elle donne beaucoup de carbonate d'ammoniaque, de l'eau, de l'huile empyreumatique et un abondant résidu de charbon.

A froid la potasse diluée n'agit pas sur la fibroïne, mais la dis-

[1] MULDER, *Ann. de Poggend.*, XXXVII, 294, XL, 266. *Journ. f. prakt. Chem.*, X, 480.

solution s'effectue à l'ébullition. Concentrée, la potasse la dissout; la solution est précipitée par les acides, et même par l'eau pure. L'hydrate de potasse solide la transforme en oxalate.

L'ammoniaque et les carbonates alcalins ne dissolvent pas la fibroïne.

L'acide sulfurique concentré la dissout à froid, en produisant un liquide épais; étendu d'eau, celui-ci donne une solution qui est précipitée par l'infusion de noix de galle, ainsi que par la potasse caustique; mais le précipité produit par la potasse se dissout dans un excès de réactif.

L'acide chlorhydrique concentré dissout la fibroïne; la solution brunit à chaud. La fibroïne sèche absorbe 7,4 p. c. de gaz chlorh.

L'acide nitrique concentré la dissout également; à chaud, il se produit de l'acide oxalique. L'acide phosphorique la dissout aussi.

§ 2427[b]. La substance organique des *éponges*[1] présente les mêmes caractères que la fibroïne de la soie. Après avoir été épuisée par l'acide chlorhydrique dilué, l'alcool et l'éther, elle renferme à 100° :

	Crookewit.		Posselt.
Carbone. . . .	46,51		48,50
Hydrogène .	6,31		6,29
Azote	16,15		16,15
Soufre. . . .	0,50	Cendres	3,59
Phosphore. .	1,90		»
Iode.	1,08		»
Oxygène. . .	»		»

M. Mulder considère la matière des éponges comme une combinaison de fibroïne avec du soufre, du phosphore et de l'iode. Mais ces éléments (le soufre excepté) ne font point partie intégrante de la matière organique.

Les éponges donnent, terme moyen 3½ p. c. de cendres, composées de silice, de sulfate, carbonate et phosphate de chaux, ainsi que d'iodure de potassium.

Mises en contact avec l'acide sulfurique concentré, elles perdent leur élasticité; toutefois elles ne produisent pas de combinaison soluble dans l'eau. L'acide nitrique les dissout en partie; la portion insoluble est une subtance molle, gluante, insoluble dans

[1] CROOKEWIT, *Scheik. Onderzoek.*, II, 1; *Ann. der Chem. u. Pharm.*, XLVIII, 43. — POSSELT, *Ann der Chem. u. Pharm.*, XLV, 192.

l'eau, et qui est complétement dissoute par l'ammoniaque avec une couleur jaune, ainsi que par la potasse avec une couleur rouge.

Bouillies avec de l'acide chlorhydrique, les éponges s'y dissolvent complétement avec une couleur brune.

Dans l'ammoniaque, elles n'éprouvent aucune altération; mais elles se dissolvent dans l'eau de baryte par l'ébullition. La solution alcaline, neutralisée par l'acide acétique, donne un précipité gélatineux qui disparaît par un excès d'acide; en même temps il se développe de l'hydrogène sulfuré.

§ 2427c. La plupart des membranes qui tapissent l'intérieur des canaux et des réservoirs où sont renfermés les liquides de l'économie animale, sécrètent une matière particulière, douée d'une consistance mucilagineuse ou gélatineuse, et qu'on désigne généralement sous le nom de *mucus*.

A l'état sec, cette substance est blanche, compacte, dure et friable; elle fond par la chaleur, et se décompose en dégageant beaucoup de carbonate d'ammoniaque. Elle se gonfle dans l'eau, sans s'y dissoudre sensiblement, en donnant une masse molle, gluante et semi-liquide; dans cet état, elle se putréfie aisément.

Les matières qu'on a considérées comme du mucus ne présentent pas toutes le même caractère chimique.

Le mucus du nez se dissout aisément dans les acides.

Le mucus de la vésicule biliaire se sépare sous la forme d'une gelée, quand on mélange de l'alcool à la bile fraîche. Il reste à l'état de pureté après les lavages à l'alcool faible et à l'éther. A l'état humide, il est verdâtre; quant il est sec, il est foncé; il se gonfle de nouveau dans l'eau en formant une gelée; il perd cette propriété par le traitement à l'alcool; il est insoluble dans les acides, se dissout dans les alcalis, et s'en précipite par la neutralisation avec un acide. Il se dissout dans l'eau lorsqu'on le chauffe à 210° dans un tube fermé (Kemp [1]). Il renferme, déduction faite de 10 p. c. de cendres :

	Kemp.	
Carbone . .	51,9	51,8
Hydrogène .	8,0	7,6
Azote. . . .	14,3	14,5
Soufre . . .	»	»
Oxygène . .	»	»

[1] KEMP, *Ann. der Chem. u. Pharm.*, XLIII, 115. — SCHERER, *ibid.*, LVII, 196.

Suivant M. Kemp, un des meilleurs réactifs pour accuser la présence du mucus dans un liquide (quand il n'y a pas d'albumine en même temps), c'est l'acide picrique, qui le précipite en jaune clair.

Lorsqu'on fait bouillir longtemps du mucus de la bile avec de l'eau, qu'on évapore la solution à siccité, et qu'on reprend par l'alcool, il reste un corps qui se gonfle et qui finit par s'y dissoudre presque entièrement. La solution est précipitée par le chlore et les acides, ainsi que par l'eau de chaux et par beaucoup de sels métalliques (L. Gmelin).

M. Schérer a décrit un mucus extrait d'une liqueur épaisse contenue dans une espèce de poche qui s'était formée entre la trachée-artère et l'œsophage d'un homme. Ce mucus était soluble dans l'eau; la solution était précipitée par l'alcool, l'acide acétique, les acides minéraux, tandis qu'elle n'était pas précipitée par l'infusion de noix de galle, le bichlorure de mercure, le ferrocyanure de potassium. Il renfermait, déduction faite de 4,1 p. c. de cendres alcalines, faisant effervescence par les acides, et contenant beaucoup de phosphate de chaux) :

	Schérer.	
Carbone	52,41	52,01
Hydrogène . .	6,97	6,93
Azote.	12,82	12,82
Oxygène . . .	»	»

La matière analysée ne paraissait pas contenir de soufre.

§ 2428. *Substance des tissus pouvant être transformée en gélatine.* — Les membranes séreuses, le tissu cellulaire, le derme (ou vraie peau), les tendons, les os, la corne de cerf, etc., renferment une matière organique, insoluble dans l'eau froide, les acides étendus, l'alcool et l'éther, mais susceptible de se dissoudre peu à peu dans l'eau bouillante, et de se prendre en gelée par le refroidissement.

Quelques chimistes désignent sous le nom d'*osséine* (proposé par MM. Verdeil et Robin) la matière qui présente cette propriété.

On peut l'extraire en soumettant des os à l'action de l'acide chlorhydrique étendu d'environ 9 parties d'eau; cette eau est décantée au bout de quelque temps, et remplacée, à deux ou trois reprises, par de l'eau contenant des quantités d'acide de moins en moins fortes. Après plusieurs jours d'immersion dans la liqueur acide, lorsque les os sont devenus transparents et élastiques, on lave l'osséine d'abord à l'eau distillée froide, et ensuite à l'eau chaude, jusqu'à ce que les liqueurs de lavage ne précipitent plus par le nitrate d'argent. Finalement l'osséine est encore purifiée par l'alcool et l'éther.

La matière ainsi purifiée se transforme en gélatine par l'action de l'eau bouillante suffisamment prolongée; cette transformation est beaucoup plus rapide, et s'opère en quelques minutes, si l'on acidule la liqueur. (Frémy).

Voici la composition de l'osséine de différentes origines [1] :

	Schérer.			Frémy.					Verdeil.	Schleper.
	colle de poisson.	tendons de pieds de veau.	sclérotique.	os de bœuf.	os de bœuf.	os de veau.	os de hibou.	os de carpe.	colle de poisson	colle de poisson
Carbone . . .	49,6	50,3	50,5	49,2	50,4	49,9	49,1	49,8	»	»
Hydrogène . .	6,9	7,2	7,1	7,8	6,5	7,3	6,8	7,1	»	»
Azote.	18,8	18,3	18,7	17,9	16,9	17,2	»	»	»	»
Soufre.	»	»	»	»	»	»	»	»	0,7	0,6
Oxygène. . . .	»	»	»	»	»	»	»	»	»	»

Les nombres précédents sont les mêmes que ceux qu'on obtient à l'analyse de la gélatine. Il résulte d'ailleurs des expériences de M. Chevreul [2], faites sur les tendons, que l'osséine ne change pas de poids en se transformant en gélatine. M. Frémy est arrivé au même résultat avec l'osséine des os.

Abandonnée à l'état humide, l'osséine se putréfie très-promptement. Elle perd cette propriété par la combinaison avec certains oxydes métalliques et avec le tannin.

Lorsqu'on place l'osséine dans une solution de bichlorure de mercure ou de persulfate de fer, elle s'empare des bases de ces sels, et produit avec elles, en devenant plus compacte, des combinaisons insolubles dans l'eau et entièrement imputrescibles.

La peau animale se comporte entièrement de la même manière dans la solution du chlorhydrate d'alumine, ou dans la solution d'un mélange d'alun et de chlorure de sodium ; l'osséine produit alors une combinaison d'alumine, inaltérable à l'air et dans l'eau froide. C'est en cette combinaison qu'est transformée l'osséine dans les opérations du *mégissier* et du *hongroyeur*. Les peaux de chevreau, d'agneau et de mouton destinées à la ganterie ou à d'autres ouvrages délicats, qui n'exigent pas beaucoup de résistance, ne sont pas transformées en cuir par les matières tannantes; mais le mé-

[1] Scherer, *Ann. der Chem. u. Pharm*, XL, 46. — Frémy, *loc. cit.*, — Verdeil, *Ann. der Chem. u. Pharm*, LVIII, 317. — Schlieper, *ibid.*, 378.

[2] Chevreul, *Ann. de Chim. et de Phys.*, [3] XIX, 33.

gissier les rend imputrescibles, en les laissant séjourner dans une solution d'alun et de sel commun, après les avoir préalablement écharnées et privées de poils. Dans la fabrication des cuirs de Hongrie, on remplace aussi le tan par le chlorhydrate d'alumine (obtenu par la double décomposition du sel commun et de l'alun), et l'on imbibe de suif le cuir ainsi préparé; le chlorhydrate d'alumine conserve la matière animale sans altérer la force du tissu; le suif empêche la dessiccation du cuir, et lui donne la souplesse qui le rend propre aux ouvrages des selliers et des bourreliers. Le *chamoiseur*, qui s'occupe de la préparation des peaux de chamois, de daim, de buffle, etc., pour la fabrication des gants, se borne, à l'aide de manipulations multipliées, à pénétrer les peaux de matières huileuses, de manière à conserver le tissu et à lui donner du moelleux et de la souplesse.

§ 2429. Le tannin se comporte avec la peau animale comme les sels métalliques; il se combine avec l'osséine, en formant un composé insoluble, connu sous le nom de *cuir*. Une infusion de noix de galle perd tout son tannin, lorsqu'on la laisse en contact avec une quantité suffisante de peau animale; 100 p. de peau de vache sèche, entièrement saturées de tannin, augmentent de 64 p.

Voici comment s'exécute en grand le tannage, c'est-à-dire la série des opérations par lesquelles on transforme en cuir la matière animale de la peau. Les peaux de vaches, de veaux, de chevaux, sont d'abord soumises au *dessaignage* ou lavage préalable; elles sont maintenues pendant plusieurs jours dans une eau courante, ou, à défaut, dans des cuves dont l'eau est souvent renouvelée; on enlève ensuite le sang et les ordures qui salissent les peaux. Lorsqu'elles ont été convenablement lavées et assouplies, on les porte à l'atelier de *pelanage* ou des *pelains*, espèces de bassins en bois ou en maçonnerie, contenant du lait de chaux, où on les fait macérer. Cette opération a pour but de faciliter l'enlèvement du poil (*ébourrage* ou *épilage*). Vient ensuite le travail *des façons :* on râcle les peaux; on enlève la chair et les impuretés qui y restent attachées; on rogne les lambeaux inutiles et surtout les bords (ces déchets servent à faire la colle-forte); on adoucit avec une pierre le grain de la fleur, c'est-à-dire le côté de la peau où était implanté le poil, et enfin on façonne la peau de telle sorte qu'elle finisse par être entièrement blanche et dégorgée. A ce travail succède celui de l'atelier des *cuves* et la *mise en fosse*. On maintient d'abord les peaux dans des cuves contenant une dissolution de tan, pendant 20 ou 30 jours, jusqu'à ce qu'elles soient convenablement gonflées et propres à recevoir l'action directe du tan. Enfin, on les porte dans des cuves de bois enfoncées en terre ou dans des fosses en maçonnerie, et on les y dispose en couches alternatives avec de l'écorce de chêne réduite en fragments plus ou moins fins, et sur lesquelles on fait ensuite arriver de l'eau déjà chargée de tan, de manière à humecter toutes les parties. Cette eau dissout le tannin et détermine la combinaison de la peau avec le tannin. Il faut plusieurs mois pour que cette action s'accomplisse. Au sortir des fosses, le cuir est définitivement tanné. Après l'avoir nettoyé, on le livre aux *corroyeurs* qui le rendent propre à tous les usages, en le trempant dans de l'eau, en le refoulant, en le passant à l'huile, et en lui faisant subir différentes autres manipulations pour l'assouplir, le teindre et le lisser.

Quelques tanneurs ajoutent de l'acide sulfurique à la jusée, dans le travail des cuves, afin d'activer le gonflement des peaux et d'abréger la durée du tannage; mais cette addition nuit à la bonne qualité des cuirs. M. Turnbull[1] a proposé récemment de traiter, par une solution de sucre, les peaux soumises à l'ébourrage à la chaux, afin d'en déterminer le dégorgement complet et de favoriser ainsi la combinaison du tannin avec la peau.

§ 2429[a]. M. Frémy[2] a trouvé, dans les os de certains palmipèdes et dans des arêtes de poissons, un corps azoté qui diffère de l'osséine, car il résiste à l'action de l'eau bouillante et à celle des acides. Pour le préparer, on traite par l'acide chlorhydrique étendu et froid des os d'oiseaux aquatiques ou des arêtes de poissons; lorsque l'acide a opéré la dissolution des sels calcaires, la matière organique est lavée à l'eau froide, puis soumise à l'action de l'eau bouillante; l'osséine contenue dans ces os se transforme alors en gélatine, et il reste en suspension dans l'eau une substance transparente élastique qui a conservé la forme de l'os. Cette matière, soumise à l'analyse, a paru avoir la même composition que l'osséine.

Certaines espèces de coquilles donnent une substance semblable (*conchioline*).

§ 2429[b]. Il faut également distinguer de l'osséine la substance qui constitue les cartilages et la cornée de l'œil, car la matière gé-

[1] TURNBULL, *Ann. de Chim. et de Phys.*, [3] XXI, 74.

[2] FREMY, *loc. cit.* p. 59 et 96.

latineuse (*chondrine*, § 2430[a]) qu'on en obtient par l'action de l'eau diffère, en beaucoup de points, de la gélatine. Voici la composition de la substance du tissu cartilagineux [1] :

	Schérer.		Verdeil.
	Cartilage de veau.	Cornée.	Cartilage d'homme.
Carbone	50,5	49,6	»
Hydrogène. . . .	7,0	7,1	»
Azote	14,9	14,4	»
Soufre.	»	»	0,7
Oxygène.	»	»	»

Ces nombres, celui de l'azote excepté, sont les mêmes que ceux qui ont été obtenus avec l'osséine.

§ 2429[c]. La substance du tissu élastique [2] qui constitue le ligament cervical des mammifères, les ligaments jaunes de la colonne vertébrale, les cordes vocales inférieures, la tunique réticulée des artères, etc., est également différente de l'osséine. Elle est de couleur jaune. Privée des substances étrangères par l'ébullition avec l'eau, l'acide acétique dilué et l'éther, elle renferme :

	Mulder.
Carbone . . .	55,65
Hydrogène . .	7,41
Azote	17,74
Soufre	»
Oxygène . . .	»

La substance du tissu élastique est insoluble à froid dans tous les menstrues. L'eau bouillante ne la dissout pas davantage ; ce n'est qu'après une digestion prolongée à 160°, pendant 30 heures, dans la marmite de Papin, qu'elle donne une dissolution brunâtre qui ne se prend pas en gelée par le refroidissement (§ 2430).

Abandonnée dans une lessive concentrée de potasse caustique, elle se gonfle et se prend en gelée.

L'acide chlorhydrique dilué et bouillant la dissout. L'acide acétique concentré et bouillant ne la dissout qu'avec lenteur. L'acide sulfurique moyennement concentré la dissout à chaud, en produisant une liqueur plus ou moins foncée, contenant de la leucine (sans

[1] SCHERER, *Ann. der Chem. u. Pharm.*, XL, 49. — VERDEIL, *ibid.*, LVIII, 317.

[2] J. MULLER, *Ann. de Poggend.*, XXXVIII, 311. *Ann. der Chem. u. Pharm*, XXI, 281. *Journ. f. prakt. Chem.*, X, 493. — MULDER, *Allgem. physiol. Chemie*, p. 594. — ZOLLIKOFER, *Ann. der Chem. u. Pharm.*, LXXXII, 162.

sucre de gélatine). L'acide nitrique la transforme en acide xanthoprotéique.

§ 2430. La *gélatine* présente la même composition que l'osséine, et résulte de l'action de l'eau sur ce corps.

On distingue dans le commerce plusieurs espèces de gélatine. La plus pure et la plus estimée est connue sous le nom de *colle de poisson* ou d'*ichthyocolle;* c'est la membrane interne de la vessie natatoire de plusieurs espèces d'esturgeons, très-communes dans le Volga et dans les autres fleuves de la Russie.

La *colle forte* ordinaire se prépare en faisant bouillir plus ou moins longtemps avec de l'eau, à la pression ordinaire ou à une pression plus élevée (à la température de 106—107°), des rognures de peaux, des sabots, des os, de la corne de cerf, des pieds de veau, etc. La solution concentrée, après avoir été clarifiée, se prend, par le refroidissement, en une gelée tremblotante qui, coupée en plaques minces à l'aide de fils de fer, et complétement desséchée, acquiert ainsi la forme qui caractérise la colle forte du commerce.

Ce produit renferme des substances solubles dans l'eau froide et dans l'alcool, substances qu'on peut enlever, en laissant la colle se prendre, dans l'eau froide, en une gelée qu'on divise mécaniquement, et qu'on met en contact avec de l'eau chaude renouvelée de temps à autre, après l'avoir nouée dans un linge. Dès que l'eau ne se colore plus, on laisse la gelée se fondre dans l'eau à une douce chaleur, et l'on en sépare les parties insolubles à l'aide du filtre. On mélange ensuite la solution claire avec son volume d'alcool qui en précipite la gélatine à l'état de pureté.

Dans beaucoup de localités, on prépare la gélatine en traitant les os par l'acide chlorhydrique, de manière à en extraire les sels calcaires et à laisser la gélatine sous la forme particulière aux os. Dès que ceux-ci sont devenus assez mous, flexibles et diaphanes, on enlève l'acide par des lavages, et on fait fondre le produit dans un peu d'eau chaude.

La gélatine sèche est incolore ou jaunâtre, transparente en fragments minces, vitreuse, assez dure et cassante, élastique, sans odeur ni saveur, inaltérable à l'air, plus pesante que l'eau, sans réaction sur les couleurs végétales, insoluble dans l'alcool et l'éther. Au contact de l'eau froide, la gélatine se gonfle, devient translucide, acquiert une augmentation de poids d'environ 40 p. c., et reste ainsi sans se dissoudre sensiblement dans le liquide;

cette gelée se dissout dans l'eau chaude ; la solution aqueuse et concentrée précipite par l'alcool sous la forme d'une masse blanche et agglomérée.

Lorsqu'on maintient en ébullition une solution concentrée de gélatine dans l'eau chaude, elle se modifie, et perd peu à peu la propriété de se prendre en gelée par le refroidissement ; la liqueur donne alors, par l'évaporation, un résidu qui présente l'aspect de la térébenthine et devient humide à l'air. Ce résidu est aisé à réduire en poudre et fort soluble dans l'eau ; la solution donne par l'alcool un précipité qui ne donne pas de gelée avec l'eau, mais qui présente la même composition que la gélatine.

L'analyse [1] de la gélatine a donné :

	Gay-Lussac et Thénard.	Mulder.			v. Goudoever.		Frémy.
	colle de poisson	corne de cerf.	colle de poisson.	gélatine modifiée par l'ébullition.	colle de poisson.	gélatine modifiée par l'ébullition.	os de bœuf.
Carbone. .	47,9	49,4	50,1	49,0	49,3	48,9	50,0
Hydogène.	7,9	6,6	6,6	6,7	6,7	6,5	6,5
Azote. . .	17,0	18,4	18,3	»	»	17,4	17,5
Soufre[2] . .	»	»	»	»	»	»	»
Oxygène .	»	»	»	»	»	»	»

M. Hunt [3] trouve qu'en ajoutant les éléments de l'ammoniaque à la formule de la cellulose ou de l'amidon, et en en retranchant les éléments de l'eau, on a sensiblement la composition de la gélatine :

$$\underset{\text{Cellulose.}}{C^{12}H^{10}O^{10}} + 2\,NH^3 = \underset{\text{Gélatine.}}{C^{12}H^{10}N^2O^4} + 6\,HO.$$

Les rapports $n\,C^{12}H^{10}N^2O^4$ exigent :

Carbone . . .	50,70
Hydrogène . .	7,04
Azote.	19,71
Oxygène . . .	22,55
	100,00

Comme la gélatine renferme une petite quantité de soufre, il y aurait, dans la formule précédente, à substituer cet élément à une

[1] Mulder, *Ann. de Poggend.*, XL, 279. — v. Goudoever, *ibid.*, XLV, 62. *Journ. f. prakt. Chem.*, XXXI, 313. — Frémy, *loc. cit.*

[2] Voy. la quantité de soufre contenue dans la substance qui donne la gélatine (p.)

[3] Hunt, *Americ. Journ. of science*, janvier 1848, p. 74, 109.

proportion équivalente d'oxygène. Cependant l'azote calculé est bien plus élevé que l'azote trouvé. (Les rapprochements de M. Hunt acquièrent de l'intérêt si l'on considère que la gélatine peut donner, par l'acide sulfurique étendu, une matière sucrée fermentescible, ainsi que de l'ammoniaque. Voy. plus bas.)

Précipitée par l'alcool de sa solution aqueuse, la gélatine ne donne pas de cendres en quantité appréciable. La colle forte non purifiée renferme toujours beaucoup de phosphate de chaux.

Abandonnée à l'air, la gélatine humide se putréfie aisément; la liqueur dont elle est imprégnée devient d'abord très-acide, mais plus tard elle développe beaucoup d'ammoniaque.

Soumise à la distillation sèche, la gélatine donne une liqueur aqueuse chargée de carbonate d'ammoniaque et une huile brune et épaisse contenant du carbonate d'ammoniaque, du sulfhydrate d'ammoniaque, du cyanhydrate d'ammoniaque, différents alcalis volatils (aniline, picoline, méthylamine, propylamine, tétrylamine, pyridine, lutidine, pyrrol), et des huiles neutres indéterminées.

Les alcalis aqueux ne troublent pas la solution de la gélatine pure. Lorsqu'on la maintient en ébullition avec une lessive de potasse concentrée, on obtient de la leucine (§ 1059), du glycocolle (sucre de gélatine, § 129), et d'autres produits d'une nature indéterminée. Les mêmes produits se forment lorsqu'on fait légèrement fondre la gélatine avec de l'hydrate de potasse, en ayant soin de ne pas trop chauffer.

Les acides (à part le tannin) ne troublent pas la solution de la gélatine.

L'acide sulfurique concentré dissout à froid la gélatine en la décomposant; la solution, étendue d'eau, donne, par l'ébullition, de la leucine, du sucre de gélatine, et d'autres produits qui n'ont pas été examinés. En faisant bouillir de la colle de poisson, pendant quelques jours, avec de l'acide sulfurique dilué, j'ai obtenu du sulfate d'ammoniaque et une quantité considérable d'une matière sucrée, se transformant par la fermentation en alcool et en acide carbonique [1].

L'acide nitrique attaque la gélatine à chaud : il se produit de l'acide oxalique, de l'acide saccharique (?), une matière grasse et une matière astringente (Berzélius [2]).

[1] GERHARDT, *Chimie organ. appliq. à la physiologie végétale* de M. Liebig, p. 287.
[2] BERZÉLIUS, *Lehrb. d. Chemie*, 3e édit. IX, 800.

Lorsqu'on sature par l'acide acétique une solution, faite à froid, de gélatine dans la potasse caustique, et qu'on concentre la liqueur par l'évaporation, elle ne se prend pas en gelée par le refroidissement; si l'on dissout le produit dans l'alcool, et qu'on y ajoute de l'acide sulfurique, il se forme un précipité qui, dissous dans l'eau, cristallise jusqu'à la dernière goutte (Berzélius); ce précipité renferme évidemment beaucoup de sulfate de potasse.

Une solution de gélatine dissout beaucoup plus de chaux et de phosphate de chaux que n'en dissout l'eau pure.

L'alun ne précipite pas la gélatine; mais si l'on ajoute au mélange une quantité d'alcali suffisante, il se forme un précipité contenant de la gélatine et du sous-sulfate d'alumine. Le persulfate de fer se comporte de la même manière; suivant M. Mulder [1], le précipité renferme 43,4 gélatine, 12,0 ac. sulfurique et 44,7 peroxyde de fer.

Le ferrocyanure de potassium ne précipite pas la gélatine. Il en est de même de l'acétate neutre et du sous-acétate de plomb.

Le bichlorure de mercure trouble la solution de la gélatine; le précipité se redissout au commencement par l'agitation, mais il persiste par l'addition d'un excès de sel de mercure. Le nitrate d'argent et le chlorure d'or ne la précipitent pas, mais ces sels en sont en partie réduits à l'état métallique. Le bichlorure de platine la précipite.

Le sulfate de cuivre ne précipite pas la gélatine [2]; la liqueur verte devient violette par l'addition de la potasse; l'ammoniaque la colore en bleu, sans la précipiter; le phosphate de soude n'en précipite pas non plus le cuivre.

Lorsqu'on distille la gélatine avec de l'acide sulfurique étendu et du peroxyde de manganèse ou du bichromate de potasse, on obtient les mêmes produits d'oxydation [3] qu'avec les matières albuminoïdes, savoir : l'acide carbonique, l'acide formique et ses homologues supérieurs jusqu'à l'acide caproïque, l'acide cyanhydrique et le cyanure de tétryle (valéronitrile), les hydrures d'acétyle et de butyryle, l'acide benzoïque, l'hydrure de benzoïle, et une huile pesante ayant l'odeur de l'essence de cannelle.

[1] Mulder, *Ann. de Poggend*, XL, 281.

[2] C. G. Mitscherlich, *ibid.*, XL, 129.

[3] Persoz, *Compt. rend. de l'Acad.*, XIII, 141. — R. F. Marchand, *Journ. f. prakt. Chem.*, XXXV, 305. — Schlieper, *Ann. der Chem. u. Pharm.*, LIX, 1. — Guckelberger, *ibid.*, LXIV, 86 et 93.

Lorsqu'on fait passer du chlore dans une solution de gélatine, il se produit au commencement une pellicule blanche, autour de chaque bulle de gaz, et toute la gélatine finit par se précipiter[1] à l'état de flocons ou de filaments flexibles, élastiques, nacrés, gélatineux et diaphanes. Ce précipité *a* est sans saveur, insoluble dans l'eau et l'alcool, légèrement acide, imputrescible, soluble dans les alcalis. Exposé au contact de l'air, il exhale pendant plusieurs jours du chlore ou de l'acide chloreux(?); à l'état sec, il est blanc et aisé à réduire en poudre. Un produit semblable *b* s'obtient avec la gélatine longtemps bouillie, et qui a perdu la propriété de se prendre en gelée par le refroidissement. Voici la composition de ces produits chlorés :

	Mulder.		v. Goudœver.	
	a	*a*	*b*	*b*
Carbone. . . .	45,82	43,1	42,6	43,0
Hydrogène . .	5,85	5,6	5,8	5,6
Azote.	15,59	»	»	»
Chlore.	4,95	7,9	8,0	»
Oxygène. . . .	»	»	»	»

M. Mulder admet que les produits de l'action du chlore sur la gélatine sont une combinaison de ce corps avec l'acide chloreux. Mais l'action du chlore donne toujours naissance à beaucoup d'acide chlorhydrique, ce qui rend cette hypothèse inadmissible.

Ni le brome ni l'iode ne forment avec la gélatine un produit semblable à celui que produit le chlore.

L'acide gallotannique et les autres tannins forment, avec la gélatine, des combinaisons particulières; ces combinaisons sont si peu solubles dans l'eau que $^1/_{5000}$ de gélatine est encore accusé dans un liquide par l'addition d'une infusion de noix de galle. Lorsque les liqueurs sont concentrées, on obtient, par leur mélange, des flocons caillebottés, plus ou moins épais, ou bien une masse molle, élastique, imputrescible. Ce produit est insoluble dans l'eau, l'alcool et l'éther, soluble à chaud dans une lessive de potasse; après la dessiccation, il est dur et cassant. 100 p. de gélatine séchée à 130° donnent, avec l'acide gallotannique, de 134 à 135,6 p. de combinaison. M. Mulder[2] a trouvé dans le gallotannate de gélatine :

[1] THÉNARD, *Mém. d'Arcueil*, II, 38. — BOUILLON-LAGRANGE, *Ann. de Chimie*, LVI, 24. — MULDER, *Journ. f. prakt. Chem.*, XVII, 481. — V. GOUDOEVER, *ibid.*, XXXI, 316. *Ann. der Chem. u. Pharm.*, XLV, 62.

[2] MULDER, *Journ. f. prakt. Chem.*, XVII, 337. *Ann. der Chem. u. Pharm.*, XXXI, 124.

carbone 51,62, hydrogène 4,83, azote 7,84, oxygène 35,71. Mais cette composition ne paraît pas être constante, car on obtient d'autres nombres en modifiant le procédé de préparation de la matière.

§ 2430[a]. La *chondrine* [1] se produit par l'action de l'eau bouillante sur les cartilages, et diffère sous certains rapports de la gélatine; elle paraît aussi avoir une autre composition. La cornée de l'œil donne la même substance.

On peut l'obtenir à l'état de pureté en réduisant des cartilages costaux d'homme ou de veau en morceaux très-minces, et en les faisant bouillir avec de l'eau pendant environ 48 heures. La liqueur filtrée est ensuite évaporée jusqu'à consistance gélatineuse, et le residu est traité par l'éther bouillant en excès pour lui enlever les matières grasses.

Desséchée, la chondrine se présente sous la forme d'une masse diaphane, dure et cornée, qui se ramollit dans l'eau, et s'y prend en gelée; elle est entièrement soluble dans l'eau bouillante, et sans odeur ni saveur.

La plupart des acides et des sels métalliques précipitent la chondrine ; c'est ce qui la distingue de la gélatine qui n'en est pas précipitée.

Maintenue longtemps en ébullition, la solution de la chondrine finit par donner une substance soluble dans l'eau froide, mais présentant les mêmes réactions que la chondrine.

L'analyse [2] de la chondrine a donné les résultats suivants :

	Mulder. Cartilages d'homme.	Schroeder. Cartilages de vache.
Carbone	49,3	49,3
Hydrogène . .	6,6	6,6
Azote	14,4	»
Soufre.	0,4	»
Oxygène.	»	»

On voit qu'à part l'azote, les nombres précédents sont sensiblement les mêmes que ceux de la gélatine.

[1] J. Müller, *Ann. de Poggend.*, XXXVIII, 305. *Ann. der Chem. u. Pharm.*, XXI, 277. *Journ. f prakt. Chem.*, X, 488. — F. Simon, *mediz. Chemie*, I, 108. — Vogel, *Journ. f. prakt. Chem.*, XXI, 426. — Hopp, *Journ. f. prakt. Chem.*, LVI, 129.

[2] Mulder, *Ann. der Chem. u. Pharm.*, XXVIII, 328. *Ann. de Poggend.* XLIV, 440. *Journ. f. prakt. Chem.*, XV, 190. — Schroeder, *Ann. der Chem. u. Pharm.*, XLV, 52. *Journ. f. prakt. Chem.*, XXXI., 364.

A la distillation sèche, la chondrine donne les mêmes produits que la gélatine.

Les alcalis caustiques dissolvent aisément la chondrine; à l'ébullition, ils en dégagent de l'ammoniaque. L'hydrate de potasse en fusion, en agissant sur elle, donne beaucoup d'acide oxalique et un autre acide volatil; dans cette réaction, il ne se produit pas de tyrosine, et l'on n'obtient que très-peu de leucine (Hoppe).

La plupart des acides, même les acides organiques, précipitent la solution de la chondrine. Le précipité produit par les acides chlorhydrique, sulfurique, nitrique, phosphorique, phosphoreux, chlorique et iodique se dissout aisément dans ces acides employés en excès; le précipité produit par les acides sulfureux, pyrophosphorique, fluorhydrique, carbonique, arsénique, acétique, tartrique, oxalique, citrique, lactique, succinique, etc., ne se redissout pas dans ces derniers acides.

L'acide sulfurique concentré dissout la chondrine en produisant une liqueur sirupeuse; étendue d'eau et maintenue en ébullition, celle-ci donne de la leucine, sans sucre de gélatine (Hoppe).

L'acide sulfureux décompose lentement la chondrine.

L'acide nitrique produit de l'acide xanthoprotéique (§ 2431[a]) par une action prolongée.

L'alun, le sulfate d'alumine, l'acétate de plomb, le sous-acétate de plomb, le sulfate de cuivre, le sulfate de fer (au mininum et au maximum), le perchlorure de fer, le nitrate de mercure (au minimum et au maximum) produisent d'abondants précipités dans la solution de chondrine; ces précipités se redissolvent en grande partie par un excès de réactif. Le ferrocyanure de potassium ne précipite pas la chondrine.

Les précipités produits par l'acide acétique, l'alun ou le sulfate d'alumine se redissolvent entièrement par l'addition d'une quantité suffisante d'acétate de potasse (ou de soude) ou de sel marin. Le précipité produit par le sulfate de fer (au maximum) se redissout à chaud.

Le bichlorure de mercure ne précipite pas la solution de chondrine; quelquefois cependant on obtient un léger trouble, qui paraît devoir être attribué à un mélange de gélatine.

Lorsqu'on fait passer du chlore dans une solution de chondrine, il se produit un corps blanc, qui reste en suspension dans le liquide.

Lavé à l'eau et desséché à l'air, ce produit durcit et prend une teinte verte. Il renferme :

	Schroeder.
Carbone. . . .	45,48
Hydrogène. . .	6,09
Azote	13,71
Chlore.	7,21
Oxygène. . . .	27,51
	100,00

L'infusion de noix de galle produit un abondant précipité dans la solution de chondrine.

§ 2430 [a]. Quant à la matière qu'on obtient en traitant la substance du tissu élastique (§ 2429) par l'eau, dans la marmite de Papin, elle diffère en quelques points de la gélatine et de la chondrine. Sa solution donne un abondant précipité avec l'acétate de plomb et avec l'acide acétique; elle précipite également par l'alun et par le sulfate d'alumine; mais elle ne précipite pas par le sulfate de fer (au maximum), et le précipité produit par le sulfate d'alumine ne se dissout pas dans un excès de réactif. (J. Müller.)

§ 2430 [b]. Braconnot [1] désigne sous le nom de *limacine* une substance qu'il a obtenue en faisant bouillir les limaces dans de l'eau pure. En évaporant la liqueur mucilagineuse, on a un extrait, lequel, desséché et traité par de petites quantités d'eau froide qui enlève une matière extractiforme, laisse un résidu composé, en grande partie, de mucus divisé et de limacine. Afin d'en séparer celle-ci, on chauffe le résidu avec de l'eau, et l'on jette la liqueur bouillante sur un filtre entretenu à la température de l'ébullition; il en sort avec lenteur une liqueur transparente qui se trouble dès qu'elle se refroidit, et laisse déposer une matière blanche opaque qui est la limacine.

Cette matière desséchée est blanche, terreuse et sans cohésion; elle est soluble jusqu'à un certain point dans l'eau froide, surtout à l'état hydraté. Délayée dans l'eau bouillante, elle s'y dissout; mais la liqueur transparente, un peu mucilagineuse, se trouble en se refroidissant, et laisse déposer des flocons blancs caillebottés. Elle est soluble dans l'alcool bouillant. Abandonnée à elle-même à l'état hydraté, elle se liquéfie en se putréfiant, comme les substances animales. A la distillation sèche, elle fournit du carbonate d'am-

[1] BRACONNOT, *Ann. de Chim. et de Phys.*, [3] XVI, 319.

moniaque; il reste un charbon qui, brûlé, laisse un peu de cendre contenant des traces de carbonate de chaux.

Elle se dissout aisément dans les liqueurs alcalines; les acides l'en précipitent, mais un excès d'acide la dissout. Mise en contact avec l'acide chlorhydrique concentré, elle s'y dissout sans se colorer en bleu comme les matières albuminoïdes; si, par l'évaporation ménagée, on chasse la majeure partie de l'acide chlorhydrique, la limacine reparaît avec ses propriétés.

La solution de la limacine dans l'eau froide est précipitée par le tannin, le bichlorure de mercure, l'acétate de plomb, le sulfate ferrique et l'acétate de cuivre.

Produits de transformation des matières albuminoïdes.

§ 2431. M. Mulder [1] considère comme une espèce de radical des substances albuminoïdes un produit auquel il donne le nom de *protéine* [2], et qui se forme, selon lui, par l'action de la potasse sur ces substances. Mais M. Liebig et ses élèves ont démontré que cette protéine n'est pas un produit homogène; que, préparée d'après les prescriptions de M. Mulder, elle renferme toujours une certaine quantité de soufre, et que conséquemment la théorie appliquée aux matières albuminoïdes par le chimiste hollandais pèche par la base.

Voici, à ce sujet, des faits concluants. Lorsqu'on dissout une matière albuminoïde, à la température ordinaire, dans de la potasse diluée, et qu'on sature la solution par un acide, le précipité qu'on obtient ainsi (protéine) renferme tout le soufre de la matière albuminoïde; la solution alcaline ne noircit pas par les sels de plomb, et ne dégage aucune trace d'hydrogène sulfuré par la saturation. La réaction du sulfure ne se manifeste que si l'on emploie de la potasse concentrée et qu'on chauffe le mélange; la désulfuration de la matière est d'autant plus complète qu'on chauffe davantage et plus longtemps, mais alors on voit aussi diminuer le précipité de protéine par la saturation avec un acide. Dès que la

[1] MULDER, *Journ. f. prakt. Chem.*, XVI, 129; XVII, 315. *Ann. der Chem. u. Pharm.*, — SCHERER, *Ann. der Chem. u. Pharm.*, XL, 43. — DUMAS et CAHOURS, *Ann. de Chim. et de Phys.*, [3] VI, 420. — LIEBIG, *Ann. der Chem. u. Pharm.*, LVII, 132. — LASKOWSKI, *ibid.*, LVIII. — FLEITMANN, *ibid.*, LXI, 131. — KEMP, *ibid.*, XLIII, 115. — GORUP-BESANEZ, *ibid.*, LXI, 48.

[2] Du grec πρωτεῖος, primaire.

désulfuration est complète, les acides ne précipitent plus la solution alcaline (Laskowski).

On voit, d'après cela, que les précipités qui ont été analysés comme de la protéine par M. Mulder et par d'autres chimistes ne peuvent avoir été que de la matière albuminoïde, plus ou moins impure ; les analyses ont donné :

	Mulder.	Dumas et Cahours.		Will et Varrentrapp.	Scherer.					Fleitmann.	
		par la caséine.	par le sérum.		par la cristall.	par l'albumine.	par la fibrine	par les cheveux.	par la corne.	par le blanc d'œuf (et l'ox. de bismuth).	
Carbone. . .	54,6	54,4	54,4	»	54,6	54,5	54,1	54,5	54,7	54,1	53,8
Hydrogène .	6,9	7,1	7,1	»	7,9	7,1	7,0	7,2	7,2	7,1	7,3
Azote	15,6	15,9	15,9	16,6	16,2	15,7	15,6	15,7	15,6	15,9	16,2
Soufre	»	»	»	»	»	»	»	»	»	1,5	1,4
Oxygène. . .	»	»	»	»	»	»	»	»	»	»	»

Ces nombres sont fort rapprochés de la composition de l'albumine. En supposant même que la potasse échange tout le soufre des matières albuminoïdes pour son équivalent d'oxygène, on aurait encore des chiffres peu éloignés des précédents. En effet, le calcul exige pour la formule $C^{144}H^{122}N^{14}O^{24}$ (formule de l'albumine de M. Lieberkuhn, O^2 remplacant S^2) :

Carbone	54,1
Hydrogène . . .	7,0
Azote.	15,8
Oxygène	23,1
	100,0

Suivant M. Laskowski, la désulfuration des matières albuminoïdes s'opère plus rapidement dans la potasse faible, si on chauffe la liqueur avec de l'oxyde d'argent ou de bismuth. Cependant ces oxydes n'enlèvent pas non plus tout le soufre, comme on peut le voir par les analyses de M. Fleitmann, qui ont été faites sur un précipité formé au sein d'une liqueur ainsi traitée. Toute la matière désulfurée paraît rester en dissolution.

Je ne m'étendrai pas davantage sur ce sujet, que de nouvelles études pourront seules éclaircir.

L'*oxyprotéine* (ou bioxyde de protéine) de M. Mulder [1] est un

[1] MULDER, *Journ. f. prakt. Chem.*, XXXI, 199. *Ann der Chem. u. Pharm.*, XLVII, 300. — V. LAER, *ibid.*, XLV, 160. — LOEWIG, *ibid.*, LVI, 95.

produit d'une nature tout aussi problématique que la prétendue protéine.

Elle reste à l'état insoluble lorsqu'on fait bouillir la fibrine avec de l'eau, et entre dans la composition de la couenne qui se sépare du sang enflammé. Suivant M. Van Laer, elle se précipiterait aussi, après la protéine, par l'addition d'un acide à la solution des matières cornées dans la potasse.

Elle a donné à l'analyse :

	Mulder.	v. Laer.
Carbone . . .	53,1	52,7
Hydrogène . .	6,9	7,0
Azote.	14,1	14,5
Soufre.	0,7	»
Oxygène . . .	»	»

Ces nombres ne s'éloignent pas beaucoup de la composition des matières albuminoïdes.

Je ne citerai que pour mémoire la *trioxyprotéine* (matière insoluble), *l'érythro-protide* (matière extractive rouge), et la *protide* (matière amère, soluble), que M. Mulder [1] obtient par le traitement des substances albuminoïdes par différents réactifs. Aucun de ces produits ne présente les caractères d'un corps pur.

Je ne m'arrêterai pas non plus, par la même raison, ni sur l'*acide sulfoprotéique* [2], ni sur le *gallotannate de protéine* [3], ni sur le *chlorite de protéine* [4] du même chimiste.

§ 2431[a]. *Acide xanthoprotéique* [5]: — Par l'action de l'acide nitrique sur la fibrine, l'albumine, la caséine, et la matière cornée, on obtient, entre autres produits, une substance jaune, insoluble dans l'eau, l'alcool et l'éther. On purifie ce corps par l'eau et l'alcool bouillants.

[1] MULDER, *Journ. f. prakt. Chem.*, XVI, 440; XVIII, 121; XX, 3116; XXXI, 295. — SCHROEDER, *Ann. der Chem. u. Pharm.*, XLV, 55.

La *pyropine* de M. Thomson (*Philos. Magaz.* XVIII. 372) est une matière rouge, extraite des dents d'un éléphant, et qui semble être aussi une substance albuminoïde plus ou moins altérée.

La *pyine* dont Güterbock admet l'existence dans le pus (F. SIMON, *mediz. Chemie*, I, 123) est considérée par M. Mulder comme de la trioxyproteïne.

[2] MULDER, *Journ. f. prakt. Chem.*, XVII, 312. *Ann der Chem. u. Pharm.*, XXXI, 120.

[3] MULDER, *Chem. Untersuch.*, trad. allem. de Voelcker, n° 2, p. 231.

[4] MULDER, *Journ. f. prakt. Chem.*, XX, 340. *Ann. der Chem. u. Pharm.*, XXXVI, 68. — v. LAER, *ibid.*, XLV, 156, — SCHROEDER, *loc. cit.*

[5] MULDER, *Journ f. prakt. Chem.*, XVI, 397, XX, 352.

Il est d'un jaune orangé, non cristallin, sans saveur ni odeur, rougit les couleurs végétales, et se charbonne sans fondre, en répandant l'odeur de la corne brûlée. Il se dissout dans les acides concentrés; l'eau précipite de cette solution une combinaison de l'acide xanthoprotéique avec l'acide employé, combinaison qui se décompose pendant les lavages.

Il se dissout dans les alcalis avec une teinte rouge foncé et en est précipité par la neutralisation.

Il renferme :

	Mulder [1].	v. d. Pant [2].
Carbone	50,78	50,0
Hydrogène . . .	6,60	6,3
Azote.	14,00	14,7
Soufre	»	1,3
Oxygène	»	»

Bouilli avec de la potasse concentrée, l'acide xanthoprotéique se décompose en dégageant de l'ammoniaque.

Lorsqu'on fait passer du chlore dans une solution ammoniacale d'acide xanthoprotéique, la liqueur se décolore, et l'on obtient un précipité jaune, contenant du chlore.

L'acide xanthoprotéique et ses sels ne font pas explosion par la chaleur.

Le *sel d'ammoniaque* est rouge, et perd toute son ammoniaque à 140°.

Le *sel de potasse* et le *sel de soude* sont incristallisables et d'une belle couleur rouge.

Le *sel de baryte* est rouge, fort soluble dans l'eau, insoluble dans l'alcool et l'éther. Il renferme 12,9 p. c. de baryte (Van der Pant[3]).

Le *sel de chaux* ressemble au sel precédent. Avec un excès d'eau de chaux, on obtient un sous-sel jaune, insoluble.

Le *sel de fer* et le *sel de cuivre* sont des précipités orangés, devenant rouges par la dessiccation.

Le *sel de plomb* s'obtient, sous la forme d'un précipité jaune, en mélangeant la solution du sel d'ammoniaque avec de l'acétate de plomb. Il renferme 14 p. c. d'oxyde de plomb (Van der Pant). Il devient rouge par la dessiccation.

[1] M. Mulder représente l'acide xanthoprotéique par les rapports $C^{34}H^{26}N^{4}O^{14}$, et le considère comme bibasique.

[2] Moyenne de 11 analyses assez concordantes.

[3] VAN DER PANT, *Pharmac. Centralbl.*, 1848, p. 342.

Le *sel d'argent* est un précipité semblable au sel précédent.

§ 2431^{c}. *Dérivés chloro-nitrés*[1]. — Lorsqu'on fait agir sur l'albumine un mélange d'acide nitrique fumant et d'acide chlorhydrique concentré, l'attaque est très-vive, mais la dissolution n'est pas complète, à moins qu'on n'emploie un grand excès d'acide; par une réaction prolongée, on obtient ainsi de 30 à 40 p. c. d'une matière jaune amorphe, cireuse et épaisse, exempte de cendres, fort soluble dans l'alcool et insoluble dans l'eau. Ce produit nitré (acide xanthoprotéique?) renferme encore du soufre; mais il ne contient pas de chlore.

On obtient des produits chloro-nitrés en opérant de la manière suivante : on dissout de l'albumine (du gluten ou de la chair musculaire) dans l'acide nitrique fumant, au besoin en y ajoutant de l'eau, et l'on filtre. La solution chaude est mélangée avec la moitié de son volume d'acide chlorhydrique concentré, et soumise à la distillation, par une chaleur progressive. Il passe alors une grande quantité de gouttes huileuses incolores ou jaunâtres, qui tombent au fond de la liqueur acide distillée. Le résidu, pendant la distillation, sépare la matière jaune amorphe mentionnée précédemment; mais celle-ci finit aussi par se décomposer sous l'influence de l'acide chlorhydrique, en donnant des gouttes huileuses, ainsi qu'un sirop limpide, qui se rassemble au fond de la cornue; on peut augmenter la quantité de ce sirop en ajoutant de l'eau à la liqueur acide.

Voilà donc deux produits, un volatil et un fixe. Si l'acide chlorhydrique et l'acide nitrique sont employés en trop grand excès, ces deux produits ne s'obtiennent pas ou ne se forment qu'en quantité très-faible; mais alors on trouve dans la liqueur distillée et dans le résidu une petite quantité de cristaux; le résidu renferme alors aussi de l'acide oxalique.

α. M. Muhlhœuser appelle *chlorazol* l'huile volatile produite dans cette réaction. Elle est assez fluide, d'une densité égale à 1,555, d'une réaction très-acide, et d'une odeur extrêmement vive, mais non désagréable si on la respire en petite quantité. Elle est presque insoluble dans l'eau; mais elle se dissout aisément dans l'alcool. Seule, elle ne distille pas sans se décomposer, mais elle distille aisément avec les vapeurs d'eau. A une température élevée, elle détone violemment.

Elle est extrêmement vénéneuse : quelques gouttes introduites

[1] MUHLHAEUSER (1854), *Ann. der Chem. u. Pharm.*, XC, 171.

dans la gueule d'un chien le suffoquent et le tuent dans l'espace de quelques minutes.

Elle renferme :

	Muhlhaueser.			Calcul.
Carbone. .	18,91	19,08	19,44	19,23
Hydrogène.	1,72	2,27	2,90	1,20
Chlore. . .	40,19	45,43	44,98	42,68
Azote . . .	11,22	»	»	11,22
Oxygène. .	»	»	»	25,65
				100,00

Ces analyses sont peu concordantes. M. Mühlhaeuser en tire néanmoins les rapports $C^8H^8Cl^3N^2O^8 = C^8H^3Cl^3(NO^4)^2$.

La décomposition du chlorazol commence déjà à 104°; il se développe ainsi des vapeurs rutilantes, et il passe, comme produit principal, accompagné d'autres substances bien plus volatiles, une huile dont les caractères sont les mêmes que ceux du chlorazol [1]. On peut recueillir cette nouvelle huile en chauffant à environ 140°. On la purifie en la distillant avec de l'eau et desséchant sur du chlorure de calcium. Sa densité est égale à 1,628.

Cette nouvelle huile renferme :

	Muhlhaeuser.					Calcul.
Carbone . . .	14,15	12,77	13,05	13,08	13,98	13,44
Hydrogène . .	2,05	1,19	1,51	1,51	1,75	1,12
Chlore	56,24	56,88	»	»	»	59,66
Azote.	»	»	»	»	»	7,84
Oxygène . . .	»	»	»	»	»	17,81
						100,00

La formule $C^4H^2Cl^3NO^4 = C^4H^2Cl^3(NO^4)$, adoptée par M. Muhlhaeuser, n'est, comme on voit, pas beaucoup d'accord avec l'expérience.

Quoi qu'il en soit, la substance à laquelle elle s'applique se rapproche beaucoup, par les caractères, de la chloropicrine (§ 374), et semble même être homologue avec elle [2].

β. La substance fixe qui forme le résidu dans la solution du mé-

[1] Cette identité de caractères n'indiquerait-elle pas que le chlorazol de M. Muhlhaeuser n'est qu'un mélange?

[2] L'huile de M. Muhlhaeuser serait donc du chlorure de nitréthyle chloré. Elle présente aussi quelques rapports avec l'acide nitrocholique de M. Redtenbacher (§ 1989).

lange chloro-nitrique sur les matières albuminoïdes est un acide particulier. Pour la purifier, il faut épuiser par l'eau bouillante, où elle est fort peu soluble : on obtient ainsi une liqueur limpide, un peu rougeâtre, de la consistance de la térébenthine.

Elle possède une agréable odeur, semblable à celle de l'hydrure de benzoïle; sa saveur est très-forte, avec un arrière-goût amer. Elle produit des taches grasses sur le papier, surtout à chaud, et se dissout dans l'alcool; elle est moins soluble dans l'éther. Elle a une densité égale à 1,36; elle est fort hygrométrique, et devient plus fluide en absorbant de l'eau. Elle se décompose par la chaleur, sans détoner; elle dégage alors des vapeurs âcres, et laisse beaucoup de charbon.

Desséchée dans le vide, elle a donné :

	Muhlhaeuser.					Calcul.
Carbone	41,57	40,73	40,05	43,56	42,64	42,28
Hydrogène . .	3,30	4,75	4,46	5,33	5,07	3,25
Chlore	30,42	31,90	34,43	29,23	32,81	31,28
Azote.	4,22	4,24	»	»	»	4,11
Oxygène. . . .	»	»	»	»	»	18,79
						100,00

Ces analyses sont fort peu concordantes; néanmoins M. Muhlhaeuser en déduit les rapports $C^{14}H^{12}Cl^{3}NO^{8}$, manquant évidemment de contrôle.

Traitée par la potasse, la substance se dissout et dégage immédiatement de l'ammoniaque[1] (environ 2 p. c.). La solution potassique précipite de nouveau la même substance par l'addition de l'acide chlorhydrique.

Bouillie longtemps avec de l'eau, elle perd une partie de son chlore. Traitée par l'acide nitrique, elle donne du chlorazol et une matière cristallisée.

Elle ne forme pas de combinaisons cristallisées avec les bases.

Le *sel d'argent* est amorphe et fusible; il a donné à l'analyse une quantité d'argent correspondant au poids atomique 380,3 pour l'acide.

§ 2432. *Tyrosine*, $C^{18}H^{11}NO^{6}$. — Cette substance[2] se produit, en

[1] Tenant peut-être à quelque impureté.

[2] LIEBIG (1846), *Ann. der Chem. u. Pharm.*, LVII, 127. — WARREN DE LA RUE, *ibid.*, LXIV, 35. — BOPP, *ibid.*, LXIX; 16. — HINTERBERGER, *ibid.*, LXXI, 70. — A. STRECKER, *ibid.*, LXXIII, 70. — PIRIA, *ibid.*, LXXXII, 251. — LEYER et KŒLLER, *ibid.*, LXXXIII, 332.

même temps que la leucine (§ 1059), par l'action de l'hydrate de potasse, ainsi que de l'acide chlorhydrique ou sulfurique étendu et bouillant, sur l'albumine, la fibrine et la caséine (Liebig, Bopp). Elle se forme également par les mêmes agents, et la corne (Hinterberger), les cheveux, les plumes d'oiseaux, les épines de hérisson, les élytres de coléoptères, etc. (Leyer et Koeller). Enfin, elle existe toute formée dans la cochenille (Warren de la Rue).

Nous avons déjà indiqué la manière dont M. Bopp et M. Hinterberger l'obtiennent dans la préparation de la leucine.

M. Piria conseille d'opérer de la manière suivante sur la corne. On commence par faire un mélange de 3 litres d'eau et de 1300 grammes d'acide sulfurique du commerce : on porte le mélange (dans une chaudière de plomb) à une température voisine de l'ébullition, et l'on y ajoute peu à peu 500 grammes de raclure de corne; on maintient ensuite l'ébullition pendant 8 heures. On étend alors la liqueur de beaucoup d'eau, et l'on neutralise l'acide libre par de l'hydrate de chaux; on filtre, et l'on fait bouillir la liqueur filtrée, pendant une ou deux heures, avec un peu de lait de chaux, afin de décomposer une certaine matière sulfurée et d'achever la décoloration de la liqueur. On filtre de nouveau, et l'on concentre la liqueur filtrée en la chauffant à une température voisine de l'ébullition, et pendant qu'on y fait passer lentement un courant d'acide carbonique. La précipitation de la chaux par l'acide carbonique est la partie la plus difficile, mais aussi la plus importante de l'opération; car la chaux ne se précipite que par la chaleur et fort lentement; il faut donc maintenir le courant de gaz pendant toute la durée de l'opération. Il paraît même que la chaux déjà précipitée se redissout, si l'on franchit une certaine limite de température; pour éviter cet inconvénient, il faut de temps à autre filtrer, et soumettre de nouveau la liqueur filtrée à l'action de l'acide carbonique. Lorsqu'on opère avec les proportions indiquées, on peut arrêter l'évaporation quand la liqueur a été réduite à $2\frac{1}{2}$ ou 3 litres; elle dépose alors, par le repos, des cristaux de tyrosine. L'eau-mère donne, par l'évaporation, des cristaux de *leucine* mélangés d'un peu de tyrosine. Il arrive parfois que, malgré tous les soins, la liqueur refroidie ne dépose pas de cristaux par le refroidissement; il faut alors la chauffer de nouveau, et y faire passer de l'acide carbonique, tant qu'elle dépose du carbonate de chaux.

500 grammes de corne de bœuf donnent, par l'acide sulfurique, 5 grammes de tyrosine pure; l'albumine, la fibrine et la caséine en donnent beaucoup moins (Hinterberger).

La tyrosine est contenue dans les eaux-mères de la préparation de l'acide carminique par la cochenille (§ 1993). Lorsqu'on enlève, par l'hydrogène sulfuré, le plomb dissous dans ces eaux-mères et que l'on concentre la liqueur à consistance de sirop, la tyrosine se dépose sous la forme d'une matière crayeuse et cristalline; on la lave à l'eau froide, et on la fait cristalliser dans l'eau bouillante.

La tyrosine constitue des aiguilles soyeuses, groupées en étoiles, insolubles dans l'éther et l'alcool absolu, très-peu solubles dans l'eau froide, assez solubles dans l'eau bouillante, fort solubles dans les alcalis et les acides minéraux; sa solubilité dans l'eau n'est pas beaucoup augmentée par l'addition de l'acide acétique; sa solution dans l'ammoniaque la dépose sans altération par l'évaporation spontanée, mais en cristaux plus gros. Elle ne se sublime pas par la chaleur, mais elle se décompose en répandant l'odeur de la corne brûlée.

Elle renferme[1] :

	W. de la Rue.			Hinterberger.			$C^{18}H^{11}NO^{6}$.
		a			*b*		
Carbone . . .	59,36	59,62	59,25	59,85	59,17	59,06	59,67
Hydrogène . .	6,41	6,18	6,29	6,25	6,23	6,25	6,08
Azote.	7,62	7,71	»	7,89	7,87	»	7,73
Oxygène . . .	»	»	»	»	»	»	26,52
							100,00

La solution de la tyrosine dans les acides minéraux étendus dépose, par l'évaporation, la matière non altérée.

L'acide chlorhydrique concentré n'altère pas la tyrosine.

L'acide sulfurique concentré transforme la tyrosine en un acide conjugué, dont les sels neutres présentent une réaction caractéristique avec le chlorure de fer. Pour produire cette réaction, on met quelques milligrammes de tyrosine sur un verre de montre, et on les humecte d'une ou de deux gouttes d'acide sulfurique; on recouvre le mélange, et on l'abandonne pendant une demi-heure; ensuite, après l'avoir étendu d'eau, on le sature à chaud par du carbonate de chaux, et l'on filtre; si l'on ajoute à la liqueur filtrée du perchlorure de fer exempt d'acide libre, il se produit aussitôt une coloration violette intense, semblable à celle qu'on obtient avec le même réactif et l'hydrure de salicyle (Piria).

[1] *a* Tyrosine extraite de la cochenille; *b* id. préparée par la corne et l'ac. sulfuriq. dilué.

Lorsqu'on verse de l'acide nitrique ordinaire sur la tyrosine, elle se dissout aisément en se colorant en jaune, et, après quelques instants, il se développe des vapeurs rouges, en même temps que du nitrate de nitrotyrosine (§ 2433) se sépare sous la forme d'une poudre jaune et cristalline. La solution donne par l'évaporation des cristaux d'acide oxalique. Si l'on fait agir sur la tyrosine de l'acide nitrique bouillant, on n'obtient pas de poudre jaune, et l'évaporation ne fournit que de l'acide oxalique (Strecker).

Lorsqu'on fait bouillir une solution de tyrosine avec une solution de nitrate de bioxyde de mercure, il se précipite des flocons rouges, en même temps que la liqueur surnageante, entièrement limpide, acquiert une teinte rosée intense; par le repos, la liqueur dépose de nouveaux flocons rouges, adhérant beaucoup au verre, et finit par se décolorer. L'acide nitrique détruit aisément à chaud la matière rouge, et la coloration ne reparaît plus par la neutralisation subséquente de la liqueur. Il faut donc éviter l'emploi d'une solution mercurielle trop acide, si l'on veut produire la coloration indiquée. Cette réaction est si sensible qu'on aperçoit encore une teinte rose très-marquée, en opérant sur une solution de tyrosine saturée à froid (contenant $^1/_{930}$ de tyrosine), après l'avoir étendue de plusieurs fois son volume d'eau [1].

§ 2433. La *nitrotyrosine* [2], $C^{18}H^{10}(NO^4)NO^6$, s'obtient, en combinaison avec l'acide nitrique, par l'action de cet acide sur la tyrosine.

On isole la nitrotyrosine en décomposant sa combinaison argentique par l'hydrogène sulfuré. La liqueur filtrée donne, par l'évaporation, des cristaux jaune-clair qu'on reconnaît au microscope pour des aiguilles groupées en étoiles; ils ne donnent pas la réaction de l'acide nitrique avec le sulfate ferreux et l'acide sulfurique, mais ils font explosion quand on les chauffe avec un peu de potasse.

La *nitrotyrosine argentique* paraît renfermer $C^{18}H^9Ag(NO^4)NO^6$, $C^{18}H^8Ag^2(NO^4)NO^6$. On l'obtient en dissolvant le nitrate de nitrotyrosine dans l'ammoniaque diluée, et en y ajoutant du nitrate d'argent; il se produit ainsi, à froid, un précipité jaune et amorphe, qui devient rouge par l'ébullition, et qui prend, par un excès d'ammoniaque, une teinte brune sale. Ce précipité est soluble dans l'am-

[1] Reinhold Hoffmann, *Ann. der Chem. u. Pharm.*, LXXXVII, 123.

[2] Strecker (1850), *loc cit.*

moniaque et dans l'acide nitrique. Il explosionne légèrement par la chaleur. Il renferme :

	Strecker.		Calcul.
Carbone	28,42	28,08	27,94
Hydrogène. . .	2,32	2,37	2,20
Argent.	41,56	»	41,92

Le *chorhydrate de nitrotyrosine* se présente sous la forme d'aiguilles jaunes qu'on obtient en décomposant le corps précédent par l'acide chlorhydrique.

Le *nitrate de nitrotyrosine* contient $C^{18}H^{10}(NO^4)NO^6, NO^6H$. Lorsqu'on délaye la tyrosine dans l'eau et qu'on y ajoute l'acide nitrique goutte à goutte, elle se dissout, et une nouvelle addition d'acide nitrique détermine alors une coloration jaune, sans qu'il se développe de gaz. Si l'on cesse d'y verser l'acide nitrique, dès que le liquide s'est coloré en jaune, le nitrate de nitrotyrosine se dépose, au bout de quelques heures, sous la forme d'une poudre jaune ; celle-ci paraît immédiatement si l'on frotte les parois du vase avec un tube de verre. Le liquide, séparé de la poudre à l'aide du filtre, laisse à peine un résidu.

Cette poudre est cristalline, peu soluble dans l'eau froide, plus soluble dans l'eau bouillante, et cristallise par le refroidissement en petites paillettes, d'une couleur ordinairement brune presque bronzée, mais d'un jaune clair en poudre. Elle se dissout aussi dans l'alcool, surtout à chaud, mais moins bien que dans l'eau. Les solutions possèdent une réaction acide et une teinte jaunâtre; elles ont une saveur amère.

Le nitrate de nitrotyrosine a donné à l'analyse :

	Strecker.		Calcul.
Carbone. .	37,54	37,56	37,55
Hydrogène. .	4,04	4,06	4,05
Azote	14,37	»	14,37
Oxygène. . .	»	»	44,03
			100,00

L'ammoniaque et la potasse dissolvent aisément ce corps, avec une couleur rouge intense.

La solution aqueuse du nitrate de nitrotyrosine, additionnée d'ammoniaque, donne un précipité orangé avec l'acétate de plomb, un précipité jaune-verdâtre avec l'acétate de cuivre, un précipité blanc-verdâtre avec le nitrate mercureux, un précipité jaune-clair avec le chlorure mercurique, et un précipité jaune avec le nitrate d'argent. Lorsqu'on dissout dans l'eau le nitrate de nitrotyrosine, et qu'on y met un cristal de sulfate ferreux avec de l'acide sulfurique, on obtient la réaction de l'acide nitrique.

Le *sulfate de nitrotyrosine* est cristallisé, et s'obtient en décomposant le nitrate de tyrosine par l'acide sulfurique et évaporant la solution.

Matières azotées indéterminées.

§ 2434. *Matière colorante des feuilles* [1]. — La substance (*chlorophylle, chromule*) à laquelle les feuilles et les autres parties vertes des plantes doivent leur coloration peut s'en extraire, suivant Berzélius, au moyen de l'éther; la solution éthérée, étant évaporée, donne un dépôt qu'on reprend par l'alcool absolu; la solution alcoolique est ensuite évaporée à siccité, reprise par l'acide chlorhydrique concentré, filtrée et précipitée par l'eau; le précipité, ayant été lavé à l'eau bouillante, est mis en digestion avec de la potasse caustique, et la solution est sursaturée par l'acide acétique, qui précipite la chlorophylle sous la forme de flocons verts.

M. Verdeil isole la chlorophylle en la précipitant d'une solution alcoolique et bouillante par une petite quantité de lait de chaux : la solution devient ainsi incolore, l'alcool retient de la matière grasse, tandis que la chaux précipite toute la matière colorante; celle-ci est ensuite séparée de la chaux au moyen de l'acide chlorhydrique et de l'éther, qui dissout la matière colorante, en formant une couche colorée à la partie supérieure du liquide. Par l'évaporation de l'éther on obtient ensuite la chlorophylle à l'état de pureté.

Suivant M. Schultze, la chlorophylle formerait aussi la matière colorante de plusieurs animalcules verts, vivant dans les étangs et les fossés, tels que polypes, turbellariées et infusoires (*Hydra viridis*, *Vortex viridis*, *Mesostomum viridatum*, *Derostomum cœcum*, *Stentor polymorphus*, *Ophrydium versatile*, *Bursaria vernalis*).

La chlorophylle se présente sous la forme d'une poudre comme

[1] BERZELIUS, *Ann. der Chem. u. Pharm.*, XXI, 257 et 262; XXVII, 296. — VERDEIL, *Compt. rend. de l'Acad.*, XXXIII, 689. — SCHULTZE, ibid., XXXIV, 683. — MULDER, *Ann. der Chem. u. Pharm.*, LII, 421.

terreuse, vert foncé, inaltérable à l'air, infusible et supportant une température de 200° sans se décomposer; une chaleur plus élevée la détruit. Elle est insoluble dans l'eau, même bouillante; l'alcool la dissout aisément, l'éther la dissout moins bien.

M. Mulder représente la chlorophylle par les rapports $C^{18}H^{9}NO^{8}$, qui manquent de contrôle.

Selon M. Verdeil, la chlorophylle aurait une grande analogie avec la matière colorante du sang, et, comme elle, contiendrait une grande quantité de fer.

Les acides et les alcalis concentrés dissolvent la chlorophylle avec une couleur verte. La solution d'alun la précipite de ses dissolutions. L'hydrogène naissant la décolore à la manière de l'indigo bleu (Mulder).

Berzélius distingue trois modifications de la chlorophylle; l'une d'elles se dissoudrait dans l'alcool avec une teinte bleue.

On a donné le nom d'*érythrophylle* à la matière à laquelle les feuilles des arbres doivent en automne leur coloration rouge. Elle est soluble dans l'eau et l'alcool; elle se dissout dans les alcalis avec une couleur brune; les sels de plomb la précipitent avec une belle couleur verte.

§ 2434[a]. *Matières colorantes des fleurs*[1]. — On ne possède que des notions fort incomplètes sur les matières colorantes des fleurs.

MM. Frémy et Cloëz en distinguent principalement trois : la *cyanine*, matière bleue ou rose; la *xanthine*, matière jaune insoluble dans l'eau; et la *xanthéine*, matière jaune soluble dans l'eau. Ces trois substances peuvent, à l'état de pureté, et plus souvent par leur mélange, produire les couleurs qu'offrent la plupart des fleurs.

α. La *cyanine* peut s'extraire, au moyen de l'alcool bouillant, des pétales de bleuets, de violettes ou d'iris; la fleur se décolore, et le liquide prend immédiatement une belle teinte bleue. Lorsqu'on laisse pendant quelque temps la matière colorante en contact avec l'alcool, on remarque que la teinte bleue du liquide disparaît peu à peu, et se trouve bientôt remplacée par une coloration d'un jaune brun; la matière colorante a éprouvé dans ce cas une véritable réduction par l'action prolongée de l'alcool, mais elle peut reprendre sa couleur primitive si l'on évapore l'alcool au contact

[1] FRÉMY ET CLOËZ, *Journ. de Pharm.*, XXV, 249.

de l'air ; il ne faudrait pas cependant laisser trop longtemps l'alcool en contact avec la substance colorante, car alors l'extrait alcoolique ne reprendrait plus sa coloration bleue par l'action de l'oxygène.

Le produit de l'évaporation de l'alcool est traité par l'eau, qui sépare une substance grasse et résineuse; la dissolution aqueuse qui contient la substance colorante, est alors précipitée par l'acétate neutre de plomb; le précipité, d'une belle couleur verte, est lavé à grande eau, puis décomposé par l'hydrogène sulfuré; la matière colorante reste en dissolution dans l'eau; cette liqueur est évaporée avec précaution au bain-marie, le résidu est repris par l'alcool absolu, et enfin la liqueur alcoolique est précipitée par l'éther, qui sépare la cyanine sous forme de flocons bleuâtres.

La cyanine est inscristallisable, soluble dans l'eau et dans l'alcool, insoluble dans l'éther; les acides et les sels acides la colorent immédiatement en rouge; les alcalis lui communiquent une couleur verte. Elle forme, avec la chaux, la baryte, la strontiane, l'oxyde de plomb, etc., des composés verts, insolubles dans l'eau.

Les corps avides d'oxygène, comme l'acide sulfureux, l'acide phosphoreux, l'alcool, agissent sur elle et la décolorent; elle reprend sa coloration sous l'influence de l'oxygène.

Les fleurs roses ou rouges doivent également leur coloration à la cyanine se trouvant en présence d'un acide. Il n'est pas rare de voir certaines fleurs roses, comme les mauves, prendre une coloration bleue, et ensuite verte, en se flétrissant; ce changement est dû à la décomposition d'une substance azotée qui dégage de l'ammoniaque, au contact de laquelle la cyanine prend une teinte bleue ou verte. Les fleurs écarlates contiennent, outre la cyanine, de la xanthine.

β. La *xanthine* est une matière colorante jaune, insoluble dans l'eau. On peut l'extraire des fleurs du grand soleil : à cet effet, on les traite par l'alcool absolu et bouillant, qui dissout à chaud la matière colorante et la laisse déposer presque entièrement par le refroidissement. Le dépôt qu'on obtient ainsi contient un corps gras, qu'on enlève en chauffant avec une petite quantité d'alcali; la matière colorante se dissout dans le savon ; on précipite celui-ci par un acide, et l'on reprend le précipité par l'alcool froid, qui laisse la xanthine.

Cette substance, d'un beau jaune, est insoluble dans l'eau, soluble (à chaud?) dans l'alcool et l'éther, qu'elle colore en jaune doré. Elle paraît inscristallisable, et présente les propriétés générales des résines.

C'est la xanthine qui, mélangée en proportions variables avec la cyanine, différemment modifiée par les sucs végétaux, donne aux fleurs les colorations orangées, écarlates et rouges.

γ. La *xanthéine* est une matière colorante jaune, soluble dans l'eau. Pour l'obtenir, on traite par l'alcool des pétales de dahlias jaunes; l'alcool dissout rapidement la xanthéine, ainsi que des corps gras et résineux; la liqueur est évaporée à siccité, le résidu est repris par l'eau qui précipite les résines et les corps gras; la nouvelle liqueur est également évaporée à sec, et le résidu est traité par l'alcool absolu; la solution alcoolique est étendue d'eau, et traitée par l'acétate de plomb neutre, qui précipite la matière colorante; le sel de plomb est ensuite décomposé par l'acide sulfurique; la xanthéine reste en dissolution dans l'eau; elle est enfin purifiée par l'alcool.

La xanthéine est soluble dans l'eau, l'alcool et l'éther, mais elle ne cristallise dans aucun de ces dissolvants. Les alcalis lui communiquent une coloration brune très-riche. Son pouvoir tinctorial est considérable; elle produit sur les différents tissus des tons jaunes qui ne manquent pas de vivacité.

Les acides font disparaître la coloration brune produite par les alcalis.

La xanthéine s'unit à la plupart des bases métalliques, en formant des laques jaunes ou brunes insolubles.

§ 2435. *Matière colorante du sang* [1]. — Les globules du sang doivent leur coloration à une matière particulière que M. Chevreul a le premier désignée sous le nom d'*hématosine;* cette matière y est toujours intimement mélangée avec une substance albuminoïde.

Voici comment Berzélius opère pour extraire l'hématosine : on mélange du sang récemment tiré avec environ quatre fois son volume d'une solution concentrée de sulfate de soude; on jette le mélange sur un filtre mouillé avec la même solution saline, et on lave avec celle-ci les globules retenus par le filtre. Puis on fait bouillir ces globules avec de l'alcool additionné d'un peu d'acide sulfurique, tant que le liquide se colore; on mélange avec du carbonate d'am-

[1] Lecanu, *Ann. de Chim. et de Phys.*, XLV, 5. — Berzelius, *Lehrb. d. Chemie*, 3e édit. allem., IX, 68. — Mulder, *Journ. f. prakt. Chem.*, XVII, 322; XXXII, 195.

moniaque les solutions encore chaudes, on laisse reposer pendant quelque temps, et l'on sépare le dépôt à l'aide d'un filtre; le liquide filtré est réduit par l'évaporation. L'hématosine se précipite ainsi à mesure que l'ammoniaque s'évapore; on la recueille sur un filtre et on la traite par l'éther, pour enlever la matière grasse qu'elle peut renfermer.

Suivant M. Lehmann, ce procédé ne donne qu'une hématosine modifiée par l'action de l'oxygène, et l'hématosine telle qu'elle est naturellement contenue dans les globules du sang n'a pas encore été isolée à l'état de pureté.

L'hématosine obtenue par le procédé précédent est un corps rouge foncé, sans odeur ni saveur, insoluble dans l'eau, l'alcool et l'éther, mais soluble dans les mêmes liquides additionnés d'une petite quantité d'ammoniaque, de potasse ou de soude. L'essence de térébenthine et l'huile de lin dissolvent aussi à chaud l'hématosine (Mulder). L'acide chlorhydrique et l'acide sulfurique dilué ne la dissolvent pas.

Voici les nombres qui ont éte obtenus à l'analyse de l'hématosine:

	Mulder.			$C^{44}H^{22}N^{3}O^{6}Fe$(?)
Carbone. . .	65,58	65,29	64,84	65,35
Hydrogène. .	5,30	5,27	5,28	5,44
Azote	10,54	10,39	10,57	10,40
Oxygène. . .	»	»	»	11,88
Fer.	6,73	6,81	6,51	6,93
				100,00

La présence du fer parmi les éléments de l'hématosine est digne de remarque.

L'hématosine en solution alcaline donne des combinaisons insolubles avec les sels d'argent, de cuivre et de plomb.

Lorsqu'on réduit l'hématosine en poudre fine, qu'on l'abandonne à elle-même pendant quelques jours après l'avoir délayée dans l'acide sulfurique concentré, puis qu'on y ajoute de l'eau, il se développe des bulles de gaz hydrogène, et la liqueur contient alors du sulfate ferreux. Si l'on répète ce traitement sur la matière colorante, elle finit par perdre tout son fer. (Elle donne alors à l'analyse : carbone, 69,22; hydrogène, 5,92. M. Mulder exprime ces nombres par les rapports $C^{44}H^{22}N^{3}O^{6}$, qui représentent ceux de l'hématosine, moins le fer.)

Lorsqu'on délaye l'hématosine dans l'eau et qu'on y fait passer du chlore, on obtient des flocons blancs, exempts de fer, mais contenant beaucoup de chlore. (Suivant M. Mulder : carbone, 36,83; hydrog., 3,01; azote, 5,86; chlore, 29,49. Ces nombres correspondent à $C^{44}H^{22}N^3O^6$, 6 ClO^3.)

§ 2435[a]. Le nom d'*hématoïdine*[1] a été donné par Virchow à des cristaux observés pour la première fois par Everard Home dans du sang épanché dans l'épaisseur des tissus d'un animal vivant; on les trouve presque toujours, dans de semblables épanchements, quatre à vingt jours après l'hémorragie. Ils sont en aiguilles microscopiques, ou en petits prismes rhomboïdaux obliques (angle du rhombe = 118°) durs, cassants, d'un rouge orangé vif, plus pesants que l'eau, insolubles dans l'eau, l'alcool, l'éther, l'acide acétique. L'ammoniaque les dissout rapidement avec une teinte amarante, si la dissolution est concentrée; la liqueur passe bientôt au jaune safrané, et finit par devenir brunâtre.

Les cristaux renferment :

	Riche et C. Robin		$C^{14}H^9NO^3$(?)
Carbone. . .	65,05	65,85	64,12
Hydrogène. .	6,37	6,47	6,87
Azote.	10,51	»	10,69
Oxygène . . .	»	»	18,32
			100,00

Les cristaux laissent à peine une trace de cendres.

La potasse et la soude les gonflent et les dissolvent peu à peu, mais moins bien que l'ammoniaque; la solution est rougeâtre. L'acide nitrique les dissout assez promptement; l'acide chlorhydrique les dissout peu. L'acide sulfurique ne les dissout pas; il les fonce davantage, et prend lui-même une teinte verte, lorsque des traces de composés ferriques et alcalins accompagnent encoe les cristaux.

§ 2436. *Matières colorantes de la bile*[2]. — Berzélius admet, dans

[1] EVERARD HOME (1830), *A short tract on the formation of tumours*, London. — VIRCHOW, *Arch. f. pathol. Anat. u. Physiol.*, 1847, II, 379; III, 407. — C. ROBIN, *Compt. rend. de l'Acad.*, XLI, 506.

[2] BERZÉLIUS, *Lehrb. d. Chemie*, IX, 281. *Ann. der Chem. u. Pharm.*, XLIII, 1. *Journ. f. prakt. Chem.*, XXVII, 153. — SIMON, *Mediz. analyt. Chemie*, I, 333. — PLATNER, *Ueber die Natur der Galle*; Heidelberg, 1845, p. 101. — SCHMID, *Archiv. d. Pharm.*, XLI, 291. — SCHERER, *Ann. der Chem. u. Pharm.*, LIII, 377; LVII, 133. — HEINTZ, *Ann. de Poggend.*, LXXXIV, 106. *Lehrb. d. Zoochemie*, p. 785.

la bile, l'existence de plusieurs matières colorantes dont la nature chimique est loin d'être bien connue.

α. La *biliverdine* ou matière colorante verte a été trouvée dans la bile de bœuf; elle résulte de l'oxydation de la matière colorante brune. M. Heintz l'isole en épuisant les calculs biliaires par l'alcool et l'éther bouillants, traitant par l'acide chlorhydrique le résidu insoluble, dissolvant la matière brune dans une solution étendue de carbonate de soude, et abandonnant la liqueur au contact de l'air jusqu'à ce qu'elle n'absorbe plus d'oxygène. La matière colorante brune se transforme ainsi en flocons vert foncé, presque noirs.

A l'état sec, la biliverdine est sans odeur ni saveur; elle ne fond pas par la chaleur, et se décompose à une température élevée, en donnant beaucoup de charbon, brûlant difficilement. L'eau froide ne la dissout pas, l'eau bouillante en prend une teinte légèrement verdâtre, l'alcool la dissout avec une couleur vert foncé; l'éther ne la dissout pas. Les alcalis et les carbonates alcalins la dissolvent aisément avec une couleur verte; les acides précipitent de la solution des flocons verts.

Elle renferme:

	Heintz.	$C^{16}H^{9}NO^{5}$ (?).
Carbone.	60,04	60,38
Hydrogène.	5,84	5,66
Azote.	8,53	8,80
Oxygène.	25,59	25,16
	100,00	100,00

Lorsqu'on traite la biliverdine, en solution alcoolique ou alcaline, par un excès d'acide nitrique contenant un peu d'acide nitreux, elle devient d'abord bleue, puis violette, rouge, et finalement jaune.

La biliverdine donne avec la baryte un composé vert, amorphe, non entièrement insoluble dans l'eau, et contenant 27,3 p. 100 de baryte.

β. La *biliphéine* ou matière colorante brune est contenue dans la bile et dans le tube intestinal; c'est à elle que les excréments doivent leur coloration. Elle se rencontre aussi dans le sang, les sérosités, l'urine et d'autres liquides de l'organisme malade; enfin la teinte jaune de la peau et de la cornée, dans l'ictère, est également due à la même matière. M. Heintz l'extrait des calculs biliaires, qui en sont souvent presque exclusivement composés, en les épuisant par l'éther, l'alcool et l'eau bouillante, lavant le résidu à l'acide chlorhydrique, puis à l'eau, dissolvant dans une solution faible de carbonate de soude, et précipitant de nouveau par un acide. Il faut avoir soin, pendant que la matière est dissoute, de la préserver du contact de l'air, pour qu'elle ne se transforme pas en biliverdine; il convient pour cela d'opérer dans une atmosphère de gaz hydrogène. Malgré ces précautions, il n'est pas toujours possible d'empêcher une altération partielle.

Récemment précipitée, la biliphéine constitue un précipité brun et amorphe, que la dessiccation rend plus foncé. Elle est infusible, insoluble dans l'eau bouillante, soluble dans l'alcool bouillant; la solution alcoolique verdit peu à peu au contact de l'air. L'acide chlorhydrique bouillant ne dissout la biliphéine qu'en petite quantité en se colorant en bleu; un excès d'ammoniaque communique une teinte jaune-verdâtre à la solution chlorhydrique, et cette teinte passe immédiatement au rouge par l'acide nitrique.

La biliphéine renferme :

	Heintz.	$C^{32}H^{18}N^{2}O^{9}$ (?).
Carbone.	60,88	61,94
Hydrogène.	6,05	5,80
Azote.	9,12	9,03
Oxygène.	»	23,23
		100,00

Les alcalis caustiques et carbonatés dissolvent la biliphéine avec une teinte jaune-brunâtre; la baryte et la chaux donnent avec elle des composés insolubles. La solution ammoniacale précipite en flocons bruns par le chlorure de barium et le chlorure de calcium.

Lorsqu'on dissout la biliphéine dans une solution alcoolique de potasse fort étendue, et qu'on aiguise la liqueur d'un peu d'acide chlorhydrique, elle acquiert promptement une teinte verte. Si ensuite on y ajoute goutte à goutte de l'acide nitrique, on obtient une belle coloration bleue qui persiste longtemps.

Si l'on ajoute un excès d'acide nitrique, contenant de l'acide nitreux, à une solution alcaline, aqueuse et diluée de biliphéine, on observe la production successive de différentes nuances : la liqueur devient d'abord verte, puis bleue, violette, rouge, et finalement jaune.

Exposée au contact de l'air, la solution alcaline de la biliphéine s'oxyde, et les acides en précipitent alors de la biliverdine.

γ. La *bilifulvine* est une troisième matière colorante, dont Berzélius admet l'existence dans le fiel de bœuf épaissi. Elle est jaune, fort soluble dans l'eau, rougit le tournesol, et paraît être le sel de chaux ou de soude d'un acide particulier.

§ 2437. *Matières colorantes de l'urine* [1]. — On ne possède que des données très-imparfaites sur la nature chimique des matières colorantes de l'urine : suivant M. Lehmann, l'une de ces matières (*urhématine*) renferme du fer, absorbe l'oxygène avec avidité, et se rapproche encore par d'autres caractères de l'hématosine du sang ; elle n'en est probablement qu'un produit de transformation. Dans certaines maladies, les matières colorantes de l'urine se transforment d'une manière visible.

M. Scherer a décrit et analysé plusieurs matières colorantes de l'urine; mais, comme il n'a opéré que sur des mélanges, il est inutile de rapporter ses résultats.

§ 2438. *Matière colorante de l'œil* [2]. — Une matière noire, dite *mélanine*, s'étend en couche serrée sur la surface interne de la choroïde. Elle recouvre aussi les vaisseaux et les nerfs, chez la grenouille et chez d'autres amphibies. La même substance paraît constituer le pigment noir des ganglions bronchiques, du tissu pulmonaire, du réseau de Malpighi de la peau des nègres, des tumeurs mélaniques, etc.

C'est une masse noire, insoluble dans l'eau, l'alcool et l'éther. La potasse caustique la dissout lentement, avec dégagement d'ammoniaque ; l'acide chlorhydrique précipite de la solution des flocons bruns. Elle donne des cendres contenant du sel marin, du phosphate et du carbonate de chaux, ainsi que de l'oxyde de fer.

M. Scherer y a trouvé comme éléments organiques :

Carbone	57,54	58,04
Hydrogène. . . .	5,98	5,98
Azote.	13,77	13,77
Oxygène.	22,71	22,21
	100,00	100,00

[1] SCHERER, *Ann. der Chem. u. Pharm.*, LVII, 180. — HELLER, *Archiv.*, 1845, p. 161 ; 1846, p. 19 et 536.

[2] BERZÉLIUS, *Lehrb. d. Chemie*, 3e édit. allem. IX, 522. — SCHERER, *Ann. der Chem. u. Pharm.*, XL, 63. — HEINTZ, *Archiv. f. pathol. Anat.*, III, 477. *Lehrb. d. Zoochemie*, p. 811.

La présence du fer dans cette matière et la nature des parties où on la rencontre semblent indiquer qu'elle résulte de la transformation chimique de l'hématosine (Lehmann).

§ 2439. *Chitine*[1]. — Ce nom a été donné par Odier à la substance organique dont se composent les élytres et les téguments des insectes, ainsi que les carapaces des crustacés.

On peut l'obtenir en épuisant des élytres de hannetons successivement par l'eau, l'alcool, l'éther, l'acide acétique et les alcalis bouillants ; le résidu inattaquable conserve entièrement la forme des élytres.

M. Frémy opère de la manière suivante : les différentes parties du squelette tégumentaire d'un crustacé sont traitées d'abord à froid par l'acide chlorhydrique dilué, de manière à dissoudre complétement les sels calcaires qui se trouvent à la surface du test ; on le lave à l'eau distillée, et on le fait bouillir pendant plusieurs heures avec une dissolution de potasse, qui dissout les substances albumineuses adhérentes au test, et qui n'exerce aucune action sur la chitine. Cette substance est de nouveau lavée à l'eau distillée, puis purifiée au moyen de l'alcool et de l'éther.

La chitine ainsi préparée est solide, transparente, d'aspect corné, insoluble dans l'eau, l'alcool et l'éther. Les acides étendus et les alcalis étendus n'exercent aucune action sur elle.

Les chimistes ne sont pas d'accord sur la composition de la chitine : M. Schmidt et M. Lehmann la considèrent comme azotée ; M. Frémy la trouve exempte d'azote, et lui assigne la composition de la cellulose. Les analyses ont donné :

	Schmidt (moy. de 11 analyses).	Lehmann.	Frémy.		Composition de la cellulose.
Carbone. .	46,64	46,73	43,3	43,4	44,4
Hydrogène.	6,60	6,59	6,6	6,7	6,2
Azote. . . .	6,56	6,49	»	»	»
Oxygène. .	»	»	»	»	49,4
					100,0

Les résultats de M. Frémy me semblent d'autant plus vraisem-

[1] ODIER, *Mém. de la Soc. d'hist. natur. de Paris*, I. — LASSAIGNE, *Journ. de Chim. médic.*, IX, 379. *Compt. rend. de l'Acad.*, XVI, 1087. — PAYEN, *Compt. rend. de l'Acad.*, XVII, 227. — C. SCHMIDT, *Zur vergleich. Physiol. der wirbell. Thiere*, 1845, p. 32. *Ann. der Chem. u. Pharm.*, LIV, 298. — LEHMANN, *Jahresber. der ges. Medic.*, 1844, p. 7. — FRÉMY, *Ann. de Chim. et de Phys.*, [3] XLIII, 94.

blables que la chitine donne à la distillation sèche, non des produits ammoniacaux, mais une eau acide contenant de l'acide acétique et chargée d'huile empyreumatique. Il est donc probable que les chimistes allemands ont opéré sur de la chitine imparfaitement purifiée de matières azotées albuminoïdes[1].

Les acides concentrés désagrégent la chitine, la dissolvent et la transforment en un acide incristallisable, sans donner de glucose. L'acide nitrique fumant ne la convertit pas en un produit semblable au fulmi-coton; l'acide nitrique bouillant finit par la convertir en acide oxalique (Frémy).

§ 2339[a]. *Glairine* ou *barégine*[2]. — Les eaux sulfureuses thermales tiennent en dissolution une matière azotée dont l'existence se constate aisément par l'odeur de corne brûlée et par les vapeurs ammoniacales qu'on observe en évaporant l'eau et en calcinant le résidu.

Desséchée, cette matière azotée est sans odeur, et présente un aspect corné; mise de nouveau en contact avec l'eau, elle devient mucilagineuse. L'eau, l'alcool, l'essence de térébenthine, les acides et les alcalis étendus la dissolvent en petite quantité à froid et en plus forte proportion à chaud. L'éther ne la dissout pas.

On a comparé la glairine à l'albumine et à la gélatine, mais les analyses de M. Bouis démontrent que ces substances en sont beaucoup éloignées par la composition. Tous les échantillons de glairine examinés par ce chimiste lui ont donné de 30 à 35 p. 100 de cendres, et au delà, essentiellement composées de silice. Voici les nombres obtenus par M. Bouis :

Carbone.	48,69	44,06	45,20
Hydrogène. . .	7,70	6,69	6,95
Azote.	8,10	5,57	5,60
Cendres.	30,22	35,00	40,70

On ne trouve pas de soufre parmi les éléments de la glairine.

[1] MM. Leyer et Koeller ont obtenu de la tyrosine et de la leucine avec les élytres de hannetons.

[2] VAUQUELIN, *Ann. de Chimie*, XXXIX, 173. — ANGLADA, *Mémoires*, Paris, 1837-1838. — BONJEAN, *Journ. de Pharm*, XV, 321. — BOUIS, *Compt. rend. de l'Acad.*, XLI, 116.

Décomposition spontanée des matières azotées. Phénomènes de fermentation et de putréfaction.

§ 2440. On croyait pendant longtemps que les parties animales et les sucs végétaux se décomposent et se putréfient d'eux-mêmes, d'une manière spontanée et sans le concours d'aucun agent chimique, dès qu'ils sont privés de vie ou soustraits à l'influence de la végétation; mais on n'avait pas tenu compte de l'action que l'oxygène de l'air, qui se trouve en contact avec tous les corps, exerce nécessairement sur leurs parties constituantes. Cet oxygène est en effet la cause première de tous les phénomènes de fermentation et de putréfaction.

Les sucs végétaux, le jus de raisin, le sang, le lait, la chair des animaux, et en général tous les liquides organiques qui ont la propriété de se corrompre, de fermenter ou de se putréfier, renferment des principes azotés (albumine, fibrine, caséine) que l'oxygène de l'air attaque immédiatement dès qu'il les rencontre dans les conditions convenables. Ce sont ces parties azotées qui se constituent alors à l'état de *ferments*.

Un grand nombre de faits démontrent cette action de l'oxygène.

Lorsqu'on abandonne dans le gaz oxygène de la fibrine récemment extraite du sang et encore humide, l'oxygène disparaît peu à peu et se remplace par du gaz acide carbonique. Toutes les matières albuminoïdes, végétales et animales, se comportent d'une manière semblable lorsque, à l'état humide, elles rencontrent de l'oxygène.

Lorsqu'on évapore des sucs végétaux à une douce chaleur et au contact de l'air, celui-ci les altère peu à peu, et il se forme un dépôt noir ou brun, peu soluble ou insoluble dans l'eau, fort soluble dans les alcalis, et qui a reçu le nom de *substance extractive*. Le *terreau* et l'*humus* sont également les produits de l'action de l'air sur certaines parties végétales solides.

Suivant les expériences de Th. de Saussure[1], le bois, le coton, la soie, le terreau, toutes ces substances, à l'état humide, transforment en acide carbonique l'oxygène qui les environne.

Les sucs végétaux les plus sujets à s'altérer se conservent par-

[1] Th. de Saussure, *Biblioth. univers. de Genève*, LVI, 130.

faitement à l'abri du contact de l'air ; de même les viandes de toute espèce, les légumes les plus sujets à se corrompre, si on les renferme dans des vases hermétiquement fermés, après les avoir chauffés jusqu'à l'ébullition de l'eau, de manière à les dépouiller d'air. C'est ainsi qu'après quinze ans on les a retrouvés de la même fraîcheur et du même bon goût qu'au moment où on les y avait introduits.

Gay-Lussac[1] s'est assuré par des expériences directes que le moût de raisin exige absolument le contact de l'air pour fermenter. Ce savant prit des grains de raisin intacts et les introduisit dans une éprouvette renversée sur le mercure et remplie d'acide carbonique ; après avoir fait évacuer ce gaz, de manière à débarrasser les grains des moindres traces d'air, il les foula au moyen d'une baguette de verre. Le jus se conserva ainsi sans la moindre altération ; mais, quand on y fit arriver une seule bulle d'air, aussitôt la fermentation s'établit ; d'abord transparent, le jus se troubla alors, et précipita une matière jaunâtre semblable à la lie de vin. Il est bien connu, d'ailleurs, que les raisins desséchés se conservent tant que l'enveloppe du grain reste intacte ; mais, dès que la peau se rompt, ce qui arrive, par exemple, aux raisins qu'on a laissés sur pied et qui se trouvent exposés aux pluies, l'air pénètre jusqu'aux parties altérables, et alors la fermentation et la putréfaction s'établissent.

On voit, par ces exemples, que les altérations spontanées des matières végétales et animales sont, à proprement parler, la conséquence de l'action exercée par l'oxygène de l'air sur certaines d'entre leurs parties constituantes.

§ 2441. *Ferments.* — Les phénomènes de décomposition dont nous parlons ont cela de remarquable que non-seulement les matières azotées, fort altérables, s'y détruisent, mais encore qu'elles entraînent la décomposition de beaucoup d'autres substances qui, seules, résisteraient parfaitement. Ainsi, l'eau sucrée pure se conserve indéfiniment sans altération ; mais, lorsqu'elle est mélangée avec des matières albuminoïdes en voie de décomposition (par exemple, avec de la levûre de bière), les molécules du sucre fermentent, c'est-à-dire qu'elles subissent de leur côté une transformation ayant pour effet la production de l'alcool et de l'acide

[1] L'expérience de Gay-Lussac n'a pas réussi à MM. Doepping et Struve. (*Journ. f. prakt. Chem.*, XLI, 255.) — Voy. aussi quelques expériences relatives à l'influence de l'air sur la fermentation du vin : CRASSÓ, *Ann. der Chem. u. Pharm.*, LIX, 359.

carbonique ; le sucre se détruit donc en même temps que la matière azotée. Il en est de même de la cellulose qui compose la fibre végétale : dépouillée de toutes les substances étrangères, elle est parfaitement inaltérable à l'air; mais, telle qu'elle se trouve dans les parties végétales où elle est imprégnée de matières azotées, elle est susceptible de se pourrir au contact de l'air et de l'humidité, c'est-à-dire d'éprouver une combustion lente.

D'après cela, il faut, dans les décompositions dites spontanées, distinguer le ferment ou l'agent qui les provoque par l'effet de sa propre altération, et la substance fermentescible ou putréfiable qui éprouve une transformation par son contact avec le ferment. Cette transmission de l'état de décomposition n'est pas provoquée par l'affinité des éléments du ferment pour les éléments de la substance en contact avec lui, comme dans les réactions chimiques ordinaires ; dans la fermentation du sucre, par exemple, la somme des produits (alcool et acide carbonique) représente exactement la somme des éléments du sucre.

Quelques chimistes, Berzélius entre autres, expliquent cette circonstance en attribuant au ferment une vertu particulière, une *force catalytique*, qui le rendrait apte à agir par sa seule présence, par son seul contact, et sans l'intervention de ses éléments dans la composition des produits de métamorphose de la substance fermentescible. Cette explication, évidemment, n'en est pas une; car tous les corps, pour réagir, ont besoin d'être en contact; et si, dans les fermentations, les éléments du ferment, par leur contact, ne se combinent pas avec les éléments de la substance fermentescible, ce n'est pas expliquer le phénomène que de l'appeler catalytique, ce n'est que remplacer un nom de la langue vulgaire par un mot grec : on ne voit pas ce que la science peut y gagner.

M. Liebig[1] explique ce phénomène d'une manière beaucoup plus rationnelle. Selon ce chimiste, toute substance qui se décompose ou qui se combine se trouve dans un état de mouvement, ses molécules sont dans un état d'ébranlement; or, puisque le frottement, le choc, l'ébranlement mécaniques, suffisent déjà pour provoquer la décomposition de beaucoup de corps (acide chloreux, chlorure d'azote, argent fulminant), à plus forte raison une décomposition chimique, où l'ébranlement mo-

[1] LIEBIG, *Traité de Chimie organique*, Introd. à l'édition française; Paris, 1840. *Lettres sur la Chimie*; Paris, 1847: *Nouvelles lettres sur la Chimie*; Paris, 1852.

léculaire est plus intime, peut-elle exercer de semblables effets sur certaines substances. On connaît d'ailleurs des corps qui, seuls, ne se décomposent pas sous certaines influences, mais qui s'attaquent s'ils se trouvent en contact avec d'autres corps incapables de résister à celles-ci. Ainsi le platine seul ne se dissout pas dans l'acide nitrique, mais, allié à l'argent, il en est aisément dissous; le cuivre pur n'est pas attaqué par l'acide sulfurique, mais il s'y dissout s'il se trouve allié à du zinc, etc. Suivant M. Liebig, il en est de même des ferments et des substances fermentescibles; le sucre, qui ne s'altère pas tout seul, s'altère, c'est-à-dire fermente lorsqu'il est en contact avec une matière azotée en voie d'altération, avec un ferment. Toute substance azotée peut agir comme ferment, lorsqu'elle est capable d'être influencée par l'air et de communiquer son ébranlement moléculaire à d'autres matières qui se trouvent en contact avec elle. L'oxygène de l'air, comme nous l'avons dit, est donc le *primum movens* des fermentations; il suffit qu'il donne la première impulsion, pour que l'ébranlement moléculaire se communique, non seulement à toutes les parties de la substance azotée attaquée par lui, mais encore à d'autres matières qui se trouvent en contact avec cette substance azotée; celle-ci peut même continuer de s'altérer à l'abri de l'air, pourvu qu'elle y ait d'abord été exposée le temps nécessaire à une altération commençante, à une manifestation du mouvement.

Parmi les substances azotées, les substances albuminoïdes se distinguent surtout par leur aptitude à remplir le rôle de ferments; c'est à elles que la lie de vin, la levûre de bière, la diastase, le fromage, le sang, la chair musculaire, le blanc des amandes (synaptase, émulsine), doivent la propriété d'exciter la fermentation ou la putréfaction dans d'autres substances. Tous ces ferments commencent par s'altérer au contact de l'air, puis, quand la décomposition s'est établie, elle se continue sans le secours de cet agent et se communique à d'autres substances. C'est ce qui explique les altérations si promptes qu'une petite quantité d'une matière en fermentation ou en putréfaction provoque dans des substances entièrement saines; on comprend ainsi l'effet de la levûre de bière sur l'eau sucrée, du lait aigri sur le lait frais, des résorptions purulentes sur le sang, des piqûres anatomiques et de tant d'autres inoculations de matières animales affectées d'une fermentation et pouvant se développer dans d'autres matières.

A proprement parler, un ferment n'est donc pas une substance *sui generis* ; c'est tout corps qui est dans un état de décomposition, et qui par son contact avec un autre y provoque des métamorphoses chimiques. Un même ferment, en passant par plusieurs degrés de décomposition, peut réagir différemment suivant l'état d'altération où il se trouve[1]. C'est ainsi que la diastase (§ 2418[a]), qui peut transformer l'amidon en dextrine et en glucose, devient propre à produire de l'acide lactique quand elle a été exposée pendant quelque temps à l'air humide.

Chacun sait que la levûre de bière[2] convertit le sucre, dans les circonstances ordinaires, en alcool et en acide carbonique. Si l'on dissout le sucre dans une eau préalablement bouillie avec de la levûre, puis filtrée, et qu'on expose le liquide à 30 ou à 40°, le sucre ne se convertit pas en alcool, mais il fournit une matière visqueuse qui ressemble à la gomme arabique. Enfin, si l'on met le sucre en contact avec du fromage, il se produit de l'acide butyrique, de l'acide carbonique et de l'hydrogène.

Il résulte de tous ces faits qu'un ferment, en raison de la propriété qu'il possède de provoquer une fermentation dans les substances qu'il rencontre, est lui-même de sa nature éminemment altérable, et peut, selon son degré d'altération, avoir des effets différents. Lorsqu'on veut étudier les changements qu'un ferment produit sur un corps, il faut donc toujours tenir compte de l'état du ferment qu'on emploie, et s'assurer que pendant la fermentation il n'éprouve pas de modifications; autrement, au lieu d'avoir le résultat de l'action d'un seul ferment sur une matière organique, on n'a que les produits compliqués d'une série de ferments agissant chacun différemment.

§ 2442. Les ferments sont toujours dépourvus de forme géométrique; comment, d'ailleurs, seraient-ils capables de prendre une forme régulière et de cristalliser, leurs éléments se trouvant dans un état de conflit, dans un état de transposition continuelle?

Lorsqu'on examine la levûre de bière au microscope, on la trouve entièrement formée de globules ou de corpuscules ovoïdes de $^1/_{100}$ de millimètre de diamètre; souvent leur pourtour semble garni de petits appendices; dès que la fermentation est en train, les

[1] BOUTRON et FREMY, *Ann. de Chim. et de Phys.*, [3] II, 257.

[2] Voy. § 984.

globules s'agitent en tous sens, et, si la substance soumise à la fermentation est mêlée d'une matière albuminoïde, ils deviennent plus volumineux et semblent s'accroître par des appendices latéraux. Ce phénomène a conduit plusieurs savants à considérer la levûre comme un être organisé : Desmazières[1] en fait un animalcule monade, le *Mycoderma Cerevisiæ;* suivant Cagniard-Latour, Turpin, Schwann, Mitscherlich[2], etc., elle serait une espèce de végétal, un champignon se développant dans la fermentation par voie de bourgeonnement. M. Mitscherlich distingue, dans les globules de levûre, une partie tégumentaire solide et une partie interne liquide; il pense que les globules se multiplient de telle sorte que le tégument de chaque individu crève, pour livrer passage au contenu, qui se constitue à son tour en un nouveau globule. En effet, lorsqu'on examine au microscope un globule de levûre déposé dans de l'extrait de malt, on remarque au bout de quelque temps, sur la paroi du globule, une espèce de gonflement qui, formant d'abord un petit point presque imperceptible, produit peu à peu un globule semblable au globule primitif; puis ce nouveau globule en engendre un autre, et ainsi de suite, de manière qu'au bout de quelques jours on en trouve un très-grand nombre, ordinairement réunis sous forme de chapelet. La levûre semble donc se développer et se multiplier comme le ferait une série de générations d'êtres organisés.

Mais le mouvement et le développement des globules de la levûre n'est pas un phénomène vital; on aperçoit un mouvement semblable dans tous les liquides qui tiennent un corps solide en suspension pendant qu'ils éprouvent eux-mêmes une réaction chimique; et l'accroissement de volume n'est aussi qu'apparent, par suite du contact immédiat des globules déjà formés avec le liquide qui contient la matière nécessaire à la production de nouveaux globules. Il est naturel que cette production de nouvelle levûre se fasse, non à distance des globules déjà formés, mais au contact immédiat, cette intimité de contact étant précisément indispen-

[1] DESMAZIÈRES, *Ann. des Scienc. natur.*, X, 42.

[2] CAGNIARD-LATOUR, *Ann. de Chim. et de Phys.*, LXVIII, 206. — TURPIN, *Mémoires de l'Institut*, XVII, 93. — QUEVENNE, Voy. LEVURE, § 2418^b. — MITSCHERLICH, *Lehrb. der Chemie*, 4e édit., p. 371; *Ann. der Chem. u. Pharm.*, XLVIII, 193. — SCHWANN, *Ann. de Poggend.*, XLI, 184. — KUTZING, *Journ. f. prakt. Chem.*, XI, 390. — BLONDEAU, *Journ. de Pharm.*, [3] XII, 244. — WAGNER, *Journ. f. prakt. Chem.*, XLV, 241. — R. D. THOMSON, *Ann. der Chem. u. Pharm.*, LXXXIII, 89.

sable pour qu'une matière qui se trouve dans un état d'altération opère la décomposition d'une autre matière.

D'ailleurs, les ferments n'ont pas toujours les caractères de la levûre de bière; ils peuvent même être liquides ou en dissolution (comme, par exemple, la diastase), et ils ne se multiplient que dans les matières qui en renferment les éléments nécessaires. Dans le moût de bière on observe une génération de nouvelle levûre, parce qu'il renferme des matières albuminoïdes qui s'y transforment peu à peu, tandis que l'eau sucrée pure, mise en fermentation avec de la levûre, n'en engendre pas de nouvelle.

Sans doute on observe fréquemment, dans les matières putrides, des infusoires ou des moisissures; mais la présence de ces êtres microscopiques est entièrement fortuite, et s'explique si l'on songe que l'eau la plus pure n'en est jamais exempte, à moins d'être portée à une température qui en détruise les germes, et d'être entièrement préservée du contact de l'air qui les y apporte. Il est naturel d'ailleurs que les infusoires se multiplient dans les matières en putréfaction, puisque celles-ci, en se décomposant, fournissent précisément les matériaux nécessaires à l'entretien des plantes et des animaux placés au bas de l'échelle. La présence des insectes et des vers dans une substance putride en hâte naturellement aussi la décomposition, parce que ces êtres y déposent leurs propres excréments, c'est-à-dire des matières en décomposition, des ferments, dont l'activité vient s'ajouter aux influences déjà agissantes.

Dans tous les cas, les êtres organisés ne sont jamais les causes déterminantes des fermentations ou des putréfactions; des infusoires, des vers, des moisissures ou des champignons s'y développent lorsque des germes, déjà contenus dans les matières avant la décomposition ou apportés du dehors pendant qu'elle s'opère, trouvent un terrain favorable à leur développement.

§ 2443. Plusieurs savants sont d'une opinion contraire. Schwann et quelques autres physiologistes admettent que les décompositions spontanées des matières végétales et animales sont déterminées par certains germes qui, d'abord répandus dans l'atmosphère, et se déposant ensuite dans ces matières, s'y développent à leurs dépens et provoquent ainsi leur altération; les germes, et non l'oxygène de l'air, seraient donc le *primum movens* des phénomènes de fermentation et de putréfaction.

Cette opinion se fonde sur les faits suivants [1] : lorsqu'on chauffe un ballon contenant de la viande et de l'eau, de manière à chasser tout l'air par l'ébullition, et qu'on n'y fait ensuite arriver que de l'air obligé de traverser d'abord un tube chauffé au rouge, la viande ne se putréfie pas, mais elle se conserve parfaitement pendant quelques semaines, même par les chaleurs de l'été. On obtient le même résultat avec le moût de raisin, qui ne fermente pas dans ces conditions. Il ne se produit dans ces circonstances ni infusoires ni moisissures. (Schwann, Ure, Helmholtz[1].)

On a fait des observations semblables en tamisant l'air à travers du coton [2]. Le moût de bière se conserve, pendant plusieurs semaines, en été, si on n'y fait arriver que de l'air ainsi tamisé; il en est de même du bouillon et de la viande récemment bouillie dans l'eau (H. Schroeder et Th. v. Dusch).

Mais aux faits précédents on peut opposer ceux-ci : le lait récemment bouilli se coagule, s'aigrit et se putréfie tout aussi bien dans l'air tamisé que dans l'air non tamisé. La viande seule, non trempée dans l'eau, mais simplement chauffée au bain-marie, ne se conserve pas non plus dans l'air tamisé; seulement, lorsque la putréfaction du lait[3] ou de la viande a lieu dans l'air tamisé, on ne découvre parmi les produits de la putréfaction ni infusoires ni moisissures (H. Schroeder et Th. v. Dusch).

[1] SCHWANN, *Ann. de Poggend.*, XLI, 184. — URE, *Journ. f. prakt. Chem.*, XIX, 186. — HELMHOLTZ, *ibid.*, XXXI, 429.

[2] Lorsqu'on remplit d'une substance fermentescible un large tube à réactions, sur l'ouverture duquel on fixe ensuite un morceau de vessie, et qu'après l'avoir maintenu dans l'eau bouillante, on le plonge par le côté recouvert de vessie dans un liquide en fermentation ou en putréfaction, on observe les phénomènes suivants : le jus de raisin ne fermente pas dans du moût en fermentation, mais il n'en prend qu'une saveur et une odeur légèrement vineuses, dues à l'introduction d'un peu de liquide par un effet d'endosmose (Mitscherlich, Helmholtz). Si l'on traite de même de la viande trempée dans l'eau, elle se putréfie, avec dégagement d'acide carbonique et d'hydrogène sulfuré, presque aussi promptement qu'à l'air libre; seulement, au lieu de se liquéfier en une bouillie trouble, elle conserve sa structure, devient ferme comme du blanc d'œuf, et ne laisse apercevoir au microscope ni infusoires ni champignons. Dans les mêmes circonstances, une solution de gélatine se putréfie aussi très-rapidement (Helmholtz). Comme la viande conserve sa structure, M. Lœwig suppose que dans l'expérience précédente ce n'est pas elle qui se putréfie, mais que ce sont les parties liquides, introduites par voie d'endosmose et provenant de la matière extérieure en putréfaction, qui continuent de se putréfier dans l'intérieur du tube.

[2] H. SCHROEDER et TH. V. DUSCH, *Ann. der Chem. u. Pharm.*, LXXXIX, 232.

[3] Voyez aussi : L. GMELIN et TH. V. DUSCH, *Handb. d. Chemie de L. Gmelin*, 4e édit., IV, 93.

Il est évident, d'après cela, que c'est bien l'air qui apporte et dépose dans les matières en putréfaction les germes des êtres organisés, mais il n'est pas moins certain que ceux-ci ne sont pas la cause première de la décomposition, puisqu'elle peut s'effectuer sans leur concours. Si, dans les premières expériences, l'air calciné ou tamisé s'est montré beaucoup moins actif que l'air non soumis à ce traitement, c'est que la chaleur rouge ou le tamisage enlève à l'air non-seulement les germes des infusoires et des moisissures, mais encore les débris des matières en décomposition qui y sont suspendues, c'est-à-dire les ferments dont l'activité viendrait s'ajouter à celle de l'oxygène de l'air.

Voici encore d'autres expériences intéressant la question en litige.

Pour décider si la levûre de bière est ou non de nature organisée, et si elle détermine la fermentation en vertu de cette organisation particulière, M. Lüdersdorff[1] a fait un essai comparatif avec de la levûre préalablement triturée sur du verre dépoli, de manière que le microscope n'y décelait plus de texture globulaire, et avec la même levûre, non soumise à ce traitement. Deux parties égales de glucose furent dissoutes chacune dans 10 p. d'eau distillée; l'une fut mélangée avec la levûre triturée, l'autre avec la levûre non triturée; toutes deux furent exposées à la température de 35°. Le liquide mélangé avec la levûre non triturée se mit à fermenter au bout d'une demi-heure, et l'action se continua régulièrement pendant deux jours, jusqu'à ce que tout le glucose fût décomposé. L'autre liquide, où l'on avait mis la levûre triturée, ne développa pas la moindre bulle de gaz pendant le même temps.

Au premier abord, l'expérience précédente semble ne laisser aucun doute sur la nature organisée de la levûre. Mais M. Schmidt[2], qui l'a répétée avec le même succès, en tire avec raison une conclusion différente. Suivant ce chimiste, la levûre triturée au contact de l'air (et cette trituration, pour être complète, exige au moins six heures pour 1 gramme de levûre) est de la levûre parfaitement altérée, et différente de la levûre non triturée; pendant la trituration qui multiplie les points de contact avec l'air, la levûre s'altère bien plus rapidement que par le repos, sous une légère couche d'eau; aussi la levûre ainsi modifiée, au lieu d'exciter la fermen-

[1] LUDERSDORFF, *Ann. de Poggend.*, LXVII, 409.
[2] SCHMIDT, *Ann. der Chem. u. Pharm.*, LXI, 168.

tation alcoolique, transforme le glucose en acide lactique, presque sans dégagement de gaz; elle n'a donc pas cessé d'agir comme ferment, seulement elle détermine une fermentation différente en vertu de sa nature chimique différente, due à l'action plus rapide de l'air.

Au reste, dans beaucoup de cas, les fermentations s'effectuent sans qu'il se sépare un corps insoluble, pouvant être considéré comme une matière organisée. Suivant M. Bouchardat, la transformation de l'amidon en glucose, sous l'influence de la diastase, peut s'effectuer sans qu'il se forme des globules de levûre. D'après M. Schmidt, lorsqu'on abandonne une solution de glucose avec du lait d'amandes filtré (solution de légumine), la liqueur, parfaitement limpide, commence au bout de quelques heures à fermenter et à dégager de l'acide carbonique, sans se troubler aucunement[1]; ce n'est qu'après 24 heures qu'on voit se former un précipité de matière albuminoïde, et encore celui-ci n'acquiert-il l'aspect globulaire qu'après 36 ou 48 heures.

En considérant tous ces faits dans leur ensemble, on ne saurait conserver le moindre doute sur la valeur des différentes théories de fermentation; évidemment la théorie de M. Liebig explique seule tous les phénomènes de la manière la plus complète et la plus logique; c'est à elle que tous les bons esprits ne peuvent manquer de se rallier.

§ 2444. *Produits de la décomposition spontanée.* — Les produits des décompositions spontanées sont extrêmement variables, et dépendent naturellement des corps qui se trouvent en présence : tantôt ces produits sont liquides ou solides, tantôt ils sont accompagnés d'un développement de gaz, tels que l'hydrogène, l'acide carbonique, l'hydrogène sulfuré, l'ammoniaque; mais il peut y avoir des fermentations sans gaz, sans odeur, et où les décompositions s'effectuent sans indices apparents. Dans le langage vulgaire, le mot *fermentation* implique l'idée d'un soulèvement de la masse fermentescente par l'effet des gaz qui se développent dans son sein; de même, on qualifie ordinairement de putréfaction les décompositions dont les produits possèdent une odeur fétide. Pour fixer les idées, nous distinguerons la *fermentation* proprement dite (ordinaire ou putride), où une matière se transforme en d'autres

[1] M. Wagner est arrivé à un résultat différent : il a toujours observé le dégagement de l'acide carbonique en même temps que l'apparition des globules de levûre.

substances, aux dépens de ses propres éléments, sans le concours de l'oxygène de l'air, et la *combustion lente* ou la *pourriture*, où une matière se brûle peu à peu aux dépens de l'oxygène de l'air, et émet ainsi de l'acide carbonique. Toutes les décompositions spontanées commencent par la combustion lente d'une matière azotée; celle-ci se constitue alors à l'état de ferment: si l'air cesse d'agir, elle peut néanmoins continuer de se transformer; mais alors elle ne se brûle plus, elle fermente, tout comme les matières avec lesquelles elle se trouve en contact et auxquelles elle a communiqué un ébranlement moléculaire.

Toutes les décompositions spontanées, toutes les fermentations exigent une chaleur tempérée (15 à 40°), *ainsi que la présence de l'eau.* Les matières entièrement sèches sont incapables de fermenter, tout comme celles qui seraient refroidies à la congélation de l'eau ou échauffées à l'ébullition de ce liquide.

Comme c'est l'oxygène de l'air qui, en attaquant certaines substances azotées d'une décomposition aisée, en détruisant l'équilibre de leurs éléments, rend ces substances aptes à agir comme ferments, il est clair que tous les corps ou toutes les circonstances qui secondent l'accès de l'oxygène à ces substances azotées, devront aussi favoriser les fermentations.

Beaucoup de matières qui, seules ou à l'état humide, ne s'oxydent pas à l'air, éprouvent une combustion dès qu'elles se trouvent en contact avec un alcali. Ainsi l'alcool pur se conserve à l'air indéfiniment et sans s'aigrir; mais, si l'on y verse un peu de potasse, il absorbe promptement de l'oxygène et se convertit en vinaigre et en une matière brune résineuse. Il est clair, d'après cela, que la potasse doit favoriser certaines fermentations, puisqu'elle favorise l'absorption de l'oxygène et que la présence de celui-ci développe les ferments.

Réciproquement, la présence d'un ferment dans un liquide peut y occasionner l'oxydation des substances qui, dans les circonstances ordinaires et à l'état de pureté, ne s'oxyderaient pas; tout le monde sait, en effet, que les liquides spiritueux, tels que le vin, la bière, s'aigrissent promptement au contact de l'air, de manière que leur alcool se transforme en vinaigre; c'est que ces liquides, outre l'alcool, renferment des matières albuminoïdes très-altérables et qui, en s'oxydant au contact de l'air, déterminent en même temps l'oxydation de l'alcool.

On remarque combien les décompositions spontanées se compliquent lorsque l'air, au lieu de se borner à développer le ferment par un commencement d'action sur une matière azotée, continue d'y agir, ainsi que sur les substances en contact avec elle.

Comme nous venons de le dire, les corps en fermentation ou en putréfaction, qui se dédoublent purement et simplement, ou en fixant les éléments de l'eau, sont capables de se brûler si l'air y arrive en quantité suffisante. D'un autre côté, les matières qui se brûlent ainsi peuvent fermenter dès qu'on empêche cet accès de l'air; les ferments eux-mêmes deviennent, dans ce cas, des substances fermentescibles.

Parmi les produits les plus constants de la décomposition spontanée des matières animales ou végétales, on remarque les acides gras volatils (acides butyrique, valérique, etc.), homologues de l'acide acétique. C'est en partie à ces acides que les matières putrides doivent leur mauvaise odeur. Un effet assez général de la fermentation consiste aussi dans la désoxydation de certains sels minéraux qui se trouvent en contact avec les substances en décomposition. Ainsi, par exemple, les eaux contenant des végétaux en putréfaction peuvent ramener le sulfate de chaux à l'état de sulfure; c'est à une transformation de ce genre que ces eaux doivent leur fétidité.

Dans la fermentation des débris végétaux, on remarque quelquefois la formation d'huiles odorantes et volatiles, contenant peu d'oxygène et résultant sans doute aussi d'une désoxydation semblable.

Souvent, d'ailleurs, les ferments n'interviennent pas par leurs propres éléments dans la métamorphose des substances fermentescibles. Ainsi beaucoup de matières cristallisables non volatiles et fort oxygénées, telles que le sucre, le glucose, la salicine, l'amygdaline, ne font que se dédoubler, par l'action des ferments, en des substances plus simples. Ainsi le glucose (§ 984) se transforme, soit en alcool et acide carbonique, soit en acide butyrique, acide carbonique et gaz hydrogène; de même l'amygdaline (§ 1506) se convertit en acide cyanhydrique, hydrure de benzoïle et glucose; la salicine (§ 1597) donne de la saligénine et du glucose, etc. Les produits de ces métamorphoses représentent exactement les éléments de la matière fermentescible; tout au plus il y a fixation de quelques atomes d'eau. D'ailleurs la présence de l'eau est indispensable à l'accomplissement de ces métamorphoses.

On voit donc que, de toute manière, les ferments ramènent les matières organiques complexes à des formes plus simples : tantôt, s'emparant eux-mêmes de l'oxygène des matières fermentescibles, ils les transforment en des composés moins oxygénés; tantôt, se bornant à dédoubler les matières fermentescibles, ils les convertissent encore en des produits moins oxygénés. Dans les deux cas, l'effet des ferments est, en définitive, le même. D'après cela, on peut définir la fermentation comme une action de désoxydation ou de réduction; la pourriture ou la combustion lente est évidemment une action inverse.

§ 2445. Ces deux espèces de décompositions spontanées s'opèrent sur une grande échelle dans la nature. Le terreau, la tourbe, les lignites, la houille, sont les produits de semblables transformations de végétations antérieures. Le gaz hydrocarboné des marais et des houillères, les cires et les résines fossiles, souvent déposées dans les bancs de lignites, ont la même origine.

La présence de la pyrite de fer et du zinc sulfuré dans les lignites et les houilles démontre bien que ces produits ont pris naissance par l'effet d'une désoxydation, d'une fermentation des matières ligneuses. Il est reconnu d'ailleurs que tous les lignites, quelle que soit la localité d'où ils proviennent, renferment plus d'hydrogène que le bois, et moins d'oxygène qu'il n'en faut pour former de l'eau avec cet hydrogène (Liebig).

Dans l'air sec, le ligneux se conserve sans altération pendant des siècles; mais, lorsqu'il est humide, il éprouve une combustion lente, et exhale constamment de l'acide carbonique; il se transforme alors en une matière friable, connue sous le nom de *pourri*. Le blanchiment de la toile par l'exposition à l'air sur le gazon est une application industrielle de cette action lente de l'air sur le ligneux et sur les matières colorantes végétales; humectée d'eau et exposée au soleil, la toile éprouve, dans toute sa surface, une combustion lente; les matières colorantes disparaissent alors, en même temps qu'une quantité notable du ligneux, sous forme d'eau et d'acide carbonique; aussi la toile diminue toujours de poids par le blanchiment.

De toutes les matières organiques, les moins sujettes à s'altérer sont les corps gras. Lorsqu'en 1787, on exhuma les cadavres enterrés au marché des Innocents pour les transporter hors de Paris, on les trouva, pour la plupart, comme transformés en graisse (*adipocire*, *gras de cadavre*) : c'est que toutes les parties azotées (muscles, peau, tendons) avaient disparu, et il n'était resté d'intact que la matière grasse. Il est bien connu que la viande, suspendue dans une eau courante ou enfoncée dans le sol, finit, au bout de quelque temps, par ne laisser que la graisse.

§ 2446. Les matières azotées en état de pourriture, c'est-à-dire de combustion lente, donnent souvent des nitrates. Ces sels se forment continuellement dans les lieux exposés aux émanations des animaux, et où existent en même temps des carbonates alcalins ou terreux. Ainsi, on trouve des nitrates dans tous les lieux habités bas et humides, dans les plâtras de démolition, dans le sol des écuries, des étables, des caves, des bergeries, etc. Les plantes qui croissent dans le voisinage des habitations, comme la pariétaire, la mercuriale, la buglosse, la bourrache, la ciguë, le grand soleil, etc., renferment aussi beaucoup de nitrates. Au reste, l'intervention des matières animales n'est pas indispensable à la nitrification, car on rencontre des nitrates, souvent en masses considérables, à la surface des plaines sablonneuses, au milieu des déserts ou dans des cavernes où l'on ne trouve aucun vestige de matières animales. Évidemment, dans ces cas, c'est l'ammoniaque et même l'azote de l'atmosphère, qui se transforment en nitrates[1]. On a constaté d'ailleurs, dans les expériences eudiométriques, qu'il se forme souvent de l'acide nitrique (§ 62) par la détonation d'un mélange d'air et de gaz combustible; on conçoit donc que les nitrates se produisent d'une manière analogue dans les pays chauds où l'atmosphère est si souvent ébranlée par des décharges électriques.

§ 2447. Parmi les produits de la décomposition spontanée des matières végétales et animales, il faut encore citer ces principes indéterminés, connus sous le nom de *miasmes*, qui exercent une action si pernicieuse sur l'économie animale. Un miasme n'est autre chose qu'une matière organique putride, un véritable ferment en suspension dans l'air, et qui s'introduit dans le sang par les voies pulmonaires ; le sang, une fois altéré par les miasmes, devient ferment à son tour.

Les miasmes se développent constamment là où la matière organisée est morte et exposée à l'action de la chaleur et de l'humidité. Lorsqu'on fait condenser la rosée dans les pays marécageux,

[1] Voyez à ce sujet les expériences récentes de M. Cloëz, *Compt. rend. de l'Acad.*

dont l'air est chargé de miasmes pestilentiels, l'eau qu'on recueille ainsi se putréfie en laissant déposer des flocons (Rigaud de l'Ile, Boussingault[1]).

Les miasmes sont propres à tous les pays chauds et marécageux ou à ceux qui sont entourés de forêts étendues. Leur action se manifeste surtout d'une manière terrible là où il se fait un mélange d'eaux douces et d'eaux salées, à l'embouchure de grands fleuves, ou sur le littoral des golfes qui reçoivent de nombreux torrents. Les défrichements exécutés sur une grande échelle sont toujours aussi des causes de miasmes; sous la zone torride, les arbres qui tombent sous la hache du planteur exhalent, en se décomposant, les miasmes les plus dangereux.

On connaît l'action délétère qu'exercent sur les êtres vivants les miasmes qu'exhalent les cadavres en décomposition. Les exemples de fossoyeurs tombés aphyxiés en remuant des cadavres putréfiés sont nombreux : lors des fouilles du cimetière des Innocents plusieurs fossoyeurs périrent ainsi subitement.

§ 2448. *Conservation des matières végétales et animales ; procédés de désinfection.* — Comme nous l'avons dit plus haut, toutes les décompositions spontanées, toutes les fermentations exigent le concours d'une chaleur tempérée (15 à 40°), ainsi que la présence de l'eau. Lorsque ces deux conditions sont exclues, les matières organiques résistent à la corruption. On peut également les conserver en les mettant en contact avec certains composés chimiques : ceux-ci agissent alors soit en absorbant l'eau nécessaire à la fermentation, soit en empêchant, d'une manière mécanique ou chimique, l'accès de l'oxygène aux principes altérables, soit en se combinant avec les matières susceptibles de fonctionner comme ferments, et en les rendant ainsi impropres à ce rôle, soit enfin en détruisant les ferments ou en les modifiant dans leur nature chimique.

a. Tout le monde sait que le froid est un préservatif efficace contre la putréfaction; elle n'a plus lieu à la température de la congélation de l'eau.

De là l'usage bien connu de placer dans les caves et dans d'autres endroits frais, à l'époque des chaleurs de l'été, les viandes et le poisson qu'il s'agit de conserver; en les plaçant dans la glace, on obtient encore de meilleurs effets.

[1] BOUSSINGAULT, *Ann. de Chim. et de Phys.*, LVII, 148.

On a trouvé en Sibérie, enfouis dans les glaces et parfaitement conservés, des animaux entiers, des mammouths, dont l'origine, au dire des géologues, remonte à cinquante ou soixante siècles.

b. A la température de l'eau bouillante, aucune matière organique ne fermente ni ne se putréfie.

On tire parti de ce principe pour la conservation des substances alimentaires d'après la méthode d'Appert : elle consiste à les renfermer dans des boîtes hermétiquement scellées, qu'on maintient ensuite pendant quelques heures dans l'eau bouillante; à cette température, la très-petite quantité d'air contenue dans les boîtes brûle une quantité correspondante de matière organique, sans que la fermentation puisse s'établir, et, après le refroidissement, il n'y a plus d'oxygène libre pour la déterminer.

Au reste, la chaleur coagule les matières albuminoïdes, et les rend moins altérables. Il est bien connu que la cuisson retarde, pendant un certain temps, les progrès de la décomposition spontanée; les viandes cuites se conservent toujours plus longtemps que les viandes crues.

c. Les matières végétales et animales ne se décomposent spontanément que si elles sont pénétrées d'humidité; entièrement sèches, elles ne fermentent pas.

Ce principe justifie plusieurs pratiques importantes.

Dans beaucoup de localités on conserve les pommes de terre, les carottes, les betteraves dans des fosses profondes, creusées dans un sol sec et abritées de tous côtés; les racines y sont déposées aussi sèches que possible, et placées en files qu'on sépare les unes des autres par de la paille; elles échappent ainsi à l'action de l'air et de l'humidité, et restent parfaitement saines jusqu'à l'été suivant.

Il en est de même des grains conservés dans les silos; ceux-ci, dans les terrains bien secs, à l'abri des infiltrations, sont même préférables à nos greniers.

Les Américains du Sud dessèchent leurs viandes au soleil pour les conserver.

Dans les pays du Midi on dessèche les pruneaux, les figues, les dattes, au soleil, dans des étuves ou dans des fours, avant de les livrer au commerce.

Schuzenbach a proposé de dessécher les betteraves et les cannes à sucre, de les garder en cet état en magasin, pour retirer ensuite, dans un moment plus favorable au travail, le sucre qu'elles contiennent.

Les sucs de beaucoup de plantes peuvent être conservés par la concentration sur le feu jusqu'à consistance d'extrait : tels sont le cachou, l'opium, le suc de réglisse, etc.

Les botanistes conservent les plantes destinées aux herbiers en les desséchant entre des feuilles de papier buvard.

C'est aussi à la dessiccation qu'il faut attribuer la parfaite conservation des cadavres qu'on a trouvés, ensevelis depuis des siècles, dans les sables brûlants de l'Afrique et du Nouveau Monde. Enfin on s'explique d'une manière semblable la propriété que possèdent certains souterrains (par exemple, le charnier des Cordeliers à Toulouse, l'église de Saint-Michan à Dublin) de conserver à l'abri de toute corruption les cadavres qui y sont déposés.

d. Parmi les substances antiseptiques qui agissent en s'emparant de l'eau, il faut citer : le sel marin, le salpêtre, le sucre en poudre, l'alcool, l'esprit de bois, etc.

La pratique de la salaison des viandes est connue. Lorsqu'on saupoudre de sel marin la viande fraîche, sans y ajouter une seule goutte d'eau, la viande finit néanmoins, au bout de quelques jours, par nager dans une saumure.

Dès le commencement du quinzième siècle, Saladin d'Ascolo, médecin italien, remarqua que le beurre se conserve longtemps sans rancir, lorsqu'on a la précaution de le saupoudrer de sucre. Le miel peut remplacer le sucre ; chez les Romains, le poisson des contrées lointaines était apporté dans des vases pleins de miel.

L'alcool aussi garantit les matières organiques de toute altération. Les fruits à l'eau-de-vie qu'on sert sur nos tables en sont une preuve ; les préparations anatomiques se conservent également dans l'esprit-de-vin. Outre que l'alcool est très-avide d'eau, il agit en coagulant les matières albuminoïdes, et les rend ainsi moins sujettes à s'altérer. Il est probable que le sel marin et le salpêtre ne se bornent pas non plus à enlever l'eau aux matières animales, car ces sels modifient sensiblement la saveur, la couleur et les autres propriétés physiques des viandes [1].

[1] La saumure n'est pas simplement de l'eau salée, mais elle contient du jus de viande avec toutes ses parties actives ; la salaison produit le même effet que la lixiviation par la cuisson ; elle diminue la valeur nutritive de la viande, en enlevant certaines substances (Liebig).

e. Beaucoup de corps s'opposent à la putréfaction, en empêchant d'une manière mécanique l'accès de l'oxygène aux substances altérables.

Dans plusieurs de nos départements on conserve les viandes en les plaçant dans de l'huile ou de la graisse.

Les œufs, introduits à l'état frais dans un lait de chaux, se conservent sans altération, parce que le carbonate de chaux que produit l'acide carbonique dégagé par les œufs bouche entièrement les pores de la coque. Dans des fouilles faites aux environs du lac Majeur[1], on a trouvé des œufs au milieu d'une couche de chaux, et qui avaient toute la qualité des œufs frais, bien qu'ils y eussent séjourné près de trois siècles.

Dans quelques localités, les paysans conservent les œufs en les enterrant dans des cendres, du sable fin, du son, de la sciure de bois ou du charbon pulvérisé. Réaumur conseillait, dans le même but, de tremper les œufs dans la graisse de mouton, lorsqu'elle commence à fondre; l'abbé Nollé recommandait de les enduire d'un vernis. Dans les montagnes d'Écosse, on plonge les œufs, pendant quelques secondes, dans l'eau bouillante, afin d'y former une pellicule d'albumine coagulée qui s'oppose à l'introduction de l'air; puis on les essuie, et on les place dans un vase qu'on remplit de cendres tamisées.

f. On sait que le charbon a la propriété de condenser dans ses pores des gaz de toute espèce : il n'est pas seulement un excellent désinfectant, mais il agit encore comme un vigoureux antiseptique; il est doublement efficace, en ce qu'il empêche le contact de l'air et qu'il absorbe l'humidité, ainsi que les produits de la putréfaction commençante.

On peut, en renfermant des viandes dans du charbon bien calciné et en poudre grossière, les conserver fort longtemps exemptes de toute altération. Qu'on laisse séjourner un morceau de charbon dans le bouillon de viande, et il se conservera en bon état pendant les chaleurs de l'été. On peut même, par la cuisson dans l'eau avec un peu de charbon, corriger la mauvaise qualité des viandes infectes, et leur restituer en grande partie leur fraîcheur première. Lorsqu'on filtre sur du charbon de l'eau croupie dans les mares, ou bouillie avec des choux, elle perd toute mauvaise odeur, et peut alors, sans inconvénient, être employée comme boisson.

[1] *Journ. de Pharm.*, VII, 457.

Le charbon est un des meilleurs dentifrices, car il retarde la carie des dents.

Les médecins le conseillent dans le traitement des ulcères et des plaies gangreneuses.

Cette faculté préservatrice du charbon explique aussi l'usage qui consiste à carboniser extérieurement les parties des bois (comme pieux, jalons, etc.), destinées à être enfoncées sous terre.

g. Certains corps empêchent la fermentation ou la putréfaction en s'emparant de l'oxygène, pour se combiner avec lui.

La pratique du soufrage des vins, pour les empêcher de s'aigrir, s'explique si l'on considère que l'acide sulfureux, produit par la combustion du soufre, est un corps très-avide d'oxygène, et qui, par sa présence, empêche l'oxygène de l'air de se porter sur la matière albuminoïde en dissolution dans le vin, et de la convertir en ferment. C'est aussi par cette raison que l'acide sulfureux empêche la putréfaction du sang et d'autres matières animales [1]. On peut même, en exposant au contact du gaz sulfureux des légumes susceptibles de cuire promptement, tels que l'oseille, la laitue, les asperges, etc., les conserver pendant tout l'hiver dans un état de parfaite fraîcheur; pour s'en servir, il suffit de les laisser tremper dans l'eau pendant quelques heures [2].

Le bioxyde d'azote agit comme le gaz sulfureux; Priestley [3] a depuis longtemps observé qu'il empêche la putréfaction de la viande.

Peut-être faut-il aussi, en partie du moins, attribuer à l'affinité pour l'oxygène la vertu antiseptique que possèdent, dans quelques cas, les huiles essentielles et les baumes; cependant ces substances agissent certainement aussi par leur forte odeur qui éloigne les insectes et les empêche de déposer, au sein des substances végétales ou animales, des matières excrémentitielles susceptibles d'agir comme ferments.

h. Les acides, le tannin et la créosote agissent comme antiseptiques, soit en modifiant ou en coagulant les matières albumi-

[1] TAUFFLIEB, *Journ. de Pharm.*, XVIII, 452. — POUTET, *Bullet. de Pharm.*, III, 567.

[2] BRACONNOT, *Ann. de Chim. et de Phys.*, LXIV, 170.

[3] PRIESTLEY, *Exper. and. observ. on diff. kinds of air*, I, 123. — HILDEBRANDT, *Journ. f. die Chemie u. Phys. v. Gehlen*, VII, 283; VIII, 180. *Journ. f. Chem. u. Phys. v. Schweigger*, I, 358. — BRACONNOT, *Journ. de Chim. médic.*, VII, 708. — GUÉPIN, *ibid.*, XI, 545. — LIPPACK, *Jahbr. f. prakt. Pharm.*, I, 23.

noïdes, soit en formant avec elles des composés peu solubles ou insolubles, non susceptibles de se putréfier.

On sait que les viandes et les substances végétales marinées dans le vinaigre sont préservées de la décomposition, au moins pour un certain temps; l'économie domestique fait fréquemment usage de ce moyen de conservation. La plupart des acides produisent le même effet que le vinaigre. Lorsqu'on immerge des cadavres dans de l'eau chargée d'acide sulfurique, ils se conservent pendant quinze jours sans se putréfier [1].

Le tannin préserve aussi la viande de la putréfaction (J. Davy).

Les anciens connaissaient comme antiseptique le vinaigre de bois (sous le nom de *cedrium* [2]), et s'en servaient pour les embaumements; dans les temps modernes, Monge a appelé l'attention sur la faculté conservatrice de ce produit; mais c'est moins à l'acide acétique qu'à la créosote (§ 1353) qu'il doit ses qualités précieuses. Les viandes fraîches, étant trempées dans une solution aqueuse de créosote, puis séchées, durcissent au bout de quelque temps et prennent une odeur agréable de bonne viande fumée. C'est évidemment à la créosote que l'eau de goudron, la suie, la fumée de bois, doivent leurs propriétés antiseptiques.

L'art de fumer les viandes pour les conserver est une industrie très-répandue dans le nord de l'Europe; il a surtout été perfectionné à Hambourg. Les Hollandais sont renommés pour leurs harengs saurs ou fumés.

h. Beaucoup de sels métalliques ont la propriété de former, avec les matières albuminoïdes, des combinaisons insolubles non putrescibles; on s'explique ainsi comment les sels peuvent agir comme antiseptiques.

Les plus efficaces d'entre eux sont ceux à base de mercure, de cuivre, de fer et d'alumine. Les sels de zinc et d'étain paraissent aussi pouvoir s'employer pour le même objet, mais on les a peu expérimentés.

Chaussier a depuis longtemps reconnu que, si l'on maintient les matières animales dans une solution saturée de sublimé corrosif, jusqu'à ce qu'elles en soient bien imprégnées, et qu'on les laisse ensuite sécher à l'air, elles deviennent imputrescibles et inattaquables par les insectes et les vers. On peut ainsi conserver des cadavres

[1] SOUBEIRAN, *Journ. de Pharm.*, XVIII, 456.
[2] PLINE, *Histoire naturelle*, liv. XVI, chap. 11.

et des pièces d'anatomie. Le chloromercurate d'ammoniaque (sel alembroth), étant beaucoup plus soluble, est plus avantageux que le sublimé. Toutefois les sels de mercure racornissent les chairs et rendent les cadavres méconnaissables.

Le sulfate et le chlorure de cuivre peuvent remplacer avec avantage les sels de mercure [1].

Une solution d'acide arsénieux produit les mêmes effets; les cadavres auxquels on l'injecte se dessèchent entièrement, et résistent à la putréfaction [2].

L'acétate, le sulfate et le chlorhydrate d'alumine ont été employés avec succès par Gannal [3] pour la conservation des viandes de boucherie, des cadavres, et des préparations anatomiques. L'un ou l'autre de ces sels, en solution concentrée, étant injecté dans un cadavre, par l'une des artères carotides suffit pour le préserver de la putréfaction. (Il paraîtrait cependant que Gannal, contrairement à son assertion, employait aussi l'acide arsénieux pour les embaumements[4].)

Jacobson [5] recommande, pour la conservation des pièces d'anatomie, l'emploi d'une solution de 1 p. de chromate de potasse dans 256 p. d'eau. Lorsque les cadavres sont destinés à des expertises médico-légales, on a proposé, pour éviter les solutions métalliques, de les injecter d'une solution de sulfate de soude[6].

De même que les sels métalliques préservent de la putréfaction les matières animales, ils peuvent s'employer pour la conservation du bois.

Kyan [7], distillateur de Londres, a proposé, pour garantir de la carie les bois de construction, de les immerger dans une solution de bichlorure de mercure.

Bréant [8] emploie la pression exercée par une machine particulière pour faire pénétrer des solutions métalliques ou des substances huileuses dans l'intérieur du bois.

[1] L. Gmelin, *Handb. d. Chemie*, 4e édit., IV, 101.

[2] Dujat, *Journ. de Chim. médic.*, XVI, 81.

[3] Gannal, *Revue scientif.*, V, 183; et en extrait, *Compt. rend. de l'Acad.*, XII, 532.

[4] Morin, *Journ. de Chim. médic.*, XXI, 645 et 648; XXII, 14 et 68.

[5] Jacobson, *Hamb. Magaz.*, 1833, janvier, p. 48.

[6] Bobière, *Compt. rend. de l'Acad.*, XXII, 672.

[7] Kyan, *Polyt. Jahrb.*, XLIX, 456; L, 299; LVIII, 486.

[8] Bréant, *Bulletin de la Société d'encouragem.*, 1840, décemb., et *Revue scientif.*, IV, 273.

M. Boucherie[1] utilise la propriété que possède la séve d'entraîner au sein des vaisseaux capillaires des arbres tous les liquides qu'on met en contact avec elle, pourvu qu'ils ne soient pas trop concentrés. La faculté d'aspiration des arbres eux-mêmes suffit donc pour porter, du pied du tronc jusqu'aux branches, les sels qu'on veut y introduire. La manière la plus simple d'opérer consiste à couper par le pied l'arbre en pleine végétation, et à le plonger dans une cuve renfermant le liquide qu'on veut faire absorber; celui-ci pénètre alors peu à peu dans toutes les parties du végétal. On peut aussi percer à la tarière des cavités au pied de l'arbre encore planté dans le sol, et introduire les liquides par ces cavités. Enfin un moyen encore plus facile, c'est de couper en billes le bois nouvellement abattu, de poser ces billes verticalement et d'adapter à leur extrémité supérieure des sacs en toile imperméable, remplis des dissolutions destinées à l'absorption; celles-ci pénètrent promptement par l'extrémité supérieure, et déplacent la séve qui vient alors s'écouler par le bas. D'après les expériences de M. Boucherie, le pyrolignite de fer brut (acétate de fer mêlé de crésote et d'autres principes empyreumatiques) préserve parfaitement le bois de la carie et en augmente la dureté; en associant à ce sel le chlorure de calcium ou l'eau-mère des marais salants, on maintient au bois une souplesse remarquable; en faisant succéder au pyrolignite d'autres dissolutions, on peut colorer le bois de bien des manières.

En France, on imprègne généralement d'un mélange de sulfate de cuivre et de sulfate de fer les poteaux qui supportent les fils des télégraphes électriques.

§ 2449. Lorsque les matières végétales et animales se putréfient, l'air se remplit de gaz et de vapeurs qui non-seulement incommodent l'odorat, mais sont encore, dans beaucoup de cas, susceptibles d'exercer une action délétère sur l'homme et sur les animaux vivants. Il importe donc à l'hygiène de connaître les moyens de débarrasser l'air de ces agents pernicieux.

Les produits de putréfaction sont nombreux; cependant ceux qui nécessitent l'emploi des moyens de désinfection peuvent se réduire aux suivants : l'ammoniaque, l'acide carbonique, l'hydrogène sulfuré, les acides odorants et volatils (comme l'acide acétique, l'acide

[1] BOUCHERIE, *Ann. de Chim. et de Phys.*, LXXIV, 113. *Compt. rend. de l'Acad.*, XXI, 1153.

butyrique et l'acide valérique), certaines matières miasmatiques indéterminées pouvant agir comme ferments, et, dans certains cas, l'oxyde de carbone, l'hydrure de méthyle (gaz des marais). Ces substances affectent l'économie animale d'une manière passagère ou persistante, soit que, répandues dans l'atmosphère en quantité considérable, elles troublent les fonctions respiratoires et empêchent l'arrivée au poumon des proportions d'oxygène nécessaires, soit qu'elles possèdent, même en proportion faible, une certaine activité chimique qui les rend aptes à attaquer les organes ou à déterminer dans le sang des altérations semblables à celles que provoquent les ferments.

On parvient à débarrasser l'air de ces substances nuisibles par des moyens mécaniques ou par des moyens chimiques. Quant aux moyens mécaniques, nous nous bornerons à rappeler qu'un bon système de ventilation, qui rétablisse dans l'air vicié les proportions normales de l'oxygène indispensable à la respiration, doit toujours seconder l'effet favorable des agents de désinfection chimiques. Nous n'insisterons pas non plus sur l'inefficacité de ces agents dans les cas où il s'agit de l'assainissement de contrées entières, dont l'air serait infecté par des effluves permanents, dus à la constitution marécageuse du sol ou à l'humidité causée par les inondations; ces sortes d'émanations, trop étendues pour être combattues par des moyens chimiques, ne cèdent qu'à un système complet d'ameublissement et de desséchement, appliqué à toute la contrée qu'elles ravagent [1].

Les moyens chimiques ne conviennent évidemment que pour des désinfections locales, par exemple pour celles des égouts, des fosses d'aisance, des chambres de malades, des salles d'hôpitaux, et en général des espaces plus ou moins confinés. Les désinfectants chimiques agissent soit en détruisant les vapeurs putrides ou délétères, soit en les condensant et en se combinant avec elles, soit enfin en prévenant la décomposition des matières organiques susceptibles d'émettre des miasmes pestilentiels.

Le chlore, l'acide hypochloreux, les vapeurs de l'acide nitrique,

[1] Une forêt interposée sur le passage d'un courant d'air humide, chargé de miasmes pestilentiels, préserve quelquefois de ses effets tout ce qui est derrière elle, tandis que la partie découverte est exposée aux maladies. Les arbres tamisent donc l'air infecté et l'épurent en lui enlevant ses miasmes.

RIGAUD DE L'ISLE, *Biblioth. univers.*, vol. XIII. — BECQUEREL, *Compt. rend. de l'Acad*, XXXVI, 12.

employés sous forme de fumigations, agissent sur les miasmes d'une manière destructive. L'acide sulfureux, développé par la combustion du soufre, détruit l'hydrogène sulfuré ; les hardes et les matelas peuvent également être désinfectés par des lotions ou des fumigations à l'acide sulfureux. Le mélange des matières fécales avec des sels métalliques de peu de valeur, à base de fer, de zinc, de manganèse, en fixe l'hydrogène sulfuré et l'ammoniaque.

L'aspersion, avec de l'eau de chaux, des espaces remplis d'acide carbonique en enlève ce gaz. Quelquefois on parvient aussi à détruire les miasmes en brûlant de la paille ou d'autres matières aisément combustibles dans les locaux infectés. Enfin, le charbon noir, par la propriété qu'il possède d'absorber toute espèce de gaz ou de vapeur, est de tous les agents de désinfection celui qui produit les effets les plus heureux; un cadavre en putréfaction qu'on recouvre de charbon en poudre grossière, perd toute mauvaise odeur.

QUATRIÈME PARTIE.

GÉNÉRALITÉS.

NOTATION DES FORMULES[1].

Sens des formules.

§ 2450. C'est un préjugé si généralement répandu qu'on peut, par les formules chimiques, exprimer la constitution moléculaire des corps, c'est-à-dire le véritable arrangement de leurs atomes, que j'aurai peut-être de la peine à persuader du contraire quelques-uns de mes lecteurs; la préexistence, dans le sulfate de baryte, par exemple, de l'acide sulfurique et de la baryte semble si évidente, si conforme à toutes les vérités acquises, qu'il peut paraître téméraire de vouloir combattre cette opinion. Cependant rien n'est plus facile que de démontrer qu'elle repose sur une illusion, sur une fausse interprétation des phénomènes.

Ceux qui admettent que le sulfate de baryte renferme tout formés de l'acide sulfurique et de la baryte se fondent sur ce fait, que ce sel se produit par la combinaison directe de ses deux parties constituantes, et peut de nouveau y être transformé. Mais le sulfate de baryte se produit aussi par la combinaison de l'acide sulfureux et du peroxyde de barium, ou par la combinaison du sulfure de barium avec l'oxygène, et l'on peut également convertir de nouveau le sulfate de baryte en acide sulfureux ou en sulfure de barium. Si la constitution moléculaire d'un composé chimique pouvait se déduire de son mode de formation, on aurait donc, pour le sulfate de baryte, au moins trois formules différentes :

$$SO^3 + Ba^2O,$$
$$SO^2 + Ba^2O^2,$$
$$SBa^2 + O^4.$$

[1] AVERTISSEMENT. Le lecteur est prévenu que, dans toute cette *Quatrième Partie*, j'ai cru devoir me servir de ma notation, afin de mieux rendre ma pensée dans les développements théoriques. D'ailleurs, pour passer de ma notation à la notation ancienne, *il suffit de doubler le carbone et l'oxygène* (le soufre et le sélénium), sans toucher aux symboles de l'hydrogène, de l'azote, du phosphore, des métaux, du chlore, du brome, de l'iode et du fluor (§ 2458).

Voici pourquoi les chimistes donnent la préférence à la première formule : c'est qu'elle a l'avantage d'éveiller en nous le souvenir d'une certaine somme d'analogies, d'un certain nombre de corps ou de faits semblables, et, en particulier, celui des doubles décompositions dont le sulfate de baryte est susceptible, à l'instar d'autres sulfates ou d'autres sels de baryte. Lorsque nous représentons le sulfate de baryte comme la combinaison d'un acide et d'une base, c'est moins pour exprimer le mode de formation de ce sel par la réunion directe de l'acide et de la base, que pour rappeler sa ressemblance, sous le rapport des transformations chimiques, avec le sulfate de plomb ou le sulfate de fer, avec le phosphate de baryte ou le nitrate de baryte; nous voulons ainsi rappeler qu'on peut, dans le sulfate de baryte, remplacer l'oxyde de barium par l'oxyde de plomb ou l'oxyde de fer, et le transformer en d'autres sulfates, ou bien remplacer l'acide sulfurique par l'acide phosphorique ou l'acide nitrique, et le transformer en d'autres sels de baryte ; en un mot, la formule qui fait du sulfate de baryte une espèce d'édifice double, composé d'acide et de base, doit rappeler qu'on peut convertir ce corps, par double décomposition, en un certain nombre de composés analogues. Voilà le vrai sens de la doctrine dualistique et de la nomenclature, qui y est basée; ce qui n'exclut pas l'emploi, pour certaines démonstrations, des formules représentant le sulfate de baryte comme une combinaison d'acide sulfureux et de peroxyde de barium, ou d'oxygène et de sulfure de barium. Si ces dernières formules expriment moins d'analogies que la formule dualistique, elles font ressortir, de leur côté, certains rapports de composition et de réaction qui ne sont pas rendus sensibles par la notation du sulfate de baryte comme combinaison d'acide et de base.

Il y a une vingtaine d'années, les premiers travaux sur l'alcool et les éthers provoquèrent des discussions fort animées. Les chimistes étaient divisés en deux camps : les uns représentaient l'éther comme une combinaison d'éthyle et d'oxygène, les autres l'envisageaient comme une combinaison d'eau et d'hydrogène bicarboné ; chacun des deux partis apportait des faits nombreux à l'appui de sa doctrine. Aujourd'hui la théorie de l'éthyle est presque universellement adoptée (sous une forme, il est vrai, modifiée) : est-ce parce que réellement la théorie de l'éthyle aurait été reconnue comme plus vraie que la théorie de l'hydrogène bicarboné ? Je ne le pense pas : dans mon opinion, les deux théories disent moins qu'elles n'avaient la prétention d'affirmer; ni l'une ni l'autre ne sauraient donner la constitution absolue de l'éther, chacune ne fait que résumer un certain ordre d'analogies ; seulement la théorie de l'éthyle comprend plus d'analogies que la théorie de l'hydrogène bicarboné; et ce qui a fait la fortune de la première, c'est que les analogies qu'elle exprime sont du même ordre que celles qui ont fait donner la préférence à la formule du sulfate de baryte, comme combinaison d'acide et de base. Logiquement la théorie de l'éthyle devait survivre à la théorie de l'hydrogène bicarboné, du moment qu'en chimie minérale la formule dualistique du sulfate de baryte se maintenait à l'exclusion des formules rappelant d'autres modes de formation de ce sel. Ceci, bien entendu, n'empêche pas d'être parfaitement rationnelle la formule qui représente l'alcool comme une combinaison d'eau et d'hydrogène bicarboné, puisqu'on peut transformer l'alcool en eau et en gaz oléfiant, tout comme on peut effectuer la réaction inverse et convertir le gaz oléfiant en alcool.

Parlerai-je des deux théories applicables aux sels ammoniacaux et aux sels des alcalis organiques? La théorie de l'ammonium rappelle les doubles échanges dont ces sels sont susceptibles, et l'analogie qu'ils offrent, sous ce rapport, avec les sels métalliques ; elle correspond à la théorie de l'éthyle. La théorie de l'ammoniaque exprime la formation des sels ammoniacaux par la combinaison de l'alcali avec les acides; elle correspond à la théorie de l'hydrogène bicarboné. Suivant l'analogie qu'on a en vue d'exprimer, on pourra choisir des formules écrites dans l'une ou dans l'autre théorie.

En résumé, les formules chimiques n'expriment et ne peuvent exprimer que des rapports, des analogies; les meilleures sont celles qui rendent sensibles le plus de rapports, le plus d'analogies.

Ce caractère des formules chimiques rend évidemment oiseuses toutes les discussions qui portent uniquement sur la question de savoir *sous quelle forme* est engagé dans une combinaison tel élément ou tel groupe d'éléments, qu'on peut en extraire ou qu'on y a fait entrer, si l'on n'attache pas à cette forme une idée précise de réactions ou de propriétés chimiques. Je conçois qu'on dise de certains corps azotés qu'ils renferment l'azote sous forme de vapeur nitreuse NO^2, pour faire entendre que l'azote y a été introduit par l'acide nitrique, qu'ils font explosion par la chaleur comme les nitrates, qu'ils se réduisent par l'hydrogène sulfuré, etc.; je conçois encore qu'on distingue deux isomères, comme l'éther méthyl-acétique et l'éther éthyl-formique, en disant que l'un renferme le carbone et l'hydrogène sous forme de méthyle et d'acétyle, l'autre contenant les mêmes éléments sous forme d'éthyle et de formyle, pour indiquer ainsi qu'en plaçant ces deux corps sous l'influence du même réactif, on obtient avec l'un de l'esprit de bois et de l'acide acétique, avec l'autre de l'esprit de vin et de l'acide formique. Ici la forme a un sens déterminé; les manières de la représenter graphiquement, c'est-à-dire de figurer par des signes les réactions auxquelles correspond chaque forme, pourront bien ne pas être les mêmes pour deux chimistes, et cependant exprimer au fond le même fait, les mêmes rapports. Deux expérimentateurs ne peuvent donc discuter sur la forme d'un élément ou d'un groupe d'éléments engagés dans une combinaison, que s'ils emploient chacun les mêmes signes, les mêmes formules, pour exprimer les mêmes choses; la discussion peut aboutir, dans ce cas seulement, quand l'un vient à démontrer, par l'expérience que son contradicteur s'est trompé sur un fait, qu'il a exécuté une analyse défectueuse ou qu'il a mal observé une réaction. Mais toute discussion demeure nécessairement stérile lorsqu'elle porte uniquement sur la configuration des formules, alors qu'on est d'accord sur les faits. Non pas que le choix de la notation soit une chose absolument indifférente; je considère, au contraire, une notation rationnelle et régulière comme un instrument essentiel de progrès, comme un puissant moyen de provoquer et de développer les idées. Une notation est d'autant meilleure qu'elle rappelle à l'esprit plus d'analogies, qu'elle lui suggère plus de pensées fécondes; elle peut être concise et correcte, ou prolixe et confuse, comme le style dans la langue parlée ou écrite; ce sont là des qualités ou des défauts inhérents à l'individualité de chacun, auxquels nous pouvons atteindre ou dont nous pouvons nous corriger par plus ou moins d'efforts.

On peut donc, sans doute, différer dans l'appréciation de la convenance d'un mode de notation : tel genre de symboles ou de signes qui nous paraît expressif et saisissant, et avec l'usage duquel nous sommes familiarisé, peut n'avoir pas le même caractère aux yeux d'autres chimistes, habitués à une notation différente. Mais ce que je ne comprends pas, c'est que des chimistes, parlant chacun en quelque sorte une langue particulière, en viennent entre eux à des discussions alors qu'ils sont parfaitement d'accord sur les faits. De semblables discussions sont toujours sans résultat, soit parce que, sans s'en douter, chacun exprime les mêmes faits dans une langue qui n'est pas comprise de son contradicteur, soit parce que les uns et les autres attribuent à la langue des formules un sens qu'elle ne saurait avoir, celui d'exprimer l'arrangement moléculaire. Les mêmes chimistes s'entendraient infailliblement s'ils se traduisaient réciproquement en termes précis les mots dont ils se servent, s'ils faisaient usage de la même mesure, de la même unité de comparaison pour exprimer les relations observées par eux.

J'ai publié, il y a quelques années, des recherches sur plusieurs nouvelles combinaisons de platine. Mes résultats n'ont pas été contestés, mais on a vivement attaqué mes formules. Pour rappeler l'analogie si complète que ces combinaisons présentent avec les sels d'ammoniaque et avec les sels métalliques ordinaires, pour exprimer en même temps les relations qui existent entre elles et d'autres sels de platine, je les avais représentées comme formées d'une ammoniaque dans laquelle l'hydrogène était remplacé par l'un ou par l'autre équivalent du platine : quoi de plus simple pour indiquer qu'on peut opérer dans ces composés toute une série de doubles décompositions parfaitement semblables aux doubles décompositions ordinaires? Cependant un chimiste étranger trouve extravagantes ces formules, leur attribuant évidemment un sens qui a été loin de ma pensée, et prétend dire une chose plus vraie en considérant mes composés comme des sels de platine *copulés* avec de l'ammoniaque : ainsi pour ce chimiste mon nitrate de platin-ammonium ou de platinamine est du nitrate de bioxyde de platine copulé avec de l'ammoniaque. Mon honorable contradicteur me permettra de lui dire qu'il se trompe sur le sens de mes formules et des siennes propres : les unes et les autres ne peuvent représenter que de simples rapports ou réactions, et non l'arrangement moléculaire ; or, comme nous sommes d'accord sur ces rapports et ces réactions, nous ne différons donc que sur la manière de les rendre sensibles, sur la langue dans laquelle nous les exprimons. Reste à savoir seulement qui de nous deux parle la langue la plus intelligible et la plus claire; c'est là un point que le lecteur appréciera quand il connaîtra les principes sur lesquels est basée ma notation, et qu'il trouvera exposés dans les paragraphes suivants.

Équations chimiques, radicaux.

§ 2451. Les formules chimiques, comme nous l'avons dit, ne sont pas destinées à représenter l'arrangement des atomes; mais elles ont pour but de rendre évidentes, de la manière la plus simple et la plus exacte, les relations qui rattachent les corps entre eux sous le rapport des transformations.

Toute transformation, toute réaction chimique peut se rendre par une *équation* entre les matières réagissantes et les produits de la réaction. Représenter un corps par une *formule rationnelle*, c'est résumer par des signes de convention un certain nombre d'équations dans lesquelles figure ce corps, un autre corps étant pris pour unité de comparaison. Les formules rationnelles sont donc en quelque sorte des équations contractées.

Soient, par exemple, les réaction suivantes : le chlorure de benzoïle et l'ammoniaque donnent de la benzamide et de l'acide chlorhydrique; l'acide benzoïque anhydre et l'ammoniaque donnent de la benzamide et de l'eau; la benzamide et la potasse caustique donnent de l'ammoniaque et du benzoate de potasse. Ces réactions s'expriment par les équations:

$$C^7H^5OCl + NH^3 = C^7H^7NO + HCl,$$
$$C^{14}H^{10}O^3 + 2NH^3 = 2C^7H^7NO + H^2O,$$
$$C^7H^7NO + KHO = NH^3 + C^7H^5KO^2.$$

Ces trois équations, où les termes benzamide C^7H^7NO et ammoniaque NH^3 sont communs à chacune, peuvent s'écrire ainsi :

$$C^7H^7NO = NH^3 + C^7H^5OCl - HCl,$$
$$2\,C^7H^7NO = 2\,NH^3 + C^{14}H^{10}O^3 - H^2O,$$
$$C^7H^7NO = NH^3 + C^7H^5KO^2 - KHO,$$

ou bien

$$C^7H^7NO = NH^3 + C^7H^5O + Cl - H - Cl,$$
$$2\,C^7H^7NO = 2\,NH^3 + 2\,(C^7H^5O) + O - 2\,H - O,$$
$$C^7H^7NO = NH^3 + C^7H^5O + KO - H - KO;$$

ce qui donne, en définitive :

$$C^7H^7NO = NH^3 - H + C^7H^5O,$$
$$2\,C^7H^7NO = 2\,NH^3 - 2\,H + 2\,(C^7H^5O),$$
$$C^7H^7NO = NH^3 - H + C^7H^5O.$$

En termes de chimie, cela veut dire que la benzamide se comporte, dans les réactions citées, comme de l'ammoniaque à laquelle manque 1 atome d'hydrogène, auquel atome d'hydrogène sont *substitués* les éléments C^7H^5O. Comme formule rationnelle de la benzamide, rapportée à l'ammoniaque, on écrira donc

$$NH^2(C^7H^5O) \text{ ou } N\left\{\begin{matrix} C^7H^5O \\ H \\ H \end{matrix}\right. .$$

Les réactions chimiques du genre des précédentes, où deux corps, par leur décomposition réciproque, produisent deux autres corps, sont connues sous le nom de *doubles décompositions*. On peut, en effet, les représenter comme des substitutions ou des échanges d'éléments s'effectuant sur chacun des deux corps mis en présence. Dans la première réaction, le chlorure de benzoïle échange les éléments C^7H^5O pour H, et l'ammoniaque échange H pour les éléments C^7H^5O :

$$Cl,C^7H^5O + N\left\{\begin{matrix} H \\ H \\ H \end{matrix}\right.$$
$$= Cl,H + N\left\{\begin{matrix} C^7H^5O \\ H \\ H \end{matrix}\right. .$$

Dans la deuxième réaction, l'acide benzoïque anhydre échange C^7H^5O pour H, et l'ammoniaque échange H pour C^7H^5O :

$$O\left\{\begin{matrix} C^7H^5O \\ C^7H^5O \end{matrix}\right. + 2\,N\left\{\begin{matrix} H \\ H \\ H \end{matrix}\right.$$
$$= O\left\{\begin{matrix} H \\ H \end{matrix}\right. + 2\,N\left\{\begin{matrix} C^7H^5O \\ H \\ H \end{matrix}\right. .$$

Dans la troisième réaction, la benzamide échange C^7H^5O pour H, et la potasse échange H pour C^7H^5O :

$$N\left\{\begin{matrix} C^7H^5O \\ H \\ H \end{matrix}\right. + O\left\{\begin{matrix} H \\ K \end{matrix}\right.$$

$$= N\left\{\begin{matrix} H \\ H \\ H \end{matrix}\right. + O\left\{\begin{matrix} C^7H^5O \\ K \end{matrix}\right. .$$

J'appelle *radicaux* ou *résidus* les éléments de tout corps qui peuvent être ainsi transportés dans un autre corps par l'effet d'une double décomposition, ou qui y ont été introduits par une semblable réaction. Ainsi le chlorure de benzoïle, l'acide benzoïque anhydre, la benzamide, renferment le radical C^7H^5O (benzoïle); l'ammoniaque, l'eau, la potasse, renferment le radical H (hydrogène). Comme, d'un autre côté, dans les exemples cités, l'échange a lieu, non-seulement entre le benzoïle et l'hydrogène, mais encore entre le chlore et l'azote (le chlorure de benzoïle devient azoture de benzoïle et d'hydrogène), ainsi qu'entre l'oxygène et l'azote (l'oxyde de benzoïle devient azoture de benzoïle et d'hydrogène, l'azoture de benzoïle et d'hydrogène devient oxyde de benzoïle et de potassium), la dénomination de radicaux est aussi applicable au chlore du chlorure de benzoïle et de l'acide chlorhydrique, à l'azote de l'ammoniaque et de la benzamide, à l'oxygène de l'eau et de l'acide benzoïque anhydre, etc.

On voit, d'après cela, que, contrairement à la plupart des chimistes, *je prends l'expression de radical dans le sens de rapport, et non dans celui de corps isolable ou isolé.* Je distingue donc le radical hydrogène du gaz hydrogène, le radical chlore du chlore libre; bien mieux, si l'on veut représenter par des formules rationnelles l'hydrogène ou le chlore libres, l'étude des réactions conduit à écrire le gaz hydrogène par les deux radicaux HH et le gaz chlore par les deux radicaux ClCl. Dans la nomenclature usuelle, le gaz hydrogène serait donc l'hydrure d'hydrogène, et le gaz chlore serait le chlorure de chlore; cela veut dire que le gaz chlore et le gaz hydrogène résultent de doubles décompositions, ou peuvent donner lieu à de doubles décompositions entièrement semblables à celles qui ont fait appeler l'essence d'amandes amères hydrure de benzoïle, et la même essence chloréé chlorure de benzoïle:

Gaz hydrogène, ou hydrure d'hydrogène. . . .	H,H
Essence d'amandes amères, ou hydrure de benzoïle.	H,C^7H^5O.
Gaz chlore, ou chlorure de chlore.	Cl,Cl
Essence d'amandes amères chlorée, ou chlorure de benzoïle.	Cl,C^7H^5O.

Si l'on traite, par exemple, le gaz chlore par de la potasse, on obtient du chlorure de potassium et de l'hypochlorite de potasse, par l'effet d'une double décomposition entièrement semblable à celle qui donne lieu au chlorure de potassium et au benzoate de potasse dans le traitement du chlorure de benzoïle par la potasse :

$$\mathrm{Cl,Cl} \;+\; \mathrm{O}\left\{\begin{matrix}\mathrm{K}\\ \mathrm{K}\end{matrix}\right. \qquad \mathrm{Cl,C^7H^5O} \;+\; \mathrm{O}\left\{\begin{matrix}\mathrm{K}\\ \mathrm{K}\end{matrix}\right.$$

$$= \mathrm{Cl,K} \;+\; \mathrm{O}\left\{\begin{matrix}\mathrm{Cl}\\ \mathrm{K}\end{matrix}\right. \qquad = \mathrm{Cl,K} \;+\; \mathrm{O}\left\{\begin{matrix}\mathrm{C^7H^5O}\\ \mathrm{K}\end{matrix}\right. .$$

Il est donc bien entendu qu'en parlant d'un radical je ne désigne aucun corps sous la forme et avec les propriétés qu'il aurait à l'état isolé; mais je distingue simplement le *rapport* suivant lequel se substituent ou se transportent d'un corps à l'autre, dans la double décomposition, certains éléments ou groupes d'éléments. Au reste, l'observation la plus superficielle démontre combien est grande la différence qui existe entre un élément, tel qu'il se présente à l'état libre, et ce même élément engagé dans une combinaison; personne ne songerait à identifier les affinités chimiques du charbon noir ou du diamant avec celles du carbone engagé dans ces milliers de combinaisons appelées organiques; la logique la plus vulgaire nous commande la même distinction à l'égard du chlore ou de l'hydrogène, et en général à l'égard de tous les corps simples ou composés.

Ainsi qu'on l'a vu plus haut, j'emploie ordinairement, comme *signes de la double décomposition*, la virgule ou l'accolade par lesquelles je sépare les radicaux d'un corps. Ces signes deviennent inutiles lorsque les radicaux sont simples, comme dans l'acide chlorhydrique ou dans le gaz chlore. Quelquefois cependant, lorsqu'un corps, comme l'eau ou l'ammoniaque, renferme plusieurs atomes d'un même radical simple, l'accolade peut aussi être d'un emploi avantageux pour l'intelligence des réactions. Pour indiquer qu'un radical renferme les éléments de deux autres radicaux, ou qu'il a lui-même subi une double décomposition ayant eu pour effet de remplacer un de ses éléments par un autre élément ou par un groupe d'éléments, on peut se servir de la parenthèse, comme dans les formules suivantes :

$$\mathrm{O}\left\{\begin{matrix}\mathrm{C^7H^4(NO^2)O}\\ \mathrm{H}\end{matrix}\right. \qquad\qquad \mathrm{Cl,As\,(C^2H^5)^2}$$

Acide nitro-benzoïque. — Chlorure d'arsénéthyle.

Je n'insisterai pas sur ces signes que chacun peut varier à son gré, suivant les convenances typographiques, pourvu qu'on leur donne toujours un sens précis.

Double décomposition, réaction type.

§ 2452. La double décomposition, comme nous l'avons dit, est l'interprétation en langage chimique des réactions représentées par une équation dont les deux membres se composent chacun de deux termes. Cette forme des réactions est de beaucoup la plus fréquente en chimie; dans la pratique, elle donne toujours les résultats les plus nets, et c'est sur elle qu'est fondée en réalité la nomenclature dualistique.

Il est cependant quelques réactions qui, pour notre perception immédiate, semblent ne pas être de doubles décompositions, soit que le nombre des termes diffère dans les deux membres de l'équation, soit que, ce nombre tout en y étant le même, la nature des produits nous fasse conclure à un autre genre de réaction.

L'acide chlorhydrique et le zinc donnent deux produits, le gaz hydrogène et le chlorure de zinc (déplacement de l'hydrogène par le zinc); le perchlorure de phosphore et l'acide benzoïque donnent trois produits, l'acide chlorhydrique, le chlorure de benzoïle et l'oxychlorure de phosphore (transformation de deux corps en trois corps); le chlore et l'hydrogène donnent un seul produit, l'acide chlorhydrique (combinaison directe de deux corps); le cyanure de mercure se transforme par la chaleur en gaz cyanogène et en mercure métallique (dédoublement d'un corps). Il semble difficile, au premier abord, de voir des doubles décompositions dans ces quatre cas; mais examinons-les chacun en particulier.

α. Le dégagement du gaz hydrogène par le zinc et l'acide chlorhydrique peut être interprété comme une double décomposition.

Comme nous l'avons déjà dit, la formule rationnelle de la molécule du gaz hydrogène se représente par HH; l'analogie conduit à représenter de même la molécule du zinc métallique par ZnZn. Ceci étant posé, au lieu d'admettre que le zinc déplace simplement l'hydrogène de l'acide chlorhydrique, on peut dire que le dégagement du gaz hydrogène est l'effet de deux doubles décompositions qui se suivent dans un intervalle tellement court que nos sens n'en peuvent saisir que le résultat final. Ainsi, dans une première double décomposition, une molécule de zinc donnerait, avec une molécule d'acide chlorhydrique, une molécule d'hydrure de zinc et une molécule de chlorure de zinc :

$$\mathrm{Zn\,Zn + Cl\,H = Zn\,H + Cl\,Zn};$$

et l'hydrure de zinc, au contact d'une autre molécule d'acide chlorhydrique, se transformerait aussitôt, par une seconde double décomposition, en gaz hydrogène et en une seconde molécule de chlorure de zinc :

$$\mathrm{Zn\,H + Cl\,H = H\,H + Cl\,Zn}.$$

L'hydrure de zinc serait ainsi un produit intermédiaire dont la décomposition ultérieure et immédiate, au contact de l'acide chlorhydrique, fournirait le gaz hydrogène H H. Cette interprétation peut paraître spécieuse, puisqu'on ne connaît pas même l'hydrure de zinc dont elle suppose la formation. Mais le fait suivant rend mon explication bien plus vraisemblable qu'elle ne le paraît tout d'abord : on sait que le cuivre seul ne se dissout pas dans l'acide chlorhydrique (à l'abri de l'air), mais un alliage de zinc et de cuivre se dissout dans le même acide avec dégagement de gaz hydrogène, en donnant un mélange de chlorure de zinc et de chlorure de cuivre. Si l'on applique à cette réaction l'interprétation précédente, on a comme première double décomposition :

$$\mathrm{Cu^2Zn + ClH = Cu^2H + ClZn}.$$

Ici le produit intermédiaire est représenté par l'hydrure de cuivre ; or on sait, par les expériences de M. Wurtz, à qui l'on doit la découverte de ce corps, que l'hydrure de cuivre dégage du gaz hydrogène au contact de l'acide chlorhydrique ; la seconde double décomposition devient alors :

$$\mathrm{Cu^2H + ClH = HH + ClCu^2}.$$

Ainsi, en représentant le dégagement du gaz hydrogène par le zinc et l'acide chlorhydrique comme le résultat de deux doubles décompositions continues, on fait rentrer tout naturellement dans la catégorie des réactions ordinaires le fait de la dissolution, par l'acide chlorhydrique, du cuivre allié au zinc, dissolution qu'on ne parvient pas à expliquer d'une manière rationnelle si l'on considère le dégagement du gaz hydrogène comme l'effet d'un simple déplacement.

Le phénomène suivant vient également à l'appui de mon interprétation. Lorsqu'on dégage du gaz hydrogène au moyen du zinc et de l'acide chlorhydrique, et qu'on verse un excès d'une solution concentrée de bichlorure de mercure sur la masse en réaction, on voit l'effervescence se calmer et même s'arrêter brusquement, tandis qu'il se produit de l'amalgame de zinc. Ici encore on conçoit aisément le phénomène en admettant, comme précédemment, que le zinc et l'acide chlorhydrique produisent d'abord du chlorure de zinc et de l'hydrure de zinc, et qu'ensuite l'hydrure de zinc, au moment de devenir libre, détermine une nouvelle double décomposition en rencontrant le chlorure de mercure :

$$\text{Zn H} + \text{ClHg} = \text{Zn Hg} + \text{ClH}.$$

Ce phénomène aussi ne se conçoit guère si l'on considère le dégagement de l'hydrogène par le zinc et l'acide chlorhydrique comme le résultat d'un déplacement.

β. Voici deux corps, le perchlorure de phosphore et l'acide benzoïque, qui, par leur réaction, donnent trois produits, le chlorure de benzoïle, l'acide chlorhydrique et l'oxychlorure de phosphore.

Écrivons l'équation de la manière suivante :

$$\text{O}\left\{\begin{matrix}\text{C}^7\text{H}^5\text{O}\\ \text{H}\end{matrix}\right. + \text{Cl}^3\text{,PCl}^2 = \frac{\text{Cl,C}^7\text{H}^5\text{O}}{\text{Cl,H}} + \text{Cl}^3\text{,PO}$$

Acide benzoïque hydraté.	Perchlorure de phosphore.	Chlorure de benzoïle, plus acide chlorhydrique.	Oxychlorure de phosphore.

Le deuxième membre de l'équation étant ainsi ramené à deux termes, la double décomposition devient évidente : l'acide benzoïque échange de l'oxygène O pour son équivalent de chlore Cl^2, mais le produit de cet échange se dédouble au moment de devenir libre ; le chlorure de benzoïle et l'acide chlorhydrique sont ici en quelque sorte *complémentaires* l'un de l'autre. Ceci n'est pas un cas unique ; on l'observe ordinairement lorsqu'un oxyde organique est transformé en son chlorure.

Si, au lieu de faire agir le perchlorure de phosphore sur l'acide benzoïque hydraté, on traitait par le même agent l'acide benzoïque anhydre, on aurait :

$$\text{O}\left\{\begin{matrix}\text{C}^7\text{H}^5\text{O}\\ \text{C}^7\text{H}^5\text{O}\end{matrix}\right. + \text{Cl}^3\text{,PCl}^2 = \frac{\text{Cl,C}^7\text{H}^5\text{O}}{\text{Cl,C}^7\text{H}^5\text{O}} + \text{Cl}^3\text{,PO}$$

Acide benzoïque anhydre.	Perchlorure de phosphore.	2 mol. de chlorure de benzoïle.	Oxychlorure de phosphore.

Ici, où deux corps produisent deux autres corps, la double décomposition ne serait contestée par personne ; mais l'équation qui la représente n'est-elle pas entièrement semblable à la précédente ?

γ. Beaucoup de corps, tels que l'oxygène, le chlore, etc., semblent se combiner purement et simplement avec d'autres corps; mais on peut aussi interpréter cette combinaison comme une double décomposition.

Si, comme nous l'admettons, la molécule du chlore libre renferme ClCl, et celle de l'hydrogène libre HH, on est naturellement conduit à considérer la formation de l'acide chlorhydrique comme le résultat d'une double décomposition :

$$ClCl + HH = ClH + ClH.$$

Cette interprétation est d'autant plus rationnelle que, dans l'action du chlore sur les matières organiques, on voit toujours intervenir un *nombre pair* d'atomes de chlore, qu'il y ait fixation du chlore sans dégagement d'acide chlorhydrique, ou bien enlèvement de l'hydrogène avec dégagement d'acide chlorhydrique, comme dans les exemples suivants :

C^2H^6O	+	Cl^2	=	2 HCl	+	C^2H^4O,
Alcool.						Aldéhyde.
$C^2H^4O^2$	+	Cl^6	=	3 HCl	+	$C^2HCl^3O^2$,
Ac. acétique.						Acide chloracétique.
C^2H^4	+	Cl^2	=	$C^2H^4Cl^2$,		
Gaz oléfiant.				Liqueur des Hollandais.		
C^6H^6	+	Cl^6	=	$C^6H^6Cl^6$.		
Benzine.				Trichlorure de benzine.		

Dans les cas où il se forme de l'acide chlorhydrique, la double décomposition est évidente, s'il est vrai que le chlore libre et l'hydrogène libre la déterminent par leur rencontre; dans les autres cas, où la réaction ne donne lieu qu'à un seul produit sans acide chlorhydrique, il semble difficile, au premier abord, d'admettre qu'il y ait autre chose qu'une fixation pure et simple de chlore par la matière organique. Cependant l'examen attentif de tous les corps résultant d'une semblable combinaison directe révèle une propriété qui dénote une véritable double décomposition ayant lieu *sans que l'acide chlorhydrique produit soit mis en liberté*. En effet, la liqueur des Hollandais, le trichlorure de benzine, et tous les hydrocarbures chlorés d'une origine semblable, ont la propriété de se dédoubler en acide chlorhydrique et en un autre produit chloré, lorsqu'on les traite par la potasse alcoolique; alors

$C^2H^4Cl^2$ devient $C^2H^3Cl + ClH$,

$C^6H^6Cl^6$ devient $C^6H^3Cl^3 + 3\ ClH$, etc.

Par cette réaction, les composés résultant de la combinaison directe du chlore rentrent donc dans les cas ordinaires où l'action du chlore a pour effet la formation immédiate de l'acide chlorhydrique. On voit ainsi que deux corps peuvent opérer dans leur sein une double décomposition, lors même qu'on n'obtient qu'un seul produit, renfermant la somme des éléments mis en présence de part et d'autre; seulement alors les produits de la double décomposition, au lieu de se séparer, restent unis.

Une semblable interprétation peut être donnée de la combinaison directe de l'oxygène avec d'autres corps. Lorsque le sulfure de potassium se transforme par le grillage en sulfate de potasse, ou que l'essence d'amandes amères se convertit au contact de l'air en acide benzoïque, je dis qu'il peut y avoir double décomposition entre l'oxygène et le sulfure de potassium ou l'essence d'amandes amères, comme dans les cas où le chlore se fixe sur un hydrogène carboné, sans produire un dégagement immédiat d'acide chlorhydrique : c'est que, comme dans ce dernier cas, les produits de l'action de l'oxygène restent combinés. La molécule de l'oxygène libre étant composée de plusieurs atomes (de deux au moins), il se forme, par double décomposition de l'acide sulfurique anhydre et de l'oxyde de potassium; mais ces deux produits demeurent unis, et peuvent ultérieurement être séparés, comme dans le cas de la liqueur des Hollandais :

$$SK^2 + O^3O = \underbrace{SO^3 + K^2O}_{\text{restent combinés.}}$$

On dira de même, pour l'essence d'amandes amères, que l'oxygène, en agissant sur elle, donne, par double décomposition, de l'acide benzoïque anhydre et de l'eau, deux produits qui restent combinés. J'emploie ici à dessein l'hypothèse ordinaire qui admet la préexistence de l'acide anhydre dans les acides hydratés et dans les sels, non pas qu'il faille réellement supposer cette préexistence, mais je m'en sers comme d'une image pour faire ressortir d'une manière plus saisissante que l'oxygène, lorsqu'il est directement fixé par le sulfure de potassium ou par l'essence d'amandes amères, donne lieu à deux produits susceptibles de se séparer ou de se scinder ultérieurement. Nos sens ne perçoivent donc pas ici la double décomposition, parce qu'elle a lieu au sein des molécules, sans entraîner, comme dans les cas ordinaires, la séparation immédiate des deux produits.

Au reste, pour se rendre compte de cette action de l'oxygène, on n'a qu'à se rappeler comment d'autres corps réputés simples, tels que le chlore, le soufre, le phosphore, se comportent avec les corps composés, par exemple, avec la potasse. Ainsi que nous l'avons déjà dit, le chlore libre se comporte avec la potasse, comme une foule de chlorures, tels que le chlorure de cyanogène, le chlorure de benzoïle, etc. : le chlore produit du chlorure de potassium et de l'hypochlorite de potasse, tout comme le chlorure de cyanogène ou le chlorure de benzoïle donnent du chlorure de potassium et du cyanate ou du benzoate de potasse. Il y a donc double décomposition entre le gaz chlore et la potasse, comme entre les chlorures cités et la potasse. Il en est de même du soufre et de la potasse ; car il se produit du sulfure et de l'hyposulfite. Il en est de même encore du phosphore et de la potasse, qui, en réagissant, donnent du phosphure et de l'hypophosphite. Dans tous ces cas on voit de doubles décompositions, dont les produits se séparent immédiatement, du moins quand on les traite par l'eau. Faut-il donc admettre que l'oxygène se comporte avec les corps composés autrement que ses analogues le soufre, le chlore, le phosphore? N'est-il pas plus rationnel de dire que l'oxygène aussi opère une double décomposition dans son action sur le sulfure de potassium ou sur l'essence d'amandes amères, seulement les produits de cette double décomposition demeurent combinés?

δ. Si l'on convient avec moi que les combinaisons directes peuvent être ramenées à des cas de double décomposition, on se décidera sans peine à appliquer la même interprétation aux phénomènes inverses, où un seul et même composé semble se scinder en deux autres corps.

La chaleur transforme le cyanure de mercure en gaz cyanogène et en mercure métallique, l'acide acéto-benzoïque anhydre en acide acétique anhydre et en acide benzoïque anhydre : rien n'est plus simple que de représenter ces réactions comme de doubles décompositions entre deux molécules du même corps :

$$\underset{\text{Cyanure de mercure.}}{\mathrm{CyHg}} + \underset{\text{Cyan. de mercure.}}{\mathrm{CyHg}} = \underset{\text{Cyanogène.}}{\mathrm{CyCy}} + \underset{\text{Mercure.}}{\mathrm{HgHg}}.$$

$$\underset{\substack{\text{Ac. acéto-}\\ \text{benzoïq. anhyd.}}}{\mathrm{O}\left\{\begin{matrix}\mathrm{C^2H^3O}\\ \mathrm{C^7H^5O}\end{matrix}\right.} + \underset{\substack{\text{Ac. acéto-}\\ \text{benzoïq. anhyd.}}}{\mathrm{O}\left\{\begin{matrix}\mathrm{C^2H^3O}\\ \mathrm{C^7H^5O}\end{matrix}\right.} = \underset{\substack{\text{Ac. acétique}\\ \text{anhydre.}}}{\mathrm{O}\left\{\begin{matrix}\mathrm{C^2H^3O}\\ \mathrm{C^2H^3O}\end{matrix}\right.} + \underset{\substack{\text{Ac. benzoïque}\\ \text{anhydre.}}}{\mathrm{O}\left\{\begin{matrix}\mathrm{C^7H^5O}\\ \mathrm{C^7H^5O}\end{matrix}\right.}.$$

Que si l'on trouve cette interprétation un peu recherchée, on n'en contestera pas du moins l'utilité pratique ; en effet, c'est en considérant la décomposition de l'acétate de chaux par la chaleur, en carbonate de chaux et en acétone, comme une double décomposition s'effectuant entre deux molécules d'acétate de chaux, que M. Williamson a eu l'idée (§ 1061[a]) de distiller un mélange d'équivalents égaux de valérate et d'acétate, ce qui lui a donné du carbonate et un corps nouveau, homologue de l'acétone.

N'oublions pas d'ailleurs que les formules chimiques ne peuvent jamais figurer que des rapports ; ces rapports, nous les rendons plus ou moins évidents par certaines images. Nous ne savons pas ce qui se passe en réalité dans l'intérieur de la molécule d'un corps lorsqu'il se transforme ; nos sens ne perçoivent la double décomposition pas autrement que l'absorption de l'oxygène ou la séparation d'un élément, par l'examen de certains rapports de composition dans les matières employées et dans les produits, et par la comparaison de ces rapports entre eux. Ce que nous appelons double décomposition est une simple image, une interprétation de semblables rapports ; en ramenant, comme je l'ai fait, les phénomènes de combinaison directe, de dédoublement et de déplacement aux cas de double décomposition, je n'ai donc voulu que rattacher d'une manière simple certains rapports à d'autres rapports, biens moins éloignés des premiers qu'un examen superficiel ne l'indique au premier abord.

Un même corps peut avoir plusieurs formules rationnelles.

§ 2453. La double décomposition étant la forme de réaction la plus fréquente en chimie, peut-être même la forme générale de toutes les métamorphoses, on conçoit que nous la choisissions, de préférence à toutes les autres, pour la construction de nos formules rationnelles. Ce choix permet d'ailleurs le maintien de l'ancienne nomenclature dualistique et l'application de cette nomenclature aux composés organiques.

Mais ici se présente un point sur lequel je ne saurais appeler l'attention avec assez d'insistance. La formule rationnelle d'un corps, étant une fois donnée, est-elle immuable ? ou, en d'autres termes, chaque corps n'a-t-il qu'une seule formule rationnelle ?

Que des substances peu complexes, comme les acides, les bases et les sels de la chimie minérale, renfermant dans leur molécule un petit nombre d'atomes seulement, soient exprimés par une seule formule rationnelle, rien de plus naturel. Un composé de deux ou trois atomes simples, comme l'acide chlorhydrique ou le sulfure de potassium, n'a pas deux manières de faire la double décomposition. Mais, si le nombre des atomes est plus élevé dans une molécule, il est évident que les doubles décompositions dont elle est susceptible peuvent également être plus nombreuses. Cela est surtout vrai pour les matières organiques. Lorsqu'une semblable matière est mise en présence de différents agents capables de lui faire subir la double décomposition, il arrive souvent qu'elle ne leur présente pas à chacun le même côté pour l'attaque ; la double décomposition peut alors s'effectuer dans des sens différents. Une matière organique qui se comporte ainsi peut donc être représentée par plusieurs formules rationnelles.

L'essence d'amandes amères, par exemple, se comporte dans beaucoup de réactions comme l'hydrure du radical benzoïle :

$$H,C^7H^5O.$$

Cette formule veut dire que l'essence d'amandes amères est à l'acide benzoïque ou oxyde de benzoïle ce que le gaz hydrogène est à l'eau, ou qu'elle est au chlorure de benzoïle ce que le gaz hydrogène est à l'acide chlorhydrique. Elle correspond aux réactions suivantes : le contact de l'air convertit l'essence en acide benzoïque[1]; le chlore transforme l'essence en chlorure de benzoïle; l'hydrure de cuivre et le chlorure de benzoïle produisent de l'essence :

$$\underset{\text{2 mol. Essence d'amand. am.}}{H^2\left\{\begin{matrix}C^7H^5O\\C^7H^5O\end{matrix}\right.} + OO = \underset{\text{Ac. benzoïq. anhyd.}}{O\left\{\begin{matrix}C^7H^5O\\C^7H^5O\end{matrix}\right.} + OH^2.$$

$$\underset{\text{Ess. d'am. am.}}{H,C^7H^5O} + ClCl = \underset{\text{Chlor. de benzoïle.}}{Cl,C^7H^5O} + ClH.$$

$$\underset{\text{Chlor. de benz.}}{Cl,C^7H^5O} + HCu^2 = \underset{\text{Essence d'am. amères.}}{H,C^7H^5O} + ClCu^2.$$

Mais, dans d'autres cas, la double décomposition, au lieu de s'effectuer sur 1 at. d'hydrogène de l'essence, porte sur l'oxygène

[1] Voy. p. 574 les observations relatives à la combinaison directe de l'oxygène.

de ce corps ; l'essence se comporte alors comme un oxyde et non comme un hydrure. Telle est l'action de l'ammoniaque, de l'aniline, de l'hydrogène sulfuré, etc, sur l'essence d'amandes amères :

$$N^2\left\{\begin{matrix}H^3\\H^3\end{matrix}\right. + 3\,O\left\{\begin{matrix}C^7H^5\\H\end{matrix}\right. = N^2\left\{\begin{matrix}(C^7H^5)^3\\H^3\end{matrix}\right. + 3\,O\left\{\begin{matrix}H\\H\end{matrix}\right.$$

2 mol. Ammoniaque. — 3 mol. Essence d'amandes amères. — Hydrobenzamide.

$$N\left\{\begin{matrix}C^6H^5\\H\\H\end{matrix}\right. + O\left\{\begin{matrix}C^7H^5\\H\end{matrix}\right. = N\left\{\begin{matrix}C^6H^5\\C^7H^5\\H\end{matrix}\right. + O\left\{\begin{matrix}H\\H\end{matrix}\right.$$

Aniline. — Essence d'amandes. amères. — Benzoïlanilide.

Plus la composition d'un corps est compliquée, plus évidemment sont nombreux les points d'attaque qu'il peut offrir aux agents chimiques ; de là plusieurs formules rationnelles pour un semblable corps ; en vertu de ce principe, l'essence d'amandes amères représente donc à la fois l'hydrure du radical C^7H^5O et l'oxyde du radical C^7H^5.

Voici un autre exemple qui conduit à la même conclusion. D'après les belles recherches de M. Bunsen, le cacodyle représente le métal d'une série nombreuse de combinaisons appelées oxyde de cacodyle, sulfure de cacodyle, nitrate de cacodyle, etc. Mais ce même cacodyle représente aussi le terme arséniure dans la série des combinaisons appelées oxyde de méthyle, sulfure de méthyle, nitrate de méthyle. Suivant les réactions qu'on a en vue, c'est-à-dire suivant les composés auxquels on veut rapporter le cacodyle, on pourra le représenter par la formule d'un métal [1] (cacodylure de cacodyle),

$$As(CH^3)^2, As(CH^3)^2,$$

ou par la formule d'un arséniure (arséniure de méthyle),

$$As^2\left\{\begin{matrix}(CH^3)^2\\(CH^3)^2\end{matrix}\right. .$$

Citons encore un troisième exemple. L'acide cyanique, les cyanates métalliques, les éthers cyaniques, sont des oxydes du radical monatomique cyanogène; l'acide sulfocyanhydrique est un sulfure du même radical :

[1] Radical dans l'ancienne théorie.

Acide cyanique, ou oxyde de cyanogène et d'hydrogène . . . . $CHNO = O\left\{\begin{matrix}Cy\\H\end{matrix}\right.$,

Cyanates métalliques, ou oxydes de cyanogène et de métal . . . . $CMNO = O\left\{\begin{matrix}Cy\\M\end{matrix}\right.$,

Éther cyanique, ou oxyde de cyanogène et d'éthyle . . . . $C(C^2H^5)NO = O\left\{\begin{matrix}Cy\\C^2H^5\end{matrix}\right.$,

Acide sulfocyanhydrique, ou sulfure de cyanogène et d'hydrogène . . $CHNS = S\left\{\begin{matrix}Cy\\H\end{matrix}\right.$.

Ces formules rationnelles signifient que les corps précédents présentent de doubles décompositions dans lesquelles le radical $Cy = CN$ s'échange pour d'autres radicaux, ou qu'ils résultent de semblables doubles décompositions. Elles disent encore que l'acide cyanique et l'acide sulfocyanhydrique sont au corps appelé *chlorure de cyanogène* ce que l'eau et l'hydrogène sulfuré sont à l'acide chlorhydrique, etc.

Mais les mêmes composés cyaniques résultent aussi de doubles décompositions, ou présentent de doubles décompositions qui ne portent pas sur le radical CN, mais sur le radical CO des combinaisons carboniques ou sur le radical CS des combinaisons sulfocarboniques. Ainsi l'acide cyanique et l'eau se décomposent en acide carbonique et en ammoniaque ; la potasse transforme l'éther cyanique en carbonate et en éthylamine ; l'acide sulfocyanhydrique résulte de la réaction de l'ammoniaque et du sulfure de carbone. Il est donc tout aussi rationnel de représenter les composés cyaniques dont nous parlons comme les azotures des radicaux biatomiques carbonyle CO et sulfocarbonyle CS :

Acide cyanique, ou azoture de carbonyle et d'hydrogène. . . $CHNO = N\left\{\begin{matrix}CO\\H\end{matrix}\right.$,

Cyanates métalliques, ou azotures de carbonyle et de métal. . . . $CMNO = N\left\{\begin{matrix}CO\\M\end{matrix}\right.$,

Éther cyanique, ou azoture de carbonyle et d'éthyle . . . . . $C(C^2H^5)NO = N\left\{\begin{matrix}CO\\C^2H^5\end{matrix}\right.$,

Acide sulfocyanhydrique, ou azoture de sulfocarbonyle et d'hydrogène . . . . $CHNS = N\left\{\begin{matrix}CS\\H\end{matrix}\right.$

Ces formules disent, par exemple, que l'acide cyanique est à l'ammoniaque ce que l'acide carbonique est à l'eau, etc. Les doubles décompositions d'où résultent les combinaisons cyaniques par la métamorphose des combinaisons carboniques, ou qui donnent des combinaisons carboniques par la métamorphose des composés cyaniques, peuvent donc s'exprimer ainsi :

$$N\left\{\begin{matrix}CO\\H\end{matrix}\right. + O\left\{\begin{matrix}H\\H\end{matrix}\right. = N\left\{\begin{matrix}H\\H\\H\end{matrix}\right. + O,CO$$

Acide cyanique.	Eau.	Ammoniaque.	Ac. carbonique.

$$N\left\{\begin{matrix}CO\\C^2H^5\end{matrix}\right. + O^2\left\{\begin{matrix}H^2\\K^2\end{matrix}\right. = N\left\{\begin{matrix}H\\H\\C^2H^5\end{matrix}\right. + O^2\left\{\begin{matrix}CO\\K^2\end{matrix}\right.$$

Ether cyanique.	2 mol. Hydrate de potasse.	Éthylamine.	Carbonate de potasse.

$$N\left\{\begin{matrix}H\\H\\H\end{matrix}\right. + S,CS = N\left\{\begin{matrix}CS\\H\end{matrix}\right. + S\left\{\begin{matrix}H\\H\end{matrix}\right.$$

Ammoniaque.	Sulfure de carbone.	Acide sulfocyanhydrique.	Hydrogène sulfuré.

Le principe qu'*un seul et même corps peut avoir deux ou plusieurs formules rationelles* sera sans doute contesté par les chimistes qui prétendent représenter par les formules chimiques la constitution absolue des molécules; il ne saurait, au contraire, être nié par ceux qui, comme moi, ne voient dans les formules qu'une manière de concréter certains rapports de composition et de décomposition. Je dis plus : en immobilisant en quelque sorte un corps dans une seule formule, on se cache souvent à soi-même des relations chimiques dont une autre formule donne immédiatement la perception ; en se bornant, par exemple, à représenter l'acide cyanique comme un oxyde de cyanogène, on ne rappelle à l'esprit que les relations qui rattachent ce corps à l'acide cyanhydrique, au cyanogène, aux cyanates, aux cyanures, au chlorure de cyanogène, etc., tandis qu'on écarte de la pensée l'acide carbonique, la carbonamide, l'urée, l'oxychlorure de carbone, tous corps qui sont aussi intimement liés à l'acide cyanique, que l'acide succinique, la succinamide, le chlorure de succinyle le sont à la succinimide; si l'acide cyanique nous était connu sans le cyanogène et les cyanures, les chimistes l'appelleraient évidemment *carbonimide*.

J'appelle *système de double décomposition* chacune des formules rationnelles par lesquelles on peut exprimer un corps au point de vue des échanges dont il est susceptible : l'essence d'amandes amères, le cacodyle, l'acide cyanique, offrent deux systèmes de double décomposition.

Il peut sans doute y avoir des inconvénients dans cette application de plusieurs formules rationnelles à un seul et même corps ; ainsi elle entraîne la nécessité de l'appeler de plusieurs noms différents ; l'acide cyanique sera donc aussi bien l'oxyde de cyanogène et d'hydrogène que l'azoture de carbonyle et d'hydrogène. Mais, comme notre nomenclature actuelle est basée sur les doubles décompositions (voy. p. 562), on ne peut pas faire autrement que d'adopter ces deux dénominations, d'un sens d'ailleurs précis, à moins de changer entièrement le principe de la nomenclature, ce qui, dans l'état de la science, ne me paraît guère possible. Au reste, si l'on procède systématiquement dans la construction des formules rationnelles, si on les relie entre elles en les rapportant à certaines formules-types, l'inconvénient qui peut résulter de leur multiplicité se trouve en grande partie écarté. Dans ma manière de noter, je n'ai besoin que de deux formules pour certains corps (aldéhydes, acétones, amides), une seule me suffit pour la plupart des autres corps; l'état actuel de nos connaissances ne comporte pas un plus grand nombre de formules rationnelles, qui se trouvent d'ailleurs limitées par le choix des formules-types auxquelles elles sont rapportées.

Unité de molécule ; types de double décomposition ; valeurs des symboles.

§ 2454. Il ne suffit pas, pour l'étude raisonnée de la chimie, de préciser le sens des formules rationnelles, en les rapportant toutes à une réaction type, et de prendre pour cela, comme je le propose, la double décomposition, parce qu'elle est la forme la plus ordinaire des métamorphoses minérales et organiques ; il faut aussi faire choix d'une *unité de molécule*, susceptible de la double décomposition, et dériver de cette unité les formules de tous les autres corps. De même, après avoir formulé tous les corps d'après cette unité, il faut encore les classer méthodiquement, suivant leur ressemblance plus ou moins grande, en un certain nombre de groupes pour lesquels on choisit des termes de comparaison pris eux-mêmes parmi l'unité de molécule ou ses plus proches dérivés; on établit ainsi des *formules-types* qui facilitent singulièrement l'intelligence des réactions.

Quant à l'unité de molécule, il n'est pas de corps qui convienne mieux à ce choix que *l'eau*, dont les éléments, si dissemblables par leurs aptitudes chimiques, interviennent dans le plus grand nombre des réactions connues. On pourrait sans doute prendre tout autre corps pour unité, mais on n'en choisirait certainement pas d'un usage plus commode.

Je représente la molécule de l'eau par OH^2, le poids de chaque H étant = 1, et celui de O = 16. La plupart des chimistes écrivent OH, d'autres notent O^2H^2 (valeur de H = 1, de O = 8).

Il y a deux points à considérer dans la notation OH^2 : le premier est relatif au nombre des atomes d'hydrogène qu'elle admet dans l'eau ; le second concerne le poids moléculaire qu'elle suppose aux composés dérivant de l'eau par la substitution d'un autre radical au radical hydrogène.

Pour ce qui est du premier point, sans compter que la notation OH^2 a l'avantage de rappeler la composition de l'eau en volumes, elle est d'accord avec ce fait général en chimie organique, que *chaque radical monatomique*[1] *a deux oxydes*, l'un représentant une molécule d'eau dont un seul volume ou atome d'hydrogène est remplacé par l'équivalent d'un autre radical, l'autre représentant une molécule d'eau dont les deux volumes ou atomes d'hydrogène sont remplacés par ce radical :

Une molécule d'eau (2 volumes) :

$$O\left\{\begin{matrix} H \\ H \end{matrix}\right.$$

Oxydes du radical éthyle :

$$O\left\{\begin{matrix} C^2H^5 \\ H \end{matrix}\right. \qquad O\left\{\begin{matrix} C^2H^5 \\ C^2H^5 \end{matrix}\right.$$

Alcool (2 vol.) Éther (2 vol.)

[1] Radical qui est l'équivalent d'un atome d'hydrogène.

Oxydes du radical acétyle :

$$O\left\{\begin{matrix}C^2H^3O\\ H\end{matrix}\right. \qquad O\left\{\begin{matrix}C^2H^3O\\ C^2H^3O\end{matrix}\right.$$

Acide acétique hydraté (2 vol.). Acide acétique anhydre (2 vol.).

Une notation semblable s'applique aux oxydes métalliques : un poids de 39 potassium = K étant l'équivalent de 1 hydrogène = H, c'est-à-dire pouvant remplacer cette quantité par double décomposition, j'écris de la manière suivante l'oxyde de potassium et l'hydrate de potasse :

Oxydes du radical potassium :

$$O\left\{\begin{matrix}K\\ H\end{matrix}\right. \qquad O\left\{\begin{matrix}K\\ K\end{matrix}\right.$$

Hydrate de potasse. Oxyde de potassium.

Le second point par lequel ma notation diffère essentiellement de la notation ancienne, c'est que, OH^2 représentant l'unité de molécule, j'admets que la molécule de beaucoup de corps, c'est-à-dire la quantité la plus petite possible qui, pour ces corps, intervienne dans les réactions, ne pèse que la moitié du poids qu'on lui attribue généralement. Dans mon opinion, la molécule de l'alcool est donc C^2H^6O, et non $C^4H^{12}O^2$; celle de l'acide acétique est $C^2H^4O^2$, et non $C^4H^8O^4$, etc.; si l'on écrit la molécule de l'eau OH^2 ou OH, il faut, selon moi, dédoubler les formules d'un grand nombre de substances pour qu'elles soient correctes. Plusieurs chimistes, à qui ce point semble aujourd'hui parfaitement avéré, préfèrent maintenir les formules des corps que je dédouble, pour doubler au contraire la formule de l'eau, en écrivant O^2H^4 ou O^2H^2 : cela revient sans doute au même; mais ces chimistes, pour rester conséquents, devront aussi doubler les formules de tous les oxydes, sulfures, sulfates, carbonates, oxalates, etc., et je ne vois pas trop quel avantage peut offrir l'emploi de ces formules doubles.

Quelles sont les preuves, me demandera-t-on, sur lesquelles je fonde la nécessité de dédoubler beaucoup de formules, notamment celles des alcools, des aldéhydes, des hydrocarbures et d'un grand nombre d'acides et de leurs sels, la molécule de l'eau étant représentée par OH^2 ? Ces preuves sont tirées des fonctions chimiques de ces corps, ainsi que de leurs propriétés physiques.

En voici quelques-unes. Lorsque l'on compare à l'état de vapeur, *sous le même volume*, la composition des corps volatils qui dérivent des acides organiques ou minéraux, notamment la composition de leurs éthers neutres et de leurs chlorures, on trouve précisément les quantités qui correspondent à celles que j'admets comme l'expression des molécules de ces acides. Ainsi, dans mon opinion, si la molécule de l'acide sulfurique est représentée par SH^2O^4, la molécule de l'acide acétique sera $C^2H^4O^2$, c'est-à-dire l'ancienne formule dédoublée :

Une molécule d'acide sulfurique. . $SH^2O^4 = O^2 \left\{ \begin{array}{l} SO^2 \\ H^2. \end{array} \right.$

Une molécule d'acide acétique . . . $C^2H^4O^2 = O \left\{ \begin{array}{l} C^2H^3O \\ H. \end{array} \right.$

On a, en effet :

Volumes égaux (2 vol.) $\left\{ \begin{array}{l} \text{de sulfate de méthyle. . } O^2 \left\{ \begin{array}{l} S\,O^2 \\ (CH^3)^2 \end{array} \right. \\ \text{d'acétate de méthyle. . } O \left\{ \begin{array}{l} C^2H^3O \\ CH^3. \end{array} \right. \end{array} \right.$

Volumes égaux (2 vol.) $\left\{ \begin{array}{l} \text{de chlorure sulfurique. . } Cl^2,SO^2 \\ \text{de chlorure acétique. . } Cl,C^2H^3O. \end{array} \right.$

Toute la question des acides polybasiques est comprise dans cette nécessité de dédoubler la formule de l'acide acétique, celle de l'acide sulfurique étant maintenue : l'acide sulfurique, en effet, est un acide bibasique, tandis que l'acide acétique est un acide monobasique, tout comme l'acide phosphorique est un acide tribasique. Cette question a été développée ailleurs avec plus de détails (§ 2478).

La composition et la basicité des acides conjugués conduisent a la même conclusion. On verra plus loin que, si l'on prend une matière organique quelconque et qu'on y fasse agir l'acide sulfurique et l'acide nitrique, la quantité la plus petite possible d'acide sulfurique intervenant dans la réaction est toujours SH^2O^4, tandis que la quantité la plus petite possible d'acide nitrique est toujours NHO^3, c'est-à-dire l'ancienne formule dédoublée : c'est que l'acide nitrique est également un acide monobasique, comme l'acide acétique. Si, de plus, on considère la basicité des acides conjugués, tels que l'acide sulfo-benzoïque, l'acide nitro-cinnamique, l'acide sulfo-acétique, on la trouve soumise à une loi constante, qui ne devient évidente qu'autant qu'on représente, comme moi, la molécule de l'acide acétique, de l'acide nitrique, de l'acide cinnamique, de l'acide benzoïque, etc., par la moitié des formules qui leur sont attribuées dans l'ancienne théorie.

Non-seulement la densité à l'état de vapeur des corps qui, comme les éthers neutres ou les chlorures d'acides, sont entièrement analogues sous le rapport des fonctions chimiques, vient à l'appui du dédoublement que ma notation fait subir aux formules d'un grand nombre de corps; d'autres caractères physiques, tels que le point d'ébullition, le volume spécifique, etc., justifient aussi ce dédoublement. Qu'on lise à se sujet les excellents travaux de M. Hermann Kopp[1], et l'on y verra que les alcools, les éthers, les acides gras volatils, présentent des régularités parfaites dans leurs points d'ébullition, régularités qui ne se conçoivent qu'autant qu'on dédouble la formule de l'alcool, celle de l'éther étant conservée, ou qu'on dédouble la formule de l'acide acétique hydraté, celle de l'acide acétique anhydre étant maintenue. La considération des volumes spécifiques a conduit M. Kopp aux mêmes résultats. Des régularités semblables viennent d'être observées par M. Wurtz[2] dans les propriétés physiques des métaux organiques (des soi-disant radicaux) correspondant aux alcools : là aussi on constate, entre les densités et les points d'ébullition, des relations entièrement régulières, dont on ne peut se rendre compte qu'en écrivant, comme moi, les molécules du méthyle, de l'éthyle, etc. (la molécule de l'eau étant OH^2), par les formules $C^2H^6 = CH^3, CH^3$, et $C^4H^{10} = C^2H^5, C^2H^5$, c'est-à-dire par des formules doubles de celles qu'attribuent à ces corps les anciennes théories.

§ 2455. Après avoir adopté la formule de l'eau comme unité de molécule[3], il s'agit de montrer comment on en dérive les autres corps, et quelles sont les formules-types qu'il convient de choisir pour y rapporter toutes les formules chimiques.

En disant : Tel corps dérive du type eau, ou représente de l'eau

[1] Voy § 2622. — M. Will a publié des rapprochements fort intéressants sur les mêmes questions : *Ann. der Chem. u. Pharm.*, XCI, 257.

[2] Voy. § 2579.

[3] J'appelle *méthode unitaire* l'ensemble des principes que j'applique à l'étude de la chimie, et qui sont basés sur le choix d'une unité de molécule et d'une unité de réaction pour la comparaison des fonctions chimiques des corps.

dont le radical oxygène ou le radical hydrogène est remplacé par tel autre radical, je n'entends pas exprimer la manière dont les éléments sont arrangés dans le corps auquel cette comparaison est appliquée; je crois avoir suffisamment précisé (§ 2450) le sens que j'attribue aux formules chimiques, pour qu'on ne puisse pas se méprendre à cet égard. Quelques chimistes cependant, saisissant mal ma pensée, supposent à mes types la même signification qu'aux types moléculaires sur lesquels M. Dumas a développé, il y a longtemps déjà [1], des spéculations fort ingénieuses; mais je dois réclamer contre cette assimilation, quelque précieux qu'un si haut patronage puisse être pour le succès de mes vues; car, à la vérité, il n'y a de semblable que le nom, emprunté à la langue vulgaire, et mes types signifient tout autre chose que les types de M. Dumas, ceux-ci se rapportant à l'arrangement supposé des atomes dans les corps, arrangement qui, dans mon opinion, est inaccessible à l'expérience.

Mes types sont des *types de double décomposition*. L'eau, dans une infinité de doubles décompositions, peut échanger son oxygène et son hydrogène pour d'autres éléments (radicaux simples) ou pour des groupes d'éléments (radicaux composés). Or je rapporte les corps au type eau, lorsqu'on peut opérer sur eux de semblables échanges, et que les produits de ces échanges présentent entre eux des relations chimiques semblables à ceux qui existent entre les produits résultant de la substitution d'autres radicaux à l'un des radicaux de l'eau. Je dérive, par exemple, l'éther du type eau, parce qu'on peut, par double décomposition, remplacer dans l'éther l'oxygène par son équivalent de chlore, de brome, de soufre ou d'azote, pour former le chlorure d'éthyle, le bromure d'éthyle, le sulfure d'éthyle ou l'azoture d'éthyle (éthylamine), et que les produits de ces échanges sont entre eux dans les mêmes rapports chimiques que le chlorure d'hydrogène, le bromure d'hydrogène, le sulfure d'hydrogène et l'azoture d'hydrogène (ammoniaque), résultant de la substitution des radicaux chlore, brome, soufre et azote, au radical oxygène de l'eau. Voici ce que j'entends dire par rapports chimiques semblables. Les réactions qu'offre un corps, les transformations, les doubles décompositions dont il est susceptible, ne sont pas fortuites; elles sont, au contraire, liées entre elles par la plus étroite solidarité, et

[1] DUMAS, *Compt. rend. de l'Acad.* X, 149.

chacun sait que la connaissance d'une seule réaction suffit souvent pour la prévision de beaucoup d'autres. Or, sachant que le type eau ou oxyde d'hydrogène donne, avec certains réactifs, du chlorure d'hydrogène, si l'expérience m'apprend également que l'éther ou oxyde d'éthyle se transforme, par une réaction semblable, en chlorure d'éthyle, je fais dériver l'éther du type eau, car la solidarité des réactions m'indique l'existence d'un bromure d'éthyle, d'un sulfure d'éthyle, et la possibilité de produire ces composés avec des réactifs analogues à ceux qui donnent les termes correspondants à radical hydrogène. Si l'on obtient, par exemple, du chlorure d'hydrogène avec l'eau et le perchlorure de phosphure, du bromure d'hydrogène avec l'eau et le perbromure de phosphore, du sulfure d'hydrogène avec l'eau et le persulfure de phosphore, et que, d'un autre côté, on produise du chlorure d'éthyle avec l'éther et le perchlorure de phosphore [1], du bromure d'éthyle avec l'éther et le perbromure de phosphore, du sulfure d'éthyle avec l'éther et le persulfure de phosphore, je dis que le chlorure d'éthyle, le bromure d'éthyle et le sulfure d'éthyle sont entre eux dans les mêmes relations chimiques que le chlorure d'hydrogène, le bromure d'hydrogène et le sulfure d'hydrogène. Les composés cités à radical éthyle sont donc les termes qui, sous le rapport de la composition et des échanges dont ils sont susceptibles, correspondent chimiquement aux termes mentionnés à radical hydrogène.

Sans doute ce n'est pas toujours dans les mêmes circonstances et par l'emploi des réactifs identiquement les mêmes qu'on produit les termes qui se correspondent; car la température et la pression auxquelles on opère, l'état, la volatilité, la solubilité, la masse des corps mis en présence, sont autant de conditions qui influent sur les réactions chimiques, d'une manière variable, et d'après des lois qui nous sont encore inconnues. Néanmoins on ne saurait, ce me semble, se méprendre sur le sens que j'attache au mot *type* : en dérivant un corps du type eau, j'entends exprimer qu'à ce corps, considéré comme oxyde, il correspond un chlorure, un bromure, un sulfure, un azoture, etc., susceptibles de doubles décompositions, ou résultant de doubles décompositions analogues à celles que présentent l'acide chlorhydrique, l'acide bromhydrique, l'hydrogène sulfuré, l'ammoniaque, etc., ou qui

[1] Dans un tube fermé.

donnent lieu à ces mêmes composés. Le type est donc l'unité de comparaison pour tous les corps qui, comme lui, sont susceptibles d'échanges semblables ou résultent d'échanges semblables. Comme toute double décomposition n'est, en définitive, que l'interprétation en langage chimique d'une équation renfermant quatre termes (§ 2451), on peut dire qu'un type est le terme constant auquel équivaut un corps dans une série de semblables équations[1].

Pour dériver un corps du type eau, il faut connaître au moins une réaction dans laquelle ce corps se transforme par double décomposition, ou dans laquelle il se produit par double décomposition. On trouve ainsi quels sont les *radicaux* (p. 568) de ce corps, susceptibles d'être transportés, dans ces échanges, à la place du radical hydrogène ou du radical oxygène de l'eau.

En procédant ainsi sur tous les corps de la chimie, et en réunissant par groupes les corps qui offrent entre eux certaines ressemblances sous le rapport de leur aptitude à subir la double décomposition, ou sous le rapport de leur mode de formation par double décomposition, on arrive à ce résultat, que les corps qui se ressemblent le plus ont toujours un radical commun. Ainsi les oxydes qui dérivent de l'eau par la substitution d'un autre radical au radical hydrogène, et qui ont de commun le radical oxygène, les oxydes, dis-je, se ressemblent entre eux plus qu'ils ne ressemblent aux corps contenant des radicaux autres que l'oxygène; de même, si le radical oxygène de l'eau est remplacé par le radical chlore, comme dans les chlorures où le radical chlore est commun, on trouve que ceux-ci se ressemblent entre eux plus qu'ils ne ressemblent aux oxydes ou, en général, aux corps renfermant des radicaux autres que le radical chlore, etc.

D'après cela, pour faciliter la classification des corps selon leurs fonctions, on peut, au lieu de prendre l'eau seulement pour formule-type, y joindre, comme types dérivés, des composés qui résultent de la substitution du radical oxygène de l'eau, tels que le chlorure d'hydrogène, l'azoture d'hydrogène, etc., pourvu qu'on précise au préalable comment ces derniers types dérivent du type eau. L'étude des composés organiques, comme on le verra plus loin, prouve que les quatre types eau, acide chlorhydrique, ammoniaque, hydrogène, suffisent pour une classification méthodique.

[1] Dans l'exemple cité § 2451, la benzamide est rapportée au type ammoniaque, qui est le terme constant dans les trois équations indiquées.

Ces *quatre formules-types* se notent de la manière suivante :

Eau.	OH^2,	volumes égaux.
Acide chlorhydrique. . . .	ClH,	
Ammoniaque.	NH^3,	
Hydrogène.	HH,	

Le type eau comprend les oxydes (bases, acides, sels, alcools, etc.), les sulfures, les séléniures et les tellurures.

Le type acide chlorhydrique comprend les chlorures, les fluorures, les bromures, les iodures et les cyanures.

Le type ammoniaque comprend les azotures et les phosphures.

Le type hydrogène comprend les hydrures métalliques et les métaux (arséniures, antimoniures, etc.).

§ 2456. Les observations suivantes justifieront la notation que j'ai adoptée pour chacun de ces types.

La molécule de l'eau, comme on sait, se compose de 1 vol. d'oxygène et de 2 vol. d'hydrogène; la formule OH^2 représente 2 volumes de vapeur. Cette notation est préférable à la formule OH, parce qu'elle est conforme à ce fait que *chaque radical monatomique donne toujours deux dérivés du type eau*, c'est-à-dire forme deux oxydes (p. 582). J'appelle dérivés *primaires* les oxydes où un seul volume ou atome d'hydrogène du type est remplacé par un autre radical; les bases hydratées et les acides hydratés en font partie. Les dérivés *secondaires* sont les oxydes où les 2 volumes ou atomes d'hydrogène du type sont remplacés par un autre radical; ils comprennent, entre autres, les bases anhydres et les acides anhydres.

Parmi les corps qui peuvent être dérivés du type eau, le radical hydrogène de ce type étant remplacé par d'autres radicaux, il n'en est pas qui présentent des caractères plus tranchés, et, si l'on veut, plus opposés que les acides et les bases. On sait déjà, par les notions de chimie les plus élémentaires, que les acides n'ont en général presque pas de réaction entre eux, mais qu'ils réagissent énergiquement sur les bases; que, de leur côté, les bases, entre elles sans action réciproque, produisent toujours un effet chimique sur les acides. Bien que cette distinction ne soit pas rigoureuse, puisqu'il existe une transition des acides aux bases [1], on

[1] Qu'on imagine les acides et les bases disposés sur une ligne droite comme les degrés dans l'échelle d'un thermomètre; l'eau occupant le zéro d'une semblable échelle, s'il

peut néanmoins s'en servir comme élément de classification pour caractériser certains groupes de corps qui se ressemblent entre eux, plus qu'ils ne ressemblent à d'autres groupes; il suffit d'ailleurs, pour plus de précision, de s'entendre sur le choix d'un acide-type et d'une base-type, de prendre pour cela, par exemple, l'acide sulfurique et la potasse. Aussi convient-il de grouper les oxydes en oxydes *positifs*, c'est-à-dire renfermant des radicaux qui, étant substitués à l'hydrogène de l'eau, produisent des corps plus rapprochés, comme propriétés, de la potasse que de l'acide sulfurique; et en oxydes *négatifs*, c'est-à-dire contenant des radicaux qui, étant substitués à l'hydrogène de l'eau, produisent des corps plus rapprochés de l'acide sulfurique que de la potasse. De semblables subdivisions sont à faire parmi les dérivés des autres types.

Si l'on suppose dans l'eau l'oxygène remplacé par son équivalent de soufre, on a la formule SH^2, représentant un volume d'hydrogène sulfuré (2 vol.) égal au volume de l'eau prise pour type. Cette formule est également conforme à l'existence de deux sulfures pour chaque radical monatomique (les sulfures primaires comprenant les composés nommés sulfhydrates). Il existe d'ailleurs une grande analogie entre les oxydes et les sulfures, de sorte qu'on peut faire des sulfures un groupe à part parmi les dérivés du type eau. Il en est de même des séléniures et des tellurures.

Pour remplacer dans l'eau l'oxygène par son équivalent de chlore, l'expérience prouve qu'il faut 2 volumes ou atomes de chlore pour 1 volume ou atome d'oxygène; or l'acide chlorhydrique Cl^2H^2 (4 vol.), qui résulte de cette substitution, n'occupe pas, à l'état de gaz, le même volume que l'eau OH^2; de plus, l'étude des composés organiques prouve que *chaque radical monatomique ne donne qu'un seul chlorure*. Il est donc plus rationnel d'écrire le type des chlorures par la formule $\frac{1}{2}(Cl^2H^2) = ClH$ représentant 2 volumes, comme le type eau OH^2. En effet, tandis qu'il y a deux oxydes de potassium (oxyde et hydrate), deux oxydes d'éthyle (éther et alcool), deux oxydes d'acétyle (acide acétique hydraté et acide acétique anhydre), il n'y a qu'un seul chlorure de potassium, un seul chlorure d'éthyle, un seul chlorure d'acétyle.

Les fluorures, les bromures, les iodures et les cyanures sont à

était possible d'y assigner une place précise à chaque acide et à chaque base, on dirait que l'acide sulfurique occupe tel degré au-dessous de zéro, la potasse tel degré au-dessus.

dériver, par les mêmes raisons, du type acide chlorhydrique ClH.

Rien ne démontre mieux le dédoublement de la molécule de l'eau OH^2 (ou de l'hydrogène sulfuré SH^2), alors que l'oxygène (ou le soufre) vient à y être remplacé par son équivalent de chlore Cl^2, de brome Br^2 ou d'iode I^2, que l'étude comparative des réactions des acides organiques et des alcools avec le persulfure et le perchlorure de phosphore. D'après les expériences récentes de M. Kekulé, les acides et les alcools donnent, avec le persulfure de phosphore, les sulfures correspondants ; ainsi

$O\left\{\begin{matrix} C^2H^3O \\ H \end{matrix}\right.$ donne $S\left\{\begin{matrix} C^2H^3O \\ H \end{matrix}\right.$ sulfure d'acétyle et d'hydrogène (acide thiacétique).

$O\left\{\begin{matrix} C^2H^5 \\ H \end{matrix}\right.$ donne $S\left\{\begin{matrix} C^2H^5 \\ H \end{matrix}\right.$ sulfure d'éthyle et d'hydrogène (mercaptan).

Lorsqu'on fait agir le perchlorure de phosphore sur les mêmes acides ou alcools, la réaction est parfaitement identique ; seulement, outre les chlorures correspondants, on obtient toujours de l'acide chlorhydrique (Cahours) ; ainsi

$O\left\{\begin{matrix} C^2H^3O \\ H \end{matrix}\right.$ donne $\dfrac{Cl,\ C^2H^3O}{Cl,\ H}$ chlorure d'acétyle, chlorure d'hydrogène.

$O\left\{\begin{matrix} C^2H^5 \\ H \end{matrix}\right.$ donne $\dfrac{Cl,\ C^2H^5}{Cl,\ H}$ chlorure d'éthyle, chlorure d'hydrogène.

Les faits suivants sont également caractéristiques. Suivant M. Frankland,

le zinc-éthyle, au contact de l'oxygène, donne $O\left\{\begin{matrix} C^2H^5 \\ Zn \end{matrix}\right.$ oxyde d'éthyle et de zinc.

» » du soufre, donne $S\left\{\begin{matrix} C^2H^5 \\ Zn \end{matrix}\right.$, sulfure d'éth. et de zinc.

» » du chore, donne $\dfrac{Cl,\ C^2H^5}{Cl,\ Zn}$ chl. d'éth. chl. de zinc.

» » du brome, donne $\dfrac{Br,\ C^2H^5}{Br,\ Zn}$ brom. d'éth. bromure de zinc.

» » de l'iode, donne $\dfrac{I,\ C^2H^5}{I,\ Zn}$ iodure d'éth. iod. de zinc.

On voit, par ces exemples, que, lorsque le radical oxygène est remplacé par son équivalent de chlore, de brome ou d'iode, il se produit toujours, par l'effet du dédoublement du type eau, deux corps qui sont complémentaires l'un de l'autre (p. 572).

Pour remplacer dans l'eau le radical oxygène par son équivalent d'azote, l'expérience prouve qu'il faut $^2/_3$ de volume d'azote pour 1 volume d'oxygène; or l'ammoniaque, résultant de cette substitution $N^2/_3\ H^2$ ($1\ ^1/_3$ volume) n'occupe pas le même volume que l'eau où elle a été faite ; de plus, il est également constant que *pour chaque radical monatomique il y a toujours trois azotures.* On est donc naturellement conduit à représenter le type des azotures par la formule $\frac{3}{2}(N^2/_3\ H^2) = NH^3$, représentant 2 volumes comme les types eau OH^2 et acide chlorhydrique ClH :

Azotures du radical éthyle C^2H^5.

$N\begin{cases}C^2H^5\\ H,\\ H\end{cases}$	$N\begin{cases}C^2H^5\\ C^2H^5,\\ H\end{cases}$	$N\begin{cases}C^2H^5\\ C^2H^5\\ C^2H^5\end{cases}$
Azoture d'éthyle, d'hydrogène et d'hydrogène (2 vol. d'éthylamine.)	Azoture d'éthyle, d'éthyle et d'hydrogène (diéthylamine).	Azoture d'éthyle, d'éthyle et d'éthyle (triéthylamine).

On peut appeler les azotures *primaires*, *secondaires* et *tertiaires*, suivant qu'ils représentent le type ammoniaque avec substitution de 1, de 2 ou de 3 atomes d'hydrogène. Les phosphures sont aussi à dériver du type ammoniaque.

Enfin, pour remplacer le radical oxygène, dans l'eau (ou plutôt dans un oxyde dérivé), par son équivalent d'hydrogène, l'expérience prouve encore qu'il faut employer 2 volumes ou atomes d'hydrogène pour 1 volume ou atome d'oxygène ; on a ainsi pour le gaz hydrogène H^2H^2 (4 vol.); ramené au même volume que les types précédents, il s'exprimera par $\frac{1}{2}(H^2H^2) = HH$. Or, de même que les oxydes donnent deux termes pour chaque radical monatomique, on trouve aussi toujours deux termes dans le type hydrogène, savoir, l'hydrure (correspondant à l'oxyde primaire) et le métal proprement dit (correspondant à l'oxyde secondaire) :

Métaux du radical éthyle.

H, C^2H^5	C^2H^5, C^2H^5
Hydrure d'éthyle (2 vol.).	Éthylure d'éthyle (2 vol. d'éthyle).

En chimie organique, la meilleure manière de définir un corps consiste à le mettre, en quelque sorte, en proportion avec trois autres corps connus. Si l'on dit, par exemple, le chlorure de benzoïle est à l'acide benzoïque ce que le chlorure de cyanogène est à l'acide cyanique, ou ce que le chlorure d'hydrogène (l'acide chlorhydrique) est à l'oxyde d'hydrogène (à l'eau), on donne une idée suffisante des relations chimiques du chlorure de benzoïle, les trois corps, bien entendu, avec lesquels on le met en proportion étant connus sous ce rapport. Or c'est là précisément l'usage auquel sont destinés mes quatre corps types, l'eau, l'acide chlorhydrique, l'ammoniaque et l'hydrogène : ils servent à mettre en proportion les composés organiques dont il s'agit de définir les fonctions chimiques, c'est-à-dire à résumer soit les doubles décompositions dont ils sont susceptibles, soit les doubles décompositions qui leur donnent naissance.

§ 2457. Un fait important découle des principes précédemment exposés : c'est que les *corps simples eux-mêmes doivent être notés comme des corps composés*. Il est aisé de le démontrer.

Partant de notre unité de molécule, je dis que, si la molécule de l'eau se représente par OH^2, la molécule du chlore libre, par exemple, est à noter Cl^2 ou plutôt ClCl, et non Cl ; dans la nomenclature usuelle, le chlore libre serait donc du chlorure de chlore.

D'abord, comme nous l'avons fait observer ailleurs (p.573), dans la plupart des réactions connues, le chlore libre intervient par Cl^2 ou par un multiple en nombre entier de Cl^2 ; cela semble donc déjà indiquer que la molécule, c'est-à-dire la plus petite quantité possible de chlore libre, intervenant dans les métamorphoses, renferme 2 atomes de chlore, pouvant, bien entendu, se séparer dans certaines réactions, sans devenir libres isolément. Mais, comme il y a des cas où 2 atomes de chlore réagissent sur deux molécules d'une matière organique, et qui pourraient, par conséquent, s'interpréter comme des réactions entre 1 atome de chlore et une seule molécule de matière organique, le fait cité peut ne pas paraître concluant, d'ailleurs il ne saurait être invoqué à l'appui des formules doubles de l'oxygène et du soufre libres, ces deux corps offrant précisément comme règle générale le cas particulier qui, pour le chlore, est sujet à deux interprétations.

Il faut donc chercher la preuve de la formule double du chlore libre ailleurs que dans les proportions d'après lesquelles il intervient dans les réactions. Cette preuve est nettement donnée par l'analogie complète qui existe sous le rapport des réactions entre le chlore libre et plusieurs corps composés. On sait que certains chlorures, notamment ceux dont les oxydes correspondants constituent des acides, ont la propriété de se transformer par les alcalis en un mélange de chlorure alcalin et de sel oxygéné à base d'alcali. Ainsi :

Le chlorure de benzoïle Cl Bz donne du chlor. et du benzoate,
Le chlorure de cyanogène Cl Cy donne du chlor. et du cyanate,
Le chlorure de brome Cl Br donne du chlorure et du bromate,
Le chlorure d'iode Cl I donne du chlorure et de l'iodate,
Le chlore libre ClCl donne du chlorure et du chlorate (ou de l'hypochlorite).

D'après ces réactions, il est incontestable que le chlore libre offre le même système de double décomposition (p. 581) que le chlorure de brome, le chlorure d'iode, le chlorure de cyanogène, le chlorure de benzoïle; le chlore libre est à ces chlorures ce que l'acide chlorique est à l'acide bromique, à l'acide iodique, à l'acide cyanique, à l'acide benzoïque. Le gaz chlore est donc le chlorure du radical chlore au même titre que le chlorure de benzoïle est le chlorure du radical benzoïle; et, si à ce radical benzoïle il correspond un oxyde (l'acide benzoïque) un hydrure (l'essence d'amandes amères), un azoture (la tribenzamide[1]), il correspondra au radical chlore un oxyde (l'acide hypochloreux), un hydrure (l'acide chlorhydrique), un azoture (le chlorure d'azote):

Radical benzoïle C^7H^5O, équivalent de H.

Oxyde. . . $O\left\{\begin{matrix}C^7H^5O\\C^7H^5O\end{matrix}\right.$, acide benzoïque anhydre.

Chlorure. . Cl, C^7H^5O, chlorure de benzoïle.

Hydrure. . H, C^7H^5O, essence d'amandes amères.

Azoture. . $N\left\{\begin{matrix}C^7H^5O\\C^7H^5O\\C^7H^5O\end{matrix}\right.$, tribenzamide.

Radical chlore Cl, équivalent de H.

Oxyde. . $O\left\{\begin{matrix}Cl\\Cl\end{matrix}\right.$, acide hypochloreux anhydre.

Chlorure. Cl Cl, chlore libre.

Hydrure. H Cl, acide chlorhydrique.

[1] Je suppose ici, pour les besoins du raisonnement, l'existence de la tribenzamide, analogue aux amides tertiaires que nous avons fait connaître, M. Chiozza et moi.

Azoture.. $N\begin{cases}Cl\\Cl\\Cl\end{cases}$ chlorure d'azote.

On voit, d'après cela, que si l'on note le chlore libre, et en général les corps simples, d'après les mêmes principes que les corps composés, en se basant sur l'unité de réaction que nous avons adoptée, on définit bien mieux la place occupée par les corps simples dans les séries chimiques, qu'en considérant les mêmes corps simples comme des espèces d'êtres privilégiés (les radicaux de l'ancienne théorie dualistique), comme des suzerains autour desquels les corps composés viendraient se grouper comme autant de vassaux. Puisque les formules chimiques n'expriment et ne peuvent exprimer que les rapports de composition et de réaction que les corps présentent entre eux, on précise évidemment mieux ces rapports en plaçant les corps élémentaires en qualité de simples termes dans les séries, en disant qu'ils en représentent le terme oxyde, le terme chlorure ou le terme azoture, etc., qu'en en faisant des êtres exceptionnels.

Ce que je dis du chlore s'applique aussi au soufre, à l'oxygène, et en général à tous les corps simples. Pour le soufre, par exemple, on a la série suivante :

Radical soufre S, équivalent de H^2.

Oxyde. . O S, acide hyposulfureux anhydre.
Sulfure.. S S, soufre libre.
Hydrure. H^2S, hydrogène sulfuré.
Chlorure. Cl^2S, chlorure de soufre.

Le soufre libre est donc le sulfure correspondant à l'acide hyposulfureux, tout comme le sulfure de benzoïle est le sulfure correspondant à l'acide benzoïque. Le soufre libre offre le même système de double décomposition que le sulfure de benzoïle : avec du soufre libre et un alcali, on obtient un mélange de sulfure et d'hyposulfite (foie de soufre), avec du sulfure de benzoïle et un alcali on obtient un mélange de sulfure et de benzoate.

Voici pour l'azote :

Radical azote N, équivalent de H^3.

Oxyde. . . $O^3\begin{cases}N\\N,\end{cases}$ acide nitreux anhydre.
Hydrure. . H^3N, ammoniaque.

Chlorure. . $Cl^3 N$, chlorure d'azote.
Azoture. . N N, azote libre.

On voit, par ces formules, que l'azote libre est l'azoture correspondant à l'acide nitreux, c'est-à-dire l'amide tertiaire de cet acide. Toutes les réactions le prouvent : avec l'hydrure d'azote (l'ammoniaque) et le chlorure d'azote on obtient de l'azote libre et de l'acide chlorhydrique[1] ; l'acide nitreux anhydre et l'azoture d'hydrogène donnent de l'azote libre et de l'eau, tout comme l'acide benzoïque anhydre et l'ammoniaque donnent de la benzamide et de l'eau ; l'acide nitreux et l'aniline donnent de l'azote et de l'acide phénique ; l'acide nitreux et la benzamide donnent de l'azote et de l'acide benzoïque.

En doublant la formule des corps simples, à l'état libre, en représentant la molécule du gaz chlore, du gaz oxygène, du gaz hydrogène, du gaz azote, etc., par les formules ClCl, OO, HH, NN, etc., je ne fais que généraliser un principe que j'ai le premier énoncé lors de la découverte des soi-disant radicaux des alcools par M. Frankland, savoir, que les formules CH^3 du méthyle, C^2H^5 de l'éthyle, C^5H^{11} de l'amyle, sont à doubler, pour représenter la molécule de ces corps, qui, à proprement parler, devraient s'appeler méthylure de méthyle, éthylure d'éthyle, amylure d'amyle. La considération des densités de vapeur m'avait conduit à cette opinion ; bien des faits sont venus la confirmer depuis ; les propriétés si régulières des métaux mixtes (éthylure d'amyle, etc., §2580), qui offrent le même système de double décomposition que les soi-disant radicaux alcooliques, ne comportent pas d'autre interprétation ; le sens, d'ailleurs, que j'attache aux formules rationnelles justifie entièrement ma manière de voir.

§ 2458. La notation qui est basée sur l'adoption de l'eau OH^2 comme unité de molécule, et des formules types indiquées précédemment, exige quelques modifications dans la *valeur des symboles* aujourd'hui adoptés par les chimistes.

Ces modifications portent principalement sur l'oxygène, le soufre, le sélénium, le tellure et le carbone.

[1] Le dégagement de l'azote par l'ammoniaque et le chlore s'explique de la même manière :

$$3\,ClCl + H^3N = 3\,ClH + Cl^3N\,;$$
$$Cl^3N + H^3N = 3\,ClH + N\ N.$$

Le poids atomique de l'hydrogène étant pris pour unité, et l'eau s'écrivant OH^2, il est évident que le poids atomique O devient 16, c'est-à-dire le double de la valeur qu'a le même signe de l'oxygène dans l'ancienne notation, où l'eau s'écrit OH. Il en est de même des poids atomiques du soufre S, du sélénium Se, et du tellure Te, qui deviennent respectivement 32, 80 et 128, au lieu de 16, 40 et 64.

L'oxyde de carbone et l'acide carbonique s'écrivant CO et CO^2, comme dans l'ancienne notation, le poids atomique C du carbone devient 12 au lieu de 6.

Tous les autres symboles conservent leur valeur. Voici d'ailleurs un tableau comparatif des deux notations pour les principaux composés minéraux :

	Notation ancienne.	Notation unitaire.
Eau.	HO	H^2O.
Eau oxygénée.	HO^2	H^2O^2.
Hydrogène sulfuré.	HS	H^2S.
Acide sulfureux anhydre.	SO^2	SO^2.
Acide sulfurique anhydre.	SO^3	SO^3.
Acide chlorhydrique.	HCl	HCl.
Acide hypochloreux anhydre. . . .	ClO	Cl^2O.
Acide hypochloreux hydraté.	$ClHO^2$	$ClHO$.
Acide chloreux hydraté.	$ClHO^4$	$ClHO^2$.
Acide chlorique hydraté.	$ClHO^6$	$ClHO^3$.
Acide perchlorique hydraté.	$ClHO^8$	$ClHO^4$.
Oxyde de carbone.	CO	CO.
Acide carbonique anhydre.	CO^2	CO^2.
Acide nitrique anhydre.	NO^5	N^2O^5.
Acide nitrique hydraté.	NHO^6	NHO^3.
Acide nitreux anhydre.	NO^3	N^2O^3.
Acide nitreux hydraté.	NHO^4	NHO^2.
Protoxyde d'azote.	NO	N^2O.
Bioxyde d'azote.	NO^2	N^2O^2.
Acide hyponitrique.	NO^4	N^2O^4.
Acide hypophosphoreux hydraté. .	PH^3O^4	PH^3O^2.
Acide phosphoreux anhydre. . . .	PO^3	P^2O^3.
Acide phosphoreux hydraté.	PH^3O^6	PH^3O^3.
Acide phosphorique anhydre. . . .	PO^5	P^2O^5.
Acide phosphorique hydraté. . . .	PH^3O^8	PH^3O^4.

Acide arsénieux anhydre.	AsO^3	As^2O^3.
Acide arsénique anhydre.	AsO^5	As^2O^5.
Acide borique anhydre.	BO^3	B^2O^3.
Acide borique hydraté.	BH^3O^6	BH^3O^3.
Potasse hydratée.	KHO^2	KHO.
Oxyde de potassium.	KO	K^2O.
Protoxyde de mercure.	Hg^2O	Hg^4O.
Bioxyde de mercure.	HgO	Hg^2O.
Protoxyde de fer.	FeO	Fe^2O.
Sesquioxyde de fer.	Fe^2O^3	Fe^4O^3.
Alumine.	Al^2O^3	Al^4O^3.
Sulfate de potasse.	SKO^4	SK^2O^4.
Alun.	$S^4KAl^2O^{16}$	$S^2KAl^2O^8$.
Protoxyde de manganèse.	MnO	Mn^2O.
Peroxyde de manganèse.	MnO^2	Mn^2O^2.
Sesquioxyde de chrome.	Cr^2O^3	Cr^4O^3.
Acide chromique anhydre.	CrO^3	Cr^2O^3.
Chlorure de sodium.	NaCl	NaCl.
Nitrate de potasse.	NKO^6	NKO^3.
Sulfure de zinc.	ZnS	Zn^2S.
Phosphate de plomb.	PPb^3O^8	PPb^3O^4.

(Beaucoup d'entre les formules écrites dans l'ancienne notation auraient besoin d'être doublées : on devrait donc écrire H^2O^2, C^2O^2, C^2O^4, S^2O^6, etc.)

Quant aux substances organiques, il y a une règle très-simple pour passer d'une notation à l'autre : comme les valeurs des poids atomiques du carbone, de l'oxygène et du soufre (ainsi que du sélénium et du tellure) sont seules changées dans la nouvelle notation, il suffit de doubler les indices dont sont affectés les symboles de ces éléments pour passer de la nouvelle notation à la notation ancienne, ou de prendre la moitié des mêmes indices lorsqu'il s'agit de la transformation inverse. S'il y a des fractions, dans ce dernier cas, on les fait disparaître en multipliant par 2 les indices de tous les symboles.

	Notation ancienne.	Notation unitaire.
Acide benzoïque anhydre.	$C^{14}H^5O^3$	$C^{14}H^{10}O^3$.
Acide benzoïque hydraté.	$C^{14}H^6O^4$	$C^7H^6O^2$.
Benzoate de potasse.	$C^{14}H^5KO^4$	$C^7H^5KO^2$.
Alcool.	$C^4H^6O^2$	C^2H^6O.

Ether.	C^4H^5O	$C^4H^{10}O$.
Acide cyanhydrique.	C^2HN	CHN.
Acide cyanique.	C^2HNO^2	CHNO.
Cyanate de soude.	C^2NaNO^2	CNaNO.
Acide sulfocyanhydrique.	C^2HNS^2	CHNS.
Sulfocyanure d'argent.	C^2AgNS^2	CAgNS.

Un fait digne d'attention résulte des principes sur lesquels la notation unitaire est basée : si l'on représente par H^2O,HCl,NH^3,HH, les molécules des corps types que nous avons adoptés, ainsi que celles de leurs dérivés H^2S,CO^2,SO^3, etc.; comme, en thèse finale, toutes les matières organiques peuvent être transformées en ces substances minérales, il est clair que les formules des matières organiques doivent contenir n fois plus ou moins les formules des dites substances minérales, n étant un nombre entier. Ainsi, une matière composée de carbone et d'hydrogène ou de carbone, d'hydrogène et d'oxygène, donnera toujours n fois CO^2 plus ou moins H^2O ou HH, d'où l'on déduit naturellement que dans une matière semblable *les atomes d'hydrogène sont toujours en nombre pair*. La même règle s'observe lorsque le soufre (le sélénium ou le tellure) fait partie de la composition de la matière organique. Lorsque celle-ci renferme du chlore (du brome, de l'iode ou du fluor) ou bien de l'azote (du phosphore, du bore, de l'arsenic), *la somme des atomes d'hydrogène, de chlore et d'azote est également un nombre pair*. Enfin cette dernière règle est encore applicable dans les cas où l'équivalent d'un radical métallique est en substitution au radical d'hydrogène de la matière organique.

Ces deux règles conservent toute leur valeur dans l'ancienne notation, où l'on prend pour unité de molécule la formule H^2O^2; seulement, comme, dans cette notation, l'acide carbonique devient logiquement C^2O^4, il y a encore cette autre règle à ajouter aux précédentes : les atomes de carbone sont en nombre pair, et les atomes d'oxygène (de soufre, de sélénium et de tellure) sont également en nombre pair.

Il est à remarquer que si, dans la notation unitaire, les formules types H^2O, HCl, NH^3, HH, ainsi que celles de la plupart des dérivés, correspondent à *deux* volumes de gaz, les formules des mêmes corps dans l'ancienne notation H^2O^2, HCl, NH^3, HH, etc., correspondent à *quatre* volumes de gaz[1]. Ainsi l'on a :

[1] Voy. pour plus de détails, LAURENT, *Méthode de Chimie*, p. 57.

	Notation ancienne.	Notation unitaire.
Ac. acét. hydraté. . .	$C^4H^4O^4$ (4 vol.). . .	$C^2H^4O^2$ (2 vol.)
Ac. acét. anhydre. . .	$C^8H^6O^6$ (4 vol.). . .	$C^4H^6O^3$. (2 vol.)

L'application des règles précédentes nous a conduits, Laurent et moi, à rectifier un grand nombre de formules, qui n'y satisfaisaient pas, et dont des expériences plus précises ont depuis mis en évidence l'inexactitude.

Équivalents des radicaux; radicaux homologues; radicaux conjugués.

§ 2459. J'ai insisté plus haut (p. 568) sur le sens de ce que j'appelle *radicaux* ou résidus de doubles décompositions.

Pour comparer entre eux les radicaux, je propose de les rapporter tous au radical hydrogène, et je les appelle, en conséquence, *monatomiques*, *biatomiques*, *triatomiques*..., suivant la quantité d'hydrogène qu'ils sont susceptibles de remplacer dans le type eau et dans les types dérivés, suivant qu'ils sont l'équivalent d'un, de deux, de trois... atomes de radical hydrogène. Dans l'alcool et dans l'éther, par exemple,

$$O\left\{\begin{matrix}C^2H^5\\H\end{matrix}\right. \qquad O\left\{\begin{matrix}C^2H^5\\C^2H^5,\end{matrix}\right.$$

le radical éthyle C^2H^5 est monatomique, parce qu'il remplace H dans le type eau; dans l'acide sulfurique anhydre ou hydraté,

$$O,SO^2 \qquad O^2\left\{\begin{matrix}SO^2\\H^2,\end{matrix}\right.$$

le radical sulfuryle SO^2 est biatomique, parce qu'il remplace H^2 dans le type eau; dans l'acide phosphorique anhydre ou hydraté,

$$O^3\left\{\begin{matrix}PO\\PO\end{matrix}\right. \qquad O^3\left\{\begin{matrix}PO\\H^3,\end{matrix}\right.$$

le radical phosphoryle PO est triatomique, parce qu'il remplace H^3 dans le type eau, etc.

Comme un seul et même corps peut être représenté par deux ou plusieurs formules rationnelles (§ 2453), suivant les analogies, c'est-à-dire suivant le système de double décomposition qu'il s'agit de faire ressortir, il est évident qu'un semblable corps peut aussi se formuler par des radicaux différents. Ainsi l'acide nitrique peut être exprimé par les trois formules suivantes :

$$O\left\{\begin{matrix}NO^2\\H\end{matrix}\right. \qquad O^2\left\{\begin{matrix}NO\\H\end{matrix}\right. \qquad O^3\left\{\begin{matrix}N\\H.\end{matrix}\right.$$

Dans ces trois formules, les radicaux NO^2, NO, et N ont des équivalents différents : NO^2 (nitryle) est l'équivalent de H; NO (azotyle) est l'équivalent de H^3, N (nitricum) est l'équivalent de H^5, puisqu'il faut remplacer ces trois radicaux par des quantités différentes d'hydrogène pour former de l'eau :

$$O\left\{\begin{matrix}H\\H\end{matrix}\right. \qquad O^2\left\{\begin{matrix}H^3\\H\end{matrix}\right. \qquad O^3\left\{\begin{matrix}H^5\\H.\end{matrix}\right.$$

On peut donc, suivant le système de double décomposition qu'on veut formuler, changer les radicaux dans un même corps; mais alors change aussi l'équivalent en hydrogène de ces radicaux, d'après cette règle : *Chaque équivalent en hydrogène qui est ajouté à un radical diminue d'autant l'équivalent en hydrogène du radical total ; et réciproquement, chaque équivalent en hydrogène qui est retranché d'un radical augmente d'autant l'équivalent du radical restant.* En effet, si l'on dérive, par exemple, l'acide nitrique de deux molécules d'eau, en le notant :

$$O^2\left\{\begin{matrix}NO\\H\end{matrix}\right. \quad \text{équivalent de} \quad O^2\left\{\begin{matrix}H^3\\H,\end{matrix}\right.$$

et qu'on veuille, pour exprimer une autre analogie, ramener la même formule à une molécule d'eau, on commencera par retrancher O, équivalent de H^2, d'un côté du système, pour le reporter de l'autre côté sur le radical NO, de manière à avoir :

$$O\left\{\begin{matrix}NO + O\\H;\end{matrix}\right.$$

or, par cette transformation de deux molécules d'eau en une seule molécule, les 4 atomes d'hydrogène du type double O^2H^4 se trouvent réduits à 2 atomes du type simple OH^2, et comme l'acide nitrique renferme un atome d'hydrogène, il s'ensuit que le radical $NO + O = NO^2$ n'équivaut lui-même plus qu'à un atome d'hydrogène, c'est-à-dire à H^3 (équivalent du radical primitif NO) diminué de H^2 (équivalent qui a été ajouté au radical primitif NO); on a ainsi :

$$O\left\{\begin{matrix}NO^2\\H\end{matrix}\right. \quad \text{équivalent de} \quad O\left\{\begin{matrix}H\\H.\end{matrix}\right.$$

Bien entendu, la règle précédente n'est applicable qu'autant qu'on porte d'un côté du système de double décomposition l'élément ou les éléments qu'on retranche de l'autre côté du même système. Si, dans l'un des systèmes de l'essence d'amandes amères (p. 578),

$$O\left\{\begin{matrix} C^7H^5 \\ H \end{matrix}\right. \text{ équivalent de } O\left\{\begin{matrix} H \\ H, \end{matrix}\right.$$

on retranche d'un côté C^7H^5 équivalent de H, pour le reporter de l'autre côté sur O équivalent de H^2, l'équivalent de $O + C^7H^5$ devient $H^2 - H = H$, et l'on a :

$$C^7H^5O,H \text{ équivalent de } HH.$$

On voit, par les exemples précédents, que les équivalents en hydrogène des radicaux qui correspondent aux différents systèmes de double décomposition d'un même corps sont entre eux dans des rapports fort simples :

L'équivalent de NO ou $N + O$
est égal à $H^5 - H^2 = H^3$

L'équivalent de NO^2 ou $NO + O$
est égal à $H^3 - H^2 = H$;

L'équivalent de C^7H^5O ou $O + C^7H^5$
est égal à $H^2 - H = H$.

Ces exemples démontrent que l'équivalent en hydrogène d'un radical composé de deux autres radicaux est égal à la différence des équivalents en hydrogène de ces derniers. Cette règle, qui est générale, nous sera d'une grande utilité pour la considération des radicaux conjugués (§ 2462).

§ 2460. Lorsqu'un élément forme deux ou plusieurs oxydes susceptibles de la double décomposition, et que l'on considère comme radical l'élément qui est combiné avec l'oxygène, il arrive toujours ou que le même symbole offre plusieurs équivalents en hydrogène, ou que les mêmes symboles affectés d'un indice différent offrent le même équivalent en hydrogène. On dit alors qu'*un semblable élément a plusieurs équivalents*; mais à chaque équivalent correspondent des propriétés particulières.

Ainsi, il y a deux oxydes de mercure susceptibles de la double décomposition :

$$OHg^2 = O\left\{\begin{matrix} Hg \\ Hg \end{matrix}\right., \text{ deutoxyde;}$$

$$OHg^4 = O\left\{\begin{matrix} Hg^2 \\ Hg^2 \end{matrix}\right., \text{ protoxyde.}$$

Veut-on transformer en eau le deutoxyde de mercure, il faut remplacer par H chaque poids de Hg ou 100 mercure; s'agit-il de convertir en eau le protoxyde de mercure, il faut remplacer par H chaque poids de Hg^2 ou 200 mercure. Donc il y a deux quantités de mercure différentes, deux radicaux mercuriels différents, susceptibles de remplacer la même quantité d'hydrogène pour former un oxyde de mercure susceptible, comme le type eau, de la double décomposition. A chacun de ces radicaux correspondent un chlorure, un bromure, un sulfate, un nitrate, etc. On peut appeler l'un de ces radicaux Hg *mercuricum*, pour rappeler qu'il est contenu dans l'oxyde et les sels mercuriques, et nommer l'autre Hg^2 *mercurosum*, pour faire entendre qu'il est renfermé dans l'oxyde et les sels mercureux. Ces dénominations sont tout aussi rationnelles que celles, par exemple, en chimie organique, de méthyle et d'éthyle, qui expriment deux radicaux composés l'un et l'autre de carbone et d'hydrogène, mais en proportions différentes; il y a d'ailleurs, entre les composés à radical mercuricum et les composés à radical mercurosum, des différences spécifiques tout aussi tranchées que celles qu'on observe, par exemple, entre les composés de potassium et les composés d'argent, ou entre les composés à radical méthyle et les composés à radical éthyle.

Voici un autre exemple. L'arsenic forme les deux oxydes suivants :

$$O^3As^2 = O^5\left\{\begin{matrix}As\\As\end{matrix}\right., \text{ acide arsénieux anhydre.}$$

$$O^5As^2 = O^3\left\{\begin{matrix}As\\As\end{matrix}\right., \text{ acide arsénique anhydre.}$$

Pour transformer l'acide arsénieux en eau, il faut remplacer As ou 75 arsenic par H^3; pour convertir de même l'acide arsénique, il faut remplacer As par H^5. Donc le même symbole As a deux équivalents différents en hydrogène, et à chacun de ces équivalents correspondent des propriétés particulières. L'équivalent triatomique, qu'on peut appeler *arséniosum*, fonctionne dans les doubles décompositions de l'acide arsénieux et des arsénites; l'équivalent pentatomique, ou *arsénicum*, fonctionne dans les doubles décompositions de l'acide arsénique et des arséniates.

L'azote, le phosphore, le cuivre, le fer, le platine, l'étain, tous les éléments enfin susceptibles, comme le mercure et l'arsenic, de former plusieurs oxydes acides ou basiques, ont évidemment aussi plusieurs équivalents.

Il peut être quelquefois utile, pour faciliter une démonstration, de noter par des signes particuliers les différents radicaux ou équivalents d'un même élément : ainsi je note quelquefois le radical ferricum par *fe* au lieu de $^2/_3$ *Fe*, équivalent de H, le radical ferrosum étant *Fe*; j'écris aussi le radical platinicum par *pt* au lieu de $^1/_2$ *Pt*, équivalent de H, le radical platinosum étant *Pt*, etc.

§ 2461. En chimie organique, on désigne sous le nom de *radicaux homologues* des radicaux qui ne diffèrent dans leur composition que par $n\,CH^2$, *n* étant un nombre entier. Ces radicaux, étant substitués à l'hydrogène d'un type, donnent des *composés homologues*, qui se ressemblent au plus haut degré sous le rapport des caractères chimiques, c'est-à-dire des transformations dont ils sont susceptibles. Nous avons déjà fait connaître ce genre de composés (§ 74).

Les radicaux homologues les plus connus peuvent se représenter par les formules générales suivantes (nous les supposons en substitution au radical hydrogène du type eau) :

Radicaux monatomiques.

C^nH^{2n+1}, radicaux d'alcools.
C^nH^{2n-7}, id.
C^nH^{2n-1}, radicaux d'aldéhydes.
C^nH^{2n-9}, id.
$C^nH^{2n-1}O$, radicaux d'acides monobasiques.
$C^nH^{2n-3}O$, id.
$C^nH^{2n-9}O$, id.
$C^nH^{2n-1}O^2$, radicaux d'acides bibasiques.

Radicaux biatomiques.

$C^nH^{2n-4}O^2$, radicaux d'acides bibasiques.
$C^nH^{2n-12}O^2$, id.

§ 2462. Pour rattacher entre eux deux ou plusieurs systèmes de double décomposition d'un même corps, il est souvent avantageux de représenter celui-ci par un *radical conjugué*, c'est-à-dire composé de plusieurs radicaux dont chacun rappelle un semblable système. On peut considérer comme conjugué le radical de tout corps susceptible de se transformer dans certaines réactions très-simples en combinaisons appartenant à d'autres radicaux (*radicaux constituants*), ou le radical de tout corps résultant de la métamorphose de semblables combinaisons. Les radicaux conjugués forment des oxydes, des sulfures, des chlorures, etc., comme leurs radicaux constituants.

Il y a deux manières de représenter un radical conjugué. On peut l'exprimer comme conjugué *par addition*, lorsqu'il renferme tous les éléments de deux autres radicaux simples ou composés : ainsi, le sulfophényle $C^6H^5(SO^2)$ est un radical conjugué par addition des radicaux sulfuryle SO^2 et phényle C^6H^5; le stannéthyle Sn (C^2H^5) est un radical conjugué par addition des radicaux étain (stannicum) Sn et éthyle C^2H^5.

Ou bien, on peut considérer un radical comme conjugué *par substitution*, lorsqu'il contient tous les éléments d'un radical et une partie seulement des éléments d'un autre radical, le premier radical étant alors censé remplacer les éléments manquants du second. Ainsi, le nitrobenzoïle $C^7H^4(NO^2)O$ se compose du radical benzoïle C^7H^5O dont un atome d'hydrogène est remplacé par le radical nitryle NO^2; le trichloracétyle $C^2(Cl^3)O$ se compose du radical acétyle C^2H^3O, dont 3 atomes d'hydrogène sont remplacés par leur équivalent de radical chlore.

α. Parmi les radicaux conjugués par addition, il faut surtout citer des radicaux de bases, radicaux conjugués qui contiennent les éléments d'un radical d'alcool C^nH^{2n+1} et d'un radical simple (de base métallique ou d'acide minéral) :

Radicaux monatomiques, équivalents de H.

Hg^2 (C^nH^{2n+1}), mercuréthyle, etc. (rad. du bioxyde de mercure et rad. d'alcool).

Pb^2 $(C^nH^{2n+1})^3$, plombéthyle, etc. (rad. du peroxyde de plomb et rad. d'alcool).

As $(C^nH^{2n+1})^2$, cacodyle, etc. (rad. de l'ac. arsénieux et rad. d'alcool).

As $(C^nH^{2n+1})^4$, arsénéthylium, etc. (rad. de l'ac. arsénique et rad. d'alcool).

Sb $(C^nH^{2n+1})^4$, stibéthylium, etc. (rad. de l'ac. antimonique et rad. d'alcool).

Sn (C^nH^{2n+1}), stannéthyle, etc. (rad. du bioxyde d'étain et rad. d'alcool).

Sn^2 $(C^nH^{2n+1})^3$, autre stannéthyle, etc. (rad. du bioxyde d'étain et rad. d'alcool).

N $(C^nH^{2n+1})^4$, tétréthyl-ammonium, etc. (rad. de l'ac. nitrique et rad. d'alcool).

$P(C^nH^{2n+1})^4$, tétraphosphéthyl-ammonium, etc. (rad. de l'ac. phosphorique et rad. d'alcool).

Radicaux biatomiques, équivalents de H^2 :

Bi (C^nH^{2n+1}), bismuthéthyle, etc. (rad. de l'oxyde de bismuth et rad. d'alcool).

As $(C^nH^{2n+1})^3$, arsénéthyle, etc. (rad. de l'acide arsénique et rad. d'alcool).

Sb $(C^nH^{2n+1})^3$, stibéthyle, etc. (rad. de l'ac. antimonique et rad. d'alcool).

Te $(C^nH^{2n+1})^2$, telluréthyle, etc. (rad. de l'ac. tellureux et rad. d'alcool).

Se $(C^nH^{2n+1})^2$, sélénéthyle, etc. (rad. de l'ac. sélénieux et rad. d'alcool).

En exprimant certaines combinaisons par ces radicaux conjugués, on veut rappeler qu'elles résultent de la réaction de composés à radical de bismuth, de mercure ou d'étain, etc., et de composés à radical de méthyle, d'éthyle ou d'amyle, etc., ou bien encore qu'elles sont susceptibles de se scinder, dans certaines réactions, en composés appartenant à l'un et à l'autre des deux radicaux constituants; de plus, on veut indiquer que les radicaux mercuréthyle, arsénéthyle, telluréthyle, etc., tout comme les radicaux constituants mercure, arsenic, tellure, ou méthyle, éthyle, etc., ont leurs oxydes, leurs sulfures, leurs chlorures, etc.

Les radicaux de la plupart des matières organiques dont on connaît les métamorphoses les plus prochaines peuvent être exprimés comme conjugués. Ainsi les radicaux d'acides de la formule $C^nH^{2n-1}O$ peuvent être envisagés comme composés du radical carbonyle CO et d'un radical d'alcool C^nH^{2n+1} :

$CO(H)$, formyle,
$CO(CH^3)$, acétyle,
$CO(C^2H^5)$, propionyle,
$CO(C^3H^7)$, butyryle, etc.

Ces formules sont justifiées par les réactions. On sait, par exemple, que les combinaisons du radical acétyle se dédoublent, dans beaucoup de cas, en combinaisons carboniques et en combinaisons méthyliques : l'acide acétique peut être transformé par la chaleur en acide carbonique et en hydrure de méthyle (gaz des marais); l'acétate de potasse donne, par la pile, du méthyle et du carbonate de potasse, etc.

Les mêmes radicaux d'acides peuvent aussi s'exprimer comme des radicaux conjugués, renfermant les radicaux des aldéhydes correspondantes, plus le radical oxygène ; on sait que les aldéhydes passent à l'état d'acides par l'oxydation :

$C^2H^3(O)$, acétyle,
$C^3H^5(O)$, propionyle,
$C^4H^7(O)$, butyryle, etc.

Enfin les radicaux d'alcools eux-mêmes peuvent être considérés comme des radicaux conjugués, dont un radical d'aldéhyde et le radical hydrogène seraient les radicaux constituants :

$CH\ (H^2)$, méthyle,
$C^2H^3(H^2)$, éthyle,
$C^3H^5(H^2)$, trityle,
$C^4H^7(H^2)$, tétryle,
$C^5H^9(H^2)$, amyle, etc.

Il y a, en effet, un grand nombre de réactions dans lesquelles les combinaisons à radicaux d'alcools se convertissent en combinaisons à radicaux d'aldéhydes (l'alcool ordinaire se transforme en aldéhyde acétique, en gaz oléfiant, etc.).

Si l'on compare l'équivalent des radicaux conjugués par addition avec les équivalents de leurs radicaux constituants, on arrive à cette règle bien simple, qui n'est qu'un corollaire de la règle formulée plus haut (p. 601) à l'égard des radicaux en général : *L'équivalent en hydrogène d'un radical conjugué par addition est égal à la différence des équivalents en hydrogène des deux radicaux constituants.* Quelques exemples vont mettre ce fait en évidence :

Radical conjugué[1] cacodyle $As\,(CH^3)^2$, équivalent en hydrogène $= H$.

		Éq. en hydrog.
Radicaux constituants,	As, arséniosum	H^3
	$(CH^3)^2$, méthyle. . . .	H^2
	Différence	H

Radical conjugué[2] arsénéthylium $As\ (C^2H^5)^4$; équivalent en hydrogène $= H$.

[1] L'acide arsénieux As^2O^3 est l'équivalent de H^6O^3; donc As^2 arséniosum équivalent de H^6, ou As équivalent de H^3.

[2] L'acide arsénique As^2O^5 est l'équivalent de $H^{10}O^5$; donc As^2 arsénicum équivalent de H^{10}, ou As équivalent de H^5.

		Eq. en hydrog.
Radicaux constituants.	As, arsénicum	H^5
	$(C^2H^5)^4$, éthyle.	H^4
	Différence	H.

Radical conjugué arsénéthyle As $(C^2H^5)^3$; équivalent en hydrogène $= H^2$.

		Eq. en hydrog.
Radicaux constituants.	As, arsénicum.	H^5
	$(C^2H^5)^3$, éthyle.	H^3
	Différence	H^2.

Radical conjugué acétyle $CO(CH^3)$; équivalent en hydrogène $= H$.

		Eq. en hydrog.
Radicaux constituants.	CO, carbonyle.	H^2
	CH^3, méthyle.	H
	Différence	H.

Radical conjugué acétyle $C^2H^3(O)$; équivalent en hydrogène $= H$.

		Eq. en hydrog.
Radicaux constituants.	C^2H^3 acétosum. . . .	H
	O oxygène. . . .	H^2
	Différence	H.

Radical conjugué éthyle $C^2H^3(H^2)$; équivalent en hydrogène $= H$.

		Eq. en hydrog.
Radicaux constituants.	C^2H^3 acétosum. . . .	H
	H^2 hydrogène. . .	H^2
	Différence	H.

β. Au lieu de considérer un radical conjugué comme formé par la réunion de deux autres radicaux, on peut aussi admettre qu'il résulte de la substitution d'un radical à un ou à plusieurs éléments d'un autre radical.

Ainsi le radical tétréthyl-ammonium $N(C^2H^5)^4$ représente le radical ammonium NH^4 dont les 4 atomes d'hydrogène sont remplacés par le radical éthyle [1] ; le radical acétyle $C^2H^3(O)$ représente

[1] Considéré comme radical conjugué par addition, le radical tétréthyl-ammonium représente le radical nitricum N, équivalent de H^5, uni à 4 atomes de radical éthyle $(C^2H^5)^4$, équivalent de H^4.

le radical éthyle C^2H^5, dont 2 atomes d'hydrogène sont remplacés par le radical oxygène, etc.

Ce genre d'interprétation est surtout applicable aux radicaux des corps qui résultent de l'action du chlore, du brome, de l'acide nitrique, de l'acide sulfurique, etc., sur les matières organiques.

La règle des équivalents est celle-ci : *L'équivalent en hydrogène d'un radical conjugué par substitution est égal à la différence de l'équivalent d'hydrogène manquant sur la somme des équivalents en hydrogène des deux radicaux constituants.* Voici quelques exemples comme preuves de cette règle :

Radical conjugué tétréthyl-ammonium $N(C^2H^5)^4$; équivalent en hydrogène $=$ H.

			Eq. en hydrog.
Radicaux constituants.	NH^4	ammonium. . . .	H
	$(C^2H^5)^4$	éthyle.	H^4
		Somme	H^5.
Hydrogène manquant.			H^4
		Différence	H.

Radical conjugué acétyle $C^2H^3(O)$; équivalent en hydrogène $=$ H.

			Eq. en hydrog.
Radicaux constituants.	C^2H^5	éthyle.	H
	O	oxygène.	H^2
		Somme	H^3
Hydrogène manquant.			H^2
		Différence	H.

Radical conjugué nitrobenzoïle $C^7H^4(NO^2)O$; équivalent en hydrogène $=$ H.

			Eq. en hydrog.
Radicaux constituants.	C^7H^5O	benzoïle. . . .	H
	NO^2	nitryle.	H
		Somme	H^2
Hydrogène manquant.			H
		Différence	H.

Radical binitrobenzoïle $C^7H^3(NO^2)^2O$; équivalent en hydrogène $=$ H.

			Eq. en hydrog.
Radicaux constituants.	C^7H^5O	benzoïle. . . .	H
	$(NO^2)^2$	nitryle.	H^2
		Somme	H^3

Hydrogène manquant. . . . . H^2

Différence $\overline{H}$.

Radical sulfobenzoïle $C^7H^4(SO^2)O$; équivalent[1] en hydrogène $= H^2$.

		Eq. en hydrog
Radicaux constituants.	C^7H^5O benzoïle. . . .	H
	SO^2 sulfuryle.	H^2
	Somme	H^3
Hydrogène manquant.		H
	Différence	H^2.

Radical sulfosuccinyle $C^4H^3(SO^2)O^2$; équivalent[2] en hydrogène $= H^3$.

		Eq. en hydrog.
Radicaux constituants.	$C^4H^4O^2$ succinyle. . . .	H^2
	SO^2 sulfuryle. . . .	H^2
	Somme	H^4
Hydrogène manquant.		H
	Différence	H^3.

Radical conjugué trichloracétyle $C^2(Cl^3)O$; équivalent en hydrogène $= H$.

		Eq. en hydrog.
Radicaux constituants.	C^2H^3O, acétyle.	H
	$(Cl)^3$ chlore.	H^3
	Somme	H^4
Hydrogène manquant.		H^3
	Différence	H.

Il est bien entendu qu'en représentant un corps par un radical conjugué, on a pour but, non d'exprimer la manière dont les éléments semblent groupés dans la molécule de ce corps, mais de rendre sensibles, par une image simple et précise, certaines réactions qui lui donnent naissance ou d'après lesquelles il se transforme.

[1] L'acide sulfobenzoïque renferme $C^7H^6SO^5$; il est bibasique :

$$O^2 \left\{ \begin{matrix} C^7H^4(SO^2)O \\ H^2 \end{matrix} \right.$$

[2] L'acide sulfosuccinique renferme $C^4H^6SO^7$; il est tribasique :

$$O^3 \left\{ \begin{matrix} C^4H^3(SO^2)O^2 \\ H^3 \end{matrix} \right.$$

FONCTIONS CHIMIQUES DES CORPS.

§ 2463. J'ai insisté plus haut[1] sur la nécessité d'appliquer la notion de *série* dans la classification chimique des corps.

Je crois également avoir fait comprendre qu'il existe en chimie deux espèces de classifications. D'après l'une, on groupe ensemble les corps les plus rapprochés par leur mode de génération, quelles qu'en soient les fonctions; on réunit donc, autour de certains corps pivots, les acides, les alcalis, les éthers, les amides, etc., résultant les uns des autres et ayant un radical commun ; c'est à peu près la classification qui a été suivie, dans ce traité, pour la description des substances organiques. Dans l'autre classification, on réunit les corps chimiquement semblables, indépendamment de leur mode de génération, et on les dérive d'un certain nombre de formules-types; on met donc ensemble tous les acides, puis tous les éthers, puis tous les alcalis, etc., quels qu'en soient les radicaux : c'est cette dernière classification qu'il nous reste à exposer en détail. Il est clair que les deux classifications présentent une égale importance; pour être complète, l'étude de chaque corps exige l'application de l'une et de l'autre.

La chimie est la science de la génération de la matière ; les corps résultant les uns des autres constituent en quelque sorte les différentes parties d'un arbre. Or on peut, en chimie comme en physiologie végétale, considérer, dans tous les arbres indistinctement, les relations des feuilles entre elles, puis celles des fleurs, puis celles des graines, etc. : telle est en chimie la classification par types ou d'après les fonctions. Ou bien, on peut, dans un seul arbre, considérer les relations de sa feuille avec sa fleur, avec sa graine, c'est-à-dire les relations de tous ses organes entre eux : voilà la classification par radicaux ou d'après la génération.

Comme je l'ai souvent dit, mes radicaux et mes types ne sont que des symboles, destinés à concréter en quelque sorte certains rapports de composition et de transformation.

Le tableau ci-joint résume les divisions que j'ai adoptées pour la classification par types.

[1] Voy. I, § 73 et suiv., *Principes de la classification sériaire.*

CLASSIFICATION DES CORPS D'APRÈS LEURS FONCTIONS CHIMIQUES.

	TYPE EAU. $n\,O \left\{ \begin{matrix} H \\ H \end{matrix} \right.$		TYPE ACIDE CHLORHYDRIQUE. $n\,Cl\,H$		TYPE AMMONIAQUE. $n\,N \left\{ \begin{matrix} H \\ H \\ H \end{matrix} \right.$	TYPE HYDROGÈNE. $n\,HH$.
	OXYDES.	SULFURES. (Séléniures, tellurures.)	CHLORURES. (Bromures, iodures, fluorures.)	CYANURES.	AZOTURES. (Phosphures.)	MÉTAUX. (Métalloïdes.)
DÉRIVÉS à radicaux positifs.	**Bases proprement dites.** 1. *B. primaires* ou *bases hydratées* (hydrate de potasse, hydrate d'arsénéthylium). 2. *B. secondaires* ou *bases anhydres* (oxyde de potassium).	**Sulfures de bases.** 1. *S. primaires* ou *sulfhydrates* (sulfhydrate de potasse, sulfhydrate d'aniline). 2. *S. secondaires* ou *sulfures métalliques* (sulfure de potassium).	**Chlorures de bases.** 1. *C. primaires* ou *chlorures métalliques* (chlorure de potassium, chlorhydrate d'aniline).	**Cyanures de bases.** 1. *C. primaires* ou *cyanures métalliques* (cyanure de potassium, ferrocyanure de potassium).	**Azotures de bases.** 1. *A. primaires* (amidure de potassium). 2. *A. secondaires.* 3. *A. tertiaires* (azoture de potassium).	**Métaux de bases.** 1. *M. primaires* ou *hydrures métalliques* (hydrure de cuivre). 2. *M. secondaires* ou *métaux proprement dits* (potassium, stibéthyle).
	Alcools ou bases hydrocarburées. 1. *A. primaires* ou *alcools proprement dits* (esprit de bois, hydrate de phényle, glycérine). 2. *A. secondaires* ou *éthers simples* (oxyde d'éthyle).	**Sulfures d'alcools.** 1. *S. primaires* ou *mercaptans* (sulfhydrate d'éthyle). 2. *S. secondaires* ou *éthers sulfhydriques* (sulf. d'éthyle).	**Chlorures d'alcools.** 1. *C. primaires* ou *éthers chlorhydriques* (chlorure d'éthyle).	**Cyanures d'alcools.** 1. *C. primaires*, *éthers cyanhydriques* ou *nitriles* (acétonitrile).	**Azotures d'alcools.** 1. *A. primaires* (éthylamine). 2. *A. secondaires* (diéthylamine). 3. *A. tertiaires* (triéthylamine).	**Métaux d'alcools.** 1. *M. primaires* ou *hydrures d'alcools* (gaz des marais, benzine). 2. *M. secondaires*, soi-disant radicaux alcooliques (éthyle, amyle).
	Aldéhydes. 1. *A. primaires* (aldéhyde acétique, essence d'amandes amères). 2. *A. secondaires.*	**Sulfures d'aldéhydes.** 1. *S. primaires* (sulfobenzol). 2. *S. secondaires.*	**Chlorures d'aldéhydes.** 1. *C. primaires* (chlorure d'aldéhydène).	**Cyanures d'aldéhydes.** 1. *C. primaires.*	**Azotures d'aldéhydes.** 1. *A. primaires.* 2. *A. secondaires.* 3. *A. tertiaires.*	**Métaux d'aldéhydes.** 1. *M. primaires* ou *hydrures d'aldéhydes* (gaz oléfiant). 2. *M. secondaires.*
DÉRIVÉS à radicaux négatifs.	**Acides.** 1. *A. primaires* ou *acides hydratés* (ac. sulfurique, ac. benzoïque, ac. cyanique). 2. *A. secondaires* ou *acides anhydres* (ac. sulfurique anhydre, ac. benzoïque anhydre).	**Sulfures d'acides.** 1. *S. primaires* (acide sulfocyanhydrique). 2. *S. secondaires* (sulfure de benzoïle).	**Chlorures d'acides.** 1. *C. primaires* (chlorure de benzoïle, oxychlorure de phosphore, chlore libre, chlorure de cyanogène.)	**Cyanures d'acides.** 1. *C. primaires* (cyanure de benzoïle, cyanogène libre).	**Azotures d'acides.** 1. *A. primaires* (benzamide, succinamide, cyanamide). 2. *A. secondaires* (succinimide, benzoïl-sulfophénylamide, acide hippurique). 3. *A. tertiaires* (dibenzoïlsalicylam., boram., azote libre).	**Métaux d'acides.** 1. *M. primaires*, *hydrures d'acides* (hydrure de benzoïle, acide chlorhydrique, acide cyanhydrique). 2. *M. secondaires* ou *métalloïdes* (benzoïle, chlore, cyanogène).
DÉRIVÉS intermédiaires ou à rad. positifs et négatifs.	**Sels oxygénés.** (Sulfates, nitrates, cyanates métalliques.) **Éthers composés.** (Sulfate, cyanate, oxalate d'éthyle, de phényle. Glycérides, oléine, stéarine.) **Aldéhydes composées.**	**Sels sulfurés.** (Sulfocyanures, sulfantimoniates.) **Éthers comp. sulfurés.** (Thiacétate d'éthyle, sulfocyanure d'éthyle.) **Aldéhydes comp. sulfurées.**	. . . .	. . . .	**Sels d'amides.** (Benzamidate de mercure). **Alcalamides.** (Oxanilide, éthyl-acétamide.)	Ici viennent se placer beaucoup de corps qui figurent déjà dans les autres classes : par ex., les cyanures d'alcools, renfermant le radical de l'acide cyanique et un radical d'alcool.

TYPE EAU.

A. Oxydes.

§ 2464. Les *oxydes*, ou dérivés du type eau par la substitution d'un autre radical à l'hydrogène, peuvent se subdiviser ainsi :

I. *Oxydes positifs.*	*Bases* . . .	Dérivés primaires, ou *bases hydratées*.
		Dérivés secondaires, ou *bases anhydres*.
	Alcools . .	Dérivés primaires, ou *alcools* proprem. dits.
		Dérivés secondaires, ou *éthers simples*.
	Aldéhydes.	Dérivés primaires, ou *aldéhydes* proprem. [dites.
		Dérivés secondaires.
II. *Oxydes négatifs.*	*Acides* . .	Dérivés primaires, ou *acides hydratés*.
		Dérivés secondaires, ou *acides anhydres*.
III. *Oxydes intermédiaires.*	*Sels oxygénés.*	
	Éthers composés.	
	Glycérides.	
	Aldéhydes composées.	

Les oxydes positifs sont ceux dans lesquels un radical positif remplace l'hydrogène du type ; ils sont *primaires* ou *secondaires*, suivant que la substitution porte sur une partie ou sur la totalité de cet hydrogène. Ils comprennent des bases métalliques, des alcools et des aldéhydes.

Les *bases métalliques*, à radicaux simples, composés, normaux ou conjugués, constituent les bases proprement dites, qui réagissent directement sur les acides en produisant des *sels* généralement solides, et non volatils, susceptibles de la double décomposition dans les circonstances ordinaires, c'est-à-dire des oxydes intermédiaires à deux radicaux opposés qui s'échangent aisément par voie de précipitation, suivant la loi de Berthollet. En solution aqueuse, les bases ramènent au bleu le tournesol rougi par les acides. On appelle les bases *hydratées* ou *anhydres* suivant qu'elles représentent des dérivés primaires ou secondaires.

Les *alcools* renferment toujours des radicaux composés de carbone et d'hydrogène (quelquefois aussi d'oxygène) ; comme les bases proprement dites, ils font la double décomposition avec les acides, mais le plus souvent seulement dans des conditions spéciales de température et de pression, en produisant des oxydes intermédiaires, appelés *éthers composés*, ordinairement liquides et volatils, et dont les radicaux ne s'échangent généralement pas non plus, dans les circonstances ordinaires, par voie de précipitation. On nomme ces oxydes plus spécialement *alcools*, lorsqu'ils sont primaires, et *éthers simples*, lorsqu'ils sont secondaires; ils n'exercent aucune action sur le tournesol.

Les *aldéhydes* (ou alcools déshydrogénés) se rapprochent beaucoup des alcools par leur manière d'être. Elles contiennent des radicaux qui diffèrent des radicaux d'alcools par de l'hydrogène en moins, et des radicaux d'acides par de l'oxygène en moins; au point de vue des métamorphoses, elles constituent des corps intermédiaires entre les alcools et les acides, en lesquels d'ailleurs elles peuvent être transformées. Comme fonctions, les alcools primaires et les aldéhydes primaires forment en quelque sorte la transition aux acides oxygénés; car les uns et les autres sont susceptibles d'échanger, pour le radical de certaines bases, l'hydrogène disponible qu'ils renferment; seulement les produits de cet échange offrent en général peu de stabilité.

Les OXYDES NÉGATIFS renferment un radical négatif en substitution à l'hydrogène du type eau; dans les composés organiques ce radical renferme généralement de l'oxygène. Ils comprennent les corps appelés *acides*. Ceux-ci s'appellent *hydratés* ou acides proprements dits, lorsqu'une partie seulement de l'hydrogène du type est remplacé (acides primaires); ils réagissent directement sur les bases pour former des sels, rougissent le tournesol et décomposent les carbonates avec effervescence. Les acides à radicaux conjugués (par exemple, les acides amidés) se comportent de la même manière. Lorsque tout l'hydrogène du type est remplacé par un radical négatif, on a des *anhydrides* ou acides anhydres (acides secondaires); dans les cas où ces anhydrides s'hydratent immédiatement au contact de l'eau, ils se comportent avec les bases comme les acides proprement dits; cependant bien des anhydrides organiques possèdent des caractères différents, et n'ont aucune action sur les papiers colorés.

Les OXYDES INTERMÉDIAIRES comprennent des composés dans lesquels à la fois un radical positif (de base, d'alcool ou d'aldéhyde) et un radical négatif (d'acide) remplacent l'hydrogène du type. Dans les *sels oxygénés*, ces deux radicaux s'échangent aisément par voie de précipitation ; les *éthers composés* et les *glycérides* exigent pour cet échange des conditions exceptionnelles de température et de pression.

On peut aussi compter parmi les oxydes intermédiaires les *glucosides* ou dérivés du glucose, qui se rapprochent des éthers et des glycérides par certains caractères de double décomposition.

Oxydes positifs.

§ 2465. Bases. — Ces corps représentent de l'eau dont l'hydrogène est remplacé par un radical métallique simple ou composé.

Lorsque ce remplacement porte sur tout l'hydrogène du type, les bases sont dites *anhydres* (bases secondaires); on les appelle *hydratées* (bases primaires) lorsqu'une partie seulement de l'hydrogène du type est remplacé.

On peut diviser les bases, comme les acides, en *monatomiques*, *biatomiques* ou *triatomiques*, suivant qu'elles dérivent d'une, de deux ou de trois molécules d'eau :

α. Bases monatomiques :

Hydrate de potasse . . . $\frac{1}{2}(K^2O,H^2O) = O\left\{\begin{matrix}H\\K\end{matrix}\right.$

Oxyde de potassium. . . $K^2O = O\left\{\begin{matrix}K\\K\end{matrix}\right.$

Hydrate d'argent. . . . . $\frac{1}{2}(Ag^2O,H^2O) = O\left\{\begin{matrix}H\\Ag\end{matrix}\right.$

Oxyde d'argent . . . . . $Ag^2O = O\left\{\begin{matrix}Ag\\Ag\end{matrix}\right.$

β. Bases biatomiques :

Hydrate de platinicum. . $\frac{1}{2}(Pt^2O^2,2H^2O) = O^2\left\{\begin{matrix}H^2\\Pt\end{matrix}\right.$

Oxyde de platinicum . . $Pt^2O^2 = O^2\left\{\begin{matrix}Pt\\Pt\end{matrix}\right.$

$= O^2\left\{\begin{matrix}pt^2\\pt^2\end{matrix}\right.$

γ. Bases triatomiques :

Hydrate d'alumine . . $\frac{1}{2}(Al^4O^3,3H^2O) = O^3\left\{\begin{matrix}H^3\\Al^2\end{matrix}\right.$

Oxyde d'aluminium. . $Al^2O^3 \quad = O^3 \left\{ \begin{matrix} Al^2 \\ Al^2 \end{matrix} \right.$

Hydrate d'antimoine. . $\frac{1}{2}(Sb^2O^3,3H^2O) \quad = O^3 \left\{ \begin{matrix} H \\ Sb \end{matrix} \right.$

Oxyde d'antimoine. . . $Sb^2O^3 \quad = O^3 \left\{ \begin{matrix} Sb \\ Sb \end{matrix} \right.$

Oxyde de bismuth. . . $Bi^2O^3 \quad = O^3 \left\{ \begin{matrix} Bi \\ Bi \end{matrix} \right.$

Les bases biatomiques et triatomiques se rapprochent beaucoup de certains acides ; l'oxyde d'antimoine, par exemple, est fort rapproché de l'acide arsénieux ; aussi l'appelle-t-on quelquefois acide antimonieux. On sait qu'il y a des stannates et des aluminates.

Certaines bases triatomiques se comportent quelquefois comme des bases monatomiques, notamment l'oxyde d'antimoine (voy. *Émétiques*, § 2495) :

Oxyde d'antimoine. . . . $Sb^2O^3 \quad = O \left\{ \begin{matrix} SbO \\ SbO \end{matrix} \right.$

Quant aux *peroxydes*, comme l'eau oxygénée, le peroxyde de manganèse, le peroxyde de plomb, susceptibles de se transformer en oxydes, avec dégagement d'oxygène, sous l'influence de l'acide sulfurique, il y a deux manières de les représenter : on peut les considérer comme de l'eau dont l'un des atomes d'hydrogène serait remplacé par les radicaux HO, MnO, PbO :

Eau oxygénée. . . . . . $O^2H^2 \quad = O \left\{ \begin{matrix} HO \\ H \end{matrix} \right.$

Peroxyde de manganèse. $O^2Mn^2 = O \left\{ \begin{matrix} MnO \\ Mn \end{matrix} \right.$

Peroxyde de plomb. . . $O^2Pb^2 = O \left\{ \begin{matrix} PbO \\ Pb \end{matrix} \right.$

D'après cette notation, le peroxyde de manganèse serait le manganate de manganosum ; on sait, en effet, qu'on obtient du manganate de potasse par la calcination du peroxyde de manganèse avec l'hydrate de potasse à l'abri de l'air.

Une autre manière de rattacher les peroxydes au type eau consiste à y admettre le même radical métallique que dans les protoxydes, mais avec un autre radical oxygène [1], qu'on pourrait appeler *peroxygène* $O^2 = Ox$, équivalent de H^2; on appliquerait ainsi à l'oxygène le principe, développé plus haut (§ 2460), qu'un même élément peut avoir plusieurs radicaux ou équivalents, à chacun desquels correspondent des propriétés particulières.

§ 2466. *Bases conjuguées.* — Les oxydes organiques qui se confondent avec les bases métalliques sous le rapport des fonctions chimiques sont ceux dont le radical est conjugué, c'est-à-dire composé d'un radical d'alcool, C^nH^{2n+1}, associé à un radical simple, positif ou négatif. Ainsi les radicaux éthyle, méthyle ou amyle, associés aux radicaux mercure, plomb, étain, antimoine, arsenic, tellure, etc., constituent des radicaux conjugués (mercuréthyle, stannamyle, telluréthyle, etc.), dont les oxydes représentent des bases parfaitement analogues à la potasse, à la chaux, à l'oxyde de plomb, etc. La première de ces bases conjuguées, moitié minérales, moitié organiques, a été découverte par M. Bunsen, qui a décrit en 1840 l'oxyde de cacodyle (d'arsénio-diméthyle). Les résultats remarquables obtenus par cet illustre chimiste ont, depuis cette époque, reçu une grande extension par les travaux de MM. Frankland, Lœwig, Cahours et Riche, Landolt, Wœhler, etc.

Si l'on suppose remplacés par leur équivalent [2] de méthyle ou d'éthyle un ou plusieurs atomes d'oxygène, dans une ou deux molécules d'oxyde d'antimoine, d'arsenic, de mercure, etc., on a exactement la composition des bases conjuguées anhydres qui y correspondent. En effet, $(C^2H^5)^2$, ou les radicaux homologues étant représentés par Et, on a [3] :

			Bases conjuguées anhydres.
Bioxyde de mercure (2 mol.)	Hg^4O^2.	$.Hg^4(EtO)$	$= O \left\{ \begin{matrix} Hg^2(C^2H^5) \\ Hg^2(C^2H^5) \end{matrix} \right.$,
Bioxyde de plomb (2 mol.)	Pb^4O^4.	$.Pb^4(Et^3O)$	$= O \left\{ \begin{matrix} Pb^2(C^2H^5)^3 \\ Pb^2(C^2H^5)^3 \end{matrix} \right.$,

[1] Une notation semblable pourrait s'appliquer aux deux modifications de l'oxygène libre :

Oxygène ordinaire . . OO

Oxygène ozonisé. . . O^2O^2 ou OxOx

[2] Les bases conjuguées marquées d'un astérisque sont biatomiques.

[3] $(C^2H^5)^2$ est l'équivalent de O, car, pour transformer l'eau en hydrure d'éthyle, on a

$$O \left\{ \begin{matrix} H \\ H \end{matrix} \right. \text{ et } \frac{C^2H^5,H}{C^2H^5,H}$$

* Oxyde de bismuth. . . . $Bi^2O^3.\ .Bi^2(EtO^2) = O^2\left\{\begin{matrix}Bi(C^2H^5)\\ Bi(C^2H^5)\end{matrix}\right.$,

Ac. arsénieux anhydre. . $As^2O^3.\ .As^2(Et^2O) = O\left\{\begin{matrix}As(C^2H^5)^2\\ As(C^2H^5)^2\end{matrix}\right.$,

* Ac. arsénique anhydre. . $As^2O^5.\ .As^2(Et^3O^2) = O^2\left\{\begin{matrix}As(C^2H^5)^3\\ As(C^2H^5)^3\end{matrix}\right.$,

Ac. arsénique anhydre. . $As^2O^5.\ .As^2(Et^4O) = O\left\{\begin{matrix}As(C^2H^5)^4\\ As(C^2H^5)^4\end{matrix}\right.$,

* Ac. antimoniq. anhydre.. $Sb^2O^5.\ .Sb^2(Et^3O^2) = O^2\left\{\begin{matrix}Sb(C^2H^5)^3\\ Sb(C^2H^5)^3\end{matrix}\right.$,

Ac. antimoniq. anhydre. $Sb^2O^5.\ .Sb^2(Et^4O) = O\left\{\begin{matrix}Sb(C^2H^5)^4\\ Sb(C^2H^5)^4\end{matrix}\right.$,

Bioxyde d'étain. . . . . . $Sn^2O^2.\ .Sn^2(EtO) = O\left\{\begin{matrix}Sn(C^2H^5)\\ Sn(C^2H^5)\end{matrix}\right.$,

Bioxyde d'étain (2 mol.) . $Sn^4O^4.\ .Sn^4(Et^3O) = O\left\{\begin{matrix}Sn^2(C^2H^5)^3\\ Sn^2(C^2H^5)^3\end{matrix}\right.$,

* Acide tellureux anhydre (2 molec.). . . . . . . $Te^2O^4.\ .Te^2(Et^2O^2) = O^2\left\{\begin{matrix}Te(C^2H^5)^2\\ Te(C^2H^5)^2\end{matrix}\right.$,

* Acide sélénieux anhydre (2 moléc.). . . . . . . $Se^2O^4.\ .Se^2(Et^2O^2) = O^2\left\{\begin{matrix}Se(C^2H^5)^2\\ Se(C^2H^5)^2\end{matrix}\right.$,

Acide nitrique anhydre. . $N^2O^5.\ .N^2(Et^4O) = O\left\{\begin{matrix}N(C^2H^5)^4\\ N(C^2H^5)^4\end{matrix}\right.$.

Il est digne de remarque que toutes ces bases conjuguées correspondent à des acides ou du moins à des oxydes dont la manière d'être se rapproche beaucoup de celle des acides. Elles s'obtiennent soit par l'oxydation directe de certains éthers, comme les arséniures, tellurures, antimoniures, séléniures d'éthyle, se comportant à la manière des métaux, soit par la réaction de la potasse ou de l'oxyde d'argent avec les nitrates, les chlorures ou les iodures conjugués correspondants.

Elles ressemblent par leurs caractères physiques aux bases minérales : tantôt elles forment des masses blanches, solubles dans l'eau, alcalines et caustiques comme la potasse (par exemple, les oxydes ou les hydrates de plombéthyle, d'arsénéthyle, de stibéthyle, de telluréthyle); tantôt elles constituent des précipités blancs et amorphes, solubles dans les acides (par exemple, les oxydes de bismuthéthyle, de stannéthyle). Elles déplacent l'ammoniaque des sels ammoniacaux et donnent avec les acides un grand nombre de sels. Généralement, elles ne sont pas volatiles et se décomposent par l'action de la chaleur; cependant l'hydrate de plombéthyle est volatil et répand des fumées à l'approche d'une baguette humectée d'acide chlorhydrique.

§ 2467. Les *bases amidées* ou *ammoniées* sont des bases conjuguées à radical d'ammonium. On sait que l'ammoniaque, en solution aqueuse, représente une base semblable à la soude ou à la potasse; cette analogie s'exprime en disant que le radical ammonium NH^4 remplace le radical simple, potassium K ou sodium Na :

$$O\left\{\begin{matrix}K\\H\end{matrix}\right. \quad ; \quad O\left\{\begin{matrix}NH^4\\H\end{matrix}\right. = NH^3 + H^2O.$$

Hydrate de potasse. Hydrate d'ammonium.

Or la chimie minérale et la chimie organique offrent un grand nombre de composés qui représentent les oxydes d'un ammonium dont l'hydrogène est plus ou moins remplacé par un radical simple ou composé. Dans ce nombre sont à compter les corps qu'on a appelés *oxydes ammoniacaux*, par exemple, l'oxyde de mercure ammoniacal ou oxyde de mercurammonium, l'oxyde de platinammonium (platinamine, platosamine), etc. :

Hydrate de mercurammonium. . . . $NHg^4HO = O\left\{\begin{matrix}NHg^4\\H\end{matrix}\right.$

Hydrate de platinammonium (platinamine[1]). . . . . $Npt^2H^3O = O\left\{\begin{matrix}Npt^2H^2\\H\end{matrix}\right.$

Hyd. de platosammonium (deuxième base de Reiset). . . . . $NPtH^4O = O\left\{\begin{matrix}NPtH^3\\H\end{matrix}\right.$.

[1] D'après mes expériences, le platine fulminant, qu'on obtient en dissolvant le chloroplatinate d'ammoniaque dans la soude bouillante et précipitant par l'acide acétique, représente l'hydrate d'un ammonium dont les 4 atomes d'hydrogène sont remplacés par leur équivalent de platinicum $pt^4 = Pt^4$. Séchée à 160°, la matière renferme :

$$O\left\{\begin{matrix}N\,pt^4 + 2\,aq.;\\H\end{matrix}\right.$$

Cette formule est déduite des résultats suivants :

	Expérience.	Calcul.
Azote.	5,2	5,2
Platine. . . .	75,0	74,7
Hydrogène. .	1,7	1,9

Le platine fulminant se dissout aisément dans l'acide chlorhydrique en donnant un sel fort soluble et incristallisable.

Ces bases se comportent avec les acides comme les bases métalliques à radicaux simples. Il existe aussi de semblables bases amidées, dérivant d'un hydrate de *diammonium :*

$$O\left\{\begin{matrix} N^2H^7 \\ H \end{matrix}\right. = O\left\{\begin{matrix} NH^3(NH^4) \\ H \end{matrix}\right. = 2\ NH^3 + H^2O;$$

Hydrate de diammonium.

par exemple, la diplatosamine (première base de Reiset) représente l'hydrate d'un diammonium dont un atome d'hydrogène est remplacé par son équivalent de platinosum :

$$O\left\{\begin{matrix} NPtH^2(NH^4) \\ H \end{matrix}\right.$$

Hydrate de diplatos-ammonium.

Les bases amidées, du genre de celles dont nous parlons, sont surtout fréquentes en chimie organique ; nous en devons la connaissance aux brillants travaux de M. Hofmann. Cet éminent chimiste a prouvé que la substitution des radicaux d'alcools C^nH^{2n+1} et C^nH^{2n-7} aux 4 atomes d'hydrogène de l'ammonium, dans l'hydrate de ce nom, donne des bases entièrement semblables à la potasse. Ces bases, d'ailleurs, rentrent entièrement dans la classe des bases éthylo-métalliques précédemment décrites, et n'en sont qu'un cas particulier [1].

Voici les principales bases amidées organiques :

Bases homologues à radical $N(C^nH^{2n+1})^4$:

Hydrate de tétraméthyl-ammonium. . . . . $C^4H^{13}NO = O\left\{\begin{matrix} N(CH^3)^4 \\ H \end{matrix}\right.,$

Hydrate de tétréthyl-ammonium. $C^8H^{21}NO = O\left\{\begin{matrix} N(C^2H^5)^4 \\ H \end{matrix}\right.,$

Hydrate de diéthyl-méthyl-amyl-ammon. . $C^{10}H^{25}NO = O\left\{\begin{matrix} N(C^2H^5)^2(CH^3)(C^5H^{11}) \\ H \end{matrix}\right.$

[1] Elles peuvent aussi être déduites de l'acide nitrique. Voy. p. 619.

Bases homologues à radical $N(C^nH^{2n+1})^3(C^nH^{2n-7})$:

Hydrate de méth.-éthyl-amyl-phénylammonium. $C^{14}H^{25}NO = O\left\{\begin{matrix} N(CH^3)(C^2H^5)(C^5H^{11})(C^6H^5). \\ H \end{matrix}\right.$

Hydrate de triéthyl-toluényl-ammonium. . . $C^{13}H^{23}NO = O\left\{\begin{matrix} N(C^2H^5)^3(C^7H^7) \\ H. \end{matrix}\right.$

Les iodures de ces bases se forment par l'action des éthers iodhydriques (iodures d'alcools) sur les alcalis tertiaires (azotures d'alcools) :

$$N\left\{\begin{matrix} C^2H^5 \\ C^2H^5 \\ C^2H^5 \end{matrix}\right. + I,C^2H^5 = I,N(C^2H^5)^4.$$

Triéthylamine. Iodure d'éthyle. Iodure de tétréthylammonium.

Les bases elles-mêmes ne peuvent pas être obtenues au moyen de la potasse et de leurs iodures, mais l'hydrate d'argent permet de les isoler :

$$I,N(C^2H^5)^4 + O\left\{\begin{matrix} Ag \\ H \end{matrix}\right. = IAg + O\left\{\begin{matrix} N(C^2H^5)^4 \\ H \end{matrix}\right. .$$

Iodure de tétréthylammon. Hydrate d'argent. Iodure d'argent. Hydrate de tétréthylammon.

Elles s'obtiennent, par l'évaporation, sous la forme de masses cristallines, fort solubles dans l'eau, qui chassent l'ammoniaque des sels ammoniacaux, et dédoublent les éthers composés en acide et en alcool. Elles se décomposent par la distillation en dégageant un alcali tertiaire volatil :

$$O\left\{\begin{matrix} N(C^2H^5)^4 \\ H \end{matrix}\right. = N\left\{\begin{matrix} C^2H^5 \\ C^2H^5 \\ C^2H^5 \end{matrix}\right. + C^2H^4 + H^2O.$$

Hydrate de tétréthylammonium. Triéthylamine. Gaz oléfiant.

Les iodures de ces bases se comportent d'une manière semblable sous l'influence de la chaleur,

$$I,N(C^2H^5)^4 = N\left\{\begin{matrix} C^2H^5 \\ C^2H^5 \\ C^2H^5 \end{matrix}\right. + I,C^2H^5$$

Iodure de tétréthylammonium. Triéthylamine. Iodure d'éthyle.

Plusieurs alcalis végétaux (nicotine, strychnine, morphine,

codéine, quinine, cinchonine) se comportent avec les éthers iodhydriques comme les alcalis tertiaires à radicaux d'alcools. Il en est de même des alcalis pyrogénés (pyridine, picoline, collidine), contenant le radical triatomique C^nH^{2n-5}.

Il est à remarquer que tous les alcalis organiques en dissolution dans l'eau peuvent être représentés, comme des hydrates d'ammonium; de même les combinaisons de ces alcalis avec les acides (sels d'alcalis organiques) peuvent toujours être exprimés comme des sels d'ammonium.

§ 2468. Il existe des oxydes entièrement semblables aux bases azotées précédentes, mais qui renferment du phosphore à la place de l'azote; ces bases phosphorées viennent d'être découvertes par MM. Cahours et Hofmann.

Bases homologues à radical $P(C^nH^{2n+1})^4$:

Hydr. de tétraphosphométhylammonium. . $= C^4H^{13}PO = O\left\{\begin{matrix} P(CH^3)^4 \\ H \end{matrix}\right.$,

Hydr. de tétraphosphéthylammonium. . . . $= C^8H^{21}PO = O\left\{\begin{matrix} P(C^2H^5)^4 \\ H \end{matrix}\right.$,

Hydr. de triphosphéthylméthylammonium. . $= C^7H^{19}PO = O\left\{\begin{matrix} P(C^2H^5)^3(CH^3) \\ H. \end{matrix}\right.$

Les iodures de ces bases s'obtiennent par la réaction des iodures d'alcools et des phosphures d'alcools :

$$P\left\{\begin{matrix} C^2H^5 \\ C^2H^5 \\ C^2H^5 \end{matrix}\right. + I, C^2H^5 = I, P(C^2H^5)^4.$$

Triphosphéthylamine. — Iodure d'éthyle. — Iodure de tétraphosphéthyl-ammonium.

Les bases elles-mêmes se produisent avec les iodures correspondants et l'hydrate d'argent :

$$I, P(C^2H^5)^4 + O\left\{\begin{matrix} Ag \\ H \end{matrix}\right. = IAg + O\left\{\begin{matrix} P(C^2H^5)^4 \\ H. \end{matrix}\right.$$

Iodure de tétraphosphéthyl-ammonium. — Hydrate de tétraphosphéthyl-ammonium.

Elles sont douées d'un pouvoir alcalin considérable, et neutralisent parfaitement les acides les plus énergiques. Elles donnent des chlorhydrates cristallisables qui forment de belles combinaisons avec le bichlorure de platine.

§ 2469. Outre les bases ammoniées et phosphammoniées, on en connaît qui dérivent d'un hydrate d'ammonium dont l'azote est remplacé par son équivalent d'arsenic ou d'antimoine :

Hydrate d'arsénéthylium. . . $C^8H^{21}AsO = O\left\{\begin{matrix} As(C^2H^5)^4 \\ H \end{matrix}\right.$,

Hydrate de stibéthylium. . . $C^8H^{21}SbO = O\left\{\begin{matrix} Sb(C^2H^5)^4 \\ H \end{matrix}\right.$,

Hydrate de stibéthyl-méthylium. . . . . $C^7H^{19}SbO = O\left\{\begin{matrix} Sb(CH^3)(C^2H^5)^3 \\ H \end{matrix}\right.$.

Ces bases ont été obtenues par MM. Landolt, Cahours et Riche, etc., en traitant par l'oxyde d'argent les iodures correspondants. Elles constituent des masses blanches, extrêmement solubles dans l'eau, caustiques comme la potasse, et attirant vivement l'acide carbonique de l'air.

§ 2470. Alcools. — Ces corps, qui appartiennent exclusivement à la chimie organique, représentent de l'eau dont 1 atome d'hydrogène est remplacé par un radical positif hydrocarburé. Ils diffèrent des bases proprement dites, en ce qu'ils ne font la double décomposition, avec la plupart des acides, que dans des circonstances particulières de pression et de température. Ils partagent avec les acides la propriété d'échanger du potassium, du sodium et même d'autres radicaux de bases métalliques pour le deuxième atome d'hydrogène du type eau (alcool potassé, phénate de soude), et se trouvent donc, pour ainsi dire, placés sur la limite des bases proprement dites et des acides.

L'histoire chimique des alcools est intimement liée à celle des éthers simples et composés, dont on doit la connaissance particulièrement aux travaux de MM. Gay-Lussac et Thénard, Dumas et Boullay, Dumas et Péligot, Williamson, etc.

On connaît plusieurs séries d'alcools homologues.

α. Alcools homologues à radical C^nH^{2n+1}, correspondant à la série dite des *acides gras* à radical $C^nH^{2n-1}O$:

Alcool formique, esprit de bois, ou hydrate de méthyle (2 vol.). . . . . . $C\,H^4\,O = O\left\{\begin{matrix} CH^3 \\ H \end{matrix}\right.$,

Alcool acétique, esprit de vin, ou hydrate d'éthyle. . . . . $C^2H^6O = O\begin{cases} C^2H^5 \\ H, \end{cases}$

Alcool propionique, ou hydrate de trityle $C^3H^8O = O\begin{cases} C^3H^7 \\ H, \end{cases}$

Alcool butylique, ou hydrate de tétryle. $C^4H^{10}O = O\begin{cases} C^4H^9 \\ H \end{cases}$

Alcool amylique, ou hydrate d'amyle. . $C^5H^{12}O = O\begin{cases} C^5H^{11} \\ H, \end{cases}$

Alcool caproïque, ou hydrate d'hexyle. $C^6H^{14}O = O\begin{cases} C^6H^{13} \\ H, \end{cases}$

Alcool caprylique, ou hydrate d'octyle. $C^8H^{18}O = O\begin{cases} C^8H^{17} \\ H, \end{cases}$

Alcool cétylique, ou hydrate de cétyle. . $C^{16}H^{34}O = O\begin{cases} C^{16}H^{33} \\ H, \end{cases}$

Alcool cérylique, ou hydrate de céryle. . $C^{27}H^{56}O = O\begin{cases} C^{27}H^{55} \\ H, \end{cases}$

Alcool mélissique, ou hydrate de mélissyle $C^{30}H^{62}O = O\begin{cases} C^{30}H^{61} \\ H. \end{cases}$

Les deux premiers alcools sont depuis longtemps connus. MM. Cahours, Balard, Brodie, Bouis, Chancel et Wurtz ont publié d'excellents travaux sur les autres termes de cette série.

Ces alcools prennent naissance : dans la distillation sèche du bois (hydrate de méthyle); dans la fermentation des liquides sucrés (hydrates d'éthyle, de trityle, de tétryle, d'amyle, d'hexyle); dans la réaction de l'eau sur la solution sulfurique des hydrocarbures n CH^2 (hydrate d'éthyle, de trityle); dans la décomposition de certaines matières grasses ou cireuses par la potasse (hydrate de cétyle avec le blanc de baleine, hydrate de céryle avec la cire de Chine, hydrate de mélissyle avec la cire d'abeilles).

Ils sont liquides ou solides, sans action sur les couleurs végétales, et volatils sans décomposition (du moins les termes inférieurs de la série homologue); le point d'ébullition de chaque alcool est moins élevé d'environ 40° que le point d'ébullition de l'acide gras correspondant.

Sous l'influence des agents d'oxydation, les alcools donnent des aldéhydes à radical C^nH^{2n-1}, ou des acides gras à radical $C^nH^{2n-1}O$; cette réaction, qui est caractéristique, a servi à dénommer les différents alcools.

$$C^2H^6O + O = C^2H^4O + H^2O;$$

Alcool ordinaire ou acétique. — Aldéhyde acétique.

$$C^2H^6O + O^2 = C^2H^4O^2 + H^2O.$$

Alcool ordinaire ou acétique. — Acide acétique.

Traités par la chaux potassée, à une température élevée, les alcools dégagent de l'hydrogène et produisent également le sel d'un acide gras. Ainsi l'alcool ordinaire donne de l'acétate; l'esprit de bois donne du formiate, l'alcool amylique donne du valérate, etc.

Au contact du potassium, les alcools dégagent du gaz hydrogène, en produisant des combinaisons potassées, que l'eau décompose :

Éthylate de potasse, ou oxyde d'éthyle et de potassium. . . . . $C^2H^5KO = O\left\{\begin{matrix}C^2H^5\\K.\end{matrix}\right.$

Ils se dissolvent dans l'acide sulfurique et se combinent avec lui, en donnant des *acides viniques* (éthers composés acides),

Acide éthyl-sulfurique ou sulfovinique. $C^2H^6SO^4 = O^2\left\{\begin{matrix}SO^2\\C^2H^5.\\H\end{matrix}\right.$

Chauffés avec de l'acide sulfurique non employé en excès, ou avec de l'acide phosphorique, du fluorure de bore, du chlorure de zinc, du chlorure d'étain, etc., plusieurs d'entre ces alcools donnent des éthers simples (§ 2471); chauffés avec un excès d'acide sulfurique, ils donnent des hydrocarbures de la série homologue $n\,CH^2$.

Avec la plupart des autres acides, les mêmes alcools donnent des éthers composés (§ 2496). Les acides chlorhydrique, bromhydrique et iodhydrique, ainsi que le chlorure, le bromure et l'iodure de phosphore, transforment ces alcools en éthers chlorhydriques, bromhydriques et iodhydriques :

$$O\left\{\begin{matrix}C^2H^5\\H\end{matrix}\right. + ClH = O\left\{\begin{matrix}H\\H\end{matrix}\right. + Cl, C^2H^5.$$

Hydrate d'éthyle. — Chlorure d'éthyle.

$$O\left\{\begin{matrix}C^2H^5\\H\end{matrix}\right. + Cl^3, PCl^2 = \frac{Cl,\ C^2H^5}{Cl,\ H} + Cl^3, PO.$$

Hydrate d'éthyle. — Perchlorure de phosphore. — Chl. d'éthyle, plus ac. chlorhydrique. — Oxychlorure d phosphore.

Avec les chlorures d'acides, les alcools donnent des éthers composés, en dégageant de l'acide chlorhydrique :

$$O\left\{\begin{matrix}C^2H^5\\H\end{matrix}\right. + Cl, C^7H^5O = O\left\{\begin{matrix}C^2H^5\\C^7H^5O\end{matrix}\right. + ClH.$$

Hydrate d'éthyle. Chlorure de benzoïle. Benzoate d'éthyle. Chlorure d'hydrogène.

Le persulfure de phosphore transforme les alcools en mercaptans :

$$5\,O\left\{\begin{matrix}C^2H^5\\H\end{matrix}\right. + P^2S^5 = 5\,S\left\{\begin{matrix}C^2H^5\\H\end{matrix}\right. + P^2O^5.$$

Hydrate d'éthyle. Sulfhydrate d'éthyle.

β. Alcools homologues a radical C^nH^{2n-1} correspondant aux acides à radical $C^nH^{2n-3}O$. On ne connaît encore qu'un seul terme de cette série d'alcools :

Alcool acrylique ou hydrate d'allyle. . $C^3H^6O = O\left\{\begin{matrix}C^3H^5\\H.\end{matrix}\right.$

Cet alcool[1] présente la plus grande analogie avec les alcools de la série précédente ; comme eux, il forme des éthers composés. Les agents d'oxydation le convertissent en acroléine (aldéhyde acrylique) C^3H^4O, et en acide acrylique $C^3H^4O^2$ (Cahours et Hofmann).

A chaque acide à radical $C^nH^{2n-3}O$ (acide angélique, térébique, oléique, etc., correspond probablement un alcool semblable à l'hydrate d'allyle.

γ. Alcools homologues à radical C^nH^{2n-7}, correspondant aux acides à radical $C^nH^{2n-9}O$:

Alcool benzoïque, hydrate de benzéthyle ou de toluényle. . . . . $C^7H^8O = O\left\{\begin{matrix}C^7H^7\\H,\end{matrix}\right.$

Alcool cuminique, ou hydrate de cuménylе . . . . $C^{10}H^{14}O = O\left\{\begin{matrix}C^{10}H^{13}\\H.\end{matrix}\right.$

Les alcools de cette série ont été obtenus par M. Canizzaro à l'aide des aldéhydes correspondantes et d'une dissolution alcoolique de potasse :

$$2\,C^7H^6O + KHO = C^7H^8O + C^7H^5KO^2.$$

Essence d'amandes amères, ou aldéhyde benzoïque. Alcool benzoïque. Benzoate de potasse.

Ils constituent des liquides volatils sans décomposition, que les agents d'oxydation convertissent en aldéhydes ou en acides correspondants.

[1] Voy. les additions à la fin de ce volume.

Traités par l'acide sulfurique, ils ne donnent ni éther simple ni acide vinique ; mais ils mettent en liberté des produits résineux.

Traités par un mélange d'acide sulfurique et d'autres acides oxygénés, ils fournissent des éthers composés ; avec les acides chlorhydrique, bromhydrique et iodhydrique, ils donnent également des éthers correspondants. La potasse caustique les convertit à une température élevée en acide et en hydrure d'alcool :

$$3\,C^7H^8O = C^7H^6O^2 + 2\,C^7H^8 + H^2O.$$

Alcool benzoïque. Acide benzoïque. Toluène.

δ. Alcools homologues à radical C^nH^{2n-7} :

Alcool phénique, ou hydrate de phényle. $C^6H^6O = O\left\{\begin{matrix} C^6H^5 \\ H, \end{matrix}\right.$

Alcool crésique, ou hydrate de crésyle. . . . $C^7H^8O = O\left\{\begin{matrix} C^7H^7 \\ H. \end{matrix}\right.$

Ces alcools, isomères des alcools de la série γ, se trouvent parmi les produits de la distillation sèche du bois et de la houille. L'hydrate de phényle a été caractérisé comme alcool par les recherches de MM. Laurent et Gerhardt ; MM. Williamson et Fairlie ont décrit l'alcool crésique.

Les alcools de cette série constituent des corps peu solubles dans l'eau, fort caustiques, fort solubles dans la potasse.

Les agents d'oxydation ne les convertissent pas en aldéhydes. L'acide sulfurique concentré les dissout aisément, et donne avec eux des acides viniques :

Acide phényl-sulfurique. . $C^6H^6SO^4 = O^2\left\{\begin{matrix} SO^2 \\ C^6H^5 \\ H. \end{matrix}\right.$

Chauffés avec l'acide sulfurique, ils ne donnent ni éther simple ni hydrocarbure, comme les alcools des séries précédentes. L'acide nitrique les transforme en acides nitro-conjugués dont les sels font explosion par la chaleur :

Acide picrique ou trinitro-phénique. . . . . $C^6H^3(NO^2)^3O = O\left\{\begin{matrix} C^6H^2(NO^2)^3 \\ H, \end{matrix}\right.$

Acide trinitro-crésique. . . . . $C^7H^5(NO^2)^3O = O\left\{\begin{matrix} C^7H^4(NO^2)^3 \\ H. \end{matrix}\right.$

Avec les chlorures d'acides, les mêmes alcools donnent des éthers composés, avec dégagement d'acide chlorhydrique.

$$O\left\{\begin{matrix} C^6H^5 \\ H \end{matrix}\right. + Cl, C^7H^5O = O\left\{\begin{matrix} C^6H^5 \\ C^7H^5O \end{matrix}\right. + ClH;$$

Hydrate de phényle. — Chlorure de benzoïle. — Benzoate de phényle.

$$O\left\{\begin{matrix} C^6H^2(NO^2)^3 \\ H \end{matrix}\right. + Cl, C^7H^5O = O\left\{\begin{matrix} C^6H^2(NO^2)^3 \\ C^7H^5O \end{matrix}\right. + ClH.$$

Acide trinitro-phénique. — Chlorure de benzoïle. — Benzoate de trinitro-phényle.

L'essence de thym $C^{10}H^{14}O$ semble aussi appartenir aux alcools de cette série homologue.

ε. On peut encore comprendre parmi les alcools les corps suivants :

Alcool cinnamique, styrone ou pèruvine (Strecker). . . . . $C^9H^{10}O = O\left\{\begin{matrix} C^9H^9 \\ H, \end{matrix}\right.$

Alcool anisique . . . . $C^8H^{10}O = O\left\{\begin{matrix} C^8H^9O \\ H. \end{matrix}\right.$

Ils se convertissent par l'oxydation en aldéhydes ou en acides correspondants.

La saligénine $C^7H^8O^2$ semble être l'alcool salicylique (Limpricht).

ζ. Aux alcools se rattache aussi la *glycérine*, par la propriété qu'elle possède de former les corps gras neutres (§ 2502) semblables aux éthers composés. Mais la glycérine dérive de deux molécules d'eau, par la substitution du radical C^3H^5O à 1 atome d'hydrogène :

Glycérine ou hydrate de glycéryle. . $C^3H^8O^3 = O^2\left\{\begin{matrix} C^3H^5O \\ H \\ H \\ H. \end{matrix}\right.$

Cette substance s'obtient dans la saponification des huiles et des corps gras solides. Traitée par l'iodure de phosphore, elle donne un iodure et un hydrure d'alcool (iodure d'allyle ou propylène iodé C^3H^5I, et hydrure d'allyle ou propylène C^3H^6). Avec l'hydrate de potasse à une douce chaleur, elle dégage de l'hydrogène en produisant les sels de deux acides monobasiques (acides formique et acétique) de la série homologue à radical $C^nH^{2n-1}O$. Enfin elle se combine avec les acides oxygénés pour former des combinaisons (*glycérides*) semblables aux éthers composés; avec l'acide chlorhydrique, elle donne des chlorures semblables aux éthers chlorhydriques.

§ 2471. *Éthers simples.* — Ces corps représentent de l'eau dont les 2 atomes d'hydrogène sont remplacés par un radical d'alcool. Ils sont aux alcools proprement dits ce que les bases anhydres sont aux bases hydratées. On doit surtout aux belles recherches de M. Williamson et de M. Chancel la connaissance des rapports exacts qui existent entre les alcools et les éthers simples.

Dans les éthers simples, les 2 atomes d'hydrogène du type sont remplacés ou par le même radical, ou par deux radicaux différents.

α. Éthers simples homologues à radical C^nH^{2n+1}.

Éthers renfermant deux fois le même radical.

Oxyde de méthyle, ou éther méthylique. $C^2H^6O = O\left\{\begin{matrix}CH^3\\CH^3\end{matrix}\right.$

Oxyde d'éthyle, ou éther ordinaire (2 vol.) $C^4H^{10}O = O\left\{\begin{matrix}C^2H^5\\C^2H^5\end{matrix}\right.$

Oxyde de tétryle, ou éther butylique. . $C^8H^{18}O = O\left\{\begin{matrix}C^4H^9\\C^4H^9\end{matrix}\right.$

Oxyde d'amyle ou éther amylique. . . . $C^{10}H^{22}O = O\left\{\begin{matrix}C^5H^{11}\\C^5H^{11}\end{matrix}\right.$

Oxyde de cétyle, ou éther cétylique. . . $C^{32}H^{66}O = O\left\{\begin{matrix}C^{16}H^{33}\\C^{16}H^{33}\end{matrix}\right.$

Éthers renfermant deux radicaux différents (éthers mixtes).

Oxyde de méthyle et d'éthyle (2 vol.). . $C^3H^8O = O\left\{\begin{matrix}CH^3\\C^2H^5\end{matrix}\right.$

Oxyde de méthyle et d'amyle. . . . . . $C^6H^{14}O = O\left\{\begin{matrix}CH^3\\C^5H^{11}\end{matrix}\right.$

Oxyde d'éthyle et d'amyle. . . . . $C^7H^{16}O = O\left\{\begin{matrix}C^2H^5\\C^5H^{11}\end{matrix}\right.$

β. Éthers simples homologues à radical C^nH^{2n-7}:

Oxyde de toluényle. . . . . $C^{14}H^{14}O = O\left\{\begin{matrix}C^7H^7\\C^7H^7\end{matrix}\right.$,

Oxyde de phényle. . . . . $C^{12}H^{10}O = O\left\{\begin{matrix}C^6H^5\\C^6H^5\end{matrix}\right.$.

Les éthers des séries α et β se produisent par la réaction des éthers iodhydriques (chlorhydriques ou bromhydriques) avec les alcools potassés :

$$O\left\{\begin{matrix}C^2H^5\\K\end{matrix}\right. + I,C^2H^5 = O\left\{\begin{matrix}C^2H^5\\C^2H^5\end{matrix}\right. + IK;$$

Éthylate de potasse. Iodure d'éthyle. Oxyde d'éthyle.

$$O\left\{\begin{matrix}C^2H^5\\K\end{matrix}\right. + I,C^5H^{11} = O\left\{\begin{matrix}C^2H^5\\C^5H^{11}\end{matrix}\right. + IK.$$

Éthylate de potasse. Iodure d'amyle. Oxyde d'éthyle et d'amyle.

On obtient aussi les mêmes éthers simples par la distillation d'un ou de deux alcools avec de l'acide sulfurique.

Les éthers simples sont gazeux (oxyde de méthyle), liquides ou solides (oxyde de cétyle), n'ont aucune action sur les couleurs végétales, et sont pour la plupart volatils sans décomposition; leur volatilité est plus grande que celle de leurs alcools. Ils se comportent, comme les alcools correspondants, avec l'acide sulfurique et avec les hydracides : ainsi, l'oxyde d'éthyle donne du sulfate d'éthyle (acide sulfovinique) avec l'acide sulfurique, du chlorure d'éthyle (éther chlorhydrique) avec l'acide chlorhydrique. Le persulfure de phosphore les transforme en éthers sulfhydriques (§ 2507).

On connaît aussi des éthers simples mixtes à radical d'alcool et à radical de base métallique :

Oxyde de méthyle et de sodium, ou éthylate de soude. . . . . $CH^3NaO + O\left\{\begin{matrix}CH^3\\Na\end{matrix}\right.$

Oxyde d'éthyle et de potassium, alcool potassé, ou éthylate de potasse. . . . $C^2H^5KO = O\left\{\begin{matrix}C^2H^5\\K\end{matrix}\right.$

Oxyde d'éthyle et de zinc, ou éthylate de zinc. . . . . $C^2H^5ZnO = O\left\{\begin{matrix}C^2H^5\\Zn\end{matrix}\right.$

Oxyde d'amyle et de potassium, ou amylate de potasse. . . . . $C^5H^{11}KO = O\left\{\begin{matrix}C^5H^{11}\\K\end{matrix}\right.$.

Ces composés représentent en quelque sorte les sels métalliques des alcools. Les composés àradical K ou Na s'obtiennent avec les alcools correspondants et le potassium ou le sodium; ceux à radical Zn se produisent par l'oxydation des métaux d'alcools mixtes (méthylure de zinc, etc.).

Ce sont des corps solides, quelquefois cristallisables (ceux à radical K ou Na), non volatils, et que l'eau décompose en base minérale et en alcool,

$$O\left\{\begin{matrix}C^2H^5\\K\end{matrix}\right. + O\left\{\begin{matrix}H\\H\end{matrix}\right. = O\left\{\begin{matrix}C^2H^5\\H\end{matrix}\right. + O\left\{\begin{matrix}H\\K\end{matrix}\right.$$

Alcool potassé. Alcool. Potasse.

Traités par les chlorures, les bromures ou les iodures d'alcools, ils donnent les éthers simples des séries précédemment indiquées.

γ. A ces éthers simples se rattache aussi l'oxyde de glycéryle de MM. Berthelot et Luca :

Oxyde de glycéryle. . . . $C^6H^{10}O^3 = O\left\{\begin{matrix} C^3H^5O \\ C^3H^5O \end{matrix}\right.$.

§ 2472. Aldéhydes (aldéhydes primaires). — Ces corps représentent de l'eau dont 1 atome d'hydrogène est remplacé par un radical positif, lequel, en fixant 1 atome d'oxygène, les transforme en acides. (Les aldéhydes représentent également les hydrures des acides, § 2583.) Entre une aldéhyde et un acide organique il y a la même différence qu'en chimie minérale, entre un acide en *eux* et un acide en *ique* (acide sulfureux et acide sulfurique).

α. Aldéhydes homologues à radical C^nH^{2n-1}, correspondant aux alcools à radical C^nH^{2n+1} et aux acides monobasiques à radical $C^nH^{2n-1}O$:

Aldéhyde acétique, hydrate acéteux, ou hydrure d'acétyle. . . . . $C^2H^4O = O\left\{\begin{matrix} C^2H^3 \\ H \end{matrix}\right.$,

Aldéhyde propionique, hydrate propioneux, ou hydrure de propionyle. . . $C^3H^6O = O\left\{\begin{matrix} C^3H^5 \\ H \end{matrix}\right.$,

Aldéhyde butyrique, hydrate butyreux, ou hydrure de butyryle. . . . . . . $C^4H^8O = O\left\{\begin{matrix} C^4H^7 \\ H \end{matrix}\right.$,

Aldéhyde valérique, hydrate valéreux ou hydrure de valéryle. . . . . $C^5H^{10}O = O\left\{\begin{matrix} C^5H^9 \\ H \end{matrix}\right.$,

Aldéhyde œnanthylique, hydrate œnantheux, ou hydrure d'œnanthyle. . . $C^7H^{14}O = O\left\{\begin{matrix} C^7H^{13} \\ H \end{matrix}\right.$,

Aldéhyde caprique, hydrate ruteux, ou hydrure de rutyle. . . . . $C^{10}H^{20}O = O\left\{\begin{matrix} C^{10}H^{19} \\ H \end{matrix}\right.$,

Aldéhyde palmitique, hydrate palmiteux ou hydrure de palmityle. . . . . $C^{16}H^{32}O = O\left\{\begin{matrix} C^{16}H^{31} \\ H \end{matrix}\right.$.

Ces aldéhydes se produisent par l'action des corps oxydants sur les alcools à radical C^nH^{2n+1}, ainsi que sur les substances albuminoïdes. L'aldéhyde œnanthylique s'obtient dans la distillation sèche de l'huile de ricin; l'aldéhyde caprique ou rutique constitue en plus grande partie l'essence de rue.

Les aldéhydes sont des liquides ou des corps solides que l'oxydation transforme aisément en acides monobasiques,

$$2\ O\left\{\begin{matrix} C^2H^3 \\ H \end{matrix}\right. + O^2 = 2\ O\left\{\begin{matrix} C^2H^3O \\ H \end{matrix}\right. .$$

Aldéhyde acétique. — Acide acétique.

Elles réduisent à chaud le nitrate d'argent ammoniacal, en séparant de l'argent métallique. Traitées par la potasse alcoolique, elles donnent les mêmes acides que par l'oxydation, en même temps que des matières résineuses qui n'ont pas été examinées.

Plusieurs aldéhydes (acétique, œnanthylique, rutique) présentent deux ou trois modifications isomères ou polymères. Dans la distillation sèche des sels de chaux ou de baryte de plusieurs acides gras, on obtient de semblables isomères (butyral par le butyrate de chaux, valéral par le valérate de chaux).

Les aldéhydes dégagent de l'hydrogène au contact du potassium, et paraissent donner des composés semblables aux sels :

Acétite de potasse ou aldéhyde potassée. $C^2H^3KO = O\left\{\begin{matrix} C^2H^3 \\ K \end{matrix}\right.$.

Elles absorbent l'ammoniaque, en donnant souvent des composés cristallisables :

Acétite ou aldéhydate d'ammoniaque. $C^2H^4O,NH^3 = O\left\{\begin{matrix} C^2H^3 \\ NH^4 \end{matrix}\right.$.

Traités par l'hydrogène sulfuré, les aldéhydates d'ammoniaque donnent des alcalis sulfurés :

$$3\ C^2H^3(NH^4)O + 2\ H^2S = C^6H^{13}NS^2 + 2\ NH^3 + 3\ H^2O.$$

Acétite d'ammonium. — Thialdine.

Chauffées avec de l'acide cyanhydrique et de l'acide chlorhydrique, les aldéhydes donnent aussi des alcalis (alanine, leucine),

$$C^2H^4O + CNH + H^2O = C^3H^7NO^2;$$

Aldéh. acétiq. — Ac. cyanhydr. — Alanine.

et ces derniers alcalis se transforment par l'acide nitreux en acides bibasiques (acide lactique, acide leucique) :

$$2\ C^3H^7NO^2 + N^2O^3 = C^6H^{12}O^6 + 2\ N^2 + H^2O.$$

Alanine. — Ac. lactique.

Avec les bisulfites alcalins, les aldéhydes de cette série forment des combinaisons cristallisables :

Sulf. d'acétosum et d'ammonium. $C^2H^3(NH^4)O,SO^2 = O^2\left\{\begin{matrix} SO \\ C^2H^3 \\ NH^4 \end{matrix}\right.$

Sulfite d'acétosum et de sodium. $C^2H^3NaO,SO^2 = O^2\left\{\begin{matrix}SO\\C^2H^3\\Na.\end{matrix}\right.$

β. Aldéhydes homologues à radical C^nH^{2n-3}, correspondant aux alcools à radical C^nH^{2n-1}, et aux acides monobasiques à radical $C^nH^{2n-3}O$. On ne connaît qu'une seule aldéhyde de cette série :

Acroléine ou aldéhyde acrylique. . $C^3H^4O = O\left\{\begin{matrix}C^3H^3\\H\end{matrix}\right.$.

C'est un liquide très-volatil, qui se produit par l'oxydation de l'alcool correspondant. Il se forme aussi par l'action de l'acide phosphorique anhydre sur la glycérine, et en général par la distillation sèche des glycérides. Il réduit le nitrate d'argent ammoniacal, se transforme en acide acrylique $C^3H^4O^2$ par les agents d'oxydation, et présente d'ailleurs la plus grande analogie avec l'aldéhyde acétique.

γ. Aldéhydes homologues à radical C^nH^{2n-9}, correspondant aux alcools à radical C^nH^{2n-7} et aux acides monobasiques à radical $C^nH^{2n-9}O$:

Aldéhyde benzoïque, essence d'amandes amères, ou hydrure de benzoïle. . . . . $C^7H^6O = O\left\{\begin{matrix}C^7H^5\\H\end{matrix}\right.$,

Aldéhyde cuminique, cuminol ou hydrure de cumyle. . . . . $C^{10}H^{12}O = O\left\{\begin{matrix}C^{10}H^{11}\\H\end{matrix}\right.$, etc.

Ces aldéhydes se produisent par l'oxydation des alcools à radical C^nH^{2n-7}. L'aldéhyde benzoïque se forme aussi par l'action des corps oxygénants sur les matières albuminoïdes, et par la fermentation de l'amygdaline ; l'aldéhyde cuminique est contenue dans l'essence de cumin.

Elles constituent des liquides volatils sans décomposition, qui se comportent avec l'oxygène comme les aldéhydes de la série α. La potasse alcoolique les transforme en alcool et en sel de l'acide monobasique correspondant :

$$\underset{\text{Aldéhyde benzoïque.}}{2\,C^7H^6O} + KHO = \underset{\text{Alcool benzoïque.}}{C^7H^8O} + \underset{\text{Benzoate de potasse.}}{C^7H^5KO^2}.$$

Dans certaines circonstances, l'aldéhyde benzoïque se convertit aussi, au contact de la potasse alcoolique, en un composé polymère $C^{14}H^{12}O^2 = 2\,C^7H^6O$, benzoïne.

Traitées par l'ammoniaque, les aldéhydes de cette série donnent des amides particulières (hydramides, § 2549),

$$3\,O\left\{\begin{matrix}C^7H^5\\H\end{matrix}\right. + N^2\left\{\begin{matrix}H^3\\H^3\end{matrix}\right. = 3\,O\left\{\begin{matrix}H\\H\end{matrix}\right. + N^2\left\{\begin{matrix}(C^7H^5)^3\\H^3\end{matrix}\right..$$

3 mol. Essence d'amand. amères. — 2 mol. Ammoniaq. — 3 mol. Eau. — Hydrobenzamide.

Par l'hydrogène sulfuré, ces amides d'aldéhydes donnent des sulfures d'aldéhydes (§ 2509).

Lorsqu'on évapore l'aldéhyde benzoïque avec de l'acide cyanhydrique et de l'acide chlorhydrique, on obtient l'acide formobenzoïlique :

$$2\,C^7H^6O + 2\,CNH + 4\,H^2O = 2\,NH^3 + C^{16}H^{16}O^6.$$

Essence d'am. amères. — Ac. cyanhydrique. — Ac. formobenzoïlique.

(L'acide formobenzoïlique est à l'aldéhyde benzoïque ce que l'acide lactique est à l'aldéhyde acétique.)

Les aldéhydes de cette série se combinent avec les bisulfites alcalins comme les aldéhydes de la série α :

Sulfite de benzosum et d'ammonium. . . . . $C^7H^5(NH^4)O,SO^2 = O^2\left\{\begin{matrix}SO\\C^7H^5\\NH^4\end{matrix}\right..$

δ. Aldéhydes diverses :

Aldéhyde salicylique, hydrate salicyleux, ou hydrure de salicyle. . . . . $C^7H^6O^2 = O\left\{\begin{matrix}C^7H^5O\\H\end{matrix}\right.,$

Aldéhyde anisique, hydrate aniseux, ou hydrure d'anisyle. . . . . $C^8H^8O^2 = O\left\{\begin{matrix}C^8H^7O\\H\end{matrix}\right.,$

Aldéhyde cinnamique, hydrate cinnameux, ou hydrure de cinnamyle. . . $C^9H^8O = O\left\{\begin{matrix}C^9H^7\\H\end{matrix}\right..$

L'aldéhyde salicylique et l'aldéhyde anisique se produisent par l'oxydation de la saligénine et de l'essence d'anis. L'aldéhyde cinnamique est contenue dans l'huile de cannelle ; elle se produit, suivant M. Chiozza, par la réaction de l'aldéhyde acétique et de l'aldéhyde benzoïque sous l'influence du gaz chlorhydrique :

$$C^2H^4O + C^7H^6O = C^9H^8O + H^2O.$$

Ald. acétiq. — Ald. benzoïq. — Ald. cinnam.

Ce sont des liquides volatils sans décomposition, qui se comportent, comme les aldéhydes de la série γ, avec les agents d'oxydation, avec l'ammoniaque et avec les bisulfites alcalins.

L'aldéhyde salicylique donne des sels métalliques.

On peut encore compter parmi les aldéhydes : l'essence de camomille C^5H^8O, qui se transforme par l'oxydation en acide angélique, et le furfurol $C^5H^4O^2$, avec lequel on n'a pas encore obtenu d'acide, mais qui se comporte avec l'ammoniaque comme les aldéhydes γ; ces deux corps ne se combinent pas avec les bisulfites.

§ 2473. *Aldéhydes conjuguées.* — Ces composés représentent des aldéhydes dont les radicaux sont conjugués, c'est-à-dire renferment, à la place d'un ou de plusieurs atomes d'hydrogène, du chlore, du brome ou les éléments nitriques.

Les *aldéhydes chloroconjuguees* se produisent par l'action du chlore sur certaines aldéhydes. Ainsi l'aldéhyde salicylique (hydrure de salicyle) donne par le chlore :

Aldéhyde chlorosalicylique ou hydrure de chlorosalicyle . . . . $C^7H^5ClO^2 = O\left\{\begin{matrix} C^7H^4(Cl)O \\ H \end{matrix}\right.$.

Ce produit se comporte avec l'ammoniaque comme l'aldéhyde salicylique, et donne, comme elle, des sels métalliques.

Les *aldéhydes bromoconjuguées* prennent naissance par l'action du brome sur les aldéhydes (par exemple, l'aldéhyde bromo-salilique ou hydrure de bromosalicyle, $C^7H^5BrO^2$).

Les *aldéhydes nitroconjuguées* se produisent par l'action de l'acide nitrique sur les aldéhydes. Ainsi l'aldéhyde nitrobenzoïque ou hydrure de nitrobenzoïle s'obtient par l'essence d'amandes amères (Bertagnini) :

Aldéhyde nitrobenzoïque, ou hydrure de nitrobenzoïle . . . . . $C^7H^5NO^3 = O\left\{\begin{matrix} C^7H^4(NO^2) \\ H \end{matrix}\right.$

Ce composé se transforme par l'hydrate de potasse en nitrobenzoate de potasse, et par l'ammoniaque en nitrohydrobenzamide :

$$3\,O\left\{\begin{matrix} C^7H^4(NO^2) \\ H \end{matrix}\right. + N^2\left\{\begin{matrix} H^3 \\ H^3 \end{matrix}\right. = 3\,O\left\{\begin{matrix} H \\ H \end{matrix}\right. + N^2\left\{\begin{matrix} (C^7H^4(NO^2))^3 \\ H^3 \end{matrix}\right.$$

3 mol. Aldéhyde nitrobenzoïque. — 2 mol. Ammoniaque. — Nitrohydrobenzamide.

§ 2474. Les *acétones* sont aussi à considérer comme des aldéhydes conjuguées : elles renferment un radical d'aldéhyde dont 1 atome d'hydrogène est remplacé par un radical d'alcool. M. Chancel a le premier énoncé ces relations en disant que les acétones constituent les éthers des aldéhydes.

α. Acétones homologues correspondant aux aldéhydes dans le radical C^2H^{2n-1}, desquels 1 atome d'hydrogène est remplacé par un radical d'alcool C^nH^{2n+1} :

Acétone (acétique). . $C^3H^6O = O\left\{\begin{matrix} C^3H^5 \\ H \end{matrix}\right. = O\left\{\begin{matrix} C^2H^2(CH^3) \\ H \end{matrix}\right.$

Propione. . . . . . $C^5H^{10}O = O\left\{\begin{matrix} C^5H^9 \\ H \end{matrix}\right. = O\left\{\begin{matrix} C^3H^4(C^2H^5) \\ H \end{matrix}\right.$

Butyrone. . . . . . $C^7H^{14}O = O\left\{\begin{matrix} C^7H^{13} \\ H \end{matrix}\right. = O\left\{\begin{matrix} C^4H^6(C^3H^7) \\ H \end{matrix}\right.$

Valérone. . . . . . . $C^9H^{18}O = O\left\{\begin{matrix} C^9H^{17} \\ H \end{matrix}\right. = O\left\{\begin{matrix} C^5H^8(C^4H^9) \\ H \end{matrix}\right.$

Caprylone. . . . . . $C^{15}H^{30}O = O\left\{\begin{matrix} C^{15}H^{29} \\ H \end{matrix}\right. = O\left\{\begin{matrix} C^8H^{14}(C^7H^{15}) \\ H \end{matrix}\right.$

etc.

Ces acétones sont isomères des aldéhydes à radical C^2H^{2n-1}. (Il est possible que le butyral et le valéral de M. Chancel soient aussi des acétones). Elles se produisent par la distillation sèche des sels de chaux ou de baryte des acides gras monobasiques à radical $C^nH^{2n-1}O$. Ainsi l'acétate de chaux donne l'acétone acétique, le butyrate de chaux donne la butyrone ou acétone butyrique, etc. La distillation sèche du sucre, de l'acide citrique et de l'acide tartrique fournit aussi de l'acétone acétique.

Pour comprendre cette formation des acétones, il faut se rappeler que le radical des acides gras cités renferme les éléments du radical carbonyle et d'un radical d'alcool C^nH^{2n+1}; le radical acétyle C^2H^3O, par exemple, renferme $CO + CH^3$; or, 2 molécules d'acétate de chaux réagissant l'une sur l'autre sous l'influence de la chaleur, on a :

$$\underbrace{O\left\{\begin{matrix} CO(CH^3) \\ Ca \end{matrix}\right.}_{\text{Acétate de chaux.}} + \underbrace{O\left\{\begin{matrix} C^2H^3O \\ Ca \end{matrix}\right.}_{\text{Acétate de chaux.}} = O^2\left\{\begin{matrix} CO \\ Ca^2 \end{matrix}\right. + \overbrace{CH^3,C^2H^3O}$$

$$= \underbrace{O\left\{\begin{matrix} C^2H^2(CH^3) \\ H \end{matrix}\right.}_{\text{Acétone.}}$$

Ce qui démontre bien que la formation des acétones a lieu aux dépens de 2 molécules de sel de chaux, de manière que le radical d'acide de l'une d'elles perd les éléments du radical carbonyle CO, c'est que, suivant les expériences de M. Williamson, on peut obtenir des acétones en distillant ensemble des quantités équivalentes de deux sels de chaux homologues. Ainsi, la distillation sèche d'un mélange intime d'acétate et de valérate de chaux donne le corps $C^6H^{12}O$:

$$O\left\{\begin{matrix}CO(CH^3)\\Ca\end{matrix}\right. + O\left\{\begin{matrix}C^5H^9O\\Ca\end{matrix}\right. = O^2\left\{\begin{matrix}CO\\Ca^2\end{matrix}\right. + \overbrace{CH^3,C^5H^9O}$$

Acétate de chaux. — Valérate de chaux. — Carbonate de chaux.

$$= O\left\{\begin{matrix}C^5H^8(CH^3)\\H\end{matrix}\right.$$

Les acétones sont liquides ou solides à la température ordinaire, et volatiles sans décomposition.

Sous l'influence des agents d'oxydation, elles donnent généralement les produits d'oxydation de l'aldéhyde et de l'alcool correspondants. (L'acétone acétique produit, par l'acide chromique, de l'acide acétique et de l'acide formique.)

L'histoire des acétones n'est encore que fort peu connue; on ne possède que quelques notions sur l'acétone acétique, dues en grande partie aux recherches de M. Kane.

Cette acétone dégage de l'hydrogène au contact du potassium, en donnant probablement le composé :

$$\text{Acétone potassée} \ldots\ldots C^3H^5KO = O\left\{\begin{matrix}C^3H^5\\K\end{matrix}\right.$$

Le perchlorure de phosphore se comporte avec l'acétone acétique comme avec les alcools et les acides, en donnant le chlorure correspondant :

$$O\left\{\begin{matrix}C^3H^5\\H\end{matrix}\right. + Cl^3,PCl^2 = \frac{Cl,C^3H^5}{Cl,H} + Cl^3,PO$$

Acétone. — Perchlorure de phosphore. — Chlorure de mésityle, et acide chlorhydrique. — Oxychlorure de phosphore.

Ce chlorure d'acétone donne, par la potasse, un composé qui est à l'acétone ce que l'alcool est à l'éther simple :

$$C^6H^{10}O = O\left\{\begin{matrix}C^3H^5\\C^3H^5\end{matrix}\right.$$

Oxyde de mésityle.

La butyrone se comporte de la même manière avec le perchlorure de phosphore. Avec l'iode et le phosphore, l'acétone acétique donne l'iodure correspondant (iodure de mésityle). Avec l'acide sulfurique concentré elle se comporte comme les alcools, en perdant les éléments de l'eau et en produisant un ou plusieurs hydrocarbures. D'après ces faits, on peut prédire qu'avec l'acétone acétique et ses homologues on obtiendra aussi un benzoate, un valérate et d'autres composés analogues aux éthers composés.

Avec l'ammoniaque, l'acétone donne un alcali, l'acétonine (Stædeler) :

$$3\,O\left\{\begin{matrix}C^3H^5\\H\end{matrix}\right. + N^2\left\{\begin{matrix}H^3\\H^3\end{matrix}\right. = 3\,O\left\{\begin{matrix}H\\H\end{matrix}\right. + N^2\left\{\begin{matrix}(C^3H^5)^3\\H^3\end{matrix}\right.$$

Acétone. 2 vol. Ammoniaque. Acétonine.

Ajoutons que, d'après les expériences de M. Limpricht, les acétones inférieures[1] de la série α se combinent, comme les aldéhydes avec les bisulfites alcalins.

Sulfite de mésityle et de potassium . $C^3H^5KSO^3 = SO^2,O\left\{\begin{matrix}C^3H^5\\K\end{matrix}\right.$

$$= O^2\left\{\begin{matrix}SO\\C^3H^5\\K\end{matrix}\right.$$

β. Acétones homologues correspondant aux aldéhydes à radical C^nH^{2n-9} et aux alcools à radical C^nH^{2n-7}.

Benzophénone . $C^{13}H^{10}O = O\left\{\begin{matrix}C^{13}H^9\\H\end{matrix}\right. = O\left\{\begin{matrix}C^7H^4(C^6H^5)\\H\end{matrix}\right.$

$$= C^7H^5O,C^6H^5$$

On ne connaît dans cette série homologue que la benzophénone, matière cristallisée, volatile, et insoluble dans l'eau, qui a été obtenue par M. Chancel dans la distillation sèche du benzoate de chaux. Chauffée avec de l'hydrate de potasse, cette substance se transforme en benzoate de potasse, avec dégagement de benzine (hydrure de phényle) :

$$C^7H^5O,C^6H^5 + O\left\{\begin{matrix}K\\H\end{matrix}\right. = O\left\{\begin{matrix}C^7H^5O\\K\end{matrix}\right. + H,C^6H^5$$

Benzophénone. Benzoate de potasse. Benzine.

(Cette réaction fait très-bien ressortir le rôle de la benzophénone comme benzoïlure de phényle, § 1510.) D'après quelques expériences que j'ai faites moi-même, la benzophénone donne, avec le perchlorure de phosphore, un bichlorure; et celui-ci se transforme, par la potasse alcoolique, en un sulfure :

[1] L'acétone acétique est l'isomère de l'alcool acrylique; et, comme les alcools jouent aussi le rôle d'hydrates, on conçoit l'existence d'une série parallèle de composés isomères, non identiques. L'iodure de mésityle (Kane), p. ex., a la même composition que l'iodure d'allyle (propylène iodé de M. Berthelot).

Bichlorure, par la benzophénone et le perchlorure de phosphore . . . . . $C^{13}H^{10}Cl^2 = Cl\left\{\begin{matrix} {}^2C^{13}H^9 \\ H \end{matrix}\right.$

Sulfure (thionessale ?) par le bichlorure précédent et le sulfure de potassium. $C^{26}H^{18}S = S\left\{\begin{matrix} C^{13}H^9 \\ C^{13}H^9 \end{matrix}\right.$

§ 2475. Aux acétones normales se rattachent aussi quelques acétones conjuguées.

Les *acétones chloroconjuguées* s'obtiennent par le chlore et les acétones α, et probablement aussi β.

Les *acétones nitroconjuguées* se produisent par l'acide nitrique et les acétones β. La nitrobenzophénone (binitrobenzophénone de M. Chancel, § 1511) est un composé de ce genre, correspondant à l'aldéhyde nitrobenzoïque :

Nitrobenzophénone. $C^{13}H^8N^2O^5 = O\left\{\begin{matrix} C^{13}H^7(NO^2)^2 \\ H \end{matrix}\right.$

$$= O\left\{\begin{matrix} C^7H^3(NO^2)(C^6H^4,NO^2) \\ H \end{matrix}\right.$$

$$= C^7H^4(NO^2)O,C^6H^4(NO^2).$$

Le sulfhydrate d'ammoniaque convertit ce composé en diphényl-urée, $(NO^2)^2$ du radical conjugué étant remplacé par $(NH^2)^2$.

§ 2476. On ne possède que des notions très-incomplètes sur les acétones des acides bibasiques. D'après mes expériences, l'acide camphorique donne, par la distillation de son sel de chaux, une huile (phorone, § 1836) qui a la composition d'une acétone :

$$O^2\left\{\begin{matrix} C^{10}H^{14}O^2 \\ Ca^2 \end{matrix}\right. = O^2\left\{\begin{matrix} CO \\ Ca^2 \end{matrix}\right. + C^9H^{14}O$$

Camphorate de chaux. Phorone.

Cette acétone camphorique donne un chlorure $C^9H^{13}Cl$ par le perchlorure de phosphore[1]; l'acide phosphorique anhydre lui enlève les éléments de l'eau et la transforme en un hydrocarbure C^9H^{12} (cumène ou mésitylène, son isomère). Sous ce rapport, elle se comporte donc comme l'acétone acétique.

La distillation sèche du subérate de chaux a donné à M. Boussingault une substance (hydrure de subéryle, § 1147) qui paraît être un mélange d'hydrocarbure et d'acétone subérique $C^7H^{12}O$.

[1] Expériences inédites.

§ 2477. *Aldéhydes secondaires.* — Aux aldéhydes primaires que nous venons de caractériser correspondent évidemment des composés qui sont aux aldéhydes primaires ce que les éthers simples sont à leurs alcools respectifs. On ne connaît jusqu'à présent aucun corps de ce genre; mais on ne tardera pas sans doute d'en découvrir.

Oxydes négatifs.

§ 2478. Acides. — Ces corps représentent de l'eau dont l'hydrogène est remplacé par un radical négatif, simple ou composé.

Lorsque cette substitution porte sur tout l'hydrogène du type, les acides sont dits *anhydres* (§ 2492) ; on les appelle *hydratés*, ou acides proprement dits, lorsqu'une partie seulement de l'hydrogène du type est remplacée par le radical négatif.

Les acides hydratés[1] font la double décomposition avec les bases métalliques, en échangeant pour le radical de celles-ci l'hydrogène disponible qu'ils renferment ; le produit de cet échange est un sel oxygéné (§ 2493) ; dans certaines conditions, ils font également la double décomposition avec les alcools, en produisant des éthers composés (§ 2496). On appelle *hydrogène basique* l'hydrogène qui est susceptible d'être ainsi échangé pour le radical des bases et des alcools.

Les acides hydratés peuvent être distingués en *monatomiques*, *biatomiques* et *triatomiques*, etc., suivant que leur molécule dérive d'une, de deux ou de trois molécules d'eau.

La *basicité* d'un acide, c'est le nombre des atomes d'hydrogène basique qu'il renferme dans sa molécule; de là la division des acides en *monobasiques*, *bibasiques* ou *tribasiques*, suivant que le nombre des atomes d'hydrogène basique y est égal à 1, à 2 ou à 3. Cette division correspond à la dérivation des acides du type eau; et très-souvent[2] un acide monobasique est aussi monatomique, de

[1] Toutes les fois qu'on parle, dans ce livre, d'un acide sans autre désignation, il s'agit d'un acide hydraté. Les acides anhydres sont souvent désignés sous le nom d'*anhydrides*.

[2] Un acide monatomique ne peut être que monobasique; mais un acide monobasique n'est pas nécessairement monatomique. L'acide sulfovinique, par exemple, est monobasique et biatomique :

$$O^2 \left\{ \begin{array}{l} SO^2 \\ C^2H^5 \\ H \end{array} \right.$$

Il est vrai que l'acide sulfovinique représente un éther composé acide de l'acide sulfurique qui est biatomique et bibasique.

même qu'un acide bibasique est biatomique, et un acide tribasique, triatomique.

Au premier abord, quand on n'examine la question qu'au point de vue des équivalents, cette distinction des acides d'après leur basicité semble peu fondée : comme on peut, par exemple, obtenir deux sels de potasse avec l'acide acétique tout aussi bien qu'avec l'acide sulfurique, on ne conçoit pas trop pourquoi l'un de ces acides serait à considérer comme monobasique, tandis qu'on envisagerait l'autre comme bibasique. En effet, $C^4H^8O^4 = [C^4H^6O^3,H^2O]$ acide acétique et $SH^2O^4 = [SO^3,H^2O]$ acide sulfurique saturent la même quantité de potasse K^2O pour donner un sel neutre, et la moitié de cette quantité pour donner un sel acide; $C^4H^8O^4$ et SH^2O^4 sont donc des quantités équivalentes; et cependant je dédouble la formule de l'acide acétique $= C^2H^4O^2$, pour dériver ce corps d'une molécule d'eau, tandis que je dérive l'acide sulfurique de deux molécules d'eau :

$$1 \text{ mol. d'acide acétique} \ldots C^2H^4O^2 = O\left\{\begin{matrix} C^2H^3O \\ H, \end{matrix}\right.$$

$$1 \text{ mol. d'acide sulfurique} \ldots SH^2O^4 = O^2\left\{\begin{matrix} SO^2 \\ H^2 \end{matrix}\right.$$

C'est que la basicité des acides n'est pas une question d'équivalents, mais une question de molécules : j'écris l'acide acétique par la moitié de la formule qui représente l'équivalent de l'acide sulfurique, en me fondant sur des raisons semblables à celles qui me font écrire l'oxyde d'argent Ag^2O, et l'alumine Al^6O^3, bien que cette formule de l'alumine soit l'équivalent de 3 fois l'oxyde d'argent Ag^2O. Voici quelles sont ces raisons pour les acides : lorsqu'on examine, *sous le même volume*, la composition de la vapeur de certains corps volatils qui correspondent aux acides, en comparant entre eux les termes semblables, par exemple, les chlorures d'acides ou les éthers composés neutres, on constate des différences parfaitement régulières qui sont toujours en rapport avec les propriétés chimiques des acides correspondants ; ainsi :

Volumes égaux de (2 vol.) {
Chlorure d'acétyle renferment Cl, C^2H^3O
Chlorure de sulfuryle renferm. Cl^2, SO^2;

Volumes égaux de (2 vol.)	Acétate de méthyle renferment	O	C^2H^3O CH^3,
	Sulfate de méthyle renferment	O^2	SO^2 $(CH^3)^2$

Sous le même volume, le chlorure d'acétyle contient donc une fois le radical chlore, le chlorure de sulfuryle renferme celui-ci deux fois ; sous le même volume, l'acétate de méthyle contient une fois le radical méthyle, le sulfate de méthyle renferme celui-ci deux fois. A ces différences de composition des chlorures et des éthers neutres se lient ensuite des propriétés comme celles-ci : l'acide acétique ne donne qu'un éther composé, l'acide sulfurique en donne deux, un neutre et un acide ; l'acide acétique ne donne qu'une amide, l'acide sulfurique en donne plusieurs, etc. En résumé, si l'on cherche quelles sont les plus petites quantités possibles de radical acétyle et de radical sulfuryle qui interviennent dans les métamorphoses chimiques, on trouve que ces radicaux sont C^2H^3O équivalent de H, et SO^2 équivalent de H^2, ce qui conduit naturellement à représenter la molécule de l'acide acétique comme monatomique et la molécule de l'acide sulfurique comme biatomique.

Il existe une autre preuve bien évidente de l'existence des acides polyatomiques et polybasiques. Quelques acides minéraux, comme l'acide nitrique et l'acide sulfurique, ont la propriété d'agir par double décomposition sur les matières organiques, de manière à produire des composés à radicaux conjugués (§ 2484). Or, si l'on considère la basicité de ces produits, on la trouve entièrement subordonnée à la basicité des deux corps générateurs : tantôt acides, tantôt dépourvus de semblables propriétés, les produits conjugués se règlent en cela exactement sur la basicité des acides avec lesquels ils s'obtiennent; on ne concevrait pas ces relations si régulières s'il n'y avait pas, comme je l'admets, des acides dérivant d'une, de deux ou de trois molécules d'eau, et renfermant, dans leur propre molécule, 1, 2 ou 3 atomes d'hydrogène basique.

Les faits suivants feront comprendre ces rapports. Voici les quantités équivalentes de plusieurs acides, c'est-à-dire les quantités qui saturent le même poids de potasse ou de toute autre base pour former un sel neutre :

Acides.		Sels de potasse neutres.	
$C^{14}H^{12}O^4$	acide benzoïque. . . .	$C^{14}H^{10}K^2O^4$	— $C^{14}H^{10}O^3,K^2O$
$N^2H^2O^6$	acide nitrique.	$N^2K^2O^6$	— N^2O^5,K^2O
$C^{14}H^{10}(N^2O^4)O^4$	acide nitrobenzoïque .	$C^{14}H^8K^2(N^2O^4)O^4$	— $C^{14}H^8(N^2O^4)O^3,K^2O$
SH^2O^4	acide sulfurique	SK^2O^4	— SO^3,K^2O
$C^7H^6SO^5$	acide sulfobenzoïque .	$C^7H^4K^2(SO^2)O^3$	— $C^7H^4(SO^2)O^2,K^2O$.

Dans mon opinion, si les formules équivalentes $C^{14}H^{12}O^4$, $N^2H^2O^6$ et $C^{14}H^{10}(N^2O^4)O^4$ représentent respectivement les molécules de l'acide benzoïque, de l'acide nitrique et de l'acide nitrobenzoïque, les formules SH^2O^4 et $C^7H^6SO^5$, tout en étant équivalentes aux précédentes, ne représentent qu'une demi-molécule d'acide sulfurique et d'acide sulfobenzoïque ; c'est-à-dire qu'il faut doubler ces deux dernières formules pour qu'elles expriment aussi les molécules de leurs acides respectifs, ou, ce qui est la même chose, qu'il faut dédoubler les formules de l'acide benzoïque, de l'acide nitrique et de l'acide nitrobenzoïque, celles de l'acide sulfurique et de l'acide sulfobenzoïque étant écrites comme dans le tableau.

Voyons, en effet, comment l'acide nitrique et l'acide sulfurique se comportent avec l'acide benzoïque, pour produire l'acide nitrobenzoïque et l'acide sulfobenzoïque.

En mettant l'acide benzoïque en réaction avec l'acide nitrique, on trouve toujours que $C^{14}H^{12}O^4$ réagit avec son équivalent $N^2H^2O^6$, ou, ce qui revient au même, ces formules étant dédoublées, que $C^7H^6O^2$ réagit avec NHO^3, d'après l'équation suivante :

$$\underset{\text{1 moléc. acide benzoïque.}}{O\left\{\begin{matrix}C^7H^5O\\H\end{matrix}\right.} + \underset{\text{1 moléc. acide nitrique.}}{O\left\{\begin{matrix}NO^2\\H\end{matrix}\right.} = \underset{\text{1 moléc. eau.}}{O\left\{\begin{matrix}H\\H\end{matrix}\right.} + \underset{\text{1 moléc. acide nitrobenzoïque.}}{O\left\{\begin{matrix}C^7H^4(NO^2)O\\H\end{matrix}\right.}$$

C'est-à-dire qu'une molécule (1 équivalent) d'acide nitrobenzoïque se produit dans cette réaction, en même temps qu'une molécule d'eau, par la double décomposition d'une molécule (1 équivalent) d'acide benzoïque avec une molécule (1 équivalent) d'acide nitrique. L'expérience prouve de plus que l'acide nitrique, après s'être transformé en acide nitrobenzoïque, sature la même quantité de base qu'avant cette transformation. Ce fait devient bien évident si l'on dérive d'une molécule d'eau l'acide benzoïque, l'acide nitrique et l'acide nitrobenzoïque ; on voit alors que *la basicité de l'acide conjugué est égale à la somme des basicités des deux corps générateurs, moins une*[1] :

[1] Cette expression n'est qu'un cas particulier d'une loi plus générale. Voy. § 2484.

Basicité d'une molécule d'acide benzoïque . . = 1
Basicité d'une molécule d'acide nitrique. . . . = 1
Basicité d'une molécule d'acide nitrobenzoïque. = 2—1 = 1

Or cette loi de basicité, qui est constante pour l'acide nitrique, toutes les fois qu'il fait la double décomposition avec un acide organique (ou même avec toute autre matière organique), cette loi, dis-je, s'applique également à l'acide sulfurique, *pourvu qu'on dérive sa molécule de deux molécules d'eau*, c'est-à-dire qu'on le considère comme bibasique. En effet, d'après l'expérience, si l'on met l'acide benzoïque en réaction avec l'acide sulfurique, $C^{14}H^{12}O^4$ ne réagit jamais avec son équivalent SH^2O^4, mais réagit deux fois avec cet équivalent $S^2H^4O^8$, ou, ce qui revient au même, ces formules étant dédoublées, $C^7H^6O^2$ réagit toujours avec SH^2O^4, d'après l'équation suivante :

$$O\left\{\begin{matrix} C^7H^5O \\ H \end{matrix}\right. + O^2\left\{\begin{matrix} SO^2 \\ H^2 \end{matrix}\right. = O\left\{\begin{matrix} H \\ H \end{matrix}\right. + O^2\left\{\begin{matrix} C^7H^4(SO^2)O \\ H^2 \end{matrix}\right.$$

1 moléc. acide benzoïque. — 1 moléc. acide sulfurique. — 1 moléc. eau. — 1 moléc. acide sulfobenzoïque.

C'est-à-dire qu'une molécule (2 équivalents) d'acide sulfobenzoïque se produit dans cette réaction, en même temps qu'une molécule d'eau, par la double décomposition d'une molécule (1 équivalent) d'acide benzoïque avec une molécule (2 équivalents) d'acide sulfurique.

D'un autre côté, l'expérience indique aussi que l'acide sulfurique, après s'être transformé en acide sulfobenzoïque, sature la même quantité de base qu'avant cette transformation ; or ce n'est qu'en considérant l'acide sulfurique et l'acide sulfobenzoïque comme bibasiques, l'acide benzoïque, l'acide nitrique et l'acide nitrobenzoïque étant envisagés comme monobasiques, qu'on trouve encore, comme précédemment, que *la basicité de l'acide conjugué est égale à la somme des basicités des deux corps générateurs moins une :*

Basicité d'une molécule d'acide benzoïque. . . = 1
Basicité d'une molécule d'acide sulfurique. . . = 2
Basicité d'une molécule d'acide sulfobenzoïque. = 3 — 1 = 2.

Cette loi de basicité ne s'observerait pas si tous les acides dérivaient d'une molécule d'eau, c'est-à-dire s'il fallait représenter la molécule de tous les acides par leur équivalent. Ce fait d'ailleurs ne saurait plus être révoqué en doute depuis nos connaissances sur l'acide phosphorique; tous les chimistes admettent avec raison que la molécule de cet acide renferme trois atomes d'hydrogène basique, alors que la molécule d'autres acides n'en renferme qu'un seul atome ou deux atomes. Or les mêmes chimistes devront, pour rester conséquents, considérer aussi comme bibasiques l'acide sulfurique, l'acide oxalique, l'acide carbonique, et plusieurs autres acides à tort envisagés comme monobasiques.

M. Graham a le premier admis l'existence des acides polybasiques, dans son travail sur les modifications de l'acide phosphorique, en les formulant d'après l'ancienne théorie dualistique. Un chimiste allemand [1] a cherché à appliquer les mêmes idées à quelques acides organiques; mais ce chimiste, ne se basant, comme son devancier, que sur la composition des sels, n'a pas su préciser les caractères propres aux acides doués de basicités différentes. Je crois avoir mieux défini ces caractères en me fondant sur la composition des corps volatils (chlorures et éthers composés) qui y correspondent; la loi de saturation des acides conjugués m'a surtout permis de mettre en évidence les différences bien tranchées qui existent entre certains acides minéraux et organiques sous le rapport de la basicité.

§ 2479. Beaucoup d'acides organiques sont contenus dans les plantes, soit à l'état libre, soit sous forme de sels. On en produit un très-grand nombre en traitant d'autres matières organiques par des agents d'oxydation, tels que l'acide nitrique, l'acide chromique, le peroxyde de plomb, l'hydrate de potasse, etc. Les agents énergiques, tels que l'acide nitrique ou le mélange de peroxyde de manganèse et d'acide sulfurique, produisent souvent des acides dont la composition s'éloigne beaucoup des matières organiques employées; l'acide oxalique et l'acide formique s'obtiennent fréquemment dans ce genre d'oxydation. L'acide nitrique et l'acide sulfurique donnent aussi quelquefois des acides conjugués (§ 2484).

§ 2480. *Acides monobasiques.* — La substitution d'un radical d'acide à un atome d'hydrogène, dans une molécule d'eau, donne plusieurs séries d'acides monobasiques.

Le plus souvent ces acides sont volatils sans décomposition. En solution aqueuse ou alcoolique, ils rougissent le tournesol bleu.

[1] *Ann. der Chem. u. Pharm.* XXVI, 113.—Beaucoup de chimistes représentent encore comme monobasiques l'acide sulfurique, l'acide oxalique et l'acide carbonique; logiquement ils devraient aussi considérer l'acide phosphorique comme monobasique.

Ils donnent des sels neutres en échangeant l'atome d'hydrogène basique pour du métal,

$$O\left\{\begin{matrix}C^2H^3O\\ Na\end{matrix}\right. \qquad O\left\{\begin{matrix}C^7H^5O\\ Ag\end{matrix}\right. \qquad O\left\{\begin{matrix}C^{18}H^{33}O\\ Ba\end{matrix}\right. \qquad O\left\{\begin{matrix}CN\\ K\end{matrix}\right.$$

Acétate de soude. — Benzoate d'argent. — Oléate de baryte. — Cyanate de potasse.

Ils ne donnent généralement pas de sels acides par double décomposition; dans quelques cas cependant, on obtient des sels acides en dissolvant le sel neutre dans l'acide monobasique (par exemple, l'acétate de potasse dans l'acide acétique); mais ces sels acides se décomposent par l'eau :

$$\text{Biacétate de potasse } C^2H^3KO^2, C^2H^4O^2 = O^2\left\{\begin{matrix}(C^2H^3O)^2\\ H\\ K\end{matrix}\right.$$

Un acide monobasique ne donne, avec chaque alcool, qu'un seul éther composé neutre (§ 2497); il ne fournit pas d'éther composé acide.

Les sels d'ammoniaque des acides monobasiques ne donnent, par l'action de la chaleur, ni amides secondaires (imides), ni acides amidés. Quelquefois ils sont volatils sans décomposition.

Les acides organiques monobasiques ne peuvent être transformés en anhydrides qu'au moyen de la double décomposition (§ 2492); les agents de déshydratation (par exemple, l'acide phosphorique anhydre) ne les convertissent pas en anhydrides.

Beaucoup d'acides organiques monobasiques donnent, sous l'influence du chlore, du brome et de l'acide nitrique, des acides conjugués monobasiques (§ 2485). Avec l'acide sulfurique, ils donnent de semblables acides conjugués, mais bibasiques (§ 2488).

Traités par le perchlorure de phosphore, les acides organiques monobasiques donnent les chlorures négatifs qui y correspondent (l'acide benzoïque donne du chlorure de benzoïle), en même temps que de l'acide chlorhydrique et du chlorure de phosphoryle (oxychlorure de phosphore) :

$$O\left\{\begin{matrix}C^7H^5O\\ H\end{matrix}\right. + Cl^3,PCl^2 = \frac{Cl,C^7H^5O}{Cl,H} + Cl^3,PO$$

Acide benzoïque. — Perchlorure de phosphore. — Chlorure de benzoïle, plus chlorure d'hydrogène. — Oxychlorure de phosphore.

La proportion d'oxygène contenue dans les acides organiques monobasiques est généralement moins forte que dans les acides bibasiques; cette règle est surtout applicable aux acides monobasiques volatils, ceux-ci renfermant, dans leur molécule, 2 ou 3 atomes d'oxygène, alors que les acides bibasiques en contiennent au moins 4 atomes.

α. Acides monobasiques homologues à radical $C^nH^{2n-1}O$, dits *acides gras*. Ils correspondent aux alcools à radical C^nH^{2n+1}.

Acide formique.	CH^2O^2	$= O\left\{\begin{matrix} CHO, \\ H \end{matrix}\right.$
Acide acétique	$C^2H^4O^2$	$= O\left\{\begin{matrix} C^2H^3O, \\ H \end{matrix}\right.$
Acide propionique.	$C^3H^6O^2$	$= O\left\{\begin{matrix} C^3H^5O, \\ H \end{matrix}\right.$
Acide butyrique.	$C^4H^8O^2$	$= O\left\{\begin{matrix} C^4H^7O, \\ H \end{matrix}\right.$
Acide valérique.	$C^5H^{10}O^2$	$= O\left\{\begin{matrix} C^5H^9O, \\ H \end{matrix}\right.$
Acide caproïque.	$C^6H^{12}O^2$	$= O\left\{\begin{matrix} C^6H^{11}O, \\ H \end{matrix}\right.$
Acide œnanthylique. . . .	$C^7H^{14}O^2$	$= O\left\{\begin{matrix} C^7H^{13}O, \\ H \end{matrix}\right.$
Acide caprylique.	$C^8H^{16}O^2$	$= O\left\{\begin{matrix} C^8H^{15}O, \\ H \end{matrix}\right.$
Acide pélargonique. . . .	$C^9H^{18}O^2$	$= O\left\{\begin{matrix} C^9H^{17}O, \\ H \end{matrix}\right.$
Acide rutique ou caprique.	$C^{10}H^{20}O^2$	$= O\left\{\begin{matrix} C^{10}H^{19}O, \\ H \end{matrix}\right.$
Acide laurique.	$C^{12}H^{24}O^2$	$= O\left\{\begin{matrix} C^{12}H^{23}O, \\ H \end{matrix}\right.$
Acide myristique.	$C^{14}H^{28}O^2$	$= O\left\{\begin{matrix} C^{14}H^{27}O, \\ H \end{matrix}\right.$
Acide palmitique.	$C^{16}H^{32}O^2$	$= O\left\{\begin{matrix} C^{16}H^{31}O, \\ H \end{matrix}\right.$
Acide stéarique.	$C^{18}H^{36}O^2$	$= O\left\{\begin{matrix} C^{18}H^{35}O, \\ H \end{matrix}\right.$
Acide cérotique.	$C^{27}H^{54}O^2$	$= O\left\{\begin{matrix} C^{27}H^{53}O, \\ H \end{matrix}\right.$

Acide mélissique. . . . . $C^{30}H^{60}O^{2} = O\left\{\begin{matrix}C^{30}H^{59}O.\\H\end{matrix}\right.$

Ces acides se rencontrent, pour la plupart, dans le règne végétal ou dans l'organisme des animaux. On les obtient par la saponification des huiles et des graisses solides. Ils se produisent par l'action des corps oxygénants sur les alcools à radical $C^{n}H^{2n+1}$ et sur les aldéhydes à radical $C^{n}H^{2n-1}$. Un grand nombre d'autres matières organiques les fournissent sous l'influence des agents d'oxydation; ainsi toutes les matières grasses et cireuses donnent de l'acide acétique, butyrique, valérique, caproïque, etc., lorsqu'on les traite par l'acide nitrique. Les plus volatils d'entre les acides de la même série se produisent dans l'action de l'acide chromique ou d'un mélange d'acide sulfurique et de peroxyde de manganèse sur les matières albuminoïdes, fibrine, albumine, caséine, etc.

Les termes inférieurs des acides de cette série (y compris le dixième terme) sont liquides à la température ordinaire (*acides gras liquides*); les termes supérieurs sont solides (*acides gras solides*).

Tous les termes, depuis l'acide formique jusqu'à l'acide stéarique, sont volatils sans décomposition; d'un terme à l'autre le point d'ébullition diffère d'environ 18° ou 20°; ce point d'ébullition s'élève à mesure que n devient plus grand.

Le point d'ébullition de chaque acide gras est plus élevé d'environ 40° que le point d'ébullition de l'alcool correspondant.

Le point de fusion des acides gras solides est aussi d'autant plus élevé que n est plus grand.

Les quatre premiers termes se mêlent avec l'eau en toutes propriétés; la solubilité des autres est d'autant moindre qu'ils occupent dans la série une place plus élevée.

Les sels des deux premiers termes sont généralement solubles dans l'eau; cette solubilité diminue à mesure qu'on s'élève dans la série. Souvent les sels ont un aspect nacré et sont gras au toucher.

Beaucoup d'entre ces sels donnent, par la distillation, des acétones (§ 2470), des aldéhydes (ou leurs isomères, butyral, valéral), et des hydrocarbures de la formule nCH^{2} (§ 2581).

Lorsqu'on soumet les sels à base d'alcali à l'action d'un courant galvanique, ils donnent de l'acide carbonique et des métaux organiques $(C^{n}H^{2n+1})^{2}$, c'est-à-dire les soi-disant radicaux des alcools. Ainsi;

L'acétate de potasse donne du méthyle. . CH^3,CH^3;

Le valérate de potasse donne du tétryle. C^4H^9,C^4H^9, etc.

Pour comprendre ces transformations, on n'a qu'à se rappeler que les radicaux $C^nH^{2n-1}O$ des acides gras renferment les éléments du radical carbonyle et d'un radical d'alcool :

CHO	formyle. . .	=	CO carbonyle	+	H	hydrogène,
C^2H^3O	acétyle. . .	=	CO carbonyle	+	CH^3	méthyle,
C^3H^5O	propionyle.	=	CO carbonyle	+	C^2H^5	éthyle,
C^5H^9O	valéryle. . .	=	CO carbonyle	+	C^4H^9	tétryle, etc.

β. Acides monobasiques homologues[1] à radical $C^nH^{2n-3}O$.

$$\text{Acide acrylique. . . . } C^3H^4O^2 = O\left\{\begin{matrix} C^3H^3O, \\ H \end{matrix}\right.$$

$$\text{Acide angélique. . . . } C^5H^8O^2 = O\left\{\begin{matrix} C^5H^7O, \\ H \end{matrix}\right.$$

$$\text{Acide pyrotérébique. . } C^6H^{10}O^2 = O\left\{\begin{matrix} C^6H^9O, \\ H \end{matrix}\right.$$

$$\text{Acide hypogéique . . . } C^{16}H^{30}O^2 = O\left\{\begin{matrix} C^{16}H^{29}O, \\ H \end{matrix}\right.$$

$$\text{Acide oléique. . . . . } C^{18}H^{34}O^2 = O\left\{\begin{matrix} C^{18}H^{33}O. \\ H \end{matrix}\right.$$

L'acide angélique a été observé dans la végétation, et peut être obtenu artificiellement (par l'oxydation de l'essence de camomille). L'acide acrylique et l'acide pyrotérébique sont également des produits artificiels. L'acide oléique s'obtient par la saponification d'un grand nombre d'huiles grasses; l'acide hypogéique se prépare avec l'huile d'arachide.

Ces acides ont sensiblement les mêmes propriétés physiques que les acides gras de la série précédente; on y remarque surtout le même décroissement dans la volatilité et dans la solubilité, à mesure que le poids atomique des termes augmente; sous ce rapport, l'acide acrylique se rapproche de l'acide acétique, l'acide oléique de l'acide stéarique.

Traités par l'hydrate de potasse ou par d'autres agents d'oxyda-

[1] Peut-être faut-il encore ranger dans cette série : l'acide damalurique $C^7H^{12}O^2$, observé par M. Stædeler dans l'urine de vache, l'acide cachalotique $C^{19}H^{36}O^2$ (*dæglingsæure* de M. Scharling, t. II, p. 884) et l'acide érucique $C^{22}H^{42}O^2$ (t. II p. 896).

tion, les acides de cette série se dédoublent chacun en deux acides de la série à radical $C^nH^{2n-1}O$; ainsi :

L'acide acrylique donne de l'acide acétique et de l'acide formique,

— angélique. . . — id. — — propionique,

— pyrotérébique. — id. — — butyrique,

— oléique. . . . — id. — — palmitique.

On a, par exemple :

$$C^{18}H^{34}O^2 + 2\ KHO = C^2H^3KO^2 + C^{16}H^{31}KO^2 + H^2.$$

ac. oléique. — Hydrate de potasse. — Acétate de potasse. — Palmitate de potasse.

γ. Acides monobasiques à radical $C^nH^{2n-9}O$, dits *acides aromatiques :*

Acide benzoïque. . . $C^7H^6O^2 = O\left\{\begin{matrix} C^7H^5O, \\ H \end{matrix}\right.$

Acide toluique. . . . $C^8H^8O^2 = O\left\{\begin{matrix} C^8H^7O, \\ H \end{matrix}\right.$

? . . . $C^9H^{10}O^2 = O\left\{\begin{matrix} C^9H^9O, \\ H \end{matrix}\right.$

Acide cuminique. . . $C^{10}H^{12}O^2 = O\left\{\begin{matrix} C^{10}H^{11}O. \\ H \end{matrix}\right.$

Ces acides se produisent par l'oxydation des alcools à radical C^nH^{2n-7}, ainsi que des aldéhydes à radical C^nH^{2n-9} (essence d'amandes amères, essence de cumin); parfois aussi par l'oxydation des hydrures d'alcools H, C^nH^{2n-7} (l'acide toluique se produit par l'oxydation du toluène).

Ils sont solides et cristallisés à la température ordinaire; ils se subliment par la chaleur, et sont peu solubles dans l'eau froide.

Leurs sels, à part ceux à base de métal alcalin, sont peu solubles ou insolubles dans l'eau. Soumis à l'action de la chaleur, en présence de l'hydrate de chaux ou de baryte, plusieurs d'entre ces sels donnent des hydrures d'alcools H,C^nH^{2n-7} (benzine, toluène, cumène) :

$$C^7H^5CaO^2 + CaHO = CO^2, Ca^2O + C^6H^6$$

Benzoate de chaux. — Benzine, ou hydrure de phényle.

δ. Acides monobasiques divers.

Acide nitrique. . . . . . $NHO^3 = O\left\{\begin{matrix} NO^2, \\ H \end{matrix}\right.$

Acide hypochloreux. . . $ClHO = O \begin{cases} Cl, \\ H \end{cases}$

Acide chlorique. . . . . $ClHO^3 = O \begin{cases} ClO^2, \\ H \end{cases}$

Acide cyanique. . . . . . $CHNO = O \begin{cases} Cy, \\ H \end{cases}$

Acide salicylique. . . . . $C^7H^6O^3 = O \begin{cases} C^7H^5O^2, \\ H \end{cases}$

Acide anisique. . . . . . . $C^8H^8O^3 = O \begin{cases} C^8H^7O^2, \\ H \end{cases}$

Acide cinnamique. . . . $C^9H^8O^2 = O \begin{cases} C^9H^7O. \\ H \end{cases}$

Les acides salicylique [1], anisique et cinnamique se produisent par l'oxydation de leurs aldéhydes respectives (p. 635). Ils ressemblent beaucoup par leurs caractères aux acides monobasiques homologues de la série précédente γ. Ils sont solides et cristallisés, sublimables et peu solubles dans l'eau froide. Distillés avec un excès de chaux ou de baryte, ils se dédoublent en acide carbonique et en un autre corps :

$$\underset{\text{ac. salicylique.}}{C^7H^6O^3} = CO^2 + \underset{\text{hydrate de phényle.}}{C^6H^6O}$$

$$\underset{\text{ac. anisique.}}{C^8H^8O^3} = CO^2 + \underset{\text{phénate de méthyle (anisol).}}{C^7H^8O}$$

§ 2481. *Acides bibasiques.* — La substitution d'un radical négatif biatomique à 2 atomes d'hydrogène, dans deux molécules d'eau, donne plusieurs séries d'acides bibasiques.

Généralement, les acides organiques bibasiques ne sont pas volatils sans décomposition (quelquefois la chaleur les transforme en anhydrides). Ils donnent des sels neutres et des sels acides, en échangeant pour un radical de base métallique 2 atomes ou 1 seul atome d'hydrogène :

$$\underset{\text{Succinate de potasse neutre,}}{O^2 \begin{cases} C^4H^4O^2 \\ K \\ K \end{cases}} ; \qquad \underset{\text{Bisuccinate de potasse.}}{O^2 \begin{cases} C^4H^4O^2 \\ H \\ K \end{cases}}$$

[1] Voy. aussi § 2482.

Leurs sels acides se produisent souvent par double décomposition, présentent généralement une grande stabilité, et dissolvent les oxydes métalliques en produisant des sels doubles très-stables.

Un acide bibasique peut donner, avec chaque alcool, deux éthers composés, un éther neutre et un éther acide. *Considérés à l'état de vapeur sous le même volume, les éthers neutres des acides bibasiques renferment deux fois le radical d'alcool, alors que les éthers neutres des acides monobasiques ne contiennent qu'une fois ce radical :*

$O\left\{\begin{matrix}C^7H^5O\\C^2H^5\end{matrix}\right.$	$O\left\{\begin{matrix}C^2H^3O\\CH^3\end{matrix}\right.$	$O^2\left\{\begin{matrix}SO^2\\(CH^3)^2\end{matrix}\right.$	$O^2\left\{\begin{matrix}C^2O^2\\(C^2H^5)^2\end{matrix}\right.$
2 vol. benzoate d'éthyle	2 vol. acétate de méthyle	2 vol. sulfate de méthyle	2 vol. oxalate d'éthyle.

Les sels d'ammoniaque des acides bibasiques ne sont pas volatils sans décomposition ; souvent ils donnent par la chaleur des diamides primaires, des amides secondaires (imides), ou des acides amidés.

Beaucoup d'acides bibasiques se transforment en anhydrides par l'action de la chaleur ou des agents de déshydratation, tels que l'acide phosphorique anhydre.

Les acides organiques bibasiques soumis à l'action du chlore, du brome ou de l'acide nitrique, donnent moins aisément des dérivés conjugués que les acides monobasiques. Avec l'acide sulfurique, ils donnent quelquefois des acides conjugués, qui sont tribasiques (par exemple, l'acide sulfosuccinique).

Considérés à l'état de vapeur, sous le même volume, les chlorures des acides bibasiques renferment deux fois le radical chlore, alors que les chlorures des acides monobasiques ne le renferment qu'une fois :

Cl, C^7H^5O	Cl, C^2H^3O	Cl^2, SO^2	Cl^2, CO
2 vol. chlorure de benzoïle.	2 vol. chlorure d'acétyle.	2 vol. chlorure de sulfuryle.	2 vol. chlorure de carbonyle.

α. Acides bibasiques homologues à radical $C^nH^{2n-4}O^2$, correspondant aux acides gras monobasiques à radical $C^nH^{2n-1}O$:

Acide oxalique. . . . . . $C^2H^2O^4 = O^2\left\{\begin{matrix}C^2O^2\\H^2\end{matrix}\right.$,

Acide succinique. . . . . $C^4H^6O^4 = O^2\left\{\begin{matrix}C^4H^4O^2\\H^2\end{matrix}\right.$,

Acide pyrotartrique. . . $C^5H^8O^4 = O^2\left\{\begin{matrix}C^5H^6O^2\\H^2\end{matrix}\right.$,

Acide adipique. . . . . . $C^6H^{10}O^4 = O^2 \left\{ \begin{matrix} C^6H^8O^2 \\ H^2 \end{matrix} \right.$,

Acide pimélique. . . . . $C^7H^{12}O^4 = O^2 \left\{ \begin{matrix} C^7H^{10}O^2 \\ H^2 \end{matrix} \right.$,

Acide subérique. . . . . $C^8H^{14}O^4 = O^2 \left\{ \begin{matrix} C^8H^{12}O^2 \\ H^2 \end{matrix} \right.$,

Acide sébacique. . . . . . $C^{10}H^{18}O^4 = O^2 \left\{ \begin{matrix} C^{10}H^{16}O^2 \\ H^2 \end{matrix} \right.$.

La plupart de ces acides se produisent par l'action de l'acide nitrique ou d'autres agents d'oxydation sur les matières grasses Ils sont solides; leur solubilité dans l'eau froide diminue à mesure que leur poids atomique augmente (l'acide oxalique est très-soluble, l'acide sébacique peu soluble). Ils présentent une relation simple avec les acides gras monobasiques (série α) : l'acide adipique, par exemple, contient les éléments de l'acide carbonique et de l'acide valérique,

$$\underset{\text{ac. adipique}}{C^6H^{10}O^2} = CO^2 + \underset{\text{ac. valérique.}}{C^5H^{10}O^2}.$$

D'ailleurs ces acides bibasiques peuvent être convertis, dans certaines circonstances, en acides gras monobasiques; ainsi l'acide butyrique peut être transformé par l'acide nitrique en acide succinique :

$$\underset{\text{ac. butyrique.}}{C^4H^8O^2} + O^3 = \underset{\text{ac. succinique.}}{C^4H^6O^4} + H^2O.$$

Une semblable transformation s'observe lorsqu'on fait fondre certains d'entre ces acides bibasiques avec de l'hydrate de potasse : il se dégage alors de l'hydrogène, et le résidu renferme le sel de potasse d'un acide monobasique volatil de la série des acides gras α.

β. Acides bibasiques homologues à radical $C^nH^{2n-1}O^2$.

Acide glycollique. . . . $C^4H^8O^6 = O^2 \left\{ \begin{matrix} (C^2H^3O^2)^2 \\ H^2 \end{matrix} \right.$,

Acide lactique. . . . . . $C^6H^{12}O^6 = O^2 \left\{ \begin{matrix} (C^3H^5O^2)^2 \\ H^2 \end{matrix} \right.$,

Acide leucique. . . . . $C^{12}H^{24}O^6 = O^2 \left\{ \begin{matrix} (C^6H^{11}O^2)^2 \\ H^2 \end{matrix} \right.$.

Ces acides se produisent par l'action de l'acide nitreux sur certaines amides alcalines (glycocolle ou sucre de gélatine, alanine, leucine). Ils sont fort solubles dans l'eau; ils ne sont pas volatils sans décomposition (l'acide lactique élimine par la chaleur H^2O ou $2H^2O$).

Ils donnent des acides conjugués lorsqu'on les chauffe avec certains acides monobasiques ; ainsi, avec l'acide benzoïque, on peut obtenir l'acide benzoglycollique et l'acide benzolactique :

Acide benzoglycollique. . . . $C^9H^8O^4 = O\left\{\begin{matrix} C^2H^2(C^7H^5O)O^2 \\ H \end{matrix}\right.,$

Acide benzolactique. . . . . $C^{10}H^{10}O^4 = O\left\{\begin{matrix} C^3H^4(C^7H^5O)O^2 \\ H \end{matrix}\right.,$

γ. Acides bibasiques homologues à radical $C^nH^{2n-12}O^2$:

Acide phtalique (ou son isomère, l'acide téréphtalique de M. Cailliot, § 1914). $C^8H^6O^4 = O^2\left\{\begin{matrix} C^8H^4O^2 \\ H^2 \end{matrix}\right.,$

Acide insolinique. . . . . $C^9H^8O^4 = O^2\left\{\begin{matrix} C^9H^6O^2 \\ H^2 \end{matrix}\right..$

Ces acides sont aux acides monobasiques dits aromatiques à radical $C^nH^{2n-9}O$, ce que les acides bibasiques α sont aux acides gras monobasiques à radical $C^nH^{2n-1}O$: l'acide phalique, par exemple, renferme les éléments de l'acide carbonique et de l'acide benzoïque :

$$\underset{\text{Acide phtalique.}}{C^8H^6O^4} = CO^2 + \underset{\text{Acide benzoïque.}}{C^7H^6O^2}.$$

L'acide phtalique se produit par l'action de l'acide nitrique sur le bichlorure de naphtaline ; l'acide insolinique est le résultat de l'action de l'acide chromique sur l'acide cuminique.

Lorsqu'on distille l'acide phtalique (ou téréphtalique) avec un excès de chaux caustique, il donne de la benzine :

$$\underset{\text{Acide phtalique.}}{C^8H^6O^4} = 2\,CO^2 + \underset{\text{Benzine.}}{C^6H^6}.$$

Il est probable que l'acide insolinique donnerait, par le même agent, du toluène C^7H^8.

δ. Acides bibasiques divers :

Acide carbonique. . . . . $C\,H^2\,O^3 = O^2\left\{\begin{matrix} CO \\ H^2 \end{matrix}\right.,$

Acide malique . . . . $C^4\,H^6\,O^5 = O^2\left\{\begin{matrix} C^4H^4O^3 \\ H^2 \end{matrix}\right.,$

Acide fumarique et maléique. . . . . $C^4H^4O^4 = O^2\left\{\begin{matrix}C^4H^2O^2\\H^2,\end{matrix}\right.$

Acide tartrique. . . . . $C^4H^6O^6 = O^2\left\{\begin{matrix}C^4H^4O^4\\H^2,\end{matrix}\right.$

Acide pyrocitrique (citraconique, itaconique). . . . . $C^5H^6O^4 = O^2\left\{\begin{matrix}C^5H^4O^2\\H^2,\end{matrix}\right.$

Acide mucique et saccharique. . . . . $C^6H^{10}O^8 = O^2\left\{\begin{matrix}C^6H^8O^6\\H^2,\end{matrix}\right.$

Acide camphorique. . . . . $C^{10}H^{16}O^4 = O^2\left\{\begin{matrix}C^{10}H^{14}O^2\\H^2.\end{matrix}\right.$

Plusieurs d'entre ces acides (acides malique, fumarique, tartrique) se rencontrent dans la végétation ; d'autres (acides mucique, phtalique, camphorique) sont des produits d'oxydation. Quelques-uns (acides tartrique, maléique, camphorique) se transforment en anhydrides par l'action de la chaleur.

Parmi les acides minéraux nous citerons encore comme bibasiques les suivants :

Acide sulfurique. . . $SO^4H^2 = O^2\left\{\begin{matrix}SO^2\\H^2,\end{matrix}\right.$

Acide chromique. . . $Cr^2O^4H^2 = O^2\left\{\begin{matrix}Cr^2O^2\\H^2.\end{matrix}\right.$

§ 2482. Il existe un très-petit nombre d'acides (salicylique, aspartique) qui, monobasiques dans la plupart des réactions, se comportent comme des acides bibasiques dans quelques cas particuliers, et peuvent donc être représentés par deux formules rationnelles. Ainsi l'acide salicylique peut être dérivé d'une molécule d'eau comme acide monobasique, et de deux molécules d'eau comme acide bibasique :

$$\text{Acide salicylique.}\quad C^7H^6O^3 = O\left\{\begin{matrix}C^7H^5O^2\\H,\end{matrix}\right.$$

$$= O^2\left\{\begin{matrix}C^7H^4O\\H^2.\end{matrix}\right.$$

Dérivé d'une molécule d'eau, l'acide salicylique représente l'hydrate du radical salicyle $C^7H^5O^2$, dont on connaît l'oxyde anhydre, l'hydrure (l'aldéhyde), le chlorure, l'azoture (l'amide), etc. La composition de l'éther salicylique est aussi d'accord avec cette dérivation, car 2 volumes de cet éther renferment :

$$\text{Salicylate d'éthyle. . } C^9H^{10}O^3 = O\left\{\begin{array}{l}C^7H^5O^2\\ C^2H^5.\end{array}\right.$$

Mais cet éther, tout en étant volatil sans décomposition et presque insoluble dans l'eau, offre certains caractères des acides viniques, et peut, comme eux, échanger de l'hydrogène pour un radical de base; on peut même échanger ce même hydrogène pour un radical d'acide ou pour un radical d'alcool ; de là les deux notations suivantes :

$$\text{Salicylate d'éthyle. . . . . . } = O\left\{\begin{array}{l}C^7H^4(C^2H^5)O^2\\ \quad H\end{array}\right. = O^2\left\{\begin{array}{l}C^7H^4O\\ C^2H^5\\ \quad H,\end{array}\right.$$

$$\text{Benzoate d'éthyl-salicyle (Gerhardt). . . . . } = O\left\{\begin{array}{l}C^7H^4(C^2H^5)O^2\\ C^7H^5O\end{array}\right. = O^2\left\{\begin{array}{l}C^7H^4O\\ C^2H^5\\ C^7H^5O,\end{array}\right.$$

$$\text{Éthylate d'éthyl-salicyle (Cahours). . . . . } = O\left\{\begin{array}{l}C^7H^4(C^2H^5)O^2\\ C^2H^5\end{array}\right. = O^2\left\{\begin{array}{l}C^7H^4O\\ C^2H^5\\ C^2H^5.\end{array}\right.$$

On peut noter de même les sels métalliques de l'acide salicylique :

$$\text{Salicyl. d'argent ordinaire. } O\left\{\begin{array}{l}C^7H^5O^2\\ Ag\end{array}\right. = O^2\left\{\begin{array}{l}C^7H^4O\\ \quad H\\ Ag,\end{array}\right.$$

$$\text{Salicyl. biargentique (Piria). } O\left\{\begin{array}{l}C^7H^4(Ag)O^2\\ Ag\end{array}\right. = O^2\left\{\begin{array}{l}C^7H^4O\\ Ag\\ Ag.\end{array}\right.$$

La dérivation de l'acide salicylique de deux molécules d'eau, comme acide bibasique, a l'inconvénient de séparer de cet acide l'hydrure de salicyle, la salicylamide et un grand nombre de composés très-voisins, qui se notent alors avec un autre radical. Au reste, considérées dans leur ensemble, les allures de l'acide salicylique sont celles des acides monobasiques comme l'acide benzoïque ou l'acide acétique, plutôt que celles des acides bibasiques, comme l'acide oxalique ou l'acide succinique.

§ 2483. *Acides tribasiques.* — La substitution, dans trois molécules d'eau, d'un radical négatif triatomique ou de trois radieaux négatifs monatomiques à 3 atomes d'hydrogène, donne des acides tribasiques.

Ces acides ne sont pas volatils sans décomposition. Ils peuvent former trois espèces de sels en échangeant pour du métal 1, 2 ou 3 atomes d'hydrogène :

$O^3\left\{\begin{matrix}PO\\H^3\end{matrix}\right.$	$O^3\left\{\begin{matrix}PO\\K\\H^2\end{matrix}\right.$	$O^3\left\{\begin{matrix}PO\\K^2\\H\end{matrix}\right.$	$O^3\left\{\begin{matrix}PO\\K^3\end{matrix}\right.$
Acide phosphorique.	Phosphate de potasse dit acide.	Phosphate de potasse dit neutre.	Phosphate de potasse dit basique.

Un acide tribasique peut donner avec chaque alcool trois éthers composés, un éther neutre et deux éthers acides :

$O^3\left\{\begin{matrix}PO\\H^3\end{matrix}\right.$	$O^3\left\{\begin{matrix}PO\\C^2H^5\\H^2\end{matrix}\right.$	$O^3\left\{\begin{matrix}PO\\(C^2H^5)^2\\H\end{matrix}\right.$	$O^3\left\{\begin{matrix}PO\\(C^2H^5)^3\end{matrix}\right.$
Acide phosphorique.	Acide éthyl-phosphorique.	Acide diéthylphosphorique.	Éther phosphorique.

Considérés à l'état de vapeur, sous le même volume, les éthers neutres des acides tribasiques renferment trois fois le radical d'alcool, alors que les éthers neutres des acides monobasiques ne contiennent qu'une fois ce radical.

Les sels d'ammoniaque des acides tribasiques ne sont pas volatils sans décomposition. Leurs amides sont encore peu connues, cependant on a déjà obtenu quelques acides amidés et diamidés qui correspondent à des acides tribasiques.

Considérés à l'état de vapeur, sous le même volume, les chlorures des acides tribasiques renferment trois fois le radical chlore, alors que les chlorures des acides bibasiques contiennent deux fois ce radical, et les chlorures des acides monobasiques une fois :

Cl^3,B	Cl^3,P	Cl^3,PO	Cl^3, Cy^3.
2 vol. chlorure de bore.	2 vol. chlorure de phosphore.	2 vol. chlorure de phosphoryle [1].	2 vol. chlorure de cyanuryle [2].

a. Acides tribasiques organiques. On n'en connaît qu'un petit nombre :

[1] Le perchlorure ou chlorochlorure de phosphore (chlorure de chlorophosphoryle) présente avec l'oxychlorure de phosphore (chlorure de phosphoryle) les mêmes rapports de condensation que l'acide chlorhydrique avec l'eau :

2 vol. de vapeur d'eau. . . $O\ H^2$ 2 vol d'oxychlorure de phosphore. . . Cl^3, PO,
4 vol de gaz chlorhydrique. Cl^2H^2 4 vol. de chlorochlorure de phosphore. Cl^3, PCl^2.

[2] Chlorure de cyanogène solide.

Acide cyanurique. . . $C^3H^3N^3O^3 = O^3\left\{\begin{matrix}Cy^3\\ H^3,\end{matrix}\right.$

Acide citrique. . . . . $C^6H^8O^7 = O^3\left\{\begin{matrix}C^6H^5O^4\\ H^3,\end{matrix}\right.$

Acide aconitique. . . . $C^6H^6O^6 = O^3\left\{\begin{matrix}C^6H^3O^3\\ H^3,\end{matrix}\right.$

Acide méconique. . . . $C^7H^4O^7 = O^3\left\{\begin{matrix}C^7HO^4\\ H^3,\end{matrix}\right.$

Acide chélidonique. . . $C^7H^4O^6 = O^3\left\{\begin{matrix}C^7HO^3\\ H^3.\end{matrix}\right.$

On ne connaît pas les anhydrides de ces acides.

b. Acides tribasiques minéraux :

Acide borique. . . . $BH^3O^3 = O^3\left\{\begin{matrix}B\\ H^3,\end{matrix}\right.$

Acide phosphoreux. . $PH^3O^3 = O^3\left\{\begin{matrix}P\\ H^3,\end{matrix}\right.$

Acide phosphorique. . $PH^3O^4 = O^3\left\{\begin{matrix}PO\\ H^3,\end{matrix}\right.$

Acide arsénique. . . . $AsH^3O^4 = O^3\left\{\begin{matrix}AsO\\ H^3.\end{matrix}\right.$

Les anhydrides de ces acides sont connus.

§ 2484. *Acides conjugués.* — Ces acides, entièrement semblables aux acides normaux par leur manière d'agir sur les bases, renferment un radical conjugué, c'est-à-dire un radical contenant les éléments de deux radicaux fonctionnant ensemble comme un seul radical, ou bien ils contiennent un radical dérivé d'un autre par la substitution d'un ou de plusieurs éléments à l'hydrogène.

Ces acides prennent généralement naissance par double décomposition, lorsqu'on fait réagir, sur certaines substances organiques, du chlore, du brome, de l'iode, de l'acide nitrique ou de l'acide sulfurique. La plupart des chimistes ne classent parmi les acides conjugués que les produits de l'action de l'acide sulfurique, et mettent à part comme dérivés par substitution les produits de l'action du chlore ou de l'acide nitrique. Mais cette distinction n'est pas fondée, car le mode de formation de tous ces produits est le même, et leurs relations chimiques sont semblables. En effet, les composés qu'on appelle dérivés chlorés par substitution, parce que

H de la matière primitive s'y trouve remplacé par Cl, correspondent à l'acide hypochloreux [1], au même titre que les acides sulfoconjugués correspondent à l'acide sulfurique; seulement le radical sulfuryle SO^2 de cet acide est indivisible et remplace toujours 2 atomes d'hydrogène, tandis que le radical chlore Cl de l'acide hypochloreux et le radical NO^2 de l'acide nitrique remplacent un seul atome d'hydrogène. De là certaines différences dans la basicité des produits conjugués, suivant qu'ils correspondent à l'acide hypochloreux, à l'acide nitrique ou à l'acide sulfurique.

§ 2485. Les *acides chloroconjugués* se produisent le plus souvent par l'action directe du chlore ou de l'acide hypochloreux (chlorure de chaux et acide chlorhydrique ou sulfurique, etc.) sur les acides organiques, monobasiques ou bibasiques :

$$O\left\{\begin{matrix}C^7H^5O\\H\end{matrix}\right. + ClCl = O\left\{\begin{matrix}C^7H^4(Cl)O\\H\end{matrix}\right. + ClH.$$

Acide benzoïque. Acide chlorobenzoïque.

On connaît des *acides monochlorés, bichlorés, trichlorés,* etc., monatomiques ou biatomiques :

Acide trichloracétique . . . . . . $C^2H\,Cl^3O^2 = O\left\{\begin{matrix}C^2Cl^3O\\H,\end{matrix}\right.$

Acide quadrichlorovalérique. . . $C^5H^6Cl^4O^2 = O\left\{\begin{matrix}C^5H^5Cl^4O\\H,\end{matrix}\right.$

Acide chlorobenzoïque. . . . . . . $C^7H^5Cl\,O^2 = O\left\{\begin{matrix}C^7H^4ClO\\H,\end{matrix}\right.$

Acide chlorosalicylique. . . . . . $C^7H^5Cl\,O^3 = O\left\{\begin{matrix}C^7H^4ClO^2\\H,\end{matrix}\right.$

Acide bichloroquinonique ou chloranilique . . . . $C^6H^2Cl^2O^4 = O^2\left\{\begin{matrix}C^6Cl^2O^2\\H^2,\end{matrix}\right.$

Acide trichlorophtalique . . . . . $C^8H^3Cl^3O^4 = O^2\left\{\begin{matrix}C^8HCl^3O^2\\H^2.\end{matrix}\right.$

La basicité des acides chloroconjugués est exactement la même

[1] Le chlore libre est le chlorure de l'acide hypochloreux ; c'est-à-dire qu'il est à cet acide ce que, par exemple, le chlorure de benzoïle est à l'acide benzoïque :

Chlore libre, ou chlorure de chlore. . . . . : Cl, Cl,

Acide hypochloreux anhydre, ou oxyde de chlore. . $O\left\{\begin{matrix}Cl\\Cl.\end{matrix}\right.$

que celle des acides normaux correspondants. Le chlore n'y est pas accusé par les sels d'argent; la présence du chlore ne devient apparente que par la destruction complète de l'acide chloroconjugué; lorsqu'on en maintient une parcelle dans la flamme d'une bougie, on aperçoit une coloration verte. D'ailleurs à chaque acide chloré correspond un véritable chlorure qui réagit sur les sels d'argent :

Chlorure de trichloracétyle. $C^2 Cl^4O = Cl, C^2Cl^3O$,
Chlorure de chlorobenzoïle. $C^7H^4Cl^2O = Cl, C^7H^4ClO$.

Généralement les acides chloroconjugués ressemblent beaucoup par leurs caractères extérieurs aux acides normaux auxquels ils correspondent.

Les alcools à radical C^nH^{2n-7} ont aussi la propriété d'échanger l'hydrogène de leur radical pour du chlore; mais alors ils prennent eux-mêmes les caractères d'acides bien tranchés. Ainsi l'hydrate de phényle donne les acides suivants :

Acide bichlorophénique. . . $C^6H^4Cl^2O = O\left\{\begin{matrix} C^6H^3Cl^2 \\ H, \end{matrix}\right.$

Acide trichlorophénique. . . $C^6H^3Cl^3O = O\left\{\begin{matrix} C^6H^2Cl^3 \\ H, \end{matrix}\right.$

Acide quintichlorophénique. $C^6H Cl^5O = O\left\{\begin{matrix} C^6Cl^5 \\ H. \end{matrix}\right.$

§ 2485[a]. On réussit quelquefois à régénérer les acides normaux par leurs acides chloroconjugués. Cette régénération a été effectuée pour la première fois par M. Melsens[1] sur l'acide trichloracétique, à l'acide du potassium métallique. Ce chimiste se procure un amalgame[2] contenant environ 150 parties de mercure pour une partie de potassium, et le verse dans une dissolution aqueuse d'acide trichloracétique ou de trichloracétate de potasse; au moment du mélange, la température s'élève considérablement; si la dissolution est concentrée, on voit alors se former une masse saline en très-grande abondance. La liqueur, acide ou neutre d'abord, devient fort alcaline, et, si l'on a employé un léger excès d'acide trichloracétique par rapport à la quantité de potassium de l'amalgame, il ne se dégage pas une trace de gaz pendant toute

[1] MELSENS, *Compt. rend. de l'Acad. des Sciences*, t. XIV, 114.
[2] L'emploi de l'amalgame de potassium, au lieu du potassium pur, n'a évidemment pour but que de modérer l'action de ce métal.

la durée de la réaction, et celle-ci se termine complétement en un temps très-court. La masse saline se compose d'acétate de potasse, mélangé de chlorure de potassium et de potasse caustique.

On peut expliquer la réaction en admettant que le remplacement de chaque atome de chlore, dans l'acide chloroconjugué, par un atome d'hydrogène, est le résultat de deux doubles décompositions, qui se suivent dans un temps assez court pour paraître s'effectuer simultanément (comme le dégagement du gaz hydrogène par le zinc et l'acide chlorhydrique, p. 570). On aurait donc pour le premier atome de chlore :

$$\underset{\text{Eau.}}{O\left\{\begin{matrix}H\\H\end{matrix}\right.} + \underset{\text{Potassium.}}{KK} = \underset{\text{Potasse caustique.}}{O\left\{\begin{matrix}K\\H\end{matrix}\right.} + \underset{\text{Hydrure de potassium.}}{HK}.$$

$$\underset{\text{Trichloracétate de potasse.}}{O\left\{\begin{matrix}C^2(Cl^3)O\\K\end{matrix}\right.} + \underset{\text{Hydrure de potassium.}}{HK} = \underset{\text{Bichloracétate de potasse.}}{O\left\{\begin{matrix}C^2(Cl^2)HO\\K\end{matrix}\right.} + \underset{\text{Chlorure de potassium.}}{ClK}.$$

Voilà pour la substitution du premier atome de chlore. Il en est de même des deux autres : par deux doubles décompositions semblables, le bichloracétate, l'eau et le potassium donneront évidemment de la potasse, du chlorure et du chloracétate, et le chloracétate donnera, avec l'eau et le potassium, de la potasse, du chlorure et de l'acétate.

On peut, d'ailleurs, aussi admettre la formation directe de l'acétate, en supposant que l'échange porte immédiatement sur les 3 atomes de chlore du trichloracétate de potasse; alors on a :

$$3\,O\left\{\begin{matrix}H\\H\end{matrix}\right. + 3\,KK = 3\,O\left\{\begin{matrix}K\\H\end{matrix}\right. + 3\,HK.$$

$$\underset{\text{Trichloracétate.}}{O\left\{\begin{matrix}C^2(Cl^3)O\\K\end{matrix}\right.} + 3\,HK = \underset{\text{Acétate.}}{O\left\{\begin{matrix}C^2H^3O\\K\end{matrix}\right.} + 3\,ClK.$$

Il est aussi des cas où le zinc métallique effectue l'échange inverse du chlore pour l'hydrogène, et détermine par conséquent la régénération des acides normaux. On doit à M. Kolbe [1] la connaissance de plusieurs faits de ce genre. Lorsque, selon ce chimiste, on place du zinc dans l'acide trichlorométhylsulfureux, le

[1] KOLBE, *Ann. der Chem. u. Pharm.*, LIV, 145.

métal se dissout, sans dégagement d'hydrogène, et l'on obtient un mélange de chlorure et de bichlorométhylsulfite de zinc. La réaction consiste en deux doubles décompositions successives :

$$O\left\{\begin{matrix}C(Cl^3)SO^2\\H\end{matrix}\right. + ZnZn = O\left\{\begin{matrix}C(Cl^3)SO^2\\Zn\end{matrix}\right. + HZn.$$

Ac. trichlorométhylsulfureux. — Trichlorométhylsulfite de zinc.

$$O\left\{\begin{matrix}C(Cl^3)SO^2\\Zn\end{matrix}\right. + HZn = O\left\{\begin{matrix}CH(Cl^2)SO^2\\Zn\end{matrix}\right. + ClZn.$$

Trichlorométhylsulfite de zinc. — Bichlorométhylsulfite de zinc.

On peut également, à l'aide du zinc, transformer l'acide bichlorométhylsulfureux en chlorométhylsulfite de zinc, et l'acide chlorométhylsulfureux en méthylsulfite ; toutefois l'échange du deuxième et surtout du troisième atome de chlore s'effectue avec plus de difficulté que l'échange du premier atome. Mais on peut favoriser cet échange, et même le rendre complet en employant la pile. C'est ainsi qu'on parvient à transformer en méthylsulfite le trichlorométhylsulfite de potasse : on dissout ce sel dans l'eau, et l'on décompose le liquide neutre au moyen d'un courant développé par deux éléments de Bunsen, deux plaques de zinc amalgamé servant d'électrodes ; la double décomposition s'effectue alors avec calme et sans dégagement de gaz.

§ 2486. On connaît des *acides bromoconjugués* et *iodoconjugués*, semblables aux acides chloroconjugués par leurs caractères et leur mode de formation :

Acide bromanisique. . . . $C^8H^7BrO^3 = O\left\{\begin{matrix}C^8H^6BrO^2\\H,\end{matrix}\right.$

Acide bromosalicylique. . . $C^7H^5BrO^3 = O\left\{\begin{matrix}C^7H^4BrO^2\\H,\end{matrix}\right.$

Acide bibromosalicylique. . $C^7H^4Br^2O^3 = O\left\{\begin{matrix}C^7H^3Br^2O^2\\H,\end{matrix}\right.$

Acide tribromosalicylique. . $C^7H^3Br^3O^3 = O\left\{\begin{matrix}C^7H^2Br^3O^2\\H,\end{matrix}\right.$

Acide iodopyroméconique. . $C^5H^3J\ O^3 = O\left\{\begin{matrix}C^5H^2JO^2\\H.\end{matrix}\right.$

Ces composés se produisent par l'action du brome, du bromure d'iode ou du chlorure d'iode sur les acides organiques.

§ 2487. Les *acides nitroconjugués* se produisent généralement lorsqu'on dissout certains acides organiques dans l'acide nitrique fumant ou dans un mélange d'acide nitrique et d'acide sulfurique concentrés; il s'effectue alors une double décomposition ayant pour résultat le remplacement d'une partie de l'hydrogène de ces acides organiques par le radical NO^2 de l'acide nitrique :

$$O\left\{\begin{matrix} C^7H^5O \\ H \end{matrix}\right. + O\left\{\begin{matrix} NO^2 \\ H \end{matrix}\right. = O\left\{\begin{matrix} H \\ H \end{matrix}\right. + O\left\{\begin{matrix} C^7H^4(NO^2)O \\ H. \end{matrix}\right.$$

Acide benzoïque. Acide nitrobenzoïque.

Un grand nombre d'acides organiques, monatomiques ou biatomiques, se comportent ainsi. Voici les acides nitroconjugués les plus connus :

Acide nitropropionique. $C^3H^5(NO^2)\,O^2 = O\left\{\begin{matrix} C^3H^4(NO^2)O \\ H, \end{matrix}\right.$

Acide nitrobenzoïque. . $C^7H^5(NO^2)\,O^2 = O\left\{\begin{matrix} C^7H^4(NO^2)O \\ H, \end{matrix}\right.$

Acide binitrobenzoïque. $C^7H^4(NO^2)^2O^2 = O\left\{\begin{matrix} C^7H^3(NO^2)^2O \\ H, \end{matrix}\right.$

Acide nitrosalicylique ou indigotique . . . . . . $C^7H^5(NO^2)O^3 = O\left\{\begin{matrix} C^7H^4(NO^2)O^2 \\ H, \end{matrix}\right.$

Acide nitrocinnamique. . $C^9H^7(NO^2)O^2 = O\left\{\begin{matrix} C^9H^6(NO^2)O \\ H, \end{matrix}\right.$

Acide nitrophtalique. . . $C^8H^5(NO^2)O^4 = O^2\left\{\begin{matrix} C^8H^3(NO^2)O^2, \\ H^2. \end{matrix}\right.$ etc.

Les alcools à radical C^nH^{2n-7} donnent de semblables acides nitroconjugués, sous l'influence de l'acide nitrique :

Acide binitrophénique. . . . . . . $C^6H^4(NO^2)^2O = O\left\{\begin{matrix} C^6H^3(NO^2)^2 \\ H, \end{matrix}\right.$

Acide trinitrophénique ou picrique. . . . . $C^6H^3(NO^2)^3O = O\left\{\begin{matrix} C^6H^2(NO^2)^3 \\ H, \end{matrix}\right.$

Acide trinitrocrésique. . . . . . . $C^7H^5(NO^2)^3O = O\left\{\begin{matrix} C^7H^4(NO^2)^3 \\ H. \end{matrix}\right.$

Les acides organiques ne changent pas de basicité par leur transformation en acides nitroconjugués; sous ce rapport, les alcools cités se comportent comme des acides monobasiques.

Les acides nitroconjugués sont ordinairement jaunes ou jaunâtres, et possèdent de l'amertume; rarement ils se subliment sans altération. Portés à une très-haute température, ils se décomposent le plus souvent avec explosion ; ils ressemblent en cela aux nitrates, qui produisent, comme on sait, une déflagration lorsqu'ils rencontrent du charbon à une température élevée. On peut même obtenir des détonations très-violentes en chauffant les sels de potasse ou de soude de ces acides nitroconjugués, ou bien aussi leurs sels à radicaux de bases métalliques fort réductibles.

Chauffés avec une lessive de potasse très-concentrée, les acides nitroconjugués deviennent ordinairement d'un rouge brun foncé. Traités à chaud par un mélange d'acide sulfurique concentré et de peroxyde de manganèse, ils dégagent des vapeurs rutilantes.

Le sulfure d'hydrogène ou d'ammonium attaque généralement les acides nitroconjugués en les transformant en d'autres acides; dans cette réaction, NO^2 de l'acide nitroconjugué devient NH^2. Ainsi l'acide nitrobenzoïque $C^7H^5(NO^2)O^2$ se transforme en acide $C^7H^5(NH^2)O^2$, improprement appelé acide benzamique, et celui-ci, par l'acide nitreux, se convertit en acide oxybenzoïque $C^7H^6O^3$, isomère de l'acide salicylique, et contenant 1 atome d'oxygène de plus que l'acide benzoïque.

§ 2488. Les *acides sulfoconjugués* se produisent avec les matières organiques et l'acide sulfurique hydraté ou anhydre. Cet acide se comporte avec les acides organiques, à la manière du chlore et de l'acide nitrique, en déterminant une double décomposition ayant pour effet la formation d'un acide conjugué :

$$\underset{\text{Acide benzoïque hydraté.}}{O\left\{\begin{matrix}C^7H^5O\\H\end{matrix}\right.} + \underset{\text{Ac. sulfuriq. anhydre.}}{O,SO^2} = O\left\{\begin{matrix}H\\H\end{matrix}\right. + \underset{\text{Ac. sulfobenzoïque anhydre.}}{O,C^7H^4(SO^2)O}.$$

$$= \underset{\text{Ac. sulfobenzoïq. hydraté.}}{O^2\left\{\begin{matrix}C^7H^4(SO^2)O\\H^2\end{matrix}\right.}.$$

ou bien :

$$\underset{\text{Acide benzoïq. hydraté.}}{O\left\{\begin{matrix}C^7H^5O\\H\end{matrix}\right.} + \underset{\text{Acide sulfurique hydraté.}}{O^2\left\{\begin{matrix}SO^2\\H^2\end{matrix}\right.} = O\left\{\begin{matrix}H\\H\end{matrix}\right. + \underset{\text{Ac. sulfobenzoïque hydraté.}}{O^2\left\{\begin{matrix}C^7H^4(SO^2)O\\H^2\end{matrix}\right.}.$$

On remarque que la réaction de l'acide organique avec l'acide sulfurique est la même qu'avec l'acide nitrique; seulement, le radical sulfuryle SO^2 étant l'équivalent de H^2, il s'ensuit que, dans un acide sulfoconjugué, on trouve toujours SO^2 en remplacement de 1 atome d'hydrogène du radical de l'acide organique primitif, en même temps que de l'atome d'hydrogène disponible du type eau, tandis que, dans un acide nitroconjugué, ces deux mêmes atomes d'hydrogène sont remplacés par $\left\{\begin{matrix} NO^2 \\ H \end{matrix}\right.$, ou, ce qui revient au même, 1 atome d'hydrogène du radical de l'acide organique primitif est remplacé par NO^2. Ceci explique pourquoi *la basicité des acides nitroconjugués* (chloroconjugués et bromoconjugués) *est toujours la même que celle des acides organiques auxquels ils correspondent, tandis que les acides sulfoconjugués ont une basicité différente :* par exemple, l'acide nitrobenzoïque (ainsi que l'acide chlorobenzoïque et l'acide bromobenzoïque) est monobasique comme l'acide benzoïque, tandis que l'acide sulfobenzoïque est bibasique.

Les mêmes relations de basicité se présentent entre les acides organiques bibasiques et leurs dérivés sulfoconjugués : l'acide succinique est bibasique, l'acide sulfosuccinique est tribasique.

L'acide sulfurique donne aussi des dérivés conjugués par son action sur certains hydrocarbures (benzine, naphtaline, cumène, cymène, etc.),

Acide sulfophényleux, phényl-sulfureux ou sulfobenzidique. . . . $C^6H^6SO^3 = O\left\{\begin{matrix} C^6H^5(SO^2) \\ H \end{matrix}\right.$,

Acide sulfonaphtalique ou naphtyl-sulfureux. . . . . $C^{10}H^8SO^3 = O\left\{\begin{matrix} C^{10}H^7(SO^2) \\ H \end{matrix}\right.$.

Mais les acides sulfoconjugués de cette espèce sont monobasiques; ils ne sont bibasiques que dans le cas où leur radical renferme 2 fois du sulfuryle SO^2 :

Acide disulfonaphtalique. $C^{10}H^8S^2O^6 = O^2\left\{\begin{matrix} C^{10}H^6(SO^2)^2 \\ H^2 \end{matrix}\right.$.

Enfin on connaît aussi des acides sulfoconjugués correspondant à des alcalis organiques (à des azotures); ces sortes d'acides appartiennent à la classe spécialement désignée sous le nom d'acides amidés :

Acide sulfamique . . . . $H^3NSO^3 = O\left\{\begin{matrix} NH^2(SO^2) \\ H \end{matrix}\right.$,

Acide sulfanilique ou phényl-sulfamique . . . . . $C^6H^7NSO^3 = O\left\{\begin{matrix} N(C^6H^5)H(SO^2) \\ H, \end{matrix}\right.$

Acide sulfonaphtalidique ou naphtyl-sulfamique . . . $C^{10}H^9NSO^3 = O\left\{\begin{matrix} N(C^{10}H^7)H(SO^2) \\ H \end{matrix}\right.$.

Les acides sulfoconjugués sont généralement fort solubles dans l'eau, et donnent, avec les bases, des sels également solubles. Ils ne précipitent pas les sels de baryte, à l'état de sulfate, comme l'acide sulfurique. On utilise ce caractère pour les séparer de l'excédant d'acide sulfurique, lorsqu'on les prépare directement avec ce dernier acide : en saturant par du carbonate de baryte le produit de la réaction étendu d'eau, on obtient alors du sulfate de baryte insoluble, ainsi qu'un sel de baryte soluble de l'acide sulfoconjugué.

Les acides sulfoconjugués ne sont pas volatils sans décomposition; à la distillation sèche, ils donnent, entre autres produits, de l'acide sulfureux.

A chaque acide sulfoconjugué correspond probablement un chlorure. (Le chlorure de l'acide sulfophényleux s'obtient à l'aide d'un sel de cet acide et du chlorure de phosphoryle.)

Les acides sulfoconjugués se rapprochent entièrement des éthers sulfuriques acides (acides sulfoviniques) quant à la composition et au mode de formation; cependant il y a cette différence, que, dans ces derniers, le radical sulfuryle peut de nouveau s'échanger par double décomposition de manière à produire d'autres éthers ou dérivés des alcools, tandis qu'un semblable échange régressif n'a pas encore pu être effectué sur les acides sulfoconjugués dérivant des acides organiques et des hydrocarbures.

On connaît aussi un certain nombre d'acides sulfoconjugués contenant du chlore, du brome ou du nitryle:

Acide nitro-phénylsulfureux ou nitro-sulfobenzidique. $C^6H^5NSO^5 = O\left\{\begin{matrix} C^6H^4(NO^2)(SO^2) \\ H \end{matrix}\right.$,

Acide trichloro-sulfonaphtalique . . . . $C^{10}H^5Cl^3SO^3 = O\left\{\begin{matrix} C^{10}H^4(Cl^3)(SO^2) \\ H \end{matrix}\right.$,

Acide bibromo-sulfonaphtalique . . . . $C^{10}H^6Br^2SO^3 = O\left\{\begin{matrix} C^{10}H^5(Br^2)(SO^2) \\ H \end{matrix}\right.$.

§ 2489. Les *acides amidés* ou *amidoconjugués* constituent

une classe particulière d'acides conjugués à radical d'ammonium, dont l'hydrogène, au lieu d'être remplacé par un radical positif comme dans les bases amidées ou ammoniées (§ 2467), est remplacé par un radical négatif.

Acides amidés homologues à radical $NH^2(C^nH^{2n-4}O^2)$.

Acide oxamique. . . . $C^2H^3NO^3 = O\left\{\begin{matrix}NH^2(C^2O^2)\\ H\end{matrix}\right.$.

Acide succinamique. . $C^4H^7NO^3 = O\left\{\begin{matrix}NH^2(C^4H^4O^2)\\ H\end{matrix}\right.$.

Acide sébamique. . . . $C^{10}H^{19}NO^3 = O\left\{\begin{matrix}NH^2(C^{10}H^{16}O^2)\\ H\end{matrix}\right.$

Acides amidés divers.

Acide aspartique. . . . $C^4H^7NO^4 = O\left\{\begin{matrix}NH^2(C^4H^4O^3)\\ H\end{matrix}\right.$.

Acide tartramique. . . $C^4H^7NO^5 = O\left\{\begin{matrix}NH^2(C^4H^4O^4)\\ H\end{matrix}\right.$.

Acide coménamique. . $C^6H^5NO^4 = O\left\{\begin{matrix}NH^2(C^6H^2O^3)\\ H\end{matrix}\right.$.

Acide phtalamique. . $C^8H^7NO^3 = O\left\{\begin{matrix}NH^2(C^8H^4O^2)\\ H\end{matrix}\right.$.

Acide camphoramique. $C^{10}H^{17}NO^3 = O\left\{\begin{matrix}NH^2(C^{10}H^{14}O^2)\\ H\end{matrix}\right.$.

Chaque acide amidé correspond à un acide normal : l'acide oxamique à l'acide oxalique, l'acide succinamique à l'acide succinique, etc.

Les acides amidés se forment : par l'action de la chaleur sur les sels d'ammoniaque acides des acides bibasiques,

$$\underset{\text{Bioxalate d'ammoniaq.}}{O^2\left\{\begin{matrix}C^2O^2\\ H\\ NH^4\end{matrix}\right.} - H^2O = \underset{\text{Acide oxamique.}}{O\left\{\begin{matrix}NH^2(C^2O^2)\\ H\end{matrix}\right.};$$

par l'action de l'ammoniaque aqueuse sur les éthers composés, en même temps qu'il se produit des diamides primaires (par exemple, l'acide sébamique); par l'ébullition de certaines diamides primaires avec les acides ou les alcalis minéraux,

$$\underset{\text{Asparagine.}}{N^2\left\{\begin{matrix}C^4H^4O^3\\ H^2\\ H^2\end{matrix}\right.} + H^2O = \underset{\text{Acide aspartique.}}{O\left\{\begin{matrix}NH^2(C^4H^4O^3)\\ H\end{matrix}\right.} + NH^3;$$

par l'action du gaz ammoniaque sur les anhydrides,

$$O,C^{10}H^{14}O^{2} \quad + \quad 2\,NH^{3} \quad = \quad O\left\{\begin{matrix} NH^{2}(C^{10}H^{14}O^{2}) \\ NH^{4} \end{matrix}\right. ;$$

Anhyd. camphorique. — Camphoramate d'ammoniaque.

par l'ébullition de l'ammoniaque faible avec les amides secondaires des acides bibasiques (imides),

$$N\left\{\begin{matrix} C^{4}H^{4}O^{2} \\ H \end{matrix}\right. \quad + \quad H^{2}O \quad = \quad O\left\{\begin{matrix} NH^{2}(C^{4}H^{4}O^{2}) \\ H \end{matrix}\right. .$$

Succinimide. — Acide succinamique.

Les acides amidés correspondant aux acides bibasiques forment, avec les métaux, des sels monobasiques, généralement beaucoup plus solubles que les sels à même base de ces acides bibasiques :

$$\text{Oxamate de baryte. . . .} \quad O\left\{\begin{matrix} NH^{2}(C^{2}O^{2}) \\ Ba \end{matrix}\right. .$$

La plupart des acides amidés perdent de l'eau à une température élevée, et se transforment en imides (amides secondaires à radical biatomique),

$$O\left\{\begin{matrix} NH^{2}(C^{10}H^{14}O^{2}) \\ H \end{matrix}\right. \quad = \quad N\left\{\begin{matrix} C^{10}H^{14}O^{2} \\ H \end{matrix}\right. \quad + \quad H^{2}O.$$

Acide camphoramique. — Camphorimide.

Bouillis avec les acides ou les alcalis minéraux, les acides amidés fixent de l'eau et forment des sels d'ammoniaque acides ; cette transformation s'opère déjà, dans beaucoup d'acides amidés, par la seule ébullition de leur solution aqueuse :

$$O\left\{\begin{matrix} NH^{2}(C^{2}O^{2}) \\ H \end{matrix}\right. \quad + \quad H^{2}O \quad = \quad O^{2}\left\{\begin{matrix} C^{2}O^{2} \\ H. \\ NH^{4} \end{matrix}\right.$$

Acide oxamique. — Bioxalate d'ammoniaque.

Il existe aussi des acides amidés dans lesquels trois atomes d'hydrogène de l'ammonium sont remplacés par un radical négatif biatomique et par un radical négatif monatomique. On les obtient par l'ébullition de l'ammoniaque avec des amides tertiaires (Chiozza et Gerhardt) :

$$N\left\{\begin{matrix} C^{4}H^{4}O^{2} \\ C^{6}H^{5}SO^{2} \end{matrix}\right. \quad + \quad H^{2}O \quad = \quad O\left\{\begin{matrix} N(C^{4}H^{4}O^{2})(C^{6}H^{5}SO^{2})H \\ H \end{matrix}\right. .$$

Azoture de succinyle et de sulfophényle. — Acide succinyl-sulfophénylamique.

§ 2490. Voici une espèce d'acides amidés, dans lesquels l'hydrogène du radical ammonium est remplacé à la fois par un radical d'alcool et par un radical d'acide; elle correspond aux sels acides des alcalis organiques (formés par des acides bibasiques). Ces *acides alcalamidés* sont isomères des éthers composés des acides amidés correspondant aux sels d'ammoniaque (par exemple, l'acide éthyl-oxamique est isomère de l'oxamate d'éthyle).

Acides alcalamidés divers.

Acide éthyl-carbonam. $C^3H^7NO^2 = O\left\{\begin{matrix} N(C^2H^5)H(CO) \\ H \end{matrix}\right.$,

Acide méthyl-oxamiq. $C^3H^5NO^3 = O\left\{\begin{matrix} N(CH^3)H(C^2O^2) \\ H \end{matrix}\right.$,

Acid. phényl-carbonam. ou anthranilique . . $C^7H^7NO^2 = O\left\{\begin{matrix} N(C^6H^5)H(CO) \\ H \end{matrix}\right.$,

Acide phényl-oxamique, ou oxanilique. $C^8H^7NO^3 = O\left\{\begin{matrix} N(C^6H^5)H(C^2O^2) \\ H \end{matrix}\right.$,

Acide phényl-succinamique. . . . . $C^{10}H^{11}NO^3 = O\left\{\begin{matrix} N(C^6H^5)H(C^4H^4O^2) \\ H \end{matrix}\right.$,

Acide phényl-camphoramique. . . . . . . $C^{16}H^{21}NO^3 = O\left\{\begin{matrix} N(C^6H^5)H(C^{10}H^{14}O^2) \\ H \end{matrix}\right.$

Les acides alcalamidés prennent naissance : par l'action de la chaleur sur les sels acides des alcalis organiques,

$$O^2\left\{\begin{matrix} C^2O^2 \\ N(CH^3)H^3 \\ H \end{matrix}\right. - H^2O = O\left\{\begin{matrix} N(CH^3)H(C^2O^2) \\ H \end{matrix}\right.;$$

Bioxalate de méthylamine. Acide méthyloxamique.

par la réaction des alcalis organiques avec les acides bibasiques, ou avec leurs anhydrides,

$$O^2\left\{\begin{matrix} C^2O^2 \\ H^2 \end{matrix}\right. + N^2\left\{\begin{matrix} (C^6H^5)^2 \\ H^2 \\ H^2 \end{matrix}\right. = O\left\{\begin{matrix} N(C^6H^5)H(C^2O^2) \\ N(C^6H^5)H^3 \end{matrix}\right.;$$

Acide oxaliq. 2 mol. Aniline. Phényl oxamate

par l'action de l'ammoniaque faible sur les amides intermédiaires,

$$N\left\{\begin{matrix}C^6H^5\\C^{10}H^{14}O^2\end{matrix}\right. + O\left\{\begin{matrix}NH^4\\H\end{matrix}\right. = O\left\{\begin{matrix}N(C^6H^5)H(C^{10}H^{14}O^2).\\NH^4\end{matrix}\right.$$

Phényl-camphorimide. Hydrate d'ammon. Phényl-camphoramate d'ammoniaque.

Ces acides alcalamidés forment des sels métalliques monobasiques. Certains acides phényl-amidés perdent de l'eau par l'action de la chaleur, en formant des amides tertiaires intermédiaires (aniles); les alcalis minéraux concentrés les dédoublent par la chaleur en aniline et en acide bibasique.

Il existe aussi des acides alcalamidés dans lesquels les 4 atomes d'hydrogène de l'ammonium sont remplacés par un radical d'acide triatomique et par un radical d'alcool :

Acide phényl-citramique, ou citranilique. . . . . $C^{12}H^{11}NO^5 = O\left\{\begin{matrix}N(C^6H^5)(C^6H^5O^4);\\H\end{matrix}\right.$

Acide phényl-aconitamiq. ou aconitomonaniliq. $C^{12}H^9NO^4 = O\left\{\begin{matrix}N(C^6H^5)(C^6H^3O^3)\\H\end{matrix}\right.$.

Le corps suivant mérite également d'être mentionné :

Acide phényl-citrobiamique, ou citrobianilique. $C^{18}H^{18}N^2O^5 = O\left\{\begin{matrix}N^2(C^6H^5)^2(C^6H^5O^4)H^2\\H\end{matrix}\right.$

Cet acide alcalamidé dérive de l'hydrate de diammonium (p. 621).

§ 2491. D'après le sens que nous attachons aux formules chimiques, il est évident que tout acide organique dont on connaît les métamorphoses les plus prochaines, peut être considéré comme conjugué, au même titre que les acides amidés ou les acides nés de l'action du chlore, du brome, de l'acide nitrique, de l'acide sulfurique, etc., sur les matières organiques, pourvu que, dans la construction des formules, on observe la règle à laquelle sont soumis les équivalents des radicaux conjugués (§ 2462).

On sait, par exemple, que tous les acides gras monobasiques, à radical $C^nH^{2n-1}O$, sont susceptibles de se dédoubler en acide carbonique et en combinaisons à radical d'alcool. Ainsi l'acide acétique peut être transformé en hydrure de méthyle, en méthylure de méthyle, etc.; ces métamorphoses permettent de représenter l'acide acétique comme de l'acide carbo-méthylique, c'est-à-dire comme un acide dont le radical est conjugué par addition des radicaux carbonyle CO et méthyle CH^3 :

$$\text{Acide acétique.}\ .\ .\ .\ .\ O\left\{\begin{matrix}CO(CH^3)\\ H\end{matrix}\right.$$

Ainsi formulé, l'acide acétique est à l'acide carbonique ce que l'acide méthylsulfureux est à l'acide sulfurique :

$$\text{Acide méthylsulfureux ou méthyldithionique.}\ O\left\{\begin{matrix}SO^2(CH^3)\\ H\end{matrix}\right. .$$

J'ai déjà dit (p. 607) qu'on pourrait aussi formuler l'acide acétique comme renfermant un radical conjugué par addition du radical oxygène O et du radical C^2H^3 de l'aldéhyde acétique.

C'est aussi en vertu de sa métamorphose en acide benzoïque et en acide acétique (Chiozza) qu'on peut représenter l'acide cinnamique comme contenant un radical conjugué par substitution du radical benzoïle C^7H^5O à l'hydrogène du radical C^2H^3 de l'aldéhyde acétique, ou bien un radical conjugué par substitution du radical acétyle C^2H^3O à l'hydrogène du radical C^7H^5 de l'aldéhyde benzoïque :

$$\text{Acide cinnamique.}\ . = O\left\{\begin{matrix}C^2H^2(C^7H^5O)\\ H\end{matrix}\right. ,$$

$$= O\left\{\begin{matrix}C^7H^4(C^2H^3O)\\ H\end{matrix}\right. .$$

Je n'insisterai pas sur ces formules qui n'ont pas besoin de commentaire. En les donnant, je tiens seulement à constater que les acides appelés conjugués ou copulés par les chimistes ne sont pas des corps particuliers, différents des acides auxquels on n'applique pas cette dénomination. Un acide ne saurait être dit conjugué dans un sens absolu ; *il n'est conjugué que par rapport à certains autres corps auxquels il peut donner naissance, ou qui peuvent ensemble le produire*. Tantôt ces transformations s'opèrent facilement, tantôt elles exigent des conditions spéciales ou même exceptionnelles ; mais il n'y a pas de limite entre les deux modes de transformation. L'alcool, l'acide acétique, tous les corps dont nous connaissons les métamorphoses prochaines sont tout aussi bien des corps conjugués ou copulés que l'acide nitrobenzoïque ou l'oxyde d'arséméthyle.

§ 2492. Anhydrides. — La substitution, dans une ou plusieurs molécules d'eau, d'un radical d'acide ou de deux radicaux d'acides à tout l'hydrogène, donne les anhydrides ou acides anhydres. Ces corps sont aux acides hydratés ce que les éthers simples sont aux alcools.

Les anhydrides sont sans action sur le tournesol ; au contact de l'eau, ils en fixent les éléments plus ou moins rapidement pour se transformer en acides. Au contact de l'ammoniaque, ils donnent des amides neutres ou des sels d'ammoniaque d'acides amidés.

On distingue les anhydrides en monobasiques, bibasiques et tribasiques, suivant qu'ils produisent, en fixant de l'eau, un acide monobasique, bibasique ou tribasique.

α. *Anhydrides des acides monobasiques.*

Anhydride hypochloreux (2 vol.). $Cl^2O = O\left\{\begin{array}{l}Cl\\ Cl\end{array}\right.$

Anhydride nitrique. . . . . $N^2O^5 = O\left\{\begin{array}{l}NO^2\\ NO^2\end{array}\right.$

Anhydride acétique (2 vol.). $C^4H^6O^3 = O\left\{\begin{array}{l}C^2H^3O\\ C^2H^3O\end{array}\right.$

Anhydride butyrique. . . . . $C^8H^{14}O^3 = O\left\{\begin{array}{l}C^4H^7O\\ C^4H^7O\end{array}\right.$

Anhydride valérique. . . . . $C^{10}H^{18}O^3 = O\left\{\begin{array}{l}C^5H^9O\\ C^5H^9O\end{array}\right.$

Anhydride pélargonique. . . $C^{18}H^{34}O^3 = O\left\{\begin{array}{l}C^9H^{17}O\\ C^9H^{17}O\end{array}\right.$

Anhydride angélique. . . . . $C^{10}H^{14}O^3 = O\left\{\begin{array}{l}C^5H^7O\\ C^5H^7O\end{array}\right.$

Anhydride benzoïque. . . . $C^{14}H^{10}O^3 = O\left\{\begin{array}{l}C^7H^5O\\ C^7H^5O\end{array}\right.$

Anhydride cuminique. . . . . $C^{20}H^{22}O^3 = O\left\{\begin{array}{l}C^{10}H^{11}O\\ C^{10}H^{11}O\end{array}\right.$

Anhydride cinnamique. . . . $C^{18}H^{14}O^3 = O\left\{\begin{array}{l}C^9H^7O\\ C^9H^7O\end{array}\right.$

Anhydride salicylique. . . . $C^{14}H^{10}O^5 = O\left\{\begin{array}{l}C^7H^5O^2\\ C^7H^5O^2\end{array}\right.$

Quelquefois les 2 atomes d'hydrogène du type eau sont remplacés par deux radicaux différents (*anhydrides mixtes*).

Anhydride acéto-benzoïque. . . . $C^9H^8O^3 = O\left\{\begin{matrix} C^2H^3O \\ C^7H^5O \end{matrix}\right.$

Anhydride cumino-œnanthylique. $C^{17}H^{24}O^3 = O\left\{\begin{matrix} C^{10}H^{11}O \\ C^7H^{13}O \end{matrix}\right.$

Anhydride valéro-angélique. . . $C^{10}H^{16}O^3 = O\left\{\begin{matrix} C^5H^9O \\ C^5H^7O \end{matrix}\right.$

Les anhydrides des acides organiques monobasiques se produisent par la réaction des chlorures d'acides sur les sels alcalins des acides correspondants :

$$O\left\{\begin{matrix} C^2H^3O \\ K \end{matrix}\right. + Cl,C^2H^3O = O\left\{\begin{matrix} C^2H^3O \\ C^2H^3O \end{matrix}\right. + ClK;$$

Acétate de potasse. — Chlorure d'acétyle. — Anhyd. acétique.

$$O\left\{\begin{matrix} C^2H^3O \\ K \end{matrix}\right. + Cl,C^7H^5O = O\left\{\begin{matrix} C^2H^3O \\ C^7H^5O \end{matrix}\right. + ClK.$$

Acétate de potasse. — Chlorure de benzoïle. — Anhyd. acéto-benzoïque.

On peut aussi, pour obtenir les anhydrides, faire réagir l'oxychlorure (le protochlorure ou le perchlorure de phosphore) sur les sels alcalins des acides correspondants; la réaction s'opère alors en deux temps :

$$O\left\{\begin{matrix} (C^2H^3O)^3 \\ K^3 \end{matrix}\right. + Cl^3,PO = O^3\left\{\begin{matrix} PO \\ K^3 \end{matrix}\right. + Cl^3,(C^2H^3O)^3.$$

3 moléc. Acétate de potasse. — Chlorure de phosphoryle. — Phosphate de potasse. — 3 moléc. Chlorure d'acétyle.

$$O^3\left\{\begin{matrix} (C^2H^3O)^3 \\ K^3 \end{matrix}\right. + Cl^3,(C^2H^3O)^3 = O^3\left\{\begin{matrix} (C^2H^3O)^3 \\ (C^2H^3O)^3 \end{matrix}\right. + Cl^3K^3.$$

3 moléc. Acétate de potasse. — 3 moléc. Chlorure d'acétyle. — 3 moléc. Anhydride acétique. — 3 moléc. Chlorure de potassium.

Les anhydrides des acides organiques monobasiques sont liquides ou solides; lorsqu'ils contiennent une seule espèce de radical, ils sont généralement volatils sans décomposition. Les anhydrides à deux radicaux différents se décomposent par la chaleur en anhydrides à mêmes radicaux :

$$O\left\{\begin{matrix} C^2H^3O \\ C^7H^5O \end{matrix}\right. + O\left\{\begin{matrix} C^2H^3O \\ C^7H^5O \end{matrix}\right. = O\left\{\begin{matrix} C^2H^3O \\ C^2H^3O \end{matrix}\right. + O\left\{\begin{matrix} C^7H^5O \\ C^7H^5O \end{matrix}\right.$$

Anhyd. acéto-benzoïque. — Anhyd. acéto-benzoïque. — Anhyd. acétique. — Anhyd. benzoïque.

Les anhydrides des acides organiques monobasiques sont peu

solubles ou insolubles dans l'eau, et se convertissent plus ou moins rapidement en acides sous l'influence de ce liquide; les alcalis déterminent promptement cette transformation.

$$O\left\{\begin{matrix}C^2H^3O\\C^2H^3O\end{matrix}\right. + O\left\{\begin{matrix}H\\H\end{matrix}\right. = O\left\{\begin{matrix}C^2H^3O\\H\end{matrix}\right. + O\left\{\begin{matrix}C^2H^3O\\H\end{matrix}\right. .$$

Anhyd. acétique. Acide acétique. Acide acétique.

La réaction de l'eau est la même lorsque les anhydrides renferment deux radicaux différents :

$$O\left\{\begin{matrix}C^2H^3O\\C^7H^5O\end{matrix}\right. + O\left\{\begin{matrix}H\\H\end{matrix}\right. = O\left\{\begin{matrix}C^2H^3O\\H\end{matrix}\right. + O\left\{\begin{matrix}C^7H^5O\\H\end{matrix}\right. .$$

Anhyd. acéto-benzoïque. Acide acétique. Acide benzoïque.

L'éther dissout sans altération les anhydrides; l'alcool les dissout aussi, mais en donnant peu à peu des éthers composés :

$$O\left\{\begin{matrix}C^7H^5O\\C^7H^5O\end{matrix}\right. + 2\ O\left\{\begin{matrix}C^2H^5\\H\end{matrix}\right. = O\left\{\begin{matrix}H\\H\end{matrix}\right. + 2\ O\left\{\begin{matrix}C^2H^5\\C^7H^5O\end{matrix}\right. .$$

Anhyd. benzoïque. Alcool. Eau. Benzoate d'éthyle.

Au contact de l'ammoniaque, les anhydrides des acides organiques monobasiques donnent une amide neutre :

$$O\left\{\begin{matrix}C^7H^5O\\C^7H^5O\end{matrix}\right. + 2\ N\left\{\begin{matrix}H\\H\\H\end{matrix}\right. = O\left\{\begin{matrix}H\\H\end{matrix}\right. + 2\ N\left\{\begin{matrix}C^7H^5O\\H\\H\end{matrix}\right. .$$

Anhyd. benzoïque. Benzamide.

Le perchlorure de phosphore transforme les anhydrides monobasiques en chlorures d'acides; le persulfure de phosphore les convertit en sulfures d'acides.

β. *Anhydrides des acides bibasiques.*

Anhydride carbonique . .	CO^2	$= O,CO$
Anhydride sulfurique . .	SO^3	$= O,SO^2$
Anhydride chromique. .	$Cr^2\ O^4$	$= O,Cr^2O^2$
Anhydride succinique. .	$C^4\ H^4\ O^3$	$= O,C^4\ H^4\ O^2$
Anhydride lactique. . .	$C^6\ H^{10}O^5$	$= O\left\{\begin{matrix}C^3\ H^5\ O^2\\C^3\ H^5\ O^2\end{matrix}\right.$
Anhydride phtalique, . .	$C^8\ H^4\ O^3$	$= O,C^8\ H^4\ O^2$
Anhydride camphorique.	$C^{10}H^{14}O^3$	$O,C^{10}H^{14}O^2$
Anhydride fumarique ou		

maléique . . . . $C^4H^2O^3 = O,C^4H^2O^2$
Anhydride tartrique . . $C^4H^4O^5 = O,C^4H^4O^4$
Anhydride pyrocitrique
(itaconiq. ou citracon). $C^5H^4O^3 = O,C^5H^4O^2$.

Les anhydrides des acides organiques bibasiques se produisent par la déshydratation directe de ceux-ci, soit au moyen de la chaleur, soit à l'aide de l'acide phosphorique anhydre :

$$O^2\left\{\begin{matrix}C^4H^4O^2\\H^2\end{matrix}\right. - H^2O = O,C^4H^4O^2.$$

Acide succinique. Anhydre succinique.

Quelquefois on les obtient aussi par l'action du perchlorure de phosphore sur les acides hydratés :

$$O^2\left\{\begin{matrix}C^4H^4O^2\\H^2\end{matrix}\right. + Cl^3,PCl^2 = \frac{O,C^4H^4O^2}{2\,Cl\,H} + Cl^3,PO.$$

Acide succinique. Anhydride succinique, plus acide chlorhydrique.

Ils sont peu solubles ou insolubles dans l'eau, et se transforment plus ou moins rapidement en acides hydratés au contact de ce liquide.

Au contact de l'ammoniaque sèche en dissolution alcoolique, ils donnent les sels d'ammonium des acides amidés correspondants :

$$O,C^{10}H^{14}O^2 + 2\,NH^3 = O\left\{\begin{matrix}NH^2(C^{10}H^{14}O^2)\\NH^4\end{matrix}\right.$$

Anhydride camphorique. Camphoramate d'ammonium.

Ce caractère distingue essentiellement les anhydrides organiques des acides bibasiques des anhydrides qui correspondent aux acides monobasiques.

γ. *Anhydrides des acides tribasiques.* On n'a pas encore obtenu d'anhydride correspondant à un acide organique tribasique ; parmi les anhydrides minéraux on peut citer les suivants :

Anhydride phosphoreux . . $P^2O^3 = O^3\left\{\begin{matrix}P\\P\end{matrix}\right.$

Anhydride phosphorique. . $P^2O^5 = O^3\left\{\begin{matrix}PO\\PO\end{matrix}\right.$

Anhydride borique. . . . . $B^2O^3 = O^3\left\{\begin{matrix}B\\B.\end{matrix}\right.$

Oxydes intermédiaires.

§ 2493. SELS OXYGÉNÉS.— Lorsque l'hydrogène d'une ou de plusieurs molécules d'eau est remplacé à la fois par un radical de base métallique et par un radical d'acide, on a un sel oxygéné.

La plupart des sels oxygénés se produisent par double décomposition, soit avec une base et un acide, soit avec une base et un sel, soit avec un acide et un sel, soit enfin avec deux sels.

Les bases proprement dites et les acides, quel qu'en soit le radical, réagissent presque toujours dans les circonstauces ordinaires, alors surtout qu'on les met en contact, en solution aqueuse ou du moins au sein de l'eau :

$$O\left\{\begin{matrix}K\\H\end{matrix}\right. + O\left\{\begin{matrix}H\\NO^2\end{matrix}\right. = O\left\{\begin{matrix}H\\H\end{matrix}\right. + O\left\{\begin{matrix}K\\NO^2\end{matrix}\right.;$$

Potasse (ox. de potas. et d'hydrog.) — Acide nitriq. (ox. de nitryle et d'hydrogène.) — Nitrate de potasse (ox. de nitryle et de potassium.)

$$O\left\{\begin{matrix}Ca\\Ca\end{matrix}\right. + 2\,O\left\{\begin{matrix}H\\C^7H^5O\end{matrix}\right. = O\left\{\begin{matrix}H\\H\end{matrix}\right. + 2\,O\left\{\begin{matrix}Ca\\C^7H^5O\end{matrix}\right..$$

Chaux (ox. de calcium.) — Acide benzoïq. (ox. de benzoïle et d'hydrog.) — Benzoate de chaux (ox. de benzoïle et de calcium).

On voit, d'après cela, qu'à chaque sel oxygéné correspondent toujours une base et un acide; dans l'ancienne théorie, on considère même tous les sels oxygénés comme des combinaisons de base et d'acide, puisqu'on peut toujours les représenter ainsi :

Acétate de cuivre. . $2\,O\left\{\begin{matrix}Cu\\C^2H^3O\end{matrix}\right. = (C^4H^6O^2)O + (Cu^2)O.$

Sulfate de baryte. . $O^2\left\{\begin{matrix}Ba^2\\SO^2\end{matrix}\right. = (SO^2)O + (Ba^2)O.$

Phosphite deplomb. $2\,O^3\left\{\begin{matrix}Pb^3\\P\end{matrix}\right. = (P^2)O^3 + 3\,(Pb^2)O.$

Chaque sel oxygéné est évidemment caractérisé par les deux radicaux qu'il renferme, ou, ce qui revient au même, par l'acide et par la base qui y correspondent.

Lorsqu'une base ou un acide agit sur un sel de manière à produire un sel nouveau, ou que deux sels réagissent entre eux pour produire deux autres sels, il s'effectue une double décomposition comme par la réaction d'une base et d'un acide. On a, en effet :

$$O\left\{\begin{matrix}K\\H\end{matrix}\right. + O\left\{\begin{matrix}Cu\\NO^2\end{matrix}\right. = O\left\{\begin{matrix}Cu\\H\end{matrix}\right. + O\left\{\begin{matrix}K\\NO^2\end{matrix}\right.;$$

Potasse (ox. de potas. et d'hydrog.).	Nitrate de cuivre (ox. de nitryle et de cuivre).	Hydrate de cuivre (ox. de cuivre et d'hydrogène).	Nitrate de potasse (ox. de nitryle et de potassium).

$$O\left\{\begin{matrix}H\\NO^2\end{matrix}\right. + O\left\{\begin{matrix}Na\\C^7H^5O\end{matrix}\right. = O\left\{\begin{matrix}H\\C^7H^5O\end{matrix}\right. + O\left\{\begin{matrix}Na\\NO^2\end{matrix}\right.;$$

Acide nitrique (ox. de nitryle et d'hydrogène).	Benzoate de soude (ox. de benzoïle et de sodium).	Acide benzoïque (ox. de benzoïle et d'hydrogène).	Nitrate de soude (ox. de nitryle et de sodium).

$$O\left\{\begin{matrix}Na\\C^7H^5O\end{matrix}\right. + O\left\{\begin{matrix}Ag\\NO^2\end{matrix}\right. = O\left\{\begin{matrix}Ag\\C^7H^5O\end{matrix}\right. + O\left\{\begin{matrix}Na\\NO^2\end{matrix}\right..$$

Benzoate de soude (ox. de benzoïle et de sodium).	Nitrate d'argent (ox. de nitryle et d'argent).	Benzoate d'argent (ox. de benzoïle et d'argent).	Nitrate de soude (ox. de nitryle et de sodium).

Ces doubles décompositions s'effectuent en général dans les conditions suivantes, observées par Berthollet, et que nous traduirons ainsi dans notre système :

1° Un sel fait la double décomposition avec une base, avec un acide ou avec un autre sel, lorsque l'échange des radicaux peut donner lieu à une base, à un acide ou à un sel *insolubles* dans l'eau ou moins solubles dans ce liquide que les corps employés. (La potasse précipite les sels de cuivre; la baryte précipite les sulfates; l'acide nitrique précipite les benzoates; l'acide sulfurique précipite les sels de baryte; le nitrate de baryte précipite le sulfate de soude.)

2° Un sel fait la double décomposition avec une base, avec un acide ou avec un autre sel, lorsque l'échange des radicaux peut donner lieu à une base, à un acide ou à un sel *plus volatils* ou *moins stables*, à la température où l'on opère, que les corps employés. (L'acide sulfurique décompose les acétates; la potasse décompose les sels d'ammonium; le sulfate de potasse décompose le carbonate d'ammonium.)

Il est évident que la *température* à laquelle les corps sont mis en présence est d'une grande influence dans l'action réciproque des bases, des acides et des sels, puisque la solubilité, la volatilité et la stabilité des uns et des autres y sont entièrement subordonnées. Il en est de même de la *masse* des corps mis en réaction; tel corps n'est pas attaqué par une petite quantité d'un autre qui y réagit cependant s'il est pris en grand excès.

On admet généralement que la double décomposition s'effectue toujours entre deux sels dissous dans l'eau, alors même qu'il ne se forme pas de précipité. Ce cas peut certainement se présenter; car, lorsqu'on mélange, par exemple, une solution de sesquichlorure de fer avec une solution d'acétate de soude, la liqueur prend aussitôt la teinte brune caractéristique de l'acétate de fer, et l'hydrogène sulfuré, qui ne précipitait pas le perchlorure de fer, forme un précipité noir de sulfure de fer dans le mélange des deux sels. Il est donc très-probable qu'en mélangeant, avec un sel en dissolution aqueuse, un acide, une base ou un autre sel, il peut souvent s'effectuer un échange des radicaux, du moins un échange partiel, qui n'est accusé par aucun caractère apparent.

§ 2494. On distingue les sels, suivant les proportions des deux radicaux qu'ils renferment, en *sels neutres*, en *sels acides* ou *sursels*, et en *sels basiques* ou *sous-sels*.

Comparé à l'acide hydraté auquel il correspond, un *sel neutre* représente cet acide, l'hydrogène basique y étant entièrement remplacé par son équivalent de radical positif, c'est-à-dire de radical de base métallique :

$$O\left\{\begin{matrix}H\\C^2H^3O\end{matrix}\right. \quad - \quad O\left\{\begin{matrix}Na\\C^2H^3O\end{matrix}\right. ;$$

Acide acétique. — Acétate de soude neutre.

$$O^2\left\{\begin{matrix}H^2\\SO^2\end{matrix}\right. \quad - \quad O^2\left\{\begin{matrix}Na^2\\SO^2\end{matrix}\right. ;$$

Acide sulfurique. — Sulfate de soude neutre.

$$O^3\left\{\begin{matrix}Na^3\\C^6H^5O^4\end{matrix}\right. \quad - \quad O^3\left\{\begin{matrix}Na^3\\C^6H^5O^4\end{matrix}\right. .$$

Acide citrique. — Citrate de soude neutre.

Un *sel acide*, c'est le sel neutre plus l'acide correspondant; ou bien, ce qui revient au même, c'est cet acide dont l'hydrogène basique n'est que partiellement remplacé par le radical positif :

$$O^2\left\{\begin{matrix}K\\H\\(C^2H^3O)^2\end{matrix}\right. \quad = \quad O\left\{\begin{matrix}H\\C^2H^3O\end{matrix}\right. \quad + \quad O\left\{\begin{matrix}K\\C^2H^3O\end{matrix}\right. ;$$

Biacétate de potasse. = Acide acétique. + Acétate de potasse neutre.

$$O^3\left\{\begin{matrix}K^2\\(C^2H^3O)^4\end{matrix}\right. \quad = \quad O\left\{\begin{matrix}C^2H^3O\\C^2H^3O\end{matrix}\right. \quad + \quad 2\,O\left\{\begin{matrix}K\\C^2H^3O\end{matrix}\right. ;$$

Biacétate de potasse anhydre. = Ac. acétiq. anhydre. + Acétate de potasse neutre.

$$2\ O^2 \left\{\begin{matrix} Na \\ H \\ SO^2 \end{matrix}\right. = O^2 \left\{\begin{matrix} H^2 \\ SO^2 \end{matrix}\right. + O^2 \left\{\begin{matrix} Na^2 \\ SO^2 \end{matrix}\right. ;$$

Bisulfate de soude. — Acide sulfurique. — Sulfate de soude neutre.

$$3\ O^3 \left\{\begin{matrix} Na \\ H^2 \\ C^6H^5O^4 \end{matrix}\right. = 2\ O^3 \left\{\begin{matrix} H^3 \\ C^6H^5O^4 \end{matrix}\right. + O^3 \left\{\begin{matrix} Na^3 \\ C^6H^5O^4 \end{matrix}\right. .$$

Citrate de soude acide. — Acide citrique. — Citrate de soude neutre.

Un *sel basique*, c'est le sel neutre plus la base correspondante :

$$O^2 \left\{\begin{matrix} Pb^3 \\ C^2H^3O \end{matrix}\right. = O \left\{\begin{matrix} Pb \\ Pb \end{matrix}\right. + O \left\{\begin{matrix} Pb \\ C^2H^3O \end{matrix}\right. ;$$

Sous-acétate de plomb. — Oxyde de plomb. — Acétate de plomb neutre.

$$O^3 \left\{\begin{matrix} Cu^4 \\ SO^2 \end{matrix}\right. = O \left\{\begin{matrix} Cu \\ Cu \end{matrix}\right. + O^2 \left\{\begin{matrix} Cu^2 \\ SO^2 \end{matrix}\right. .$$

Sous-sulfate de cuivre. — Oxyde de cuivre. — Sulfate de cuivre neutre.

§ 2494[a]. Les sels oxygénés de l'ammoniaque et des autres azotures (alcalis organiques) renferment généralement les éléments de ces corps et ceux d'un acide hydraté. Les bases minérales exercent sur ces sels une action double : en même temps qu'elles mettent l'azoture en liberté, elles échangent leur radical pour l'hydrogène basique de l'acide. Ainsi, la potasse donne, avec le sulfate de quinine, de la quinine, du sulfate de potasse et de l'eau.

On connaît aussi des sels composés d'un azoture et d'un sel minéral, par exemple, de *nitrate d'argent*. Ce sel s'unit à plusieurs alcalis organiques ; quelquefois la combinaison est insoluble et se précipite par le simple mélange du nitrate d'argent avec une solution alcoolique de l'alcali. La combinaison renferme ordinairement une molécule de nitrate d'argent et une molécule de l'alcali (glycocolle, amméline, thiosinamine, caféine, strychnine ; l'urée donne deux combinaisons, 1 mol. d'urée avec 1 et avec 2 mol. de nitrate d'argent ; 2 moléc. de mélaniline se combinent avec 1 moléc. de nitrate d'argent).

§ 2495. *Émétiques.* — Certains oxydes métalliques à 3 atomes d'oxygène, notamment ceux d'antimoine, d'urane et de bismuth, donnent souvent, avec les acides organiques, des sels neutres dont la composition semble au premier abord appartenir à celle des sous-sels. L'acétate uranique neutre, par exemple, renferme $C^2H^3UO^3$, tandis que l'acétate d'argent neutre contient un atome d'oxygène de moins, $C^2H^3AgO^2$.

Cette différence de composition entre deux acétates également réputés neutres tient à ce que, dans le double échange, tout l'oxygène de l'oxyde d'urane n'est pas employé à former de l'eau avec l'hydrogène basique de l'acide acétique, comme dans le cas de l'oxyde d'argent : en effet, une partie de l'oxygène de l'oxyde uranique suit le métal, dans la double décomposition, de telle sorte que l'hydrogène basique de l'acide acétique se trouve alors remplacé, non par un radical simple, mais par un radical composé UO, qu'on peut appeler *uranyle* (Péligot) :

$$2\,O\left\{\begin{matrix}C^2H^3O\\H\end{matrix}\right. + O\left\{\begin{matrix}UO\\UO\end{matrix}\right. = 2\,O\left\{\begin{matrix}C^2H^3O\\UO\end{matrix}\right. + O\left\{\begin{matrix}H\\H\end{matrix}\right..$$

Acide acétique. Oxyde d'urane. Acétate d'urane.

Tous les sels uraniques qu'on a jusqu'à présent analysés offrent ce genre de remplacement ; il n'exclut évidemment pas l'existence de sels où le radical positif serait représenté par U (*uranicum*) équivalent de H^3, et pour la formation desquels l'oxyde U^2O^3 se comporterait, dans la double décomposition, comme une base triatomique, à la manière du sesquioxyde de fer et de l'alumine.

Les sels d'antimoine organiques présentent les deux espèces de remplacement : on connaît, en effet, des sels neutres à base d'*antimonyle* SbO, équivalent de H, et d'autres à base d'*antimonicum* $Sb = sb^3$, équivalent de H^3. L'émétique des officines, qu'on obtient en faisant dissoudre l'oxyde d'antimoine dans la crème de tartre, offre, sous ce rapport, un exemple curieux. Desséché à 100°, il a la composition de tous les tartrates neutres, le radical antimonyle remplaçant l'hydrogène de la crème de tartre :

$$\text{Crème de tartre . . .}\quad C^4H^5KO^6 = O^2\left\{\begin{matrix}C^4H^4O^4\\H\\K\end{matrix}\right.$$

$$\text{Émétique à 100°. . .}\quad C^4H^4SbKO^7 = O^2\left\{\begin{matrix}C^4H^4O^4\\SbO\\K\end{matrix}\right.$$

Lorsqu'on mélange la solution de l'émétique avec des solutions de sels d'argent ou de plomb, on obtient des précipités renfermant les mêmes éléments que l'émétique, mais de l'argent ou du plomb à la place du potassium :

$$\text{Émétique d'argent.} \quad C^4H^4SbAgO^7 = O^2\left\{\begin{matrix} C^4H^4O^4 \\ SbO \\ Ag \end{matrix}\right.$$

$$\text{Émétique de plomb.} \quad C^4H^4SbPbO^7 = O^2\left\{\begin{matrix} C^4H^4O^4 \\ SbO \\ Pb \end{matrix}\right.$$

Tous ces émétiques jouissent d'une propriété qu'on ne rencontre pas chez les autres tartrates : comme l'acide tartrique lui-même, ils dégagent 1 atome d'eau quand on les chauffe vers 200°, et présentent alors une composition qui correspond à celle de l'anhydride tartrique :

Anhydride tartrique . . . $C^4H^4O^5 = O,C^4H^4O^4$,
Émétique ordinaire à 220°. $C^4H^2SbK\ O^6 = O,C^4H^2(SbO,K\ )O^4$,
ib. d'argent à 160°. $C^4H^2SbAgO^6 = O,C^4H^2(SbO,Ag)O^4$,
ib. de plomb à 160°. $C^4H^2SbPbO^6 = O,C^4H^2(SbO,Pb)O^4$.

En traitant ces composés par l'hydrogène sulfuré, on peut régénérer l'acide tartrique ou les tartrates ordinaires.

Dans la plupart des autres sels d'antimoine, on trouve le radical de la base représenté par de l'antimonicum Sb. Comme les sels d'antimonyle présentent la même composition que les sels sous-sels d'antimonicum, il peut être quelquefois difficile de décider à laquelle des deux formes appartient un sel d'antimoine; il faut, dans ces cas, consulter l'analogie. On connaît, par exemple, un oxalate d'antimoine renfermant C^2HSbO^5; cette formule équivaut à la fois à la composition d'un sel acide à base d'antimonyle et à la composition d'un sous-sel à base d'antimonicum :

$$\text{Oxalate d'antimonyle acide.} \quad C^2HSbO^5 = O^2\left\{\begin{matrix} C^2O^2 \\ H \\ SbO \end{matrix}\right.$$

$$\text{Sous-oxalate d'antimonicum.} \quad C^2HSbO^5 = O^3\left\{\begin{matrix} C^2O^2 \\ H \\ Sb \end{matrix}\right.$$

(Il faut se rappeler que SbO équivaut à H, et $Sb = sb^3$ à H^3).

On ne connaît pas d'oxalate neutre à base d'antimonicum,

$$\text{Oxalate neutre d'antimonicum.} \quad C^2sb^2O^4 = O^2\left\{\begin{matrix} C^2O^2 \\ sb^2 \end{matrix}\right. ;$$

mais, par contre, on possède l'oxalate correspondant à base de bismuthicum :

Oxalate neutre de bismuthicum . $C^2bi^2O^4 = O^2 \left\{ \begin{matrix} C^2O^2 \\ bi^2, \end{matrix} \right.$

ainsi qu'un sous-oxalate qui se produit par l'action de l'eau sur le sel précédent :

Sous-oxalate de bismuth. $C^2BiHO^5 = C^2bi^3HO^5 = O^3 \left\{ \begin{matrix} C^2O^2 \\ H \\ bi^3 \end{matrix} \right.$

On voit, d'après cela, que l'oxalate d'antimoine cité précédemment (C^2HSbO^5) n'est pas à représenter comme un sel acide à base d'antimonyle, mais il constitue un sous-sel d'antimonicum, analogue au sous-sel de bismuthicum.

L'émétique de bismuth, séché à 100°, est une combinaison de bismuthyle BiO, ayant la même composition que l'émétique ordinaire séché à 200° :

Émétique de bismuth à 100° : $C^4H^2BiKO^6 = O,C^4H^2(BiO,K)O^4$.

Le sesquioxyde de fer paraît aussi donner des composés semblables aux émétiques, où le radical ferryle Fe^2O remplace H. Enfin l'acide arsénieux, l'acide arsénique, l'acide borique, sont dissous, comme l'oxyde d'antimoine, par la crème de tartre, et donnent des émétiques où AsO, AsO^2, BO, remplacent H de ce tartrate :

Émétique ferriq. à 100° (Soubeiran et Capitaine) . . . . $C^4H^4Fe^2KO^7 = O^2 \left\{ \begin{matrix} C^4H^4O^4 \\ Fe^2O \\ K \end{matrix} \right.$

Émétique arsénieux (Mitscherlich). $C^4H^4AsKO^7 = O^2 \left\{ \begin{matrix} C^4H^4O^4, \\ AsO \\ K \end{matrix} \right.$

Émétique arsénique à 130° (Pelouze). $C^4H^4AsKO^8 = O^2 \left\{ \begin{matrix} C^4H^4O^4 \\ AsO^2 \\ K \end{matrix} \right.$

Émétique borique à 100° (Soubeiran). $C^4H^4BKO^7 = O^2 \left\{ \begin{matrix} C^4H^4O^4 \\ BO \\ K \end{matrix} \right.$

La composition de tous ces émétiques se conçoit si l'on se rappelle que les oxydes (les bases aussi bien que les acides), renfermant dans leur molécule plusieurs atomes d'oxygène, ne se comportent pas toujours, dans le double échange, comme des oxydes polyatomiques ; dans la formation des émétiques, ces mêmes oxydes réagissent comme des oxydes monatomiques à radicaux composés. Ainsi :

Le sesquioxyde de fer, au lieu de réagir comme . . . . $O^3\left\{\begin{matrix}Fe^2\\Fe^2\end{matrix}\right.$ réagit comme $O\left\{\begin{matrix}Fe^2O\\Fe^2O\end{matrix}\right.$

L'oxyde d'antimoine. . . . . . $O^3\left\{\begin{matrix}Sb\\Sb\end{matrix}\right.$ » $O\left\{\begin{matrix}SbO\\SbO\end{matrix}\right.$

L'acide arsénieux . . . . $O^3\left\{\begin{matrix}As\\As\end{matrix}\right.$ » $O\left\{\begin{matrix}AsO\\AsO\end{matrix}\right.$

L'acide arsénique . . . . $O^3\left\{\begin{matrix}AsO\\AsO\end{matrix}\right.$ » $O\left\{\begin{matrix}AsO^2\\AsO^2\end{matrix}\right.$

L'acide borique . . . . $O^3\left\{\begin{matrix}B\\B\end{matrix}\right.$ » $O\left\{\begin{matrix}BO\\BO\end{matrix}\right.$

etc.

§ 2496. Éthers composés. — La substitution simultanée d'un radical d'alcool et d'un radical d'acide au radical hydrogène d'une ou de plusieurs molécules d'eau, donne les éthers composés. Ces corps présentent une composition semblable à celle des sels oxygénés; seulement, à la place du radical métallique, ils renferment un radical composé de carbone et d'hydrogène (méthyle, éthyle, phényle, etc.)

Chaque éther composé correspond à un acide et à un alcool, tout comme un sel correspond à un acide et à une base. Chaque acide a autant d'éthers composés qu'il y a d'alcools; chaque alcool a autant d'éthers composés qu'il y a d'acides. Il existe donc des *éthers nitriques*, *sulfuriques*, *benzoïques*, etc., c'est-à-dire des éthers composés renfermant le radical de l'acide nitrique, sulfurique, benzoïque, etc., et chacun de ces éthers est en même temps un *éther méthylique*, *éthylique* ou *amylique*, etc., c'est-à-dire qu'il renferme le radical de l'alcool méthylique, éthylique, amylique, etc.

Exemples :

Éther méthyl-sulfurique, c.-à-d. oxyde de méthyle et de sulfuryle. . . . . $O^2\left\{\begin{matrix}(C\,H^3)^2\\SO^2\end{matrix}\right.$

Éther éthyl-benzoïque, c.-à-d. oxyde d'éthyle et de benzoïle. . . . . $O\left\{\begin{matrix}C^2H^5\\C^7H^5O\end{matrix}\right.$

Éther amyl-cyanique, c.-à-d. oxyde d'amyle et de cyanogène . . . . $O\left\{\begin{matrix}C^5H^{11}\\Cy\end{matrix}\right.$

Les éthers composés se produisent : par la réaction des alcools avec les acides hydratés, les acides anhydres, les chlorures d'acides, etc.; par la réaction des éthers simples avec les acides hydratés; par la réaction des éthers composés entre eux. Quelques acides minéraux énergiques, comme l'acide sulfurique ou l'acide nitrique, éthérifient directement les alcools ; l'acide oxalique éthérifie l'alcool éthylique lorsqu'on fait tomber celui-ci goutte à goutte sur l'acide porté à une température élevée ; quelquefois l'éthérification s'effectue à la longue, l'acide et l'alcool étant mélangés et abandonnés ensemble à une douce chaleur pendant quelques jours (tel est le cas de l'acide oxalique, Liebig). Le plus souvent les acides organiques n'éthérifient les alcools que par l'intermédiaire de l'acide sulfurique ou de l'acide chlorhydrique, lorsqu'on distille, par exemple, un sel de l'acide organique avec un mélange d'alcool et d'acide sulfurique, ou qu'on fait passer un courant de gaz chlorhydrique au sein d'une solution de l'acide organique dans l'alcool. Les acides anhydres déterminent l'éthérification bien plus rapidement que les acides hydratés. Les chlorures d'acides agissent le plus énergiquement sur les alcools pour produire des éthers composés.

Quelques acides organiques (benzoïque, butyrique, palmitique) produisent des éthers composés lorsqu'on les chauffe à 360° ou 400°, dans les tubes clos avec l'éther simple (Berthelot). On obtient aussi des éthers composés en traitant les sels d'argent par les éthers iodhydriques (Wurtz).

Généralement les éthers composés ne présentent pas, dans les circonstances ordinaires, les réactions propres aux acides dont ils renferment les radicaux. Ainsi l'éther méthyl-sulfurique ou sulfate de méthyle ne précipite pas les sels de baryte à la manière des sulfates métalliques ; mais un contact prolongé des éthers composés avec l'eau les dédouble en acide et en alcool, et alors on peut observer ces réactions :

$$\underset{\text{Sulfate de méthyle.}}{O^2\left\{\begin{matrix}SO^2\\(CH^3)^2\end{matrix}\right.} + 2\,O\left\{\begin{matrix}H\\H\end{matrix}\right. = \underset{\text{Acide sulfurique.}}{O^2\left\{\begin{matrix}SO^2\\H^2\end{matrix}\right.} + \underset{\text{Hydrate de méthyle.}}{2\,O\left\{\begin{matrix}CH^3\\H\end{matrix}\right.}$$

Cette métamorphose des éthers composés s'effectue promptement par l'ébullition avec la potasse, surtout en solution alcoolique ; certains acides minéraux énergiques, comme l'acide sulfurique ou l'acide chlorhydrique, déterminent aussi la même transformation. Chaque éther composé peut toujours être caractérisé par les propriétés de l'acide et de l'alcool en lesquels il se convertit dans cette réaction.

Beaucoup d'éthers composés sont convertis par l'ammoniaque en amide et en alcool :

$$O\left\{\begin{matrix}C^2H^5\\ C^2H^3O\end{matrix}\right. + N\left\{\begin{matrix}H\\ H\\ H\end{matrix}\right. = O\left\{\begin{matrix}C^2H^5\\ H\end{matrix}\right. + N\left\{\begin{matrix}C^2H^3O\\ H\\ H\end{matrix}\right.$$

Acétate d'éthyle. Ammoniaque. Hydrate d'éthyle. Acétamide.

Sous l'influence du chlore, les éthers composés donnent des dérivés conjugués (§ 2501[a]).

On peut diviser les éthers composés en *monatomiques*, *biatomiques* et *triatomiques*, suivant qu'ils dérivent d'une, de deux ou de trois molécules d'eau.

On distingue aussi les éthers composés *neutres*, dont la composition correspond à celle des sels neutres métalliques, et les éthers composés *acides*, appelés aussi *acides viniques*, dont la composition correspond à celle des sels acides [1].

Les éthers neutres constituent généralement des liquides ou des corps solides, volatils sans décomposition, plus ou moins odorants, peu solubles dans l'eau, solubles dans l'alcool et sans action sur les papiers colorés. *Considérés sous le même volume, à l'état de vapeur, les éthers neutres contiennent une, deux ou trois fois le radical d'alcool, suivant qu'ils correspondent à un acide monobasique, bibasique ou tribasique.*

Les éthers acides, ordinairement fort solubles dans l'eau et sans odeur, rougissent le tournesol, décomposent les carbonates avec effervescence, ne sont pas volatils sans décomposition et donnent des sels (*sels viniques*) généralement fort solubles dans l'eau.

§ 2497 *Éthers monatomiques*. Ils dérivent d'une molécule d'eau,

[1] Il paraît aussi exister des éthers composés *basiques*. Du moins, le produit de la réaction du chloroforme et de l'éthylate de soude (Voy. Additions) présente une semblable composition :

$$\text{Sous-formiate d'éthyle} \quad C^7H^{16}O^3 = O^2\left\{\begin{matrix}(C^2H^5)^3\\ CHO\end{matrix}\right.$$

$$= O\left\{\begin{matrix}C^2H^5\\ C\,H\,O'\end{matrix}\right. \quad O\left\{\begin{matrix}C^2H^5\\ C^2H^5.\end{matrix}\right.$$

correspondent à des acides monobasiques, et sont toujours neutres :

Acétate de méthyle, ou éther éthyl-acétique (2 vol.)........ $C^3H^6O^2 = O\left\{\begin{matrix}CH^3\\ C^2H^3O\end{matrix}\right.$

Propionate d'éthyle, ou éther éthyl-propionique........ $C^5H^{10}O^2 = O\left\{\begin{matrix}C^2H^5\\ C^3H^5O\end{matrix}\right.$

Butyrate d'allyle, ou éther allyl-butyrique............... $C^7H^{12}O^2 = O\left\{\begin{matrix}C^3H^5\\ C^4H^7O\end{matrix}\right.$

Valérate d'amyle ou éther amyl-valérique.............. $C^{10}H^{20}O^2 = O\left\{\begin{matrix}C^5H^{11}\\ C^5H^9O\end{matrix}\right.$

Benzoate de phényle, ou éther phényl-benzoïque.......... $C^{13}H^{10}O^2 = O\left\{\begin{matrix}C^6H^5\\ C^7H^5O\end{matrix}\right.$

Cinnamate de styryle, ou éther styryl-cinammique (styracine)... $C^{18}H^{16}O^2 = O\left\{\begin{matrix}C^9H^9\\ C^9H^7O\end{matrix}\right.$

Ces éthers constituent des liquides ou des corps solides, volatils sans décomposition. Ils se produisent : par la réaction d'un sel d'argent et d'un éther iodhydrique,

$$O\left\{\begin{matrix}C^2H^3O\\ Ag\end{matrix}\right. + I,C^2H^5 = O\left\{\begin{matrix}C^2H^3O\\ C^2H^5\end{matrix}\right. + IAg;$$

Acétate d'argent.	Iodure d'éthyle.	Acétate d'éthyle.	Iodure d'argent.

par la réaction d'un acide et d'un alcool, surtout à chaud,

$$O\left\{\begin{matrix}C^2H^3O\\ H\end{matrix}\right. + O\left\{\begin{matrix}C^2H^5\\ H\end{matrix}\right. = O\left\{\begin{matrix}C^2H^3O\\ C^2H^5\end{matrix}\right. + O\left\{\begin{matrix}H\\ H\end{matrix}\right.;$$

Acide acétique.	Alcool.	Acétate d'éthyle.

par la distillation d'un sel métallique avec de l'acide sulfurique et de l'alcool, ou par le passage d'un courant de gaz chlorhydrique dans la solution alcoolique d'un acide ; par la distillation sèche d'un sel métallique avec un sel vinique (méthyl-sulfate, éthyl-sulsulfate, amyl-sulfate de potasse, de soude, etc.),

$$O\left\{\begin{matrix}C^2H^3O\\ K\end{matrix}\right. + O^2\left\{\begin{matrix}SO^2\\ C^2H^5\\ K\end{matrix}\right. = O\left\{\begin{matrix}C^2H^3O\\ C^2H^5\end{matrix}\right. + O^2\left\{\begin{matrix}SO^2\\ K\\ K\end{matrix}\right.;$$

Acétate de potasse.	Ethyl-sulfate de potasse.	Acétate d'éthyle.	Sulfate neutre de potasse.

par la solution d'un anhydride dans l'alcool,

$$O\left\{\begin{matrix}C^7H^5O\\ C^7H^5O\end{matrix}\right. + O\left\{\begin{matrix}C^2H^5\\ H\end{matrix}\right. = O\left\{\begin{matrix}C^7H^5O\\ C^2H^5\end{matrix}\right. + O\left\{\begin{matrix}C^7H^5O\\ H\end{matrix}\right.;$$

Anhydr. benzoïque.	Alcool.	Benzoate d'éthyle.	Acide benzoïque.

par la réaction d'un chlorure d'acide et d'un alcool,

$$Cl,C^7H^5O + O\left\{\begin{matrix}C^2H^5\\H\end{matrix}\right. = ClH + O\left\{\begin{matrix}C^2H^5\\C^7H^5O.\end{matrix}\right.$$

Chlorure de benzoïle. Alcool. Acide chlorhydrique. Benzoate d'éthyle.

Le point d'ébullition d'un éther monatomique méthylique est moins élevé d'environ 63° que le point d'ébullition de l'acide monobasique correspondant; cette différence est d'environ 44° pour l'éther éthylique.

§ 2498. Parmi les éthers monatomiques les éthers cyaniques [1] méritent une mention particulière pour leurs métamorphoses remarquables.

α. Éthers cyaniques homologues à radical d'alcool C^nH^{2n+1} :

Cyanate de méthyle. . . . . . . $C^2H^3NO = O\left\{\begin{matrix}CH^3\\Cy\end{matrix}\right.$

Cyanate d'éthyle (2 vol.). . . . $C^3H^5NO = O\left\{\begin{matrix}C^2H^5\\Cy\end{matrix}\right.$

Cyanate d'amyle . . . . $C^6H^{11}NO = O\left\{\begin{matrix}C^5H^{11}\\Cy\end{matrix}\right.$

Ces éthers cyaniques ont été obtenus par M. Wurtz par la distillation du cyanate de potasse avec un sel sulfovinique :

$$O\left\{\begin{matrix}Cy\\K\end{matrix}\right. + O^2\left\{\begin{matrix}SO^2\\C^2H^5\\K\end{matrix}\right. = O\left\{\begin{matrix}C^2H^5\\Cy\end{matrix}\right. + O^2\left\{\begin{matrix}SO^2\\K\\K\end{matrix}\right. .$$

Cyanate de potasse. Ethyl-sulfate de potasse. Cyanate d'éthyle. Sulfate neutre de potasse.

Ils se présentent sous la forme de liquides votatils sans décomposition, moins denses que l'eau et d'une odeur irritante.

Au contact de l'eau, ils en fixent les éléments, dégagent de l'acide carbonique et produisent des urées composées :

$$2\,O\left\{\begin{matrix}CH^3\\Cy\end{matrix}\right. + H^2O = C^3H^6N^2O + CO^2.$$

Cyanate de méthyle. Diméthylurée.

Avec l'ammoniaque, ils donnent également des urées composées :

$$O\left\{\begin{matrix}CH^3\\Cy\end{matrix}\right. + NH^3 = C^2H^6N^2O.$$

Cyanate de méthyle. Méthylurée.

[1] Les éthers cyaniques représentent aussi des azotures tertiaires à radical d'acide carbonique et à radical d'alcool.

Avec l'éthylamine, la méthylamine, l'aniline, la conine, la nicotine, ils produisent des urées semblables. Il est à rappeler que l'acide cyanique et l'ammoniaque donnent de l'urée ordinaire.

Sous l'influence des alcalis caustiques, les éthers cyaniques se comportent aussi comme l'acide cyanique lui-même : de même que celui-ci se dédouble, dans ces circonstances, en carbonate et en ammoniaque, les éthers cyaniques se dédoublent en carbonate et en éthyl-ammoniaque, etc. :

$$O\left\{\begin{matrix} H \\ Cy \end{matrix}\right. + O^2\left\{\begin{matrix} K^2 \\ H^2 \end{matrix}\right. = N\left\{\begin{matrix} H \\ H \\ H \end{matrix}\right. + O^2\left\{\begin{matrix} K^2 \\ CO \end{matrix}\right.$$

Acide cyanique. 2 mol. Hydrate de potasse. Carbonate de potasse.

$$O\left\{\begin{matrix} C^2H^5 \\ Cy \end{matrix}\right. + O\left\{\begin{matrix} K^2 \\ H^2 \end{matrix}\right. = N\left\{\begin{matrix} C^2H^5 \\ H \\ H \end{matrix}\right. + O^2\left\{\begin{matrix} K^2 \\ CO \end{matrix}\right.$$

Cyanate d'éthyle. 2 mol. Hydrate de potasse. Ethylammoniaque. Carbonate de potasse.

Les éthers cyanuriques, isomères des éthers cyaniques, mais triatomiques, se comportent comme eux sous l'influence des alcalis caustiques.

β. Parmi les éthers cyaniques homologues à radical d'alcool C^nH^{2n-7}, on ne connaît que le suivant, découvert par M. Hofmann :

Cyanate de phényle, ou ac. anilocyanique. $C^7H^5NO = O\left\{\begin{matrix} C^6H^5 \\ Cy \end{matrix}\right.$

C'est un liquide volatil, plus pesant que l'eau, et d'une odeur redoutable.

Au contact de l'eau, il dégage très-lentement de l'acide carbonique, en produisant de la diphényl-carbamide (diazoture de carbonyle, de phényle et d'hydrogène), isomère de la diphénylurée,

$$2\ O\left\{\begin{matrix} C^6H^5 \\ Cy \end{matrix}\right. + H^2O = C^{13}H^{12}N^2O + CO^2.$$

Diphénylcarbamide.

Lorsqu'on le chauffe avec de l'ammoniaque, il se convertit en phényl-carbamide, isomère de la phénylurée :

$$O\left\{\begin{matrix} C^6H^5 \\ Cy \end{matrix}\right. + NH^3 = C^7H^8N^2O$$

Phényl-carbamide.

D'autres alcalis organiques, la toluidine, la quinoléine, la cumidine, se concrètent également avec le cyanate de phényle, en produisant sans doute des composés semblables à la phényl-carbamide.

Avec les alcools, le cyanate de phényle s'échauffe en donnant des corps cristallisés (probablement les éthers de l'acide phényl-carbamique).

La potasse et l'acide chlorhydrique attaquent immédiatement le cyanate de phényle en produisant de l'acide carbonique et de la phényl-ammoniaque (aniline).

§ 2499. *Éthers biatomiques.* Ils dérivent de deux molécules d'eau, correspondent à des acides bibasiques, et sont neutres ou acides.

α. *Éthers biatomiques neutres.*

Oxalate de méthyle (2 vol.). $C^4H^6O^4 = O^2\left\{\begin{matrix}(C\,H^3)^2\\ C^2O^2\end{matrix}\right.$

Oxalate d'éthyle . . . . $C^6H^{10}O^4 = O^2\left\{\begin{matrix}(C^2H^5)^2\\ C^2O^2\end{matrix}\right.$

Oxalate de méth. et d'éthyle. $C^5H^8O^4 = O^2\left\{\begin{matrix}C\,H^3\\ C^2H^5\\ C^2O^2\end{matrix}\right.$

Oxalate d'allyle . . . . $C^8H^{10}O^4 = O^2\left\{\begin{matrix}(C^3H^5)^2\\ C^2O^2\end{matrix}\right.$

Succinate d'éthyle. . . . . $C^8H^{14}O^4 = O^2\left\{\begin{matrix}(C^2H^5)^2\\ C^4H^4O^2\end{matrix}\right.$

Tartrate d'éthyle. . . . . . $C^8H^{14}O^6 = O^2\left\{\begin{matrix}(C^2H^5)^2\\ C^4H^4O^4\end{matrix}\right.$

Camphorate d'éthyle. . . . $C^{14}H^{24}O^4 = O^2\left\{\begin{matrix}(C^2H^5)^2\\ C^{10}H^{14}O^2\end{matrix}\right.$

Sulfate de méthyle (2 vol.). $C^2H^6SO^4 = O^2\left\{\begin{matrix}(C\,H^3)^2\\ SO^2\end{matrix}\right.$

β. *Éthers biatomiques acides.*

Acide méthyl-oxalique. . . $C^3H^4O^4 = O^2\left\{\begin{matrix}CH^3\\ H\\ C^2O^2\end{matrix}\right.$

Acide éthyl-tartrique. . . $C^6H^{10}O^6 = O^2\left\{\begin{matrix}C^2H^5\\ H\\ C^4H^4O^4\end{matrix}\right.$

Acide éthyl-camphorique. $C^{12}H^{20}O^4 = O^2\left\{\begin{matrix}C^2H^5\\ H\\ C^{10}H^{14}O^2\end{matrix}\right.$

Acide éthyl-sulfurique . . $C^2H^6SO^4 = O^2\left\{\begin{matrix}C^2H^5\\ H\\ SO^2\end{matrix}\right.$

Les éthers biatomiques neutres se produisent dans les mêmes réactions que les éthers monatomiques. Lorsque les acides correspondants ne sont pas volatils sans décomposition, les éthers biatomiques neutres (par exemple, l'éther malique ou tartrique) ne le sont pas non plus. Dans ce cas, on ne peut pas employer la distillation pour préparer ceux-ci; mais on opère ainsi : on fait passer du gaz chlorhydrique au sein d'une solution de l'acide organique dans l'alcool; on neutralise par un carbonate la liqueur acide, et l'on agite à plusieurs reprises avec de l'éther ordinaire; ce dissolvant s'empare des éthers composés non-volatils et les abandonne, par l'évaporation, comme résidu (Demondésir).

Les éthers biatomiques neutres peuvent contenir deux radicaux d'alcools différents; ces *éthers mixtes* s'obtiennent, d'après M. Chancel, par la distillation de deux sels viniques :

$$O^2\left\{\begin{matrix}C^2H^5\\ K\\ C^2O^2\end{matrix}\right. + O^2\left\{\begin{matrix}CH^3\\ K\\ SO^2\end{matrix}\right. = O^2\left\{\begin{matrix}C^2H^5\\ CH^3\\ C^2O^2\end{matrix}\right. + O^2\left\{\begin{matrix}K\\ K\\ SO^2\end{matrix}\right.$$

Ethyl-oxalate de potasse.	Méthyl-sulfate de potasse.	Oxalate de méthyle et d'éthyle.	Sulfate neutre de potasse.

Au contact de l'eau, et surtout de la potasse caustique, les éthers biatomiques neutres se dédoublent soit en alcool et en sel vinique, soit en alcool et en sel métallique de l'acide correspondant :

$$O^2\left\{\begin{matrix}(C^2H^5)^2\\ C^2O^2\end{matrix}\right. + O\left\{\begin{matrix}K\\ H\end{matrix}\right. = O^2\left\{\begin{matrix}C^2H^5\\ K\\ C^2O^2\end{matrix}\right. + O\left\{\begin{matrix}C^2H^5\\ H.\end{matrix}\right.$$

Oxalate d'éthyle.	Potasse.	Éthyl-oxalate de potasse.	Alcool.

$$O^2\left\{\begin{matrix}(C^2H^5)^2\\ C^2O^2\end{matrix}\right. + 2\,O\left\{\begin{matrix}K\\ H\end{matrix}\right. = O^2\left\{\begin{matrix}K\\ K\\ C^2O^2\end{matrix}\right. + 2\,O\left\{\begin{matrix}C^2H^5\\ H\end{matrix}\right.$$

Oxalate d'éthyle.	Potasse.	Oxalate de potasse.	Alcool.

L'ammoniaque transforme les éthers biatomiques neutres soit en alcool et en diamide, soit en alcool et en éther d'acide amidé :

$$O\left\{\begin{matrix}(C^2H^5)^2\\ C^2O^2\end{matrix}\right. + N^2\left\{\begin{matrix}H^2\\ H^2\\ H^2\end{matrix}\right. = O^2\left\{\begin{matrix}(C^2H^5)^2\\ H^2\end{matrix}\right. + N^2\left\{\begin{matrix}C^2O^2\\ H^2\\ H^2\end{matrix}\right.$$

Oxalate d'éthyle. 2 mol. Ammoniaque. 2 mol. Alcool. Oxamide.

$$O^2\left\{\begin{matrix}(C^2H^5)^2\\ C^2O^2\end{matrix}\right. + N\left\{\begin{matrix}H\\ H\\ H\end{matrix}\right. = O\left\{\begin{matrix}C^2H^5\\ NH^2(C^2O^2)\end{matrix}\right. + O\left\{\begin{matrix}C^2H^5\\ H\end{matrix}\right.$$

Oxalate d'éthyle. Ammoniaque. Oxamate d'éthyle. Alcool.

Considérés à l'état de vapeur sous le même volume que les éthers monobasiques, les éthers bibasiques neutres renferment deux fois le radical d'alcool, alors que les éthers monobasiques ne le contiennent qu'une fois :

$$O\left\{\begin{matrix}C^2H^5\\ C^2H^3O\end{matrix}\right. \quad O\left\{\begin{matrix}C\,H^3\\ C^7H^5O\end{matrix}\right. \quad O^2\left\{\begin{matrix}(C^2H^5)^2\\ C^2O^2\end{matrix}\right. \quad O^2\left\{\begin{matrix}(CH^3)^2\\ O^2\end{matrix}\right.$$

2 vol. Acétate d'éthyle. 2 vol. Benzoate de méthyle. 2 vol. Oxalate d'éthyle. 2 vol. Sulfate de de méthyle.

Les éthers biatomiques acides se produisent lorsqu'on chauffe un alcool avec certains acides bibasiques, ou qu'on traite un éther biatomique neutre (par exemple, l'éther éthyl-oxalique) avec la moitié seulement de la quantité d'alcali qu'il faut pour dédoubler complétement celui-ci en acide et en alcool. A l'état libre, les éthers biatomiques acides sont généralement peu stables, et se dédoublent promptement, par l'ébullition avec l'eau ou avec un alcali, en acide et en alcool. Généralement, ils ne sont pas volatils sans décomposition. Ils forment des sels monobasiques, ordinairement plus stables qu'eux-mêmes. Ces sels se prêtent à de doubles décompositions qui permettent de transporter les radicaux alcooliques dans d'autres combinaisons :

$$O^2\left\{\begin{matrix}C^2H^5\\ SO^2\\ K\end{matrix}\right. + O\left\{\begin{matrix}C^2H^3O\\ K\end{matrix}\right. = O^2\left\{\begin{matrix}K^2\\ SO\end{matrix}\right. + O\left\{\begin{matrix}C^2H^3O\\ C^2H^5\end{matrix}\right.$$

Éthyl-sulfate de potasse. Acétate de potasse. Sulfate de potasse. Acétate d'éthyle.

§ 2500. *Éthers triatomiques* Ils dérivent de trois molécules d'eau, correspondent à des acides tribasiques, et sont neutres ou acides.

α. *Éthers triatomiques neutres :*

Cyanate de méthyle. . . $C^6H^9N^3O^3 = O^3\left\{\begin{array}{l}(CH^3)^3\\ Cy^3\end{array}\right.$

Citrate d'éthyle. . . . . $C^{12}H^{20}O^7 = O^3\left\{\begin{array}{l}(C^2H^5)^3\\ C^6H^5O^4\end{array}\right.$

Phosphate d'éthyle. . . $C^6H^{15}PO^4 = O^3\left\{\begin{array}{l}(C^2H^5)^3\\ PO\end{array}\right.$ etc.

β. *Éthers triatomiques acides*, formant des sels monobasiques :

Acide diéthyl-cyanurique. . $C^7H^{11}N^3O^3 = O^3\left\{\begin{array}{l}(C^2H^5)^2\\ H\\ Cy^3\end{array}\right.$

Acide diéthyl-citrique. . . . $C^{10}H^{16}O^7 = O^3\left\{\begin{array}{l}(C^2H^5)^2\\ H\\ C^6H^5O^4\end{array}\right.$

Acide diéthyl-phosphorique . $C^4H^{11}PO^4 = O^3\left\{\begin{array}{l}(C^2H^5)^2\\ H\\ PO\end{array}\right.$ etc.

γ. *Éthers triatomiques acides*, formant des sels bibasiques :

Acide méthyl-citrique. . . . $C^8H^{12}O^7 = O^3\left\{\begin{array}{l}C^2H^5\\ H^2\\ C^6H^5O^4\end{array}\right.$

Acide éthyl-méconique. . . . $C^9H^8O^7 = O^3\left\{\begin{array}{l}C^2H^5\\ H^2\\ C^7HO^4\end{array}\right.$

Acide éthyl-phosphorique. . . $C^2H^7PO^4 = O^3\left\{\begin{array}{l}C^2H^5\\ H^2\\ PO\end{array}\right.$ etc.

Les éthers triatomiques se produisent dans les mêmes circonstances que les éthers monatomiques ou biatomiques, et présentent des réactions semblables.

Il y a deux espèces d'éthers triatomiques acides : les uns sont susceptibles d'échanger pour du métal 2 atomes d'hydrogène; les autres, un seul atome d'hydrogène.

Considérés à l'état de vapeur sous le même volume que les éthers monatomiques ou biatomiques, les éthers triatomiques neutres renferment trois fois le radical d'alcool, alors que les éthers monatomiques ne contiennent celui-ci qu'une fois, et les éthers biatomiques deux fois :

$$O\left\{\begin{matrix}C^2H^5\\C^2H^3O\end{matrix}\right. \quad O^2\left\{\begin{matrix}(C^2H^5)^2\\C^2O^2\end{matrix}\right. \quad O^3\left\{\begin{matrix}(C^2H^5)^3\\Cy^3\end{matrix}\right.$$

2 vol. Acétate d'éthyle. 2 vol. Oxalate d'éthyle. 2 vol. Cyanurate d'éthyle.

§ 2501. *Ethers des acides amidés.* — Lorsque 1 atome d'hydrogène du type eau est remplacé par un radical ammonio-conjugué (dans lequel un radical négatif est substitué à l'hydrogène de l'ammonium), et 1 atome d'hydrogène par un radical d'alcool, on a un éther composé correspondant à un acide amidé (§ 2489).

α. Éthers composés homologues, dits *uréthanes* ou *éthers carbamiques*, à radical d'acide $NH^2(CO)$, et à radical d'alcool C^nH^{2n+1} :

Carbamate de méthyle, ou uréthylane. $C^2H^5NO^2 = O\left\{\begin{matrix}NH^2(CO)\\CH^3\end{matrix}\right.$

Carbamate d'éthyle, ou uréthane . . . $C^3H^7NO^2 = O\left\{\begin{matrix}NH^2(CO)\\C^2H^5\end{matrix}\right.$

Carbam. de tétryle, ou uréth. butyliq. $C^5H^{11}NO^2 = O\left\{\begin{matrix}NH^2(CO)\\C^4H^9\end{matrix}\right.$

Carbamate d'amyle, ou amyluréthane. $C^6H^{13}NO^2 = O\left\{\begin{matrix}NH^2(CO)\\C^5H^{11}\end{matrix}\right.$

etc.

Ces éthers s'obtiennent, soit par l'action de l'ammoniaque sur les éthers carboniques ou chlorocarboniques,

$$O^2\left\{\begin{matrix}CO\\(C^2H^5)^2\end{matrix}\right. + NH^3 = O\left\{\begin{matrix}NH^2(CO)\\C^2H^5\end{matrix}\right. + O\left\{\begin{matrix}C^2H^5\\H\end{matrix}\right. ;$$

Carbonate d'éthyle. Uréthane. Alcool.

$$\begin{matrix}O\\Cl\end{matrix}\left\{\begin{matrix}CO\\C^2H^5\end{matrix}\right. + NH^3 = O\left\{\begin{matrix}NH^2(CO)\\C^2H^5\end{matrix}\right. + ClH ;$$

Chlorocarbon. d'éthyle. Uréthane.

soit par l'action des vapeurs cyaniques ou du chlorure de cyanogène sur les alcools,

$$O\left\{\begin{matrix}C^2H^5\\H\end{matrix}\right. + O\left\{\begin{matrix}CN\\H\end{matrix}\right. = O\left\{\begin{matrix}NH^2(CO)\\C^2H^5\end{matrix}\right. ;$$

Alcool. Ac. cyanique. Uréthane.

$$O\left\{\begin{matrix}C^2H^5\\H\end{matrix}\right. + Cl,CN + O\left\{\begin{matrix}H\\H\end{matrix}\right. = O\left\{\begin{matrix}NH^2(CO)\\C^2H^5\end{matrix}\right. + ClH.$$

Alcool. Chlor. de cyanogène. Uréthane.

Pour comprendre ces deux derniers modes de formation, on n'a qu'à se rappeler que l'acide cyanique qui renferme les éléments de l'acide carbonique et de l'ammoniaque moins de l'eau, constitue l'azoture de carbonyle et d'hydrogène (carbonimide).

Les uréthanes sont des corps solides, qui se distinguent généralement par la facilité avec laquelle ils cristallisent. Les alcalis et les acides minéraux bouillants les transforment en alcool, ammoniaque et acide carbonique; cette métamorphose s'effectue en partie déjà par l'eau seule.

$$O\left\{\begin{matrix} NH^2(CO) \\ C^2H^5 \end{matrix}\right. + H^2O = O\left\{\begin{matrix} C^2H^5 \\ H \end{matrix}\right. + N\left\{\begin{matrix} H \\ H \\ H \end{matrix}\right. + CO^2.$$

Uréthane. Alcool.

β. Éthers composés homologues, dits *oxaméthanes* ou *éthers oxamiques*, à radical d'acide $NH^2(C^2O^2)$ et à radical d'alcool C^nH^{2n+1}:

Oxamate de méthyle, ou oxaméthylane. $C^3H^5NO^3 = O\left\{\begin{matrix} NH^2(C^2O^2) \\ CH^3 \end{matrix}\right.$

Oxamate d'éthyle, ou oxaméthane . . $C^4H^7NO^3 = O\left\{\begin{matrix} NH^2(C^2O^2) \\ C^2H^5 \end{matrix}\right.$

Oxamate d'amyle, ou oxamylane . . . $C^7H^{13}NO^3 = O\left\{\begin{matrix} NH^2(C^2O^2) \\ C^5H^{11} \end{matrix}\right.$

etc.

Les oxaméthanes se produisent par l'action de l'ammoniaque sur les éthers oxaliques; ils sont solides et cristallisables. Les acides et les alcalis minéraux les décomposent comme les uréthanes. Un excès d'ammoniaque les convertit en diamide et en alcool:

$$O\left\{\begin{matrix} NH^2(C^2O^2) \\ C^2H^5 \end{matrix}\right. + NH^3 = N^2\left\{\begin{matrix} C^2O^2 \\ H^2 \\ H^2 \end{matrix}\right. + O\left\{\begin{matrix} C^2H^5 \\ H \end{matrix}\right.$$

Oxaméthane. Oxamide. Alcool.

§ 2501[a]. *Éthers chloroconjugués.* — Lorsqu'on fait passer du chlore dans un éther à radical C^nH^{2n+1}, il se dégage de l'acide chlorhydrique, et l'hydrogène enlevé est remplacé par son équivalent de chlore. Il résulte des expériences de M. Malaguti [1] que le chlore

[1] Malaguti, *Ann. de Chim. et de Phys.*, LXX, 337. — *ibid.*, [3] XVI, 66.

commence généralement par enlever 2 atomes d'hydrogène, de manière à donner les produits suivants :

Acétate de méthyle bichloré. . $C^3H^4Cl^2O^2 = O\left\{\begin{matrix} CH(Cl^2) \\ C^2H^3O \end{matrix}\right.$

Formiate d'éthyle bichloré . . $C^3H^4Cl^2O^2 = O\left\{\begin{matrix} C^2H^3(Cl^2) \\ CHO \end{matrix}\right.$

Ces éthers chloroconjugués ne produisent plus d'alcool par l'action des alcalis; mais ils donnent du chlorure alcalin, en échangeant le chlore qu'ils renferment pour son équivalent d'oxygène, de manière à former en même temps les sels des acides $C^nH^{2n-1}O$, qui s'obtiennent par l'oxydation des alcools correspondants. Ainsi, les éthers à radical méthyle CH^3 transforment celui-ci par le chlore en $CHCl^2$, lequel, par les alcalis, devient CHO ou formyle; les éthers à radical éthyle C^2H^5 transforment celui-ci en $C^2H^3Cl^2$, lequel devient C^2H^3O ou acétyle, etc. Les éthers chloroconjugués se comportent donc à la manière des chlorures d'acides :

Acétate de méthyle bichloré, ou dichlorure de formyle et d'acétyle. . . . . $Cl^2\left\{\begin{matrix} CHO \\ C^2H^3O \end{matrix}\right.$

Lorsqu'on expose les éthers à l'action prolongée du chlore, sous l'influence de la lumière solaire, ils perdent tout leur hydrogène et l'échangent pour du chlore. Les produits de cette réaction (*éthers perchlorés*) sont souvent cristallisés. On doit aussi à M. Malaguti l'étude de leurs transformations[1].

Cet éminent chimiste a démontré que les éthers perchlorés, en se métamorphosant sous l'influence de la chaleur, de la potasse caustique ou de l'ammoniaque, se scindent toujours dans le sens du carbone appartenant au radical de l'acide et au radical de l'alcool. Ainsi, par exemple, dans l'oxalate d'éthyle, le carbone est groupé sous trois formes :

$$C^6 = \left\{\begin{matrix} C^2 \text{ pour le radical oxalyle;} \\ C^2 \text{ pour le radical d'une première molécule d'alcool;} \\ C^2 \text{ pour le radical d'une deuxième molécule d'alcool.} \end{matrix}\right.$$

L'oxalate d'éthyle perchloré donnera donc comme métamorphose finale $C^2 + C^2 + C^2$. Lorsque la réaction est bien énergique, ou que les produits n'offrent pas de stabilité dans les circonstances où l'on opère, on observe aussi des métamorphoses secondaires

[1] Voy. mes remarques, *Compt. rend. des trav. de Chim.*, 1848, p. 277.

dans lesquelles le carbone des premiers produits peut se scinder à son tour.

Parmi les produits de l'action de la chaleur sur les éthers perchlorés, il faut citer le chlorure de trichloracétyle (aldéhyde perchloré C^2Cl^4O), qui s'obtient avec tous les éthers à radical d'éthyle ; quelquefois on observe aussi la formation du perchlorure de carbone C^2Cl^6.

L'action de la potasse aqueuse sur les éthers perchlorés à radical d'éthyle donne toujours du trichloracétate. Enfin, avec l'ammoniaque et les mêmes éthers, on obtient constamment de la trichloracétamide (azoture de trichloracétyle et d'hydrogène).

§ 2502. Glycérides. — La substitution simultanée du radical C^3H^5O de la glycérine (p. 629) et d'un radical d'acide à l'hydrogène du type eau donne les glycérides. Ainsi que nous l'ont appris les beaux travaux de M. Chevreul, ces composés, auxquels appartiennent la plupart des huiles grasses et des graisses solides, offrent la plus grande analogie avec les éthers composés. Dans ces derniers temps, M. Berthelot est parvenu à en opérer le synthèse par l'action directe des acides sur la glycérine.

D'après ce chimiste, un acide monobasique peut donner jusqu'à trois glycérides ; je les dérive, comme la glycérine, de deux molécules d'eau :

$$\text{Acétine} \ldots\ldots \quad C^5H^{10}O^4 = O^2\left\{\begin{matrix} C^3H^5O \\ C^2H^3O \\ H^2 \end{matrix}\right.$$

$$\text{Diacétine} \ldots\ldots \quad C^7H^{12}O^5 = O^2\left\{\begin{matrix} C^3H^5O \\ (C^2H^3O)^2 \\ H \end{matrix}\right.$$

$$\text{Triacétine} \ldots\ldots \quad C^9H^{14}O^6 = O^2\left\{\begin{matrix} C^3H^5O \\ (C^7H^3O)^3 \end{matrix}\right.$$

$$\text{Butyrine} \ldots\ldots \quad C^7H^{14}O^4 = O^2\left\{\begin{matrix} C^3H^5O \\ C^4H^7O \\ H^2 \end{matrix}\right.$$

$$\text{Dibutyrine} \ldots\ldots \quad C^{11}H^{20}O^5 = O^2\left\{\begin{matrix} C^3H^5O \\ (C^4H^7O)^2 \\ H \end{matrix}\right.$$

$$\text{Tributyrine} \ldots\ldots \quad C^{15}H^{26}O^6 = O^2\left\{\begin{matrix} C^3H^5O \\ (C^4H^7O)^3 \end{matrix}\right.$$

Stéarine . . . . . $C^{21}H^{42}O^4 = O^2 \begin{cases} C^3H^5O \\ C^{18}H^{35}O \\ H^2 \end{cases}$

Distéarine. . . . . $C^{39}H^{76}O^5 = O^2 \begin{cases} C^3H^5O \\ (C^{18}H^{35}O)^2 \\ H \end{cases}$

Tristéarine . . . . $C^{57}H^{110}O^6 = O^2 \begin{cases} C^3H^5O \\ (C^{18}H^{35}O)^3 \end{cases}$

Ces glycérides constituent les huiles grasses et les corps gras solides qu'on rencontre dans les plantes et dans l'organisme animal. Ils s'obtiennent par la réaction directe de la glycérine et des acides sous l'influence d'un contact prolongé, en vase clos et avec le concours d'une température plus ou moins élevée. Ils sont huileux ou solides, peu solubles ou insolubles dans l'eau, non volatils sans décomposition ; soumis à la distillation, ils donnent de l'acroléine, produit de décomposition de la glycérine.

Traités par les alcalis caustiques, ils donnent de la glycérine et le sel alcalin (savon) d'un acide ; ce dédoublement est connu sous le nom de *saponification*.

$$O^2 \begin{cases} C^3H^5O \\ (C^{18}H^{35}O)^3 \end{cases} + 3\, O \begin{cases} K \\ H \end{cases} = O^2 \begin{cases} C^3H^5O \\ H^3 \end{cases} + 3\, O \begin{cases} K \\ C^{18}H^{35}O \end{cases}$$

Tristéarine (du suif). . Glycérine. Stéarate de potasse.

Avec les acides polybasiques et la glycérine, on peut aussi obtenir des glycérides acides, semblables aux acides viniques :

Acide sulfoglycérique (monobasique) . $C^3H^8SO^6 = O^3 \begin{cases} C^3H^5O \\ SO^2 \\ H^3 \end{cases}$

Acide phosphoglycérique (bibasique) . $C^3H^9PO^6 = O^4 \begin{cases} C^3H^5O \\ PO \\ H^4 \end{cases}$

§ 2503. Aldéhydes composées. — La substitution simultanée d'un radical d'aldéhyde et d'un radical d'acide à l'hydrogène du type eau donne les aldéhydes composées. Ces corps sont aux aldéhydes simples ce que les éthers composés sont aux alcools.

L'existence des chlorures et des sulfures d'aldéhydes rend probable celle des aldéhydes composées.

On ne connaît qu'un corps de ce genre, qui se produit par la réaction de l'acide salicyleux (hydrure de salicyle) et du chlorure de benzoïle :

$$\text{Salicylite (ou salicylure) de benzoïle} \quad C^{14}H^{10}O^{3} = O\left\{\begin{matrix} C^{7}H^{5}O \\ C^{7}H^{5}O \end{matrix}\right.$$

§ 2504. GLUCOSIDES. — On connaît un grand nombre de principes végétaux ayant la propriété de se transformer, sous l'influence de l'acide sulfurique étendu ou des ferments, en glucose (ou matière sucrée isomère) et en d'autres substances.

Ces principes sont généralement fort oxygénés, solubles dans l'eau, et non volatils sans décomposition. Voici ceux qu'on a analysés : amygdaline (§ 1506); salicine (§ 1597); populine (§ 1600); rubian et acide rubérythrique (§ 1754), acide caïncique (§ 1991), quercitrin ou acide quercitrique (§ 2077), acide gallotannique (§ 2053), arbutine (§ 2276), esculine (§ 2302), phlorizine (§ 2329), résine de jalap (§ 2565), etc.

Généralement il se fixe de l'eau sur la matière organique lorsqu'elle se convertit en glucose; ainsi la salicine donne :

$$\underset{\text{Salicine.}}{C^{13}H^{18}O^{7}} + H^{2}O = \underset{\text{Saligénine.}}{C^{7}H^{8}O^{2}} + \underset{\text{Glucose.}}{C^{6}H^{12}O^{6}}.$$

On peut représenter cette métamorphose comme une double décomposition :

$$\underset{\text{Salicine.}}{O\left\{\begin{matrix} C^{7}H^{7}O \\ C^{6}H^{11}O^{5} \end{matrix}\right.} + O\left\{\begin{matrix} H \\ H \end{matrix}\right. = \underset{\text{Saligénine.}}{O\left\{\begin{matrix} C^{7}H^{7}O \\ H \end{matrix}\right.} + \underset{\text{Glucose.}}{O\left\{\begin{matrix} C^{6}H^{11}O^{5} \\ H \end{matrix}\right.}$$

Comme le sucre de canne se transforme également en glucose par les acides étendus, on peut le considérer comme un oxyde anhydre, le glucose étant un hydrate :

$$\text{Sucre de canne} \;.\;.\; C^{12}H^{22}O^{11} = O\left\{\begin{matrix} C^{6}H^{11}O^{5} \\ C^{6}H^{11}O^{5} \end{matrix}\right.$$

$$\text{Glucose} \;.\;.\;.\;.\;.\;.\; C^{6}H^{12}O^{6} = O\left\{\begin{matrix} C^{6}H^{11}O^{5} \\ H \end{matrix}\right.$$

Il y aurait donc entre le glucose et le sucre de canne les mêmes rapports qu'entre l'alcool et l'éther, ou qu'entre un acide hydraté et un acide anhydre; les glucosides seraient des espèces d'éthers composés. En partant de cette analogie, j'ai essayé de transformer le glucose en sucre de canne par la réaction de l'oxychlorure de phosphore sur les glucosates alcalins; mais il m'a été impossible d'obtenir ces sels exempts d'eau, même en les abandonnant longtemps dans le vide sec.

M. Berthelot [1] vient d'obtenir de nombreux composés en faisant réagir sous une forte pression certains acides sur la mannite, la dulcine, la pinite, la quercite et le sucre ; ces composés sont analogues aux glucosides naturels. L'auteur n'a pas encore publié les détails de son intéressant travail.

B. Sulfures.

§ 2505. Les *sulfures*, ou dérivés du type eau par la substitution du radical soufre à l'oxygène et d'autres radicaux à l'hydrogène, peuvent se subdiviser ainsi :

I. *Sulfures positifs.*	*Sulfures de bases.*	Dérivés primaires, ou *sulfhydrates.*
		Dérivés secondaires, ou *sulfures métalliq.*
	Sulfures d'alcools.	Dérivés primaires, ou *mercaptans.*
		Dérivés secondaires, ou *éthers sulfhydriq.*
	Sulfures d'aldéhydes.	Dérivés primaires.
		Dérivés secondaires.
II. *Sulfures négatifs.*	*Sulfures d'acides.*	Dérivés primaires, ou *acides sulfurés.*
		Dérivés secondaires, ou *anhydrid. sulfur.*
III. *Sulfures intermédiaires.*	*Sels sulfurés.*	
	Éthers composés sulfurés.	
	Aldéhydes composées sulfurées.	

Les *sulfures positifs* comprennent les sulfures de bases, d'alcools et d'aldéhydes. Aux bases métalliques correspondent les *sulfures de bases* ou *sulfobases,* qui font la double décomposition dans les circonstances ordinaires ; ceux d'entre ces sulfures qui sont solubles dans l'eau précipitent en noir les sels de plomb et d'argent. Les *sulfures d'alcools* comprennent les mercaptans et les éthers sulfhydriques; ils ne précipitent pas à l'état de sulfures les sels de plomb et d'argent. Les *sulfures d'aldéhydes* ressemblent aux sulfures d'alcools.

Les *sulfures négatifs* ou *sulfures d'acides* ont plusieurs représentants en chimie minérale et en chimie organique.

Les *sulfures intermédiaires* comprennent des sels ou des éthers

[1] Berthelot, *Compt. rend. de l'Acad.*, XLI, 452.

composés dans lesquels le radical oxygène du type eau est remplacé par son équivalent de soufre.

Sulfures positifs.

§ 2506. SULFURES DE BASES. — Suivant les radicaux des bases, les sulfures sont simples ou conjugués. Les sulfures simples comprennent la plupart des sulfures minéraux. Les *persulfures*, qui déposent du soufre par le traitement avec les acides, correspondent aux peroxydes de bases (p. 617).

Les *sulfures de bases conjuguées* qu'on connaît en chimie organique correspondent aux bases conjuguées citées plus haut (§ 2466) et ont une composition semblable[1] :

	Sulfure de mercuréthyle. . .	$C^4 H^{10}Hg^4S$	$= S \begin{cases} Hg^2(C^2H^5) \\ Hg^2(C^2H^5) \end{cases}$
*	— de bismuthéthyle. . .	$C^4 H^{10}Bi^2S^2$	$= S^2 \begin{cases} Bi(C^2H^5) \\ Bi(C^2H^5) \end{cases}$
*	— d'arsénéthyle.	$C^{12}H^{30}As^2S^2$	$= S^2 \begin{cases} As(C^2H^5)^3 \\ As(C^2H^5)^3 \end{cases}$
*	— de stibéthyle.	$C^{12}H^{30}Sb^2S^2$	$= S^2 \begin{cases} Sb(C^2H^5)^3 \\ Sb(C^2H^5)^3 \end{cases}$
	— de stibéthylium. . .	$C^{16}H^{40}Sb^2S$	$= S \begin{cases} Sb(C^2H^5)^4 \\ Sb(C^2H^5)^4 \end{cases}$
	— de stannéthyle. . . .	$C^4 H^{10}Sn^2S$	$= S \begin{cases} Sn(C^2H^5) \\ Sn(C^2H^5) \end{cases}$

Ces sulfures se produisent, soit par l'action directe du soufre sur les arséniures, antimoniures, etc., d'alcools, soit par l'action des sulfures d'hydrogène, d'ammonium, de baryum, etc., sur les nitrates où les chlorures des bases conjuguées correspondantes.

Les sulfures de bases conjuguées constituent tantôt des précipités, amorphes ou cristallisables (sulfure de stannéthyle; sulfures de mercuréthyle, d'arsénéthyle, de stibéthyle), tantôt des liquides volatils (sulfure de cacodyle). Ordinairement ils sont doués d'une odeur désagréable. Ceux qui sont solubles dans l'eau précipitent en noir les sels de plomb et d'argent.

Les sulfures des bases amidées comme l'hydrate de tétréthyl-ammonium n'ont pas encore été décrits; ils constituent probablement

[1] Les sulfures marqués d'un astérisque sont biatomiques.

des corps solubles dans l'eau, analogues au sulfure de potassium. On sait, du moins, que le sulfure de stibméthylium,

$$\text{Sulfure de stibméthylium. . . . } C^8H^{24}Sb^2S = S\left\{\begin{matrix} Sb(CH^3)^4 \\ Sb(CH^3)^4 \end{matrix}\right.$$

constitue une poudre verte, amorphe, fort soluble dans l'eau, volatile, précipitant les sels métalliques à l'état de sulfures, et s'oxydant peu à peu au contact de l'air.

Les combinaisons de l'hydrogène sulfuré avec les alcalis organiques (*sulfhydrates*) peuvent toujours être représentées comme des sulfures d'ammonium :

$$\text{Sulfhydrate d'aniline . . } C^6H^7N,H^2S = S\left\{\begin{matrix} N(C^6H^5)H^3 \\ H \end{matrix}\right.$$

Sulfure de phényl-ammonium.

Ces combinaisons sont généralement fort peu stables.

§ 2507. Sulfures d'alcools. — Ces composés dérivent du type eau par la substitution du radical soufre à l'oxygène, et d'un radical d'alcool à l'hydrogène. Suivant que la substitution porte sur un ou sur deux atomes d'hydrogène du type, on a des *mercaptans* (sulfures primaires) ou des *éthers sulfhydriques* (sulfures secondaires). Ces deux espèces de composés sulfurés sont entre elles dans les mêmes rapports que les alcools et les éthers simples.

Zeise a obtenu en 1833 le premier mercaptan ; on doit à Dœbereiner (1831) la découverte du premier éther sulfhydrique.

α. Mercaptans homologues à radical C^nH^{2n+1} :

$$\text{Sulfhydrate de méthyle. . . . . . . } CH^4S = S\left\{\begin{matrix} CH^3 \\ H \end{matrix}\right.$$

$$\text{Sulfhydrate d'éthyle (2 vol.). . . . . } C^2H^6S = S\left\{\begin{matrix} C^2H^5 \\ H \end{matrix}\right.$$

$$\text{Sulfhydrate d'amyle. . . . . } C^5H^{12}S = S\left\{\begin{matrix} C^5H^{11} \\ H \end{matrix}\right.$$

$$\text{Sulfhydrate de cétyle. . . . . } C^{16}H^{34}S = S\left\{\begin{matrix} C^{16}H^{33} \\ H \end{matrix}\right.$$

etc.

Ces sulfhydrates s'obtiennent par la distillation des sulfates correspondants (sels des acides sulfoviniques) avec un sulfhydrate alcalin, ou par la réaction d'un chlorure d'alcool sur la solution alcoolique d'un semblable sulfhydrate :

$$\underset{\text{Chlorure d'éthyle.}}{Cl,C^2H^5} + \underset{\text{Sulfhydrate de potasse.}}{S\left\{\begin{matrix}K\\H\end{matrix}\right.} = \underset{\text{Chlorure de potassium.}}{ClK} + \underset{\text{Sulfhydrate d'éthyle.}}{S\left\{\begin{matrix}C^2H^5\\H\end{matrix}\right.}$$

On obtient aussi les mercaptans par l'action du persulfure de phosphore sur les alcools :

$$\underset{\text{Hydrate d'éthyle.}}{5\ O\left\{\begin{matrix}C^2H^5\\H\end{matrix}\right.} + P^2S^5 = \underset{\text{Sulfhydrate d'éthyle.}}{5\ S\left\{\begin{matrix}C^2H^5\\H\end{matrix}\right.} + P^2O^5$$

Les mercaptans constituent des huiles fétides, ou des matières cristallines, insolubles dans l'eau. Ils donnent des sels (*mercaptides*), au contact des métaux ou des oxydes métalliques :

Sulfure d'éthyle et de mercure. . $C^2H^5HgS = S\left\{\begin{matrix}C^2H^5\\Hg\end{matrix}\right.$

Ordinairement leur solution alcoolique précipite en blanc la solution alcoolique du bichlorure de mercure, en donnant une combinaison de sulfure et de chlorure :

Sulfo-chlorure d'éthyle et de mercure. $C^2H^5HgS,HgCl = \begin{matrix}S\\Cl\end{matrix}\left\{\begin{matrix}C^2H^5\\Hg\\Hg\end{matrix}\right.$

Bouillis avec de l'acide nitrique, les mercaptans fixent de l'oxygène et se convertissent en acides monobasiques, contenant du soufre et de l'oxygène :

$$\underset{\text{Sulfure d'éthyle et d'hydrogène.}}{S\left\{\begin{matrix}C^2H^5\\H\end{matrix}\right.} + 3\ O = \underset{\text{Acide éthyl-sulfureux.}}{O\left\{\begin{matrix}C^2H^5SO^2\\H\end{matrix}\right.}$$

β. *Éthers sulfhydriques* homologues à radical C^nH^{2n+1} :

Sulfure de méthyle. . . $C^2H^6S = S\left\{\begin{matrix}C\ H^3\\C\ H^3\end{matrix}\right.$

Sulfure d'éthyle. . . . $C^4H^{10}S = S\left\{\begin{matrix}C^2\ H^5\\C^2\ H^5\end{matrix}\right.$

Sulfure d'amyle . . . . $C^{10}H^{22}S = S\left\{\begin{matrix}C^5\ H^{11}\\C^5\ H^{11}\end{matrix}\right.$

Sulfure de cétyle. . . . $C^{32}H^{66}S = S\left\{\begin{matrix}C^{16}H^{33}\\C^{16}H^{33}\end{matrix}\right.$,

etc.

On obtient ces corps par la réaction des sulfates correspondants (sels des acides viniques) avec les monosulfures alcalins, ou par la réaction des chlorures d'alcools (éthers chlorhydriques) avec les mêmes monosulfures :

$$2\ Cl,C^2H^5 + S\left\{\begin{matrix}K\\K\end{matrix}\right. = 2\ ClK + S\left\{\begin{matrix}C^2H^5\\C^2H^5\end{matrix}\right.$$

Chlorure d'éthyle. Monosulfure de potassium. Chlorure de potassium. Sulfure d'éthyle.

Les éthers sulfhydriques se produisent aussi par l'action du persulfure de phosphore sur les éthers simples :

$$5\ O\left\{\begin{matrix}C^2H^5\\C^2H^5\end{matrix}\right. + P^2S^5 = 5\ S\left\{\begin{matrix}C^2H^5\\C^2H^5\end{matrix}\right. + P^2O^5$$

Oxyde d'éthyle. Sulfure d'éthyle.

Ils se présentent sous la forme d'huiles fétides ou de matières cristallines, insolubles dans l'eau. Ils ne forment pas de sels comme les mercaptans, mais ils précipitent le bichlorure de mercure et le bichlorure de platine, en donnant, comme les mercaptans, des combinaisons de sulfure et de chlorure (Loir) :

Sulfo-chlorure d'éthyle et de mercure. $C^4H^{10}S,2HgCl = \begin{matrix}S\\Cl^2\end{matrix}\left\{\begin{matrix}(C^2H^5)^2\\Hg^2\end{matrix}\right.$

Traités par l'acide nitrique, ils donnent les mêmes acides oxygénés que les mercaptans correspondants.

Les composés métalliques (mercaptides) qu'on peut obtenir avec les mercaptans représentent évidemment des éthers sulfhydriques mixtes, à radical d'alcool et à radical de base.

L'essence d'ail est un éther sulfhydrique à radical C^nH^{2n-1} :

Sulfure d'allyle ou essence d'ail. . $C^6H^{10}S = S\left\{\begin{matrix}C^3H^5\\C^3H^5.\end{matrix}\right.$

§ 2508. On connaît aussi quelques *persulfures d'alcools* ou *éthers sulfhydriques* qui sont aux éthers sulfhydriques ce que le persulfure d'hydrogène est à l'hydrogène sulfuré, ou ce que l'eau oxygénée est à l'eau :

Persulfure de méthyle. . . . $C^2H^6S^2 = S^2\left\{\begin{matrix}CH^3\\CH^3\end{matrix}\right.$

Persulfure d'éthyle . . . . . $C^4H^{10}S^2 = S^2\left\{\begin{matrix}C^2H^5\\C^2H^5\end{matrix}\right.$

Ces persulfures d'alcools, découverts par Zeise, s'obtiennent de par la réaction des persulfures métalliques (persulfure de potassium ou de sodium) avec des chlorures d'alcools ou avec des sels viniques. Ce sont des liquides plus pesants que l'eau, doués d'une odeur fétide, volatils sans décomposition. Leur solution alcoolique précipite en blanc par l'acétate de plomb et par le bichlorure de mercure. Ils sont également attaqués par le bioxyde de mercure, qui se transforme en une masse jaune. Ils donnent, par l'acide nitrique, les mêmes acides oxygénés que les mercaptans et les éthers sulfhydriques.

§ 2509. SULFURES D'ALDÉHYDES. — La substitution d'un radical d'aldéhyde (considérée comme hydrate) à l'hydrogène du type eau, et celle du radical soufre à l'oxygène du même type, donnent les sulfures d'aldéhydes. Ces composés sont fort peu connus.

Ils s'obtiennent par l'action de l'hydrogène sulfuré sur les aldéhydes ou sur les azotures correspondants (hydramides), ainsi que par celle des sulfures alcalins sur les chlorures d'aldéhydes. Ce sont des composés solides ou liquides, généralement doués d'une odeur fétide :

Mercaptan acétyliq. ou sulfhyd. d'acétosum. $C^2H^4S = S\left\{\begin{matrix}C^2H^3\\H\end{matrix}\right.$

Sulfobenzol, ou sulfhydrate de benzosum.. $C^7H^6S = S\left\{\begin{matrix}C^7H^5\\H.\end{matrix}\right.$

Sulfures négatifs.

§ 2510. SULFURES D'ACIDES. — Ces composés dérivent du type eau par la substitution du radical soufre à l'oxygène, et d'un radical d'acide à l'hydrogène; suivant que la substitution porte sur un ou sur deux atomes d'hydrogène du type, on a des *acides sulfurés* ou des *anhydrides sulfurés*. Ces corps présentent entre eux les mêmes relations que les acides oxygénés hydratés et les acides anhydres.

α. *Acides sulfurés*. On n'en connaît qu'un petit nombre en chimie organique :

Acide sulfocyanhydrique. $C\,H\,NS = S\left\{\begin{matrix}Cy\\H\end{matrix}\right.$

Acide thionacétique . . . $C^2H^4OS = S\left\{\begin{matrix}C^2H^3O\\H\end{matrix}\right.$

M. Kekulé obtient l'acide thionacétique par l'action du persulfure de phosphore sur l'acide acétique :

$$5\ O\left\{\begin{matrix} C^2H^3O \\ H \end{matrix}\right. + P^2S^5 = 5\ S\left\{\begin{matrix} C^2H^3O \\ H \end{matrix}\right. + P^2O^5.$$

Acide acétique. Ac. thionacétique.

Ce procédé pourra sans doute s'appliquer à la préparation d'autres acides sulfurés.

Les acides sulfurés donnent des sels avec les bases.

β. *Anhydrides sulfurés.*

Sulfure d'acétyle. . . . . $C^4H^6O^2S = S\left\{\begin{matrix} C^2H^3O \\ C^2H^3O \end{matrix}\right.$

Sulfure de benzoïle . . . $C^{14}H^{10}O^2S = S\left\{\begin{matrix} C^7H^5O \\ C^7H^5O. \end{matrix}\right.$

On les obtient par la réaction des sulfures de bases et des chlorures d'acides :

$$2\ Cl,C^2H^3O + S\left\{\begin{matrix} Pb \\ Pb \end{matrix}\right. = 2\ ClPb + S\left\{\begin{matrix} C^2H^3O \\ C^2H^3O \end{matrix}\right.$$

Chlorure d'acétyle. Sulfure d'acétyle.

Ou bien, par la réaction des anhydrides oxygénés et du persulfure de phosphore :

$$5\ O\left\{\begin{matrix} C^2H^3O \\ C^2H^3O \end{matrix}\right. + P^2S^5 = 5\ S\left\{\begin{matrix} C^2H^3O \\ C^2H^3O \end{matrix}\right. + P^2O^5.$$

Ac. acétique anhydre, ou oxyde d'acétyle. Sulfure d'acétyle.

(Il est probable qu'on obtiendrait le sulfure de cyanogène par la réaction du chlorure de cyanogène sur un sulfure ou sur un sulfocyanure métallique.)

Sulfures intermédiaires.

§ 2511. Sels sulfurés. — Ce sont des sels dont le radical oxygène est remplacé par du soufre.

Les sulfarséniates, les sulfantimoniates, les sulfocyanures, les thionacétates, etc., appartiennent à cette classe.

§ 2512. Éthers composés sulfurés. — Ces composés représentent des éthers composés (§ 2496) dont le radical oxygène est remplacé par le radical soufre. On n'en connaît qu'un petit nombre.

α. Il faut surtout mentionner la série homologue des éthers cyaniques sulfurés, ou *éthers sulfocyanhydriques* à radical C^nH^{2n+1}, découverts par M. Cahours :

Sulfocyanure de méthyle, ou sulfure de méthyle et de cyanogène. . . . . . $C^2H^3NS = S\left\{\begin{matrix} CH^3 \\ Cy \end{matrix}\right.$

Sulfocyanure d'éthyle, ou sulfure d'éthyle et de cyanogène. . . . . . $C^3H^5NS = S\left\{\begin{matrix} C^2H^5 \\ Cy \end{matrix}\right.$

Sulfocyanure d'amyle, ou sulfure d'amyle et de cyanogène. . . . . $C^6H^{11}NS = S\left\{\begin{matrix} C^5H^{11} \\ Cy \end{matrix}\right.$

Ce sont des liquides, peu solubles ou insolubles dans l'eau, volatils sans décomposition, et d'une odeur fort désagréable. On les obtient, par double décomposition, avec le sulfocyanure de potassium et un éther chlorhydrique ou un sel vinique (méthyl-sulfate, éthyl-sulfate de chaux, etc.).

Leur solution alcoolique ne précipite pas les sels métalliques. Traités par une solution alcoolique de sulfure de potassium, ils donnent du sulfure de potassium et de l'éther sulfhydrique:

$$2\,S\left\{\begin{matrix} C^2H^5 \\ Cy \end{matrix}\right. + S\left\{\begin{matrix} K \\ K \end{matrix}\right. = 2\,S\left\{\begin{matrix} K \\ Cy \end{matrix}\right. + S\left\{\begin{matrix} C^2H^5 \\ C^2H^5 \end{matrix}\right.$$

Sulfocyanure d'éthyle. — Sulfure d'éthyle.

Bouillis avec de l'acide nitrique, les éthers sulfocyanhydriques donnent les mêmes acides que les mercaptans et les éthers sulfhydriques.

L'essence de moutarde noire est un éther sulfocyanhydrique à radical d'alcool C^nH^{2n-1}.

Sulfocyanure d'allyle, ou essence de moutarde. $C^4H^5NS = S\left\{\begin{matrix} C^3H^5 \\ Cy \end{matrix}\right.$

On peut l'obtenir par la réaction de l'iodure d'allyle (propylène iodé) et du sulfocyanure de potassium ou d'argent :

$$I,C^3H^5 + S\left\{\begin{matrix} K \\ Cy \end{matrix}\right. = IK + S\left\{\begin{matrix} C^3H^5 \\ Cy \end{matrix}\right.$$

Iodure d'allyle. — Essence de moutarde.

Elle se combine directement avec l'ammoniaque en donnant un alcali cristallisé, la thiosinamine :

$$C^4H^5NS + NH^3 = C^4H^8N^2S.$$

Essence de moutarde. Thiosinamine.

La thiosinamine représente de l'allyl-urée dans laquelle l'oxygène est remplacé par son équivalent de soufre.

β. M. Kekulé a obtenu l'*éther acétique sulfuré* par l'action du persulfure de phosphore sur l'éther acétique :

$$5\ O\left\{\begin{matrix}C^2H^5\\C^2H^3O\end{matrix}\right. + P^2S^5 = 5\ S\left\{\begin{matrix}C^2H^5\\C^2H^3O\end{matrix}\right. + P^2O^5$$

Oxyde d'éthyle et d'acétyle. Sulfure d'éthyle et d'acétyle.

§ 2513. ALDÉHYDES COMPOSÉES SULFURÉES. — Elles représentent des aldéhydes composées (§ 2503) dont le radical oxygène est remplacé par le radical soufre.

α. M. Cahours a trouvé [1] qu'en traitant par le sulfocyanure de potassium les bibromures d'aldéhydes à radical C^nH^{2n-1}, on obtient les homologues suivants :

$$C^2H^4\,Cy^2S^2 = S^2\left\{\begin{matrix}C^2H^3\\H\\Cy^2\end{matrix}\right.$$

$$C^3H^6\,Cy^2S^2 = S^2\left\{\begin{matrix}C^3H^5\\H\\Cy^2\end{matrix}\right.$$

$$C^5H^{10}Cy^2S^2 = S^2\left\{\begin{matrix}C^5H^9\\H\\Cy^2\end{matrix}\right.$$

Ces composés, qui sont fort bien cristallisés, donnent de nouveaux dérivés sous l'influence de l'ammoniaque et de l'oxyde d'argent.

β. Le corps improprement appelé sulfocyanure de benzoïle (§ 1508) représente le sulfocyanure de l'aldéhyde benzoïque :

$$\text{Sulfure de benzosum et de cyanogène, } C^8H^5NS = S\left\{\begin{matrix}C^7H^5\\Cy\end{matrix}\right.$$

On obtient ce composé par la réaction du sulfure de carbone, de l'ammoniaque et de l'aldéhyde benzoïque. Il forme des cristaux qui, au contact du perchlorure de fer, donnent la coloration rouge des sulfocyanures, tandis qu'il se régénère de l'aldéhyde benzoïque.

[1] Communication particulière.

C. Séléniures.

§ 2514. Les *séléniures*, ou dérivés du type eau par la substitution du radical sélénium à l'oxygène et par celle d'autres radicaux à l'hydrogène, se subdivisent, comme les oxydes et les sulfures, en *séléniures positifs*, comprenant des séléniures de bases et des séléniures d'alcools; en *séléniures négatifs*, comprenant des séléniures d'acides, et en *séléniures intermédiaires*, comprenant des sels et probablement aussi des éthers composés, dans lesquels l'oxygène du type est remplacé par du sélénium.

§ 2515. Les *séléniures de bases* se subdivisent, comme les sulfures correspondants, en séléniures simples et en séléniures conjugués.

§ 2516. Les *séléniures d'alcools* représentent une molécule d'eau dans laquelle le radical sélénium est substitué à l'oxygène, et un radical d'alcool à l'hydrogène.

Les *mercaptans séléniés* sont les séléniures d'alcools dans lesquels 1 atome d'hydrogène du type est remplacé; dans les *éthers sélénhydriques*, les 2 atomes d'hydrogène du type sont remplacés :

Sélénhydrate d'éthyle . . $C^2H^6Se = Se\left\{\begin{matrix} C^2H^5 \\ H \end{matrix}\right.$

Séléniure de méthyle . . $C^2H^6\,Se = Se\left\{\begin{matrix} C\,H^3 \\ C\,H^3 \end{matrix}\right.$

Séléniure d'éthyle . . . . $C^4H^{10}Se = Se\left\{\begin{matrix} C^2H^5 \\ C^2H^5 \end{matrix}\right.$

Les mercaptans séléniés et les éthers sélénhydriques s'obtiennent par la distillation des séléniures ou des sélenhydrates à radical métallique avec les méthyl-sulfates ou les éthyl-sulfates :

$$\underset{\text{Éthyl-sulfate de potasse.}}{O^2\left\{\begin{matrix} SO^2 \\ C^2H^5 \\ K \end{matrix}\right.} + Se\left\{\begin{matrix} H \\ K \end{matrix}\right. = \underset{\text{Sulfate de potasse.}}{O^2\left\{\begin{matrix} SO^2 \\ K \\ K \end{matrix}\right.} + \underset{\text{Sélénhydrate d'éthyle.}}{Se\left\{\begin{matrix} H \\ C^2H^5 \end{matrix}\right.}$$

$$\underset{\text{Éthyl-sulfate de potasse.}}{2\ O^2\left\{\begin{matrix} SO^2 \\ C^2H^5 \\ K \end{matrix}\right.} + Se\left\{\begin{matrix} K \\ K \end{matrix}\right. = \underset{\text{Sulfate de potasse.}}{2\ O^2\left\{\begin{matrix} SO^2 \\ K \\ K \end{matrix}\right.} + \underset{\text{Séléniure d'éthyle.}}{Se\left\{\begin{matrix} C^2H^5 \\ C^2H^5 \end{matrix}\right.}$$

Ces séléniures constituent des liquides fétides, plus pesants que l'eau.

Les mercaptans séléniés réagissent sur l'oxyde de mercure comme les mercaptans sulfurés (§ 2507).

Les éthers sélénhydriques s'oxydent au contact de l'air en se transformant en bases conjuguées; avec le séléniure d'éthyle, par exemple, on obtient l'oxyde de sélénéthyle :

$$\text{Oxyde de sélénéthyle. . .}\quad C^8H^{20}Se^2O^2 = O^2\left\{\begin{matrix} Se(C^2H^5)^2 \\ Se(C^2H^5)^2 \end{matrix}\right.$$

L'acide nitrique oxyde les éthers sélénhydriques, avec dégagement de vapeurs nitreuses, et produit des nitrates de bases conjuguées. Par l'addition de l'acide chlorhydrique ou bromhydrique à ces nitrates, on obtient les chlorures et les bromures correspondants.

On voit par ces réactions que les éthers sélénhydriques possèdent des propriétés semblables à celles des métaux de bases conjuguées (§ 2576). Les bases conjuguées produites par les éthers sélénhydriques représentent de l'acide sélénieux dans lequel l'oxygène est en partie remplacé par son équivalent d'éthyle (§ 2466).

D. Tellurures.

§ 2517. Les *tellurures*, ou dérivés du type eau par la substitution du radical tellure à l'oxygène et d'autres radicaux à l'hydrogène, se subdivisent comme les oxydes, les sulfures et les séléniures.

Les *tellurures de bases* comprennent les tellurures de la chimie minérale.

Les *tellurures d'alcools* ressemblent beaucoup aux séléniures d'alcools (§ 2516). Les *éthers tellurhydriques* ont la plus grande analogie avec les éthers sélénhydriques :

$$\text{Tellurure de méthyle. . . . .}\quad C^2H^6\,Te = Te\left\{\begin{matrix} C\,H^3 \\ C\,H^3 \end{matrix}\right.$$

$$\text{Tellurure d'éthyle. . . . . . .}\quad C^4H^{10}Te = Te\left\{\begin{matrix} C^2H^5 \\ C^2H^5 \end{matrix}\right.$$

Ils constituent des liquides fétides, plus pesants que l'eau, qu'on obtient par la distillation d'un tellurure alcalin avec un méthyl-sulfate ou un éthyl-sulfate. Ils s'oxydent au contact de l'air, en se transformant en bases conjuguées,

$$\text{Oxyde de tellurméthyle. . . .}\quad C^4H^{12}Te^2O^2 = O^2\left\{\begin{matrix} Te(C\,H^3)^2 \\ Te(C\,H^3)^2 \end{matrix}\right.$$

Oxyde de telluréthyle. . . . . $C^8H^{20}Te^2O^2 = O^2 \begin{cases} Te(C^2H^5)^2 \\ Te(C^2H^5)^2 \end{cases}$

L'acide nitrique oxyde les éthers tellurhydriques en donnant les nitrates de ces bases.

TYPE ACIDE CHLORHYDRIQUE.

A. Chlorures.

§ 2518. Les *chlorures*, ou dérivés du type acide chlorhydrique par la substitution de l'hydrogène, peuvent se subdiviser ainsi :

I. *Chlorures positifs.*
- *Chlorures de bases* à radicaux simples ou conjugués.
- *Chlorures d'alcools* ou éthers chlorhydriques.
- *Chlorures d'aldéhydes.*

II. *Chlorures négatifs.*
- *Chlorures d'acides.*

Les *chlorures positifs* comprennent les chlorures de bases, les chlorures d'alcools et les chlorures d'aldéhydes. Aux *chlorures de bases* appartiennent les chlorures métalliques de la chimie minérale, ainsi que les chlorures à radicaux conjugués (éthylo-métalliques ou amidés) ; comme les bases correspondantes, ces chlorures sont susceptibles de la double décomposition dans les circonstances ordinaires ; tous les chlorures de bases, minérales ou organiques, précipitent les sels d'argent. Les *chlorures d'alcools* ou *éthers chlorhydriques* exigent, comme les alcools ou les éthers simples correspondants, des conditions particulières de pression ou de température pour subir la double décomposition, pour réagir, par exemple, sur les sels d'argent. Les *chlorures d'aldéhydes* ressemblent, sous ce rapport, aux chlorures d'alcools.

Les *chlorures négatifs* correspondent aux acides oxygénés, minéraux et organiques. Ces *chlorures d'acides* se reconnaissent souvent à la facilité avec laquelle ils se décomposent, sous l'influence de l'eau, en chlorure d'hydrogène et en acide oxygéné ; quelquefois ils répandent des fumées plus ou moins fortes au contact de l'air humide.

Chlorures positifs.

§ 2519. Chorures de bases. — Les chlorures qui correspondent aux bases minérales sont monatomiques, biatomiques ou triatomiques, suivant que les bases elles-mêmes dérivent d'une, de deux ou de trois molécules d'eau.

α. Chlorures de bases monatomiques.

Chlorure de potassium . . . . ClK
Chlorure d'argent . . . . ClAg
Chlorure de platinosum ou protochlor. de platine. ClPt.

β. Chlorures de bases biatomiques :

Chlorure de platinicum ou bichlorure de platine. . . $Cl^2Pt = Cl^2\left\{\begin{matrix}pt\\pt\end{matrix}\right.$

γ. Chlorures de bases triatomiques :

Chlorure d'aluminium. . . $Cl^3Al^2 = Cl^3\left\{\begin{matrix}al\\al\\al\end{matrix}\right.$

Chlorure de bismuth . . . $Cl^3Bi = Cl^3\left\{\begin{matrix}bi\\bi\\bi\end{matrix}\right.$

Chlorure d'or . . . . . . $Cl^3Au = Cl^3\left\{\begin{matrix}au\\au\\au\end{matrix}\right.$

Les chlorures biatomiques et triatomiques se combinent souvent avec les chlorures monatomiques, en formant des *chlorures multiples*, analogues aux oxygénés :

Chloroplatinate de potasse. . $ClK, Cl^2Pt = Cl^3\left\{\begin{matrix}K\\Pt\end{matrix}\right.$

Chloraurate de soude . . . . $ClNa, Cl^3Au = Cl^4\left\{\begin{matrix}Na\\Au\end{matrix}\right.$

§ 2520. *Chlorures de bases conjuguées.* — Ils correspondent aux bases éthylo-métalliques mentionnées plus haut (§ 2466) :

Chlorure de plombéthyle . $C^2H^5\,Hg^2Cl = Cl, Hg^2(C^2H^5)$
— de bismuthéthyle. . $C^2H^5\,Bi\,Cl^2 = Cl^2, Bi\,(C^2H^5)$
— de cacodyle . . . . $C^4H^{10}As\,Cl = Cl, As\,(C^2H^5)^2$
— d'arsénéthylium . . $C^8H^{20}As\,Cl = Cl, As\,(C^2H^5)^4$

Chlorure de stibéthyle. . . . $C^6H^{15}Sb\,Cl^2 = Cl^2,Sb\,(C^2H^5)^3$
— de stannéthyle. . . $C^2H^5\,Sn\,Cl = Cl\,,Sn\,(C^2H^5)$
— de sélénéthyle . . . $C^4H^{10}Se\,Cl^2 = Cl^2,Se\,(C^2H^5)^2$
— de telluréthyle. . . $C^4H^{10}Te\,Cl^2 = Cl^2,Te\,(C^2H^5)^2$

Ces chlorures se produisent par l'acide chlorhydrique et les bases conjuguées (ou leurs sels). Ils constituent tantôt des huiles plus pesantes que l'eau (chlorures de sélénéthyle, telluréthyle, stibéthyle), tantôt des corps cristallisables solubles dans l'eau ou dans l'alcool (chlorures de stannéthyle, arsénéthylium, bismuthéthyle). Leur solution précipite immédiatement les sels d'argent.

Les combinaisons de tous les alcalis organiques avec l'acide chlorhydrique peuvent évidemment se représenter comme des chlorures de bases :

Chlorhydrate d'éthylamine. $C^2H^7N,HCl = Cl,NH^3(C^2H^5)$.
Chlorure d'éthyl-ammonium.

§ 2521. Le *bichlorure de mercure* forme, avec la plupart des alcalis organiques ou de leurs chlorhydrates, des précipités blancs, souvent cristallins, composés d'une combinison de bichlorure de mercure avec l'alcali ou avec son chlorhydrate.

La composition de ces chlorures multiples varie. Tantôt ils renferment 1 atome d'alcali en combinaison avec 1, 2, 3, 4 ou 6 atomes de bichlorure de mercure. Ainsi 1 atome d'aniline se combine avec HgCl,

Chloromercurate d'aniline. $C^6H^7N,HgCl = Cl,N(C^6H^5)H^2Hg$
Chlorure de mercurophényl-ammonium.

1 at. de picoline, lutidine, caféine, strychnine, urée ou quinoléine, se combine avec 2HgCl,

Chloromercurate de picoline. $C^6H^7N,2HgCl = Cl^2\left\{\begin{array}{l}N(C^6H^7)Hg\\Hg\end{array}\right.$
Chlorure de mercuropicolyl-ammonium et de mercure.

1 at. d'aniline se combine avec 3HgCl,

Chloromercurate d'aniline . $C^6H^7N,3HgCl = Cl^3\left\{\begin{array}{l}N(C^6H^5)H^2Hg\\Hg^2\end{array}\right.$
Chlorure de mercurophényl-ammonium et de mercure.

1 atome de conine ou de thiosinamine se combine avec 4HgCl; 1 atome de nicotine, avec 6 HgCl, etc.

Plusieurs d'entre les composés précédents correspondent évidemment au précipité blanc que l'ammoniaque forme dans le bichlorure de mercure :

Précipité blanc . . $NH^2Hg^2Cl = Cl,NH^2Hg^2$
Chlorure de mercurammonium.

Tantôt les précipités qu'on obtient avec le bichlorure de mercure et les alcalis organiques renferment 1 at. d'alcali en combinaison avec des proportions variables d'acide chlorhydrique et de bichlorure de mercure. Ainsi 1 atome de méthylamine, éthylamine, spartéine ou narcotine se combine avec HCl,HgCl :

Chloromercur. d'éthylamine. $C^2H^7N,HCl,HgCl = Cl^2\left\{\begin{array}{l}N(C^2H^5)H^3\\Hg\end{array}\right.$
Chlorure d'éthyl-ammonium et de mercure.

1 atome de cotarnine, pipérine, brucine, ou strychnine, se combine avec HCl, 2HgCl; 1 atome de quinine, cinchonine, ou cinchonidine, avec 2 HCl,HgCl; 1 atome d'éthyl-nicotine, avec HCl, 3 HgCl; 1 atome de morphine ou méthyl-nicotine, avec HCl, 4 HgCl; 1 atome d'hydrate de tétréthylammonium, avec HCl, 5 HgCl; 1 atome d'éthyl-méthyl-conine, avec HCl, 6 HgCl; 1 atome de nicotine, avec HCl, 8 HgCl.

On connaît aussi une combinaison de sulfate neutre de strychnine avec 4 HgCl.

Aucun des chloromercurates cités ne renferme de l'eau de cristallisation. Il est probable qu'on parviendrait à obtenir avec eux des bases contenant du mercure, ou du moins des sels oxygénés correspondant à ces bases.

§ 2522. Le *bichlorure de platine* précipite la solution de presque tous les alcalis organiques en jaune ou en orangé, comme il précipite les sels de potasse et d'ammoniaque; le précipité, souvent soluble et cristallisable, contient généralement 1 atome d'alcali pour 1 atome HCl et 1 atome $PtCl^2$ (*chloroplatinates neutres*); tels sont les chloroplatinates de codéine, strychnine, aniline, mélaniline, harmaline, thiosinamine, caféine, amarine, narcotine, etc.

Chloroplatinate d'aniline. $C^6H^7N,HCl,PtCl^2 = Cl^3\left\{\begin{matrix}N(C^6H^5)H^3\\Pt\end{matrix}\right.$

Chlorure de phényl-ammonium et de platine.

Dans plusieurs cas, cependant, les précipités (*bichloroplatinates*) contiennent 2 ($HCl, PtCl^2$); tels sont les bichloroplatinates de sinamine, quinine, cinchonine, chloro-cinchonine, bichloro-cinchonine, cyaniline, nicotine, flavine ou diphényl-urée.

Bichloroplatin. de nicotine. $C^{10}H^{14}N^2, 2\,(HCl,PtCl^2) = Cl^6\left\{\begin{matrix}N(C^5H^7)H\\N(C^5H^7)H\\Pt^2\end{matrix}\right.$

Chlorure de nicotyl-ammonium et de platine.

Parmi ces combinaisons, il en est qui renferment de l'eau de cristallisation (codéine, nitrocodéine, quinine).

Les chloroplatinates des alcalis organiques se prêtent fort bien à la détermination des équivalents de ces corps, car ils donnent du platine métallique par une simple calcination.

D'après les expériences de M. Anderson, plusieurs d'entre ces chloroplatinates ont la propriété de se métamorphoser lorsqu'on les fait bouillir au sein de l'eau, seuls ou en présence d'un excès d'alcali organique. Ainsi, le chloroplatinate de pyridine se transforme, par l'ébullition avec ou sans excès de pyridine, en chlorhydrate des alcalis suivants :

Platoso-pyridine. . . $C^5H^4PtN = N,C^5H^4Pt$
Platino-pyridine. . . $C^5H^3PtN = N,C^5H^3pt^2$.

Le chloroplatinate de picoline se comporte d'une manière semblable [1]. Il est à remarquer que la platino-pyridine (contenant du platinicum), comme la platinamine (base platinée de Gerhardt), forme avec l'acide chlorhydrique un bichlorhydrate renfermant les éléments du bichlorure de platine et de l'alcali normal :

Bichlorhydrate de platinamine de Gerhardt. $NH^3,PtCl^2 = NH\,pt^2,2HCl = Cl^2\left\{\begin{matrix}NH^2pt^2\\H\end{matrix}\right.$

[1] Le chloroplatinate de cacodyle (§410) donne aussi, par l'ébullition, le chlorure d'un alcali platiné.

Bichlorhydrate de platino-pyridine d'Anderson. . $NC^5H^5,PtCl^2 = NC^5H^3pt^2,2HCl = Cl^2 \left\{ \begin{matrix} N(C^5H^3pt^2)H \\ H \end{matrix} \right.$

§ 2523. Le *protochlorure de platine* se combine avec plusieurs alcalis organiques (méthylamine, éthylamine, nicotine, aniline); les produits sont semblables à ceux qu'on obtient dans les mêmes circonstances avec l'ammoniaque. Ainsi, l'éthylamine et la méthylamine donnent les chlorhydrates ou les chloroplatinites de bases platino-conjuguées contenant du platinosum en substitution à l'hydrogène (t. I, p. 616) :

$$CH^5N,PtCl = Cl,N(CH^2Pt)H^3.$$

Chlorure de platoso-méthyl-ammonium.

$$2\ CH^5N,PtCl = Cl,N^2(CH^3)(CH^2Pt)H^5.$$

Chlorure de platoso-méthyl-diammonium.

$$2\ CH^5N,2PtCl = Cl^2 \left\{ \begin{matrix} N^2(CH^3)(CH^2Pt)H^5 \\ Pt \end{matrix} \right.$$

Chloroplatinite de platoso-méthyl-diammonium.

Par double décomposition de ces chlorures avec des sels d'argent, on obtient d'autres sels des mêmes bases platino-conjuguées.

Le *protochlorure de palladium* se comporte avec quelques alcalis comme le protochlorure de platine.

Le *trichlorure d'or* précipite la solution d'un grand nombre d'alcalis organiques; les précipités contiennent 1 atome d'alcali en combinaison avec HCl, $AuCl^3$; quelquefois ils sont cristallisables.

$$CH^5N,HCl,AuCl^3 = Cl^4 \left\{ \begin{matrix} N(CH^3)H^3 \\ Au \end{matrix} \right.$$

Chloraurate de méthyl-ammonium.

§ 2524. CHLORURES D'ALCOOLS, ou *éthers chlorhydriques.* — La substitution d'un radical d'alcool à 1 atome d'hydrogène d'une molécule d'acide chlorhydrique produit les chlorures d'alcools.

α. Chlorures homologues à radical C^nH^{2n+1}, correspondant aux alcools de la série α :

Chlorure de méthyle, ou éther méthyl-chlorhydrique. . . . . $C\ H^3\ Cl = Cl,C\ H^3$

Chlorure d'éthyle, ou éther éthylchlorhydrique	$C^2H^5Cl = Cl,C^2H^5$
Chlorure de tétryle, ou éther butylchlorhydrique.	$C^4H^9Cl = Cl,C^4H^9$
Chlorure d'amyle, ou éther amylchlorhydrique	$C^5H^{11}Cl = Cl,C^5H^{11}$
Chlorure de cétyle, ou éther cétylchlorhydrique	$C^{16}H^{33}Cl = Cl,C^{16}H^{33}$

etc.

β. Chlorures homologues à radical C^nH^{2n-7}, correspondant aux alcools des séries γ et δ :

Chlorure de phényle.	$C^6H^5Cl = Cl,C^6H^5$
Chlorure de toluényle, ou de benzéthyle.	$C^7H^7Cl = Cl,C^7H^7$

etc.

Les chlorures de ces deux séries homologues prennent naissance par l'action de l'acide chlorhydrique sur les alcools :

$$O\left\{\begin{matrix}C^2H^5\\H\end{matrix}\right. + ClH = O\left\{\begin{matrix}H\\H\end{matrix}\right. + Cl,C^2H^5.$$

Hydrate d'éthyle. — Chlorure d'éthyle.

On les obtient aussi par la réaction des alcools avec les chlorures de phosphore :

$$O^3\left\{\begin{matrix}(C^2H^5)^3\\H^3\end{matrix}\right. + Cl^3,P = O^3\left\{\begin{matrix}P\\H^3\end{matrix}\right. + Cl^3,(C^2H^5)^3.$$

3 mol. Hydrate d'éthyle. — Acide phosphoreux. — 3 mol. Chlorure d'éthyle.

Certains chlorures, par exemple celui de toluényle, se produisent par l'action du chlore sur les hydrures correspondants.

Les éthers chlorhydriques sont gazeux (chlorure de méthyle), liquides ou solides (chlorure de cétyle). Ils sont plus volatils que les alcools correspondants.

Ils se comportent comme les éthers composés avec une dissolution alcoolique de potasse :

$$Cl,C^2H^5 + O\left\{\begin{matrix}K\\H\end{matrix}\right. = ClK + O\left\{\begin{matrix}C^2H^5\\H\end{matrix}\right.$$

Chlorure d'éthyle. — Hydrate de potasse. — Hydrate d'éthyle.

Ils sont généralement plus stables que les éthers bromhydriques et surtout les éthers iodhydriques correspondants. Récemment préparés, ils ne précipitent pas les sels d'argent.

Lorsqu'on traite à froid par du sodium un éther chlorhydrique à radical C^nH^{2n+1}, il se produit du chlorure de sodium, et le métal de l'alcool correspondant à l'éther employé,

$$2Cl,C^8H^{17} + NaNa = 2\ ClNa + C^8H^{17},C^8H^{17}$$

Chlorure d'octyle. Octyle.

La réaction est différente si l'on opère à chaud : le sodium prend une teinte violette, se gonfle considérablement; la température s'élève, en même temps qu'il se dégage de l'hydrogène, la teinte violette disparaît, et l'on obtient finalement une masse pâteuse composée de chlorure de sodium et d'une huile qui est l'hydrure de l'aldéhyde (hydrocarbure C^nH^{2n}) correspondant à l'alcool dont on a employé le chlorure (Bouis). Ainsi, on a avec l'éther octylchlorhydrique :

$$2\ Cl,C^8H^{17} + NaNa = 2\ Cl,C^8H^{16}Na + HH$$
$$2\ Cl,C^8H^{16}Na = 2\ ClNa + C^8H^{16}$$

Matière violette. Octylène.

La même matière violette se produit aussi lorsqu'on fait agir à la fois le sodium et le chlore sur l'hydrure de l'aldéhyde correspondant à l'alcool octylique. Elle blanchit rapidement au contact de l'air, en donnant de la soude et du chlorure de sodium; l'eau, l'alcool et en général tous les liquides oxygénés la décomposent promptement.

γ. Les éthers chlorhydriques qui correspondent à la glycérine ont la composition suivante (t. III, p. 948) :

Dichlorhydrine (dichlorure de glycéryle et d'hydrogène) . . . $C^3H^6OCl^2 = Cl^2\left\{\begin{matrix}C^3H^5O\\H\end{matrix}\right.$

Épichlorhydrine (chlorure de glycéryle). . . . . $C^3H^5OCl = Cl,\ C^3H^5O$

On connaît aussi les combinaisons suivantes d'oxyde et de chlorure de glycéryle (Berthelot) :

Chlorhydrine (oxychlorure de glycéryle et d'hydrogène). . . . . . $C^3H^7O^2Cl = \begin{matrix}O\\Cl\end{matrix}\left\{\begin{matrix}C^3H^5O\\H\\H\end{matrix}\right.$

Acéto-chlorhydrine (oxychlorure de glycéryle, d'acétyle et d'hydrogène). $C^5H^9O^3Cl = \begin{matrix}O\\Cl\end{matrix}\left\{\begin{matrix}C^3H^5O\\C^2H^3O\\H\end{matrix}\right.$

Benzo-chlorhydrine (oxychlorure de glycéryle, de benzoïle et d'hydrog). $C^{10}H^{11}O^{3}Cl = \begin{matrix} O \\ Cl \end{matrix} \left\{ \begin{matrix} C^{3}H^{5}O \\ C^{7}H^{5}O \\ H \end{matrix} \right.$

Stéaro-chlorhydrine (oxychlorure de glycéryle, de stéaryle et d'hydrog.). $C^{21}H^{41}O^{3}Cl = \begin{matrix} O \\ Cl \end{matrix} \left\{ \begin{matrix} C^{3}H^{5}O \\ C^{18}H^{35}O \\ H \end{matrix} \right.$

§ 2525. CHLORURES D'ALDÉHYDES. — La substitution d'un radical d'aldéhyde (considérée comme hydrate) à l'hydrogène du type acide chlorhydrique donne les chlorures d'aldéhydes.

Ces composés sont monatomiques ou biatomiques, suivant qu'ils dérivent d'une ou de deux molécules d'acide chlorhydrique.

α. Chlorures monatomiques homologues à radical $C^{n}H^{2n-1}$:

Éthylène chloré, ou chlorure d'aldéhydène (2 vol.). . . . $C^{2}H^{3}Cl = Cl,C^{2}H^{3}$
Tritylène chloré. . . . . $C^{3}H^{5}Cl = Cl,C^{3}H^{5}$
Tétrylène chloré. . . . . $C^{4}H^{7}Cl = Cl,C^{4}H^{7}$
Nonylène chloré. . . . . $C^{9}H^{17}Cl = Cl,C^{9}H^{17}$
etc.

Ces composés se produisent par l'action de la potasse alcoolique sur les chlorures d'aldéhydes biatomiques :

$$Cl^{2}\left\{ \begin{matrix} C^{2}H^{3} \\ H \end{matrix} \right. = Cl,C^{2}H^{3} + ClH$$

Chlorure d'éthylène. — Éthylène Chloré.

Il est probable qu'on les obtiendrait aussi par le perchlorure de phosphore et les aldéhydes correspondantes [1].

Ils constituent des gaz (éthylène chloré) ou des liquides volatils sans décomposition, ne précipitant pas les sels d'argent et inattaquables par la potasse.

Soumis à l'action du chlore, ils fixent Cl^{2}, en donnant des bichlorures d'aldéhydes chloroconjuguées.

Il est à remarquer que les chlorures d'aldéhydes à radical $C^{n}H^{2n-1}$ sont isomères des éthers chlorhydriques à même radical.

β. Chlorures biatomiques homologues, ou *bichlorures* à radical $C^{n}H^{2n-1}$:

[1] On sait, du moins, que le butyral, isomère de l'aldéhyde butyrique, donne $C^{4}H^{7}Cl$ par le perchlorure de phosphore (Chancel).

Chlorure d'éthylène ou liqueur des Hollandais (2 vol.). . . . . $C^2H^4Cl^2 = Cl^2\left\{\begin{matrix}C^2H^3\\H\end{matrix}\right.$,

Chlorure de tritylène. . . . . $C^3H^6Cl^2 = Cl^2\left\{\begin{matrix}C^3H^5\\H\end{matrix}\right.$

Chlorure de tétrylène. . . . . $C^4H^8Cl^2 = Cl^2\left\{\begin{matrix}C^4H^7\\H\end{matrix}\right.$

Chlorure de nonylène ou d'élaène . $C^9H^{18}Cl^2 = Cl^2\left\{\begin{matrix}C^9H^{17}\\H\end{matrix}\right.$

etc.

Ces chlorures se forment par l'action du chlore sur les hydrures d'aldéhydes :

$$\underset{\text{Gaz oléfiant.}}{H,C^2H^3} + ClCl = \underset{\text{Liqueur des Hollandais.}}{Cl^2\left\{\begin{matrix}C^2H^3\\H\end{matrix}\right.}$$

Ce sont des liquides généralement volatils sans décomposition; ils sont d'autant moins volatils que leur poids atomique est plus élevé. Ils sont attaqués par une solution alcoolique de potasse qui les dédouble en chlorures monatomiques et en acide chlorhydrique.

Soumis à l'action du chlore, ils donnent des bichlorures chloroconjugués.

Les autres réactions de ces bichlorures d'aldéhydes sont peu connues, et n'ont été examinées que sur la liqueur des Hollandais. Traitée par un grand excès d'ammoniaque dans un tube scellé à la lampe à 150° environ, celle-ci donne un alcali à radical d'aldéhyde (Cloëz), lequel a la propriété de se transformer en aldéhyde acétique sous l'influence de l'acide nitreux (Natanson) :

$$\underset{\text{Liqueur des Hollandais.}}{Cl^2\left\{\begin{matrix}C^2H^3\\H\end{matrix}\right.} + N\left\{\begin{matrix}H\\H\\H\end{matrix}\right. = Cl^2H^2 + \underset{\text{Alcali.}}{N\left\{\begin{matrix}C^2H^3\\H\\H\end{matrix}\right.}$$

Avec le monosulfure de potassium, la liqueur des Hollandais donne un sulfure d'aldéhyde (ou son isomère) :

$$\underset{\text{Liqueur des Hollandais.}}{Cl^2\left\{\begin{matrix}C^2H^3\\H\end{matrix}\right.} + S\left\{\begin{matrix}K\\K\end{matrix}\right. = Cl^2\left\{\begin{matrix}K\\K\end{matrix}\right. + \underset{\text{Sulfure d'éthylène.}}{S\left\{\begin{matrix}C^2H^3\\H\end{matrix}\right.}$$

γ. Chlorures biatomiques homologues, ou *bichlorures* à radical C^nH^{2n-9} :

Chlorobenzol. . . . $C^7H^6Cl^2 = Cl^2\begin{cases}C^7H^5\\H\end{cases}$

Chlorocumol. . . . $C^{10}H^{12}Cl^2 = Cl^2\begin{cases}C^{10}H^{11}\\H\end{cases}$

etc.

Ces bichlorures d'aldéhydes, découverts par M. Cahours, se produisent par l'action du perchlorure de phosphore sur les aldéhydes correspondantes,

$$O\begin{cases}C^7H^5\\H\end{cases} + Cl^3,PCl^2 = Cl^2\begin{cases}C^7H^5\\H\end{cases} + Cl^3,PO$$

Essence d'am. amères. — Perchlorure de phosphore. — Chlorobenzol. — Oxychlorure de phosphore.

Ce sont des liquides volatils, plus denses que l'eau, inattaquables par la potasse caustique. D'après mes expériences, l'oxyde de mercure et l'oxyde d'argent attaquent vivement le chlorure de l'aldéhyde benzoïque (chlorobenzol) en produisant de l'aldéhyde benzoïque (essence d'amandes amères),

$$Cl^2\begin{cases}C^7H^5\\H\end{cases} + O\begin{cases}Hg\\Hg\end{cases} = Cl^2\begin{cases}Hg\\Hg\end{cases} + O\begin{cases}C^7H^5\\H\end{cases}$$

Chlorobenzol. — Essence d'amandes amères.

Traités par une dissolution alcoolique de potasse, ces bichlorures d'aldéhydes donnent des sulfures d'aldéhydes :

$$Cl^2\begin{cases}C^7H^5\\H\end{cases} + S\begin{cases}K\\K\end{cases} = Cl^2\begin{cases}K\\K\end{cases} + S\begin{cases}C^7H^5\\H\end{cases}$$

Chlorobenzol. — Sulfure de potassium. — 2 mol. Chlorure de potassium. — Sulfobenzol.

Chlorures négatifs.

§ 2526. Chlorures d'acides. — La substitution d'un radical d'acide au radical hydrogène du type acide chlorhydrique donne les chlorures d'acides.

Chaque acide oxygéné a son chlorure correspondant. A un acide monobasique correspond un chlorure *monatomique;* à un acide bibasique, un chlorure *biatomique;* à un acide tribasique, un chlorure *triatomique.*

α. Chlorures monatomiques, dérivant d'une molécule d'acide chlorhydrique et correspondant à des acides monobasiques; 2 vol. d'un semblable chlorure renferment 1 atome de radical chlore, passant à l'état de chlorure métallique dans l'action des alcalis minéraux.

Chlorures homologues à radical $C^nH^{2n-1}O$:

Chlorure d'acétyle (2 vol.). . .	C^2H^3OCl	$= Cl,C^2H^3O$
Chlorure de butyryle.	C^4H^7OCl	$= Cl,C^4H^7O$
Chlorure de valéryle.	C^5H^9OCl	$= Cl,C^5H^9O$
Chlorure de pélargyle.	$C^9H^{17}OCl$	$= Cl,C^9H^{17}O$

etc.

Chlorures divers :

Chlorure de cyanogène. . . .	$CNCl$	$= Cl,Cy$
Chlorure de benzoïle.	C^7H^5OCl	$= Cl,C^7H^5O$
Chlorure de cinnamyle. . . .	C^9H^7OCl	$= Cl,C^9H^7O$
Chlorure de salicyle.	$C^7H^5O^2Cl$	$= Cl,C^7H^5O^2$

etc.

On obtient les chlorures d'acides par l'action du perchlorure ou du protochlorure de phosphore sur les acides,

$$O\left\{\begin{matrix}C^7H^5O\\H\end{matrix}\right. + Cl^3,PCl^2 = \frac{Cl,C^7H^5O}{ClH} + Cl^3,PO;$$

Acide benzoïque. Perchlorure de phosphore. Chlorure de benzoïle, plus acide chlorhydrique. Oxychlorure de phosphore.

$$O^3\left\{\begin{matrix}(C^2H^3O)\\H,\end{matrix}\right. + Cl^3P = O^3\left\{\begin{matrix}P\\H^3\end{matrix}\right. + Cl^3,(C^2H^3O)^3;$$

3 mol. Acide acétique. Protochlorure de phosphore. Acide phosphoreux. 3 mol. Chlorure d'acétyle.

ou par l'action du protochlorure ou de l'oxychlorure de phosphore (chlorure de phosphoryle) sur les sels alcalins des acides :

$$O^3\left\{\begin{matrix}(C^2H^3O)^3\\K^3\end{matrix}\right. + Cl^3,PO = O^3\left\{\begin{matrix}PO\\K^3\end{matrix}\right. + Cl^3,(C^2H^3O)^3$$

3 mol. Acétate de potasse. Oxichlorure de phosphore. Phosphate de potasse. 3 mol. Chlorure d'acétyle.

Quelquefois on obtient aussi des chlorures d'acides par l'action du chlore sur les hydrures correspondants (aldéhydes),

$$H,C^7H^5O + ClCl = Cl,C^7H^5O + ClH$$

Hydrure de benzoïle. — Chlorure de benzoïle.

Les chlorures d'acides se présentent ordinairement sous la forme de liquides volatils et fumants; le chlorure de cyanogène est gazeux. Ils sont remarquables par la facilité avec laquelle il se transforment au contact de l'eau ou des dérivés de l'eau (alcools, alcalis, sels alcalins), et de l'ammoniaque ou des dérivés de l'ammoniaque (amides, alcalis organiques).

Au contact de l'eau, ils se transforment en acide chlorhydrique et en acide monobasique,

$$Cl,C^2H^3O + O\left\{\begin{matrix}H\\H\end{matrix}\right. = ClH + O\left\{\begin{matrix}C^2H^3O\\H\end{matrix}\right.$$

Chlorure d'acétyle. — Acide acétique.

Avec les alcalis minéraux, ils se comportent d'une manière semblable,

$$Cl,C^2H^7O + O\left\{\begin{matrix}K\\K\end{matrix}\right. = ClK + O\left\{\begin{matrix}C^2H^3O\\K\end{matrix}\right.$$

Chlorure d'acétyle. — Acétate de potasse.

Avec les alcools, ils donnent des éthers composés,

$$Cl,C^2H^3O + O\left\{\begin{matrix}H\\C^2H^5\end{matrix}\right. = ClH + O\left\{\begin{matrix}C^2H^3O\\C^2H^5\end{matrix}\right.$$

Chlor. d'acétyle. — Alcool. — Acétate d'éthyle.

Avec les sels à base d'alcali, ils produisent des acides anhydres :

$$Cl,C^2H^3O + O\left\{\begin{matrix}K\\C^2H^3O\end{matrix}\right. = ClK + O\left\{\begin{matrix}C^2H^3O\\C^2H^3O\end{matrix}\right.$$

Chlor. d'acétyle. — Acétate de potasse. — Acide acétique anhydre.

$$Cl,C^2H^3O + O\left\{\begin{matrix}K\\C^7H^5O\end{matrix}\right. = ClK + O\left\{\begin{matrix}C^2H^3O\\C^7H^5O\end{matrix}\right.$$

Chlor. d'acétyle. — Benzoate de potasse. — Ac. acétobenzoïq. anhydre.

Avec l'ammoniaque (ou le carbonate d'ammoniaque), ils donnent des amides primaires,

$$Cl,C^7H^5O + N\left\{\begin{matrix}H\\H\\H\end{matrix}\right. = ClH + N\left\{\begin{matrix}C^7H^5O\\H\\H\end{matrix}\right.$$

Chlorure de benzoïle. — Benzamide.

Avec les alcalis organiques, ils donnent des alcalamides :

$$Cl,C^7H^5O + N\begin{cases}C^6H^5\\H\\H\end{cases} = ClH + N\begin{cases}C^6H^5\\C^7H^5O\\H\end{cases}$$

Chlorure de benzoïle. Aniline. Benzanilide.

Avec les amides primaires, ils donnent des amides secondaires :

$$Cl,C^7H^5O + N\begin{cases}C^7H^5O^2\\H\\H\end{cases} = ClH + N\begin{cases}C^7H^5O^2\\C^7H^5O\\H\end{cases}$$

Chlorure de benzoïle. Salicyl-amide. Benzoïl-salicyl-amide.

β. Chlorures biatomiques, ou *dichlorures*, dérivant de deux molécules d'acide chlorhydrique, et correspondant aux acides bibasiques ; 2 vol. d'un semblable dichlorure renferment 2 atomes de radical chlore, passant à l'état de chlorure métallique dans l'action des alcalis minéraux.

Dichlorures négatifs divers :

Chlorure de carbonyle, ou oxychlorure de carbone . $COCl^2 = Cl^2,CO$

Chlorure de succinyle. . . $C^4H^4O^2Cl^2 = Cl^2,C^4H^4O^2$

Chlorure de pyrocitryle. . $C^5H^4O^2Cl^2 = Cl^2,C^5H^4O^2$.

On obtient de semblables dichlorures organiques par l'action du perchlorure de phosphore sur les anhydrides des acides organiques bibasiques:

$$O,C^4H^4O^2 + Cl^3,PCl^2 = Cl^2,C^4H^4O^2 + Cl^3,PO$$

Ac. succiniq. anhydre. Perchlorure de phosphore. Chlorure de succinyle. Oxychlorure de phosphore.

Les dichlorures négatifs ressemblent beaucoup aux monochlorures, et se comportent comme eux avec les réactifs. Considérés à l'état de vapeur, les dichlorures se trouvent contenir une quantité de chlore double de celle contenue dans le même volume d'un monochlorure :

2 vol. de chlorure de benzoïle. . $= Cl,C^7H^5O$.

2 vol. de chlorure de carbonyle. $= Cl^2,CO$.

Parmi les composés minéraux, on peut compter les suivants dans les dichlorures :

Chlorure de sulfuryle, ou acide chlorosulfureux. . . . . $SO^2Cl^2 = Cl^2,SO^2$.

Chlorure de chromyle, ou acide chloro-
chromique. . . . . $Cr^2O^2Cl^2 = Cl^2,Cr^2O^2$

γ. Chlorures triatomiques, ou *trichlorures*, dérivant de trois molécules d'acide chlorhydrique et correspondant aux acides tribasiques; 2 vol. d'un semblable trichlorure renferment 3 atomes de radical chlore, passant à l'état de chlorure métallique dans l'action des alcalis minéraux. Le seul trichlorure d'acide organique qu'on connaisse, c'est le chlorure de cyanogène solide :

Chlorure de cyanogène solide (ou
de cyanuryle). . . . . $C^3Cl^3N^3 = Cl^3Cy^3$.

Il se transforme, par les alcalis, en cyanurate, et se comporte avec les autres réactifs à la manière des monochlorures et des dichlorures négatifs.

Les composés minéraux suivants représentent des trichlorures d'acides à radicaux triatomiques :

Chlorure de phosphore (protochlor.). $PCl^3 = Cl^3P$
Chlorure de phosphoryle (oxychlorure de phosphore). . . . . $POCl^3 = Cl^3,PO$
Chlorure de sulfophosphoryle (sulfochlorure de phosphore). . . . . $PSCl^3 = Cl^3,PS$
Chlorure de bore . . . . $BCl^3 = Cl^3,B$

A l'état de vapeur, les trichlorures renferment une quantité de chlore triple de celle qui est contenue dans un même volume de monochlorure :

2 vol. de chlorure de benzoïle. . . Cl,C^7H^5O
2 vol. de chlorure de phosphoryle. Cl^3,PO

§ 2527. *Chlorures d'acides conjugués.* — Aux acides à radicaux chloroconjugués, nitroconjugués et sulfoconjugués (§ 2484) correspondent des chlorures entièrement semblables, pour le mode de formation et les caractères, aux chlorures des acides à radicaux normaux :

Chlorure de trichloracétyle,
ou aldéhyde perchloré . . $C^2Cl^4O = Cl,C^2(Cl^3)O$
Chlorure de chlorobenzoïle. $C^7H^4Cl^2O = Cl,C^7H^4(Cl)O$
Chlorure de nitrobenzoïle . $C^7H^4ClNO^3 = Cl,C^7H^4(NO^2)O$
Chlorure de sulfophényle. . $C^6H^5ClSO^2 = Cl,C^6H^5(SO^2)$;
etc.

Ces chlorures s'obtiennent généralement par l'action du perchlorure de phosphore sur les acides conjugués, ou par celle de l'oxychlorure de phosphore sur les sels à base de métal alcalin de ces acides.

Sous l'influence des bases alcalines, ils donnent du chlorure et du sel à métal alcalin de l'acide conjugué correspondant. Ils se comportent, d'ailleurs, avec les autres réactifs, comme les chlorures des acides normaux.

Les acides amidés et alcalamidés ont aussi leurs chlorures : M. Pebal a obtenu, le premier, le

Chlorure de phényl-aconityl-ammonium, ou chlorure de l'acide aconitanilique . . . $C^{12}H^{8}NClO^{3} = Cl,N(C^{6}H^{3}O^{3})(C^{6}H^{5})$.

B. Bromures.

§ 2528. Les *bromures*, ou dérivés du type acide chlorhydrique par la substitution du radical brome au chlore et d'autres radicaux à l'hydrogène, se subdivisent, comme les chlorures, en :

I. *Bromures positifs.*	*Bromures de bases*, à radicaux simples ou conjugués. *Bromures d'alcools*, ou éthers bromhydriques ; *Bromures d'aldéhydes.*
II. *Bromures négatifs.*	*Bromures d'acides.*

Ces composés ont des caractères entièrement analogues à ceux des chlorures correspondants.

Bromures positifs.

§ 2529. Bromures de bases. — Ils se comportent comme les chlorures de bases, et ont la même composition.

Les *bromures de bases conjuguées* offrent des caractères semblables à ceux des chlorures cités plus haut (§ 2520), et s'obtiennent par les mêmes procédés.

§ 2530. Bromures d'alcools, ou *Éthers bromhydriques.* — La substitution du radical brome au chlore des chlorures d'alcools donne les bromures correspondants.

Ces composés se produisent par l'acide bromhydrique et les alcools, ou par le bromure de phosphore et les alcools. Ils sont moins ovlatils que les éthers chlorhydriques, leur ressemblent par les autres caractères physiques, et se comportent comme eux sous l'influence des réactifs.

§ 2531. BROMURES D'ALDÉHYDES. — La substitution du radical brome au chlore des chlorures d'aldéhydes donne les bromures correspondants.

Les bromures d'aldéhydes s'obtiennent avec le brome et les hydrures d'aldéhydes, et ressemblent aux chlorures d'aldéhydes; toutefois ils sont moins volatils. On connaît des bromures monatomiques et des bromures biatomiques (bibromures).

α. Bromures monatomiques à radical C^nH^{2n-1} :

Ethyl. bromé, ou bromure d'aldéhydène.	C^2H^3Br	$= Br,C^2H^3$
Tritylène bromé.	C^3H^5Br	$= Br,C^3H^5$
Tétrylène bromé.	C^4H^7Br	$= Br,C^4H^7$
Amylène bromé.	C^5H^9Br	$= Br,C^5H^9$.

Liquides volatils qu'on obtient par les bromures biatomiques et la potasse alcoolique.

β. Bromures biatomiques homologues à radical C^nH^{2n-1}.

Bromure d'éthylène . . .	$C^2H^4Br^2$	$= Br^2\begin{cases}C^2H^3\\H\end{cases}$
Bromure de tritylène. . .	$C^3H^6Br^2$	$= Br^2\begin{cases}C^3H^5\\H\end{cases}$
Bromure de tétrylène. . .	$C^4H^8Br^2$	$= Br^2\begin{cases}C^4H^7\\H\end{cases}$
Bromure d'amylène. . . .	$C^5H^{10}Br^2$	$= Br^2\begin{cases}C^5H^9\\H\end{cases}$

Ces bibromures se produisent par l'action directe du brome sur les hydrures d'aldéhydes α. Ce sont des liquides volatils que la potasse alcoolique dédouble en acide bromhydrique et en bromures monatomiques. Ils sont d'autant moins volatils que leur poids atomique est plus élevé.

Bromures négatifs.

§ 2532. BROMURES D'ACIDES. — La substitution du radical brome au chlore et d'un radical négatif à l'hydrogène, dans le type acide chlorhydrique, donne les bromures d'acides. Ces corps prennent naissance par l'action des chlorures d'acides sur certains bromures métalliques; on les obtient aussi avec les acides et le perbromure de phosphore. Ils possèdent des caractères semblables à ceux des chlorures d'acides.

Bromure de cyanogène. . . $CNBr = Br,Cy$

Bromure de benzoïle . . . . $C^7H^5BrO = Br,C^7H^5O$

Les alcalis minéraux transforment ces bromures d'acides en bromures métalliques et en sels oxygénés (cyanate, benzoate).

C. Iodures.

§ 2533. Les *iodures*, ou dérivés du type acide chlorhydrique par la substitution du radical iode au chlore et d'autres radicaux à l'hydrogène, se subdivisent, comme les chlorures et les bromures, en :

I. *Iodures positifs.*
- *Iodures de bases*, à radicaux simples ou conjugués.
- *Iodures d'alcools*, ou éthers iodhydriques.
- *Iodures d'aldéhydes.*

II. *Iodures négatifs.*
- *Iodures d'acides.*

Les iodures ressemblent, par leurs caractères, aux bromures et aux chlorures correspondants.

Iodures positifs.

§ 2534. Iodures de bases. — Ils ont la même composition que les chlorures et les bromures correspondants.

§ 2535. *Iodures de bases conjuguées.* — Ils correspondent aux chlorures conjugués (§ 2520), et ont une composition semblable. Ils s'obtiennent soit par l'acide iodhydrique et les bases conjuguées ou les sels correspondants (§ 2466),

$$\underset{\text{Oxyde de cacodyle.}}{O\left\{\begin{matrix}As(CH^3)^2\\As(CH^3)^2\end{matrix}\right.} + 2\,IH = O\left\{\begin{matrix}H\\H\end{matrix}\right. + \underset{\text{Iodure de cacodyle.}}{2\,I,As(CH)^2};$$

soit par l'iode et les arséniures ou antimoniures, etc., d'alcools,

$$\underset{\text{Arséniure d'éthyle.}}{As(C^2H^5)^3} + I\,I = \underset{\text{Iodure d'arsénéthyle.}}{I^2,As(C^2H^5)^3};$$

soit par la réaction de certains métaux avec les iodures d'alcools, au soleil ou sous l'influence d'une chaleur élevée,

$$\underset{\text{Iodure d'éthyle.}}{I,C^2H^5} + HgHg = \underset{\text{Iodure de mercuréthyle.}}{I,Hg^2(C^2H^5)};$$

soit enfin par la réaction des iodures d'alcools avec les azotures, phosphures, arséniures ou antimoniures d'alcools,

$$I,C^2H^5 + N(C^2H^5)^3 = I,N(C^2H^5)^4,$$

Iodure d'éthyle. Azoture d'éthyle. (triéthylamine). Iodure de tétréthyl-ammonium.

$$I,C^2H^5 + P(C^2H^5)^3 = I,P(C^2H^5)^4,$$

Iodure d'éthyle. Phosphure d'éthyle. Iodure de tétra-phosphéthyl-ammonium.

$$I,C^2H^5 + As(C^2H^5)^3 = I,As(C^2H^5)^4,$$

Iodure d'éthyle. Arséniure d'éthyle. Iodure d'arsénéthylium.

$$I,C^2H^5 + Sb(C^2H^5)^3 = I,Sb(C^2H^5)^4,$$

Iodure d'éthyle. Antimoniure d'éthyle. Iodure de stibéthylium.

Les iodures de bases conjuguées constituent des liquides plus pesants que l'eau (iodures de cacodyle, éthyl-cacodyle) ou des cristaux, solubles dans l'eau et l'alcool, et précipitant immédiatement les sels d'argent.

On s'en sert fréquemment pour obtenir par double décomposition d'autres composés à radicaux éthylo-métalliques.

L'iodure de mercuricum donne, avec les alcalis organiques, des combinaisons (*iodomercurates*) semblables aux chloromercurates (§ 2521). Ainsi on a avec la nicotine :

Iodomercurate de nicotine. $C^{10}H^{14}N^2,2(HI,HgI) = I^4 \left\{ \begin{array}{l} N(C^5H^7)H \\ N(C^5H^7)H \\ Hg^2 \end{array} \right.$

Iodure de nicotyl-ammonium et de mercure.

§ 2536. Iodures d'alcools, ou *Éthers iodhydriques*. — La substitution du radical iode au chlore des chlorures d'alcools donne les iodures correspondants.

Ces composés se produisent par l'acide iodhydrique et les alcools, ou par l'iodure de phosphore et les alcools. Ils sont moins volatils que les éthers chlorhydriques.

Ils sont aussi moins stables ; quelquefois ils se décomposent déjà sous l'influence de la lumière:

$$I,C^2H^5 + I,C^2H^5 = C^2H^5,C^2H^5 + I\,I.$$

Iodure d'éthyle. Iodure d'éthyle. Ethylure d'éthyle.

Ils se comportent avec les alcalis minéraux comme les éthers chlorhydriques et comme les éthers composés.

La facilité avec laquelle les éthers iodhydriques s'attaquent par les réactifs les rend particulièrement propres à la préparation, par double décomposition, d'autres combinaisons ; ainsi on a, par le zinc, à chaud et dans un tube scellé à la lampe,

$$\underset{\text{Iodure d'éthyle,}}{2\,I,C^2H^5} + ZnZn = 2\,IZn + \underset{\text{Ethylure d'éthyle.}}{C^2H^5,C^2H^5};$$

par les alcools potassés,

$$\underset{\text{Iodure d'éthyle.}}{I,C^2H^5} + \underset{\text{Oxyde d'éthyle et de potassium.}}{O\left\{\begin{matrix}K\\C^2H^5\end{matrix}\right.} = IK + O\left\{\begin{matrix}C^2H^5\\C^2H^5\end{matrix}\right.;$$

par les sels d'argent des acides,

$$\underset{\text{Iodure d'éthyle.}}{I,C^2H^5} + \underset{\text{Oxyde d'argent et d'acétyle (acétate d'argent).}}{O\left\{\begin{matrix}Ag\\C^2H^3O\end{matrix}\right.} = IAg + \underset{\text{Oxyde d'éthyle et d'acétyle (éther acétique).}}{O\left\{\begin{matrix}C^2H^5\\C^2H^3O\end{matrix}\right.}$$

par l'ammoniaque,

$$\underset{\text{Iodure d'éthyle.}}{I,C^2H^5} + N\left\{\begin{matrix}H\\H\\H\end{matrix}\right. = IH + \underset{\text{Azoture d'éthyle et d'hydrogène (éthylamine).}}{N\left\{\begin{matrix}C^2H^5\\H\\H\end{matrix}\right.}$$

Chauffés ou exposés au soleil avec du mercure, de l'étain, de l'arsenic, etc., les éthers iodhydriques produisent des iodures de bases conjuguées (§ 2535).

§ 2537. Iodures d'aldéhydes. — La substitution du radical iode au radical chlore des chlorures d'aldéhydes donne les iodures correspondants.

Ces composés, fort peu connus, sont monatomiques ou biatomiques. L'iodure d'aldéhydène est un iodure d'aldéhyde à radical C^nH^{2n-1} :

Iodure de l'aldéhyde acétique ou d'acétosum. $C^2H^3I = I,C^2H^3$.

L'action directe de l'iode sur le gaz oléfiant, qui représente un hydrure d'aldéhyde, donne un iodure d'aldéhyde biatomique :

Iodure d'éthylène. . . . $C^2H^4I^2 = I^2\left\{\begin{matrix}C^2H^3\\H\end{matrix}\right.$

Ce composé se dédouble, par la potasse alcoolique, en iodure monatomique et en acide iodhydrique.

Il est à remarquer que les iodures d'aldéhydes à radical C^nH^{2n-1}

sont isomères des éthers iodhydriques à même radical; peut-être même ces deux espèces d'iodures sont-elles identiques. L'iodure d'allyle C^3H^5I présente, en effet, la même composition que l'iodure correspondant à l'aldéhyde propionique.

Iodures négatifs.

§ 2538. Iodures d'acides. — La substitution du radical iode au chlore et d'un radical négatif à l'hydrogène, dans le type acide chlorhydrique, donne les iodures d'acides. Ces composés se produisent par l'action des chlorures d'acides sur les iodures de certains métaux :

$$\underset{\text{Chlorure de benzoïle.}}{Cl, C^7H^5O} + IK = ClK + \underset{\text{Iodure de benzoïle.}}{I, C^7H^5O}.$$

Les iodures d'acides possèdent des caractères semblables aux chlorures d'acides, seulement ils sont bien plus altérables.

On obtiendrait probablement aussi les iodures négatifs par la réaction des acides correspondants, de l'iode et du phosphore.

D. Fluorures.

§ 2539. Les *fluorures* ou dérivés du type acide chlorhydrique par la substitution du radical fluor au chlore et d'autres radicaux à l'hydrogène se subdivisent, comme les chlorures, les bromures et les iodures, en *fluorures positifs* (fluorures de bases et d'alcools), et en *fluorures négatifs* (fluorures d'acides).

Parmi les combinaisons organiques, on connaît à peine un ou deux fluorures d'alcools ou éthers fluorhydriques.

E. Cyanures[1].

§ 2540. Les *cyanures*, ou dérivés du type acide chlorhydrique par la substitution du radical cyanogène au chlore et d'autres radicaux à l'hydrogène, se subdivisent en :

I. *Cyanures positifs*
- *Cyanures de bases*, ou cyanures proprement dits.
- *Cyanures d'alcools*, éthers cyanhydriques ou nitriles.

II. *Cyanures négatifs* ou *cyanures d'acides.*

[1] On pourrait aussi classer les cyanures dans le type hydrogène.

Cyanures positifs.

§ 2541. CYANURES DE BASES. — Ils ont la même composition que les chlorures, bromures et iodures correspondants.

Ils peuvent se combiner entre eux et produire un grand nombre de cyanures multiples ou polycyanures (§ 169).

§ 2542. CYANURES D'ALCOOLS ou *éthers cyanhydriques.* — Ces corps, désignés quelquefois sous le nom de *nitriles*, dérivent du type acide chlorhydrique par la substitution du radical cyanogène au chlore et d'un radical d'alcool à l'hydrogène. M. Pelouze a décrit, en 1834, le premier éther cyanhydrique ; M. Fehling a obtenu, en 1844, un semblable corps (benzonitrile) par la distillation d'un sel d'ammoniaque ; plus récemment, en 1847, MM. Dumas, Malaguti et Leblanc, ainsi que MM. Frankland et Kolbe, ont mis en évidence l'identité des éthers cyanhydriques qu'on obtient avec les alcools, et des produits qui se forment par la déshydratation des sels ammoniacaux.

α. Cyanures homologues à radical C^nH^{2n+1} :

Cyanure de méthyle, ou acétonitrile. $C^2H^3N = Cy, C H^3$

Cyanure d'éthyle, ou propionitrile. . $C^3H^5N = Cy, C^2H^5$

Cyanure de tétryle ou valéronitrile. . $C^5H^9N = Cy, C^4H^9$ etc.

β. Cyanures homologues à radical C^nH^{2n-7} :

Cyanure de phényle, ou benzonitrile. . . . . $C^7H^5N = Cy, C^6H^5$

Cyanure de cuményle, ou cumonitrile. . . . . $C^{10}H^{11}N = Cy, C^9H^{11}$, etc.

On obtient les éthers cyanhydriques soit par double décomposition, en distillant du cyanure de potassium avec un éthyl-sulfate (ou avec un sel homologue),

$$O^2\left\{\begin{matrix}SO^2\\ C^2H^5\\ K\end{matrix}\right. + CyK = O^2\left\{\begin{matrix}SO\\ K\\ K\end{matrix}\right. + Cy, C^2H^5;$$

Ethyl-sulfate de potasse. Cyan. de potass. Sulfate de potasse. Cyanure d'éthyle.

soit par l'action de la chaleur ou de l'acide phosphorique anhydre sur les sels ammoniacaux, formés par les acides homologues à radical C^nH^{2n-1} et C^nH^{2n-7} :

$$O\left\{\begin{matrix}C^2H^3O\\NH\end{matrix}\right. - 2\,H^2O = Cy,\ CH^3;$$

Acétate d'ammoniaque. — Cyanure de méthyle.

$$O\left\{\begin{matrix}C^3H^5O\\NH^4\end{matrix}\right. - 2\,H^2O = Cy,\ C^2H^5;$$

Propionate d'ammoniaque. — Cyanure d'éthyle.

$$O\left\{\begin{matrix}C^7H^5O\\NH^4\end{matrix}\right. - 2\,H^2O = Cy,\ C^6H^5.$$

Benzoate d'ammoniaque. — Cyanure de phényle.

Cette dernière méthode a permis d'obtenir des cyanures correspondant à des alcools qui n'ont pas encore été isolés.

Les éthers cyanhydriques constituent généralement des liquides volatils dont l'odeur rappelle celle de l'acide cyanhydrique. Traités par les acides ou les alcalis concentrés, ils fixent de l'eau et régénèrent les sels ammoniacaux d'où ils résultent. Cette métamorphose est semblable à celle que l'acide cyanhydrique est susceptible d'éprouver lui-même (§ 200) : en effet, sous l'influence des alcalis, le cyanure d'hydrogène se transforme en ammoniaque et en formiate alcalin; dans les mêmes circonstances, le cyanure de méthyle donnera de l'ammoniaque et un formiate alcalin dans lequel l'hydrogène sera remplacé par du méthyle, c'est-à-dire de l'acétate alcalin, etc.

$$CyH + O\left\{\begin{matrix}H\\K\end{matrix}\right. + H^2O = O\left\{\begin{matrix}CHO\\K\end{matrix}\right. + NH^3;$$

Cyanure d'hydrog. — Formiate de potasse.

$$Cy,\ CH^3 + O\left\{\begin{matrix}H\\K\end{matrix}\right. + H^2O = O\left\{\begin{matrix}C(CH^3)O\\K\end{matrix}\right. + NH^3;$$

Cyanure de méthyle. — Méthyl-formiate ou acétate de potasse.

$$Cy,\ C^2H^5 + O\left\{\begin{matrix}H\\K\end{matrix}\right. + H^2O = O\left\{\begin{matrix}C(C^2H^5)O\\K\end{matrix}\right. + NH^3.$$

Cyanure d'éthyle. — Éthyl-formiate ou propionate de potasse.

On n'a pas encore pu obtenir les alcools à l'aide de leurs cyanures.

§ 2543. Comme *éthers cyanhydriques conjugués*, on connaît les corps suivants :

Cyanure de trichloro-méthyle
ou chloracéto-nitrile. . . . $C^2Cl^3N = Cy, C\,Cl^3$,
Cyanure de nitrophényle, ou
nitrobenzonitrile. . . . . . $C^7H^4N^2O^2 = Cy, C^6H^4(NO^2)$.

Le premier corps donne, par la potasse bouillante, du trichloracétate, le second du nitrobenzoate.

Cyanures négatifs.

§ 2544. Cyanures d'acides. — La substitution du radical cyanogène au chlore et d'un radical négatif à l'hydrogène, dans le type acide chlorhydrique, donne les cyanures d'acides.

Ces composés prennent naissance par l'action des chlorures d'acides sur certains cyanures métalliques.

$$\underset{\text{Chlorure de benzoïle.}}{Cl, C^7H^5O} + CyHg = ClHg + \underset{\text{Cyanure de benzoïle.}}{Cy, C^7H^5O}.$$

Ils possèdent des caractères semblables à ceux des chlorures d'acides.

Le cyanogène libre (cyanure de l'acide cyanique) est à compter parmi les cyanures négatifs, car il se comporte, avec les alcalis, comme le chlorure, le bromure et l'iodure de cyanogène :

$$\underset{\text{Cyanogène libre.}}{CyCy} + O\left\{\begin{matrix}K\\K\end{matrix}\right. = \underset{\text{Cyanure de potassium.}}{CyK} + \underset{\text{Cyanate de potasse.}}{O\left\{\begin{matrix}Cy\\K\end{matrix}\right.}$$

$$\underset{\text{Chlorure de cyanogène.}}{ClCy} + O\left\{\begin{matrix}K\\K\end{matrix}\right. = \underset{\text{Chlorure de potassium.}}{ClK} + \underset{\text{Cyanate de potasse.}}{O\left\{\begin{matrix}Cy,\\K\end{matrix}\right.}$$

$$\underset{\text{Bromure de cyanogène.}}{BrCy} + O\left\{\begin{matrix}K\\K\end{matrix}\right. = \underset{\text{Bromure de potassium.}}{BrK} + \underset{\text{Cyanate de potasse.}}{O\left\{\begin{matrix}Cy\\K\end{matrix}\right.}$$

On obtiendra sans doute du cyanogène en traitant un cyanure métallique par du chlorure de cyanogène.

Par analogie, le chlore, le brome et l'iode libres rentrent évidemment aussi dans la classe des chlorures, bromures et iodures négatifs :

$$\underset{\text{Chlore libre.}}{ClCl} + O\left\{\begin{matrix}K\\K\end{matrix}\right. = \underset{\text{Chlorure de potassium.}}{ClK} + \underset{\text{Hypochlorite de potasse.}}{O\left\{\begin{matrix}Cl\\K.\end{matrix}\right.}$$

TYPE AMMONIAQUE.

A. Azotures.

§ 2545. Les *azotures*, ou dérivés du type ammoniaque par la substitution de l'hydrogène, sont *primaires*, *secondaires* ou *tertiaires*, suivant que cette substitution porte sur 1 atome, sur 2 atomes ou sur 3 atomes d'hydrogène. Ils peuvent se subdiviser de la manière suivante :

- I. *Azotures positifs.*
  - *Azotures de bases.*
    - Dérivés primaires.
    - Dérivés secondaires.
    - Dérivés tertiaires.
  - *Azotures d'alcools.*
    - Dérivés primaires, ou *alcalis amidés*.
    - Dérivés secondaires, ou *alcalis imidés*.
    - Dérivés tertiaires, ou *alcalis nitrilés*.
  - *Azotures d'aldéhydes.*
    - Dérivés primaires.
    - Dérivés secondaires.
    - Dérivés tertiaires.

Appendice : *Azotures indéterminés* (alcalis végétaux, etc.).

- II. *Azotures négatifs.*
  - *Azotures d'acides.*
    - Dérivés primaires, ou *amides* primaires.
    - Dérivés secondaires, ou *amides* secondaires.
    - Dérivés tertiaires, ou *amides* tertiaires.
- III. *Azotures intermédiaires.*
  - *Sels d'amides.*
  - *Alcalamides.*

Les *azotures positifs* sont ceux dans lesquels un radical de base, d'alcool ou d'aldéhyde est substitué à l'hydrogène du type ammoniaque. Ils comprennent en général les *alcalis organiques*. Ces corps se distinguent par la propriété, qu'ils partagent avec l'ammoniaque, de s'unir directement aux acides pour former des sels, susceptibles du double échange dans les conditions ordinaires, à la manière des sels qu'on obtient avec les acides et les bases métalliques :

$$N\begin{cases}H\\H\\H\end{cases} + O\begin{cases}NO^2\\H\end{cases} = O\begin{cases}NO^2\\NH^4;\end{cases}$$

Ammoniaque. Acide nitrique. Nitrate d'ammoniaque ou d'ammonium.

$$N\begin{cases}C^2H^5\\H\\H\end{cases} + O\begin{cases}NO^2\\H\end{cases} = O\begin{cases}NO^2\\N(C^2H^5)H^3.\end{cases}$$

Éthylamine. Acide nitrique. Nitrate d'éthylamine ou d'éthyl-ammonium.

Aussi un alcali organique, joint aux éléments de l'eau, représente toujours un oxyde basique (une *base amidée* ou *ammoniée*, § 2467, dérivant de l'hydrate d'ammonium), capable de faire la double décomposition avec les acides pour former des sels :

$$N\begin{cases}H\\H\\H\end{cases} + O\begin{cases}H\\H\end{cases} = O\begin{cases}H\\NH^4;\end{cases}$$

Ammoniaque. Hydrate d'ammonium.

$$N\begin{cases}C^2H^5\\H\\H\end{cases} + O\begin{cases}H\\H\end{cases} = O\begin{cases}H\\N(C^2H^5)H^3.\end{cases}$$

Ethylamine. Hydrate d'éthyl-ammonium.

On connaît d'ailleurs plusieurs semblables oxydes basiques, correspondant à des azotures positifs, tels que la platinamine ou hydrate de platin-ammonium, l'hydrate de tétréthyl-ammonium, etc. :

$$O\begin{cases}H\\Npt^2H^2;\end{cases}$$

Hydrate de platin-ammonium.

$$O\begin{cases}H\\N(C^2H^5)^4.\end{cases}$$

Hydrate de tétréthyl-ammonium.

$$O\begin{cases}NO^2\\Npt^2H^2;\end{cases}$$

Nitrate de platin-ammonium.

$$O\begin{cases}NO^2\\N(C^2H^5)^4.\end{cases}$$

Nitrate de tétréthyl-ammonium.

Les *azotures négatifs* sont ceux dans lesquels un radical d'acide est substitué à l'hydrogène du type ammoniaque. Ils comprennent les corps qu'on désigne ordinairement sous le nom d'*amides* : tantôt ces amides se combinent avec les acides à la manière des alcalis, tantôt elles ne se combinent pas avec les acides; le plus souvent elles sont susceptibles d'échanger 1 atome d'hydrogène pour le radical des bases métalliques (oxydes de mercure, d'argent, de cuivre) et de former ainsi des sels d'amides (§ 2561).

Plusieurs amides peuvent même fixer les éléments de l'eau, pour donner des oxydes acides (*acides amidés*, dérivant de l'hydrate d'ammonium), capables de faire la double décomposition avec les bases pour former des sels oxygénés :

$$O\left\{\begin{array}{l}H\\ N(C^4H^4O^2)H^2\end{array}\right. ; \qquad O\left\{\begin{array}{l}Ag\\ N(C^4H^4O^2)H^2.\end{array}\right.$$

Hydrate de succinyl-ammonium, ou acide succinamique. — Succinamate d'argent.

Les *azotures intermédiaires* sont ceux dans lesquels à la fois un radical de base, d'alcool ou d'aldéhyde, et un radical d'acide se trouvent substitués à l'hydrogène du type ammoniaque. Ils comprennent les sels d'amides et les alcalamides (par exemple, la benzanilide).

Azotures positifs.

§ 2546. Azotures de bases. — La substitution d'un radical de base à l'hydrogène du type ammoniaque donne les azotures de bases.

Ces combinaisons sont évidemment à la potasse, à la soude, à l'oxyde de mercure, et en général aux bases métalliques, ce que les amides sont à leurs acides respectifs. Voici celles qui ont été analysées :

Azoture de potassium et d'hydrogène, dit amidure de potassium. $N\left\{\begin{array}{l}K\\ H\\ H\end{array}\right.$

Azoture de potassium (substance vert-olive par l'action de la chaleur sur l'amidure). . . . . . . $N\left\{\begin{array}{l}K\\ K\\ K\end{array}\right.$

Azoture de sodium et d'hydrogène. . . . . $N\left\{\begin{matrix}Na\\H\\H\end{matrix}\right.$

Azoture de cuivre (cuprosum). . . . . $N\left\{\begin{matrix}Cu^2\\Cu^2\\Cu^2\end{matrix}\right.$

Azoture de mercure (mercuricum). . . . . $N\left\{\begin{matrix}Hg\\Hg\\Hg.\end{matrix}\right.$

(L'or et l'argent fulminants constituent aussi de semblables azotures.)

Ces azotures se produisent par la réaction de l'ammoniaque et des métaux ou des oxydes correspondants.

Traités par l'eau ou par les acides, ils donnent toujours de l'ammoniaque comme les amides. (L'azoture de cuivre donne, par les acides étendus, un sel cuivreux et un sel d'ammoniaque; l'azoture de mercure se dissout dans l'acide nitrique en donnant du nitrate d'ammoniaque et de mercure.)

§ 2547. Azotures d'alcools. — La substitution d'un radical d'alcool à l'hydrogène du type ammoniaque donne plusieurs séries d'*alcalis volatils* qui représentent les azotures d'alcools.

Suivant que la substitution porte sur un, sur deux ou sur trois atomes d'hydrogène, on peut distinguer ces corps en alcalis primaires, secondaires et tertiaires.

α. *Alcalis primaires*, ou bases amidées de M. Hofmann. Ils représentent une molécule d'ammoniaque dont 1 atome d'hydrogène est remplacé par le radical d'alcool. Voici les deux principales séries homologues :

Alcalis primaires homologues à radical C^nH^{2n+1}, correspondant aux alcools de la série α :

Méthylamine, ou azoture de méthyle et d'hydrogène. . . . . $CH^5N = N\left\{\begin{matrix}CH^3\\H\\H\end{matrix}\right.$

Éthylamine, ou azoture d'éthyle et d'hydrogène. . . . . $C^2H^7N = N\left\{\begin{matrix}C^2H^5\\H\\H\end{matrix}\right.$

Tritylamine (propylamine), ou azoture de trityle et d'hydrogène. . . . . . $C^3H^9N = N\left\{\begin{matrix}C^3H^7\\H\\H\end{matrix}\right.$

Tétrylamine (butylamine), ou azoture de tétryle et d'hydrogène. . . . . . $C^4H^{11}N = N\begin{cases}C^4H^9\\H\\H\end{cases}$

Amylamine, ou azoture d'amyle et et d'hydrogène. . . . . $C^5H^{13}N = N\begin{cases}C^5H^{11}\\H\\H\end{cases}$

etc.

Alcalis primaires homologues à radical C^nH^{2n-7}, correspondant aux alcools de la série δ :

Aniline (phénylamine), ou azoture de phényle et d'hydrogène. . . . . . . $C^6H^7N = N\begin{cases}C^6H^5\\H\\H\end{cases}$

Toluidine, ou azoture de toluényle et d'hydrogène. . . . . $C^7H^9N = N\begin{cases}C^7H^7\\H\\H\end{cases}$

Xylidine, ou azoture de xylényle et d'hydrogène. . . . . $C^8H^{11}N = N\begin{cases}C^8H^9\\H\\H\end{cases}$

Cumidine, ou azoture de cuményle et d'hydrogène. . . . . $C^9H^{13}N = N\begin{cases}C^9H^{11}\\H\\H\end{cases}$

etc.

Les alcalis précédents se forment : par la réaction de l'ammoniaque et des éthers iodhydriques ou bromhydriques (Hofmann) :

$$\underset{\text{Iodure de méthyle.}}{I, CH^3} + N\begin{cases}H\\H\\H\end{cases} = IH + \underset{\text{Méthylamine.}}{N\begin{cases}CH^3\\H\\H\end{cases}};$$

par l'action de la potasse sur les éthers cyaniques ou cyanuriques (Wurtz) :

$$\underset{\text{Cyanate de méthyle.}}{N\begin{cases}CO\\CH^3\end{cases}} + \underset{\text{2 mol. Hydrate de potasse.}}{O^2\begin{cases}H^2\\K^2\end{cases}} = \underset{\text{Méthylamine.}}{N\begin{cases}CH^3\\H\\H\end{cases}} + \underset{\text{Carbonate de potasse.}}{O^2\begin{cases}CO\\K^2\end{cases}};$$

$$N^3\left\{\begin{matrix}(CO)^3\\(CH^3)^3\end{matrix}\right. + O^6\left\{\begin{matrix}H^6\\K^6\end{matrix}\right. = N^3\left\{\begin{matrix}(CH^3)^3\\H^3\\H^3\end{matrix}\right. + O^6\left\{\begin{matrix}(CO)^3\\K^6;\end{matrix}\right.$$

Cyanurate de méthyle. — 6 mol. Hydrate de potasse. — 3 mol. Méthylamine. — 3 mol. Carbonate de potasse.

par l'action des sulfhydrates alcalins (Zinin), de l'acétate de fer (Béchamp), ou d'autres agents réducteurs sur certains hydrocarbures nitroconjugués :

$$C^6H^5(NO^2) + 3\,H^2S = N\left\{\begin{matrix}C^6H^5\\H\\H\end{matrix}\right. + 2\,H^2O + 3\,S.$$

Nitrobenzine. — Aniline.

On a également observé la formation de plusieurs d'entre les alcalis précédents (méthylamine, éthylamine, tétrylamine, aniline) dans la distillation sèche des matières azotées ; ainsi, on en trouve dans l'huile du goudron de houille, dans l'huile d'os ou huile animale de Dippel, etc. L'indigo donne de l'aniline par la distillation avec la potasse caustique.

Les alcalis des deux séries homologues citées présentent les caractères suivants : ils sont volatils sans décomposition, se combinent directement avec les acides à la manière de l'ammoniaque, et se séparent de leurs sels par l'addition de la potasse :

$$N\left\{\begin{matrix}CH^3\\H\\H\end{matrix}\right. + ClH = Cl, N(CH^3)H^3$$

Méthylamine. — Acide chlorhydrique. — Chlorure de méthyl-ammonium.

$$N\left\{\begin{matrix}CH^3\\H\\H\end{matrix}\right. + O\left\{\begin{matrix}NO^2\\H\end{matrix}\right. = O\left\{\begin{matrix}N(CH^3)H^3\\NO^2\end{matrix}\right.$$

Méthylamine. — Acide nitrique. — Nitrate de méthyl-ammonium.

Comme l'ammoniaque, les alcalis cités, en agissant sur les anhydrides, produisent des combinaisons semblables aux amides et aux acides amidés. De même, ils réagissent sur les éthers en formant des azotures intermédiaires et de l'alcool :

$$N^2\left\{\begin{matrix}(CH^3)^2\\H^2\\H^2\end{matrix}\right. + O^2\left\{\begin{matrix}C^2O^2\\(C^2H^5)^2\end{matrix}\right. = N^2\left\{\begin{matrix}(CH^3)^2\\C^2O^2\\H^2\end{matrix}\right. + O^2\left\{\begin{matrix}H^2\\(C^2H^5)^2.\end{matrix}\right.$$

2 mol. Méthylamine. — Oxalate d'éthyle. — Diméthyl-oxamide. — 2 mol. Alcool.

Ils sont attaqués par les chlorures d'acides, et se convertissent en azotures intermédiaires, en échangeant 1 atome d'hydrogène pour un radical d'acide :

$$N\left\{\begin{matrix}C^6H^5\\ H\\ H\end{matrix}\right. + Cl, C^7H^5O = N\left\{\begin{matrix}C^6H^5\\ C^7H^5O\\ H\end{matrix}\right. + ClH.$$

Aniline. Chlorure de benzoïle. Benzanilide.

Mis en contact avec les bromures ou les iodures d'alcools (éthers bromhydriques ou iodhydriques), ils se transforment en alcalis secondaires, en échangeant 1 atome d'hydrogène pour un radical d'alcool :

$$N\left\{\begin{matrix}CH^3\\ H\\ H\end{matrix}\right. + I, CH^3 = N\left\{\begin{matrix}CH^3\\ CH^3\\ H\end{matrix}\right. + IH.$$

Méthylamine. Iodure de méthyle. Diméthylamine.

Ils sont transformés par l'acide nitreux en éther nitreux ou en alcool, avec dégagement de gaz azote :

$$N\left\{\begin{matrix}C^2H^5\\ H\\ H\end{matrix}\right. + O^3\left\{\begin{matrix}N\\ N\end{matrix}\right. = NN + \frac{O^2\left\{\begin{matrix}C^2H^5\\ N\end{matrix}\right.}{O\left\{\begin{matrix}H\\ H\end{matrix}\right.}$$

Éthylamine. Nitrite d'éthyle, plus eau.

$$2\ N\left\{\begin{matrix}C^6H^5\\ H\\ H\end{matrix}\right. + O^3\left\{\begin{matrix}N\\ N\end{matrix}\right. = 2\ NN + \frac{O^2\left\{\begin{matrix}(C^6H^5)^2\\ H^2\end{matrix}\right.}{O\left\{\begin{matrix}H\\ H\end{matrix}\right.}$$

Aniline. 2 mol. Hydrate de phényle, plus eau.

Cette dernière réaction est entièrement semblable à celle que l'ammoniaque éprouve au contact de l'acide nitreux; on sait, en effet, que le nitrite d'ammoniaque se convertit par la chaleur en azote [1] et en eau. On a donc :

$$2\ N\left\{\begin{matrix}H\\ H\\ H\end{matrix}\right. + O^3\left\{\begin{matrix}N\\ N\end{matrix}\right. = 2\ NN + O^3\left\{\begin{matrix}H^3\\ H^3\end{matrix}\right..$$

Ammoniaque. Ac. nitreux. Azote. 3 mol. Eau.

[1] L'azote libre est l'amide de l'acide nitreux.

β. *Alcalis secondaires*, ou bases imidées de M. Hofmann. Ils représentent une molécule d'ammoniaque dont 2 atomes d'hydrogène sont remplacés par un radical d'alcool.

Alcalis secondaires homologues à radical C^nH^{2n+1} :

Diméthylamine, ou azoture de diméthyle et d'hydrogène. . . . . . . $C^2H^7N = N\left\{\begin{matrix}CH^3\\CH^3\\H\end{matrix}\right.$

Méthyl-éthylamine, ou azoture de méthyle, d'éthyle et d'hydrogène. $C^3H^9N = N\left\{\begin{matrix}CH^3\\C^2H^5\\H\end{matrix}\right.$

Diamylamine, ou azoture de diamyle et d'hydrogène. . . . . $C^{10}H^{23}N = N\left\{\begin{matrix}C^5H^{11}\\C^5H^{11}\\H\end{matrix}\right.$

etc.

Alcalis secondaires homologues à radical C^nH^{2n-7} et C^nH^{2n+1} :

Éthyl-phénylam. (éthylanil.) ou azoture de phén., d'éth. et d'hydrog. $C^8H^{11}N = N\left\{\begin{matrix}C^6H^5\\C^2H^5\\H\end{matrix}\right.$

Éthyl-toluidine, ou azoture de toluényle, d'éthyle et d'hydrogène. . . $C^9H^{13}N = N\left\{\begin{matrix}C^7H^7\\C^2H^5\\H\end{matrix}\right.$

etc.

Ces alcalis prennent naissance par l'action des éthers iodhydriques ou bromhydriques sur les alcalis primaires.

Quant aux propriétés, les alcalis secondaires présentent la plus grande analogie avec les alcalis primaires. Lorsqu'on traite les alcalis secondaires par les éthers iodhydriques, on obtient les iodures d'alcalis tertiaires.

Aux alcalis secondaires que nous avons mentionnés, il faut encore ajouter la conine et la pipéridine, deux alcalis volatils, dont la composition se représente par les formules suivantes :

Pipéridine. . . . . . $C^5H^{11}N = N\left\{\begin{matrix}C^5H^{10}\\H\end{matrix}\right.$,

Conine. . . . . $C^8H^{15}N = N\left\{\begin{matrix}C^8H^{14}\\H\end{matrix}\right.$.

Dans ces deux alcalis, le radical C^5H^{10} et le radical C^8H^{14} sont chacun l'équivalent de H^2 ; on ne connaît pas encore les relations chimiques de ces deux radicaux. (Voy. p. 748, *Azotures d'aldéhydes.*)

γ. *Alcalis tertiaires*, ou bases nitrilées. Ils représentent une molécule d'ammoniaque dont 3 atomes d'hydrogène sont remplacés par un radical d'alcool.

Alcalis tertiaires homologues à radical C^nH^{2n+1} :

Triméthylamine, ou azoture de triméthyle. . . . . $C^3H^9N = N\begin{cases}CH^3\\CH^3\\CH^3\end{cases}$

Méthyl-diéthylamine, ou azoture de méthyle et de diéthyle. . . . . . $C^5H^{13}N = N\begin{cases}CH^3\\C^2H^5\\C^2H^5\end{cases}$

Méthyl-éthyl-amylamine, ou azoture de méthyle, d'éthyle et d'amyle. . $C^8H^{19}N = N\begin{cases}CH^3\\C^2H^5\\C^5H^{11}\end{cases}$

Tricétylamine, ou azoture de tricét. $C^{48}H^{99}N = N\begin{cases}C^{16}H^{33}\\C^{16}H^{33}\\C^{16}H^{33}\end{cases}$

etc.

Alcalis tertiaires homologues à radical C^nH^{2n+1} et C^nH^{2n-7} :

Méthyl-éthyl-phénylamine, ou azot. de méthyle, d'éth. et de phényle. $C^9H^{13}N = N\begin{cases}CH^3\\C^2H^5\\C^6H^5\end{cases}$

Diéthyl-toluidine, ou azoture de diéthyle et de phényle. . . . . $C^{11}H^{17}N = N\begin{cases}C^2H^5\\C^2H^5\\C^7H^7\end{cases}$

etc.

Ces alcalis se produisent par l'action des éthers iodhydriques sur les alcalis secondaires :

$$N\begin{cases}CH^3\\CH^3\\H\end{cases} + I, CH^3 = N\begin{cases}CH^3\\CH^3\\CH^3\end{cases} + IH;$$

Diméthylamine. Iodure de méthyle. Triméthylamine.

ainsi que par la distillation des bases ammoniées (§ 2467) :

$$O\begin{cases}N(C^2H^5)^4\\H\end{cases} = N\begin{cases}C^2H^5\\C^2H^5\\C^2H^5\end{cases} + C^2H^4 + H^2O$$

Hydrate de tétréthylammonium. Triéthylamine. Éthylène.

$$\mathrm{I,N(C^2H^5)^4 = N\begin{cases}C^2H^5\\C^2H^5\\C^2H^5\end{cases} + I,C^2H^5}$$

Iodure de tétréthylammonium. Triéthylamine. Iodure d'éthyle.

Certains alcalis tertiaires se forment encore dans d'autres circonstances : on trouve de la triméthylamine dans la saumure des harengs, dans la vulvaire, etc.

Les alcalis tertiaires ressemblent beaucoup aux alcalis primaires et secondaires; cependant ils s'en distinguent en ce que, traités par les éthers iodhydriques, ils produisent l'iodure d'une base ammoniée.

C'est cette propriété qui conduit à considérer aussi comme tertiaires les alcalis homologues suivants (radical C^nH^{2n-5}, équivalent de H^3), qu'on a obtenus par la distillation sèche des matières animales :

Pyridine. . . .	C^5H^5N	$= N,C^5H^5$
Picoline.	C^6H^7N	$= N,C^6H^7$
Lutidine.	C^7H^9N	$= N,C^7H^9$
Collidine.	$C^8H^{11}N$	$= N,C^8H^{11}$
Parvoline. . . .	$C^9H^{13}N$	$= N,C^9H^{13}$.

Ces alcalis tertiaires sont isomères des alcalis primaires à radical C^nH^{2n-7}, cités page 739. On ne connaît pas les relations chimiques de leurs radicaux.

Il est aussi à remarquer que beaucoup d'alcalis, naturellement contenus dans les plantes, et qu'on a examinés jusqu'à ce jour (nicotine, strychnine, morphine, codéine, quinine, cinchonine), appartiennent à la classe des tertiaires. Ces alcalis végétaux (à part la nicotine) sont remarquables en ce qu'ils renferment des radicaux oxygénés; comme plusieurs d'entre eux renferment 2 at. d'azote, il est possible qu'il faille les classer parmi les diazotures.

§ 2548. *Azotures d'alcools conjugués.* — On connaît plusieurs azotures dont le radical d'alcool renferme du chlore, du brome, de l'iode, du platine ou du nitryle NO^2 en substitution à 1, 2 ou 3 atomes d'hydrogène, ou bien dont le radical d'alcool est associé au radical iode ou au radical cyanogène. Ces azotures conjugués se produisent soit par l'action directe du chlore, du brome, de l'iode ou du cyanogène sur les alcalis organiques, soit par la métamorphose d'autres composés chlorés, bromés ou nitrogénés. Avec les chlorures de platine, on peut obtenir les azotures platino-conjugués.

Les *azotures chloroconjugués* s'obtiennent en faisant agir le gaz chlore sur les alcalis ou en transformant certaines matières renfermant déjà un radical chloroconjugué :

Bichloréthylamine. . . $C^2H^5Cl^2N = N\left\{\begin{matrix}C^2H^3(Cl^2)\\ H\\ H\end{matrix}\right.$

Chloraniline. . . . . . $C^6H^6ClN = N\left\{\begin{matrix}C^6H^4(Cl)\\ H\\ H\end{matrix}\right.$

Bichloraniline. . . . . $C^6H^5Cl^2N = N\left\{\begin{matrix}C^6H^3(Cl^2)\\ H\\ H\end{matrix}\right.$

Trichloraniline. . . . $C^6H^4Cl^3N = N\left\{\begin{matrix}C^6H^2(Cl^3)\\ H\\ H\end{matrix}\right.$

La bichloréthylamine et la trichloraniline se produisent par l'action directe du chlore. La chloraniline et la bichloraniline sont les produits de la métamorphose de la chlorisatine et de la bichlorisatine sous l'influence de l'hydrate de potasse (l'aniline normale s'obtient avec l'isatine normale et le même agent).

La bichloréthylamine et la trichloraniline ne se combinent pas avec les acides comme les alcalis normaux (éthylamine et aniline) qui y correspondent; mais la chloraniline et la bichloraniline possèdent cette propriété.

Les trois alcalis chlorés dérivant de l'aniline offrent un exemple remarquable de cette *sériation* des propriétés qu'on observe dans les substances organiques dans lesquelles certains éléments sont remplacés par d'autres. En effet, l'aniline est un alcali fort énergique; elle se combine aisément avec les acides, déplace à l'ébullition l'ammoniaque de ses sels, et précipite les sels de zinc, de fer et d'alumine. La chloraniline est encore un alcali bien caractérisé; elle donne aussi, avec les acides, des sels cristallisables; mais, au lieu de déplacer l'ammoniaque de ses solutions, elle en est précipitée, et elle-même elle ne précipite plus les sels de zinc, de fer, d'alumine; la chloraniline est donc déjà un alcali plus faible que l'aniline. Cette alcalinité est encore moins prononcée dans la bichloraniline qui, tout en se dissolvant dans les acides comme l'aniline et la chloraniline, ne donne cependant plus que des sels peu stables. Enfin la trichloraniline manque entièrement de la propriété de se dissoudre dans les acides et de s'y combiner.

Les *azotures bromoconjugués* se produisent dans les mêmes réactions que les azotures chloroconjugués, et présentent des caractères semblables.

Les *azotures iodoconjugués* se produisent par l'action de l'iode sur les alcalis :

$$\text{Iodéthylamine. . . } C^2H^5I^2N = N\begin{cases} C^2H^3(I^2) \\ H \\ H \end{cases}$$

$$\text{Iodaniline. . . . . } C^6H^6IN = N\begin{cases} C^6H^4(I) \\ H \\ H \end{cases}$$

L'iodaniline forme, avec les acides, des sels cristallisables.

Dans l'action de l'iode sur les alcalis végétaux qui ne correspondent pas aux alcools, on observe une fixation d'iode pure et simple, et non une substitution de l'iode à l'hydrogène. En solution dans l'alcool ou dans l'iodure de potassium, l'iode donne, avec ces alcalis végétaux, des précipités colorés en rouge ou en brun, quelquefois cristallisables. Ces précipités renferment : 1 at. d'alcali combiné avec I^2 (nitroharmine, quinine[1]); ou 2 at. d'alcali avec I^2 (cinchonine), avec 3 I^2 (nicotine, codéine, papavérine, brucine), et avec 5 I^2 (papavérine); ou enfin 4 at. d'alcali avec 3 I^2 (strychnine, brucine, morphine). L'iodo-nicotine et l'iodo-quinine forment des sels définis avec les acides. Les bases minérales, en agissant sur ces alcalis iodoconjugués, paraissent régénérer les alcalis normaux, en produisant en même temps de l'iodure et de l'iodate; du moins ce genre de réaction a été observé avec la nicotine.

Les *azotures cyanoconjugués* se produisent par l'action directe du gaz cyanogène sur quelques alcalis (Hofmann); ils renferment le radical d'alcool associé au radical cyanogène :

$$\text{Cyaniline. . . . . } 2\ C^6H^7N,Cy^2 = N^2\begin{cases} (C^6H^5)Cy^2 \\ C^6H^5 \\ H^2 \\ H^2. \end{cases}$$

[1] Dans le bisulfate, § 2190.

Cyanotoluidine. . $2\ C^7H^9N,Cy^2 = N^2 \begin{cases} (C^7H^7)Cy^2 \\ C^7H^7 \\ H^2 \\ H^2. \end{cases}$

Ce sont des alcalis donnant des sels cristallisables avec les acides. (La codéine forme, avec le cyanogène, la cyanocodéine, $C^{18}H^{21}NO^3,Cy^2$. Anderson. — La harmaline se combine avec l'acide cyanhydrique, et le produit, l'hydrocyanharmaline, $C^{13}H^{14}N^2O,CyH$, est également un alcali; la nitroharmaline donne une combinaison semblable. Fritzsche).

Ces alcalis cyanoconjugués ne sont pas à confondre avec d'autres alcalis, représentant le type ammoniaque, dans lesquels le radical hydrogène est remplacé par le radical cyanogène; cette dernière classe d'alcalis se produit généralement par l'action du chlorure de cyanogène sur les azotures d'alcools. (Voy. *Alcalamides cyaniques.*)

Les *azotures nitroconjugués* renferment du nitryle NO^2 en substitution à l'hydrogène du radical d'alcool :

Nitraniline. . . . . $C^6H^6(NO^2)N = N \begin{cases} C^6H^4(NO^2) \\ H. \\ H \end{cases}$

La nitraniline se produit par la réduction de la binitrobenzine (hydrure binitro-conjugué de l'alcool phénique) au moyen du sulfhydrate d'ammoniaque (Hofmann et Muspratt), de même que l'aniline résulte de la réduction de la nitrobenzine par le même agent.

Les *azotures sulfoconjugués* ne sont pas connus. Il y aurait lieu d'examiner si l'on n'obtiendrait pas des corps de ce genre en remplaçant par du nitryle NO^2 l'hydrogène des hydrures d'alcools sulfoconjugués, et en réduisant ensuite le produit par du sulfhydrate d'ammoniaque. Avec la sulfobenzide $C^{12}H^{10}SO^2$ et l'acide nitrique fumant, par exemple, on pourrait obtenir le corps $C^{12}H^8(NO^2)^2SO^2$, et, avec ce produit et le sulfhydrate d'ammoniaque, le corps $C^{12}H^8(NH^2)^2SO^2$. Celui-ci serait un alcali représentant 2 molécules d'aniline dans lesquelles 2 at. d'hydrogène du radical phényle sont remplacés par SO^2, à moins cependant qu'il n'en soit l'isomère, la sulfanilide (azoture intermédiaire) :

$$C^{12}H^{8}(NH^{2})^{2}SO^{2} = N^{2}\left\{\begin{matrix}(C^{6}H^{4})^{2}SO^{2}\\ H^{2}\\ H^{2}\end{matrix}\right. = N^{2}\left\{\begin{matrix}(C^{6}H^{5})^{2}\\ SO^{2}\\ H^{2}\end{matrix}\right.$$

Alcali. Sulfanilide.

Les *azotures platino-conjugués* ne s'obtiennent généralement qu'en combinaison avec des acides, c'est-à-dire à l'état de chlorure, de chloroplatinite ou d'autre sel. (Voy. § 2522) On les produit, sous cette forme, par l'action du protochlorure ou du bichlorure de platine sur les alcalis. Les alcalis conjugués qui se forment ainsi sont à distinguer suivant qu'ils renferment le radical platinosum (Pt équivalent de H) ou le radical platinicum (Pt = pt^{2} équivalent de H^{2}).

§ 2549. Azotures d'aldéhydes. — La substitution d'un radical d'aldéhyde (considérée comme hydrate) à l'hydrogène du type ammoniaque donne les azotures d'aldéhydes.

Ces azotures sont de deux espèces : ils sont ou alcalins comme les azotures d'alcools, ou dépourvus de réaction alcaline comme les azotures d'acides (comme les amides).

α. *Alcalis d'aldéhydes.* Ils offrent la plus grande analogie avec les alcalis volatils primaires à radicaux d'alcools. En traitant la liqueur des Hollandais (bichlorure d'aldéhyde) par un grand excès d'ammoniaque, M. Cloëz a obtenu les composés suivants :

Alcali[1] bouillant à 115°. . $CH^{3}N = N\left\{\begin{matrix}CH\\ H\\ H\end{matrix}\right.$

Id. bouillant vers 200°. . $C^{2}H^{5}N = N\left\{\begin{matrix}C^{2}H^{3}\\ H.\\ H\end{matrix}\right.$

Peut-être faut-il aussi ranger dans la classe des azotures d'aldéhydes la pipéridine (§ 2173), dont la formule $C^{5}H^{11}N$ correspond à celle de l'aldéhyde valérique; cependant il est à observer que la pipéridine, d'après la manière dont elle se comporte avec les éthers iodhydriques, est plutôt à considérer comme un alcali secondaire, renfermant un radical d'aldéhyde et un radical d'alcool[2],

[1] Cet alcali paraît être le produit du dédoublement d'un autre alcali $C^{4}H^{10}N^{2}$ (= $CH^{3}N$ + $C^{3}H^{7}N$), provenant de la réaction de 2 molécules d'ammoniaque et de 2 molée. de liqueur des Hollandais :

$$N^{2}H^{6} + 2\,C^{2}H^{4}Cl^{2} = C^{4}H^{10}N^{2} + 4\,HCl.$$

[2] La pipéridine pourrait donc être un azoture d'acétone.

$$C^5H^{11}N = N\left\{\begin{matrix} C^2H^3 \\ C^3H^7 \\ H \end{matrix}\right.$$

$$= N\left\{\begin{matrix} CH \\ C^4H^9. \\ H \end{matrix}\right.$$

Il résulte des expériences de M. Natanson[1] que l'alcali qui correspond à l'aldéhyde acétique donne cette aldéhyde lorsqu'on le traite par l'acide nitreux (ou plutôt par le nitrite d'argent) :

$$\underset{\text{Alcali.}}{2\,N\left\{\begin{matrix} C^2H^3 \\ H \\ H \end{matrix}\right.} + \underset{\text{Acide nitreux.}}{O^3\left\{\begin{matrix} N \\ N \end{matrix}\right.} = \underset{\text{Azote.}}{2\,NN} + \underset{\text{2 mol. Aldéhyde, plus eau.}}{\frac{2\,O\left\{\begin{matrix} C^2H^3 \\ H \end{matrix}\right.}{O\left\{\begin{matrix} H \\ H \end{matrix}\right.}}$$

Comme les aldéhydes à radical C^nH^{2n-1} sont isomères des alcools à même radical, il se pourrait aussi que certains alcalis volatils à radical C^nH^{2n-1} correspondissent, non à des aldéhydes, mais à des alcools.

β. *Hydramides.* Elles ressemblent aux azotures d'acides (aux amides) par l'absence de propriétés alcalines; celles qu'on a obtenues dérivent de deux molécules d'ammoniaque :

Hydrobenzamide . . $C^{21}H^{18}N^2 = N^2\left\{\begin{matrix} (C^7H^5)^3 \\ H^3 \end{matrix}\right.$

Salhydramide. . . . $C^{21}H^{18}N^2O^3 = N^2\left\{\begin{matrix} (C^7H^5O)^3 \\ H^3 \end{matrix}\right.$

Anishydramide . . . $C^{24}H^{24}N^2O^3 = N^2\left\{\begin{matrix} (C^8H^7O)^3 \\ H^3 \end{matrix}\right.$

Cinnhydramide . . . $C^{27}H^{24}N^2 = N^2\left\{\begin{matrix} (C^9H^7)^3 \\ H^3 \end{matrix}\right.$

Furfuramide . . . . $C^{15}H^{12}N^2O^3 = N^2\left\{\begin{matrix} (C^5H^3O)^3 \\ H^3 \end{matrix}\right.$

Ces hydramides correspondent aux aldéhydes des séries γ et δ; Laurent en a découvert la première (hydrobenzamide). Elles se produisent par la réaction des aldéhydes et de l'ammoniaque,

[1] M. Natanson admet que cet alcali, volatil sans décomposition suivant M. Cloëz (vers 200°), serait fixe et non volatil.

$$3\,O\left\{\begin{matrix}C^7H^5\\H\end{matrix}\right. + N^2\left\{\begin{matrix}H^3\\H^3\end{matrix}\right. = 3\,O\left\{\begin{matrix}H\\H\end{matrix}\right. + N^2\left\{\begin{matrix}(C^7H^5)^3\\H^3\end{matrix}\right.$$

Ess. d'amand. amères. Hydrobenzamide.

Elles forment des substances cristallisables, insolubles dans l'eau, solubles dans l'alcool, non volatiles sans décomposition.

Portées à une température élevée, elles se convertissent, d'après M. Bertagnini, en alcalis isomères (l'hydrobenzamide donne l'amarine; l'anishydramide donne l'anisine).

Traitées par l'hydrogène sulfuré, elles produisent des sulfures d'aldéhydes (Cahours) :

$$N^2\left\{\begin{matrix}(C^7H^5)^3\\H^3\end{matrix}\right. + 3\,S\left\{\begin{matrix}H\\H\end{matrix}\right. = N^2\left\{\begin{matrix}H^3\\H^3\end{matrix}\right. + 3\,S\left\{\begin{matrix}C^7H^5\\H\end{matrix}\right.$$

Hydrobenzamide. Essence d'am. amères sulfurée.

Quelquefois les hydramides se décomposent par les acides en régénérant l'aldéhyde et l'ammoniaque; l'hydrobenzamide et la salhydramide se comportent ainsi [1].

Les alcalis organiques volatils paraissent aussi donner des espèces d'hydramides avec les aldéhydes; du moins, l'essence d'amandes amères et l'aniline réagissent en produisant un corps cristallisé, susceptible de régénérer l'aniline et l'essence par les acides :

$$O\left\{\begin{matrix}C^7H^5\\H\end{matrix}\right. + N\left\{\begin{matrix}C^6H^5\\H\\H\end{matrix}\right. = O\left\{\begin{matrix}H\\H\end{matrix}\right. + N\left\{\begin{matrix}C^6H^5\\C^7H^5\\H\end{matrix}\right.$$

Ess. d'amand. amères. Aniline. Benzoïl-anilide.

§ 2550. Les *aldéhydes conjuguées* donnent avec l'ammoniaque des hydramides semblables aux précédentes :

Hydrobenzamide nitrée. $C^{21}H^{15}N^5O^6 = N^2\left\{\begin{matrix}(C^7H^4(NO^2))^3\\H^3\end{matrix}\right.$

Chlorosamide. . . . . . $C^{21}H^{15}Cl^3N^2O^3 = N^2\left\{\begin{matrix}(C^7H^4(Cl)O)^3\\H^3\end{matrix}\right.$

Bromosamide. . . . . . $C^{21}H^{15}Br^3N^2O^3 = N^2\left\{\begin{matrix}(C^7H^4(Br)O)^3\\H^3\end{matrix}\right.$

[1] La *dibenzoïlimide* de M. Robson (§ 1485) représente une combinaison du type oxyde et du type azoture,

$$C^{14}H^{13}NO = N\left\{\begin{matrix}C^7H^5\\H,\\H\end{matrix}\right. O\left\{\begin{matrix}C^7H^5\\H\end{matrix}\right. = O\left\{\begin{matrix}N(C^7H^5)^2H^2\\H\end{matrix}\right.$$

On obtient ces hydramides par l'action de l'ammoniaque sur les aldéhydes chloroconjuguées, bromoconjuguées et nitroconjuguées :

$$3\ O\left\{\begin{matrix} C^7H^4(NO^2) \\ H \end{matrix}\right. + N^2\left\{\begin{matrix} H^3 \\ H^3 \end{matrix}\right. = 3\ O\left\{\begin{matrix} H \\ H \end{matrix}\right. + N^2\left\{\begin{matrix} (C^7H^4(NO^2))^3 \\ H^3 \end{matrix}\right.$$

Ess. d'amand. amères nitrée. — Hydrobenzamide nitrée.

Ces hydramides conjuguées sont des corps cristallisables, insolubles dans l'eau, solubles dans l'alcool. Elles régénèrent les aldéhydes correspondantes par l'ébullition avec de l'eau ou avec un acide.

L'hydrobenzamide nitrée se convertit en un alcali isomère (nitramarine) par une chaleur de 130° (Bertagnini).

§ 2551. Azotures indéterminés (Alcalis végétaux). — Outre les azotures d'alcools et les azotures d'aldéhydes, on connaît un grand nombre d'azotures dont les relations chimiques ne sont pas connues. Ces azotures indéterminés, qui comprennent les alcalis végétaux de l'opium, du tabac, des quinquinas, des strychnos, et de beaucoup d'autres plantes, sont susceptibles de se combiner directement avec les acides à la manière de l'ammoniaque.

On doit à Sertuerner la découverte du premier alcali végétal. Ce pharmacien décrivit la morphine dès 1806; mais son travail demeura longtemps ignoré, et ce ne fut qu'en 1817 que l'attention des chimistes y fut fixée par un nouveau mémoire. A peine l'existence de la morphine fut-elle reconnue, que Pelletier et Caventou découvrirent, à leur tour, des alcalis analogues, entre autres la quinine.

Voici la composition des alcalis végétaux les mieux connus, avec l'indication des plantes qui les fournissent :

Aconitine	$C^{30}H^{47}NO^7$,	dans les aconits.
Aricine, ou cinchovatine.	$C^{23}H^{26}N^2O^4$,	dans les quinquinas blancs.
Atropine ou daturine . .	$C^{17}H^{23}NO^3$,	dans la belladone.
Bébirine	$C^{19}H^{21}NO^3$,	dans une espèce de nectandra.
Berbérine.	$C^{21}H^{19}NO^5$(?),	dans l'épine-vinette et la racine de colombo.
Brucine	$C^{23}H^{26}N^2O^4$,	dans les strychnos.
Caféine ou théine. . . .	$C^8H^{10}N^4O^2$,	dans le café et le thé.

Chélidonine.	$C^{20}H^{19}N^{3}O^{3}$(?),	dans la grande chélidoine.
Cinchonine	$C^{20}H^{24}N^{2}O$,	dans les quinquinas.
Codéine.	$C^{18}H^{21}NO^{3}$,	dans l'opium.
Conine	$C^{8}H^{15}N$,	dans la ciguë.
Harmaline.	$C^{13}H^{14}N^{2}O$,	dans les graines de *Peganum Harmala*.
Harmine	$C^{13}H^{12}N^{2}O$,	ibid.
Jervine	$C^{30}H^{46}N^{2}O^{3}$(?),	dans la racine d'ellébore blanc.
Morphine.	$C^{17}H^{19}NO^{3}$,	dans l'opium.
Narcéine	$C^{23}H^{29}NO^{9}$,	ibid.
Narcotine.	$C^{23}H^{25}NO^{7}$,	ibid.
Nicotine	$C^{10}H^{14}N^{2}$,	dans le tabac.
Papavérine.	$C^{20}H^{21}NO^{4}$,	dans l'opium.
Pélosine ou cissampéline.	$C^{18}H^{21}NO^{3}$,	dans la racine de pareira-brava.
Pipérine.	$C^{34}H^{38}N^{2}O^{6}$(?),	dans le poivre.
Quinine	$C^{20}H^{24}N^{2}O^{2}$,	dans les quinquinas.
Solanine	? ,	dans les solanées.
Spartéine.	$C^{8}H^{13}N$ (?)	dans le *Spartium scoparium*.
Strychnine.	$C^{21}H^{22}N^{2}O^{2}$,	dans les strychnos.
Thébaïne.	$C^{19}H^{31}NO^{3}$,	dans l'opium.
Théobromine	$C^{7}H^{8}N^{4}O^{2}$,	dans le cacao.
Vératrine	$C^{32}H^{52}N^{2}O^{8}$,	dans les vératrum.

A part la conine, la nicotine et la spartéine qui ne renferment pas d'oxygène et constituent des huiles volatiles, tous ces alcalis végétaux sont oxygénés, se présentent sous forme solide et cristalline, et ne peuvent pas être distillés.

Ils ont généralement une saveur amère et fort âcre qui passe même dans leurs sels. Plusieurs d'entre eux (nicotine, morphine, strychnine) agissent d'une manière fort énergique, et, même à petite dose, en véritables poisons.

L'eau dissout, en général, assez mal les alcalis végétaux. L'alcool les dissout plus aisément que l'eau, surtout à chaud, et, par le refroidissement, en abandonne une partie sous forme de cristaux plus ou moins déterminables. L'éther ne dissout pas certains alcalis, tels que la morphine et la cinchonine. En solution aqueuse ou alcoolique, les alcalis végétaux ramènent au bleu le tournesol rougi par les acides, et verdissent le sirop de violettes; il en est toutefois (comme la narcotine) dont les propriétés alcalines sont si faibles qu'ils n'exercent aucune action sur les couleurs végétales. La solution de la plupart des alcalis végétaux non artificiels dévie le plan de polarisation des rayons lumineux.

Les alcalis solides et insolubles dans l'eau s'obtiennent aisément en épuisant les parties végétales où ils sont contenus, par un acide dilué formant avec eux un sel soluble; pour cela on emploie ordinairement l'acide chlorhydrique ou l'acide sulfurique; on concentre les extraits, et on les précipite ensuite par la chaux, par l'ammoniaque ou par le carbonate de soude. On obtient l'alcali végétal à l'état de pureté, en faisant dissoudre le précipité dans l'alcool et en abandonnant la solution à l'évaporation; si l'alcali était coloré, il faudrait le combiner de nouveau avec un acide, en traitant la dissolution par du charbon animal.

Lorsque l'alcali végétal est liquide et volatil, on opère comme précédemment; mais, au lieu de précipiter par la base minérale, on distille avec de la potasse caustique. C'est à peu près de cette manière qu'on isole les alcalis du tabac et de la ciguë.

Lorsque les alcalis végétaux sont altérés par la base minérale qui sert à les mettre en liberté, on agite à froid l'extrait concentré avec cette dernière et avec de l'éther ou un mélange d'alcool et d'éther, qui s'empare de l'alcali végétal; on décante la solution éthérée, qui laisse alors ce dernier par l'évaporation.

Une autre procédé d'extraction est fondé sur la propriété que possède le tannin de former des combinaisons fort peu solubles dans l'eau avec la plupart des alcalis végétaux. On neutralise presque entièrement par la potasse, la soude ou l'ammoniaque, l'extrait végétal fait à l'eau chaude ou à l'eau légèrement acidulée par l'acide sulfurique; on précipite par une infusion concentrée de noix de galle; on lave à l'eau froide le précipité recueilli sur un linge, on l'exprime, et l'on mêle intimement la pâte ainsi obtenue avec de la chaux éteinte en poudre. Le mélange devient d'abord vert, puis brun; on le dessèche au bain-marie, et, après l'avoir réduit en poudre fine, on l'épuise par l'alcool ou l'éther bouillants; on sépare le tannate de chaux par le filtre, et l'on chasse par la distillation la plus grande partie du liquide filtré.

Le résidu donne au bout de quelque temps des cristaux d'alcali végétal[1].

Les alcalis végétaux, en se combinant avec les acides, en font généralement disparaître la réaction aux papiers. Les sels qui en résultent se comportent, avec les bases minérales, comme les sels des alcalis à radicaux d'alcools ou d'aldéhydes.

La solution des alcalis végétaux dans un acide précipite généralement le bichlorure de platine (§ 2522) et le bichlorure de mercure (§ 2521).

L'acide nitrique concentré détruit les alcalis végétaux. (Au contact de la brucine, il détermine le dégagement du nitrite de méthyle.)

Le chlore, le brome et l'iode donnent avec certains alcalis végétaux (cinchonine, strychnine) des alcalis chloroconjugués, bromoconjugués ou iodoconjugués.

Distillés avec de la potasse caustique, plusieurs alcalis végétaux dégagent des alcalis volatils (quinoléine, méthylamine, tritylamine), parmi lesquels on rencontre quelquefois des azotures d'alcools.

Lorsqu'on traite à chaud les alcalis végétaux par de l'iodure d'éthyle, on obtient généralement l'iodure d'une base conjuguée, semblable à l'hydrate de tétréthyl-ammonium. Ainsi la strychnine donne l'iodure d'éthyl-strychnium.

On sait que plusieurs matières organiques, telles que l'acide tartrique, le sucre, l'albumine, s'opposent à la précipitation d'un grand nombre d'oxydes, au point de les masquer pour beaucoup de réactifs. Il résulte des expériences de M. Oppermann[2] que, malgré la présence de l'acide tartrique, le bicarbonate de soude précipite la cinchonine, la narcotine, la strychnine et la vératrine, tandis que la quinine, la morphine et la brucine restent masquées. L'acide tartrique masque également la réaction de l'infusion de noix de galle, pour tous ces alcalis, à l'exception de la cinchonine et de la strychnine; mais elle précipite abondamment les cinq autres, dès que l'acide a été neutralisé par l'ammoniaque; cependant un excès de ce dernier redissout le tannate de brucine. Il est remarquable que de deux alcalis qui se rencontrent dans la même plante, l'un est constamment masqué par l'acide tartrique,

[1] Henry, *Journ. de Pharm.*, XXI, 222.
[2] Oppermann, *Compt. rend. de l'Acad.* XXI, 844.

tandis que l'autre ne l'est point; ce moyen peut donc servir à la séparation de ces alcalis.

§ 2552. *Recherche des alcalis végétaux dans les cas d'empoisonnement.* — Le procédé à l'aide duquel on extrait les alcalis organiques des matières suspectes, dans les cas d'empoisonnement, est à peu près le même que celui qu'on emploie pour retirer les mêmes substances des parties végétales qui les renferment; la seule différence consiste dans la manière d'isoler ces alcalis et de les présenter au dissolvant. On doit surtout à M. Stas[1] des études intéressantes sur ce sujet.

Suivant ce chimiste, la marche la plus avantageuse pour les recherches médico-légales repose sur les faits suivants : Les alcalis organiques forment des sels acides à la fois solubles dans l'eau et dans l'alcool; la solution de ces sels acides peut être décomposée par le bicarbonate de potasse ou de soude (ou par ces alcalis à l'état caustique), de manière que l'alcali organique, mis en liberté, reste en solution, dans le cas surtout où cet alcali a été combiné avec un excès d'acide tartrique (ou d'acide oxalique); l'éther, employé en quantité suffisante, s'empare de l'alcali organique contenu à l'état libre dans une semblable solution.

Pour appliquer les réactions précédentes, il faut, avant tout, se débarrasser des matières étrangères par lesquelles elles seraient masquées. Sous ce rapport, l'emploi successif de l'eau et de l'alcool à différents degrés de concentration fournit de fort bons résultats, et permet d'obtenir sous un petit volume une solution contenant l'alcali cherché.

On a également proposé d'éliminer les substances étrangères en les précipitant par du sous-acétate de plomb, et d'enlever ensuite l'excès de plomb au moyen de l'hydrogène sulfuré; mais ce procédé, d'ailleurs fort défectueux, présente l'inconvénient d'introduire un métal étranger dans les matières suspectes. Il ne faut par non plus se servir de charbon animal pour décolorer les liquides; car on s'exposerait à perdre tout l'alcali, le charbon pouvant l'absorber aussi bien qu'il fixe les matières colorantes et odorantes.

Voici les opérations qu'il faut exécuter pour découvrir un alcali organique dans le contenu de l'estomac ou des intestins[2].

[1] STAS, *Journ. de Pharm.*, XXII, 281.

[2] Lorsqu'il s'agit d'extraire un alcali du foie, du cœur, du poumon, etc., il faut préalablement bien diviser l'organe suspect, mouiller la masse avec de l'alcool pur et concentré,

On commence par mélanger la matière avec de l'alcool pur et le plus concentré possible ; on y ajoute ensuite, suivant la quantité et l'état de la matière suspecte, ½ à 2 grammes d'acide tartrique. Ce mélange ayant été introduit dans un ballon, on le chauffe à 60° ou 75°. Après le refroidissement complet, on jette la masse sur un filtre, on lave la partie insoluble par l'alcool concentré, et l'on abandonne dans le vide la liqueur filtrée. Si l'on n'a pas de machine pneumatique à sa disposition, on l'expose à un courant d'air chauffé tout au plus à 35°.

Si, après la volatilisation de l'alcool, le résidu renferme en suspension des corps gras ou d'autres matières non dissoutes, on le verse sur un filtre mouillé par de l'eau distillée ; la liqueur filtrée, à laquelle on a réuni les eaux de lavage, est ensuite évaporée presque à siccité, dans le vide ou dans une grande cloche sur de l'acide sulfurique concentré. Le nouveau résidu est repris et épuisé à froid par de l'alcool absolu. La liqueur alcoolique est évaporée à l'air libre, à la température ordinaire, ou mieux dans le vide ; le résidu acide de cette évaporation est dissous dans la plus petite quantité d'eau possible. Cette solution est introduite dans un petit flacon-éprouvette, et additionnée *peu à peu* de bicarbonate de soude (ou de potasse) pur et en poudre, jusqu'à ce qu'il n'y ait plus d'effervescence. On agite alors le tout avec 4 ou 5 fois son volume d'éther pur, et l'on abandonne au repos. Quand l'éther surnageant s'est éclairci, on en décante une petite partie dans une capsule de verre, et on l'abandonne dans un lieu bien sec à l'évaporation spontanée.

Le résidu de l'évaporation de la solution éthérée constitue l'alcali cherché.

L'alcali est liquide et volatil. Dans ce cas, on remarque, après l'évaporation de l'éther, tout autour de la paroi interne de la capsule, de légères stries liquides qui se rendent lentement au fond du vase. De même alors, sous l'influence seule de la chaleur de la main, le contenu de la capsule exhale une odeur plus ou moins désagréable, et, suivant la nature de l'alcali, plus ou moins âcre ou irritante.

Lorsque ces indices se présentent, on ajoute au reste de la liqueur éthérée un ou deux centimètres cubes d'une solution concentrée de potasse ou de soude caustique, et l'on agite de nouveau

l'exprimer, et, à l'aide de l'alcool, l'épuiser de toutes les substances solubles. C'est sur le liquide ainsi obtenu qu'on opère ensuite.

le mélange. Après un repos convenable, on décante l'éther dans un flacon-éprouvette, on épuise le mélange par trois ou quatre traitements à l'éther, et l'on réunit toutes les liqueurs éthérées dans le même flacon. Dans ces liqueurs, tenant l'alcali en dissolution, on verse ensuite un ou deux centimètres cubes d'une eau aiguisée du cinquième de son poids d'acide sulfurique pur; on agite pendant quelque temps, et l'on abandonne au repos; on décante l'éther surnageant, et on lave le liquide acide avec une nouvelle quantité d'éther.

Comme les sulfates de la plupart des alcalis volatils sont insolubles dans l'éther, l'eau aiguisée d'acide sulfurique renferme alors l'alcali cherché sous un petit volume et à l'état de sulfate pur[1]. L'éther, de son côté, retient toutes les matières animales qu'il a enlevées à la solution alcaline.

Pour extraire l'alcali de la solution de sulfate acide, on ajoute à celle-ci une solution aqueuse et concentrée de potasse ou de soude caustique; on agite et l'on épuise le mélange par de l'éther pur. L'éther dissout l'ammoniaque et l'alcali organique devenus libres. On abandonne la solution éthérée à l'évaporation spontanée, à la plus basse température possible. La presque totalité de l'ammoniaque se volatilise avec l'éther, tandis que l'alcali organique reste pour résidu. Pour éliminer les dernières traces d'ammoniaque, on expose un instant le vase, renfermant l'alcali organique, dans le vide sur l'acide sulfurique.

On obtient ainsi l'alcali organique à l'état de pureté. On en détermine la nature par l'étude rigoureuse de ses caractères physiques et de ses réactions chimiques.

L'alcali est soluble et fixe. Dans ce cas, il peut arriver qu'on n'obtienne pas immédiatement un résidu alcalin après l'évaporation de l'éther, avec lequel on agite la solution acide, traitée par le bicarbonate de soude. Lorsque cette circonstance se présente, on ajoute au liquide une solution de potasse ou de soude caustique, et l'on agite vivement avec l'éther. Celui-ci dissout l'alcali végétal devenu libre et resté dans la solution de potasse ou de soude. On laisse alors évaporer la solution éthérée.

Par l'évaporation, celle-ci laisse quelquefois autour de la capsule un corps solide; mais le plus souvent le résidu se compose d'une

[1] Le sulfate de *conine* étant soluble dans l'éther, celui-ci peut contenir une petite quantité de cet alcali; mais la majeure partie reste toujours en solution dans l'eau acide.

liqueur incolore, laiteuse, tenant en suspension un corps solide; ce résidu bleuit le tournesol d'une manière persistante; il offre une odeur animale, désagréable, mais nullement piquante.

Après s'être ainsi assuré de la présence d'un alcali solide, il faut chercher à le faire cristalliser, afin de pouvoir étudier ses caractères et ses réactions. On verse donc quelques gouttes d'alcool dans la capsule qui le renferme, et l'on abandonne la solution à l'évaporation spontanée.

Ce procédé réussit rarement, à cause des impuretés dont l'alcali est encore souillé. Pour l'en débarrasser, on verse dans la capsule quelques gouttes d'eau très-légèrement aiguisée d'acide sulfurique, et on les promène dans la capsule pour mettre le liquide en contact avec la matière. Généralement l'eau acide ne mouille alors pas les parois du vase; la matière qui y est contenue se sépare en deux parties; l'une, formée de matière grasse, reste adhérente à la paroi; l'autre, alcaline, se dissout et se transforme en sulfate acide.

Si cette opération est bien exécutée, le liquide acide qu'on obtient ainsi est limpide et incolore. On le décante avec précaution, on lave la capsule avec quelques gouttes d'eau acidulée qu'on ajoute au premier liquide, et l'on évapore le tout aux trois quarts, dans le vide ou dans une cloche sur de l'acide sulfurique. On verse alors, sur le résidu, une solution très-concentrée de carbonate de potasse pur, et l'on reprend le tout par de l'alcool absolu. Celui-ci dissout l'alcali végétal, tandis qu'il laisse intacts le sulfate de potasse et l'excès de carbonate de potasse. L'évaporation de la solution alcoolique fournit l'alcali à l'état cristallisé.

On en détermine ensuite la nature par l'étude des propriétés physiques et chimiques.

Azotures négatifs.

§ 2553. Azotures d'acides. — Les corps nombreux connus des chimistes sous la dénomination d'*amides* représentent le type ammoniaque dont l'hydrogène est plus ou moins remplacé par un radical d'acide.

Ces azotures d'acides peuvent être subdivisés en amides *primaires*, *secondaires* et *tertiaires*, suivant le nombre des atomes d'hydrogène qui est remplacé dans le type.

La composition de chaque amide peut être rapportée à la composition d'un sel d'ammoniaque, dont elle renferme les éléments, moins ceux de l'eau : ainsi l'acétamide représente de l'acétate d'ammoniaque moins de l'eau. Beaucoup d'amides, notamment les amides secondaires correspondant à des sels d'ammoniaque acides, ont la propriété de former des sels avec quelques bases métalliques, (§ 2561); on connaît aussi quelques amides (urée, asparagine glycocolle) susceptibles de se combiner avec les acides à la manière des alcalis.

On doit à M. Dumas la connaissance de la première amide organique. J'ai publié avec M. Chiozza un travail d'ensemble où nous avons développé les fonctions des amides comme azotures d'acides; nous avons également décrit les premières amides tertiaires.

§ 2554. *Amides primaires.* Elles représentent de l'ammoniaque dont le tiers de l'hydrogène est remplacé par un radical d'acide. Elles correspondent à des sels d'ammoniaque neutres.

1° Tantôt 1 atome d'hydrogène d'une molécule d'ammoniaque est remplacé par le radical monatomique d'un acide monobasique; ces amides correspondent aux sels d'ammoniaque neutres des acides monobasiques.

Amides primaires homologues à radical $C^nH^{2n-1}O$, correspondant aux acides monobasiques de la série α, dite des *acides gras* (p. 648) :

Acétamide, ou azoture d'acétyle et d'hydrogène. . . . . $C^2H^5NO = N\begin{cases} C^2H^3O \\ H \\ H \end{cases}$

Propionamide, ou azoture de propionyle et d'hydrogène. . . . . $C^3H^7NO = N\begin{cases} C^3H^5O \\ H \\ H \end{cases}$

Butyramide, ou azoture de butyryle et d'hydrogène. . . . . . $C^4H^9NO = N\begin{cases} C^4H^7O \\ H \\ H \end{cases}$

Valéramide, ou azoture de valéryle et d'hydrogène. . . . . $C^5H^{11}NO = N\begin{cases} C^5H^9O \\ H \\ H \end{cases}$

etc.

Amides primaires homologues à radical C^nH^{2n-9}, correspondant aux acides monobasiques de la série γ (p. 651).

Benzamide, ou azoture de benzoïle et d'hydrogène. . . . . $C^7H^7NO = N\left\{\begin{matrix} C^7H^5O \\ H \\ H \end{matrix}\right.$

Cuminamide, ou azoture de cumyle et d'hydrogène. . . . . . $C^{10}H^{13}NO = N\left\{\begin{matrix} C^{10}H^{11}O \\ H \\ H \end{matrix}\right.$

etc.

Amides primaires diverses :

Cyanamide, ou azoture de cyanogène et d'hydrogène. . . . . . $CH^2N^2 = N\left\{\begin{matrix} CN \\ H \\ H \end{matrix}\right.$

Cinnamide, ou azoture de cinnamyle et d'hydrogène. . . . . $C^9H^9NO = N\left\{\begin{matrix} C^9H^7O \\ H \\ H \end{matrix}\right.$

Salicylamide, ou azoture de salicyle et d'hydrogène. . . . . $C^7H^7NO^2 = N\left\{\begin{matrix} C^7H^5O^2 \\ H \\ H \end{matrix}\right.$

Anisamide, ou azoture d'anisyle et d'hydrogène. . . . . $C^8H^9NO^2 = N\left\{\begin{matrix} C^8H^7O^2 \\ H \\ H \end{matrix}\right.$

Sulfophénylamide, ou azoture de sulfophényle et d'hydrogène. . $C^6H^7NSO^2 = N\left\{\begin{matrix} C^6H^5SO^2 \\ H \\ H \end{matrix}\right.$

Toutes ces amides diffèrent des sels d'ammoniaque en ce qu'elles renferment en moins 1 atome d'eau :

$$O\left\{\begin{matrix} C^2H^3O \\ NH^4 \end{matrix}\right. - H^2O = N\left\{\begin{matrix} C^2H^3O \\ H. \\ H \end{matrix}\right.$$

Acétate d'ammon. Acétamide.

Elles prennent naissance : par l'action de l'ammoniaque sur les anhydrides (Gerhardt),

$$O\left\{\begin{matrix} C^7H^5O \\ C^7H^5O \end{matrix}\right. + N\left\{\begin{matrix} H \\ H \\ H \end{matrix}\right. = O\left\{\begin{matrix} C^7H^5O \\ H \end{matrix}\right. + N\left\{\begin{matrix} C^7H^5O \\ H; \\ H \end{matrix}\right.$$

Anhyd. benzoïq. Acide benzoïq. Benzamide.

par l'action de l'ammoniaque (Liebig et Wœhler) ou du carbonate d'ammoniaque (Chiozza et Gerhardt) sur les chlorures d'acides,

$$Cl,C^7H^5O + N\begin{cases}H\\H\\H\end{cases} = ClH + N\begin{cases}C^7H^5O\\H;\\H\end{cases}$$

Chlor. de benzoïle. — Benzamide.

par l'action de l'ammoniaque sur les éthers composés,

$$O\begin{cases}C^2H^5\\C^2H^3O\end{cases} + N\begin{cases}H\\H\\H\end{cases} = O\begin{cases}C^2H^5\\H\end{cases} + N\begin{cases}C^2H^3O\\H.\\H\end{cases}$$

Acétate d'éthyle. — Alcool. — Acétamide.

Les éthers composés, que l'ammoniaque ne convertit que lentement en amides sous la pression ordinaire, s'y transforment aisément lorsqu'on opère dans des tubes clos et au-dessus de 100° (Dumas, Malaguti et Leblanc).

Les amides primaires sont des corps cristallisables, sans réaction sur les papiers colorés, et généralement volatils sans décomposition. (Comme certaines amides d'aldéhydes, la cyanamide se convertit par une chaleur de 150° en une amide alcaline, la mélamine, sans changer de composition.)

Elles ne se combinent pas avec les acides. (Cependant la benzamide donne avec l'acide chlorhydrique un composé peu stable.) Quelquefois elles se comportent comme des acides à l'égard de certains oxydes; la benzamide, par exemple, forme un sel de mercure :

$$2\,N\begin{cases}C^7H^5O\\H\\H\end{cases} + O\begin{cases}Hg\\Hg\end{cases} = 2\,N\begin{cases}C^7H^5O\\Hg\\H\end{cases} + O\begin{cases}H\\H.\end{cases}$$

Benzamide. — Benzamide mercurique.

Par l'ébullition avec des acides ou des alcalis, les amides primaires fixent 1 at. d'eau en produisant un acide monobasique à même radical, avec dégagement d'ammoniaque ou avec formation de sel d'ammoniaque :

$$N\begin{cases}C^2H^3O\\H\\H\end{cases} + O\begin{cases}H\\H\end{cases} = O\begin{cases}C^2H^3O\\NH^4\end{cases}$$

Acétamide. — Acétate d'ammoniaque.

Traitées par l'acide phosphorique anhydre, les amides primaires des deux séries homologues précédemment citées éliminent 1 at.

d'eau et se transforment en éthers cyanhydriques ou nitriles (§ 2542),

$$N\left\{\begin{matrix} C^2H^3O \\ H \\ H \end{matrix}\right. - O\left\{\begin{matrix} H \\ H \end{matrix}\right. = Cy,CH^3.$$

Acétamide. Cyanure de méthyle ou acétonitrile.

Avec le perchlorure de phosphore, les mêmes amides donnent de l'oxychlorure de phosphore, de l'acide chlorhydrique et un chlorure d'amide[1]. Cette réaction conduit à représenter aussi les amides comme des hydrates[2] :

$$N\left\{\begin{matrix} C^7H^5O \\ H \\ H \end{matrix}\right. + Cl^3,PCl^2 = N\left\{\begin{matrix} C^7H^5Cl^2 \\ H \\ H \end{matrix}\right. + Cl^3,PO$$

Benzamide.

$$N\left\{\begin{matrix} C^7H^5Cl^2 \\ H \\ H \end{matrix}\right. = ClH + Cl,C^7H^6N$$

Chlorure de benzamidyle.

(Le chlorure de benzamidyle se transforme par la chaleur en acide chlorhydrique et en cyanure de phényle.)

Sous l'influence de l'acide nitreux, les amides primaires citées donnent un acide monobasique avec dégagement d'azote,

$$2\,N\left\{\begin{matrix} C^7H^5O \\ H \\ H \end{matrix}\right. + O^3\left\{\begin{matrix} N \\ N \end{matrix}\right. = 2\,NN + \frac{2\,O\left\{\begin{matrix} C^7H^5O \\ H \end{matrix}\right.}{O\left\{\begin{matrix} H \\ H \end{matrix}\right.}$$

Benzamide. 2 mol. Acide benzoïque, plus eau.

Cette dernière réaction est semblable à celle que l'ammoniaque et les alcalis organiques primaires subissent au contact du même agent (§ 2547).

§ 2555. 2° Tantôt 2 atomes d'hydrogène de deux molécules d'ammoniaque sont remplacés par un radical biatomique ; ces *diamides*

[1] Expériences inédites.

[2] L'acide cyanique représente aussi bien l'oxyde de cyanogène et d'hydrogène que l'azoture de carbonyle et d'hydrogène (carbonimide).

primaires correspondent aux sels d'ammoniaque neutres des acides bibasiques.

Diamides primaires homologues à radical $C^nH^{2n-4}O^2$:

Oxamide ou diazoture d'oxalyle et d'hydrogène. . . . $C^2H^4N^2O^2 = N^2\left\{\begin{matrix} C^2O^2 \\ H^2 \\ H^2 \end{matrix}\right.$

Succinamide, ou diazoture de succinyle et d'hydrogène. . $C^4H^8N^2O^2 = N^2\left\{\begin{matrix} C^4H^4O^2 \\ H^2 \\ H^2 \end{matrix}\right.$

Subéramide, ou diazoture de subéryle et d'hydrogène. . $C^8H^{16}N^2O^2 = N^2\left\{\begin{matrix} C^8H^{12}O^2 \\ H^2 \\ H^2 \end{matrix}\right.$

Sébamide, ou diazoture de sébyle et d'hydrogène. . . $C^{10}H^{20}N^2O^2 = N^2\left\{\begin{matrix} C^{10}H^{16}O^2 \\ H^2 \\ H^2 \end{matrix}\right.$

etc.

Diamides primaires diverses :

Urée et carbamide, ou diazoture de carbonyle et d'hydrogène. . . . . $CH^2N^2O = N^2\left\{\begin{matrix} CO \\ H^2 \\ H^2 \end{matrix}\right.$

Asparagine et malamide, ou diazoture de malyle et d'hydrogène. . . . . $C^4H^8N^2O^3 = N^2\left\{\begin{matrix} C^4H^4O^3 \\ H^2 \\ H^2 \end{matrix}\right.$

Fumaramide, ou diazoture de fumaryle et d'hydrogène. . $C^4H^6N^2O^2 = N^2\left\{\begin{matrix} C^4H^2O^2 \\ H^2 \\ H^2 \end{matrix}\right.$

Tartramide, ou diazoture de tartryle et d'hydrogène. . . $C^4H^8N^2O^4 = N^2\left\{\begin{matrix} C^4H^4O^4 \\ H^2 \\ H^2 \end{matrix}\right.$

Lactamide, ou diazoture de lactyle et d'hydrogène. . . $C^6H^{14}N^2O^4 = N^2\left\{\begin{matrix} (C^3H^5O^2)^2 \\ H^2 \\ H^2 \end{matrix}\right.$

Ces diamides se produisent : par l'action de la chaleur sur les sels d'ammoniaque neutres des acides bibasiques (Dumas),

$$\underset{\text{Oxal. d'ammon. neutre.}}{O^2\left\{\begin{matrix} C^2O^2 \\ (NH^4)^2 \end{matrix}\right.} - 2\,H^2O = \underset{\text{Oxamide.}}{N^2\left\{\begin{matrix} C^2O^2 \\ H^2 \\ H^2 \end{matrix}\right.}$$

par la combinaison de l'ammoniaque avec des amides secondaires (Woehler),

$$N\left\{\begin{matrix}CO\\H\end{matrix}\right. + N\left\{\begin{matrix}H\\H\\H\end{matrix}\right. = N^2\left\{\begin{matrix}CO\\H^2\\H^2\end{matrix}\right.$$

Acide cyanique, ou carbonimide. — Urée.

par la réaction de l'ammoniaque et des éthers composés (Bauhof),

$$O^2\left\{\begin{matrix}C^2O^2\\(C^2H^5)^2\end{matrix}\right. + N^2\left\{\begin{matrix}H^2\\H^2\\H^2\end{matrix}\right. = O^2\left\{\begin{matrix}H^2\\(C^2H^5)^2\end{matrix}\right. + N^2\left\{\begin{matrix}C^2O^2\\H^2\\H^2\end{matrix}\right.$$

Oxal. d'éthyle. — 2 mol. Alcool. — Oxamide.

ou par la réaction de l'ammoniaque et des chlorures d'acides,

$$Cl^2,C^4H^4O^2 + N^2\left\{\begin{matrix}H^2\\H^2\\H^2\end{matrix}\right. = Cl^2H^2 + N^2\left\{\begin{matrix}C^4H^4O^2\\H^2\\H^2\end{matrix}\right.$$

Chlorure de succinyle. — 2 mol. Acide chlorhyd. — Succinamide.

Plusieurs d'entre ces diamides primaires dégagent de l'ammoniaque à une température élevée, et se transforment en amides secondaires (imides) :

$$N^2\left\{\begin{matrix}C^4H^4O^2\\H^2\\H^2\end{matrix}\right. = N\left\{\begin{matrix}H\\H\\H\end{matrix}\right. + N\left\{\begin{matrix}C^4H^4O^2\\H\end{matrix}\right.$$

Succinamide. — Succinimide.

Bouillies avec des acides ou des alcalis minéraux concentrés, elles fixent les éléments de l'eau et se dédoublent en ammoniaque et en acide bibasique :

$$N^2\left\{\begin{matrix}C^2O^2\\H^2\\H^2\end{matrix}\right. + O^2\left\{\begin{matrix}H^2\\H^2\end{matrix}\right. = N^2\left\{\begin{matrix}H^2\\H^2\\H^2\end{matrix}\right. + O^2\left\{\begin{matrix}C^2O^2\\H^2.\end{matrix}\right.$$

Oxamide. — 2 mol. Eau. — Ac. oxalique.

Sous l'influence de l'acide nitreux, elles dégagent de l'azote et se transforment en acides bibasiques (Piria, Malaguti) :

$$N^2\left\{\begin{matrix}C^2O^2\\H^2\\H^2\end{matrix}\right. + O^3\left\{\begin{matrix}N\\N\end{matrix}\right. = N^2\left\{\begin{matrix}N\\N\end{matrix}\right. + \frac{O^2\left\{\begin{matrix}C^2O^2\\H^2\end{matrix}\right.}{O\left\{\begin{matrix}H\\H\end{matrix}\right.}$$

Oxamide. — Ac. nitreux anhydre. — 2 mol. Azote. — Acide oxalique, plus eau.

§ 2556. Parmi les diamides citées précédemment, on remarque plusieurs cas d'isomérie : ainsi l'urée et la carbamide ont la même composition, mais ne sont pas identiques; il en est de même de l'asparagine et de la malamide. Comme la molécule de l'ammoniaque renferme 3 atomes d'hydrogène,

$$N\left\{\begin{matrix}H_a\\H_b\\H_c\end{matrix}\right.$$

on conçoit l'existence de trois corps isomères, mais différents par les propriétés, suivant que le radical d'acide remplace H_a, H_b ou H_c du type; ce qui n'empêche pas les trois corps de donner par l'acide nitreux le même acide organique (Piria).

L'urée et l'asparagine se combinent avec les acides, à la manière de l'ammoniaque, tandis que leurs isomères, la carbamide et la malamide, ne se combinent pas avec les acides.

On a donné le nom d'*urées composées* à des diamides carboniques dans lesquelles un ou plusieurs atomes d'hydrogène sont remplacés par un radical d'alcool, et qui, à la manière de l'urée ordinaire, forment des sels avec les acides (voy. *Dialcalamides*, § 2566). M. Zinin a découvert récemment une autre classe d'urées composées, dans lesquelles 1 atome d'hydrogène est remplacé par un radical d'acide :

$$\text{Acétyl-urée. . . } C^3H^6N^2O^2 = N^2\left\{\begin{matrix}CO\\C^2H^3O\\H^3\end{matrix}\right.$$

$$\text{Butyryl-urée. . } C^5H^{10}N^2O^2 = N^2\left\{\begin{matrix}CO\\C^4H^7O\\H^3\end{matrix}\right.$$

$$\text{Valéryl-urée. . } C^6H^{12}N^2O^2 = N^2\left\{\begin{matrix}CO\\C^5H^9O\\H^3\end{matrix}\right.$$

$$\text{Benzoïl-urée. . . } C^8H^8N^2O^2 = N^2\left\{\begin{matrix}CO\\C^7H^5O\\H^3\end{matrix}\right.$$

Il n'a pas été possible de remplacer, dans l'urée, plus de 1 at. d'hydrogène par un radical d'acide (Moldenhauer).

Ces corps s'obtiennent par l'action des chlorures d'acides sur l'urée :

$$N^2\left\{\begin{matrix}CO\\H^4\end{matrix}\right. + Cl,C^2H^3O = N^2\left\{\begin{matrix}CO\\C^2H^3O\\H^3\end{matrix}\right. + ClH.$$

Urée. Chlorure d'acétyle. Acétyl-urée.

Ce sont des corps cristallisables qui ne se combinent pas avec les acides. Ils ne sont pas volatils sans décomposition; par l'action de la chaleur ils donnent de l'acide cyanurique (tricarbonimide) et une amide primaire :

$$3\ N^2\left\{\begin{matrix}CO\\C^2H^3O\\H^3\end{matrix}\right. = N^3\left\{\begin{matrix}(CO)^3\\H^3\end{matrix}\right. + 3\ N\left\{\begin{matrix}C^2H^3O\\H\\H\end{matrix}\right.$$

Acétyl-urée. Acide cyanurique. Acétamide.

§ 2557. 3° Tantôt 1 atome d'hydrogène d'une molécule d'ammoniaque est remplacé par le radical monatomique d'un acide bibasique; ces amides sont polymères de certaines diamides (§ 2555).

Amides primaires homologues à radical $C^nH^{2n-1}O^2$, correspondant aux acides bibasiques de la série β (p. 654) :

Glycocolle ou sucre de gélatine. $C^2H^5NO^2 = N\left\{\begin{matrix}C^2H^3O^2\\H\\H\end{matrix}\right.$

Alanine. . . . . $C^3H^7NO^2 = N\left\{\begin{matrix}C^3H^5O^2\\H\\H\end{matrix}\right.$

Leucine. . . . . $C^6H^{13}NO^2 = N\left\{\begin{matrix}C^6H^{11}O^2\\H\\H\end{matrix}\right.$

Ces amides se produisent dans différentes réactions : l'alanine résulte de la combinaison de l'aldéhyde acétique avec l'acide cyanhydrique et l'eau :

$$C^2H^4O + CHN + H^2O = C^3H^7NO^2$$

Aldéh. acétiq. Ac. cyanhydr. Alanine.

Elles constituent des corps cristallisés, solubles dans l'eau. (L'alanine est polymère de la lactamide). Elles sont remarquables par la facilité avec laquelle elles se combinent avec les acides, à la manière de l'ammoniaque et des alcalis organiques volatils. Elles se combinent même avec quelques sels oxygénés.

Nitrate de sucre de gélatine. . . . . . . $C^2H^5NO^2,NO^3H = O\left\{\begin{matrix}NO^2\\N(C^2H^3O^2)H^3\end{matrix}\right.$

Combinaison de sucre, de gélatine et de nitrate d'argent. . . . $C^2H^5NO^2,NO^3Ag = O\left\{\begin{matrix}NO^2\\ N(C^2H^3O^2)H^2Ag.\end{matrix}\right.$

Elles donnent les acides dont elles représentent les azotures, lorsqu'on y fait passer de l'acide nitreux :

$$2\ N\left\{\begin{matrix}C^3H^5O^2\\ H\\ H\end{matrix}\right. + O^3\left\{\begin{matrix}N\\ N\end{matrix}\right. = 2\ NN + \frac{O^2\left\{\begin{matrix}(C^3H^5O^2)^2\\ H^2\end{matrix}\right.}{O\left\{\begin{matrix}H\\ H\end{matrix}\right.}$$

Alanine. — Ac. nitreux anhydre. — Acide lactique, plus eau.

Elles donnent des sels d'amides avec certaines bases métalliques :

$$2\ N\left\{\begin{matrix}C^2H^3O^2\\ H\\ H\end{matrix}\right. + O\left\{\begin{matrix}Zn\\ Zn\end{matrix}\right. = 2\ N\left\{\begin{matrix}C^2H^3O^2\\ Zn\\ H\end{matrix}\right. + O\left\{\begin{matrix}H\\ H\end{matrix}\right.$$

Sucre de gélatine. — Combin. de sucre de gélatine et de zinc.

Ces sels d'amides sont attaqués par les chlorures d'acides; ainsi, lorsqu'on traite par le chlorure de benzoïle la combinaison zincique du sucre de gélatine, il se produit du chlorure de zinc et de l'acide hippurique (Dessaignes) :

$$N\left\{\begin{matrix}C^2H^3O^2\\ Zn\\ H\end{matrix}\right. + Cl,C^7H^5O = N\left\{\begin{matrix}C^2H^3O^2\\ C^7H^5O\\ H\end{matrix}\right. + ClZn.$$

Comb. zincique du sucre de gélatine. — Chlorure de benzoïle. — Acide hippurique. — Chlorure de zinc.

§ 2558. 4° Tantôt 3 atomes d'hydrogène de trois molécules d'ammoniaque sont remplacés par un radical triatomique, ou par trois radicaux monatomiques; ces *triamides primaires* correspondent aux sels d'ammoniaque neutres des acides tribasiques.

Citramide ou triazoture de citryle et d'hydrogène. . . . . $C^6H^{11}N^3O^4 = N^3\left\{\begin{matrix}C^6H^5O^4\\ H^3\\ H^3\end{matrix}\right.$

Mélamine et mélam, ou triazoture de cyanuryle et d'hydrogène. . $C^3H^6N^6 = N^3\left\{\begin{matrix}Cy^3\\ H^3\\ H^3\end{matrix}\right.$

La citramide correspond à l'acide citrique; la mélamine et son isomère, le mélam, correspondent à l'acide cyanurique.

La citramide et le mélam (poliène) se comportent avec les alcalis et les acides concentrés à la manière des autres amides primaires, en dégageant de l'ammoniaque et en produisant l'acide tribasique (ou le sel alcalin) correspondant. Le mélam est remarquable en ce qu'au lieu de se transformer immédiatement, dans ces circonstances, en ce dernier acide, il donne deux corps intermédiaires (ammméline et ammélide) qui représentent des combinaisons d'oxyde et d'azoture :

Amméline. . . . . $C^3H^5N^5O = \left.\begin{matrix}O\\N^2\end{matrix}\right\}\begin{matrix}Cy^3\\H^5\end{matrix} = \dfrac{O\left\{\begin{matrix}Cy\\H\end{matrix}\right.}{2\,N\left\{\begin{matrix}Cy\\H\\H\end{matrix}\right.}$

Ammélide. . . . . $C^3H^4N^4O^2 = \left.\begin{matrix}O^2\\N\end{matrix}\right\}\begin{matrix}Cy^3\\H^4\end{matrix} = \dfrac{2\,O\left\{\begin{matrix}Cy\\H\end{matrix}\right.}{N\left\{\begin{matrix}Cy\\H\\H\end{matrix}\right.}$

Acide cyanurique. $C^3H^3N^3O^3 = O^3\left\{\begin{matrix}Cy^3\\H^3\end{matrix}\right.$

On connaît aussi de semblables combinaisons de chlorure et d'azoture, de sulfure et d'azoture :

Chlorocyanamide. . $C^3H^4N^5Cl = \left.\begin{matrix}Cl\\N^2\end{matrix}\right\}\begin{matrix}Cy^3\\H^4\end{matrix} = \dfrac{Cl,Cy}{2\,N\left\{\begin{matrix}Cy\\H\\H\end{matrix}\right.}$

Acide sulfomelloniq. $C^3H^4N^4S^2 = \left.\begin{matrix}S^2\\N\end{matrix}\right\}\begin{matrix}Cy^3\\H^4\end{matrix} = \dfrac{2\,S\left\{\begin{matrix}Cy\\H\end{matrix}\right.}{N\left\{\begin{matrix}Cy\\H\\H\end{matrix}\right.}$

La chlorocyanamide se produit par le chlorure de cyanogène solide et l'ammoniaque.

L'isomérie que présentent le mélam et la mélamine est semblable à celle qu'on observe entre la carbamide et l'urée, ou entre la malamide et l'asparagine; la mélamine, en effet, est un alcali bien déterminé, qui se combine directement, comme l'ammoniaque, avec un grand nombre d'acides. On obtient la mélamine par l'action de la chaleur sur la cyanamide, son isomère (Cloëz et Cannizarro) :

$$3\,N\left\{\begin{array}{l}Cy\\H\\H\end{array}\right. = N^3\left\{\begin{array}{l}Cy^3\\H^3\\H^3\end{array}\right.$$

Cyanamide. Mélamine.

§ 2559. *Amides secondaires.* Elles représentent de l'ammoniaque dont les deux tiers de l'hydrogène sont remplacés par des radicaux d'acides. Elles correspondent à des bisels d'ammoniaque.

1° Tantôt les deux atomes d'hydrogène d'une molécule d'ammoniaque sont remplacés par deux radicaux monatomiques :

Azoture de disulfophényle et d'hydrogène . . . . $C^{12}H^{11}NS^2O^4 = N\left\{\begin{array}{l}C^6H^5SO^2\\C^6H^5SO^2\\H\end{array}\right.$

Azoture de sulfophényle, de benzoïle et d'hydrogène. . $C^{13}H^{11}NSO^3 = N\left\{\begin{array}{l}C^6H^5SO^2\\C^7H^5O\\H\end{array}\right.$

Azoture de sulfophényle, de cumyle et d'hydrogène. . . $C^{16}H^{17}NSO^3 = N\left\{\begin{array}{l}C^6H^5SO^2\\C^{10}H^{11}O\\H\end{array}\right.$

Benzoïl-salicylamide, ou azoture de salicyle, de benzoïle et d'hydrogène. . . . . . . $C^{14}H^{11}NO^3 = N\left\{\begin{array}{l}C^7H^5O^2\\C^7H^5O\\H\end{array}\right.$

Cumyl-salicylamide, ou azoture de salicyle, de cumyle et d'hydrogène. . . . . . . $C^{17}H^{17}NO^3 = N\left\{\begin{array}{l}C^7H^5O^2\\C^{10}H^{11}O\\H\end{array}\right.$

Acide hippurique, ou azoture de glycollyle, de benzoïle et d'hydrogène. . . . . $C^9H^9NO^3 = N\left\{\begin{array}{l}C^2H^3O^2\\C^7H^5O\\H\end{array}\right.$

Ces amides secondaires résultent des amides primaires ou de leurs sels métalliques par l'action des chlorures d'acides (Chiozza et Gerhardt) :

$$N\left\{\begin{array}{l}C^6H^5SO^2\\H\\H\end{array}\right. + Cl,C^7H^5O = N\left\{\begin{array}{l}C^6H^5SO^2\\C^7H^5O\\H\end{array}\right. + ClH.$$

Azot. de sulfophényle et d'hydrog. — Chlorure de benzoïle. — Azot. de sulfophényle, de benzoïle et d'hydrogène.

$$N\left\{\begin{matrix}C^6H^5SO^2\\ Ag\\ H\end{matrix}\right. + Cl,C^6H^5SO^2 = N\left\{\begin{matrix}C^6H^5SO^2\\ C^6H^5SO^2\\ H\end{matrix}\right. + ClAg.$$

Azot. de sulfo-phényle, d'argent et d'hydrog.	Chlorure de sulfophényle.	Azot. de disulfophényle et d'hydrogène.

$$N\left\{\begin{matrix}C^2H^3O^2\\ Zn\\ H\end{matrix}\right. + Cl,C^7H^5O = N\left\{\begin{matrix}C^2H^3O^2\\ C^7H^5O\\ H\end{matrix}\right. + ClZn$$

Combin. zincique du sucre de gélatine.	Chlorure de benzoïle.	Acide hippurique.

Le troisième atome d'hydrogène disponible dans les amides secondaires peut être remplacé par un radical de base métallique :

$$N\left\{\begin{matrix}C^7H^5O^2\\ C^7H^5O\\ Ag\end{matrix}\right. \qquad N\left\{\begin{matrix}C^2H^3O^2\\ C^7H^5O\\ Ag\end{matrix}\right.$$

Azoture de salicyle, de benzoïle et d'argent.	Hippurate d'argent.

Ordinairement les amides secondaires rougissent le tournesol. Elles se dissolvent aisément dans l'ammoniaque. Leurs sels d'argent s'y dissolvent aussi en produisant des diamides ou diazotures :

$$N\left\{\begin{matrix}C^6H^5SO^2\\ C^7H^5O\\ Ag\end{matrix}\right. + N\left\{\begin{matrix}H\\ H\\ H\end{matrix}\right. = N^2\left\{\begin{matrix}C^6H^5SO^2\\ C^7H^5O\\ Ag\\ H^2\end{matrix}\right.$$

Azoture de sulfophényle, de benzoïle et d'argent.	Azoture d'hydrogène.	Diazoture de sulfophényle, de benzoïle, d'argent et d'hydrogène.

2° Tantôt les 2 atomes d'hydrogène d'une molécule d'ammoniaque sont remplacés par un radical biatomique, comme dans les amides suivantes, dites *imides*, qui correspondent à des bisels d'ammoniaque formés par des acides bibasiques :

Carbonimide, azoture de carbonyle et d'hydrogène, ou acide cyanique . . . . . $CHNO = N\left\{\begin{matrix}CO\\ H\end{matrix}\right.$

Succinimide, ou azoture de succinyle et d'hydrogène . . $C^4H^5NO^2 = N\left\{\begin{matrix}C^4H^4O^2\\ H\end{matrix}\right.$.

Pyrotartrimide, ou azoture de pyrotartryle et d'hydrogène. $C^5H^7NO^2 = N\left\{\begin{matrix}C^5H^6O^2\\H\end{matrix}\right.$

Phtalimide, ou azoture de phtalyle et d'hydrogène . . $C^8H^5NO^2 = N\left\{\begin{matrix}C^8H^4O^2\\H\end{matrix}\right.$

Camphorimide, ou azoture de camphoryle et d'hydrogène. $C^{10}H^{15}NO^2 = N\left\{\begin{matrix}C^{10}H^{14}O^2\\H\end{matrix}\right.$

La plupart de ces amides se produisent : par l'action de la chaleur sur les sels ammoniacaux acides des acides bibasiques,

$$\underset{\text{Bisuccinate d'ammoniaque.}}{O^2\left\{\begin{matrix}C^4H^4O^2\\H\\NH^4\end{matrix}\right.} - 2\,H^2O = \underset{\text{Succinimide.}}{N\left\{\begin{matrix}C^4H^4O^2\\H\end{matrix}\right.}$$

par l'action de la chaleur sur les diamides des acides bibasiques,

$$\underset{\text{Succinamide.}}{N^2\left\{\begin{matrix}C^4H^4O^2\\H^2\\H^2\end{matrix}\right.} - N\left\{\begin{matrix}H\\H\\H\end{matrix}\right. = \underset{\text{Succinimide.}}{N\left\{\begin{matrix}C^4H^4O^2\\H\end{matrix}\right.}$$

ou par l'action de la chaleur sur les acides amidés (Laurent) :

$$\underset{\text{Acide camphoramique.}}{O\left\{\begin{matrix}NH^2(C^{10}H^{14}O^2)\\ \end{matrix}\right.} - H^2O = \underset{\text{Camphorimide.}}{N\left\{\begin{matrix}C^{10}H^{14}O^2\\H\end{matrix}\right.}$$

Bouillies avec de l'ammoniaque faible, les amides dont nous parlons fixent généralement 1 at. d'eau pour se transformer en sel d'ammoniaque de l'acide amidé:

$$\underset{\text{Succimide.}}{N\left\{\begin{matrix}C^4H^4O^2\\H\end{matrix}\right.} + O\left\{\begin{matrix}H\\H\end{matrix}\right. = \underset{\text{Acide succinamique.}}{O\left\{\begin{matrix}NH^2(C^4H^4O^2)\\H\end{matrix}\right.}$$

Avec des acides ou des alcalis minéraux concentrés, elle fixent 2 at. d'eau pour se dédoubler en acide bibasique et en ammoniaque :

$$\underset{\text{Succinimide.}}{N\left\{\begin{matrix}C^4H^4O^2\\H\end{matrix}\right.} + \underset{\text{2 mol. Eau.}}{O^2\left\{\begin{matrix}H^2\\H^2\end{matrix}\right.} = N\left\{\begin{matrix}H\\H\\H\end{matrix}\right. + \underset{\text{Acide succinique.}}{O^2\left\{\begin{matrix}C^4H^4O^2\\H^2\end{matrix}\right.}$$

L'hydrogène disponible du type ammoniaque qu'elles renferment peut être échangé pour certains radicaux métalliques.

$$N\left\{\begin{array}{l}C^4H^4O\\Ag\end{array}\right. ; \qquad N\left\{\begin{array}{l}CO\\Ag.\end{array}\right.$$

Succinimide argentique. — Carbonimide argentique, ou cyanate d'argent.

Comme l'acide cyanique peut être dérivé d'une molécule d'ammoniaque pour représenter l'azoture de carbonyle et d'hydrogène, son polymère, l'acide cyanurique est à dériver de trois molécules d'ammoniaque :

$$\text{Acide cyanurique. } C^3H^3N^3O^3 = N^3\left\{\begin{array}{l}(CO)^3\\H^3\end{array}\right.$$

§ 2560. *Amides tertiaires.* Elles représentent de l'ammoniaque dont tout l'hydrogène est remplacé par des radicaux d'acides. Elles correspondent à des trisels d'ammoniaque.

1° Tantôt tout l'hydrogène d'une molécule d'ammoniaque est remplacé par trois radicaux monatomiques :

Azoture de sulfophényle et de benzoïle. $C^{20}H^{15}NSO^4 = N\left\{\begin{array}{l}C^6H^5SO^2\\C^7H^5O\\C^7H^5O\end{array}\right.$

Azoture de sulfophényle, de benzoïle et d'acétyle. . . . $C^{15}H^{13}NSO^4 = N\left\{\begin{array}{l}C^6H^5SO^2\\C^7H^5O\\C^2H^3O\end{array}\right.$

Azoture de sulfophényle, de benzoïle et de cumyle. . . . . $C^{23}H^{21}NSO^4 = N\left\{\begin{array}{l}C^6H^5SO^2\\C^7H^5O\\C^{10}H^{11}O\end{array}\right.$

Ces amides tertiaires s'obtiennent en traitant les amides secondaires ou leurs sels d'argent par des chlorures d'acides :

$$N\left\{\begin{array}{l}C^6H^5SO^2\\C^7H^5O\\Ag\end{array}\right. + Cl,C^2H^3O = N\left\{\begin{array}{l}C^6H^5SO^2\\C^7H^5O\\C^2H^3O\end{array}\right. + ClAg.$$

Azoture de sulfophényle, de benzoïle et d'argent. — Chlorure d'acétyle. — Azoture de sulfophényle, de benzoïle et d'acétyle. — Chlorure d'argent.

2° Tantôt tout l'hydrogène d'une molécule d'ammoniaque est remplacé par un radical monatomique et par un radical biatomique :

Azoture de succinyle et de sulfophényle. . . . . $C^{10}H^9NSO^4 = N\left\{\begin{array}{l}C^4H^4O^2\\C^6H^5SO^2.\end{array}\right.$

Les amides tertiaires de ce genre se produisent par l'action des chlorures d'acides sur les amides secondaires correspondant aux acides bibasiques.

Bouillies avec de l'ammoniaque faible, elles donnent le sel d'ammoniaque d'un acide amidé :

$$N\left\{\begin{matrix} C^4H^4O^2 \\ C^6H^5SO^2 \end{matrix}\right. + O\left\{\begin{matrix} NH^4 \\ H \end{matrix}\right. = O\left\{\begin{matrix} N(C^4H^4O^2)(C^6H^5SO^2)H \\ NH^4 \end{matrix}\right. ,$$

Azoture de succinyle et de sulfophényle. — Succinyl-sulfophénylamate d'ammoniaque.

3° Tantôt tout l'hydrogène d'une molécule d'ammoniaque est remplacé par un radical triatomique.

Les combinaisons minérales suivantes appartiennent à cette classe d'amides par leur mode de formation ou leurs réactions :

Biphosphamide, ou azoture de phosphoryle. $NPO = N,PO$

Boramide, ou azoture de bore. . . . . $NB = N,B$

Azote libre, ou azoture d'azote, c'est-à-dire amide de l'acide nitreux. . . . . $NN = N,N$

Protoxyde d'azote, ou azoture d'azotyle, c'est-à-dire amide de l'acide nitrique. . . $N^2O = N,NO.$

4° Tantôt tout l'hydrogène de deux molécules d'ammoniaque est remplacé par des radicaux monatomiques ou biatomiques, comme dans les *diamides tertiaires* suivantes :

Trisuccinamide, ou diazoture de trisuccinyle. . . . . $C^{12}H^{12}N^2O^6 = N^2\left\{\begin{matrix} C^4H^4O^2 \\ C^4H^4O^2 \\ C^4H^4O^2 \end{matrix}\right.$

Diazoture de succinyle, de dibenzoïle et de disulfophényle. . . . . $C^{30}H^{24}N^2S^2O^8 = N^2\left\{\begin{matrix} C^4H^4O^2 \\ (C^7H^5O)^2 \\ (C^6H^5SO^2)^2 \end{matrix}\right.$

Ces diamides se produisent par l'action des chlorures d'acides sur d'autres amides ou diamides.

Azotures intermédiaires.

§ 2561. Sels d'amides. — Lorsque l'hydrogène du type ammoniaque est remplacé à la fois par un radical de base et par un radical d'acide, on a un sel d'amide.

Benzamidate de mercure, ou azoture de benzoïle, de mercure et d'hydrogène. . . . . $C^7H^6HgNO = N\left\{\begin{matrix} C^7H^5O \\ Hg \\ H \end{matrix}\right.$

Sulfophénylamidate d'argent, ou azoture de sulfophényle, d'argent et d'hydrogène. . . . . . $C^6H^6AgNSO^2 = N\left\{\begin{matrix} C^6H^5SO^2 \\ Ag \\ H \end{matrix}\right.$

La plupart des amides primaires donnent de semblables sels.

Ceux-ci se produisent par l'action directe des amides sur des bases (oxydes d'argent, de mercure), ou sur les sels correspondants. Ils sont décomposés par la plupart des acides qui s'emparent de leur base.

Les sels d'amides à base d'argent sont vivement attaqués par les chlorures d'acides, et donnent, par double décomposition, des amides secondaires et du chlorure d'argent :

$$N\left\{\begin{matrix} C^6H^5SO^2 \\ Ag \\ H \end{matrix}\right. + Cl,C^7H^5O = N\left\{\begin{matrix} C^6H^5SO^2 \\ C^7H^5O \\ H \end{matrix}\right. + ClAg.$$

Azoture de sulfophényle, d'argent et d'hydrogène.	Chlorure de benzoïle.	Azoture de sulfophényle, de benzoïle et d'hydrogène.	Chlorure d'argent.

Les amides secondaires donnent encore plus facilement des sels que les amides primaires.

§ 2562. Alcalamides. — Ces corps, qui sont aux azotures ce que les éthers composés sont aux oxydes, représentent de l'ammoniaque dans laquelle l'hydrogène est remplacé à la fois par un radical d'alcool (ou d'aldéhyde, considérée comme hydrate) et par un radical d'acide. J'ai découvert en 1845 les premières alcalamides (oxanilide, benzanilide); elles contiennent les éléments d'un alcali organique et d'un acide, moins les éléments de l'eau.

Comme les alcalis et les amides, les alcalamides peuvent être distingués en secondaires et en tertiaires, suivant que la substitution porte sur deux ou sur trois atomes d'hydrogène du type ammoniaque. On désigne les alcalamides sous les noms de *méthylamides*, d'*éthylamides*, de *phénylamides* ou d'*anilides*, etc., suivant l'alcali organique auquel elles correspondent.

§ 2563. *Alcalamides secondaires*. Elles représentent de l'ammoniaque dont les deux tiers de l'hydrogène sont remplacés par un radical d'alcool (ou d'aldéhyde) et par un radical d'acide. Elles correspondent aux sels neutres des alcalis organiques.

1° Tantôt 2 atomes d'hydrogène d'une molécule d'ammoniaque sont remplacés par un radical d'alcool et par un radical d'acide monatomique : ces alcalamides correspondent aux sels neutres formés d'alcalis et d'acides monobasiques ; elles renferment les éléments d'un semblable sel moins 1 atome d'eau :

$$\underset{\text{Formanilide.}}{C^7H^7NO} = \underset{\text{Formiate d'aniline.}}{CH^2O^2,C^6H^7N} - H^2O.$$

Alcalamides secondaires homologues à radical d'alcool C^nH^{2n+1} et à radical d'acide $C^nH^{2n-1}O$:

Éthyl-formiamide, ou azoture d'éthyle, de formyle et d'hydrogène. . . . . $C^3H^7NO = N\left\{\begin{matrix} C^2H^5 \\ CHO \\ H \end{matrix}\right.$

Éthyl-acétamide, ou azoture d'éthyle, d'acétyle et d'hydrogène. . . . . $C^4H^9NO = N\left\{\begin{matrix} C^2H^5 \\ C^2H^3O \\ H \end{matrix}\right.$

etc.

Alcalamides secondaires homologues à radical d'alcool C^nH^{2n-7} et à radical d'acide $C^nH^{2n-1}O$:

Phényl-formiamide (formanilide), ou azoture de phényle, de formyle et d'hydrogène. . . . . . $C^7H^7NO = N\left\{\begin{matrix} C^6H^5 \\ CHO \\ H \end{matrix}\right.$

Phényl-acétamide (acétanilide), ou azoture de phényle, d'acétyle et d'hydrogène. . . . . $C^8H^9NO = N\left\{\begin{matrix} C^6H^5 \\ C^2H^3O \\ H \end{matrix}\right.$

Phényl-butyramide (butyranilide), ou azoture de phényle, de butyryle et d'hydrogène. . $C^{10}H^{13}NO = N\left\{\begin{matrix} C^6H^5 \\ C^4H^7O \\ H \end{matrix}\right.$

Phényl-valéramide (valéranilide), ou azoture de phényle, de valéryle et d'hydrogène. . $C^{11}H^{15}NO = N\left\{\begin{matrix} C^6H \\ C^5H^9O \\ H \end{matrix}\right.$

etc.

Alcalamides secondaires diverses :

Phényl-benzamide (benzanilide), ou azoture de phényle, de benzoïle et d'hydrogène. . . . . . $C^{13}H^{11}NO = N\left\{\begin{matrix}C^6H^5\\C^7H^5O\\H\end{matrix}\right.$

Phényl-anisamide (anisanilide), ou azoture de phényle, d'anisyle et d'hydrogène. . . . . . . $C^{14}H^{13}NO^2 = N\left\{\begin{matrix}C^6H^5\\C^8H^7O^2\\H\end{matrix}\right.$

Phényl-cinnamide (cinnanilide), ou azoture de phényle, de cinnamyle et d'hydrogène. . . . . $C^{15}H^{13}NO = N\left\{\begin{matrix}C^6H^5\\C^9H^7O\\H\end{matrix}\right.$

Ces alcalamides secondaires se produisent par l'action des chlorures ou des acides anhydres sur les alcalis primaires (Gerhardt) :

$$\underset{\text{Chlor. de benzoïle.}}{Cl, C^7H^5O} + \underset{\text{Aniline.}}{N\left\{\begin{matrix}C^6H^5\\H\\H\end{matrix}\right.} = ClH + \underset{\text{Benzanilide.}}{N\left\{\begin{matrix}C^6H^5\\C^7H^5O\\H\end{matrix}\right.}$$

$$\underset{\text{Anhyd. benzoïq.}}{O\left\{\begin{matrix}C^7H^5O\\C^7H^5O\end{matrix}\right.} + \underset{\text{2 mol. Aniline.}}{N^2\left\{\begin{matrix}(C^6H^5)^2\\H^2\\H^2\end{matrix}\right.} = O\left\{\begin{matrix}H\\H\end{matrix}\right. + \underset{\text{2 mol. Benzanilide.}}{N^2\left\{\begin{matrix}(C\,H^5)^2\\(C^7H^5O)^2\\H^2\end{matrix}\right.}$$

On a également obtenu des alcalamides secondaires en faisant agir les acides monobasiques correspondants sur les éthers cyaniques (Wurtz) :

$$\underset{\text{Acide formique.}}{O\left\{\begin{matrix}CHO\\H\end{matrix}\right.} + \underset{\text{Cyanate d'éthyle.}}{N\left\{\begin{matrix}CO\\C^2H^5\end{matrix}\right.} = \underset{\text{Acide carbonique.}}{O, CO} + \underset{\text{Éthyl-formiamide.}}{N\left\{\begin{matrix}C^2H^5\\CHO\\H\end{matrix}\right.}$$

Ces alcalamides secondaires sont des corps cristallisables, peu solubles dans l'eau. Elles ne se combinent pas avec les acides. Traitées par les acides ou par les alcalis minéraux concentrés, elles fixent de l'eau, et se transforment en acide monobasique et en alcali organique,

$$\underset{\text{Acétanilide.}}{N\left\{\begin{matrix}C^6H^5\\C^7H^3O\\H\end{matrix}\right.} + O\left\{\begin{matrix}H\\H\end{matrix}\right. = \underset{\text{Aniline.}}{N\left\{\begin{matrix}C^6H^5\\H\\H\end{matrix}\right.} + \underset{\text{Acide acétique.}}{O\left\{\begin{matrix}C^2H^3O\\H\end{matrix}\right.}$$

§ 2564. Voici d'autres alcalamides dignes d'attention.

Alcalamides secondaires homologues à radical d'alcool C^nH^{2n+1} et à radical d'acide Cy (cyanogène), correspondant à l'acide cyanique et aux alcools de la série α :

Méthyl-cyanamide, ou méthylamide cyanique. . . . . $C^2H^4N^2 = N\left\{\begin{matrix}CH^3\\ Cy\\ H\end{matrix}\right.$

Ethyl-cyanamide, ou éthylamide cyanique.. . . . . $C^3H^6N^2 = N\left\{\begin{matrix}C^2H^5\\ Cy\\ H\end{matrix}\right.$

Amyl-cyanamide, ou amylamide cyanique. . . . . $C^6H^{12}N^2 = N\left\{\begin{matrix}C^5H^{11}\\ Cy\\ H\end{matrix}\right.$

Ces alcalamides, décrites par MM. Cahours et Cloëz, se produisent par le chlorure de cyanogène et les alcalis primaires méthylamine, éthylamine, etc. Elles constituent des alcalis faibles, capables de former, avec les acides concentrés, des combinaisons qu'un excès d'eau décompose. Elles ne sont pas volatiles sans décomposition ; la chaleur les dédouble en dialcalamide et en alcalamide tertiaire; l'éthyl-cyanamide, par exemple, ou azoture de cyanogène, d'éthyle et d'hydrogène, se dédouble en diazoture de dicyanogène, d'éthyle et de trihydrogène, et en azoture de cyanogène et de diéthyle :

$$3\,N\left\{\begin{matrix}C^2H^5\\ Cy\\ H\end{matrix}\right. = N^2\left\{\begin{matrix}C^2H^5\\ Cy^2\\ H^3\end{matrix}\right. + N\left\{\begin{matrix}C^2H^5\\ C^2H^5\\ Cy\end{matrix}\right.$$

Éthyl-cyanamide. Diéthyl-cyanamide.

Alcalamides secondaires homologues à radical d'alcool C^nH^{2n-7} et à radical d'acide Cy :

Phényl-cyanamide, ou cyananilide. . $C^7H^6N^2 = N\left\{\begin{matrix}C^6H^5\\ Cy\\ H\end{matrix}\right.$

Toluyl-cyanamide. . . . . $C^8H^8N^2 = N\left\{\begin{matrix}C^7H^7\\ Cy\\ H\end{matrix}\right.$

Ces alcalamides secondaires résultent de l'action du chlorure de cyanogène sur les alcalis primaires aniline, toluidine, etc. Ce sont des corps insolubles dans l'eau, solubles dans l'alcool et l'éther, et non volatils sans décomposition.

En chauffant du chlorhydrate d'aniline avec la cyananilide, on obtient du chlorhydrate de mélaniline (Cahours et Cloëz),

$$N\left\{\begin{matrix} C^6H^5 \\ H \\ H \end{matrix}\right. + N\left\{\begin{matrix} C^6H^5 \\ Cy \\ H \end{matrix}\right. = N^2\left\{\begin{matrix} (C^6H^5)^2 \\ Cy \\ H^3 \end{matrix}\right.$$

Aniline. Cyananilide. Mélaniline.

§ 2565. 2° Tantôt 2 atomes d'hydrogène de deux molécules d'ammoniaque sont remplacés par un radical d'alcool et par un radical d'acide biatomique ; ces *dialcalamides* correspondent aux sels neutres formés d'alcalis organiques et d'acides bibasiques ; elles renferment les éléments d'un semblable sel moins 2 atomes d'eau :

$$C^{14}H^{12}N^2O^2 = C^2H^2O^4, 2\,C^6H^7N - 2\,H^2O.$$

Oxanilide. Oxalate d'aniline.

Dialcalamides secondaires homologues à radical d'alcool C^nH^{2n+1} et à radical d'acide $C^nH^{2n-4}O^2$:

Diméthyl-oxamide, ou diazoture de diméth. et d'oxalyle. $C^4H^8N^2O^2 = N^2\left\{\begin{matrix} C^2O^2 \\ (CH^3)^2 \\ H^2 \end{matrix}\right.$

Diéthyl-oxamide, ou diazoture de diéth. et d'oxalyle. $C^6H^{12}N^2O^2 = N^2\left\{\begin{matrix} C^2O^2 \\ (C^2H^5)^2 \\ H^2 \end{matrix}\right.$

Diamyl-oxamide, ou diazoture de diamyle et d'oxalyle. . . $C^{12}H^{24}N^2O^2 = N^2\left\{\begin{matrix} C^2O^2 \\ (C^5H^{11})^2 \\ H^2 \end{matrix}\right.$

etc.

Dialcalamides secondaires à radical d'alcool C^nH^{2n-7} et à radical d'acide $C^nH^{2n-4}O^2$:

Diphényl-oxamide (oxanilide), ou diazoture de diphényle et d'oxalyle. . . . . $C^{14}H^{12}N^2O^2 = N^2\left\{\begin{matrix} C^2O^2 \\ (C^6H^5)^2 \\ H^2 \end{matrix}\right.$

Diphényl-succinamide (succinanilide), ou diazoture de diphényle et d'oxalyle. . . $C^{16}H^{16}N^2O^2 = N^2\left\{\begin{matrix} C^4H^4O^2 \\ (C^6H^5)^2 \\ H^2 \end{matrix}\right.$

Diphényl-subéramide, ou diazoture de diphényle et de subéryle. . . . . $C^{20}H^{24}N^2O^2 = N^2\left\{\begin{matrix} C^8H^{12}O^2 \\ (C^6H^5)^2 \\ H^2 \end{matrix}\right.$

Dialcalamides secondaires diverses :

Diphényl-urée, et diphényl-carbamide, ou diazoturé de diphényle et de carbonyle. $C^{13}H^{12}N^2O = N^2\left\{\begin{matrix}CO\\(C^6H^5)^2\\H^2\end{matrix}\right.$

Diphényl-sulfocarbamide, ou diazoture de diphényle et de sulfocarbonyle. . . . . $C^{13}H^{12}N^2S = N^2\left\{\begin{matrix}CS\\(C^6H^5)^2\\H^2\end{matrix}\right.$

Diphényl-itaconamide, ou diazoture de diphényle et d'itaconyle. . . . . $C^{17}H^{16}N^2O^2 = N^2\left\{\begin{matrix}C^5H^4O^2\\(C^6H^5)^2\\H^2\end{matrix}\right.$

On obtient ces dialcalamides : par l'action de la chaleur sur les sels neutres des alcalis organiques correspondants (méthylamine, éthylamine, aniline, etc.),

$$O^2\left\{\begin{matrix}C^2O^2\\ [N(CH^3)H^3]^2\end{matrix}\right. - 2\,H^2O = N^2\left\{\begin{matrix}C^2O^2\\(CH^3)^2\\H^2\end{matrix}\right. ;$$

Oxal. de méthylamine. Diméthyl-oxamide.

par l'action des alcalis organiques sur les éthers composés des acides bibasiques,

$$O^2\left\{\begin{matrix}C^2O^2\\(C^2H^5)^2\end{matrix}\right. + N^2\left\{\begin{matrix}(CH^3)^2\\H^2\\H^2\end{matrix}\right. = O^2\left\{\begin{matrix}H^2\\(C^2H^5)^2\end{matrix}\right. + N^2\left\{\begin{matrix}(CH^3)^2\\C^2O^2\\H^2\end{matrix}\right. ;$$

Oxal. d'éthyle. 2 mol. Méthylamine. 2 mol. Alcool. Diméthyl-oxamide.

par l'action des alcalis organiques sur les chlorures d'acides,

$$Cl^2, CO + N^2\left\{\begin{matrix}(C^6H^5)^2\\H^2\\H^2\end{matrix}\right. = Cl^2H^2 + N^2\left\{\begin{matrix}(C^6H^5)^2\\CO\\H^2\end{matrix}\right.$$

Chlorure de carbonyle. 2 mol. Aniline. 2 mol. Ac. chlorhydriq. Carbanilide.

Lorsqu'on traite ces dialcalamides par de la potasse en fusion, elles dégagent l'alcali organique, en donnant un sel d'acide bibasique.

Les alcalamides des acides alcalamidés sont identiques aux dialcalamides (Pebal); ainsi la phényl-amide de l'acide phényl-oxamique (oxanilique) n'est autre que la diphényl-oxamide (oxanilide).

On connaît quelques dialcalamides intermédiaires dans lesquelles le radical positif ne remplace qu'un seul atome d'hydrogène de deux molécules d'ammoniaque :

Phényl-urée, et phényl-carbamide, carbanilamide, ou diazoture de phényle et de carbonyle. . . . . $C^7H^8N^2O = N^2\begin{cases}CO\\C^6H^5\\H^3\end{cases}$

Phényl-oxamide, oxanilamide, ou diazoture de phényle et d'oxalyle. . . . . $C^8H^8N^2O^2 = N^2\begin{cases}C^2O^2\\C^6H^5\\H^3\end{cases}$

Ces dialcalamides correspondent à des sels doubles neutres d'ammoniaque et d'alcali organique (aniline), et se transforment, par la potasse, comme les diamides précédentes, en dégageant à la fois de l'ammoniaque et de l'alcali organique.

§ 2566. Parmi les dialcalamides précédemment mentionnées, on remarque deux cas d'isomérie : la diphényl-urée et la diphényl-carbamide, la phényl-urée et la phényl-carbamide. Les deux urées ont la propriété de former des sels avec les acides ; les deux carbamides, leurs isomères, manquent de cette propriété.

On donne le nom d'*urées composées* aux dialcalamides qui, comme la phényl-urée et la diphényl-urée, renferment les éléments de l'urée ordinaire dans laquelle un ou plusieurs atomes d'hydrogène sont remplacés par un radical d'alcool, et qui forment des sels avec les acides. M. Chancel a découvert les urées composées à radical d'alcool phénique ; on doit à M. Wurtz les procédés de préparation d'autres urées composées, contenant les radicaux d'alcools C^nH^{2n+1}.

Voici ces urées composées :

Méthyl-urée. . . . . $C^2H^6N^2O = N^2\begin{cases}CO\\CH^3\\H^3\end{cases}$

Diméthyl-urée. . . . . $C^3H^8N^2O = N^2\begin{cases}CO\\(CH^3)^2\\H^2\end{cases}$

Éthyl-urée. . . . . $C^3H^8N^2O = N^2\begin{cases}CO\\C^2H^5\\H^3\end{cases}$

Diéthyl-urée. . . . . $C^5H^{12}N^2O = N^2\left\{\begin{array}{l}CO\\(C^2H^5)^2\\H^2\end{array}\right.$

Méthyléthyl-urée. . . . . $C^4H^{10}N^2O = N^2\left\{\begin{array}{l}CO\\CH^3\\C^2H^5\\H^2\end{array}\right.$

Tétréthyl-urée. . . . . $C^9H^{20}N^2O = N^2\left\{\begin{array}{l}CO\\(C^2H^5)^4\end{array}\right.$

Allyl-urée (Cahours et Hofmann). $C^4H^8N^2O = N^2\left\{\begin{array}{l}CO\\C^3H^5\\H^3\end{array}\right.$

Diallyl-urée, ou sinapoline. . . . $C^7H^{12}N^2O = N^2\left\{\begin{array}{l}CO\\(C^3H^5)^2\\H^2\end{array}\right.$

Amyl-urée. . . . . $C^6H^{14}N^2O = N^2\left\{\begin{array}{l}CO\\C^5H^{11}\\H^3\end{array}\right.$

Éthylamyl-urée. . . . . $C^8H^{18}N^2O = N^2\left\{\begin{array}{l}CO\\C^2H^5\\C^5H^{11}\\H^2\end{array}\right.$

Phényl-urée. . . . . $C^7H^8N^2O = N^2\left\{\begin{array}{l}CO\\C^6H^5\\H^3\end{array}\right.$

Diphényl-urée, ou flavine. . . . $C^{13}H^{12}N^2O = N^2\left\{\begin{array}{l}CO\\(C^6H^5)^2\\H^2\end{array}\right.$

A chacune de ces urées correspond probablement une isomère, non susceptible de se combiner avec les acides.

Les urées de cette série constituent des substances cristallisables, solubles dans l'eau. Elles se produisent : par la combinaison de l'acide cyanique (carbonimide, azoture de carbonyle et d'hydrogène) avec un azoture d'alcool,

$$\underset{\text{Acide cyanique.}}{N\left\{\begin{array}{l}CO\\H\end{array}\right.} + \underset{\text{Éthylamine.}}{N\left\{\begin{array}{l}C^2H^5\\H\\H\end{array}\right.} = \underset{\text{Éthyl-urée.}}{N^2\left\{\begin{array}{l}CO\\C^2H^5\\H^3\end{array}\right.}$$

par l'action de l'eau sur les éthers cyaniques (azotures de carbonyle et de radical d'alcool),

$$2\,N\left\{\begin{matrix}CO\\C^2H^5\end{matrix}\right. + O\left\{\begin{matrix}H\\H\end{matrix}\right. = N^2\left\{\begin{matrix}CO\\(C^2H^5)^2\\H^2\end{matrix}\right. + O,\,CO$$

Cyanate d'éthyle. — Diéthyl-urée. — Acide carbonique.

ou par la combinaison de l'ammoniaque avec les éthers cyaniques,

$$N\left\{\begin{matrix}CO\\C^2H^5\end{matrix}\right. + N\left\{\begin{matrix}H\\H\\H\end{matrix}\right. = N^2\left\{\begin{matrix}CO\\C^2H^5\\H^3\end{matrix}\right.$$

Cyanate d'éthyle. — Éthyl-urée.

Traitées par la potasse caustique, ces urées composées donnent du carbonate, et un alcali volatil (méthylamine, éthylamine, etc.),

$$N^2\left\{\begin{matrix}CO\\C^2H^5\\H^3\end{matrix}\right. + O^2\left\{\begin{matrix}H^2\\K^2\end{matrix}\right. = \frac{N\left\{\begin{matrix}C^2H^5_4\\H^2\end{matrix}\right.}{NH^3} + O^2\left\{\begin{matrix}CO\\K^2\end{matrix}\right.$$

Éthyl-urée. — 2 mol. Hydrate de potasse. — Éthylamine, plus ammoniaque. — Carbonate de potasse.

$$N^2\left\{\begin{matrix}CO\\(C^2H^5)^2\\H^2\end{matrix}\right. + O^2\left\{\begin{matrix}H^2\\K^2\end{matrix}\right. = N^2\left\{\begin{matrix}(C^2H^5)^2\\H^4\end{matrix}\right. + O^2\left\{\begin{matrix}CO\\K^2\end{matrix}\right.$$

Diéthyl-urée. — 2 mol. Hydrate de potasse. — 2 mol. Éthylamine. — Carbonate de potasse.

L'urée ordinaire pouvant être représentée comme un cyanate d'ammonium, il est évident que les urées composées sont également à exprimer par des formules rationnelles semblables. (Voy. § 233.)

La thiosinamine (§ 885) est une urée composée sulfurée : elle se produit par la combinaison de l'ammoniaque avec le sulfocyanure d'allyle,

Thiosinamine, ou diallyl-urée sulfurée. . . . . $C^4H^8N^2S = N^2\left\{\begin{matrix}CS\\C^3H^5\\H^3\end{matrix}\right.$

§ 2567. 3° Tantôt 2 atomes d'hydrogène de trois molécules d'ammoniaque sont remplacés par un radical d'alcool et par un radical d'acide triatomique; ces *trialcalamides* correspondent aux sels neutres formés d'alcalis organiques et d'acides tribasiques; elles renferment les éléments d'un semblable sel moins 3 atomes d'eau.

On n'a obtenu jusqu'à présent que la trialcalamide suivante :

Phényl-citramide ou citranilide, triazoture de citryle, de triphén. et d'hydrogène. $C^{24}H^{23}N^3O^4 = N^3\left\{\begin{array}{l}(C^6H^5)^3\\ C^6H^5O^4\\ H^3\end{array}\right.$

§ 2568. *Alcalamides tertiaires.* Elles représentent de l'ammoniaque dont la totalité de l'hydrogène est remplacée par un radical d'alcool et par un radical d'acide.

1° Tantôt les 3 atomes d'hydrogène d'une molécule d'ammoniaque sont remplacés par 1 atome de radical d'alcool et par 2 atomes de radical d'acide monatomique; ces alcalamides correspondent aux sels acides formés d'alcalis primaires et d'acides monobasiques; elles renferment les éléments d'un semblable sel moins 2 atomes d'eau :

$$\underset{\text{Dibenzanilide.}}{C^{20}H^{15}NO^2} = \underset{\text{Bibenzoate d'aniline.}}{2C^7H^6O^2,\ C^6H^7N} - 2H^2O.$$

Alcalamides tertiaires diverses :

Éthyl-diacétamide, ou azoture d'éthyle et de diacétyle. . . . $C^6H^{11}NO^2 = N\left\{\begin{array}{l}C^2H^5\\ C^2H^3O\\ C^2H^3O\end{array}\right.$

Phényl-dibenzamide, dibenzanilide, ou azoture de phényle et de dibenzoïle. . . . . $C^{20}H^{15}NO^2 = N\left\{\begin{array}{l}C^6H^5\\ C^7H^5O.\\ C^7H^5O\end{array}\right.$

Ces alcalamides tertiaires se forment par l'action des chlorures d'acides sur les alcalamides secondaires précédemment indiquées (Chiozza et Gerhardt).

$$\underset{\text{Chlorure de benzoïle.}}{Cl, C^7H^5O} + \underset{\text{Azoture de phényle, de benzoïle et d'hydrogène.}}{N\left\{\begin{array}{l}C^6H^5\\ C^7H^5O\\ H\end{array}\right.} = ClH + \underset{\text{Azoture de phényle et de dibenzoïle.}}{N\left\{\begin{array}{l}C^6H^5\\ C^7H^5O\\ C^7H^5O\end{array}\right.}$$

Elles prennent également naissance par la réaction des acides anhydres sur les éthers cyaniques (Wurtz),

$$\underset{\text{Anhyd. acétique.}}{O\left\{\begin{array}{l}C^2H^3O\\ C^2H^3O\end{array}\right.} + \underset{\text{Cyanate d'éthyle.}}{N\left\{\begin{array}{l}CO\\ C^2H^5\end{array}\right.} = O, CO + \underset{\text{Éthyl-diacétamide.}}{N\left\{\begin{array}{l}C^2H^5\\ C^2H^3O\\ C^2H^3O\end{array}\right.}$$

Ce sont des corps neutres, ne se combinant ni avec les acides ni avec les bases.

2° Tantôt les 3 atomes d'hydrogène d'une molécule d'ammoniaque sont remplacés par 2 at. de radical d'alcool et par 1 atome de radical d'acide monatomique; ces alcalamides correspondent aux sels neutres formés d'alcalis secondaires et d'acides monobasiques.

Alcalamides tertiaires homologues à radical d'alcool C^nH^{2n+1} et à radical d'acide Cy (cyanogène) :

Méthyléthyl-cyanamide. . . . $C^4H^8N^2 = N\left\{\begin{matrix}CH^3\\C^2H^5\\Cy\end{matrix}\right.$

Diéthyl-cyanamide (2 vol.). . $C^5H^{10}N^2 = N\left\{\begin{matrix}C^2H^5\\C^2H^5\\Cy\end{matrix}\right.$

Diamyl-cyanamide. . . . . . . $C^{11}H^{22}N^2 = N\left\{\begin{matrix}C^5H^{11}\\C^5H^{11}\\Cy\end{matrix}\right.$

Ces alcalamides tertiaires se produisent, d'après MM. Cahours et Cloëz, par la réaction du chlorure de cyanogène et des alcalis secondaires méthyléthylamine, diéthylamine, etc., ainsi que par l'action de la chaleur sur les alcalamides secondaires correspondantes (p. 777). Elles constituent des liquides volatils sans décomposition. Elles ne paraissent pas susceptibles de former des combinaisons définies avec les acides. Sous l'influence des acides et des bases concentrées, elles se transforment en acide carbonique, ammoniaque et alcalis secondaires (diéthylamine, etc.); cette réaction est conforme à la transformation qu'éprouve l'acide cyanique dans les mêmes circonstances; on a, en effet,

$$\underset{\text{Diéthyl-cyanamide.}}{N\left\{\begin{matrix}C^2H^5\\C^2H^5\\Cy\end{matrix}\right.} + O\left\{\begin{matrix}H\\H\end{matrix}\right. = \underset{\text{Diéthylamine.}}{O\left\{\begin{matrix}C^2H^5\\C^2H^5\\H\end{matrix}\right.} + \underset{\text{Ac. cyanique.}}{O\left\{\begin{matrix}Cy\\H\end{matrix}\right.}$$

Or l'acide cyanique est aussi l'azoture de carbonyle et d'hydrogène (p. 579); on a donc également :

$$\underset{\text{Acide cyanique.}}{N\left\{\begin{matrix}CO\\H\end{matrix}\right.} + O\left\{\begin{matrix}H\\H\end{matrix}\right. = N\left\{\begin{matrix}H\\H\\H\end{matrix}\right. + \underset{\text{Ac. carbonique.}}{O,CO}$$

Voici une autre série d'alcalamides tertiaires homologues, à radicaux d'alcools C^nH^{2n+1} et C^6H^5 (phényle), et à radical d'acide Cy :

Méthyl-phényl-cyanamide, ou méthylanilide cyanique. . . . . . $C^8H^8N^2 = N\begin{cases}CH^3\\C^6H^5\\Cy\end{cases}$

Éthyl-phényl-cyanamide, ou éthylanilide cyanique. . . . . $C^9H^{10}N^2 = N\begin{cases}C^2H^5\\C^6H^5\\Cy\end{cases}$

Amyl-phényl-cyanamide, ou amylanilide cyanique. . . . . $C^{12}H^{16}N^2 = N\begin{cases}C^5H^{11}\\C^6H^5\\Cy\end{cases}$

Ces alcalamides tertiaires se produisent par la réaction du chlorure de cyanogène et des alcalis secondaires méthyl-aniline, éthylaniline, etc. Ce sont des liquides volatils sans décomposition, et se comportant comme des alcalis faibles. (Le chlorhydrate d'éthylphényl-cyanamide donne avec le bichlorure de platine une belle combinaison cristallisable.)

3° Tantôt les 3 atomes d'hydrogène d'une molécule d'ammoniaque sont remplacés par un radical d'alcool et par un radical d'acide biatomique ; ces alcalamides correspondent aux sels acides formés d'alcalis primaires et d'acides bibasiques ; elles renferment les éléments d'un semblable sel moins 2 atomes d'eau.

Alcalamides tertiaires diverses :

Phényl-succinimide, succinanile, ou azoture de phényle et de succinyle. . . . . $C^{10}H^9NO^2 = N\begin{cases}C^4H^4O^2\\C^6H^5\end{cases}$

Phényl-pyrotartrimide, pyrotartranile, ou azoture de phényle et de pyrotartryle. . . . . $C^{11}H^{11}NO^2 = N\begin{cases}C^5H^6O^2\\C^6H^5\end{cases}$

Phényl-citraconimide, citraconanile, ou azoture de phényle et de citraconyle. . . . . $C^{11}H^9NO^2 = N\begin{cases}C^5H^4O^2\\C^6H^5\end{cases}$

Phényl-phtalimide, phtalanile, ou azoture de phényle et de phtalyle. . . . . $C^{14}H^9NO^2 = N\begin{cases}C^8H^4O^2\\C^6H^5\end{cases}$

Phényl-camphorimide, camphoranile, ou azoture de phényle et de camphoryle. . . . . $C^{16}H^{19}NO^2 = N\begin{cases} C^{10}H^{14}O^2 \\ C^6H^5 \end{cases}$

On n'a étudié jusqu'à présent, parmi les alcalamides de cette classe, que des phényl-amides (*aniles*). Elles se produisent par la réaction de l'aniline avec les acides bibasiques ou leurs anhydrides, et probablement aussi avec leurs chlorures :

$$O, C^{10}H^{14}O^2 + N\begin{cases} C^6H^5 \\ H \\ H \end{cases} = O\begin{cases} H \\ H \end{cases} + N\begin{cases} C^6H^5 \\ C^{10}H^{14}O^2 \end{cases}$$

Anhydr. camphoriq. Aniline. Camphoranile.

$$O^2\begin{cases} C^{10}H^{14}O^2 \\ H^2 \end{cases} + N\begin{cases} C^6H^5 \\ H \\ H \end{cases} = O^2\begin{cases} H^2 \\ H^2 \end{cases} + N\begin{cases} C^6H^5 \\ C^{10}H^{14}O^2 \end{cases}$$

Acide camphoriq. Aniline. 2 mol. Eau. Camphoranile.

Bouillies avec de l'ammoniaque faible, ces phényl-amides se transforment en sel d'ammoniaque de l'acide phényl-amidé :

$$N\begin{cases} C^6H^5 \\ C^{10}H^{14}O^2 \end{cases} + O\begin{cases} H \\ H \end{cases} = O\begin{cases} N(C^6H^5)(C^{10}H^{14}O^2)H \\ H \end{cases}$$

Camphoranile. Acide camphoranilique.

Traitées par la potasse en fusion, elles dégagent de l'aniline :

$$N\begin{cases} C^6H^5 \\ C^{10}H^{14}O^2 \end{cases} + O^2\begin{cases} H^2 \\ K^2 \end{cases} = N\begin{cases} C^6H^5 \\ H \\ H \end{cases} + O^2\begin{cases} C^{10}H^{14}O^2 \\ K^2 \end{cases}$$

Camphoranile. 2 mol. Hydrate de potasse. Aniline. Camphorate de potasse.

Comme l'acide cyanique représente l'azoture de carbonyle et d'hydrogène (carbonimide), aussi bien que l'oxyde de cyanogène et d'hydrogène, il est évident que les *éthers cyaniques* (§ 2498) peuvent également être exprimés comme des alcalamides carboniques :

Cyanate de méthyle, méthyl-carbonimide, ou azoture de méthyle et de carbonyle. . . . . $C(CH^3)NO = N\begin{cases} CO \\ CH^3 \end{cases}$

Cyanate d'éthyle, éthyl-carbonimide, ou azoture d'éthyle et de carbonyle. . . . . $C(C^2H^5)NO = N\begin{cases} CO \\ C^2H^5 \end{cases}$

Cyanate de phényle, phényl-carbonimide, ou azoture et de phényle de carbonyle. . . . . $C(C^6H^5)NO = N\left\{\begin{matrix}CO\\C^6H^5\end{matrix}\right.$

Nous avons déjà résumé (p. 688) les propriétés de ces composés. Nous rappellerons qu'ils se dédoublent par l'action de l'hydrate de potasse, à la manière des phényl-amides précédentes : ils donnent, en effet, du carbonate, ainsi que de la méthylamine, de l'éthylamine, de l'aniline, etc. Ils se transforment en dialcalamides (urées composées, § 2566), soit par l'action de l'eau, soit par l'absorption de l'ammoniaque :

$$N^2\left\{\begin{matrix}(CO)^2\\(CH^3)^2\end{matrix}\right. + OH^4 = N^2\left\{\begin{matrix}CO\\H^2\\(CH^3)^2\end{matrix}\right. + O,CO.$$

2 mol. Cyanate de méthyle. — Diméthyl-urée. — Ac. carboniq. anhydre.

$$N\left\{\begin{matrix}CO\\CH^3\end{matrix}\right. + N\left\{\begin{matrix}H\\H\\H\end{matrix}\right. = N^2\left\{\begin{matrix}CO\\H^3\\CH^3.\end{matrix}\right.$$

Cyanate de méthyle. — Méthyl-urée.

4° Il est probable qu'en appliquant les méthodes précédemment indiquées aux alcalis secondaires (diméthylamine, éthylaniline, etc.), on pourrait aussi obtenir des *dialcalamides tertiaires*, représentant deux molécules d'ammoniaque dont 4 atomes d'hydrogène seraient remplacés par un radical d'alcool, et 2 at. d'hydrogène par un radical d'acide. Ainsi, on pourrait avoir la réaction suivante :

$$Cl^2, C^4H^4O^2 + N^2\left\{\begin{matrix}(CH^3)^2\\(CH^3)^2\\H^2\end{matrix}\right. = Cl^2H^2 + N^2\left\{\begin{matrix}(CH^3)^2\\(CH^3)^2\\C^4H^4O^2\end{matrix}\right.$$

Chlor. de succinyle. — 2 mol. Diméthylamine. — 2 mol. Acide chlorhydriq. — Tétraméthyl-succinamide.

5° Aux alcalamides précédentes se rattachent aussi celles qui correspondent aux sels acides formés d'alcalis primaires et d'acides tribasiques (à radicaux triatomiqnes). On ne connaît, sous ce rapport, que les composés suivants, décrits par M. Pebal :

Phényl-citrimide, citro-bianile, ou diazoture de citryle, de diphényle et d'hydrogène. . $C^{18}H^{16}N^2O^4 = N^2\left\{\begin{matrix}(C^6H^5)^2\\C^6H^5O^4\\H\end{matrix}\right.$

Phényl-aconitimide, aconitobianile, ou diazoture d'aconityle, de diphényle et d'hydrogène. . . . . $C^{18}H^{14}N^2O^3 = N^2\begin{cases}(C^6H^5)^2\\C^6H^3O^3\\H\end{cases}$

Ces dialcalamides contiennent les éléments du citrate et de l'aconitate bianilique moins 3 atomes d'eau.

B. Phosphures.

§ 2569. Les *phosphures* dérivent du type ammoniaque par la substitution du radical phosphore à l'azote et d'autres radicaux à l'hydrogène.

Phosphures positifs.

§ 2570. Les *phosphures positifs* comprennent les *phosphures de bases* et les *phosphures d'alcools*. Parmi ces derniers on connaît les suivants, dont le premier terme a été découvert par M. Paul Thénard :

Triphospho-méthylamine. . . $C^3H^9P = P\begin{cases}CH^3\\CH^3\\CH^3\end{cases}$

Triphosphéthylamine. . . . . $C^6H^{15}P = P\begin{cases}C^2H^5\\C^2H^5\\C^2H^5\end{cases}$

Triphosphamylamine. . . . . $C^{15}H^{33}P = P\begin{cases}C^5H^{11}\\C^5H^{11}\\C^5H^{11}\end{cases}$

Ces phosphures se produisent par l'action du phosphure de calcium sur les éthers chlorhydriques. On peut aussi les obtenir avec les éthers iodhydriques et le phosphure de sodium (résultant de la combinaison directe du phosphore avec le sodium) ; mais ce mode de préparation n'est pas sans danger à cause des produits inflammables ou détonants qu'il fournit ; la réaction est d'ailleurs complexe. MM. Cahours et Hofmann préfèrent préparer les phosphures d'alcools par la réaction du protochlorure de phosphore et du zinc-méthyle ou de ses homologues :

$$Cl^3,P + 3\,Zn,CH^3 = 3\,ClZn + P\begin{cases}CH^3\\CH^3\\CH^3\end{cases}$$

Chlor. de phosph. — Zinc-méthyle. — Chlorure de zinc. — Phosphure de méthyle.

Dans cette réaction, le chlorure de zinc reste combiné avec le phosphure d'alcool; le produit étant distillé avec de la potasse caustique, le phosphure d'alcool distille sous la forme d'une huile volatile, douée d'une odeur rappelant celle des bases arséniées.

Les phosphures d'alcools possèdent des propriétés alcalines très-prononcées. Ils donnent, avec les acides, des sels très-solubles et cristallisables. Leurs chlorhydrates forment avec le bichlorure de platine des composés de couleur orangée, très-solubles, et qu'une évaporation lente abandonne en beaux cristaux.

Au contact des éthers iodhydriques, les phosphures d'alcools se comportent comme les alcalis tertiaires azotés (§ 2547) en donnant des composés solides qui représentent les iodures de bases conjuguées (§ 2468)

$$P(CH^3)^3 + I,CH^3 = I,P(CH^3)^4$$

Phosphure de méthyle. — Iodure de méthyle. — Iodure de tétraphosphométhyl-ammonium.

Phosphures négatifs.

§ 2571. Ils correspondent aux amides. On ne connaît que le chloracéthyphide (§ 510) ou

$$\text{Phosphure de trichloracétyle.}\quad C^2H^2Cl^3PO = P\begin{cases}C^2Cl^3O\\H\\H\end{cases}$$

qu'on obtient par la réaction du phosphure d'hydrogène et du chlorure de trichloracétyle (Cloëz).

C. Arséniures et Antimoniures.

§ 2572. Les *arséniures* et les *antimoniures* peuvent être dérivés du type ammoniaque comme les phosphures. Les arséniures et les antimoniures à radicaux d'alcools (*éthers arsénhydriques* et *anti-*

monhydriques) ont bien la composition des azotures correspondants,

Arséniure d'éthyle. . . . . . $C^6H^{15}As = As\begin{cases}C^2H^5\\C^2H^5\\C^2H^5\end{cases}$

Antimoniure d'éthyle. . . . $C^6H^{15}Sb = Sb\begin{cases}C^2H^5\\C^2H^5\\C^2H^5\end{cases}$

mais comme ces composés, au lieu de se comporter à la manière des alcalis, possèdent plutôt les caractères de métaux, nous les classerons dans cette dernière catégorie (métaux de bases conjuguées).

TYPE HYDROGÈNE.

MÉTAUX.

§ 2573. Les *métaux*, ou dérivés du type hydrogène par la substitution d'un radical à l'hydrogène, sont *primaires* ou *secondaires*, suivant que cette substitution porte sur un ou sur deux atomes d'hydrogène du type :

I. *Métaux positifs.*	*Métaux de bases.*	Dérivés primaires, ou *hydrures de bases.*
		Dérivés secondaires, ou *métaux proprement dits.*
	Métaux d'alcools.	Dérivés primaires, ou *hydrures d'alcools.*
		Dérivés secondaires, ou *métaux d'alcools.*
	Métaux d'aldéhydes.	Dérivés primaires, ou *hydrures d'aldéhydes.*
		Dérivés secondaires, ou *métaux d'aldéhydes.*
II. *Métaux négatifs.*	*Métaux d'acides.*	Dérivés primaires, ou *hydrures d'acides.*
		Dérivés secondaires, *métaux d'acides* ou *métalloïdes.*

Les *métaux positifs* correspondent aux bases, aux alcools et aux aldéhydes. Ils comprennent, comme dérivés primaires, les hydrures, et, comme dérivés secondaires, les métaux proprement dits ; ces derniers sont les soi-disant *radicaux* de l'ancienne théorie. Les hydrures et les métaux correspondant aux bases métalliques ont la propriété de se combiner directement avec l'oxygène, le soufre et le chlore pour former des bases, des sulfures de bases et des chlorures de bases.

Les hydrures et les métaux correspondant aux alcools et aux aldéhydes comprennent des composés de carbone et d'hydrogène, auxquels manque cette propriété.

Les *métaux négatifs* correspondent aux acides. Les hydrures d'acides organiques sont les mêmes corps que les aldéhydes, déjà considérées comme hydrates. Les métaux d'acides comprennent les métalloïdes.

Les *métaux intermédiaires* comprennent des composés dans lesquels à la fois un radical positif et un radical négatif remplacent les deux atomes d'hydrogène du type.

Métaux positifs.

§ 2574. Hydrures de bases. — La substitution d'un radical métallique à la moitié de l'hydrogène du type donne les hydrures correspondant aux bases.

Il existe des hydrures *monatomiques*, *biatomiques*, *triatomiques*, etc., suivant qu'ils dérivent d'une, de deux ou de trois molécules d'hydrogène, ou que les bases correspondantes dérivent d'une, de deux ou de trois molécules d'eau.

On connaît très-peu d'hydrures en chimie minérale :

Hydrure de cuivre (cuprosum).	HCu^2,	dérivant de	HH,
Hydrure d'antimoine.	H^3Sb,	«	H^3H^3,
Hydrure d'arsenic.	H^3As,	«	H^3H^3.

Ces hydrures ont la propriété de pouvoir s'oxyder directement pour donner les bases[1] correspondantes :

$$\left.\begin{matrix}H\\H\end{matrix}\right\}\left\{\begin{matrix}Cu^2\\Cu^2\end{matrix}\right. + O\ O = O\left\{\begin{matrix}Cu^2\\Cu^2\end{matrix}\right. + O\left\{\begin{matrix}H\\H.\end{matrix}\right.$$

2 mol. Hydrure de cuivre. — Protoxyde de cuivre.

[1] L'acide arsénieux se comporte comme base; voy. l'émétique d'arsenic, p. 683. On sait que les dissolutions d'arsenic se précipitent par l'hydrogène sulfuré comme les dissolutions des bases.

$$\left.\begin{matrix} H^2 \\ H^2 \\ H^2 \end{matrix}\right\} \begin{matrix} Sb \\ Sb \end{matrix} + O^3\,O^3 = O^3 \left\{\begin{matrix} Sb \\ Sb \end{matrix}\right. + O^3 \left\{\begin{matrix} H^2 \\ H^2 \\ H^2. \end{matrix}\right.$$

2 mol. Hydrure d'antimoine. 3 mol. Oxygène. Oxyde d'antimoine. 3 mol. Eau.

Les mêmes hydrures fixent du chlore pour donner les chlorures correspondants,

$$\left.\begin{matrix} H \\ H \\ H \end{matrix}\right\} Sb + Cl^3\,Cl^3 = Cl^3\,Sb + Cl^3 \left\{\begin{matrix} H \\ H \\ H. \end{matrix}\right.$$

Hydrure d'antimoine. 3 mol. Chlore. Chlorure d'antimoine. 3 mol. Acide chlorhydrique.

§ 2575. MÉTAUX PROPREMENT DITS. — Ils comprennent la plupart des corps métalliques de la chimie minérale :

Potassium. .	KK,	dérivant de HH,
Antimoine. . .	SbSb,	« de H^3H^3,
Aluminium. .	Al^2Al^2,	« de H^3H^3,
etc.		

§ 2576. *Métaux de bases conjuguées.* — Les métaux organiques qui ressemblent le plus, par leurs propriétés chimiques, aux métaux proprement dits, sont ceux qui correspondent aux bases conjuguées (§ 2466) ; ces combinaisons représentent le type hydrogène dont les 2 atomes d'hydrogène sont remplacés partie par un radical de base métallique, partie par un radical d'alcool :

Arséniure de méthyle, ou arsénio-méthyle	C^3H^9As	$= As, (CH^3)^3$
Arséniure d'éthyle, ou arsénéthyle (2 vol.).	$C^6H^{15}As$	$= As, (CH^5)^3$
Perarséniure de méthyle ou cacodyle (2 vol.). . . .	$C^4H^{12}As^2$	$= As^2 \left\{\begin{matrix}(CH^3)^2 \\ (CH^3)^2\end{matrix}\right.$
Perarséniure d'éthyle, ou éthyl-cacodyle.	$C^8H^{20}As^2$	$= As^2 \left\{\begin{matrix}(C^2H^5)^2 \\ (C^2H^5)^2\end{matrix}\right.$
Antimoniure d'éthyle, ou stibéthyle (2 vol.). . . .	$C^6H^{15}Sb$	$= Sb, (C^2H^5)^3$
Bismuthure d'éthyle, ou bismuthéthyle.	$C^6H^{15}Bi$	$= Bi, (C^2H^5)^3$

Stannure d'éthyle, ou stannéthyle. . . . . $C^2H^5Sn = Sn, C^2H^5$

Ces métaux s'obtiennent par la réaction des alliages d'arsenic, d'antimoine, de bismuth ou d'étain sur les éthers iodhydriques :

$$\underset{\text{Arsén. de sodium.}}{AsNa^3} + \underset{\text{Iodure d'éthyle.}}{3\,I, C^2H^5} = \underset{\text{Arséniure d'éthyle.}}{As(C^2H^5)^3} + \underset{\text{Iodure de sodium.}}{3\,I\,Na}$$

$$\underset{\text{Perarséniure de sodium.}}{As^2\left\{\begin{matrix}Na^2\\Na^2\end{matrix}\right.} + \underset{\text{Iodure d'éthyle.}}{4\,I, C^2H^5} = \underset{\text{Éthyl-cacodyle.}}{As^2\left\{\begin{matrix}(C^2H^5)^2\\(C^2H^5)^2\end{matrix}\right.} + \underset{\text{Iodure de sodium.}}{4\,I\,Na}$$

Les arséniures d'alcools se produisent aussi par la réaction des zincures d'alcools (zinc-méthyle, zinc-éthyle) avec le protochlorure d'arsenic (Cahours et Hofmann) :

$$\underset{\text{Chlorure d'arsenic.}}{Cl^3As} + \underset{\text{Zinc-éthyle.}}{3\,Zn, C^2H^5} = \underset{\text{Chlorure de zinc.}}{3\,ClZn} + \underset{\text{Arséniure d'éthyle.}}{As, (C^2H^5)^3}$$

Ils se présentent sous la forme d'huiles plus pesantes que l'eau, insolubles dans ce liquide, d'une odeur désagréable, et répandant souvent des fumées au contact de l'air en s'oxygénant (quelquefois s'y enflamment). Les métaux conjugués contenant de l'arsenic ou de l'antimoine sont volatils sans décomposition.

En absorbant l'oxygène de l'air, ils donnent des bases conjuguées ; cette oxydation s'effectue aussi au contact de l'oxyde de mercure, qui est alors réduit à l'état métallique :

Oxyde d'arsénéthyle. . . . $C^{12}H^{30}As^2O^2 = O^2\left\{\begin{matrix}As(C^2H^5)^3\\As(C^2H^5)^3\end{matrix}\right.$

Oxyde de stibéthyle. . . . $C^{12}H^{30}Sb^2O^2 = O^2\left\{\begin{matrix}Sb(C^2H^5)^3\\Sb(C^2H^5)^3\end{matrix}\right.$

Oxyde de méthyl-cacodyle. $C^4H^{12}As^2O = O\left\{\begin{matrix}As(CH^3)^2\\As(CH^3)^2\end{matrix}\right.$

L'acide nitrique faible oxyde les métaux conjugués avec dégagement de bioxyde d'azote, et production de nitrates :

Nitrate d'arsénéthyle. . . . $C^6H^{15}AsO^6N^2 = O^2\left\{\begin{matrix}As(C^2H^5)^3\\(NO^2)^2\end{matrix}\right.$

Nitrate de stibéthyle. . . . $C^6H^{15}SbO^6N^2 = O^2\left\{\begin{matrix}Sb(C^2H^5)^3\\(NO^2)^2\end{matrix}\right.$

Nitrate de méthyl-cacodyle. $C^2H^6AsO^3N = O\left\{\begin{matrix}As(CH^3)^2\\NO^2\end{matrix}\right.$

Bouillis en solution éthérée avec de la fleur de soufre, les métaux conjugués se convertissent en sulfures, dont la solution aqueuse se comporte avec les solutions métalliques comme celle des sulfures alcalins :

Sulfure d'arsénéthyle. . . . $C^{12}H^{30}As^2S^2 = S^2 \begin{cases} As(C^2H^5)^3 \\ As(C^2H^5)^3 \end{cases}$

Sulfure de stibéthyle. . . . $C^{12}H^{30}Sb^2S^2 = S^2 \begin{cases} Sb(C^2H^5)^3 \\ Sb(C^2H^5)^3 \end{cases}$

Sulfure de méthyl-cacodyle. $C^4H^{12}As^2S = S \begin{cases} As(CH^3)^2 \\ As(CH^3)^2 \end{cases}$

Traités par le chlore, le brome ou l'iode, ils donnent des chlorures, des bromures ou des iodures de bases, dont la solution aqueuse précipite les sels d'argent :

Iodure d'arsénéthyle. . . . $C^6H^{15}AsI^2 = I^2, As(C^2H^5)^3$

Iodure de stibéthyle. . . . $C^6H^{15}SbI^2 = I^2, Sb(C^2H^5)^3$

Iodure de méthyl-cacodyle. $C^2H^6 AsI = I, As(CH^3)^2$

Mis en contact avec un éther iodhydrique, les métaux conjugués se combinent avec cet éther en produisant l'iodure d'une base dérivant d'un hydrate d'ammonium dont l'azote est remplacé par de l'arsenic ou de l'antimoine :

$$\underset{\text{Arsén. d'éthyle.}}{As, (C^2H^5)^3} + \underset{\text{Iodure d'éthyle.}}{I, C^2H^5} = \underset{\text{Iodure d'arsénéthylium.}}{I, As(C^2H^5)^4},$$

$$\underset{\text{Antimon. d'éthyle.}}{Sb, (C^2H^5)^3} + \underset{\text{Iodure de méthyle.}}{I, CH^3} = \underset{\text{Iodure de stibéthyl-méthylium.}}{I, Sb(CH^3)(C^2H^5)^3}.$$

Il est à remarquer que les séléniures et les tellurures à radical d'alcool se comportent également comme ces métaux conjugués.

§ 2577. Hydrures d'alcools. — La substitution d'un radical d'alcool à 1 atome du type hydrogène donne les hydrures d'alcools.

Le gaz des marais est l'hydrure d'alcool le plus anciennement connu.

α. Hydrures homologues à radical C^nH^{2n+1} :

Gaz des marais, ou hydrure de méthyle. . . . . $CH^4 = H,CH^3$

Hydrure d'éthyle. . . . . $C^2H^6 = H,C^2H^5$

Hydrure de tétryle. . . . . $C^4H^{10} = H,C^4H^9$

Hydrure d'amyle. . . . . $C^5H^{12} = H,C^5H^{11}$

etc.

Ces hydrures se produisent quelquefois dans la putréfaction ou dans la distillation sèche des matières organiques (l'hydrure de méthyle s'obtient ainsi par la décomposition du bois); ils se forment également par l'action du zinc sur les chlorures ou les iodures d'alcools correspondants :

$$2\ I,C^5H^{11} + ZnZn = 2\ IZn + H,C^5H^{11} + C^5H^{10}$$

Iodure d'amyle. Hydrure d'amyle. Amylène.

On observe aussi la formation des mêmes hydrures dans l'action de l'eau sur certains métaux mixtes à radical de base et à radical d'alcool, tels que l'éthylure de zinc:

$$Zn,C^2H^5 + O\left\{\begin{matrix}H\\H\end{matrix}\right. = H,C^2H^5 + O\left\{\begin{matrix}Zn\\H\end{matrix}\right.$$

Éthylure de zinc. Hydrure d'éthyle. Hydrate de zinc.

Les hydrures d'alcools sont des corps gazeux ou des liquides volatils sans décomposition, qui n'exercent pas d'action sur les papiers colorés. Le chlore les attaque en donnant des produits chloroconjugués :

$$H,C^2H^5 + ClCl = H,C^2H^4Cl + ClH.$$

Hydrure d'éthyle. Hydrure de chlor-éthyle.

β. Hydrures homologues à radical C^nH^{2n-1}. Les hydrocarbures nCH^2 (gaz oléfiant, tritylène, etc.) paraissent être à la fois des hydrures d'alcools et des hydrures d'aldéhydes, à moins cependant qu'il n'y ait pour chaque terme deux corps isomères et non identiques.

Le tritylène ou propylène C^3H^6 représente positivement l'hydrure de l'alcool acrylique; existe-il un hydrocarbure isomère, correspondant à l'aldéhyde propionique (isomère de l'alcool acrylique), c'est ce qu'il reste à chercher expérimentalement.

Voy. § 2581, *Hydrures d'aldéhydes*.

γ. Hydrures homologues à radical C^nH^{2n-7} :

Benzine ou hydrure de phényle. . $C^6H^6 = H,C^6H^5$
Toluène ou hydrure de toluényle. $C^7H^8 = H,C^7H^7$
Xylène. . . . . $C^8H^{10} = H,C^8H^9$
Cumène. . . . . $C^9H^{12} = H,C^9H^{11}$
Cymène. . . . . $C^{10}H^{14} = H,C^{10}H^{13}$.

Ces hydrures se produisent dans la distillation sèche de beaucoup de substances organiques, telles que la houille, le bois, la résine de Tolu, etc. On les obtient également dans la distillation des acides monobasiques à radical C^nH^{2n-9}, avec un excès de chaux ou de baryte caustique :

$$\underset{\text{Acide benzoïque.}}{C^7H^6O^2} = CO^2 + \underset{\text{Benzine.}}{C^6H^6}.$$

Le toluène se produit aussi par la distillation de l'alcool toluique avec une solution alcoolique de potasse; le cymène est contenu dans l'essence de cumin, et se produit par la distillation de l'alcool cuminique avec la potasse.

A la température ordinaire, les hydrures de cette série sont liquides; quelquefois ils se solidifient par le froid (p. ex. la benzine). Ils sont volatils sans décomposition.

Traités par l'acide sulfurique anhydre, ils donnent des hydrures sulfoconjugués :

$$\underset{\text{2 mol. Benzine.}}{H^2,(C^6H^5)^2} + O,SO^2 = \underset{\text{Sulfobenzide.}}{H^2,(C^6H^4)^2SO^2} + O\left\{\begin{matrix}H\\H\end{matrix}\right.$$

Avec l'acide sulfurique concentré, ils se transforment en acides sulfoconjugués monobasiques (§ 2488).

Avec l'acide nitrique fumant, ou avec un mélange d'acide nitrique et d'acide sulfurique concentrés, ils produisent des hydrures nitroconjugués ou binitroconjugués :

$$\underset{\text{Benzine.}}{H,C^6H^5} + \underset{\text{Ac. nitrique.}}{O\left\{\begin{matrix}NO^2\\H\end{matrix}\right.} = \underset{\text{Nitrobenzine.}}{H,C^6H^4(NO^2)} + O\left\{\begin{matrix}H\\H\end{matrix}\right.$$

$$\underset{\text{Benzine.}}{H,C^6H^5} + \underset{\text{2 mol. Ac. nitrique.}}{2\,O\left\{\begin{matrix}NO^2\\H\end{matrix}\right.} = \underset{\text{Binitrobenzine.}}{H,C^6H^3(NO^2)^2} + 2\,O\left\{\begin{matrix}H\\H.\end{matrix}\right.$$

Ces produits nitroconjugués se transforment en alcalis sous l'influence des agents réducteurs (§ 2578).

Soumis à l'action du chlore ou du brome, les hydrures d'alcools de cette série fixent directement ces éléments en donnant des chlorhydrates chloroconjugués :

$$\underset{\text{Benzine.}}{H,C^6H^5} + \underset{\text{3 mol. Chlore.}}{Cl^3Cl^3} = \underset{\text{Trichlorure de benzine.}}{\begin{matrix}H\\Cl^3\end{matrix}\left\{\begin{matrix}C^6H^2(Cl^3)\\H^3\end{matrix}\right.}$$

Une solution alcoolique de potasse dédouble ces chlorhydrates en acide chlorhydrique et en hydrures chloroconjugués :

$$\left.\begin{matrix} H \\ Cl^3 \end{matrix}\right\} \begin{matrix} C^6H^2(Cl^3) \\ H^3 \end{matrix} = H,C^6H^2(Cl^3) + 3\ ClH.$$

Trichlorure de benzine. — Trichloro-benzine.

Les hydrures d'alcools de cette série ne sont pas attaqués par le perchlorure de phosphore (Cahours).

Plusieurs hydrocarbures, notamment la naphtaline $C^{10}H^8$, se rapprochent des hydrures de cette série par leur manière d'être.

§ 2578. *Hydrures d'alcools conjugués.* — L'action directe du chlore, du brome, de l'acide nitrique et de l'acide sulfurique sur les hydrures d'alcools, donne naissance à différents composés conjugués.

Les *hydrures chloroconjugués* s'obtiennent avec les hydrures α et les hydrures β :

Hydrure de chloréthyle. . $C^2H^5Cl = H,C^2H^4Cl$
Trichlorobenzine. . . . . $C^6H^3Cl^3 = H,C^6H^2Cl^3$
etc.

Ce sont des liquides volatils, insolubles dans l'eau, inattaquables par la potasse alcoolique.

Dans l'action du chlore sur les hydrures à radical C^nH^{2n-7}, il y a toujours d'abord double décomposition entre le chlore et l'hydrure; mais les deux produits de l'échange (l'acide chlorhydrique et l'hydrure chloroconjugué) restent en combinaison et ne se séparent que si l'on distille cette combinaison ou qu'on la traite par la potasse alcoolique.

Les *hydrures bromoconjugués* se produisent comme les corps chlorés précédents, et possèdent des propriétés semblables.

Les *hydrures nitroconjugués* s'obtiennent en dissolvant dans l'acide nitrique fumant les hydrures d'alcools de la série β, ou en les traitant par un mélange d'acide nitrique et d'acide sulfurique :

Nitrobenzine. . . $C^6H^5(NO^2) = H, C^6H^4(NO^2)$
Binitrobenzine. . . $C^6H^4(NO^2)^2 = H, C^6H^3(NO^2)^2$
Nitrotoluène. . . $C^7H^7(NO^2) = H, C^7H^6(NO^2)$
Binitrotoluène. . $C^7H^6(NO^2)^2 = H, C^7H^5(NO^2)^2$
etc.

Les corps suivants sont aussi à compter parmi les hydrures nitroconjugués :

Nitronaphtaline. . . $C^{10}H^7(NO^2) = H,C^{10}H^6(NO^2)$

Binitronaphtaline. . $C^{10}H^{6}(NO^{2})^{2} = H, C^{10}H^{5}(NO^{2})^{2}$
Trinitronaphtaline. . $C^{10}H^{5}(NO^{2})^{3} = H, C^{10}H^{4}(NO^{2})^{3}$

Ces composés nitrés se présentent sous la forme de liquides ou de corps cristallisés, généralement colorés en jaune. Sous l'influence de la chaleur, surtout lorsqu'on les chauffe brusquement, ils se décomposent avec explosion, en développant des vapeurs rutilantes. Une solution alcoolique de potasse les attaque en se colorant en brun ou en noir.

Traités par le sulfhydrate d'ammoniaque (ou par l'acétate de fer), ils se convertissent en alcalis, en échangeant leur oxygène pour de l'hydrogène (Zinin) :

$$C^{6}H^{5}(NO^{2}) + 3\,H^{2}S = 2\,H^{2}O + 3\,S + C^{6}H^{5}(NH^{2}).$$
Nitrobenzine. — Aniline.

$$C^{6}H^{4}(NO^{2})^{2} + 3\,H^{2}S = 2\,H^{2}O + 3\,S + C^{6}H^{4}(NO^{2})(NH^{2}).$$
Binitrobenzine. — Nitraniline.

$$C^{6}H^{4}(NO^{2})^{2} + 6\,H^{2}S = 4\,H^{2}O + 6\,S + C^{6}H^{4}(NH^{2})^{2}.$$
Binitrobenzine. — Azophénylamine ou semibenzidam.

On remarque que les hydrures binitroconjugués peuvent donner deux alcalis différents par la réduction avec le sulfhydrate d'ammoniaque, suivant que cet agent attaque la moitié ou la totalité des éléments nitriques du radical des hydrures. Dans le premier cas, on obtient un alcali nitroconjugué (nitraniline); dans le second cas, l'alcali produit (azophénylamine) ne contient plus d'éléments nitriques.

Les bisulfites alcalins exercent également une action réductrice sur les hydrures nitroconjugués; seulement, au lieu de produire les alcalis précédents, ils donnent les acides sulfoconjugués (§ 2488) de ces alcalis (Piria). Ainsi on a :

$$C^{10}H^{7}(NO^{2}) + 3SO^{2} + H^{2}O = C^{10}H^{7}(NH^{2})S\,O^{3} + 2SO^{3}.$$
Nitro-naphtaline. — Acide thionaphtamique (et naphthionique).

$$C^{6}\,H^{4}(NO^{2})^{2} + 6SO^{2} + 2\,H^{2}O = C^{6}H^{4}(NH^{2})^{2}S^{2}O^{6} + 4SO^{3}.$$
Binitrobenzine. — Ac. disulfobenzolique.

Les *hydrures sulfoconjugués* se produisent avec l'acide sulfurique anhydre et les hydrures d'alcools :

Sulfobenzide. . . $C^{12}H^{10}SO^{2} = H^{2}, (C^{6}H^{4})^{2}SO^{2},$
Sulfonaphtalide. $C^{20}H^{14}SO^{2} = H^{2}, (C^{10}H^{6})^{2}SO^{2}.$

Ce sont des corps insolubles dans l'eau, cristallisables, sans action sur les papiers réactifs.

La sulfobenzide se dissout dans l'acide sulfurique concentré en donnant un acide sulfoconjugué monobasique (§ 2488).

§ 2579. MÉTAUX D'ALCOOLS. — Ces corps, improprement appelés *radicaux alcooliques* par la plupart des chimistes, représentent le type hydrogène dont les 2 atomes sont remplacés par des radicaux d'alcools.

On ne connaît que les métaux correspondant aux alcools à radical C^nH^{2n+1}.

α. Métaux renfermant deux fois le même radical :

Méthyle, ou méthylure de méthyle (2 vol.). . . . . $C^2H^6 = CH^3, CH^3$

Éthyle ou éthylure d'éthyle. $C^4H^{10} = C^2H^5, C^2H^5$

Tétryle, butyle, valyle, ou tétrylure de tétryle. . . . $C^8H^{10} = C^4H^9, C^4H^9$

Amyle, ou amylure d'amyle. $C^{10}H^{22} = C^5H^{11}, C^5H^{11}$

Hexyle, caproïle, ou hexylure d'hexyle. . . . . . . $C^{12}H^{26} = C^6H^{13}, C^6H^{13}$

Octyle, capryle, ou octylure d'octyle. . . . . $C^{16}H^{34} = C^8H^{17}, C^8H^{17}$

β. Métaux renfermant deux radicaux différents, ou *métaux mixtes :*

Éthylure de tétryle, ou éthylbutyle. . . . . $C^6H^{14} = C^2H^5, C^4H^9$

Éthylure d'amyle, ou éthylamyle. . . . . $C^7H^{16} = C^2H^5, C^5H^{11}$

Méthylure d'hexyle, ou méthylcaproïle. . . . . $C^7H^{16} = CH^3, C^6H^{13}$

Tétrylure d'amyle, ou butylamyle. . . . . $C^9H^{20} = C^4H^9, C^5H^{11}$,

Tétrylure d'hexyle, ou butylcaproïle. . . . . $C^{10}H^{22} = C^4H^9, C^6H^{13}$.

Les premiers métaux d'alcools renfermant deux fois le même radical ont été obtenus en 1849 par MM. Frankland et Kolbe. M. Wurtz a fait connaître en 1855 les métaux d'alcools mixtes.

Les métaux d'alcools se produisent par l'action du zinc métallique sur les éthers iodhydriques (iodures d'alcools), à une température élevée et sous une forte pression. Avec l'iodure de méthyle, par exemple, on obtient de l'iodure de zinc et du méthylure de zinc, et ce dernier, se décomposant avec une autre proportion d'iodure de méthyle, donne du méthylure de méthyle, et une seconde proportion d'iodure de zinc :

$$I, CH^3 + ZnZn = IZn + CH^3, Zn.$$
$$I, CH^3 + CH^3,Zn = IZn + CH^3, CH^3.$$

L'action du sodium sur les éthers chlorhydriques donne également des métaux d'alcools :

$$2\ Cl, C^8H^{17} + NaNa = 2\ ClNa + C^8H^{17}, C^8H^{17}.$$

Chlorure d'octyle. Octyle.

Les métaux d'alcools se forment aussi par l'électrolyse des sels à base d'alcali des acides gras à radical $C^nH^{2n-1}O$; il se dégage en même temps du gaz hydrogène et du gaz acide carbonique, et l'on a pour résidu du carbonate alcalin. Avec l'acétate de potasse, par exemple, on a :

$$2\ C^2H^3KO^2 + H^2O = CH^3, CH^3 + HH + CO^2 + CO^2, K^2O.$$

Acét. de potasse. Méthyl. de méthyle. Carbon. de potasse.

Pour concevoir cette transformation il faut se rappeler que le radical acétyle C^2H^3O renferme les éléments du radical carbonyle et du radical méthyle $= CO, CH^3$.

Les métaux mixtes s'obtiennent par des procédés semblables, soit par l'action du sodium sur un mélange en proportions équivalentes de deux éthers iodhydriques, soit par l'électrolyse d'un mélange d'acides gras.

Les métaux d'alcools constituent des gaz ou des liquides volatils sans décomposition. Ils ne sont pas attaqués par l'acide chlorhydrique ; l'acide nitrique n'attaque les termes supérieurs que par une longue ébullition ; la potasse caustique est sans action sur eux. L'oxygène et le soufre n'y agissent pas ; le chlore et le brome les décomposent au soleil en donnant des dérivés par substitution ; le perchlorure de phosphore attaque par une longue ébullition les termes supérieurs en passant à l'état de protochlorure, et en produisant également des produits chloroconjugués.

Le tableau suivant, donné par M. Wurtz, met bien en évidence l'espèce de progression qu'on observe dans les propriétés physiques des métaux d'alcools, et fournit un argument de plus en faveur des formules doubles que nous admettons pour eux et, par analogie, pour les métaux et les métalloïdes de la chimie minérale.

Métaux d'alcools.	Composition.	Densité à 0°.	Densité de vapeur		Point d'ébullition.	Différence des points d'ébullition.
			observée.	théorique.		
Éthyl-tétryle..	$C^6H^{14} = C^2H^5,C^4H^9$	0,7011	3,053	2,972	62°	26°
Éthyl-amyle..	$C^7H^{16} = C^2H^5,C^5H^{11}$	0,7069	3,522	3,455	88°	18°—24°
Méthyl-hexyle.	$C^7H^{16} = CH^3,C^6H^{13}$	»	3,426	3,455	82° ?	24°
Tétryle.......	$C^8H^{18} = C^4H^9,C^4H^9$	0,7057	4,070	3,939	106°	26°
Tétryl-amyle..	$C^9H^{20} = C^4H^9,C^5H^{11}$	0,7247	4,465	4,423	132°	23°
Amyle.......	$C^{10}H^{22} = C^5H^{11},C^5H^{11}$	0,7413	4,956	4,907	158°	»
Tétryl-hexyle.	$C^{10}H^{22} = C^4H^9,C^6H^{13}$	»	4,917	4,907	155°	2×22°
Hexyle.......	$C^{12}H^{26} = C^6H^{13},C^6H^{13}$	0,7574	5,983	5,874	202?	

§ 2580. On connaît des métaux mixtes à radical de base et à radical d'alcool :

Méthylure de zinc. . . CH^3, Zn
Éthylure de zinc. . . . C^2H^5, Zn.

Ces composés, découverts par M. Frankland en 1849, se produisent par l'action du zinc métallique sur les iodures d'alcools. Ce sont des liquides volatils sans décomposition, s'enflammant au contact de l'air, et se décomposant par l'eau en hydrures d'alcools et en hydrate de zinc :

$$C^2H^5, Zn + O\left\{\begin{matrix}H\\H\end{matrix}\right. = C^2H^5, H + O\left\{\begin{matrix}Zn\\H.\end{matrix}\right.$$

Lorsqu'on y fait arriver de l'air, de manière à éviter l'inflammation, ils se convertissent en éthers mixtes (§ 2471) ; le soufre les transforme en éthers sulfhydriques mixtes (§ 2507) ; le chlore,

$$2\,CH^3,Zn + OO = 2\,O\left\{\begin{matrix}CH^3\\Zn\end{matrix}\right.$$

$$2\,CH^3, Zn + SS = 2\,S\left\{\begin{matrix}CH^3\\Zn\end{matrix}\right.$$

le brome et l'iode les dédoublent en chlorure, bromure ou iodure de zinc, et en chlorure, bromure ou iodure d'alcool. Ces transformations peuvent s'exprimer de la manière suivante :

$$CH^3, Zn + Cl\,Cl = \frac{Cl, CH^3}{Cl, Zn.}$$

Il est évident que les métaux de bases conjuguées, décrits plus haut (§ 2576), représentent également des métaux mixtes à radical de base et à radical d'alcool.

§ 2581. **Hydrures d'aldéhydes.** — La substitution d'un radical d'aldéhyde (considérée comme hydrate, § 2472) à 1 at. du type hydrogène donne les hydrures d'aldéhydes.

α. Hydrures homologues à radical C^nH^{2n-1}, ou hydrocarbures n CH^2, correspondant aux alcools à radical C^nH^{2n+1} :

Gaz oléfiant.	C^2H^4	$= H, C^2H^3$
Propylène ou tritylène. .	C^3H^6	$= H, C^3H^5$
Tétrylène ou butyrène. .	C^4H^8	$= H, C^4H^7$
Amylène.	C^5H^{10}	$= H, C^5H^9$
Hexylène ou oléène. . . .	C^6H^{12}	$= H, C^6H^{11}$
Heptylène.	C^7H^{14}	$= H, C^7H^{13}$
Octylène.	C^8H^{16}	$= H, C^8H^{15}$
Nonylène ou élaène. . . .	C^9H^{18}	$= H, C^9H^{17}$
Cétène.	$C^{16}H^{32}$	$= H, C^{16}H^{31}$
Cérotène.	$C^{27}H^{54}$	$= H, C^{27}H^{53}$
Mélène.	$C^{30}H^{60}$	$= H, C^{30}H^{59}$.

(Nous avons déjà fait observer, p. 795, que ces hydrocarbures paraissent aussi être les hydrures des alcools C^nH^{2n-1} ; du moins le tritylène représente l'hydrure de l'alcool acrylique.)

Les premiers termes de cette série d'hydrocarbures se rencontrent parmi les produits de la distillation de la houille. Tous se produisent par l'action d'un excès d'acide sulfurique concentré et d'autres agents avides d'eau sur les alcools homologues à radical C^nH^{2n+1}, ainsi que par l'action combinée du zinc et de la chaleur sur les iodures et bromures des mêmes alcools. On observe encore la formation des mêmes hydrocarbures dans la distillation des sels des acides gras, et même dans la distillation des acides gras eux-mêmes, lorsque leur poids atomique est fort élevé, ou qu'on les fait passer à travers un tube chauffé au rouge sombre.

Dans les circonstances ordinaires, ces hydrocarbures sont gazeux (gaz oléfiant, propylène), liquides (amylène) ou solides (cérotène). Les hydrocarbures solides sont souvent confondus sous le nom de *paraffine*.

Mis au contact du chlore ou du brome, les hydrocarbures n CH^2 commencent généralement par fixer Cl^2 ou Br^2, sans qu'il se dégage de l'acide chlorhydrique ou bromhydrique; mais cet acide se développe par une action prolongée du chlore ou du brome, et l'on obtient ainsi des bichlorures ou des bibromures d'aldéhydes (§ 2525) qui ont la propriété de se dédoubler par la potasse alcoolique en acide chlorhydrique ou bromhydrique et en chlorures ou bromures d'aldéhydes. Ainsi le gaz oléfiant donne successivement par l'action du chlore :

$$C^2H^4Cl^2 = Cl^2\left\{\begin{matrix}C^2H^3\\ H\end{matrix}\right.$$

$$C^2H^3Cl^3 = Cl^2\left\{\begin{matrix}C^2H^2(Cl)\\ H\end{matrix}\right.$$

$$C^2H^2Cl^4 = Cl^2\left\{\begin{matrix}C^2H(Cl^2)\\ H\end{matrix}\right.$$

$$C^2H\,Cl^5 = Cl^2\left\{\begin{matrix}C^2(Cl^3)\\ H\end{matrix}\right.$$

$$C^2Cl^6 = Cl^2\left\{\begin{matrix}C^2(Cl^3)\\ Cl.\end{matrix}\right.$$

Lorsqu'on fait agir à la fois le chlore et le sodium sur l'octylène, on obtient la même matière violette qu'avec le sodium et l'éther octyl-chlorhydrique, p. 718,

$$2\,C^8H^{16} + Cl^2 + Na^2 = 2\,Cl, C^8H^{16}Na.$$

Matière violette.

L'acide sulfurique concentré est absorbé par les termes inférieurs des hydrocarbures n CH^2; si l'on distille le produit après l'avoir étendu d'eau, il se développe l'alcool correspondant (Berthelot),

$$C^2H^4 + H^2O = C^2H^6O.$$

Gaz oléfiant. — Alcool.

Lorsqu'on fait bouillir avec de l'acide nitrique les termes liquides de la série de ces hydrocarbures, on obtient les termes inférieurs de la série des acides gras à radical $C^nH^{2n-1}O$ (Schneider).

β. Hydrures homologues à radical C^nH^{2n-9}, correspondant aux alcools à radical C^nH^{2n-7}. On ne les a pas encore obtenus ; voici quelle en serait la composition :

$$C^7H^6 = H, C^7H^5$$
$$C^8H^8 = H, C^8H^7$$
$$C^9H^{10} = H, C^9H^9$$
$$C^{10}H^{12} = H, C^{10}H^{11}$$
etc.

Le cinnamène (§ 1661) présente bien la composition de l'hydrure C^8H^8, et a la propriété d'absorber Br^2, sous l'influence du brome, à la manière des hydrures d'aldéhydes α ; mais comme cet hydrocarbure résulte de l'acide cinnamique, et que cet acide se transforme par l'hydrate de potasse en acide benzoïque et en acide acétique, le cinnamène est peut-être plutôt à représenter comme un hydrure d'aldéhyde α à radical conjugué, $C^8H^8 = H, C^2H^2(C^6H^5)$, c'est-à-dire comme l'hydrure de l'aldéhyde acétique dans lequel 1 at. d'hydrogène est remplacé par du phényle.

§ 2582. Métaux d'aldéhydes. — La substitution d'un radical d'aldéhyde (considérée comme hydrate) aux 2 atomes du type hydrogène donne les métaux d'aldéhydes.

α. Métaux homologues à radical C^nH^{2n-1} ou hydrocarbures C^nH^{2n-2}.

On ne connaît pas l'histoire chimique des hydrocarbures de cette série, dont la composition serait : C^2H^2, C^3H^4, C^4H^6, etc. Peut-être le campholène (§ 1946) et le menthène (§ 2355) en font-ils partie ; on aurait, par exemple, pour le menthène :

$$\text{Menthène.} \quad C^{10}H^{18} = CH, C^9H^{17}$$
$$= C^2H^3, C^8H^{15}$$
$$= C^3H^5, C^7H^{13}, \text{etc.}$$

On voit, par ces formules, qu'il peut y avoir beaucoup d'isoméries parmi les hydrocarbures de cette série.

β. Métaux homologues à radical C^nH^{2n-9} ou hydrocarbures C^nH^{2n-18}, correspondant aux aldéhydes de la série γ.

Les hydrocarbures de cette série renfermeraient $C^{14}H^{10}$, $C^{15}H^{12}$, $C^{16}H^{14}$, etc. On n'en connaît pas.

Il est évident qu'il peut exister des hydrocarbures contenant à la fois un radical d'aldéhyde (considérée comme hydrate) et un radical d'alcool. Ainsi le stilbène (§ 1496), que les agents d'oxydation convertissent aisément en essence d'amandes amères, peut se représenter ainsi :

Stilbène. . $C^{14}H^{12} = C^7H^5,C^7H^7$.

Métaux négatifs.

§ 2583. Hydrures d'acides. — Ils représentent le type hydrogène dont la moitié de l'hydrogène est remplacée par un radical d'acide. Ils comprennent les corps désignés sous le nom d'*aldéhydes*, que l'oxydation transforme en acides.

Les hydrures d'acides sont *monatomiques*, *biatomiques* ou *triatomiques*, c'est-à-dire dérivent d'une, de deux ou de trois molécules d'hydrogène, suivant que les acides correspondants dérivent d'une, de deux ou de trois molécules d'eau.

α. Hydrures d'acides monatomiques et monobasiques, HH :

Aldéhyde acétique ou hydrure d'acétyle.	C^2H^4O	$= H,C^2H^3O$
Aldéhyde propionique, ou hydrure de propionyle.	C^3H^6O	$= H,C^3H^5O$
Aldéhyde butyrique ou hydrure de butyryle.	C^4H^8O	$= H,C^4H^7O$
Aldéhyde benzoïque ou hydrure de benzoïle.	C^7H^6O	$= H,C^7H^5O$
Aldéhyde cuminique ou hydrure de cumyle.	$C^{10}H^{12}O$	$= H,C^{10}H^{11}O$
Aldéhyde salicylique ou hydrure de salicyle.	$C^7H^6O^2$	$= H,C^7H^5O^2$
Aldéhyde anisique ou hydrure d'anisyle.	$C^8H^8O^2$	$= H,C^8H^7O^2$
Aldéhyde cinnamique ou hydrure d'anisyle.	C^9H^8O	$= H,C^9H^7O$.

Les hydrures précédents constituent les mêmes corps que les aldéhydes mentionnées (§ 2472).

Les corps suivants représentent les aldéhydes de plusieurs acides minéraux :

Aldéhyde de l'acide nitrique, ou acide nitreux. . . . . $NHO^2 = H,NO^2$

Aldéhyde de l'acide hypochloreux, ou acide chlorhydrique. . . . . $ClH = H,Cl$

Aldéhyde de l'acide cyanique, ou acide cyanhydrique. . . . . $CHN = H,Cy$

Aldéhyde de l'acide hypophosphoreux[1], ou hydrogène phosphoré spontanément inflammable. . . . . $PH = H,P$.

β. Hydrures d'acides biatomiques et bibasiques, H^2H^2.

Aldéhyde de l'acide hyposulfureux, ou hydrogène sulfuré. . . . . $SH^2 = H^2,S$

Aldéhyde correspondant à un acide hyposélénieux, ou hydrogène sélénié. $SeH^2 = H^2,Se$.

γ. Hydrures d'acides triatomiques et tribasiques, H^3H^3.

Aldéhyde de l'acide phosphoreux, ou hydrogène phosphoré non spontanément inflammable[2]. . . . . . . $PH^3 = H^3,P$

Aldéhyde de l'acide antimonieux, ou hydrogène antimonié. . . . . . . $SbH^3 = H^3,Sb$.

§ 2584. **Métaux d'acides.** — Ils représentent le type hydrogène dont les 2 atomes sont remplacés par un radical d'acide. Tous les corps simples dits *métalloïdes* (phosphore, soufre, chlore, etc.) appartiennent à cette classe.

MÉTAMORPHOSES DES SUBSTANCES ORGANIQUES PAR LES RÉACTIFS.

§ 2585. Nous avons résumé, dans l'introduction de ce livre (§ 4), les moyens qu'emploie le chimiste pour transformer les

[1] P radical hypophosphore, équivalent de H.

Le phosphore se comporte avec la chaux comme le soufre, en donnant du phosphure et de l'hypophosphite :

$$PP + O^2Ca^4 = PCa + O^2 \left\{ \begin{matrix} PCa^2 \\ Ca \end{matrix} \right.$$

PCa se transforme par l'eau en chaux et PH (hydrogène phosphoré spontanément inflammable).

D'après l'équation précédente, 28 chaux absorberaient 16 phosphore. Ces nombres sont d'accord avec la détermination de M. Dumas, qui a trouvé que 28 chaux absorbent 16,5 phosphore.

[2] P radical phosphore, équivalent de H^3.

substances organiques. Ces moyens sont principalement de trois espèces : la substitution ou double décomposition, l'oxydation ou combustion, la réduction ou désoxydation[1].

Les *agents de substitution* comprennent la plupart des corps minéraux, ainsi que des matières organiques elles-mêmes : le chlore, le brome, l'acide nitrique, l'acide sulfurique, l'ammoniaque, le perchlorure de phosphore, etc., s'emploient fréquemment comme agents de substitution.

Les *agents de combustion* les plus usités sont : le gaz oxygène et l'air atmosphérique, l'acide nitrique, l'acide chromique, la potasse et la soude caustiques, la chaux et la baryte caustiques, le mélange de peroxyde de manganèse et d'acide sulfurique, le peroxyde de plomb puce, le chlore aqueux, la distillation sèche, etc. C'est à l'aide de ces agents de combustion qu'un grand nombre de métamorphoses peuvent s'effectuer ; ils fixent de l'oxygène sur les molécules organiques et les simplifient ordinairement en brûlant du carbone et de l'hydrogène ; toute substance occupant une place quelconque dans l'échelle des composés organiques se convertit, sous l'influence des agents de combustion ; soit en un corps plus oxygéné, soit en des composés moins carbonés et moins hydrogénés.

Les *agents de réduction* fixent de l'hydrogène sur les matières organiques, ou leur enlèvent de l'oxygène, du chlore, du brome, etc. ; parmi ces agents, il faut nommer l'hydrogène naissant (par le zinc métallique et l'acide sulfurique), le potassium et le sodium, le gaz sulfureux, l'hydrogène sulfuré, le chlorure d'étain, l'acétate de fer. Les moyens de réduction sont d'une application moins générale que les moyens inverses ou d'oxydation.

On ne connaît aucun agent qui permette de fixer à volonté du carbone sur les matières organiques. En décomposant l'ammoniaque par du charbon noir, à une température élevée, on peut, il est vrai, obtenir de l'acide cyanhydrique, et, avec ce produit, de l'acide formique et d'autres dérivés ; lorsqu'on dissout la fonte de fer dans l'acide sulfurique, l'hydrogène qui se dégage est chargé de la vapeur d'une huile carburée, ayant quelque analogie avec le naphte naturel, et soluble dans l'acide sulfurique concentré ; dans la préparation du potassium par le charbon et le car-

[1] L'oxydation et la désoxydation peuvent également s'interpréter comme de doubles décompositions. Voy. § 2452.

bonate de potasse, on obtient aussi des composés organiques (acide croconique, § 86; acide rhodizonique, § 88), renfermant du carbone parmi leurs éléments. Mais ces sortes de carburations sont fort rares, et aucune règle ne permet de les prévoir.

Sans doute, on peut, dans une foule de cas, obtenir des produits dont la molécule renferme plus d'atomes de carbone que la molécule des corps d'où ces produits résultent : ainsi, l'alcool renferme C^2, et l'éther qui en résulte C^4; l'acide acétique contient C^2, et l'acétone qu'on en obtient C^3; l'acide benzoïque contient C^7, et la benzophénone, un de ses dérivés, C^{13}. Ces espèces de complications des molécules se présentent surtout dans la distillation sèche des matières fixes, lorsque la molécule de celles-ci ne renferme pas les éléments carbone, hydrogène, oxygène et azote dans les proportions convenables pour produire des substances volatiles (acide carbonique, eau, ammoniaque, hydrogènes carbonés, etc.), capables de résister à la température à laquelle la matière organique est exposée. Alors deux, trois ou plusieurs molécules de substance coopèrent à la formation de ces produits volatils; et si, parmi ces produits, il en est dont la molécule renferme plus de carbone que la molécule primitive, ceux-ci peuvent toujours, par les agents d'oxydation, régénérer la matière primitive ou l'un de ses plus proches dérivés.

Beaucoup d'agents attaquent les matières organiques dans les conditions ordinaires de température; d'autres fois, il faut le concours de la chaleur pour que la réaction s'accomplisse; souvent aussi elle exige l'application simultanée d'une forte chaleur et d'une pression supérieure à la pression ordinaire [1].

Lumière.

§ 2586. La lumière favorise généralement l'action du chlore et du brome sur les matières organiques. On a remarqué que les produits qu'on obtient avec ces agents, sous l'influence des rayons solaires, renferment en substitution à l'hydrogène plus de chlore ou de brome que n'en contiennent les produits formés à l'ombre ou à la lumière diffuse. La lumière solaire est aussi favorable aux

[1] M. Berthelot, qui a réalisé de nombreuses réactions par l'emploi d'une forte pression, a décrit un appareil à l'aide duquel ces sortes d'expériences peuvent s'exécuter sans danger (*Journ. de Pharm.*, XXIII, 351).

réactions des composés iodés : elle détermine, entre autres, la formation de l'iodure de mercurméthyle par le contact du mercure métallique avec l'iodure de méthyle (§ 422[a]).

La plupart des sels d'argent organiques se colorent et s'altèrent à la lumière.

Les matières colorantes des fleurs et d'autres parties végétales blanchissent souvent à la lumière, qui semble favoriser l'action de l'oxygène sur elles. La santonine jaunit à la lumière sans changer de composition.

Électricité.

§ 2587. Le manque de conductibilité de la plupart des matières organiques empêche de les décomposer par la pile ; aussi n'a-t-on sous ce rapport obtenu des résultats qu'avec certains sels.

La solution des sels à base d'alcali des acides homologues à radical $C^nH^{2n-1}O$ se décompose, sous l'influence du courant électrique, en donnant de l'acide carbonique et des métaux d'alcools (voy. p. 649).

Les sels à base d'alcali de certains acides chloroconjugués s'attaquent dans les mêmes circonstances, en échangeant du chlore pour de l'hydrogène (voy. p. 663).

On doit particulièrement à MM. Kolbe et Frankland des recherches dans cette direction.

Chaleur.

§ 2588. Les composés organiques éprouvent, de la part de la chaleur, des transformations qui varient suivant la nature et la proportion des éléments qu'ils renferment.

Lorsque les substances organiques se vaporisent par l'action de la chaleur, sans changer de composition, elles sont dites *volatiles*, par opposition aux matières *fixes*, qui s'altèrent à une certaine température, de manière à fournir des produits nouveaux. Toutefois, cette différence entre les deux classes de corps n'est quelquefois pas bien tranchée.

Nous avons exposé ailleurs (§ 2622) les rapports qu'on observe entre la composition et le point d'ébullition des composés volatils. Sans connaître précisément la loi générale d'où dépend la volatilité des corps, on peut cependant affirmer, d'après les nombreux faits connus, que l'oxygène tend à la diminuer. En effet, les substances volatiles sans décomposition ou sont exemptes d'oxygène, ou ne contiennent dans leur molécule qu'un petit nombre d'atomes d'oxygène. Ainsi les huiles essentielles, les alcools, les éthers, ne renferment que 1 ou 2 atomes d'oxygène; de même, dans les acides volatils sans décomposition, on ne trouve aussi que 2 ou 3 atomes d'oxygène. Par contre, l'acide tartrique, l'acide citrique, le sucre, l'amidon, la salicine, tous ces corps qui se détruisent par la distillation, contiennent, dans leur molécule, 6, 7 et jusqu'à 11 ou 12 atomes d'oxygène.

La fixité des composés organiques augmente encore davantage lorsque, outre l'oxygène, ils contiennent de l'azote, comme l'albumine, la fibrine, la gélatine, etc.

L'élévation du poids atomique influe naturellement aussi sur la volatilité des corps: qu'on prenne une série de composés homologues contenant le même nombre d'atomes d'oxygène, le moins volatil sera celui dont le poids atomique est le plus élevé.

§ 2589. Toutes les matières fixes auxquelles on fait subir l'action de la chaleur dégagent des substances volatiles et finissent par laisser un résidu de charbon. Ce résidu est généralement d'autant plus abondant que la matière soumise à la distillation est plus oxygénée.

Les produits de la distillation sèche sont, en fait de substances minérales, l'eau et l'acide carbonique, pour les corps contenant du carbone, de l'hydrogène et de l'oxygène, auxquels produits vient se joindre l'ammoniaque pour les corps azotés, ainsi que l'hydrogène sulfuré et l'acide sulfureux pour les corps contenant du soufre. Ces produits minéraux sont le plus souvent accompagnés d'hydrogènes carbonés gazeux, liquides ou solides, ainsi que d'autres produits neutres, alcalins ou acides, dont la nature diffère suivant les substances soumises à la distillation sèche. Le gaz des marais (hydrure de méthyle), le gaz oléfiant, la benzine, la naphtaline, la paraffine, sont les hydrogènes carbonés qui s'obtiennent le plus communément dans ces circonstances. L'acide acétique est aussi un produit très-fréquent de la distillation sèche. Parmi les produits alcalins on peut citer l'aniline et ses homologues, la picoline et ses homologues, etc.

Les substances organiques qui se volatilisent sans altération lorsqu'on les distille sont néanmoins décomposées par la chaleur si l'on en dirige la vapeur à travers un tube chauffé au rouge sombre. C'est ainsi que l'essence de térébenthine peut être transformée en plusieurs hydrocarbures, dont quelques-uns sont plus volatils qu'elle-même.

Non-seulement les matières oxygénées ou fort azotées fournissent à la distillation sèche les produits les plus variés, mais elles s'attaquent aussi bien plus aisément par les agents chimiques que les matières volatiles sans décomposition. Ordinairement ces agents, surtout les agents d'oxydation, réagissent très-brusquement sur les matières oxygénées, de manière à les transformer presque immédiatement en acide oxalique ou en acide formique.

Comme le degré de volatilité d'une matière organique non azotée dépend en grande partie de la proportion d'oxygène qu'elle renferme, il est évident qu'en la chauffant de manière à l'altérer, on détermine cet oxygène à se porter sur le carbone ou sur l'hydrogène de la matière organique, de manière à produire de l'acide carbonique et de l'eau, substances volatiles qui passent à la distillation, tandis qu'on a pour résidu un produit capable de résister à la température où il s'est formé. Si l'on outrepasse cette température, ce produit, s'il n'est pas lui-même volatil, éprouve une nouvelle altération et se métamorphose à son tour. Le produit de cette nouvelle métamorphose, obligé de satisfaire également aux conditions de la température, parcourt une troisième série de transformations, et ainsi de suite. De sorte que les produits de la distillation sèche d'une même substance peuvent extrêmement varier, suivant le degré de température où on la chauffe et suivant qu'on maintient cette température plus ou moins longtemps; on peut même déterminer ainsi la formation de molécules nouvelles plus complexes que la molécule primitive, en forçant plusieurs molécules de matière à se décomposer ensemble, une seule molécule ne fournissant pas les éléments nécessaires à la formation des produits volatils, tels que l'eau et l'acide carbonique.

Souvent la distillation sèche est donc à la fois un acte de complication moléculaire et un acte de combustion, effectués dans les conditions les plus défavorables : on peut la rendre plus nette, dans ses résultats, en mélangeant les substances organiques, avant de les distiller, avec de la baryte, de la chaux ou de la potasse qui fixent l'acide carbonique résultant de la combustion opérée aux dépens de l'oxygène de la matière organique elle-même. Dès que cet oxygène est épuisé, dès que tout a servi à former de l'eau, de l'acide carbonique, de l'acide acétique ou des huiles oxygénées volatiles, alors apparaissent les hydrogènes carbonés ; les moins volatils passent ordinairement les derniers.

§ 2590. En examinant la manière dont les acides organiques se comportent sous l'influence de la chaleur, M. Pelouze[1] a reconnu l'existence d'un rapport très-simple entre la composition des *acides pyrogénés* résultant de l'action du feu, et la composition des acides qui y donnent naissance. Ces rapports peuvent se formuler de la manière suivante : *Un acide pyrogéné diffère de l'acide primitif par les éléments de l'eau et de l'acide carbonique, ou par les éléments de l'un ou de l'autre de ces deux corps.*

Les formules suivantes représentent la production de quelques acides pyrogénés, d'après la loi précédente :

$$C^6H^{10}O^8 = C^5H^4O^3 + CO^2 + 3\,H^2O$$

Ac. pyromucique.

$$C^7H^4O^7 = C^6H^4O^5 + CO^2$$

Ac. méconique. Ac. pyroméconique.

$$C^6H^8O^7 = C^5H^6O^4 + CO^2 + H^2O$$

Ac. citrique. Ac. itaconique.

Plusieurs acides volatils sans décomposition peuvent également perdre les éléments de l'acide carbonique, lorsqu'on les distille après les avoir mélangés avec de la chaux ou de la baryte caustiques :

$$C^7H^6O^2 = C^6H^6 + CO^2$$

Ac. benzoïque. Benzine.

$$C^9H^8O^2 = C^8H^8 + CO^2$$

Ac. cinnamique. Cinnamène.

$$C^7H^6O^3 = C^6H^6O + CO^2.$$

Ac. salicylique. Alcool phénique.

Voici des relations remarquables qu'on observe entre la basicité des acides organiques et le nombre des molécules d'acide carbonique qu'ils peuvent éliminer soit par l'action seule de la chaleur, soit par l'action combinée de la chaleur et de la chaux ou de la baryte caustiques[2] : *un acide monobasique peut éliminer CO^2, un acide bibasique $2CO^2$ et un acide tribasique $3CO^2$.*

[1] PELOUZE, *Journ. de chim. médic.*, X, 129; *Ann. de Poggend.*, XXXI, 212.
[2] GERHARDT, *Précis de chimie organiq.*, I, 80.

Ainsi un acide monobasique peut se dédoubler en CO^2 et en un hydrocarbure ou un alcool :

L'ac. acétique	$C^2H^4O^2$	devient	CO^2	+	CH^4	, gaz des marais.
— benzoïque	$C^7H^6O^2$	—	CO^2	+	C^6H^6	, benzine.
— cinnamique	$C^9H^8O^2$	—	CO^2	+	C^8H^8	, cinnamène.
— cuminique	$C^{10}H^{12}O^2$	—	CO^2	+	C^9H^{12}	, cumène.
— salicylique	$C^7H^6O^3$	—	CO^2	+	C^6H^6O	, alcool phéniq.
— anisique	$C^8H^8O^3$	—	CO^2	+	C^8H^8O	, phén. de méth.

Un acide bibasique peut se dédoubler soit en une molécule d'acide carbonique et en un acide pyrogéné monobasique, soit en deux molécules d'acide carbonique et un hydrocarbure, soit en ces mêmes produits plus de l'eau :

L'ac. oxalique	$C^2H^2O^4$	devient	CO^2	+	CH^2O^2	, ac. formique.
— coménique	$C^6H^4O^5$	—	CO^2	+	$C^5H^4O^3$	, — pyroméc.
— gallique	$C^7H^6O^5$	—	CO^2	+	$C^6H^4O^2$	, — métagall. + H^2O
— tartrique	$C^4H^6O^6$	—	CO^2	+	$C^3H^4O^3$	, — pyrotart. + H^2O
— mucique	$C^6H^{10}O^8$	—	CO^2	+	$C^5H^4O^3$	, — pyromuci. + 3 H^2O
— phtalique	$C^8H^6O^4$	—	2 CO^2	+	C^6H^6	, — benzine.

Un acide tribasique peut se dédoubler soit en une molécule d'acide carbonique et en un acide pyrogéné bibasique, soit en deux molécules d'acide carbonique et en un acide pyrogéné monobasique, soit enfin en trois molécules d'acide carbonique et en un hydrogène carboné, avec ou sans eau :

L'ac. aconitique	$C^6H^6O^6$	devient	CO^2	+	$C^5H^6O^4$	, ac. itaconique.
— citrique	$C^6H^8O^7$	—	CO^2	+	$C^5H^6O^4$	, — itaconique. + H^2O
— méconique	$C^7H^4O^7$	—	CO^2	+	$C^6H^4O^5$	, — coménique.
— méconique	$C^7H^4O^7$	—	2 CO^2	+	$C^5H^4O^3$	, — pyromécon.

On n'a pas encore observé d'exception à la règle précédente.

Oxygène et air atmosphérique.

§ 2591. Lorsque les substances organiques sont pures, exemptes d'eau et à l'abri du contact de l'air, il est rare qu'elles s'altèrent seules, sans l'intervention d'un agent chimique qui sollicite l'un ou l'autre de leurs éléments. Mais beaucoup d'entre elles se décomposent sous l'influence simultanée de l'air et de l'humidité. Ordinairement on dit alors que ces substances *se décomposent spontanément*, expression fort impropre, puisque cette altération ne s'établit guère sans l'action préalable de l'eau ou de l'oxygène. En effet, la fermentation des sucs végétaux, l'aigrissement du lait et la coagulation qui en est la conséquence, la putréfaction des fruits, tous ces phénomènes et bien d'autres encore qui sont considérés comme des décompositions spontanées, ont pour cause première l'action comburante que l'air exerce sur certaines parties contenues dans ces matières. Le suc végétal le plus sujet à s'altérer se conserve parfaitement à l'abri de l'air tant que l'organe ou le tissu qui le renferme résiste à son action; mais ce suc se corrompt dès qu'il rencontre une seule bulle d'air. Nous nous sommes déjà longuement étendu (§ 2440) sur ce genre de phénomènes.

Parmi les substances capables de s'altérer au contact de l'air, il faut surtout nommer les huiles essentielles, les glycérides ou corps gras neutres, et surtout les substances à la fois fort azotées et oxygénées, d'une composition très-complexe, comme les matières albuminoïdes.

Les huiles essentielles auxquelles les fleurs et les feuilles des plantes doivent leur odeur se distinguent généralement par la rapidité avec laquelle elles absorbent l'oxygène de l'air, de manière à perdre leur volatilité et à se transformer en résines. Plusieurs d'entre ces huiles se transforment même par cette oxydation en des acides bien caractérisés : ainsi l'essence de cannelle se convertit en acide cinnamique, l'essence de cumin en acide cuminique, l'essence de térébenthine en acide formique.

C'est aussi en raison de la propriété qu'elles possèdent d'absorber l'oxygène de l'air et de se résinifier que les huiles siccatives (§ 1295) s'emploient dans la préparation des vernis. A l'état de parfaite pureté, les huiles grasses non siccatives ne paraissent pas s'altérer à l'air; mais comme à l'état brut elles renferment toujours des débris de tissus azotés fort altérables, ceux-ci leur communiquent la propriété de se rancir, c'est-à-dire de se décomposer au contact de l'air.

Les matières azotées faisant partie de l'organisme des animaux, telles que la fibrine, l'albumine, la caséine, sont, sans contredit, de celles que l'air attaque de la manière la plus rapide et la plus énergique. Tout le monde connaît l'altération prompte que le sang, le blanc d'œuf, le lait, éprouvent au contact de l'air. Nous avons déjà insisté sur la propriété que possèdent les matières albuminoïdes d'agir comme *ferments*, c'est-à-dire de communiquer leur état de décomposition aux substances qui se trouvent en contact avec elles (§ 2441).

Les combustions lentes, déterminées par l'air, ont rarement pour effet de dédoubler les matières organiques d'une manière bien brusque. Quelquefois l'oxygène se fixe directement sur elles, sans qu'il se forme ni eau ni acide carbonique. D'autres fois l'oxygène produit de l'eau avec une partie de l'hydrogène de la matière organique ; ce cas se présente dans la transformation de l'indigo incolore en indigo bleu. Souvent l'acide carbonique est le résultat de ces combustions lentes : ainsi, le ligneux humide émet constamment de l'acide carbonique au contact de l'air, et finit par se transformer en une matière friable, brune ou noire (pourri, humus, acide ulmique (§ 998).

Les combustions lentes sont surtout favorisées par la présence des alcalis ou des terres alcalines. L'alcool pur se conserve indéfiniment; mais, mélangé avec de la potasse caustique, il rougit au contact de l'air et se résinifie peu à peu. Le tannin et l'acide gallique se comportent d'une manière semblable. Dans un sol humide, contenant du calcaire et perméable à l'air, la pourriture des parties végétales et animales s'accomplit aussi bien plus rapidement que dans un terrain d'où ces conditions sont exclues.

Certains corps poreux ou très-divisés favorisent également la combustion lente d'une manière remarquable. Ainsi l'éponge de platine et surtout le noir de platine (qu'on prépare en faisant bouillir de l'alcool avec du bichlorure de platine) déterminent l'oxydation des alcools et la transformation de ces corps en leurs acides respectifs. Lorsqu'on met du noir de platine en contact avec une petite quantité d'alcool, ce liquide s'échauffe même jusqu'à l'incandescence, et finit par prendre feu.

On peut produire de véritables combustions à des températures peu élevées, en faisant arriver l'oxygène sur un mélange intime d'éponge de platine et de substance organique, dans un appareil convenablement disposé[1]. A 160°, l'acide tartrique fournit déjà de

[1] MILLON et REISET, *Compt. rend. de l'Acad.*, XVI, 1190.

l'eau et de l'acide carbonique; au-dessous de 250°, le poids de l'acide carbonique et de l'eau représente, à 2 centièmes près, la composition élémentaire de l'acide. L'acide paratartrique et le sucre se comportent d'une manière semblable. Le beurre, l'huile d'olive, l'acide stéarique et la cire brûlent vers 100°, et leur combustion est complète déjà au-dessous de 200°. L'acide stéarique et la cire s'enflamment même d'une manière brillante dans le courant d'oxygène à 280°.

Chose remarquable, la pierre ponce et le charbon de bois agissent comme l'éponge de platine; ces trois corps agissent à divers degrés sur la même substance, et peuvent être, à l'égard de plusieurs autres, tantôt actifs, tantôt inertes. Lorsqu'on fait arriver l'alcool ou l'éther, réduits en vapeur, dans deux tubes plongeant dans un même bain d'alliage, l'un rempli de pierre ponce pulvérisée, l'autre d'éponge de platine, l'alcool et l'éther distillent sur la pierre ponce à 300° et au-dessus sans se décomposer; tandis que du côté du platine on obtient un abondant dégagement de gaz à partir de 220°. L'acide acétique distille intact sur la pierre ponce, tandis qu'il est entièrement décomposé par l'éponge de platine; vient-on à élever la température de manière à déterminer la décomposition du côté de la pierre ponce, il se produit de part et d'autre des gaz qui diffèrent complétement.

Chlore, brome, iode.

§ 2592. *Chlore.* — Cet agent se comporte avec les matières organiques de quatre manières différentes : 1° il se combine directement avec elles sans enlever d'hydrogène; 2° il enlève de l'hydrogène purement et simplement; 3° il se fixe sur les matières organiques après avoir enlevé de l'hydrogène; 4° il les oxyde en décomposant l'eau.

α. Les corps susceptibles de fixer directement du chlore sont : les métaux de bases conjuguées (§ 2576), les hydrures d'alcools à radical C^nH^{2n-1}, les hydrures d'aldéhydes à radical C^nH^{2n-1}, et quelques autres substances semblables. Nous avons déjà fait connaître les propriétés des composés chlorés qui résultent de cette combinaison du chlore avec les corps cités (§ 2525).

Rappelons seulement que les produits formés par la combinaison du chlore avec les hydrocarbures ont la propriété de se dédoubler, sous l'influence de la potasse alcoolique et quelquefois déjà par l'action seule de la chaleur, en acide chlorhydrique et en d'autres composés chlorés.

Suivant M. Malaguti, l'éther pyromucique fixe directement du chlore comme les hydrures d'alcools et les hydrures d'acides.

Si l'on excepte les chlorures des bases conjuguées, dont la solution se comporte avec les sels d'argent comme la solution des chlorures minéraux, aucun des chlorures formés par l'action directe du chlore sur les matières organiques ne précipite les sels d'argent. Pour y reconnaître le chlore par les réactifs, il faut décomposer la matière organique par le feu ou par l'acide nitrique. Lorsqu'on enflamme les mêmes chlorures, ils brûlent avec une flamme verte sur les bords.

β. L'enlèvement pur et simple de l'hydrogène d'une matière organique par le chlore est un cas assez rare; on ne l'a encore observé que sur les alcools à radical C^nH^{2n+1} et sur la benzoïne (§ 1564). Dans la première phase de l'action du chlore sur ces alcools, ils perdent H^2 en se transformant en aldéhydes à radical C^nH^{2n-1}; mais ceux-ci, par l'action subséquente du chlore, échangent ensuite de l'hydrogène pour du chlore.

γ. Le plus souvent le chlore enlève de l'hydrogène et s'y substitue; il se produit ainsi des corps chloroconjugués ou dérivés par substitution (§ 2485). Un grand nombre d'acides, d'alcalis, d'éthers, etc., se comportent avec le chlore de cette manière.

On doit à Laurent les premières notions sur les relations qui existent entre les propriétés des corps chloroconjugués et celles des substances d'où ils résultent. On connaissait bien, avant les travaux de cet éminent chimiste, quelques faits isolés relatifs à l'action du chlore sur les matières organiques : ainsi on savait, par les expériences de Gay-Lussac, que la cire gagne autant d'atomes de chlore qu'elle perd d'atomes d'hydrogène, et, par les expériences de MM. Wœhler et Liebig, que l'essence d'amandes amères échange un atome de chlore contre un atome d'hydrogène; M. Dumas avait même déjà généralisé cette réaction entre le chlore et les matières hydrogénées, par ce qu'il a appelé la *loi des substitutions*[1]. Mais le mérite de Laurent, c'est d'avoir démontré, par de nombreuses expériences, l'analogie de propriétés qui existe entre

[1] DUMAS, *Traité de chimie*, 1835, t. V, p. 99.

les corps chloroconjugués et les substances avec lesquelles on les obtient.

Les premiers travaux de Laurent portent principalement sur la naphtaline $C^{10}H^{8}$. Ils ont donné ce résultat, qu'en échangeant successivement son hydrogène pour du chlore ou du brome, cet hydrocarbure donne naissance à des composés semblables ; Laurent en conclut que le chlore et le brome, quoique éminemment électro-négatifs, peuvent jouer le même rôle que l'hydrogène, réputé le plus électro-positif de tous les corps de la chimie, et que, par conséquent, l'introduction du chlore et du brome dans les composés organiques, en remplacement de l'hydrogène, ne change pas la constitution moléculaire de ces composés.

Voici quelques exemples de ces substitutions. La naphtaline, étant directement traitée par le chlore, fixe d'abord ce corps, sans substitution, et produit deux composés, l'un huileux, le chlorure de naphtaline, et l'autre solide, le bichlorure de naphtaline :

Chlorure de naphtaline. . . $C^{10}H^{8},Cl^{2}$
Bichlorure de naphtaline. . $C^{10}H^{8}, 2\,Cl^{2}$.

Si l'on soumet ces deux produits à la distillation ou qu'on les traite par une solution alcoolique de potasse, ils se dédoublent en naphtaline chlorée et bichlorée et en acide chlorhydrique :

Naphtaline chlorée. . . $C^{10}H^{7}Cl + HCl$
Naphtaline bichlorée. . $C^{10}H^{6}Cl^{2} + 2\,HCl$.

Les naphtalines chlorées ne s'attaquent point par la potasse ; mais, si on les traite par du chlore, elles absorbent cet élément sans substitution, comme le fait la naphtaline elle-même, et produisent des chlorures de naphtaline chlorée ou bichlorée. Ceux-ci se comportent à la distillation et avec la potasse alcoolique comme les chlorures de naphtaline non chlorée, en se dédoublant en de nouvelles naphtalines chlorées et en acide chlorhydrique. Ces nouvelles naphtalines chlorées ne sont pas non plus attaquées par la potasse ; mais, à leur tour, si on les traite par le chlore, elles fixent ce gaz, sans substitution, et produisent de nouveaux chlorures de naphtaline chlorée, que la potasse alcoolique dédouble, etc.

Combine-t-on la naphtaline avec l'acide sulfurique, on obtient un acide particulier :

L'acide sulfonaphtalique. . . . . . $C^{10}H^{8}SO^{3}$
dont les sels neutres renferment. . $C^{10}H^{7}MSO^{3}$.

Dissout-on, de même, dans l'acide sulfurique, la naphtaline chlorée ou bichlorée, on obtient les deux acides suivants :

L'acide sulfonaphtalique chloré. . .	$C^{10}H^7ClSO^3$,
dont les sels neutres contiennent. .	$C^{10}H^6MClSO^3$;
L'acide sulfonaphtalique bichloré.	$C^{10}H^6Cl^2SO^3$,
dont les sels neutres renferment. .	$C^{10}H^5MCl^2SO^3$.

On voit donc que les naphtalines chlorées se combinent ou se métamorphosent absolument comme la naphtaline non chlorée, ce qui suppose évidemment qu'en échangeant *n* H contre *n* Cl, la naphtaline n'éprouve aucune altération dans sa constitution moléculaire.

Cette similitude de constitution se traduit même dans la forme cristalline des composés naphtaliques. Il en est qui se ressemblent à un si haut degré, qu'on ne saurait les distinguer sans l'analyse. La série suivante est fort remarquable sous ce rapport :

Naphtaline	bichlorée. . . .	$C^{10}H^6Cl^2$,
—	trichlorée. . . .	$C^{10}H^5Cl^3$,
—	bromo-bichlorée.	$C^{10}H^5BrCl^2$,
—	quadrichlorée. . .	$C^{10}H^4Cl^4$,
—	sexchlorée. . . .	$C^{10}H^2Cl^6$.

Tous ces corps cristallisent en longs prismes à 6 faces de 120°, sont mous comme de la cire, se laissent tordre en tous sens sans se briser, se clivent avec facilité parallèlement à l'axe, sont très-solubles dans l'éther et se dissolvent très-peu dans l'alcool.

Les mêmes rapports qui existent entre la naphtaline et ses dérivés chlorés ont été observés par Laurent entre l'isatine (produit d'oxydation de l'indigo) et les isatines chlorées ou bromées. L'isatine se combine directement avec la potasse, en produisant le sel de potasse de l'acide isatique, qui diffère de l'isatine par les éléments de l'eau ; les isatines chlorées et bromées se dissolvent aussi dans la potasse, en produisant les sels des acides chlorisatique, bichlorisatique, bromisatique, etc., qui ne diffèrent également que par les éléments de l'eau de l'isatine chlorée, bichlorée, bromée, etc.

Isatine.	$C^8H^5NO^2$	Ac. isatique. . . .	$C^8H^7NO^3$	Isat. potass. . .	$C^8H^6KNO^3$.
Chlorisatine. .	$C^8H^4ClNO^2$	— chlorisatiq. .	$C^8H^6ClNO^3$	Chlorisat. potas.	$C^8H^5ClKNO^3$
Bichlorisatine.	$C^8H^3Cl^2NO^2$	— bichlorisatiq.	$C^8H^5Cl^2NO^3$	Bichlorisat. pot.	$C^8H^4Cl^2KNO^3$
Bromisatine. .	$C^8H^4BrNO^2$	— bromisatiq. .	$C^8H^6BrNO^3$	Bromisat. potas.	$C^8H^5BrKNO^3$

Sous l'influence des agents réducteurs, l'isatine et ses dérivés chlorés fixent de l'hydrogène. On obtient ainsi :

par l'isatine,	— l'isathyde	$2\,C^8H^5NO^2$	$+ H^2$,
par la chlorisatine,	— la chlorisathyde	$2\,C^8H^4ClNO^2$	$+ H^2$,
par la bichlorisatine,	— la bichlorisathyde	$2\,C^8H^3Cl^2NO^2$	$+ H^2$.

Si l'on distille l'isatine avec un excès de potasse, il se produit un alcali volatil, l'aniline; si l'on traite de même l'isatine chlorée, bichlorée ou bromée, on obtient d'autres alcalis, la chloraniline, la bichloraniline, la bromaniline, etc :

par l'isatine,	— l'aniline	C^6H^7N,
par la chlorisatine,	— la chloraniline	C^6H^6ClN,
par la bichlorisatine,	— la bichloraniline	$C^6H^5Cl^2N$,
par la bromisatine,	— la bromaniline	C^6H^6BrN.

Tous ces alcalis se combinent avec la même quantité d'acide chlorhydrique pour former un chlorhydrate neutre.

On pourrait encore multiplier ces exemples, qui abondent aujourd'hui en chimie organique, grâce aux travaux de MM. Laurent, Malaguti, Regnault, Dumas, Cahours, A. W. Hofmann, Piria, et de beaucoup d'autres chimistes.

Lorsqu'une matière hydrogénée donne plusieurs dérivés chloroconjugués ou bromoconjugués, on remarque, en général, que les caractères de cette matière sont d'autant moins modifiés dans ses dérivés que ceux-ci sont moins chlorés ou moins bromés; le dérivé monochloré ou monobromé ressemble toujours bien plus au corps primitif que les dérivés où la substitution porte sur un plus grand nombre d'atomes d'hydrogène; à proprement parler, il y a donc *sériation* dans les propriétés des corps dérivés par substitution (voy. § 2548).

On peut appliquer aux corps chloroconjugués la loi de basicité à laquelle sont soumis les dérivés nitroconjugués et sulfoconjugués, en supposant que les premiers se produisent par la réaction de l'acide hypochloreux ClHO, dont le gaz chlore ClCl représente le chlorure (voy. § 2484).

En dissolution aqueuse ou alcoolique les corps chloroconjugués ou bromoconjugués ne précipitent pas les sels d'argent, comme le font les chlorures et les bromures. Toutefois on y découvre aisément le chlore et le brome en les faisant brûler, soit seuls s'ils sont assez inflammables, soit avec une mèche s'ils s'enflamment difficilement. La flamme qu'ils produisent alors est bordée de vert, et répand beaucoup de fumée, ainsi que des vapeurs acides.

La coloration verte de la flamme s'observe très-bien, avec des corps peu combustibles, si l'on opère de la manière suivante : on allume une petite lampe à esprit-de-vin dont on a préalablement rentré la mèche assez pour que la flamme n'en soit plus que très-petite ; puis on approche de la base de la flamme, en le maintenant avec une petite pince, le corps ou la mèche imprégnée du corps où l'on cherche le chlore ou le brome ; la coloration verte se produit alors, à l'instant même, au point de contact du corps chloré et de la flamme de la lampe.

On peut quelquefois régénérer les corps primitifs à l'aide de leurs dérivés chlorés (voy. § 2485 [a], *Acides chloroconjugués*).

δ. Il est des corps que le chlore gazeux n'attaque à aucune température, mais qui en sont décomposés sous l'influence de l'eau.

L'indigo bleu, par exemple, est dans ce cas. Il se fixe d'abord de l'oxygène sur la matière organique, par suite de la décomposition de l'eau, et alors la chloruration marche comme dans les cas précédents : ainsi C^8H^5NO devient d'abord $C^8H^5NO^2$ isatine, pour produire ultérieurement de la chlorisatine $C^8H^4ClNO^2$ et de la bichlorisatine $C^8H^3Cl^2NO^2$.

La formation de l'éther acétique par le chlore et l'alcool (Dumas) est le résultat d'une réaction semblable.

Les corps azotés, ainsi que les substances non volatiles fort oxygénées, sont surtout susceptibles de fixer de l'oxygène sous l'influence du chlore, en présence de l'eau.

§ 2593. *Brome, iode.* — Le brome est plus commode que le chlore pour produire des corps dérivés par substitution ; il détermine des réactions tout aussi nettes, et paraît même plus souvent donner des corps cristallisés. Comme le chlore, il s'unit à certains hydrocarbures, en produisant des composés qui s'attaquent par la potasse alcoolique. Il paraît toutefois que les substances hydrogénées ne sont pas attaquées sous l'influence prolongée du brome autant que par le chlore : ainsi le gaz oléfiant peut par le chlore perdre tout son hydrogène et se convertir en chlorure de carbone, tandis que le brome ne donne pas de bromure correspondant.

Certains corps bromés sur lesquels le brome s'est fixé sans substitution, et qui sont attaqués par la potasse alcoolique, ont la propriété de dégager du brome et de l'acide bromhydrique lorsqu'on les soumet à la distillation ; dans les mêmes circonstances.

les corps chlorés correspondants ne dégagent que de l'acide chlorhydrique (Laurent).

Quant à l'iode, ses combinaisons avec les matières organiques sont bien moins stables que celles du chlore et du brome. Ces deux derniers agents décomposent généralement les composés iodés. Les alcalis organiques sont surtout remarquables par la propriété qu'ils possèdent de fixer directement de l'iode (§ 2548). Le chlorure d'iode peut servir à préparer des dérivés iodoconjugués.

Lorsqu'on met une substance organique en présence du brome ou de l'iode et d'un alcali caustique, il arrive souvent qu'elle s'oxyde et se dédouble en d'autres corps beaucoup plus simples : ainsi le sucre, la gomme, les matières albuminoïdes donnent de l'iodoforme, les citrates et les malates alcalins fournissent du bromoforme, l'amygdaline produit de l'essence d'amandes amères, la salicine forme de l'hydrure de salicyle, etc.

Acide chlorhydrique.

§ 2594. A part les alcalis végétaux (azotures positifs), beaucoup d'hydrogènes carbonés ont la propriété de s'unir directement à l'acide chlorhydrique, et de produire ainsi des composés souvent cristallisés, auxquels on a donné le nom de *camphres artificiels*. Kindt a le premier obtenu une semblable combinaison avec l'essence de térébenthine. Ce sont de préférence les hydrocarbures naturels, les essences non-oxygénées qui fournissent ces camphres; d'ailleurs, la plupart des huiles essentielles, oxygénées ou exemptes d'oxygène, absorbent le gaz chlorhydrique avec beaucoup d'avidité.

Les alcools font la double décomposition avec l'acide chlorhydrique, en produisant les chlorures d'alcools correspondants (les éthers chlorhydriques).

Chlorures et iodure de phosphore.

§ 2595. Le *perchlorure de phosphore* PCl^5, devenu précieux aux chimistes depuis que M. Cahours[1] en a nettement établi le mode d'action, sert à transformer les oxydes organiques en leurs

[1] Cahours, *Ann. de chim. et de phys.* [3], XXIII, 327. — Gerhardt et Chiozza, *Compt. rend. de l'Acad.*, XXXVI, 1051.

chlorures respectifs. Il convertit les alcools en éthers chlorhydriques, les acides hydratés et les anhydrides en chlorures d'acides, les aldéhydes en chlorures d'aldéhydes, etc.

$$O\left\{\begin{matrix}C^2H^5\\H\end{matrix}\right. + Cl^3, PCl^2 = \frac{Cl, C^2H^5}{ClH} + Cl^3, PO.$$

Alcool. Éther chlorhydrique, plus acide chlorhydrique.

$$O\left\{\begin{matrix}C^7H^5O\\H\end{matrix}\right. + Cl^3, PCl^2 = \frac{Cl, C^7H^5O}{ClH} + Cl^3, PO.$$

Acide benzoïque hydraté. Chlorure de benzoïle, plus acide chlorhydrique.

$$O, C^4H^4O^2 + Cl^3, PCl^2 = Cl^2, C^4H^4O^2 + Cl^3, PO.$$

Ac. succinique anhydre. Chlorure de succinyle.

$$O\left\{\begin{matrix}C^7H^5\\H\end{matrix}\right. + Cl^3, PCl^2 = Cl^2\left\{\begin{matrix}C^7H^5\\H\end{matrix}\right. + Cl^3, PO.$$

Ess. d'amand. amères. Chlorobenzol.

Dans toutes ces réactions, le perchlorure passe à l'état d'oxychlorure en échangeant Cl^2 pour son équivalent d'oxygène O, en même temps que l'oxyde organique échange O pour Cl^2, de manière à donner le chlorure correspondant; dans le cas des alcools et des acides hydratés, ce dernier est accompagné d'acide chlorhydrique, son complément. Cette action du perchlorure de phosphore est semblable à celle qu'il exerce sur l'eau type, des oxydes :

$$O\left\{\begin{matrix}H\\H\end{matrix}\right. + Cl^3, PCl^2 = \frac{ClH}{ClH} + Cl^3, PO.$$

Les sulfures organiques sont aussi attaqués, à la manière des oxydes, par le perchlorure de phosphore[1], qui les transforme en chlorures, en passant lui-même à l'état de sulfochlorure Cl^3, PS (chlorure de sulfophosphoryle).

La plupart des hydrocarbures résistent à l'action du perchlo-

[1] D'après des expériences qui ont été faites dans mon laboratoire, le perchlorure de phosphore se comporte avec le soufre comme avec les sulfures; j'ai trouvé que la combinaison dont M. Gladstone a annoncé l'existence n'est qu'un mélange de chlorure de soufre et de sulfochlorure de phosphore.

rure de phosphore; toutefois les métaux d'alcools à radical C^nH^{2n+1} (§ 2579) sont transformés par cet agent en dérivés chloroconjugués, et le font passer à l'état de protochlorure.

Le *protochlorure de phosphore* PCl^3 attaque les alcools, les acides hydratés et les sels à radical de base, et les transforme par double composition en chlorures d'alcools ou d'acides, en passant à l'état d'acide phosphoreux ou de phosphite :

$$3\,O\left\{\begin{matrix} C^2H^5 \\ H \end{matrix}\right. + Cl^3P = O^3\left\{\begin{matrix} P \\ H^3 \end{matrix}\right. + 3\ Cl,C^2H^5$$

Alcool — Ac. phosphoreux — Chlorure d'éthyle.

$$3\,O\left\{\begin{matrix} C^2H^3O \\ K \end{matrix}\right. + Cl^3P = O^3\left\{\begin{matrix} P \\ K^3 \end{matrix}\right. + 3\ Cl,C^2H^3O$$

Acétate de potasse — Phosphite de potasse — Chlorure d'acétyle.

Par l'effet d'une action secondaire du chlorure d'acide sur le sel à radical de base il peut se former de l'acide anhydre :

$$O\left\{\begin{matrix} C^2H^3O \\ K \end{matrix}\right. + Cl,C^2H^3O = O\left\{\begin{matrix} C^2H^3O \\ C^2H^3O \end{matrix}\right. + ClK.$$

Acétate de potasse. — Ac. acétique anhydre.

L'*oxychlorure de phosphore* ou chlorure de phosphoryle PCl^3O se comporte comme le protochlorure avec les alcools, les acides hydratés et les sels à radical de base, en passant à l'état d'acide phosphorique ou de phosphate. Il peut aussi donner des acides anhydres par une réaction secondaire.

§ 2596. L'*iodure de phosphore*, qu'on obtient par la réaction directe de l'iode et du phosphore, peut s'employer pour transformer certains oxydes organiques en leurs iodures correspondants.

Au lieu de se servir de l'iodure de phosphore tout formé, on peut prendre séparément l'iode et le phosphore. On fait usage de ce procédé pour la préparation des iodures d'alcools : on dissout l'iode dans l'alcool et l'on y ajoute le phosphore par petites portions ; la réaction s'effectue alors comme par l'action de l'iodure de phosphore.

Soufre.

§ 2597. Le soufre n'agit directement que sur les métaux de bases conjuguées (§ 2576) en les transformant en sulfures. Il se combine également avec le cyanure de potassium qu'il transforme en sulfocyanure (sulfure de cyanogène et de radical métallique).

On obtient aussi des produits sulfurés en distillant les huiles grasses avec du soufre (§ 1052).

Hydrogène sulfuré et sulfures.

§ 2598. L'hydrogène sulfuré et les sulfures alcalins peuvent se comporter avec les matières organiques de trois manières différentes : 1° ils se combinent avec elles; 2° ils effectuent sur elles une double décomposition; 3° ils agissent sur elles comme réducteurs.

α. La combinaison directe de l'hydrogène sulfuré avec les matières organiques est un cas assez rare; quelques alcalis végétaux paraissent former avec lui des sulfhydrates.

Le cyanure de phényle (benzonitrile) se combine avec l'hydrogène sulfuré pour former la benzamide sulfurée (Cahours) :

$$\underset{\text{Cyanure de phényle}}{C^7H^5N} + H^2S = \underset{\text{Benzamide sulfurée.}}{C^7H^7S}$$

β. L'hydrogène sulfuré s'emploie souvent pour décomposer les sels de plomb ou d'argent dont les acides sont trop solubles pour pouvoir être isolés par précipitation.

Certains oxydes, chlorures et bromures organiques font également la double décomposition avec l'hydrogène sulfuré ou avec les sulfures alcalins, de manière à échanger l'oxygène, le chlore ou le brome pour leur équivalent de soufre. Ainsi les aldéhydes et les chlorures d'aldéhydes se transforment aisément en sulfures d'aldéhydes par l'action du sulfhydrate d'ammoniaque ; de même les chlorures d'alcools se convertissent par le sulfure de potassium en sulfures d'alcools (le monosulfure de potassium donne ainsi les éthers sulfhydriques, le sulfhydrate de potasse donne les mercaptans).

γ. Dans beaucoup de cas, l'hydrogène sulfuré et les sulfures alcalins se comportent comme des agents réducteurs, à la manière de l'acide sulfureux.

Ainsi l'alloxane en est transformée en alloxantine, la quinone en hydroquinone, l'indigo bleu en indigo blanc :

$$\underset{\text{Indigo bleu.}}{2\ C^8H^5NO} + H^2S = \underset{\text{Indigo blanc.}}{(C^8H^5NO)^2H^2} + S.$$

Dans toutes ces réductions, on observe un dépôt de soufre.

Les dérivés nitroconjugués sont surtout remarquables par la facilité avec laquelle ils se désoxydent par l'hydrogène sulfuré et le sulfhydrate d'ammoniaque (Zinin); la nitrobenzine, la binitrobenzine, l'acide nitrobenzoïque, etc., se comportent de cette manière :

$$C^6H^5(NO^2) + 3H^2S = C^6H^5(NH^2) + 2H^2O + 3 S.$$

Chaque NO^2 qui est réduit dans cette réaction se trouve remplacé par NH^2. Les hydrocarbures nitroconjugués fournissent ainsi des alcalis volatils.

§ 2599. M. Kekulé emploie avec avantage le *sulfure de phosphore* pour la préparation des sulfures organiques (§ 2510). Les sulfures d'acides et les sulfures d'alcools peuvent surtout s'obtenir par l'action du sulfure de phosphore sur les acides et sur les alcools.

Acide sulfureux.

§ 2600. Combiné avec la potasse ou la soude, l'acide sulfureux se fixe directement sur certaines matières organiques; seul, il se comporte quelquefois comme agent réducteur.

α. La plupart des aldéhydes (§ 2472) forment avec les bisulfites alcalins des combinaisons cristallisables, peu solubles dans l'alcool, et qui se décomposent aisément par l'action des acides et des alcalis faibles. Ces combinaisons peuvent servir à isoler les aldéhydes de leur mélange avec d'autres liquides (Bertagnini).

L'isatine et ses dérivés chlorés et bromés se combinent également avec les bisulfites alcalins (Laurent).

β. Lorsqu'on fait passer de l'acide sulfureux dans une solution d'alloxane ou de quinone, il se transforme en acide sulfurique, en décomposant l'eau, et l'hydrogène de ce corps se fixe sur la matière organique en donnant de l'alloxantine ou de l'hydroquinone.

Une réaction semblable a lieu par la rencontre de l'acide sulfureux avec certaines matières colorantes végétales, par exemple, avec celles des cerises et d'autres fruits; ces matières se décolorent alors en se combinant avec l'hydrogène de l'eau.

γ. Les dérivés nitroconjugués des hydrocarbures sont attaqués par le sulfite d'ammoniaque, et donnent le sel d'ammoniaque de l'acide amidé (ou un isomère de cet acide) qu'on obtiendrait avec l'acide sulfurique et l'alcali résultant de la réduction de ces dérivés nitroconjugués par le sulfhydrate d'ammoniaque.

Ainsi, d'après M. Piria, la nitronaphtaline $C^{10}H^7(NO^2)$ donne, par le sulfite d'ammoniaque, deux acides isomères contenant $C^{10}H^9NSO^3$, c'est-à-dire les éléments de la naphtylamine $C^{10}H^9N$ et de l'acide sulfurique anhydre, ou bien :

$$O\left\{\begin{array}{l}N(SO^2)(C^{10}H^7)H\\H\end{array}\right.$$

Le nitrotoluène $C^7H^7(NO^2)$ donne, de même, l'acide $C^7H^9NSO^3$, ou bien :

$$O\left\{\begin{array}{l}N(SO^2)(C^7H^7)H\\H\end{array}\right.$$

Un hydrocarbure nitroconjugué $C^yH^z(NO^2)$ donne donc par le sulfite d'ammoniaque l'acide $C^yH^{z+2}NSO^3$.

Acide sulfurique.

§ 2601. On emploie en chimie organique l'acide sulfurique hydraté, dilué ou concentré, et l'acide sulfurique anhydre.

Ces agents peuvent déterminer les transformations suivantes : 1° ils se combinent directement avec les matières organiques ; 2° ils font la double décomposition avec elles ; 3° ils leur enlèvent les éléments de l'eau ou les oxydent ; 4° ils les modifient moléculairement et les convertissent en composés isomères.

α. L'acide sulfurique hydraté se combine directement avec les alcalis organiques (avec les azotures positifs), en donnant des sulfates analogues aux sulfates d'ammoniaque.

β. Les bases minérales et les bases conjuguées (§ 2466) font la double décomposition avec l'acide sulfurique hydraté, en produisant des sulfates. Les alcools se comportent de même, en donnant des éthers sulfuriques (acides viniques).

Beaucoup d'autres matières organiques réagissent sur l'acide sulfurique hydraté ou anhydre, de manière à produire des dérivés sulfoconjugués ; dans ce cas se trouvent surtout certains hydrocarbures, notamment les hydrures d'alcools à radical C^nH^{2n-7} (benzine, toluène, cumène) et quelques hydrocarbures analogues (naphtaline), ainsi qu'un grand nombre d'acides organiques (acides benzoïque, acétique, cinnamique, succinique). Les acides organiques exigent généralement l'emploi de l'acide sulfurique anhydre pour la production des dérivés sulfoconjugués ; il en est de même des alcalis organiques (des azotures). De semblables produits, mais fort instables, s'obtiennent aussi par l'action de l'acide sulfurique concentré sur la mannite, le glucose, l'amidon, etc.

Les dérivés sulfoconjugués qu'on obtient par la réaction d'une molécule de matière organique et d'une ou plusieurs molécules d'acide sulfurique sont toujours acides (§ 2488), que la matière organique employée ait été un acide, un alcali, un hydrocarbure ou tout autre corps neutre; les dérivés sulfoconjugués ne sont neutres (sulfobenzide, sulfonaphtalide) qu'autant que deux molécules d'une matière organique non acide (p. ex. d'un hydrocarbure ou d'un alcali) font la double décomposition avec l'acide sulfurique. Ainsi les produits suivants sont acides :

Ac. sulfonaphtaliq. $C^{10}H^8SO^3 = C^{10}H^8 + SH^2O^4 - H^2O$.
Naphtaline

Ac. disulfonaphtal. $C^{10}H^8S^2O^6 = C^{10}H^8 + 2SH^2O^4 - 2H^2O$.
Naphtaline

Ac. sulfobenzidiq.. $C^6H^6SO^3 = C^6H^6 + SH^2O^4 - H^2O$.
Benzine

Ac. sulfacétiq. . . . $C^2H^4SO^5 = C^2H^4O^2 + SH^2O^4 - H^2O$.
Ac. acétique

Ac. sulfosucciniq. . $C^4H^6SO^7 = C^4H^6O^4 + SH^2O^4 - H^2O$.
Ac. succiniq.

Ac. sulfomannitiq. $C^6H^{14}S^3O^{15} = C^6H^{14}O^6 + 3SH^2O^4 - 3H^2O$.
Mannite

Ac. sulfaniliq. . . $C^6H^7NSO^3 = C^6H^7N + SH^2O^4 - H^2O$.
Aniline

Les produits suivants sont neutres :

Sulfobenzide. . . $C^{12}H^{10}SO^2 = 2C^6H^6 + SH^2O^4 - 2H^2O$.
Sulfonaphtalide. . $C^{20}H^{14}SO^2 = 2C^{10}H^8 + SH^2O^4 - 2H^2O$.

On remarque que tous ces produits sulfoconjugués renferment les éléments d'une matière organique et de l'acide sulfurique moins les éléments de l'eau; or, le nombre des molécules d'eau qu'ils renferment en moins peut se représenter d'une manière générale par

$$n - 1,$$

n étant la somme des molécules entrées en réaction. Si l'on considère la basicité des produits sulfoconjugués[1], on arrive à une

[1] La basicité des hydrocarbures, des corps neutres et des alcalis étant nulle, b est égal à o pour ces corps. Pour une molécule d'acide sulfurique, b' est égal à 2; pour 2 molécules, $b' = 4$; pour 3 molécules, $b' = 6$.

loi fort simple qu'on peut formuler de la manière suivante[1] : *La basicité B d'un produit sulfoconjugué est égale à la somme des basicités de la matière organique b et de l'acide sulfurique b', diminuée de la somme n, moins une, des molécules entrées en réaction :*

$$B = b + b' - (n - 1).$$

On a, par exemple, pour l'acide sulfosuccinique : $b = 2$, $b' = 2$, $n = 2$, donc $B = 3$. La sulfobenzide donne : $b = 0$, $b' = 2$, $n = 3$, donc $B = 0$.

Cette loi s'applique également aux dérivés nitroconjugués, chloroconjugués, etc.

Nous avons déjà exposé ailleurs les caractères des acides sulfoconjugués (§ 2488).

Dans la formation de ces acides, il s'élimine, comme on l'a dit, les éléments de l'eau. Toutefois il est quelques cas où l'action de l'acide sulfurique a pour effet un dégagement d'oxyde de carbone : ainsi l'acide camphorique anhydre se dissout à chaud dans l'acide sulfurique concentré en développant ce gaz (Walter) ; l'acide formique et les formiates se comportent de la même manière; l'acide oxalique et les oxalates dégagent volumes égaux d'oxyde de carbone et d'acide carbonique; l'acide tartrique, l'acide citrique, l'acide lactique, etc., donnent aussi les mêmes produits. Mais ces réactions rentrent plutôt dans les cas d'oxydation.

γ. L'énergie avec laquelle l'acide sulfurique se combine avec l'eau a souvent pour effet la déshydratation des substances qu'on met en contact avec lui. Ainsi, les alcools à radical C^nH^{2n+1} se convertissent généralement en hydrocarbures lorsqu'on les chauffe avec l'acide sulfurique concentré; mais cette réaction, le plus souvent complexe, est accompagnée d'un dépôt de charbon et d'un dégagement d'acide sulfureux et d'acide carbonique, résultant d'une oxydation plus profonde de la matière organique aux dépens de l'acide sulfurique.

[1] GERHARDT, *Compt. rend. des trav. de chimie*, 1845, p. 161. — STRECKER, *Ann. der Chem. u. Pharm.*, LXVIII, 15. — Voy. aussi sur ce mémoire mes observations, *Compt. rend. des trav. de chimie*, 1849, p. 76. — PIRIA, *Ann. der Chem. u. Pharm.*, XCVI, 381.

Dans l'énoncé qu'on a donné de la même loi § 2478, on a supposé le cas particulier où n est égal à 2, c'est-à-dire où la réaction s'est effectuée entre une molécule de matière organique (d'acide benzoïque) et une molécule d'acide sulfurique; donc $B = b + b' - (2-1)$, ou bien $= b + b' - 1$.

Aussi est-il plus avantageux de déshydrater les matières organiques par l'acide phosphorique anhydre ou par le chlorure de zinc.

La plupart des matières organiques non volatiles sans décomposition se charbonnent lorsqu'on les chauffe avec l'acide sulfurique concentré.

δ. Plusieurs matières organiques se transforment en composés isomères au contact de cet agent. Ainsi, l'essence de térébenthine et d'autres hydrocarbures se convertissent, sans changer de composition, en des huiles différant des huiles primitives par quelques caractères physiques, tels que l'odeur, la densité, le point d'ébullition, le pouvoir rotatoire.

De même, les huiles essentielles d'anis et d'estragon se dissolvent dans l'acide sulfurique concentré; et, si on les en sépare de nouveau par l'addition de l'eau, on obtient un corps solide (anisoïne) ayant la même composition que ces essences.

Le sucre et l'amidon se transforment en glucose par l'ébullition avec l'acide sulfurique dilué.

Il est probable que l'acide sulfurique opère ces métamorphoses en produisant d'abord des dérivés sulfoconjugués, qui se décomposent ultérieurement, au contact de l'eau, en régénérant l'acide sulfurique et la matière organique plus ou moins modifiée.

§ 2602. Les dérivés conjugués qu'on obtient avec l'acide sulfurique et certaines matières organiques sont parallèles à d'autres combinaisons, dans lesquelles le radical SO^2 est remplacé par le radical CO. Dans les deux séries, on retrouve, d'une manière frappante, les mêmes termes avec les mêmes propriétés, avec les mêmes fonctions chimiques.

Voici un tableau renfermant deux semblables séries parallèles[1] :

Série à radical carbonyle.		*Série à radical sulfuryle.*	
CO,	oxyde de carbone. .	SO^2,	acide sulfureux.
O,CO,	ac. carboniq. anhydr.	O,SO^2,	ac. sulfurique anhydr.
Cl^2,CO,	oxichlor. de carbone.	Cl^2, SO^2,	ac. chlorosulfuriq.
$Cl,C^6H^5(CO)$,	chlorure de benzoïle.	$Cl,C^6H^5(SO^2)$,	chlor. de sulfophényle.
$H,C^6H^5(CO)$,	hydrure de benzoïle.	$H,C^6H^5(SO^2)$,	corps inconnu.
$H^2(C^6H^4)^2(CO)$,	benzophénone. . . .	$H^2(C^6H^4)^2(SO^2)$,	sulfobenzide.
$N\begin{cases}C^6H^5(CO),\\H^2\end{cases}$	benzamide.	$N\begin{cases}C^6H^5(SO^2).\\H^2\end{cases}$	sulfophénylamide.

[1] CHANCEL et GERHARDT, *Compt. rend. de l'Acad.*, XXXV. 690.

$O \left\{ \begin{matrix} C^6H^5(CO), \\ H \end{matrix} \right.$	acide benzoïque. . .	$O \left\{ \begin{matrix} C^6H^5(SO^2), \\ H \end{matrix} \right.$	acide sulfobenzidique.
$O \left\{ \begin{matrix} C^6H^5O(CO), \\ H \end{matrix} \right.$	acide salicylique. . .	$O \left\{ \begin{matrix} C^6H^5O(SO^2), \\ H \end{matrix} \right.$	acide sulfophénique.
$O \left\{ \begin{matrix} NH(C^6H^5)(CO), \\ H \end{matrix} \right.$	acide anthranilique.	$O \left\{ \begin{matrix} NH(C^6H^5)(SO^2), \\ H \end{matrix} \right.$	acide sulfanilique.
$O^2 \left\{ \begin{matrix} C^6H^4(CO)(CO), \\ H^2 \end{matrix} \right.$	acide phtalique. . .	$O^2 \left\{ \begin{matrix} C^6H^4(CO)(SO^2), \\ H^2 \end{matrix} \right.$	acide sulfobenzoïque.

Il serait difficile de trouver, parmi les composés organiques, un ensemble d'analogies plus nettement accusées que dans les composés inscrits au tableau précédent. Les mêmes termes se présentent des deux côtés, et les termes correspondants se ressemblent souvent jusque dans leurs caractères physiques à un aussi haut degré que certains corps chloroconjugués ressemblent aux corps hydrogénés d'où ils résultent. Si l'acide carbonique, au lieu d'être gazeux, était un agent, solide ou liquide, aussi énergique que l'acide sulfurique, nul doute qu'on ne pût produire directement, avec lui et la benzine ou l'hydrate de phényle, l'acide benzoïque ou l'acide salicylique aussi bien que nous produisons aujourd'hui l'acide sulfobenzidique ou l'acide sulfophénique au moyen de l'acide sulfurique.

D'ailleurs, les composés de la série carbonique peuvent quelquefois être convertis en composés de la série sulfurique : qu'on dissolve à chaud la benzophénone dans l'acide sulfurique fumant, il se dégagera de l'acide carbonique pur, en même temps qu'on aura de l'acide sulfobenzidique en dissolution (la sulfobenzide, le terme correspondant à la benzophénone, se convertit en acide sulfobenzidique par la seule dissolution dans l'acide sulfurique).

Les analogies qu'on vient de signaler se retrouvent, avec les mêmes caractères, dans les composés qui dérivent des alcools et des acides correspondants : de même que l'acide benzoïque, par exemple, représente l'acide phényl-formique auquel correspond, dans la série du sulfuryle, l'acide sulfobenzidique ou phényl-sulfureux, de même l'acide acétique représente l'acide méthyl-formique auquel correspond l'acide méthyl-sulfureux (produit par l'oxydation de l'acide méthyl-sulfhydrique), etc.

Ammoniaque.

§ 2603. L'ammoniaque, outre qu'elle se combine avec les acides pour former des sels, généralement fort solubles dans l'eau, fait la double décomposition avec les aldéhydes, les anhydrides, les chlorures, bromures et iodures d'alcools, les chlorures, bromures et iodures d'aldéhydes, les chlorures, bromures et iodures d'acides, et les éthers composés. Dans toutes ces réactions, il se produit des azotures organiques (voy. ce chapitre, p. 735).

Certaines plantes renferment des principes incolores, qui, par l'action simultanée de l'oxygène et de l'ammoniaque, se transforment en matières colorantes azotées : ainsi l'orcine se transforme en orcéine (§ 2036), la phlorizine en phlorizéine (§ 2331), l'hématine en hématéate d'ammoniaque (§ 2308).

Acide nitrique.

§ 2604. Peu de substances organiques résistent à l'action énergique de l'acide nitrique; il est, cependant, quelques acides (fumarique, succinique, subérique, pyromucique, camphorique) qu'on peut faire bouillir avec l'acide nitrique le plus concentré sans qu'ils s'attaquent; certains hydrocarbures solides (paraffine, hatchétine) d'un poids atomique fort élevé paraissent aussi se soustraire à son action.

L'acide nitrique concentré détermine quelquefois une réaction si vive, lorsqu'on le chauffe avec des matières huileuses, qu'il en résulte un tumultueux dégagement de vapeurs nitreuses qui projettent le mélange hors du vase; bien plus, la chaleur développée par la réaction peut effectuer l'inflammation de la masse. Ce cas se présente, par exemple, lorsqu'on verse un mélange d'acide nitrique fumant et d'acide sulfurique concentré dans de l'essence de térébenthine ou dans d'autres huiles grasses ou essentielles.

Les métamorphoses déterminées par l'acide nitrique varient extrêmement suivant la nature et la composition des corps attaqués par lui; on peut toutefois les réduire à cinq chefs : 1° la matière organique se combine directement avec l'acide nitrique; 2° elle se décompose et fixe simplement de l'oxygène; 3° elle perd de l'hydrogène qui forme de l'eau avec l'oxygène de l'acide nitrique; 4° elle perd de l'hydrogène auquel se substitue le résidu des éléments de l'acide nitrique; 5° elle perd du carbone, sous forme d'acide carbonique, et se décompose plus profondément. Bien entendu, ces différents cas se présentent souvent successivement avec une même matière, suivant les circonstances, la durée de l'ébullition, la concentration de l'acide, etc.

α. Les alcalis se combinent avec l'acide nitrique, en donnant des nitrates neutres et, plus rarement, des binitrates.

L'acide nitrique se combine aussi, d'une manière directe, avec plusieurs huiles essentielles non azotées, par exemple avec l'essence de cannelle (aldéhyde cinnamique), avec laquelle il donne un produit cristallisé que l'eau décompose de nouveau en acide et en essence. Le camphre des laurinées, l'hellénine et plusieurs autres essences concrètes se dissolvent, sans altération, dans l'acide nitrique concentré, et donnent une masse huileuse que l'eau détruit comme la combinaison de l'essence de cannelle.

β. L'oxydation pure et simple, sous l'influence de l'acide nitrique, s'observe surtout avec les aldéhydes, qui en sont converties en leurs acides respectifs.

Elle se présente plus rarement avec d'autres corps. Il y a, cependant, le camphre des laurinées $C^{10}H^{16}O$ qui, par une ébullition prolongée avec l'acide nitrique, donne l'acide camphorique $C^{10}H^{16}O^4$; l'indigo bleu C^8H^5NO que l'acide nitrique étendu convertit en isatine $C^8H^5NO^2$; le cacodyle $C^4H^{12}As^2$ qui s'oxyde d'une manière semblable; le stilbène $C^{14}H^{12}$ qui, après s'être dédoublé, donne de l'essence d'amandes amères C^7H^6O, etc.

Les mercaptans fixent O^3 sous l'influence de l'acide nitrique en produisant des acides monobasiques particuliers. Ainsi :

CH^4S donne l'acide méthyl-sulfureux CH^4SO^4,
C^2H^6S — l'acide éthyl-sulfureux $C^2H^6SO^4$.

γ. Lorsque l'acide nitrique se borne à oxyder l'hydrogène d'une substance organique, pour former de l'eau, cette combustion ne porte en général que sur 2 atomes.

Ce genre de réaction s'observe surtout avec les alcools, ainsi qu'avec d'autres substances volatiles semblables (camphre de Bornéo, benzoïne); les alcools se convertissent en leurs aldéhydes.

Ordinairement la déshydrogénation des matières organiques est suivie d'une oxydation : ainsi les alcools, après s'être convertis en aldéhydes, donnent leurs acides respectifs.

Une déshydrogénation pure et simple se présente aussi lorsqu'on fait agir l'acide nitrique dilué sur certaines substances fixes et fort oxygénées (la salicine $C^{13}H^{18}O^7$ se transforme en hélicine $C^{13}H^{16}O^7$).

Les exemples suivants sont remarquables en ce qu'on peut régénérer la substance primitive, en faisant agir l'acide sulfureux, l'hydrogène sulfuré, ou d'autres agents réducteurs, sur le produit déshydrogéné :

Hydroquinone incolore.	$C^6H^4O^2, H^2$	donne par l'ac. nitrique :	$C^6H^4O^2$,	quinone.
Hydroquinone verte. .	$(C^6H^4O^2)^2H^2$	— —	$C^6H^4O^2$,	quinone.
Alloxantine.	$(C^4H^4N^2O^5)^2H^2$	—	$C^4H^4N^2O^5$,	alloxane.
Indigo blanc.	$(C^8H^5NO)^2H^2$	— —	C^8H^5NO,	indigo bleu.

(Les dérivés chloroconjugués des deux hydroquinones se comportent comme elles.)

δ. Il n'existe aucun exemple d'une combustion pure et simple, par l'acide nitrique, de l'hydrogène des acides ou des hydrocarbures, comme dans les cas que nous venons d'indiquer; mais, par contre, il n'est pas rare de voir l'acide nitrique faire la double décomposition avec ces composés de manière à produire de l'eau et des *dérivés nitroconjugués* (§ 2487). Pour chaque atome d'hydrogène qui est ainsi enlevé à la matière organique, celle-ci fixe $NO^2 = X$ nitryle. Les dérivés nitroconjugués, comme les dérivés sulfoconjugués (§ 2601), renferment toujours les éléments de la matière organique et de l'acide sulfurique, moins les éléments de l'eau; le nombre des molécules d'eau qu'ils contiennent en moins peut se représenter par

$$n - 1,$$

n étant la somme des molécules entrées en réaction, comme le prouvent les exemples suivants :

Nitrobenzine. . . .	$C^6H^5(NO^2)$	$= C^6H^6$	$+ NHO^3$	$-$	H^2O.
Binitrobenzine. . . .	$C^6H^4(NO^2)^2$	$= C^6H^6$	$+ 2NHO^3$	$-$	H^2O.
Acide benzoïque. . .	$C^7H^5(NO^2)O^2$	$= C^7H^6\ O^2$	$+ NHO^3$	$-$	H^2O.
Ac. binitrobenzoïque.	$C^7H^4(NO^2)^2O^2$	$= C^7H^6\ O^2$	$+ 2NHO^3$	$-$	$2H^2O$.
Acide nitrophtalique.	$C^8H^5(NO^2)O^4$	$= C^8H^6\ O^4$	$+ NHO^3$	$-$	$1H^2O$.
Nitromannite.	$C^6H^8(NO^2)^6O^6$	$= C^6H^{14}O^6$	$+ 6NHO^3$	$-$	$6H^2O$.

Quant à la basicité des dérivés nitroconjugués, elle s'exprime, comme celle des dérivés sulfoconjugués (§ 2601), par la formule :

$$B - b + b' - (n - 1).$$

Les dérivés nitroconjugués sont ordinairement plus ou moins colorés en jaune ; ils font explosion à une température élevée ; lorsqu'ils sont volatils sans décomposition, on peut toujours les faire explosionner en dirigeant leur vapeur dans un tube chauffé au rouge sombre.

La plupart des acides volatils (benzoïque, salicylique, cinnamique, anisique) donnent, par l'acide nitrique, de semblables dérivés nitroconjugués. Il en est de même des alcools, des aldéhydes et de certaines autres huiles volatiles oxygénées, placées sur la limite des corps neutres et des acides. Les hydrocarbures (benzine, toluène, naphtaline, anthracène) qui se produisent dans la distillation sèche des matières organiques donnent facilement de semblables produits nitrogénés. La plupart des essences naturelles fournissent des résines nitrogénées, dont la composition varie suivant la concentration de l'acide nitrique.

Le nombre des atomes d'hydrogène qu'on peut ainsi remplacer par NO^2 ne dépasse ordinairement pas 2 ou 3; lorsqu'on essaye de nitrogéner davantage les matières organiques, elles résistent ou elles subissent une oxydation qui leur fait perdre du carbone sous forme d'acide carbonique. (Il y a cependant la mannite qui donne un dérivé sexnitré.)

Les dérivés nitroconjugués s'attaquent par les agents réducteurs, tels que le sulfhydrate d'ammoniaque (Zinin) ou l'acétate de fer (Béchamp): NO^2 est alors remplacé par NH^2. Les acides nitroconjugués donnent ainsi d'autres acides; les hydrocarbures nitroconjugués produisent des alcalis (la nitrobenzine, p. ex., donne de l'aniline). La potasse en solution alcoolique métamorphose beaucoup de dérivés nitroconjugués (nitrobenzine, nitronaphtaline) en produisant des matières brunes ou noires.

Quant à la concentration de l'acide nitrique nécessaire à la production des dérivés nitroconjugués, on a remarqué qu'en général l'acide nitrique fumant produit les effets les plus prompts. Un mélange d'acide nitrique fumant et d'acide sulfurique concentré est encore plus actif : tantôt ce mélange produit instantanément les dérivés qu'on n'obtient avec l'acide nitrique seul que par une longue ébullition, tantôt il donne naissance à des dérivés contenant encore plus de nitryle. Ainsi l'acide benzoïque donne, avec l'acide nitrique fumant, de l'acide nitrobenzoïque, et, avec le mélange sulfuro-nitrique, de l'acide binitrobenzoïque; le cumène produit, avec l'acide nitrique fumant, du cumène, et, avec le mélange sulfuro-nitrique, du binitro-cumène. On doit particulièrement à M. Cahours [1] des expériences précises sur ces sortes de réactions.

[1] CAHOURS, *Ann. de Chim. et de Phys.*, [3] XXV, 5.

ε. Souvent l'acide nitrique oxyde du carbone en même temps que de l'hydrogène, et transforme ainsi des matières complexes en d'autres substances plus simples, souvent fort éloignées des premières. La décomposition est d'autant plus profonde que l'acide nitrique est plus chaud, plus concentré, et qu'il est plus chargé d'acide nitreux. D'après les expériences de M. Millon, on peut, dans bien des cas, annuler l'effet de cet acide nitreux en ajoutant, à l'acide nitrique qui le renferme, une petite quantité d'urée, de manière à faire passer l'acide nitreux à l'état de gaz azote : c'est ainsi, par exemple, qu'avec l'alcool et l'acide nitrique ordinaire on n'obtient jamais que du nitrite d'éthyle, tandis que le même mélange fournit le nitrate d'éthyle si l'on y a ajouté préalablement une petite quantité d'urée. M. Émile Kopp a reconnu de son côté que la présence, dans l'acide nitrique, de l'acide chlorhydrique, même en faible proportion, détermine souvent une action bien différente de celle du même acide nitrique pur : l'essence de térébenthine, par exemple, donne toujours de l'acide oxalique par l'emploi d'un acide impur, tandis qu'on n'en obtient pas avec un acide nitrique exempt d'acide chlorhydrique.

Les substances fort oxygénées, telles que les acides fixes (tartrique, citrique, gallique, tannique, quinique, malique, etc.), et les substances neutres non volatiles (ligneux, sucres, gommes, fécule, salicine, etc.), se décarburent, en général, par l'acide nitrique bien plus facilement que les corps volatils, les hydrocarbures et les autres matières ne contenant que peu d'oxygène. L'acide oxalique est l'un des produits les plus fréquents de l'action de l'acide nitrique sur les substances fort oxygénées; l'acide acétique et ses homologues supérieurs s'obtiennent dans le traitement des corps gras par l'acide nitrique. Enfin l'acide picrique et l'acide oxipicrique (§ 401) sont aussi des produits assez fréquents de l'action de cet acide.

La plupart des matières organiques donnent, à la distillation avec l'acide nitrique, de très-petites quantités d'acide cyanhydrique; de même, on trouve dans le résidu de faibles proportions de sels ammoniacaux (nitrate, quadroxalate).

Certains dérivés chloroconjugués développent, par l'ébullition avec l'acide nitrique, des produits volatils, dont la vapeur irrite vivement les yeux : ainsi le bichlorure de naphtaline donne le corps $CCl^2(NO^2)^2$; la chloropicrine $CCl^3(NO^2)$ est un produit semblable qu'on obtient par l'action du chlore sur l'acide picrique.

Lorsqu'on traite par l'acide nitrique les alcalis végétaux naturels, on obtient des produits résineux d'où la potasse caustique expulse des alcalis volatils, semblables à la méthylamine[1].

Acide nitreux.

§ 2605. L'acide nitreux agit sur les azotures d'alcools et sur les azotures d'acides en produisant les oxydes correspondants; la réaction s'effectue avec dégagement de gaz azote. Nous avons déjà fait connaître ce genre de réaction (§ 2547).

Au lieu de mettre les matières organiques directement en contact avec l'acide nitreux, on peut les dissoudre dans l'acide nitrique concentré, et faire passer du bioxyde d'azote dans la solution; ce gaz se transforme alors en acide nitreux :

$$2N^2O^2 + N^2O^5 = 3N^2O^3.$$

Le *nitrite d'argent*[2] peut également servir avec avantage dans beaucoup de cas.

Bioxyde d'azote.

§ 2606. Ce gaz est absorbé en grande quantité, à la manière du gaz chlorhydrique, par beaucoup d'hydrogènes carbonés naturels. M. Cahours a observé que l'essence de fenouil amer, dans laquelle on fait passer du bioxyde d'azote, dépose des aiguilles cristallines semblables au camphre artificiel, et renfermant $C^{15}H^{24}$, $2N^2O^2$.

Plusieurs acides organiques paraissent également former des combinaisons avec le bioxyde d'azote. L'acide acétique cristallisable absorbe ce gaz en se colorant en bleu; le liquide se prend par le froid en cristaux bleus qui dégagent le bioxyde au contact de l'eau[3]. M. Chiozza a décrit un acide (§ 1182) qui renferme les éléments de l'acide pélargonique et du bioxyde d'azote, $C^9H^{18}O^2$, N^2O^2.

L'acide ferricyanhydrique absorbe le bioxyde d'azote en produisant l'acide nitroprussique de M. Playfair (§ 186).

Acide phosphorique.

§ 2607. L'acide phosphorique anhydre s'emploie quelquefois

[1] ANDERSON, *Compt. rend. de l'Acad.*, XXXI, 136.

[2] HOFMANN, *Ann. der Chem. u. Pharm.*, LXXV, 356.

[3] REINSCH, *Journ. f. prakt. Chem.*, XXVIII, 396.

pour enlever aux substances organiques les éléments de l'eau. Les alcools à radical C^nH^{2n+1} en sont transformés en des hydrocarbures qui représentent les hydrures d'aldéhydes (gaz oléfiant, amilène, cétène); le camphre des laurinées, l'essence de menthe et plusieurs autres huiles essentielles se comportent comme les alcools. Comme agent de déshydratation, l'acide phosphorique présente sur l'acide sulfurique l'avantage de ne pas carboniser les matières organiques [1].

Les sels ammoniacaux des acides à radical $C^nH^{2n-1}\Theta$ ou $C^nH^{2n-9}O$ (acétate, butyrate, benzoate) perdent tout leur oxygène à l'état d'eau, et se convertissent en cyanures d'alcools (§ 2542). Les amides correspondantes donnent les mêmes produits.

L'acide phosphorique hydraté donne avec les alcools des acides viniques (acide éthyl-phosphorique).

On emploie l'acide phosphorique anhydre pour dessécher les huiles essentielles; mais il paraît qu'il peut avec certaines d'entre elles former des combinaisons conjuguées (suivant MM. Soubeiran et Capitaine, l'essence de bergamote donnerait un acide phosphobergamique).

Potassium, sodium, zinc.

§ 2608. Ces métaux n'attaquent pas les hydrogènes carbonés, mais ils décomposent certains oxydes, chlorures et iodures. On emploie quelquefois le potassium ou le sodium pour priver d'humidité les carbures d'hydrogène liquides qu'on a de la peine à dessécher au moyen du chlorure de calcium.

Les alcools et les aldéhydes dégagent du gaz hydrogène, au contact du sodium et du potassium, en donnant des produits que l'eau décompose promptement.

Les iodures d'alcools s'attaquent par le zinc métallique, dans des tubes scellés à la lampe. Il se produit des métaux d'alcools dans cette réaction.

Les chlorures organiques s'attaquent moins bien que les iodures; on peut distiller des chlorures d'acides (p. ex. du chlorure de benzoïle) sur du sodium ou sur du potassium sans que ces métaux réagissent.

[1] L'acide phosphorique anhydre, qu'on obtient par la combustion du phosphore, contient souvent de grandes quantités d'acide phosphoreux : aussi un semblable réactif charbonne-t-il toujours en partie les matières qu'on traite par lui.

Le potassium et le zinc attaquent certains acides chloroconjugués, et en échangent le chlore pour de l'hydrogène (§ 2485[a]).

Chauffées avec du potassium ou du sodium, les matières azotées réagissent en général d'une manière violente en donnant du cyanure.

Potasse et soude.

§ 2609. Ces agents s'emploient sous plusieurs formes : en dissolution aqueuse, en dissolution alcoolique, en fusion à l'état d'hydrates, ou bien mélangés avec de la chaux. La chaux potassée ou sodée, étant moins fusible que la potasse ou la soude seules, offre l'avantage d'attaquer moins aisément les vases de verre ou de porcelaine dans lesquels on opère.

Suivant la nature des matières organiques qu'on met en contact avec la potasse ou la soude caustiques, on peut observer les réactions suivantes : 1° une combinaison directe de l'alcali avec la matière organique; 2° une double décomposition ; 3° une oxydation avec dégagement d'hydrogène; 4° une transformation de la matière organique en un composé isomère.

α. Les cas de combinaison directe de l'alcali caustique avec la matière organique sont assez rares.

L'isatine et ses dérivés chloroconjugués et bromoconjugués se transforment en sels de potasse par leur dissolution dans cet alcali.

La coumarine (§ 1635), l'anémonine (§ 2274) et le benzile (§ 1566) se convertissent en sels de potasse par la potasse bouillante. Les acides auxquels correspondent ces sels de potasse renferment les éléments de la matière primitive plus H^2O.

Le camphre des laurinées se transforme de même en campholate de potasse (§ 1946) lorsqu'on le traite, à une température élevée et dans un tube fermé, par de la chaux potassée.

β. Très-souvent la potasse et la soude déterminent une double décomposition par leur action sur les matières organiques.

Les acides organiques se transforment immédiatement en sels à radical de potassium ou de sodium. Quelques alcools (comme l'alcool phénique) donnent des composés semblables avec la potasse en solution aqueuse; à l'état sec, cet alcali agit aussi sur d'autres alcools et sur les aldéhydes.

Les éthers composés se transforment par la potasse alcoolique en sels de potasse des acides correspondants et en alcools; de même, les glycérides se convertissent par la potasse aqueuse et bouillante en sels de potasse (*savons*) et en glycérine.

Les chlorures, bromures et iodures des alcools et des acides se transforment aussi par la potasse en chlorure, bromure et iodure de potassium, et en alcools ou en sels de potasse des acides (le chlorure d'éthyle donne du chlorure de potassium et de l'hydrate d'éthyle; le chlorure de benzoïle donne du chlorure de potassium et du benzoate de potasse).

Les azotures d'acides (les amides) s'attaquent généralement par la potasse bouillante, en dégageant de l'ammoniaque et en se transformant en sels des acides correspondants (la benzamide donne de l'ammoniaque et du benzoate de potasse).

Les produits chlorés et bromés qu'on obtient par la fixation directe du chlore et du brome sur certains hydrocarbures (gaz oléfiant, benzine) se dédoublent sous l'influence d'une solution alcoolique de potasse, en donnant du chlorure de potassium (voy. § 2525, Chlorures d'aldéhydes).

Les cyanures d'alcools dégagent de l'ammoniaque par la potasse bouillante, et se transforment en sels de potasse (§ 2542).

γ. Beaucoup de substances s'oxydent sous l'influence de l'hydrate de potasse ou de soude, avec dégagement de gaz hydrogène.

Dans ce cas sont surtout les alcools et les aldéhydes. Lorsqu'on arrose d'alcool absolu la chaux potassée, il s'effectue d'abord une double décomposition avec production de chaleur, et le mélange, chauffé au bain-marie, dégage du gaz hydrogène et donne de l'acétate :

$$\underset{\text{Alcool.}}{C^2H^6O} + KHO = \underset{\text{Acétate.}}{C^2H^3KO^2} + 2H^2.$$

Une réaction semblable s'observe avec l'aldéhyde acétique :

$$\underset{\text{Aldéhyde.}}{C^2H^4O} + KHO = \underset{\text{Acétate.}}{C^2H^3KO^2} + H^2.$$

Lorsque les sels, produits dans les réactions de ce genre, sont portés à une température bien plus élevée que celle à laquelle ils prennent naissance, on observe la formation de produits secondaires : ainsi l'acétate de potasse peut se convertir en carbonate et en hydrure de méthyle; le formiate de potasse peut donner de l'oxalate et du gaz hydrogène; l'oxalate de potasse peut fournir du carbonate et du gaz hydrogène, etc.

Les éthers composés donnent aussi des produits d'oxydation, lorsqu'au lieu de les traiter par une solution alcoolique de potasse, on les chauffe avec de la chaux potassée[1] ; ils dégagent alors du gaz hydrogène et peuvent donner deux espèces de produits, les uns dérivant de l'acide et les autres dérivant de l'alcool auquel les éthers correspondent, comme si la potasse oxydait isolément cet acide et cet alcool. Ainsi, l'oxalate d'éthyle donne de l'acétate (dérivant de l'alcool) et du carbonate (dérivant de l'acide oxalique).

Comme la plupart des agents d'oxydation, la potasse dédouble souvent les matières organiques, et leur prend alors le carbone et l'oxygène nécessaires pour se carbonater. Une température fort élevée favorise cette combustion. Les substances fort oxygénées, les acides fixes, les matières neutres fixes (sucre, amidon, gomme) s'attaquent aisément par la potasse en fusion, et fournissent le plus souvent du carbonate et de l'oxalate, en même temps que du gaz hydrogène.

En s'oxydant ainsi, les matières azotées (indigo, caféine, quinine) dégagent de l'ammoniaque ou d'autres alcalis volatils, tels que la méthylamine, l'aniline, la quinoléine, etc. Fondues avec de l'hydrate de potasse, au rouge sombre, toutes les matières organiques azotées donnent du cyanure de potassium.

Les matières sulfurées fournissent, dans les mêmes circonstances, du sulfure, du sulfate ou du sulfite.

δ. Certains corps éprouvent des modifications isomères au contact de la potasse caustique : lorsqu'on abandonne l'essence d'amandes amères brute (contenant de l'acide cyanhydrique) avec une dissolution alcoolique de potasse, l'essence se transforme en benzoïne, dont la composition centésimale est la même. Mais la molécule de la benzoïne est $C^{14}H^{12}O^2$, celle de l'essence étant C^7H^6O.

Chaux et baryte.

§ 2610. Ces deux oxydes, fort semblables dans leur manière d'agir, s'emploient à l'état sec ou en dissolution aqueuse. Quelquefois ils remplacent avec avantage l'hydrate de potasse.

On s'en est surtout servi à l'état sec pour décarburer les acides

[1] DUMAS et STAS, *Ann. de Chim. et de Phys.*, LXXIII, 151.

volatils et pour les transformer en substances neutres. La baryte donne sous ce rapport les réactions les plus nettes; mais comme elle agit très-vivement et souvent d'une manière fort brusque, il convient de la mêler avec de la chaux ou avec du sable fin. Parfois le mélange de baryte et de matière organique prend feu à une certaine température; ce cas se présente surtout avec les corps nitrogénés.

Les acides organiques volatils à 2 ou à 3 atomes d'oxygène se métamorphosent très-nettement par la distillation avec la chaux ou la baryte; il se produit alors du carbonate, ainsi qu'une huile volatile contenant du carbone et de l'hydrogène (benzine, cumène, cinnamène), ou du carbone, de l'hydrogène et de l'oxygène (hydrate de phényle, phénate de méthyle), ou du carbone, de l'hydrogène et de l'azote (aniline). Ainsi on a :

$$\underset{\text{Ac. benzoïque.}}{C^7H^6O^2} = CO^2 + \underset{\text{Benzine.}}{C^6H^6}.$$

$$\underset{\text{Ac. cuminique.}}{C^{10}H^{12}O^2} = CO^2 + \underset{\text{Cumène.}}{C^9H^{12}}.$$

$$\underset{\text{Ac. salicylique.}}{C^7H^6O^3} = CO^2 + \underset{\text{Hyd. de phényle.}}{C^6H^6O}.$$

$$\underset{\text{Ac. anisique.}}{C^9H^8O^3} = CO^2 + \underset{\text{Phénate de méthyle, ou anisol.}}{C^8H^8O}.$$

$$\underset{\text{Ac. anthranilique.}}{C^7H^7NO^2} = CO^2 + \underset{\text{Aniline.}}{C^6H^7N}.$$

Les matières contenant beaucoup d'oxygène (sucre, amidon, gomme) donnent également, avec la chaux ou la baryte, des huiles volatiles (acétone, métacétone); mais la réaction est très-complexe.

Beaucoup de substances azotées développent de l'ammoniaque par leur traitement avec la baryte caustique.

La chaux sert, dans l'analyse organique, pour la détermination du chlore; toutes les substances chlorées que l'on chauffe au rouge, en présence de la chaux, donnent du chlorure de calcium.

Oxydes de plomb, de mercure et d'argent.

§ 2611. L'oxyde de plomb récemment précipité et l'oxyde rouge de mercure peuvent s'employer pour enlever le soufre à certaines matières organiques.

Lorsqu'on traite par l'oxyde de mercure une dissolution alcoolique de diphényl-sulfocarbamide (sulfocarbanilide), tout le soufre de cette substance est remplacé par de l'oxygène, et l'on obtient de la diphényl-carbamide (carbanilide) :

$$C^{13}H^{12}N^2S + Hg^2O = C^{13}H^{12}N^2O + Hg^2S.$$

Diphényl-sulfocarbamide. — Diphényl-carbamide.

Mise en digestion avec l'oxyde de plomb hydraté, l'essence de moutarde donne de la sinapoline :

$$2\,C^4H^5NS + H^2O = C^7H^{12}N^2O + CS^2.$$

Essence de moutarde. — Sinapoline.

(Le sulfure de carbone qui est éliminé dans cette réaction donne, avec l'oxyde de plomb, du sulfure et du carbonate.)

Broyée avec l'oxyde de mercure, la thiosinamine se dédouble en sinamine et en hydrogène sulfuré, lequel réagit ensuite sur l'oxyde métallique :

$$C^4H^8N^2S = C^4H^6N^2 + H^2S.$$

Thiosinamine. — Sinamine.

L'oxyde d'argent se comporte comme l'oxyde de mercure avec les corps sulfurés ; il attaque aussi avec énergie les chlorures organiques qu'il convertit, par double décomposition, en oxydes.

Peroxydes de plomb et de manganèse.

§ 2611[a]. Les substances organiques contenant beaucoup d'oxygène (acides tartrique, citrique, mucique, gallique, sucre, glucose, salicine) s'attaquent promptement lorsqu'on les fait bouillir en solution aqueuse avec du peroxyde de plomb puce : l'acide carbonique et l'acide formique sont les produits ordinaires de cette réaction.

Les matières peu oxygénées et volatiles sans décomposition échappent en général à l'action du peroxyde de plomb : l'acide benzoïque et l'acide salicylique n'en sont pas altérés.

Les substances azotées résistent moins bien à ce réactif : l'acide urique, l'alloxane, l'acide hippurique, etc., en sont oxydés et transformés, avec dégagement d'acide carbonique, en des composés plus simples.

L'action des peroxydes de plomb et de manganèse est bien plus énergique lorsqu'on les emploie mélangés avec de l'acide sulfurique; à la distillation beaucoup de substances donnent alors de l'acide formique.

Chlorure de calcium.

§ 2612. Ce corps s'emploie généralement pour dessécher les liquides et les gaz; pour cela il convient de le fondre et de le conserver dans des flacons bien bouchés. Comme il cède déjà à la température de l'ébullition une partie de l'eau qu'il a absorbée, il faut se garder de distiller sur lui les matières pour la dessiccation desquelles il a servi.

Plusieurs liquides volatils, comme l'alcool, l'esprit de bois, ont la propriété de dissoudre le chlorure de calcium. Certains hydrogènes carbonés (d'après mes expériences, celui de l'essence de camomille) forment avec le chlorure de calcium des combinaisons cristallines.

Chlorure de zinc.

§ 2613. Ce réactif peut quelquefois remplacer l'acide sulfurique et surtout l'acide phosphorique anhydre, lorsqu'il s'agit de déshydrater les matières organiques.

Les alcools en sont convertis en hydrocarbures (hydrures d'aldéhydes); le camphre des laurinées perd également les éléments de l'eau en se transformant en cymène (camphogène).

Sels de fer et d'étain.

§ 2614. Les sels de protoxyde de fer et d'étain se comportent quelquefois comme agents réducteurs à la manière de l'hydrogène sulfuré et de l'acide sulfureux.

Les dérivés nitroconjugués donnent les mêmes produits lorsqu'on les traite par du fer métallique et de l'acide acétique que par l'emploi du sulfhydrate d'ammoniaque. Ainsi la nitrobenzine se tranforme en aniline, le fulmicoton régénère du coton, etc.[1]. Il se produit dans cette réaction du sesquioxyde de fer.

[1] Béchamp, *Compt. rend. de l'Acad.*, XXXVII, 134.

Ordinairement les sels de fer et d'étain sont plus actifs avec le concours d'un alcali, tel que la potasse ou la chaux.

Acide chromique.

§ 2615. L'acide chromique est un agent d'oxydation fort énergique ; on y substitue souvent un mélange de bichromate de potasse et d'acide sulfurique. L'oxydation des matières organiques par l'acide chromique est quelquefois tellement brusque qu'elles en sont entièrement brûlées : ainsi l'alcool s'enflamme au contact de l'acide chromique cristallisé. Si l'on parvient à modérer la réaction, l'alcool se change d'abord en aldéhyde et ensuite en acide acétique. Toutes les aldéhydes peuvent être converties par l'acide chromique en leurs acides respectifs.

Les substances fort oxygénées, comme le sucre, l'acide tartrique, les gommes, produisent de l'acide carbonique et de l'acide formique.

Quelques hydrocarbures s'acidifient également par l'action de l'acide chromique. Le stilbène $C^{14}H^{12}$ en est converti en essence d'amandes amères $C^{7}H^{6}O$.

Ferments.

§ 2616. Les matières organiques fixes et fort oxygénées sont en général assez sensibles à l'action des ferments[1]. Lorsqu'on met ces substances en contact avec un ferment, sous l'influence de l'eau et d'une température convenable, elles se transforment ordinairement en deux ou en plusieurs substances plus simples. Ainsi, le glucose se convertit soit en alcool et acide carbonique, soit en acide butyrique, hydrogène et acide carbonique, soit en acide lactique, etc. Quelquefois les matières oxygénées éprouvent, au contact des ferments, une désoxydation comparable à la réduction que certains oxydes métalliques subissent sous l'influence de l'hydrogène : ainsi l'acide malique $C^{4}H^{6}O^{5}$ se transforme en acide succinique $C^{4}H^{6}O^{4}$ lorsqu'on abandonne avec du fromage pourri le malate de chaux brut, préparé avec le suc de sorbier. Dans la plupart des cas, cependant, les ferments agissent dans le sens des agents de combustion en ramenant les matières complexes à des formes plus simples, et, sous ce rapport, ils deviennent très-pré-

[1] Voy. § 2444.

cieux au chimiste, car les agents d'oxydation ordinaires, tels que l'acide nitrique, déterminent souvent des combustions trop brusques en ajoutant de l'oxygène à celui qui se trouve déjà dans la molécule organique, de manière que les produits sont alors fort éloignés par leur composition de la matière primitive. L'émulsine des amandes est un ferment qui transforme très-nettement l'amygdaline, la salicine, etc.

Relations entre les propriétés physiques et la composition des substances organiques.

§ 2617. *Forme cristalline.* — Deux corps sont dits *isomorphes* lorsqu'ils se présentent sous des formes qui appartiennent au même système cristallin et n'offrent que de légères différences dans la valeur de leurs angles.

On trouve surtout isomorphes, en chimie organique, certains composés conjugués, où le chlore, le brome ou le nitryle remplacent l'hydrogène.

Laurent émit le premier, en 1837, l'idée que les corps chlorés dérivés par substitution d'un corps hydrogéné pouvaient être isomorphes avec ce dernier ; il confirma cette idée, en 1839, par la découverte de plusieurs composés naphtaliques chlorés. Un an plus tard, M. de Laprovostaye fit connaître l'isomorphisme de l'oxaméthane et du chloroxaméthane.

Les corps chlorés et bromés dérivés par substitution ne sont pas toujours isomorphes, mais cette anomalie paraît tenir à l'isomérie. En effet, les dérivés de la naphtaline $C^{10}H^{8}$ se présentent sous plusieurs modifications isomères, dont les termes respectifs sont isomorphes. Les dérivés qui appartiennent à une première série *a*, cristallisent tous en longs prismes à 6 pans de 120°, sont mous comme de la cire, se laissent tordre en tous sens sans se briser, se clivent parallèlement à l'axe, sont très-solubles dans l'éther et très-peu solubles dans l'alcool. Ceux qui appartiennent à une deuxième série *b* se présentent sous la forme d'un prisme triclinique dont les trois faces sont inclinées les unes sur les autres à peu près de la même quantité, c'est-à-dire de 100 à 103°. Enfin, une troisième série *c* renferme des dérivés dont la forme est un prisme du système rhombique, et dont les angles varient de 112 à 113° ; ils cristallisent tous en aiguilles extrêmement fines et élastiques.

L'isomorphisme des corps suivants a également été constaté par Laurent[1] :

Acide nitrophénésique.	$C^6H^4(NO^2)^2O$,
— nitrophénisique.	$C^6H^3(NO^2)^3O$,
— chlorophénisique.	$C^6H^3(Cl)^3O$,
— chlorophénusique. . . .	$C^6H(Cl)^5O$,
— bromophénisique. . . .	$C^6H^3(Br)^3O$,
Nitrophénisate de potasse. . . .	$C^6H^2K(NO^2)^3O$,
— d'ammoniaque.	$C^6H^2(NH^4)(NO^2)^3O$,
Nitrophénésate d'ammoniaque. .	$C^6H^3(NH^4)(NO)^2O$.

Mais l'acide nitrobromophénésique $C^6H^3(Br)(NO^2)^2O$ n'est pas isomorphe avec les corps précédents.

Voici encore quatre groupes isomorphes :

a.	Isatine.	$C^8H^5NO^2$
	Chlorisatine.	$C^8H^4(Cl)NO^2$
b.	Anhydride phtalique.	$C^8H^4O^3$
	Anhydride nitrophtalique. . . .	$C^8H^3(NO^2)O^3$
c.	Acide nitrophtalique.	$C^8H^5(NO^2)O^4$
	Nitrophtalate d'ammoniaque. .	$C^8H^4(NH^4(NO^2)O^4$
d.	Éther perchloré.	$C^4Cl^{10}O$
	Éther perchloro-bromé.	$C^4Cl^6Br^4O$.

Les chlorhydrates et bromhydrates de cinchonine; de cinchonine bromée, de cinchonine $^3/_2$ bromée, de cinchonine bichlorée et de cinchonine bibromée sont isomorphes (Laurent).

L'oxalate d'éthylamine et l'oxalate de méthylamine sont isomorphes (Nicklès); l'éthyl-sulfate et le méthyl-sulfate de baryte le sont également (Schabus).

Enfin, il faut encore nommer le chlorure de naphtaline bromée et le bichlorure de naphtaline (Laurent) :

Chlorure de naphtaline bromée. .	$C^{10}H^7Br,Cl^2$
Bichlorure de naphtaline.	$C^{10}H^8$, $2\,Cl^2$.

§ 2618. Lorsque des corps analogues cristallisent dans des systèmes différents, mais sous des formes très-voisines et avec des modifications sensiblement les mêmes, ces corps sont dits *paramorphes*[2].

[1] LAURENT, *Revue scientif.*, IX, 23.

[2] Laurent a le premier observé que le bichlorure de naphtaline chlorée $C^{10}H^7Cl, 2\,Cl^2$,

Le bichlorure de naphtaline $C^{10}H^{8},2Cl^{2}$, le bichlorure de naphtaline chlorée $C^{10}H^{7}Cl,2Cl^{2}$, le bibromure de naphtaline tribromée $C^{10}H^{5}Br^{3}$, $2\,Br^{2}$, cristallisent, les uns en prismes monocliniques, les autres en prismes du système rhombique, mais ces formes sont extrêmement voisines l'une de l'autre (Laurent).

Les tartrates neutres de potasse, de soude et d'ammoniaque, les tartrates doubles de potasse et d'ammoniaque, de potasse et de soude, de soude et d'ammoniaque, et enfin le bitartrate de potasse et le bitartrate d'ammoniaque, peuvent cristalliser en toutes proportions. Néanmoins ces tartrates appartiennent à deux systèmes différents, le prisme rectangulaire oblique et le prisme rectangulaire droit; mais le prisme oblique est une forme limite, l'inclinaison de la base sur les pans ne s'élève pas à plus de 2 degrés (Pasteur).

Le cyanurate d'éthyle est paramorphe avec le cyanurate de méthyle (Nicklès).

§ 2619. Lorsque des corps qui ont une composition et des caractères chimiques analogues se présentent sous des formes qui offrent plusieurs angles semblables, tandis que d'autres sont très-différents (ces formes pouvant appartenir soit au même système cristallin, soit à deux systèmes différents), on dit que ces corps sont *hémimorphes*.

Le formiate de baryte $CHBaO^{2}$, le propionate de baryte $2\,C^{3}H^{5}BaO^{2} + aq.$, et l'acétate de baryte $2\,C^{2}H^{3}BaO^{2} + 3\,aq.$, sont hémimorphes. Ils ont tous, pour forme primitive, un prisme dont l'angle ne dépasse pas les limites 80°—82° ou leurs compléments 98°—100°; mais les angles sommets sont très-différents. Les biseaux (formiate 75°, propionate 92°25, acétate 116°48) s'élargissent à mesure que l'eau vient à s'ajouter. Abstraction faite du système cristallin, la différence qui existe entre la forme de ces trois sels réside entièrement dans les extrémités (Nicklès).

L'acide tartrique et tous les tartrates simples, doubles ou acides, à base de potasse, de soude et d'ammoniaque, offrent toujours le même prisme, quel que soit d'ailleurs le nombre des atomes d'eau qu'ils renferment; mais quelques-uns de ces prismes diffèrent par leurs sommets (Pasteur).

suivant qu'il est cristallisé dans l'éther ou dans l'alcool, s'obtient en prismes du système rhombique ou en prismes du système monoclinique, mais que *ces formes sont très-voisines*. M. Pasteur a plus tard généralisé cette observation sur d'autres corps dimorphes.

Le glycocolle et ses sels (sulfate, nitrate, chlorhydrate, oxalate) sont hémimorphes (Nicklès).

L'oxalate et le chlorhydrate d'éthylamine sont hémimorphes (Nicklès).

§ 2620. On peut concevoir des corps renfermant les mêmes atomes réunis dans la même proportion et arrangés de la même manière, c'est-à-dire des corps isomères et isomorphes, sans cependant que ces corps soient identiques; Laurent les appelle *isoméromorphes.*

Soit un carbure d'hydrogène

$$C^{10}H^4H^2H^2.$$

Supposons qu'en le traitant par le chlore il perde H^2 et gagne Cl^2, et que le nouveau composé soit analogue au premier; sa formule sera :

$$C^{10}H^4H^2Cl^2.$$

Supposons encore qu'on traite le nouveau composé par le brome, et qu'il échange H^2 contre Br^2, la formule du produit sera :

$$C^{10}H^4Br^2Cl^2 \quad . \quad . \quad . \quad . \quad (a)$$

Enfin, supposons qu'on traite le carbure d'hydrogène d'abord par le brome et qu'il échange H^2 contre Br^2, puis par le chlore et qu'il échange H^2 contre Cl^2, la formule du dernier composé sera nécessairement :

$$C^{10}H^4Cl^2Br^2 \quad . \quad . \quad . \quad . \quad (b)$$

Il en résulte qu'on obtiendra deux corps différents *a* et *b* isomères; et, puisque le chlore et le brome en prenant la place de l'hydrogène n'ont pas détruit l'arrangement des autres molécules, les deux *a* et *b* sont en outre isomorphes. Ils sont donc isoméromorphes.

Laurent cite comme exemples : le corps $C^{10}H^4Br^2Cl^2$ obtenu par le brome et la naphtaline bichlorée $C^{10}H^6Cl^2$, et le corps $C^{10}H^4Cl^2Br^2$ obtenu par le chlore et la naphtaline bibromée $C^{10}H^6Br^2$; l'un et l'autre cristallisent en prismes tricliniques, mais il y a de légères différences dans les angles. Les cristaux du premier corps sont aplatis et ont tous deux angles solides opposés tronqués; les cristaux du second sont allongés, et aucun d'eux n'offre de facettes modifiantes.

Sont encore isoméromorphes : le corps $C^{10}H^4BrCl^3$, par le brome et la naphtaline trichlorée $C^{10}H^5Cl^3$, et le corps $C^{10}H^4Cl^3Br$, par le chlore et la naphtaline bromée $C^{10}H^7Br$; le bichlorhydrate de cinchonine bibromée et le bibromhydrate de cinchonine bichlorée.

§ 2621. *Point de fusion.* — Lorsqu'on compare entre eux deux composés homologues, on remarque en général que celui qui a le poids atomique le plus élevé fond aussi à la température la plus haute. Cette règle est générale pour les acides gras à radical $C^nH^{2n-1}O$.

Dans certains composés chloroconjugués ou bromoconjugués ayant la même forme cristalline, les points de fusion s'élèvent avec les proportions de chlore ou de brome qu'ils renferment.

Lorsqu'on compare les points de fusion des dérivés chlorés et bromés de la naphtaline $C^{10}H^8$, on n'observe rien de régulier au premier abord. Des corps peu chlorés sont tantôt moins fusibles, tantôt plus fusibles que les corps fortement chlorés; mais il en est tout autrement si l'on compare les corps qui ont la même forme cristalline. Ainsi, on a, suivant Laurent :

Série *a*.		Série *b*.		Série *c*.	
$C^{10}H^6Cl^2$.	liquide	$C^{10}H^6Cl^2$.	50°	$C^{10}H^4Cl^4$	125°
$C^{10}H^5Cl^3$.	75°	$C^{10}H^6Br^2$.	59	$C^{10}H^4Br^2Cl^2$.	166
$C^{10}H^5BrCl^2$.	80	$C^{10}H^5Cl^3$.	79	$C^{10}H^3BrCl^4$.	165 à 168
$C^{10}H^4Cl^4$.	106	$C^{10}Cl^8$.	172		
$C^{10}H^4BrCl^3$.	110				
$C^{10}H^2Cl^6$.	143				

Les combinaisons des corps précédents avec le chlore (chlorures naphtaliques) n'offrent aucune régularité dans leur point de fusion, mais ce qu'il y a de remarquable, c'est qu'un grand nombre d'entre eux se solidifient tantôt à une température, tantôt à une autre, et se présentent alors sous deux formes cristallines différentes.

§ 2622. *Point d'ébullition.* — En comparant entre eux les points d'ébullition d'un grand nombre de substances organiques, M. Hermann Kopp [1] a découvert plusieurs rapports remarquables qu'on peut formuler de la manière suivante :

1° Le point d'ébullition d'un *alcool* $C^nH^{2n+2}O$, homologue de l'alcool ordinaire et différant de lui par *n* CH^2, est de *n* fois 19

[1] H. Kopp, *Ann. der Chem. u. Pharm.*, XLI, 79, 169. — *Ibid.*, XCVI, 1.

degrés plus bas ou plus élevé que le point d'ébullition de cet alcool.

2° Le point d'ébullition d'un *acide* $C^nH^{2n}O^2$ est de 40 degrés plus élevé que le point d'ébullition de l'alcool correspondant $C^nH^{2n+2}O$ (qui donne cet acide par l'oxydation).

3° Le point d'ébullition d'un *éther composé* $C^nH^{2n}O^2$ est de 82 degrés plus bas que le point d'ébullition de l'acide isomère $C^nH^{2n}O^2$.

Si l'on part du point d'ébullition de l'alcool absolu = 78°, ces trois propositions conduisent aux points d'ébullition théoriques indiqués dans le tableau suivant :

Alcools.	Point d'ébull. théoriq.	Acides.	Point d'ébull. théoriq.	Éthers composés.	Point d'ébull. théoriq.
$C\ H^4\ O$	59°	$C\ H^2\ O^2$	99°	»	»
$C^2\ H^6\ O$	78	$C^2\ H^4\ O^2$	118	$C^2\ H^4\ O^2$	36°
$C^3\ H^8\ O$	97	$C^3\ H^6\ O^2$	137	$C^3\ H^6\ O^2$	55
$C^4\ H^{10}O$	116	$C^4\ H^8\ O^2$	156	$C^4\ H^8\ O^2$	74
$C^5\ H^{12}O$	135	$C^5\ H^{10}O^2$	175	$C^5\ H^{10}O^2$	93
$C^6\ H^{14}O$	154	$C^6\ H^{12}O^2$	194	$C^6\ H^{12}O^2$	112
$C^7\ H^{16}O$	173	$C^7\ H^{14}O^2$	213	$C^7\ H^{14}O^2$	131
$C^8\ H^{18}O$	192	$C^8\ H^{16}O^2$	232	$C^8\ H^{16}O^2$	150
$C^9\ H^{20}O$	211	$C^9\ H^{18}O^2$	251	$C^9\ H^{18}O^2$	169
$C^{10}H^{22}O$	230	$C^{10}H^{20}O^2$	270	$C^{10}H^{20}O^2$	188
$C^{11}H^{24}O$	249	$C^{11}H^{22}O^2$	289	$C^{11}H^{22}O^2$	207
$C^{12}H^{26}O$	268	$C^{12}H^{24}O^2$	308	$C^{12}H^{24}O^2$	226
$C^{13}H^{28}O$	287	$C^{13}H^{26}O^2$	327	$C^{13}H^{26}O^2$	245
$C^{14}H^{30}O$	306	$C^{14}H^{28}O^2$	346	$C^{14}H^{28}O^2$	264
$C^{15}H^{32}O$	325	$C^{15}H^{30}O^2$	365	$C^{15}H^{30}O^2$	283
$C^{16}H^{34}O$	344	$C^{16}H^{32}O^2$	384	$C^{16}H^{32}O^2$	302

Pour qu'on puisse juger du degré d'exactitude des trois propositions de M. H. Kopp, nous allons mettre en regard ces points d'ébullition théoriques avec quelques points d'ébullition déterminés expérimentalement ; on verra que les différences entre la théorie et l'expérience ne sont guère plus considérables que celles qu'offrent souvent entre elles les déterminations faites sur le même corps.

Alcools.

		Point d'ébull. théorique.	Point d'ébullit. expérimental.	
Hydrate de méthyle.	$C\ H^4\ O$	59°	60° à 744mm,	Kane.
			61 à 754 ,	Delffs.
			64,9 à 754 ,	H. Kopp.
			65,0 à 752 ,	H. Kopp.

		Point d'ébull. théorique.	Point d'ébullit. expérimental.	
			66 ,5 à 761^{mm},	Dumas et Péligot.
Hydrate de trityle...	$C^3 H^8 O$	97^0	96^0, à ? ,	Chancel.
Hydrate de tétryle...	$C^4 H^{10}O$	116^0	109^0, à ? ,	Wurtz.
Hydrate d'amyle.....	$C^5 H^{12}O$	135^0	130^0,4 à 742^{mm},	H. Kopp.
			132 à 760 ,	Cahours.
			132 à 766 ,	Delffs.
Hydrate de cétyle....	$C^{16}H^{34}O$	344^0	360 à ? ,	Favre et Silbermann.

Acides.

Acide formique......	$C H^2 O^2$	99^0	98^0,5 à 753^{mm},	Liebig.
			105, 4 à 764 ,	H. Kopp.
Acide acétique......	$C^2 H^4 O^2$	118^0	116^0,9 à 750^{mm},	H. Kopp.
			116 à 754 ,	Delffs.
Acide propionique ..	$C^3 H^6 O^2$	137^0	141^0,6 à 754^{mm},6	H. Kopp.
			141 à ? ,	Limpricht et V. Uslar.
Acide butyrique.....	$C^4 H^8 O^2$	156^0	156^0 à 733^{mm},	H. Kopp.
			163 à 751 ,	I. Pierre.
Acide valérique......	$C^5 H^{10}O^2$	175^0	174^0,5 à 762^{mm},	Delffs.
			175 ,8 à 746,5 ,	H. Kopp.
Acide caproïque.....	$C^6 H^{12}O^2$	194^0	198^0, à ? ,	Brazier et Gossleth.
Acide caprylique.....	$C^8 H^{16}O^2$	232^0	236^0, à ? ,	Fehling.
Acide pélargonique...	$C^9 H^{18}O^2$	251^0	260^0 à ? ,	Cahours.

Éthers composés.

Formiate de méthyle..	$C^2 H^4 O^2$	36^0	32^0,7 à 741^{mm},	H. Kopp.
			22 ,9 à 752 ,	Andrews.
Acétate de méthyle...	$C^3 H^6 O^2$	55^0	55^0 à 762^{mm},	Andrews.
			55 ,7 à 757 ,	H. Kopp.
			59 ,5 à 761 ,	I. Pierre.
Formiate d'éthyle....	$C^3 H^6 O^2$	55^0	52^0,9 à 752^{mm},	I. Pierre.
			53 , à 736 ,	Delffs.
			54 ,7 à 754 ,	H. Kopp.
Acétate d'éthyle......	$C^4 H^8 O^2$	74^0	73^0,7 à 745^{mm},	H. Kopp.
			74 ,1 à 766 ,	I. Pierre.
Butyrate de méthyle..	$C^5 H^{10}O^2$	93^0	93^0 à 744^{mm},	Delffs.
			95 ,1 à 742 ,	H. Kopp.
			102 ,1 à 744 ,	I. Pierre.
Acétate de trityle....	$C^5 H^{10}O^2$	93^0	90^0 environ ,	Berthelot.
Propionate d'éthyle..	$C^5 H^{10}O^2$	93^0	95^0,8 — 98^0 ,	H. Kopp.
Valérate de méthyle..	$C^6 H^{12}O^2$	112^0	114 — 115^0 à 756^{mm},	H. Kopp.
Butyrate d'éthyle....	$C^6 H^{12}O^2$	112^0	114^0,6 à 756^{mm},	H. Kopp.
			119^0 à 747 ,	I. Pierre.
Formiate d'amyle....	$C^6 H^{12}O^2$	112^0	114^0 à 771^{mm},	Delffs.
			116 environ ,	H. Kopp.
Acétate de tétryle...	$C^6 H^{12}O^2$	112^0	114^0	Wurtz.
Valérate d'éthyle....	$C^7 H^{14}O^2$	131^0	131^0 3 à 735^{mm},	Delffs.
			133 ,2 à 754 ,	H. Kopp.

Acétate d'amyle.....	$C^7H^{14}O^2$	131°	133° à 760mm, Delffs.
			133,3 à 749 , H. Kopp.
			137,6 à 746 , H. Kopp.
Valérate d'amyle.....	$C^{10}H^{20}O^2$	188°	187°,8 — 188°,3 à 730mm, H. Kopp.

On remarque que les éthers isomères ont le même point d'ébullition. Si les trois propositions de M. H. Kopp sont exactes, on en tire aussi cette conclusion que le point d'ébullition d'un éther méthylique $C^nH^{2n-1}(CH^3)O^2$ est moins élevé de 63°, celui d'un éther éthylique $C^nH^{2n-1}(C^2H^5)O^2$ moins élevé de 44°, celui d'un éther amylique $C^nH^{2n-1}(C^5H^{11})O^2$ plus élevé de 13° que le point d'ébullition de l'acide correspondant $C^nH^{2n}O^2$.

Les dernières expériences de M. Williamson sur le mode de formation de l'oxyde d'éthyle conduisent à considérer ce corps comme l'éther éthylique $C^2H^5(C^2H^5)O$ de l'alcool C^2H^6O envisagé comme acide. Or le point d'ébullition de l'oxyde d'éthyle est d'accord avec cette manière de voir, car il est moins élevé de 44° que le point d'ébullition de l'alcool = 78°; en effet, on a :

	Point d'ébullit. théorique.	Point d'ébullition expérimental.
Oxyde d'éthyle $C^4H^{10}O$	34°	34° à 745mm, Dumas et Boullay.
		34,2 « 742 , H. Kopp.
		35 « 766 , Delffs.
		35,7 « 760 , Gay-Lussac.
		35,5 « 756 , I. Pierre.

§ 2623. Les rapports simples observés par M. H. Kopp entre la composition et le point d'ébullition ne sont pas bornés aux alcools, aux acides et aux éthers correspondants : ils se constatent en général chez les corps homologues, et l'on peut dire que la différence de point d'ébullition est toujours proportionnelle à la différence de composition $n\ CH^2$ pour les corps de la même série. Ordinairement cette différence de point d'ébullition est de n 19 degrés[1].

[1] Suivant M. Chancel, les points d'ébullition des corps homologues ne diffèrent pas de n 19°, comme le suppose la loi de M. Kopp; car, en appliquant cette loi, on remarque que les points observés sont généralement au-dessous des points calculés; ce fait devient surtout bien évident pour les corps qui n'entrent en ébullition qu'à une température bien élevée. M. Chancel est d'avis que les points d'ébullition des corps homologues suivent une progression décroissante : ainsi le point d'ébullition d'un terme $n+1$ dans une série s'exprimerait par

$$c + (n.\ 19) - 0{,}5\ n^2,$$

c étant la constante (point d'ébullition du premier terme).

(*Communication particulière.*)

Toutefois, lorsqu'on compare entre eux les points d'ébullition pris sous la pression atmosphérique moyenne, on ne trouve pas la même différence pour toutes les séries homologues, et cette différence est tantôt plus grande, tantôt plus petite que *n* 19°.

Ainsi les éthers simples, homologues de l'oxyde d'éthyle, donnent une valeur plus forte (au moins pour les termes inférieurs qui seuls ont été déterminés avec précision); il en est de même des hydrocarbures C^nH^{n-6} homologues de la benzine (toluène, xylène, cumène, cymène), qui donnent une valeur égale à *n* 22°5. Au contraire, les acides anhydres homologues de l'acide acétique, les éthers oxaliques, les éthers boriques, les éthers sulfocyanhydriques, donnent une valeur plus faible que *n* 19°; etc.

On aura probablement la clef de ces divergences en déterminant les points d'ébullition pour des pressions autres que la pression atmosphérique moyenne. En effet, on ne saurait admettre que deux substances présentent toujours la même différence de point d'ébullition quelle que soit la pression; car admettons que les points d'ébullition de deux liquides soient E et E_1 pour la pression moyenne, e et e_1 pour une autre pression; si l'on avait

$$E - E_1 = e - e_1,$$

on en déduirait naturellement

$$E - e = E_1 - e_1,$$

c'est-à-dire que le point d'ébullition des deux liquides s'élèverait ou s'abaisserait exactement de la même quantité pour un égal changement dans la pression[1], ce qui est contraire à l'expérience. Il est donc permis de croire que les substances homologues, précédemment citées comme n'offrant pas la différence de point d'ébullition *n* 19° pour la pression atmosphérique moyenne, rentreraient dans la règle générale si l'on déterminait leur point d'ébullition sous une autre pression.

§ 2624. On a essayé de déterminer[2] d'une manière générale l'influence que peut avoir sur le point d'ébullition d'une combinaison chaque atome de carbone et d'hydrogène qu'elle renferme, mais on n'est pas encore arrivé à un résultat satisfaisant. D'après

[1] Loi de Dalton.

[2] GERHARDT, *Ann. de Chim. et de Phys.*, [3] XIV, 107. — SCHROEDER, *Ann. de Poggend.*, LXII, 184 et 337. — LOEWIG, *Ann. de Poggend.*, LXVI, 250. — H. KOPP, *Ann. der Chem. u. Pharm.*, XCVI, 330.

mes expériences, faites exclusivement sur quelques hydrocarbures, chaque atome de carbone C élève le point d'ébullition d'un semblable corps de 35°, chaque double atome d'hydrogène H^2 l'abaisse au contraire de 15°; ce qui, pour une différence de nCH^2, comme celle qui existe entre les corps homologues, donne une différence de point d'ébullition de *n* (35—15°) c'est-à-dire de *n* 20°, chiffre sensiblement égal à celui (*n* 19°) qui a été adopté par M. Kopp pour les séries homologues (§ 2622). M. Schrœder et M. Loewig ont trouvé d'autres nombres[1], fondés sur la comparaison de substances de toute espèce, et le plus souvent sans analogie. Plus récemment M. Kopp, comparant entre elles des substances chimiques analogues, a été conduit à admettre +29° pour C et — 10° pour H^2 (ce qui, pour nCH^2, fait bien encore *n* (29—10°) ou *n* 19°), pourvu qu'on parte toujours du point d'ébullition d'un corps semblable à celui qu'on considère. M. Kopp trouve sa proposition vérifiée pour les substances analogues aux alcools, aux acides et aux éthers composés appartenant aux séries homologues précédemment mentionnées. Ainsi, l'hydrate de phényle C^6H^6O, différant de l'alcool par C^4, doit bouillir à 78° + 4.29° = 194°; l'expérience a donné 184 à 188°. L'acide angélique $C^5H^8O^2$, différant de l'acide butyrique par C, doit bouillir à 156° + 29° = 185°; l'expérience a donné 190°, etc.

Il est à remarquer qu'en donnant ma règle des points d'ébullition, je n'ai nullement prétendu l'appliquer à tous les corps, sans distinction : elle devait servir uniquement comme moyen de concourir à la détermination du poids moléculaire des hydrocarbures, dans les cas où l'on manquait pour cela de données chimiques suffisantes. Or je ne vois pas que, dans l'état de la science, l'énoncé de M. Kopp remplace ma règle avec bien de l'avantage; car voici ce qu'on trouve, en rapportant, comme je l'ai proposé, les points d'ébullition des hydrocarbures, au point d'ébullition de l'essence de térébenthine = 160°, en admettant + 35° pour C, et — 15° pour H^2 :

		Point d'ébullit. observé.	Point d'ébullit. calculé.
Benzine.	C^6H^6 . .	80—86°	95°
Éthyl-tétryle. . .	C^6H^{14} . .	62	55

[1] M. Schrœder varie dans ses indications : il donne 31° et 28°,8 pour le carbone et 3°, 10° et 7°,2 pour l'hydrogène. M. Loewig admet 76°,8 pour le carbone et 58°,4 pour l'hydrogène.

Toluène.	C^7H^8 . .	106—114	115
Éthyl-amyle. . .	C^7H^{16} . .	88	85
Méthyl-hexyle. .	C^7H^{16} . .	82	85
Xylène.	C^8H^{10} . .	126—129	135
Tétryle.	C^8H^{18} . .	106—108,5	105
Tétryl-amyle. .	C^9H^{20} . .	132	125
Cumène.	C^9H^{12} . .	148—151	155
Cymène.	$C^{10}H^{14}$. .	170—177,5	175
Amyle.	$C^{10}H^{22}$. .	155—158	145
Naphtaline. . .	$C^{10}H^8$ . .	212—220	220

§ 2625. *Volume atomique* [1]. — Les relations qui existent entre la densité et la composition chimique deviennent surtout évidentes si l'on compare entre eux les volumes atomiques, c'est-à-dire les espaces occupés par les poids atomiques.

Pour comparer entre eux les volumes atomiques des liquides, il est nécessaire de les rapporter à des températures où les vapeurs des liquides aient la même tension; comme, pour la plupart des liquides, on ne connaît pas la tension des vapeurs aux différentes températures, il faut calculer et comparer les volumes atomiques pour les points d'ébullition, c'est-à-dire pour les températures où la tension des vapeurs fait équilibre à la pression atmosphérique moyenne.

La détermination du volume atomique d'un liquide suppose donc, outre la connaissance de son poids atomique, celle de son point d'ébullition, celle de sa densité, qui est généralement prise à une température basse, et celle de sa dilatation [2] depuis la température où sa densité a été évaluée, jusqu'à la température d'ébullition.

A l'aide de ces données, M. Hermann Kopp a calculé le volume atomique d'un grand nombre de liquides organiques. Pour rendre comparables les densités prises à des températures diffé-

[1] H. Kopp, *Ann. der Chem. u. Pharm.*, XLI, 79 et 169; L, 71; XCII, 1; XCVI, 153, 303. *Ann. de Poggend.*, LVI, 371; LXIII, 311; LXIX, 506. *Journ. f. prakt. Chem.*, XXXIV, 30. — Schroeder, *Ann. de Poggend.*, LII, 282. *Ueber d. Molecularvolume d. chem. Verbindungen*, 1843.

[2] Voy. sur la dilatation des matières organiques par la chaleur : H. Kopp, *Ann. de Poggend.*, LXXII, 1 et 223; *Ann. der Chem. u. Pharm.*, XCIV, 257; XCV, 307. — J. Pierre, *Ann. de Chim. et de Phys.*, [3] XV, 325; XIX, 193; XX, 15; XXI, 336; XXXI, 118; XXXIII, 199.

rentes, les dilatations étant connues, il faut ramener ces densités à la température o°, la densité de l'eau à la même température étant égale à l'unité. Soit D_t la densité d'un liquide prise à la température $t°$, on a pour la température o° :

$$D_0 = D_t \frac{V_t}{v_t},$$

où V_t exprime le volume du liquide, et v_t, celui de l'eau à la température $t°$, l'un et l'autre étant rapportés à l'unité de volume prise à o°. P étant le poids atomique d'un liquide, D_0 sa densité à o°, V_e son volume au point d'ébullition (le volume à o° étant égal à 1), on a, pour le volume atomique de ce liquide :

$$\text{à } 0° = \frac{P}{D_0};$$

$$\text{au point d'ébullition} = \frac{P}{D_0} \cdot V_e.$$

M. Kopp rapporte tous les volumes atomiques à celui de l'eau H^2O à o° = 18; voici un extrait de ses résultats, qu'on trouve consignés dans son dernier mémoire :

Nom des composés.		Poids atomique.	Point d'ébullit.	Densité à 0°.	Volume atomique au point d'ébullition.
Eau	H^2O	18	100°	1	18,8
Esprit de bois	CH^4O	32	59	0,8142	42,2
Alcool	C^2H^6O	46	78	0,8095	62,2
Hydrate d'amyle	$C^5H^{12}O$	88	135	0,8248	124,4
Éther	$C^4H^{10}O$	74	34	0,7366	106,1
Acide formique	CH^2O^2	46	99	1,2227	41,8
Acide acétique	$C^2H^4O^2$	60	118	1,0801	63,5
Acide propionique	$C^3H^6O^2$	74	137	1,0161	85,4
Acide butyrique	$C^4H^8O^2$	88	156	0,9886	106,6
Acide valérique	$C^5H^{10}O^2$	102	175	0,9555	130,3
Acide acétique anhydre	$C^4H^6O^3$	102	138	1,0969	109,9
Formiate de méthyle	$C^2H^4O^2$	60	36	0,9984	63,4
Acétate de méthyle	$C^3H^6O^2$	74	55	0,9562	83,7
Formiate d'éthyle	$C^3H^6O^2$	74	55	0,9447	84,9
Acétate d'éthyle	$C^4H^8O^2$	88	74	0,9105	107,4
Butyrate de méthyle	$C^5H^{10}O^2$	102	93	0,9091	127,3
Propionate d'éthyle	$C^5H^{10}O^2$	102	93	0,9231	125,8
Valérate de méthyle	$C^6H^{12}O^2$	116	112	0,9015	148,7
Butyrate d'éthyle	$C^6H^{12}O^2$	116	112	0,9041	149,1
Acétate de tétryle	$C^6H^{12}O^2$	116	112	0,9004	149,3
Formiate d'amyle	$C^6H^{12}O^2$	116	112	0,8945	150,2
Valérate d'éthyle	$C^7H^{14}O^2$	130	131	0,8829	173,5

Nom des composés.		Poids atomique.	Point d'ébullit.	Densité à 0°.	Volume atomique au point d'ébullition.
Acétate d'amyle.........	$C^7H^{14}O^2$	130	131	0,8837	173,3
Valérate d'amyle........	$C^{10}H^{20}O^2$	172	188	0,8793	244,1
Hydrate de phényle......	C^6H^6O	94	194	1,0808	103,6
Hydrate de toluényle.....	C^7H^8O	108	213	1,0628	123,7
Acide benzoïque.........	$C^7H^6O^2$	122	253	1,0838 à 121°,4	126,9
Benzoate de méthyle.....	$C^8H^8O^2$	136	190	1,1026	150,3
Benzoate d'éthyle........	$C^9H^{10}O^2$	150	209	1,0657	174,2
Benzoate d'amyle........	$C^{12}H^{16}O^2$	192	266	1,0039	247,7
Cinnamate d'éthyle.......	$C^{11}H^{12}O^2$	176	260	1,0656	211,3
Salicylate de méthyle....	$C^8H^8O^3$	152	223	1,1969	157,0
Carbonate d'éthyle.......	$C^5H^{10}O^3$	118	126	0,9998	138,8
Oxalate de méthyle......	$C^4H^6O^4$	118	162	1,1566 à 50°	116,3
Oxalate d'éthyle.........	$C^6H^{10}O^4$	146	186	1,1016	166,8
Succinate d'éthyle.......	$C^8H^{14}O^4$	174	217	1,0718	209,0
Aldéhyde...............	C^2H^4O	44	21	0,8009	56,9
Acétone...............	C^3H^6O	58	56	0,8144	77,3
Aldéh. valérique........	$C^5H^{10}O$	86	101	0,8224	119,9
Essence d'amandes amères.	C^7H^6O	106	179	1,0636	118,4
Cuminol...............	$C^{10}H^{12}O$	148	236	0,9832	189,2
Benzine...............	C^6H^6	78	80	0,8991	96,0
Cymène...............	$C^{10}H^{14}$	134	175	0,8778	183,5
Naphtaline.............	$C^{10}H^8$	128	218	0,9774 à 79°,2	149,2
Tétryle................	C^8H^{18}	114	108	0,7135	184,5

En comparant entre eux les nombres inscrits dans le tableau précédent, on trouve que les volumes atomiques des composés homologues différant par *n* CH^2 diffèrent également entre eux par *n* fois une constante égale, terme moyen, à 22. Voici, en effet, quelques exemples :

Hydrocarbures.	Volumes atomiques.
C^6H^6.	96,0
$C^{10}H^{14}$.	183,5
Alcools.	
CH^4O.	42,2
C^2H^6O.	62,2
$C^5H^{12}O$.	124,4
C^6H^6O.	103,6
C^7H^8O.	123,7

Éthers composés.

$C^2H^4O^2$.	63,4	
$C^3H^6O^2$.	83,7 —	84,9
$C^4H^8O^2$.	107,4	
$C^5H^{10}O^2$.	127,3 —	125,8
$C^6H^{12}O^2$.	148,7 —	150,2
$C^7H^{14}O^2$.	173,5 —	173,3
$C^{10}H^{20}O^2$.	244,1	

Acides.

CH^2O^2.	41,8
$C^2H^4O^2$.	63,5
$C^3H^6O^2$.	85,4
$C^4H^8O^2$.	106,6
$C^5H^{10}O^2$.	130,3

Aldéhydes et *acétone.*

C^2H^4O.	56,9
C^3H^6O.	77,3
$C^5H^{10}O$.	119,9
C^7H^6O.	118,4
$C^{10}H^{12}O$.	189,2.

Un autre fait qui ressort des déterminations de M. Kopp, c'est que les liquides *isomères* (du moins ceux qu'on peut dériver du même type) ont les mêmes volumes atomiques à leurs points d'ébullition, conséquemment aussi les mêmes densités. Les rapprochements suivants le prouvent :

		Volumes atomiques.
$C^2H^4O^2$	acide acétique.	63,5
	formiate de méthyle.	63,4
$C^3H^6O^2$	acide propionique.	85,4
	formiate d'éthyle.	84,9
	acétate de méthyle.	83,7
$C^4H^8O^2$	acide butyrique.	106,6
	acétate d'éthyle.	107,4
$C^5H^{10}O^2$	acide valérique.	130,3
	butyrate de méthyle.	127,3
	propionate d'éthyle.	125,8

$C^6H^{12}O^2$	valérate de méthyle.	148,7
	butyrate d'éthyle.	149,1
	acétate de tétryle.	149,3
	formiate d'amyle.	150,2

Le remplacement de l'hydrogène H^2 par son équivalent d'oxygène O ne semble pas non plus modifier le volume atomique d'une manière sensible, ainsi qu'il ressort des nombres suivants :

		Volumes atomiques.
$C\,H^4\,O$,	esprit de vin.	42,2
$C\,H^2\,O^2$,	acide formique.	41,8
$C^2\,H^6\,O$,	alcool.	62,2
$C^2\,H^4\,O^2$,	acide acétique.	63,5
$C^2\,H^4\,O^2$,	formiate de méthyle. . . .	63,4
$C^4\,H^{10}O$,	éther.	106,1
$C^4\,H^8\,O^2$,	acide butyrique.	107,4
$C^4\,H^8\,O^2$,	acétate d'éthyle.	107,4
$C^4\,H^6\,O^3$,	acide acétiq. anhydre. . . .	109,9
$C^5\,H^{12}O$,	hydrate d'amyle.	124,4
$C^5\,H^{10}O^2$,	acide valérique.	130,3
$C^5\,H^{10}O^2$,	butyrate de méthyle. . . .	127,3
$C^5\,H^{10}O^2$,	propionate d'éthyle.	125,8
$C^7\,H^8\,O$,	hydrate de toluényle. . . .	123,7
$C^7\,H^6\,O^2$,	acide benzoïque.	126,9
$C^{10}H^{14}$,	cymène.	183,5
$C^{10}H^{12}O$,	cuminol.	189,2

Enfin M. Kopp a également été conduit à admettre que le volume atomique se maintient sensiblement lorsque dans un corps 1 atome de carbone C est remplacé par 2 atomes d'hydrogène H^2 :

		Volumes atomiques.
$C^7\,H^6\,O^2$,	acide benzoïque.	126,9
$C^5\,H^{10}O^2$,	acide valérique.	130,3
$C^5\,H^{10}O^2$,	butyrate de méthyle. . . .	127,3
$C^5\,H^{10}O^2$,	propionate d'éthyle.	125,8

$C^8 H^8 O^2$,	benzoate de méthyle. . . .	150,3
$C^6 H^{12} O^2$,	valérate de méthyle.	148,7
$C^6 H^{12} O^2$,	butyrate d'éthyle.	149,1
$C^6 H^{12} O^2$,	acétate de tétryle.	149,3
$C^6 H^{12} O^2$,	formiate d'amyle.	150,3
$C^9 H^{10} O^2$,	benzoate d'éthyle.	174,2
$C^7 H^{14} O^2$,	valérate d'éthyle.	173,5
$C^7 H^{14} O^2$,	acétate d'amyle.	173,3
$C^{12} H^{16} O^2$,	benzoate d'amyle.	247,1
$C^{10} H^{20} O^2$,	valérate d'amyle.	244,1
$C^6 H^6 O$,	hydrate de phényle. . . .	103,6
$C^4 H^{10} O$,	oxyde d'éthyle.	106,1
$C^7 H^8 O$,	hydrate de toluényle. . . .	123,7
$C^5 H^{12} O$,	hydrate d'amyle.	124,4
$C^7 H^6 O$,	essence d'amand. amères. .	118,4
$C^5 H^{10} O$,	aldéhyde valérique.	119,9
$C^{10} H^{14}$,	cymène.	183,5
$C^8 H^{18}$,	tétryle.	184,5

Après être arrivé aux résultats que nous venons d'exposer, M. Kopp a cherché une expression générale pour le volume atomique de tous les liquides organiques, à leur point d'ébullition. Il trouve que l'expérience s'accorde sensiblement avec le calcul, si l'on admet, dans ces liquides, pour le volume atomique de C = 5, 5, de H = 5,5, de O dans le radical = 6,1, de O en dehors du radical = 3,9, les composés organiques étant rapportés aux formules types que nous avons admises.

Alors on a, pour le volume atomique d'un composé $C^a H^b O^c O^d$, l'expression

$$5,5\,a + 5,5\,b + 6,1\,c + 3,9\,d.$$

Comme un seul et même corps oxygéné (p. ex. une aldéhyde) peut être représenté par plusieurs formules rationnelles, je trouve que l'énoncé précédent, où l'oxygène figure avec deux valeurs différentes, prête beaucoup à l'arbitraire.

§ 2626. *Chaleur dégagée par la combustion*[1]. — MM. Favre et Silbermann ont déterminé la quantité de chaleur dégagée par la combustion d'un grand nombre de substances organiques, appartenant à plusieurs séries homologues.

Les *hydrogènes bicarbonés* isomères *n* CH^2 (hydrures d'aldéhydes, § 2581) donnent une chaleur de combustion d'autant moindre que leur poids atomique est plus élevé.

Voici les résultats de l'expérience :

Gaz oléfiant.	C^2H^4	11857$^{cal.}$, 8
Amylène.	C^5H^{10}	11491
Paramylène.	$C^{10}H^{20}$	11303
Carbone bouillant à 180°.	$C^{11}H^{22}$	11262
Cétène.	$C^{16}H^{32}$	11055
Métamylène.	$C^{20}H^{40}$	10928

Ces nombres paraissent satisfaire à la loi suivante : chaque fois que les éléments CH^2 entrent une fois de plus dans la composition d'un semblable hydrocarbure, la chaleur de combustion diminue de 37,5 calories. Ainsi, en partant de l'amylène C^5H^{10}, qui a donné 11491 calories, on trouve, d'après cette loi, pour l'hydrocarbure $C^{10}H^{20}$:

$$11491 - (5\ 37,5) = 11303^{\text{cal.}},5.$$

L'expérience a donné 11303 calories. Pour le cétène $C^{16}H^{32}$, on arrive par le calcul au nombre 11079, tandis que l'expérience a donné 11055.

Il est à noter que la loi précédente n'est applicable qu'aux hydrocarbures liquides. Si l'on calcule, en effet, la chaleur de combustion de l'hydrocarbure C^2H^4, on trouve le nombre 11603,5 qui diffère beaucoup du nombre 11857,8 fourni par le gaz oléfiant; mais il doit y avoir, entre les deux nombres, toute la différence apportée par la chaleur latente de gazéification.

D'après ces données, MM. Favre et Silbermann établissent la série suivante :

	Multiples.	Calories.
(CH^2)	0	11678,5
	1	11640,0
	2	11603,5
	3	11565,0

[1] Favre et Silbermann, *Ann. de chim. et de phys.*, [3] XXXIV, 357.

Multiples.	Calories.
4	11528,5
5	11491,0
6	11453,5
7	11415,0
8	11378,5
9	11340,0
10	11303,5
11	11266,0
12	11228,5
13	11191,0
14	11153,5
15	11116,0
16	11078,5
17	11041,0
18	11003,5
19	10966,0
20	10928,5

etc.

Les *alcools* $C^nH^{2n+2}O$ ou n $CH^2 + H^2O$ suivent une autre loi que les hydrocarbures.

L'expérience a donné les nombres suivants :

		Calories.
Esprit de bois.	$C\,H^4\,O$	5307,1
Alcool.	$C^2\,H^6\,O$	7183,6
Hydrate d'amyle.	$C^5\,H^{12}O$	8958,6
Éthal (supposé liquide).	$C^{16}H^{34}O$	10629,2

Si l'on représente ces résultats par une courbe, en portant sur l'axe des abscisses des longueurs égales pour exprimer la série des nombres 1, 2, 3,..., élevant à chaque point de division des ordonnées d'une longueur proportionnelle aux chaleurs de combustion, et joignant les sommets des ordonnées, on arrive au tableau suivant où chaque alcool trouve sa place, conformément à la loi qui découle de la construction de cette courbe :

	Multiples.	Calories.	Différences entre deux termes consécutifs.
$(CH^2) + H^2O$	0	0	
	1	5301,5	5301
	2	7184,0	1883
	3	8020,0	836
	4	8560,0	540
	5	8958,6	398
	6	9240,0	281
	7	9480,0	240
	8	9680,0	200
	9	9850,0	170
	10	10000,0	150
	11	10130,0	130
	12	10245,0	115
	13	10345,0	100
	14	10440,0	95
	15	10535,0	95
	16	10629,2	94
	17	10723,0	94
	18	10816,0	93
	19	10910,0	94
	20	11000,0	90

Les *acides gras* de la formule $C^nH^{2n}O^2$ ont donné les résultats suivants :

Acide formique. .	$C\ H^2\ O^2$	2091$^{cal.}$
— acétique. .	$C^2\ H^4\ O^2$	3505
— butyrique. .	$C^4\ H^8\ O^2$	5647
— valérique. .	$C^5\ H^{10}O^2$	6439
— palmitique.	$C^{16}H^{32}O^2$	9316,5
— stéarique. .	$C^{18}H^{36}O^2$	9716,5

Ces nombres [1] conduisent à une courbe d'où l'on déduit le tableau suivant :

[1] On a tenu compte de la chaleur latente de fusion des acides gras solides.

	Multiples.	Calories.	Différence entre deux termes consécutifs.
$(CH^2) + O^2$	0	0	
	1	1915	1915
	2	3505	1590
	3	4670	1165
	4	5623	953
	5	6439	816
	6	7000	561
	7	7430	430
	8	7780	350
	9	8060	280
	10	8320	260
	11	8530	210
	12	8750	220
	13	8950	200
	14	9130	180
	15	9270	140
	16	9420	150
	17	9560	140
	18	9700	140
	19	9820	120
	20	9940	120

Les *éthers composés*, isomères des acides gras, donnent une chaleur de combustion plus élevée que celle de ces acides ; ils sont situés sur des courbes différentes, et n'appartiennent pas tous à la même série.

Voici les données de l'expérience :

		Calories.
Formiate de méthyle. .	$C^2 H^4 O^2$	4197,4
Acétate de méthyle. . .	$C^3 H^6 O^2$	5342,0
Formiate d'éthyle. . . .	$C^3 H^6 O^2$	5278,8
Acétate d'éthyle.	$C^4 H^8 O^2$	6292,7
Butyrate de méthyle. .	$C^5 H^{10} O^2$	6798,5
Butyrate d'éthyle. . . .	$C^6 H^{12} O^2$	7090,9
Valérate de méthyle. .	$C^6 H^{12} O^2$	7375,6

Valérate d'éthyle. . . .	$C^7H^{14}O^2$	7834,9
Acétate d'amyle. . . .	$C^7H^{14}O^2$	7971,2
Valérate d'amyle. . . .	$C^{10}H^{20}O^2$	8543,6
Palmitate de cétyle. . .	$C^{32}H^{64}O^2$	10342,2

ADDITIONS.

Tome I.

Page 146.

§ 84. *Oxyde de carbone.* — Chauffé avec de l'hydrate de potasse, légèrement humecté, dans un tube scellé à la lampe, il en est absorbé et transformé en formiate (Berthelot).

La *combinaison d'oxyde de carbone et de protochlorure de cuivre*, C^2O^2, 2 Cu^2Cl + 4 aq., s'obtient à l'état cristallisé par le procédé suivant[1] : On prépare une dissolution saturée de protochlorure de cuivre dans l'acide chlorhydrique fumant, en dissolvant dans cet acide un mélange de deutoxyde et de tournure de cuivre; puis on décante la liqueur limpide, et l'on fait passer dans $^1/_2$ litre de cette liqueur les gaz qu'on obtient en décomposant 200 gr. d'acide oxalique par l'acide sulfurique. On réitère ce traitement sur la même liqueur, puis on la divise en deux parts égales : de l'une on dégage, par la chaleur, l'oxyde de carbone qu'elle renferme, et l'on dirige ce gaz dans l'autre. Celle-ci se remplit ainsi peu à peu de paillettes nacrées et brillantes ; on favorise l'absorption en agitant continuellement. Ces cristaux ont donné à l'analyse[2] :

	Expérience.		Calcul.
Oxyde de carbone. . . .	8,3	8,1	10,7
Protochlorure de cuivre.	»	79,1	75,5
Eau.	»	12,8	13,7

Les cristaux s'altèrent rapidement à l'air. Ils sont insolubles dans l'eau; ce liquide les transforme en protochlorure de cuivre, lequel retient une certaine quantité d'oxyde de carbone.

Page 164.

§ 100. *Carbonate d'éthyle.* — On peut l'obtenir en faisant réagir quantités équivalentes d'iodure d'éthyle et de carbonate d'argent.

[1] Berthelot, *Ann. de chim. et de phys.*, [3] XLVI, 488.

[2] Les rapports C^3 O^3, 4 Cu^2 Cl + 7 aq. s'accordent mieux avec l'analyse que la formule adoptée; mais celle-ci offre plus de probabilité. Au reste, d'après M. Leblanc, l'oxyde de carbone est absorbé par le protochlorure de cuivre dans le rapport de CO à Cu^2.

Quand la réaction est terminée, on distille au bain d'huile[1].

Carbonate de tétryle[2], ou carbonate de butyle, $C^{18}H^{18}O^{6} = (C^{8}H^{9})^{2}O^{2}, C^{2}O^{4}$. — Il se produit par la réaction du carbonate d'argent et de l'iodure de tétryle. On introduit dans un matras d'essayeur, en verre fort, 12 grammes de chaque corps, et, après avoir fermé à la lampe le col du matras, on expose la matière pendant deux jours à la chaleur d'un bain-marie. On ouvre le matras après le refroidissement complet ; il s'en échappe alors un peu d'acide carbonique et de gaz inflammable (tétrylène); on retire par la distillation au bain d'huile le produit liquide formé dans la réaction. La portion distillant au-dessus de 180° est recueillie à part et distillée de nouveau. C'est le carbonate de tétryle.

Le même corps se produit aussi par la réaction du chlorure de cyanogène, gazeux ou liquide, et de l'hydrate de tétryle, en présence de l'eau (Humann) :

$$\underset{\text{Hydrate de tétryle.}}{2\,C^{8}H^{10}O^{2}} + \underset{\text{Chlor. de cyanog.}}{C^{2}NCl} + 2\,HO = \underset{\text{Carb. de tétryle.}}{C^{18}H^{18}O^{6}} + \underset{\text{Chlor. d'amm.}}{NH^{4}Cl}$$

Le carbonate de tétryle est un liquide incolore, limpide, plus léger que l'eau, et d'une odeur agréable rappelant celle du carbonate d'éthyle. Son point d'ébullition est à 190°. L'ammoniaque aqueuse le transforme en hydrate de tétryle et en carbamate de tétryle (uréthane tétrylique).

Page 191.

§ 118. *Carbamide.* — Suivant les expériences de M. Natanson[3], la carbamide est réellement de l'urée.

§ 121. *Carbamate de tétryle*[4], uréthane butylique ou tétrylique, $C^{10}H^{11}NO^{4}$. — La meilleure manière de l'obtenir consiste à verser du chlorure de cyanogène liquide dans de l'hydrate de tétryle. La réaction s'accomplit rapidement à chaud, et, au bout de quelque temps, à la température ordinaire. Elle est ordinairement accusée par la formation d'une masse de cristaux de sel ammoniac au sein de la liqueur, dans le cas où l'hydrate de tétryle renfermait un peu

[1] Wurtz (1854), *Ann. de chim. et de phys.*, [3] XLII, 157.

[2] Ph. de Clermont, *Ann. de chim. et de phys.*, [3] XLIV, 336.

[3] Natanson, *Ann. der Chem. u. Pharm.*, XCVIII, 287.

[4] Humann (1855), *Ann. de chim. et de phys.*, [3] XLIV, 340.

d'eau. Pour activer la réaction, on fait bien de chauffer le mélange au bain-marie, dans un tube scellé. Après le refroidissement on exprime bien les cristaux, et l'on distille le liquide exprimé, en recueillant à part le liquide oléagineux qui passe au-dessus de 220°. Ce liquide se concrète par le refroidissement en une masse cristalline qu'on reprend par l'alcool bouillant.

Ainsi préparé, le carbamate de tétryle se présente sous la forme de belles paillettes nacrées, très-brillantes et très-grasses au toucher, insolubles dans l'eau, solubles dans l'alcool et l'éther; elles fondent à une douce chaleur et distillent sans altération.

§ 124. *Éthyl-carbamate d'éthyle*[1]. — Sa densité est de 0,9862 à 21°; il bout à 174 ou 175°; la densité de sa vapeur a été trouvée égale à 4,071 (calcul, 4,058).

On obtient quelquefois de l'éthyl-carbamate d'éthyle comme produit accessoire dans la préparation de l'éther cyanique.

Page 214.

§ 129. *Sucre de gélatine.* — Les cristaux de ce corps appartiennent au système monoclinique[2]. Combinaison observée, ∞P. $\infty P\ 2$. $\infty P\infty$. $[\infty P\infty]$. $[P\infty]$. $[2\ P\ 2]$. Valeurs des axes, *a* axe principal : *b* diag. oblique : *c* diag. droite :: 1 : 1,8567 : 2,2036. Angle de *a* et *b* = 68° 20′. Inclinaison des faces, dans le plan de la diagonale oblique et de l'axe principal, $\infty P : \infty P = 103°52'$, $[P\infty] : [P\infty] = 134° 16'$; $[\infty P\infty] : \infty P\ 2 = 111° 23'$. Clivage parfait parallèle à $[\infty P\infty]$.

Page 220.

§ 133. *Acide formique.* — On obtient du formiate de potasse, en chauffant au bain-marie, pendant soixante-dix heures, un ballon, scellé à la lampe, et contenant de l'oxyde de carbone et de l'hydrate de potasse légèrement humecté[3].

L'acide formique se produit aussi par l'action d'une chaleur de 100° sur un mélange de glycérine et d'acide oxalique. M. Berthelot[4] a fondé sur cette réaction un nouveau procédé de prépa-

[1] Voy. l'addition, t. II, 929.

[2] SCHABUS, *Bestimmung der Krystall. in chem. Laborat. erzeugter Producte*, Vienne, 1855.

[3] BERTHELOT, *Compt. rend. de l'Acad.*, XLI, 955.

[4] BERTHELOT, *Ann. de chim. et de phys.*, XLVI, 484.

ration de l'acide formique. Voici comment on opère : Dans une cornue de 2 litres au plus, on introduit 1 kil. d'acide oxalique du commerce, 1 kil. de glycérine sirupeuse et 100 à 200 gr. d'eau; après avoir adapté un récipient, on chauffe très-doucement la cornue. La température ne doit guère dépasser 100 degrés. Bientôt une vive effervescence se déclare, et il se dégage de l'acide carbonique pur. Au bout de 12 à 15 heures environ, tout l'acide oxalique est décomposé; le récipient renferme une petite quantité d'eau chargée d'acide formique, et la cornue retient la glycérine où se trouve en dissolution tout le reste de cet acide. On verse alors dans la cornue un demi-litre d'eau, et l'on distille; on remplace l'eau à mesure qu'elle passe, et l'on continue l'opération jusqu'à ce qu'on ait recueilli 6 à 7 litres de liquide. Alors presque tout l'acide formique s'est volatilisé avec l'eau; la glycérine reste seule dans la cornue, et peut servir à une nouvelle opération. 3 kil. d'acide oxalique du commerce ont fourni par ce procédé 1 kil. 05 d'acide formique. Cette préparation est tellement régulière, qu'elle n'exige presque aucune surveillance et peut être exécutée sur des quantités quelconques d'acide oxalique. Le seul point à observer, c'est de ne pas brusquer d'abord la décomposition de l'acide oxalique par la glycérine.

§ 134. *Formiate de plomb.* — Ce sel peut dissoudre beaucoup d'oxyde de plomb, de manière à former un sous-sel soluble et alcalin.

A 190° et à l'abri de l'air, le formiate de plomb se décompose lentement en acide carbonique, hydrogène et plomb métallique (Heintz) :

$$2\,C^2HPb\,O^4 = 2\,C^2O^4 + H^2 + Pb^2.$$

Le *sous-formiate de plomb*, $C^2H\,PbO^4$, 2 PbO, se dépose sous la forme d'écailles cristallines, lorsqu'on ajoute de l'ammoniaque à une solution tiède de sel neutre jusqu'à ce que la liqueur louchisse, et qu'on laisse refroidir (Berthelot).

Page 236.

§ 135. Le *sous-formiate d'éthyle*[1], C^2HO^3, 3 $C^4H^5O = C^{14}H^{16}O^6$, se produit par le contact du chloroforme (chlorure de chloro-

[1] G. KAY (1854), *Ann. der Chem. u. Pharm.*, XCII, 346.

méthyle ou chloro-formyle) avec l'éthylate de soude; la réaction est très-vive et accompagnée d'une grande élévation de température. On peut aussi le préparer en chauffant, pendant quelques heures, 360 grammes d'hydrate de potasse solide et 600 grammes de chaux vive avec 3 pintes d'alcool absolu, en y ajoutant peu à peu 180 grammes de chloroforme; on rectifie le produit en recueillant à part les portions distillant à 146°. La réaction entre le chloroforme et l'éthylate de soude ou de potasse peut s'exprimer par l'équation :

$$\underset{\text{Chloroforme.}}{C^2HCl^3} + \underset{\text{Éthyl. de potasse.}}{3\,C^4H^5KO^2} = 3\,KCl + \underset{\text{Sous-form. d'éth.}}{C^{14}H^{16}O^6}.$$

Le sous-formiate d'éthyle est un liquide incolore, d'une forte odeur aromatique et d'une densité de 0,8964; il bout à 145° ou 146°; sa densité à l'état de vapeur a été trouvée égale à 5,217 (calcul 5,124 = 4 volumes pour la formule indiquée). Il ne se solidifie pas à 18°, et n'est que fort peu soluble dans l'eau; il est très-inflammable, et brûle sans répandre beaucoup de fumée.

Il a donné à l'analyse :

	Kay.		Calcul.
Carbone. . .	56,55	56,48	56,75
Hydrogène. .	10,25	10,55	10,81
Oxygène. . .	»	»	32,44
			100,00

Avec le perchlorure de phosphore, le sous-formiate d'éthyle donne un liquide pesant, de l'odeur du chloroforme.

Une solution alcoolique de potasse l'attaque légèrement en donnant un peu d'acide formique. Lorsqu'on y fait passer du gaz chlorhydrique, celui-ci est absorbé, et l'on obtient un mélange d'où l'on peut extraire un liquide présentant les caractères du formiate d'éthyle. L'acide sulfurique concentré le transforme à chaud en acide formique, acide éthyl-sulfurique et alcool.

Le *sous-formiate d'amyle* se produit par la réaction de 1 éq. de chloroforme et de 3 éq. d'amylate de soude. C'est un liquide bouillant entre 260° et 270°, en se décomposant en partie.

Formiate de tétryle ou de butyle. — Liquide bouillant vers 100° et doué d'une odeur agréable qu'on obtient en distillant des quantités équivalentes de tétryl-sulfate de potasse et de formiate à même base (Wurtz).

Page 237.

§ 135 [a]. *Sulfure de formyle* ou acide thioformylique, $C^2H^2O^2S^2$ (?). — Ce composé se forme[1] dans l'action de l'hydrogène sulfuré sec sur le formiate de plomb, à une température de 200° à 300°; l'acide formique qu'on obtient ainsi possède une odeur alliacée et dépose très-souvent de fines aiguilles; celles-ci peuvent être recristallisées dans une grande quantité d'alcool bouillant; un demi-kilogramme de formiate de plomb en donne à peine quelques grammes.

Ce nouveau corps fond à environ 120° et se sublime déjà à une température plus basse en petits cristaux transparents; il offre une légère odeur d'ail; il est insoluble dans l'eau, assez soluble dans l'alcool et l'éther bouillants. Sa solution alcoolique n'a aucune action sur le tournesol.

Deux dosages de soufre ont donné à M. Limpricht sensiblement les nombres (51,2 — 52,5) exigés par le calcul; mais la combustion a fourni des résultats très-variables (carbone 26,1 — 25,7 — 23,1; hydrog. 5,6 — 4,7 — 6,3. Calcul : carbone, 19,3; hydrog. 3,2).

L'acide sulfurique concentré dissout l'acide thioformylique à une douce chaleur, en dégageant de l'acide sulfureux et en séparant du soufre; l'acide chlorhydrique n'y agit pas, même à l'ébullition; l'acide nitrique l'attaque aisément à chaud, en oxydant le soufre. L'acide acétique le dissout en petite quantité à chaud.

La potasse même bouillante l'attaque à peine. Lorsqu'on le fait fondre avec de la potasse solide on obtient une masse jaune rougeâtre, d'où l'acide sulfurique étendu expulse de l'hydrogène sulfuré, en même temps qu'on remarque une odeur alliacée.

La solution alcoolique de l'acide thioformylique n'est pas altérée par le perchlorure de fer. Avec l'acétate de plomb, elle donne un précipité jaunâtre qui noircit par la chaleur; avec le nitrate d'argent on obtient un précipité blanc qui noircit également très-vite.

§ 136. *Éthyl-formiamide*[2], ou azoture d'éthyle, de formyle et d'hydrogène, $C^6H^7NO^2 = N(C^4H^5)(C^2HO^2)H$. — Lorsqu'on mélange l'éther cyanique avec de l'acide formique monohydraté, il se pro-

[1] WOEHLER, *Ann. der Chem. u. Pharm.*, XCI, 125. — LIMPRICHT, *ibid.*, XCVII, 361.

[2] WURTZ (1854), *Ann. de chim. et de phys.*, [3] XLII, 55.

duit une effervescence très-vive d'acide carbonique, et l'on obtient un liquide qui constitue l'éthyl-formiamide. On purifie celle-ci par la rectification.

La production de l'éthyl-formiamide peut se représenter par l'équation suivante :

$$C^6H^5NO^2 + C^2H^2O^4 = C^2O^4 + C^6H^7NO^2.$$

Cyan. d'éthyle. Ac. formiq. Éthyl-formiamide.

L'éthyl-formiamide est incolore, neutre, et d'une saveur douce; sa densité est de 0,967 à 2°; elle bout à 199°. Elle se dissout en toutes proportions dans l'eau et l'alcool. La potasse la dédouble à l'ébullition en éthylamine et en formiate alcalin.

Page 242.

§ 138. *Acide oxalique.* — L'acide effleuri et sec n'est pas attaqué par le chlore.

Les mesures des cristaux ont donné à M. Rammelsberg[1] sensiblement les mêmes valeurs qu'à MM. Brooke et de Laprovostaye.

Chauffé à 100°, avec son poids de glycérine sirupeuse, l'acide oxalique dégage de l'acide carbonique pur[2]; la décomposition est complète au bout de 27 heures; la glycérine retient en dissolution, à l'état d'acide formique, la moitié du carbone de l'acide oxalique. (Cette réaction peut servir à la préparation de l'acide formique. Voy. p. 869). La mannite et la dulcine agissent à 100° sur l'acide oxalique comme la glycérine; les autres matières sucrées n'y exercent, dans ces circonstances, qu'une action très-faible (Berthelot).

§ 145. *Oxalate de manganèse*[3]. — Il se précipite aussi par l'addition de l'acide oxalique à un sel manganeux.

Chauffé à 100° ou 120°, il perd toute son eau. Calciné, à l'état sec, dans un tube, il donne volumes égaux d'acide carbonique et d'oxyde de carbone, en laissant du protoxyde de manganèse, de couleur verte.

Oxalates de fer. — α. *Sel ferreux.* Chauffé dans un tube, l'oxa-

[1] RAMMELSBERG, *Ann. de Poggend.*, XCIII, 24.

[2] M. Berthelot considère cette décomposition de l'acide oxalique, par la glycérine, comme un *effet de contact;* il me semble plus rationnel d'admettre qu'il se produit d'abord de l'*acide oxalo-glycérique* par le contact des deux, et que ce nouveau produit, fort instable, se métamorphose ensuite par l'action de la chaleur.

[3] LIEBIG, *Ann. der Chem. u. Pharm.*, XCV, 116.

late ferreux donne un mélange d'acide carbonique (68 vol.) et d'oxyde de carbone (58 vol.), en laissant du protoxyde de fer, non entièrement exempt de fer métallique ; ce résidu, qui est pyrophorique, prend feu à l'air et brûle en se transformant en peroxyde.

β. *Sels ferriques*. L'*oxalate de fer et de potasse* cristallise dans le système monoclinique. Combinaison observée[1], ∞P. [∞P 3/2]. ∞P∞. [∞P∞]. + P. — P. + P∞. Valeurs des axes, *a* diag. oblique : *b* diag. droite : *c* axe principal :: 1,001 : 1 : 0,3954. Angle des axes = 86°. Inclinaison des faces, + P : + P dans le plan de la diagonale oblique et de l'axe principal = 138° 46 ; — P : — P, dans le même plan, = 140° 32′ ; ∞P : ∞P dans le même plan, = 90° 8′ ; [∞P 3/2] : [∞P 3/2] dans le même plan, = 67° 26′.

L'*oxalate de fer et de soude*, C^4feNaO^8 + 3 aq., cristallise dans le système monoclinique. Faces dominantes[2], o P. + P. — P. ∞P. Valeurs des axes, *a* : *b* : *c* :: 1,3692 : 1 : 1,2009. Angle des axes = 79° 44. Inclinaison des faces, + P : + P, dans le plan de la diagonale oblique et de l'axe principal, = 91° 12′ ; — P : — P, dans le même plan, = 101° 22′ ; + P : — P, dans le plan de la base, = 111° 43′ ; oP : + P = 119° 58′ ; oP : — P = 128° 19′ ; ∞P : ∞P, dans le plan de la diagonale oblique et de l'axe principal, = 73° 10′. Clivage assez facile parallèlement à oP.

Oxalate d'étain. — Chauffé dans un tube, il dégage un mélange d'acide carbonique et d'oxyde de carbone, en laissant un résidu de protoxyde d'étain pur (Liebig).

Oxalates de chrome[3]. — L'*oxalate de chrome et de potasse bleu*, C^4crKO^8 + 2aq., cristallise dans le système monoclinique avec les faces ∞P. [∞P∞]. oP. [P∞]. + 3 P 3, etc. Valeur des axes, *a* axe principal : *b* diagonale oblique : *c* diagonale droite :: 1 : 4,1025 : 2,5872. Angle de *a* et *b* = 71° 3′. Inclinaison des faces, ∞P : ∞P dans le plan de la diagonale oblique et de l'axe principal = 67° 23′ ; [P∞] : [P∞] ibid. = 139° 51 ; oP : ∞P = 100° 21′. Ce sel est isomorphe avec l'oxalate de fer et de potasse.

L'*oxalate de chrome et potasse rouge*, C^4crKO^8, $C^4cr^2O^8$ + 8 aq., cristallise dans le système monoclinique, avec les faces dominantes oP. ∞P. [∞P 2]. ∞P∞. [∞P∞]. + P∞. — P∞. Va-

[1] RAMMELSBERG, *loc. cit.* — Voy. aussi les mesures de SCHABUS, *loc. cit.*
[2] RAMMELSBERG, *loc. cit.* — SCHABUS, *loc. cit.*
[3] SCHABUS, *loc. cit.* — Voy. aussi RAMMELSBERG, *loc. cit.*

leurs des axes, $a : b : c$ :: 1 : 0,8962 : 0,7224. Angle de a et b = 70° 33'. Inclinaison des faces, ∞P : ∞P, dans le plan de la diagonale oblique et de l'axe principal, = 81° 17'; [∞P 2] : [∞P 2] = 46° 27'; oP : ∞P = 120° 41'; oP : — P∞ = 142° 25'.

L'*oxalate de chrome et de soude bleu*, C^4crNaO^8 + 3 aq., cristallise dans le système monoclinique. Combinaison observée, oP. + P. — P. ∞P∞. [∞P∞]. ∞P. Valeurs des axes, $a : b : c$ :: 1 : 1,136 : 0,820. Angle de a et b = 79° 20'. Inclinaison des faces, oP : + P = 120°; oP : — P = 128° 12'; oP : ∞P = 96° 20'; ∞P : ∞P dans le plan de la diagonale oblique et de l'axe principal, = 732° 5'. Clivage parfait parallèlement à oP.

L'*oxalate de chrome et de soude rouge* cristallise dans le système monoclinique.

Oxalates d'antimoine. — L'*oxalate d'antimoine et d'ammoniaque*[1], $C^4sb(NH^4)O^8$ (= 6 C^2O^3, Sb^2O^3, 3 NH^4O), s'obtient sous la forme de cristaux du système rhombique lorsqu'on dissout de l'oxyde d'antimoine dans une solution saturée et bouillante de bioxalate d'ammoniaque. Faces dominantes, oP. P. 2P. ∞P̆∞. Rapports des axes secondaires à l'axe vertical :: 0,3716 : 1 : 0,5305.

L'*oxalate d'antimoine et de potasse*[2], C^4sbKO^8 + aq., s'obtient en dissolvant l'oxyde d'antimoine dans une solution saturée et bouillante de bioxalate de potasse. Il cristallise dans le système monoclinique, avec les faces ∞P. ∞P∞. oP. [∞P∞]. Valeurs des axes, a diagonale oblique : b diagonale droite : c axe principal :: 0,8088 : 1 : 0,4426. Angle des axes = 69° 36'. Inclinaison des faces, ∞P : ∞P, dans le plan de la diagonale oblique et de l'axe principal, = 105° 40'; [P∞] : [P∞] ibid. = 134° 56'; oP : ∞P = 106° 8'. Lorsqu'on dissout ce sel dans l'eau, il s'en décompose une partie avec séparation d'oxyde d'antimoine; une autre partie cristallise sans altération, tandis qu'on obtient plus tard des cristaux plus gros d'un sel C^4sbKO^8 + 3 aq., appartenant au système rhombique, avec les faces dominantes ∞P. P̆∞. P̄∞. ∞P̆∞ (Rapport des axes secondaires à l'axe vertical, 0,6703 : 1 : 1,1463. Inclinaison des faces, ∞P : ∞P = 67° 40';

[1] Rammelsberg, *loc. cit.* — Ce chimiste admet les rapports 11 C^2O^3, 2 Sb^2O^3 5 NH^4O + 2 aq.

[2] Rammelsberg, *loc. cit.* — Rapports adoptés par ce chimiste : 11 C^2O^3, 2 Sb^2O^3 5 KO + 7 aq.

P∞ : P∞ dans le plan de la base = 97° 48′ ; P∞ : P∞ ibid. = 119° 22). Les eaux mères, où les cristaux précédents se sont formés, déposent, outre du bioxalate et du quadroxalate de potasse, quelques cristaux appartenant au système triclinique[1].

Page 265.

§ 150. *Oxalate de méthyle*[2]. — Les tables rhombes de cet éther sont de 102° 30′.

Page 276.

§ 154. *Oxamide.* — Les cristaux de l'oxamide appartiennent au système monoclinique (Combinaison observée[3], ∞P. ∞P∞ . oP. + P. Inclinaison des faces, ∞P : ∞P dans le plan de la diagonale oblique et de l'axe principal = 116° 20′ ; oP : ∞ P = 117° 22′. Valeurs des axes, *a* (principal) : *b* (oblique) : *c* :: 1 : 1,317 1,784. Angle de *a* et *b* = 57° 15′. Les cristaux forment ordinairement des hémitropies avec la face de jonction ∞P∞).

Page 316.

§ 176. *Cyanures de cuivre.* — M. Liebig a obtenu les deux combinaisons suivantes, qui ont été analysées par M. Hilkenkamp[4] :

α. 2 Cu²Gy, CuGy, 2 NH³ + 2 aq. On ajoute à de l'acide cyanhydrique aqueux une solution d'hydrate de cuivre dans l'ammoniaque jusqu'à ce que l'odeur ammoniacale commence à dominer ; on fait ensuite bouillir la liqueur jaune, et l'on y ajoute peu à peu la solution cupro-ammoniacale, tant qu'elle se décolore. On filtre dès qu'on aperçoit dans la liqueur de petites paillettes vertes. Par le refroidissement, on obtient des lames rectangulaires vertes d'une grande beauté, insolubles dans l'eau froide.

β. 2 Cu²Gy, CuGy, 2 NH³. Lorsqu'on traite les cristaux précédents par un mélange d'ammoniaque et de carbonate d'ammoniaque, et qu'on chauffe, ils se dissolvent. La solution, maintenue en ébullition pendant une heure, abandonnée ensuite au refroidis-

[1] Rammelsberg les représente par les rapports 8 C²O³, 2 KO, Sb²O³ + 4 aq., qui me paraissent inacceptables.

[2] Delffs, *Ann. der Chem. u. Pharm.*, XCII, 279.

[3] Schabus, *loc. cit.*

[4] Liebig, *Ann. der Chem. u. Pharm.*, XCV, 118. — Hilkenkamp, *ibid.*, XCVII, 218.

sement, laisse déposer des paillettes bleues brillantes. Ces cristaux présentent la même composition que le sel vert précédent, moins l'eau de cristallisation.

§ 182[a]. *Une combinaison de ferrocyanure d'éthyle et de chlorure d'éthyle*, $2CyFe$, $4Cy(C^4H^5)$, $2Cl(C^4H^5) + 12$ aq., se produit[1] lors qu'on fait passer du gaz chlorhydrique dans une solution alcoolique d'acide ferrocyanhydrique, placée dans un mélange réfrigérant. Il se dépose ainsi des cristaux presque incolores qu'on exprime rapidement entre des doubles de papier, pour les abandonner ensuite sur de la chaux. Ces cristaux bleuissent rapidement à l'air; il ne faut pas non plus les laisser trop longtemps sur la chaux, qui finit aussi par les déshydrater. Les cristaux ont donné à l'analyse :

	Analyse.		Calcul.
Carbone.	37,30	—	38,23
Hydrogène. . . .	7,26	—	7,42
Fer.	9,69	—	9,91
Chlore.	12,65	—	12,57

Lorsqu'on les traite par l'ammoniaque, on obtient une combinaison de ferrocyanure et de chlorure d'ammonium (I, p. 324).

Dissous dans une petite quantité d'alcool et additionnés d'éther, les cristaux déposent des paillettes incolores et nacrées de *ferrocyanure d'éthyle*, $2CyFe$, $4Cy(C^4H^5) + 12$ aq.; ce corps se déshydrate par le repos prolongé sur la chaux. Il s'altère promptement au contact de l'air. Il a donné à l'analyse :

	Analyse.		Calcul.
Carbone.	40,71	—	38,5
Hydrogène. . .	6,33	—	7,3
Fer.	13,12	—	12,8

L'alcool méthylique et l'alcool amylique paraissent donner des composés semblables.

§ 183. Lorsqu'on fait passer de l'acide chlorhydrique dans un mélange d'alcool et de ferricyanure de potassium, le gaz est absorbé avec dégagement de chaleur ; et, si l'on a eu soin de refroidir le mélange, la liqueur filtrée dépose un produit cristallin, très-altérable et renfermant du chlore (Buff).

§ 194. Le *platinocyanure de lithium* cristallise dans le système

[1] H. L. Buff (1854), *Ann. der Chem. u. Pharm*, XCI, 253.

rhombique. Combinaison observée[1], $\infty P . \infty \breve{P} \infty . \breve{P}\infty$. Inclinaison des faces, $\infty P : \infty P$ dans le plan de la petite diagonale et de l'axe vertical = 108° 45′; $P\infty : \breve{P}\infty$ = 132° 30′. Valeurs des axes, *a* (vertical) : b : c :: 1 : 2,2642 : 1,6225.

Page 386.

§ 210. *Acide cyanurique.* — Les cristaux appartiennent au système monoclinique. Combinaison observée[2], $\infty P . \infty P \infty . oP . - P \infty . - \frac{1}{2} P \infty$. Inclinaison des faces, $\infty P : \infty P$ dans le plan de la diagonale oblique et de l'axe principal = 76°48′; $oP : \infty P$ = 99°59′; $oP : - P\infty$ = 137°3′; $oP : - \frac{1}{2} P \infty$ = 151°42′. Valeurs des axes, *a* (principal) : *b* (oblique) : *c* :: 1 : 0,7526 : 0,5728. Angle de *a* et *b* = 73°48′. Clivage facile parallèlement à $- P \infty$, moins aisé parallèlement à oP.

§ 213. *Cyanate de potasse.* — M. Wurtz conseille d'opérer de la manière suivante pour préparer ce sel en grande quantité, d'après le procédé de M. Woehler. 2 p. de ferrocyanure bien sec et réduit en poudre très-fine sont mêlées avec 1 p. de peroxyde de manganèse soigneusement tamisé et préalablement porté à une température qui en chasse toute l'eau hygrométrique. Ce mélange, qui doit être aussi intime que possible, est chauffé dans une capsule plate en tôle forte ou bien dans le couvercle légèrement concave d'une grande marmite de fonte. Il est essentiel que le vase ne soit pas profond. Bien avant le rouge, le peroxyde réagit sur le ferrocyanure; cette réaction, qui commence par quelques points isolés, s'étend peu à peu à toute la masse. Il est aisé d'en suivre les progrès en observant la couleur du mélange, laquelle, grise d'abord, ne tarde pas à devenir entièrement noire. La réaction, d'ailleurs, donne lieu à un dégagement de chaleur qu'il convient de modérer en remuant continuellement le mélange avec une spatule de fer; sans cette précaution, l'élévation trop forte de la température pourrait déterminer la décomposition partielle du cyanate de potasse, qui se forme, non-seulement par la désoxydation du peroxyde de manganèse, mais encore par l'absorption de l'oxygène de l'air. Si l'on renouvelle continuellement les surfaces, en

[1] SCHABUS, *Bestimm. der Krystallgest. in chem. Laborat. erzeugter Producte*; Wien, 1855.

[2] SCHABUS, *loc. cit.*

maintenant la matière sur un feu modéré, la masse noire ne tarde pas à devenir pâteuse par suite de la fusion du cyanate. On ne retire la masse du feu que lorsque la pâte est devenue molle, ce qui arrive ordinairement au bout d'un quart d'heure; par le refroidissement la masse devient très-dure. On la réduit en poudre fine et on l'épuise avec de l'alcool de 82 centièmes. Plus concentré, l'alcool ne dissout que difficilement le cyanate de potasse; plus étendu, il le décompose en partie à l'ébullition. Par le refroidissement, les liqueurs alcooliques laissent déposer le cyanate sous la forme de paillettes blanches; on exprime ces cristaux dans un linge, et, avant de les dessécher au bain-marie, on les lave avec une petite quantité d'alcool absolu.

Acide isocyanurique [1], ou fulminurique, $C^6H^3N^3O^6$. — Lorsqu'on fait bouillir le fulminate de mercure récemment préparé et encore humide avec la solution étendue d'un chlorure alcalin, il se dissout entièrement dans l'espace d'un quart d'heure; peu après il s'en sépare du bioxyde de mercure jaune, et la solution renferme alors en dissolution un sel de l'acide isocyanurique.

La réaction est la suivante : 2 mol. de fulminate de mercure donnent, avec 6 mol. de chlorure alcalin, 2 mol. de fulminate alcalin et 6 mol. de bichlorure de mercure :

$$3\ \underset{\text{Fulmin. de merc.}}{C^4Hg^2N^2O^4} + 6NaCl = \underset{\text{Fulmin. de sod.}}{3C^4Na^2N^2O^4} + 6HgCl.$$

Le fulminate alcalin, bouilli au sein de l'eau, fait la double décomposition avec ce liquide, en donnant de l'alcali caustique et de l'isocyanurate alcalin :

$$3\ \underset{\text{Fulmin. de sod.}}{C^4Na^2N^2O^4} + 4HO = \underset{\text{Isocyanur. de sod.}}{2\ C^6H^2NaN^3O^6} + 4NaO.$$

Enfin l'alcali caustique réagit sur le bichlorure de mercure, produit dans la première phase, de manière à précipiter une quantité correspondante de bioxyde de mercure; mais comme il n'y a que 4 NaO pour 6 HgCl, il s'ensuit qu'en définitive 2 HgCl restent en dissolution.

Le fulminate d'argent ne présente pas cette réaction.

L'acide isocyanurique peut s'obtenir en décomposant le sel de

[1] CHICHKOFF (1855), *Mélanges physiq. et chimiq.*, t. II. En extrait, *Ann. der Chem. u. Pharm.*, XCVII, 53. — LIEBIG, *Ann. der Chem. u. Pharm.*, XCV, 282. — Voy., sur les propriétés optiques des isocyanurates d'ammoniaque et de potasse, OGDEN R. ROOD, *ibid.*, XCV, 291.

plomb par l'hydrogène sulfuré ou le sel d'argent par l'acide chlorhydrique. Il est soluble dans l'eau, l'alcool et l'éther. La solution aqueuse a une réaction acide et possède une saveur agréable; par l'évaporation elle devient sirupeuse et se prend ensuite en une masse confusément cristalline. Une solution alcoolique et saturée le dépose peu à peu sous la forme de petits prismes incolores.

Il est inaltérable à l'air. Il décompose les carbonates avec effervescence. Sa solution concentrée communique au bois de pin une coloration rose intense. Chauffé à 145°, il se décompose avec une légère explosion.

Lorsqu'on le fait bouillir avec un acide minéral, il se dégage de l'acide carbonique, et l'on obtient un sel d'ammoniaque, ainsi qu'une matière brune. Par l'ébullition avec l'eau de baryte, on obtient un dégagement d'ammoniaque et un précipité blanc, contenant du carbonate.

Lorsqu'on fait passer de l'acide nitreux dans une solution d'acide isocyanurique, il se dégage des gaz en abondance, et il reste en dissolution un acide azoté qui précipite le nitrate d'argent en blanc; cet acide azoté ne précipite pas les sels de chaux.

Les *isocyanurates* font plus ou moins explosion à une température élevée. L'acide isocyanurique et les isocyanurates ne précipitent pas l'acétate de plomb neutre. Les sels mercureux et mercuriques ne sont pas non plus précipités par l'acide isocyanurique.

Le *sel d'ammoniaque*, $C^6H^2(NH^4)N^3O^6$, s'obtient en délayant 60 à 75 grammes de fulminate de mercure dans 700 à 800 centimètres cubes d'eau, ajoutant 60 cent. cub. d'une solution de chlorhydrate d'ammoniaque saturée à froid, et portant à l'ébullition : on voit alors se séparer une poudre cristalline; quand il ne s'en forme plus, on retire la matière du feu, et l'on ajoute au liquide de l'ammoniaque caustique, tant qu'on obtient un précipité; on filtre et l'on évapore à cristallisation. Les premiers cristaux qu'on obtient ainsi sont jaunes; après les avoir lavés à l'eau et à l'alcool, on les fait dissoudre dans l'eau bouillante, et on les décolore par le charbon animal.

L'isocyanurate d'ammoniaque cristallise dans le système monoclinique. Combinaison observée par M. Gadolin, $\infty P \infty$. $P \infty$. $^2/_3 P$. $^1/_3 P \infty$. $- ^1/_3 P \infty$. $[^2/_3 P \infty]$. Inclinaison des faces, $\infty P \infty : P\infty = 41°$; $\infty P\infty : ^1/_3 P\infty = 74°$ environ; $\infty P \infty : - ^1/_3 P\infty = 59° 20'$; $- ^1/_3 P\infty : ^2/_3 P = 75° 50' ^1/_2$; $\infty P\infty : ^2/_3 P = 69° 14'$; $^2/_3 P$:

$^2/_3$ P = 74° 47′; $^1/_3$ P∞ : $^2/_3$ P = 55° 6′; $^1/_3$ P∞ : [$^2/_3$ P∞] = 118° 50′; ∞P∞ : [$^2/_3$ P∞] = 94° 46′. Valeurs des axes, *a* diagonale oblique : *b* diagonale droite : *c* axe principal :: 1 : 0,5357 : 1,2925. Angle des axes = 81° 4′. Ce sel, qui possède un pouvoir réfringent considérable, ne renferme pas d'eau de cristallisation, est peu soluble dans l'eau froide, fort soluble dans l'eau bouillante, insoluble dans l'alcool et l'éther. Chauffé à l'état sec, il fond, noircit, et dégage de l'acide cyanhydrique, de l'ammoniaque, et plus tard de l'acide cyanique, qui se condense avec l'ammoniaque à l'état d'urée.

Le *sel de potasse*, $C^6H^2KN^3O^6$, se prépare comme le sel d'ammoniaque et est isomorphe avec lui. Combinaison observée, 0 P. P∞ . — P∞ . ∞P. ∞P∞ . — 2 P. Valeurs des axes, *a* : *b* : *c* :: 1 : 0,5336 : 1,2314. Angle des axes, 83° 18′. Il est encore moins soluble dans l'eau froide que le sel d'ammoniaque, mais tout aussi soluble dans l'eau bouillante. Chauffé seul, il produit une légère explosion, en développant un mélange de gaz azote (1 vol.) et d'acide carbonique (2 vol.)

Le *sel de soude* cristallise en longs prismes beaucoup plus solubles dans l'eau que le sel de potasse; il est également soluble dans l'alcool.

Le *sel de lithine* est soluble dans l'eau et l'alcool.

Le *sel de baryte*, $C^6H^2BaN^3O^6$ + 2 aq., s'obtient en mélangeant une solution du sel d'ammoniaque ou de potasse, saturée à chaud, avec une solution de chlorure de baryum ; il se produit alors, au bout de quelques minutes, une bouillie composée de fines aiguilles incolores, qui se dissolvent entièrement dans beaucoup d'eau bouillante, et se déposent, par le refroidissement, sous la forme de prismes rhomboïdaux. Ces cristaux perdent, entre 150 et 180°, 8,52 p. c. = 2 atomes d'eau de cristallisation.

Le *sel de chaux* et le *sel de magnésie* sont solubles dans l'eau et l'alcool.

Le *sel de ferrosum* forme de beaux cristaux d'un vert clair, qu'on obtient en chauffant l'acétate ferreux avec un isocyanurate à base d'alcali.

Le *sel de cuprammonium*, $C^6H^2(NH^3Cu)N^3O^6,NH^3$, est caractéristique. Il s'obtient en portant en ébullition une solution d'acide isocyanurique avec une solution de sulfate de cuivre additionnée d'un excès d'ammoniaque; il se sépare alors, par le refroidissement, de magnifiques prismes brillants, d'un bleu foncé, inaltérables à l'air et même à 150°. Ce sel est presque insoluble dans l'eau et très-peu soluble dans l'ammoniaque. A une température élevée, il se décompose avec explosion.

Le *sel de plomb* ne se précipite pas par le mélange de l'acétate de plomb neutre avec un isocyanurate alcalin; mais le sous-acétate de plomb donne un précipité blanc cristallin, soluble dans l'eau bouillante, et se déposant par le refroidissement sous la forme de cristaux durs, jaunâtres; ce sous-isocyanurate renferme 64 p. c. d'oxyde, proportion qui correspond à la formule $C^6H^2PbN^3O^6$, PbO.

Le *sel d'argent*, $C^6H^2AgN^3O^6$, forme de longues aiguilles minces et soyeuses qu'on obtient en mélangeant une solution bouillante d'isocyanurate de potasse ou d'ammoniaque avec du nitrate d'argent. Peu soluble dans l'eau froide, l'isocyanurate d'argent se dissout assez facilement dans l'eau bouillante.

Le *sel d'urée* est cristallin.

Le *sel d'aniline* est également cristallin, soluble dans l'eau et l'alcool; il s'obtient lorsqu'on mélange des solutions alcooliques d'aniline et d'acide isocyanurique.

L'*éther isocyanurique* constitue un liquide doué d'une agréable odeur aromatique, non volatil sans décomposition. On l'obtient en faisant passer du gaz chlorhydrique sur l'isocyanurate de potasse délayé dans l'alcool; il faut arrêter le passage du gaz dès que tout le sel de potasse est décomposé; car l'éther isocyanurique en serait altéré, avec formation d'un corps solide et cristallin. Une solution alcoolique de potasse transforme l'éther isocyanurique en isocyanurate de potasse.

Lorsqu'on mélange avec de l'aniline une solution alcoolique de l'éther isocyanurique, il se dépose, dans l'espace de quelques jours, des prismes soyeux, inaltérables à la température ordinaire, mais qui fondent à 100° en brunissant. C'est peut-être l'anilide de l'acide isocyanurique.

Page 397.

§ 218. *Cyanate de méthyle*[1], $C^4H^3NO^2 = Cy\,(C^2H^3)O^2$. — On le prépare en distillant un mélange de 2 p. de méthyl-sulfate de potasse avec 1 p. de cyanate à même base. On conduit l'opération

[1] WURTZ, *Ann. de chim et de phys.*, XLII, 43.

comme dans la préparation de l'éther cyanique; pour qu'elle réussisse, il est nécessaire de refroidir le récipient avec le plus grand soin; malgré cette précaution, il arrive presque toujours que les gaz permanents qui se dégagent entraînent une certaine quantité de vapeurs méthyl-cyaniques. Il est bon de s'en garantir en les dirigeant, soit dans une bonne cheminée, soit dans un flacon refroidi et renfermant un peu d'ammoniaque. Le méthyl-sulfate destiné à cette préparation doit être cristallisé et débarrassé de toute eau d'interposition.

Quand le succès de l'opération a été assuré par toutes ces précautions, on recueille un liquide contenant une masse de cristaux d'éther méthyl-cyanurique.

Après avoir rectifié le liquide nageant au-dessus des cristaux, on obtient le cyanate de méthyle sous la forme d'un liquide incolore, léger, très-mobile et très-volatil. Il bout à environ 40°; sa vapeur est irritante et suffocante à un haut degré.

Lorsqu'on abandonne à lui-même du cyanate de méthyle dans un tube scellé à la lampe, il se convertit peu à peu en beaux cristaux de cyanurate de méthyle. Cette transformation, pour être complète, exige ordinairement une quinzaine de jours; d'autres fois elle s'accomplit dans l'espace de quelques minutes.

Cyanate d'éthyle, $C^6H^5NO^2 = Cy(C^4H^5)O^2$. — On l'obtient en distillant au bain d'huile un mélange intime de 2 p. d'éthyl-sulfate de potasse et de 1 p. de cyanate à même base, bien sec. Les deux sels commencent à réagir à 180° environ; ils entrent en fusion et émettent des vapeurs blanches qui se dégagent tumultueusement, et que l'on condense dans des récipients bien refroidis. (Pour que cette opération réussisse, il est essentiel d'employer le cyanate de potasse aussitôt après sa préparation; le sel conservé pendant quelque temps, même lorsqu'il est parfaitement sec, ne donne plus de cyanate d'éthyle, ou n'en fournit qu'une très-petite quantité, quoiqu'il puisse encore servir à la préparation de l'éther cyanurique.) On rectifie le liquide distillé, en s'arrêtant quand le thermomètre, plongeant dans la cornue, marque environ 100°; à cette température, le cyanate d'éthyle a distillé presque tout entier, et le résidu se prend ordinairement, par le refroidissement, en une masse de cristaux d'éther cyanurique. Pour avoir l'éther cyanique parfaitement pur, on le rectifie une seconde fois en ne recueillant que ce qui passe à 60° environ.

La densité du cyanate d'éthyle est de 0,8981; il bout à 60°; la densité de sa vapeur a été trouvée égale à 2,475 (calcul 2,460). Lorsqu'il est très-pur, il n'éprouve aucune altération spontanée dans des tubes fermés à la lampe.

L'alcool absolu, dans un tube scellé à la lampe et au bain-marie, le transforme en éthyl-carbamate d'éthyle (éthyl-uréthane) :

$$\underset{\text{Cyan. d'éthyle.}}{C^6H^5NO^2} + \underset{\text{Alcool.}}{C^4H^6O^2} = \underset{\text{Éthyl-carb. d'éthyle.}}{C^{10}H^{11}NO^4}.$$

L'éther ne réagit pas ou ne réagit que très-difficilement sur l'éther cyanique.

L'acide acétique monohydraté y agit immédiatement, même à la température ordinaire, en dégageant de l'acide carbonique et en produisant de l'éthyl-acétamide :

$$\underset{\text{Cyan. d'éthyle.}}{C^6H^5NO^2} + \underset{\text{Ac. acétique.}}{C^4H^4O^4} = C^2O^4 + \underset{\text{Éthyl-acétamide.}}{C^8H^9NO^2}.$$

L'acide formique monohydraté produit de même de l'éthyl-formiamide.

Avec l'acide acétique anhydre et l'éther cyanique, les deux corps étant chauffés au bain d'huile à 200° environ, dans un tube scellé, on obtient de l'acide carbonique et de l'éthyl-diacétamide :

$$\underset{\text{Cyan. d'éthyle.}}{C^6H^5NO^2} + C^8H^6O^6 = C^2O^4 + \underset{\text{Éthyl-diacétamide.}}{C^{12}H^{11}NO^4}.$$

§ 221. *Cyanurate de méthyle*[1]. — C'est le produit le plus abondant de la réaction du cyanate et du méthyl-sulfate de potasse (§ 218); il se forme d'ailleurs aussi par une transposition moléculaire du cyanate de méthyle. Il est aisé de le purifier en le lavant avec un peu d'alcool froid, pour le débarrasser d'un produit jaunâtre et visqueux qui l'accompagne presque toujours, et en le dissolvant ensuite dans l'alcool étendu et bouillant. Après plusieurs cristallisations, on l'obtient sous la forme de prismes opaques, parfaitement incolores; il est soluble dans l'alcool, insoluble dans l'eau froide, un peu soluble dans l'eau bouillante. Il fond à 175° ou 176°, et bout à 274° (c'est-à-dire à une température supérieure au point d'ébullition du cyanurate d'éthyle).

Cyanurate d'éthyle. — Il fond à 95°; son point d'ébullition est à 253°.

[1] WURTZ, *loc. cit.*

L'ammoniaque aqueuse ne l'altère pas, même à chaud dans un tube fermé.

Dans la réaction de l'éthyl-sulfate et du cyanate de potasse, il se forme encore, dans certaines circonstances, des produits solides autres que le cyanurate triéthylique, mais on les a obtenus en quantité trop insuffisante pour les étudier (Wurtz).

Page 410.

§ 226. Une *combinaison de chlorhydrate d'urée et d'ammoniaque*, 2 ($C^2H^4N^2O^2$, NH^4Cl) + $C^2H^4N^2O^2$, HCl, s'obtient[1] en dissolvant l'urée dans une solution d'hypochlorite de chaux ou de soude. Pour la préparer, on mélange une solution d'urée avec une solution de soude caustique, et l'on y fait passer du chlore, jusqu'à ce qu'il ne se dégage plus de gaz azote. On détruit ensuite l'excès d'hypochlorite par l'addition d'un peu d'ammoniaque, on évapore à siccité, et l'on reprend le résidu par un mélange d'alcool et d'éther. On obtient ainsi de grosses lames, fort solubles; elles se décomposent par la chaleur, précipitent par l'acide nitrique (nitrate d'urée), et dégagent de l'ammoniaque par la potasse.

Cette nouvelle combinaison a donné à l'analyse :

	Beckmann.	Calcul.
Carbone. . . .	10,46	11,12
Hydrogène. . .	7,18	6,49
Ammonium. .	11,14	11,12
Chlore.	32,89	32,92

Page 403.

§ 224. *Urée*. — M. Natanson[2] a observé la formation de l'urée par l'action de l'ammoniaque sèche sur l'oxychlorure de carbone, ainsi que par l'action de l'ammoniaque aqueuse sur le carbonate d'éthyle, dans un tube scellé, à la température d'environ 180°.

§ 237. *Toluyl-urée*, $C^{16}H^{10}N^2O^2$. — Substance cristalline qui se produit par l'action du sulfhydrate d'ammoniaque sur la nitrotoluamide[3].

[1] O. Beckmann (1854), *Ann. der Chem. u. Pharm.*, XCI, 367.
[2] Natanson, *Ann. der Chem. u. Pharm.*, XCVIII, 287.
[3] Noad (1854), *Phil. Magazine*, [4] VII, 142.

§ 237^a. *Urées composées à radicaux négatifs*[1]. — D'après les expériences de MM. Zinin et Moldenhauer, on peut obtenir des urées dans lesquelles 1 at. d'hydrogène est remplacé par son équivalent d'acétyle, de benzoïle ou de radicaux homologues, en faisant agir sur l'urée les chlorures négatifs correspondants. Les urées qu'on a ainsi obtenues sont[2] :

Acétyl-urée.	$C^6H^6N^2O^4$	$= \left.\begin{matrix} NCyH^3\,O \\ C^4H^3O^2.O \end{matrix}\right\}$
Butyryl-urée.	$C^{10}H^{10}N^2O^4$	$= \left.\begin{matrix} NCyH^3\,O \\ C^8H^7O^2.O \end{matrix}\right\}$
Valéryl-urée.	$C^{12}H^{12}N^2O^4$	$= \left.\begin{matrix} NCyH^3.O \\ C^{10}H^9O^2.O \end{matrix}\right\}$
Benzoïl-urée.	$C^{16}H^8N^2O^4$	$= \left.\begin{matrix} NCyH^3\,O \\ C^{14}H^5O^2.O \end{matrix}\right\}$

Il n'a pas été possible de remplacer dans l'urée, par des radicaux négatifs, plus de 1 at. d'hydrogène (Moldenhauer).

L'*acétyl-urée*, $C^6H^6N^2O^4$, se produit par l'action du chlorure d'acétyle sur l'urée ; les deux corps réagissent déjà à froid. Elle cristallise dans l'alcool bouillant en longues aiguilles soyeuses, et dans l'eau bouillante en prismes rhomboïdaux groupés en étoiles ou en aigrettes. Elle exige pour sa solution 100 p. d'alcool froid et 10 p. d'alcool bouillant ; l'eau bouillante la dissout bien mieux que l'alcool et la dépose presque tout entière par le refroidissement ; l'éther ne la dissout pas. Chauffée à 160°, elle donne un léger sublimé lanugineux ; à 200° (Zinin ; à 112°, Moldenhauer), elle fond, et, à une température plus élevée, elle se dédouble en acide cyanurique et en acétamide :

$$3\,C^6H^6N^2O^4 = Cy^3H^3O^6 + 3\,C^4H^5NO^2.$$

Acétyl-urée. Ac. cyanuriq. Acétamide.

[1] Zinin (1854), *Ann. der Chem. u. Pharm.*, XCII, 403 ; et *Bullet. de l'Acad. de Saint-Pétersb.*, XII, 281. — Moldenhauer, *Ann. der Chem. u. Pharm.*, XCIV, 100.

[2] On peut aussi compter parmi les urées composées le produit de la réaction de l'urée et de l'hydrure de benzoïle (*benzoïl-uréide*, § 1491), en admettant que le groupement $C^{14}H^5$ (*amaryle*) remplace H ; on a, en effet :

Urée.	$C^2H^4N^2O^2$	
Amaryl-urée. . . .	$\left.\begin{matrix} 3\,C^2H^3(C^{14}H^5)N^2O^2 \\ C^2H^4\quad N^2O^2 \end{matrix}\right\}$	$= C^{50}H^{28}N^8O^8.$

Il est possible que la matière amorphe analysée par Laurent et moi contînt encore de l'urée non altérée, et que l'amaryl-urée, parfaitement pure, renferme $C^2H^3(C^{14}H^5)N^2O^2 = C^{16}H^8N^2O^2$.

Elle n'est précipitée ni par l'acide nitrique ni par le nitrate mercurique.

La *butyryl-urée*, $C^{10}H^{10}N^{2}O^{4}$, s'obtient en chauffant l'urée avec du chlorure de butyryle; elle cristallise aisément dans l'eau en petites écailles, dans l'alcool en paillettes rhombes minces et allongées; elle est sans odeur ni saveur, et fond à 176° en un liquide jaunâtre, qui se prend par le refroidissement en une masse cristalline. Une température élevée la décompose comme l'acétyl-urée. Sa solution aqueuse n'est pas précipitée par l'acide nitrique, l'acide oxalique, le nitrate mercurique.

La *valéryl-urée*, $C^{12}H^{12}N^{2}O^{4}$, se produit par la réaction du chlorure de valéryle et de l'urée. Elle est presque insoluble dans l'eau froide; dans l'eau bouillante, elle se dépose sous la forme de petits cristaux nacrés, gras au toucher; l'alcool la dépose en aiguilles. Elle fond à 191°, et donne, par une chaleur ménagée, un sublimé composé de larges paillettes irisées.

La *benzoïl-urée*, $C^{16}H^{8}N^{2}O^{4}$, s'obtient en chauffant à 150 ou 155° de l'urée en poudre avec du chlorure de benzoïle; quand toute l'urée est fondue au-dessous du chlorure, on retire la masse du bain, et on l'agite vivement; elle devient alors pâteuse, en même temps que la température s'élève. Il ne faut pas opérer sur trop de matière à la fois, afin que la température ne dépasse pas 160°. Après la réaction, on a un produit solide qui, lavé à l'alcool froid, laisse la benzoïl-urée sous la forme d'une poudre cristalline. Cette substance cristallise dans l'alcool bouillant en lames quadrangulaires, minces et allongées, souvent réunies par groupes; elle est beaucoup moins soluble dans l'eau et l'éther que dans l'alcool froid. Elle se dissout dans l'acide chlorhydrique concentré et bouillant, mieux que dans l'eau pure. Chauffée sur la lame de platine, elle fond en dégageant l'odeur du cyanure de phényle (benzonitrile), et finalement celle de l'acide cyanique, en se volatilisant entièrement. Chauffée à 200° environ dans un tube, elle fond en un liquide incolore; celui-ci donne, à une température plus élevée, de l'acide cyanurique et de la benzamide :

$$\underset{\text{Benzoïl-urée.}}{3\ C^{16}H^{8}N^{2}O^{4}} = \underset{\text{Ac. cyanuriq.}}{Cy^{3}H^{3}O^{6}} + \underset{\text{Benzamide.}}{3\ C^{14}H^{7}NO^{2}}.$$

L'ammoniaque n'attaque pas la benzoïl-urée. La potasse la dissout aisément, et les acides l'en séparent de nouveau sans altération; lorsqu'on fait bouillir la solution alcaline, il se dégage de l'ammoniaque, et il se produit du carbonate et du benzoate à base d'alcali.

Page 443.

§ 248. *Sulfocyanure de méthyle.* — L'huile jaune qui se produit, en même temps que le chlorure de cyanogène solide, dans l'action du chlore sur le sulfocyanure de méthyle, est un mélange de chlorure de soufre, de bichlorure de carbone C^2Gl^4 et de sulfure de méthyle perchloré (Riche).

Page 469.

§ 266. *Ammélide.* — M. Liebig considère comme différente de l'ammélide la substance (*acide mélanurénique*) qu'on obtient par l'action de la chaleur sur l'urée. L'assertion de ce chimiste ne me semble nullement justifiée par les faits.

§ 270. *Mellonures.* — M. Liebig[1] a publié sur ces composés de nouvelles expériences qui le conduisent à changer les formules par lesquelles il les avait représentés jusqu'alors. Après les avoir considérés comme des combinaisons du radical mellon C^6N^4 avec des métaux, ce chimiste les exprime par des formules qui en font des amides cyaniques, et leur assignent par conséquent une composition semblable à celle que j'ai adoptée dans ce livre. Mais, au lieu d'avouer avec franchise ses premières erreurs, M. Liebig se livre à mon égard à des récriminations violentes, espérant ainsi donner le change et faire accroire aux chimistes que je me serais trompé en qualifiant d'erronée la théorie qu'il avait jadis défendue avec tant de persistance. Je me bornerai à rappeler ceci : j'ai attaqué cette théorie parce qu'elle était en contradiction avec les faits, et principalement avec les réactions[2] d'après lesquelles les

[1] LIEBIG, *Ann. der Chem. u. Pharm*, XCV, 257.

[2] Voici le passage (*Compt. rend. des trav. de chim.*, 1850, p. 111) qui termine ma dernière critique de la théorie de M. Liebig : « Avec ma formule des mellonures, ces sels rentrent dans cette classe nombreuse de composés organiques qu'on peut représenter d'une manière générale *par de l'acide carbonique plus de l'ammoniaque moins de l'eau;* cette classe comprend l'acide cyanique, l'acide cyanurique, l'urée, le mélam, la mélamine, l'ammélide, l'amméline, le biurète, l'acide allophanique, l'acide cyaméllurique, le mellon. Avec la formule de M. Liebig, les mellonures constitueraient dans cette série une exception unique, contraire aux réactions. « A ce passage M. Liebig a simplement répondu (*Jahresbericht*, 1850, p. 369.) qu'il n'avait rien à changer à sa manière de voir. Aujourd'hui il la change précisément dans le sens de ma propre opinion ! »

mellonures contiennent nécessairement les éléments de l'acide carbonique, plus de l'ammoniaque moins de l'eau; de plus, les propres expériences de M. Liebig m'avaient conduit à remplacer sa formule de l'acide mellonhydrique C^6N^4H par l'expression $C^{12}H^3N^9$, qui satisfait à cette condition, car

$$C^{12}H^3N^9 = 6\ C^2O^4 + 9\ NH^3 - 12\ H^2O^2 = N^3 \begin{cases} Cy^6 \\ H^3. \end{cases}$$

Or aujourd'hui le chimiste allemand rejette lui-même la formule contestée par moi, pour la remplacer par les rapports

$$C^{18}H^3N^{13} = 9\ C^2O^4 + 13\ NH^3 - 18\ H^2O^2 = N^4 \begin{cases} Cy^9 \\ H^3 \end{cases},$$

rapports entièrement semblables à ceux que j'avais proposés.

Il est parfaitement indifférent pour le fond du débat que cette seconde formule de M. Liebig soit ou non préférable à la mienne; si elle l'est en réalité, comme le semblent indiquer les nouvelles expériences de M. Liebig, bien plus complètes que ses premières, il n'en demeure pas moins démontré que ce chimiste détruit aujourd'hui de ses propres mains une œuvre qu'il avait naguère édifiée si laborieusement. Je ne puis guère demander davantage pour ma propre satisfaction.

Voici les faits, que j'extrais du nouveau mémoire de M. Liebig :

L'*acide mellonhydrique* peut s'obtenir aisément en dissolution dans l'eau. Lorsqu'on précipite une solution chaude de bichlorure de mercure par le mellonure de potassium, il se produit un précipité blanc et grenu qui, lavé, se dissout aisément dans l'acide cyanhydrique; si l'on fait passer de l'hydrogène sulfuré dans cette dissolution, tout le mercure se précipite, et l'acide cyanhydrique peut alors être expulsé par une douce chaleur; on a ainsi en dissolution de l'acide mellonhydrique qui possède une saveur et une réaction fort acides; la liqueur peut être mêlée à l'alcool sans le troubler; elle décompose les carbonates avec effervescence.

Lorsqu'on évapore la solution de l'acide mellonhydrique au contact de l'air ou dans le vide, il s'en sépare des pellicules ou des flocons blancs, et l'on obtient un résidu blanc, un peu cristallin, qui ne se redissout qu'en partie dans l'eau froide.

Le *mellonure de potassium*, $C^{18}N^{13}K^3 + 10$ aq., peut se préparer par plusieurs procédés qui ont été indiqués. En voici un autre, consistant à faire fondre du sulfocyanure de potassium avec le beurre d'antimoine. On fait fondre 7 parties de sulfocyanure dans une capsule de porcelaine, jusqu'à ce qu'il ne se boursoufle plus, et l'on y ajoute ensuite, par petites portions, 3 parties de beurre d'antimoine récemment fondu. Le mélange doit être fait dans une capsule profonde et large. Dès que les deux matières arrivent en contact, il se développe des vapeurs de sulfure de carbone qui s'enflamment ordinairement, de sorte qu'il faut couvrir le vase avec une capsule plate pour empêcher cette combustion. On finit ainsi par obtenir une masse brune bulleuse qu'on broie et qu'on chauffe dans un creuset de fer, en l'agitant constamment, jusqu'à ce qu'une partie du sulfure d'antimoine produit dans la réaction se soit rassemblée au fond à l'état liquide. On traite alors la masse par l'eau bouillante, on filtre, et l'on fait bouillir la liqueur filtrée avec un peu d'hydrate de plomb, tant que celui-ci noircit, afin d'enlever le sulfure qui peut être resté en dissolution; on filtre de nouveau et on laisse refroidir. La liqueur se prend alors en une bouillie blanche de mellonure de potassium. On jette celle-ci sur un filtre, et, quand tout le liquide s'est écoulé, on abandonne le sel sur une brique pour faire absorber l'eau mère; on répète la cristallisation et on enlève les dernières traces de sulfocyanure non décomposé par des lavages à l'alcool.

Le chlorure de bismuth peut aussi servir à la décomposition du sulfocyanure de potassium.

Dans la préparation du mellonure de potassium par la calcination du ferrocyanure de potassium avec du soufre, il faut éviter l'addition, à la fin de l'opération, du carbonate de potasse, qui détruirait le mellonure.

100 p. d'eau à la température ordinaire ne dissolvent que 2,67 p. de mellonure de potassium. L'eau bouillante en dissout davantage. Le sel cristallise difficilement dans les solutions aqueuses, même saturées à chaud, mais on l'obtient aisément cristallisé par l'addition d'un peu d'alcool; la présence dans l'eau de sels étrangers, par exemple du sulfocyanure de potassium, diminue également la solubilité du mellonure de potassium. La solution de ce sel a une saveur amère comme celle du sulfate de quinine.

Les cristaux, desséchés à 200°, ont donné, terme moyen, 18,06 p. c. d'eau (dans son premier travail M. Liebig indique 25,4 p. c.).

Le sel desséché ne fond qu'au rouge, sans dégager une trace d'ammoniaque; à une température encore plus élevée, il se décompose en cyanure de potassium, cyanogène et azote. Mélangé avec une solution de nitrate d'argent, il donne un précipité blanc, et tout le potassium se retrouve à l'état de nitrate.

Le sel desséché a donné à l'analyse :

	Liebig.			$C^{18}N^{13}K^3$.
Carbone. . .	26,12	»	»	26,49
Hydrogène. .	0,06	»	»	»
Azote. . . .	45,00	44,52	43,8	44,66
Potassium. .	29,89	28,13	28,73	28,85
				100,00

Maintenu en ébullition avec de l'acide chlorhydrique, le mellonure de potassium ne donne que du sel ammoniac et de l'acide cyanurique.

Outre le sel précédent, il existe, selon M. Liebig, deux mellonures de potassium acides.

Le *sel acide*, $C^{18}N^{13}HK^2$, est le précipité blanc, semblable à de la craie, qui se produit lorsqu'on verse une solution moyennement étendue du sel précédent dans l'acide chlorhydrique dilué et chaud. Ce précipité, pris autrefois par M. Liebig pour de l'acide mellonhydrique, est insoluble dans l'eau froide; il se dissout en petite quantité dans l'eau bouillante, à laquelle il communique une réaction acide; il se dissout aisément dans une solution d'acétate de potasse. Si l'on ajoute l'acide chlorhydrique à la solution du mellonure neutre, le précipité est gélatineux et d'une composition fort variable.

Ce sel acide a donné :

	Liebig.	$C^{18}N^{13}HK^2$.
Carbone. . . .	31,97	32,60
Hydrogène. . .	0,76	0,60
Potassium. . .	11,93	11,83

Le *sel acide*, $C^{18}N^{13}H^2K + 6$ aq., est soluble dans l'eau froide. On l'obtient en mélangeant une solution, saturée à chaud, du sel neutre avec un volume égal d'acide acétique concentré. Il cristallise alors en paillettes rhombes, qui s'effleurissent par la chaleur; l'eau bouillante le transforme en sel neutre et en sel acide bipotassique. Il perd par la dessiccation, à 150°, 13 p. c. d'eau de cristallisation. Le sel desséché renferme :

	Liebig.	$C^{18}N^{13}H^2K$.
Carbone. . . .	28,75	29,23
Hydrogène. . .	0,43	0,27
Potassium. . .	21,13	21,22

Le *sel d'argent*, précipité par le nitrate d'argent dans une solution bouillante de mellonure neutre de potassium, a été séché à 180° et soumis à de nouvelles analyses. Voici les résultats :

	Liebig.				$C^{18}N^{13}Ag^3$
Carbone. . .	16,96	17,57	17,01	17,90	17,59
Hydrogène .	0,003	0,004	»	»	»
Argent. . .	52,80	51,71	53,18	52,38	52,77

Le dosage de l'azote, par le procédé qualitatif, a donné 18 vol. d'acide carbonique pour 13,3 — 13,6 — 13,3 vol. d'azote.

On remarquera que les dosages précédents ne s'accordent pas précisément entre eux d'une manière parfaite; au reste, à part l'hydrogène qui est bien plus fort dans les premières analyses de M. Liebig (ainsi que dans celles que j'ai faites avec Laurent, t. I, p 480), les nouveaux résultats sont sensiblement les mêmes que ceux qui avaient déjà été obtenus.

§ 271. *Acide cyamélurique.* — J'avais représenté cet acide par les rapports $C^{12}H^4N^8O^4$, corrigeant ainsi la formule de M. Henneberg ($C^{12}H^4N^7O^6$), qui n'était pas conforme aux réactions. Voici que M. Liebig admet à son tour une autre formule, $C^{12}H^3N^7O^6 = NCy^3$, $3\,CyHO^2$. Cette formule n'est nullement en désaccord avec les réactions; seulement, si elle est juste, M. Liebig s'est trompé dans ses analyses du sel d'argent, tout aussi bien que M. Henneberg. On peut en juger par les rapprochements suivants :

Acide sec.	Henneberg.		Formules Gerhardt. $C^{12}H^4N^8O^4$	Formules Liebig. $C^{12}H^3N^7O^6$
Carbone.	32,00	32,08	32,73	32,58
Hydrogène.	1,71	2,00	1,82	1,35

Sel de potasse neutre.	Henneberg.		Liebig [1].		$C^{12}HK^3N^8O^4$	$C^{12}K^3N^7O^6$.
Carbone. . .	21,62	21,56	20,38	21,65	21,56	21,5
Hydrogène. .	0,26	0,24	0,12	0,06	0,29	»
Potasse. . . .	41,91	42,16	»	»	42,21	42,1

[1] Nouvelles déterminations.

Sel de potasse acide.	Henneberg.			$C^{12}H^3KN^8O^4$	$C^{12}H^3KN^7O^6$.
Carbone. . .	27,22	»		27,90	27,7
Hydrogène. .	1,21	»		1,16	0,7
Potasse. . .	18,05	17,94		18,21	18,1

Sel d'argent.	Henneberg.		Liebig[1].	$C^{12}HAg^3N^8O^4$.	$C^{12}Ag^3N^7O^6$.
Carbone. .	13,07	13,17	13,5 (anc. poids at.)	13,30	13,2
Hydrogène.	0,51	0,57	0,4	0,18	—
Argent. . .	57,88	58,03	58,1	59,88	59,77

Page 523.

§ 296. *Acide parabanique.* — Il cristallise dans le système monoclinique[2], avec les faces + P. — P. oP. + P∞ . — P∞ . [∞ P∞]. Valeurs des axes, *a* axe principal : *b* diagonale oblique : *c* diagonale droite :: 1 : 0,6646 : 0,4873. Angle des axes *a* et *b* = 81°39′. Inclinaison des faces, — P : — P dans le plan de la diagonale oblique et de l'axe principal = 120° 52′ ; o P : — P∞ = 129°18′ ; — P∞ : + P∞ = 113° o′ ; oP : + P∞ = 117°42′. Clivage facile parallèlement à [∞ P∞].

Page 546.

§ 309. *Caféine.* — Le *cyanomercurate* cristallise dans le système rhombique[3]. Les petites aiguilles présentent la combinaison ∞ P. ∞ P̄∞ . P̄4. Rapport de l'axe principal aux axes secondaires :: 1 : 1,7851 : 0,8381. Inclinaison des faces, ∞ P : ∞ P dans le plan de la petite diagonale et de l'axe vertical = 129°45′ ; P : P = 100°36′.

Page 533.

§ 302. *Créatine*[4]. — Traitée par la chaux sodée, elle dégage de la méthylamine.

Oxydée à chaud par l'acide nitrique, elle donne également de la méthylamine, ainsi que de l'ammoniaque.

Un mélange de peroxyde de plomb puce et d'acide sulfurique transforme la créatine en méthyluramine.

[1] Anciennes déterminations.

[2] SCHABUS, *loc. cit.*

[3] SCHABUS, *loc. cit.*

[4] DESSAIGNES, *Compt. rend. de l'Acad.*, XLI, 1258. Voy. aussi l'addition, t. III, p. 939.

Dans la réaction de la vapeur nitreuse sur la créatine, il se forme en petite quantité une poudre blanche qui est identique avec l'alcali qu'on obtient par la créatinine et la vapeur nitreuse.

Méthyluramine. — Elle se produit aussi par l'action d'un mélange de peroxyde de plomb puce et d'acide sulfurique sur la créatine. (Malgré des cristallisations réitérées, le chloroplatinate et l'oxalate n'ont pas pu être obtenus avec les mêmes formes que par l'emploi du bioxyde de mercure.)

Chauffés avec une lessive de potasse, les sels de méthyluramine dégagent d'abondantes vapeurs alcalines, composées d'ammoniaque et de méthylamine.

Créatinine. — Le bioxyde de mercure la transforme par l'ébullition en méthyluramine.

Une solution aqueuse de créatinine, dans laquelle on fait passer un courant de gaz nitreux, fait effervescence et ne tarde pas à brunir, puis à se troubler; au bout de quelques heures, il s'y forme un abondant dépôt de cristaux petits, confus et un peu jaunâtres, qui à la longue, et humectés de leur eau mère, se convertissent en gros cristaux. C'est le nitrate d'un alcali très-faible, que l'ammoniaque en précipite.

Le nouvel alcali se présente sous la forme d'une masse amorphe, légère, friable, insipide, entièrement insoluble dans l'eau, et dont la poudre est douce au toucher et devient électrique par le frottement.

Il a donné à l'analyse :

	Dessaignes.	Calcul.
Carbone. . .	34,46	33,64
Hydrogène. .	5,24	4,67
Azote.	38,14	39,29
Oxygène. . .	»	22,44
		100,00

M. Dessaignes admet la formule $C^{12}H^{10}N^{6}O^{6}$, qui a besoin d'être vérifiée par de nouvelles expériences. Voici, d'après le même chimiste, l'équation en vertu de laquelle se formerait le nouvel alcali :

$$2C^{8}H^{7}N^{3}O^{2} + O^{14} = C^{12}H^{10}N^{6}O^{6} + 2C^{2}O^{4} + 2H^{2}O^{2}.$$

Cet alcali se dissout, par une douce chaleur, dans les acides étendus, et donne, par le refroidissement, des sels bien cristallisés, et généralement peu solubles; ces sels sont en partie décomposés par l'eau.

Le *chlorhydrate* se présente sous la forme de prismes courts et fortement striés; il paraît renfermer $2\,C^{12}H^{10}N^{6}O^{6}$, $3\,HCl + 6$ aq., d'après l'analyse suivante :

	Dessaignes.	Calcul.
Carbone.	25,18	24,40
Hydrogène. . .	5,50	4,90
Azote.	27,40	28,40
Chlore. . . .	17,95	17,90

Le *chloroplatinate* s'obtient en gros cristaux fort solubles, qui paraissent renfermer $2\,C^{12}H^{10}N^{6}O^{6}$, $3(PtCl^{2},HCl) + 6$ aq :

	Dessaignes.	Calcul.
Carbone. . . .	13,06	13,09
Hydrogène. . .	2,83	2,63
Chlore.	29,31	29,04
Platine. . . .	26,34	26,86

La composition extraordinaire des sels précédents est peu favorable à la formule adoptée par M. Dessaignes.

Chauffé à 100° avec un excès d'acide chlorhydrique, le nouvel alcali se décompose aisément en donnant du sel ammoniac, de l'acide oxalique, et un corps A cristallisant en longs prismes brillants ou en feuillets, peu solubles dans l'eau froide, assez solubles dans l'eau chaude, peu solubles dans l'éther, d'une saveur désagréable comme métallique, fusibles, volatils sans décomposition légèrement acides au papier, ne précipitant pas les sels de chaux, de baryte, de cuivre, de zinc, ni le chlorure mercurique, ni le nitrate d'argent en solution étendue; en solution un peu concentrée, ils précipitent le nitrate d'argent et le nitrate de mercurosum. Ils ont donné à l'analyse :

	Dessaignes.	Calcul.
Carbone. . .	37,61	37,50
Hydrogène. . .	3,69	3,12
Azote.	21,57	21,87
Oxygène. . .	»	37,51
		100,00

M. Dessaignes admet la formule $C^{8}H^{4}N^{2}O^{6}$, et représente la réaction de la manière suivante :

$$\underset{\text{Alcali.}}{C^{12}H^{10}N^{6}O^{6}} + 4\,H^{2}O^{2} = \underset{\text{Corps A.}}{C^{8}H^{4}N^{2}O^{6}} + 4NH^{3} + \underset{\text{Ac. oxalique.}}{C^{4}H^{2}O^{8}}.$$

Le corps A est le même que le produit qui accompagne en petite quantité la sarcosine et l'urée dans la décomposition de la créatine par la baryte.

Sarcosine. — Chauffée avec de la chaux sodée, elle dégage de la méthylamine.

La solution aqueuse du sulfate de sarcosine se décompose avec une vive effervescence par l'action du peroxyde de plomb; la liqueur prend une réaction alcaline, et contient alors de la méthylamine.

Page 550.

§ 315. *Théobromine*[1]. — La théobromine forme des cristaux microscopiques appartenant au système rhombique; combinaison ordinaire, ∞ P2. P. Elle se sublime sans altération entre 290° et 295°.

Page 566.

§ 333. *Hydrate de méthyle.* — Suivant M. Delffs[2], l'esprit de bois pur, extrait de l'oxalate par la méthode de Woehler et desséché par la chaux, n'a qu'une odeur très-faible, nullement empyreumatique, et bout à 61° sous la pression de 754^{mm}. D'après M. Hermann Kopp[3], son point d'ébullition est à 64°6 — 65°2 sous 744^{mm}.

§ 341. *Oxyde de méthyle.* — Il se condense en un liquide bouillant à — 21°, lorsqu'on le fait passer dans un tube refroidi à — 36°, au moyen d'un mélange de neige et de chlorure de calcium (Berthelot).

§ 346. *Sulfure de méthyle.* — La réaction du chlore[4] sur le sulfure de méthyle est des plus vives : lorsqu'on fait tomber quelques gouttes de ce sulfure dans un flacon rempli de chlore sec, il se produit une flamme rouge, et l'on obtient beaucoup d'acide chlorhydrique, ainsi qu'un dépôt de charbon.

Le *sulfure de méthyle chloré*, C^2H^2ClS, $C^2H^2ClS = C^4H^4Cl^2S^2$, est le produit de la réaction du chlore et du sulfure de méthyle, à la lumière diffuse et sous l'influence d'une basse température. Il forme une huile jaune, plus dense que l'eau, d'une odeur forte et

[1] F. Keller, *Ann. der Chem. u. Pharm.*, XCII, 71.

[2] Delffs, *Ann. der Chem. u. Pharm.*, XCII, 278.

[3] Voy. sur le point d'ébullition de l'esprit de bois : H. Kopp, *Ann. der Chem. u. Pharm.*, XCIV, 280.

[4] Riche (1854), *Ann. de Chim. et de Phys.*, XLIII, 283.

désagréable; lorsqu'on le distille dans une cornue, il passe en partie, mais une portion notable s'altère, en laissant un résidu charbonneux.

Le *sulfure de méthyle bichloré*, C^2HCl^2S, $C^2HCl^2S = C^4H^2Cl^4S^2$, se produit par le chlore et le corps précédent; il faut refroidir dans les premiers moments pour éviter une réaction trop énergique. Il constitue un liquide pesant, coloré en jaune, qui se détruit en partie par la distillation.

Le *sulfure de méthyle perchloré*, C^2Cl^3S, $C^2Cl^3S = C^4Cl^6S^2$, est le résultat de l'action du chlore sur le sulfure de méthyle bichloré, sous l'influence de la radiation solaire. C'est un liquide limpide, de couleur ambrée, possédant une odeur forte et pénétrante. Il bout régulièrement entre 156 et 160° sans éprouver aucune altération. Complétement insoluble dans l'eau, il se dissout aisément dans l'alcool et l'éther. (La densité de sa vapeur a été trouvée par expérience égale à 5,68, chiffre qui s'éloigne beaucoup du calcul[1].) Une dissolution aqueuse de potasse ne paraît lui faire subir aucune altération.

Le liquide brut, provenant de l'action du chlore sur le sulfure de méthyle bichloré, est coloré en rouge et contient du chlorure de soufre, ainsi que du bichlorure de carbone C^2Cl^4; ces produits étrangers sont d'autant plus abondants que la matière soumise à l'action du chlore a été moins sèche. Le chlorure de soufre et le bichlorure de carbone passent avec les premières portions dans la rectification du liquide chloré.

§ 347. *Bisulfure de méthyle.* — Le bisulfure de méthyle se dédouble, sous l'influence du chlore[2], en soufre qui se combine avec ce corps, et en sulfure de méthyle qui éprouve, de la part du chlore, les mêmes phénomènes de substitution qu'à l'état isolé. Lorsqu'on laisse tomber quelques gouttes de bisulfure de méthyle dans une éprouvette contenant du chlore sec, il se dépose, contre les parois, des cristaux volatils contenant $C^4H^6S^2$, Cl^2S^2, et qui représentent une *combinaison de sulfure de méthyle et de chlorure de soufre;* aucun dégagement d'acide chlorhydrique ne s'observe dans cette réaction; mais les cristaux s'altèrent promptement par un excès de chlore, en donnant finalement, sur-

[1] On aurait 4,64 pour la formule C^2Cl^3S (4 volumes), et 9,273 pour la formule $C^4Cl^6S^2$ (8 volumes.)

[2] RICHE, *loc. cit.*

tout au soleil, du sulfure de méthyle perchloré (chargé de chlorure de soufre).

§ 363. *Acide méthyl-sulfurique.* — Le *sel de potasse* cristallise dans le système monoclinique[1], avec les faces oP.—P. ∞P.[P∞]. Valeurs des axes, *a* axe principal : *b* diagonale oblique : *c* diagonale droite :: 1:0,779:0,742. Angle des axes *a* et *b* = 86°51′. Inclinaison des faces, dans le plan de la diagonale oblique et de l'axe principal, ∞P:∞P = 87°16′, —P:—P = 99°15′, [P∞]:[P∞] = 40°50′.

Le *sel de baryte* cristallise également dans le système monoclinique, avec les faces ∞P. ∞P∞. [∞P∞]. oP. [P∞]. Valeurs des axes, *a*:*b*:*c*:: 1:1,907:0,824. Angle de *a* et *b* = 83°30′. Inclinaison des faces, dans le plan de la diagonale oblique et de l'axe principal, ∞P:∞P = 47°0′, [P∞] : [P∞] = 79°20′; oP : ∞P = 92°35′. Clivage parfait parallèle à ∞P∞.

Page 597.

§ 366ª. *Séléniure de méthyle*[2]. — On l'obtient en distillant une solution de méthyl-sulfate de baryte avec du séléniure de potassium.

C'est un liquide jaune-rougeâtre, très-mobile, plus pesant que l'eau, insoluble dans ce liquide, d'une odeur désagréable. Il est très-inflammable et brûle avec une flamme bleuâtre.

L'acide nitrique concentré dissout aisément le séléniure de méthyle, en s'échauffant; la solution n'est pas précipitée par l'acide chlorhydrique; l'acide sulfureux en sépare de nouveau le séléniure de méthyle. Si l'on essaye de concentrer par l'évaporation la liqueur nitrique, il s'établit une nouvelle réaction, très-violente, annoncée par un dégagement de bioxyde d'azote, et qui peut aller jusqu'à l'inflammation de la masse; il se produit alors de l'acide méthyl-sélénieux.

Acide méthyl-sélénieux, $C^2H^4Se^2O^6$. — Lorsqu'on évapore à consistance sirupeuse la solution nitrique du séléniure de méthyle, en ayant soin de modérer la chaleur, pour éviter une réaction trop violente, on obtient par le refroidissement une masse cristalline d'acide méthyl-sélénieux. Ce corps a une réaction fort acide, une odeur désagréable et une saveur métallique persistante; il est déliquescent, se dissout aisément dans l'eau et l'alcool, fond à 122°

[1] Schabus, *loc. cit.*

[2] Woehler et Dean (1855), *Ann. der Chem. u. Pharm.*, XCVII, 5.

et brûle avec une flamme bleue par la calcination au contact de l'air. Chauffé dans un tube, il donne des vapeurs très-irritantes, de l'acide sélénieux, une huile jaune-rougeâtre et du sélénium fondu.

L'acide chlorhydrique ne produit aucun changement dans sa solution; mais par l'évaporation on obtient du chlorure méthyl-sélénieux. L'acide sulfureux en sépare un liquide rouge-jaunâtre foncé et fétide (biséléniure de méthyle?).

Le *sel d'ammoniaque* est cristallin.

Le *sel de baryte* se précipite à l'état cristallin par l'addition du chlorure de barium au sel d'ammoniaque.

Le *sel d'argent*, $C^2H^3AgSe^2O^6$, s'obtient en saturant l'acide méthyl-sélénieux par le carbonate d'argent. Il est peu soluble dans l'eau froide; la solution saturée à l'ebullition le dépose sous la forme de prismes brillants. Il noircit promptement à la lumière et sous l'influence de la chaleur; longtemps bouillie, sa solution dépose du séléniure d'argent.

Chlorure méthyl-sélénieux, $C^2H^3Se^2O^4Cl + aq.$ — Lorsqu'on évapore l'acide méthyl-sélénieux avec de l'acide chlorhydrique, on obtient de beaux prismes transparents qui ne tombent pas en déliquescence. Ce corps est fort soluble dans l'eau et l'alcool, d'une saveur et d'une odeur désagréables. Il fond entre 88 et 90°, en une huile brune; chauffé dans un tube, il donne du sélénium et une huile jaune. Il a une réaction acide. L'acide sulfureux en précipite une huile rouge foncé. Les alcalis le transforment en méthyl-sélénite et en chlorure.

Il a donné à l'analyse :

	Woehler et Dean.	Calcul.
Carbone. . . .	7,2	7,0
Hydrogène. . .	3,3	2,4
Chlore.	20,7 à 21,0	20,8
Sélénium. . .	45,7	46,3

Bromure méthyl-sélénieux. — Il se produit lorsqu'on abandonne à l'évaporation un mélange d'acide bromhydrique et de chlorure méthyl-sélénieux. Il cristallise en prismes jaunâtres, qui fondent par la chaleur en un liquide ayant l'aspect du brome.

Iodure méthyl-sélénieux. — Il se forme lorsqu'on mélange la solution du chlorure méthyl-sélénieux avec de l'acide iodhydrique ou avec de l'iodure de potassium. Il constitue un liquide pesant, noir, d'un aspect métallique, et qui ne se concrète qu'avec le temps. Il a une odeur fort désagréable. Il est fort soluble dans l'acide iodhydrique et dans l'iodure de potassium. Sa solution alcoolique se volatilise sans résidu par l'évaporation spontanée.

§ 366[b]. *Tellurure de méthyle*[1] ou tellurméthyle, $C^4H^6Te^2$. — On l'obtient aisément par la distillation du tellurure de potassium avec une solution assez concentrée de méthyl-sulfate de baryte. Il constitue une huile jaune clair, très-mobile, plus pesante que l'eau, non miscible à ce liquide. Son odeur alliacée est fort désagréable et persistante. Il bout à 82°; sa vapeur est jaune. Il fume à l'air en s'oxydant. Il brûle avec une flamme blanche, très-éclairante, en répandant des fumées d'acide tellureux.

L'*oxyde de tellurméthyle*, $C^4H^6Te^2O^2$, se produit par l'oxydation du tellurure de méthyle. On peut aussi l'obtenir en délayant dans l'eau le chlorure ou l'iodure de tellurméthyle, et traitant par l'oxyde d'argent récemment précipité. La liqueur filtrée renferme en dissolution l'oxyde de tellurméthyle. A l'état sec, ce corps est confusément cristallisé. Il tombe en déliquescence à l'air, et attire l'acide carbonique; sa solution a une réaction fort alcaline. Il déplace l'ammoniaque de ses sels et précipite l'oxyde de cuivre de son sulfate. L'acide sulfureux réduit sa solution, en précipitant du tellurure de méthyle; l'acide chlorhydrique en précipite du chlorure, l'acide iodhydrique de l'iodure de tellurméthyle.

Le *sulfure* n'a pas été obtenu à l'état de pureté. Lorsqu'on fait passer de l'hydrogène sulfuré dans la solution du chlorure de tellurméthyle, il se produit un précipité blanc et floconneux (sulfochlorure?) qui jaunit peu à peu, en même temps que la liqueur prend une odeur fort désagréable; elle donne ensuite à la distillation un corps huileux sulfuré. Lorsqu'on sature d'hydrogène sulfuré la solution de l'oxyde de tellurméthyle, il se produit un léger trouble blanchâtre; à la distillation il se dépose du soufre, et il passe une huile jaune qui ne paraît être que du tellurure de méthyle.

Le *sulfate*, formé par la saturation de l'oxyde avec l'acide sulfurique, constitue de gros cubes, très-solubles dans l'eau, insolubles dans l'alcool.

Le *chlorure*, $C^4H^6Te^2Cl^2$, est un précipité blanc qui se forme par l'addition de l'acide chlorhydrique à la solution du nitrate de

[1] WOEHLER et DEAN (1855), *Ann. der Chem. u. Pharm.*, XCIII, 233.

tellurméthyle; il se dissout à chaud et cristallise par le refroidissement en prismes longs et minces, fort solubles dans l'alcool; il fond à 97°5, et ne paraît pas se volatiliser tout à fait sans altération. A chaud, sa solution présente une légère odeur alliacée. Il ne précipite pas le bichlorure de platine.

L'*oxychlorure*, $C^4H^6Te^2Cl^2$, $C^4H^6Te^2O^2$, se produit par la dissolution du chlorure dans l'ammoniaque. Par l'évaporation, on obtient un mélange de sel ammoniac et d'oxychlorure de tellurméthyle, qu'on sépare aisément par l'alcool. Cet oxychlorure forme des prismes courts et incolores. L'acide chlorhydrique précipite de sa solution le chlorure de tellurméthyle.

Le *bromure*, $C^4H^6Te^2Br^2$, s'obtient comme le chlorure. Il forme des prismes incolores, brillants, fusibles à 89°.

L'*iodure*, $C^4H^6Te^2I^2$, se présente sous deux états, comme l'iodure de mercure. Lorsqu'on fait tomber goutte à goutte de l'acide iodhydrique ou de l'iodure de potassium dans la solution du nitrate ou du chlorure de tellurméthyle, il se produit un précipité jaune-citron, qui devient au bout de quelques instants d'un rouge de cinabre. Si l'on mêle à chaud les deux solutions, le précipité est immédiatement rouge et cristallin. Il est peu soluble dans l'eau froide, bien plus soluble dans l'eau chaude; l'alcool bouillant le dissout également avec facilité; les deux liquides le déposent, par le refroidissement, sous la forme de petits prismes brillants, d'un rouge de cinabre. Il ne peut pas être fondu sans se décomposer; déjà à 130° il donne de l'iodure de tellure.

Le *nitrate* s'obtient en dissolvant le tellurure de méthyle dans l'acide nitrique moyennement concentré; la réaction, très-énergique, est accompagnée d'un dégagement de bioxyde d'azote. La solution incolore, étant évaporée avec précaution, donne de gros prismes incolores, fort solubles dans l'eau et l'alcool. Ce sel se décompose par la chaleur en faisant explosion.

Le *formiate* et *l'oxalate* sont fort solubles.

Le *cyanure* ne peut pas s'obtenir en dissolvant l'oxyde dans l'acide cyanhydrique.

L'*acétate* et le *tartrate* sont fort solubles.

Page 598.

§ 368. *Chlorure de méthyle.* — Il se condense à — 36° en un liquide bouillant à — 22 ou 20°.

Lorsqu'on le dirige dans un tube rempli de fragments de pierre ponce, il se décompose à peine au rouge sombre. Au rouge vif il se produit un abondant dépôt de charbon, et une substance liquide se condense au delà du tube; les gaz sont relativement peu abondants; dans une expérience, ils se composaient de 55 p. d'hydrure de méthyle, de 18 p. d'oxyde de carbone et de 27 p. d'hydrogène (Berthelot).

§ 371. *Chlorure de méthyle bichloré.* — Le chloroforme est vivement attaqué par l'éthylate de potasse (ou de soude) et donne du chlorure de potassium ou de sodium et du sous-formiate d'éthyle (voy. p. 870).

Le sodium peut être chauffé avec le chloroforme à 200°, dans un tube fermé, sans qu'il y ait réaction [1].

Sous l'influence de l'ammoniaque sèche, la vapeur du chloroforme ne se décompose qu'à une température voisine du rouge; il se produit ainsi du cyanure d'ammonium et du chlorure d'ammonium; mais si la température est trop élevée, il se dépose une substance brune (porocyanogène).[1] Maintenu pendant quelque temps à 180° avec une solution aqueuse d'ammoniaque, le chloroforme donne du formiate et du chlorure d'ammonium, sans cyanure. Enfin, si l'on chauffe le chloroforme à cette température avec une solution d'ammoniaque dans l'alcool absolu, il se produit beaucoup de cyanure d'ammonium, ainsi qu'un peu de formiate; d'autres fois on n'observe que la formation d'une substance brune, en même temps que les éléments de l'alcool, en réagissant sur l'ammoniaque, donnent aussi naissance à des quantités variables d'éthylamine (Heintz).

Le formiate de plomb n'agit pas sur le chloroforme à une température inférieure au point de sa propre décomposition.

§ 377. *Bromure de nitro-méthyle perbromé* [2], ou *bromopicrine*, $C^2Br^3(NO^4)$. — Cette substance se produit par la distillation de l'acide picrique avec une solution de bromure de chaux; on lave le produit avec du carbonate de soude, on l'agite avec du mercure, et on le dessèche sur du chlorure de calcium.

C'est une huile incolore, plus pesante que l'eau, d'une odeur semblable à celle de la chloropicrine; sa vapeur irrite vivement les

[1] W. Heintz, *Ann. de Poggend.*, XCVIII, 263.

[2] Stenhouse (1854), *Ann. der Chem. u. Pharm.*, XCI, 307.

yeux. Elle est peu soluble dans l'eau, fort soluble dans l'alcool et l'éther. A froid, sa solution alcoolique est précipitée, après quelque temps, par le nitrate d'argent; la précipitation s'effectue immédiatement à chaud.

Chauffée brusquement, la bromopicrine se décompose avec explosion.

Page 612.

§ 383. *Méthylamine.* — Elle se produit aussi par l'action de la chaux sodée sur la créatine et sur la sarcosine; par l'ébullition des sels de méthyluramine avec la potasse caustique; par l'action de l'acide nitrique sur la créatine, et par celle du peroxyde de plomb puce sur le sulfate de sarcosine (Dessaignes).

Page 623.

§ 393. *Phosphures de méthyle*[1]. — On peut obtenir ces composés par la réaction de l'iodure de méthyle et du phosphure de sodium (préparé directement avec le sodium et le phosphore); la réaction, très-complexe, donne naissance à des produits inflammables et détonants. Suivant MM. Cahours et Hofmann, il se forme ainsi des mélanges des corps suivants, dont la séparation est fort difficile : $(C^2H^3)^4P^2$, liquide correspondant au cacodyle; $(C^2H^3)^3P$, liquide correspondant à la triéthylamine; et $(C^2H^3)^4P, I$, belle substance cristallisée, correspondant à l'iodure de tétréthyl-ammonium.

Un procédé plus convenable consiste à faire réagir le protochlorure de phosphore sur le zinc-méthyle : lorsqu'on introduit ce dernier dans un tube en U rempli d'acide carbonique, et qu'on y dirige des vapeurs de protochlorure de phosphore, la masse s'échauffe, et l'on obtient bientôt un produit visqueux qui se solidifie complétement par le refroidissement. Ce produit est une combinaison de chlorure de zinc et de triphospho-méthylamine :

$$PCl^3 + 3\,C^2H^3Zn = 3\,ZnCl + (C^2H^3)^3P.$$

La *triphospho-méthylamine*, $(C^2H^3)^3P$, s'isole quand on distille le composé précédent avec un excès d'une dissolution concentrée de potasse caustique; il passe ainsi une huile volatile, douée d'un eodeur particulière rappelant celle des bases éthyl-arséniées.

[1] Cahours et Hofmann (1855), *Compt. rend. de l'Acad.*, XLI, 831.

Elle forme, avec les acides, des sels cristallisables et fort solubles. Le *chloroplatinate* s'obtient par l'évaporation lente sous la forme de beaux cristaux.

Elle s'échauffe et se solidifie au contact des iodures d'alcools en donnant les iodures de bases semblables à l'oxyde de tétréthyl-ammonium.

L'*iodure de tétraphospho-méthylammonium*, $P(C^2H^3)^4$, I, s'obtient avec l'iodure de méthyle et la triphosphométhylamine; il cristallise par l'évaporation de sa solution alcoolique, sous la forme de longues aiguilles blanches. Il est aisément décomposé par l'oxyde et les sels d'argent. L'*oxyde* constitue un composé fort soluble et très-alcalin, qui neutralise les acides les plus énergiques. Le *chlorure* est un corps cristallisable. Le *chloroplatinate* est une belle combinaison contenant $P(C^2H^3)^4Cl$, $PtCl^2$.

L'*iodure*, $P(C^2H^3)^3(C^4H^5)$, I, s'obtient avec la triphospho-méthylamine et l'iodure d'éthyle; il est isomorphe avec l'iodure précédent.

L'*iodure*, $P(C^2H^3)^3(C^{10}H^{11})$, I, se produit par la réaction de la triphospho-méthylamine et de l'iodure d'amyle.

§ 395. *Arséniures de méthyle.* — Le trichlorure d'arsenic donne avec le zinc-méthyle du chlorure de zinc et de la *triarsénio-méthylamine* $(C^2H^3)^3As$. (Cahours et Hofmann).

Page 658.

§ 428. *Hydrure d'acétyle.* — On en obtient aussi en distillant un mélange d'équivalents égaux d'acétate et de formiate de chaux [1].

§ 432. *Acétylure d'ammonium.* — L'aldéhydate d'ammoniaque et l'iodure de méthyle ne réagissent pas, même à 100°, dans un tube scellé à la lampe. Mais, si l'on mélange avec un excès d'iodure de méthyle une dissolution d'aldéhydate d'ammoniaque dans un peu d'alcool, il se dépose au bout de quelques heures, déjà à la température ordinaire, des cristaux d'iodhydrate de triméthylamine [2].

Lorsqu'on distille l'aldéhydate d'ammoniaque avec de la chaux, on obtient de l'éthylamine.

[1] LIMPRICHT, *Ann. der Chem. u. Pharm.*, XCVII, 369.
[2] DIEZ, *Ann. der Chem. u. Pharm.*, XC, 301.

§ 445. *Thialdine*[1]. — L'oxyde d'argent la convertit en leucine.

§ 452. *Acide lactique.* — Comme il est bibasique, on peut le dériver de deux molécules d'eau 2 H^2O^2 dans lesquelles 2 at. d'hydrogène sont remplacés par le radical *lactyle* $C^{12}H^{10}O^8 = (C^6H^5O^4)^2$.

$$\left.\begin{matrix}(C^6H^5O^4)\\ H^2\end{matrix}\right\}O^4.$$

Il existe évidemment un chlorure de lactyle, contenant $C^6H^5O^4$ Cl, ou peut-être $C^{12}H^{10}O^8$, Cl^2.

L'alanine, ainsi que son isomère, la lactamide, représente l'azoture de lactyle et d'hydrogène.

Il est à remarquer que le lactyle renferme les éléments de l'acétyle, du formyle et de l'hydrogène :

$$C^6H^5O^4 = \left\{\begin{matrix}C^4H^3O^2\text{, acétyle,}\\ C^2HO^2\text{, formyle,}\\ H\text{ , hydrogène.}\end{matrix}\right.$$

§ 455. *Lactate de chaux et de soude,* $C^{12}H^{10}CaNaO^{12}$ + 2 aq. — Il s'obtient comme le lactate de chaux et de potasse. Il cristallise, par le refroidissement d'une solution concentrée, sous la forme de grains incolores, durs et transparents, qui deviennent opaques à 100° en perdant de l'eau, et qui fondent à une température plus élevée (Strecker[2]).

Lactate de zinc et de potasse. — On le prépare comme le lactate de zinc et de soude ; après avoir été abandonné sur de l'acide sulfurique, il ne renferme pas d'eau de cristallisation.

Lactate de zinc et de soude, $C^{12}H^{10}ZnNaO^{12}$ + 2 aq. — On précipite le lactate de zinc en partie par du carbonate de soude, et l'on évapore la solution au bain-marie; le résidu sirupeux se prend, par le refroidissement, en une masse cristalline un peu molle, qu'on abandonne sur de l'acide sulfurique, après l'avoir exprimée dans du papier buvard. Ce produit est assez soluble dans l'eau, mais la solution moyennement diluée dépose des cristaux de lactate de zinc ; il renferme 9,0 p. c. d'eau de cristallisation qu'il perd à 120°.

§ 457. *Lactate de zinc.* — Les très-petits cristaux du sel *a* appar-

[1] Voy. l'addit., t. III, p. 972.
[2] STRECKER, *Das chemische Labor. d. Univers. Christiania*, p. 47.

tiennent probablement au système rhombique[1]. (Faces dominantes, ∞P∞ . ∞P̆∞ . P̆∞. Inclinaison de P̆∞ : P̆∞ dans le plan de la base = 32° 50'.)

Lactate de cuivre. — Les cristaux du sel à 4 aq., appartiennent probablement au système rhombique. (Combinaison observée, ∞P̆∞ . ∞P. 2 P̆ 2. P̆∞ . Inclinaison des faces 2 P̆ 2 : 2 P̆ 2 dans le plan de la petite diagonale et de l'axe vertical = 130° 34'. Valeurs des axes, *a* (vertical) : *b* : *c* :: 1 : 3,296 : 1,857.)

§ 458. *Lactate d'éthyle.* — On peut l'obtenir assez pur[2] en chauffant dans une cornue sa combinaison avec le chlorure de calcium; il passe ainsi un liquide incolore, d'une densité de 1,08, mais dont le point d'ébullition n'est pas constant; la plus grande partie du liquide distille entre 150 et 160°; il est neutre aux papiers, et se mêle en toutes proportions à l'alcool, à l'éther et à l'eau; la solution aqueuse présente une réaction acide.

Une détermination de la densité de vapeur de l'éther lactique (on a opéré sur 2 gr. seulement de matière) a donné le nombre 4,75 (4,08 correspondrait à 8 volumes pour la formule adoptée).

Lorsqu'on mélange l'éther lactique avec de l'alcool absolu, et qu'on y fait passer de l'ammoniaque sèche, il se produit de la lactamide qui reste à l'état de lames incolores, par l'évaporation de la solution.

Page 700.

§ 462. *Acetone*[3]. — Lorsqu'on l'agite avec une solution concentrée de bisulfite de soude ou de potasse, le mélange s'échauffe considérablement, et il se dépose par le refroidissement une combinaison cristalline.

Le *sulfite de mésityl-ammonium* s'obtient avec le bisulfite d'ammoniaque, mais ne se dépose pas à l'état cristallisé, par le refroidissement du mélange. Distillé avec un excès de chaux caustique, il dégage un alcali volatil, dont le chlorhydrate est soluble dans l'alcool absolu.

Le *sulfite de mésityl-potassium*, $C^6H^5KO^2, S^2O^4$ + aq., ressemble au sel de soude.

[1] SCHABUS, *loc. cit.*
[2] A. STRECKER, *loc. cit.*
[3] LIMPRICHT (1855), *Ann. der Chem. u. Pharm.*, XCIII, 238.

Le *sulfite de mésityl-sodium*, $C^6H^5NaO^2; S^2O^4 + 2$ aq., se présente sous la forme de paillettes assez solubles dans l'eau, peu solubles dans l'alcool. Il donne de l'acétone pure par la distillation avec un acétate alcalin.

Page 713.

§ 476. *Acide acétique anhydre.* — Le protochlorure de phosphore s'y dissout sans réagir ; le mélange étant enfermé dans un tube scellé, la réaction s'établit à 65° environ, en produisant du chlorure d'acétyle et de l'acide phosphoreux anhydre ; ce dernier se sépare à l'état d'une matière blanche et solide ; aucun gaz ne se développe.

$$3\,C^8H^6O^6 + 2\,PCl^3 = 6\,C^4H^3O^2Cl + P^2O^6.$$

Le perchlorure de phosphore transforme l'acide acétique anhydre en chlorure d'acétyle et en oxychlorure de phosphore (Ritter).

§ 478. *Acide acétique.* — Le protochlorure de phosphore et l'acide acétique monohydraté se mêlent d'abord sans réagir, mais à 15° il se dégage de l'acide chlorhydrique ; si l'on enferme le mélange dans un tube scellé, la réaction est complète à 30 ou 40° ; il se produit ainsi de l'acide phosphoreux hydraté et du chlorure d'acétyle :

$$3\,C^4H^4O^4 + PCl^3 = 3\,C^4H^3O^2Cl + PH^3O^6.$$

(L'acide chlorhydrique provient d'une action secondaire du chlorure d'acétyle sur l'acide acétique.)

Le perchlorure de phosphore transforme l'acide acétique en chlorure d'acétyle, avec dégagement d'acide chlorhydrique ; l'oxychlorure de phosphore ne l'attaque pas sous la pression ordinaire.

Le perbromure de phosphore le convertit en bromure d'acétyle.

Lorsqu'on introduit alternativement de l'iode et du phosphore dans l'acide acétique cristallisable et qu'on soumet le mélange à la distillation, il se dégage une grande quantité d'acide iodhydrique, et l'on voit passer, déjà au-dessous de 100°, une liqueur fort colorée en brun par de l'iode. Celle-ci n'offre pas un point d'ébullition constant, et dégage constamment de l'acide iodhydrique à la distillation.

[1] Ritter, *Ann. der Chem. u. Pharm.*, XCV, 208.

Du protochlorure de phosphore étant ajouté à une solution d'iode dans l'acide acétique cristallisable, la liqueur se décolore en déposant, au bout de quelque temps, des cristaux rouges de biiodure de phosphore.

§ 480. *Acétate de lithine.* — Il cristallise dans le système rhombique. (Combinaison observée [1], oP. ∞P. ∞P̄∞. Inclinaison de ∞P : ∞P = 115° 54′. Rapport des axes secondaires = 1 : 1,15975. Les cristaux sont ordinairement hémitropiques avec la face de jonction ∞P. Clivage parfait parallèlement à ∞P.)

§ 481. *Acétate de baryte.* — Les cristaux du sel à 3 aq. appartiennent au système monoclinique. (Combinaison observée [2], ∞P. ∞P∞. oP. + P. + P∞. Inclinaison des faces, ∞P : ∞P dans le plan de la diagonale droite et de l'axe principal = 125° 56′; oP : ∞P = 100° 25′; + P∞ : ∞P∞ = 100° 45′; + P∞ : oP = 145° 48′. Valeurs des axes, *a* : *b* (oblique) : *c* (principal) :: 1 : 2,1362 : 1,2222. Angle de *b* et *c* = 66° 33′. Clivage parallèle à oP, moins prononcé parallèlement à ∞P∞ ; les cristaux sont développés dans le sens de la diagonale droite.)

§ 482. *Acétate de zinc.* — Les mesures de M. Rammelsberg s'accordent sensiblement avec celles de M. Brooke. (Combinaison observée, oP. ∞P∞ : ∞P. + 2 P∞. + P. + $^1/_3$ P. Hémitropies avec la face de jonction oP.)

Acétate de nickel, $C^4H^3NiO^4$ + 4 aq. — Les cristaux de ce sel appartiennent au système monoclinique. Combinaison observée [3], ∞ P. oP. — P. [P ∞]. Inclinaison des faces, ∞ P : ∞ P dans le plan de la diagonale droite et de l'axe principal = 71°32′; — P : — P = 139°36′; o P : ∞ P = 92°56′; o P : [P ∞] = 157°32′. Valeurs des axes, *a* : *b* (oblique) : *c* (principal) :: 1 : 0,7216 : 0,4143 (Rammelsberg; suivant M. Schabus, :: 0,4143 : 0,7216 : 1); angle de *b* et *c* = 86°35′ (Rammelsberg; 85°22′, Schabus). Clivage parfait parallèlement à ∞ P, moins aisé parallèlement à o P.

Acétate de cobalt, $C^4H^3CoO^4$ + 4 aq. — Ce sel est isomorphe avec l'acétate de nickel [4]. (oP domine davantage dans le sel de cobalt; on y remarque aussi ∞ P ∞, mais [P ∞] n'a pas été observé.

[1] SCHABUS, *loc. cit.*

[2] RAMMELSBERG, *Ann. de Poggend.*, XC, 25.

[3] RAMMELSBERG, *Ann. de Poggend.*, XC, 25. — SCHABUS, *loc. cit.*

[4] RAMMELSBERG, *loc. cit.*

Inclinaison des faces, ∞ P : ∞ P dans le plan de la diagonale droite et de l'axe principal = 71°18'; — P : — P = 140°4'; o P : ∞ P = 93°48'. Valeurs des axes, *a* : *b* : *c* :: 1 : 0,7196 : 0,4030. Angle de *b* et *c* = 85°19'. Hémitropies avec la face de jonction ∞ P ∞ .)

§ 483. *Acétate de cuivre.* — Les mesures de M. Schabus donnent sensiblement les valeurs de Brooke et de Bernhardi.

§ 484. *Acétates de fer.* — β. *Sel ferrique.* La solution de ce sel éprouve une modification remarquable[1], lorsqu'on la maintient dans un bain-marie chauffé à l'ébullition pendant 10 à 12 heures : la liqueur prend alors une couleur rouge-brique, reste transparente, vue par transmission, et paraît au contraire opaque par réflexion; elle perd entièrement la saveur métallique des sels de fer pour prendre le goût et l'odeur très-prononcée du vinaigre; au lieu de précipiter en bleu par le cyanoferrure de potassium, elle donne un précipité ocreux; elle forme un précipité semblable avec le tannin; elle ne donne plus avec le sulfocyanure de potassium la réaction caractéristique pour les sels de fer; enfin des traces d'acide sulfurique ou phosphorique et des sels à base d'alcali ou de terre alcaline suffisent pour séparer de la liqueur tout le fer sous la forme d'un précipité rouge-brun, insoluble à froid dans tous les acides, même les plus concentrés; l'acide chlorhydrique et l'acide nitrique y produisent aussi un précipité rouge et grenu, mais soluble dans un excès d'eau.

Acétate de manganèse, $C^4H^3MnO^4 + 4$ aq. — Les cristaux appartiennent au système rhombique. (Combinaison observée[2], P. oP. ∞ P̆ ∞; ∞ P̆ ∞ domine souvent en formant des tables. Inclinaison de P : P aux arêtes culminantes = 141°40' et 65°28'; id. aux arêtes latérales = 129°6'. Valeurs des axes, *a* : *b* : *c* (vertical) :: 0,511 : 1 : 1,3095. Clivage parfait parallèlement à ∞ P̆ ∞.

Acétates de chrome. — Suivant M. Schabus, l'acétate chromique cristallise en paillettes hexagonales, oP. ∞ P, avec un clivage parallèle à ∞ P.

§ 485. *Acétates d'uranyle*[3]. — L'*acétate d'uranyle* à 2 aq. cristallise dans le système rhombique. (Faces dominantes, ∞ P. ∞ P̆ ∞.

[1] PÉAN DE SAINT-GILLES, *Compt. rend. de l'Acad.*, XL, 568; XLII, 31.

[2] RAMMELSBERG, *loc. cit.*

[3] SCHABUS, *loc. cit.*

P ∞. Inclinaison des faces, ∞ P : ∞ P dans le plan de la grande diagonale et de l'axe vertical = 76°2'; P ∞ : P ∞ = 131°6'. Valeurs des axes, *a* (vertical) : *b* : *c* :: 1 : 2,8139 : 2,1994.)

Le sel à 3 aq. appartient au système tétragonal. (Combinaison observée, P. P ∞. 1/3 P. ∞ P. Axe principal pour P = 1,4054. Inclinaison de P : P aux arêtes culminantes = 101°39; id. aux arêtes latérales = 126°35'. Clivage facile parallèlement à ∞ P, imparfait parallèlement à o P.

L'acétate d'uranyle et de potasse cristallise dans le système tétragonal. (M. Schabus a trouvé pour P : P aux arêtes culminantes = 103°28'; id. aux arêtes latérales = 122°17', d'où longueur de l'axe principal = 1,2831. On observe aussi ∞ P et 1/2 P surbordonnées. Clivage parfait parallèlement à ∞ P, très-imparfait parallèlement à oP.

§ 486. *Acétates de plomb.* — Les cristaux du sel neutre appartiennent au système monoclinique. (Combinaison observée [1], ∞ P. ∞ P ∞. oP. + P ∞. Inclinaison des faces, ∞ P : ∞ P dans le plan de la diagonale droite et de l'axe principal = 128°0'; oP : ∞ P = 98°33'; + P ∞ : ∞ P ∞ = 130°20'; + P ∞ : oP = 119°52'. Valeurs des axes, *a* : *b* (oblique) : *c* (principal) :: 1 : 2,1791 : 2,4790. Angle de *b* et *c* = 70°12'.)

Page 743.

§ 490. *Acétate d'éthyle.* — Chauffé entre 160 et 180°, dans un tube scellé à la lampe, avec du protochlorure de phosphore, il donne un mélange de chlorure d'acétyle et de chlorure d'éthyle, ainsi que de l'acide phosphoreux anhydre.

Acétate de tritγle, ou éther propyl-acétique. — Il s'obtient par la distillation de l'hydrate de trityle avec un mélange d'acide sulfurique et d'acide acétique. Il est analogue à l'acétate d'éthyle, mais ne bout que vers 90° (Berthelot).

§ 494 ". *Acétate de tétryle*[2] ou de butyle, $C^{12}H^{12}O^4 = C^8H^9O, C^4H^3O^3$. — On chauffe pendant quelques heures au bain-marie, dans un matras d'essayeur, scellé à la lampe, de l'iodure de tétryle avec un léger excès d'acétate d'argent bien sec. Le produit liquide est séparé par la distillation, lavé au carbonate de soude,

[1] Rammelsberg, *loc. cit.*

[2] Wurtz (1854), *Ann. de chim. et de phys.*, [3] XLII, 159.

desséché par le chlorure de calcium, et soumis à la rectification.

L'acétate de tétryle s'obtient aussi en distillant au bain d'huile des quantités équivalentes de tétryl-sulfate et d'acétate de potasse récemment fondu.

C'est un liquide incolore, d'une odeur très-agréable, d'une densité de 0,8845 à 16°. Il bout à 114°; la densité de sa vapeur a été trouvée égale à 4,073 (calcul, 4,017). La potasse bouillante le dédouble en acétate alcalin et en hydrate de tétryle.

Page 754.

§ 502 *a*. *Sulfures d'acétyle.* — On en connaît deux : le sulfhydrate et le monosulfure.

α. Le *sulfhydrate d'acétyle*[1] ou acide thiacétique, $C^4H^4O^2S^2$, s'obtient par l'action du trisulfure et du quintisulfure de phosphore sur l'acide acétique monohydraté. Il se produit aussi en petite quantité par la distillation de l'acétate de soude avec le quintisulfure de phosphore. C'est un liquide incolore, d'une odeur particulière rappelant celle de l'hydrogène sulfuré et de l'acide acétique ; il est soluble dans l'eau et bout à environ 93°.

Il dissout le potassium et, à chaud, le zinc avec dégagement d'hydrogène, et précipite les sels de plomb. Il est violemment attaqué par l'acide nitrique concentré. Il est également décomposé avec énergie par le perchlorure de phosphore en donnant du sulfochlorure de phosphore, du chlorure d'acétyle, et de l'acide chlorhydrique.

L'*acétyl-sulfure de plomb*, $C^4H^3PbO^2S^2$, se précipite par l'addition du sulfhydrate d'acétyle à la solution de l'acétate de plomb; le précipité peut être recristallisé à chaud dans l'eau ou l'alcool, et se présente alors sous la forme d'aiguilles incolores et soyeuses. Il se décompose promptement à l'état sec ou en dissolution, en donnant du sulfure de plomb.

L'*acétyl-sulfure d'éthyle* ou éther thiacétique, $C^4H^3(C^4H^5)O^2S^2$, se produit par la réaction du quintisulfure de phosphore sur l'acétate d'éthyle; cette réaction est très-violente. L'acétyl-sulfure d'éthyle est plus léger que l'eau, et insoluble dans ce liquide; son odeur, semblable à celle de l'odeur acétique, rappelle beaucoup celle de l'hydrogène sulfuré. Il bout à environ 80°.

[1] KEKULÉ (1854), *Ann. der Chem. u. Pharm.*, XC, 309.

β. Le *sulfure d'acétyle*, ou anhydride thiacétique, $C^8H^6O^4S^2 = C^4H^3O^2S, C^4H^3O^2S$, se produit par la réaction du quintisulfure de phosphore sur l'acide acétique anhydre; cette réaction s'effectue avec énergie à une douce chaleur. Le sulfure d'acétyle forme un liquide incolore, d'une odeur semblable à celle du sulfhydrate d'acétyle; son point d'ébullition est à environ 121°. Versé dans l'eau, il tombe d'abord au fond; mais il se dissout peu à peu en se transformant en acide acétique et en sulfhydrate d'acétyle :

$$\left.\begin{matrix}C^4H^3O^2\\C^4H^3O^2\end{matrix}\right\}S^2 + \left.\begin{matrix}H\\H\end{matrix}\right\}O^2 = \left.\begin{matrix}C^4H^3O^2\\H\end{matrix}\right\}O^2 + \left.\begin{matrix}C^4H^3O^2\\H\end{matrix}\right\}S^2$$

§ 503. *Chlorure d'acétyle.* — On peut aussi le préparer en versant, par petites portions, de l'acide acétique cristallisable sur du perchlorure de phosphore, placé dans une petite cornue. Une grande partie du chlorure d'acétyle distille par l'effet de la chaleur produite dans la réaction; on en recueille le reste en chauffant légèrement la cornue. On rectifie tout le produit avec le thermomètre.

L'acide acétique anhydre est également transformé en chlorure d'acétyle par le perchlorure de phosphore.

Il n'est pas attaqué lorsqu'on le chauffe au bain-marie, dans un tube scellé, avec de l'iodure d'argent ou de mercure.

§ 504 [a]. *Bromure d'acétyle* [1], $C^4H^3O^2Br$. — Ce corps se produit par l'action du perbromure de phosphore sur l'acide acétique cristallisable. Il forme un liquide incolore, très-fumant, qui jaunit immédiatement au contact de l'air; il bout à environ 81°. Lorsqu'on en met une goutte sur la peau, il la colore en jaune et lui communique une odeur persistante, rappelant celle de l'hydrogène phosphoré. Il est promptement décomposé par l'eau en acide bromhydrique et en acide acétique.

§ 506. *Éthyl-acétamide.* — Sa densité est de 0,942 à 4°5; elle bout à 205°. Elle est soluble en toutes proportions dans l'eau et dans l'alcool.

Éthyl-diacétamide. — Sa densité est de 1,0092 à 20°.

Page 768.

§ 514. *Glycérine.* — Un mélange d'iodure de phosphore et de

[1] RITTER (1855), *Ann. der Chem. u. Pharm.*, XCV, 208.

glycérine sirupeuse réagit vivement en donnant du gaz tritylène, tandis qu'il distille de l'eau et du tritylène iodé; le résidu renferme de la glycérine non décomposée, de l'iode, une petite quantité d'une matière organique iodée, des combinaisons oxygénées du phosphore et une trace de phosphore rouge (Berthelot et Luca).

Oxyde de glycéryle, $C^{12}H^{10}O^{6} = 2(C^{6}H^{5}O^{2}, O)$. J'appelle ainsi un liquide assez volatil, soluble dans l'éther, que MM. Berthelot et Luca ont obtenu par l'action de la potasse sur l'iodhydrine. Ce liquide a donné à l'analyse :

	B. et L.		Calcul.
Carbone.	55,2	—	55,4
Hydrogène. . . .	7,8	—	7,7

Iodhydrine[1], ou iodhydrate de glycérine, $C^{12}H^{11}IO^{6} = 2C^{6}H^{8}O^{6} + IH - 6HO$. — Lorsqu'on sature la glycérine par le gaz iodhydrique et qu'on maintient le produit à 100°, pendant 40 heures, dans un tube scellé à la lampe, on obtient un liquide jaune doré, sirupeux, d'une densité de 1,783. Ce liquide, qui possède une saveur sucrée, dissout environ le tiers de son volume d'eau, sans s'y dissoudre lui-même; il se dissout dans l'alcool faible, et surtout dans l'éther; il n'est pas volatil sans décomposition, et brûle sans résidu en développant des vapeurs d'iode. Il a donné à l'analyse :

	Berthelot et Luca.			Calcul.
Carbone. . . .	28,0	28,2	29,6	27,9
Hydrogène. . .	4,0	4,7	4,6	4,3
Iode.	48,3	49,3	48,4	49,2

La potasse aqueuse ne décompose que lentement l'iodhydrine à 100° : il se produit de l'iodure de potassium, une substance analogue ou identique à la glycérine, et une liqueur assez volatile, $C^{12}H^{10}O^{6}$, l'oxyde de glycéryle.

MM. Berthelot et Luca pensent que l'iode contenu dans l'huile de foie de morue s'y trouve peut-être à l'état d'iodhydrine ou de combinaison analogue.

Nitroglycérine[2], ou nitrate de glycérine, $C^{6}H^{5}(NO^{4})^{3}O^{6}$. — On l'obtient en ajoutant goutte à goutte de la glycérine à un mélange

[1] Berthelot et Luca, *Compt. rend. de l'Acad.*, XXXIX, 748; et *Ann. de chim. et de phys.* [3] XLIII, 279.

[2] Williamson, *Proceed. of the Lond. Roy. Society*, VII, 130; en extrait, *Ann. der Chem. u. Pharm.*, XCII, 305. — De Vrij, *Répert. de Pharmacie*, XI, 406.

de volumes égaux d'acide sulfurique et d'acide nitrique concentrés. C'est une huile fort altérable, plus pesante que l'eau, un peu soluble dans ce liquide, soluble dans l'alcool et l'éther; elle s'altère déjà dans le vide. Elle se décompose par la chaleur, le plus souvent avec détonation. Bouillie avec une solution concentrée de potasse, elle donne du nitrate et de la glycérine.

Page 779.

§ 523. *Acroléine.* — Elle se produit aussi par l'action de l'acide chromique sur l'hydrate d'allyle (Cahours et Hofmann).

Page 783.

§ 525. *Acide acrylique.* — Il se produit aussi par l'action de l'acide chromique sur l'hydrate d'allyle (Cahours et Hofmann).

Page 804.

§ 540 ^{a}. *Acide amyl-malique*[1], $C^{18}H^{16}O^{10} = C^8H^5(C^{10}H^{11})O^{10}$. — L'acide malique se dissout lentement dans l'huile de pommes de terre, par la digestion à 120°, en donnant un sirop qui se prend, par le refroidissement, en une masse visqueuse et cristalline, aisément soluble dans l'eau, l'alcool et l'éther; ce produit se décompose a une température élevée.

Les *amyl-malates* sont, en général, solubles dans l'eau.

Le *sel d'ammoniaque*, $C^{18}H^{15}(NH^4)O^{10}$, s'obtient par le sel de chaux et le carbonate d'ammoniaque; il cristallise de sa solution dans l'alcool faible en longues aiguilles brillantes.

Le *sel de potasse* et le *sel de soude* sont incristallisables.

Le *sel de baryte* forme un sirop épais et incristallisable que l'alcool précipite (le sel séché à 80° contenait 48,1 — 48,6 p. c. de baryte; le calcul du sel neutre n'en exigerait que 28,26 p. c.).

Le *sel de chaux*, $C^{18}H^{15}CaO^{10} + aq.$, s'obtient en neutralisant à chaud, par de la craie, une solution d'acide amyl-malique dans beaucoup d'eau; il se dépose, par le refroidissement, sous la forme d'une masse feuilletée; celle-ci perd dans le vide la plus grande partie de son eau de cristallisation en prenant un aspect gras.

Le *sel de plomb* est un précipité insoluble qui fond dans l'eau bouillante, comme le malate de plomb.

[1] Breunlin (1854), *Ann. der Chem. u. Pharm.*, XCI, 323.

§ 545 [a]. *Phényl-amides maliques*, ou anilides de l'acide malique [1]. — Lorsqu'on fait fondre ensemble un mélange d'aniline et d'acide malique et qu'on le maintient pendant quelques heures à une douce ébullition, on obtient un sirop brun qui se concrète par le refroidissement. Ce produit, traité à plusieurs reprises par l'eau bouillante, se dédouble en une partie insoluble fort colorée et en une partie dissoute presque incolore.

La *phényl-malamide* ou malanilide, $C^{32}H^{16}N^2O^6 = C^8H^6(C^{12}H^5)^2N^2O^6$, constitue la partie insoluble dans l'eau du traitement précédent. On la fait dissoudre dans l'alcool bouillant, et l'on décolore la solution par le charbon animal. Elle forme des paillettes incolores, d'un faible éclat, qui fondent à 175°, en se décomposant partiellement; à une température plus élevée elle se volatilise en grande partie sans altération.

Elle est peu soluble dans l'alcool et l'éther. L'acide chlorhydrique, l'ammoniaque et la potasse diluée ne la dissolvent pas mieux que l'eau. L'acide sulfurique la dissout à chaud. L'acide nitrique la dissout déjà à froid avec une couleur jaune.

Lorsqu'on la fait bouillir avec de la potasse concentrée, elle s'y dissout en se décomposant en plus grande partie, tandis qu'une matière onctueuse vient se séparer à la surface. Si l'on ajoute de l'eau à la partie dissoute, il se précipite une poudre blanche qu'on peut entièrement débarrasser de potasse par des lavages. Cette poudre se dissout assez difficilement dans l'alcool et y cristallise en petits groupes et en aiguilles; on peut la chauffer au-dessus de 225°, sans qu'elle s'altère sensiblement; une plus forte chaleur la fait fondre, et donne un sublimé feuilleté et cristallin, ainsi qu'un résidu de charbon. Elle a donné à l'analyse : carbone 64,17; hydrogène 5,41. C'est sensiblement la composition de la tartranilide, et M. Arppe admet même, sans le démontrer autrement, qu'il y aurait identité entre les deux substances.

La *phényl-malimide* ou malanile, $C^{20}H^9NO^6 = C^8H^4(C^{12}H^5)NO^6$, est contenue dans la liqueur aqueuse qu'on obtient en traitant par l'eau le produit de la réaction de l'aniline et de l'acide malique. Elle se dépose par la concentration sous forme grenue. Pour la purifier, on la redissout dans l'eau bouillante, et l'on traite la solution par le charbon animal.

[1] Arppe (1855), *Ann. der Chem. u. Pharm.*, XCVI, 106.

Elle présente un aspect différent suivant l'état de concentration de la liqueur où elle se dépose. Tantôt elle forme de fines aiguilles, groupées ensemble; on l'obtient ainsi par le refroidissement d'une solution aqueuse et concentrée, ou par l'évaporation d'une solution alcoolique; tantôt elle forme des paillettes nacrées; d'autres fois, si la solution aqueuse est fort étendue, elle se dépose sous la forme de tablettes rectangulaires, très-minces et chatoyantes. Elle est soluble en grande quantité, non-seulement dans l'eau et l'alcool, mais encore dans l'éther. Elle fond à 170° environ, et donne, si on la chauffe entre deux verres de montre, un léger sublimé farineux.

Bouillie avec de l'ammoniaque aqueuse, elle se convertit en phényl-malamate (malanilate) d'ammoniaque.

Elle se dissout aisément dans l'acide nitrique monohydraté; la solution rouge-foncé précipite par l'eau un corps presque incolore, confusément cristallisé, et accompagné d'une matière résinoïde qui en rend la purification très-dificile. Ce produit se dissout aisément dans l'eau bouillante, et la solution donne par le refroidissement de fines aiguilles.

L'*acide phényl-malamique* ou malanilique, $C^{20}H^{11}NO^{8}$, $= C^{8}H^{6}(C^{12}H^{5})NO^{8}$, s'obtient à l'état de sel d'ammoniaque par l'ébullition de la phényl-malimide avec l'ammoniaque aqueuse. Dissous dans l'eau, le phényl-malamate d'ammoniaque donne avec la baryte un abondant précipité qu'on délaye dans l'eau et qu'on décompose très-exactement par l'acide sulfurique, pendant qu'on chauffe la masse; l'acide phényl-malamique cristallise par le refroidissement de la liqueur filtrée. Il faut éviter, dans cette préparation, d'employer un excès d'acide sulfurique qui convertirait l'acide phényl-malamique en phényl-malimide. On purifie l'acide phényl-malamique par la cristallisation dans l'alcool.

Cet acide cristallise en grains blancs, légèrement brillants, composés de fort petites aiguilles et atteignant à peine la grosseur d'une tête d'épingle. Il a une saveur aigre prononcée, rougit le tournesol et décompose les carbonates. Il fond à environ 145°. Il se dissout dans l'eau, dans l'alcool, et, en petite quantité, dans l'éther.

Les sels de l'acide phényl-malamique se distinguent en général par leur solubilité dans l'eau. La solution du sel d'ammoniaque reste limpide par l'addition de l'eau de chaux; elle se trouble légèrement par l'ébullition avec la potasse ; elle donne, avec l'acétate de plomb, un précipité blanc, soluble dans l'eau, et avec le perchlorure de fer un beau précipité jaune.

Le *sel de baryte* est fort soluble dans l'eau et cristallise en agrégations sphériques, d'un blanc éclatant ; il est insoluble dans le chlorhydrate d'ammoniaque.

Le *sel d'argent*, $C^{20}H^{10}AgNO^{8}$, forme un précipité blanc qui se colore aisément à la lumière ; il est soluble dans l'eau et s'y dépose sous la forme de paillettes brillantes.

Tome II.

Page 22.

§ 587. *Tartrate de lithine.* — Le *sel acide*, $C^{8}H^{5}LiO^{12} + 2$ aq., cristallise dans le système rhombique [1], avec les faces dominantes ∞P. $\infty\breve{P}\infty$. oP. $\breve{P}\infty$. Rapport de l'axe principal aux axes secondaires :: 1 : 2,3146 : 1,2515. Inclinaison des faces, $\infty P : \infty P$ dans le plan de la petite diagonale et de l'axe vertical $= 123°12'$; $\breve{P}\infty : \breve{P}\infty = 133°16'$. Clivage parallèle à oP.

§ 588. *Tartrates de chaux.* — L'*acide pseudo-acétique* qui se produit par la fermentation du tartrate de chaux brut n'est pas de l'acide propionique [2].

§ 591. *Tartrates de manganèse.* — Le *tartrate de manganèse et de potasse* cristallise en lames ou en aiguilles du système rhombique [3], avec les faces ∞P. $\infty\breve{P}\infty$. $\infty\bar{P}\infty$. P. $\bar{P}\infty$. oP. Rapport de l'axe vertical aux axes secondaires :: 1 : 1,3368 : 0,9736. Inclinaison des faces, $\infty P : \infty P = 107°52'$; $\bar{P}\infty : \bar{P}\infty = 88°28'$.

Page 57.

§ 612. *Acide amyl-tartrique* [4]. — Le *sel de potasse*, $C^{18}H^{15}KO^{12} + 2$ aq., s'obtient en traitant le sel de baryte par le carbonate de potasse ; il forme une masse cristalline peu soluble dans l'eau froide,

[1] SCHABUS, *loc. cit.*
[2] Voy. les additions concernant cet acide, dans ce volume, p. 954.
[3] SCHABUS, *loc. cit.*
[4] BREUNLIN, *Ann. der Chem. u. Pharm.*, XCI, 314.

fort soluble dans l'eau bouillante; il perd à 100° son eau de cristallisation (expérience 6,34; calcul 6, 85 p. c.) et prend alors un éclat gras.

Le *sel de soude*, $C^{18}H^{15}NaO^{12}$ (dans le vide), se dépose, par l'évaporation spontanée, sous la forme de mamelons tendres, fort solubles dans l'eau, et se décomposant déjà à 100°.

Le *sel de baryte* s'obtient à l'état anhydre, $C^{18}H^{15}BaO^{12}$, et à l'état hydraté (+ 2 aq.). Lorsqu'on neutralise l'acide amyl-tartrique par le carbonate de baryte, la solution filtrée dépose, par la concentration, des paillettes nacrées de sel hydraté; ce sel se décompose à 100°. Si l'on sature l'acide amyl-tartrique à chaud par le carbonate de baryte, il se forme une écume épaisse, d'où l'alcool bouillant extrait l'amyl-tartrate de baryte anhydre et amorphe; celui-ci fond à 100° en une masse résinoïde.

Le *sel de chaux*, $C^{18}H^{15}CaO^{12}$, s'obtient sous la forme d'une masse grumeleuse fort soluble dans l'eau, inaltérable à 100°, lorsqu'on traite par l'acide sulfurique étendu une solution alcoolique du sel de baryte amorphe, et qu'on sature ensuite la liqueur par le carbonate de chaux, en même temps qu'on y ajoute de l'eau.

Le *sous-sel de plomb* s'obtient sous la forme d'un précipité blanc volumineux par le mélange de l'amyl-tartrate de potasse avec l'acétate de plomb. Le précipité contient 52 p. c. d'oxyde de plomb.

Le *sel d'argent*, $C^{18}H^{15}AgO^{12}$, se dépose sous la forme d'aiguilles brillantes, groupées en aigrettes, lorsqu'on mélange à chaud des solutions concentrées d'amyl-tartrate de potasse et de nitrate d'argent. A froid, l'oxyde d'argent se dissout à peine dans l'acide amyl-tartrique; si l'on chauffe le mélange, il se sépare de l'argent métallique.

Page 104.

§ 645 ^{a}. *Acide amyl-citrique*[1], $C^{22}H^{18}O^{14} = C^{12}H^7(C^{10}H^{11})O^{14}$. — Lorsqu'on met l'acide citrique cristallisé (210 p.) en digestion à environ 120° avec de l'huile de pommes de terre (88 p.), il se dissout; et la liqueur sirupeuse se prend, par le refroidissement, en une masse visqueuse composée de petits mamelons. Ce produit est soluble, en toutes proportions, dans l'eau, l'alcool et l'éther.

Les *amyl-citrates* sont, en général, solubles dans l'eau.

[1] Breunlin (1854), *Ann. der Chem. u. Pharm.*, XCI, 318.

Le *sel d'ammoniaque neutre*, $C^{22}H^{16}(NH^4)^2O^{14}$, s'obtient en décomposant l'amyl-citrate de chaux par le carbonate d'ammoniaque; il se dépose, par l'évaporation spontanée de sa solution dans l'alcool faible, sous la forme de longues aiguilles, fort solubles dans l'eau, insolubles dans l'alcool absolu.

Le *sel de potasse acide*, $C^{22}H^{17}KO^{14}$, s'obtient par l'amyl-citrate de chaux et le carbonate de potasse; il est si soluble dans l'eau, que sa solution peut être concentrée à consistance de sirop, sans déposer des cristaux; si on abandonne sa solution, après y avoir ajouté deux fois son volume d'alcool, elle dépose des aiguilles brillantes, réunies en aigrettes; ces cristaux ternissent par la dessiccation en perdant leur eau de cristallisation.

Le *sel de soude acide*, $C^{22}H^{17}NaO^{14}$, cristallise de sa solution alcoolique en aiguilles brillantes groupées en étoiles. Il ternit par la dessiccation et prend un aspect gras.

Le *sel de chaux acide*, $C^{22}H^{17}CaO^{14}$, s'obtient, sous la forme d'une masse feuilletée, en neutralisant à chaud une solution d'acide amyl-tartrique dans beaucoup d'eau par le carbonate de chaux. Il est fort peu soluble dans l'eau froide, mais il se dissout aisément dans l'eau bouillante. Il perd son eau de cristallisation à 100°, ainsi que dans le vide, en prenant un aspect gras; il n'est alors pas mouillé par l'eau.

Le *sous-sel de plomb* s'obtient sous la forme d'un précipité blanc et volumineux (contenant 57,19—57,88 p. c. d'oxyde) en mélangeant une solution du sel de chaux avec de l'acétate de plomb neutre.

Le *sel d'argent* est soluble, et s'obtient difficilement à l'état cristallisé.

§ 645 *b*. *Acide éthylamyl-citrique*[1], $C^{26}H^{22}O^{14} = C^{12}H^6(C^4H^5)(C^{10}H^{11})O^{14}$. — Lorsqu'on fait passer du gaz chlorhydrique sec dans un mélange d'alcool absolu et d'acide amyl-citrique, pendant qu'on chauffe, l'acide solide se dissout peu à peu. Quand le gaz chlorhydrique n'est plus absorbé, on chasse par l'évaporation l'excédant d'alcool et d'acide chlorhydrique, on lave le sirop restant à l'eau et au carbonate de soude, et on le dissout dans l'éther. La solution éthérée, ayant été décolorée par le charbon animal, laisse, par l'évaporation, une liqueur épaisse, très-amère, et d'une réaction lé-

[1] BREUNLIN (1854), *loc. cit.*

gèrement acide. Elle constitue de l'acide citrique dans lequel H^3 est remplacé par de l'éthyle et de l'amyle.

Page 107.

§ 648''. *Oxychlorure de citryle*[1], $C^{12}H^8O^{12}Cl^2$. — L'acide citrique desséché s'échauffe avec le perchlorure de phosphore, en donnant de l'oxychlorure de phosphore et de l'oxychlorure de citryle ; la masse, qui se fluidifie d'abord, donne par le refroidissement une bouillie de cristaux de ce dernier corps :

$$\underset{\text{Ac. citrique}}{C^{12}H^8O^{14}} + PCl^5 = \underset{\text{Oxychl. de citryle.}}{C^{12}H^8O^{12}Cl^2} + PO^2Cl^3.$$

(Si l'on chauffe le perchlorure avec l'acide citrique, il se dégage de l'acide chlorhydrique, et il paraît se former du chlorure de citryle, qu'on n'a pas encore pu isoler :

$$\underset{\text{Oxychl. de citryle}}{C^{12}H^8O^{12}Cl^2} + 2PCl^5 = \underset{\text{Chlor. de citryle}}{C^{12}H^5O^8Cl^3} + 2PO^2Cl^3 + 3HCl.$$

Enfin, si l'on continue de chauffer davantage, la liqueur se colore en rouge-cerise foncé, et paraît alors contenir du chlorure d'aconityle.)

On sépare l'oxychlorure de citryle de l'oxychlorure de phosphore en lavant le produit avec du sulfure de carbone, et en l'abandonnant ensuite dans le vide.

L'oxychlorure de citryle forme des aiguilles incolores et soyeuses, qui se liquéfient à l'air humide en se retransformant en acide citrique. Elles s'échauffent au contact de l'eau, en donnant cet acide.

Chauffé à 100° dans un courant d'air sec, il dégage de l'acide chlorhydrique, fond en brunissant, et donne finalement une matière semi-cristalline, composée d'acide aconitique :

$$\underset{\text{Oxychl. de citryle.}}{C^{12}H^8O^{12}Cl^2} = 2HCl + \underset{\text{Ac. aconitique.}}{C^{12}H^6O^{12}}.$$

$$\underset{\text{Oxichl. de citryle}}{C^{12}H^8O^{12}Cl^2} = 2HCl + \underset{\text{Ac-aconitique.}}{C^{12}H^6O^{12}}.$$

Au contact de l'aniline sèche, il s'échauffe vivement et donne de l'aconito-bianile.

[1] PEBAL (1856), *Ann. der Chem. u. Pharm.*, XCVIII, 67.

$$C^{12}H^8O^{12}Cl^2 + 2C^{12}H^7N = C^{36}H^{14}N^2O^6 + 2HCl + 6HO.$$

Oxychl. de citryle — Aniline — Aconito-bianile.

Avec l'ammoniaque sèche, la réaction est également fort énergique, et l'on obtient une masse noire et bulleuse.

Page 108.

§ 651. *Acide phényl-citrobiamique*, ou citrobianilique. — Il se produit aussi lorsqu'on chauffe la phényl-citramide, avec de l'ammoniaque aqueuse, dans un tube scellé et chauffé à 165°.

Chauffé avec de l'aniline, il donne de la phényl-citramide (citranilide) et de l'eau (Pebal) :

$$C^{36}H^{18}N^2O^{10} + C^{12}H^7N = C^{48}H^{23}N^3O^8 + 2HO.$$

Ac. phényl-citrobiam. — Aniline — Phényl citramide.

Chauffé dans un tube scellé, il donne de l'aniline, et probablement aussi de l'acide phényl-citramique, car on a :

$$C^{36}H^{18}N^2O^{10} = C^{12}H^7N + C^{24}H^{11}NO^{10}.$$

Ac. phényl-citrobiam. — Aniline — Ac.-phényl-citram.

§ 652. *Phényl-citrimide*, ou citrobianile. — Ce corps cristallise dans le système monoclinique. (Combinaison observée[1], oP. ∞P. $-P$. $+2P\infty$. $-2P\infty$. Inclinaison des faces, $\infty P : \infty P$ dans le plan de la diagonale oblique et de l'axe principal $= 66°16'$; $-P : -P = 87°54'$; $oP : \infty P = 93°39'$; $oP : -P = 120°54'$; $oP : +2P\infty = 110°31'$; $oP : -2P\infty = 121°20'$. Valeurs des axes, a (principal) : b (oblique) : c :: 1 : 0,9764 : 0,6484. Angle de a et $b = 83°19'$. Clivage imparfait parallèlement à oP.)

La phényl-citrimide s'obtient aussi lorsqu'on chauffe l'acide phényl-citramique avec de l'aniline, à environ 150° ; on observe alors un dégagement d'eau (Pebal). On a d'ailleurs :

$$C^{24}H^{11}NO^{10} + C^{12}H^7N = C^{36}H^{16}N^2O^8 + 2HO.$$

Ac. phényl-citram. — Aniline — Phényl-citrim.

Chauffée pendant quelque temps à 160°, dans un tube scellé, avec de l'acide chlorhydrique dilué, la phényl-citrimide donne un liquide aqueux contenant du chlorhydrate d'aniline et de l'acide phényl-citramique, ainsi qu'une masse molle contenant de l'acide phényl-citrobiamique.

§ 653. *Acide phényl-citramique* ou citranilique. — Lorsqu'on

[1] SCHABUS, *loc. cit.*

fait agir du perchlorure de phosphore sur l'acide phényl-citramique, il se dégage de l'acide chlorhydrique et la masse se fluidifie peu à peu ; ce produit paraît renfermer le chlorure phényl-aconitamique, car il donne l'acide correspondant par l'addition de l'eau (Pebal). On aurait donc :

$$C^{24}H^{11}NO^{10} + 2PCl^5 = C^{24}H^8NO^6Cl + 2PO^2Cl^3 + 3HCl.$$

Ac. phényl-citram. Chlor. phényl-acon.

$$C^{24}H^8NO^6Cl + 2HO = C^{24}H^9NO^8 + HCl.$$

Ac. phényl-aconit.

Page 110.

§ 654. *Acide aconitique.* — Lorsqu'on fait agir le perchlorure de phosphore sur l'acide aconitique, on obtient une liquide cerise foncé qui paraît contenir le *chlorure d'aconityle*, car il régénère l'acide aconitique par l'addition de l'eau. Le même chlorure paraît se former par l'action du perchlorure de phosphore sur l'acide citrique, lorsque la chaleur est longtemps maintenue.

Chauffé avec de l'eau à 180°, dans un tube scellé, l'acide aconitique donne une liqueur limpide qui dépose, par le refroidissement, des cristaux d'acide itaconique ; en même temps le tube se charge de gaz acide carbonique pur (Pebal).

§ 660^a. *Amides aconitiques.* — M. Pebal [1] a décrit deux phényl-amides (anilides) de l'acide aconitique :

Acide phényl-aconitamique, ou aconitanilique. . . . . . $C^{24}H^9NO^8 = C^{12}H^6O^{12} + C^{12}H^7N - 4HO.$

Phényl-aconitimide. . ou aconito-bianile. $C^{36}H^{14}N^2O^6 = C^{12}H^6O^{12} + 2C^{12}H^7N - 6HO.$

Acide phényl-aconitamique ou aconitanilique, $C^{24}H^9NO^8 = C^{12}H^4(C^{12}H^5)NO^8$. — Cet acide se produit lorsqu'on ajoute de l'eau au produit de l'action du perchlorure du phosphore sur l'acide phényl-citramique. On obtient ainsi une masse molle qui cristallise dans l'eau bouillante sous la forme de petites aiguilles jaunes. Il est peu soluble dans l'eau, assez soluble dans l'alcool.

Le *sel d'argent*, $C^{24}H^8AgNO^8$, se précipite à l'état de flocons rosés par l'addition du nitrate d'argent à la solution de l'acide phényl-aconitamique dans l'ammoniaque faible.

[1] PEBAL (1856), *loc. cit.*

Phényl-aconitimide, ou aconito-bianile, $C^{36}H^{14}N^2O^6 = C^{12}H^4(C^{12}H^5)^2N^2O^6$. — Ce corps se produit lorsqu'on chauffe l'acide aconitique à 130° avec de l'aniline; il prend également naissance par la réaction de l'aniline et de l'oxychlorure de citryle. Il cristallise, dans beaucoup d'alcool bouillant, en fines aiguilles d'un jaune paille; il est peu soluble dans l'alcool et insoluble dans l'eau.

Dans la préparation de ce corps, on observe en outre la production d'un produit amorphe fort soluble dans l'alcool, insoluble dans l'eau, et qui paraît être la phényl-aconitamide (aconitanilide).

L'ammoniaque aqueuse et bouillante attaque mal la phényl-aconitimide; la solution s'effectue si l'on opère dans un tube fermé; l'acide chlorhydrique en précipite des flocons incristallisables, insolubles dans l'eau, fort solubles dans l'alcool et l'ammoniaque.

Page 119.

§ 663. *Acide itaconique*. — Les cristaux appartiennent au système rhombique. (Combinaison observée[1], ∞P. oP. P. ∞P̄∞; ordinairement ∞P ou oP domine. Inclinaison des faces, P : P aux arêtes culminantes 73°38′ et 123°38′, id. aux arêtes latérales 136° 43′; ∞P : ∞P = 118°45′. Valeurs des axes, *a* (vertical) : *b* : *c* :: 1 : 0,7808 : 0,4607. Clivage parallèle à ∞P̄∞.)

§ 677. *Acide phényl-itaconamique* ou itaconanilique: — Les cristaux appartiennent au système monoclinique. (Combinaison observée[2], ∞ P. [∞ P ∞]. [P ∞]. — 2 P. Inclinaison des faces, ∞ P : ∞ P dans le plan de la diagonale oblique et de l'axe principal, = 126° 28′; [P ∞] : P ∞ = 57° 56; — 2 P : [∞ P ∞] = 121° 28′. Valeurs des axes, *a* (principal) : *b* (oblique) : *c* :: 1 : 0,2793 : 0,5280. Angle de *a* et *b* = 72° 29′.)

Page 122.

§ 666. *Acide lipique*. — M. Arppe avait émis la supposition[3]

[1] Schabus, *loc. cit.*
[2] Schabus, *loc. cit.*
[3] Arppe, *Ann. der Chem. u. Pharm.*, XCV, 251.

que l'acide désigné sous ce nom par Laurent pouvait bien n'être que de l'acide succinique, dont les propriétés et la composition sont sensiblement les mêmes. Cette identité vient d'être mise hors de doute, dans mon laboratoire, par M. Breunlin, qui a fait une étude comparative des propriétés de l'acide succinique et de l'acide lipique, préparé dans le temps par Laurent lui-même, et dont je possédais un échantillon dans ma collection.

Acide lipique.		Acide succinique.		Laurent.	Breunlin.
C^{10}	40,54	C^8	40,78	41,15	40,87
H^4	5,41	H^6	5,08	5,50	5,14
O^{10}	54,05	O^8	54,24	53,35	53,99
	100,00		100,00	100,00	100,00

Page 147.

§ 684. *Mucates d'ammoniaque*[1]. — *Sel acide*, $C^{12}H^9(NH^4)O^{16}$ + 2 aq. On le prépare en saturant de l'ammoniaque par de l'acide mucique, et en ajoutant à la solution une quantité d'acide mucique égale à la quantité employée pour la saturation. Par l'évaporation de la solution du sel neutre, une partie passe aussi à l'état de sel acide.

Le mucate d'ammoniaque acide se dépose, de sa solution dans l'eau bouillante, sous la forme d'aiguilles ou de prismes minces déterminables. Il perd à 100° 7,35 p. c. (2 atomes) d'eau. Il est beaucoup plus soluble dans l'eau que le sel neutre.

Il paraît pouvoir cristalliser en toutes proportions avec ce dernier.

A la distillation sèche, il donne les mêmes produits que le sel neutre, ainsi qu'une petite quantité d'une huile jaune, empyreumatique, soluble dans l'eau, et, à ce qu'il paraît, volatile au-dessous de 100°; cette huile brunit promptement au contact de l'air.

Mucates de potasse. — *Sel acide*, $C^{12}H^9KO^{16}$ + 2 aq. (à 100°). Il forme des aiguilles beaucoup plus solubles dans l'eau que le sel neutre.

Mucates de soude. — *Sel acide*, $C^{12}H^9NaO^{16}$ + 7 aq. — On le prépare comme le sel de potasse acide. Il cristallise en prismes incolores et brillants, qui deviennent opaques à l'air, en perdant de l'eau de cristallisation. A 100°, le sel dégage 21,36 p. c. (7 atomes) d'eau.

[1] JOHNSON, *Ann. der Chem. u. Pharm.*, XCIV, 224.

Page 150.

§ 685. *Saccharates de potasse.* — α. Le *sel acide* cristallise dans le système rhombique. (Combinaison observée[1], $\infty \bar{P} \infty$. ∞P. $\breve{P} \infty$. Inclinaison des faces, $\infty P : \infty P$ dans le plan de la petite diagonale et de l'axe principal = 103° 26′; $\breve{P} \infty : \breve{P} \infty$ = 131° 46′. Valeurs des axes, a (vertical) : b : c :: 1 : 2,2338 : 1,7631. Clivage facile parallèlement à oP.)

Page 198.

§ 736. *Acide iodo-pyroméconique*[2], $C^{10}H^3IO^6$. — Ce composé ne peut pas s'obtenir par la digestion de l'acide pyroméconique avec de la teinture d'iode, mais il se produit lorsqu'on traite cet acide par le bromure ou le chlorure d'iode. A cet effet, on mélange une solution de chlorure d'iode récemment préparée avec une solution d'acide pyroméconique saturée à froid; le mélange se décolore aussitôt, et dépose en abondance des paillettes minces d'acide iodo-pyroméconique; il ne faudrait pas employer une solution d'acide pyroméconique saturée à chaud ou un excès de chlorure d'iode, car la décomposition irait plus loin (§ 736[a]). Après avoir lavé les cristaux produits, on les fait recristalliser dans l'alcool bouillant.

L'acide iodo-pyroméconique se présente sous la forme de paillettes incolores et brillantes, qui ne perdent pas de leur poids à 100°. Il fond par une forte chaleur en un liquide noir, et se décompose ensuite brusquement en développant beaucoup de vapeurs d'iode. Il est peu soluble dans l'eau froide, plus soluble dans l'eau bouillante, où il cristallise en aiguilles longues et minces, douées d'une légère réaction acide.

Les alcalis et les acides augmentent la solubilité, dans l'eau, de l'acide iodo-pyroméconique, mais il se décompose par l'ébullition avec la potasse concentrée.

L'acide nitrique concentré le décompose aussi en mettant de l'iode en liberté.

Il donne avec le nitrate d'argent un précipité blanc-jaunâtre,

[1] Schabus, *loc. cit.*

[2] Brown (1852), *Philos. Magaz.*, [4] VIII, 201; et *Ann. der Chem. u. Pharm.*, XCII, 321.

soluble dans l'ammoniaque; il colore le perchlorure de fer en pourpre foncé, sans le précipiter.

Le *sel de baryte*, $C^{10}H^{2}IBaO^{6}$ + aq (?), s'obtient en mélangeant une solution alcoolique d'acétate de baryte avec une solution également alcoolique d'acide iodo-pyroméconique, rendue légèrement ammoniacale; il se dépose alors peu à peu en petits cristaux peu solubles dans l'eau froide ou chaude et dans l'alcool; ces cristaux ne perdent pas de leur poids à 100°.

Le *sel de plomb*, $C^{10}H^{2}IPbO^{6}$, s'obtient sous la forme d'un précipité amorphe par le mélange de solutions alcooliques d'acide iodopyroméconique et d'acétate de plomb, après l'addition d'un peu d'ammoniaque; on débarrasse le précipité de l'oxyde de plomb excédant en le traitant à chaud par de l'acide acétique.

§ 736[a]. L'*iodomécone*[1], $C^{6}H^{4}I^{8}O^{6}$, est le produit de la réaction d'un excès de chlorure d'iode sur l'acide pyroméconique. Lorsqu'on ajoute peu à peu de la potasse à la liqueur jaune, il se produit un précipité noir qui se redissout d'abord par l'agitation du mélange; si l'on continue l'addition de la potasse, le précipité prend une teinte plus claire et finit par persister. Après l'avoir lavé à l'eau froide, on le fait cristalliser dans l'alcool bouillant.

Le même corps s'obtient aussi par l'action du chlorure d'iode sur l'acide méconique et sur l'acide coménique. Sa formation s'explique par l'équation suivante :

$$\underset{\text{Ac. pyromécon.}}{C^{10}H^{4}O^{6}} + 8\,ICl + 8\,HO = \underset{\text{Iodomécone.}}{C^{6}H^{4}I^{8}O^{6}} + 2\,C^{2}O^{4} + 8\,HCl.$$

L'iodomécone forme des tables hexagonales brillantes, de couleur jaune; son odeur rappelle celle du soufre; il est insoluble dans l'eau, mais il se dissout dans l'alcool et l'éther; sa solution est neutre aux papiers. Il se sublime, sans se décomposer, bien au-dessous de 100°. Il a donné à l'analyse :

	Brown.		Calcul.
Carbone. . . .	3,48	3,20	3,26
Hydrogène. .	0,42	0,47	0,36
Iode.	92,06	91,89	92,03
Oxygène. . .	»	»	4,34
			100,00

[1] Brown, *loc. cit.*

L'acide chlorhydrique ne le dissout pas et ne le décompose pas à l'ébullition. L'acide nitrique y agit violemment. L'acide sulfurique concentré ne l'attaque pas à froid ; mais, si on chauffe, il se dégage de l'iode.

La potasse en extrait un peu d'iode par une ébullition prolongée.

Page 202.

§ 739. *Gaz oléfiant.* — Pour éviter le boursouflement de la masse dans la préparation du gaz oléfiant par l'alcool et l'acide sulfurique, il convient d'ajouter du sable au mélange de manière à en former une bouillie épaisse (Woehler).

Lorsqu'on agite le gaz oléfiant avec de l'acide sulfurique concentré, il s'absorbe peu à peu et se transforme en acide éthyl-sulfurique, d'où l'on peut extraire de l'alcool par l'ébullition avec de l'eau (Berthelot[1]).

Page 214.

§ 744. *Chlorure d'éthylène.* — Le procédé suivant[2] paraît le plus avantageux pour la préparation du chlorure d'éthylène : on emplit à moitié une cornue tubulée d'un mélange dégageant du chlore et composé de 5 p. de manganèse, 3 p. de sel marin, 4 p. d'eau et 5 p. d'acide sulfurique ; un ballon sert de récipient ; dans la tubulure de la cornue on fixe, au moyen d'un bouchon, un tube plongeant à environ $^1/_2$ centim. au-dessous de la surface du mélange, et communiquant avec un appareil à gaz oléfiant. Pendant que ce dernier gaz traverse le mélange, on chauffe très-légèrement la cornue à l'aide d'un seul charbon, et l'on n'applique qu'à la fin une chaleur plus forte pour faire passer le chlorure d'éthylène. On n'est pas incommodé par le chlore, si l'on observe au commencement la précaution de chauffer très-peu. Il convient aussi, pour éviter le boursouflement de la masse dans la préparation du gaz oléfiant, d'ajouter préalablement du sable au mélange d'alcool et d'acide sulfurique, de manière à en faire une bouillie épaisse. 60 grammes d'alcool donnent ainsi en une heure et demie un produit contenant au moins 30 grammes de chlorure d'éthylène.

L'ammoniaque n'agit pas sur le chlorure d'éthylène, au bain-

[1] BERTHELOT, *Ann. de chim. et de phys.*, [3] XLIII, 385.
[2] LIMPRICHT, *Ann. der Chem. u. Pharm.*, XCIV, 245.

marie, dans un tube fermé; mais si l'on chauffe à 150°, au bain d'huile, il se produit le chlorhydrate d'un alcali (acétosamine) :

$$\underset{\text{Liq. des Holland.}}{Cl^2\left\{\begin{matrix}C^4H^3\\H\end{matrix}\right.} + N\left\{\begin{matrix}H\\H\\H\end{matrix}\right. = Cl^2H^2 + \underset{\text{Acétosamine.}}{N\left\{\begin{matrix}C^4H^3\\H\\H\end{matrix}\right.}$$

§ 765 [a]. *Azoture d'éthylène et d'hydrogène* [1], ou acétosamine, C^4H^5N. — Ce composé constitue un alcali qu'on obtient à l'état de chlorhydrate par la réaction du chlorure d'éthylène et de l'ammoniaque. On emploie, pour cela 1 p. de liqueur des Hollandais et 5 p. d'ammoniaque concentrée; on chauffe ensemble ces liquides dans un tube scellé à la lampe pendant quelques heures, à la température de 150°; la liqueur se colore alors en jaune, devient entièrement homogène, et se charge de beaucoup de sel ammoniac. Quand la réaction est terminée, on évapore la liqueur jusqu'à ce que le sel ammoniac commence à cristalliser, on sépare l'eau-mère, et l'on déssèche celle-ci avec un excès d'hydrate de baryte. La dessiccation prend beaucoup de temps, car à 100° la masse ne perd que difficilement les dernières portions d'eau.

Le résidu durcit par le refroidissement. On l'introduit ensuite dans un ballon, avec de l'alcool absolu pour dissoudre l'alcali organique, et l'on évapore à siccité la solution, tout en la préservant du contact de l'acide carbonique.

On obtient ainsi l'*hydrate d'acétosamine* sous la forme d'une masse jaunâtre, visqueuse, dépourvue d'odeur, fort soluble dans l'eau et l'alcool. La solution aqueuse a une forte réaction alcaline, et une légère saveur caustique; lorsqu'on la fait bouillir, on sent une faible odeur de lessive. Elle déplace aisément l'ammoniaque de ses sels. Elle attire l'acide carbonique de l'air.

Lorsqu'on distille la solution de l'hydrate d'acétosamine, l'acétosamine ne commence à se séparer des éléments de l'eau qu'à la température de 150°, et à mesure que la température s'élève on voit passer des gouttes huileuses. Il est bon d'opérer dans un bain d'huile, et de ne pas chauffer au delà de 220°.

[1] Natanson, *Ann. der Chem. u. Pharm.*, XCII, 48; XCVIII, 291.

M. Cloëz a également annoncé la découverte de cet alcali (Voy. p. 748), mais le travail de ce chimiste n'a pas encore été publié.

M. Natanson appelle *acétylamine* l'alcali que j'appelle *acétosamine*, pour indiquer qu'il correspond à l'aldéhyde, c'est-à-dire à l'acide acéteux.

L'*acétosamine* constitue une huile jaunâtre, peu fluide, douée d'une odeur ammoniacale, longtemps persistante, assez faible cependant à la température ordinaire, et rappelant celle de l'aldéhydate d'ammoniaque. Elle ne se solidifie pas à — 25°. Sa densité est de 0,975 à 15°. Elle bout à 218°; sa vapeur a une odeur fort semblable à celle de l'aniline pure; la densité de sa vapeur a été trouvée égale à 1,522 (calcul, 1,505 = 4 vol.). A l'état sec, elle n'agit pas sur le tournesol.

Elle se dissout dans l'eau et l'alcool en toutes proportions, mais non dans l'éther. La solution aqueuse conserve longtemps l'odeur de l'acétosamine, et ne passe donc que peu à peu à l'état d'hydrate inodore.

Elle n'est pas attaquée par le sodium à la température ordinaire.

Elle se combine avec les acides en s'échauffant. Lorsqu'on ajoute de la potasse caustique, à l'un de ses sels, elle s'en sépare à l'état d'hydrate, et aucune odeur ne devient sensible. Abandonnée à l'air, elle en attire l'eau et l'acide carbonique. Une baguette humectée d'acide chlorhydrique, étant maintenue sur elle, dégage d'abondantes vapeurs blanches.

Voici comment une solution aqueuse d'acétosamine se comporte avec les solutions métalliques :

Sels de chaux et sels de baryte.	Pas de précipité.
— de magnésie.	Précipité blanc, insoluble dans un excès de réactif.
— de zinc.	Précipité blanc, aisément soluble dans un excès d'acétosamine.
— d'alumine.	Précipité blanc, insoluble dans un excès d'acétosamine.
— de cuivre.	Précipité jaune clair, ne se dissolvant pas entièrement dans un excès d'acétosamine, mais prenant une teinte d'azur.
— de plomb.	A chaud, précipité blanc.
— de ferricum.	Précipité brun insoluble dans un excès.

Sels de nickel.	Précipité bleu, devenant rouge par l'ébullition.
— d'argent.	Précipité blanc, fort soluble dans un excès de réactif, mais se réduisant promptement à l'état métallique par la moindre chaleur.
— de mercure.	Le bichlorure de mercure donne un précipité blanc aisément soluble dans un excès d'acétosamine.

Le bichromate de potasse passe immédiatement à l'état de chromate neutre par l'addition de l'acétosamine. L'acide tartrique, le tannin et le sulfocyanure de potassium n'en précipitent pas la solution aqueuse.

Le tartrate de cuivre et de potasse n'est pas réduit par l'acétosamine, même à l'ébullition.

Lorsqu'on ajoute du nitrate d'argent et de l'ammoniaque à la solution de l'acétosamine ou d'un de ses sels, on obtient, à chaud, un très-beau miroir métallique.

L'acétosamine se transforme en aldéhyde acétique lorsqu'on y ajoute du nitrite d'argent, et quelques gouttes d'acide sulfurique; il s'effectue alors une vive effervescence d'aldéhyde, reconnaissable à son odeur caractéristique :

$$\underset{\text{Acétosamine.}}{2C^4H^5N} + N^2O^6 = 2NN + \underset{\text{Aldéhyde.}}{2C^4H^4O^2} + 2HO$$

On obtient également de l'aldéhyde en chauffant l'acétosamine avec une solution de chlorure de chaux ou avec un mélange de chromate de potasse et d'acide sulfurique.

Lorsqu'on chauffe l'acétosamine avec de l'éther butyrique, on sent l'odeur de l'alcool, et le mélange se prend en unebouillie composée de fines aiguilles (*butyryl-acétosamide?*).

Chauffée avec de l'iodure d'éthyle, l'acétosamine se transforme en une masse transparente, semi-solide, soluble dans l'eau; la potasse sépare de ce produit une huile brune (*éthyl-acétosamine*) qui donne avec les acides des sels incristallisables; la solution chlorhydrique donne avec le bichlorure de platine un précipité amorphe couleur brique.

Le *sels d'acétosamine* sont en général incristallisables, fort hygrométriques, et insolubles dans l'éther.

Le *chlorhydrate*, en solution aqueuse et concentrée, se précipite par l'addition de l'alcool, sous la forme d'une couche pesante; cependant la solution diluée n'est pas précipitée par l'alcool.

Le *chloroplatinate*, C^4H^5N, HCl, $Pt\,Cl^2$, est un précipité orangé amorphe, peu soluble dans l'eau froide, fort soluble dans l'eau bouillante, presque insoluble dans l'alcool et l'éther. Dissous dans une petite quantité d'eau, il se précipite, par le refroidissement, sous la forme d'une poudre cristalline, qu'on reconnaît au microscope comme composée de très-fines aiguilles et d'un sel amorphe.

Le *chloraurate* est un précipité orangé non cristallin, qui se dissout aisément à chaud, en se réduisant presque en même temps à l'état métallique.

Le *chloromercurate* est un précipité blanc peu soluble dans l'eau froide, assez soluble dans l'eau chaude.

Le *sulfate neutre*, $2C^4H^5N$, $2HO$, S^2O^6, se présente sous la forme d'une masse visqueuse; sa solution aqueuse est précipitée par l'alcool.

Le *nitrate* ressemble au sulfate.

L'*oxalate*, en solution aqueuse et concentrée, se prend, par l'addition de l'alcool, en une masse semblable à l'empois d'amidon.

Le *butyrate* forme une masse visqueuse, incristallisable.

§ 765[b]. La *phényl-acétosamine*[1] s'obtient à l'état de chlorhydrate en chauffant l'aniline avec la liqueur des Hollandais, à 200°, dans des tubes scellés à la lampe. Pour l'isoler, on ajoute de l'eau au produit, et l'on verse de l'ammoniaque dans la solution aqueuse; l'ammoniaque ne précipite ainsi que l'aniline, sans déplacer la phényl-acétosamine. On évapore à siccité la solution ammoniacale, et l'on traite le résidu par l'alcool absolu; la solution alcoolique étant évaporée et reprise par un peu d'eau, on en préci-

[1] Acétyl-aniline de M. Natanson.

pite la phényl-acétosamine par de l'eau de baryte. On la jette promptement sur un filtre pour que l'excédant de baryte ne l'altère pas.

Desséchée, la phényl-acétosamine se présente sous la forme d'une poudre brun-clair, sans odeur ni saveur, fort soluble dans l'alcool, insoluble dans l'éther; sa solution alcoolique l'abandonne sous la forme d'une masse brune et amorphe.

Elle se dissout dans les acides avec une teinte rouge-jaunâtre.

Chauffée avec du nitrate d'argent et de l'ammoniaque, elle donne un miroir métallique. Avec le nitrite d'argent elle dégage beaucoup d'aldéhyde.

Le *chlorhydrate*, le *nitrate*, le *sulfate* et l'*oxalate* forment des masses incristallisables, solubles dans l'eau et l'alcool.

Le *chloroplatinate*, $C^4H^4(C^{12}H^5)N$, HCl, $PtCl^2$, se précipite à l'état de flocons jaune-brunâtre, assez solubles dans l'eau bouillante, et contenant 30,09 — 29,66 p. c. de platine (calcul, 30, 36 p. c.).

§ 765[c]. *Sulfocyanure d'éthylène*[1], $C^4H^4Cy^2S^4$. — Il se produit par la réaction du chlorure d'éthylène (Buff; ou du bromure d'éthylène, Cahours) et du sulfocyanure de potassium. Petites aiguilles ou tables rhombes, brillantes, d'une saveur très-âcre, un peu solubles dans l'eau bouillante, très-solubles dans l'alcool chaud. Il peut-être distillé avec les vapeurs d'eau; sa vapeur irrite vivement les yeux. Il est fusible, et se décompose à quelques degrés au-dessus de son point de fusion, en émettant des vapeurs âcres dont l'odeur rappelle celle des oignons brûlés. Traité par l'eau de baryte et l'oxyde d'argent ou de mercure, il est désulfuré; l'ammoniaque le transforme en un corps très-soluble dans l'eau (Buff).

Page 239.

§ 768. *Éthylure de zinc*[2]. — On obtient ce corps en décomposant l'iodure d'éthyle par le zinc sous une forte pression. Pour faire cette préparation sans danger, M. Frankland se sert de l'appareil suivant, qui permet d'opérer sur de grandes quantités

[1] CAHOURS (1855), *Communication particulière.* — BUFF, *Ann. der Chem u. Pharm.*, XCVI, 302.

[2] FRANKLAND, *Ann. der Chem. u. Pharm.*, XCV, 28. En extrait, *Ann. de chim. et de phys.*, [3] XLV, 114.

de matière, et qu'on peut également employer dans d'autres expériences semblables.

AA, fig. 39, est un vase cylindrique en fer forgé, long de 50 centimètres, épais de 17 millimètres; le diamètre intérieur en est de 8 centimètres. Son ouverture est garnie d'un rebord BB, large de 37 millimètres et épais de 17 millimètres, et dont la surface supérieure est parfaitement dressée; le bord interne de cette surface est légèrement creusé, et présente par conséquent une dépression annulaire. C'est sur ce rebord que doit s'ajuster le couvercle CC, portant, au centre, une élévation qui s'engage exactement dans l'ouverture du cylindre; ce couvercle est percé lui-même de deux ouvertures. A l'une d'elles s'adapte un tube en fonte DD, fermé à la partie inférieure, et destiné à recevoir du mercure pour y plonger un thermomètre; l'autre ouverture est garnie de laiton, et sert à recevoir la soupape *i*, formée par un bout de fil de cuivre très-fort, muni d'une tête aplatie, et s'appliquant exactement sur la surface du couvercle. Le rebord du cylindre et son couvercle sont percés en quatre endroits, et s'adaptent l'un à l'autre au moyen de quatre boulons à vis. La pression de ces vis s'exerce sur un cercle en plomb, qui s'engage dans la dépression circulaire du rebord. Cette fermeture est parfaitement hermétique, et résiste à une pression de plus de 100 atmosphères. Pour se servir de ce digesteur, on le remplit d'eau, dans laquelle on plonge les tubes renfermant les matières destinées à réagir. Lorsque la température s'élève, les tubes sont soumis non-seulement à la pression que développe la tension des liquides qu'ils renferment, mais encore à celle de l'eau ou de la vapeur extérieure qui s'exerce en sens contraire. Ils se trouvent ainsi dans de bonnes conditions de résistance.

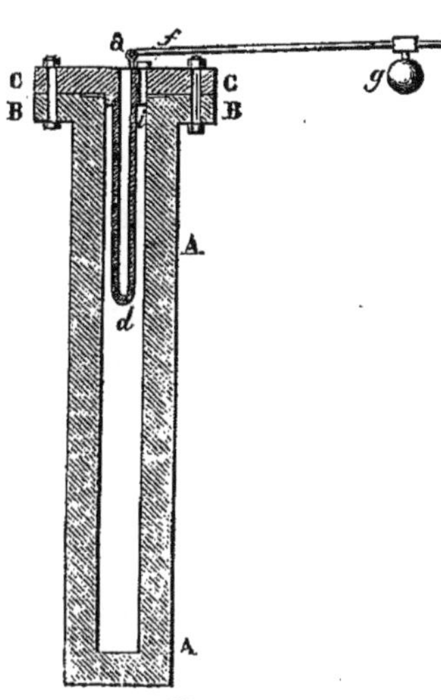

Fig. 39.

Pour préparer les combinaisons organiques renfermant du zinc, on peut aussi se servir de l'appareil suivant, qui est en cuivre battu.

AA, fig. 40, est un cylindre en cuivre, fait d'une seule pièce et

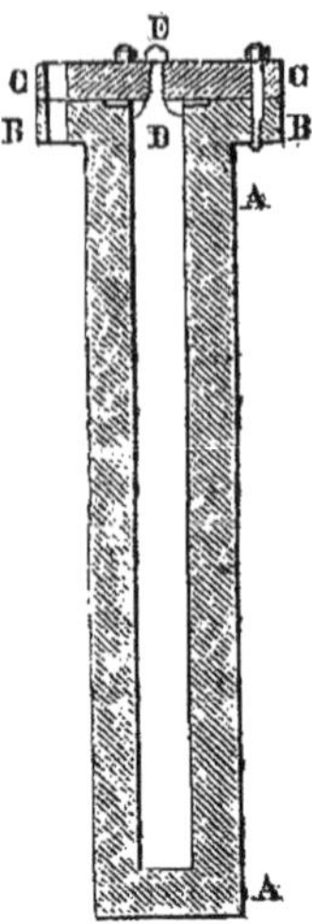

Fig. 40.

sans soudure, long de 50 centimètres, épais de 13 millimètres, et d'un diamètre intérieur de 4 centimètres. A une extrémité, il est fermé par une plaque qui s'y trouve vissée; à l'autre, les parois se recourbent horizontalement pour former le rebord, large de 5 centimètres, et épais de 27 millimètres. Sur ce rebord s'applique un couvercle CC, portant au centre une élévation circulaire de 27 millimètres de hauteur, et qui s'applique exactement dans l'ouverture du cylindre. Le couvercle est percé au milieu pour recevoir la vis ED ; le système de fermeture est le même que celui qu'on vient de décrire. Lorsqu'on veut recueillir les gaz qui se dégagent pendant l'opération, on remplace la vis ED par un bon robinet auquel on peut adapter un tube de dégagement.

Ce petit appareil peut être plongé dans un bain d'huile cylindrique G, chauffé au moyen d'un fourneau à gaz que représente la fig. 41. AAAA est un support en fer, recouvert d'un cylindre en tôle BB, fermé à la partie inférieure où se trouve le régulateur C. En DD sont pratiquées deux ouvertures pour le passage des gaz provenant de la combustion. Pour éviter le refroidissement par le rayonnement, on peut recouvrir d'une feuille d'étain poli la surface extérieure du cylindre en tôle. Le gaz qui alimente ce fourneau s'échappe par dix-huit à vingt ouvertures pratiquées dans le tube de cuivre E. Le thermomètre *f* plonge dans le bain d'huile. Cet appareil en cuivre résiste à une pression énorme, et peut servir à la préparation de 120 à 150 grammes de zinc-éthyle.

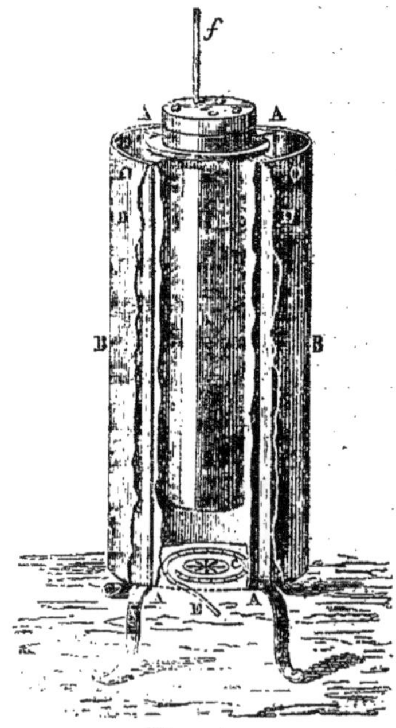

Fig. 41.

A cet effet, on commence par le chauffer à 150 degrés, et on y introduit ensuite 120 grammes de zinc finement grenaillé et préalablement chauffé. Il est essentiel que le métal soit complétement privé d'eau; car les composés analogues au zinc-éthyle se décomposent au contact de l'eau en oxyde de zinc et en hydrure à radical d'alcool.

Le zinc étant introduit dans le vase en cuivre, on visse le couvercle et on laisse refroidir.

D'un autre côté, on mélange 60 grammes d'iodure d'éthyle avec un volume égal au sien d'éther préalablement distillé sur le carbonate de chaux, et privé d'eau au moyen de l'acide phosphorique anhydre. Ce liquide est introduit dans le digesteur par l'ouverture D, que l'on ferme au moyen du bouchon E. L'appareil est ensuite chauffé pendant douze à dix-huit heures à 120 degrés. Au bout de ce temps, il ne reste que des traces d'iodure d'éthyle non décomposé.

Après le refroidissement complet, on enlève la vis E pour laisser échapper le gaz qui s'est formé, et qui consiste principalement en hydrure d'éthyle. La quantité de ce gaz est très-petite quand on a eu soin de dessécher parfaitement les matières employées. On engage ensuite dans l'ouverture D un bouchon portant un tube de verre, convenablement recourbé, pour la distillation du contenu volatil de l'appareil. Comme le zinc-éthyle s'enflamme à l'air et est décomposé instantanément par l'eau, il est nécessaire que les vaisseaux dans lesquels on le recueille soient remplis de gaz carbonique.

On chauffe l'appareil dès que l'air en a été complétement chassé. Les premières portions du liquide qui distille sont de l'éther presque pur. Vers 140 degrés il passe beaucoup de zinc-éthyle : mais ce n'est que vers 190 degrés que les dernières parties de ce composé se volatilisent. Pour l'obtenir à l'état de pureté, il faut le séparer de l'éther par la distillation fractionnée. On emploie pour cela un récipient rempli d'acide carbonique, et représenté fig. 42.

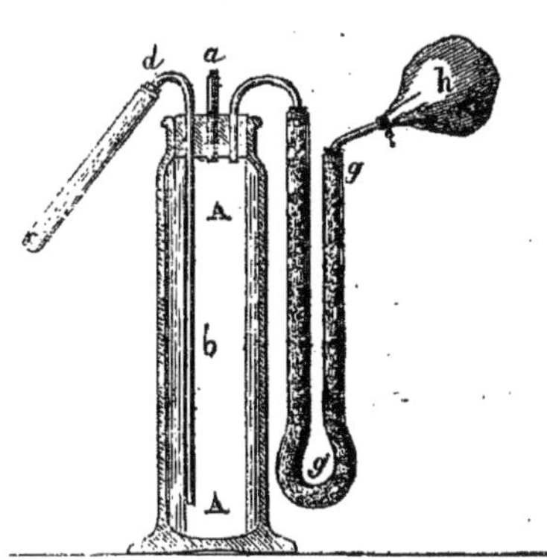

Fig. 42.

AA est une grande éprouvette, fermée par un bon bouchon recouvert d'un vernis à la gutta-percha. Ce bouchon est traversé par trois tubes. L'un deux *a* sert à recevoir le col effilé de la cornue dans laquelle on veut distiller le zinc-éthyle. Le tube *b*, qui plonge jusqu'au fond du tube AA, se recourbe à angle aigu à la partie supérieure, traverse le bouchon *d* et se termine en une pointe capillaire *c*, que le petit tube *e* sert à garantir du contact de l'air. Le troisième tube met l'éprouvette AA en communication avec le tube à chlorure de calcium *gg*, à l'extrémité duquel est fixé le ballon de caoutchouc *h*, rempli d'acide carbonique. En pressant sur ce ballon, on peut facilement transvaser une certaine quantité du liquide contenu en AA.

Le liquide qu'on veut distiller commence à bouillir à 60 degrés; mais le thermomètre s'élève peu à peu à 118 degrés, point où le zinc-éthyle passe. On laisse refroidir l'appareil, on adapte le récipient qui vient d'être décrit, et l'on continue ensuite la distillation.

La densité de vapeur du zinc-éthyle a été trouvée égale à 4,259 (correspondant à 2 volumes pour la formule C^4H^5Zn; calcul 4,251).

Au contact de l'oxygène ou de l'air atmosphérique, le zinc-éthyle s'enflamme et brûle avec une belle flamme bleue bordée de vert, en répandant des fumées blanches; un corps froid qu'on tient dans la flamme se recouvre de taches noires bordées de blanc.

Lorsqu'on délaye quelques gouttes de zinc-éthyle dans de l'éther pour en prévenir l'inflammation; et qu'on place ce liquide dans un tube rempli d'air et placé sur la cuve à mercure, l'oxygène est rapidement absorbé, et il se forme une masse blanche composée en plus grande partie d'éthylate de zinc, contenant de petites quantités d'acétate et d'hydrate de zinc.

La fleur de soufre réagit à une douce chaleur sur le zinc-éthyle, en donnant principalement de l'éthyl-sulfure de zinc, ainsi qu'une petite quantité de sulfure de zinc et de sulfure d'éthyle.

L'iode exerce une action très-vive, en donnant de l'iodure d'éthyle et de l'iodure de zinc. Le brome agit d'une manière semblable. Dans le gaz chlore le zinc-éthyle s'enflamme en produisant du chlorure de zinc, de l'acide chlorhydrique et un dépôt de charbon.

Comme l'eau, les acides dilués et les hydracides décomposent le zinc-éthyle en hydrure d'éthyle et en sels de zinc.

Avec le protochlorure de phosphore, le zinc-éthyle donne du phosphure d'éthyle et du chlorure de zinc (Hofmann et Cahours).

Page 246.

§ 772. *Alcool.* — Le protochlorure de phosphore attaque l'alcool absolu, surtout à chaud, en donnant de l'acide chlorhydrique, du chlorure d'éthyle et une petite quantité d'éther phosphoreux.

L'iodure de mercure, chauffé à 240° avec de l'alcool, le transforme en éther, sans se décomposer lui-même (Reynoso [1]).

Le trisulfure et le quintisulfure de phosphore transforment aisément l'alcool en sulfhydrate d'éthyle (Kekulé).

Suivant M. Berthelot [2], on obtient une combinaison d'*alcool et de baryte*, $C^4H^6O^2$, BaO, en faisant agir de la baryte anhydre sur de l'alcool entièrement absolu ; elle se sépare, par l'ébullition de la liqueur, sous la forme d'un précipité grenu, qui se redissout par le refroidissement.

§ 783. *Oxyde d'éthyle et de zinc,* ou éthylate de zinc, $C^4H^5ZnO^2$. — Matière blanche qui se produit par l'oxydation lente de l'éthylure de zinc. Elle se décompose, au contact de l'eau, en alcool et en hydrate de zinc (Frankland).

Page 275.

§ 787. *Éther* [3]. — Chauffé entre 180 et 200°, dans un tube scellé, avec du protochlorure de phosphore, il donne du chlorure d'éthyle et de l'acide phosphoreux anhydre ; la température élevée à laquelle s'accomplit la réaction détermine la transformation d'une partie de l'acide phosphoreux en acide phosphorique et en phosphore rouge.

Le trisulfure et le quintisulfure de phosphore transforment l'éther en sulfure d'éthyle.

§ 790. *Éther perchloré* [4]. — Lorsqu'on distille un mélange fait avec des quantités équivalentes de formiate alcalin et d'éther perchloré, on obtient de l'éthylène perchloré (protochlorure de carbone), de l'acide carbonique, de l'eau et du chlorure alcalin :

$$\underset{\text{Éth. perchloré.}}{C^8Cl^{10}O^2} + \underset{\text{Formiate alcalin.}}{2\,C^2HMO^4} = 2\,C^2O^4 + 2\,HO + \underset{\text{Éthyl. perchloré.}}{2\,C^4Cl^4} + 2\,MCl.$$

Avec l'acétate de soude sec et l'éther perchloré, on obtient de

[1] A. Reynoso, *Compt. rend. de l'Acad.*, XXXIX, 696.
[2] Berthelot, *Ann. de Chim. et de Phys.*, [3] XLVI, 180.
[3] Voy. aussi l'addit., t. III, p. 961.
[4] Malaguti, *Compt. rend. de l'Acad.*, XLI, 625.

l'acide acétique, de l'éthylène perchloré, du chlorure de sodium, ainsi qu'un mélange gazeux composé d'acide carbonique et d'oxyde de carbone :

$$\underset{\text{Éth. perchloré.}}{C^8Gl^{10}O^2} + \underset{\text{Acét. de soude.}}{2\,C^4H^3NaO^4} = C^2O^4 + C^2O^2 + 2\,H + \underset{\text{Éthyl. perchloré.}}{2\,C^4Gl^4}$$

$$+ \underset{\text{Ac. acétiq.}}{C^4H^4O^4} + 2\,NaGl.$$

Les butyrates, valérates, benzoates, succinates, pyrocitrates, phtalates, camphorates et salicylates donnent des résultats semblables. M. Malaguti généralise cette réaction en disant que : lorsque l'éther perchloré agit sur un sel organique à acide volatil, cet éther se transforme en éthylène perchloré (protochlorure de carbone), le métal du sel passe à l'état de chlorure, tandis que les éléments réstants se groupent de manière à produire de l'acide hydraté, de l'acide carbonique et des gaz combustibles.

Page 282.

§ 794. L'*éthyl-sulfure de zinc*, $C^4H^5ZnS^2$, est un précipité blanc. On l'obtient par l'action directe du soufre sur l'éthylure de zinc (Frankland).

Page 284.

§ 795. *Sulfure d'éthyle.* — On l'obtient aussi par l'action du sulfure de phosphore sur l'éther (Kekulé).

En opérant avec les précautions nécessaires, on peut obtenir successivement les composés suivants, par l'action du chlore sur le sulfure d'éthyle [1] :

Le *sulfure d'éthyle bichloré*, $C^4H^3Gl^2S$, $C^4H^3Gl^2S = C^8H^6Gl^4S^2$, se produit à l'ombre et si l'on refroidit le liquide. C'est un liquide jaune-clair, d'une odeur forte et désagréable, d'une densité de 1,547 à 12°. Il bout entre 167 et 172°, en s'altérant légèrement. Les solutions alcooliques de potasse et de monosulfure de potassium l'attaquent, en donnant naissance à des produits épais et infects.

Le *sulfure d'éthyle trichloré*, $C^4H^2Gl^3S$, $C^4H^2Gl^3S = C^8H^4Gl^6S^2$, se forme, ainsi que le corps suivant, si l'on fait agir le chlore à la

[1] RICHE (1854), *Ann. de Chim. et de Phys.*, XLIII, 297.

température ordinaire. C'est un liquide jaune bouillant entre 189 et 192°.

Le *sulfure d'éthyle quadrichloré*, C^4HCl^4S, $C^4HCl^4S = C^8H^2Cl^8S^2$, passe avec les dernières portions dans la rectification du produit de l'action du chlore, à la température ordinaire; il distille entre 217 et 222°. Il se prépare plus facilement si l'on fait passer le chlore en grand excès pendant longtemps dans le sulfure d'éthyle chauffé à 60 ou 80°, au moyen d'un bain-marie.

Lorsqu'on épuise l'action du chlore sur le sulfure d'éthyle, on obtient un liquide jaune clair, qui laisse déposer des cristaux de perchlorure de carbone C^4Cl^6. Le liquide renferme probablement en dissolution du chlorure de soufre et du *sulfure d'éthyle perchloré.*

§ 804. *Acide éthyl-sulfurique* [1]. — Le *sel de potasse* cristallise dans le système monoclinique, avec les faces ∞P. oP. $[P\infty]$. Valeurs des axes, *a* axe principal : *b* diag. oblique : *c* diag. droite :: 1 : 0,6149 : 0,5730. Angle de *a* et *b* = 80° 27'. Inclinaison des faces, dans le plan de la diagonale oblique et de l'axe principal, $\infty P : \infty P$ = 86° 53', $[P\infty] : [P\infty]$ = 60° 30'; $oP : \infty P$ = 96° 33'. Clivage parfait parallèle à oP.

Le *sel de baryte* cristallise dans le système monoclinique, avec les faces ∞P. $\infty P\infty$. oP. $-P\infty$. $+P$. Valeurs des axes, *a* : *b* : *c* :: 1 : 0,9790 : 0,8229. Angle de *a* et *b* = 84° 39'. Inclinaison des faces, dans le plan de la diagonale oblique et de l'axe principal, $\infty P : \infty P$ = 80° 20', $+P : +P$ = 96° 44'; $oP : \infty P$ = 93° 26'; $\infty P\infty : -P\infty$ = 121° 18'. Clivage parfait parallèle à $\infty P\infty$. Les cristaux sont isomorphes avec ceux du méthyl-sulfate de baryte.

Le *sel de chaux* cristallise également dans le système monoclinique et paraît être isomorphe avec le sel de baryte; faces dominantes, ∞P. $\infty P\infty$. Inclinaison de $\infty P : \infty P$ dans le plan de la diagonale oblique et de l'axe principal = 80° 8'.

Page 302.

§ 810[a]. *Chlorure de sélénéthyle.* — Les cristaux produits dans la solution chlorhydro-nitrique du séléniure d'éthyle paraissent constituer le *chlorure éthyl-sélénieux*, $C^4H^5S^2O^4Cl$ + aq. (Woehler et Dean).

[1] SCHABUS, *loc. cit.*

Page 327.

§ 822. *Éthylamine*[1]. — Elle se forme aussi par la distillation de l'aldéhydate d'ammoniaque avec la chaux. On peut, pour cette préparation, employer le liquide brut qui se produit par la distillation d'un mélange d'alcool, de peroxyde de manganèse et d'acide sulfurique; on y ajoute du bisulfite d'ammoniaque; on évapore à siccité, et l'on distille le résidu après l'avoir mélangé avec de la chaux.

Chloroplatinate d'éthylamine. — Il s'altère à peine par l'ébullition; mais, lorsqu'on le fait bouillir avec un excès d'éthylamine, il se produit une substance en cristaux, tantôt jaunes, tantôt pourpres et jaunissant à 100°. Ce produit paraît être le chlorhydrate de platoséthylamine (Anderson).

§ 827. *Chloroplatinate de diéthylamine.* — Il cristallise, suivant M. Müller, dans le système monoclinique, avec les faces oP. $\infty P \infty$. + P. — P. [$^1/_2$ $P\infty$]. Rapport de la diagonale droite *a* à la diagonale oblique *b* à l'axe principal *c* :: 1,73 : 1 : 1,62. Angle de *b* et *c* = 85° 48′.

§ 829. *Tri-iodure de tétréthyl-ammonium*[2], $N(C^4H^5)^4I^3$. — M. Weltzien a obtenu ce corps en abandonnant pendant quelques mois un mélange d'une dissolution alcoolique d'ammoniaque avec une livre d'iodure d'éthyle. On l'obtient plus rapidement en chauffant avec de l'iode le produit de la réaction de l'ammoniaque et de l'iodure d'éthyle.

Il constitue des cristaux d'un noir bleuâtre, brun-rougeâtre par transparence, et bleu azuré par réflexion. Suivant M. Haidinger, ces cristaux appartiennent au système tétragonal. (Combinaison observée, ∞P. $\infty P \infty$. P. oP. 2 $P\infty$; les cristaux ont généralement l'aspect de tables, par la prédominance de oP. Inclinaison de P : P aux arêtes culminantes = 121° 46′, aux arêtes latérales = 86° 59′. Longueur de l'axe principal = 0,67.)

Il est peu soluble dans l'alcool froid, fort soluble dans l'alcool bouillant; on l'obtient surtout en gros cristaux par la dissolution dans l'iodure d'ammonium, dans l'iodure de potassium, ou dans les iodhydrates des éthyl-ammoniaques.

[1] Goessmann, *Ann. der Chem. u. Pharm.*, XCI, 123.
[2] Weltzien, *Ann. der Chem. u. Pharm.*, XCI, 33.

Bouilli avec la potasse, il se décompose en partie en iodure de potassium, iodate de potasse et iodoforme.

Lorsqu'on mélange sa solution avec du nitrate d'argent, tout l'iode est précipité; débarrassée de l'excès d'argent par l'acide chlorhydrique et additionnée de bichlorure de platine, la liqueur filtrée donne des cristaux de chloroplatinate de tétréthyl-ammonium.

L'eau-mère de la préparation du tri-iodure de tétréthyl-ammonium précipite par l'eau une huile brun-rouge, contenant probablement une combinaison encore plus iodurée.

Pentaiodure de tétréthyl-ammonium, $\text{N}(C^4H^5)^4I^5$. — Cette combinaison se dépose sous la forme d'aiguilles douées d'un éclat métallique lorsqu'on ajoute de l'iode à une solution chaude d'iodure de tétréthyl-ammonium. Elle se décompose par l'ébullition avec de l'eau, en donnant de l'iodure de tétréthyl-ammonium qui se dépose, dans la liqueur refroidie, sous la forme de cristaux incolores.

La solution alcoolique et bouillante du pentaiodure de tétréthyl-ammonium dissout encore de l'iode, en donnant une matière qui fond au sein du liquide et devient cristalline par le refroidissement. Suivant M. Weltzien le produit paraît renfermer $\text{N}(C^4H^5)^4I^{10}$ (?).

Page 352.

§ 836. *Fulminate de mercure*[1]. — D'après les analyses de M. Chichkoff, il renferme $C^4Hg^2N^2O^4 + aq$.

M. Liebig recommande la marche suivante comme particulièrement avantageuse pour la préparation de ce sel : on fait dissoudre à froid 3 p. de mercure dans 36 p. d'acide nitrique d'une densité de 1,34 à 1,345, en opérant dans un ballon dont la capacité soit au moins 18 fois le volume du mélange. Quand tout le métal est dissous, on verse la solution dans un grand vase contenant 17 p. d'alcool de 90 à 92 centièmes, et on la transvase de nouveau dans le ballon, encore rempli de vapeurs d'acide nitreux, en agitant de manière à les faire absorber par le liquide. Au bout de quelque temps, la réaction commence à devenir tumultueuse; mais on la

[1] Chichkoff, *Mélanges physiq. et chimiq.*, t. II. En extrait : *Ann. der Chem. u. Pharm.*, XCVII, 53. — Liebig, *ibid.*, XCV, 282.

modère en versant peu à peu dans le liquide 17 p. du même alcool. Le fulminate de mercure se dépose alors peu à peu d'une manière complète. En opérant avec les proportions indiquées, on obtient 4,6 p. de fulminate.

Ce sel se dissout à chaud dans les chlorures alcalins. Lorsqu'on fait bouillir la solution, il se précipite du bioxyde de mercure, tandis que de l'isocyanurate (t. IV, p. 879) reste en dissolution.

Une *combinaison de fulminate de mercure et d'iodure de potassium*, $2\,C^4Hg^2N^2O^4, KI$, s'obtient en dissolvant à chaud le fulminate de mercure dans une solution diluée d'iodure de potassium; elle se précipite par le refroidissement sous la forme de paillettes incolores, brillantes, très-explosives, insolubles dans l'eau et l'alcool. Ce sel rougit à la lumière, par suite de la formation de cristaux d'iodure de mercure. Si l'on maintient en ébullition la solution du fulminate dans l'iodure, la liqueur se colore, et il se forme peu à peu un abondant précipité brun, contenant du bioxyde et de l'iodure de mercure, tandis que de l'isocyanurate de potasse reste en dissolution (Chichkoff).

Une solution acide de nitrate mercurique dissout à chaud beaucoup de fulminate de mercure, et finit par donner lieu à un tumultueux dégagement d'azote et d'acide carbonique; en même temps il se dépose un précipité jaune contenant du mercure en combinaison avec deux acides; la liqueur se charge de nitrate mercureux. Ces deux acides paraissent être les mêmes que ceux qui se forment par l'action de l'acide nitreux et par celle de l'acide chlorhydrique et des alcalis sur l'acide isocyanurique.

Lorsqu'on introduit par petites portions du fulminate de mercure dans une solution bouillante et concentrée de potasse caustique, il s'établit une réaction très-vive : on obtient un précipité de couleur olive, contenant de l'azote, tandis que du cyanate de potasse reste en dissolution. Traité par l'acide chlorhydrique, le précipité donne du protochlorure de mercure, et la liqueur donne par l'évaporation des cristaux de sel alembroth ($2HgCl, NH^4Cl + aq.$)

Page 361.

§ 842. *Borates d'éthyle* [1]. — On peut aussi obtenir l'éther borique liquide et volatil en distillant, à une température de 100°, à

[1] H. Rose, *Ann. de Poggend.*, XCVIII, 245.

120°, un mélange intime d'éthyl-sulfate de potasse et d'un excès de borax anhydre.

Page 364.

§ 845[a]. *Phosphures d'éthyle*[1]. — Ils se produisent par les mêmes procédés que leurs homologues à radical de méthyle (p. 903).

Le *triphosphéthylamine*, $(C^4H^5)^3P$, présente des caractères semblables à ceux de la triphospho-méthylamine.

Traitée par les éthers iodhydriques, elle donne les iodures suivants : $P(C^4H^5)^4I$, en cristaux d'une grande beauté ; $P(C^4H^5)^3(C^2H^3)$, I ; $P(C^4H^5)^3(C^{10}H^{11})$, I. Ces iodures se comportent avec l'oxyde et les sels d'argent comme leurs homologues méthyliques. (Cahours et Hofmann.)

Lorsqu'on chauffe pendant quelques heures à 100°, dans un tube scellé, de l'iodure d'éthyle, du phosphore et du sodium, il se produit une masse solide ; à l'ouverture du tube, il s'en échappe un gaz combustible (éthyle?). Epuisée par l'eau, puis traitée par un mélange d'alcool et d'éther, cette masse donne une solution qui dépose par l'évaporation d'assez grandes aiguilles contenant 67,77 p. c. d'iode ; la formule $(C^4H^5)^3P,I + HI$ correspond à 67,2 p. c. d'iode. Il n'est guère facile de se procurer ce produit en grande quantité à cause des explosions auxquelles on est exposé (Berlé).

§ 846[a]. *Phosphite d'éthyle*[2], $C^{12}H^{15}PO^6 = 3\ C^4H^5O,\ PO^3$. — Il se forme par la réaction du protochlorure de phosphore et de l'alcool absolu. Le mélange étant soumis à la distillation, on recueille ce qui passe entre 140 et 196°, et l'on rectifie le produit, en recevant à part ce qui distille entre 188 et 191°.

On obtient aisément le phosphite d'éthyle en traitant l'éthylate de soude par le protochlorure de phosphore ; la réaction est si violente, qu'il faut la modérer en l'effectuant peu à peu au sein de l'éther, et en ayant soin de refroidir. On rectifie le phosphite d'éthyle dans une atmosphère de gaz hydrogène ; car il s'altère aisément par l'ébullition au contact de l'air.

Le phosphite d'éthyle est un liquide d'une densité de 1,075, doué d'une odeur fort désagréable ; il est soluble dans l'eau,

[1] Cahours et Hofmann (1855), *Compt. rend. de l'Acad.*, XLI, 831. — Berlé, *Journ. f. prakt. Chem.*, LXVI, 73 ; et *Ann. der Chem. u. Pharm.*, XCVII, 334.
[2] Williamson et Railton, *Ann. der Chem. u. Pharm.*, XCII, 348.

l'alcool et l'éther. Il se décompose peu à peu à l'air ; il brûle avec une flamme blanc-bleuâtre. Il bout à 191°. La densité de sa vapeur a été trouvée égale à 5,80—5,877 (calcul pour 4 volumes = 5,763).

Il se décompose par l'ébullition avec l'eau de baryte en donnant de l'alcool et, suivant les proportions de baryte employées, du diéthyl-phosphite (sel cristallisable), de l'éthyl-phosphite (sel incristallisable), ou du phosphite de baryte.

§ 850. *Acide diéthyl-phosphorique*[1]. — Le *sel d'ammoniaque*, $C^8H^{10}(NH^4)PO^8$, est un sel cristallisé. Il se produit lorsqu'on chauffe, dans un tube scellé, du phosphate d'éthyle avec une solution d'ammoniaque dans l'alcool absolu. Dans cette réaction, on observe aussi la formation de l'éthylamine.

§ 851. *Phosphate d'éthyle.* — On l'obtient aisément en chauffant au bain-marie une molécule de phosphate d'argent avec 3 molécules d'iodure d'éthyle ; on traite le mélange par l'éther, qu'on enlève ensuite par la distillation ; on chauffe le résidu jusqu'à 160°, et on le distille ensuite dans le vide. On peut aussi le distiller simplement au bain d'huile, en recueillant ce qui passe vers 210°.

Le phosphate d'éthyle se produit aussi par la distillation du pyrophosphate d'éthyle.

C'est un liquide incolore, fluide, tachant le papier, odorant et d'une saveur brûlante. Sa densité est de 1,086 à 0°. Il commence à bouillir à 210°, mais ce point monte rapidement à 240 et 250°, température à laquelle le phosphate d'éthyle se charbonne en laissant un résidu acide. Il se mêle à l'eau en devenant acide.

Pyrophosphate d'éthyle[2], $C^{16}H^{20}O^{14}P^2 = 4C^4H^5O, P^2O^{10}$. — On chauffe au bain-marie, dans un tube scellé à la lampe, un excès de pyrophosphate d'argent avec de l'iodure d'éthyle. On reprend par l'éther, et l'on distille au bain-marie la solution éthérée ; on obtient ainsi un liquide visqueux, dans lequel on fait passer un courant d'air sec à 130° ; enfin on chauffe le produit dans le vide à 140°.

Le pyrophosphate d'éthyle est un liquide visqueux, d'une saveur brûlante et d'une odeur particulière ; sa densité est de 1,172 à 17°. Il se dissout dans l'eau, l'alcool et l'éther ; il s'acidifie promptement au contact de l'air. Chauffé à 210°, il se charbonne et de-

[1] Ph. de Clermont, *Ann. de Chim. et de Phys.*, [3] XLIV, 330.

[2] Moschnine (1854), *Ann. de chim. et de phys.*, [3] XLIV, 330. — Ph. de Clermont, *loc. cit.*

vient acide, en même temps qu'il distille du phosphate d'éthyle.

Il dissout un peu d'iodure d'argent et le dépose à la longue sous forme de petits cristaux. La potasse le décompose, en donnant un sel déliquescent et cristallin.

Page 369.

§ 851 [a]. *Arséniures d'éthyle* [1]. — Le trichlorure d'arsenic donne avec le zinc-éthyle du chlorure de zinc et de la *triarsén-éthylamine* ou arsénéthyle $(C^4H^5)^3As$ (Cahours et Hofmann).

Page 394.

§ 871 [a]. *Allyle* [2], $C^{12}H^{10} = C^6H^5, C^6H^5$. — Il se produit par l'action du sodium sur l'iodure d'allyle.

C'est un liquide très-volatil, doué d'une odeur éthérée, analogue à celle du raifort, d'une densité de 0,684 à 14°. Il brûle avec une flamme très-éclairante. Il bout à 59°; la densité de sa vapeur a été trouvée égale à 2,92 (= 4 vol. pour la formule $C^{12}H^{10}$).

Il se mélange avec l'acide sulfurique en dégageant de la chaleur; si l'on évite toute élévation de température, la masse se colore à peine; toutefois, au bout de quelques heures une grande partie de l'hydrocarbure modifié se sépare et vient surnager. Le gaz chlorhydrique n'est pas sensiblement absorbé par l'allyle. L'acide nitrique fumant le change en un composé liquide neutre, soluble dans l'éther.

Le chlore s'unit à l'allyle, avec dégagement d'acide chlorhydrique, en formant un composé liquide, plus dense que l'eau. Le brome et l'iode se combinent avec lui en donnant du perbromure et du periodure d'allyle.

Hydrure d'allyle, C^6H^5,H. — Le tritylène ou propylène représente ce corps.

Hydrate d'allyle [3], alcool allylique ou acrylique, $C^6H^6O^2 = C^6H^5O, HO$. — Il se produit par l'action de la potasse caustique sur l'acétate ou sur le benzoate d'allyle (Zinin), ainsi que par celle

[1] Voy. l'addition, t. II, p. 951.

[2] BERTHELOT ET DE LUCA (1855), *Compt. rend. de l'Acad.*, XLII, 233.

[3] ZININ (1855), *Ann. der Chem. u. Pharm.*, XCVI, 361. — CAHOURS ET HOFMANN, *Compt. rend. de l'Acad.*, XLII, 217.

de l'ammoniaque sur l'oxalate d'allyle (Cahours et Hofmann). C'est un liquide volatil, très-mobile, d'une odeur piquante, attaquant vivement les yeux et le poumon; il brûle avec une flamme beaucoup plus lumineuse que celle de l'alcool. Il se mêle avec l'eau en toutes proportions. Il bout à 103°.

Traité par le potassium, il dégage de l'hydrogène et se transforme en une matière gélatineuse. Celle-ci est transformée par l'iodure d'allyle en oxyde d'allyle.

Le chlorure, le bromure et l'iodure de phosphore le transforment en chlorure, bromure et iodure d'allyle.

L'acide sulfurique concentré le dissout et le convertit en acide allyl-sulfurique. L'acide phosphorique anhydre l'attaque à une douce chaleur, en dégageant un gaz incolore (C^6H^4 ?) brûlant avec une flamme très-lumineuse.

L'hydrate d'allyle est promptement attaqué par les agents oxydants. Un mélange d'acide sulfurique et de bichromate de potasse agit sur lui avec une violence extrême; les produits de cette réaction sont l'acroléine et l'acide acrylique. Le noir de platine produit la même transformation.

Traité par la potasse et le sulfure de carbone, l'hydrate d'allyle donne de l'allyl-sulfocarbonate de potasse.

Oxyde d'allyle, oxyde d'acryle, ou éther allylique. — Il se produit aussi par la réaction de l'iodure d'allyle et de la matière gélatineuse qu'on obtient avec le potassium et l'hydrate d'allyle (Cahours et Hofmann); ainsi que par la réaction de l'iodure d'allyle et de l'oxyde de mercure (Berthelot et de Luca).

Il bout entre 85 et 88°; et possède une odeur éthérée et pénétrante qui rappelle celle du raifort.

L'*oxyde d'allyle et d'éthyle* est un composé volatil à 62°5 qu'on obtient avec l'iodure d'allyle et la potasse alcoolique à 100°.

L'*oxyde d'allyle et d'amyle* est un composé volatil à 120° environ, qu'on obtient avec l'iodure d'allyle, la potasse et l'hydrate d'amyle.

L'*oxyde d'allyle et de glycéryle* ou triallyline, $C^{24}H^{20}O^6 = C^6H^5(C^6H^5)^3O^6$, est un liquide doué d'une odeur vireuse et désagréable, soluble dans l'éther, bouillant à 232°. On l'obtient avec un mélange de potasse, de glycérine et d'iodure d'allyle.

L'*oxyde d'allyle et de phényle* s'obtient avec l'iodure d'allyle et le phénate de potasse.

Acide allyl-sulfurique[1]. — L'acide sulfurique au maximum de concentration dissout l'hydrate d'allyle en donnant l'acide allyl-sulfurique.

Le *sel de baryte*, $C^6H^5BaO^2, S^2O^6$, est soluble et cristallisable.

Perbromure d'allyle[2], $C^{12}H^{10}Br^4$. — L'allyle se combine immédiatement avec le brome, en dégageant de la chaleur. Si l'on arrête l'action au moment où le liquide commence à se colorer par un excès de brome, et à dégager un peu d'acide bromhydrique, et si l'on traite par la potasse, on obtient le perbromure d'allyle, sous la forme d'un composé cristallisé, fort soluble dans l'éther, fusible à 37° et pouvant demeurer liquide à la température ordinaire, volatil sans décomposition.

Traité par le sodium, le perbromure d'allyle régénère l'allyle avec toutes ses propriétés.

Iodure d'allyle, C^6H^5, I. — C'est le tritylène (propylène) iodé. Voy. les additions dans ce volume, § 1026[a].

Periodure d'allyle[3], $C^{12}H^{10}I^4$. — On l'obtient en dissolvant 6 à 7 p. d'iode dans 1 p. d'allyle légèrement chauffé; le mélange, liquide d'abord, se concrète au bout de quelques minutes; on broie la masse avec une solution aqueuse de potasse, et l'on fait cristalliser dans l'éther bouillant le periodure d'allyle.

A la distillation le periodure d'allyle donne de l'iode et un liquide neutre.

Bouilli avec de la potasse alcoolique, il se décompose en donnant un produit dont l'odeur est analogue à celle de l'allyle; avec la potasse aqueuse, il ne subit qu'une décomposition presque insensible, en dégageant des traces de gaz inflammable.

L'acide chlorhydrique fumant et le mercure n'agissent pas sur le periodure d'allyle.

Azoture d'allyle et d'hydrogène, allylamine ou acrylamine, C^6H^7N. — Cet alcali distille en même temps que la méthylamine et la tritylamine, lorsqu'on fait bouillir le cyanate d'allyle avec une lessive de potasse concentrée. Il distille entre 180° et 190°; il ne paraît pas susceptible de former, avec le bichlorure de platine, un sel nettement cristallisé (Cahours et Hofmann).

[1] Cahours et Hofmann (1856), *loc. cit.*

[2] Berthelot et de Luca (1855), *loc. cit.*

[3] Berthelot et de Luca (1855), *loc cit.*

Mercurure d'allyle. — *L'iodure de mercur-allyle*[1], $C^6H^5Hg^2I$, s'obtient aisément, suivant M. Zinin, en agitant l'iodure d'allyle avec du mercure métallique ; il se produit ainsi une masse jaune et cristalline, qu'on fait cristalliser dans un mélange bouillant d'alcool et d'éther. Il se dépose alors des paillettes nacrées qui jaunissent à la lumière, surtout lorsqu'elles sont humides ; elles sont peu solubles dans l'alcool froid, et presque insolubles dans l'alcool bouillant. Chauffées à 100°, elles se volatilisent en donnant un sublimé de tables rhombes ; à 135° elles entrent en fusion, et se prennent par le refroidissement en une masse cristalline ; chauffées brusquement, elles se décomposent en grande partie, en donnant un résidu charbonneux et un sublimé jaune.

Leur dissolution alcoolique précipite tout l'iode par le nitrate d'argent. Traitée par l'oxyde d'argent, elle donne une liqueur fort alcaline, qui se prend par l'évaporation en une masse sirupeuse qu'une plus forte chaleur volatilise, en répandant une odeur rappelant à la fois l'ail et l'angélique. Cette masse alcaline constitue probablement *l'hydrate de mercur-allyle.*

Carbonate d'allyle[2]. — Liquide éthéré, plus léger que l'eau, et insoluble dans ce liquide. On l'obtient par la réaction du carbonate d'argent et de l'iodure d'allyle (Zinin) ou par celle du potassium (ou du sodium) et de l'oxalate d'allyle (Cahours et Hofmann). Traité en solution alcoolique par de la baryte, il donne du carbonate et de l'hydrate d'allyle.

Acide allyl-disulfocarbonique[3], ou allyl-xanthique. — Traité par la potasse et le sulfure de carbone, l'hydrate d'allyle donne un composé qui cristallise en belles aiguilles jaunes, semblables au xanthate de potasse.

§ 877. *Acide allyl-sulfocarbamique.* — On peut aussi le considérer comme une combinaison de sulfocyanure d'allyle (essence de moutarde) et d'acide sulfhydrique (Will) :

$$C^8H^7NS^4 = \left.\begin{matrix} Cy \\ C^6H^5 \end{matrix}\right\} S^2, \left.\begin{matrix} H \\ H \end{matrix}\right\} S^2$$

On peut, en effet, obtenir les sels[4] de l'acide allyl-sulfocarba-

[1] ZININ (1855), *loc. cit.*
[2] ZININ (1855), *Ann. der Chem. u. Pharm.*, XCVI, 361.
[3] CAHOURS et HOFMANN (1855), *loc. cit.*
[4] WILL, *Ann. der Chem. u. Pharm.*, XCII, 59.

mique en traitant le sulfocyanure d'allyle par une dissolution alcoolique de sulfhydrates métalliques.

Le *sel d'ammoniaque*, $C^8H^6(NH^4)NS^4$, se dépose sous la forme de lames incolores lorsqu'on ajoute goutte à goutte de l'essence de moutardé à une solution de sulfhydrate d'ammoniaque dans l'alcool fort; le mélange s'échauffe beaucoup et se prend, après quelques instants, en une bouillie cristalline. Ce sel est peu stable, et s'altère par la conservation, comme d'ailleurs les autres allylsulfocarbamates.

Le *sel de potasse* renferme $C^8H^6KNS^4$. Une solution alcoolique ou même aqueuse de sulfhydrate de potasse, additionnée d'essence de moutarde, dépose, dans le vide, par l'évaporation lente, de grosses tables rhombes; il s'obtient en aiguilles par une évaporation plus rapide. — En mélangeant une solution alcoolique de monosulfure de potassium, prise en léger excès, avec de l'essence de moutarde, on a obtenu par l'évaporation un sel grenu, dégageant de l'essence de moutarde par la chaleur. Ce sel contenait 39,2 potassium (d'après la formule $C^8H^5NS^2,2KS = C^8H^5K^2NS^4$, il en faudrait 37,4). — L'eau mère a déposé dans le vide des aiguilles, renfermant 25,5 — 25,0 potassium ($2C^8H^5NS^2,2KS$ en exige 25,4).

Le *sel de soude*, $C^8H^6NaNS^4 + 6$ aq., s'obtient aisément en mélangeant une solution alcoolique et chaude de sulfhydrate de soude avec de l'essence de moutarde, tant que l'odeur de celle-ci disparaît. Il se sépare sous la forme de lames nacrées, grasses au toucher, qui fondent par la chaleur et dégagent ensuite beaucoup d'essence de moutarde. Il renferme de l'eau de cristallisation, et ne se laisse pas conserver.

Le *sel de baryte*, $C^8H^6BaNS^4 + 4$ aq., s'obtient en chauffant de l'essence de moûtarde avec une solution de sulfure de barium sursaturée d'hydrogène sulfuré et additionnée d'un peu d'alcool; ou bien, en délayant dans l'eau de l'hydrate de baryte et de l'essence de moutarde, et en y faisant passer de l'hydrogène sulfuré, après y avoir ajouté de l'alcool. Il forme des lamelles fort solubles, semblables au sel de soude. — Lorsqu'on mélange à chaud une solution jaune de sulfure de barium avec de l'essence de moutarde, on obtient, par le refroidissement, des paillettes incolores ou légèrement jaunâtres, qui tombent à l'air en une poussière blanche. Le même sel est précipité par l'alcool. Il a donné à l'analyse 49,1 — 47,3 barium; la formule $C^8H^5NS^2$, 2 Ba S + 2 aq. en exigerait 47,94. Il paraît que le sel peut cristalliser avec des proportions d'eau différentes, car dans une autre préparation on a obtenu 41,6 p. c. de barium.

Le *sel de chaux* forme une gelée transparente qui dégage, par la dessiccation, beaucoup d'essence de moutarde.

Oxalate d'allyle[1], ou oxalate acrylique, $C^{12}H^{10}O^2,C^4O^6$. — On l'obtient par l'action réciproque de l'oxalate d'argent et de l'iodure d'allyle. C'est un liquide incolore, limpide, plus pesant que l'eau, doué d'une odeur aromatique qui rappelle celle de l'éther oxalique. Il bout à 207°. Un excès d'ammoniaque sèche le transforme en oxamide, avec production d'hydrate d'allyle; si l'on y ajoute de l'ammoniaque liquide par petites portions, on peut obtenir l'oxamate d'allyle.

Oxamate d'allyle, ou oxamate acrylique. — On l'obtient en ajoutant de l'ammoniaque par petites portions à l'oxalate d'allyle jusqu'à ce qu'il commence à se former de l'oxamide. La solution filtrée donne par l'évaporation de magnifiques cristaux, solubles dans l'alcool.

Cyanate d'allyle[2], ou cyanate acrylique, $C^8H^5NO^2 = C^2(C^6H^5)NO^2$. — On l'obtient en mettant l'iodure d'allyle en contact avec le cyanate d'argent; la réaction est très-énergique, et dégage assez de chaleur pour volatiliser le cyanure d'allyle. C'est un liquide incolore, limpide, bouillant à 82°, et d'une odeur pénétrante qui excite le larmoiement.

Il s'échauffe légèrement lorsqu'on le mêle avec l'ammoniaque, et se dissout en donnant de l'allyl-urée. L'aniline donne une substance analogue, cristallisant aisément.

Chauffé avec l'eau, le cyanate d'allyle finit par se solidifier entièrement en donnant de la diallyl-urée (sinapoline) :

$$\underset{\text{Cyan. d'allyle.}}{2\,C^8H^5NO^2} + 2HO = \underset{\text{Diallyl-urée.}}{C^{14}H^{12}N^2O^2} + C^2O^4.$$

Bouilli avec une lessive de potasse concentrée, le cyanate d'allyle donne de la diallyl-urée qui nage à la surface, ainsi qu'un mélange de méthylamine, de tritylamine et d'allylamine.

§ 878. *Allyl-urée*, ou diazoture de carbonyle, d'allyle et d'hydrogène, $C^8H^8N^2O^2 = C^2H^3(C^6H^5)N^2O^2$. — Ce corps se produit

[1] CAHOURS et HOFMANN (1855), *loc. cit.*

[2] CAHOURS et HOFMANN (1855), *loc. cit.*

lorsqu'on dissout le cyanate d'allyle dans l'ammoniaque; il cristallise très-bien [1].

La thiosinamine représente l'allyl-urée dans laquelle l'oxygène est remplacé par son équivalent de soufre.

Diallyl-urée ou sinapoline. — Elle se produit aussi lorsqu'on chauffe avec l'eau le cyanate d'allyle.

§ 882. *Sulfocyanure d'allyle* [2]. — Il se produit lorsqu'on distille ensemble du sulfocyanure de potassium et de l'iodure d'allyle (propylène iodé), ou qu'on chauffe à 100°, dans un tube scellé, un mélange de ces deux corps (Zinin, Berthelot et de Luca).

§ 885. *Thiosinamine.* — La thiosinamine cristallise en prismes rhomboïdaux obliques dont la base est souvent très-développée. Combinaison observée [3], oP. ∞ P. ∞P∞ . P∞ . 2 P∞ . Valeur des axes, $a : b : c$ :: 1 : 0,886 : 0,939. Angle des axes a et c = 53°26'. inclinaison des faces, ∞ P : ∞ P = 95°35 ; ∞ P : oP = 116°11' ; oP : P∞ = 59°41' ; ∞P : P∞ = 107°03 ; ∞P : ∞P∞ = 137°47' ; oP : ∞ P∞ = 126°34' ; ∞ P : 2 P∞ = 129°05' ; oP : 2 P∞ = 94°30'. Les faces oP sont souvent dépolies, tandis que les faces ∞ P sont extrêmement brillantes. Parfois les cristaux sont hémitropes et s'associent parallèlement à P∞ . Lorsqu'on dissout la thiosinamine dans l'eau bouillante, la dissolution ne cristallise que rarement par refroidissement ; on peut la conserver dans des capsules découvertes sans qu'elle dépose des cristaux, mais une vive agitation fait prendre la liqueur en masse. Fondue sous un peu d'eau, la thiosinamine forme, après le refroidissement, une couche visqueuse qui conserve longtemps cet état, avant de se concréter.

§ 887. *Éthyl-thiosinamine* [4]. — Le *chlorhydrate* forme un sirop incristallisable, soluble dans l'eau et l'alcool.

Le *chloroplatinate*, $C^{12}H^{12}N^2S^2$, HCl, PtCl², cristallise dans le système rhombique [5], avec les faces ∞ P. ∞ P∞ . ∞P∞ . P∞ . Rapport de l'axe vertical aux axes secondaires :: 1 : 2,7675 : 2,0317. Inclinaison des faces, dans le plan de la petite diagonale et de l'axe vertical, ∞ P : ∞ P = 107°26', P∞ : P∞ = 140°16'.

[1] Cahours et Hofmann (1855), *loc. cit.*

[2] Berthelot et de Luca, *Compt. rend. de l'Acad.*, XLI, 21. — Zinin, *Ann. der Chem. u. Pharm.*, XCV, 128.

[3] Berthelot et de Luca, *Ann. de Chim. et de Phys.*, [3] XLIV, 498. — Voy. aussi les déterminations de Schabus, *loc. cit.*

[4] Weltzien, *Ann. der Chem. u. Pharm.*, XCIV, 103.

[5] Schabus, *loc. cit.*

L'*iodhydrate*, $C^{12}H^{12}N^2S^2$, HI, s'obtient en chauffant avec de l'iodure d'éthyle une solution alcoolique de thiosinamine; la liqueur donne, par la concentration, des cristaux incolores, plumeux, semblables au sel ammoniac, solubles dans l'eau, l'alcool et l'éther; ces cristaux jaunissent peu à peu à l'air, en mettant de l'iode en liberté (Weltzien).

§ 887^a. *Acétate d'allyle*[1] ou de propylényle, $C^{10}H^8O^4 = C^6H^3(C^6H^5)O^4$. — L'iodure d'allyle attaque vivement l'acétate d'argent desséché, avec dégagement de chaleur; il distille ainsi de l'acétate d'allyle qu'on rectifie sur de l'acétate d'argent, puis sur du massicot, et enfin seul. C'est une huile neutre, plus légère que l'eau, peu soluble dans ce liquide, d'une odeur semblable à celle de l'éther acétique, mais un peu forte, et d'une saveur âcre; elle bout à 105°, c'est-à-dire à 30° environ au-dessus du point d'ébullition de l'acétate d'éthyle. La potasse caustique l'attaque en donnant de l'acétate de potasse et un liquide soluble dans l'eau, d'une odeur faible, mais attaquant vivement les yeux et le poumon (hydrate d'allyle ?)

Tartrate d'allyle, ou éther allyl-tartrique. — Composé soluble dans l'éther.

Butyrate d'allyle[2]. — Liquide volatil, bouillant vers 145°, d'une odeur analogue à celle du butyrate d'éthyle. On l'obtient par la réaction du butyrate d'argent et de l'iodure d'allyle.

Benzoate d'allyle[3] ou de propylényle, $C^{20}H^{10}O^4 = C^{14}H^5(C^6H^5)O^4$. — L'iodure d'allyle réagit sur le benzoate d'argent; mais, pour faire passer le benzoate d'allyle, il faut chauffer jusqu'à 250° environ. On rectifie le produit sur du benzoate d'argent, puis, après l'avoir lavé avec du carbonate de soude et desséché sur du chlorure de calcium, on le rectifie sur du massicot et ensuite seul. C'est une huile plus pesante que l'eau, insoluble dans ce liquide, miscible en toutes proportions avec l'alcool et l'éther; elle est neutre aux papiers, et d'une odeur semblable à celle de l'éther benzoïque. Son point d'ébullition est à 242° (Zinin; à 226°, Hofmann et Cahours). La potasse caustique la convertit en benzoate alcalin, avec dégagement d'hydrate d'allyle.

[1] ZININ (1855), *Ann. der Chem. u. Pharm.*, XCVI, 361. — CAHOURS et HOFMANN, *loc. cit.*

[2] BERTHELOT et DE LUCA (1855), *Compt. rend. de l'Acad.*, XLII, 233.

[3] ZININ (1855), *loc. cit.* — CAHOURS et HOFMANN, *loc. cit.*

Page 432.

§ 900. *Hydrure de propionyle.* — Le corps décrit par M. Guckelberger ne semble avoir été que de l'acétone.

MM. Limpricht et von Uslar[1] appellent *propylal* un composé qui paraît être une modification de l'hydrure de propionyle, analogue au butyral et au valéral. Ce propylal constitue la partie la plus volatile du liquide qu'on obtient dans la distillation sèche du butyro-acétate de baryte ou de plomb. Il possède une odeur particulière, se mélange à l'eau, à l'alcool et à l'éther, et bout à environ 66°. Il se colore en jaune lorsqu'on le chauffe avec de la potasse caustique, et réduit à chaud la solution ammoniacale du nitrate d'argent. Sa solution éthérée ne donne pas de cristaux avec le gaz ammoniaque. Il se dissout, en s'échauffant, dans les solutions concentrées des bisulfites alcalins, mais la liqueur ne dépose à la longue que de petites quantités de mamelons cristallins.

Il a donné à l'analyse :

	L. et U.		Calcul.
Carbone. . . .	63,29	63,00	62,0
Hydrogène. . .	11,11	10,98	10,3
Oxygène. . . .	»	»	27,7
			100,0

§ 901. *Propione.* — Ce corps forme la partie la moins volatile du liquide qu'on recueille dans la distillation du butyro-acétate de baryte. On l'obtient pur en mettant à profit la facilité avec laquelle il se combine avec le bisulfite de soude ou de potasse, en donnant un produit cristallisé. Distillé avec le carbonate de potasse, ce sel donne une huile bouillant à 110°, et d'une odeur semblable à celle de l'acétone[2]. Cette huile a donné à l'analyse :

	L. et U.		Calcul.
Carbone. . . .	69,31	68,94	69,76
Hydrogène. .	11,72	11,65	11,62
Oxygène. . .	»	»	18,26
			100,00

[1] Limpricht et v. Uslar (1855), *Ann. der Chem. u. Pharm.*, XCIV, 321.

[2] M. Morley indique 100° pour le point d'ébullition de la propione préparée avec l'acide propionique.

Le *sulfite de propion-ammonium* est si soluble qu'on ne peut pas l'obtenir en cristaux.

Le *sulfite de propion-potassium*, $C^{10}H^9KO^2, S^2O^4 + 3$ aq., constitue des paillettes nacrées.

Le *sulfite de propion-sodium*, $C^{10}H^9NaO^2, S^2O^4 + 3$ aq., ressemble entièrement au sel précédent.

Page 437.

§ 902[a]. *Acide propionique anhydre*[1], $C^{12}H^{10}O^6 = C^6H^5O^3, C^6H^5O^3$. On l'obtient aisément par l'action de 1 at. d'oxychlorure de phosphore sur 6 at. de propionate de soude desséché.

C'est un liquide incolore, non miscible à l'eau, bouillant à 165°, et d'une odeur désagréable qui rappelle un peu celle de la valériane.

§ 903. *Acide propionique.* — Il résulte des expériences de MM. Limpricht et von Uslar que l'*acide butyro-acétique,* qui se produit, suivant M. Noellner, par la fermentation du tartrate de chaux brut, n'est décidément pas identique avec l'acide propionique. Il se mêle avec l'eau en toutes proportions, mais il s'en sépare par la saturation du liquide avec du chlorure de calcium; on peut, par des distillations souvent repétées, entièrement dédoubler cet acide butyro-acétique en acide butyrique et en acide acétique; lorsqu'on essaye de le transformer en acide anhydre, on n'obtient qu'un mélange d'acide butyrique anhydre et d'acide acétique anhydre; de même, par l'éthérification, il ne se produit qu'un mélange d'éther butyrique et d'éther acétique.

D'un autre côté, l'acide butyro-acétique (que ce soit un simple mélange ou une combinaison de deux acides) donne un sel de baryte en cristaux bien déterminés, qui ressemblent entièrement au propionate; mais le butyro-acétate de potasse est incristallisable, tandis que le propionate à même base cristallise en paillettes par l'addition de l'éther à sa solution alcoolique. A la distillation sèche, le butyro-acétate de baryte semble se comporter comme le propionate, car on obtient, outre du gaz tritylène en très-petite quantité, un liquide bouillant entre 66° et 100°, et composé d'un mélange de propylal $C^6H^6O^2$ et de propione $C^{10}H^{10}O^2$. Le butyro-acétate de plomb donne le même liquide.

[1] Limpricht et v. Uslar (1855), *loc. cit.*

Propionate de cuivre. — Il cristallise dans le système monoclinique[1], avec les faces ∞P. ∞P∞. [∞P∞]. oP. [P∞]. +P. Valeurs des axes, *a* axe principal : *b* diagonale oblique : *c* diagonale droite :: 1 : 0,9865 : 1,1287. Angle des axes *a* et *b* = 85°38'. Inclinaison des faces, ∞P : ∞P dans le plan de la diagonale oblique et de l'axe principal = 97°51 ; [P∞] : [P∞] = 97°5 ; +P : +P = 114°19' ; oP : ∞P = 93°17'.

§ 906. *Propionate d'éthyle.* — On l'obtient par la distillation du propionate de soude avec de l'alcool et de l'acide sulfurique. Il est plus léger que l'eau, bout à 101°, et présente une odeur de rhum, moins forte cependant que l'odeur de l'éther acétique ou butyrique (Limpricht et v. Uslar).

Page 517.

§ 971. *Sucre.* — Une dissolution de sucre dans l'eau pure se modifie à la longue, en perdant de son pouvoir rotatoire ; la même dissolution se conserve sans altération lorsqu'elle renferme du chlorure de zinc ou du chlorure de calcium[2]. Une dissolution de sucre dans le chlorure de zinc résiste même beaucoup mieux à l'action de la chaleur qu'une dissolution dans l'eau pure.

Page 544.

§ 983. *Glucose.* — Lorsqu'on fait bouillir l'acétate de cuivre avec le glucose, la précipitation du cuivre n'est jamais complète, quels que soient l'excès du glucose et la durée de l'ébullition ; pour compléter la réduction, il suffit de mêler préalablement à l'acétate de cuivre un grand excès d'acétate de soude ou de potasse. L'acétate de cuivre mêlé au sulfate ou au nitrate de ferricum ne se réduit pas par le glucose[3].

§ 988[a]. *Mélitose*[4], $C^{12}H^{12}O^{12} + 2$ aq. — M. Berthelot désigne sous ce nom le principe sucré contenu dans la manne d'Australie (manne d'*Eucalyptus*) ; on l'isole en traitant celle-ci par l'eau ; le

[1] SCHABUS, *loc. cit.*

[2] BÉCHAMP, *Compt. rend. de l'Acad.*, XL, 436.

[3] A. REYNOSO, *Compt. rend. de l'Acad.*, XLI, 278.

[4] BERTHELOT, *Compt. rend. de l'Acad.*, XLI, 392. — Voy. aussi dans l'addition, t. II, p. 959, les faits observés sur le même corps par M. Johnston.

mélitose s'obtient alors en aiguilles entrelacées d'une extrême ténuité et d'un goût très-légèrement sucré.

Les caractères du mélitose ressemblent beaucoup à ceux du sucre de canne. Sa solubilité dans l'eau est à peu près celle de la mannite. Sa solution tourne à droite le plan de polarisation; pouvoir rotatoire, rapporté à la teinte de passage, $[\alpha]j = + 88°$; ce pouvoir est supérieur d'un quart environ à celui du sucre de canne.

A 100°, le mélitose éprouve une demi-fusion, en perdant 2 aq.; à 130°, il perd une nouvelle proportion d'eau; mais en même temps il commence à jaunir et à s'altérer. Chauffé plus fortement, il se colore et dégage une odeur de caramel, puis il se carbonise et brûle sans résidu.

Maintenu à 100°, pendant deux heures, avec l'acide chlorhydrique fumant, il est transformé en partie en une matière noire et insoluble. Chauffé à 100° avec la baryte, il ne se colore pas.

Il ne réduit pas le tartrate de cuivre et de potasse. Toutefois il acquiert cette propriété après avoir été bouilli avec un peu d'acide sulfurique dilué. La substance modifiée par cet acide présente un affaiblissement d'un tiers environ dans son pouvoir rotatoire; isolée, elle est sucrée et incristallisable.

Traité par la levûre de bière à une douce chaleur, le mélitose fermente avec production d'alcool et d'acide carbonique; mais il ne fournit que la moitié de l'acide carbonique qu'un poids égal de glucose donne dans les mêmes circonstances; c'est qu'il se produit en même temps de l'eucalyne, substance isomère du mélitose, et non fermentescible.

§ 988[b]. L'*eucalyne*, $C^{12}H^{12}O^{12}$ + 2 aq., se produit, suivant M. Berthelot, dans la fermentation du mélitose, sous l'influence de la levûre de bière, d'après l'équation suivante :

$$\underset{\text{Mélitose.}}{2\,C^{12}H^{12}O^{12}} = 2\,C^2O^4 + \underset{\text{Alcool.}}{2C^4H^6O^2} + \underset{\text{Eucalyne.}}{C^{12}H^{12}O^{12}}$$

C'est une matière sucrée et sirupeuse, dextrogyre ($[\alpha]_r = + 50°$ environ), non fermentescible, et n'acquérant pas cette propriété par l'action de l'acide sulfurique. Séchée à froid dans le vide, elle renferme 2 atomes d'eau, qu'elle perd à 100°. Elle se colore déjà à 110°; à 200°, elle se convertit en une substance noire et insoluble.

L'acide sulfurique concentré et l'acide chlorhydrique fumant la détruisent à 100°. La baryte la colore fortement à la même température.

Le tartrate de cuivre et de potasse en est réduit.

Les propriétés précédentes sont semblables à celles de la sorbine.

§ 989. *Lactine.* — Le sucre de lait cristallise dans le système rhombique[1]. On voit généralement prédominer les deux faces prismatiques $\infty\breve{P}\infty$ avec deux faces opposées P (les deux autres manquent); aux extrémités on remarque oP et 2 $\breve{P}\infty$. Rapport des axes secondaires à l'axe vertical :: 1 : 0,6215 : 0,2193. Inclinaison des faces, oP : 2 $\breve{P}\infty$ = 109°39′; oP : $\frac{P}{4}$ = 101°41′.

Suivant les expériences de M. Pasteur[2], le sucre de lait modifié par les acides n'est pas du glucose, mais constitue une matière sucrée particulière à laquelle ce chimiste donne le nom de *lactose*. Ce lactose cristallise beaucoup plus facilement que le glucose, cependant il affecte presque toujours, comme ce dernier, une structure mamelonnée. Quelquefois les cristaux, quoique petits, sont limpides, et se reconnaissent pour des prismes droits portant un biseau à leurs extrémités ; le plus souvent ils sont en lames à six côtés, ordinairement arrondies sur les angles et un peu renflés vers le milieu. Récemment dissous, le lactose a un pouvoir rotatoire très-élevé qui diminue progressivement à la température ordinaire et se fixe en quelques heures à un degré désormais invariable, savoir $[\alpha]j = +83° 22$; le pouvoir rotatoire du lactose est donc beaucoup plus fort que celui du glucose et dans le même sens. Traité par l'acide sulfurique, le lactose donne environ deux fois plus d'acide mucique que le sucre de lait, toutes circonstances égales d'ailleurs. Il ne donne pas de combinaison avec le sel marin.

Page 575.

§ 1000. *Mannite.* — On la rencontre aussi dans certains cidres (Berthelot).

Elle cristallise dans le système rhombique[3], avec les faces dominantes ∞P. $\infty\breve{P}2$. $\infty\breve{P}\infty$. $\infty\bar{P}\infty$. $\breve{P}\infty$. $\frac{1}{2}\infty\breve{P}$. Rapport de l'axe vertical aux axes secondaires :: 1 : 1,9230 : 0,9073. Inclinaison des faces, dans le plan de la petite diagonale et de l'axe vertical, ∞P : ∞P = 129° 29′, $\infty\breve{P}2$: $\infty\breve{P}2$ = 93° 19′, $\breve{P}\infty$: $\breve{P}\infty$ = 125°3′,

[1] SCHABUS, *loc. cit.*

[2] PASTEUR, *Compt. rend. de l'Acad.*, XLII, 347.

[3] SCHABUS, *loc. cit.*

$^1/_2$ P∞ : $^1/_2$ P∞ = 150° 51′. Clivage parfait parallèlement à ∞P∞, moins net parallèlement à ∞P∞.

Suivant M. Berthelot[1], on peut obtenir des composés semblables aux éthers, en chauffant la mannite avec des acides, en vases clos, à une température comprise entre 200 et 250°; ces composés se dédoublent, sous l'influence des alcalis, en régénérant l'acide primitif et de la *mannitane*, $C^{12}H^{12}O^{10}$, substance qui diffère de la mannite par les éléments de l'eau, et s'y transforme peu à peu au contact de ce liquide. Le composé chlorhydrique est volatil et cristallisable, et renferme $C^{12}H^{10}Cl^2O^6$.

Page 582.

§ 1006^a. *Pinite*[2], $C^{12}H^{12}O^{10}$. — M. Berthelot appelle ainsi le principe contenu dans une substance sucrée, qui se produit sous forme d'exsudations concrètes dans les cavités hémisphériques produites par l'action du feu au pied des *Pinus lambertiana*, en Californie; les Indiens mangent cette substance.

La pinite s'extrait par l'eau. Elle cristallise en mamelons blancs, demi-sphériques, radiés, très-durs; croquant sous la dent, très-adhérents aux cristallisoirs, et d'une densité de 1,52. Elle possède un goût sucré presque aussi prononcé que celui du sucre candi. Elle est extrêmement soluble dans l'eau, à peu près insoluble dans l'alcool absolu, un peu plus soluble dans l'alcool ordinaire bouillant. Elle est dextrogyre; pouvoir rotatoire, $[\alpha]_j = +58°, 6'$.

Elle ne fermente pas et ne réduit pas le tartrate de cuivre, même après avoir été traitée par l'acide sulfurique.

Elle présente la composition de la quercite, dont elle se distingue par sa cristallisation, par son goût plus sucré, et par sa grande solubilité.

Elle donne avec le sous-acétate de plomb ammoniacal un précipité blanc contenant $C^{12}H^{12}O^{10}$, 4 PbO.

Page 602.

§ 1024. *Tritylène* ou propylène[3]. — M. Dusart obtient ce gaz

[1] Berthelot, *Compt. rend. de l'Acad.*, XLII, III.

[2] Berthelot (1855), *loc. cit.*

[3] Dusart, *Compt. rend. de l'Acad.*, XLI, 495. — Berthelot et de Luca, *Ann. de Chim. et de Phys.*, [3] XLIII, 257. *Compt. rend. de l'Acad.*, XLII, 233.

par la distillation d'un mélange d'acétate et d'oxalate alcalins :

$$2\,C^4H^4O^4 + C^4H^2O^8 = C^6H^6 + 3\,C^2O^4 + 4\,HO.$$

Ac. acétiq. Ac. oxaliq. Tritylène.

Cette réaction cependant est loin de donner la quantité de tritylène indiquée par la théorie. L'auteur emploie une solution d'acétate de chaux qu'il précipite par son équivalent d'oxalate de potasse; le mélange est évaporé à siccité, puis soumis à la distillation; le gaz produit, après avoir été dirigé dans de l'acide sulfurique, est reçu dans du brome. 1 kilogramme d'acétate de chaux donne ainsi environ 60 grammes de bromure de tritylène brut.

Suivant MM. Berthelot et Luca, le tritylène peut être préparé à l'état de pureté, soit en recueillant le gaz dégagé au moyen de la glycérine et de l'iodure de phosphore, soit en faisant réagir le mercure sur le tritylène iodé et l'acide chlorhydrique. (Le gaz obtenu par le premier procédé renferme, dans les premières portions, quelques bulles d'hydrogène phosphoré; celui qu'on prépare par la seconde méthode contient un peu d'acide chlorhydrique, ainsi que des traces d'un composé chloré ou iodé, aisé à enlever en dirigeant le gaz dans un mélange de glace et de chlorure de calcium, où ce composé se condense.) Voici comment on opère : on prépare de l'iodure de phosphore en dissolvant, dans le sulfure de carbone, 25 grammes de phosphore et 200 grammes d'iode, et évaporant le dissolvant dans un courant d'acide carbonique sec. On prend alors 50 grammes de cet iodure et 50 grammes de glycérine sirupeuse; on mêle le tout dans une cornue tubulée, et l'on commence la réaction en chauffant doucement. Il se condense alors dans le récipient refroidi environ 30 grammes de tritylène iodé. Le produit brut, introduit dans un petit ballon avec 150 grammes de mercure et 50 à 60 grammes d'acide chlorhydrique fumant ne tarde pas à dégager du tritylène, surtout avec le concours initial d'une légère chaleur. On obtient par là 3 litres environ de gaz.

Le tritylène, à l'état de pureté, possède une odeur particulière, comme phosphorée, rappelant celle de la marée; cette odeur se confond avec celle du gaz oléfiant purifié. Sa saveur est douceâtre et suffocante. Il n'est pas condensé par un froid de — 40°; cependant on peut le liquéfier[1] par une pression à peu près égale à celle

[1] Dans l'appareil de compression imaginé par M. Berthelot, *Ann. de Chim. et de Phys.*, [3] XXX, 237.

qu'exige la condensation de l'ammoniaque ou de l'acide carbonique. La densité du gaz a été trouvée égale à 1,498 (d'après la formule C^6H^6, il faudrait 1,478 pour 4 volumes). L'eau absorbe $^1/_6$ à $^1/_{10}$ de son volume, l'alcool absolu 12 à 13 fois, et l'acide acétique cristallisable 5 fois son volume de gaz tritylène.

L'acide sulfurique fumant ou concentré absorbe le gaz en grande quantité, en produisant de l'acide trityl-sulfurique. L'acide chlorhydrique l'absorbe également en produisant du chlorure de trityle.

Le brome l'absorbe aussi en se combinant avec lui. L'iode au soleil se combine avec lui, en produisant de l'iodure de tritylène.

§ 1026[a]. *Iodure de tritylène*[1], C^6H^6, I^2. — Il se produit lorsqu'on introduit de l'iode dans un ballon rempli de gaz tritylène, et qu'on expose la matière au soleil pendant une heure, ou qu'on la chauffe pendant quelque temps à 50 ou 60°. On obtient ainsi un liquide qu'on purifie par l'agitation avec un peu de potasse. Ce liquide, récemment préparé, est incolore, d'une odeur éthérée, et d'une densité de 2,49 à 18° 5 ; il ne se solidifie pas à — 10°. Le contact de l'air et de la lumière le colore, et lui communique alors la propriété d'irriter vivement les yeux. Chauffé avec de la potasse alcoolique, il donne du gaz tritylène, ainsi que quelques gouttes d'une combinaison volatile, probablement oxygénée. Il a donné à l'analyse :

	B. et L.	Calcul.
Carbone. . .	12,4	12,2
Hydrogène. .	1,9	2,0
Iode.	85,8	85,8
		100,0

Le *tritylène iodé*[2], propylène iodé ou iodure d'allyle, C^6H^5I, accompagne le tritylène dans l'action de l'iodure de phosphore sur la glycérine (voy. plus haut). On le rectifie en recueillant à part les portions distillant à 101°. C'est un liquide insoluble dans l'eau, soluble dans l'alcool et l'éther, d'une odeur éthérée, puis alliacée. Il a une saveur d'abord sucrée, mais il irrite vivement les gencives. Récemment préparé, il est incolore et d'une densité égale à 1,789 à 16°; mais l'air et la lumière le rougissent promptement et lui font alors émettre des vapeurs irritantes. Il a donné à l'analyse :

[1] Berthelot et Luca (1854), *loc. cit.*
[2] Berthelot et Luca (1854), *loc. cit.*

	B. et L.	Calcul.
Carbone. . .	21,5	21,4
Hydrogène. .	3,2	3,0
Iode.	75,7	75,6
		100,0

Maintenu, pendant 40 heures, en contact à 100° avec l'ammoniaque aqueuse, il produit un iodhydrate d'où la potasse expulse de la tritylamine. Cet alcali n'est pas le seul produit de la réaction : si l'on ajoute un léger excès d'acide chlorhydrique à la liqueur potassique d'où la tritylamine a été chassée par l'ébullition, et qu'on évapore la liqueur au bain-marie, on obtient de longues aiguilles noir violacé. (Celles-ci fondent par la chaleur, et se décomposent en dégageant de l'iode avec des vapeurs inflammables, et en laissant un résidu de charbon ; elles sont insolubles dans l'eau, un peu solubles dans une solution bouillante d'iodure de potassium, peu solubles ou insolubles dans le sulfure de carbone, peu solubles dans l'alcool absolu et dans l'éther [1]).

L'acide nitrique fumant décompose immédiatement le tritylène iodé en en séparant de l'iode. L'acide sulfurique n'y agit pas à froid ; mais, si l'on chauffe, le mélange se charbonne, et il se dégage une petite quantité de gaz tritylène.

Lorsqu'on ajoute au tritylène iodé du zinc et de l'acide sulfurique étendu, on recueille, à une douce chaleur, un gaz contenant le quart de son volume de tritylène.

Agité avec du mercure métallique, le tritylène iodé (iodure d'allyle) donne immédiatement de l'iodure de mercur-allyle [2].

Avec l'acide chlorhydrique concentré et le mercure métallique, le tritylène iodé s'attaque en donnant du gaz tritylène pur :

$$C^6H^5I + HCl + 4\,Hg = C^6H^6 + Hg^2I + Hg^2Cl.$$

Lorsqu'on distille ensemble des solutions alcooliques de tritylène iodé et de sulfocyanure de potassium (Zinin), ou bien qu'on fait réagir ces deux corps en vase clos à 100° (Berthelot et de Luca), il se produit de l'iodure de potassium et de l'essence de moutarde :

[1] La composition de ces aiguilles recristallisées dans l'éther n'a pas pu être nettement établie ; deux analyses ont donné :

Carbone. . .	26,0	23,0
Hydrogène. .	4,1	2,4
Azote. . . .	1,5	0,3
Iode.	61,6	69,8

[2] Voy. p. 948.

$$C^6H^5I + C^2NKS^2 = KI + C^2N(C^6H^5)S^2.$$

Tritylène iodé. Sulfocyanure de potassium. Essence de moutarde.

En solution alcoolique, le tritylène iodé agit lentement sur les sels de potasse. Lorsqu'on le met en contact avec des sels d'argent, il les attaque vivement en produisant de l'iodure d'argent, ainsi que des huiles semblables aux éthers composés. (Voy. p. 948).

Le tritylène iodé dissout à chaud une grande quantité d'iode; mais un traitement par la potasse enlève celle-ci entièrement.

Page 605.

§ 1026^c. *Acide trityl-sulfurique*[1]. — Il se produit aussi par la dissolution du tritylène dans l'acide sulfurique concentré. Étendue d'eau, la solution donne de l'hydrate de trityle par l'ébullition.

Le *sel de potasse* est peu stable ; sa solution, même rendue d'abord alcaline, tend sans cesse à devenir acide par l'ébullition.

Le *sel de baryte*, $C^6H^7BaS^2O^8 + 6$ aq., est cristallisable. Il perd son eau de cristallisation dans le vide sans s'altérer; sa solution s'acidifie par l'évaporation. On l'obtient aussi quelquefois avec une autre proportion d'eau de cristallisation. Distillé avec du benzoate de potasse, il donne du benzoate de trityle.

Lorsqu'on dissout le tritylène dans l'acide sulfurique fumant, et qu'on sature par la chaux, on obtient un sel très-déliquescent, différant du trityl-sulfate en ce qu'il ne donne pas de benzoate de trityle. Un sel analogue ou identique au précédent s'obtient en neutralisant par la craie la solution du tritylène dans l'acide sulfurique, après une ébullition prolongée.

Chlorure de trityle[2], C^6H^7Cl. — Le gaz tritylène, abandonné à la température ordinaire sur une couche d'acide chlorhydrique fumant, s'absorbe lentement et disparaît au bout de quelques semaines; à 100°, trente heures suffisent pour l'accomplissement de la réaction. En saturant la liqueur acide par du carbonate de soude, on obtient le chlorure de trityle sous la forme d'un liquide neutre, plus léger que l'eau, insoluble dans ce menstrue, bouillant à 40°,

[1] BERTHELOT, *Ann. de Chim. et de Phys.*, [3] XLIII, 399.

[2] BERTHELOT (1855), *loc. cit.*

possédant l'odeur, la saveur et la flamme du chlorure d'éthyle.

§ 1026[d]. *Azoture de trityle.* — Suivant MM. Berthelot et Luca, la tritylamine se produit par l'action de l'ammoniaque aqueuse sur le tritylène iodé (§ 1026[a]). On l'extrait du produit par la potasse bouillante. C'est une huile très-soluble dans l'eau, d'une odeur d'ammoniaque et de marée; elle est très-alcaline, et bout entre 50 et 60°.

Le *chlorhydrate* est un sel déliquescent, soluble dans l'alcool absolu.

Le *chloroplatinate*, C^6H^9N, HCl, $PtCl^2$, cristallise en aiguilles jaunes, solubles dans l'eau bouillante. Il a donné à l'analyse :

	Berthelot et Luca.			Calcul.
Carbone. . .	13,2	13,0	13,1	13,6
Hydrogène. .	3,9	3,8	3,8	3,8
Platine. . . .	37,5	37,9	37,6	37,3

Page 608.

§ 1028. *Hydrure de butyryle.* — Le butyral se concrète avec les bisulfites alcalins (Limpricht).

§ 1032. *Butyrone.* — Elle se concrète avec les bisulfites alcalins (Limpricht).

§ 1035. *Acide butyrique.* — En traitant l'hydrate de tétryle (§ 1051) par de la chaux sodée, à 250°, on obtient du butyrate de soude avec dégagement de gaz hydrogène.

Lorsqu'on verse de l'acide pyrotérébilique (§ 1923) sur de la potasse en fusion, on obtient un mélange d'acétate et de butyrate (Chautard).

§ 1038. *Butyrate de cuivre.* — Il cristallise dans le système triclinique[1]; on voit dominer un prisme avec les angles de 72° 28' et 107° 32.

Une combinaison de *butyrate et d'arsénite de cuivre*, $C^8H^7CuO^4$, $2\ AsO^4Cu$, s'obtient sous la forme d'un précipité amorphe vert-jaunâtre, lorsqu'on sature l'acide butyrique par du carbonate de cuivre récemment précipité et qu'on mélange la liqueur avec une solution d'acide arsénieux, saturée à l'ébullition. Ce précipité de-

[1] SCHABUS, *loc. cit.*

vient cristallin après quelque temps, et présente alors la belle nuance du vert de Schweinfurt (Springmann[1]).

§ 1039. *Butyrate de trityle*, ou éther propyl-butyrique[2], $C^{14}H^{14}O^{4}$. — On l'obtient par la distillation de l'alcool tritylique avec un mélange d'acide sulfurique et d'acide butyrique. C'est un liquide neutre, plus léger que l'eau, volatil au-dessous de 130°, d'une odeur analogue à celle de l'éther butyrique, mais plus désagréable, d'une saveur sucrée et butyreuse. Il est décomposé à 100° par la potasse.

Page 634.

§ 1050. *Tétryle*[3] ou butyle. — Il se produit aussi par la réaction du potassium et de l'iodure de tétryle, au bain-marie, dans un tube scellé à la lampe. La réaction est assez lente; le potassium se gonfle beaucoup, et finit par se transformer en une masse d'iodure de potassium, imprégnée d'un liquide incolore. Pour être certain de décomposer tout l'iodure de tétryle, il convient d'employer un excès de potassium. Le tube étant ouvert après le refroidissement, il s'en échappe du gaz tétrylène ($C^{8}H^{8}$); si l'on distille ensuite le résidu à une douce chaleur et que l'on condense les vapeurs dans un mélange réfrigérant, on obtient un liquide composé de tétryle et d'hydrure de tétryle; ce dernier corps s'évapore rapidement à la température ordinaire, tandis que le tétryle distille à 105° environ.

Lorsqu'on décompose l'iodure de tétryle par le potassium, dans des tubes fermés, il y a souvent des explosions. Avec le sodium la réaction est plus calme; on en prend 13 à 14 grammes pour 100 grammes d'iodure de tétryle. Voici une disposition avantageuse pour effectuer la réaction. L'iodure de tétryle est placé avec le sodium dans un ballon auquel on adapte un serpentin réfrigérant en verre; dans le manchon de ce serpentin, qui est soutenu par un support, on introduit de la glace ou de l'eau qu'on maintient à une basse température pendant toute la durée de l'opération. La réaction commence à froid et dégage elle-même de la chaleur. On voit le sodium se boursoufler et se recouvrir peu à

[1] Woehler, *Ann. der Chem. u. Pharm.*, XCIV, 44.

[2] Berthelot, *Ann. de Chim. et de Phys.*, [3] XLIII, 400.

[3] Wurtz, *Ann. de Chim. et de Phys.*, [3] XLII, 129; XLIV, 278.

peu d'une couche bleue. Quand cet effet est produit, la décomposition se ralentit ordinairement, et il est nécessaire de l'activer en chauffant à l'aide d'une lampe à esprit-de-vin. On entretient ainsi l'ébullition du liquide, jusqu'à ce que la couleur bleue qu'on a d'abord remarquée ait complétement disparu, et que le ballon renferme une masse blanche d'iodure de sodium, imprégnée de tétryle. Celui-ci se retrouve tout entier à la fin de l'expérience, pourvu que le serpentin ait été maintenu à une température assez basse. Quant au tétrylène et à l'hydrure de tétryle, ils se dégagent par l'extrémité ouverte du serpentin. Pour retirer le tétryle de la masse d'iodure qu'il imprègne, on plonge le ballon dans un bain d'huile chauffé à 150° ; le tétryle passe à la distillation, et est rectifié sur du sodium.

Le tétryle bout à 106°. Sa densité est de 0,757 à 0° ; sa densité de vapeur a été trouvée égale à 4,070.

L'acide chlorhydrique ne l'attaque pas. Le chlore et le brome l'attaquent en produisant des dérivés conjugués. Lorsqu'on fait passer de l'iode et des vapeurs de tétryle dans un tube renfermant de l'éponge de platine et chauffé à environ 300°, il se dégage d'abondantes vapeurs d'acide iodhydrique, et l'on obtient un corps iodé.

Le perchlorure d'antimoine le décompose en donnant de l'acide chlorhydrique et des produits chlorés. Le perchlorure de phosphore ne l'attaque qu'à la suite d'une longue ébullition, en se transformant en protochlorure, et en produisant du tétrylène chloré et de l'acide chlorhydrique.

Éthylure de tétryle[1], ou éthyl-butyle, C^4H^5, $C^8H^9 = C^{12}H^{14}$. — On l'obtient en décomposant par du sodium un mélange d'iodure d'éthyle et d'iodure de tétryle, dans le même appareil qui est employé pour la préparation du tétryle. C'est un liquide mobile, d'une densité de 0,7011 à 0°, et bouillant à 62°. La densité de sa vapeur a été trouvée égale à 3,053 (calcul 2,972).

§ 1051. *Hydrate de tétryle*[2]. — A l'état de pureté, il est incolore, plus fluide que l'hydrate d'amyle, d'une odeur analogue à celle de cet alcool, mais moins pénétrante, et en quelque sorte plus vineuse. Sa densité est de 0,8032 à 18°5. Il bout à 109° ; la densité de

[1] WURTZ (1855), *Ann. de Chim. et de Phys.*, [3] XLIV, 275.
[2] WURTZ (1852), *loc. cit.*

sa vapeur a été trouvée égale à 2,589. Il ne possède pas de pouvoir rotatoire. Il s'enflamme aisément à l'approche d'un corps en combustion, et brûle avec une flamme éclairante. Il se dissout dans 10 $^1/_2$ fois son poids d'eau à 18°. Il dissout le chlorure de calcium, et forme avec lui une combinaison cristallisable.

Le potassium en dégage de l'hydrogène en produisant de l'oxyde de tétryle et de potassium (butylate ou tétrylate de potasse); la réaction, d'abord très-vive, se ralentit beaucoup, lorsque, vers la fin de l'opération, le produit tend à cristalliser au sein de l'excès d'hydrate de tétryle.

Lorsqu'on mélange peu à peu l'hydrate de tétryle avec un volume égal d'acide sulfurique concentré, en prenant soin de refroidir, il se forme de l'acide tétryl-sulfurique (§ 1053). Si l'on ne refroidit pas, le mélange se colore et la chaleur produite est assez intense pour qu'il se produise de l'acide sulfureux et des hydrocarbures liquides.

A la température ordinaire, l'hydrate de tétryle dissout le chlorure de zinc récemment fondu, en formant une liqueur sirupeuse. Chauffé en présence d'un excès de chlorure, il se décompose en donnant des produits gazeux (mélange de tétrylène et d'hydrure de tétryle) et des produits liquides (mélange d'hydrocarbures liquides isomères du tétrylène et d'hydrocarbures moins hydrogénés; points d'ébullition compris entre 100° et 300° environ).

Lorsqu'on fait tomber goutte à goutte de l'hydrate de tétryle sur de la chaux sodée chauffée à 250°, il se forme du butyrate avec dégagement de gaz hydrogène.

§ 1051[a]. *Oxyde de tétryle*, ou éther butylique. — Ce corps n'a pas encore été obtenu à l'état de pureté. Il se forme, suivant M. Wurtz, dans l'action de l'iodure de tétryle sur le tétrylate de potasse ou sur l'oxyde d'argent.

Oxyde de tétryle et d'éthyle[1], éther éthyl-butylique ou butylate d'éthyle, C^8H^9O, C^4H^5O. — On fait réagir à froid l'iodure d'éthyle et le tétrylate de potasse; du jour au lendemain la réaction est terminée; on distille la masse, en recueillant à part les portions les moins volatiles, contenant encore de l'hydrate de tétryle, qu'on ransforme en tétrylate de potasse par une nouvelle quantité de potassium, et qu'on met ensuite en réaction avec les portions les

[1] Wurtz (1852), *loc. cit.*

plus volatiles renfermant l'excès d'iodure d'éthyle. Finalement on rectifie le tout et l'on recueille ce qui passe à 78 ou 80°.

L'oxyde de tétryle et d'éthyle est un liquide incolore, mobile, d'une odeur très-agréable, d'une densité de 0,7507.

§ 1052. *Acide tétryl-sulfhydrique*, ou mercaptan butylique [1], $C^8H^{10}S^2$. — On le prépare aisément en distillant au bain-marie une dissolution de sulfhydrate de potasse avec une dissolution concentrée de tétryl-sulfate de potasse, en ayant soin de condenser le produit dans un ballon bien refroidi. Après avoir décanté le produit huileux, on le dessèche sur du chlorure de calcium, et on le rectifie, en recueillant à part ce qui passe entre 85 et 95°.

C'est un liquide incolore, très-mobile, d'une densité de 0,848 à 11°,5 et d'une odeur désagréable. Il bout à 88°; il est très-inflammable et brûle avec une flamme bleue très-lumineuse. La densité de sa vapeur a été trouvée égale à 3,10 (calcul 3,11). Il est fort peu soluble dans l'eau, se mêle en toutes proportions avec l'alcool et l'éther, et n'agit pas sur les couleurs végétales.

Il est vivement attaqué par l'acide nitrique étendu.

Il précipite en jaune l'acétate de plomb, en blanc l'acétate de cuivre, en blanc le chlorure d'or.

Le *tétryl-sulfure de potassium* s'obtient sous la forme d'une matière blanche, grenue, soluble dans l'alcool, lorsqu'on chauffe du potassium avec l'acide tétryl-sulfhydrique.

Le *tétryl-sulfure de plomb* est un précipité jaune cristallin qu'on obtient en versant une solution alcoolique d'acide tétryl-sulfhydrique dans l'acétate de plomb.

Le *tétryl-sulfure de mercure*, $C^8H^9HgS^2$, se produit avec dégagement de chaleur par le contact de l'acide tétryl-sulfhydrique avec l'oxyde rouge de mercure. La meilleure manière de le préparer consiste à verser peu à peu une solution alcoolique d'acide tétryl-sulfhydrique sur cet oxyde : il se produit ainsi une substance blanche qu'on fait dissoudre dans l'alcool bouillant. Celui-ci dépose, par le refroidissement, des paillettes blanches, nacrées, très-fusibles et grasses au toucher. L'hydrogène sulfuré les transforme en hydrate de tétryle et en sulfure de mercure.

§ 1053. *Acide tétryl-sulfurique* [2]. — On peut l'isoler en décomposant par l'acide sulfurique le tétryl-sulfate de baryte.

[1] HUMANN (1855), *Ann. de chim. et de phys.*, [3] XLIV, 337.
[2] WURTZ, *loc. cit.*

Le *sel de potasse* peut aussi s'obtenir en décomposant une solution de tétryl-sulfate de baryte par du carbonate de potasse. Il cristallise de sa solution alcoolique en belles paillettes nacrées, douces au toucher. Il est très-soluble dans l'eau, assez soluble dans l'alcool bouillant, peu soluble dans l'alcool froid.

Le *sel de baryte*, $C^8H^9BaO^2,S^2O^6 + 2$ aq., s'obtient en saturant par le carbonate de baryte le mélange d'hydrate de tétryle et d'acide sulfurique, abandonné à lui-même pendant 24 heures, et étendu d'eau ensuite. On filtre, et l'on évapore au bain-marie la solution filtrée; dès qu'une pellicule se montre à la surface, on laisse refroidir la liqueur. Le tétryl-sulfate de baryte forme de grandes lames rhomboïdales, d'une blancheur éclatante et légèrement grasses au toucher; les cristaux sont fort solubles dans l'eau; à 100° ou dans le vide, ils perdent 2 atomes d'eau.

Le *sel de chaux*, $C^8H^9CaO^2,S^2O^6$, se prépare comme les sels précédents, et s'obtient par l'évaporation de sa solution aqueuse sous la forme de petits cristaux nacrés, présentant au microscope des lames hexagonales; il est anhydre et très-soluble dans l'eau; sa solution a une grande tendance à s'effleurir par l'évaporation spontanée.

Sulfate de tétryle. — L'iodure de tétryle réagit à la température ordinaire sur le sulfate d'argent, en produisant du sulfate de tétryle et de l'iodure d'argent. La chaleur dégagée dans cette réaction est assez forte pour décomposer le sulfate de tétryle; le mélange noircit en quelques points, et, lorsqu'on ouvre le ballon où les matières ont réagi, il se manifeste une odeur d'acide sulfureux très-forte. On peut bien modérer la réaction en plongeant le ballon dans l'eau froide, mais le sulfate de tétryle est tellement instable qu'il se décompose du jour au lendemain, avec formation d'acide sulfureux, d'un hydrocarbure coloré et visqueux, et d'un acide conjugué particulier, dont le sel de baryte se dessèche dans le vide en une masse gommeuse.

§ 1054. *Chlorure de tétryle*[1], ou éther butyl-chlorhydrique, C^8H^9Cl. — On prépare ce composé par l'action du perchlorure de phosphore sur l'hydrate de tétryle; la réaction, fort énergique, donne lieu à un dégagement considérable de chaleur. Comme le produit est assez volatil, il est nécessaire de bien refroidir le ballon

[1] WURTZ (1852), *loc. cit.*

à long col, renfermant le perchlorure, et dans lequel on verse par petites portions l'hydrate de tétryle. Après avoir abandonné le produit à lui-même pendant 24 heures, on le soumet à la distillation en recueillant ce qui passe au-dessous de 100°. On lave à l'eau le liquide distillé, et on le rectifie après l'avoir desséché sur du chlorure de calcium.

On peut aussi, pour la préparation du chlorure de tétryle, remplacer le perchlorure de phosphore par l'oxychlorure; la réaction est alors moins vive.

Enfin on obtient également une quantité notable de chlorure de tétryle en saturant de gaz chlorhydrique l'hydrate de tétryle, et en exposant la liqueur, dans un tube scellé à la lampe, à la chaleur d'un bain-marie.

Le chlorure de tétryle est un liquide moins dense que l'eau, d'une odeur à la fois éthérée et chlorée. Il distille entre 70 et 75°. Le potassium le décompose vivement, en dégageant des gaz.

Bromure de tétryle [1], ou éther butyl-bromhydrique, C^8H^9Br. — Pour obtenir ce corps, on verse quelques gouttes de brome dans de l'hydrate de tétryle, et l'on projette un petit morceau de phosphore dans la liqueur convenablement refroidie; lorsqu'elle s'est décolorée, on la traite de nouveau par le brome et ensuite par le phosphore, et l'on répète ces opérations jusqu'à ce qu'elle dégage d'abondantes vapeurs d'acide bromhydrique, et que la quantité de brome ajoutée égale au moins celle de l'hydrate de tétryle employé. Au ballon qui renferme le liquide on adapte maintenant un tube à distillation fractionnée, et l'on chauffe doucement en dirigeant les vapeurs qui se dégagent dans un ballon renfermant de l'eau. On recueille tout ce qui passe avant 100°. L'acide bromhydrique se dissout dans cette eau, au fond de laquelle se rassemble le bromure de tétryle impur; après l'avoir lavé à l'eau, et desséché sur du chlorure de calcium, on le soumet à la rectification.

Le bromure de tétryle a une odeur semblable à celle du chlorure. Sa densité est de 1,274 à 16°; à l'état de vapeur elle a été trouvée égale à 4, 72 (calcul pour 4 volumes = 4,749). Son point d'ébullition est à 89°.

Il est lentement attaqué à froid par l'ammoniaque; en évapo-

[1] WURTZ (1852), *loc. cit.*

rant la liqueur ammoniacale au bout de quelques semaines de contact, on obtient un résidu salin qui paraît renfermer de la tétrylamine.

A froid, le potassium n'agit que fort lentement sur le bromure de tétryle; mais, si l'on chauffe, la réaction est très-vive, et il se dégage beaucoup de gaz (probablement un mélange de tétrylène et d'hydrure de tétryle).

Iodure de tétryle[1], ou éther butyl-iodhydrique, C^8H^9I. — On introduit dans un ballon 1 p. d'hydrate de tétryle bien desséché avec 1,5 p. d'iode, et l'on projette peu à peu dans la liqueur de petits morceaux de phosphore (environ le $^1/_{10}$ du poids de l'iode), le ballon étant maintenu dans un mélange réfrigérant. Finalement on chauffe jusqu'à ce que la couleur de l'iode ait disparu; il se dégage ainsi des torrents d'acide iodhydrique; après avoir porté le liquide en ébullition, on le laisse refroidir, on le lave et on le rectifie. S'il contient encore de l'hydrate de tétryle non attaqué, on le distille sur de l'iodure de phosphore.

Récemment distillé, l'iodure de tétryle est un liquide incolore, très-réfringent, d'une densité de 1,604 à 19°; la densité de sa vapeur a été trouvée égale à 6,217 (calcul, 6,343 = 4 vol.). Il bout à 121°; s'il est humide, il distille à une température inférieure. Il se colore rapidement en brun à la lumière. Il ne brûle qu'au contact immédiat d'un corps déjà enflammé; il dégage alors des vapeurs d'iode.

La potasse aqueuse l'attaque lentement, même par l'ébullition; la potasse alcoolique le transforme en hydrate de tétryle et iodure de potassium.

Les sels d'argent attaquent aisément l'iodure de tétryle, en donnant les éthers composés correspondants à un radical tétryle.

L'oxyde d'argent le décompose complétement à 100°, en produisant de l'oxyde de tétryle et de l'iodure d'argent; mais la réaction n'est pas nette, car on obtient aussi du gaz tétrylène, de l'hydrate de tétryle, et même un peu de carbonate de tétryle (l'acide carbonique étant produit par la réduction d'un peu d'oxyde d'argent aux dépens du carbone de l'iodure de tétryle).

En faisant réagir de l'iodure de tétryle et du tétrylate de potasse, on obtient, outre de l'iodure de potassium, soit de l'oxyde de té-

[1] WURTZ (1852), *loc. cit.*

tryle, soit de l'hydrate de tétryle et du gaz tétrylène. Il est difficile d'effectuer nettement la séparation des produits de cette réaction.

§ 1055. *Tétrylamine*[1], ou butyliaque, $C^8H^{11}N$. — Cette base se produit par l'action de la potasse sur le cyanate et le cyanurate de tétryle. On obtient un mélange de ces éthers en distillant 2 p. de tétryl-sulfate de potasse avec 1 p. de cyanate de potasse très-sec et récemment préparé. Le produit pâteux de la distillation est dissous dans l'alcool, et la solution est portée en ébullition avec des fragments de potasse caustique. On reçoit les vapeurs dans de l'eau froide, aiguisée d'acide chlorhydrique, en continuant de chauffer jusqu'à ce que le résidu soit entièrement fondu. La solution de chlorhydrate de tétrylamine est évaporée à siccité, et le sel, débarrassé par la fusion de toute l'eau qu'il peut retenir, est pulvérisé après le refroidissement et mélangé rapidement avec son poids de chaux caustique; ce mélange est introduit dans un tube en verre vert, dont il doit occuper les $^4/_5$ environ, et qu'on achève de remplir avec des fragments de baryte caustique. A son extrémité antérieure, ce tube reçoit un tube de dégagement courbé à angle droit et plongeant dans un matras d'essayeur entouré de glace. On place l'appareil dans une grille à analyse, et on le chauffe doucement en commençant par la partie postérieure; la tétrylamine, mise en liberté, distille, se déshydrate sur la baryte caustique, et vient se condenser dans le matras refroidi.

Elle bout à 69 ou 70°; son odeur est fortement ammoniacale et un peu aromatique. Elle est inflammable et brûle avec une flamme éclairante et un peu livide. Au contact de l'acide chlorhydrique elle forme des fumées très-épaisses. L'eau, l'alcool et l'éther la dissolvent en toutes proportions. La solution aqueuse possède l'odeur de la base pure, et est extrêmement caustique; concentrée, elle est légèrement visqueuse.

La plupart des solutions métalliques sont précipitées par la tétrylamine comme par l'ammoniaque elle-même. Les précipités formés dans les sels de zinc, de cadmium, de cuivre, se dissolvent dans un excès de réactif; l'alumine gélatineuse se dissout dans un excès de tétrylamine. Les oxydes de nickel, de cadmium et de chrome, précipités de leurs dissolutions par la tétrylamine, ne se

[1] WURTZ, *loc. cit.*

dissolvent pas dans un excès de base. Le nitrate d'argent est d'abord précipité en jaune fauve, et le précipité disparaît aisément dans un excès de réactif.

La tétrylamine dissout très-sensiblement la silice gélatineuse, qui reste sous la forme d'une matière pulvérulente et amorphe, après l'évaporation de la solution.

Le *chlorhydrate*, $C^8H^{11}N, HCl$, cristallise en paillettes déliquescentes, fusibles au-dessus de 100°. Chauffé à l'air, il répand des vapeurs blanches épaisses, et se volatilise sans laisser de résidu.

Le *chloroplatinate*, $C^8H^{11}N, HCl, PtCl^2$, ne se précipite pas par le mélange de dissolutions, même concentrées, de chlorhydrate de tétrylamine et de bichlorure de platine ; mais, par l'évaporation de la liqueur, il cristallise sous la forme de belles paillettes, d'un jaune orangé, solubles dans l'eau et l'alcool.

Le *chloraurate*, $2\,(C^8H^{11}N, HCl), Au\,Cl^3$, cristallise en tables rectangulaires, d'un jaune pur, par l'évaporation d'un mélange de chlorure d'or et de chlorhydrate de tétrylamine. Il fond au-dessus de 100° en un liquide orangé.

§ 1055 *a*. *Nitrate de tétryle*[1], $C^8H^9O^6N = C^8H^9O, NO^5$. — On mélange quelques grammes de nitrate d'argent fondu avec un peu d'urée également fondue, et l'on introduit ce mélange dans une cornue avec de l'iodure de tétryle. La réaction est très-vive, et la chaleur dégagée est assez forte pour volatiliser une certaine quantité du nitrate de tétryle, produit par la double décomposition. On maintient ensuite la cornue dans un bain d'huile chauffé à 140 ou 150°. On lave le produit avec de l'eau légèrement alcaline, et on le déshydrate sur du chlorure de calcium. Il convient de ne pas faire cette préparation sur trop de matière à la fois, car la réaction serait trop vive et donnerait lieu à beaucoup de vapeur nitreuse, surtout par l'emploi d'un excès de nitrate d'argent.

Le nitrate de tétryle est un liquide incolore, plus dense que l'eau ; sa saveur, d'abord douce, devient bientôt piquante et aromatique. Il bout vers 130°. Il est inflammable et brûle avec une flamme livide. Sa vapeur ne détone pas. La potasse alcoolique le dédouble en hydrate de tétryle et en nitrate alcalin. L'hydrogène sulfuré ne l'attaque pas.

[1] WURTZ (1852), *loc. cit.*

Page 643.

§ 1057. *Hydrure de valéryle*[1]. — Le valéral, produit par la distillation sèche du valérate de chaux, se concrète avec les bisulfites alcalins (Limpricht).

§ 1061. *Valérone.* — Elle se concrète avec les bisulfites alcalins (Limpricht).

Page 645.

§ 1059. *Leucine*[2]. — Suivant M. Limpricht[3], la leucine s'obtient par la métamorphose du valérylure d'ammonium, en faisant bouillir ce corps dans une cornue avec de l'acide cyanhydrique et de l'acide chlorhydrique, jusqu'à ce que la couche huileuse ait entièrement disparu. On laisse alors cristalliser la plus grande partie du sel ammoniac, on enlève l'acide chlorhydrique par l'hydrate de plomb, et, après avoir séparé l'excès de plomb par l'hydrogène sulfuré, on évapore au bain-marie la liqueur filtrée et l'on fait cristalliser le résidu dans l'alcool faible et bouillant. Ce procédé donne aisément la leucine à l'état de pureté.

Lorsqu'on fait passer du bioxyde d'azote dans une dissolution de leucine dans l'acide nitrique, il se dégage de l'azote et l'on obtient un acide (*acide leucique*) huileux, fort soluble dans l'éther, et donnant des sels cristallisables. Cet acide est l'homologue de l'acide lactique, $C^{24}H^{24}O^{12}$ (Strecker). Le même acide se produit aussi lorsqu'on fait passer du chlore au sein d'une solution de leucine dans la soude diluée, en ayant soin d'éviter un excès de gaz.

Lorsqu'on sature de chlore une solution de leucine dans le carbonate de potasse, il se produit du chlorure de cyanogène, ainsi que du cyanure de tétryle (valéronitrile).

Le *sulfate de leucine* s'obtient à l'état cristallisé lorsqu'on ajoute de l'alcool absolu à la solution de la leucine dans l'acide sulfurique dilué, évaporée à consistance de sirop.

La *leucine cuivrique*, $C^{12}H^{12}CuNO^{4} + aq.$, s'obtient en dissol-

[1] Voy. aussi l'addition, t. III, p. 970.

[2] Voy. aussi l'addition, t. III, p. 972.

[3] LIMPRICHT, *Ann. der chem. u. Pharm.*, XCIV, 243. — GOESSMANN, *ibid.*, XCI, 129. — STRECKER, *ibid.*, LXVIII, 54.

vant l'hydrate de cuivre récemment précipité dans la solution de leucine; la dissolution s'effectue aisément, et avec une teinte bleue foncée. La liqueur concentrée dépose par le refroidissement des grains cristallins ou des lamelles de la couleur du sulfate de cuivre ammoniacal. Ce produit renferme :

	Goessmann.	Calcul.
Carbone.	41,33	42,17
Hydrogène.	6,69	7,61
Oxyde de cuivre. . .	22,8	23,25

Lorsqu'on fait bouillir la solution de leucine avec un excès d'hydrate de cuivre, on obtient une combinaison insoluble. Si l'on ajoute du sulfate de cuivre à la solution aqueuse de la leucine, la liqueur prend une teinte plus foncée; elle ne se trouble pas, même à l'ébullition, par l'addition d'une quantité de potasse correspondant à l'acide sulfurique qu'elle renferme.

La *leucine mercurique*, $C^{12}H^{12}HgNO^{4}$, s'obtient en dissolvant l'oxyde de mercure récemment précipité dans une solution de leucine; la dissolution s'effectue aisément. Concentrée par l'évaporation, elle dépose des grains ou des lamelles blanches (contenant 47,3 p. c. d'oxyde de mercure). Le chlorure et le nitrate de mercuricum ne précipitent pas la solution de leucine; le mélange donne, par la potasse ou l'ammoniaque, un précipité blanc volumineux, qu'un excès de potasse redissout; le précipité devient peu à peu gélatineux et se décompose pendant les lavages.

La *leucine plombique* s'obtient à l'état d'une combinaison insoluble lorsqu'on fait bouillir une solution de leucine avec un excès d'hydrate de plomb, ou qu'on ajoute un excès d'ammoniaque à un mélange bouillant de leucine et d'acétate de plomb. La composition du précipité blanc floconneux est variable.

Page 661.

§ 1066. *Valérate de cuivre.* — Il cristallise dans le système monoclinique [1], avec les faces ∞P. $[\infty P \infty]$. oP. $+ P \infty$. $+ {}^1/_2 P \infty$. Valeurs des axes, *a* axe principal : *b* diagonale oblique : diagonale droite : : 1 : 0,9350 : 0,4996. Angle des axes *a* et *b* = 57°53'. Inclinaison des faces, $\infty P : \infty P$ dans le plan de la diagonale

[1] SCHABUS, *loc. cit.*

oblique et de l'axe principal = 64°30' ; oP : ∞ P = 106°29' ; oP : + $^1/_2$ P ∞ = 150° 0'. Les cristaux présentent des hémitropies, avec la face de jonction oP.

Page 667.

§ 1070. *Chlorure de valéryle.* — M. Moldenhauer l'a obtenu par le procédé indiqué. On peut aussi l'obtenir avec l'acide valérique monohydraté et le protochlorure de phosphore. C'est un liquide incolore, fort mobile, d'une densité de 1,005 à 6°, fumant à l'air; son point d'ébullition est situé entre 115 et 120° sous 750 ^{mm} de pression; l'eau le transforme en acide chlorhydrique et acide valérique.

Bromure de valéryle. — Liquide bouillant vers 143°, qu'on obtient avec l'acide valérique monohydraté et le protobromure de phosphore.

Page 675.

§ 1081. *Amyle.* — M. Wurtz [1] le prépare par la réaction du sodium et de l'iodure d'amyle, en se servant d'un appareil semblable à celui que ce chimiste emploie pour la préparation du tétryle.

L'amyle a une densité de 0,7413 à 0° et de 0,7282 à 20°. Il bout à 158°. Il dévie le plan de polarisation à droite, mais avec une intensité variable.

Lorsqu'on y fait arriver les vapeurs de l'acide sulfurique anhydre, il s'attaque lentement en produisant une masse noire, avec dégagement d'acide sulfureux ; il ne se forme pas d'acide conjugué.

Le perchlorure d'antimoine l'attaque avec dégagement d'acide chlorhydrique et formation de produits de substitution. Le perchlorure de phosphore n'y agit pas à la température ordinaire; mais, par une ébullition prolongée, on obtient du protochlorure de phosphore, de l'acide chlorhydrique et des dérivés chloroconjugués. Le bichlorure de mercure est réduit par l'amyle à une température voisine de 250°, avec dégagement d'acide chlorhydrique; mais il ne se produit pas de chlorure d'amyle.

Dérivés chlorés de l'amyle. — On obtient deux dérivés chlorés, suivant qu'on fait agir sur 1 atome d'amyle 2 ou 4 atomes de perchlorure de phosphore.

[1] Wurtz, *Ann. de chim. et de phys.*, [3] XLIV, 281.

L'*amyle chloré*, $C^{10}H^{10}Cl$, $C^{10}H^{10}Cl$, est un liquide bouillant vers 220°.

L'*amyle bichloré*, $C^{10}H^{9}Cl^{2}$, $C^{10}H^{9}Cl^{2}$, est un liquide plus dense que l'eau, incolore, neutre, insoluble dans l'eau, soluble dans l'alcool et bouillant au-dessus de 270°. Chauffé dans un tube fermé avec une solution alcoolique de potasse, il a donné du chlorure de potassium, ainsi qu'un liquide oléagineux bouillant vers 220° d'une manière inconstante.

Éthylure d'amyle[1], ou éthyl-amyle, $C^{4}H^{5}$, $C^{10}H^{11}$, $= C^{14}H^{16}$. — On l'obtient en décomposant par le sodium un mélange d'iodure d'amyle et d'iodure d'éthyle. C'est un liquide d'une densité de 0,7069 à 0°, et déviant droite le plan de polarisation de la lumière; $[\alpha] = +0°,920$ pour la teinte de passage. Il bout à 88°; la densité de sa v peur a été trouvée égale à 3,522 (calcul = 3,455). Il donne des produits chlorés lorsqu'on le chauffe avec du perchlorure de phosphore, dans un tube fermé et à une température supérieure à 100°.

Tétrylure d'amyle, ou butyl-amyle, $C^{8}H^{9}$, $C^{10}H^{11} = C^{18}H^{20}$. — Il se produit par l'action du sodium sur un mélange d'iodure de tétryle et d'iodure d'amyle. C'est un liquide d'une densité de 0,7247 à 0°, et bouillant vers 132°. La densité de sa vapeur a été trouvée égale à 4,465 (calcul = 4,423).

§ 1095. [a] *Tellurure d'amyle*[2]. — Lorsqu'on distille le tellurure de potassium avec une solution d'amyl-sulfate de chaux, on obtient une huile jaune-rougeâtre, odorante, non miscible à l'eau, qui partage les caractères de ses homologues. Elle s'oxyde à l'air en formant une base.

L'*oxyde de telluramyle* est un masse alcaline, soluble dans l'eau, qui chasse l'ammoniaque de ses sels. On l'obtient en mettant le chlorure en digestion avec de l'oxyde d'argent délayé dans l'eau. L'acide sulfureux en sépare de nouveau le tellurure d'amyle.

Le *chlorure* est une huile gluante, sans odeur, qui tombe au fond de l'eau ; on l'obtient avec le nitrate et l'acide chlorhydrique ou le chlorure de sodium.

Le *bromure* est une huile pesante semblable.

L'*iodure* est une huile rouge foncé.

[1] WURTZ (1855), *loc. cit.*, p. 288.

[2] WOEHLER ET DEAN, *Ann. der Chem. u. Pharm.*, XCVII, 1.

Le *nitrate* s'obtient en chauffant le tellurure d'amyle avec de l'acide nitrique moyennement concentré. L'huile incolore et pesante qui se produit ainsi se dissout dans beaucoup d'eau bouillante, et se dépose, à un certain point de concentration, sous la forme de tables rhombes, fusibles à 40°.

§ 1113[a]. *Phosphures d'amyle*[1]. — Ils se produisent par les mêmes procédés que leurs homologues à radical méthyle et éthyle. (P. 903 et 943.)

La *triphosphamylamine*, $(C^{10}H^{11})^3P$, s'obtient, comme son homologue méthylique, par la réaction du protochlorure de phosphore et du zinc-amyle.

Traitée par les éthers iodhydriques, elle donne les iodures suivants : $P(C^{10}H^{11})^3(C^2H^3), I$; $P(C^{10}H^{11})^3(C^4H^5), I$; $P(C^{10}H^{11})^4, I$. Ces iodures se comportent avec l'oxyde et les sels d'argent comme leurs homologues méthyliques.

Phosphite d'amyle[2], $C^{30}H^{33}PO^6 = 3C^{10}H^{11}O, PO^3$. — Il se produit par la réaction du protochlorure de phosphore et de l'hydrate d'amyle. C'est une huile peu soluble dans l'eau, soluble dans l'éther et l'alcool. Elle se décompose par l'ébullition au contact de l'air; elle est plus stable dans le gaz hydrogène, et bout alors à 236°.

§ 1117[a]. *Antimoniures d'amyle*[3]. — En faisant agir l'iodure d'amyle sur l'antimoniure de potassium, on peut obtenir des combinaisons homologues des antimoniures d'éthyle (§ 853).

α. *Stibtriamyle*, $Sb(C^{10}H^{11})^3$. On obtient ce composé en faisant agir, dans de petits ballons, de l'iodure d'amyle sur un mélange d'antimoniure de potassium et de sable. On détermine la réaction en chauffant doucement. Après avoir distillé l'excès d'iodure d'amyle, on laisse refroidir le ballon, et l'on épuise le résidu par l'éther; les solutions éthérées sont introduites dans un grand ballon rempli d'acide carbonique, mélangées avec un peu d'eau, et soumises à la distillation.

Le stibtriamyle reste sous l'eau. C'est un liquide jaunâtre, transparent, un peu visqueux à la température ordinaire, fluide à une température plus élevée; sa densité est de 1,1333 à 17°. Insoluble

[1] Cahours et Hofmann (1855), *Compt. rend. de l'Acad.*, XLI, 831.

[2] Williamson et Railton (1854), *Ann. der Chem. u. Pharm.*, XCII, 350.

[3] Berlé (1854), *Journ. f. prakt. Chem.*, LXV, 385. En extrait : *Ann. de Chim. et de phys.*, [3] XLV, 372; et *Ann. der Chem. u. Pharm.*, XCVII, 316.

dans l'eau, et peu soluble dans l'alcool, il se dissout aisément dans l'éther. Au contact de l'air, il répand des fumées blanches, sans s'enflammer ; il charbonne immédiatement le papier. Il possède une odeur aromatique, une saveur amère, un peu métallique et très-persistante.

Chauffé avec l'iodure d'amyle, dans un tube fermé, il ne se combine pas avec ce corps.

L'*oxyde de stibtriamyle*, $Sb(C^{10}H^{11})^3O^2$, est une masse jaunâtre et résineuse qu'on obtient en laissant lentement évaporer à l'air une solution éthérée de stibtriamyle. La poudre blanche insoluble dans l'eau, l'alcool et l'éther qu'on obtient par l'exposition du stibtriamyle au contact de l'air, paraît être une combinaison d'oxyde d'antimoine et d'oxyde de stibtriamyle.

Le *sulfure de stibtriamyle* n'a pas été décrit. On obtient une combinaison orangée $Sb(C^{10}H^{11})^3S^2$, $2SbS^3$, en traitant par l'hydrogène sulfuré la poudre blanche précédente.

Le *sulfate* s'obtient par double décomposition; il ne cristallise pas.

Le *chlorure*, $Sb(C^{10}H^{11})^3Cl^2$, s'obtient en dissolvant l'oxyde dans l'acide chlorhydrique. C'est un liquide visqueux, insoluble dans l'eau, soluble dans l'alcool et l'éther.

Le *bromure* se prépare comme l'iodure.

L'*iodure*, $Sb(C^{10}H^{11})^3I^2$, s'obtient en dissolvant l'oxyde dans l'acide iodhydrique ou en traitant par l'iode le stibtriamyle.

Le *nitrate*, $Sb(C^{10}H^{11})^3O^2$, $2NO^5$, s'obtient par double décomposition avec le chlorure ou l'iodure de stibtriamyle et une dissolution alcoolique de nitrate d'argent. Il forme des cristaux blancs, soyeux, groupés en étoiles. Il est insoluble dans l'eau et l'éther, fort soluble dans l'alcool aqueux.

β. *Stibdiamyle*, $2Sb(C^{10}H^{11})^2$. Ce composé se forme lorsqu'on distille à une température élevée le produit de la réaction de l'iodure d'amyle sur l'antimoniure de potassium, après avoir préalablement enlevé par la distillation l'excès d'iodure d'amyle. Le produit de cette opération laisse échapper un gaz antimonié combustible, lorsqu'on le chauffe à 80°. Le résidu est du stibdiamyle.

Ce corps forme un liquide d'un vert jaunâtre, assez mobile, d'une odeur aromatique particulière et d'une saveur amère. Il ne fume pas à l'air. Allumé, il brûle avec une flamme très-éclairante, en émettant des vapeurs blanches. Chauffé dans le gaz oxygène, il détone avec violence. Il est insoluble dans l'eau et plus pesant que ce liquide ; on peut le mélanger en toutes proportions avec l'alcool et l'éther. L'acide nitrique concentré l'attaque énergiquement.

Exposé à l'air, il se transforme en oxyde, en attirant en même temps l'acide carbonique.

L'*oxyde de stibdiamyle* peut s'obtenir de la manière suivante : on sature le stibdiamyle par une solution alcoolique de brome. On précipite le bromure par l'eau ; on le décompose par de l'oxyde d'argent délayé dans l'alcool, et on précipite de nouveau la solution alcoolique filtrée.

Le *carbonate*, $2Sb(C^{10}H^{11})^2O, C^2O^4$, forme une masse visqueuse, soluble dans l'éther et l'alcool.

§ 1118. *Stannures d'amyle.* — En faisant réagir l'iodure d'amyle sur un alliage d'étain et de sodium, M. Grimm[1] obtient une série de métaux conjugués (radicaux) ayant la composition suivante :

Stannamyle.	$Sn(C^{10}H^{11})$,
Bistannamyle.	$Sn^2(C^{10}H^{11})$,
Méthylène-stannamyle. . . .	$Sn^2(C^{10}H^{11})^3$,
Méth-stannamyle.	$Sn^2(C^{10}H^{11})^3$,
Méth-stannbiamyle.	$Sn^2(C^{10}H^{11})^4$.

Ces composés, qui ne me semblent pas tous bien définis, se présentent sous la forme de masses onctueuses, insolubles dans l'eau, fort solubles dans l'alcool. Leur solubilité dans l'alcool est d'autant moindre qu'ils renferment plus d'étain. Ils ne fument point à l'air ; ils s'oxydent par l'évaporation à l'air de leur solution alcoolique. L'acide nitrique les oxyde avec énergie. Ils se combinent avec le brome et l'iode.

Les oxydes de ces métaux donnent des solutions alcalines ; ils sont tous séparés de leurs combinaisons par l'ammoniaque.

Toutes les combinaisons des stannures d'amyle sont non volatiles sans décomposition, et ont en général peu de tendance à cristalliser. Elles ont généralement peu d'odeur.

α. L'*oxyde* du radical $Sn(C^{10}H^{11})$ forme une poudre blanche, amorphe, sans odeur, presque insoluble dans l'éther, un peu soluble dans l'alcool bouillant.

Le *chlorure* forme une huile épaisse à 15°, et une masse cristal-

[1] GRIMM, *Journ. f. prak. Chem.*, LXII, 385. En extrait, *Ann. der Chem. u. Pharm.*, XCII, 383.

line à 4 ou 5°, grasse au toucher, d'une légère odeur camphrée, et fort soluble dans l'alcool et l'éther.

Le *sulfate*, $2Sn(C^{10}H^{11})O, S^2O^6$, est une poudre blanche amorphe, insoluble dans l'eau et l'éther, peu soluble dans l'alcool.

β. L'*oxyde* du radical $Sn^2(C^{10}H^{11})$ forme une masse semblable à la térébenthine, cassante à froid, entièrement transparente, peu soluble dans l'alcool absolu, fort soluble dans l'éther et dans un mélange d'alcool et d'éther.

Le *chlorure* et le *sulfate* sont également des masses épaisses.

γ. L'*oxyde* du radical $Sn^2(C^{10}H^{11})^2$ ressemble à l'oxyde précédent.

Le *chlorure* se dépose de sa solution alcoolique sous la forme de prismes fusibles à 70°.

Le *sulfate* reste, par l'évaporation de sa solution alcoolique, sous la forme d'une masse amorphe et transparente, insoluble dans l'eau.

δ. L'*oxyde* du radical $Sn^2(C^{10}H^{11})^3$ forme une huile épaisse.

Le *chlorure* constitue une huile jaune, insoluble dans l'eau, fort soluble dans l'alcool.

Le *sulfate* est une masse amorphe, insoluble dans l'eau, soluble dans l'alcool.

ε. L'*oxyde* du radical $Sn^2(C^{10}H^{11})^4$ forme une huile incolore, fluide, fort soluble dans l'alcool, d'une agréable odeur de jasmin.

Le *chlorure* forme également une huile incolore, soluble dans l'alcool, insoluble dans l'eau.

L'*iodure* cristallise à une basse température, mais fond aisément en un liquide huileux.

Page 719.

§ 1135. *Méthylure d'hexyle* [1], ou méthyl-caproïle, $C^2H^3, C^{12}H^{13}=C^{14}H^{16}$. — Ce composé paraît se produire en petite quantité par l'électrolyse d'un mélange d'acétate et d'œnanthylate de potasse. C'est une huile odorante bouillant vers 85°, et d'une densité de vapeur égale à 3,426 (calcul 3,455).

Tétrylure d'hexyle, ou butyl-caproïle, $C^8H^9,C^{12}H^{13}=C^{20}H^{22}$. — Il se produit par l'électrolyse d'un mélange de valérate et d'œnanthylate de potasse. C'est une huile bouillant à 155° environ ;

[1] WURTZ (1855), *Ann. de chim. et de phys.*, [3] XLIV, 275.

densité de vapeur = 4,866 — 4,917. Dans cette réaction, on recueille, en outre, du tétryle et de l'hexyle.

Page 721.

§ 1137. *Hydrure d'œnanthyle* [1]. — Il exerce une action sensible sur la vessie.

Il s'altère à chaque nouvelle distillation.

L'acide sulfurique de Nordhausen se combine avec lui, en donnant un acide conjugué dont les sels de baryte, de plomb et de chaux sont solubles et cristallisent en feuillets nacrés.

Distillé plusieurs fois sur l'acide phosphorique anhydre [2], il donne un carbure d'hydrogène plus léger que l'eau, soluble dans l'alcool, et ayant l'odeur de l'hexylène. Cet hydrocarbure bout à 50°, mais d'une manière inconstante; il présente la composition du gaz oléfiant (*œnanthylène* $C^{14}H^{14}$, Bouis; ou peut-être plutôt $C^{12}H^{12}$, hexylène, qui bout à 55°).

Page 738.

§ 1157. *Hydrure de capryle* [3], ou aldéhyde caprylique, $C^{16}H^{15}O^2, H = C^{16}H^{16}O^2$. — Ce corps se rencontre dans le produit huileux provenant de l'action de la potasse sur l'huile de ricin (Limpricht). Il est surtout abondant lorsqu'on distille lentement l'huile de ricin, avec un excès de potasse, de manière que la température ne dépasse pas 225 à 230°. D'ailleurs les ricinolates se transforment par la distillation en hydrure de capryle, et en un acide particulier qui reste en combinaison avec la base (Bouis) :

$$\underset{\text{Ac.-ricinolique.}}{C^{36}H^{34}O^6} = \underset{\text{Hyd. de capryle.}}{C^{16}H^{16}O^2} + \underset{\text{Acide nouveau.}}{C^{20}H^{18}O^4}.$$

Pour isoler l'hydrure de capryle, on traite par le bisulfite de soude ou d'ammoniaque le produit huileux de la distillation de l'huile de ricin avec la potasse caustique. On obtient ainsi une bouillie cristalline ou gélatineuse qu'on exprime dans un linge

[1] Bouis, *Ann. de chim. et de phys.*, [3] XLV, 77.

[2] De l'hydrure d'œnanthyle distillé deux fois sur la potasse a donné une huile, dont une portion, recueillie entre 120 et 140°, contenait : carbone 83,70 ; hydrogène 14,37. Cette composition est fort rapprochée de celle d'un carbure d'hydrogène.

[3] Limpricht (1855), *Ann. der Chem. u. Pharm.*, XCIII, 242. — Bouis, *Compt. rend. de l'Acad.*, XLI, 603.

fin, pour faire écouler l'hydrate d'octyle et l'excès de bisulfite. La matière exprimée est décomposée par l'eau chaude et recombinée avec le bisulfite jusqu'à ce que le produit soit pur.

L'hydrure de capryle est un liquide incolore, très-réfringent, d'une densité de 0,818 à 19°; son odeur, assez forte, rappelle celle du fruit de bananier; sa saveur est caustique. Il est insoluble dans l'eau, soluble dans l'alcool, l'éther et les huiles grasses. Il bout à 171°. Il brûle avec une belle flamme éclairante, sans fumée.

Il réduit le nitrate d'argent ammoniacal en donnant un beau miroir métallique. Il ne paraît pas s'oxyder à froid au contact de l'air; mais à chaud, en présence du noir de platine et du gaz oxygène, la réaction est si énergique qu'une explosion peut s'ensuivre.

La potasse l'attaque et le transforme en une matière brune, visqueuse et non volatile.

L'acide nitrique exerce sur lui une action vive.

Les bisulfites alcalins se combinent avec lui sans qu'on observe la moindre élévation de température; ces combinaisons sont insolubles dans l'eau chargée de bisulfite. L'eau chaude les détruit.

Le *sulfite de capryl-potassium*, $C^{16}H^{15}KO^{2}, S^{2}O^{4} + 3$ aq., est cristallin.

Le *sulfite de capryl-sodium* est également cristallin.

Page 743.

§ 1166. *Octylène* ou caprylène [1]. — On le prépare, suivant M. Bouis, en distillant l'hydrate d'octyle avec du chlorure de zinc fondu. Celui-ci se dissout fort bien, et à la distillation il passe de l'eau et de l'octylène. On cohobe deux ou trois fois en rejetant l'eau qui se dépose au fond du récipient, et l'on rectifie ensuite l'octylène seul.

Cet hydrocarbure forme un liquide incolore, d'une odeur un peu forte, insoluble dans l'eau, soluble dans l'alcool et l'éther. Sa densité est égale à 0,723 à 17°. Il bout sans décomposition à 125° sous la pression de 760 mm.

Il dissout très-bien l'iode en se colorant en rouge; par l'agitation, il enlève l'iode aux dissolutions aqueuses. Il dissout à chaud le biiodure de mercure. Il conserve si bien le potassium et le so-

[1] Bouis, *Ann. de chim. et de phys.*, [3] XLIV, 77.

dium, qu'il est avantageux de le substituer à l'huile de naphte.

Il est vivement attaqué par le chlore, le brome et l'acide nitrique. Avec ce dernier, la réaction est des plus violentes; on obtient ainsi des corps nitroconjugués huileux, et quelquefois, en dissolution dans l'acide nitrique, des aiguilles, très-solubles dans l'eau et l'alcool, d'un acide particulier qui précipite en blanc les sels d'argent.

Lorsqu'on chauffe de l'octylène avec du sodium, en même temps qu'on y dirige du chlore sec, on obtient le même composé violet qu'avec le chlorure d'octyle et de sodium. Il y a dégagement d'hydrogène, provenant soit de la combinaison formée, soit de la décomposition, par le métal, de l'acide chlorhydrique produit aux dépens d'une partie du carbure d'hydrogène :

$$2(C^{16}H^{16} + Na^2) + Cl^2 = 2\,C^{16}H^{15}Na^2Cl + H^2.$$
$$= 2(C^{16}H^{15}Na + NaCl) + H^2.$$

Dérivés chlorés de l'octylène. — Le chlore attaque l'octylène avec assez d'énergie si l'on ne refroidit pas au commencement. Lorsqu'on a soin de refroidir, on finit par obtenir un liquide visqueux, très-dense, contenant $C^{16}H^{11}Cl^5$ (*octylène quintichloré*).

Dérivés nitriques de l'octylène. — Le *nitro-octylène*, $C^{16}H^{15}(NO^4)$, s'obtient par l'action de la chaleur sur le binitro-octylène. C'est une huile plus légère que l'eau, soluble dans l'alcool; par l'ébullition elle répand une odeur très-forte et désagréable. La potasse la colore en rouge, et la dissout si elle est concentrée.

Le *binitro-octylène*, $C^{16}H^{14}(NO^4)^2$, se produit par la réaction de l'acide nitrique sur l'octylène. Comme elle est très-violente, il faut employer d'abord de l'acide étendu d'eau, puis seulement un mélange d'acide nitrique fumant et d'acide sulfurique; la réaction se continue à froid. Le binitro-octylène est un liquide légèrement soluble dans l'eau qu'il colore en jaune; il lui communique une odeur très-forte, irritante; sa densité est plus grande que celle de l'eau. Soumis à l'action de la chaleur, il commence à bouillir à 100°, mais la température s'élève rapidement, et l'ébullition s'effectue alors violemment, en même temps qu'il se développe des vapeurs rutilantes; il distille ainsi du nitro-octylène, et la cornue retient un résidu noir soluble dans la potasse. Le sulfhydrate d'ammoniaque attaque le binitro-octylène avec dépôt de soufre.

Page 744.

§ 1168. *Hydrate d'octyle*[1]. — On peut à volonté obtenir de l'hydrate d'octyle ou de l'hydrure de capryle, en chauffant l'huile de ricin avec un excès de potasse ou de soude. Si, en effet, la température est élevée assez brusquement pour fondre l'alcali, il y a formation d'hydrate d'octyle à peu près pur, en même temps qu'il se dégage de l'hydrogène; dans ce cas, on constate la production de l'acide sébacique. Mais, si l'opération est conduite très-lentement, et que la température ne dépasse pas 225 ou 230°, le produit de la distillation se compose, malgré le grand excès d'alcali, d'un mélange en proportions variables d'hydrate d'octyle et d'hydrure de capryle.

Pour obtenir à l'état de pureté l'hydrate d'octyle, il convient de le rectifier à plusieurs reprises sur de la potasse en fragments, en changeant de cornue à chaque opération; on enlève ainsi une matière brune, qui diminue après chaque distillation.

Les produits de l'oxydation de l'hydrate d'octyle par l'acide nitrique sont des acides gras, dont la nature varie suivant la densité de l'acide employé et la durée de la réaction. Comme produits volatils, on obtient les acides butyrique, caproïque, œnanthylique et caprique.

L'*octylate de potasse* renferme $C^{16}H^{17}KO^{2}$. On l'obtient avec le potassium et l'hydrate d'octyle. Le produit constitue une masse pâteuse qui brunit de plus en plus; l'addition de l'eau régénère l'hydrate d'octyle.

L'*octylate de soude* contient $C^{16}H^{17}NaO^{2}$. Lorsqu'on projette du sodium dans l'hydrate d'octyle, le métal se décape et reste parfaitement brillant; si l'on chauffe, l'action devient très-vive. L'octylate de soude ne fond pas; il est plus soluble à froid qu'à chaud dans l'hydrate d'octyle.

Dérivés chlorés de l'hydrate d'octyle. — Lorsqu'on fait agir du chlore sur l'hydrate d'octyle, la température ne s'élève pas considérablement : il y a formation d'acide chlorhydrique et, par suite, production de chlorure d'octyle. En continuant l'action jusqu'à ce que le gaz ne s'absorbe plus, même au soleil, on obtient un liquide

[1] Voy. l'addit., t. III, p. 973. — Bouis, *Ann. de chim. et de phys.*, [3] XLIV, 77. — *Compt. rend. de l'Acad.*, XLI, 603.

très-dense, visqueux, incolore, d'une odeur forte etpénétrante, insoluble dans l'eau, soluble dans l'alcool et l'éther. Ce produit, que M. Bouis appelle *chloro-capryal*, renferme $C^{16}H^{11}Cl^5O^2$.

Oxyde d'octyle, ou éther caprylique, $C^{16}H^{17}O, C^{16}H^{17}O$. — Il paraît se former par la réaction du chlorure d'octyle sur l'octylate de soude. Dans une expérience, on a obtenu un liquide bouillant vers 50°, mais le point d'ébullition n'était pas constant (Bouis).

Sulfure d'octyle, ou éther capryl-sulfhydrique, $C^{16}H^{16}S, C^{16}H^{17}S$. — On le prépare en chauffant, dans un ballon, de l'iodure d'octyle avec une solution alcoolique de monosulfure de potassium; le mélange se trouble, et, après quelques instants, le sulfure d'octyle se sépare sous la forme d'un liquide huileux, insoluble dans l'alcool chargé de sulfure ou d'iodure de sodium.

Sulfate d'octyle, ou sulfate de caprylе. — Ce corps se trouve parmi les produits de l'action de l'acide sulfurique sur l'hydrate d'octyle. C'est une huile jaune, soluble dans l'alcool, insoluble dans la potasse; par la distillation elle noircit, dégage de l'acide sulfureux et de l'octylène, en laissant un résidu de charbon.

§ 1170. *Chlorure d'octyle*, ou éther capryl-chlorhydrique [1]. — Lorsqu'on met ce chlorure en contact à froid avec du potassium, ou mieux encore avec du sodium, il se produit une masse pâteuse composée d'un mélange de chlorure de sodium et d'octyle :

$$2C^{16}H^{17}Cl + NaNa = 2NaCl + C^{16}H^{17}, C^{16}H^{17}.$$

Si l'on opère à chaud, le sodium prend une teinte violette, se gonfle considérablement, et il se dégage de l'hydrogène; en même temps il se produit de l'octylène :

$$2C^{16}H^{17}Cl + NaNa = 2NaCl + 2C^{16}H^{16} + HH.$$

La matière violette qui se produit dans la première phase de la réaction peut être conservée dans l'octylène ou dans le naphte; elle s'oxyde promptement au contact de l'air, en blanchissant; l'eau la décompose, avec dégagement d'hydrogène, en donnant de la soude, du chlorure de sodium et de l'octylène. La même matière violette se produit lorsqu'on chauffe de l'octylène avec du sodium, en même temps qu'on y dirige du chlore sec. D'après ces réactions, la matière violette paraît être $C^{16}H^{15}Na^2Cl$, ou peut-être plutôt un mélange de chlorure de sodium et de $C^{16}H^{15}Na$.

Avec le potassium et le chlorure d'octyle, on obtient également

[1] Voy. l'addit., t. III, p. 975.

un produit coloré, mais la réaction est bien plus énergique qu'avec le sodium.

Bromure d'octyle, ou éther capryl-bromhydrique, $C^{16}H^{17}Br$. — Liquide plus dense que l'eau, insoluble dans ce liquide, soluble dans l'alcool, d'une odeur entièrement semblable à celle du chlorure d'octyle. Il bout à 190° en se décomposant. Il précipite les sels d'argent.

Iodure d'octyle, ou éther capryl-iodhydrique, $C^{16}H^{17}I$. — On l'obtient en plaçant du phosphore (6 p.) dans l'hydrate d'octyle (100 p.) et ajoutant de l'iode (50 p.) par petites portions. C'est un liquide insoluble dans l'eau, peu soluble dans l'alcool froid, plus soluble dans l'alcool bouillant; son odeur rappelle celle du chlorure et du bromure d'octyle. Sa densité est de 1,310 à 16°. Il bout à 210°, en se colorant en rouge par de l'iode mis en liberté. On peut le décolorer en l'agitant à froid avec du mercure; il reprend sa coloration par l'exposition à la lumière; si on le chauffe avec du mercure, il donne de l'octylène. Sa solution alcoolique précipite complétement les sels d'argent.

Azoture d'octyle et d'hydrogène, ou octylamine[1]. — On peut aussi l'obtenir en distillant de l'octyl-sulfate de potasse avec du cyanate de potasse, et en traitant par la potasse caustique le produit de la distillation.

L'octylamine est fort caustique. Son odeur, très-persistante, ne peut se distinguer de celle qu'exhale le bouc. Au contact de l'acide chlorhydrique, elle répand des vapeurs épaisses. Les dissolutions métalliques en sont précipitées comme par l'ammoniaque.

Le *chloraurate*, $C^{16}H^{19}N, HCl, AuCl^3$, s'obtient en mélangeant des dissolutions de chlorhydrate d'octylamine et de chlorure d'or; il se forme ainsi des paillettes jaunes, brillantes, solubles dans l'alcool et l'éther, beaucoup plus solubles dans l'eau que le chloroplatinate. Il est déliquescent et s'altère à la lumière, s'il n'est pas très-sec. Il fond au-dessous de 100° en un liquide rouge.

Nitrate d'octyle, ou éther capryl-azotique, $C^{16}H^{17}O, NO^5$. — On l'obtient en ajoutant une solution alcoolique de nitrate d'argent à une solution de l'iodure d'octyle dans l'alcool bouillant; l'iodure d'argent étant séparé par le refroidissement, on obtient une

[1] Voy. l'addit., t. III, p. 976. — Squire, *the. Quart. Journ. of. the Chemic. Society*, n° XXVI, p. 108. — Bouis, *Ann. de chim. et de phys.*, [3] XLIV, 140.

liqueur alcoolique, de laquelle l'eau sépare le nitrate d'octyle sous forme huileuse.

C'est une huile plus légère que l'eau, d'une odeur agréable; elle se dissout dans l'alcool. Soumise à la distillation, elle commence à bouillir vers 80°, mais en se décomposant. Bouillie avec une dissolution alcoolique de potasse, elle donne des cristaux de salpêtre et de l'hydrate d'octyle.

Phosphates d'octyle. — L'acide phosphorique est susceptible de former avec l'hydrate d'octyle un *acide octyl-phosphorique*, dont les sels de plomb, de baryte et de chaux sont solubles. Il convient d'employer, pour ces préparations, de l'acide phosphorique vitreux, et de laisser longtemps en contact, en agitant souvent la matière.

Page 760.

§ 1185. *Acide sébacique.* — M. Arppe[1] confirme la transformation de l'acide sébacique en acide succinique sous l'influence de l'acide nitrique. L'erreur de M. Schlieper, qui avait annoncé la production de l'acide pyrotartrique, provient de ce que ce chimiste avait analysé un mélange d'acide succinique et d'un autre acide[2] formé en même temps.

Page 765.

§ 1191. *Acide ricinolique*[3]. — Soumis à la distillation, les *rici-*

[1] ARPPE, *Ann. der Chem. u. Pharm.*, XCV, 242.

[2] M. Arppe l'appelle *acide oxypyrolique*. Il cristallise en lames fort peu solubles dans l'eau froide (dans 42 p. d'eau à 20°), beaucoup plus solubles dans l'eau bouillante, fusibles à 130°, et se décomposant déjà un peu au-dessus de 150° en brunissant. Par une plus forte chaleur, on recueille une huile qui se concrète par le refroidissement; les vapeurs ont une odeur acide.

Cet acide a donné à l'analyse :

	Arppe.			$C^{14}H^{12}O^{10}$(?)
Carbone. . .	47,71	47,60	48,09	47,73
Hydrogène. .	6,63	6,87	6,73	6,82
Oxygène. . .	»	»	»	45,45
				100,00

Le *sel de soude* cristallise en aiguilles qui perdent 23,72 p. c. d'eau à 100°.

Le *sel de baryte* est soluble dans l'eau et cristallisable.

Le *sel d'argent* a donné 57,00 d'argent; les rapports $C^{14}H^{10}Ag^2O^{10}$ en exigeraient 55,38 p. c.

[3] BOUIS, *Ann. de chim. et de phys.*, [3], XLIV, 77. *Compt. rend. de l'Acad.*, XLI, 603.

nolates dégagent de l'hydrure de capryle (aldéhyde caprylique), tandis qu'il reste, en combinaison avec la base, un acide visqueux renfermant $C^{20}H^{18}O^{4}$:

$$\underset{\text{ac. ricinolique.}}{C^{36}H^{34}O^{6}} = \underset{\text{hydr. de capryle.}}{C^{16}H^{16}O^{2}} + \underset{\text{acide nouveau.}}{C^{20}H^{18}O^{4}}.$$

Le *sel de baryte* est soluble dans l'ammoniaque. Il fond vers 100° en une masse visqueuse, s'étirant en fils très-cassants à froid.

Le *sel d'argent* fond par la chaleur en une masse noirâtre. Il renferme :

	Bouis.	$C^{36}H^{33}AgO^{6}$.
Argent.	26,6	26,6.

§ 1194. *Ricinolamide.* — On la prépare avantageusement en opérant dans une bouteille bien bouchée et chauffée dans un bain d'eau salée; trois ou quatre jours suffisent pour la transformation totale de l'huile de ricin.

§ 1195. *Acide ricinélaïdique.* — Il a donné à l'analyse :

	Bouis.	$C^{36}H^{34}O^{6}$.
Carbone. . . .	72,59	72,4
Hydrogène. . .	11,50	11,4
Oxygène. . . .	»	16,2
		100,0

Sous l'influence de la potasse, il se transforme, comme l'acide ricinolique, en acide sébacique et en hydrate d'octyle, avec dégagement d'hydrogène.

Le *sel d'argent* renferme :

	Bouis.	$C^{36}H^{33}AgO^{6}$
Carbone. . .	52,66	53,3
Hydrogène. .	7,86	8,1
Argent. . . .	27,00	26,7

§ 1198. *Ricinélaïdine.* — Elle a donné à l'analyse :

	Bouis.				$C^{78}H^{72}O^{14}$
Carbone. . .	71,30	70,94	71,21	71,44	71,77
Hydrogène. .	11,20	11,16	10,79	11,11	11,04
Oxygène. . .	»	»	»	»	17,18
					100,00

La formule $C^{78}H^{72}O^{14}$ renferme les éléments de 2 mol. d'acide ricinélaïdique plus 1 mol. de glycérine moins 2 $H^{2}O^{2}$:

$$C^{78}H^{72}O^{14} = 2C^{36}H^{34}O^{6} + C^{6}H^{8}O^{6} - 2H^{2}O^{2}.$$

En faisant passer un courant de vapeur d'eau dans la première moitié du produit de la distillation de la ricinélaïdine, on enlève de l'œnanthol, et il reste un acide fixe (contenant 73,72—73,92 carbone, et 11,23—11,19 hydrogène).

Page 781.

§ 1216. *Acide laurique.* — L'acide extrait, par M. Heintz [1], du blanc de baleine se présente en écailles, fusibles à 43°,6. Il renferme :

	Heintz.	
Carbone. . .	71,98	71,84
Hydrogène. .	22,03	11,94
Oxygène. . .	15,99	16,22
	100,00	100,00

§ 1218. Le *sel de baryte*, $C^{24}H^{23}BaO^{4}$, forme une poudre nacrée, composée de paillettes microscopiques; il se décompose avant de fondre. Il a donné à l'analyse :

	Heintz.		Calcul.
Carbone. . .	53,65	»	53,83
Hydrogène. .	8,60	»	8,60
Baryte. . . .	28,21	28,52	28,60.

Le *sel de plomb*, $C^{24}H^{23}PbO^{4}$, est une poudre blanche, fort légère, non cristalline, fusible à 110 — 120°; le sel fondu se prend par le refroidissement en une masse opaque non cristalline.

Le *sel d'argent*, $C^{24}H^{23}AgO^{4}$, est un précipité blanc composé d'aiguilles microscopiques, et renferme :

	Heintz.
Carbone. . .	46,69
Hydrogène. .	7,49
Argent. . . .	35,27

Page 785.

§ 1221. D'après de nouvelles expériences de M. Heintz [2], l'acide cocinique, que ce chimiste croyait avoir extrait du blanc de baleine, n'est qu'un mélange d'au moins deux acides gras.

[1] HEINTZ, *Ann. de Poggend.*, XCII, 429, 588; en extrait, *Ann. der Chem. u. Pharm.*, XCII, 291.

[2] HEINTZ, *Ann. de Poggend.*, XCII, 429, 588.

Page 790.

§ 1226. *Acide myristique*[1]. — L'acide myristique (extrait du blanc de baleine) fond à 53°,8, et se prend par le refroidissement en écailles cristallines; il est un peu plus soluble dans l'alcool que l'acide palmitique, et s'y dépose en paillettes nacrées. Il a donné à l'analyse :

	Heintz.	
Carbone. . .	73,38	73,30
Hydrogène. .	12,28	12,26
Oxygène. . .	14,34	14,44
	100,00	100,00

§ 1228. Le *sel de baryte*, $C^{28}H^{27}BaO^{4}$, obtenu en mélangeant une solution alcoolique et bouillante d'acide myristique avec une solution aqueuse, concentrée et chaude d'acétate de baryte, se présente sous la forme d'une poudre nacrée, très-légère, composée de paillettes microscopiques. Il renferme :

	Heintz.		Calcul.
Carbone. . .	56,92	»	56,85
Hydrogène. .	9,10	»	9,14
Baryte. . . .	25,72	25,58	25,89.

Le *sel de magnésie*, $C^{28}H^{27}MgO^{4}$, s'obtient en mélangeant une solution alcoolique d'acide myristique, additionnée d'un excès d'ammoniaque et d'une solution aqueuse de chlorhydrate d'ammoniaque, avec une solution de sulfate de magnésie. C'est une poudre légère, composée d'aiguilles microscopiques; elle s'agglomère par la chaleur; à 140° elle devient transparente sans se liquéfier, mais elle se décompose quand on la chauffe davantage pour la fondre; séchée à l'air, elle paraît contenir 3 atomes d'eau.

Le *sel de plomb*, $C^{28}H^{27}PbO^{4}$, qu'on obtient en précipitant une solution du sel de soude dans l'alcool faible par le nitrate de plomb, forme une poudre blanche, légère, non cristalline, et qui fond entre 110 et 120° en un liquide incolore; celui-ci se prend, par le refroidissement, en une masse opaque, non cristalline.

Le *sel de cuivre*, $C^{28}H^{27}CuO^{4}$, est un précipité vert-bleuâtre, très-léger, composé d'aiguilles microscopiques.

[1] HEINTZ, *loc. cit.*

Le *sel d'argent* se décompose avant de fondre. Il renferme :

	Heintz.	Calcul.
Carbone. . .	49,82	50,15
Hydrogène. .	8,03	8,06
Argent. . . .	32,22	32,24

§ 1229. Le *myristate d'éthyle* se dépose, suivant M. Heintz, dans l'alcool chaud, sous la forme de cristaux gros et durs. Il renferme :

	Heintz.		Calcul.
Carbone. . .	74,85	74,80	75,00
Hydrogène. .	12,52	12,49	12,50
Oxygène. . .	»	»	12,71
			100,00

Page 793.

§ 1230. *Acide isocétique* [1], $C^{30}H^{30}O^4$. — Il présente la plus grande analogie avec l'acide cétique de M. Heintz. M. Bouis l'obtient par la saponification de l'huile de médicinier. On en obtient de 18 à 20 p. c. du poids de l'huile. Séparé par la presse de l'acide oléique avec lequel il se trouve mélangé, et purifié par la cristallisation dans l'alcool, il se présente sous la forme de paillettes brillantes, fusibles à 55° et se concrétant à 53°,5.

Le *sel d'argent* est peu soluble dans l'eau, très-soluble dans l'alcool bouillant; il fond par la chaleur et brûle aisément sans répandre aucune odeur, en laissant un résidu d'argent métallique.

L'*isocétate d'éthyle* ou éther isocétique, $C^{30}H^{29}(C^4H^5)O^4$, s'obtient par les procédés ordinaires. Il est sans odeur, fond par la chaleur de la main, se solidifie à 21°, et reste parfaitement transparent en prenant une texture cristalline.

L'*isocétamide*, $C^{30}H^{31}NO^2$, s'obtient en chauffant l'huile de médicinier dans un tube clos, avec de l'ammoniaque. C'est une substance blanche, nacrée, fusible à 67°; elle n'est attaquée que par la potasse très-concentrée.

Page 825.

§ 1263. *Blanc de baleine*. — Suivant M. Heintz [2], les acides

[1] Bouis (1854), *Compt. rend. de l'Acad.*, XXXIX, 923.

[2] Heintz, *Ann. de Poggend.*, XCII, 429, 588; en extrait, *Ann. der Chem. u. Pharm.*, XCII, 291.

qu'on obtient par la saponification de la cétine seraient l'acide stéarique, l'acide palmitique, l'acide myristique et l'acide laurique. (L'acide cocinique et l'acide cétique, qu'il avait d'abord obtenus, ne seraient que des mélanges); en même temps, il se produirait les alcools correspondant à chacun de ces acides, savoir :

L'alcool stéarique. . . . . $C^{36}H^{38}O^2$,
L'alcool palmitique (hydrate de cétyle). $C^{32}H^{34}O^2$,
L'alcool myristique. . . . . $C^{28}H^{30}O^2$,
L'alcool laurique. . . . . $C^{24}H^{26}O^2$.

Ces substances n'ont pas pu être isolées par des cristallisations, mais en traitant leur mélange par de la chaux potassée on a obtenu, avec dégagement d'hydrogène, les sels de potasse des acides correspondants, qu'on a pu ensuite séparer par des précipitations et des cristallisations fractionnées.

Page 835.

§ 1274[a]. *Acide margarique.* — Suivant les expériences de M. Heintz[1], l'acide nitrique ne transforme pas l'acide stéarique en acide margarique, comme on l'avait avancé. L'abaissement du point de fusion de l'acide stéarique, traité par l'acide nitrique, ne tient qu'à un léger mélange d'acide gras huileux. Nous avions déjà observé ce fait, Laurent et moi.

Page 850.

§ 1284. *Acide stéarique.* — M. Pebal[2] a obtenu les nombres suivants à l'analyse de l'acide stéarique :

					$C^{36}H^{36}O^4$.
Carbone. . .	75,84	75,87	76,15	76,01	76,05
Hydrogène. .	12,83	12,79	12,71	12,77	12,68
Oxygène. . .	»	»	»	»	11,27
					100,00

Lorsqu'on ajoute un excès d'aniline à une solution chaude d'acide stéarique, tout l'acide stéarique cristallise sans altération par

[1] HEINTZ, *Ann. de Poggend.*, XCIII, 443 ; et, en extrait, *Ann. der Chem. u. Pharm.*, XCII, 290.

[2] PEBAL, *Ann. der Chem. u. Pharm.*, XCI, 238.

le refroidissement; mais on obtient de la stéaranilide en distillant de l'aniline sur l'acide stéarique.

M. Heintz [1] a fait des observations sur le point de fusion de différents mélanges d'acide stéarique et d'acide palmitique. Voici ses résultats :

UN MÉLANGE		Fond à	Se concrète à	Aspect du produit concrété.
d'acide stéariq.	et d'acide palmitiq.			
100 p.	0 p.	69°,2	—	Écailles cristallines.
90	10	67 ,2	62°,5	*id.*
80	20	65 ,3	60 ,3	Fines aiguilles cristallines.
70	30	62 ,9	59 ,3	*id.*
60	40	60 ,3	56 ,5	Masse non cristalline, bosselée.
50	50	56 ,6	55	Grosses lames cristallines.
40	60	56 ,3	54 ,5	*id.*
35	65	55 ,6	54 ,3	Masse non cristalline, ondulée, brillante.
32,5	67,5	55 ,2	54	*id.*
30	70	55 ,1	54	Masse non cristalline, ondulée, sans éclat.
20	80	57 ,5	53 ,8	Aiguilles très-confuses.
10	90	60 ,1	54 ,5	Belles aiguilles cristallines.
0	100	62	—	Écailles cristallines.

(Le même chimiste a déterminé les points de fusion de mélanges d'acide stéarique, d'acide myristique, d'acide stéarique, d'acide laurique, etc.)

§ 1288. M. Heintz [2] a également observé que la stéarine artificielle (tristéarine) présente deux points de fusion : un à 55° et un autre à 71°,6.

Page 869.

§ 1293 *a*. *Phényl-stéaramide* [3], ou stéaranilide, $C^{48}H^{41}NO^{2} = N(C^{36}H^{35}O^{2})(C^{12}H^{5})H$. — Lorsqu'on distille un excès d'aniline sur l'acide stéarique, dans un bain d'huile chauffé à environ 230°, il se dégage de l'eau, et tout l'acide se transforme en une anilide. Cristallisée dans l'alcool, celle-ci se présente sous la forme de fines aiguilles blanches, fusibles à 93°,6. Fondue, elle se prend par le refroidissement en une masse radiée.

Page 878.

§ 1298. *Huile d'arachide.* — α. Voici de nouveaux faits relatifs à l'*acide arachidique* [4].

[1] HEINTZ, *loc. cit.*
[2] HEINTZ, *Ann. de Poggend.*, XCIII, 431.
[3] PEBAL (1854), *Ann. der Chem. u. Pharm.*, XCI, 151.
[4] H. SCHEVEN ET A. GOESSMANN, *Ann. der Chem. u. Pharm.*, XCVII, 257.

Le *sel d'ammoniaque* se dépose sous la forme de petites aiguilles lorsqu'on sature par l'ammoniaque une solution alcoolique et moyennement concentrée d'acide arachidique; les cristaux se transforment par la dessication en une poudre blanche et légère.

Le *sel de potasse*, $C^{40}H^{39}KO^4$, s'obtient en faisant bouillir l'acide arachidique, pendant quelques jours, avec une lessive de potasse concentrée; la liqueur est ensuite évaporée à siccité, abandonnée à l'air pour que l'excédant de potasse puisse se carbonater, puis reprise par l'alcool de 95 centièmes. La solution alcoolique se prend par le refroidissement en une gelée transparente que la dessiccation transforme en une poudre légère et cristalline. Ce sel se dissout sans altération dans 15 à 20 fois son poids d'eau bouillante; la solution étant étendue d'une plus grande quantité d'eau dépose un *sel acide* à l'état de paillettes brillantes.

Le *sel de soude* ressemble au sel de potasse.

Le *sel de baryte*, $C^{40}H^{39}BaO^4$, constitue une poudre cristalline légère, insoluble dans l'eau, soluble dans beaucoup d'alcool bouillant.

Le *sel de strontiane*, $C^{40}H^{39}SrO^4$, ressemble au sel de baryte, mais il est plus soluble dans l'alcool bouillant.

Le *sel de chaux* forme une poudre blanche fort légère.

Le *sel de magnésie*, $C^{40}H^{39}MgO^4$, s'obtient en mélangeant une solution alcoolique d'arachidate d'ammoniaque avec un excès d'une solution alcoolique d'acétate de magnésie saturée à froid, et portant à l'ébullition pour redissoudre le précipité; l'arachidate de magnésie se sépare alors à la surface du liquide, sous la forme de prismes groupés en étoiles, qui finissent par recouvrir les parois intérieurs du vase. Ce sel se transforme par les lavages en *sous-sel*.

Le *sel de cuivre*, $C^{40}H^{39}CuO^4$, se dépose sous la forme d'un précipité vert-bleuâtre, devenant cristallin à la longue, lorsqu'on mélange une solution alcoolique d'acétate de cuivre avec une solution neutre d'arachidate d'ammoniaque. Il se dissout dans beaucoup d'alcool bouillant, et s'y dépose à l'état cristallin.

Le *sel d'argent*, $C^{40}H^{39}AgO^4$, est un précipité blanc, assez soluble dans l'alcool bouillant, et s'y déposant à l'état de prismes un peu brillants, inaltérables à la lumière. Il a donné à l'analyse.

	Gœssmann et Scheven.		Calcul.
Argent. . . .	26,94	27,28	27,70

L'*amide arachidique*, $C^{40}H^{41}NO^2$, s'obtient en abandonnant pendant quelques semaines l'huile d'arachide avec de l'ammoniaque. Prismes groupés en étoiles, assez solubles dans l'alcool bouillant, insolubles dans l'eau, fusibles à 98° ou 99°. A froid, la potasse ne les attaque pas; mais la potasse fondante en dégage de l'ammoniaque. Ils ont donné à l'analyse :

	Gœssmann et Scheven.		Calcul.
Carbone.	77,09	77,07	77,17
Hydrogène.	13,18	13,09	13,18
Azote.	4,27	»	4,50
Oxygène.	»	»	5,14
			100,00

L'*arachine*, ou arachidate de glycéryle, s'obtient en maintenant à 210°, dans un tube fermé, parties égales d'acide arachidique et de glycérine sirupeuse. C'est une matière grasse, brillante, peu soluble dans l'alcool de 90 p. c., plus soluble dans l'alcool absolu et surtout dans l'éther. Elle fond à 70°; refroidie lentement, la matière fondue se concrète en une masse cristalline. Elle a donné à l'analyse : carbone 76,22 —76,20 ; hydrog. 12,58 — 12,56. Ces nombres s'éloignent un peu des nombres exigés par la formule du triarachidate de glycéryle.

β. D'après les expériences de MM. Goessmann et Scheven [1], l'huile d'arachide, par la saponification, donne, outre l'acide arachidique, un *acide hypogéique*, homologue de l'acide oléique.

La séparation de l'acide hypogéique est fondée sur la solubilité de son sel de plomb dans l'éther,

L'acide hypogéique forme des aiguilles agglomérées, fusibles à 34 ou 35°, fort solubles dans l'alcool et l'éther; il rancit au contact de l'air en se colorant. Il a donné à l'analyse :

	Goessmann et Scheven.			$C^{32}H^{30}O^4$
Carbone. . .	75,50	75,68	75,51	75,59
Hydrogène. .	11,70	11,81	11,79	11,81
Oxygène. . .	»	»	»	12,60
				100,00

Le *sel de baryte*, $C^{32}H^{29}BaO^4$, est un précipité blanc et grenu, contenant 33,81 p. c. de baryte (expérience, 24,08 p. c.).

[1] GOESSMANN et SCHEVEN, *Ann. der Chem. u. Pharm.*, XCIV, 230.

Le *sel de cuivre*, $C^{32}H^{29}CaO^4$, forme des grains bleus, assez solubles dans l'alcool.

L'éther hypogéique, $C^{32}H^{29}(C^4H^5)O^4$, est une huile plus légère que l'eau, insoluble dans ce liquide, peu soluble dans l'alcool.

Huile de cachalot. — Suivant M. Hofstædter[1], la partie liquide de la matière grasse contenue dans la tête du *Physeter macrocephalus, Shaw*, donne, par la saponification, un acide (*acide physétoléique*) renfermant $C^{32}H^{30}O^4$ et homologue de l'acide oléique; il fond à 30° et se concrète à 55°; il s'altère à 100° en absorbant de l'oxygène; il ne donne pas d'acide sébacique à la distillation sèche, et ne se concrète pas par l'acide nitreux. On le sépare des autres acides gras en mettant à profit la solubilité de son sel de plomb dans l'éther.

Le *sel de baryte*, $C^{32}H^{29}BaO^4$, forme une poudre blanche, soluble dans l'alcool bouillant.

Il est à remarquer que l'acide physétoléique présente la même composition que l'acide oléique de l'huile d'arachide.

§ 1301. *Huile de médicinier*[2]. — Les graines de médicinier (famille des euphorbiacées) fournissent par expression une huile blanche, inodore, dont la densité est de 0,910 à 19°. Elle se fige à — 8° en une masse butyreuse. Elle est à peu près insoluble dans l'alcool; elle est douce et s'altère très-peu à l'air.

Elle se saponifie difficilement par la potasse; la soude, au contraire, la transforme aisément en un savon blanc et dur, contenant de l'acide oléique et de l'acide isocétique $C^{30}H^{30}O^4$.

L'acide nitrique transforme l'huile de médicinier en acide subérique; l'acide hyponitrique ne la solidifie pas complétement. L'ammoniaque, dans un tube fermé, la convertit en isocétamide.

§ 1304. *Huile de ricin*[3]. — La matière spongieuse qui reste dans la cornue à un certain moment de la distillation de cette huile renferme : carbone, 73,2; hydrogène, 10,9. Ces nombres correspondent aux rapports $C^{36}H^{32}O^6$. Saponifiée par la potasse ou l'ammoniaque, elle donne avec le nitrate d'argent un précipité insoluble dans l'alcool, l'éther, l'esprit de bois, soluble dans l'ammoniaque; avec le chlorure de baryum, elle donne un précipité blanc, insoluble dans l'eau, l'alcool et l'éther, et contenant 21 p. c. de

[1] HOFSTAEDTER, *Ann. der Chem. u. Pharm.*, XCI, 177.
[2] BOUIS, *Compt. rend. de l'Acad.*, XXXIX, 923.
[3] BOUIS, *Ann. de chim. et de phys.*, [3] XLIV, 77.

baryte (la formule $C^{36}H^{31}BaO^{6}$ exige exactement ce nombre).

La formation de cette matière spongieuse peut être évitée, et il est facile de distiller complétement l'huile, si l'on ne chauffe pas trop fort en commençant; les produits ne sont pas les mêmes que si la masse se boursoufle; dans ce dernier cas, on obtient moins de carbure d'hydrogène et plus d'huile volatile (œnanthol).

Lorsque la réaction de l'acide nitrique étendu sur l'huile de ricin est lente, il se produit de l'acide cyanhydrique, outre l'acide œnanthylique, et, dans la cornue, avant que l'huile soit transformée en acide subérique, il se dépose des cristaux sous forme de feuilles de fougère; ces cristaux constituent un acide nitré; ils sont durs, peu solubles dans l'eau et l'alcool; par l'action de la chaleur, ils fondent, se boursouflent, et dégagent des vapeurs acides en se volatilisant. Le sel de baryte est soluble dans une grande quantité d'eau; le sel d'argent fait explosion par la chaleur. Les cristaux ont donné à l'analyse :

	Bouis.		Calcul.
Carbone. . .	20,90	20,95	21,05
Hydrogène. .	4,44	4,34	4,26
Azote. . . .	10,34	»	10,52
Oxygène. . .	»	»	64,17
			100,00

Ces nombres conduisent à la formule :

$$C^{14}H^{17}N^{3}O^{32} = C^{14}H^{17}(NO^{4})^{3}O^{20}.$$

Le chlorure de chaux, en agissant sur l'huile de ricin, donne une liqueur jouissant des propriétés du chloroforme (Chautard).

La grande solubilité de l'huile de ricin dans l'alcool (l'alcool à 36 degrés en dissout les $^{3}/_{5}$ de son poids) conduit à employer ce liquide pour en reconnaître la pureté, les autres huiles grasses étant presque insolubles dans l'alcool.

Suivant M. Bouis, la potasse est aussi avantageuse pour les essais de l'huile de ricin. On met dans une cornue 25 grammes d'huile de ricin, on y ajoute 10 à 12 grammes de potasse caustique en dissolution dans le moins d'eau possible, et l'on chauffe le mélange; on doit ainsi recueillir 5 centimètres cubes environ d'un liquide volatil huileux, plus léger que l'eau; le mélange des huiles étrangères sera d'autant plus considérable que la proportion d'hydrate d'octyle ainsi obtenue sera moindre.

Tome III.

Page 9.

§ 1344. *Acide dithiobenzolique*[1]. — Il se produit par l'action du sulfite d'ammoniaque sur la binitrobenzine.

Il se décompose lorsqu'on essaye de le séparer d'un de ses sels par un acide.

Il forme des sels fort solubles dans l'eau. D'après la composition de ces sels, il est bibasique.

Le *sel d'ammoniaque*, $C^{12}H^6(NH^4)^2N^2S^4O^{12}$, forme des aiguilles extrêmement solubles dans l'eau et l'alcool aqueux; il est très-peu soluble dans l'alcool absolu, et insoluble dans l'éther.

Sa solution a une légère réaction acide. Elle réduit le nitrate d'argent au bout de quelque temps. Bouillie avec du bichlorure de mercure, elle donne un précipité de protochlorure; avec le perchlorure de fer, on obtient, par l'ébullition prolongée, un précipité jaune; la solution du sulfate de cuivre en est colorée en vert.

Le *sel de baryte*, $C^{12}H^6Ba^2N^2S^4O^{12}$, s'obtient en introduisant le sel d'ammoniaque dans l'eau de baryte bouillante; après avoir enlevé l'excédant de baryte au moyen de l'acide carbonique, on concentre à cristallisation; on obtient ainsi des croûtes cristallines, insolubles dans l'alcool ainsi que dans l'éther.

Nitroso phényline[2], $C^{12}H^6N^2O^2$. — Ce corps s'obtient par l'action réductrice du zinc et de l'acide chlorhydrique sur la binitrobenzine. Pour le préparer on emploie une solution alcoolique, froide et saturée de nitrobenzine; on y introduit de longues lames de zinc pur, et l'on y verse goutte à goutte de l'acide chlorhydrique concentré; la liqueur qui est en contact avec le zinc acquiert ainsi une belle couleur cramoisie. Quand la réaction est achevée, la liqueur colorée ne trouble plus l'eau; on enlève alors tout l'excédant de zinc, on neutralise par un alcali, et l'on jette le précipité sur un filtre pour le laver. On épuise ensuite le précipité par de l'alcool concentré, et l'on évapore au bain-marie la solution alcoolique. Le résidu de l'évaporation est encore lavé à l'eau, repris par l'alcool, et de nouveau évaporé.

Ainsi obtenue, la nitroso-phényle se présente sous la forme d'une

[1] Hilkenkamp (1855), *Ann. der Chem. u. Pharm.*, XCV, 86.
[2] Perkin (1856), *The Quart. Journ. of the Chem. Society*, avril, 1856, p. 1.

pellicule noire, brillante et cassante. Elle est presque insoluble dans l'eau, mais fort soluble dans les acides et dans l'alcool. Vue par transmission, sa solution alcoolique est entièrement transparente ; mais par réflexion elle paraît extrêmement opaque et d'un beau rouge orangé, comme si elle tenait du vermillon en suspension.

Elle n'est pas volatile sans décomposition ; une chaleur élevée la charbonne, tandis qu'il se développe une vapeur blanche.

Elle a donné à l'analyse :

	Perkin.	Calcul.
Carbone.	59,04	59,04
Hydrogène.	4,68	4,92
Azote.	22,80	22,95
Oxygène.	»	13,12
		100,00

Chauffée avec de la chaux sodée, elle dégage tout son azote à l'état d'ammoniaque et d'aniline.

L'acide chlorhydrique concentré, l'acide nitrique et l'acide sulfurique dilués la dissolvent avec une magnifique couleur cramoisie. Abandonnée à l'air, sa solution dans l'acide chlorhydrique concentré donne, au bout de quelques temps, une masse gommeuse, en même temps qu'une partie de la nitroso-phényline se sépare. La solution de la nitroso-phényline est précipitée par les alcalis.

L'action prolongée de l'hydrogène naissant décolore cette substance.

Page 38.

§ 1373. *Acide picrique.* — Lorsqu'on le délaye dans l'eau avec du brome, et qu'on chauffe le mélange dans un appareil disposé de manière que les vapeurs puissent s'y recondenser, l'acide picrique se décompose en donnant de la bromopicrine et de la quinone perbromée.

D'après M. Stenhouse, cette réaction pourrait se représenter par l'équation suivante :

$$2\,C^{12}H^{3}(NO^{4})^{3}O^{2} + 14\,Br^{2} = C^{12}Br^{4}O^{4} + 6\,C^{2}Br^{3}(NO^{4}) + 6\,HBr.$$

Ac. picrique. — Quinone perbromée. — Bromopicrine.

§ 1378. *Acide picramique*[1]. — C'est le corps déjà décrit par M. Woehler sous le nom d'*acide nitrohématique*. Il se produit aussi lorsqu'on met l'acide picrique en digestion avec une solution de sulfate de ferrosum (de chlorure de ferrosum ou de chlorure de stannosum) et un excès de chaux ou de baryte caustique; on en observe également la formation par l'ébullition d'une solution aqueuse d'acide picrique avec du zinc métallique. Ces deux procédés sont moins avantageux pour la préparation de l'acide picramique que le traitement de l'acide picrique par le sulfhydrate d'ammoniaque. Enfin l'acétate de fer transforme aussi cet acide en acide picramique.

Page 60.

§ 1395. *Acide oxyphénique.* — On l'a aussi trouvé dans le vinaigre de bois[2].

Page 69.

§ 1402. *Acide oxypicrique.* — Le *sel d'ammoniaque neutre* cristallise dans le système monoclinique. (Combinaison observée[3], $\infty P . (\infty P \infty) . \infty P \infty . [P \infty] . - P . + P . - P \infty$. Inclinaison des faces, $\infty P : \infty P$ dans le plan de la diagonale oblique et de l'axe principal $= 104°32'$; $[P\infty] : [P\infty] = 130°2'$. Valeurs des axes, a (principal) : b (oblique) : c :: 1 : 1,6609 : 2,0901. Angle de a et $b = 76°52'$. Clivage imparfait parallèlement à $\infty P \infty$.)

Le *sel de cuivre et d'ammoniaque* cristallise dans le système triclinique.

Page 75.

§ 1406 [a]. *Azoture de sulfophényle et de succinyle*[4], ou sulfophényl-succinamide, $N(C^{12}H^5S^2O^4(C^8H^4O^4)$. — Le chlorure de succinyle attaque la sulfophénylamide à la température de 125°; le dégagement d'acide chlorhydrique est très-abondant entre 125 et 145°; mais il cesse bientôt entièrement, en même temps que la matière se solidifie; entre 160 et 200°, elle fond de nouveau et dégage en-

[1] Pugh, *Ann. der Chem. u. Pharm.*, XCVI, 83. — Girard, *Compt. rend. de l'Acad.*, XLII, 59.

[2] M. Buchner, *Ann. der Chem. u. Pharm.*, XCVI, 186.

[3] Schabus, *loc. cit.*

[4] Gerhardt et Chiozza (1853), *Ann. de chim. et de phys.*, [3], XLVII, 129.

core de l'acide chlorhydrique. Quand la réaction est terminée, le produit reste longtemps visqueux; mais il finit cependant par se concréter en une masse cristalline; sa solidification s'opère immédiatement par l'addition d'un peu d'alcool.

Cette amide est peu soluble dans l'alcool, d'où elle se dépose en magnifiques aiguilles, ayant souvent plusieurs centimètres de long; quelquefois on l'obtient en prismes raccourcis. Les deux cristallisations peuvent se présenter à la fois, et passent l'une à l'autre par l'agitation du mélange. L'eau bouillante la dissout en petite quantité, et la dépose par le refroidissement en cristaux d'un blanc de neige. Elle est peu soluble dans l'éther; l'ammoniaque ne la dissout pas immédiatement.

Elle fond à 160° degrés environ. Chauffée dans une petite cornue à une température plus élevée, elle se décompose en produisant de l'acide sulfureux et des huiles qui se concrètent en partie par le refroidissement; on ne trouve pas de cyanure de phényle parmi ces produits de décomposition.

Acide sulfophényl-succinamique[1], $N(C^{12}H^5S^2O^4)(C^8H^4O^4)H^2O^2$. — Lorsqu'on dissout la sulfophényl-succinamide dans l'ammoniaque concentrée, et qu'on évapore la solution d'abord à une douce chaleur, puis dans le vide, on obtient un sirop très-dense qui finit par se prendre en fibres soyeuses groupées concentriquement.

C'est le *sel d'ammoniaque* de l'acide sulfophényl-succinamique. Il est très-soluble dans l'eau; dissous dans l'alcool, il y cristallise en fibres soyeuses. On peut, pour la préparation de ce sel, se servir de la sulfophényl-succinamide brute; car, quelque temps après la dissolution de cette amide dans l'ammoniaque, toutes les impuretés se déposent, et l'on obtient une solution incolore. Il fond à 165° en dégageant beaucoup d'ammoniaque, et l'on obtient une huile qui, dissoute dans l'eau bouillante, fournit des cristaux de sulfophényl-amide. Le sel d'ammoniaque renferme :

	Gerhardt et Chiozza.		Calcul.
Carbone.	44,1	—	43,8
Hydrogène. . . .	5,2	—	5,1
Azote.	10,3	—	10,2

Dissous dans l'eau, et additionné de quelques gouttes d'acide chlorhydrique, ce sel d'ammoniaque dépose de magnifiques ai-

[1] GERHARDT ET CHIOZZA (1853), *loc. cit.*

guilles, fusibles entre 155 et 160°, et dont la composition est exactement la même que celle du sulfophényl-succinamate d'ammoniaque.

Le *sel d'argent* de l'acide sulfophényl-succinamique se dépose sous la forme de belles aiguilles par l'addition du nitrate d'argent à la solution du sel d'argent précédent. Il renferme :

	Gerhardt et Chiozza.		Calcul.
Argent. . . .	28,7	—	28,4

Diazoture de sulfophényle, de benzoïle et de succinyle, $N^2(C^{12}H^5S^2O^4)^2(C^{14}H^5O^2)^2(C^8H^4O^4)$. — Cette diamide s'obtient aisément en chauffant ensemble légèrement 2 atomes d'azoture de sulfophényle, de benzoïle et d'argent, avec 1 atome de chlorure de succinyle. On reprend la masse par l'éther, et l'on abandonne la solution à l'évaporation spontanée. Il se dépose ainsi de petites aiguilles qu'on purifie par des lavages à l'éther. La solution éthérée renferme encore une substance huileuse, qui finit par cristalliser en aiguilles identiques aux précédentes.

Cette diamide fond à environ 146°. Elle se dissout aisément dans l'éther, lorsqu'on opère à chaud dans un tube fermé ; par le refroidissement et l'évaporation, la solution dépose contre les parois des lamelles allongées, très-minces, partant de plusieurs points. Sous la pression ordinaire, l'éther ne dissout que difficilement la substance cristallisée, tandis qu'il la dissout en toutes proportions à l'état visqueux.

Azoture de sulfophényle, de benzoïle et d'hydrogène. — Cette amide se dissout aisément dans l'ammoniaque aqueuse; la solution étant évaporée à une douce chaleur, ou mieux encore dans le vide, on obtient un sirop épais qui finit par se prendre en une masse radiée.

Ce produit constitue le *sulfophényl-benzoïlamate d'ammoniaque acide*, 2 $(C^{26}H^{11}S^2O^6N + H^2O^2),NH^3$. Il est fort soluble dans l'eau et l'alcool, mais insoluble dans l'éther. Lorsqu'on ajoute un acide à sa solution aqueuse, la liqueur se trouble, et dépose une huile épaisse qui se transforme peu à peu en belles aiguilles de sulfophényl-benzoïlamide. Il a donné à l'analyse :

	Gerhardt et Chiozza.		Calcul.
Carbone.	54,6	—	54,3
Hydrogène.	5,0	—	5,0
Azote.	6,7	—	6,9

Diazoture de sulfophényle, de benzoïle, d'argent et d'hydrogène, $N^2(C^{12}H^5S^2O^4)(C^{14}H^5O^2)AgH^3$. — En dissolvant l'azoture de sulfophényle, de benzoïle et d'argent dans une petite quantité d'ammoniaque concentrée, et en abandonnant la solution à l'évaporation spontanée, on obtient de magnifiques cristaux légèrement colorés en rose. Ces cristaux appartiennent au système monoclinique : ils se rapprochent d'un prisme à base rectangulaire, modifié sur les côtés parallèles à l'axe vertical, et dont le sommet serait tronqué par deux faces parallèles à la grande diagonale.

Ils se dissolvent aisément dans l'eau bouillante. Par une ébullition prolongée de la solution aqueuse, la substance se décompose en partie en dégageant de l'ammoniaque, et par le refroidissement on obtient deux espèces de cristaux : des aiguilles d'azoture de sulfophényle, de benzoïle et d'argent, et des prismes de la substance non altérée.

Traitée par l'acide nitrique, la solution aqueuse du diazoture de sulfophényle, de benzoïle, d'argent et d'hydrogène se trouble immédiatement et dépose par l'agitation des flocons blancs d'azoture de sulfophényle, de benzoïle et d'hydrogène.

Diazoture de sulfophényle, de cumyle, d'argent et d'hydrogène, $N^2(C^{12}H^5S^2O^4)(C^{20}H^{11}O^2)AgH^3$. — Lorsqu'on abandonne à l'évaporation spontanée une solution d'azoture de sulfophényle, de cumyle et d'argent dans l'ammoniaque, on obtient des aiguilles nacrées, groupées en éventail et douées de beaucoup d'éclat. Si l'évaporation se fait à une température trop élevée, on obtient une substance huileuse.

Le diazoture de sulfophényle, de cumyle, d'argent et d'hydrogène est fort peu soluble dans l'eau bouillante; par une ébullition prolongée, il dégage un peu d'ammoniaque. L'alcool le dissout plus aisément.

Page 77.

§ 1407. *Phénylure phényl-sulfureux,* ou sulfobenzide. — Ce corps n'est pas attaqué lorsqu'on le chauffe à 180° avec une solution alcoolique de potasse, dans un tube scellé. (Il est probable qu'il se dédoublerait en benzine et en phényl-sulfite par l'action de la potasse fondante.)

Lorsqu'on le chauffe pendant quelque temps avec de l'acide nitrique fumant, l'eau précipite de la liqueur un produit jaune que l'alcool dédouble en deux composés nitrés [1].

La *nitro-sulfobenzide*, $C^{24}H^9(NO^4)S^2O^4$, est fort soluble dans l'alcool chaud, et s'en sépare sous la forme d'une masse molle, couleur de miel, que le froid solidifie ; par l'évaporation spontanée la solution alcoolique donne de petits cristaux confus, solubles dans l'éther, insolubles dans l'eau, fusibles entre 90° et 92°, et se décomposant à 25°. Le sulfhydrate d'ammoniaque convertit la nitro-sulfobenzide en amido-sulfobenzide.

La *binitro-sulfobenzide*, $C^{24}H^8(NO^4)^2S^2O^4$, se produit en grande quantité lorsqu'on fait agir sur la sulfobenzide un mélange d'acide nitrique et d'acide sulfurique. Précipitée par l'eau et reprise par l'alcool bouillant, elle s'obtient sous la forme de tablettes rhombes, microscopiques, fort peu solubles dans l'alcool et l'éther bouillants, fusibles à 164° et se sublimant au-dessus de 320° sans altération. Le sulfhydrate d'ammoniaque convertit ce corps en biamido-sulfobenzide.

§ 1407[a]. *Amido-sulfobenzide* [2], $C^{24}H^9(NH^2)S^2O^4$. — Séparée par la potasse de la solution chlorhydrique, elle se compose de prismes microscopiques, peu solubles dans l'eau froide, fort solubles dans l'eau bouillante et dans l'alcool. Elle fond par la chaleur et se décompose ensuite.

Le *chlorhydrate*, $C^{24}H^9(NH^2)S^2O^4,HCl$, constitue des prismes bien définis, solubles dans l'eau et l'alcool, et fusibles à environ 90°.

Le *chloroplatinate*, $C^{24}H^9(NH^2)S^2O^4,HCl,PtCl$, est un précipité brun-jaunâtre, qu'on obtient avec le bichlorure de platine dans la solution concentrée du sel précédent.

Biamido-sulfobenzide, $C^{24}H^8(NH^2)^2S^2O^4$. — Elle se précipite par la potasse de la solution de son nitrate, sous la forme d'un précipité blanc-jaunâtre, qui brunit promptement. Elle est fort soluble dans l'alcool bouillant, peu soluble dans l'alcool froid, et cristallise en petits prismes.

Le *bichlorhydrate*, $C^{24}H^8(NH^2)^2S^2O^4$, 2 HCl, cristallise en prismes rhomboïdaux.

Le *bichloroplatinate*, $C^{24}H^8(NH^2)^2S^2O^4$, 2 HCl,$PtCl^2$, est un précipité rouge brun confusément cristallin.

[1] H. Gericke (1856), *Ann. der Chem. u. Pharm.*, XCVIII, 389.
[2] H. Gericke, *loc. cit.*

Page 79.

§ 1410. *Chlorure de trinitrophényle* [1], ou de picryle, $C^{6}H^{2}(NO^{4})^{3}Cl$. — On l'obtient par le perchlorure de phosphore et l'acide picrique. Il est solide, jaune, d'une odeur agréable, soluble dans l'alcool et l'éther, non volatil sans décomposition. L'eau le décompose en acide chlorhydrique et en acide picrique; l'ammoniaque le transforme en picramide.

Page 92.

§ 1415. *Picoline.* — Le *chloroplatinate* se décompose très-lentement par l'ébullition, et il faut huit ou dix jours pour que la métamorphose soit complète. L'addition d'un peu de picoline à la liqueur la favorise au point qu'elle se termine dans l'espace de quelques heures. Le *bichlorhydrate de platinopicoline* est insoluble dans l'eau. Une combinaison de ce sel et de chloroplatinate de picoline ($C^{12}H^{5}PtN,2HCl + C^{12}H^{7}N,HCl,PtCl^{2}$) cristallise en grains, beaucoup moins solubles que la combinaison correspondante de la pyridine (Anderson).

§ 1415 [a]. *Combinaisons d'éthyl-picoline* [2]. — Lorsqu'on mélange 1 vol. de picoline anhydre avec deux vol. d'iodure d'éthyle, et qu'on maintient au bain-marie le mélange enfermé dans un tube scellé, les deux matières réagissent en dégageant beaucoup de chaleur; la liqueur se trouble et forme deux couches, dont la supérieure se prend en une masse cristalline, composée d'iodure d'éthyl-picoline. Si l'on opère à chaud, la réaction est terminée dans l'espace de dix minutes. On fait recristalliser l'iodure dans une très-petite quantité d'un mélange bouillant d'alcool et d'éther.

L'alcali correspondant à cet iodure représente un hydrate d'ammonium.

Cet *hydrate* s'obtient en traitant par l'oxyde d'argent humide la solution de l'iodure. (Si l'on fait réagir l'oxyde d'argent trop longtemps ou à chaud, la matière éprouve une décomposition secondaire, annoncée par une coloration violette ou cramoisie.) La liqueur filtrée est incolore, d'une saveur caustique, d'une réaction alcaline très-prononcée; elle attire l'acide carbonique de l'air,

[1] PISANI (1854), *Compt. rend. de l'Acad.*, XXXIX, 852.
[2] ANDERSON (1854), *Ann. der Chem. u. Pharm.*, XCIV, 361.

précipite et redissout l'alumine, précipite le bichlorure de mercure, et se comporte en général, avec les sels métalliques, comme la soude ou la potasse. Portée en ébullition, elle prend une teinte rouge foncée, en même temps que l'odeur de l'éthylamine devient sensible; cette dernière base se dégage encore plus promptement par l'ébullition avec la potasse; la coloration rouge est due à une base particulière dont la nature n'a pas pu être déterminée. Par l'évaporation dans le vide, la solution de l'hydrate d'éthyl-picoline se décompose aussi en laissant une masse dure semblable à de la gomme et donnant avec l'eau une solution rouge de sang.

L'*iodure*, $C^{16}H^{11}N,HI = C^{12}H^{7}(C^{4}H^{5})N,I$, cristallise, dans un mélange d'alcool et d'éther, sous la forme de tables douées d'un éclat argentin; il est fort soluble dans l'eau, ainsi que dans l'alcool, peu soluble dans l'éther; il fond, au-dessous de 100°, en un liquide huileux. Si l'on ajoute à beaucoup de potasse la solution de l'iodure, ce sel se sépare sous la forme d'une huile épaisse qui se concrète peu à peu en une masse cristalline; bouillie avec de la potasse concentrée, la solution du sel dégage un alcali volatil.

Le *chloroplatinate*, $C^{16}H^{11}N,HCl,PtCl^{2} = C^{12}H^{7}(C^{4}H^{5})N,Cl,PtCl^{2}$, s'obtient en précipitant l'iodure par du nitrate d'argent, enlevant par l'acide chlorhydrique l'excès d'argent, et ajoutant à la liqueur filtrée une solution concentrée de bichlorure de platine. Il se dépose alors peu à peu sous la forme de tables orangées, fort solubles dans l'eau. La solution de ce sel se décompose par une ébullition prolongée. Il renferme :

	Anderson.		Calcul.
Carbone.	29,15	»	29,33
Hydrogène. . . .	3,76	»	3,66
Platine.	29,75	29,91	30,16

Le *chloraurate*, $C^{16}H^{11}N, HCl, AuCl^{3} = C^{12}H^{7}(C^{4}H^{5})N, Cl, AuCl^{3}$, se prépare, comme le chloroplatinate, au moyen du chlorure d'or. Il se dépose peu à peu sous la forme de prismes aplatis, d'un jaune doré, peu solubles dans l'eau froide, fort solubles dans l'eau bouillante, insolubles dans l'alcool et l'éther.

Page 103.

§ 1426. *Nitraniline*. — Nous avons déjà indiqué [1] l'existence d'un

[1] Voy. t. III, p. 983.

alcali isomère de ce corps. M. Arppe[1] a étudié d'une manière comparative les deux alcalis, que nous appelons α et β. Ils se distinguent surtout par leur point de fusion, leur mode de cristallisation et leur solubilité.

Nitraniline α (paranitraniline de M. Arppe). Elle se produit par la binitrobenzine et le sulfhydrate d'ammoniaque. Elle a une saveur sucrée brûlante ; elle a une couleur jaune beaucoup plus intense que celle de la nitraniline β.

Elle exige pour sa solution 600 p. d'eau à 18°,5 ; elle est beaucoup plus soluble dans l'eau bouillante, ainsi que dans l'alcool et l'éther.

Le *chlorhydrate* forme des tables rhombes de 120°, fort solubles dans l'acide chlorhydrique ; il est décomposé par l'eau, qui en sépare la plus grande partie de la nitraniline α.

Le *sulfate* constitue des cristaux microscopiques, brillants, formés de tables rhombes, solubles dans l'eau.

Le *nitrate* est un sel fort soluble dans l'eau, peu soluble dans l'acide nitrique.

Le *tartrate* forme des tables rectangulaires.

Nitraniline β. Elle se produit par l'action prolongée du carbonate de soude sur la nitrophényl-pyrotartrimide. Elle n'a presque pas de saveur.

Elle se dépose sous la forme de longues aiguilles et de tables rhombes de 111°, fusibles à 141°, fort solubles dans l'alcool et l'éther ; elle exige pour sa solution 1250 p. d'eau à 18°,5 et 45 p. d'eau bouillante.

Le *chlorhydrate* forme des tables rhombes de 95° ou de 115° ; il est décomposé par l'eau qui en sépare l'alcali.

Le *chloroplatinate*, $C^{12}H^6(NO^4)N, HCl, PtCl^2$, cristallise en solution concentrée en aiguilles très-fines, groupées en étoiles ; il est beaucoup plus soluble dans l'alcool que dans l'eau. Lorsqu'on le lave avec un mélange d'alcool et d'éther, il se transforme en une poudre jaune, paraissant renfermer $C^{12}H^6(NO^4)N, HCl, 2\,PtCl^2$.

Le *bisulfate*, $C^{12}H^6(NO^4)N, H^4O^2, S^2O^6$, forme de grosses lames brillantes, que l'eau décompose.

Le *nitrate* cristallise en longues aiguilles, que l'eau décompose.

Le *bioxalate* s'obtient en fines aiguilles jaunes, peu solubles dans l'eau.

[1] Arppe, *Ann. der Chem. u. Pharm.*, XCIII, 357.

Le *tartrate* forme des aiguilles jaunes.

Dinitraniline. — Elle cristallise dans le système monoclinique[1], avec les faces [∞P∞]. ∞P∞ . — P. + P∞ . Valeurs des axes, *a* axe principal : *b* diagonale oblique : *c* diagonale droite :: 1 : 1,3954 : 1,4406. Angle des axes *a* et *b* = 85°1. Inclinaison des faces, — P : — P dans le plan de la diagonale oblique et de l'axe principal = 122°56′; — P : [∞P∞] = 118°32′; ∞P∞ : + P∞ = 122°18′. Clivage facile parallèlement à ∞P∞ .

Nitrazophénylamine. — Le *chlorhydrate de nitrazophénylamine* cristallise dans le système rhombique[2], avec les faces P. oP. ∞P 2. ∞P̄∞ . ∞P̆∞ . Rapport de l'axe vertical aux axes secondaires :: 1 : 2,1892 : 1,5549. Inclinaison des faces, P : P aux arêtes culminantes = 119°21′ et 137°58′, id. aux arêtes latérales = 76°32′; ∞P 2 : ∞P 2 dans le plan de la petite diagonale et de l'axe vertical = 70°18′.

Page 104.

§ 1427 [a]. *Azoture de trinitrophényle et d'hydrogène*[3], ou picramide, $C^{12}H^4(NO^4)^3N$. — On le prépare en broyant à froid, avec un excès de carbonate d'ammoniaque, le chlorure de picryle brut; on reprend la masse par l'eau bouillante, et l'on filtre; la picramide reste sur le filtre, et peut être cristallisée dans l'alcool.

La picramide cristallise en lames terminées en pointe et dentelées, d'un jaune foncé par transmission, avec des reflets violets; réduite en poudre, elle est d'un beau jaune clair; elle est insoluble dans l'eau, même chaude, peu soluble dans l'alcool froid, mais assez soluble dans l'alcool bouillant; elle est fort peu soluble dans l'éther. La chaleur la décompose sans détonation. La potasse bouillante en dégage de l'ammoniaque en formant du picrate.

Page 130.

§ 1455 [a]. *Cyanure de phényle.* — Il se colore en cramoisi au contact du potassium. Lorsqu'on le chauffe à 240°, dans un tube fermé, avec une quantité équivalente de potassium, on obtient des

[1] Schabus, *loc. cit.*
[2] Schabus, *loc. cit.*
[3] Pisani (1854), *Compt. rend. de l'Acad.*, XXXIX, 852.

aiguilles d'un composé inconnu, ainsi que du cyanure de potassium [1].

Page 144.

§ 1461 [a]. *Dérivés bromés de la quinone.* — La *quinone perbromée* [2], ou bromanile, $C^{12}Br^4O^4$, s'obtient, entre autres produits, par l'action du brome sur l'acide picrique dissous dans l'eau. Elle forme des paillettes d'un jaune doré, brillantes et sublimables. Elle est presque insoluble dans l'eau, peu soluble à froid dans l'alcool et l'éther, assez soluble à l'ébullition.

L'acide sulfureux la transforme en hydroquinone perbromée.

La potasse la convertit en acide bibromo-quinonique, l'ammoniaque en bibromo-quinonamide.

§ 1466 [a]. *Dérivés bromés de l'hydroquinone.* — L'*hydroquinone perbromée* [3], ou bromhydranile, $C^{12}Br^4H^2O^4$, se produit lorsqu'on fait passer du gaz sulfureux dans la quinone perbromée, délayée dans l'alcool chaud. Elle forme des cristaux incolores, doués d'un éclat nacré, presque insolubles dans l'eau, fort solubles dans l'alcool et l'éther; elle fond par la chaleur et se sublime aisément en paillettes incolores.

§ 1469. *Dérivés bromés de l'acide quinonique.* — *L'acide bibromo-quinonique* [4], ou bromanilique, $C^{12}H^2Br^2O^8$, se produit à l'état de sel de potasse par l'action de l'hydrate de potasse sur la quinone perbromée. Il s'en sépare peu à peu par l'addition de l'acide chlorhydrique ou sulfurique. Il forme des paillettes, couleur de bronze après la dessiccation, solubles dans l'eau et l'alcool avec une couleur pourpre, dans l'éther avec une teinte jaune.

Le *sel de potasse*, $C^{12}K^2Br^2O^8+2$ aq., forme des aiguilles rouge brun, fort solubles dans l'eau, presque insolubles dans la potasse et dans l'alcool. Il se comporte avec les sels métalliques comme le sel de potasse de l'acide bichloroquinonique.

§ 1473 [a]. *Dérivés bromés des amides quinoniques.* — La *bibromo-quinonamide* [5], ou bromanilamide, $C^{12}H^4Br^2N^2O^4$, s'obtient le mieux en faisant passer du gaz ammoniaque dans de l'alcool chaud renfermant en suspension de la quinone perbromée. C'est une poudre

[1] STENHOUSE, *loc. cit.*
[2] BINGLEY, *Journ. f. prakt. Chem.*, LXIII, 320.
[3] STENHOUSE (1854), *Ann. der Chem. u. Pharm.*, XCI, 307.
[4] STENHOUSE, *loc. cit.*
[5] STENHOUSE, *loc. cit.*

cristalline rouge brun, presque insoluble dans l'eau, l'alcool et l'éther. Par la chaleur, elle se charbonne en partie en donnant un sublimé de cristaux bruns.

L'*acide bibromo-quinonamique*[1] ou bromanilamique s'obtient à l'état de sel d'ammoniaque par la dissolution de la quinone perbromée dans l'ammoniaque aqueuse. Lorsqu'on ajoute avec précaution de l'acide sulfurique à la solution brun rouge, l'acide bibromo-quinonamique se sépare sous la forme d'aiguilles presque noires. (Si l'on chauffe la solution ammoniacale avec de l'acide sulfurique, elle se décolore en précipitant de l'acide bibromoquinonique).

Le *sel d'ammoniaque* de l'acide bibromoquinonamique forme des aiguilles rouge-brun.

§ 1487. *Amarine.* — Elle se produit aussi, suivant M. Goessmann[2], lorsqu'on distille avec de l'hydrate de chaux le sulfite de benzoïl-ammonium (§ 1497).

§ 1490. *Lophine*[3]. — Dans la distillation du sulfite de benzoïl-ammonium avec de l'hydrate de chaux, on recueille toujours, outre l'amarine, une certaine quantité de lophine qui se dépose sur les parties supérieures du col de la cornue. La formation de la lophine n'a lieu que lorsque le mélange est porté à une température très-élevée.

MM. Goessmann et Atkinson ont trouvé dans la lophine :

	Goessmann et Atkinson.			$C^{42}H^{16}N^2$.
Carbone.	84,82	84,71	84,84	85,1
Hydrogène. . . .	5,69	5,65	5,35	5,4
Azote.	9,47	»	»	9,5
				100,0

La lophine est une base très-faible et n'a qu'une fort légère réaction alcaline. Ses sels perdent une partie de leur acide par des cristallisations réitérées; le sulfate offre surtout ce caractère. Chauffée avec de l'iodure d'éthyle, la lophine ne donne que de l'iodhydrate de lophine.

[1] Stenhouse, *loc. cit.*

[2] Goessmann, *Ann. der Chem. u. Pharm.*, XCIII, 329.

[3] Goessmann, *loc. cit.* — Atkinson et Goessmann, *Ann. der Chem. u. Pharm.*, XCVII, 283. — MM. Goessmann et Atkinson représentent la lophine par la formule $C^{42}H^{17}N^2$ qui me semble inacceptable.

Le *chlorhydrate*, $C^{42}H^{16}N^{2},HCl$ + aq (?) se dépose sous la forme d'aiguilles transparentes lorsqu'on sature d'acide chlorhydrique une solution alcoolique de lophine sursaturée à chaud; abandonnés dans la liqueur acide, ces cristaux se transforment en petits prismes opaques.

Le *chloroplatinate*, $C^{42}H^{16}N^{2},HCl, PtCl_{2}$, est plus soluble dans l'alcool que les autres sels de lophine. Il s'altère lorsqu'on le fait bouillir avec un excès de bichlorure de platine. Il a donné à l'analyse :

	Gœssmann et Atkinson.	Calcul.
Carbone. . . .	49,22	50,1
Hydrogène. . .	3,93	3,4
Platine. . . .	19,77	19,7

La lophine paraît aussi se combiner directement avec le bichlorure de platine. Lorsqu'on mélange une solution alcoolique et concentrée de lophine avec une solution alcoolique, concentrée et neutre de bichlorure de platine, on obtient un précipité orangé et cristallin, contenant 17,5 — 17,3 p. c. de platine ($4C^{42}H^{16}N^{2}$, 3 $PtCl^{2}$?).

L'*iodhydrate* cristallise aisément en grosses aiguilles plus solubles dans l'alcool et l'éther que le chlorhydrate.

Le *sulfate* perd peu à peu presque tout son acide par des cristallisations réitérées.

Le *nitrate argentique*, $C^{42}H^{16}N^{2},NO^{6}Ag$, s'obtient sous la forme d'aiguilles par l'addition d'une solution alcoolique et moyennement concentrée de nitrate d'argent à une solution alcoolique de lophine, saturée à chaud. Ce sel se décompose en partie par de nouvelles cristallisations.

Page 210.

§ 1514. *Acide stéaro-benzoïque anhydre* [1]. — On l'obtient en chauffant ensemble des quantités équivalentes de stéarate de potasse et de chlorure de benzoïle, dans un bain d'huile, et reprenant le produit par l'éther absolu bouillant. Il cristallise, par le refroidissement, en paillettes brillantes, fusibles à 70°.

Page 220.

§ 1517. *Benzoate de chaux*. — Les fines aiguilles de ce sel ap-

[1] MALERBA, *Ann. der Chem. u. Pharm.*, XCI, 104.

partiennent probablement au sytème rhombique. (Combinaison observée [1], $\infty P . \infty \breve{P}\infty . \infty \bar{P}\infty . \bar{P}\infty$. Inclinaison des faces, $\infty P : \infty \bar{P}\infty = 122^\circ 5'$; $\bar{P}\infty : \infty \bar{P}\infty = 106^\circ 26'$. Valeurs des axes, a (vertical) : b : c :: 1 : 3,390 : 2,125.

Page 231.

§ 1526. *Acide nitrobenzoïque.* — La transformation de l'acide benzoïque en acide nitrobenzoïque exige l'emploi d'un acide nitrique concentré, et n'est complète qu'après une ébullition longtemps prolongée. M. Gerland [2] préfère le procédé suivant, beaucoup plus expéditif : on mélange dans un mortier l'acide benzoïque avec le double de son poids de salpêtre, et l'on y ajoute, en agitant, une proportion d'acide sulfurique concentrée égale à celle de ce sel. La réaction s'effectue alors avec dégagement de chaleur; pour la rendre complète, on chauffe dans une capsule la masse devenue solide, jusqu'à ce qu'elle commence à se ramollir. Lorsqu'on opère sur de petites quantités, on peut chauffer jusqu'à faire fondre le produit, ce qui est surtout favorisé par l'emploi d'un excès d'acide sulfurique ; la masse étant alors abandonnée, le bisulfate de potasse se concrète le premier, de manière qu'on en peut séparer par décantation l'acide nitrobenzoïque encore liquide. On purifie le produit par des cristallisations dans l'eau bouillante. Ce procédé en donne plus que l'emploi de l'acide nitrique: aussi n'y observe-t-on le dégagement que de très-petites quantités de vapeurs nitreuses.

Les sulfures des métaux alcalins décomposent l'acide nitrobenzoïque comme le sulfhydrate d'ammoniaque.

Page 237.

§ 1531. *Acide benzamique.* — M. Gerland [3] trouve plus avantageux de le préparer en employant une solution d'acide nitrobenzoïque dans l'ammoniaque aqueuse; on y fait passer l'hydrogène sulfuré pendant qu'on la maintient en ébullition, autant que possible à l'abri de l'air. La liqueur étant saturée, on en décante le soufre; on l'évapore rapidement, et l'on y ajoute de l'acide acéti-

[1] Schabus, *loc. cit.*
[2] Gerland, *Ann. der Chem. u. Pharm.*, XCI, 185.
[3] Garlanc, *lot. cit.*

que. L'acide benzamique se dépose presque entièrement par le refroidissement et à l'état incolore.

L'acide benzamique se présente sous deux formes : déposé dans l'eau bouillante, il constitue de petites masses dures et cristallines, ou, par un refroidissement lent, de beaux cristaux transparents (c'est sous cette dernière forme que M. Chancel avait obtenu l'acide carbanilique); l'alcool le dépose à l'état amorphe; mais on peut rendre cristallin l'acide amorphe, si l'on maintient pendant quelque temps sa solution ou la solution d'un de ses sels à une température supérieure de quelques degrés au point d'ébullition de l'eau.

Nous avons dit que l'acide nitreux transforme l'acide benzamique en une matière rouge résinoïde. L'analyse de ce produit, qu'on n'a pas pu obtenir cristallisé, a donné des proportions variables de carbone, d'hydrogène, d'azote et d'oxygène. Délayée dans l'eau, la matière résinoïde s'altère davantage sous l'influence de l'acide nitreux : il se dégage des bulles d'azote (sans aucune trace d'acide carbonique), et l'on obtient une solution rouge limpide. Celle-ci renferme de l'*acide oxibenzoïque*, isomère de l'acide salicylique. (Voy. plus bas p. 1018.)

L'acide benzamique peut de nouveau être converti en acide benzoïque par l'action du peroxyde de manganèse, du permanganate de potasse, ou du chlore. Un mélange d'acide sulfurique et de bichromate de potasse l'attaque vivement en dégageant de l'acide carbonique.

Page 245.

§ 1536. *Acide hippurique* [1]. — M. Loewe met à profit la faible solubilité de l'hippurate de zinc pour extraire l'acide hippurique de l'urine de cheval. A cet effet, on y fait dissoudre un excès de sulfate de zinc, et, sans séparer le dépôt qui contient du carbonate et du phosphate de zinc, on la réduit par évaporation au sixième du volume primitif; puis on filtre, on lave à l'eau chaude le résidu sur le filtre, et l'on décompose par l'acide chlorhydrique le liquide filtré. Celui-ci ne tarde pas alors à se prendre en une bouillie de cristaux qu'on rassemble sur un filtre pour les laver à l'eau froide tant qu'elle en est colorée; on les dessèche par la pression

[1] Loewe, *Journ. f. prakt. Chem.*, LXV, 269.

entre des doubles de papier buvard. L'addition du sulfate de zinc à l'urine de cheval la conserve et permet à l'expérimentateur d'attendre qu'il en ait une provision suffisante pour continuer les opérations.

L'*hippurate de zinc*, $C^{18}H^{8}ZnNO^{6}+5aq.$, cristallise en lamelles micacées, qu'on obtient par double décomposition au moyen d'un hippurate soluble et du sulfate de zinc. On peut également l'obtenir en faisant bouillir une dissolution d'acide hippurique avec du zinc en grenailles. Il perd à 100° 17,66 p. c. = 5 at. d'eau. 1 p. de sel se dissout dans 4 p. d'eau à 100°, dans 53,16 p. d'eau à 17°,5, et dans 60,5 p. d'alcool bouillant de 0,82. Il est presque insoluble dans l'éther. La solution aqueuse possède une réaction acide.

Page 260.

§ 1543. *Acide benzolactique* [1], $C^{20}H^{10}O^{8} = C^{14}H^{5}(C^{6}H^{5}O^{4})O^{4}$, c'est-à-dire acide benzoïque dans lequel H est remplacé par du lactyle. — Lorsqu'on chauffe à 150°, dans une cornue, au bain d'huile, un mélange de 10 p. d'acide lactique sirupeux et de 14 p. d'acide benzoïque, il distille de l'eau, et le col de la cornue se tapisse de cristaux d'acide benzoïque. On fait bien de maintenir la température à 200° pendant quelques heures. Par le refroidissement, le résidu se prend en une masse de cristaux. On le fait bouillir avec une solution de carbonate de soude, en ayant soin d'employer ce sel en quantité insuffisante pour la saturation complète; alors l'acide benzolactique, étant plus énergique que l'acide benzoïque, se combine le premier avec la soude, tandis que l'acide benzoïque, ainsi qu'une petite quantité de matière colorante, demeure en grande partie dans le résidu. Dans ces circonstances, la liqueur ne renferme pas plus d'acide benzoïque que l'eau n'en peut dissoudre, et il suffit d'agiter la liqueur pour enlever entièrement cet acide. Additionnée ensuite d'acide chlorhydrique, la solution aqueuse dépose des cristaux incolores d'acide benzolactique, qu'on purifie par de nouvelles cristallisations dans l'eau ou dans un mélange d'alcool et d'éther.

L'acide benzolactique forme des tables ou des cristaux aciculaires, un peu gras au toucher, et fusibles à 112°; il ne s'obtient

[1] STRECKER, *Das chemische Laborat. der Univers. Christiania*, p. 52.

jamais à l'état de paillettes comme l'acide benzoïque. Après le refroidissement, l'acide benzolactique fondu reste longtemps fluide, et ne se prend qu'au bout de quelque temps en une masse cristalline. Il ne se sublime pas, comme l'acide benzoïque, quand on le chauffe à 100 ou 120°, mais il exige pour cela une température très-élevée, et alors il paraît se sublimer sans altération. Il se dissout dans 400 p. d'eau froide; il est bien plus soluble dans l'eau bouillante. Lorsqu'on le fait bouillir avec une quantité d'eau qui ne suffit pas à sa dissolution complète, la partie indissoute se fond; par le refroidissement, la solution devient laiteuse et ne s'éclaircit que peu à peu en séparant des aiguilles. Il est fort soluble dans l'alcool; l'éther l'enlève entièrement à la solution aqueuse. Il ne renferme pas d'eau de cristallisation.

Bouilli avec de l'eau, il se dédouble très-lentement en acide benzoïque et en acide lactique; cette transformation s'opère un peu plus rapidement, si l'on chauffe l'acide benzolactique avec de l'acide sulfurique étendu.

L'acide benzolactique forme des sels en grande partie solubles dans l'eau, fort semblables aux benzoates. Les benzolactates à base d'alcali précipitent entièrement le fer des sels ferrugineux. La solution des benzolactates n'est pas, comme celle des benzoates, précipitée par l'acétate de plomb, et, même par l'addition d'un excès d'ammoniaque, le précipité ne se forme qu'au bout de quelque temps.

Le *sel de soude* s'obtient en aiguilles brillantes en saturant l'acide par du carbonate de soude, évaporant à siccité, et reprenant par l'alcool absolu et bouillant.

Le *sel de baryte*, $C^{20}H^{9}BaO^{8} + 6$ aq., cristallise de sa solution aqueuse en paillettes hexagones, minces et brillantes; il perd à 100° 17,6 p. c. d'eau = 6 atomes.

Le *sel d'argent*, $C^{20}H^{9}AgO^{8}$, est un précipité floconneux, cristallisant dans l'eau bouillante en fines aiguilles.

Page 273.

§ 1558 [a]. *Dérivés chlorés des azotures de benzoïle.* — *L'azoture de chlorobenzoïle et d'hydrogène* [1], ou chlorobenzamide, $C^{14}H^{6}ClNO^{2} = N(C^{14}H^{4}ClO^{2})H^{2}$, se produit par la réaction du carbonate d'am-

[1] GERHARDT et DRION (1854), *Ann. de chim. et de phys.*, [3] XLV, 102.

moniaque et du chlorure de chlorobenzoïle. Il est insoluble dans l'eau, et cristallise en très-belles aiguilles de sa dissolution dans l'alcool ou dans l'ammoniaque; traité par la potasse bouillante, il dégage de l'ammoniaque.

Page 275.

§ 1562. *Cyanure de benzoïle*[1]. — Lorsqu'on chauffe le cyanure de benzoïle avec de l'acide chlorhydrique et du zinc métallique, on obtient de l'hydrure de benzoïle; une partie de ce produit se transforme en benzoïne, son isomère[2]. On a d'ailleurs[3] :

$$HCl + ZnZn = HZn + ZnCl$$
$$HZn + C^{14}H^5O^2,Cy = H,C^{14}H^5O^2 + ZnCy.$$

Page 290.

§ 1574. *Hydrure de salicyle.* — Il est également contenu dans la racine d'une synanthérée, le *Crepis fœtida;* on en sent très-bien l'odeur, en écrasant cette racine[4].

Page 307.

§ 1592[c]. *Benzoïl-hélicine*[5]. — Elle ressemble beaucoup à l'hélicine, et cristallise en faisceaux composés d'aiguilles soyeuses.

Page 311.

§ 1597. *Salicine.* — Les cristaux de la salicine appartiennent au système rhombique[6]. Combinaison observée, $\infty P . \infty \bar{P} \infty$ $\breve{P} \infty$. Rapport de l'axe vertical aux axes secondaires, 1 : 2,4938 : 0,9274. Inclinaison des faces, dans le plan de la petite diagonale et de l'axe vertical, $\infty P : \infty P = 139°12'$, $\breve{P} \infty : \breve{P} \infty = 136°18'$.

§ 1600. *Populine*[7]. — Elle est à peine soluble dans l'éther. Elle

[1] Voy. l'addition, t. III, p. 987.
[2] H. Kolbe, *Ann. der Chem. u. Pharm.*, XCVIII, 344.
[3] Voy. sur cette interprétation, § 2452.
[4] Wicke, *Ann. der Chem. u. Pharm.*, XCI, 374.
[5] Piria, *Il nuovo Cimento*, I, 198. En extrait, *Ann. der Chem. u. Pharm.*, XCVI, 375.
[6] Schabus, *loc. cit.*
[7] Piria, *loc. cit.*

fond à 180° en un liquide incolore qui se prend par le refroidissement en une masse vitreuse.

L'acide sulfurique concentré la colore en rouge.

Abandonnée dans l'eau avec de la caséine putride et du carbonate de chaux, elle se décompose, et l'on trouve parmi les produits de la saligénine, du lactate et du benzoate de chaux.

100 p. de populine cristallisée ont donné 28,9 p. d'acide benzoïque (calcul 28,64).

Lorsqu'on chauffe, au bain-marie, la populine dans un tube scellé avec une solution alcoolique d'ammoniaque, on obtient de la salicine, du benzoate d'éthyle et de la benzamide. L'ammoniaque gazeuse n'agit pas sur la populine, même à 150°.

Page 322.

§ 1604. *Dérivés métalliques de l'acide salicylique.* — M. Piria[1] a obtenu des salicylates à 2 atomes de métal; il considère ceux-ci comme les véritables sels neutres.

Le *salicylate bibarytique*, $C^{14}H^4Ba^2O^6 + 4$ aq., s'obtient en ajoutant une solution concentrée de baryte caustique à une solution concentrée et bouillante de salicylate monobarytique; le sel bibarytique, étant beaucoup moins soluble que ce dernier, se dépose alors sous la forme de paillettes, qu'on purifie par une nouvelle cristallisation dans l'eau. Il a une réaction manifestement alcaline; il est décomposé par l'acide carbonique qui le transforme en sel monobarytique. Il perd 4 atomes d'eau de cristallisation par la dessiccation à 100°.

Le *salicylate bicalcique*, $C^{14}H^4Ca^2O^6 + 2$ aq., s'obtient en ajoutant une solution de chaux dans l'eau sucrée à la solution du salicylate monocalcique; il se dépose alors immédiatement sous la forme d'un précipité cristallin et grenu, doué d'une réaction alcaline; il est également décomposé par l'acide carbonique.

Le *salicylate monocuivrique*, $C^{14}H^5CuO^6 + 4$ aq., cristallise en longues aiguilles d'un bleu verdâtre, qui perdent leur eau de cristallisation bien au-dessous de 100°. Il reste en dissolution lorsqu'on précipite la solution du salicylate monobarytique par une solution de sulfate de cuivre. Lorsqu'on le chauffe dans une quantité d'eau qui ne suffit pas à sa dissolution, il fond au-dessous de 100° en se

[1] PIRIA, *Ann. der Chem. u. Pharm.*, XCIII, 262.

transformant en acide salicylique qui reste dissous, et en salicylate bicuivrique insoluble. L'éther détermine déjà à froid la même transformation du salicylate monocuivrique.

Le *salicylate bicuivrique*, $C^{14}H^4Cu^2O^6 + 2$ aq., constitue une poudre légère, presque insoluble, d'un vert jaunâtre.

Le *salicylate cuivrico-potassique*, $C^{14}H^4CuKO^6 + 4$ aq., cristallise en belles lames d'un vert émeraude,

Le *salicylate cuivrico-barytique*, $C^{14}H^4CuBaO^6 + 4$ aq., forme une poudre cristalline.

Le *salicylate biplombique*, $C^{14}H^4Pb^2O^6$, forme une poudre blanche, cristalline et pesante; on l'obtient aisément en ajoutant du sous-acétate de plomb tribasique à une solution saturée et bouillante de salicylate monoplombique. Un *sous-salicylate*, $C^{14}H^4Pb^2O^6, 3PbO$, se sépare sous la forme d'une poudre blanche, composée de paillettes nacrées, microscopiques, lorsqu'on fait bouillir le salicylate monoplombique avec un léger excès d'ammoniaque.

Acide oxybenzoïque, isomère de l'acide salicylique, $C^{14}H^6O^6$. — M. Gerland[1] a obtenu ce corps par l'action prolongée de l'acide nitreux sur l'acide benzamique (§ 1531) :

$$\underset{\text{Acide benzamique.}}{2C^{14}H^7NO^4} + 2NO^3 = \underset{\text{Ac. oxibenzoïq.}}{2C^{14}H^6O^6} + 2N^2 + 2HO.$$

Pour le préparer, on fait agir l'acide nitreux sur une solution concentrée et bouillante d'acide benzamique; l'acide oxybenzoïque cristallise par le refroidissement à l'état coloré; on le purifie par le charbon animal.

L'acide oxybenzoïque, tel qu'il se dépose dans l'eau ou l'alcool, forme une poudre cristalline, incolore ou jaunâtre. Il est peu soluble dans l'eau froide, mais l'eau bouillante le dissout aisément; il se comporte de même avec l'alcool; les solutions ont une réaction fort acide. Il fond à une température élevée, et distille sans altération; il se volatilise déjà avec la vapeur d'eau par l'ébullition de sa solution aqueuse, et se condense alors, sur les corps froids, sous la forme d'aiguilles brillantes. Il est inaltérable à l'air, et ne perd pas de son poids à 100°.

Chauffé brusquement, l'acide oxybenzoïque se transforme en partie en acide carbonique et en acide phénique; cette métamorphose est complète par la distillation d'un mélange d'acide oxybenzoïque et de chaux hydratée.

[1] GERLAND (1854). *Ann. der Chem. u. Pharm.*, XCI, 185.

La solution de l'acide oxybenzoïque ne se colore pas, comme celle de l'acide salicylique, par l'addition du chlorure ferrique.

L'acide nitrique de 1,36 attaque l'acide oxybenzoïque à la température ordinaire, et le transforme en acide nitroxybenzoïque, isomère de l'acide nitrosalicylique (voy. plus bas p. 1020); avec l'acide nitrique plus concentré, on obtient d'autres produits plus nitrés, qui explosionnent vivement par la chaleur.

L'acide oxybenzoïque déplace l'acide carbonique et neutralise les alcalis.

Les *oxybenzoates* à base d'alcali sont fort solubles, et s'obtiennent difficilement à l'état cristallisé; ceux à base de terre alcaline sont moins solubles et cristallisent en aiguilles; les autres oxybenzoates métalliques sont insolubles dans l'eau et l'alcool, solubles dans les acides.

Le *sel de plomb* est incolore et renferme $C^{14}H^{5}PbO^{6}$. (Expérience, 46,99 p. c. d'oxyde).

Page 329.

§ 1610. Le *succinate d'éthyl-salicyle*, $C^{44}H^{22}O^{16} = C^{14}H^{4}(C^{4}H^{5})^{2}O^{6}$, $C^{14}H^{4}(C^{8}H^{4}O^{4})O^{6}$, s'obtient comme son homologue méthylique. Il cristallise en longues aiguilles, insolubles dans l'eau, peu solubles dans l'éther, très-solubles dans l'alcool bouillant. On peut, sans l'altérer, le faire bouillir avec une dissolution aqueuse et concentrée de potasse (Drion).

§ 1611. *Salicylate d'amyle*[1], ou hydrate d'amyl-salicyle. — Ce corps ne s'obtient pas par les procédés ordinaires d'éthérification. M. Drion l'obtient en faisant réagir l'alcool amylique et le chlorure de salicyle. Il est important pour le succès de l'expérience de n'opérer que sur de petites quantités de matière à la fois, autrement la réaction est fort tumultueuse, et il ne se forme que peu de salicylate d'amyle, tandis qu'on recueille une grande quantité de produits secondaires, parmi lesquels se rencontre en abondance l'hydrate de phényle.

Le salicylate d'amyle est un liquide incolore très-réfringent, d'une odeur agréable, et plus pesant que l'eau, dans laquelle il est insoluble. Il bout à 270°. Traité à froid par la potasse caustique, il se prend en masse; à chaud, il dégage de l'alcool amylique et donne du salicylate de potasse.

[1] GERHARDT et DRION (1854), *Ann. de chim. et de phys.*, [3] XLV, 90.

Il se comporte avec le chlorure de benzoïle comme les autres éthers salicyliques, en donnant une masse visqueuse qui ne se solidifie que difficilement : c'est probablement le *benzoate d'amylsalicyle.*

Page 338.

§ 1622 ^{a}. *Acide nitroxybenzoïque, isomère de l'acide nitrosalicylique,* $C^{14}H^{5}(NO^{4})O^{6}$. — Cet acide se produit[1] par l'action de l'acide nitrique de 1,36 sur l'acide oxybenzoïque (voy. p. 1018); la réaction s'effectue déjà à la température ordinaire; si l'on évapore au bain-marie l'excès d'acide nitrique, il reste une masse jaune qui se dissout aisément dans l'eau chaude, et se dépose, par l'évaporation, sous la forme de beaux cristaux du système rhombique. Ce produit a une saveur amère désagréable, et colore encore en jaune une solution fort étendue. Il est fort acide et déplace l'acide carbonique.

Le sulfhydrate d'ammoniaque attaque l'acide nitroxybenzoïque, en déposant du soufre.

Le *sel de potasse*, $C^{14}H^{4}K(NO^{4})O^{6}$, est peu soluble dans l'eau froide, mais l'eau bouillante le dissout aisément, et le dépose sous la forme de belles aiguilles brillantes ou de prismes jaune-doré, semblables au picrate de potasse. Il est anhydre, et explosionne légèrement par la chaleur.

Page 349.

§ 1636. *Nitrocoumarine.* — L'hydrogène naissant, tel qu'il se développe d'une solution potassique de nitro-coumarine, est sans action sur ce corps. Il en est de même d'une solution d'hypophosphite de soude ou d'ammoniaque.

Mais l'acétate ferreux transforme la nitro-coumarine en coumaramine.

Coumaramine[2], $C^{18}H^{7}NO^{4}$. — On met la nitro-coumarine en contact avec un mélange de limaille de fer et d'acide acétique étendu, en chauffant au bain-marie; pour que la réaction soit complète, on la maintient pendant 24 heures. On filtre et l'on

[1] GERLAND (1854), *Ann. der Chem. u. Pharm.*, XCI, 192.
[2] CHIOZZA et FRAPOLLI (1855), *Ann. der Chem. u. Pharm.*, XCV, 252.

concentre par l'évaporation la liqueur filtrée; celle-ci dépose par le refroidissement des aiguilles jaunes de coumaramine. La filtration a besoin d'être répétée plusieurs fois à chaud, parce que la solution d'acétate ferreux précipite de l'oxyde ferrique pendant l'évaporation. Ce précipité contient également de la coumaramine qu'on peut en extraire par l'alcool; la solution alcoolique, étant évaporée au bain-marie, laisse un résidu qu'on reprend par l'eau bouillante.

Pendant la concentration des solutions aqueuses de coumaramine, une partie de cette substance s'altère, car les cristaux sont toujours mêlés d'une matière brune amorphe.

La coumaramine se présente sous la forme de belles aiguilles jaune-rougeâtre, souvent longues de plusieurs centimètres. Presque insoluble dans l'eau froide et dans l'éther, elle se dissout aisément dans l'eau bouillante, ainsi que dans l'alcool bouillant. Une solution saturée d'acétate ferreux paraît la mieux dissoudre que l'eau froide.

Elle fond entre 168 et 170°; portée avec précaution à une température plus élevée, elle exhale des vapeurs jaunes qui se condensent sous la forme de paillettes jaune pâle. Brusquement échauffée dans un tube, elle distille sous la forme d'une huile pesante, qui se condense en cristaux jaunes, rendus impurs par une huile en petite quantité, ayant une odeur semblable à celle de l'aniline.

Une solution bouillante de potasse caustique décompose rapidement la coumaramine; la liqueur saturée par un acide dépose des flocons bruns.

La coumaramine forme des sels avec les acides; leur solution précipite par l'ammoniaque sous la forme d'une masse cristalline.

Le *chlorhydrate* forme des paillettes fort solubles dans l'eau.

Le *chloroplatinate*, $C^{18}H^7NO^4$, HCl, PtCl^2, constitue un précipité jaune et cristallin, insoluble dans l'eau.

Page 371.

§ 1654. *Acide anisamique* [1], $C^{16}H^9NO^6$. — M. Zinin obtient ce corps en faisant agir le sulfhydrate d'ammoniaque sur l'acide nitranisique.

[1] ZININ (1854), *Ann. der. Chem. u. Pharm.*, XCII, 327.

Prismes incolores et brillants, très-peu solubles dans l'eau, fort solubles dans l'alcool, peu solubles dans l'éther, fusibles à 180°, et se décomposant à une température plus élevée. L'acide acétique bouillant et l'acide chlorhydrique le dissolvent sans l'altérer.

L'acide nitrique l'attaque à l'ébullition, et donne par le refroidissement des flocons bruns et un corps blanc et pulvérulent.

La solution aqueuse de l'acide anisamique ne précipite pas l'eau de chaux, l'eau de baryte, les sels d'argent.

La solution du sulfate de cuivre ammoniacal donne avec la solution de l'acide anisamique, à la température ordinaire, un léger précipité floconneux, bleu-clair, qui par l'ébullition devient pulvérulent et couleur cannelle.

Le *sel d'ammoniaque* est très-soluble et cristallise difficilement; les solutions concentrées donnent, par l'évaporation spontanée, des tables à base carrée.

Le *sel d'argent*, $C^{16}H^{8}AgNO^{6}$, est un précipité caillebotté, insoluble dans l'eau; à l'état sec, il ne s'altère pas lorsqu'on le chauffe à 120°, mais, délayé dans l'eau, il brunit par l'ébullition du liquide.

Le *sel de plomb* et le *sel de cadmium* sont des précipités blancs.

Page 379.

§ 1667. *Hydrure de cinnamyle.* — Il se produit aussi, suivant M. Chiozza [1], lorsqu'on chauffe ensemble un mélange d'aldéhyde acétique et d'hydrure de benzoïle, saturé de gaz chlorhydrique [2] :

$$C^4H^4O^2 + C^{14}H^6O^2 = C^{18}H^8O^2 + H^2O^2.$$

Page 450.

§ 1711. *Dérivés par réduction des dérivés nitriques de la naphtaline.* — M. Lucien Dusart [3] a obtenu plusieurs nouveaux dérivés de la naphtaline.

Nitro-phtalène, $C^{16}H^7(NO^4)$. — Ce corps, isomère du nitro-cinnamène (§ 1665), s'obtient de la manière suivante : On ajoute 1 p. de chaux récemment éteinte à 2 p. de potasse caustique dissoute dans la plus petite quantité d'eau possible; dans la bouillie épaisse ainsi obtenue, on fait tomber peu à peu de la nitro-naphtaline.

[1] Chiozza, *Ann. der Chem. u. Pharm.*, XCVII, 350.

[2] Voy. aussi l'addition, t. III, p. 988.

[3] Dusart (1855), *Ann. de Chim et de Phys.*, XLV, 332.

On maintient le mélange pendant six heures à une température ne dépassant pas 100°, en agitant de temps en temps et en remplaçant l'eau évaporée. Le produit étant ensuite délayé dans beaucoup d'eau, on enlève, avec un siphon, la liqueur surnageante, qui tient en dissolution de l'acide nitro-phtalinique. Après avoir lavé la partie insoluble, on la traite par l'acide chlorhydrique pour dissoudre la chaux; on a ainsi un mélange de nitro-phtalène et d'une matière brune et fixe, en petite quantité, qui la colore. On volatilise le nitro-phtalène dans un courant de vapeur d'eau.

C'est une matière jaune-paille, insipide, d'une légère odeur aromatique; sa tendance à cristalliser est très-grande. Elle fond à 48°, et distille vers 300°, en laissant un léger résidu de charbon. L'eau froide ne la dissout pas; mais l'eau dans laquelle on l'a volatilisée en renferme des quantités notables. Très-soluble dans l'éther et l'huile de houille, peu soluble dans l'alcool à froid, elle se dissout aisément dans l'alcool bouillant et cristallise en longues aiguilles par le refroidissement.

Les alcalis aqueux attaquent à chaud le nitro-phtalène en donnant un acide jaune. Distillée avec de la chaux caustique, elle donne beaucoup d'ammoniaque, une huile odorante, en même temps que les parois de la cornue se recouvrent de longues aiguilles jaunes, qui se dissolvent dans l'acide sulfurique avec une belle couleur bleu-violacé (*naphtase* de Laurent?); la matière huileuse se dissout un peu dans l'eau, et la solution, additionnée de quelques gouttes de perchlorure de fer, donne peu à peu un beau précipité bleu-indigo, que les alcalis font virer au rouge.

L'acide sulfurique colore le nitro-phtalène en rouge en le dissolvant.

Le sulfhydrate d'ammoniaque le transforme en phtalidine.

Phtalidine, $C^{16}H^9N$. — Cet alcali se produit par l'action du sulfhydrate d'ammoniaque en solution alcoolique sur le nitro-phtalène; pour favoriser la réaction, on maintient le mélange pendant quelques heures au bain-marie, chauffé à environ 50°. On évapore à siccité, on épuise le résidu par l'acide chlorhydrique dilué et bouillant, et l'on précipite la solution chlorhydrique par la potasse.

Cristallisée par fusion, la phtalidine est d'une couleur rouge de réalgar; son odeur rappelle celle de la naphtylamine; sa saveur est piquante et désagréable. Elle fond vers 22°: au moment de la solidification, le thermomètre remonte à 34°,5, où il reste stationnaire. Elle commence à bouillir à 255°, mais en se décomposant. L'eau froide la dissout en quantité notable, et finit par la déposer en longues aiguilles; à chaud, l'alcool et l'éther la dissolvent en toute proportion. Sa solution n'agit pas sur le papier de tournesol rougi.

On peut reconnaître de très-petites quantités de phtalidine au moyen du perchlorure de fer acide, qui en prend, au bout de quelques minutes, une belle teinte bleue.

Le nitrate d'argent en est réduit, en même temps qu'on observe dans la liqueur quelques cristaux fort légers et brillants. Le chlorure et le bichlorure de platine la réduisent également.

Le *chlorhydrate*, $C^{16}H^{9}N$, HCl, se dépose immédiatement sous la forme de cristaux bleu-violacé, lorsqu'on sature par l'acide chlorhydrique la solution alcoolique de la phtalidine.

Le *chloroplatinate* s'obtient sous la forme de beaux cristaux jaunes par l'addition du bichlorure de platine à la solution du chlorhydrate saturée à chaud; mais les cristaux s'altèrent promptement.

Le *sulfate*, $2C^{16}H^{9}N$, $S^{2}O^{6}$, $H^{2}O^{2}$, est cristallisable et beaucoup moins soluble dans l'alcool que le chlorhydrate et le nitrate.

Le *nitrate*, $C^{16}H^{9}N$, $NO^{6}H$, s'obtient par l'addition de l'acide nitrique à la solution alcoolique de la phtalidine.

Éthyl-phtalidine, $C^{16}H^{8}(C^{4}H^{5})N$. — Liquide d'une odeur analogue à celle de la phtalidine, mais plus pénétrante; il passe à la distillation presque sans s'altérer.

Le *chlorhydrate* est soluble dans l'eau et cristallise par le refroidissement en paillettes d'un éclat argenté.

L'*iodhydrate* cristallise comme le chlorhydrate, et jaunit légèrement à 110°.

Acide nitro-phtalinique. — Produit résultant de l'action de la potasse sur le nitro-phtalène; on le prépare en chauffant 1 p. de ce corps avec un mélange de 2 p. de potasse caustique et 1 p. de chaux, en ne dépassant pas 100°. La formation de l'acide nitro-phtalinique est très-lente, et l'on ne transforme jamais toute la matière employée. Le produit, traité par l'eau, précipite l'acide nitro-phtalinique, par l'acide chlorhydrique, sous la forme de flocons jaunes, qu'on fait cristalliser dans un mélange de 1 p. d'eau et de 2 p. d'alcool de 36 degrés.

L'acide nitro-phtalinique cristallise, par le refroidissement d'une solution concentrée, sous la forme de petites aiguilles d'un jaune d'or, groupées en étoiles. Il est sans odeur, d'une saveur d'abord nulle, puis piquante. Chauffé dans un tube, il fuse en répandant une odeur de cyanhydrate d'ammoniaque, et en laissant beaucoup de charbon. Il est peu soluble dans l'eau, qu'il colore; il se dissout mieux dans l'alcool. Il a donné à l'analyse :

	Dusart.	Calcul.
Carbone. . .	61,3	61,2
Hydrogène.	4,45	4,45
Azote. . .	9,0	8,9
Oxygène. .	»	25,4
		100,0

M. Dusart dérive de ces nombres les rapports $C^{32}H^{14}N^2O^{10}$, mais sans les contrôler par l'analyse d'un sel.

Cet acide, en combinaison avec l'ammoniaque, précipite les sels de cuivre, d'argent et de plomb, ainsi que de chaux et de baryte.

Le *sel de potasse* forme de petits cristaux mamelonnés d'un jaune rougeâtre, très-solubles dans l'eau; la solution jouit d'un pouvoir colorant très-intense.

Le *sel de chaux* et le *sel de baryte* sont des précipités jaunes.

Le *sel de cuivre* est un précipité jaune-verdâtre.

Le *sel de plomb* forme des flocons jaune-orangé qui, séchés, font explosion par la chaleur ou par le contact de l'acide sulfurique concentré.

Le *sel d'argent* est un précipité d'un beau rouge.

Page 467.

§ 1729[a]. *Dérivés par réduction des dérivés nitriques de la naphtylamine.* — Voici deux nouveaux dérivés de la naphtylamine.

α. *Nitrosonaphtyline*[1], $C^{20}H^8N^2O^2$. Cette substance se précipite par l'addition du nitrite de potasse à la solution du chlorhydrate de naphtylamine. Il suffit, pour l'obtenir pure, de la laver, de la sécher, et de la reprendre par l'alcool bouillant.

La même substance prend naissance par la réduction de la binitro-naphtaline au moyen de l'hydrogène naissant.

Sa solution alcoolique, qui est d'un beau rouge, la dépose, par

[1] PERKIN (1856), *The quart. Journ. of Chem. Society*, avril, 1856.

l'évaporation lente, sous la forme de petits cristaux très-foncés, doués d'un reflet vert métallique, comme la murexide. Les acides colorent la solution en violet; les alcalis en rétablissent la couleur primitive. La solution teint en orangé le coton, la toile, le papier, etc.

La nitrosonaphtyline est insoluble dans l'eau. Les acides dilués ne la dissolvent pas. L'acide nitrique concentré la détruit; l'acide sulfurique fumant la dissout avec une couleur pourpre bleuâtre. L'action prolongée de l'hydrogène naissant la détruit.

Elle a donné à l'analyse :

	Perkin.	Calcul.
Carbone. . . .	69,76	69,77
Hydrogène. . .	4,80	4,65
Azote.	16,39	16,28
Oxygène. . .	»	9,30
		100,00

β. Lorsqu'on délaye dans l'eau le nitrate de naphtylamine[1], et qu'on fait passer du gaz acide nitreux dans le mélange, il se dégage du gaze azote et la matière passe peu à peu au brun jaunâtre. Si l'on interrompt alors le courant de gaz nitreux et qu'on porte le mélange à l'ébullition, le dégagement de gaz est très-vif et continue même, après le refroidissement, pendant quelques heures. On obtient ainsi une poudre brune que l'on sépare, par le filtre, de la liqueur acide. (La même substance s'obtient, en quantité moindre, lorsqu'on fait passer du gaz nitreux dans la naphtylamine délayée dans l'eau; dans ces circonstances on observe d'abord la coloration bleue due à la naphtaméine).

Lavé à l'eau, redissous dans l'alcool bouillant, reprécipité par l'eau et cristallisé à plusieurs reprises dans l'alcool, le produit de cette réaction s'obtient sous la forme de petites aiguilles brun rougeâtre. Il a toutes les propriétés d'un *acide;* il est soluble dans l'éther, et colore fortement en jaune la peau et les tissus. Il ne fait pas explosion par la chaleur, et peut même être sublimé.

Il a donné à l'analyse :

	Ganahl.		$C^{20}H^6N^2O^8$ + aq. (?)
Carbone.	53,11	52,80	52,86
Hydrogène. . . .	3,46	3,26	3,08
Azote.	12,50	»	12,33

[1] Expériences de M. Ganahl, communiquées par M. Chiozza.

Cette substance semble être l'imide d'un acide bibasique $C^{20}H^{7}(NO^{4})O^{8}$.

Le *sel d'ammoniaque* forme des feuillets jaunâtres, aisément solubles dans l'eau bouillante. La solution donne avec la potasse et la soude un précipité orangé, avec les sels de plomb et de baryte un précipité jaune citron.

Le *sel d'argent* est un précipité orangé, contenant 33,33 p. c. d'argent. (Calcul, 33,2 p. c.)

Page 566.

§ 1812. *Dérivés chlorés du toluène.* — Le toluène chloré est identique avec le chlorure de toluényle (Cannizzaro.)

Page 568.

§ 1814. *Acide thiotoluique* [1], $C^{14}H^{9}HS^{2}O^{6}$. — Ce corps se produit par l'action du sulfite d'ammoniaque sur le nitrotoluène. On ne peut pas l'isoler.

Tous ses sels sont fort solubles dans l'eau.

Le *sel d'ammoniaque*, $C^{14}H^{8}(NH^{4})NS^{2}O^{6}$, forme des paillettes soyeuses, douces au toucher, inaltérables à l'air, mais se colorant en rouge à l'air humide. Il est fort soluble dans l'eau et l'alcool, insoluble dans l'éther.

La solution réduit, au bout de quelque temps, le nitrate d'argent. Le perchlorure de fer lui communique une coloration pourpre; si l'on chauffe, il se forme un précipite noir.

Le *sel de potasse*, $C^{14}H^{8}KNS^{2}O^{6}$, s'obtient aisément en introduisant le sel d'ammoniaque dans une solution bouillante de carbonate de potasse; on évapore au bain-marie, et l'on reprend par l'alcool absolu et bouillant qui dissout le thiotoluate de potasse. Ce sel forme de petits mamelons.

Le *sel de soude* ressemble au sel de potasse.

Le *sel de baryte* forme des croûtes blanches et cristallines.

Page 568.

§ 1816. *Hydrate de toluényle*, ou alcool benzoïque [2]. — Le

[1] HILKENKAMP (1855), *Ann. der. Chem. u. Pharm.*, XCV, 86.

[2] CANNIZZARO, *Ann. der. Chem. u. Pharm.*, XCII, 113. — *Voy.* aussi l'addition, t. III, p. 990.

fluorure de silicium n'y agit pas. Le fluorure de bore l'attaque énergiquement en produisant une matière résineuse, amorphe, de l'aspect de l'ambre jaune, insoluble dans l'eau, presque insoluble dans l'alcool, très-peu soluble dans l'éther, fort soluble dans l'essence de térébenthine, le sulfure de carbone et le chloroforme. Ce produit, renfermant $C^{14}H^6$, est parconséquent un isomère du stilbène.

Une substance résineuse semblable s'obtient lorsqu'on agite l'alcool benzoïque avec de l'acide sulfurique ordinaire, ou qu'on le chauffe avec du chlorure de zinc, de l'acide phosphorique anhydre ou de l'acide borique fondu.

Entre 100 et 120°, l'acide borique fondu transforme l'alcool benzoïque en oxyde de toluényle; ce n'est qu'à une température plus élevée qu'on obtient la substance résineuse.

Oxyde de toluényle, ou de benzéthyle, $C^{28}H^{14}O^2 = C^{14}H^7O, C^{14}H^7O$. — On mélange l'alcool benzoïque avec de l'acide borique en poudre fine, de manière à former une pâte, qu'on chauffe à 120 ou 125°, pendant quelques heures, au bain d'huile, dans un tube scellé. Le mélange durcit alors et se colore en brun. On le traite ensuite par l'eau bouillante, et par une solution de carbonate alcalin pour dissoudre tout l'acide borique. De cette manière, il se dépose une huile brune qu'on soumet à la distillation; les portions passant au-dessous de 300° renferment de l'alcool benzoïque non altéré; celles qui distillent entre 300 et 315° contiennent l'oxyde de toluényle.

Ce corps constitue une huile incolore, qui, vue dans un certain sens, offre une légère coloration indigo. Il bout à 310 — 315°. Il donne avec l'acide sulfurique ou phosphorique une substance résinoïde. Chauffé à quelques degrés au-dessus de 315°, dans un tube scellé à la lampe, il prend une teinte d'ambre, et contient alors de l'essence d'amandes amères, une huile qui paraît être du toluène, et de la résine en petite quantité; il ne se produit point de gaz dans cette métamorphose.

Page 569.

§ 1817[a]. *Hydrate de crésyle* [1], *isomère de l'hydrate de toluényle*,

[1] Williamson et Fairlie (1854), *Proceed. of the Lond. Roy. Society*, VII, 143; en extrait, *Ann. der Chem. u. Pharm.*, XCII, 319.

$C^{14}H^{8}O^{2}$. — Ce composé est contenu dans certaines créosotes du commerce, préparées avec le goudron de houille. On l'extrait des portions bouillant entre 200 et 220°, par des distillations fractionnées dans une atmosphère d'hydrogène, car le contact de l'air l'altère légèrement. Il constitue un liquide incolore, très-réfringent, bouillant à 203°.

Il ressemble beaucoup à l'acide phénique; cependant il s'en distingue en ce qu'il est presque entièrement insoluble dans l'ammoniaque aqueuse. L'acide nitrique étendu le transforme, même à la température ordinaire, en une matière brune, poisseuse ; l'acide nitrique concentré l'attaque avec violence ; si l'on refroidit le mélange, il se produit de l'acide trinitrocrésique. L'acide sulfurique le colore en rose, en produisant de l'*acide crésyl-sulfurique.*

L'*acide trinitro-crésique*, $C^{14}H^{5}(NO^{4})^{3}O^{2}$, s'obtient en versant goutte à goutte de l'hydrate de crésyle bien refroidi dans de l'acide nitrique, également maintenu dans un mélange réfrigérant; la liqueur rouge, étant étendue d'eau et neutralisée par la potasse, donne des faisceaux de courtes aiguilles orangées, plus solubles dans l'eau que le picrate, et contenant $C^{14}H^{4}K(NO^{4})^{3}O^{2}$. Le même acide a été obtenu en faisant agir de l'acide nitrique sur une solution alcoolique d'hydrate de crésyle contenant de l'urée; cependant la même expérience, repétée sur une plus grande échelle, a donné lieu à une explosion.

Le *chlorure* et le *phosphate de crésyle* se produisent par l'action du perchlorure de phosphore sur l'hydrate de crétyle. Par la réaction du phosphate de crésyle sur une solution alcoolique d'acétate de potasse, il se produit une huile, douée d'une odeur différente de l'hydrate de crésyle, et qui paraît être l'*acétate de crésyle;* car la potasse la transforme en acétate et en crésylate de potasse. Lorsqu'on distille le phosphate de crésyle avec l'éthylate de potasse, il se produit de l'*oxyde d'éthyle et de crésyle.*

§ 1819. *Chlorure de toluényle* ou de benzéthyle. — Il se produit aussi lorsqu'on distille l'hydrure de toluényle (toluène) dans un courant de chlore sec (Cannizzaro).

Sa densité est de 1,117 à 0°; il bout à 175—176°.

Il donne, par l'acétate de potasse, du chlorure de potassium et de l'acétate de toluényle. Par l'ébullition avec le cyanure de potassium, il produit du cyanure de toluényle (toluonitrile).

Page 574.

§ 1821 [a]. *Lutidine*[1] — Cet alcali est contenu dans la partie la plus volatile de la quinoléine brute, provenant de la distillation de la cinchonine avec la potasse caustique. Il y est accompagné d'une petite quantité de pyridine et de picoline.

La lutidine s'échauffe avec l'iodure de méthyle, et donne, en se solidifiant, l'iodure d'une base ammoniée.

L'*iodure de méthyl-lutidine*, $C^{14}H^{9}(C^{2}H^{3})N,I$, est une substance extrêmement soluble dans l'eau et l'alcool, mais presque insoluble dans l'éther. Lorsqu'on évapore sa solution alcoolique à consistance de sirop, elle demeure dans cet état par le repos ; mais, au moment où on la touche, de longues et belles aiguilles viennent traverser la masse, qui se solidifie bientôt tout entière.

Page 578.

§ 1823 [a]. *Cyanure de toluényle*, de benzéthyle, ou toluonitrile[2]. — Pour obtenir ce corps, on fait bouillir une solution alcoolique de chlorure de toluényle et de cyanure de potassium, jusqu'à ce qu'il ne se précipite plus de chlorure de potassium ; on filtre alors la liqueur, et on distille pour chasser la plus grande partie de l'alcool, en s'arrêtant dès que le résidu se sépare en deux couches distinctes, dont la supérieure constitue le cyanure de toluényle.

Bouilli avec une solution concentrée de potasse caustique, ce corps dégage peu à peu de l'ammoniaque et se convertit en toluate de potasse.

Page 579.

§ 1825. *Acide toluique.* — On obtient du toluate de potasse par l'ébullition du cyanure de toluényle avec la potasse caustique.

Page 583.

§ 1829 [a]. *Acide insolinique*[3], $C^{18}H^{8}O^{8}$. — Cet acide se produit par

[1] C. Greville Williams, *Transact. of the Roy. Soc. of Edimburg*, t. XXI, part. III. En extrait, *Ann. de Chim. et de Phys.*, [3] XLV, 488.

[2] Cannizzaro (1855), *Compt. rend. de l'Acad.*, XLI, 517.

[3] Hofmann (1855), *Compt. rend. de l'Acad.*, XLI, 718

l'ébullition prolongée du cymène ou de l'acide cuminique avec l'acide chromique.

Il est insoluble dans l'alcool et l'éther, et presque insoluble dans l'eau.

Il est bibasique.

Le *sel de potassium neutre* contient $C^{18}H^6K^2O^8$.

Le *sel de potassium acide* renferme $C^{18}H^7KO^8$.

Le *sel de potassium et de sodium* contient $C^{18}H^6KNaO^8$.

Le *sel de baryum* renferme $C^{18}H^6Ba^2O^8$.

Le *sel de calcium* contient à 100°, $C^{18}H^6Ca^2O^8 + 6$ aq.; il est anhydre à 130°.

Le *sous-sel de cuivre* renferme $C^{18}H^6Cu^2O^8 + CuO, HO$.

Le *sel d'argent* renferme $C^{18}H^6Ag^2O^8$.

L'acide insolinique est dans la série toluique le terme représenté dans la série benzoïque par l'acide phtalique.

Page 584.

§ 1832. *Xylène*[1]. — Le xylène pur bout à 126°,2.

Le *nitroxylène* est une huile jaune, plus pesante que l'eau, d'une odeur moins agréable que celle de la nitrobenzine.

Acide xylényl-sulfureux, ou sulfo-xylolique. — Lorsqu'on abandonne le xylène pendant une semaine avec de l'acide sulfurique de Nordhausen, il s'en sépare de longues aiguilles incolores d'acide xylényl-sulfureux. Ce corps présente une forte réaction acide, avec un arrière-goût amer, cristallise très-bien dans le xylène, et est fort déliquescent.

Le *sel de baryte*, $C^{16}H^9BaS^2O^6$, cristallise en paillettes nacrées.

Acide nitro-xylényl-sulfureux, ou nitro-sulfoxylolique. — On l'obtient en mettant le nitroxylène pendant une heure en digestion, à 100°, avec de l'acide sulfurique de Nordhausen.

Le *sel de baryte*, $C^{16}H^8(NO^4)BaS^2O^6$, forme une poudre jaune et cristalline, soluble dans l'eau.

Xylidine. — C'est une huile presque incolore, qui se colore promptement à l'air en violet, et finit par se résinifier. Elle bleuit le tournesol, et bout à 213-214°.

Le *chloroplatinate* forme des aiguilles jaunes, courtes, et groupées en étoiles.

[1] CHURCH, *Journ. f. prakt. Chem.*, LXVII, 43.

Le *sulfate*, $2 C^{16}H^{11}N, S^2O^6, 2 HO$, est peu soluble dans l'eau froide, et cristallise dans l'eau bouillante sous la forme de longues aiguilles incolores, d'une réaction acide.

L'*oxalate* présente également une réaction acide.

§ 1832[a]. *Collidine, isomère de la xylidine*, $C^{16}H^{11}N$. — Ce corps[1] est contenu dans la portion qui passe après la lutidine (§ 1821 [a]), lorsqu'on rectifie le mélange d'huiles alcalines, contenues dans l'huile de Dippel (§ 2395). Cette portion, distillant à 171—174°, contient de l'aniline qu'on ne parvient à séparer de la collidine ni par des distillations fractionnées ni par la transformation du mélange en oxalates et par la cristallisation des sels. M. Anderson traite le mélange huileux par de l'acide nitrique concentré ; cet agent détermine une réaction très-violente et détruit l'aniline ; on obtient ainsi un liquide rouge dont l'eau sépare une huile épaisse présentant les caractères de la nitrobenzide ; la solution nitrique est ensuite filtrée à travers un filtre mouillé pour retenir cette huile, et maintenue en ébullition pendant quelques temps, puis saturée par la potasse et soumise à la distillation. La collidine passe ainsi avec les vapeurs d'eau ; on la soumet à des distillations fractionnées jusqu'à ce que son point d'ébullition soit constant entre 178° et 180°.

La collidine est également contenue en très-petite quantité dans la quinoléine brute (Greville-Williams).

La collidine est incolore, d'une forte odeur aromatique, non désagréable ; elle ne se colore pas à la longue dans les flacons. Sa densité est égale à 0,921 ; son point d'ébullition est à 179°. Elle est insoluble dans l'eau ; elle dissout une petite quantité d'eau, qu'elle abandonne de nouveau par l'addition de l'hydrate de potasse. Elle est fort soluble dans l'alcool, l'éther, les huiles grasses et les huiles essentielles. Elle est fort soluble dans les acides ; mais elle ne les neutralise pas, même si elle y est ajoutée en excès ; elle répand d'abondantes vapeurs blanches à l'approche d'une baguette humectée d'acide chlorhydrique.

Elle précipite les sels d'alumine, de zinc, de chrome et de ferricum ; elle ne précipite pas les sels de baryte, de chaux, de magnésie, de nickel. Elle précipite le nitrate, mais non l'acétate de plomb ; elle précipite les sels mercureux ; avec le bichlorure de mercure, elle donne une combinaison.

[1] ANDERSON (1854), *Phil. Magaz.* [4] IX, 145 et 214. *Ann. der Chem. u. Pharm.*, XCIV, 358.

Elle renferme :

	Anderson.			$C^{16}H^{11}N$.
Carbone. . . .	78,97 —	78,89 —	79,22 —	79,33
Hydrogène. . .	9,40 —	9,24 —	9,58 —	9,09
Azote.	»	»	»	11,58
				100,00

D'après cette composition la collidine est une isomère de la xylidine.

Les *sels de collidine* sont généralement solubles et déliquescents; leur solution donne, par l'évaporation, des masses gommeuses qui, par un repos prolongé, présentent des traces de cristallisation. Ils sont également solubles dans l'alcool; mais ils ne se dissolvent pas dans l'éther. Il y a cependant le chloroplatinate et le chloromercurate qu'on obtient cristallisés.

Le *chloromercurate* s'obtient sous la forme d'un précipité blanc caillebotté par l'addition du bichlorure de mercure au chlorhydrate de collidine; il cristallise, dans l'alcool bouillant, en aiguilles.

Le *chloroplatinate*, $C^{16}H^{11}N,HCl,PtCl^2$, se dépose lentement en prismes ou en aiguilles d'un mélange de solutions concentrées de bichlorure de platine et de chlorhydrate de collidine; il est fort soluble dans l'eau, insoluble dans l'alcool et l'éther. Il a donné à l'analyse :

	Anderson.		Calcul.
Carbone. . . .	28,77 —	29,00 —	29,33
Hydrogène. . .	3,57 —	3,63 —	3,66
Platine. . . .	30,33 —	29,89 —	30,16

§ 1832 [b]. L'*éthyl-collidine*[1] se produit à l'état d'iodure par la réaction de la collidine et de l'iodure d'éthyle.

Le *chloroplatinate* contient $C^{20}H^{15}N, HCl, PtCl^2$. Expérience, 27,65 p. c. de platine; id. calcul, 27,78 p. c.

Page 592.

§ 1843 [a]. *Parvoline, isomère de la cumidine*, $C^{18}H^{13}N$. — Cet alcali a été trouvé par M. Williams dans le goudron produit par la distillation sèche des schistes bitumineux du Dorsetshire. Il bout au-des-

[1] ANDERSON (*loc. cit.*)

sous de 260°. Ses propriétés n'ont pas encore été décrites.

Il a donné à l'analyse, en moyenne :

	Williams.		Calcul.
Carbone.	80,7	—	80,0
Hydrogène.	8,79	—	9,6
Azote.	»		10,4
			100,0

Page 595.

§ 1848. *Hydrure de cumyle* ou cuminol. — Il se transforme en alcool cuminique, et subséquemment en cymène, par l'ébullition avec une solution alcoolique de potasse (Kraut).

Page 602.

§ 1857. *Acide cuminique.* — Il se produit aussi par l'oxydation de l'alcool cuminique. Par l'ébullition prolongée avec l'acide chromique il se transforme en acide insolinique (Hofmann).

Page 608.

§ 1867. *Cymène.* — Il se produit aussi par l'action de la potasse sur l'alcool cuminique (Kraut) :

$$3C^{20}H^{14}O^2 + KO, HO = C^{20}H^{11}KO^4 + 2C^{20}H^{14} + 4HO.$$

Alc. cuminin. — Cuminate de potasse. — Cymène.

Par l'ébullition prolongée avec l'acide chromique il se transforme en acide insolinique (Hofmann).

Un mélange d'acide sulfurique et d'acide nitrique le convertit en binitrocymène.

§ 1867 [a]. *Dérivés nitriques du cymène.* — Le *binitrocymène*[1] renferme $C^{20}H^{12}(NO^4)^2$. Lorsqu'on fait tomber peu à peu du cymène dans un mélange de 2 p. d'acide sulfurique concentré et de 1 p. d'acide nitrique fumant, en chauffant à 50° environ, puisqu'après avoir abandonné le mélange pendant un ou deux heures on y ajoute de l'eau, il se dépose une matière liquide qui se concrète au bout de quelque temps. On reprend ce produit par l'alcool bouillant : les matières incristallisables se déposent par le refroidissement, tandis que le binitrocymène cristallise par l'évaporation.

Ce corps forme des tables rhombes, irisantes, fusibles à 54°, so-

[1] Kraut (1854), *Ann. der Chem. u. Pharm.*, XCII, 70.

lubles dans l'alcool et l'éther, insolubles dans l'eau. Les solutions saturées le déposent à l'état huileux. Chauffé à l'air, il se décompose avec déflagration, en laissant du charbon.

Page 609.

§ 1868 [a]. *Hydrate de cyményle* [1], ou alcool cuminique, $C^{20}H^{14}O^2 = C^{20}H^{13}O, HO$. — Ce composé, isomère de l'hydrate de thymyle, se produit par l'action de la potasse alcoolique sur le cuminol :

$$2C^{20}H^{12}O^2 + KO, HO = C^{20}H^{14}O^2 + C^{20}H^{11}KO^4.$$

Cuminol. — Alcool cuminique. — Cuminate de potasse.

Lorsqu'on maintient le cuminol en ébullition, pendant une heure environ, avec plusieurs fois son volume d'une solution alcoolique et concentrée d'hydrate de potasse, en ayant soin que les vapeurs viennent se recondenser dans le mélange, la potasse se charge de cuminate ; et, si l'on y ajoute de l'eau, il s'en sépare une huile composée d'alcool cuminique et de cymène provenant d'une réaction secondaire. On agite cette huile avec du bisulfite de soude, afin d'enlever le cuminol qu'elle peut encore contenir ; et, après avoir desséché l'huile restante, on la soumet à une distillation fractionnée.

L'alcool cuminique constitue un liquide incolore, doué d'une agréable odeur aromatique, très-faible, et d'une saveur âcre et épicée. Il bout à 243° sans se décomposer, et ne s'acidifie pas par le contact prolongé à l'air. Il est insoluble dans l'eau; mais il se dissout en toutes proportions dans l'alcool et l'éther. Les bisulfites alcalins ne l'attaquent pas.

Chauffé avec du potassium, il dégage de l'hydrogène, et produit une masse grenue que l'eau décompose en potasse et en alcool cuminique.

L'acide nitrique concentré le convertit à chaud en acide cuminique, sans autre acide. L'acide sulfurique concentré le transforme en une matière résinoïde et cassante, qui devient demi-fluide dans l'eau bouillante.

Maintenu en ébullition avec une dissolution alcolique de potasse, l'alcool cuminique se transforme en cuminate et en cymène :

$$3C^{20}H^{14}O^2 + KO, HO = C^{20}H^{11}KO^4 + 2C^{20}H^{14} + 4HO.$$

Alcool cuminique. — Cuminate de potasse. — Cymène.

[1] KRAUT (1854). *Ann. der Chem. u, Pharm.*, XCII, 66.

La potasse en fusion produit le même effet.

Le *benzoate de cyményle* s'obtient en chauffant l'alcool cuminique ou sa combinaison potassée avec le chlorure de benzoïle, sous la forme d'une masse butyreuse, confusément cristallisée, qui se décompose déjà pendant les lavages.

Page 638.

§ 1893. *Essence de girofle.* — M. Stenhouse [1], a trouvé que l'essence dite de feuilles de cannelle est, comme l'essence de girofle, un mélange d'acide eugénique et d'un hydrocarbure $C^{20}H^{16}$ (densité 0,862; point d'ébullition à 160-165°; elle renferme en outre une petite quantité d'acide benzoïque.

Page 667.

§ 1923. *Acide pyrotérébique* [2], $C^{12}H^{10}O^{4}$. — Il bout à 210°. Il renferme :

	Chautard		Calcul.
Carbone. . . .	63,15	—	63,09
Hydrogène. . .	8,71	—	8,76
Oxygène. . . .	»	—	28,15
			100,00

Lorsqu'on fait tomber goutte à goutte de l'acide pyrotérébique dans de la potasse en fusion, cet acide donne un mélange d'acétate et de butyrate avec dégagement d'hydrogène :

$$\underset{\text{Ac. pyrotéréb.}}{C^{12}H^{10}O^{4}} + 2H^{2}O^{2} = \underset{\text{Ac acétiq.}}{C^{4}H^{4}O^{4}} + \underset{\text{Ac. butyr.}}{C^{8}H^{8}O^{4}} + H^{2}.$$

Page 764.

§ 1998. *Acide eugénique.* — M. Stenhouse [3] a obtenu les nombres suivants à l'analyse de l'acide eugénique (densité 1,076; point d'ébullition à 242°) extrait d'une essence dite de feuilles de cannelle :

					$C^{20}H^{12}O^{4}$
Carbone. . . .	72,24	—	72,02	—	73,17
Hydrogène. .	7,21	—	7,41	—	7,32
Oxygène. . .	»		»		19,51
					100,00

[1] STENHOUSE, *Ann. der Chem. u. Pharm.*, XCV, 103.

[2] CHAUTARD, *Journ. de Pharm.*, XXVIII, 192.

[3] STENHOUSE, *Ann. der Chem. u. Pharm.*, XCV, 103.

M. Stenhouse admet l'ancienne formule de M. Ettling, formule qui ne me paraît pas exacte.

Les analyses suivantes de M. Calvi[1] confirment la formule que j'ai adoptée pour l'acide eugénique :

						Calcul.
Carbone. . .	72,7	72,4	72,7	72,7	72,6	73,17
Hydrogène. . .	7,0	7,0	7,0	7,3	7,3	7,32
Oxygène. . . .	»	»	»	»	»	19,51
						100,00

Le *sel de baryte* a donné 32,8 p. c. de baryte, ce qui s'accorde également avec le calcul.

Lorsqu'on distille l'acide eugénique sur de la baryte anhydre, on obtient une huile neutre qui paraît avoir la même composition que l'acide eugénique (Calvi).

Page 766.

§ 1999. *Acide euxanthique*[2]. — Lorsqu'on le traite par l'acide sulfurique concentré, et qu'on verse la solution dans l'eau, il se dépose de l'euxanthone ; la liqueur filtrée a la propriété de réduire aisément la solution potassique de l'oxyde (du tartrate?) de cuivre. Ni l'acide euxanthique ni l'euxanthone ne possèdent cette dernière propriété. D'après cette réaction, l'acide euxanthique semble être un glucoside.

Page 880.

§ 2067. *Acide cachoutannique*. — Cet acide ne peut pas s'obtenir pur par les procédés indiqués. Suivant M. Neubauer[3], il résulte de l'oxydation de la catéchine au contact de l'air.

Il ne donne pas de glucose par l'ébullition avec l'acide sulfurique.

Catéchine. — Extraite par l'éther, et desséchée à l'air, cette substance renferme[4] :

	Neubauer.		Calcul.
	a	*b*	
Carbone. . .	52,62 —	52,52 —	52,58
Hydrogène. .	6,09 —	6,12 —	6,18
Oxygène. . .	» —	»	41,24
			100,00

[1] Communication de M. Chiozza.

[2] SCHMID, *Ann. der Chem. u. Pharm.*, XCIII, 88.

[3] NEUBAUER. *Ann. der Chem. u. Pharm.*, XCVI, 337.

[4] *a* Catéchine extraite du cachou de Bombay ; *b* id. du gambir.

M. Neubauer calcule de ces nombres les rapports $C^{17}H^{12}O^{10}=C^{17}H^{9}O^{7}+3$ aq., qui manquent de contrôle et me paraissent contestables.

La même substance perd son eau de cristallisation à 100°, et contient alors :

	Neubauer.				
	a	*a*	*b*	*b*	$nC^{17}H^{9}O^{7}$ (?)
Carbone. . .	61,14 —	61,20 —	61,37 —	61,18 —	61,08
Hydrogène. .	5,27 —	5,17 —	5,51 —	5,10 —	5,39
Oxygène. . .	»	»	»	»	33,53
					100,00

Ces résultats s'accordent avec ceux qu'avaient obtenus MM. Svanberg et Zwenger. La matière analysée par MM. Hagen et Delffs contenait encore de l'eau de cristallisation. Suivant M. Neubauer, les cristaux perdent par la dessication à 100° 14,34 p. c. d'eau (3 aq. d'après la formule indiquée exigeraient 23,92 p. c.) ; si l'on maintient la chaleur, la substance brunit et s'altère.

Lorsqu'on maintient en ébullition, au contact de l'air, une solution aqueuse de catéchine incolore, elle se trouble et brunit ; la liqueur, étant évaporée et reprise par l'eau, précipite abondamment la solution de gélatine. M. Neubauer conclut de ce fait que ce n'est pas la catéchine qui résulte de l'oxydation de l'acide cachoutannique, comme l'admet M. Delffs, mais bien que ce dernier acide est le produit de l'oxydation de la catéchine.

Le précipité blanc qu'on obtient avec la catéchine et l'acétate de plomb neutre est fort altérable ; il brunit pendant la dessiccation. Séché à 100°, il contient : carbone, 26,26 ; hydrogène, 1,97 ; oxyde de plomb, 57,44. M. Neubauer déduit de ces nombres les rapports, fort contestables, $C^{17}H^{9}O^{7}$, 2PbO.

La solution de la catéchine donne par l'ébullition, avec l'acide sulfurique, une substance brune ; mais il ne se produit pas de glucose. (La substance brune contient : carbone, 53,13 — 53,10 ; hydrogène, 5,58 — 5,39 ; c'est-à-dire $C^{17}H^{10}O^{10}$?)

Page 924.

§ 2098. *Acide phycique* [1]. — M. Lamy l'extrait du *Protococcus vulgaris*. On fait digérer, pendant trois ou quatre heures, au bain-

[1] Lamy (1852), *Ann. de Chim. et de Phys.*, [3] XXXV, 129.

marie de 50 à 100° environ, 1 kilogr. de cette algue avec 4 litres d'alcool de 85 centimes. On exprime la matière, et l'on concentre le liquide vert filtré de manière à le réduire à la moitié de son volume. L'acide phycique se dépose par le refroidissement sous la forme de grains cristallins ; après l'avoir lavé à l'éther, on le fait recristalliser dans l'alcool bouillant. 1 kilogr. de protococcus donne environ une dizaine de grammes d'acide phycique pur.

Ce corps se dépose, par l'évaporation lente, sous la forme de cristaux aciculaires, groupés en étoiles, très-volumineux, incolores, un peu onctueux au toucher, sans odeur ni saveur, et inaltérables à l'air. Sa densité est égale à 0,896. Il fond à 136°, en se colorant légèrement en brun ; par le refroidissement, il se prend en une masse cristalline et soyeuse ; à 250°, il commence à bouillir et se décompose peu à peu en répandant une odeur caractéristique. A la distillation, il donne des produits huileux, insolubles dans l'eau, très-solubles dans l'alcool. Entièrement insoluble dans l'eau, il se dissout, surtout à chaud, dans l'alcool, l'éther, l'acétone, les essences, les huiles grasses ; 1 p. se dissout dans 15 p. d'alcool absolu et bouillant. La solution alcoolique n'a aucune action sur les couleurs végétales.

Il renferme :

	Lamy.				
Carbone. . . .	70,77 —	69,86 —	69,79 —	70,90 —	69,76
Hydrogène. . .	11,72 —	11,82 —	12,03 —	11,66 —	11,90
Azote.	3,78 —	3,67	»	»	»
Oxygène. . . .	»	»	»	»	»

L'ammoniaque est sans action sur l'acide phycique. La potasse et la soude le dissolvent en formant des sels. A chaud, la chaux sodée en dégage de l'ammoniaque.

L'acide sulfurique concentré le dissout avec une légère coloration ; l'eau l'en reprécipite. L'acide nitrique l'attaque lentement à chaud; il se produit une huile légère, très-âcre, ainsi qu'un composé cristallin, acide.

Le chlore sec n'y agit pas, même à la lumière solaire. L'iode et le phosphore ne l'attaquent qu'à une température élevée. Le potassium le décompose à chaud, en donnant, entre autres produits, de l'acide cyanhydrique.

Les *sels* à base d'alcali sont solubles dans l'eau et l'alcool, surtout à chaud ; ils sont neutres aux papiers, et cristallisent en aiguilles ; leurs dissolutions moussent comme de l'eau de savon. La plupart des autres sels sont insolubles.

Le *sel d'argent* est blanc et noircit promptement à la lumière.

Page 927.

§ 2102. *Acide rutinique.* — Suivant M. Hlasiwetz, il est identique au quercitrin.

Tome IV.

Page 13.

§ 2116. *Harmine.* — Elle cristallise dans le système monoclinique [1], avec les faces ∞ P. oP. + P. — P∞ . Valeurs des axes; *a* axe principal : *b* diagonale oblique : *c* diagonale droite :: 1 : 3,4285 : 1,6642. Angle des axes *a* et *b* = 73°9′. Inclinaison des faces, ∞ P : ∞ P dans le plan de la diagonale oblique et de l'axe principal = 53°48′; oP : ∞ P = 97°32′; oP : — P∞ = 165°34′; oP : + P = 145°5′.

§ 2122 *a*. *Chlor-nitroharmine,* ou chlor-nitroharmidine [2], $C^{26}H^{10}Cl(NO^4)N^2O^2 + 4$ aq. — Cette base se produit aisément par l'addition d'un excès d'eau chlorée à la solution d'un sel de nitroharmine ; celle-ci prend alors une teinte jaune plus foncée, et l'ammoniaque en précipite ensuite une gelée volumineuse, entièrement transparente et de même couleur. Si l'on fait la précipitation à l'ébullition, la chlor-nitroharmine est presque cristalline et plus aisée à laver.

On peut aussi diriger un courant de chlore gazeux dans la solution concentrée du chlorhydrate ou de l'acétate de nitroharmine; si l'action du chlore est trop prolongée, il se sépare une masse résineuse particulière.

Il n'est pas nécessaire, pour la préparation de la chlor-nitroharmine, d'opérer directement sur la nitroharmine; on peut aussi, dans le même but, faire réagir sur la harmaline, simultanément

[1] Schabus, *loc. cit.*

[2] Fritzsche (1854), *Ann. der Chem. u. Pharm.*, XCII, 330.; et *Bullet. de Saint-Pétersbourg*, XII, 225.

ou successivement, de l'acide nitrique et de l'acide chlorhydrique. Ainsi, on peut dissoudre la harmaline dans l'acide acétique, et introduire la solution dans le mélange bouillant d'acide nitrique et d'acide chlorhydrique.

La chlor-nitroharmine est peu soluble dans l'eau froide; elle se dissout mieux dans l'eau bouillante en donnant une liqueur jaune; elle est peu soluble dans l'éther; l'huile de houille et le naphte bouillants la dissolvent aisément, et la déposent, par le refroidissement, sous forme confusément cristalline. Elle est sans saveur, mais les solutions de ses sels possèdent une saveur légèrement amère et un peu astringente.

Elle a donné à l'analyse :

	Fritzsche.		Calcul.
Carbone.	54,41	—	53,56
Hydrogène. . . .	3,36	—	3,42
Chlore.	12,07	—	12,16

La base précipitée et séchée à l'air contient 4 atomes d'eau (expérience, 10,89 — 11,59 — 11, 83 p. c.; calcul, 10,98 p. c.) qui se dégagent à 100°, en même temps que la matière devient orangée. La chlor-nitroharmine laisse un résidu jaune-rougeâtre par le traitement avec l'alcool ou le naphte; mais elle se dissout entièrement dans l'acide nitrique étendu et bouillant.

Elle se combine avec l'oxyde d'argent, ainsi qu'avec l'iode (Voy. plus bas p. 1042).

Lorsqu'on ajoute à la solution de la chlor-nitroharmine d'abord une solution d'iodure de potassium, et ensuite de l'acide nitrique, il se dépose, au bout d'un certain temps, une combinaison d'un bleu indigo foncé.

Les *sels* de chlor-nitroharmine ont une légère teinte jaune.

Le *chlorhydrate* s'obtient en dissolvant la base dans l'alcool bouillant additionné d'un excès d'acide chlorhydrique; si la liqueur n'est pas trop concentrée, le sel se dépose par le refroidissement, sous la forme de petites sphères, composées d'aiguilles microscopiques. Il est assez soluble dans l'eau; sa solution aqueuse précipite par un grand excès d'acide chlorhydrique sous la forme d'une gelée jaune.

Le *chloroplatinate*, $C^{26}H^{10}Cl\ (NO^4)\ N^2O^2,\ HCl,\ Pt\ Cl^2$ (à 120°), s'obtient sous la forme de petits prismes, déliés, de couleur jaune, par le refroidissement d'un mélange de solutions alcooliques et bouillantes de bichlorure de platine et de chlorhydrate de chlornitroharmine. Il a donné à l'analyse :

	Fritzsche.		Calcul.
Carbone.	32,07	—	31,40
Hydrogène. . . .	2,27	—	2,21
Platine.	19,58	—	19,81

Le *nitrate* se dépose sous la forme de fines aiguilles groupées en étoiles.

Le *sulfate neutre* s'obtient à l'état d'aiguilles soyeuses, groupées concentriquement, par le refroidissement de la solution de la base dans de l'alcool mélangé d'acide sulfurique.

Le *sulfate acide* se dépose lentement sous forme de petits prismes, lorsqu'on sursature d'acide sulfurique la solution alcoolique du sel neutre.

§ 2122 [b]. L'*iodo-chlor-nitroharmine*, $C^{26}H^{10}Cl\ (NO^{4})\ N^{2}O^{2},\ I^{2}$, s'obtient sous forme de fines aiguilles, en mélangeant ensemble des solutions chaudes d'iode et de chlor-nitroharmine, dans l'alcool ou dans le naphte. Elle est plus soluble dans l'alcool que l'iodonitroharmine. A chaud, elle se dissout en grande quantité dans une solution alcoolique et concentrée d'acide cyanhydrique ; le mélange dépose des grains bruns arrondis.

§ 2122 [c]. *Brom-nitroharmine.* — Lorsqu'on ajoute de l'eau de brome très-étendue à une solution de nitroharmine, également très-étendue, en agitant le mélange, l'odeur du brome disparaît aussitôt. La liqueur étant ensuite précipitée à l'ébullition par l'ammoniaque, on obtient la brom-nitroharmine, qu'on fait cristalliser par la dissolution dans l'alcool.

Le brom-nitroharmine forme des sels avec les acides. Elle se combine aussi avec l'iode, et, même suivant M. Fritzsche, avec le brome ; en effet, lorsqu'on ajoute un excès d'eau bromée à la solution de la brom-nitroharmine dans l'alcool faible, et qu'on agite le mélange, en le maintenant dans de l'eau glacée, il se sépare des flocons jaunes, qui paraissent cristallins au microscope.

Page 52.

§ 2137 [a]. *Diiodocodéine* [1], composition probable, $C^{36}H^{19}I^{2}NO^{6}$.

[1] Brown (1853), *Philos. Magaz.*, [4] VIII, 201 ; et *Ann. der Chem. u. Pharm.*, XCII, 325.

— Lorsqu'on ajoute du chlorure d'iode à une solution concentrée de chlorhydrate de codéine, il se produit un précipité jaune et cristallin, fort soluble dans l'alcool bouillant, qui se dépose, par le refroidissement, sous la forme de cristaux groupés en étoiles. (Si la solution alcoolique est trop concentrée, on n'obtient qu'une masse amorphe).

Ce produit paraît représenter la diiodocodéine; mais il est peu stable et perd de l'iode à chaque nouvelle cristallisation. Il se dissout dans l'acide chlorhydrique. Si l'on chauffe la solution, il s'en sépare une matière huileuse qui se concrète plus tard en flocons. L'ammoniaque et la potasse le précipitent de sa solution chlorhydrique.

La solution chlorhydrique donne avec le bichlorure de platine, un précipité jaune contenant 12,20 p. c. de platine (d'après la formule $C^{36}H^{19}I^{2}NO^{6}$, HCl, $PtCl^{2}$ + aq., il faudrait 11,95 p. c. de platine).

Page 60.

§ 2144. *Papavérine* [1]. — M. Anderson a aussi obtenu cet alcali dans la purification de la narcotine, par des cristallisations réitérées dans l'alcool bouillant. La papavérine étant la plus soluble, on la trouve parmi les cristaux qui se déposent les derniers. Pour en séparer la narcotine, on les réduit en poudre fine, et on les met en digestion avec une petite quantité d'acide acétique, qui ne se combine qu'avec la papavérine. Quand le liquide a acquis une réaction neutre, on le décante, et l'on traite de nouveau le résidu par de l'acide acétique, tant que celui-ci en est neutralisé. On précipite ensuite le liquide acétique par de l'ammoniaque, et l'on fait cristalliser le précipité dans l'alcool bouillant.

Le même chimiste a pu extraire la papavérine de l'eau mère provenant de la première cristallisation de la narcotine brute, en opérant de la manière suivante : la liqueur fut précipitée par le sous-acétate de plomb, et le précipité, réduit en poudre fine, fut épuisé par l'alcool bouillant; on enleva l'alcool des décoctions colorées, et l'on ajouta au résidu de l'acide chlorhydrique dilué; la solution chlorhydrique, ayant été séparée, par le filtre, d'une

[1] ANDERSON, *Ann. der Chem. u. Pharm.*, XCIV, 215; et *Transact. of the Roy. Soc. of Edinburgh*, XXI, part. 1; *Chemic. Gazette*, 1855, 21.

substance noire résineuse, on concentra la liqueur, et l'on en retira les cristaux de chlorhydrate de papavérine, qui, étant moins solubles que le chlorhydrate de narcotine, s'étaient déposés les premiers au bout de quelques jours. Ces cristaux furent purifiés par une nouvelle cristallisation et décomposés par l'ammoniaque; le précipité de papavérine fut ensuite cristallisé dans l'alcool bouillant.

La papavérine a donné à l'analyse les mêmes nombres qu'à M. Merck :

	Anderson.			Calcul.
Carbone. . .	70,71	70,60	70,58	70,79
Hydrogène. .	6,29	6,46	6,46	6,20
Azote. . . .	4,40	3,96	»	4,14
Oxygène. . .	»	»	»	18,78
				100,00

L'acide nitrique dissout la papavérine sans la décomposer; mais, si l'on ajoute à la solution un excès d'acide nitrique concentré, il se développe des vapeurs rutilantes, et la liqueur se colore en rouge foncé : il se dépose alors des cristaux orangés de nitrate de nitropapavérine.

Lorsqu'on fait passer du chlore dans la solution du chlorhydrate de papavérine, la liqueur se colore en brun, et dépose, au bout de quelque temps, un précipité d'un gris sale, insoluble dans l'eau, soluble dans l'alcool bouillant, et s'y déposant par le refroidissement à l'état résineux. Traité par l'ammoniaque, ce précipité lui cède de l'acide chlorhydrique, en laissant à l'état insoluble une substance pulvérulente qui constitue une base chlorée.

L'eau bromée étant ajoutée goutte à goutte à la papavérine, il se produit un précipité qui, se redissolvant d'abord, finit par persister; c'est le bromhydrate de bromopapavérine. (Voy. p. 1045.)

La teinture d'iode donne des cristaux d'iodopapavérine.

Lorsqu'on chauffe la papavérine avec 4 fois son poids de chaux sodée, il se développe un alcali volatil. (Le chloroplatinate en a donné 36,21 p. c. de platine; probablement un mélange de tritylamine et d'éthylamine).

Chauffée avec de l'iodure d'éthyle, dans un tube scellé à la lampe, elle ne donne pas de combinaison éthylée; on n'obtient que de l'iodhydrate de papavérine, et, à ce qu'il paraît, de l'alcool ou de l'éther. (How.)

L'*iodhydrate de papavérine*[1], $C^{40}H^{21}NO^{8},HI$, forme des cristaux qui brunissent à 100°. Il est fort soluble dans l'eau bouillante; la solution devient laiteuse par le refroidissement, et abandonne une huile qui se concrète, au bout de quelques heures, en aiguilles incolores, groupées en étoiles. Il se dissout aussi dans l'alcool; toutefois l'alcool absolu ne dissout le sel cristallisé que par une ébullition prolongée; la solution le dépose par le refroidissement sous la forme de cristaux rhomboïdaux.

Dérivés bromés de la papavérine[2]. — La *bromopapavérine*, $C^{40}H^{20}BrNO^{8}$, s'obtient aisément par la digestion du bromhydrate de bromopapavérine avec de l'ammoniaque caustique. Cristallisée dans l'alcool bouillant, elle se présente sous la forme de petites aiguilles incolores, insolubles dans l'eau, fort solubles dans l'alcool et l'éther, et anhydres. Elle a donné à l'analyse :

	Anderson.	Calcul.
Carbone. . .	57,23	57,41
Hydrogène. .	5,02	4,78
Brome. . . .	19,45	19,13

Le *bromhydrate* de bromopapavérine, $C^{40}H^{20}BrNO^{8}$, HBr, s'obtient sous la forme d'un précipité jaune (ou incolore, si l'on opère avec une liqueur étendue), qui se dépose de l'alcool bouillant sous la forme d'une poudre cristalline; il est insoluble dans l'eau; il fond par la chaleur en se décomposant.

Dérivés iodés de la papavérine[3]. — α. 2 $C^{40}H^{21}NO^{8}$, 3 I^{2}. Une solution alcoolique de papavérine, additionnée d'une teinture d'iode, dépose, au bout de quelque temps, de petits cristaux, qui, recristallisés dans l'alcool bouillant, forment des prismes rectangulaires, de couleur pourpre par réflexion et rouge-foncé par transmission. Ces cristaux sont insolubles dans l'eau, et ne sont pas attaqués par les acides étendus, mais l'ammoniaque et la potasse les décomposent, en laissant de la papavérine. Ils ont donné à l'analyse :

	Anderson.	Calcul.
Carbone. . .	33,02	33,47
Hydrogène. .	3,21	2,92
Iode. . . .	52,90	52,71

β. 2 $C^{40}H^{21}NO^{8}$, 5 I^{2}. Le liquide, séparé des cristaux précédents,

[1] ANDERSON (1854), *loc. cit.*
[2] HOW, *Ann. der Chem. u. Pharm.*, XCII, 336.
[3] ANDERSON (1854), *loc. cit.*

donne, par l'évaporation, une autre combinaison qui, recristallisée dans l'alcool, s'obtient sous la forme d'aiguilles minces, orangées par transmission, et rougeâtres par réflexion. Cette combinaison ne s'altère pas à 100°; une plus forte chaleur lui fait dégager de l'iode. L'ammoniaque la décompose rapidement. Elle renferme :

	Anderson.	Calcul.
Carbone. . .	24,78	24,76
Hydrogène. .	2,59	2,16
Iode.	64,60	65,01

Dérivés nitriques de la papavérine [1]. — Le mode de formation du nitrate de nitropapavérine a été indiqué plus haut.

La *nitropapavérine*, $C^{40}H^{20}(NO^4)NO^8$, s'obtient en ajoutant de l'ammoniaque à la solution du nitrate dans l'eau bouillante ou dans un excès d'acide nitrique; elle se dépose alors sous la forme de flocons jaune-clair que la cristallisation dans l'alcool bouillant transforme en aiguilles d'un jaune-rougeâtre pâle. Elle est insoluble dans l'alcool et dans l'éther; elle bleuit le tournesol rougi, se dissout dans les acides et les neutralise complétement, en formant des sels peu solubles dans l'eau et doués d'une teinte jaune-rougeâtre pâle. Elle fond par la chaleur, et se charbonne rapidement à une température élevée. Bouillie avec une solution concentrée de potasse, elle développe des traces d'une base volatile. Elle ne se colore pas par l'acide sulfurique, comme la papavérine. Elle a donné à l'analyse :

	Anderson.	Calcul.
Carbone. . .	62,31	62,50
Hydrogène. .	5,21	5,20

Les cristaux déposés dans l'alcool contiennent 2,29 p. c. (1 atome) d'eau.

Le *chlorhydrate* est peu soluble dans l'eau; mais il se dissout aisément dans un excès d'acide chlorhydrique, ainsi que dans l'alcool. Il cristallise en aiguilles jaune pâle.

Le *chloroplatinate*, $C^{40}H^{20}(NO^4)NO^8$, HCl, PtCl², forme un précipité jaune pâle, contenant :

	Anderson.	Calcul.
Carbone. . .	40,47	40,66
Hydrogène. .	3,80	3,55
Platine. . . .	16,56	16,72

[1] ANDERSON (1854), *loc. cit.*

Le *nitrate*, $C^{40}H^{20}(NO^4NO)^8$, NO^6H, forme des tables quadrangulaires orangées, ou jaunes à l'état de parfaite pureté; il ne renferme pas d'eau de cristallisation; il est presque insoluble dans l'eau froide, un peu plus soluble dans l'eau bouillante, bien plus soluble dans l'eau aiguisée d'acide nitrique ou chlorhydrique; il est soluble dans l'alcool et l'éther. Il fond par la chaleur, et brûle ensuite brusquement, en laissant un résidu charbonneux.

Le *sulfate* est peu soluble dans l'eau, et cristallise en petits prismes.

Page 66.

§ 2146. *Narcotine.* — Lorsqu'on la chauffe dans un tube scellé à la lampe, avec de l'iodure d'éthyle et de l'alcool absolu, il ne se forme pas de combinaison éthylée, et l'on n'obtient que de l'iodhydrate de narcotine. (How.)

Chloroplatinate de narcotine. — Lorsqu'on le fait bouillir avec beaucoup d'eau, il se dissout, et, au bout de quelques heures, brunit en déposant un précipité contenant tout le platine en combinaison avec la matière organique; la liqueur filtrée donne par l'ammoniaque un précipité ressemblant à de la narcotine. (Anderson.)

Iodhydrate de narcotine[1]. — Ce sel se sépare, par la concentration de sa solution aqueuse, sous la forme d'une huile qui ne se concrète pas, et qu'on ne peut faire cristalliser ni dans l'alcool ni dans l'éther.

§ 2148. Ce qui me confirme dans l'opinion que l'*opianine* de M. Hinterberger n'est que de la narcotine, c'est que M. Schabus[2] a trouvé à l'opianine exactement la même forme qu'à la narcotine. Combinaison du système rhombique, $\infty P . \infty \breve{P} . \infty \bar{P} \infty . \breve{P} \infty . P$. Rapport de l'axe vertical aux axes secondaires, 1 : 2,0435 : 1,9437. Inclinaison des faces, $\infty P : \infty P$ dans le plan de la petite diagonale et de l'axe vertical = 92°52'; $\breve{P} \infty : \breve{P} \infty$ = 127°51'. Clivage parfait, parallèlement à $\infty \bar{P} \infty$.)

§ 2153. *Cotarnine.* — Elle ne donne pas de combinaison éthylée lorsqu'on la chauffe, dans un tube scellé à la lampe, avec de l'iodure d'éthyle; on n'obtient que de l'iodhydrate de cotarnine.

[1] How, *Ann. der Chem. u. Pharm.*, XCII, 337.

[2] Schabus, *loc. cit.*

L'iodhydrate forme une huile inscristallisable, insoluble dans l'eau froide, fort soluble dans l'eau bouillante. (How.)

§ 2157. *Hydrure d'opianyle*[1]. — La méconine est décidément identique avec cette substance. Elle reste en dissolution dans les eaux mères qui ont laissé déposer la narcéine (§ 2150). Abandonnées pendant quelques mois à elles-mêmes, ces eaux mères ne laissent déposer que des cristaux de sel ammoniac. Pour en retirer la méconine, elles ont été soumises au traitement suivant : on les a introduites dans de grands flacons, et mises en digestion avec un cinquième de leur volume d'éther, pendant 24 heures, le mélange étant agité fréquemment. Ce traitement a été répété un certain nombre de fois; l'éther ayant été ensuite distillé au bain-marie, on a obtenu un liquide brun sirupeux : les premiers extraits ont refusé de cristalliser, les suivants se sont quelquefois remplis de cristaux. L'eau a précipité de ces extraits une quantité notable d'une substance épaisse et résinoïde. Traitée par l'acide chlorhydrique, cette matière s'est dissoute en partie, et le reste s'est transformé en une poudre cristalline. La solution chlorhydrique renfermait de la papavérine, et la poudre grenue était de la méconine impure. Pour purifier cette dernière, on la dissout dans l'eau bouillante; par le refroidissement, on a obtenu des aiguilles jaunâtres qu'on a décolorées par le charbon animal.

Ainsi obtenu, l'hydrure d'opianyle ou méconine a donné à l'analyse :

	Anderson.		$C^{20}H^{10}O^8$
Carbone. . .	61,40	61,50	61,85
Hydrogène. .	5,12	5,13	5,10
Oxygène. . .	»	»	33,00
			100,00

L'acide sulfurique concentré dissout l'hydrure d'opianyle sans le colorer; mais, lorsqu'on chauffe légèrement la dissolution, elle prend une teinte pourpre dont l'intensité augmente rapidement; l'eau précipite des flocons brun-foncé, solubles dans les alcalis. Avec un mélange d'acide sulfurique et de peroxyde de plomb, il se dégage de l'acide carbonique, tandis qu'une substance amorphe entre en dissolution.

[1] ANDERSON, *Transact. of the Roy. Society of Edinb.*, XXI, part. I. En extrait, *Ann. de chim. et de phys.*, [3] XLVI, 101.

L'acide nitrique concentré dissout l'hydrure d'opianyle, et l'eau précipite de la solution des cristaux ayant les caractères de la nitro-méconine. Le chlore, le brome et le chlorure d'iode agissent sur la solution aqueuse de l'hydrure d'opianyle, en donnant des dérivés chloroconjugués. L'iode est sans action.

L'*hydrure de nitropianyle* ou nitroméconine, $C^{20}H^{9}(NO^{4})O^{8}$, forme des aiguilles incolores, quelquefois très-longues, qui fondent à 104° en un liquide incolore, lequel se prend par le refroidissement en une masse cristalline.

L'*hydrure de chloropianyle*, $C^{20}H^{9}ClO^{8}$, s'obtient lorsqu'on dirige un courant de chlore dans une solution aqueuse et saturée d'hydrure d'opianyle; il se forme ainsi des cristaux qui finissent par remplir tout le liquide. On peut aussi obtenir ce composé en faisant passer du chlore sur l'hydrure d'opianyle fondu. Purifié par cristallisation dans l'alcool, il se présente sous la forme d'aiguilles incolores, à peine solubles dans l'eau froide, solubles dans l'alcool et l'éther. Il fond à 165°. Il se dissout dans l'acide nitrique avec une couleur rouge; il se dissout également dans l'acide sulfurique, et à chaud la liqueur prend une teinte vert-bleu.

L'acide méchloïque de M. Courbe constitue probablement l'hydrure de bichloropianyle.

L'*hydrure de bromopianyle*, $C^{20}H^{9}BrO^{8}$, s'obtient par l'action de l'eau bromée sur une solution aqueuse d'hydrure d'opianyle. Il cristallise en aiguilles incolores.

L'*hydrure d'iodopianyle*, $C^{20}H^{9}IO^{8}$, s'obtient en faisant réagir du chlorure d'iode sur une solution aqueuse d'hydrure d'opianyle; par l'évaporation de la liqueur, il se forme des cristaux volumineux, mélangés d'un peu d'iode, qu'on fait recristalliser dans l'alcool. Cette substance forme des aiguilles incolores très-belles, fusibles à 110°, insolubles dans l'eau, solubles dans l'alcool et l'éther. L'acide nitrique la décompose en mettant de l'iode en liberté.

§ 2160. *Acide opianique.* — La réaction de l'acide sulfurique sur l'acide opianique donne lieu à une matière colorante produisant avec les mordants de fer et d'alumine toutes les nuances qu'on obtient avec la garance. Comme la formule de l'alizarine, $C^{20}H^{6}O^{6}$, ne diffère de la formule de l'acide opianique que par les éléments de $2H^{2}O^{2}$, il n'est pas impossible que la nouvelle matière colorante ne soit identique avec l'alizarine. (Anderson.)

Page 94.

§ 2171. *Pipérine.* — Analyse[1] de la pipérine extraite du poivre noir de l'Afrique occidentale (*Cubeba Clusii* Miguel) :

	Stenhouse.	
Carbone.	71,84 —	71,61
Hydrogène.	6,61 —	6,71
Azote.	4,76	»

Page 121.

§ 2185. *Sulfocyanhydrate de quinine.* — Il cristallise dans le système monoclinique[2], avec les faces ∞P. oP. + P. Valeurs des axes, *a* axe principal : *b* diagonale oblique : *c* diagonale droite :: 1 : 0,6743 : 0,9805. Angle des axes *a* et *b* = 78°13' : Inclinaison des faces, ∞P : ∞P = 112° 6' ; + P : + P = 116° 24' ; oP : ∞P = 99° 45' ; oP : + P = 111° 35'.

§ 2186. *Quinidine* (quinine β, cinchotine de Hlasiwetz). — Elle cristallise dans le système monoclinique[3], avec les faces oP. ∞P∞ . + P. — P. Valeurs des axes, *a* axe principal : *b* diagonale oblique : *c* diagonale droite :: 1 : 1,0391 : 0,4820. Angle des axes *a* et *b* = 77° 20'. Inclinaison des faces, oP : + P = 70° 32' ; + P : ∞P∞ 108° 18' ; — P : ∞P∞ = 118° 30'.

Page 129.

§ 2192. *Cinchonine.* — Elle cristallise dans le système monoclinique[4], avec les faces ∞P. ∞P∞ . oP. Rapport de la diagonale oblique à la diagonale droite :: 1 : 0,6702 ; inclinaison de la diagonale oblique sur l'axe principal = 72°41'. Inclinaison des faces, oP : ∞P = 100°5 ; ∞P : ∞P dans le plan de la diagonale oblique et de l'axe principal = 70° 9'.

Sulfate de cinchonine. — Il cristallise dans le système monoclinique[5], avec les faces ∞P. [∞P 5]. ∞P∞ . oP. Rapport de la

[1] STENHOUSE, *Ann. der Chem. u. Pharm.*, XCV, 106.
[2] SCHABUS, *loc. cit.*
[3] SCHABUS, *loc. cit.*
[4] SCHABUS, *loc. cit.*
[5] SCHABUS, *loc. cit.*

diagonale oblique à la diagonale droite :: 1 : 0,4137 ; inclinaison de la diagonale oblique sur l'axe principal = 83°16'. Inclinaison des faces, ∞P : ∞P dans le plan de la diagonale oblique et de l'axe principal = 45°14' ; oP : ∞P = 92°35'. Clivage parallèlement à oP et à $\infty P \infty$.

Page 148.

§ 2204. *Quinoléine* [1]. — La substance qui a été décrite sous ce nom est un mélange de plusieurs alcalis.

Pour en déterminer la nature, M. Williams a soumis à la distillation, avec de l'hydrate de potasse, plus de 3 kilogrammes de cinchonine. L'opération a été faite dans une cornue de fer où la matière a été introduite et distillée par portions. Il se forme, comme produit accessoire, une quantité notable de pyrrol, dont on ne peut débarrasser la quinoléine brute que par une ébullition prolongée de la liqueur, préalablement sursaturée par un acide faible. La potasse sépare la quinoléine de cette dissolution. Pour la déshydrater, on la met en digestion avec des fragments de potasse caustique.

La matière ainsi desséchée commence à bouillir à 149° ; mais le liquide ne se met à passer abondamment qu'à une trentaine de degrés au-dessus ; par une série de distillations fractionnées, on a obtenu des portions de liquides dont les points d'ébullition s'élevaient de 154° à 271°. Les portions bouillant au-dessous de 200° contenaient de la lutidine, avec un peu de pyridine et de picoline, ainsi que de la collidine ; les portions bouillant au-dessus de 200° se composaient de deux alcalis homologues, la quinoléine et la lépidine. Les rapprochements que j'avais faits entre les analyses de la quinoléine et de ses sels m'avaient fait hésiter entre la formule $C^{18}H^7N$ et la formule $C^{20}H^9N$. Les nouveaux résultats de M. Williams prouvent qu'en effet on avait analysé des mélanges de deux alcalis ayant cette composition.

La *quinoléine*, $C^{18}H^7N$, constitue en plus grande partie les portions bouillant entre 216 et 243° ; elle y est accompagnée d'une petite quantité de lépidine, qu'il est fort difficile de séparer complétement.

La *lépidine*, $C^{20}H^9N$, passe dans les portions les plus volatiles.

[1] C. Greville Williams, *Transact. of the Roy. Society of Edimburgh*, t. XXI, part. III. En extrait : *Ann. de Chim. et de Phys.* [3] XLV, 488.

Son point d'ébullition est probablement à 260°, peut-être même un peu au-dessus. A cette température elle s'altère légèrement en donnant une petite quantité de pyrrol et de carbonate d'ammoniaque. La densité de sa vapeur a été trouvée égale à 5,14 (calcul, 4,94).

Les iodures d'alcools agissent sur elle.

Le *chlorhydrate* de lépidine s'obtient en aiguilles incolores.

Le *nitrate*, $C^{20}H^{9}N,NHO^{6}$, forme de petits prismes durs, inaltérables à l'air, infusibles à 100°.

Le *bichromate*, $C^{20}H^{9}N$, 2 (CrO^{3},HO), s'obtient en ajoutant à l'alcali libre un excès d'une solution un peu diluée d'acide chromique. Il possède d'abord un aspect résineux ; mais, dès qu'on le touche avec une baguette, il devient grenu et cristallin; ce produit, dissous dans l'eau chaude, dépose de magnifiques aiguilles d'un jaune d'or. Chauffé brusquement à 100°, il se décompose en donnant un mélange de charbon et d'oxyde de chrome.

L'*iodhydrate de méthyl-lépidine* cristallise très-bien.

L'*iodhydrate d'amyl-lépidine*, $C^{20}H^{9}(C^{10}H^{11})N,I$, est un sel cristallin, peu soluble dans l'eau, qu'on obtient en chauffant pendant quelque temps à 100° un mélange de lépidine et d'iodure d'amyle.

Page 157.

§ 2210. *Strychnine*[1]. — Elle cristallise dans le système rombique, avec les faces ∞P. $\bar{P}\infty$. $\breve{P}\infty$. Rapport de l'axe vertical aux axes secondaires :: 1 : 1,0804 : 1,0645. Inclinaison des faces, ∞P : ∞P = 90°51; dans le plan de la base, $\bar{P}\infty$: $\bar{P}\infty$ = 86°25', $\breve{P}\infty$: $\breve{P}\infty$ = 85°35'.

§ 2211. *Sulfate de strychnine.* — Il constitue des cristaux du système rhombique[2], avec les faces dominantes ∞P. $\infty\breve{P}\infty$. $\bar{P}\infty$. Rapport de l'axe vertical aux axes secondaires :: 1 : 0,9067 : 0,2813. Inclinaison des faces, dans le plan de la petite diagonale et de l'axe vertical, ∞P : ∞P = 145°32', $\bar{P}\infty$: $\bar{P}\infty$ = 84°24'.

§ 2215. *Combinaisons d'éthyl-strychnium*[3]. — L'iodure d'éthyle agit rapidement sur la strychnine réduite en poudre; l'attaque est favorisée par la présence de l'alcool. Lorsqu'on fait réagir

[1] SCHABUS, *loc. cit.*

[2] SCHABUS, *loc. cit.*

[3] HOW (1854), *Transact. of the Edimb. Roy. Soc.*, XXI, part. 1, *Chem. Gazette*, 1854; et en extrait *Ann. der Chem. u. Pharm.*, XCII, 336.

à 100°, dans un tube scellé à la lampe, un mélange de strychnine, d'iodure d'éthyle et d'alcool, la réaction est terminée dans l'espace de vingt minutes, et l'on obtient une poudre cristalline, très-différente de la strychnine, et qui constitue l'iodure d'éthyl-strychnium.

L'*hydrate*, $C^{42}H^{21}(C^4H^5)N^2O^4$, 2 HO + 3 aq., se produit par l'action de l'oxyde d'argent humide sur l'iodure d'éthyl-strychnium solide; on obtient ainsi une solution pourpre, qui dépose, par l'évaporation spontanée, une masse cristalline, un peu carbonatée, et se dissolvant dans une petite quantité d'eau en laissant un résidu floconneux. Le résidu, obtenu par l'évaporation dans le vide, se dissout entièrement dans l'alcool absolu et bouillant, en déposant de petits prismes incolores d'hydrate d'éthyl-strychnium. Séchés dans le vide, ces cristaux ont donné :

	How.		Calcul.
Carbone.	68,13	—	67,81
Hydrogène.	8,19	—	7,61

Lorsqu'on ajoute de l'éther à sa solution de ce corps dans l'alcool absolu, il se forme une gelée qui devient cristalline par l'agitation.

L'hydrate d'éthyl-strychnium ne perd pas son eau de cristallisation à 100°; mais il s'altère à cette température, et fait alors effervescence avec les acides.

Récemment préparée, la solution est pourpre, d'une saveur très-amère, et d'une réaction fort alcaline. Elle ne précipite qu'à chaud le chlorure de baryum et le chlorure de calcium; elle précipite à froid le sulfate de magnésie en flocons; elle précipite également à froid la solution de l'alumine et celle des métaux pesants. Bouillie, elle dégage l'odeur d'un alcali volatil.

Lorsqu'on traite par l'hydrogène sulfuré la solution de la base ou de son carbonate, et qu'on abandonne ensuite la liqueur, il s'y forme un hyposulfite qu'on peut obtenir cristallin.

Avec l'acide sulfurique et le chromate de potasse, la base donne la même réaction que la strychnine.

L'iodure d'éthyle étant chauffé avec l'hydrate d'éthyl-strychnium, dans un tube scellé, donne de l'iodure d'éthyl-strychnium, ainsi qu'une matière alcaline qui n'a pas été examinée.

Le *chlorure* cristallise en aiguilles fort solubles.

Le *chloroplatinate*, $C^{42}H^{21}(C^4H^5)N^2O^4$,HCl,$PtCl^2$, se précipite à l'état de caillots jaunes, devenant peu à peu cristallins, lorsqu'on traite une solution chaude d'iodure d'éthyl-strychnium par le nitrate d'argent, puis par l'acide chlorhydrique, et qu'on mélange la solution chlorhydrique avec du bichlorure de platine. Avec des solutions plus étendues, on obtient le sel en agrégations étoilées. Il a donné :

	How.		Calcul.
Platine.	17,46	—	17,37.

Le *chloraurate* forme un précipité caillebotté qui se dissout dans l'eau bouillante, et y cristallise en prismes incolores et brillants.

Le *chloromercurate* est un précipité blanc caillebotté, cristallisant dans l'eau bouillante en aiguilles incolores.

L'*iodure*, $C^{42}H^{21}(C^4H^5)N^2O^4,HI$, cristallise dans l'eau bouillante en aiguilles incolores, soyeuses, inaltérables à l'air, solubles dans environ 170 p. d'eau à 15°, et dans 50 à 60 p. d'eau bouillante. Il se dissout également dans l'alcool, et y cristallise en prismes raccourcis. Il se colore un peu à 100° sans perdre de son poids ; à une température plus élevée, il fond en noircissant et en exhalant des vapeurs alcalines, douées d'une odeur désagréable ; en même temps il se forme un sublimé jaune et huileux. Il a donné à l'analyse :

	How.		Calcul.
Carbone.	56,27	—	56,31
Hydrogène.	5,60	—	5,50
Iode.	25,98	—	25,93

Ni la potasse ni l'ammoniaque ne séparent la base de l'iodure d'éthyl-strychnium ; toutefois ce sel, étant moins soluble dans les liqueurs alcalines que dans l'eau pure, se précipite par l'addition de la potasse à la solution aqueuse. L'ammoniaque produit le même effet à chaud, les liqueurs étant concentrées.

Lorsqu'on distille l'iodure d'éthyl-strychnium avec un excès de chaux sodée, il passe une huile pesante, en partie soluble dans les acides ; la solution chlorhydrique donne un sel amorphe par le bichlorure de platine.

Le *nitrate*, $C^{42}H^{21}(C^4H^5)N^2O^4,HO,NO^5$, s'obtient en mélangeant à chaud des solutions diluées d'iodure d'éthyl-strychnium et de nitrate d'argent. Peu soluble dans l'eau froide, il se dissout aisément dans l'eau bouillante, et s'y dépose en prismes incolores, très-réfringents, sans eau de cristallisation.

Le *sulfate* est moins soluble que le chlorhydrate ; une solution acide donne des aiguilles nacrées et des flocons.

Le *bichromate*, $C^{42}H^{21}(C^4H^5)N^2O^4$, 2 HO, 2 CrO^3 + 2 aq., se dépose sous la forme de belles tables jaune-doré par le mélange de solutions concentrées de bichromate de potasse et d'un sel d'éthyl-strychnium; avec des solutions étendues, on obtient des aiguilles, groupées en aigrettes. Ce sel est fort soluble dans l'eau bouillante, moins soluble dans l'eau froide. Il perd 3,60 p. c. (expérience, 3,43 — 3,77) = 2 atomes par la dessiccation à 100°.

Le chromate de potasse neutre produit un précipité jaune, composé de cristaux prismatiques, même dans les solutions diluées des sels d'éthyl-strychnium.

Le *carbonate* se produit rapidement lorsqu'on agite du carbonate d'argent humide avec de l'iodure d'éthyl-strychnium délayé dans l'eau; on obtient ainsi une liqueur incolore qui toutefois perd bientôt une teinte vineuse, surtout à chaud. Cette liqueur se décompose par l'évaporation, même dans le vide, en laissant un résidu jaunâtre et cristallin, en partie soluble dans l'eau, en partie insoluble; la partie insoluble paraît être une base nouvelle.

Le *bicarbonate*, $C^{42}H^{21}(C^4H^5)N^2O^4$, 2 HO,$C^2O^4$, se forme lorsqu'on fait passer du gaz carbonique dans la solution du carbonate neutre, et qu'on évapore la liqueur dans le vide ou à 100°. On obtient ainsi un résidu cristallin, presque blanc, fort soluble dans l'eau, et non déliquescent; sa solution présente une forte réaction alcaline. Il se dissout aisément dans l'alcool absolu; si l'on ajoute de l'éther à la solution, elle laisse déposer peu à peu des prismes incolores.

L'*oxalate* ressemble au sulfate.

L'*acétate* forme une masse gommeuse.

§ 2215^b. *Combinaisons d'amyl-strychnium*[1]. — Lorsqu'on chauffe pendant environ 100 heures, dans un tube scellé à la lampe, de la strychnine en poudre fine avec du chlorure d'amyle et de l'alcool absolu, on obtient un liquide huileux qui se prend en une masse cristalline de chlorure d'amyl-strychnium, après qu'on en a séparé, par la distillation, l'alcool et l'excès de chlorure d'amyle.

L'*hydrate* s'obtient sous la forme d'une solution alcaline, de couleur pourpre, lorsqu'on traite le chlorure d'amyl-strychnium par l'oxyde d'argent, délayé dans l'eau.

Le *chlorure*, $C^{42}H^{21}(C^{10}H^{11})N^2O^4$,HCl + 8 aq., cristallise de sa solution aqueuse en gros prismes obliques rhomboïdaux, d'un éclat

[1] How (1854), *loc. cit.*

gras à l'état sec. Il perd, à 100°,12,3 p. c. d'eau (7 atomes sur 8 qu'il renferme). La potasse concentrée précipite immédiatement la solution du sel. L'ammoniaque, en y agissant, paraît à la longue régénérer de la strychnine; si l'on opère à 100° dans un tube fermé, la décomposition semble aller plus loin. Il a donné à l'analyse :

	How.		Calcul.
Carbone.	69,16 —	69,58 —	69,41
Hydrogène. . . .	7,80 —	7,88 —	7,56
Chlore.	8,03	»	7,89

Le *chloroplatinate* constitue un précipité jaune pâle et non cristallin, qu'on n'a pas pu obtenir d'une composition constante.

Le *chloraurate* est un précipité jaune, amorphe, et insoluble dans l'eau.

Le *chloromercurate* est un précipité blanc, peu soluble dans l'eau bouillante; par le refroidissement de la solution, on obtient quelques cristaux isolés.

Le *nitrate*, $C^{42}H^{21}(C^{10}H^{11})N^2O^4,HO,NO^5 + 11$ aq., cristallise, dans l'eau bouillante, en aiguilles radiées qui perdent à 100°15,9 p. c. d'eau (10 atomes sur 11). On l'obtient en décomposant le chlorure d'amyl-strychnium par le nitrate d'argent. Il est plus soluble que le nitrate d'éthyl-strychnium; toutefois l'eau froide ne le dissout pas en grande quantité.

Le *bichromate*, $C^{42}H^{21}(C^{10}H^{11})N^2O^4$ 2 HO, 2 CrO^3 (à 100°), est un sel jaune cristallin, soluble dans l'eau bouillante. Il se précipite par l'addition du bichromate de potasse au chlorure d'amyl-strychnium.

Page 175.

§ 2218. *Chloroplatinate de brucine.* — Il est à peine soluble dans l'eau; mais, si on le fait bouillir avec ce liquide, il se décompose peu à peu en donnant une poudre noire; la solution filtrée est rouge, et dépose par le refroidissement un sel de platine jaune. (Anderson.)

§ 2222 *a*. *Combinaisons d'éthyl-brucinium*[1]. — Lorsqu'on mélange une solution alcoolique de brucine avec un excès d'iodure d'éthyle, il se produit dans le liquide, au bout de quelque temps, une

[1] Gunning, (1855) *Journ. f. Prakt. Chem.*, LXVII, 46.

grande quantité de petits cristaux d'iodhydrate d'éthyl-brucinium.

L'*hydrate* s'obtient avec cet iodhydrate et l'oxyde d'argent récemment précipité. Il est fort soluble dans l'eau, l'alcool et l'éther, et présente une forte réaction alcaline. Il précipite le sesquioxyde de fer, l'alumine et l'oxyde de zinc, et redissout les deux derniers. Il déplace l'ammoniaque de ses sels et absorbe avec avidité l'acide carbonique de l'air.

On n'a pas pu l'obtenir à l'état solide. La solution se colore immédiatement par l'évaporation.

Elle donne avec l'acide nitrique la réaction caractéristique de la brucine.

Elle neutralise parfaitement les acides.

Le *chlorure* est cristallisable, mais sa solution se colore par l'évaporation.

Le *chloroplatinate*, $C^{46}H^{25}(C^4H^5)N^2O^8,HCl$, Pt Cl^2, est un précipité jaune doré, qui cristallise dans l'eau bouillante.

L'*iodure*, $C^{46}H^{25}(C^4H^5)N^2O^8$, HI + aq, forme des cristaux insolubles dans l'eau, fort solubles dans l'alcool bouillant. Il perd 1, 65 p. c. = aq. par la dessiccation à 140°. Il a donné à l'analyse :

	Gunning.		Calcul.
Carbone. . .	53,2 —	53,3 —	53,6
Hydrogène. .	5,9 —	5,9 —	5,6
Azote. . . .	4,7 —	» —	5,0
Iode.	23,2 —	23,3 —	22,7

Le *nitrate* est cristallisable; mais la solution se colore par l'évaporation.

Page 208.

§ 2237. *Berbérine.* — Analyse [1] du *chloroplatinate* de la berbérine extraite d'une écorce jaune dite d'abeocouta, employée pour la teinture dans l'Afrique occidentale :

	Stenhouse.		
Carbone.	44,92 —	44,60 —	45,10
Hydrogène. . . .	3,95 —	3,55 —	3,93
Platine.	17,53 —	17,36 —	17,72

[1] STENHOUSE, *Ann. der. Chem. u. Pharm*, XCV, 108.

Page 231.

§ 2255 ^a^. *Pyridine.* — Le *chloroplatinate* donne lieu à deux nouvelles bases platinées [1].

α. *Platino-pyridine,* $C^{10}H^{3}PtN = C^{10}H^{3}pt^{2}N$. Lorsqu'on dissout dans l'eau bouillante le chloroplatinate de pyridine, bien exempt de bichlorure de platine, et qu'on maintient la liqueur en ébullition pendant quelques heures, elle commence à déposer une poudre cristalline, d'un jaune de soufre, représentant le bichlorhydrate de platino-pyridine. Après cinq ou six jours d'ébullition, tout le chloroplatinate se trouve ainsi transformé; mais, si l'on sépare par le filtre la poudre jaune avant que la transformation soit complète, l'eau mère dépose, par le refroidissement, des paillettes jaune-doré, semblables à l'iodure de plomb.

Le *bichlorhydrate de platino-pyridine*, $C^{10}H^{3}PtN, 2HCl$, est insoluble dans l'eau et les acides; traité par la potasse, il se décompose, surtout à chaud, en dégageant de la pyridine. Il a donné à l'analyse :

	Anderson.		Calcul.
Carbone.	24,30	—	24,12
Hydrogène. . . .	2,14	—	2,01
Chlore.	28,56	—	28,54
Platine.	39,60	—	39,68

La formation de ce sel s'explique par l'équation suivante :

$$C^{10}H^{5}N, HCl, PtCl^{2} = C^{10}H^{3}PtN, 2HCl + HCl.$$

On remarque qu'il se dégage de l'acide chlorhydrique dans cette réaction. Ce dégagement s'opère avec beaucoup de lenteur, mais on peut l'activer par l'addition d'une quantité suffisante de pyridine qui puisse se combiner avec lui; seulement, dans ce cas, il faut éviter l'emploi d'un excès de pyridine, qui donnerait lieu à un produit différent, ainsi qu'on le verra plus bas.

On ne peut guère, par les alcalis, isoler la platino-pyridine de son bichlorhydrate, mais on obtient d'autres sels en le faisant bouillir avec des sels d'argent; cependant la décomposition est très-lente, et offre quelques particularités qui n'ont pas encore été éclaircies.

[1] ANDERSON (1855), *Proceed. of. the Roy. Society of. Edinb.*, vol. III. *Ann. der. Chem. u. Pharm.*, XCVI, 199.

Le *sulfate de platino-pyridine* est un sel jaune, fort soluble dans l'eau, qui se dessèche par l'évaporation en une masse gommeuse.

Le *chromate de platino-pyridine*, $2\,C^{10}H^{3}PtN, 2HO, 2CrO^{3}$, s'obtient en ajoutant du bichromate de potasse au sulfate, sous la forme d'un précipité rouge orangé.

Lorsqu'on fait bouillir le bichlorhydrate de platino-pyridine avec 2 équiv. de sulfate ou de nitrate d'argent moins de temps qu'il n'en faut pour le décomposer complétement, qu'on recueille le chlorure d'argent sur un filtre, et qu'après l'avoir lavé, on le traite par l'ammoniaque, il laisse, ordinairement en petite quantité, une matière jaune et cristalline, presque insoluble dans l'eau, mais insoluble dans l'acide nitrique bouillant qui la dépose, par le refroidissement, en belles écailles brillantes. Ce produit renferme du chlore.

Les paillettes jaune-doré qu'on obtient en arrêtant l'ébullition du chloroplatinate de pyridine, avant que sa métamorphose soit complète, paraissent être une combinaison de bichlorhydrate de platino-pyridine et de chloroplatinate de pyridine :

$$C^{10}H^{3}PtN, 2HCl + C^{10}H^{5}N, HCl, PtCl^{2}.$$

En effet, elles ont donné à l'analyse :

	Anderson.		Calcul.
Carbone.	22,70	—	23,47
Hydrogène. . .	2,30	—	2,06
Chlore.	32,75	—	33,24
Platine.	36,61	—	36,97

β. *Platoso-pyridine*, $C^{10}H^{4}PtN$. Lorsqu'on fait bouillir le chloroplatinate de pyridine avec un excès de pyridine, la matière se fonce beaucoup; le produit étant évaporé à siccité et repris par l'eau, on obtient une solution foncée et un résidu cristallin de chlorhydrate de platoso-pyridine.

Le *chlorhydrate de platoso-pyridine*, $C^{10}H^{4}PtN, HCl$, est très-peu soluble dans l'eau; mais il se dissout davantage dans l'alcool bouillant, et se dépose par le refroidissement en petites aiguilles contenant :

	Anderson.		Calcul.
Carbone. . .	28,31	—	28,14
Hydrogène. .	2,48	—	2,34
Chlore. . . .	16,69	—	16,65
Platine. . . .	45,83	—	46,29

Le *nitrate* et le *sulfate* s'obtiennent en traitant le sel précédent par le nitrate et le sulfate d'argent.

§ 2255 [b]. *Combinaisons d'éthylpyridine* [1]. — L'iodure d'éthyl-pyridine se produit par la réaction de la pyridine et de l'iodure d'éthyle. Chauffé doucement, le mélange de ces deux corps dégage beaucoup de chaleur, en même temps qu'il se rend à la surface une couche huileuse qui cristallise par le refroidissement. C'est l'iodure d'éthyl-pyridine. La base correspondante représente un hydrate d'ammonium.

Cet *hydrate* s'obtient par l'oxyde d'argent et la solution de l'iodure. Il présente des caractères semblables à ceux de l'hydrate d'éthyl-picoline. (§ 1415 [a]).

L'*iodure*, $C^{14}H^{10}N$, $I = C^{10}H^5 (C^4H^5) N$, I, forme des tables douées d'un éclat argentin, fort solubles dans l'eau et même un peu déliquescentes, fort solubles dans l'alcool et l'éther. Il renferme :

	Anderson.		Calcul.
Carbone.	36,17	—	35,89
Hydrogène. . . .	4,59	—	4,27
Iode.	53,54	—	53,80

Le *chloroplatinate*, $C^{14}H^{10}NCl$, $PtCl^2$, s'obtient en traitant l'iodure par le nitrate d'argent, enlevant l'excès d'argent par l'acide chlorhydrique, et ajoutant du bichlorure de platine à la liqueur filtrée. Il est peu soluble dans l'eau froide, insoluble dans un mélange d'alcool et d'éther, et forme des tables rhombes couleur grenat. Il renferme :

	Anderson.		Calcul.
Carbone. . . .	26,33	—	26,81
Hydrogène. . .	2,92	—	3,19
Platine. . . .	31,62	—	31,51

Le chloroplatinate d'éthyl-pyridine est très-lentement décomposé par l'ébullition; il se dépose une substance qui n'a pas donné à l'analyse des résultats constants. L'addition d'une petite quantité de pyridine paraît favoriser la décomposition. L'ammoniaque décolore le chloroplatinate par quelques minutes d'ébullition, et la liqueur contient alors le même sel (N^2H^5PtCl) qu'on obtient en traitant par l'ammoniaque le chloroplatinate d'ammoniaque :

$$C^{14}H^{10}NCl, Pt\,Cl^2 + 3NH^3 = N^2H^5PtCl + C^{14}H^{10}NCl + NH^4Cl.$$

[1] ANDERSON (1854). *Ann. der. Chem. u. Pharm.*, XCIV, 364.

Le *chloraurate* constitue des tables jaunes, peu solubles dans l'eau froide, et se décomposant par l'ébullition avec l'eau.

Page 239.

§ 2260. *Vératrine*, $C^{64}H^{52}N^{2}O^{16}$ (G. Merck). — Les cristaux transparents de la vératrine s'effleurissent peu à peu au contact de l'air, présentent l'aspect de la porcelaine et deviennent très-friables. L'eau bouillante ne les dissout pas; mais elle les rend opaque et leur fait perdre leur forme, sans qu'ils entrent en fusion. Ils sont fort solubles dans l'alcool, et surtout dans l'éther.

Desséchés à 100°, ils renferment :

	G. Merck [1].				$C^{64}H^{52}N^{2}O^{16}$
Carbone. .	64,73 —	64,51 —	64,99 —	65,00	64,86
Hydrogène.	8,84 —	8,55 —	8,76 —	8,70	8,78
Azote. . . .	5,5	«	«	«	4,73
Oxygène. .	«	«	«	«	21,63
					100,00

L'acide sulfurique concentré colore les cristaux d'abord en jaune, puis en beau cramoisi. L'acide chlorhydrique concentré les dissout en donnant, surtout à chaud, une liqueur d'un violet foncé.

Les acides étendus dissolvent aisément la vératrine, en donnant des solutions incolores, qui, désséchées, forment des masses gommeuses.

Le *chlorhydrate* n'a pas pu s'obtenir à l'état cristallisé (G. Merck).

Le *chloroplatinate* se dissout dans beaucoup d'eau.

Le *chloraurate*, $C^{64}H^{32}N^{2}O^{16}$, HCl, Au Cl^{3} (à 100°), se précipite par l'addition d'un excès de chlorure d'or à la solution chlorhydrique de la vératrine; il se dissout dans l'alcool bouillant et se dépose, par le refroidissement, à l'état de petits cristaux jaunes, doués d'un éclat soyeux. Il renferme :

	G. Merck.			Calcul.
Carbone.	41,31 —	41,05	»	41,25
Hydrogène. . .	5,97 —	5,91	•	5,69
Or.	21,03 —	20,87 —	21,26	21,09

Le *sulfate*, $2C^{64}H^{52}N^{2}O^{16}$, 2HO, $S^{2}O^{6}$ (à 100°), s'obtient sous la

[1] G. MERCK, *Ann. der Chem. u. Pharm.*, XCV, 200.

forme d'une masse incolore, gommeuse, très-friable, devenant électrique par le frottement, lorsqu'on traite la vératrine en léger excès par l'acide sulfurique dilué et qu'on abandonne à l'évaporation.

Page 312.

§ 2318. *Mangostine.* — M. Schmid[1] désigne sous ce nom un principe contenu dans le fruit du *Garcinia mangostana*, famille des guttifères, principe qu'on peut en extraire par l'alcool bouillant. Il cristallise en paillettes minces et brillantes d'un jaune doré, sans odeur ni saveur, fusibles à 190°, insolubles dans l'eau, fort solubles dans l'alcool et l'éther; la solution est sans action sur les papiers colorés. Lorsqu'on le chauffe au-dessus de son point de fusion, il se décompose en grande partie, tandis qu'une autre partie se sublime sans altération. Il renferme :

	Schmid.			$C^{40}H^{22}O^{10}$?
Carbone. . .	69,64 —	69,63 —	69,74	70,17
Hydrogène. .	6,66 —	6,37 —	6,44	6,43
Oxygène. . .	»	»	»	23,40
				100,00

Les acides dilués dissolvent la mangostine à une douce chaleur, et la déposent de nouveau par le refroidissement. L'acide nitrique concentré la transforme à chaud en acide oxalique. L'acide sulfurique concentré la dissout à froid avec une couleur rouge foncé, et la charbonne à chaud. Les alcalis la dissolvent avec une couleur jaune ou brunâtre. Elle réduit la solution des métaux nobles. Elle colore en vert foncé les sels ferriques. Elle précipite le sous-lactate de plomb; le précipité n'offre pas une composition constante.

Page 317.

§ 2325 *a*. *Ononine*[2]. — M. Hlasiwetz opère de la manière suivante pour extraire ce corps de la racine de bugrane : on fait bouillir cette racine avec de l'eau pendant une heure environ ; la

[1] Schmid, *Ann. der. Chem. u. Pharm.*, XCIII, 83.

[2] Hlasiwetz, *Sitzungsber. der mathem. naturwiss. Classe der Kais. Akad. der Wissensch. zu Wien*, XV, 142. — Je donne les formules de M. Hlasiwetz, mais elles me paraissent nécessiter quelques-corrections.

décoction s'étant clarifiée par le repos, on la précipite par un léger excès d'acétate de plomb, on enlève le précipité à l'aide d'un filtre, et l'on fait passer de l'hydrogène sulfuré dans la solution filtrée. On recueille le précipité de sulfure de plomb, et, après l'avoir lavé et desséché à une douce chaleur, on le traite à plusieurs reprises par de l'alcool fort et bouillant. Les liqueurs alcooliques sont ensuite débarassées de l'alcool par la distillation, et abandonnées à cristallisation. L'ononine se dépose alors sous la forme de mamelons cristallins, qu'on débarrasse par l'alcool froid d'une résine brune qui la colore.

L'ononine pure forme des aiguilles ou des paillettes incolores, sans odeur ni saveur, insolubles dans l'eau froide, peu solubles dans l'eau bouillante, solubles dans l'alcool bouillant, presque insolubles dans l'éther. Elle fond à environ 235°, en brunissant.

Elle a donné à l'analyse :

	Hlasiwetz.					$C^{62}H^{34}O^{27}$(?)
Carbone. .	58,28 —	58,61 —	59,78 —	61,32 —	61,75	59,80
Hydrogène.	5,45 —	5,58 —	5,52 —	5,66 —	5,68	5,46
Oxygène. .	»	»	»	»	»	34,74
						100,00

La formule $C^{62}H^{34}O^{27}$ adoptée par M. Hlasiwetz me semble contestable.

La solution alcoolique de l'ononine ne précipite pas les sels métalliques, à part le sous-acétate de plomb, qui donne des flocons blancs.

Le perchlorure de fer et l'eau de chlore ne la colorent pas.

La potasse caustique, et mieux encore l'eau de baryte, dissolvent l'ononine à l'ébullition. Il se produit ainsi du formiate et de l'onospine :

$$\underset{\text{Ononine.}}{C^{62}H^{34}O^{27}} + 2\,HO = \underset{\text{Onospine.}}{C^{60}H^{34}O^{25}} + \underset{\text{Ac. formique.}}{C^{2}H^{2}O^{4}}.$$

L'acide sulfurique concentré dissout l'ononine avec une teint jaune rougeâtre, devenant cerise au bout de quelque temps ; l'addition de quelques grains de peroxyde de manganèse donne immédiatement une belle couleur cramoisie.

L'acide chlorhydrique et l'acide sulfurique dilués dissolvent à chaud l'ononine, en produisant de la formonétine et du glucose :

$$\underset{\text{Ononine.}}{C^{62}H^{34}O^{27}} = \underset{\text{Formonétine.}}{C^{50}H^{20}O^{13}} + \underset{\text{Glucose.}}{C^{12}H^{12}O^{12}} + 2\,HO.$$

L'acide nitrique bouillant dissout l'ononine avec une couleur jaune foncé, et produit de l'acide oxalique.

Formonétine[1]. — Cette substance se produit, en même temps que le glucose, par l'action des acides dilués sur l'ononine. Cette matière s'y dissout, et, au bout de quelque temps, on voit se déposer des flocons cristallins de formonétine.

Ce produit est insoluble dans l'eau, soluble dans l'alcool concentré et bouillant, qui le dépose, par le refroidissement, sous la forme de petits cristaux. Il se dissout aisément dans les alcalis.

Il a donné à l'analyse :

	Hlasiwetz.		$C^{50}H^{20}O^{13}$(?)
Carbone. . . .	70,79	— 70,97	70,75
Hydrogène. . .	4,91	— 4,83	7,71
Oxygène. . . .	»	»	24,54
			100,00

La formule $C^{50}H^{20}O^{13}$ me paraît contestable.

La solution de la formonétine ne précipite pas les sels métalliques. Elle ne donne pas de réaction avec le perchlorure de fer.

Par l'ébullition avec la baryte caustique, la formonétine se convertit en formiate et en ononétine :

$$\underset{\text{Formonétine.}}{C^{50}H^{20}O^{13}} + 4\,HO = \underset{\text{Ononétine.}}{C^{48}H^{22}O^{13}} + \underset{\text{Ac. formique.}}{C^{2}H^{2}O^{4}}.$$

Onospine[2]. — Cette substance se produit, en même temps que du formiate, par l'ébullition de l'ononine avec l'eau de baryte; quand toute l'ononine est dissoute, on fait passer dans la liqueur un courant d'acide carbonique; on recueille le précipité; et, après l'avoir lavé à l'eau froide, on le traite par l'eau bouillante qui dissout l'onospine, et la dépose par le refroidissement à l'état cristallin.

Cette substance se dépose sous la forme de paillettes feutrées, qui fondent à 162° et se prennent par le refroidissement en une masse amorphe semblable à la gomme. La matière fondue devient électrique par le frottement.

Elle est fort soluble dans l'eau bouillante, ainsi que dans l'alcool, qui la dépose sous la forme de prismes radiés. Elle est presque insoluble dans l'éther. Les alcalis caustiques fixes et l'ammoniaque

[1] Hlasiwetz (1855), *loc. cit.*
[2] Hlasiwetz (1855), *loc. cit.*

la dissolvent aisément; les acides l'en reprécipitent. Elle ne renferme pas d'eau de cristallisation. Brûlée sur la lame de platine, elle répand une odeur de caramel. Chauffée dans un tube, elle donne un léger sublimé.

Elle a donné à l'analyse :

	Hlasiwetz.			$C^{60}H^{34}O^{25}$(?)
Carbone.	60,26	60,54	60,07	60,60
Hydrogène. . . .	6,08	6,01	6,19	5,72
Oxygène.	»	»	»	33,68
				100,00

M. Hlasiwetz adopte les rapports $C^{60}H^{34}O^{25}$, qui me paraissent contestables.

La solution aqueuse de l'onospine ne précipite pas les solutions métalliques, à part le sous-acétate de plomb.

Le perchlorure de fer la colore en cerise foncé.

Le nitrate d'argent n'est pas réduit par elle à l'ébullition; il en est de même de la solution potassique du tartrate de cuivre.

L'acide sulfurique concentré dissout l'onospine avec une couleur jaune rougeâtre; quelques grains de peroxyde de manganèse communiquent à la solution une teinte cramoisie foncée.

L'acide sulfurique et l'acide chlorhydrique dilués convertissent l'onospine à chaud en ononétine et en glucose. (100 p. d'onospine ont donné 29,4—30,2 p. de glucose, $C^{12}H^{12}O^{12}$).

M. Hlasiwetz représente la réaction par l'équation suivante :

$$\underset{\text{Onospine.}}{C^{60}H^{34}O^{25}} = \underset{\text{Ononétine.}}{C^{48}H^{22}O^{13}} + \underset{\text{Glucose.}}{C^{12}H^{12}O^{12}}.$$

L'acide nitrique oxyde l'onospine en produisant de l'acide oxalique.

Ononétine[1]. — Cette substance se produit, en même temps que du glucose, par l'action des acides étendus sur l'onospine. Elle prend également naissance par l'ébullition de la formonétine avec la baryte caustique.

Pour préparer l'ononétine, on délaye l'onospine dans dix fois environ son poids d'eau, et l'on porte à l'ébullition de manière à la dissoudre; puis on y ajoute goutte à goutte de l'acide sulfurique étendu jusqu'à ce que la liqueur commence à se troubler d'une manière persistante. La liqueur étant ensuite maintenue en ébulli-

[1] HLASIWETZ (1855), *loc. cit.*

tion, on voit se former peu à peu des gouttes oléagineuses qui finissent par se rassembler au fond. C'est de l'ononétine fondue, qui se prend, par le refroidissement, en une masse cristalline. La liqueur surnageante renferme du glucose. On fait recristalliser l'ononétine dans l'alcool fort.

L'ononétine forme de longs prismes, incolores, cassants, groupés en rayons ou en faisceaux; elle est presque insoluble dans l'eau. Elle est soluble dans l'alcool, et en petite quantité dans l'éther chaud. Les alcalis la dissolvent le plus aisément. Elle perd à 100° 1,86 p. c. d'eau; elle fond à 120°, et se prend par le refroidissement en une masse radiée; elle ne peut pas être volatilisée. Séché à 100°, elle a donné à l'analyse :

	Hlasiwetz.			$C^{48}H^{22}O^{13}$(?)
Carbone. . . .	69,24	69,32	69,43	69,56
Hydrogène. . .	5,71	5,59	5,88	5,31
Oxygène. . . .	»	»	»	25,13
				100,00

Les rapports $C^{48}H^{22}O^{13}$ admis par M. Hlasiwetz me paraissent contestables.

La solution de l'ononétine ne précipite pas les sels métalliques, à part le sous-acétate de plomb.

Le perchlorure de fer la colore en rouge foncé.

L'acide sulfurique concentré et le peroxyde de manganèse la colorent en rouge, comme l'ononine et l'onospine.

Chauffée avec l'acide nitrique, l'ononétine fond comme une résine, et s'oxyde en répandant une odeur très-irritante; la liqueur renferme de l'acide oxalique et, à ce qu'il paraît, de l'acide picrique ou oxipicrique.

Abandonnée au contact de l'air, la solution ammoniacale de l'ononétine prend une belle couleur vert foncé; l'acide chlorhydrique précipite de la liqueur une matière rouge foncé, résinoïde, soluble dans l'alcool.

Page 320.

§ 2328. *Phillyrine*[1], $C^{54}H^{34}O^{22} + 3$ aq. — L'ammoniaque et les alcalis fixes n'y agissent pas, mais les acides la transforment. Les sels métalliques n'en sont pas précipités. Elle renferme :

[1] BERTAGNINI, *Ann. der Chem. u. Pharm.*, XCII, 109.

	Bertagnini.				$C^{54}H^{34}O^{22}$ + 3 aq.
Carbone.	57,88	57,66	57,72	57,82	57,75
Hydrogène. . .	6,63	6,72	6,82	6,73	6,63
Oxygène.	»	»	»	»	35,62
					100,00

Les 3 atomes d'eau de cristallisation (4,7 p. c.) s'en vont entre 50 et 60°.

Bouillie avec de l'acide chlorhydrique dilué, elle se transforme en phillygénine et en glucose (sucre mamelonné) qui reste en dissolution :

$$\underset{\text{Phillyrine.}}{C^{54}H^{34}O^{22}} + 2\,HO = \underset{\text{Phillygénine.}}{C^{42}H^{24}O^{12}} + \underset{\text{Glucose.}}{C^{12}H^{12}O^{12}}.$$

La phillyrine éprouve la même métamorphose dans la fermentation lactique. La synaptase n'agit pas sur elle.

L'acide nitrique dilué, en agissant sur la phillyrine, donne un corps en cristaux jaunes et soyeux. Avec un acide moins dilué on obtient des grains cristallins. Avec un acide concentré et bouillant, il se produit de l'acide oxalique et un produit cristallisé en paillettes jaunes et brillantes.

Le chlore et le brome transforment la phillyrine en dérivés conjugués, susceptibles de se dédoubler, comme elle, en glucose et en phillygénine chlorée ou bromée.

La *phillygénine*, $C^{42}H^{24}O^{12}$, est la substance résineuse en laquelle se convertit la phillyrine par l'ébullition avec l'acide chlorhydrique étendu. Elle s'obtient beaucoup plus pure lorsqu'on soumet la phillyrine à la fermentation lactique. Elle cristallise aisément en formant une masse blanche et nacrée. Insoluble dans l'eau froide, très-peu soluble dans l'eau bouillante, elle se dissout aisément dans l'alcool et l'éther. Elle renferme :

	Bertagnini.		$C^{42}H^{24}O^{12}$
Carbone. . . .	67,83	67,60	67,74
Hydrogène. . .	6,69	6,66	6,45
Oxygène. . . .	»	»	25,81
			100,00

On remarque que la phillygénine est polymère de la saligénine ; car $C^{42}H^{24}O^{12} = 3\,C^{14}H^{8}O^{4}$.

La *bromophillygénine* qu'on obtient par le dédoublement de la bromo-phillyrine cristallise en aiguilles brillantes.

Page 321.

§ 2332. *Phlorizine.* — La *phlorétine* se transforme par la potasse caustique en acide phlorétique et en phloroglucine :

$$C^{30}H^{14}O^{10} + H^2O^2 = C^{18}H^{10}O^6 + C^{12}H^6O^6.$$

Phlorétine. Ac. phlorétique. Phloroglucine.

Acide phlorétique[1]. — On fait dissoudre 30 gr. de phlorétine dans environ 200 c. c. d'une lessive de potasse de densité 1,25, et l'on évapore, en faisant bouillir, jusqu'à ce que la masse soit devenue épaisse. Après avoir redissous le produit dans l'eau, on y fait passer un courant d'acide carbonique; on évapore à siccité, et l'on reprend le résidu par l'alcool bouillant. L'alcool dissout le phlorétate de potasse, tandis que la phloroglucine reste en plus grande partie sans se dissoudre. L'addition de l'éther à la liqueur alcoolique en précipite le phlorétate sous forme huileuse; on en décante l'éther, on y ajoute l'eau, et, après avoir concentré le liquide par l'évaporation, on y ajoute de l'acide chlorhydrique, qui précipite l'acide phlorétique. On purifie celui-ci par de nouvelles cristallisations dans l'alcool fort et dans l'eau.

L'acide phlorétique cristallise en longs prismes, cassants, d'une saveur aigre et un peu astringente. L'alcool et surtout l'éther le déposent en cristaux très-gros. Il fond à 128—130°, et se prend par le refroidissement en une masse cristalline; à une température plus élevée, il émet des vapeurs âcres et se volatilise sans résidu.

Il a donné à l'analyse :

	Hlasiwetz.				$C^{18}H^{10}O^6$.
Carbone. . . .	64,44	64,51	64,40	64,52	65,06
Hydrogène. . .	6,54	6,34	6,50	6,68	6,02
Oxygène. . . .	»	»	»	»	28,92
					100,00

M. Hlasiwetz admet les rapports $C^{18}H^{11}O^6$, qui ne me paraissent pas exacts à cause du nombre impair des atomes d'hydrogène[2].

Cet acide décompose aisément les carbonates.

[1] HLASIWETZ (1855), *Sitzungsber. der mathem. naturwiss. Classe der Kais. Akad. der Wissench. Zu Wien*, XVII, 382. En extrait : *Ann. der Chem. u. Pharm.*, XCVI, 118.

[2] La formule $C^{18}H^{10}O^6$, que j'ai adoptée, ferait de l'acide phlorétique un homologue de l'acide salicylique.

Mélangé avec de l'ammoniaque et agité avec de l'air, il se colore en rouge.

Le perchlorure de fer le colore en vert.

Sa solution aqueuse ne donne des précipités qu'avec le sous-acétate de plomb et avec les nitrates de mercure. Le nitrate d'argent ammoniacal en est réduit à chaud.

L'acide chlorhydrique ne le dissout pas à froid ; à chaud la la liqueur brunit. L'acide sulfurique concentré le dissout sans coloration à une douce chaleur ; si l'on chauffe plus fort, la matière devient d'un brun verdâtre. L'acide nitrique le dissout avec une couleur brun-rouge.

Les *phlorétates* s'obtiennent aisément par la saturation des carbonates avec l'acide phlorétique. Ils développent, par la chaleur, des vapeurs âcres dont l'odeur rappelle celle de l'hydrate de phényle.

Le *sel de potasse*, $C^{18}H^{9}KO^{6}$(?), cristallise dans l'alcool en lames prismatiques, incolores, efflorescentes, et perdant toute leur eau de cristallisation à 100°.

Le *sel de soude*, $C^{18}H^{9}NaO^{6}$(?), cristallise en prismes radiés, qui s'effleurissent à l'air, et sont anhydres à 100°.

Le *sel de baryte*, $C^{18}H^{9}BaO^{6}$(?), cristallise en longs prismes aplatis, devenant opaques à 100°. Le sel séché à cette température a donné à l'analyse :

	Hlasiwetz.		Calcul.
Carbone.	46,08	»	46,35
Hydrogène. . . .	4,14	»	3,86
Baryte.	32,37	32,26	32,62.

Le *sel de magnésie* forme des groupes mamelonnés, incolores, semblables à la wawellite.

Le *sel de zinc*, $C^{18}H^{9}ZnO^{6}$(?), forme des prismes ou des lames d'un éclat nacré, très-peu solubles dans l'eau.

Le *sel d'argent*, $C^{18}H^{9}AgO^{6}$(?), se précipite sous la forme d'aiguilles blanches peu solubles dans l'eau froide, et très-sensibles à l'action de la lumière. Il renferme :

	Hlasiwetz.		Calcul.
Carbone.	38,67	»	39,56
Hydrogène.	3,82	»	3,30
Oxyde d'argent.	42,68	41,88	42,49

Les *sels de mercure* se précipitent à l'état cristallin par le mélange de l'acide phlorétique avec la solution des nitrates de mercure. Le sel de mercuricum forme des tables transparentes; le sel de mercurosum constitue des aiguilles.

Phloroglucine[1], $C^{12}H^6O^6 + 4$ aq. — Ce composé est contenu dans le résidu, insoluble dans l'alcool, qu'on obtient en traitant la phlorétine par la potasse caustique. On l'isole en dissolvant ce résidu dans l'eau, saturant par l'acide sulfurique dilué, évaporant au bain-marie, reprenant le résidu par l'alcool fort, et redissolvant la partie insoluble dans l'eau. La phloroglucine se dépose alors à l'état cristallisé par la concentration convenable de la solution aqueuse. Les cristaux sont toujours colorés; le meilleur moyen de les décolorer consiste à y ajouter un peu d'acétate de plomb (qui n'en précipite pas la solution), et à faire passer dans la liqueur un courant d'hydrogène sulfuré.

La phloroglucine forme des prismes rhomboïdaux durs, et d'une saveur extrêmement sucrée. Elle est fort soluble dans l'eau, l'alcool et l'éther; mais, lorsqu'on évapore à siccité un mélange de phloroglucine et de carbonate de potasse, l'alcool et l'éther n'extraient du résidu que des traces de phloroglucine. Les cristaux renferment 22,2 p. c. d'eau de cristallisation; ceux qui se forment dans l'éther absolu sont anhydres. La solution est sans action sur les couleurs végétales. Les cristaux hydratés s'effleurissent à chaud, et peuvent être desséchés à 100° sans s'altérer; desséchés, ils fondent ensuite à 220° environ, en se colorant légèrement; passé cette température, une partie se sublime.

La substance hydratée a donné à l'analyse :

	Hlasiwetz.				$C^{12}H^6O^6 + 4$ aq.
Carbone. . .	44,44	44,30	44,59	44,34	44,44
Hydrogène. .	6,11	6,04	6,57	6,46	6,17
Oxygène	»	»	»	»	49,38
					100,00
Eau de cristallis.	22,32				+ aq. 22,22

La substance desséchée a donné :

	Hlasiwetz.					$C^{12}H^6O^6$.
Carbone . .	56,37	57,24	57,32	57,19	56,92	57,13
Hydrogène.	5,08	5,17	5,05	5,19	4,98	4,76
Oxygène. .	»	»	»	»	»	38,11
						100,00

[1] HLASIWETZ (1855), *loc. cit.*

Les propriétés de la phloroglucine ressemblent beaucoup à celles de l'orcine.

Les sels métalliques, à part le sous-acétate de plomb, n'en sont pas précipités. Le nitrate mercureux en est réduit; il en est de même du nitrate d'argent ammoniacal, à chaud. La solution potassique du tartrate de cuivre en est également réduite, comme par une solution de glucose.

Le perchlorure de fer la colore en rouge-violacé intense.

Le chlorure de chaux lui communique une teinte jaune-rougeâtre.

Lorsqu'on agite avec de l'air la solution ammoniacale de la phloroglucine, elle devient d'un brun foncé, et finit par devenir entièrement opaque. Les cristaux humectés d'eau se liquéfient entièrement dans une atmosphère d'ammoniaque, en donnant un liquide brun-rouge.

La *combinaison plombique*, $C^{12}H^6O^6$, 4 PbO, s'obtient sous la forme d'un précipité blanc, par le mélange d'une solution de phloroglucine avec le sous-acétate de plomb. Elle a donné à l'analyse 77,60 p. c. d'oxyde de plomb (calcul 77,97 p. c.)

La *bromo-phloroglucine*, $C^{12}H^3Br^3O^6 + 6$ aq., se précipite à l'état cristallin lorsqu'on verse goutte à goutte du brome dans une solution concentrée de phloroglucine. Elle cristallise, dans l'eau bouillante, sous la forme de longues aiguilles, peu solubles dans l'eau froide, fort solubles dans l'alcool et dans les liqueurs alcalines. Les cristaux deviennent opaques dans l'air chaud; à 100°, ils perdent toute leur eau de cristallisation (12,94 p. c. = 6 atomes).

Page 331.

§ 2335[a]. *Quercitrin.* — Suivant M. Hlasiwetz[1], l'acide rutinique de M. Borntræger (t. III, p. 927) est identique au quercitrin.

Page 344.

§ 2346. *Xanthoxyline.* — Les cristaux de ce corps appartiennent au système monoclinique[2]. Combinaison observée, oP. ∞ P. [∞ P ∞]. [P ∞]. Inclinaison des faces, ∞ P : [∞ P ∞] = 121°10';

[1] Hlasiwetz, *Ann. der Chem. u. Pharm.*, XCVI, 123.

[2] Miller, *Philos. Magaz.*, [4] VII, 28.

$\infty P : oP = 83°30'$; $[P \infty] : oP = 127°10'$. Clivage facile parallèlement à $[\infty P \infty]$ et à oP.

Page 353.

§ 2351. *Essence de cannelle.* — L'essence dite de feuilles de cannelle est de l'essence de girofle.

Essence de ptychotis[1]. — L'essence concrète qu'on extrait aux Indes orientales des graines de *ptychotis ajowan* (famille des ombellifères); se présente sous la forme de prismes monocliniques, ayant une forte odeur semblable à celle de l'essence de thym ou de marjolaine. Suivant M. Miller, les cristaux présentent les faces oP. ∞P. + P. — P. Inclinaison des faces, $\infty P : \infty P$ dans le plan de la diagonale droite $= 98°50'$; $oP : \infty P = 81°25'$. Clivage parfait, parallèlement à ∞P. Les cristaux fondent à 42°, et peuvent être distillés dans un courant d'acide carbonique. Ils sont neutres aux papiers, et ne se combinent ni avec les acides ni avec les alcalis. Ils renferment :

	Stenhouse.		$C^{44}H^{34}O^{10}$?
Carbone. . .	69,49	68,86	69,84
Hydrogène. .	9,45	9,57	8,99
Oxygène. . .	»	»	21,17
			100,00

L'acide chlorhydrique n'agit pas sur ce corps. L'acide nitrique le transforme à chaud en une matière jaune résinoïde, et, par une digestion prolongée, en cristaux incolores, différents de l'acide oxalique. L'acide phosphorique anhydre le transforme en une substance verte incristallisable.

Le brome y agit vivement sans donner de composé cristallin. Le chlore l'attaque avec énergie en le transformant en une substance jaune qui cristallise en belles aiguilles; ce produit semble renfermer $C^{44}H^{26}Cl^{8}O^{10}$ (carbone, 40,27; hydrog., 4,0; chlore, 43,09). L'action prolongée du chlore donne une résine.

Page 376.

§ 2565. *Résine de jalap.* — M. Mayer[2] a publié de nouvelles recherches sur la résine de jalap.

[1] Stenhouse, *Ann. der Chem. u. Pharm.*, XCIII, 269.
[2] Mayer, *Ann. der Chem. u. Pharm.*, XCV, 129.

α. *Convolvuline* ou résine insoluble dans l'éther, $C^{62}H^{50}O^{32}$. Elle ne perd pas d'eau entre 100 et 150°. La formule précédente exige :

Carbone. . .	54,87
Hydrogène. .	7,37
Oxygène. . .	37,76
	100,00

(Voy. les analyses citées, t. IV, p. 378.)

β. *Jalapine* ou résine soluble dans l'éther, $C^{68}H^{56}O^{32}$. La résine du jalap fusiforme se dissout entièrement dans l'éther, et se distingue en cela de la résine du jalap tubéreux dont la solution alcoolique est précipitée par l'éther[1]. La meilleure méthode de purifier la jalapine brute consiste à opérer de la manière suivante : on la fait dissoudre dans une assez grande quantité d'alcool ; on ajoute de l'eau à la liqueur jusqu'à ce qu'elle commence à se troubler, et on la fait ensuite bouillir pendant quelque temps avec du charbon animal. La liqueur colorée étant filtrée, on y ajoute de l'acétate de plomb et un peu d'ammoniaque, tant qu'il se forme un précipité. On sépare celui-ci par le filtre, on débarasse la liqueur filtrée de l'excès de plomb en y faisant passer de l'hydrogène sulfuré, et, après l'avoir chauffée avec le précipité de sulfure de plomb, on la filtre de nouveau. On obtient ainsi une solution légèrement jaunâtre, contenant la Jalapine. L'alcool en ayant été éloigné par la distillation, on pétrit la résine à plusieurs reprises avec de l'eau bouillante, et on la fait ensuite dissoudre dans l'éther pur. Le produit ainsi préparé laisse, par l'évaporation, une résine presque blanche et brûlant sans résidu ; cependant il contient encore des traces d'un acide volatil qui ne devient sensible que quand on le transforme en acide jalapique par l'action des alcalis. Il est difficile d'ailleurs de débarrasser entièrement la Jalapine de cette matière étrangère.

La jalapine est sans odeur ni saveur, incristallisable, un peu jaunâtre, et blanche en poudre. Elle fond au-dessus de 150° en un liquide jaunâtre et sirupeux. Elle est fort peu soluble dans l'eau, fort soluble dans l'alcool et l'éther, soluble dans l'esprit de bois, la benzine et l'essence de térébenthine ; la solution alcoolique présente une réaction acide à peine sensible.

[1] La *pararhodéorétine* (p. 377) semble donc être la même chose que la jalapine.

Elle renferme :

	Iohnston.		Kayser.		Mayer.			Calcul.
Carbone. .	55,76	56,65	58,09	58,17	56,37	56,71	56,56	56,66
Hydrogène.	8,24	8,40	8,01	8,12	8,21	8,21	8,15	7,77
Oxygène. .	»	»	»	»	»	»	»	35,57
								100,00

Chauffée sur la lame de platine, elle fond et brûle avec une flamme fuligineuse, en répandant une odeur âcre et empyreumatique.

La jalapine se dissout, surtout à chaud, dans la solution des alcalis et des terres alcalines; par l'addition d'un acide à la solution, il s'en précipite de l'acide jalapique ($C^{68}H^{59}O^{35}$?).

L'acide acétique dissout aisément la jalapine, sans la décomposer. L'acide chlorhydrique et l'acide nitrique dilués la dissolvent difficilement à froid; mais, si l'on chauffe la liqueur, on obtient du glucose et du jalapinol.

L'acide sulfurique concentré dissout lentement la jalapine, en se colorant peu à peu en rouge amarante; la solution brunit au bout de quelques heures. Par l'ébullition avec l'acide nitrique moyennement concentré, on obtient de l'acide ipomique (§ 1186).

L'*acide jalapique* est le produit de la métamorphose de la jalapine sous l'influence des alcalis. Pour le préparer, on traite la jalapine par l'eau de baryte bouillante, jusqu'à ce que toute la résine soit dissoute, en procédant comme dans la préparation de l'acide convolvulique.

L'acide jalapique est une matière incristallisable, très-hygrométrique, fusible à environ 120°, sans odeur, d'une saveur âcre et un peu sucrée, fort soluble dans l'eau, soluble dans l'alcool et l'éther. Séché à 100°, il a donné à l'analyse :

	Mayer.			$C^{68}H^{59}O^{35}$(?)
Carbone. . .	54,37	54,44	54,60	54,62
Hydrogène.	8,51	8,27	8,30	7,89
Oxygène. .	»	»	»	37,49
				100,00

Il se comporte en général comme l'acide convolvulique, son homologue. Les acides étendus et bouillants le convertissent en jalapinol et en glucose :

$$\underset{\text{Ac. jalapique.}}{C^{68}H^{59}O^{35}} + 8HO = \underset{\text{Jalapinol.}}{C^{32}H^{31}O^{7}} + \underset{\text{Glucose.}}{3C^{12}H^{12}O^{12}}$$

Suivant M. Mayer, l'acide jalapique serait tribasique, et donnerait trois *sels de baryte*. Les faits publiés à cet égard par l'auteur ne me paraissent pas concluants.

Le *jalapinol* est une matière cristallisée, insoluble dans l'eau froide, fort peu soluble dans l'eau bouillante, fort soluble dans l'alcool et l'éther, fusible à 62°. Elle se produit par l'action des acides dilués et bouillants sur la jalapine et l'acide jalapique. Elle renferme :

	Mayer.			$C^{32}H^{31}O^{7}$(?)
Carbone. . .	68,78	68,51	68,56	68,65
Hydrogène. .	11,52	11,25	11,13	11,11
Oxygène. . .	»	»	»	20,07
				100,00

Lorsqu'on traite le jalapinol par les alcalis caustiques, il se combine avec eux ; mais la substance (*acide jalapinolique*) qu'on en sépare de nouveau par un acide renferme 1 atome d'eau de moins ($C^{32}H^{30}O^{6}$). Au reste, les caractères extérieurs du jalapinol et de l'acide jalapique sont entièrement les mêmes, et il n'y a que quelques degrés de différence entre leurs points de fusion.

A part les formules, la jalapine, l'acide jalapique et l'acide jalapinolique présentent entièrement les caractères de leurs homologues, la convolvuline, l'acide convolvulique et l'acide convolvulinolique, que nous avons déjà décrits. Cependant les formules adoptées par M. Mayer me paraissent fort contestables.

Page 423.

§ 2391. *Produits de la distillation des schistes bitumineux*[1]. — Les schistes bitumineux du Dorsetshire, très-riches en débris fossiles d'origine animale, fournissent, par la distillation sèche, un goudron d'où l'acide sulfurique extrait un mélange d'alcalis volatils, tels que la pyridine, la picoline, la lutidine.

En recueillant les dernières portions qui passent à la distillation de ce mélange, on recueille, au-dessus de 260°, une petite quantité de parvoline, appartenant à la même série homologue que la pyridine.

[1] C. GREVILLE WILLIAMS, *Ann. de chim. et de phys.*, [3] XLV, 493.

Page 428.

§ 2395. *Produits de la distillation sèche des matières animales.* — Ajoutez à la liste des alcalis volatils : la collidine et la parvoline.

FIN DU QUATRIÈME ET DERNIER VOLUME.

TABLE DES MATIÈRES

CONTENUES DANS CE VOLUME.

TROISIÈME PARTIE.

CORPS À SÉRIER.

II.

ALCALIS.

III.

MATIÈRES NEUTRES.

QUATRIÈME PARTIE.

GÉNÉRALITÉS.

I.

NOTATION DES FORMULES.

II.

FONCTIONS CHIMIQUES DES CORPS.

III.

MÉTAMORPHOSES DES SUBSTANCES ORGANIQUES PAR LES RÉACTIFS.

ADDITIONS.

INDEX.

A.

B.

C.

D.

E.

H.

I.

J.

K.

L.

M.

N.

O.

P.

Q.

R.

S.

T.

U.

V.

X.

Z.

FIN.

MÊME LIBRAIRIE.

TRAITÉ D'ÉLECTRICITÉ ET DE MAGNÉTISME, LEURS APPLICATIONS AUX SCIENCES PHYSIQUES, AUX ARTS ET A L'INDUSTRIE, par M. *Becquerel*, membre de l'Institut, professeur-administrateur au Muséum d'histoire naturelle; et M. *Becquerel* (*Ed.*), professeur au Conservatoire des arts et métiers. Trois volumes in-8°, avec un grand nombre de planches. Prix de chaque volume........................ 8 fr.

Cet ouvrage est l'exposé des leçons qui sont faites au Muséum d'histoire naturelle et au Conservatoire des arts et métiers sur l'électricité, le magnétisme et toutes leurs applications. On y a joint, en outre, le traitement électro-métallurgique des minerais d'argent, de plomb, de cuivre, mis en regard de l'amalgamation et des autres traitements en usage. Cet ouvrage se compose de trois parties formant chacune un volume.

Ier volume : Électricité, principes généraux ; — 2e vol. : Électro-chimie ; 3e vol. : Magnétisme et électro-magnétisme.

Chaque volume renferme les applications relatives au sujet principal qui s'y trouve traité. — Les figures, dessinées et gravées avec soin, sont intercalées dans le texte.

TRAITÉ D'ÉLECTRICITÉ ET DE MAGNÉTISME, suivi d'un exposé de leurs rapports avec les actions chimiques et les phénomènes naturels, par M. Becquerel, membre de l'Institut, professeur au Muséum d'histoire naturelle. 7 vol. in-8° et atlas. L'ouvrage complet. 72 fr. 50

On peut regarder cet ouvrage comme l'encyclopédie de tout ce qui concerne l'électricité et le magnétisme, sciences dont les progrès doivent tant à M. Becquerel. Les physiciens, chimistes, médecins ne sauraient se dispenser d'étudier un ouvrage qui les intéresse au plus haut point.

TRAITÉ DE PHYSIQUE DANS SES RAPPORTS AVEC LA CHIMIE ET LES SCIENCES NATURELLES, par M. Becquerel. 2 volumes et atlas........................ 15 fr.

Précédé d'une introduction comprenant l'histoire de la physique, depuis les temps les plus anciens, dans ses rapports avec la civilisation.

TRAITÉ COMPLET DE MAGNÉTISME. 1 vol. in-8° avec 18 pl. 10 fr.

ÉLÉMENTS DE PHYSIQUE TERRESTRE ET DE MÉTÉOROLOGIE. 1 fort volume avec planches........................ 12 fr. 50 c.

Cet ouvrage, d'un intérêt universel, est le résultat du cours de physique appliquée fait par M. Becquerel au Muséum d'histoire naturelle. Il contient la théorie de la terre, à laquelle se rattachent les tremblements de terre, sa température, les glaciers, les changements survenus à la surface du sol, les climats, les mers, l'atmosphère, l'air, l'aurore, l'arc-en-ciel, la polarisation, l'électricité atmosphérique, l'action magnétique du globe, les étoiles filantes, l'altération des roches, etc.

DES CLIMATS ET DE L'INFLUENCE DES SOLS BOISÉS ET NON BOISÉS. 1 volume........................ 7 fr.

Dans cet ouvrage, M. Becquerel, après avoir fait un historique de l'état des forêts à la surface du globe, dans les temps les plus reculés, des vicissitudes qu'elles ont éprouvées par l'effet des guerres et les progrès de la civilisation, présente, en en discutant la valeur, les observations recueillies à diverses époques et à l'aide desquelles on a cherché à démontrer la permanence ou le changement de climat d'une contrée anciennement boisée. Un traité élémentaire, placé en tête de l'ouvrage, indique les causes nombreuses et variées qui influent sur leur constitution, et démontre la nature des changements que le déboisement et la culture peuvent apporter.

Paris. — Typographie de Firmin Didot frères, fils et Cie, rue Jacob, 56.

www.ingramcontent.com/pod-product-compliance
Ingram Content Group UK Ltd.
Pitfield, Milton Keynes, MK11 3LW, UK
UKHW021835190726
13855UKWH00001B/3

9 782013 408172